微课：赠送视频精讲

（手机直接扫描二维码观看，无需付费）

第 1 部分：普通铣床加工操作视频教

1. 划线的操作	2. 划线的实例	3. 圆柱铣刀的安装	4. 铣面铣刀的安装	5. 圆柱柄铣刀的安装
6. 圆锥柄铣刀的安装（柄孔锥度一样）	7. 圆锥柄铣刀的安装（柄孔锥度不一样）	8. 安装固定式虎钳	9. 安装回转式虎钳	10. 虎钳安装工件
11. 压板安装工件	12. 铣平面 – 圆周铣	13. 铣平面 – 端面铣	14. 铣平面 – 顺铣和逆铣	15. 铣平面 – 端面铣刀铣平面
16. 铣平面 – 立铣刀铣平面	17. 铣斜面 – 旋转工件铣斜面	18. 铣斜面 – 铣刀倾斜铣斜面	19. 铣斜面 – 角度铣刀铣斜面	20. 铣阶台 – 一把铣刀铣阶台
21. 铣阶台 – 组合铣刀铣双面阶台	22. 铣阶台 – 端面铣刀铣阶台	23. 铣阶台 – 立铣刀铣阶台	24. 铣阶台 – 立铣刀铣双面阶台	25. 铣直角沟槽 – 三面刃铣刀铣通槽

26. 铣直角沟槽－立铣刀铣半通槽
27. 铣直角沟槽－立铣刀铣封闭槽
28. 铣直角沟槽－键槽铣刀铣直角沟槽
29. 铣平键槽－刀具的选择
30. 铣平键槽－工件的安装
31. 铣平键槽－对刀的方法
32. 铣平键槽－分层铣削法
33. 铣平键槽－扩刀铣削法
34. 铣半圆键槽－对刀及铣削
35. 切断－铣刀的安装
36. 切断－工件的安装
37. 切断－切断的操作
38. 铣 V 形槽－立铣刀铣 V 形槽
39. 铣 V 形槽－双角铣刀铣 V 形槽
40. 铣 V 形槽－调整工件铣 V 形槽
41. 铣 T 形槽
42. 铣 T 形槽－不穿通 T 形槽
43. 铣燕尾槽
44. 钻孔－钻头的刃磨
45. 钻孔－钻孔的深度
46. 钻孔－钻头的装卸
47. 钻孔－钻孔的方法
48. 镗孔－钻孔和安装镗刀
49. 镗孔－粗镗半精镗和精镗孔
50. 铰孔
51. 铰孔－切削液的选择
52. 分度头简介
53. 分度头－工件的装夹
54. 分度头－简单分度法
55. 分度头－分度盘和扇形夹

56. 分度头 – 简单分度的技巧	57. 铣外花键简介	58. 铣外花键 – 工件的装夹	59. 铣外花键 – 单刀铣花键轴的方法	60. 铣外花键 – 组合铣刀铣花键轴的方法
61. 铣外花键 – 花键铣刀铣花键轴的方法	62. 铣曲线回转面 – 划线手动进给铣曲线回转面	63. 铣曲线回转面 – 回转工作台铣曲线回转面	64. 铣特形面 – 刀具的选择	65. 铣特形面 – 铣削方法
66. 铣特形面 – 铣削的要点	67. 铣圆柱柄球面 – 刀具的安装	68. 铣圆柱柄球面 – 工件的安装	69. 铣圆柱柄球面 – 铣削方法	

第 2 部分：数控铣床（加工中心）加工视频教程

1. 数控铣床（加工中心）的三大机能	2. 数按铣床（加工中心）的坐标系	3. 工件坐标系的设定	4. G00 快速定位	5. G01 直线
6. G01 直线 – 例题 1	7. G01 直线 – 例题 2	8. G02、G03 圆弧	9. G02、G03 圆弧 – 例题	10. G02、G03 圆弧（整圆）

11. G02、G03 圆弧（整圆）– 例题	12. G02、G03 圆弧（大角度圆弧）	13. G02、G03 圆弧（大角度圆弧）– 例题	14. 刀具补偿	15. G43、G44、G49 刀具长度补偿
16. G43、G44、G49 刀具长度补偿 – 例题	17. G40、G41、G42 刀具半径补偿	18. G40、G41、G42 刀具半径补偿 – 举例 1	19. G40、G41、G42 刀具半径补偿 – 举例 2	20. G40、G41、G42 刀具半径补偿 – 例题
21. G04 程序暂停台	22. G04 程序暂停 – 例题	23. 增量坐标 –UVW 地址方式和 G90 指令方式	24. 增量坐标 –G90 指令方式 – 例题	25. 主程序、子程序
26. 主程序、子程序 – 例题	27.G15、G16 极坐标编程	28.G15、G16 极坐标编程 – 例题	29. G24、G25 镜像加工	30. G24、G25 镜像加工 – 例题
31. G68、G69 图形旋转	32. G68、G69 图形旋转 – 例题	33. G50、G51 比例缩放	34. G50、G51 比例缩放 – 例题	

铣工和数控铣工 machining center（加工中心）从入门到精通

刘蔡保　编著

· 北京 ·

内 容 简 介

《铣工和数控铣工（加工中心）从入门到精通》面向普通机床和数控机床初学者，内容零起点、系统全面、难度适中。本书以FANUC数控系统为蓝本，从普通铣床和数控铣床（加工中心）两个方面详细讲解了机床的基本操作、加工工艺、基本编程指令，以及典型型面的入门和提高级实例，满足初学者从入门到精通的需求。

本书可作为普通铣工转为数控铣工的自学用书及短训班教材，也可供职业技术院校数控技术应用专业、模具专业、数控维修专业、机电一体化专业师生阅读。

图书在版编目（CIP）数据

铣工和数控铣工（加工中心）从入门到精通 / 刘蔡保编著 .—北京：化学工业出版社，2020.10

ISBN 978-7-122-37461-5

Ⅰ. ①铣… Ⅱ. ①刘… Ⅲ. ①数控机床—铣床②数控机床加工中心 Ⅳ. ① TG547 ② TG659

中国版本图书馆 CIP 数据核字（2020）第 140681 号

责任编辑：王　烨　　　　文字编辑：雷桐辉
责任校对：张雨彤　　　　装帧设计：刘丽华

出版发行：化学工业出版社（北京市东城区青年湖南街 13 号　邮政编码 100011）
印　　装：三河市延风印装有限公司
787mm × 1092mm　1/16　印张 34 1/2　彩插 2　字数 970 千字　　2022 年 3 月北京第 1 版第 1 次印刷

购书咨询：010-64518888　　　　售后服务：010-64518899
网　　址：http：//www.cip.com.cn
凡购买本书，如有缺损质量问题，本社销售中心负责调换。

定　　价：99.00 元

“力学如力耕，勤惰尔自知。便使书种多，会有岁稔时”。本书详细描述了目前机械加工中常用的铣床技术，包括普通铣床和数控铣床（加工中心）两大方面。在编写过程中，力求以实际生产为目标，从学习者的角度出发，用大量通俗易懂的表格和语言进行知识的阐述，使学习者能够达到自己会分析、会操作、会处理的效果。

本书以“理论知识 + 刀具刃磨 + 普铣操作 + 数控编程”四大模块进行讲解，逐步深入地引领读者学习铣床操作、数控编程的概念和编程的方法，结构紧凑、特点鲜明。

本书具有以下几方面的特色。

◆ 简洁精炼的理论知识

本书以实例操作为重点，不做知识点的繁复铺陈，重点阐述实际加工中所能遇见的重点、难点，用大量表格呈现，方便比较、记忆和查找。在刀具、加工方法、后处理的配合上独具特色，直接面向加工。

◆ 环环相扣的机床操作

针对铣床（加工中心）加工的特点，本书提出了“1+1+1+1+1”的学习方式，即“工艺分析 + 理论知识 + 操作要领 + 加工实践 + 经验总结”的过程，引领读者逐步深入地学习铣床（加工中心）的操作和技巧，并且配有大量的图文和操作视频，变枯燥的过程为有趣的探索。

◆ 简明扼要的数控编程

在数控编程章节中，以编程为主，用大量的案例操作对编程涉及的知识点进行提炼，简明直观地讲解了数控铣削的重要知识点，有针对性地描述了编程的工作性能和加工特点，并结合实例对数控编程的流程、方法做了详细的阐述。

◆ 重点突出的经验总结

在本书中，几乎每一章节、每一知识点后都有相对应的经验总结，学习者一定要将之熟悉、牢记，这是本书的重要特色，也是精华之一，所以“学向勤中得，萤窗万卷书”。

◆ 全面新颖的学习口诀

编者结合多年的教学和实践，呕心沥血，编制了数十首加工口诀，也是本书的精髓，其分布于各章节，方便学习者由浅入深、逐层进化地学习。

◆ 独具特色的视频精讲

针对铣床（加工中心）加工的特色，笔者录制了课堂授业的全套近 4G 的视频，包括普通铣床的操作、数控编程的指令讲解与实例分析，可以辅助学习知识、理解思路与开拓思维，相信假以时日，读者定可融会贯通，得学习之要点、领编程之精华。

总体而言，铣床（加工中心）加工，作为机械加工的初始学科，打好基础是必要和重要的，这也是在本书编写过程中强调经验总结、加工实例和加工口诀的原因。青，取之于蓝，而青于蓝；冰，水为之，而寒于水，何因？乃是学习者需要放正心态，一步一步地踏实学习，使新的知识被掌握、被吸收，然后可以获取更多书本和课程的知识，其中甘苦，需不断努力，不弃不断，方能有更大的收获。积土成山，风雨兴焉，积水成渊，蛟龙生焉。

最后本书编写之中得到内子徐小红女士的极大支持和帮助，在此表示感谢。另，本人水平有限，书中若有不妥之处，实乃抱歉，还请批评指正。

刘蔡保

目录
CONTENTS

第1章 铣床基础知识

第2章 铣削运动

第 3 章 铣削工艺

第 4 章 铣削的操作

第5章 铣削经验提升

第6章 铣床部件维修及调整

第7章 数控机床概述

第8章 数控铣床（加工中心）加工工艺

第9章 FANUC 数控铣床（加工中心）编程

第 10 章 数控铣削零件加工工艺分析及编程操作

1

第 1 章　铣床基础知识

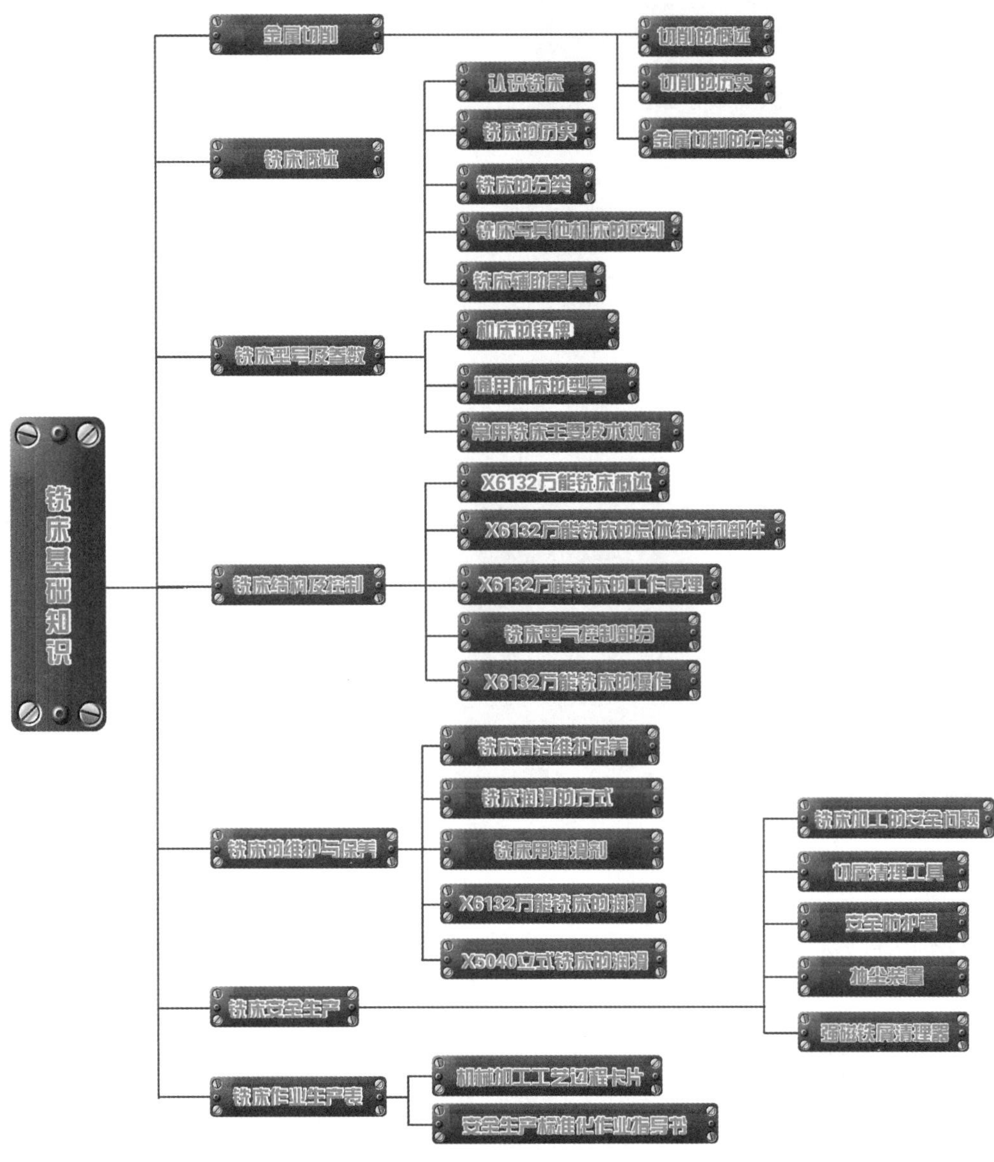
铣床基础知识
金属切削
切削的概述
切削的历史
金属切削的分类
铣床概述
认识铣床
铣床的历史
铣床的分类
铣床与其他机床的区别
铣床辅助器具
铣床型号及参数
机床的铭牌
通用机床的型号
常用铣床主要技术规格
铣床结构及控制
X6132万能铣床概述
X6132万能铣床的总体结构和部件
X6132万能铣床的工作原理
铣床电气控制部分
X6132万能铣床的操作
铣床的维护与保养
铣床清洁维护保养
铣床润滑的方式
铣床用润滑剂
X6132万能铣床的润滑
X5040立式铣床的润滑
铣床安全生产
铣床加工的安全问题
切屑清理工具
安全防护罩
抽尘装置
强磁铁屑清理器
铣床作业生产表
机械加工工艺过程卡片
安全生产标准化作业指导书

1.1 金属切削

1.1.1 切削的概述

这里的切削特指金属切削，是用切削工具（包括刀具、磨具和磨料）把坯料或工件上多余的材料层切去成为切屑，使工件获得规定的几何形状、尺寸和表面质量的加工方法，如图 1-1 所示。

任何切削加工都必须具备 3 个基本条件：切削工具、工件和切削运动，图 1-2 为切削运动。

图 1-1 铣床的切削运动

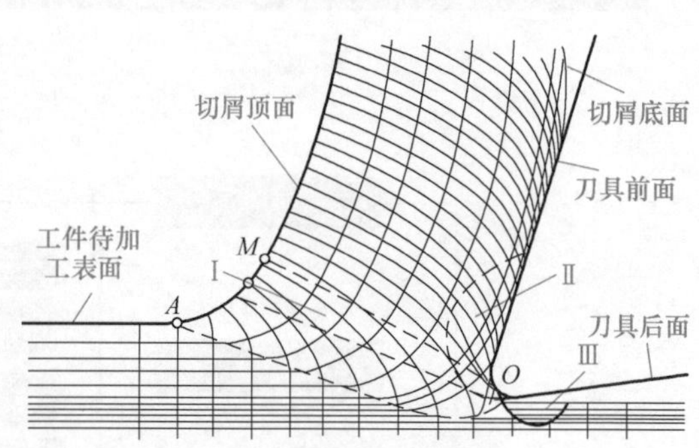

图 1-2 切削运动

切削工具应有刃口，其材质必须比工件坚硬。不同的刀具结构和切削运动形式构成不同的切削方法。用刃形和刃数都固定的刀具进行切削的方法有车削、钻削、镗削、铣削、刨削、拉削和锯切等；用刃形和刃数都不固定的磨具或磨料进行切削的方法有磨削、研磨、珩磨和抛光等。图 1-3 为车削，图 1-4 为镗削，图 1-5 为拉削。

图 1-3 车削

图 1-4 镗削

切削加工是机械制造中最主要的加工方法。虽然毛坯制造精度不断提高，精铸、精锻、挤压、粉末冶金等加工工艺应用日益广泛，但由于切削加工的适应范围广，且能达到很高的精度和很低的表面粗糙度，在机械制造工艺中仍占有重要地位。

1.1.2 切削的历史

切削加工的历史可追溯到原始人创造石劈、骨钻等劳动工具的旧石器时期。在中国，早在商代中期（公元前13世纪），就已能用研磨的方法加工铜镜。商代晚期（公元前12世纪），曾用青铜钻头在卜骨上钻孔。西汉时期（公元前206年—公元25年），就已使用杆钻和管钻，用加砂研磨的方法在“金缕玉衣”的4000多块坚硬的玉片上钻了18000多个直径为1～2mm的孔。

17世纪中叶，中国开始利用畜力代替人力驱动刀具进行切削加工。如公元1668年，曾在畜力驱动的装置上，用多齿刀具铣削天文仪上直径达2丈（古丈）的大铜环，然后再用磨石进行精加工，如图1-6所示。

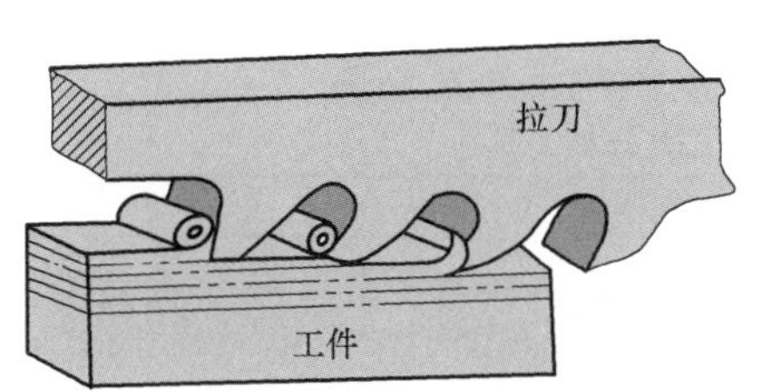

图1-5　拉削

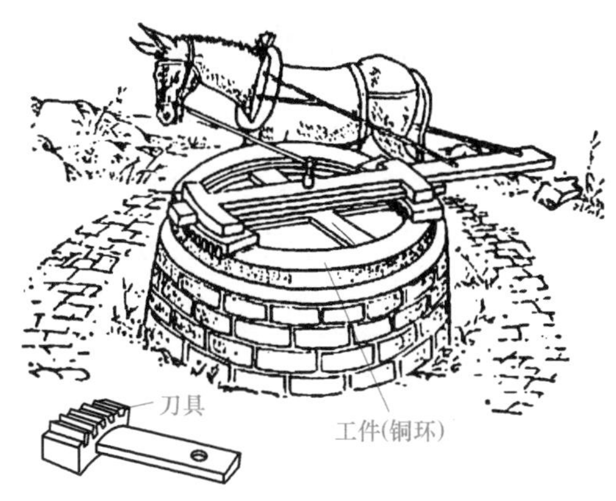

图1-6　畜力驱动铣削大铜环

18世纪后半期的英国工业革命开始后，由于蒸汽机和近代机床的发明，切削加工开始用蒸汽机作为动力。到19世纪70年代，切削加工中又开始使用电力，多种新的刀具材料相继出现。19世纪末出现的高速钢刀具，使刀具许用的切削速度比碳素工具钢和合金工具钢刀具提高2倍以上，达到25m/min左右。1923年出现的硬质合金刀具，使切削速度比高速钢刀具又提高2倍左右。19世纪30年代以后出现的金属陶瓷和超硬材料（人造金刚石和立方氮化硼）进一步提高了切削速度和加工精度。随着机床和刀具不断发展，切削加工的精度、效率和自动化程度不断提高，应用范围也日益扩大，从而促进了现代机械制造业的发展。

19世纪，英国人为了蒸汽机等工业革命的需要发明了镗床、刨床，而美国人为了生产大量的武器，则专心致力于铣床的发明。铣床是一种带有形状各异铣刀的机器，它可以切削出特殊形状的工件，如螺旋槽、齿轮形等，如图1-7所示。

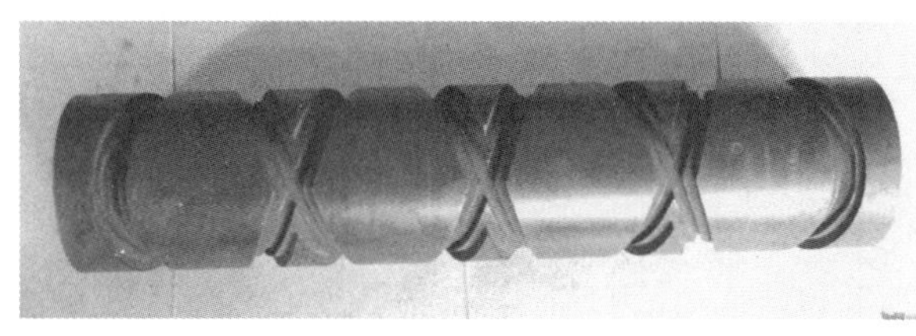
图1-7　螺旋槽

1.1.3　金属切削的分类

金属材料的切削加工有许多分类方法。常见的区分方法有按工艺特征、按材料切除率和加工精度，以及按表面形成方法区分3种。

（1）按工艺特征区分

切削加工的工艺特征决定于切削工具的结构以及切削工具与工件的相对运动形式。按工艺特征，切削加工一般可分为：车削、铣削、钻削、镗削、铰削、刨削、插削、拉削、锯切、磨削、研磨、珩磨、超精加工、抛光、齿轮加工、蜗轮加工、螺纹加工、超精密加工、钳工和刮削等，如图1-8所示。

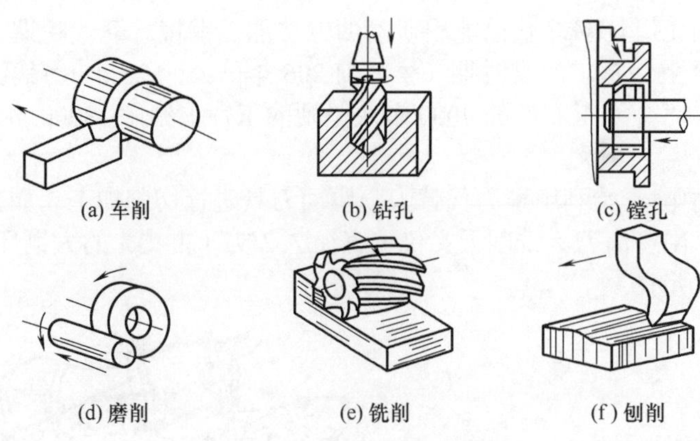
(a) 车削　(b) 钻孔　(c) 镗孔
(d) 磨削　(e) 铣削　(f) 刨削

图 1-8　常见的切削运动形式

（2）按材料切除率和加工精度区分（表 1-1）

表 1-1　按材料切除率和加工精度区分加工类型

序号	加工精度	详细知识点
1	粗加工	如图 1-9 所示，用大的切削深度，经一次或少数几次走刀从工件上切去大部分或全部加工余量，如粗车、粗刨、粗铣、钻削和锯切等，粗加工加工效率高而加工精度较低，一般用作预先加工，有时也可作最终加工 图 1-9　粗加工
2	半精加工	一般作为粗加工与精加工之间的中间工序，但对工件上精度和表面粗糙度要求不高的部位，也可以作为最终加工
3	精加工	如图 1-10 所示，用精细切削的方式使加工表面达到较高的精度和表面质量，如精车、精刨、精铰、精磨等。精加工一般是最终加工 图 1-10　精加工
4	精整加工	如图 1-11 所示，在精加工后进行，其目的是获得更小的表面粗糙度，并稍微提高精度。精整加工的加工余量小，如珩磨、研磨、超精磨削和超精加工等 图 1-11　精整加工

续表

序号	加工精度	详细知识点
5	修饰加工	如图 1-12 所示，目的是减小表面粗糙度，以提高防蚀、防尘性能和改善外观，而并不要求提高精度，如抛光、砂光等  图 1-12 外圆抛光（修饰加工）
6	超精密加工	如图 1-13 所示，航天、激光、电子、核能等尖端技术领域中需要某些特别精密的零件，其精度高达 IT4 以上，表面粗糙度不大于 $Ra0.01\mu m$。这就需要采取特殊措施进行超精密加工，如镜面车削、镜面磨削、软磨粒机械化学抛光等  图 1-13 超精密加工

（3）按表面形成方法区分

切削加工时，工件的已加工表面是依靠切削工具和工件作相对运动来获得的。按表面形成方法，切削加工可分为 3 类，见表 1-2。

表 1-2 按表面形成方法区分加工类型

序号	表面形成方法	详细知识点
1	刀尖轨迹法	如图 1-14 所示，依靠刀尖相对于工件表面的运动轨迹来获得工件所要求的表面几何形状，如车削外圆、刨削平面、磨削外圆、用靠模车削成形面等。刀尖的运动轨迹取决于机床所提供的切削工具与工件的相对运动 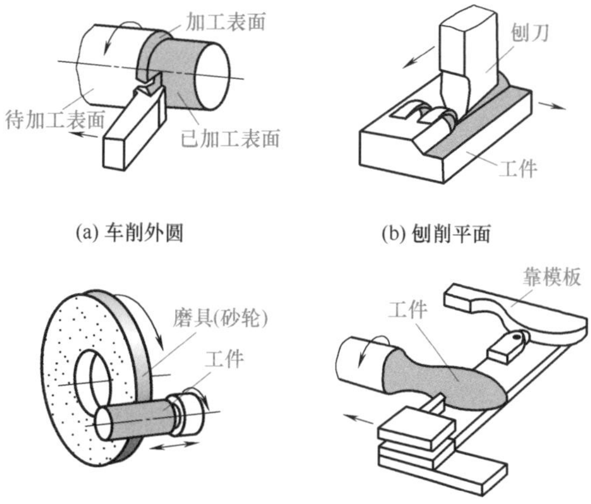 加工表面 待加工表面 已加工表面 (a) 车削外圆 刨刀 工件 (b) 刨削平面 磨具(砂轮) 工件 (c) 磨削外圆 靠模板 工件 (d) 用靠模车削成形面 图 1-14 刀尖轨迹法

续表

序号	表面形成方法	详细知识点
2	成形刀具法	如图 1-15 所示，简称成形法，用与工件的最终表面轮廓相匹配的成形刀具或成形砂轮等加工出成形面。此时机床的部分成形运动被刀刃的几何形状所代替，如成形车削、成形铣削和成形磨削等。由于成形刀具的制造比较困难，机床、夹具、工件和刀具所形成的工艺系统所能承受的切削力有限，成形法一般只用于加工短的成形面 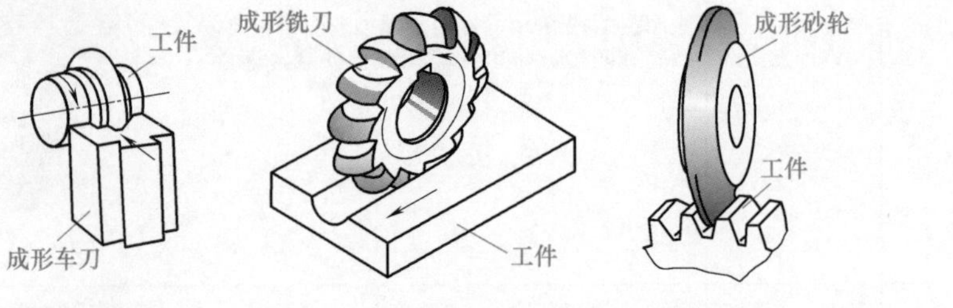 工件 成形车刀 成形铣刀 工件 成形砂轮 工件 (a) 成形车削 (b) 成形铣削 (c) 成形磨削 图 1-15 成形刀具法
3	展成法	如图 1-16 所示，又称滚切法，加工时切削工具与工件作相对展成运动，刀具（或砂轮）和工件的瞬心线相互作纯滚动，两者之间保持确定的速比关系，所获得的加工表面就是刀刃在这种运动中的包络面。齿轮加工中的滚齿、插齿、剃齿、珩齿和磨齿（不包括成形磨齿）等均属展成法加工 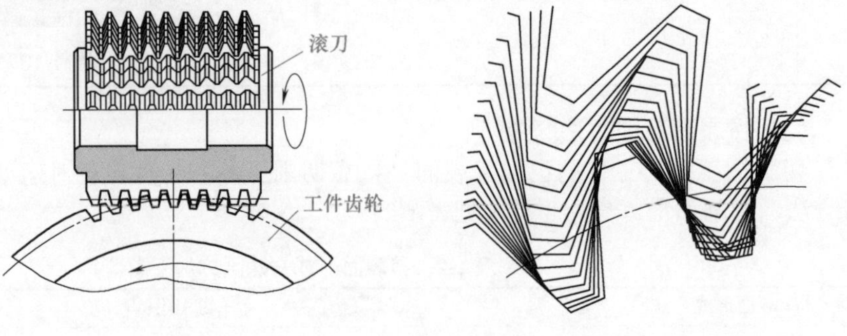 滚刀 工件齿轮 (a) 滚齿 (b) 滚切包络过程 图 1-16 展成法

1.2 铣床概述

1.2.1 认识铣床

铣床主要指用铣刀对工件多种表面进行加工的机床，通常铣刀以旋转运动为主运动，工件和铣刀的移动为进给运动。它可以加工平面、沟槽，也可以加工各种曲面、齿轮等。

图 1-17 为铣平面的操作，图 1-18 为沟槽的加工。

铣床除能铣削平面、沟槽、轮齿、螺纹和花键轴（图 1-19）外，还能加工比较复杂的型面、螺旋形表面（螺纹、螺旋槽）及各种曲面。

此外，铣床还可用于回转体表面和内孔加工及进行切断工作等。铣床在工作时，工件装在工作台或分度头等附件上，铣刀旋转为主运动，辅以工作台或铣头的进给运动，工件即可获

图 1-17 铣平面

图 1-18 沟槽的加工

得所需的加工表面，如图 1-20 所示。由于是多刃断续切削，因而铣床的生产率较高。简单来说，铣床是可以对工件进行铣削、钻削和镗孔加工的机床。

图 1-19 花键轴的加工

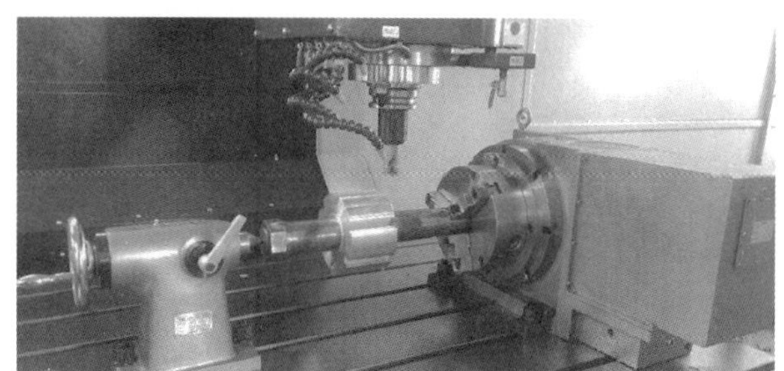
图 1-20 分度头加工

1.2.2 铣床的历史

早在 1664 年，英国科学家胡克就依靠旋转圆形刀具制造出了一种用于切削的机器，这算是原始的铣床。在十九世纪四十年代，普拉特设计了林肯铣床。当然，真正确立铣床在机械制造中地位的，是美国人惠特尼。

1818 年，惠特尼制造了世界上第一台普通铣床，如图 1-21 所示。但是，铣床的专利却是英国的博德默（带有送刀装置的龙门刨床的发明者）于 1839 年捷足先“得”的。由于铣床造价太高，所以当时问津者不多。

铣床沉默了一段时间后，又在美国活跃起来。相比之下，惠特尼和普拉特还只能说是为铣床的发明应用做了奠基性的工作，真正发明能适用于工厂各种操作的铣床的功绩应该归属美国工程师约瑟夫·布朗。

图 1-21 惠特尼卧式铣床

1862 年，美国的布朗制造出了世界上最早的万能铣床，这种铣床在备有万有分度盘和综合铣刀方面是划时代的创举。万能铣床的工作台能在水平方向旋转一定的角度，并带有立铣头等附件。他设计的“万能铣床”在1867年巴黎博览会上展出时，获得了极大的成功。同时，布朗还设计了一种经过研磨也不会变形的成形铣刀，接着还制造了磨铣刀的研磨机，使铣床达到了现在这样的水平。从此，万能铣床的基本结构也得到了定型。

1.2.3 铣床的分类

由于铣床的工作范围非常广，铣床的类型也很多，现将常用的铣床作一简要介绍。

（1）升降台铣床

我们常用的铣床基本上都是升降台式铣床，其主要特征是带有升降台。工作台除沿纵、横向导轨作左右、前后运动外，还可沿升降导轨随升降台作上下运动。这类铣床用途广泛，加工范围大，通用性强，是铣削加工常用铣床。根据结构形式和使用特点，升降台铣床又可分为卧式和立式两种。

卧铣多用于齿轮、花键、开槽、切割等加工，立式铣床除多用于平面加工方面外，平面有高低曲直几何形状的工件，如模具类，立铣可大显身手。

① 卧式铣床　如图1-22所示为卧式铣床实物图，如图1-23所示为卧式铣床外形及各部分名称。卧式铣床的主要特征是铣床主轴轴线与工作台面平行。因主轴呈横卧位置，所以称作卧式铣床。铣削时将铣刀安装在与主轴相连接的刀杆上，随主轴作旋转运动，被切削工件装夹在工作台面上对铣刀作相对进给运动，从而完成切削工作。

图1-22　卧式铣床实物图

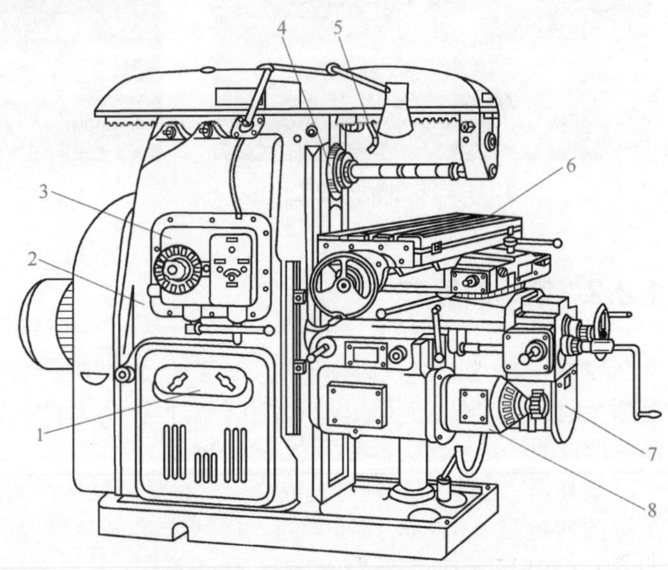

图1-23　卧式铣床外形及各部分名称

1—机床电器部分；2—床身部分；3—变速操纵部分；4—主轴及传动部分；5—冷却部分；6—工作台部分；7—升降台部分；8—进给变速部分

卧式铣床加工范围很广，可以加工沟槽、平面、成形面、螺旋槽等。根据加工范围的大小，卧式铣床又可分为一般卧式铣床（平铣）和卧式万能铣床。卧式万能铣床的结构与一般卧式铣床有所不同，其纵向工作台与横向工作台之间有一个回转盘，并具有回转刻度线。使用时，可以按照需要在 ±45° 范围内扳转角度，以适应用圆盘铣刀加工螺旋槽等工件。同时，卧式万能铣床还带有较多附件，因而加工范围比较广。由于这种铣床具有以上优点，所以得到广泛应用。

② 立式铣床　如图 1-24 所示为立式铣床实物图，图 1-25 为立式铣床外形及各部分名称。立式铣床的主要特征是铣床主轴轴线与工作台面垂直。因主轴呈竖立位置，所以称作立式铣床。铣削时，铣刀安装在与主轴相连接的刀轴上，绕主轴作旋转运动，被切削工件装夹在工作台上，对铣刀作相对运动，完成切削过程。

图 1-24　立式铣床实物图

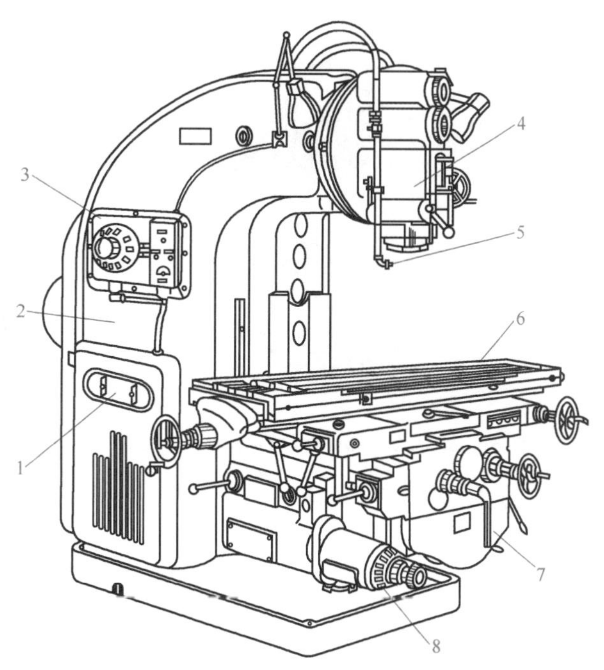

图 1-25　立式铣床外形及各部分名称

1—机床电气部分；2—床身部分；3—变速操纵部分；4—主轴及传动部分；5—冷却部分；6—工作台部分；7—升降台部分；8—进给变速部分

立式铣床加工范围很广，通常在立铣时可以应用面铣刀、立铣刀、成形铣刀等铣削各种沟槽和表面；另外，利用机床附件，如回转工作台、分度头，还可以加工圆弧、曲线外形、齿轮、螺旋槽、离合器等较复杂的零件；当生产批量较大时，在立铣上采用硬质合金刀具进行高速铣削，可以大大提高生产效率。

立式铣床与卧式铣床相比，在操作方面还具有观察清楚、检查调整方便等特点。

立式铣床按其立铣头的不同结构，又可分为两种：

a. 立铣头与机床床身成一整体，这种立式铣床刚性比较好，但加工范围比较小。

b. 立铣头与机床床身之间有一回转盘，盘上有刻度线，主轴随立铣头可扳转一定角度，以适应铣削各种角度面、椭圆孔等工件。由于该种铣床立铣头可回转，所以目前在生产中应用广泛。

（2）多功能铣床

如图 1-26 所示为一台摇臂万能铣床实物图。这种铣床能进行以铣削为主的多种切削加工，可以进行立铣、卧铣、镗、钻、磨、插等工序，还能加工各种斜面、螺旋面、沟槽、弧形槽等，适用于各种维修零件和产品加工，特别适用于各种工夹模具制造。该机床结构紧凑，操作灵活，加工范围广，是一种典型的多功能铣床。

如图 1-27 所示为万能工具铣床。该机床工作台不仅可以作三个方向平移，还可以作多方向回转，特别适用于加工刀、量具类较复杂的小型零件，具有附件配备齐全、用途广泛等特点。

图 1-26　摇臂万能铣床

图 1-27　万能工具铣床

（3）固定台座式铣床

这类铣床的主要特征是没有升降台，如图 1-28 所示。工作台只能作左右、前后的移动，其升降运动是由立铣头沿床身垂直导轨上下移动来实现的。这类铣床因为没有升降台，工作台的支座就是底座，所以结构坚固、刚性好，适宜进行强力铣削和高速铣削；由于其承载能力较大，还适宜于加工大型、重型工件。

（4）龙门铣床

如图 1-29 所示，龙门铣床也是无升降台铣床的一种类型，属于大型铣床。铣削动力头安装在龙门导轨上，可作横向和升降运动；工作台安装在固定床身上，仅作纵向移动。龙门铣床根据铣削动力头的数量分别有单轴、双轴、三轴、四轴等多种形式。图 1-29 是一台四轴龙门铣床。铣削时，若同时安装四把铣刀，可铣削工件的几个表面，工作效率高，适宜加工大型箱体类工件表面，如机床床身表面等。

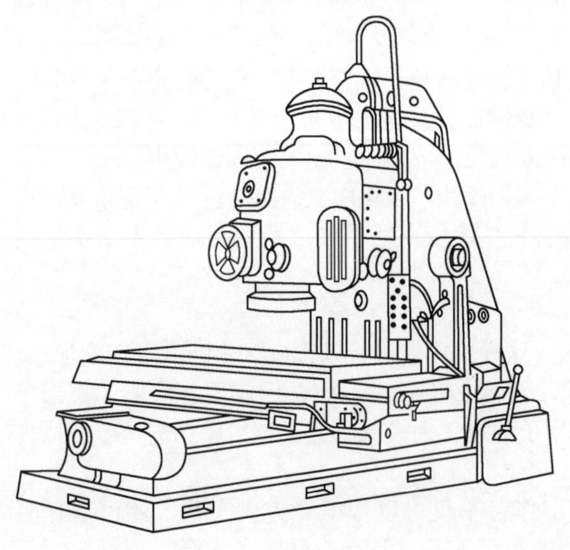

图 1-28　固定台座式铣床

图 1-29　四轴龙门铣床

（5）专用铣床

专用铣床的加工范围比较小，是专门加工某一种类工件的，它是通用机床向专一化发展的结果。这类机床加工单一性产品时，生产效率很高。

专用铣床的种类很多，现将几种机床作简要介绍。

如图1-30所示为一台转盘式多工位铣床，这种铣床适宜高速铣削平面。由于其操作简便、生产效率高，因此特别适用于大批量生产。

如图1-31所示为一台专门加工键槽的长槽铣床，它具有装夹工件方便，调整简单等特点，适宜各种轴类零件的键槽铣削。

如图1-32所示为一台平面仿形铣床，这种铣床适宜加工各种较复杂的曲线轮廓零件，调整主轴头的不同高度，可以加工平面阶台轮廓。除了仿形铣削外，还能担负立铣的工作，为了适应成批生产，还可采用自动循环控制。

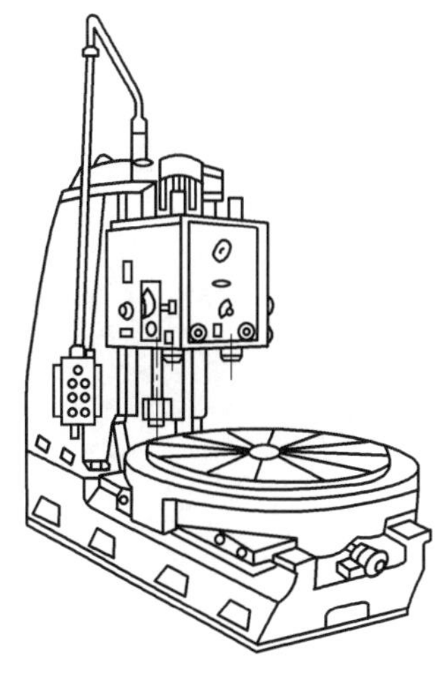

图1-30 转盘式多工位铣床

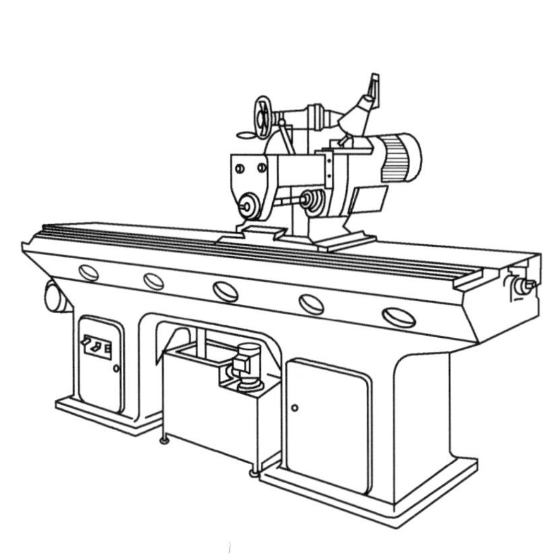

图1-31 长槽铣床

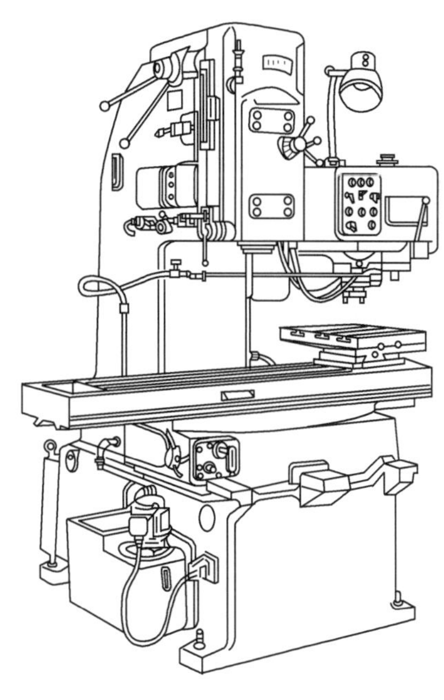

图1-32 平面仿形铣床

（6）数控铣床和加工中心

数控铣床和加工中心是近年来发展迅速的新型铣削加工用金属切削机床。数控铣床和加工中心是装备了数控系统的机床，如图1-33所示为数控铣床，图1-34为数控加工中心。

数控铣床也有卧式数控铣床、立式数控铣床、固定台座式铣床和龙门铣床等多种类型。专用的数控铣床有数控曲轴铣床、数控螺纹铣床等。数控铣床一般是三轴联动，也有一些是两轴半联动。一些有摆角功能的数控铣床，可以进行四轴和五轴联动的多面加工。加工中心是带有刀库的数控机床，可自动换刀进行铣、镗加工。数控铣床和加工中心适用于加工各种精度较高的零件，对于一般铣床不能加工的复杂轮廓和立体曲面，可使用数控铣床或加工中心进行加工。

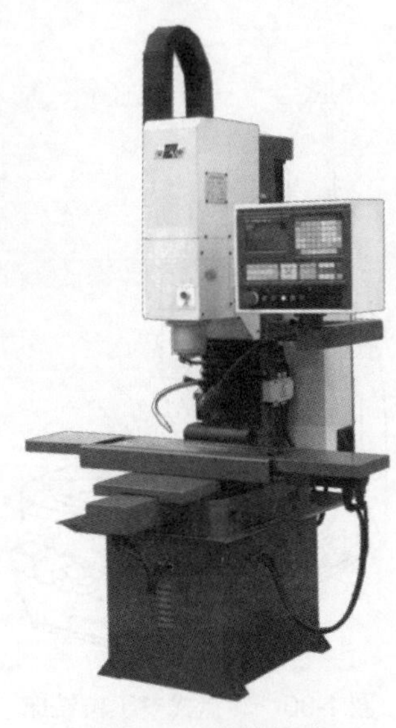

图 1-33　数控铣床

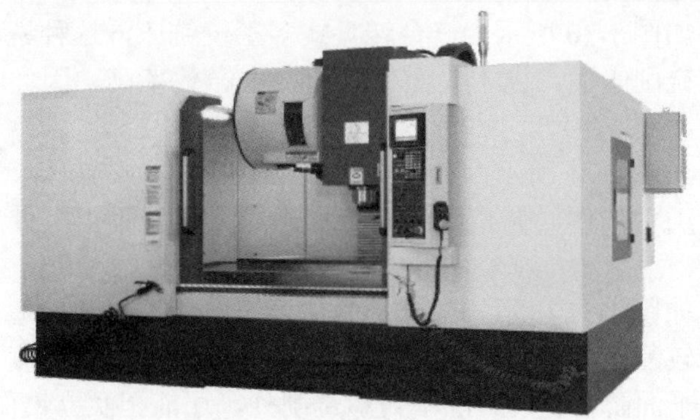

图 1-34　数控加工中心

1.2.4　铣床与其他机床的区别

（1）铣床和刨床的区别

铣床是用铣刀对工件进行铣削加工的机床。铣床除能铣削平面、沟槽、轮齿、螺纹和花键轴外，还能加工比较复杂的型面，效率较刨床高，在机械制造和修理部门得到广泛应用。

刨床是用刨刀对工件的平面、沟槽或成形表面进行刨削的直线运动机床，如图 1-35 所示为刨床实物图，图 1-36 为刨床外形及各部分名称。使用刨床加工，刀具较简单，但生产率较

图 1-35　刨床实物图

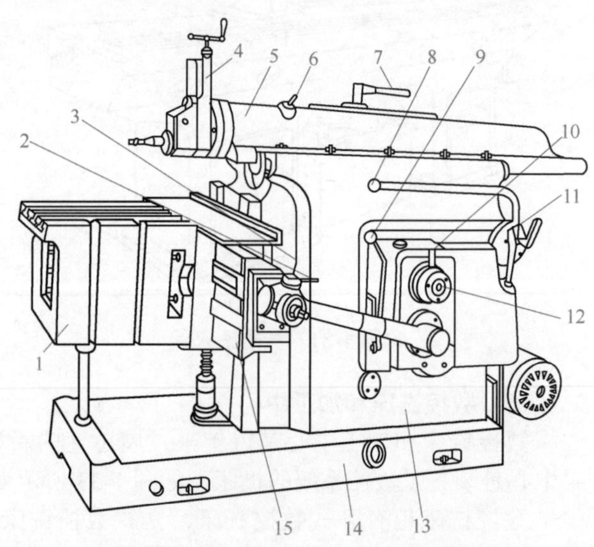

图 1-36　刨床外形及各部分名称

1—工作台；2—进给运动换向手柄；3—工作台横向或垂直进给手柄；4—刀架；5—滑枕；6—调节滑枕位置手柄；7—紧定手柄；8—操纵手柄；9—工作台快速移动手柄；10—进给量调节手柄；11—变速手柄；12—调节行程长度手柄；13—床身；14—底座；15—横梁

低（加工长而窄的平面除外），因而主要用于单件、小批量生产及机修车间，在大批量生产中往往被铣床所代替。根据结构和性能，刨床主要分为牛头刨床、龙门刨床、单臂刨床及专门化刨床（如刨削大钢板边缘部分的刨边机、刨削冲头和复杂形状工件的刨模机）等。

牛头刨床因滑枕和刀架形似牛头而得名，刨刀装在滑枕的刀架上作纵向往复运动，多用于切削各种平面和沟槽，如图 1-37 所示。龙门刨床因有一个由顶梁和立柱组成的龙门式框架结构而得名，工作台带着工件通过龙门框架作直线往复运动，多用于加工大平面（尤其是长而窄的平面），也用来加工沟槽或同时加工数个中小零件的平面。大型龙门刨床往往附有铣头和磨头等部件，这样就可以使工件在一次安装后完成刨、铣及磨平面等工作。单臂刨床具有单立柱和悬臂，工作台沿床身导轨作纵向往复运动，多用于加工宽度较大而又不需要在整个宽度上加工的工件。

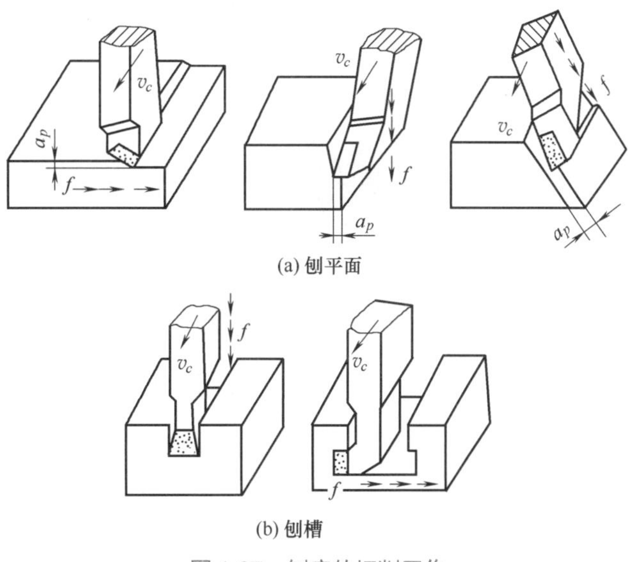

图 1-37　刨床的切削工作

（2）铣床和钻床的区别

钻床系指主要用钻头在工件上加工孔的机床，如图 1-38 所示为钻床实物图，图 1-39 为钻床外形及各部分名称。通常钻头旋转为主运动，钻头轴向移动为进给运动。钻床结构简单，加工精度相对较低，可钻通孔、盲孔，更换特殊刀具，可扩孔、锪孔、铰孔或进行攻螺纹等加工。铣床是用铣刀对工件进行铣削加工的机床。

图 1-38　钻床实物图

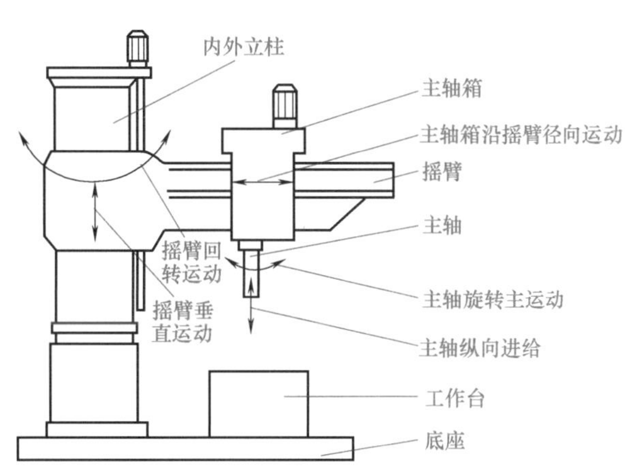

图 1-39　钻床外形及各部分名称

摇臂钻床是效率很高的孔加工机床，由于它的主轴可以在加工范围内快速地任意移动，而工件固定，因此用于加工大型箱体零件上的不同位置的孔、螺孔等，效率很高。

（3）镗床与铣床的区别

镗床与铣床的工作原理和性质相似。刀具的旋转是主运动，工件的移动是进给运动，如

图 1-40 所示为镗床实物图，图 1-41 为镗床外形及各部分名称。

图 1-40　镗床实物图

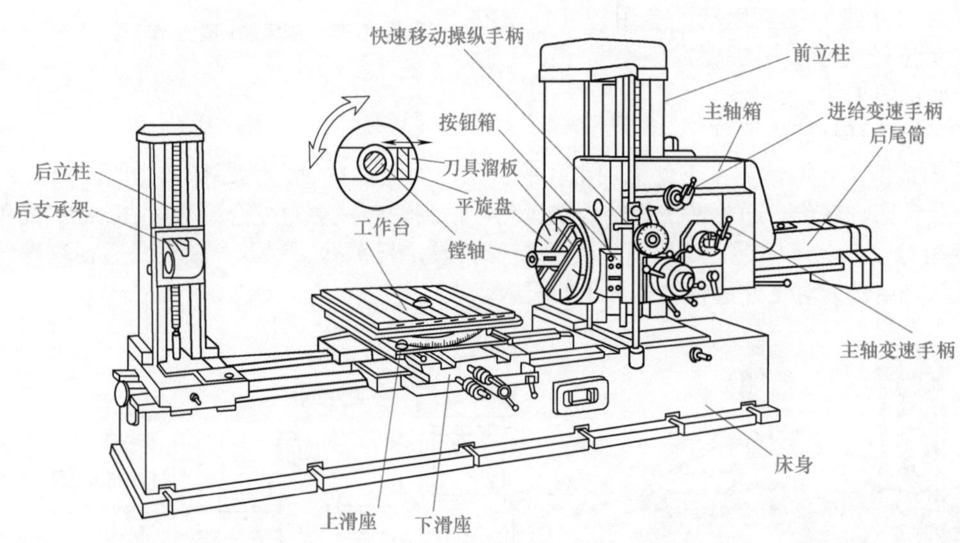

图 1-41　镗床外形及各部分名称

镗床多用于加工较长的通孔、大直径台阶孔、大型箱体零件上不同位置的孔等。由于镗床的刀盘和镗杆刚性较高，因此加工出的孔的直线度、圆柱度和位置度等都很高。

铣床也可以进行镗孔，但加工范围较小，精度也较低。铣床多用于平面、成形面、槽等加工。

1.2.5　铣床辅助器具

铣床上常用辅助器具有搬动重物的轻型起重车、运送物品的运转车、分离铁屑和铜屑的分离器、保护 T 形槽的罩盖以及帮助操作者看清对面切削情况的反射镜等，表 1-3 分别介绍，供参考选用。

表 1-3　铣床常用辅具

序号	辅助器具	详细知识点
1	轻型起重车	如图 1-42 所示是小吊车式起重工具，其结构简单。横臂的右端焊有圆管，插入空心的主架内，用两个手轮固定。左端的钩子上安装一个小型倒链（图中未画出），当铣床工作台的一端伸到倒链下面时，将吊起的物品放在台面上。横臂需要转动时，将手轮松开。底座安装在四个胶轮上 图 1-42　小吊车
2	运转车	如图 1-43 所示为运转车，由滑板和牵引棒两部分组成。滑板上部是一个用钢料焊接而成的盘子，下面装两个胶轮并焊两个支脚，盘子正前方焊有一段小钢筋作固定销用，如图 1-43（b）所示，用以和牵引棒连接。滑板尺寸的大小、高度及胶轮的大小应根据被运转物品而定。轮轴的结构可以有两种形式，如图 1-44（a）所示可用于安装两只较大胶轮时使用，图 1-44（b）所示可用于安装四只较小胶轮时使用 (a) 整体车　(b) 滑板组合　(c) 牵引组合 图 1-43　运转车（一） (a) 结构形式 (一)　(b) 结构形式 (二) 图 1-44　运转车（一）轮轴结构 牵引棒由一根长钢管和一节带孔的短管焊在双胶轮轴的中部而成，如图 1-43（c）所示。带孔的短管用于和滑板的固定销接合。接合时，短管倾斜推入固定销正下方，压下牵引棒，则短管转为直立，套上固定销，而后滑板前部被顶起，支脚离地约 15mm（倾斜角在 2° 以下）。这时，推拉牵引棒，即可利用滑板上轮子和牵引棒上的轮子带动滑板直走或转弯。需脱开时，只要抬起牵引棒使滑板支脚落地即可

续表

<table>
<tr><th>序号</th><th>辅助器具</th><th>详细知识点</th></tr>
<tr><td>2</td><td>运转车</td><td>如图 1-45 所示是运送集装箱或整体物件时使用的另一种运转车。操作时，将运转车推到运送物品下面，将杠杆 6 向下压，运转车的上架 3 上升，使被运送的物品离开地面，这时，止动器 9 钩住下架 4，制止上架 3 下降。卸车时，松开止动器 9，上架 3 下降，被运送物品落地后，将运转车拉出 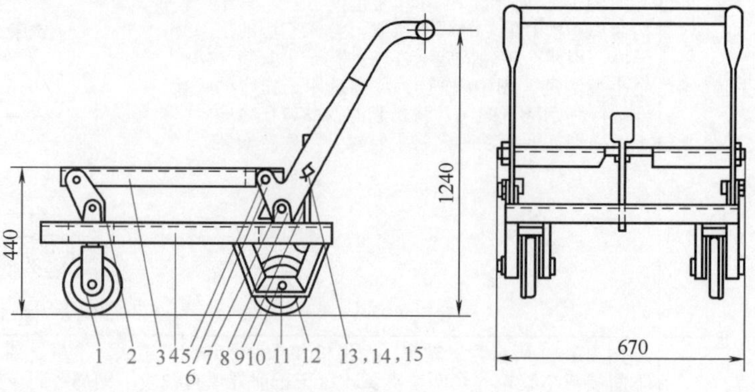
1240 440 670 1 2 3 4 5 6 7 8 9 10 11 12 13，14，15
图 1-45　运转车（二）
1—转向轮；2—连杆；3—上架；4—下架；5—轴Ⅰ；6—杠杆；7—轴Ⅱ；8—支座；9—止动器；10—轮架；11—轴Ⅲ；12—后轮；13—螺杆；14—螺母；15—开口销</td></tr>
<tr><td>3</td><td>T 形槽罩盖</td><td>T 形槽罩盖（图 1-46）能防止切屑等杂物落入铣床工作台的 T 形槽内。罩盖可以用 0.5 ～ 0.8mm 的薄铁皮弯制，尺寸 A、B 和 L 根据所使用铣床的 T 形槽的规格而定 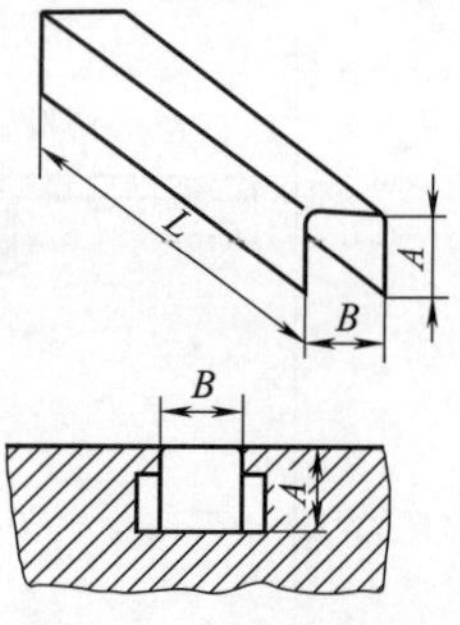
L A B B A
图 1-46　T 形槽罩盖</td></tr>
<tr><td>4</td><td>带磁铁反射镜</td><td>当铣刀在工件的背面切削或操作者不便于观察切削情况时，可借助反射镜，这时，在一面镜子的背后，胶黏上一块磁铁（图 1-47），加工中，可将它吸附到铣床的适当部位，这样，操作者从镜子中能看到工件背面切削情况是否准确 
镜子 磁铁
图 1-47　带磁铁反射镜</td></tr>
<tr><td>5</td><td>铜铁屑分离装置</td><td>铣床上切下的铜屑和铸铁屑若混合在一起，需要进行分离的时候，当铜屑和铸铁屑混合量不大，可采用马蹄形磁铁吸附的方法将铁屑吸离。如果分离量较大，可使用图 1-48 所示的分离器，它同时能够回收和铁屑混杂在一起的铜屑。机架 4 用角铁焊接而成，电动机 6（0.3kW，940r/min）通过小槽轮 5、V 带 2 驱动大槽轮 3，大槽轮固定在轴 16 上，并用两个瓦架把轴架在机架上，前端插到料斗 1 里，带动翻料滚 15 做转动工作。轴 16 的转速一般应控制在 60 ～ 80r/min；翻料滚 15 的外径约在 40 ～ 50mm，在翻料滚 15 的轴向开有小槽（槽的大小，应根据切屑的大小与电磁铁吸力的大小来定）</td></tr>
</table>

续表

序号	辅助器具	详细知识点
5	铜铁屑 分离装置	翻料滚15与料斗1底部的圆弧紧贴着转动。在翻料滚15下面料斗1底部开有长口，当翻料滚15转动时，切屑就随着翻料滚的旋转而由滚子轴向槽落入流槽12内（流量大小可由活舌板14调节开口量控制）。于是，切屑便沿流槽上的30°～40°斜面向下流动。当铜铁屑通过流槽落在电磁铁10的侧面以后，便滑入磁场。电磁铁是由硅铜片做成的铁芯、漆包线、绝缘纸导线等组成，在铁芯两边各绕一组线圈，使铁芯形成N-S极，在两极的端面上横放上一块平铁板，由于磁感应作用，两铁板上便产生了磁力，再在外面包上一层蜡绸，并用夹板11夹上，把磁铁倾斜成30°装在机架上，为使其牢固，可用拉杆13拉紧。在磁铁下面的横梁上，搭有一块铝质或铜质分离板9，在分离板的下面两边分别接上铜铁屑容器8、7。这样，当切屑由流槽落下时，铁屑便因磁力作用在磁铁上转弯90°向后滑去，并靠其自重而落入容器7内，铜屑则借助于滑行中的惯性而落入容器8内 设计分离装置时，注意磁力不宜过大，混合屑的流量也不宜太大 图1-48　铜铁屑分离装置 1—料斗；2—V带；3—大槽轮；4—机架；5—小槽轮；6—电动机；7—铁屑容器；8—铜屑容器；9—分离板；10—电磁铁；11—夹板；12—流槽；13—拉杆；14—活舌板；15—翻料滚；16—轴
6	铣刀板和铣刀架	铣刀板和铣刀架钻有直径大小不同的孔（图1-49为铣刀板，图1-50为小型铣刀架，图1-51为综合型铣刀架），从铣床上卸下的铣刀和准备安装使用的铣刀都可以插进插刀板孔中，便于保存和取用。铣刀板和铣刀架可使用普通木料或塑料制作，适用于存放立铣刀、键槽铣刀等指状铣刀时使用  图1-49　铣刀板 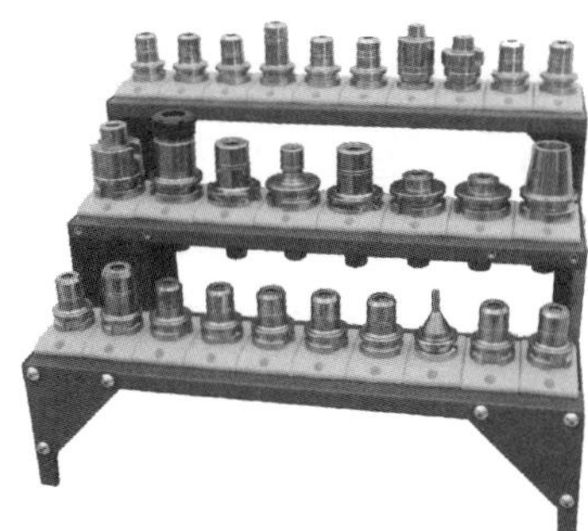 图1-50　小型铣刀架  图1-51　综合型铣刀架

1.3 铣床型号及参数

1.3.1 机床的铭牌

铭牌又称标牌，铭牌主要用来记载生产厂家及额定工作情况下的一些技术数据，以供正确使用而不致损坏设备。对于机械加工设备来说，铭牌大多采用金属板铭刻，以保证生产过程中不致字迹模糊、铭牌脱落。

在进行机床基本识别时，可以通过机床上的铭牌对其有一个简单的了解，比如机床类型、工作范围、生产日期等信息。

下面列举常见的铣床铭牌：图 1-52 立式升降台铣床铭牌、图 1-53 万能升降台铣床铭牌、图 1-54 摇臂万能铣床铭牌、图 1-55 龙门式刨铣床铭牌、图 1-56 半自动花键轴铣床铭牌、图 1-57 数控龙门镗铣床铭牌、图 1-58 立式加工中心铭牌。

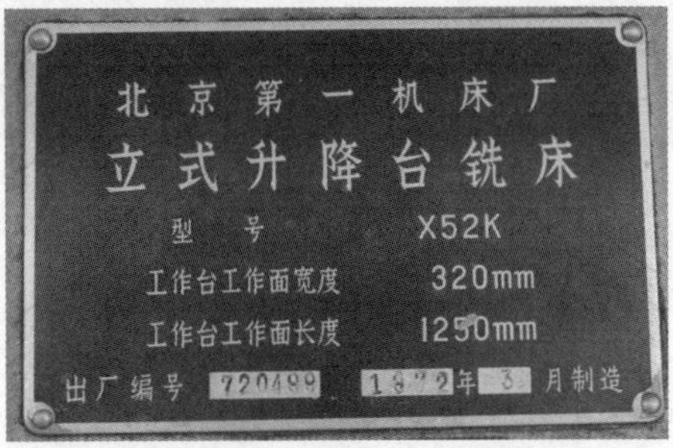

图 1-52 立式升降台铣床铭牌

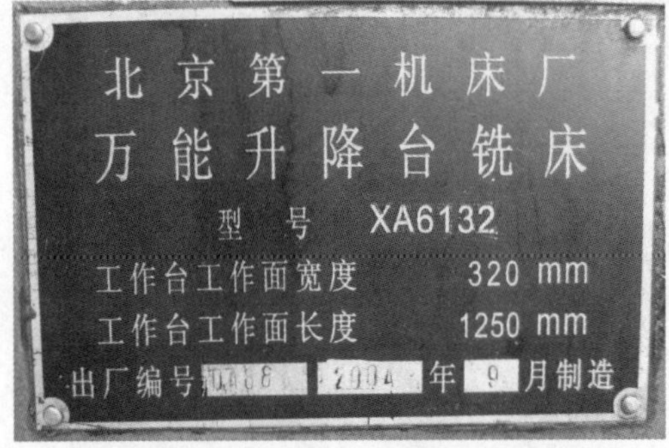

图 1-53 万能升降台铣床铭牌

图 1-54 摇臂万能铣床铭牌

图 1-55 龙门式刨铣床铭牌

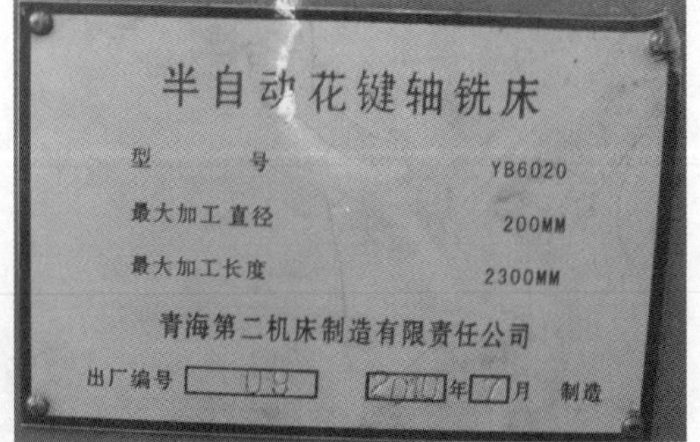

图 1-56 半自动花键轴铣床铭牌

1.3.2 通用机床的型号

（1）型号的表示方法

机床型号是机床产品的代号，它应反映出机床的类别、结构特点和主要技术规格。根据

图 1-57 数控龙门镗铣床铭牌

图 1-58 立式加工中心铭牌

GB/T 15375—2008“金属切削机床型号编制方法”，型号由基本部分和辅助部分组成，中间用“/”隔开。前者需统一管理，后者纳入型号与否由企业自定。型号的构成如下：

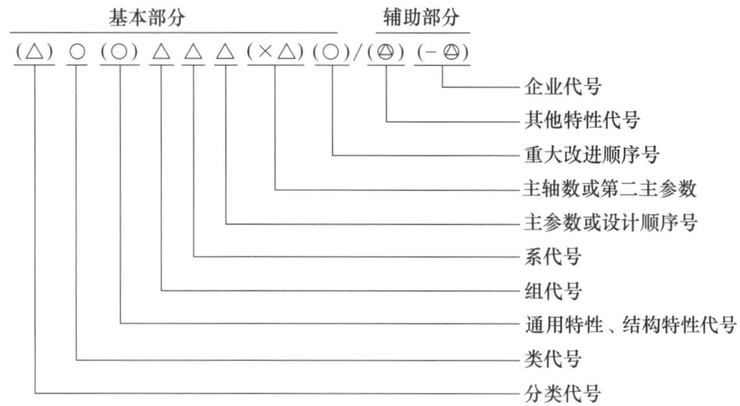

注：有“（ ）”的代号或数字，当无内容时则不表示；若有内容则不带括号。有“○”符号者，为大写的汉语拼音字母；有“△”符号者，为阿拉伯数字；有“◎”符号者，为大写汉语拼音字母或阿拉伯数字，或两者兼有。

机床型号构成见表 1-4。

表 1-4 机床型号构成

序号	型号构成	包括内容	编制方法	说明
1	基本部分	类别	在我国现行金属切削机床型号的编制方法中，把所有机床分为十一大类，每一类都以大写汉语拼音字母表示，铣床类用“X”表示，在型号表示中居首位	基本部分由国家统一管理
		通用特性	每类机床除有普通形式外，如还具有其他通用特性时，就在类代号之后，用大写的汉语拼音字母予以表示，位于类别代号之后。若无内容时则不表示	
		组、系	铣床按其用途、性能、结构等分为 10 个组，位于类代号或通用特性代号之后。每个组又划分为 10 个系（系别），位于组代号之后。组和系分别用一位阿拉伯数字表示。铣床共有 9 组，每组又分为 10 个系	
		主参数	铣床型号中的主参数绝大多数是工作台面宽度，用折算系数表示，位于系代号之后	
		重大改进顺序号	当机床的结构、性能有重大改进和提高时，按其设计改进的次序，分别用大写的英文字母“A、B、C、D…”表示，位于主参数代号之后。若无内容时则不表示	

续表

序号	型号构成	包括内容	编制方法	说明
2	辅助部分	其他特性代号	若有内容时用大写的汉语拼音字母或阿拉伯数字表示，无内容时则不表示	辅助部分由企业自行确定
		企业代号	若有内容时用大写的汉语拼音字母或阿拉伯数字表示，无内容时则不表示	

铣床型号现行规定表示方法举例：

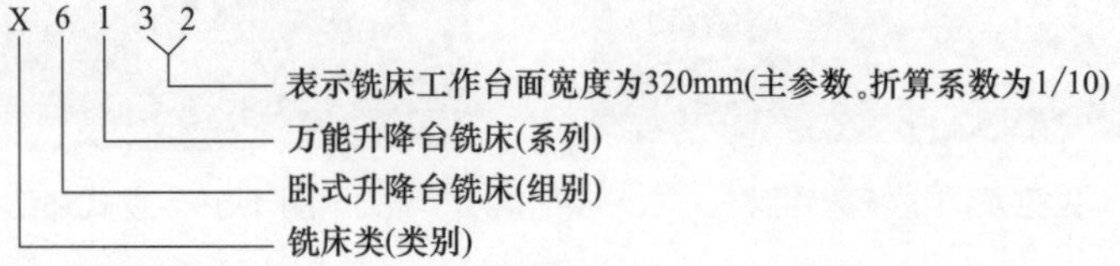

（2）机床的分类及类代号

机床按其工作原理划分为车床、钻床……共 11 类。机床的类代号，用大写的汉语拼音字母表示。必要时，每类可分为若干分类。分类代号在类代号之前，作为型号的首位，并用阿拉伯数字表示。机床的类代号，按其相应的汉字字义读音。例如：车床类代号“C”，读作“车”。机床的分类和类代号见表 1-5。

表 1-5　机床的分类和类代号

类别	车床	铣床	钻床	镗床	磨床			齿轮加工机床	螺纹加工机床	刨插床	拉床	切断机床	其他机床
代号	C	X	Z	T	M	2M	3M	Y	S	B	L	G	Q
读音	车	铣	钻	镗	磨	二磨	三磨	牙	丝	刨	拉	割	其

（3）通用特性、结构特性代号

通用特性、结构特性代号均用大写的汉语拼音字母表示，位于类代号之后。

① 通用特性代号

通用特性代号指有统一的固定含义，它在各类机床的型号中表示的意义相同。

② 结构特性代号

对主参数值相同而结构、性能不同的机床，在型号中加结构特性代号予以区分。根据各类机床的具体情况，对某些结构特性代号，可以赋予一定含义。但结构特性代号与通用特性代号不同，它在型号中没有统一的含义，只在同类机床中起区分机床结构、性能不同的作用。

当型号中有通用特性代号时，结构特性代号应排在通用特性代号之后，通用特性代号已用的字母和“I、O”两个字母均不能作为结构特性代号。当单个字母不够用时，可将两个字母组合起来使用，如 AD、AE 等。机床的通用特性代号见表 1-6。

表 1-6　机床的通用特性代号

通用特性	高精度	精密	自动	半自动	数控	加工中心（自动换刀）	仿形	轻型	加重型	柔性加工单元	数显	高速
代号	G	M	Z	B	K	H	F	Q	C	R	X	S
读音	高	密	自	半	控	换	仿	轻	重	柔	显	速

（4）机床组、系代号及主参数

将每类机床划分为十个组，每个组划分为十个系（系列）。机床的组，用一位阿拉伯数字表示，位于类代号或通用特性代号、结构特性代号之后。机床的系，用一位阿拉伯数字表示，位于组代号之后。机床型号中主参数用折算值表示，位于系代号之后。

对于某些通用机床，当无法用一个主参数表示时，则在型号中用设计顺序号表示。铣床类的组、系划分，以及型号中的主参数的表示方法见表 1-7。

表 1-7　铣床（X）类的组、系划分表（摘自 GB/T 15375—2008）

组		系		主参数	
代号	名称	代号	名称	折算系数	名称
0	仪表铣床	0			
		1	台式工具铣床	1/10	工作台面宽度
		2	台式车铣床	1/10	工作台面宽度
		3	台式仿形铣床	1/10	工作台面宽度
		4	台式超精铣床	1/10	工作台面宽度
		5	立式台铣床	1/10	工作台面宽度
		6	卧式台铣床	1/10	工作台面宽度
		7			
		8			
		9			
1	悬臂及滑枕铣床	0	悬臂铣床	1/100	工作台面宽度
		1	悬臂镗铣床	1/100	工作台面宽度
		2	悬臂磨铣床	1/100	工作台面宽度
		3	定臂铣床	1/100	工作台面宽度
		4			
		5			
		6	卧式滑枕铣床	1/100	工作台面宽度
		7	立式滑枕铣床	1/100	工作台面宽度
		8			
		9			
2	龙门铣床	0	龙门铣床	1/100	工作台面宽度
		1	龙门镗铣床	1/100	工作台面宽度
		2	龙门磨铣床	1/100	工作台面宽度
		3	定梁龙门铣床	1/100	工作台面宽度
		4	定梁龙门镗铣床	1/100	工作台面宽度
		5	高架式横梁移动龙门镗铣床	1/100	工作台面宽度
		6	龙门移动铣床	1/100	工作台面宽度
		7	定梁龙门移动铣床	1/100	工作台面宽度
		8	龙门移动镗铣床	1/100	工作台面宽度
		9			
3	平面铣床	0	圆台铣床	1/100	工作台面宽度
		1	立式平面铣床	1/100	工作台面宽度
		2			
		3	单柱平面铣床	1/100	工作台面宽度
		4	双柱平面铣床	1/100	工作台面宽度
		5	端面铣床	1/100	工作台面宽度
		6	双端面铣床	1/100	工作台面宽度
		7	滑枕平面铣床	1/100	工作台面宽度
		8	落地端面铣床	1/100	最大铣轴垂直移动距离
		9			
4	仿形铣床	0			
		1	平面刻模铣床	1/10	缩放仪中心距
		2	立体刻模铣床	1/10	缩放仪中心距
		3	平面仿形铣床	1/10	最大铣削宽度
		4	立体仿形铣床	1/10	最大铣削宽度
		5	立式立体仿形铣床	1/10	最大铣削宽度
		6	叶片仿形铣床	1/10	最大铣削宽度
		7	立式叶片仿形铣床	1/10	最大铣削宽度
		8			
		9			

续表

组		系		主参数	
代号	名称	代号	名称	折算系数	名称
5	立式升降台铣床	0	立式升降台铣床	1/10	工作台面宽度
		1	立式升降台镗铣床	1/10	工作台面宽度
		2	摇臂铣床	1/10	工作台面宽度
		3	万能摇臂铣床	1/10	工作台面宽度
		4	摇臂镗铣床	1/10	工作台面宽度
		5	转塔升降台铣床	1/10	工作台面宽度
		6	立式滑枕升降台铣床	1/10	工作台面宽度
		7	万能滑枕升降台铣床	1/10	工作台面宽度
		8	圆弧铣床	1/10	工作台面宽度
		9			
6	卧式升降台铣床	0	卧式升降台铣床	1/10	工作台面宽度
		1	万能升降台铣床	1/10	工作台面宽度
		2	万能回转头铣床	1/10	工作台面宽度
		3	万能摇臂铣床	1/10	工作台面宽度
		4	卧式回转头铣床	1/10	工作台面宽度
		5			
		6	卧式滑枕升降台铣床	1/10	工作台面宽度
		7			
		8			
		9			
7	床身铣床	0			
		1	床身铣床	1/100	工作台面宽度
		2	转塔床身铣床	1/100	工作台面宽度
		3	立柱移动床身铣床	1/100	工作台面宽度
		4	立柱移动转塔床身铣床	1/100	工作台面宽度
		5	卧式车身铣床	1/100	工作台面宽度
		6	立柱移动卧式床身铣床	1/100	工作台面宽度
		7	滑枕床身铣床	1/100	工作台面宽度
		8			
		9	立柱移动立卧式车身铣床	1/100	工作台面宽度
8	工具铣床	0			
		1	万能工具铣床	1/10	工作台面宽度
		2			
		3	钻头铣床	1	最大钻头直径
		4			
		5	立铣刀槽铣床	1	最大铣刀直径
		6			
		7			
		8			
		9			
9	其他铣床	0	六角螺母槽铣床	1	最大六角螺母对边宽度
		1	曲轴铣床	1/10	刀盘直径
		2	键槽铣床	1	最大键槽宽度
		3			
		4	轧辊轴颈铣床	1/100	最大铣削直径
		5			
		6			
		7	旋子槽铣床	1/100	最大转子本体直径
		8	螺旋桨铣床	1/100	最大工件直径
		9			

1.3.3 常用铣床主要技术规格

下面将比较 X6132 万能升降台铣床和 X5032 立式铣床的相关技术参数，通过这些参数对铣床的结构特性做进一步的了解。

(1) X6132 万能升降台铣床主要技术规格

X6132 万能升降台铣床，如图 1-59 所示，是结合国内外铣床之优点，自主研发的经济型铣床，具有机构合理，操作简单，节能高效，稳定性好等特点。表 1-8 为 X6132 万能升降台铣床主要技术规格。

(2) X5032 立式铣床主要技术规格

X5032 立式铣床属于铣床中广泛应用的一种机床，如图 1-60 所示，是一种强力金属切削机床，该机床刚性强，进给变速范围广，能承受重负荷切削。表 1-9 为 X5032 立式铣床主要技术规格。

图 1-59 X6132 万能升降台铣床

图 1-60 X5032 立式铣床

表 1-8 X6132 万能升降台铣床主要技术规格

序号	项　目	主要技术参数
1	主轴孔锥度	7 ： 24 ISO50
2	主轴中心线至床身垂直导轨的距离 /mm	30 ～ 350
3	主轴中心线至悬梁的距离 /mm	155
4	主轴孔径 /mm	29
5	工作台最大回转角度	±45°
6	主轴转速范围 /（r/min）	30 ～ 1500 （18 级）
7	工作台面尺寸 /（mm×mm）	1325×320
8	工作台行程 纵向 / 横向 / 垂向 /mm	700（680）/255（240）/320（300）
9	工作台进给范围 纵向 / 横向 / 垂向 /（mm/min）	（18 级）23.5 ～ 1180/23.5 ～ 1180/8 ～ 394
10	工作台快速移动速度 纵向 / 横向 / 垂向 /（mm/min）	2300/2300/770
11	工作台“T”形槽 槽数 / 宽度 / 间距 /mm	3/18/70
12	主电动机功率 /kW	7.5
13	进给电动机功率 /kW	1.5
14	机床外形尺寸（长 × 宽 × 高）/（mm×mm×mm）	2294×1770×1665
15	机床净重 /kg	2800/3000

表 1-9　X5032 立式铣床主要技术规格

序号	项　目	主要技术参数
1	主轴端面至工作台距离 /mm	45 ～ 415
2	主轴中心线到床身垂直导轨的距离 /mm	350
3	主轴孔锥度	7 ∶ 24 ISO50
4	主轴孔径 /mm	29
5	主轴转速 /（r/min）/18 级	30 ～ 1500/18 级
6	立铣头最大回转角度	±45°
7	主轴轴向移动距离 /mm	85
8	工作台工作面（宽度 × 长度）/（mm×mm）	1325×320
9	工作台行程 纵向 / 横向 / 垂向（手动 / 机动）/mm	720（700）/255（240）/370（350）
10	工作台进给范围 纵向 / 横向 / 垂向 /（mm/min）	23.5 ～ 1180/23.5 ～ 1180/8 ～ 394
11	工作台快速移动速度 纵向 / 横向 / 垂向 /（mm/min）	2300/2300/770
12	T 形槽 槽数 / 槽宽 / 槽距 /mm	3/18/70
13	主电机功率 /kW	7.5
14	进给电机功率 /kW	1.5
15	外形尺寸 /（mm×mm×mm）	2530×1890×2380
16	机床净重 /kg	3200

1.4 铣床结构及控制

铣床结构

铣床卧立两种类，横梁刀杆立铣头，
其余结构皆相同，床身主体外壳厚；
主轴空心带锥孔，刀杆刀具往里扣，
注意拉杆需旋紧，两头螺帽不遗漏，
速度调整有机构，位于机床左偏后，
分析工艺定步骤，合理传动性能优；
其下便是工作台，左右前后纵横走，
回转台可分角度，加工弧线与圆周，
上下移动升降台，高度铣削任自由，
进给变速调合适，干活轻松靠机构；
能量来自电源箱，干燥散热要足够，
定期检查保安全，线缆线头和接口，
基座位于最下方，刚度强度第一流，
内装冷却润滑液，铣削加工保长久。

1.4.1 X6132 万能铣床概述

X6132 万能铣床在卧式铣床中，通常也被称为 X62W。X6132 万能升降台铣床，其适合于使用各种棒形铣刀、圆形铣刀、角度铣刀来铣削平面、斜面、沟槽等。如果使用万能铣头、圆形工作台、分度头等铣床附件时，可以扩大机床加工范围。该机床具有足够的刚性和功率，拥有强大的加工能力，能进行高速和承受重负荷的切削工作、齿轮加工。适合模具特殊钢加工、矿山设备、产业设备等重型大型机械加工。万能铣床的工作台可向左、右各回转 45°，当工作台转动一定角度，采用分度头附件时，可以加工各种螺旋面，在工业制造中广泛地被应用。

图 1-61　铣床生产加工车间

X6132 万能铣床在生产中承担着大量零件的加工任务，此铣床所涉及的技术是比较全面的，认识和熟练操作此铣床，能够比较容易操作此铣床上下范围的其他铣床。同时，在日常生产中 X6132 万能铣床在铣床中所占的比例较大，图 1-61 为铣床生产加工车间，表 1-10 为万能铣床特点。

表 1-10　万能铣床特点

序号	特点	详细知识点
1	机床刚性强	底座、机身、工作台、中滑座、升降滑座等主要构件均采用高强度材料铸造而成，并经人工时效处理，保证机床长期使用的稳定性 铣床主轴轴承为圆锥滚子轴承，主轴采用三支承结构，主轴的系统刚度好，承载能力强，且主轴采用能耗制动，制动转矩大，停止迅速、可靠
2	制造精度高	*X*、*Y*、*Z* 三方向导轨副经超音频淬火、精密磨削及刮研处理，配合强制润滑，提高精度，延长机床的使用寿命
3	主轴变向方便	铣削加工有顺铣和逆铣两种加工方式，要求主轴电动机能正反转，因正反操作并不频繁，所以有床身下侧电气箱上的组合开关来改变电源相序实现
4	实现准确停车	由于主轴传动系统中装有避免振荡的惯性轮，故主轴电机采用电磁离合器制动——实现准确停车
5	进给运动方便	工作台 *X*/*Y*/*Z* 向有手动进给、机动进给和机动快进三种，进给速度能满足不同的加工要求；快速进给可使工件迅速到达加工位置，加工方便、快捷，缩短非加工时间 工作台要求有前后、左右、上下 6 个方向的进给运动，所以要求电机能正反转，并通过操作手柄和机械离合器相配合来实现。进给的快速移动通过电磁铁和机械挂挡来实现。圆形工作台的回转运动是由进给电机经传动机构驱动的
6	工作台可回转	工作台水平回转角度为 ±45°，拓展机床的加工范围。主传动部分和工作台进给部分均采用齿轮变速结构，调速范围广，变速方便快捷
7	电气联锁措施	根据加工工艺的要求，万能铣床应具有以下电气联锁措施： 为了防止刀具和铣床的损坏，只有主轴旋转后才允许有进给运动和进给方向的快速运动。为了减少加工表面的粗糙度，只有进给停止后主轴才能停止或同时停止。采用机械操纵手柄和位置开关相配合的方式来实现进给运动 6 个方向的联锁。主轴运动和进给运动采用变速盘来进行速度选择，为保证变速齿轮进入良好的啮合状态，两种运动都要求变速后顺时点动。当主轴电机或冷却泵过载时，进给运动必须立即停止，以免损坏刀具和铣床
8	完善的辅助功能	完善的冷却系统、照明设备及各种保护措施 润滑装置可对纵、横、垂向的丝杠及导轨进行强制润滑，减少机床的磨损，保证机床的高效运转；同时，冷却系统通过调整喷嘴改变冷却液流量的大小，满足不同的加工需求

1.4.2　X6132 万能铣床的总体结构和部件

（1）X6132 万能铣床的总体结构

X6132 万能升降台铣床是结合国内外铣床之优点，自主研发的经济型铣床，具有机构合理、操作简单、节能高效、稳定性好等特点。图 1-62 为 X6132 万能升降台铣床功能区域组成部分，表1-11为X6132万能升降台铣床组成部分说明。

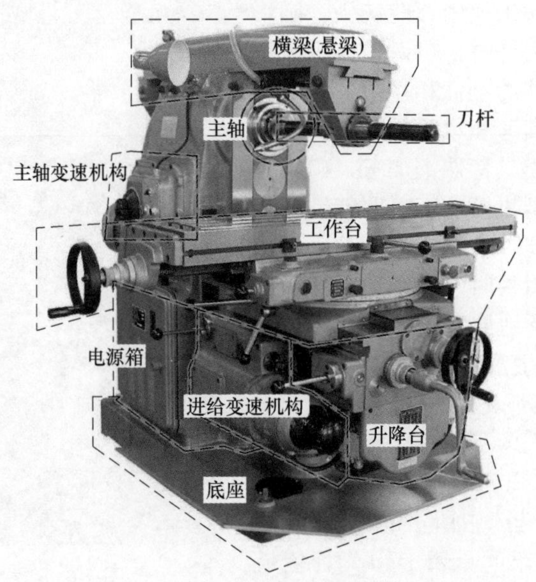

图1-62　X6132万能升降台铣床组成部分

表1-11　X6132万能升降台铣床组成部分说明

序号	组成部分	详细说明
1	床身	床身是铣床的主体，大部分部件都安装在床身上，床身是箱体结构，选用优质灰口铸铁铸成，结构坚固，刚性好，强度高，同时由于机床精度的要求，床身需经过精密的切削加工和时效处理 床身利用螺钉装在底座上；床身顶部有水平燕尾形导轨，用来安装悬梁；床身正面有垂直燕尾形导轨，用来安装升降台；床身背面安装主电动机；床身内腔的上部安装主轴，中部安装主运动变速及操纵机构；下部壁龛内，用来安装电器装置
2	横梁	也叫悬梁，装在床身顶部燕尾导轨上，前端安装刀杆支架。横梁与刀杆支架的主要作用是支承安装铣刀的长刀杆。转动手把，通过齿轮齿条，可以使悬梁沿床身顶部导轨前后移动，以适应安装各种不同长度的铣刀刀杆 理论设计上，这种铣床可将横梁移至床身后面，在主轴端部装上立铣头，能进行立铣加工
3	刀杆	刀杆支架上有与主轴同心的支承孔，这样可保证支承端与主轴同心。支承孔内装有双金属的滑动轴承，轴承内衬为铜套。由于支架孔带有锥度，故该轴承与刀杆的间隙可以调整
4	主轴	主轴是空心的，前端有锥孔，用以安装铣刀杆和刀具
5	工作台	工作台上有T形槽，可直接安装工件，也可安装附件或夹具。它可沿转台的导轨作纵向移动和进给
6	回转台	转台位于工作台和横溜板之间，下面用螺钉与横溜板相连，松开螺钉可使转台带动工作台在水平面内回转一定角度（左右最大可转过45°）
7	纵向工作台	纵向工作台由纵向丝杠带动，在转台的导轨上作纵向移动，以带动台面上的工件作纵向进给。台面上的T形槽用以安装夹具或工件
8	横向工作台	横向工作台位于升降台上面的水平导轨上，可带动纵向工作台一起作横向进给
9	升降台	升降台可沿床身导轨作垂直移动，调整工作台至铣刀的距离
10	主轴变速机构	主轴变速机构位于铣床左侧后部，是用于实现机床主轴的运动及各级转速的确定，它对机床的使用性能和结构等都有明显的影响 机床上轴变速箱是机床中的重要的传动装置，机床运行性能的好坏很大程度上取决于机床变速箱的传动性能。机床变速箱主要是由变速传动机构和操纵机构组成，它将电动机和主轴连接起来，通过转动轴和齿轮以及其他传动件将电动机动力传递到主轴。变速箱中的变速机构通过改变传动比从而达到改变电动机运行状态的目的。保持合理的传动比可以使电动机工作在最佳的动力性能状态下
11	进给变速机构	进给变速机构位于铣床正前方左侧偏下部位，由进给变速箱与变速操纵机构组成，由独立的电动机驱动，是将进给电动机的固定转速通过齿轮变速，变换成十八种不同转速传递给进给机构，实现工作台移动的各种不同速度，以适应铣削的需要
12	底座	底座用以支承床身和升降台，具有足够的刚性和强度。底座四角有机床安装孔，可用螺钉将机床安装在固定位置 底座本身是箱体结构，箱体内盛装冷却润滑液，供切削时冷却润滑

（2）X6132 万能铣床的部件及操纵手柄

如图 1-63 所示为 X6132 万能铣床的部件及操纵手柄名称图。值得注意的是，不同厂家生产的铣床，在按钮和操纵杆上布局会有所差别，但总体功能不变。

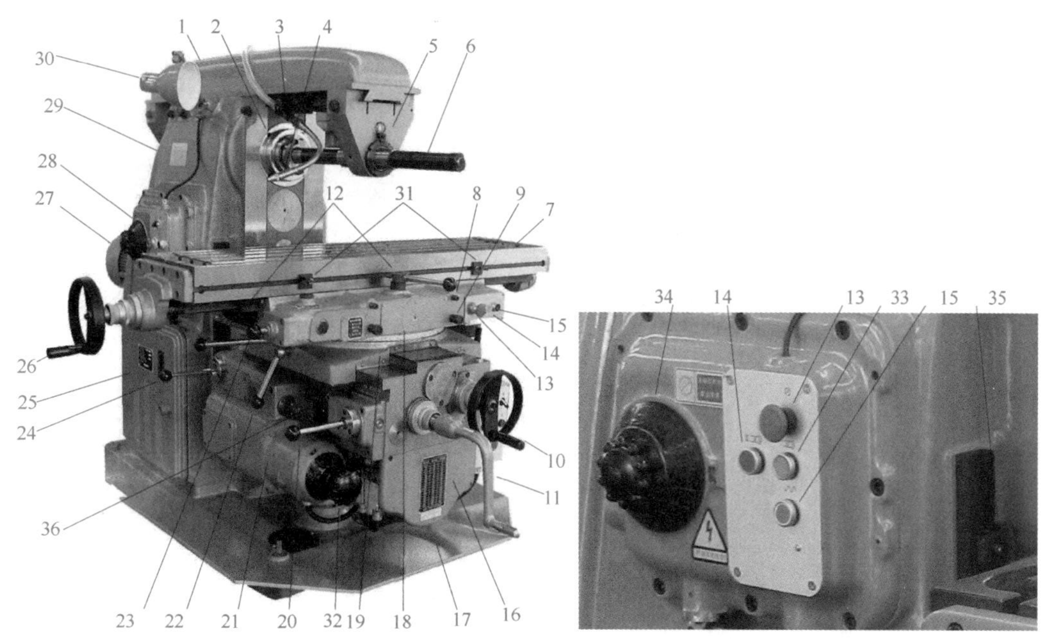

图 1-63 X6132 万能铣床的部件及操纵手柄名称

表 1-12 为对 X6132 万能铣床的部件及操纵手柄名称的详细说明。

表 1-12 X6132 万能铣床的部件及操纵手柄名称

编号	名称及用途	编号	名称及用途
1	横梁（悬梁）	20	工作台垂向及横向进给手柄
2	主轴	21	进给变速机构
3	冷却管阀门	22	横向工作台紧固手柄
4	冷却喷头	23	手动油泵手柄
5	刀杆挂架	24	工作台横向及垂向机动进给手柄
6	刀杆	25	电气箱
7	纵向工作台	26	工作台纵向手动进给手柄
8	纵向工作台紧固螺钉	27	主电动机
9	回转台紧固螺钉	28	主轴变速机构
10	工作台横向手动进给手柄	29	床身
11	工作台垂向手动进给手柄	30	照明灯
12	工作台纵向机动进给手柄	31	纵向机动进给停止挡铁
13	主轴及工作台急停按钮	32	进给变速手柄和变速盘
14	主轴及工作台启动按钮	33	主轴及工作台停止按钮
15	工作台快速移动按钮	34	主轴变速盘
16	升降台	35	垂直机动进给停止挡铁
17	铣床底座	36	纵向机动进给停止挡铁
18	回转台		
19	横向工作台		

注：图中操作按钮的位置根据不同制造厂家设计，会略有不同。

1.4.3 X6132 万能铣床的工作原理

图 1-64 为 X6132 万能铣床的传动框图。

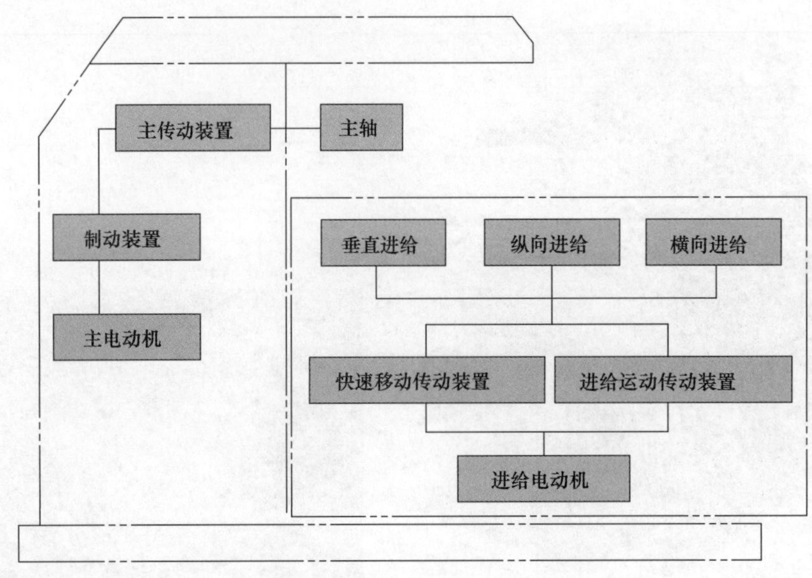

图 1-64 X6132 万能铣床的传动框图

（1）X6132 万能铣床的运动分析（表 1-13）

表 1-13 X6132 万能铣床的运动分析

序号	运动分析	详细知识点	备注
1	主运动	铣刀的旋转运动	—
2	进给运动	工件相对于铣刀的移动，工作台的左右、上下和前后进给运动 如图 1-65 所示为工作台纵向进给操纵机构图，如图 1-66 所示为工作台横向和垂直进给操纵机构图 图 1-65 工作台纵向进给操纵机构图 1—手柄；2—叉子；3—垂直轴；4—压块； 5—微动开关 SQ1；6，9—弹簧； 7，8—可调螺钉；10—微动开关 SQ2	工作台用来安装夹具和工件。在横向溜板的水平导轨上，工作台沿导轨作左、右移动。在升降台的水平导轨上，使工作台沿导轨前、后移动。升降台依靠下面的丝杠，沿床身前面的导轨同工作台一起上、下移动

续表

序号	运动分析	详细知识点	备注
2	进给运动	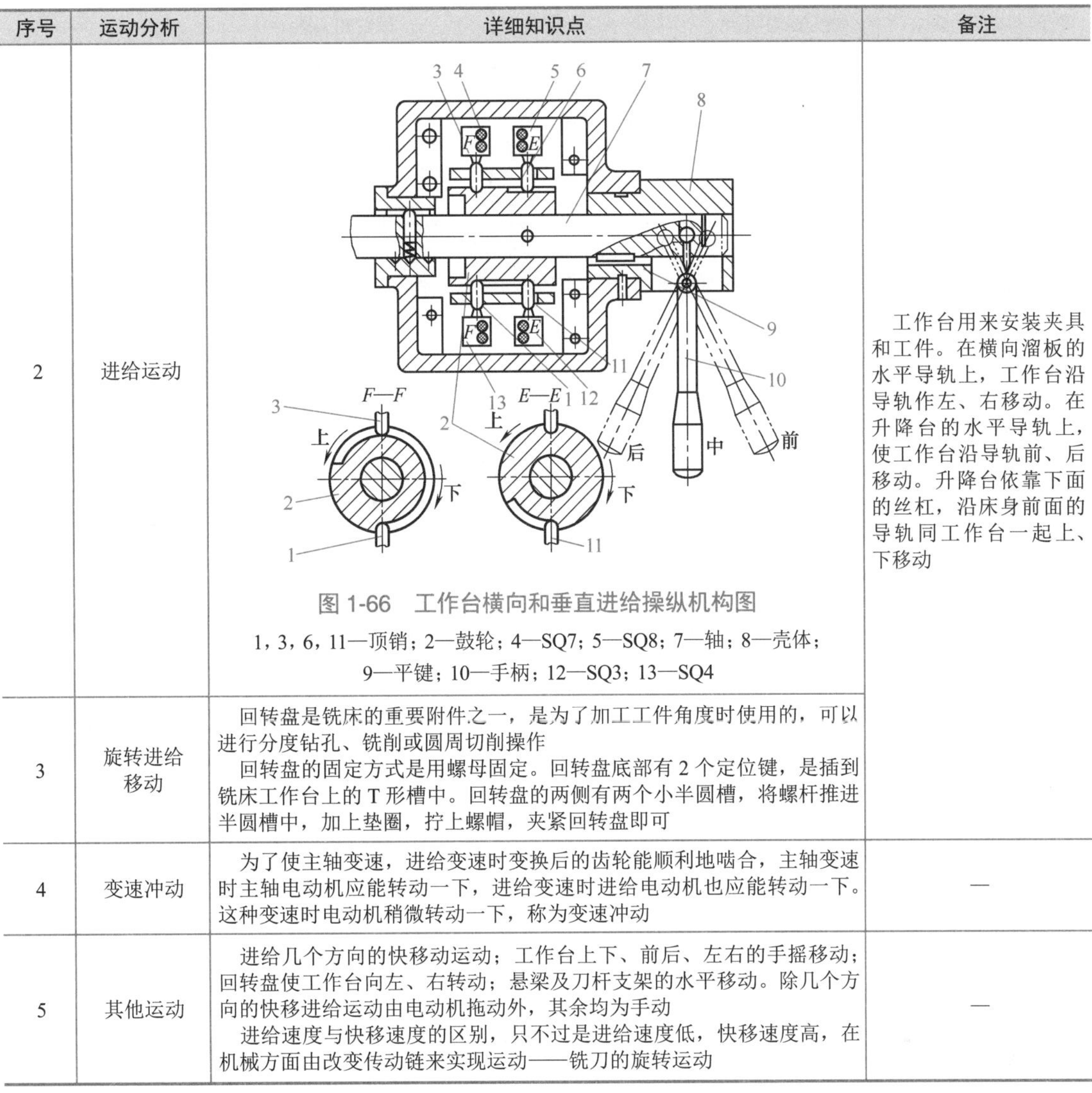 图 1-66 工作台横向和垂直进给操纵机构图 1，3，6，11—顶销；2—鼓轮；4—SQ7；5—SQ8；7—轴；8—壳体；9—平键；10—手柄；12—SQ3；13—SQ4	工作台用来安装夹具和工件。在横向溜板的水平导轨上，工作台沿导轨作左、右移动。在升降台的水平导轨上，使工作台沿导轨前、后移动。升降台依靠下面的丝杠，沿床身前面的导轨同工作台一起上、下移动
3	旋转进给移动	回转盘是铣床的重要附件之一，是为了加工工件角度时使用的，可以进行分度钻孔、铣削或圆周切削操作 回转盘的固定方式是用螺母固定。回转盘底部有 2 个定位键，是插到铣床工作台上的 T 形槽中。回转盘的两侧有两个小半圆槽，将螺杆推进半圆槽中，加上垫圈，拧上螺帽，夹紧回转盘即可	
4	变速冲动	为了使主轴变速，进给变速时变换后的齿轮能顺利地啮合，主轴变速时主轴电动机应能转动一下，进给变速时进给电动机也应能转动一下。这种变速时电动机稍微转动一下，称为变速冲动	—
5	其他运动	进给几个方向的快移动运动；工作台上下、前后、左右的手摇移动；回转盘使工作台向左、右转动；悬梁及刀杆支架的水平移动。除几个方向的快移进给运动由电动机拖动外，其余均为手动 进给速度与快移速度的区别，只不过是进给速度低，快移速度高，在机械方面由改变传动链来实现运动——铣刀的旋转运动	—

（2）X6132 万能铣床的运动要求（表 1-14）

表 1-14 X6132 万能铣床的运动要求

序号	运动要求	细分要求项目	详细知识点
1	主运动（铣刀的旋转运动）	机械调速要求	铣刀直径、工件材料和加工精度的不同，要求主轴的转速也不同
		正反转控制要求	顺铣和逆铣两种铣削方式的需要
		制动要求	为了缩短停车时间，主轴停车时采用电磁离合器机械制动
		变速冲动要求	为使主轴变速时变速器内齿轮易于啮合，减小齿轮端面的冲击，要求主轴电动机在变速时具有变速冲动
2	进给运动（工件相对于铣刀的移动）	运动方向要求	纵向、横向和垂直六个方向通过操作选择运动方向的手柄与开关，配合进给电动机的正反转来实现
		联锁要求	主轴电动机和进给电动机的联锁：在铣削加工中，为了不使工件和铣刀碰撞发生事故，要求进给运动一定要在铣刀旋转时才能进行，因此要求主轴电动机和进给电动机之间要有可靠的联锁
		纵向、横向、垂直方向与回转工作台的联锁要求	为了保证机床、刀具的安全，在铣削加工时，只允许工作台作一个方向的进给运动。在使用圆工作台加工时，不允许工件作纵向、横向和垂直方向的进给运动。为此，各方向进给运动之间应具有联锁环节

续表

序号	运动要求	细分要求项目	详细知识点
2	进给运动（工件相对于铣刀的移动）	两地控制要求	从铣床设计上必须便于双手协同操作，并且主轴启动、停止和速度按钮在正前方和侧后方必须都有
		冷却润滑要求	铣削加工中，根据不同的工件材料，也为了延长刀具的寿命和提高加工质量，需要切削液对工件和刀具进行冷却润滑，而有时又不采用，因此采用转换开关控制冷却泵电动机单向旋转
		照明要求	应配有安全、亮度足够并且无阴影遮挡的照明电路

1.4.4 铣床电气控制部分

（1）X6132 铣床电气结构

X6132 万能铣床电气控制元器件见表 1-15，其控制原理如图 1-67 所示。

表 1-15 X6132 万能铣床电气元器件

序号	符号	名称	序号	符号	名称
电动机			微动开关		
1	M_1	主轴电动机	16	SQ_1	向右用微动开关
2	M_2	冷却泵电动机	17	SQ_2	向左用微动开关
3	M_3	进给电动机	18	SQ_3	向下，向前用微动开关
电源开关			19	SQ_4	向上，向后用微动开关
4	Q_1	电源开关	20	SQ_5	横向微动开关
转换开关			21	SQ_6	进给变速冲动微动开关
5	SA_1	圆工作台转换开关	22	SQ_7	主轴变速冲动微动开关
6	SA_2	主轴制动和松开用主令开关（换刀）	23	SQ_8	升降微动开关
7	SA_3	主轴正反转用转换开关	离合器		
8	SA_4	冷却泵电动机启停用转换开关	24	YC_1	主轴制动离合器
9	SA_5	照明转换开关	25	YC_2	进给电磁离合器
按钮			26	YC_3	快速移动电磁离合器
10	SB_1	主轴停止制动按钮	27	YC_4	横向进给电磁离合器
11	SB_2	主轴停止制动按钮	28	YC_5	升降电磁离合器
12	SB_3	主轴启动按钮	控制接触器		
13	SB_4	主轴启动按钮	29	KM_1	主电轴电机控制接触器
14	SB_5	快速移动按钮	30	KM_2	快速进给控制接触器
15	SB_6	快速移动按钮	31	KM_3	向右、下、前控制接触器
			32	KM_4	向左、上、后控制接触器

（2）主轴电动机控制线路分析

下面通过主拖动电动机的启动与停止、冷却泵电动机的控制和快速移动电动机的点动控制来说明 X6132 万能铣床的工作原理，见表 1-16。

（3）进给电动机控制线路分析

启动进给电动机的工作原理：将电源开关 Q_1 合上，启动主轴电机 M_1，接触器 KM_1 吸合自锁，进给控制电路有电压，就可以启动进给电动机 M_3。

图 1-68 为一台进给电机拖动工作台六个方向运动的示意图，表 1-17 为 X6132 万能铣床进给电动机控制线路分析。

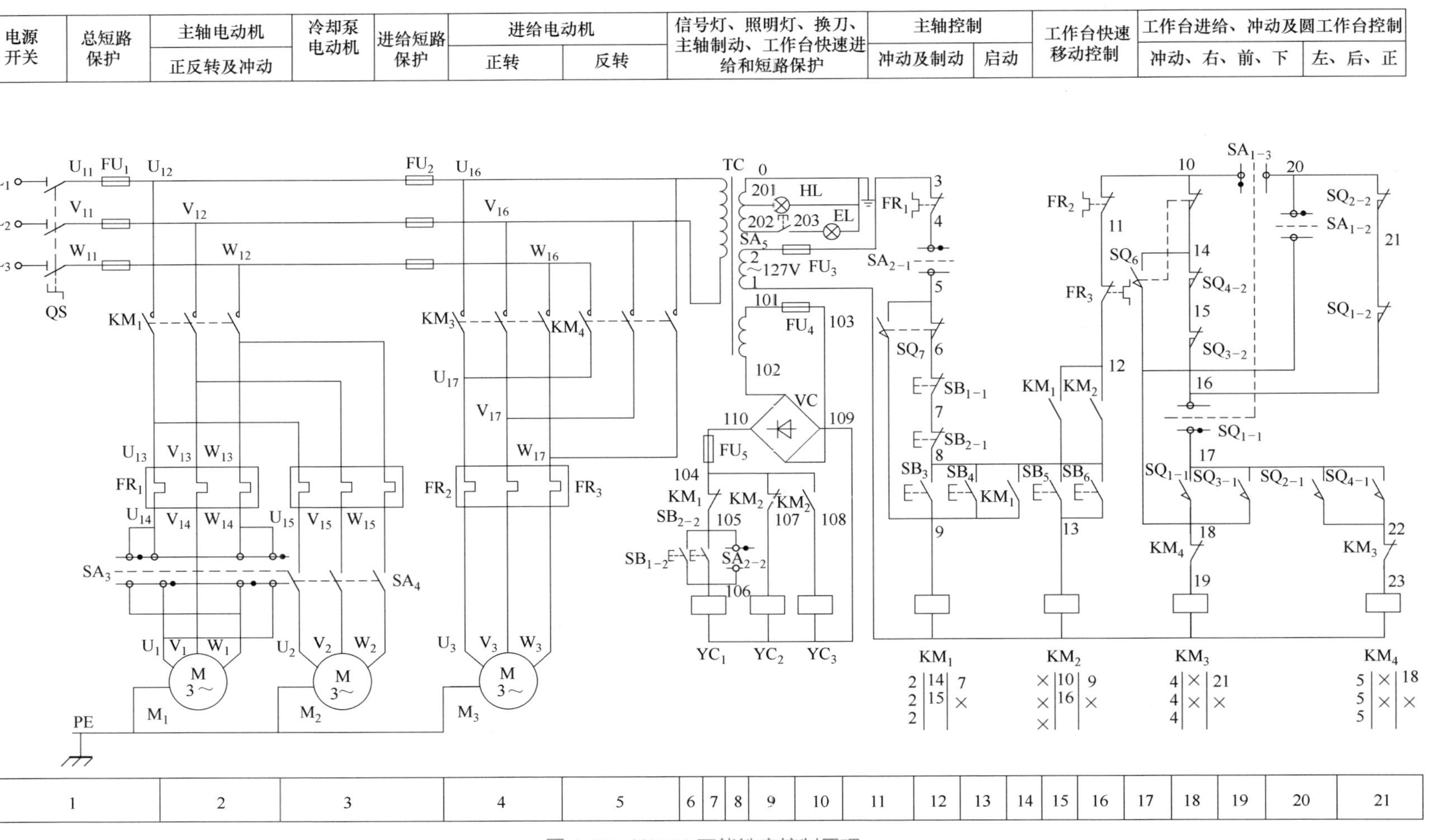

图 1-67　X6132 万能铣床控制原理

表 1-16　X6132 万能铣床主轴电动机控制线路分析

序号	分析项目	详细说明
1	主轴的启动过程分析	换向开关 SA_3 旋转到所需要的旋转方向→启动按钮 SB_3 或 SB_4 →接触器 KM_1 线圈通电→常开辅助触点 KM_1（6-7）闭合进行自锁，同时常开主触点闭合→主轴电动机 M_1 旋转 在主轴启动的控制电路中串联有热继电器 FR_1 和 FR_2 的常闭触点（22-23）和（23-24）这样，当电动机 M_1 和 M_2 中有任一台电动机过载，热继电器常闭触点的动作将使两台电动机都停止 主轴启动的控制回路为：1 → SA_{2-1} → SQ_{6-2} → SB_{1-1} → SB_{2-1} → SB_3（或 SB_4）→ KM_1 线圈→ KT → 22 → FR_2 → 23 → FR_1 → 24
2	主轴的停车制动过程分析	按下停止按钮 SB_1 或 SB_2 →其常闭触点（3-4）或（4-6）断开→接触器 KM_1 因断电而释放，但主轴电动机等因惯性仍然在旋转。按停止按钮时应按到底→其常开触点（109-110）闭合→主轴制动离合器 YC_1 因线圈通电而吸合→使主轴制动，迅速停止旋转
3	主轴的变速冲动过程分析	主轴变速时，首先将变速操纵盘上的变速操作手柄拉出，然后转动变速盘，选好速度后再将变速操作手柄推回。当把变速手柄推回原来位置的过程中，通过机械装置使冲动开关 SQ_{6-1} 闭合一次，SQ_{6-2} 断开。SQ_{6-2}（2-3）断开→ KM_1 接触器断电；SQ_{6-1} 瞬时闭合→时间继电器 KT 通电→其常开触点（5-7）瞬时闭合→接触器 KM_1 瞬时通电→主轴电动机作瞬时转动，以利于变速齿轮进入啮合位置；同时，延时继电器 KT 线圈通电→其常闭触点（25-22）延时断开→ KM_1 接触器断电，以防止由于操作者延长推回手柄的时间而导致电动机冲动时间过长，变速齿轮转速高而发生打坏轮齿的现象 主轴正在旋转，主轴变速时不必先按停止按钮再变速，这是因为当变速手柄推回原来位置的过程中，通过机械装置使 SQ_{6-2}（2-3）触点断开，使接触器 KM_1 因线圈断电而释放，电动机 M_1 停止转动
4	主轴换刀时的制动过程分析	为了使主轴在换刀时不随意转动，换刀前应将主轴制动。将转换开关 SA_2 扳到换刀位置（接通）→其触点（1-2）断开了控制电路的电源，以保证人身安全 ；另一个触点 2-1（109-110）接通了主轴制动电磁离合器 YC_1，使主轴不能转动。换刀后再将转换开关 SA_2 扳回工作位置（断开）→触点 SA_{2-1}（1-2）闭合，触点 SA_{2-2}（109-110）断开→主轴制动离合器 YC_1 断电，接通控制电路电源

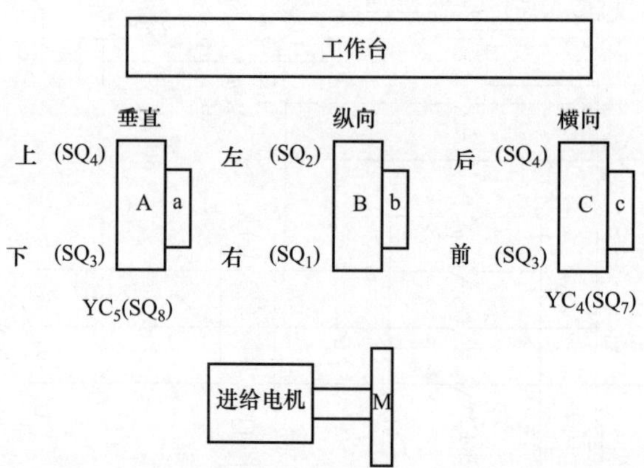

图 1-68　进给电机拖动工作台六个方向运动示意图

表 1-17　X6132 万能铣床进给电动机控制线路分析

序号	分析项目	详细说明
1	工作台纵向（左、右）进给运动的控制分析	先将圆工作台的转换开关 SA_1 扳在“断开”位置，这时，转换开关 SA_1 上的各触点的通断情况见下表 <table><tr><th rowspan="2">触点</th><th colspan="2">圆工作台位置</th></tr><tr><th>接通</th><th>断开</th></tr><tr><td>SA_{1-1}（13-16）</td><td>－</td><td>＋</td></tr><tr><td>SA_{1-2}（10-14）</td><td>＋</td><td>－</td></tr><tr><td>SA_{1-3}（9-10）</td><td>－</td><td>＋</td></tr></table> 由于 SA_{1-1}（13-16）闭合，SA_{1-2}（10-14）断开，SA_{1-3}（9-10）闭合，所以这时工作台的纵向、横向和垂直进给的控制如下

续表

序号	分析项目	详细说明
1	工作台纵向（左、右）进给运动的控制分析	① 向右运动步骤 工作台纵向运动手柄扳到右边位置，一方面进给电动机的传动链和工作台纵向移动机构相连接，另一方面压下向右进给的微动开关 SQ_1 →常闭触点 SQ_{1-2}（13-15）断开，同时常开触点 SQ_{1-1}（14-16）闭合→接触器 KM_2 因线圈通电→进给电动机 M_3 就正向旋转，拖动工作台向右移动 向右进给的控制回路是：9 → SQ_{5-2} → SQ_{4-2} → SQ_{3-2} → SA_{1-1} → SQ_{1-1} → KM_2 线圈→ KM_3 → 21 ② 向左运动步骤 将纵向进给手柄向左，一方面进给电动机的传动链和工作台纵向移动机构相连接，另一方面压下向左进给的微动开关 SQ_2 →常闭触点 SQ_{2-2}（10-15）断开，同时常开触点 SQ_{2-1}（16-19）闭合→接触器 KM_3 因线圈通电→进给电动机 M_3 就反向转动→拖动工作台向左移动 向左进给的控制回路是：9 → SQ_{5-2} → 11 → SQ_{4-2} → 12 → SQ_{3-2} → 13 → SA_{1-1} → 16 → SQ_{2-1} → 19 → KM_3 线圈→ 20 → KM_2 → 21 当将纵向进给手柄扳回到中间位置（或称零位）时，一方面纵向运动的机械机构脱开，另一方面微动开关 SQ_1 和 SQ_2 都复位，其常开触点断开，接触器 KM_2 和 KM_3 释放，进给电动机 M_3 停止，工作台也停止 终端限位保护的实现：在工作台的两端各有一块挡铁，当工作台移动到挡铁碰到纵向进给手柄位置时，会使纵向进给手柄回到中间位置，实现自动停车，这就是终端限位保护。调整挡铁在工作台上的位置，可以改变停车的终端位置
2	工作台横向（前、后）和垂直（上、下）进给运动的控制分析	条件：圆工作台转换开关 SA_1 扳到“断开”位置 操作手柄：操纵工作台横向进给运动和垂直进给运动的手柄为十字手柄，它有两个，分别装在工作台左侧的前、后方。它们之间由机构连接，只需操纵其中的任意一个即可。手柄有上、下、前、后和零位共五个位置，进给也是由进给电动机 M_3 拖动 向下或向前控制步骤如下 条件：KM_1 得电，即主轴电动机启动，同时 SA_1 在“断开”位置 向下控制：手柄在“下”位置，SQ_8 被压，SQ_{8-1} 闭合→ YC_5 得电→电动机由传动机构和垂直方向的传动机构相连，同时 SQ_3 被压→ KM_2 得电→ M_3 正转→工作台下移 向上控制：手柄在“上”位置，SQ_8 被压，SQ_{8-1} 闭合→ YC_5 得电→电动机由传动机构和垂直方向的传动机构相连，同时 SQ_4 被压→ KM_3 得电→ M_3 反转→工作台上移 向前控制：手柄在“前”位置，SQ_7 被压，SQ_{7-1} 闭合→ YC_4 得电→电动机由传动机构和横向传动机构相连，同时 SQ_3 被压→ KM_2 得电→ M_3 正转→工作台前移 向后控制：手柄在“后”位置，SQ_7 被压，SQ_{7-1} 闭合→ YC_4 得电→电动机由传动机构和横向传动机构相连，同时 SQ_4 被压→ KM_3 得电→ M_3 反转→工作台后移 向下，向前控制回路是：6 → KM_1 → 9 → SA_{1-3} → 10 → SQ_{2-2} → 15 → SQ_{1-2} → 13 → SA_{1-1} → 16 → SQ_{3-1} → KM_2 线圈→ 18 → KM_3 → 21 向上，向后控制回路是：6 → KM_1 → 9 → SA_{1-3} → 10 → SQ_{2-2} → 15 → SQ_{1-2} → 13 → SA_{1-1} → 16 → SQ_{4-1} → 19 → KM_3 线圈→ 20 → KM_2 → 21 当手柄回到中间位置时，机械机构都已脱开，各开关也都已复位，接触器 KM_2 和 KM_3 都已释放，所以进给电动机 M_3 停止，工作台也停止 总结：向上、下进给时，SQ_8 闭合→ YC_5 得电，电动机由传动机构与垂直方向传动机构相连。向前、后进给时，SQ_7 闭合→ YC_4 得电，电动机由传动机构与横向传动机构相连。向下、前进给时，SQ_3 闭合→ KM_2 得电→ M_3 得电正转。向上、后进给时，SQ_4 闭合→ KM_3 得电→ M_3 得电反转
3	工作台的快速移动	目的：工作台的快速移动是为了缩短对刀时间 主轴启动以后，将操纵工作台进给的手柄扳到所需的运动方向，工作台就按操纵手柄指定的方向作进给运动（进给电机的传动链 M 与 A 或 B 或 C 相连），这时如果按下快速移动按钮 SB_5 或 SB_6 →接触器 KM_4 线圈通电→ KM_4 常闭触点（102-108）断开→进给电磁离合器 YC_2 失电。同时 KM_4 常开触点（102-107）闭合→电磁离合器 YC_3 通电，接通快速移动传动链（进给电机的传动链 M 与 a 或 b 或 c 相连），工作台按原操作手柄指定的方向快速移动，当松开快速移动按钮 SB_5 或 SB_6 →接触器 KM_4 因线圈断电→快速移动电磁离合器 YC_3 断电，进给电磁离合器 YC_2 得电，工作台就以原进给的速度和方向继续移动
4	进给变速冲动	目的：变速冲动是为了使进给变速时齿轮容易啮合 变速过程分析如下 条件：先启动主轴电动机 M_1，使接触器 KM_1 吸合，它在进给变速冲动控制电路中的常开触点（6-9）闭合 过程分析：变速时将变速盘往外拉到极限位置，再把它转到所需的速度，最后将变速盘往里推，在推的过程中挡块压一下微动开关 SQ_5，其常闭触点 SQ_{5-2}（9-11）断开一下，同时，其常开触点 SQ_{5-1}（11-14）闭合一下，接触器 KM_2 短时吸合，进给电动机 M_3 就转动一下，当变速盘推到原位时，变速后的齿轮已顺利啮合 变速冲动的控制回路是：6 → KM_1 → 9 → SA_{1-3} → 10 → SQ_{2-2} → 15 → SQ_{1-2} → 13 → SQ_{3-2} → 12 → SQ_{4-2} → 11 → SQ_{5-1} → 14 → KM_2 线圈→ 18 → KM_3 → 21

续表

序号	分析项目	详细说明
5	圆工作台的控制	圆工作台由进给电动机 M_3 经纵向传动机构拖动 条件1：圆工作台转换开关 SA_1 转到“接通”位置，SA_1 的触点 SA_{1-2}（13-16）断开、SA_{1-2}（10-14）闭合、SA_{1-3}（9-10）断开 条件2：工作台的进给操作手柄都扳到中间位置 按下主轴启动按钮 SB_3 或 SB_4 →接触器 KM_1 吸合并自锁→ KM_1 的常开辅助触点（6-9）也同时闭合→接触器 KM_2 也紧接着吸合→进给电动机 M_3 正向转动，拖动圆工作台转动，因为只能接触器 KM_2 吸合，KM_3 不能吸合，所以圆工作台只能沿一个方向转动 圆工作台的控制回路是：6 → KM_1 → 9 → SQ_{5-2} → 11 → SQ_{4-2} → 12 → SQ_{3-2} → 13 → SQ_{1-2} → 15 → SQ_{2-2} → 10 → SA_{1-2} → 14 → KM_2 线圈→ 18 → KM_3 → 21
6	照明电路	照明变压器 T 将 380V 的交流电压降到 36V 的安全电压，供照明用。照明电路由开关 SA_4、SA_5 分别控制灯泡 EL_1、EL_2。熔断器 FU_3 用作照明电路的短路保护 整流变压器 TC_2 输出低压交流电，经桥式整流电路供给五个电磁离合器以 36V 直流电源，控制变压器 TC_1 输出 127V 交流控制电压

（4）进给安全控制联锁分析（表 1-18）

表 1-18　X6132 万能铣床进给安全控制联锁分析

序号	电路保护环节	详细说明
1	主轴电动机与进给电动机之间的联锁	防止在主轴不转时，工件与铣刀相撞而损坏机床 联锁的实现方法：在接触器 KM_2 或 KM_3 线圈回路中串联 KM_1 常开辅助触点（6-9）
2	工作台不能几个方向同时移动	工作台两个以上方向同时进给容易造成事故 联锁的实现方法：由于工作台的左右移动是由一个纵向进给手柄控制，同一时间内不会又向左又向右。工作台的上、下、前、后是由同一个十字手柄控制，同一时间内这四个方向也只能一个方向进给，所以只要保证两个操纵手柄都不在零位时，工作台不会沿两个方向同时进给即可 将纵向进给手柄可能压下的微动开关 SQ_1 和 SQ_2 的常闭触点 SQ_{1-2}（13-15）和 SQ_{2-2}（10-15）串联在一起，再将垂直进给和横向进给的十字手柄可能压下的微动开关 SQ_3 和 SQ_4 的常闭触点 SQ_{3-2}（12-13）和 SQ_{4-2}（11-12）串联在一起，并将这两个串联电路再并联起来，以控制接触器 KM_2 和 KM_3 的线圈通路。如果两个操作手柄都不在零位，则有不同的支路的两个微动开关被压下，其常闭触点的断开使两条并联的支路都断开，进给电动机 M_3 因接触器 KM_2 和 KM_3 的线圈都不能通电而不能转动
3	进给变速时两个进给操纵手柄都必须在零位	为了安全起见，进给变速冲动时不能有进给移动 联锁的实现方法：SQ_1 或 SQ_2，SQ_3 或 SQ_4 的四个常闭触点 SQ_{1-2}、SQ_{2-2}、SQ_{3-2} 和 SQ_{4-2} 串联在 KM_2 线圈回路。当进给变速冲动时，短时间压下微动开关 SQ_5，其常闭触点 SQ_{5-2}（9-11）断开，其常开触点 SQ_{5-1}（11-14）闭合，如果有一个进给操纵手柄不在零位，则因微动开关常闭触点的断开而接触器 KM_2 不能吸合，进给电动机 M_3 也就不能转动，防止了进给变速冲动时工作台的移动
4	圆工作台的转动与工作台的进给运动不能同时进行	联锁的实现方法：SQ_1 或 SQ_2，SQ_3 或 SQ_4 的四个常闭触点 SQ_{1-2}，SQ_{2-2}，SQ_{3-2} 或 SQ_{4-2} 是串联在 KM_2 线圈的回路中 当圆工作台的转换开关 SA_1 转到“接通”位置时，两个进给手柄可能压下微动开关 SQ_1 或 SQ_2，SQ_3 或 SQ_4 的四个常闭触点 SQ_{1-2}、SQ_{2-2}、SQ_{3-2} 或 SQ_{4-2}。如果有一个进给操纵手柄不在零位，则因开关常闭触点的断开而接触器 KM_2 不能吸合，进给电动机 M_3 不能转动，圆工作台也就不能转动。只有两个操纵手柄恢复到零位，进给电动机 M_3 方可旋转，圆工作台方可转动

1.4.5　X6132 万能铣床的操作

X6132 型卧式万能铣床的各个操纵位置及方法如图 1-69 所示。

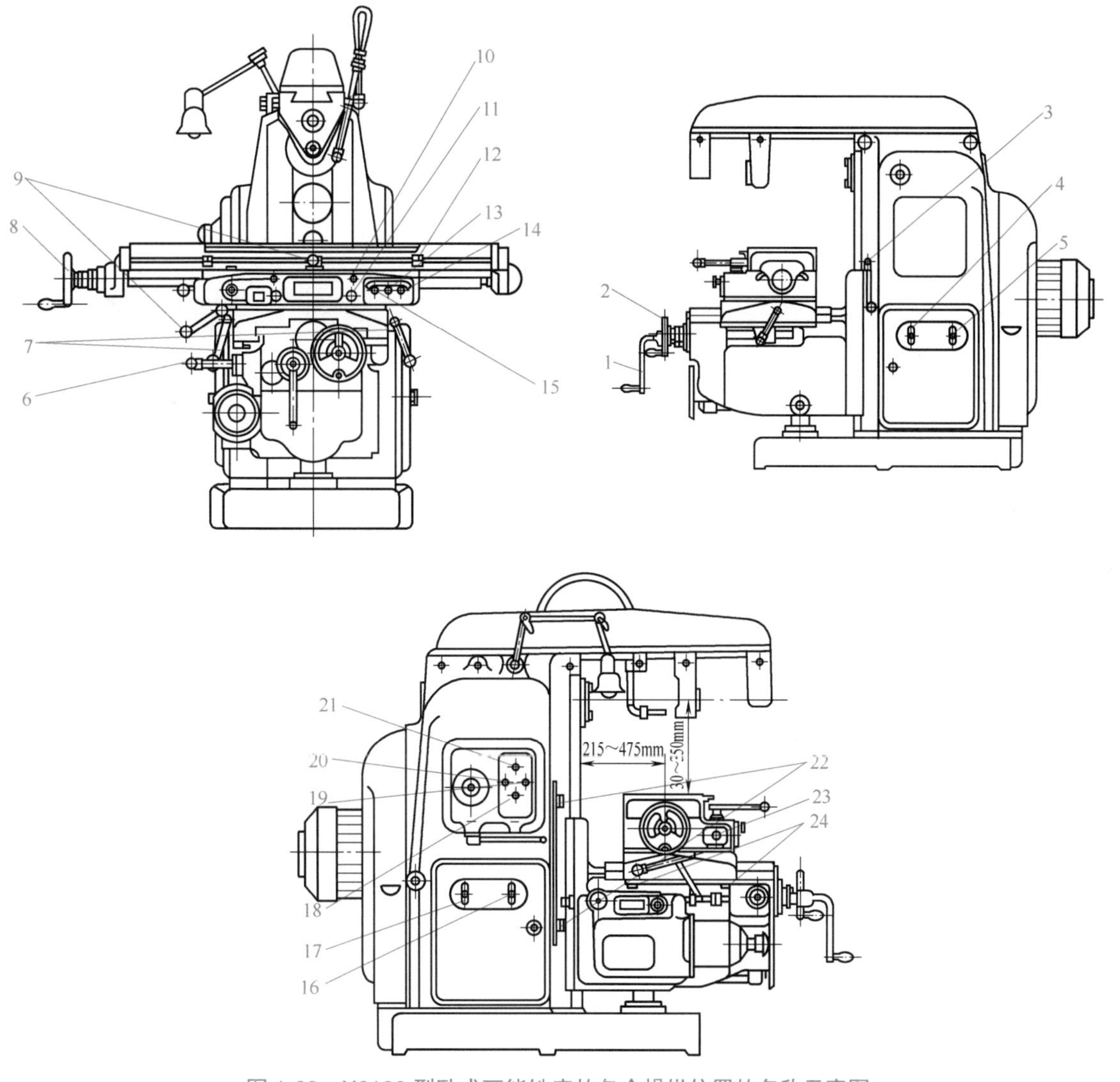

图 1-69 X6132 型卧式万能铣床的各个操纵位置的名称示意图

1—工作台垂向手动进给手柄；2—工作台横向手动进给手柄；3—垂向工作台紧固手柄；4—冷却泵转换开关；5—圆工作台转换开关；6—工作台横向及垂向机动进给手柄；7—横向工作台紧固手柄；8—工作台纵向手动进给手柄；9—工作台纵向机动进给手柄；10—纵向工作台紧固螺钉；11—回转盘紧固螺钉；12—纵向机动进给停止挡铁；13，20—主轴及工作台起动按钮；14，19—主轴及工作台停止按钮；15，21—工作台快速移动按钮；16—主轴换向转换开关；17—电源转换开关；18—主轴上刀制动开关；22—垂向机动进给停止挡铁；23—手动油泵手柄；24—横向机动进给停止挡铁

（1）机床电器部分操作（表 1-19）

表 1-19 机床电器部分操作

序号	电器操作	详细使用操作步骤
1	电源转换开关	电源转换开关 17 在床身左侧下部，操作机床时，先将转换开关顺时针方向转换至接通位置，操作结束时，逆时针方向转换至断开位置
2	主轴换向转换开关	主轴换向转换开关 16 在电源转换开关右边，处于中间位置时主轴停止，将换向开关顺时针方向转换至右转位置时，主轴右向旋转，逆时针方向转换至左转位置时，则主轴左向旋转
3	冷却泵转换开关	冷却泵转换开关 4 在床身右侧下部，操作中使用切削液时，将冷却泵转换开关转换至接通位置
4	圆工作台转换开关	圆工作台转换开关 5 在冷却泵转换开关右边，在铣床上安装和使用机动回转工作台时，将转换开关转换至接通位置。一般情况下放在停止位置，否则机动进给全部停止

续表

序号	电器操作	详细使用操作步骤
5	主轴及工作台启动按钮	主轴及工作台启动按钮13、20在床身左侧中部及横向工作台右上方，两边为连动按钮。启动时，用手指按动按钮主轴或工作台丝杠即可启动
6	主轴及工作台停止按钮	主轴及工作台停止按钮14、19在启动按钮右面，要使主轴停止转动时，按动按钮，主轴或工作台丝杠即可停止转动
7	工作台快速移动按钮	工作台快速移动按钮15、21在启动、停止按钮上方及横向工作台右上方左边一个按钮，要使工作台快速移动时，先开动进给手柄，再按着按钮，工作台即按原运动方向作快速移动，放开快速按钮，快速进给立即停止，仍以原进给速度继续进给
8	主轴上刀制动开关	主轴上刀制动开关18在床身左侧中部，启动、停止按钮下方。当上刀或换刀时，先将转换开关转换到接通位置，然后再上刀或换刀，此时主轴不旋转，上刀完毕，再将转换开关转换到断开位置

（2）主轴、进给变速操作（表1-20）

表1-20　主轴、进给变速操作

序号	变速操作	详细使用操作步骤		注意事项
1	主轴变速操作	主轴变速箱装在床身左侧窗口上，变换主轴转速由变速手柄3和转数盘2来实现，如图1-70所示。主轴转速有30～1500r/min共18种。变速时，操作步骤如下： ①手握变速手柄3，把手柄向下压，使手柄的榫块自固定环4的槽Ⅰ中脱出，再将手柄外拉，使手柄的榫块落入固定环的槽Ⅱ内 ②转动转数盘2，把所需的转速数字对准指示箭头1 ③把变速手柄3向下压后推回原来位置，使榫块落进固定环槽Ⅰ，并使之嵌入槽中	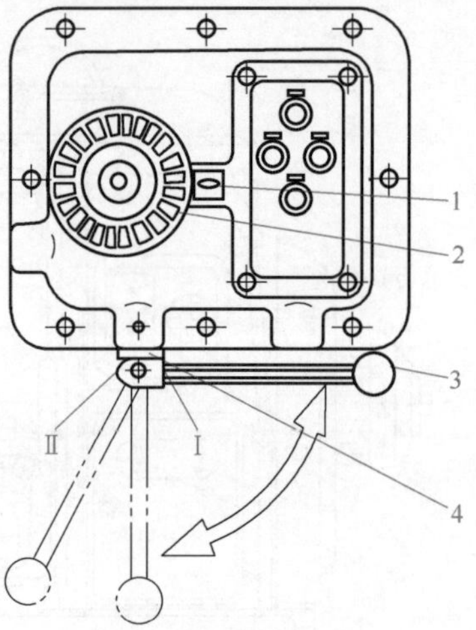 图1-70　主轴变速操作 1—指示箭头；2—转数盘；3—变速手柄；4—固定环	变速时，扳动手柄时要求推动速度快一些，在接近最终位置时，推动速度减慢，以利于齿轮啮合。变速时若发现齿轮相碰声，应待主轴停稳后再变速，避免损坏齿轮，主轴转动时严禁变速
2	进给变速操作	进给变速箱是一个独立部件，装在垂向工作台的左边，有18种进给速度，由23.5mm/min到1180mm/min。速度的变换由进给操作箱来控制，操作箱装在进给变速箱的前面，如图1-71所示。变换进给速度的操作步骤如下： ①双手把蘑菇形手柄1向外拉出 ②转动手柄，把转数盘2上所需的进给速度对准指示箭头3 ③将蘑菇形手柄1再推回原始位置	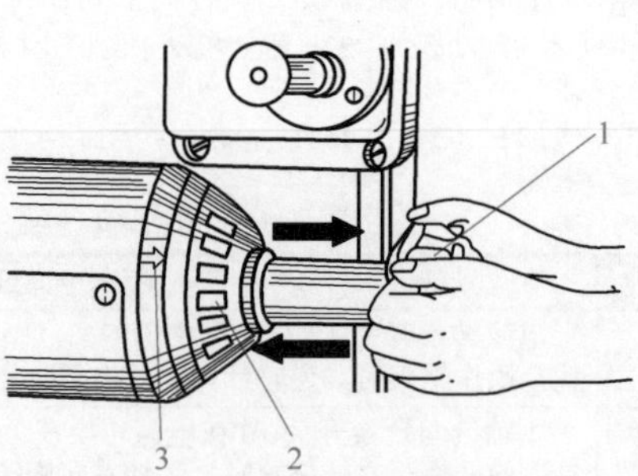 图1-71　进给变速操作 1—蘑菇形手柄；2—转数盘；3—指示箭头	变换进给速度时，如发现手柄无法推回原始位置，可再转动转数盘或将机动进给手柄开动一下。允许在机床开动情况下进行进给变速，但机动进给时，不允许变换进给速度

（3）工作台进给操作（表 1-21）

表 1-21　工作台进给操作

序号	进给操作		详细使用操作步骤
1	工作台手动进给操作	纵向手动进给	工作台纵向手动进给手柄 8 在工作台左端，如图 1-69 所示。当手动进给时，将手柄与纵向丝杠接通，右手握手柄并略加力向里推，左手扶轮子作旋转摇动，摇动时速度要均匀适当，如图 1-72 所示。顺时针摇动时，工作台向右移动作进给运动，反之则向左移动。纵向刻度盘圆周刻线 120 格，每摇一转，工作台移动 6mm，每摇动一格，工作台移动 0.05mm 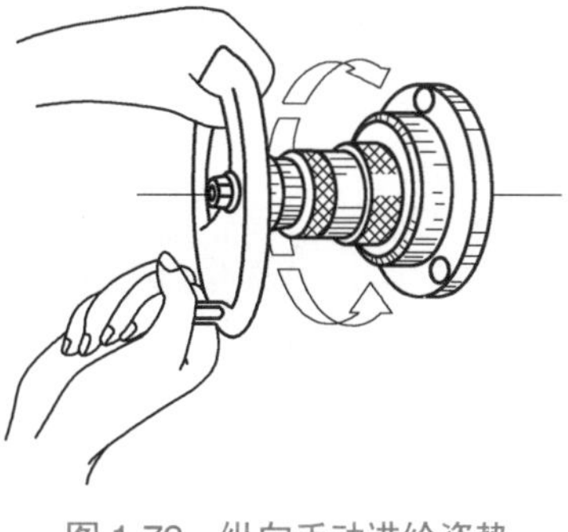 图 1-72　纵向手动进给姿势
		横向手动进给	工作台横向手动进给手柄 2 在垂向工作台前面，如图 1-69 所示。手动进给时，将手柄与横向丝杠接通，右手握手柄，左手扶轮子作旋转摇动，顺时针方向摇动时，工作台向前移动，反之向后移动。每摇一转，工作台移动 6mm，每摇动一格，工作台移动 0.05mm
		垂向手动进给	工作台垂向手动进给手柄 1 在垂向工作台前面左侧，如图 1-69 所示。手动进给时，使手柄离合器接通，双手握手柄，顺时针方向摇动时，工作台向上移动，反之向下移动，垂向刻度盘上刻有 40 格，每摇一转时，工作台移动 2mm，每摇动一格，工作台移动 0.05mm
2	工作台机动进给操作	纵向机动进给	工作台纵向机动进给手柄 9 为复式（图 1-69），手柄有三个位置，向右、向左及停止，如图 1-73 所示。当手柄向右扳动时，工作台向右进给，中间为停止位置，手柄向左扳动时，工作台向左进给 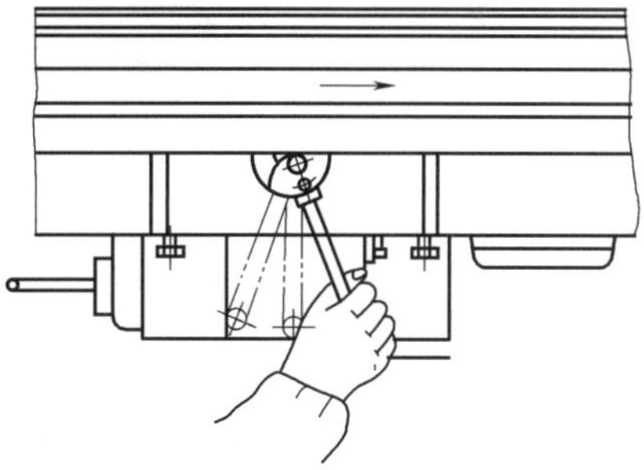 图 1-73　工作台纵向机动进给操作
		横向、垂向机动进给	工作台横向及垂向机动进给手柄 6（图 1-69）为复式，手柄有五个位置，向上、向下、向前、向后及停止。当手柄向上扳时，工作台向上进给，反之向下；当手柄向前扳时，工作台向里进给，反之向外；当手柄处于中间位置，进给停止，如图 1-74 所示 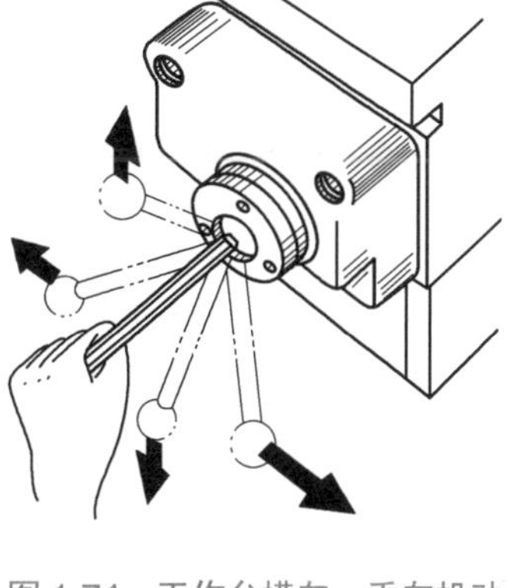 图 1-74　工作台横向、垂向机动进给操作

（4）其他操作（表 1-22）

表 1-22 其他操作

序号	其他操作	详细使用操作步骤
1	纵向、横向、垂直方向手柄的紧固	铣削生产加工时，为减少振动，保证工件的正确定位，可将不使用的手柄进行紧固，以避免因铣削力使工作台在某一方向产生位置移动。这时可分别旋紧纵向工作台紧固螺钉和横向工作台紧固手柄以及垂直进给紧固手柄，工作完毕后，必须将其松开
2	万能立铣头的安装	万能立铣头是铣床的重要附件，它能扩大铣床的加工应用范围。如图 1-75 所示，万能立铣头由座体、壳体、主轴座体、主轴构成。座体由楔铁配合，用螺钉紧固在床身垂直导轨上。立铣头是空心主轴，前端是莫氏 4# 圆锥孔，用来安装铣刀的刀轴，立铣头主轴可在纵向和横向两个相互垂直的平面内作 360° 转动，所以能与工作台面成任意角度，如图 1-76 为万能立铣头的铣削加工 图 1-75 万能立铣头 图 1-76 万能立铣头的铣削加工

1.5 铣床的维护与保养

为了保持铣床正常运转和延长其使用寿命，应注意日常的维护保养，未达到保养要求的机床，将迅速地缩短其使用寿命和加工精度，如图 1-77 所示，铣床的摩擦部分必须进行润滑。

1.5.1 铣床清洁维护保养

（1）铣床的维护保养流程

如图 1-78 所示为铣床的一般维护保养流程。

为了使机床保持良好的状态，防止或减少事故的发生，把故障消灭在萌芽之中，除了发生故障应及时修理外，还应坚持定期检查，经常维护保养。

（2）日常保养

日常保养一般是指每天需要进行的保养，见表 1-23。

① 定期时间：每班班前、班后。

② 作业时间：各 15 分钟内。

图 1-77　未达到保养要求的铣床

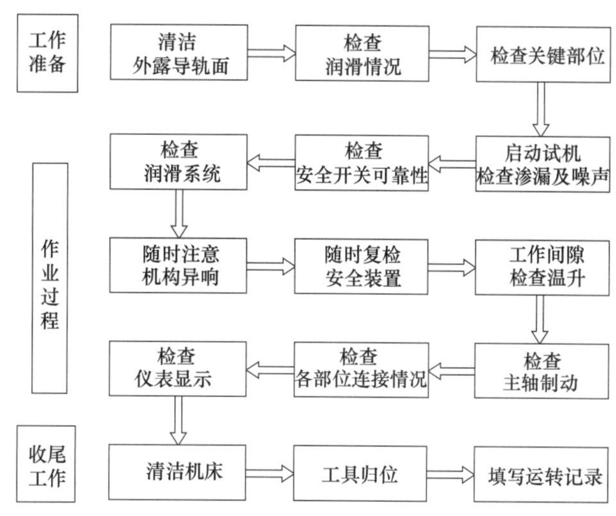

图 1-78　铣床的维护保养流程

表 1-23　日常保养

序号	保养时间	详 细 描 述
1	班前保养	对重要部位进行检查
		擦净机床外露部位及滑动面的尘土
		按规定润滑各部位
		空运转并查看润滑系统是否正常
2	班后保养	打扫场地卫生，保证机床底下无切屑、无垃圾，保证工作环境干净
		将铁屑全部清扫干净
		擦净机床各部位，保持各部位无污迹，保持工作台、拖板与导轨无水迹
		各导轨面（大、中、小）和刀架加机油防锈
		清理工具、量具、夹具，干净归位；部件归位
		每个工作班结束后，应关闭机床总电源
3	每周保养	工作台、回转盘部位润滑
		清洗护床油毛毡，并保持铣床外表清洁和场地整齐等

（3）定期保养——一级保养

① 定期时间：每季度或每运转 600h 左右应进行一级保养一次，以操作工人为主，维修工人配合进行。

② 作业时间：4h 内。

③ 首先切断电源，然后进行保养工作，见表 1-24。

表 1-24　一级保养

序号	保养部位	保养内容及要求
1	外保养	清洗机床外表面及各罩壳，保持内外清洁，无锈蚀，无黄袍
		清洗导轨面，检查并修光毛刺
		清洗长丝杠、光杆、操作杆，要求清洁无油污
		补齐紧固螺钉、螺母、手球、手柄、油杯等机件，保持机床整齐
		清洗机床附件，做到清洁、整齐、防锈

续表

序号	保养部位	保养内容及要求
2	传动与工作台	拆卸上工作台，擦拭丝杠导轨面，去除毛刺
		检查丝杆、螺母及调整塞铁间隙，调整丝杠、丝母间隙及轴向窜动量，调整导轨与楔铁的间隙在 0.03~0.06mm 之间，调整摩擦片间隙
		检查各传动零部件是否正常
		检查操作手柄、限位装置定位是否准确可靠；各变速手柄应无松动
3	润滑	清洗油线、油毡，保证油孔、油路畅通
		油质、油量符合要求，油杯齐全，油标明亮
		检查液压系统，调整工作压力
4	冷却	清洗过滤器、冷却泵、冷却箱，要求管路、阀门畅通无泄漏，固定要牢固
5	电器	清洗电动机、电器箱，达到内外清洁
		检查各电器元件触点，要求性能良好，安全可靠
		检查限位装置与接地是否安全可靠
		检查、紧固接零装置

（4）定期保养——二级保养

① 定期时间：每年或运行 3000 小时应进行二级保养一次，以维修工人为主，操作工人参加，除执行一级保养内容及要求外，应做好表 1-25 中的工作，并测绘易损件，提出备品配件。

② 作业时间：8h 内。

③ 首先切断电源，然后进行保养工作。

表 1-25　二级保养

序号	保养部位	保养内容及要求
1	主轴箱及进给箱	清洗主轴箱及进给箱
		检查、调整各传动零部件，修复或更换磨损件
		各传动轴要求无窜动，齿轮啮合恰当，轴承响声正常，调整摩擦片间隙，摩擦片磨损较大的应更换
		检查、调整各操纵手柄、限位装置定位是否准确可靠
2	工作台与导轨	拆洗、检查工作台、导轨面，要求无油污，去除毛刺、整修伤痕
		调整间隙，纵向操纵杆空行程要少，间隙合适
		检查、调整各零部件，修整或更换磨损件，调整斜铁
3	润滑	清洗换油，排除泄漏
		检查、调整液压系统，修复或更换磨损件
4	电器	拆检电动机，达到内外整洁，安全可靠
		检修、整理电器箱，应符合设备完好标准要求
5	精度	校正机床水平，检查、调整、修复精度
		调整加工尺寸和实际尺寸的误差，调整电流、电压在规定范围内
		精度符合设备完好标准要求

1.5.2 铣床润滑的方式

铣床的润滑在铣床工作中占有十分重要的位置，对于提高铣床加工精度、延长机床使用寿命等都有着十分重要的作用。表 1-26 详细描述了普通铣床常用的润滑方式。

表 1-26 普通铣床常用的润滑方式

序号	润滑方式	详细说明
1	浇油润滑	如图 1-79 所示，通常用于外露的滑动表面，如床身导轨面和中、小拖板导轨面等  图 1-79 浇油润滑
2	溅油润滑	通常用于密封的箱体中，如铣床的主轴箱，它利用齿轮转动把润滑油飞溅到油槽中，然后输送到各处进行润滑。图 1-80 为主轴箱中的溅油润滑 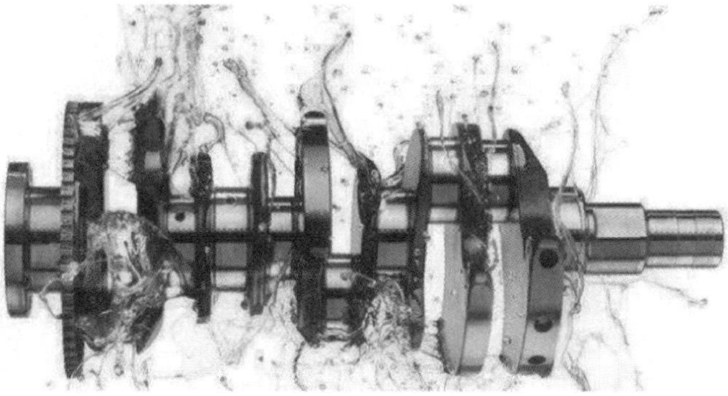 图 1-80 主轴箱中的溅油润滑
3	油绳导油润滑	通常用于铣床的走刀箱和拖板箱的油池中，它利用毛线吸油和渗油的能力，把润滑油慢慢地引到所需要的润滑处，见图 1-81 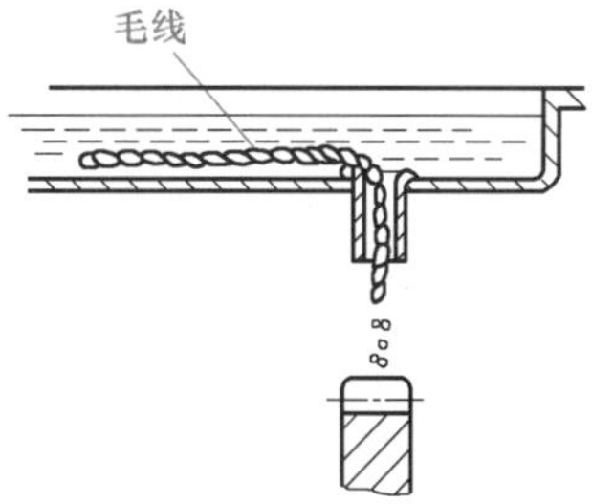 图 1-81 油绳导油润滑
4	弹子油杯注油润滑	通常用于工作台手柄转动的轴承处。注油时，以油嘴把弹子揿下，滴入润滑油，见图 1-82。使用弹子油杯的目的，是防尘防屑 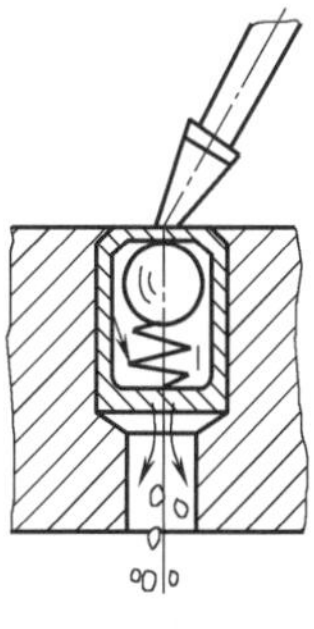 图 1-82 弹子油杯注油润滑

续表

序号	润滑方式	详细说明
5	黄油（油脂）杯润滑	通常用于铣床挂轮架的中间轴。使用时，先在黄油杯中装满工业油脂，当拧进油杯盖时，油脂就挤进轴承套内，比加机油方便。使用油脂润滑的另一特点是：存油期长，不需要每天加油，见图 1-83 图 1-83　黄油（油脂）杯润滑
6	油泵输油润滑	通常用于转速高、润滑油需求量大的机构中，如车床的主轴箱一般都采用油泵输油润滑，见图 1-84 图 1-84　油泵输油润滑
7	手工加油（脂）润滑	此方法常用于机床清洁后的操作，由人手将润滑油或润滑脂加到摩擦部位，用于轻载、低速或间歇工作的摩擦副。如普通机床的导轨、挂轮及滚子链（注油润滑）、齿形链（刷油润滑）、滚动轴承及滚珠丝杠副（涂脂润滑）等，见图 1-85 图 1-85　铣床运动部件涂抹润滑

1.5.3　铣床用润滑剂

润滑剂是用以降低摩擦副的摩擦阻力、减缓其磨损的润滑介质。润滑剂对摩擦副还能起冷却、清洗和防止污染等作用。为了改善润滑性能，在某些润滑剂中可加入合适的添加剂。选用润滑剂时，一般须考虑摩擦副的运动情况、材料、表面粗糙度、工作环境和工作条件，以及润滑剂的性能等多方面因素。在机械设备中，润滑剂大多通过润滑系统输配给各需要润滑的部位。

（1）润滑剂的类型

工业生产中润滑剂一般有：机械油（高速润滑油）、织布机油、主轴油、导轨油、轧钢油、汽轮机油、压缩机油、冷冻机油、气缸油、船用油、齿轮油、机压齿轮油、车轴油、仪表油、真空泵油等。图 1-86 详细列出了润滑剂的分类及成分，表 1-27 详细描述了润滑剂的分类、成分、使用方法、适用范围等。

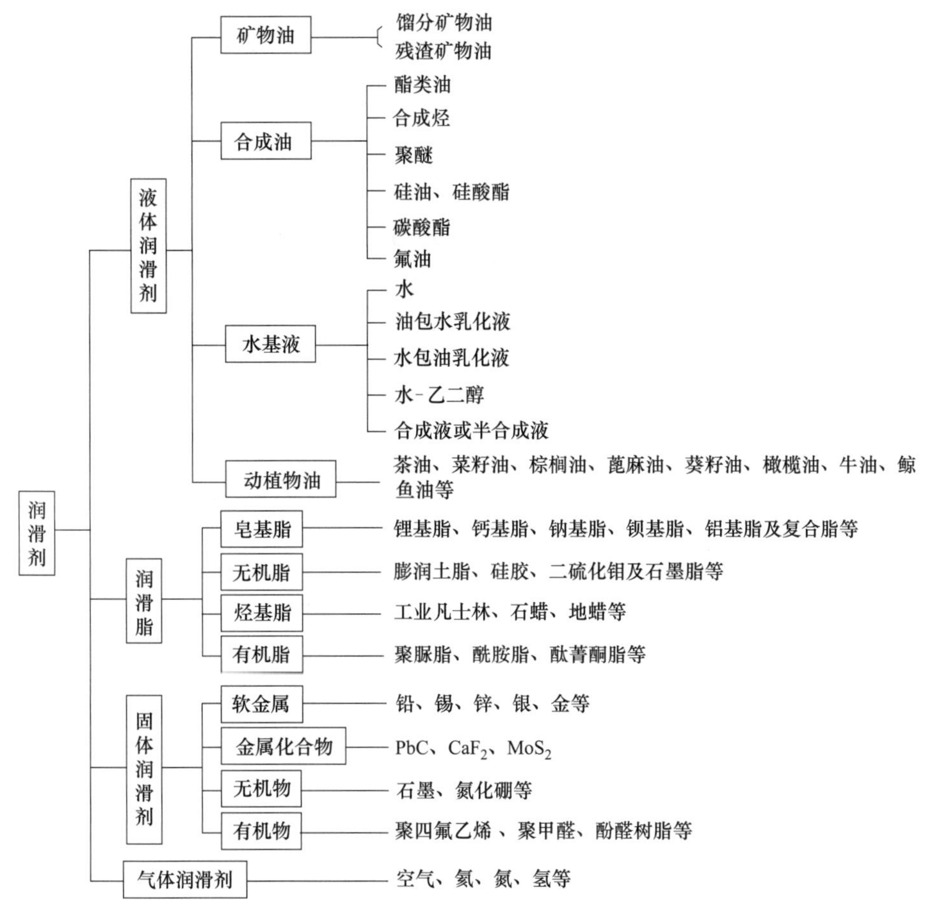

图 1-86　润滑剂的分类及成分

表 1-27　润滑剂的类型、成分、使用方法、适用范围

序号	润滑剂类型	详细说明
1	液体润滑剂	液体润滑剂是用量最大、品种最多的润滑材料，它包括矿物油、合成油、水基液和动植物油。液体润滑剂有较宽的黏度范围，对不同的负荷、速度和温度条件下工作的摩擦副和运动部件提供了较宽的选择余地。此外，它资源丰富，产品价廉，尤其是以矿物油为基础的润滑油，用途非常广泛 合成油是以化学合成方法制备成有机液体，再经过调配或加工而制成的。它具有一定的化学结构和预定的物理化学性质，多使用在比较苛刻的工况下，例如极高温、极低温、高真空度、重载、高速、具有腐蚀性环境以及辐射环境等 水基液多半用于金属加工液及难燃性液压介质。常用的水基液有水、乳化液（油包水或水包油型）、水 - 乙二醇以及其他化学合成液或半合成液 动植物油常用于难燃液压介质。其优点是润滑性、生物降解性好，可满足环境保护要求；缺点是氧化安定性、热稳定性和低温性能不理想，需进一步改善
2	润滑脂	润滑脂一般由基础油、稠化剂和添加剂（或填料）在高温下混合而成。主要品种按稠化剂的组成可分为皂基脂、烃基脂、无机脂和有机脂等。润滑脂除了具有抗磨、减摩和润滑性能外，还能起密封、减振、阻尼、防锈等作用。其润滑系统简单、维护管理容易，可节省操作费用；缺点是流动性小，散热性差，高温下易产生相变、分解等
3	固体润滑剂	固体润滑剂分为软金属、金属化合物、无机物和有机物等。按其物质形态可分为固体粉末、薄膜和自润滑复合材料等。固体粉末分散在气体、液体及胶体中使用；薄膜可通过喷涂、电泳沉积、溅射、真空沉积、电镀、烧结、化学生成、浸渍、黏结等工艺方法做成 固体润滑剂的适应范围广，能够适应高温、高压、低速、高真空、强辐射等特殊使用工况，特别适用于给油不方便、维护拆卸困难的场合。它的缺点是摩擦因数较大，冷却散热较差，干膜在使用过程中补充困难等

续表

序号	润滑剂类型	详细说明
4	气体润滑剂	气体润滑剂取用方便，不会变质，不会引起对周围环境及支承元件的污染，使用气体润滑剂的支承元件摩擦小，工作温度范围较广，能够保持较小间隙，容易获得较高精度。在放射性环境及其他特殊环境下能正常工作。其缺点是必须有气源，由外部供给干净而干燥的气体；支承元件动态稳定性较差，对支承制造精度及材质有较高要求。常用的气体有空气、氢气、氧气、氮气、一氧化碳、氦气、水蒸气等

（2）润滑剂的性能比较（表 1-28）

表 1-28　润滑剂性能比较

润滑剂类型	润滑剂性能及评价						
	液体动压润滑	边界润滑	冷却	低摩擦	易于加入轴承	保持在轴承中的能力	密封能力
液体润滑剂	优	差至优	很好	一般至良	良	差	差
润滑脂	一般	良至优	差	一般	一般	良	很好
固体润滑剂	无	良至优	无	差	差	很好	一般至良
气体润滑剂	良	差	一般	优	良	很好	很好

1.5.4 X6132 万能铣床的润滑

X6132 万能铣床主轴变速箱和进给变速箱内部的齿轮以及其他传动部件，其接触表面在相对运动时都存在着摩擦现象，天长日久的摩擦就会因接触发热而造成磨损甚至损坏。为了减少摩擦，延长铣床的使用寿命，保持各部件的配合精度，一个最好的办法就是向摩擦部位注油进行润滑。

X6132 万能铣床的主轴变速和进给变速箱均采用自动润滑。润滑油应清洁无杂质，一般使用 L-AN32 全损耗系统用油。图 1-87 为 X6132 万能铣床的润滑示意图。

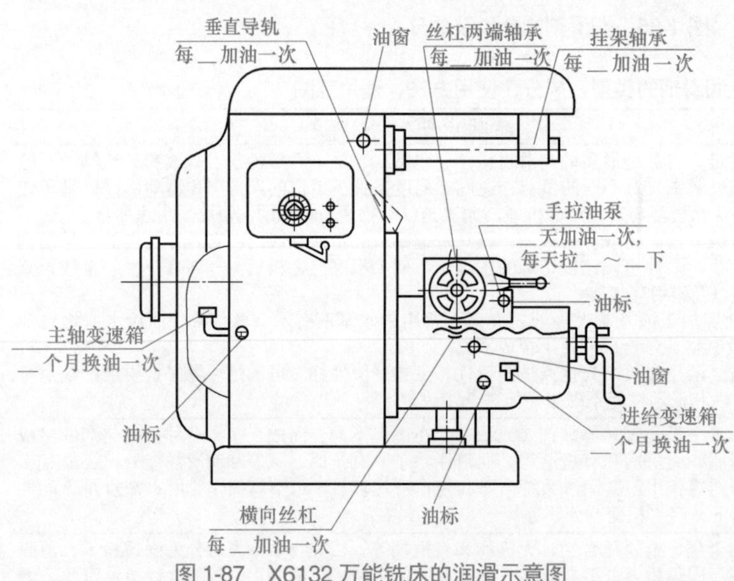

图 1-87　X6132 万能铣床的润滑示意图

X6132 铣床带油标的油池共有四处，即主轴变速箱、进给变速箱、手动油泵和支架上的油池，这是油量观察点。当油量缺少时，油面即低于油标线，这时要尽快补充，使油面达到油标线处。变速箱内加油时不能加得太多，更不能把油装满，否则，箱内的齿轮在高速转动时，要受到很大阻力，白白浪费很多功率，并且齿轮在油中不断地快速搅动，会使油温很快升高，致使变速箱无法工作。在主轴变速箱和进给变速箱上各有一个油窗，当铣床启动后，从油窗应该看到有机油流动，否则，即是油泵或输油管出了问题，要及时找出原因进行修理。

1.5.5 X5040 立式铣床的润滑

X5040 立式铣床（也叫 X53K 立式铣床）属于铣床中广泛应用的一种机床，是一种强力金属切削机床，该机床刚性强，进给变速范围广，能承受重负荷切屑。

X5040 立式铣床主轴锥孔可直接或通过附件安装各种圆柱铣刀、圆片铣刀、成形铣刀、端面铣刀等，适于加工各种零件的平面、斜面、沟槽、孔等，是机械制造、模具、仪器、仪表、汽车、摩托车等行业的理想加工设备。

X5040 型铣床的主轴变速和进给变速箱均采用自动润滑。润滑油应清洁无杂质，一般使用 L-AN32 全损耗系统用油。

图 1-88 为 X5040 立式铣床主轴及进给变速箱润滑示意图，图 1-89 为右侧导轨润滑示意图，图 1-90 为左侧导轨润滑示意图，图 1-91 为手轮部分润滑示意图。

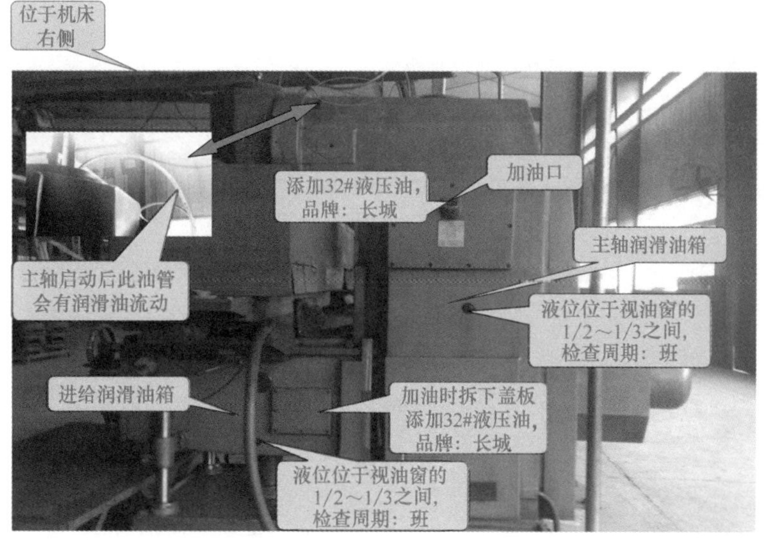

图 1-88　主轴及进给变速箱润滑示意图

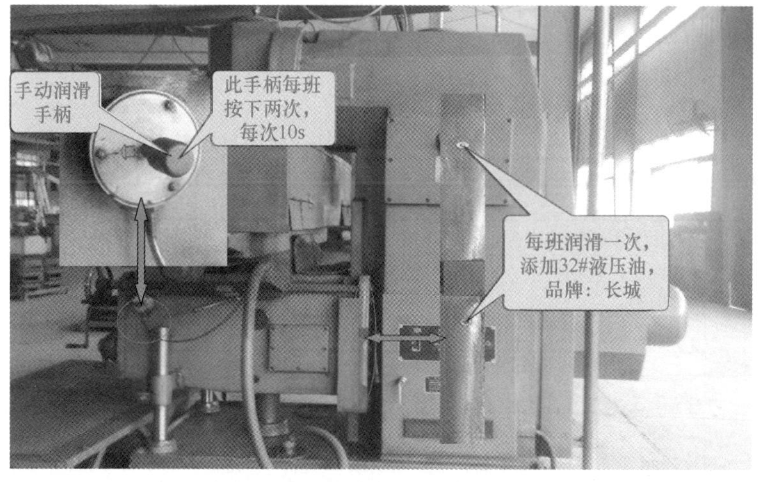

图 1-89　右侧导轨润滑示意图

图 1-90　左侧导轨润滑示意图

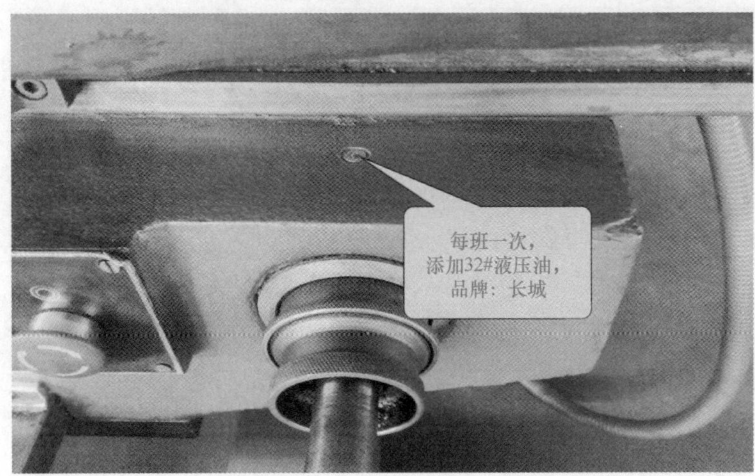

图 1-91　手轮部分润滑示意图

1.5.6　铣床一级保养操作实例

铣床一级保养的操作步骤自查检查表见表 1-29。

表 1-29　铣床一级保养的操作步骤自查检查表

<table>
<tr><th>序号</th><th colspan="2">操作步骤</th><th>完成度
（√或 ×）</th></tr>
<tr><td>1</td><td colspan="2">切断电源，以防止触电或造成人身、设备事故</td><td></td></tr>
<tr><td>2</td><td colspan="2">擦洗床身上的各部位，包括横梁、挂架、横梁燕尾形导轨、主轴锥孔、主轴端面拨块后尾、垂直导轨等，并修光毛刺</td><td></td></tr>
<tr><td rowspan="5">3</td><td rowspan="5">拆卸工作台部分</td><td>①拆卸左撞块，如图 1-92 所示，并向右摇动工作台至极限位置</td><td></td></tr>
<tr><td>②拆卸工作台左端，如图 1-93 所示，先将手轮 1 拆下，然后将紧固螺母 2、刻度盘 3 拆下，再将离合器 4、螺母 5、止退垫圈 6、平垫圈 7 和推力球轴承 8 拆下</td><td></td></tr>
<tr><td>③拆卸导轨楔铁</td><td></td></tr>
<tr><td>④拆卸工作台右端，如图 1-94 所示，首先拆下端盖 1，然后拆下锥销（或螺钉）3，再取下螺母 2 和推力球轴承 4，最后拆下支架 5</td><td></td></tr>
<tr><td>⑤拆下右撞块</td><td></td></tr>
</table>

续表

序号	操作步骤		完成度（√或×）
3	拆卸工作台部分	⑥转动丝杠至最右端，取下丝杠。注意：取下丝杠时，防止平键脱落	
		⑦将工作台推至左端，取下工作台。注意：不要碰伤，要放在专用的木制垫板上	
4	清洗卸下的各个零件，并修光毛刺		
5	清洗工作台的底座内部零件、油槽、油路、油管，并检查手拉油泵、油管等是否畅通		
6	检查工作台各部无误后安装，其步骤与拆卸相反		
7	调整楔铁的松紧、推力球轴承与丝杠之间的轴向间隙，以及丝杠与螺母之间的间隙，使其旋转正常		
8	拆卸清洗横向工作台的油毡、楔铁、丝杠，并修光毛刺后涂油安装，使楔铁松紧适当，横向工作台移动时应灵活、正常		
9	上、下移动升降台，清洗垂直进给丝杠、导轨和楔铁，并修光毛刺，涂油调整，使其移动正常		
10	拆擦电动机和防护罩，清扫电气箱、蛇皮管，并检查是否安全可靠		
11	擦洗整机外观，检查各传动部分、润滑系统、冷却系统确实无误后，先手动后机动，使机床正常运转		

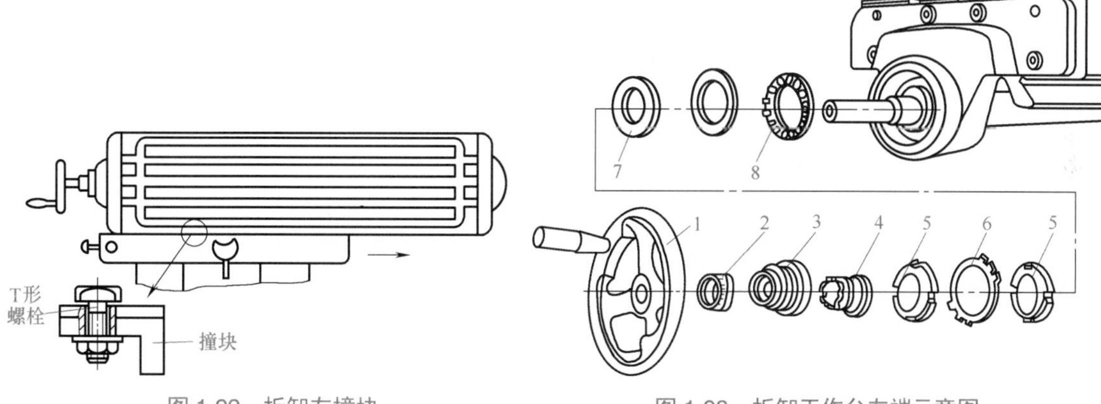

图 1-92 拆卸左撞块

图 1-93 拆卸工作台左端示意图

1—手轮；2—紧固螺母；3—刻度盘；4—离合器；5—螺母；6—止退垫圈；7—平垫圈；8—推力球轴承

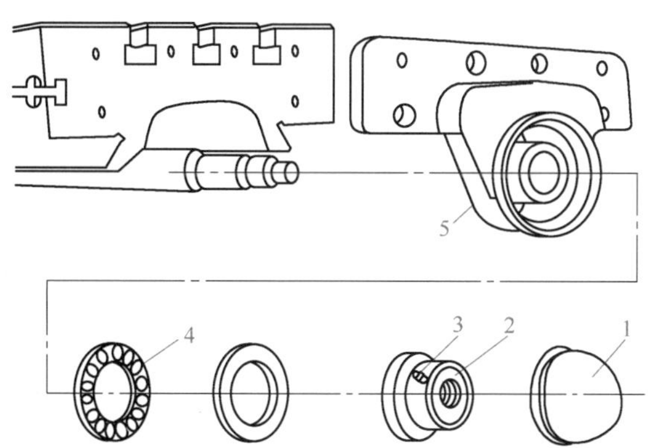

图 1-94 拆卸工作台右端示意图

1—端盖；2—螺母；3—推销（或螺母）；4—推力球轴承；5—支架

经验总结

① 进行一级保养时，必须做到安全生产。如切断电源、拆洗时要防止砸伤或损坏零部件等。

② 在拆卸右端支架时，不要用铁锤敲击或用螺丝刀撬其结合部位，应用木槌或塑料锤击打，以防其结合面出现撬伤或毛刺。

③ 卸下丝杠时，应将其离开地面垂直挂起来，不要使丝杠的端面触及地面立放或平放，以免丝杠变形弯曲。

1.6 铣床安全生产

安全文明生产

开车之前先检查，手柄位在安全中，
低速空转三四分，润滑到位再加工；
工作服装穿戴好，女生长发帽里弄，
手套危险非善类，为了安全要弃用；
工夹量具摆周围，取用有序方从容，
轻拿轻放习惯好，莫要过猛莫要重；
工艺卡片与图纸，清洁完整莫乱动，
毛坯成品分开放，堆列整齐不要松；
铸铁切屑易崩碎，罩板眼镜助成功，
去屑缠绕勿用手，清除只把铁钩用；
扳手夹具要切记，装卸多余随手去，
床前一尺偏左站，精力集中用心细；
下班之前一件事，清除切屑带擦拭，
手柄放空床上油，工作台要归初始；
文明生产严要求，安全操作心头记，
今日练好基本功，明朝岗位无难题。

1.6.1 铣床加工的安全问题

铣削加工使用的工具、夹具繁多，所以铣削加工的安全技术问题就显得特别重要，其重点工作见表1-30。

表 1-30 铣削加工的安全问题

序号	铣削加工的安全问题	详细说明
1	切屑的伤害及防护措施	铣削加工的各种钢料零件韧性较好，铣削时所产生的切屑边缘比较锋利。在高速切削钢件时会高速崩出切屑，极易伤人，有时也会堆积在工件的拐角、沟槽和工作台的T形槽处，如图1-95所示。所以工作中应注意经常用气枪及时清理，必要时应停车用铁钩、毛刷等清除，但绝对不许用手去清除 另外，在高速切削钢件时会形成红热的、很长的切屑，极易缠绕在刀具上，影响工件表面的加工精度，图1-96为缠绕在铣刀上的切屑 图1-95 堆积的切屑 图1-96 缠绕在铣刀上的切屑 为防止切屑伤害常采取改变刀路、控制切屑流向和加设各种防护挡板的措施。断屑的措施需要改变主轴转速、更换刀具
2	工件的装夹	在铣削加工的过程中，因工件装卡不当而发生损坏机床、折断或撞坏刀具以及工件掉下或飞出伤人的事故为数较多。所以，为确保铣削加工的安全生产，装夹工件时必须格外注意 对大小、形状各异的零件要选用合适的夹具，不论是虎钳、铣床用卡盘或专用夹具，必须稳固可靠。对大工件、异形工件要用辅助夹具卡紧，保证工件加工切削受力时，不移位、不脱落。必要时可用顶尖、压块、打孔固定螺栓等增强卡固。加工时必须按照加工工艺，按步骤安装和撤出夹具 图1-97为一种特殊的圆弧形状的压板夹具 图1-97 圆弧形状的压板夹具
3	安全操作问题	①工作前要全面检查机床，确认良好方可使用 ②工件及刀具的装夹保证位置正确、牢固可靠 ③加工过程中，更换刀具、装卸工件及测量工件时，必须停机 ④主轴在旋转时不得用手触摸或用棉丝擦拭 ⑤要适当选择切削速度、进给量和吃刀深度，不许超负荷加工 ⑥工作台、机床内部任何部位不得放置工件、夹具及其他杂物 ⑦使用锉刀时要将铣刀和工作台移到安全位置，工作台要尽量靠近操作者，扎紧袖口，防止衣袖卷入 ⑧机床要有专人负责使用和保养，其他人员不得动用

1.6.2 切屑清理工具

铣床加工时产生的切屑很薄，就像一把刀子，如图1-98所示，所以在清理切屑时，不可直接操作，否则会割伤手指。

如图1-99（a）所示是经常使用的最简单的排屑钩子。它用直径为5～8mm的钢棍弯制而成，适于排除长铁屑时使用。如图1-99（b）所示为三爪式排屑长筒，使用壁厚为0.25～0.40mm

图 1-98　边缘锋利的切屑

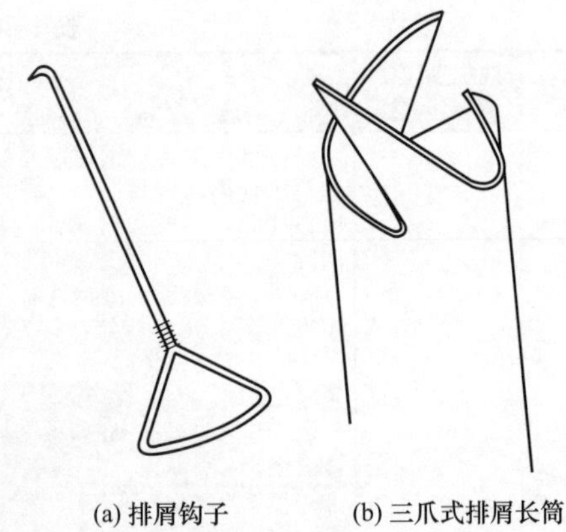

(a) 排屑钩子　　(b) 三爪式排屑长筒

图 1-99　切屑清理工具

图 1-100　清理缠绕在主轴上的切屑

的薄管制成，长约 1m。使用时将其插入切屑内，用手将其逆时针转动几圈，即可将切屑团在一起拉出。图 1-100 为清理缠绕在主轴上的切屑。

1.6.3　安全防护罩

铣床的安全防护罩可以将铣刀周围与外界隔开从而挡住废屑向四周飞溅，由于多采用推拉式拉杆升降装置，能根据铣刀的具体位置调节防护罩的位置，透过内嵌装有透明材质的罩面，能随时看到是铣床的加工情况，保障了铣床在加工过程中工作人员的安全。如图 1-101 所示为大型推拉框式安全防护罩，如图 1-102 所示为小型推拉无边框式安全防护罩，如图 1-103 所示为铣床安全防护罩结构图。

安全保护罩用钢化玻璃或其他透明板材制作，一般会在四周包裹安全条，通过固定套件和固定杆连接到推拉杆的固定座上，推拉杆连接在固定滑杆上，可以在一定范围内移动，最终固定在床身上，安全防护罩不随主轴和工作台移动，通过手动进行调整。

图 1-101　大型推拉框式安全防护罩

图 1-102　小型推拉无边框式安全防护罩

1.6.4 抽尘装置

在铣削铸铁类工件时，切屑细末飞扬，尤其在大批量加工时，对操作者身体健康的影响很大。为了改善工作条件，可使用抽尘装置，如图 1-104 所示，抽尘装置的作用见表 1-31。

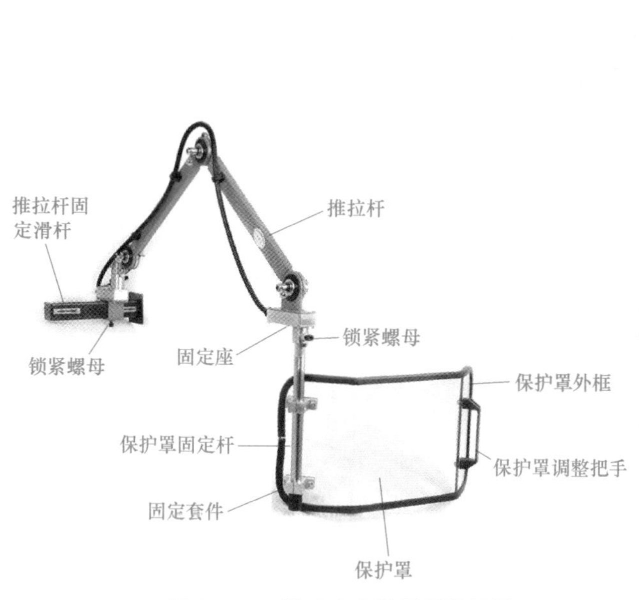

图 1-103 铣床安全防护罩结构图

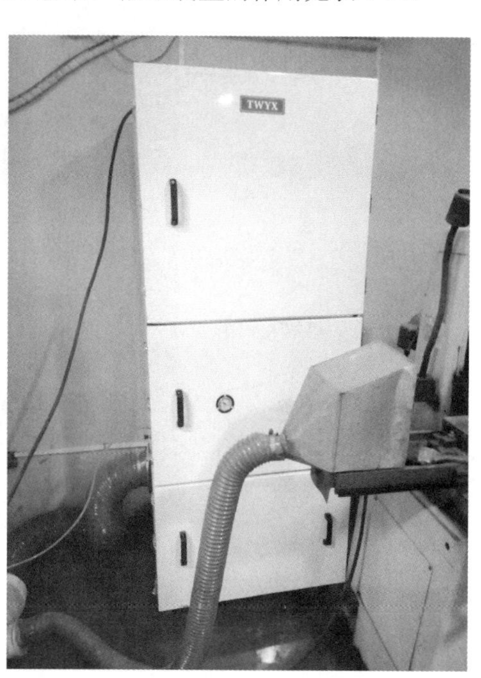

图 1-104 铣床配套的抽尘装置

表 1-31 抽尘装置的作用

序号	抽尘装置的作用	详细说明
1	除尘效率高	铣床用抽尘装置的清灰能力比较强，除尘效率可以达到 99.9%
2	空气净化强	铣床用抽尘装置可以捕集 0.3μm 以上的粉尘，使含尘气体净化到 $15mg/m^3$ 以下
3	便于回收利用	铣床用抽尘装置适合捕集细微而干燥的粉尘，捕集的粉尘便于回收利用

如图 1-105 所示是一种风机式抽尘装置。抽尘风扇直径为 150 ～ 200mm，宽 20mm，由 15 个叶片组成，直片形状，连接时由中心线倾斜 6° ～ 8° 。中轴直径为 20 ～ 25mm，装在轴承座内的轴承中，左端装抽尘风扇。抽尘装置外罩侧面图形是渐开线形曲线，灰尘由风叶空隙排出后沿着渐开线形喷管下落到水箱中。抽尘口对着工件被切削处的上端，切削时飞散的灰尘就被吸进去。

抽尘装置的风扇，通过中轴、轴承和传动带由电动机带动，需要动力为 0.3 ～ 0.4kW，中轴转速为 700r/min。

1.6.5 强磁铁屑清理器

强磁铁屑清理器是针对在加工中铁屑清理的简易工具，如图 1-106 所示，图 1-107 为加磁状态和无磁状态，图 1-108 为强磁铁屑清理器平时吸附铁屑和在乳化液中吸附铁屑的效果。

使用时操作人员将清理器靠近需要清理的部位，将自动吸附铁屑，整个流程简单、方便，如图 1-109 所示。

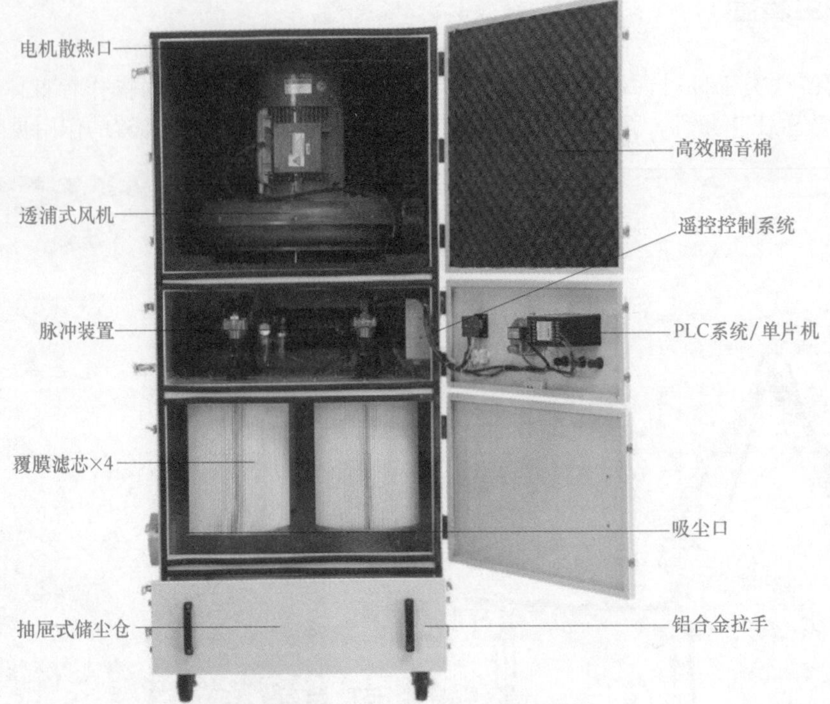

图 1-105　风机式抽尘装置

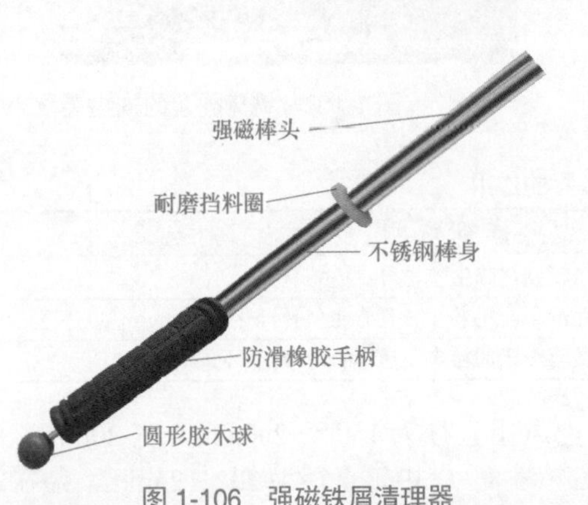

图 1-106　强磁铁屑清理器

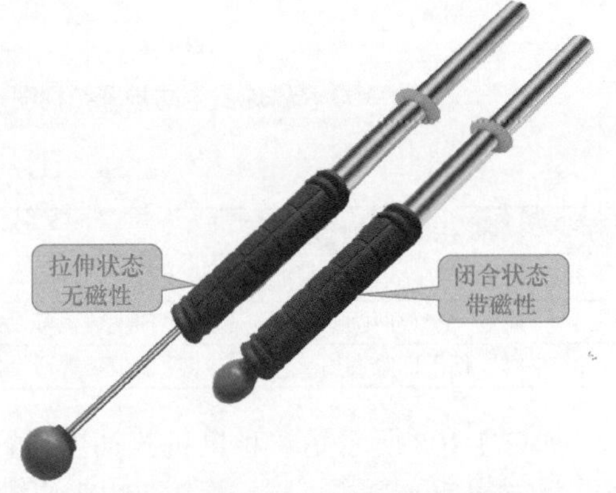

图 1-107　加磁状态和无磁状态

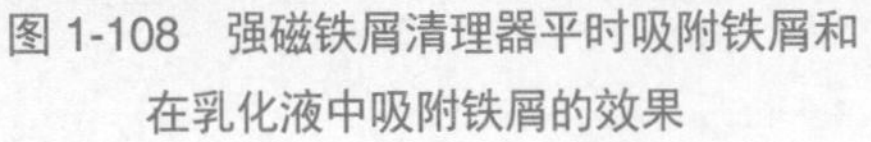

(a) 平常吸附铁屑　(b) 乳化液中吸附铁屑

图 1-108　强磁铁屑清理器平时吸附铁屑和在乳化液中吸附铁屑的效果

图 1-109　强磁铁屑清理器吸附工作台和夹具上的铁屑

1.7 铣床作业生产表

1.7.1 机械加工工艺过程卡片

机械加工工艺过程卡片见表 1-32。

表 1-32 机械加工工艺过程卡片

			机械加工工艺过程卡片	产品型号		零件图号		文件编号	
				产品名称		零件名称		共 页	第 页
	材料牌号		毛坯种类 / 毛坯外形尺寸		每毛坯件数		每台件数	备注	
	工序号	工序名称	工序内容	车间	工段	设备	工艺装备	工时	
								准终	单件
描图									
描校									
底图号									
装订号									

											设计（日期）	校核（日期）	标准化（日期）	会签（日期）	审核（日期）
	标记	处理	更改文件号	签字	日期	标记	处理	更改文件号	签字	日期					

1.7.2 安全生产标准化作业指导书

安全生产标准化作业指导书见表1-33。

表1-33 安全生产标准化作业指导书

<table>
<tr><td colspan="8">安全生产标准化作业指导书</td></tr>
<tr><td colspan="2">设备名称：铣床</td><td colspan="2">设备厂家：__________</td><td colspan="2" rowspan="3">操作人员</td><td colspan="2" rowspan="3"></td></tr>
<tr><td colspan="2">规格型号：X5032 立式铣床</td><td colspan="2">投产日期：____年____月____日</td></tr>
<tr><td>安装地点：</td><td>编制：</td><td>校对：</td><td>审核：</td></tr>
<tr><td>执行岗位</td><td>__________</td><td>控制标准</td><td colspan="5">1. 环境因素/危险识别、评价与控制程序；2. 安全质量标准化控制程序；3. 设备和工装管理程序；4. 废弃物料管理程序</td></tr>
<tr><td>岗位重大危险源</td><td colspan="3">1. 铣床限位、联锁装置失效；
2. 电源线老化破损触电伤人</td><td>岗位重要环境因素</td><td colspan="3">1. 废冷却液排放；2. 废料清除</td></tr>
<tr><td>劳动防护用具</td><td colspan="3">1. 工作服；2. 防护眼镜</td><td>防护装置设施</td><td colspan="3">1. 限位、联锁装置；2. 清除铁屑专用工具；
3. 安全防护罩</td></tr>
<tr><td rowspan="6">设备主要技术参数</td><td>项目</td><td>单位</td><td>技术参数</td><td>设备主要功能</td><td colspan="3">主要用于零部件的铣削加工</td></tr>
<tr><td>电源电压</td><td>V</td><td>380</td><td colspan="4">日常点检、润滑项目</td></tr>
<tr><td>频率</td><td>Hz</td><td>50</td><td>点检润滑部位</td><td>润滑周期</td><td>润滑材料</td><td>执行人</td></tr>
<tr><td>工作台面尺寸</td><td>mm</td><td>1325×320</td><td>导轨面、进给手柄</td><td>1次/日</td><td>46# 抗磨液压油</td><td></td></tr>
<tr><td>工作台行程
纵向/横向/垂向</td><td>mm</td><td>700（680）/
255（240）/
320（300）</td><td>工作台、回转台、升降台</td><td>1次/周</td><td>46# 抗磨液压油</td><td></td></tr>
<tr><td>转速范围</td><td>r/min</td><td>30～1500</td><td>主轴、变速箱</td><td>1次/月</td><td>3# 锂基润滑脂</td><td></td></tr>
<tr><td colspan="8">安全操作规程</td></tr>
<tr><td colspan="4">1. 基本要求</td><td colspan="4">2. 开机检查</td></tr>
<tr><td colspan="4">①操作人员必须参加相关培训，懂得设备的基本结构和性能及操作流程
②操作人员必须了解设备的应用范围及专业技术规程，掌握安全生产守则
③开机前检查，清除安全隐患等
④穿松散衣服，将衣袖留得太长者不可操作本机床
⑤长发没扎好，穿拖鞋者不可操作本机床
⑥戴手套者不可以操作本机床
⑦按要求进行设备日常点检</td><td colspan="4">①机床前后左右1米范围内地面卫生与机床的卫生状况检查
②垫脚卡板是否稳固
③机床同附属零件之电源线有无反搭错搭及凌乱现象
④机床之附属工具是否整齐稳固
⑤检查各手柄位置，操作机构是否灵活、可靠，机床各部位之制动手柄有无松脱
⑥机床润滑油泵内有无油液
⑦打开机床总电源查看机床有无漏电
⑧运转 X 轴、Y 轴、Z 轴及主轴，四轴运行是否顺畅
⑨检查 X 轴自动进给器运行有无异响
⑩手动查看所有转速变换齿的啮合状态是否正常及有无异响
⑪查看主轴转动电机之传动带有无断裂及松动
⑫合上电源后，按下运行开关，确认电源接通</td></tr>
<tr><td colspan="4">3. 操作要求</td><td colspan="4">4. 停机规定</td></tr>
<tr><td colspan="4">①工件和刀具必须装卡牢固可靠，不适当的卡紧力会导致工件飞出，造成人员伤亡
②铣床运转时，身体或手不得进入机械的运动范围
③主轴转速不得超过铣床允许的极限转速，高转速会引起不可预知的危险
④加工工件时不得超负荷切削
⑤严禁卸掉或修改机床配备的安全保护装置。在保证所有安全防护装置功能正常的情况下方能操作机床
⑥机床安装、维修或调整测试时，必须由有资格的或具备专业维修能力人员按机床使用说明书中的规定进行，维修前必须切断并锁住电源</td><td colspan="4">①工作完毕，切断电源
②认真保养设备，清理铁屑，保持设备清洁
③必须将机床移回到静止状态（X 轴回到中心位置，Y 轴回到最里边的位置）
④给移动导轨加油等保养
⑤每日工作结束后填写铣床日常点检表</td></tr>
</table>

续表

5. 操作步骤
①按顺序打开机床总电源和辅助设备电源 ②把主轴校正到自己需要的位置 ③把需要加工的工件校正到自己需要的角度及状态 a. 可以直接用压板的工件，可先进行校正工件，再用压板螺钉锁死并进行再校正 b. 不能直接用压板装夹的工件，则须校正好辅助工装夹具，如夹具、斜度工作台、旋转工作台等，之后再装夹工件进行校正 c. 所有加工件必须装夹稳固 ④选择自己需要用的加工刀具并进行刀具安装 a. 刀具安装时先确定索咀大小 b. 将主轴销死更换刀具索嘴 c. 索嘴更换时须清理主轴孔内杂物以防刀具偏中 d. 刀具装夹长度不能少于刀具总长的 1/3 位置，以防掉刀 e. 索嘴以外的刀具长度比加工件加工高度多出 5 ～ 10mm 为最佳效果 ⑤把主轴电机传动带调到加工需要的转速，并确定好反转顺转的加工方式 a. 铣刀旋转切入工件的方向与工件进给方向相反时的铣削叫逆铣。逆铣时铣削垂直分力将工件上抬，刀齿与已加工面滑行使摩擦加大。但铣削水平分力有助于丝杠和螺母贴紧，使工作台运动比较平稳，铣削铸、锻件引起的刀齿磨损也较小。因此一般铣削多采用逆铣 b. 铣刀旋转切入工件的方向与工件进给方向相同时的铣削叫顺铣。铣床的螺母和丝杠间总会有或大或小的间隙，顺铣时假如工作台向右移动，丝杠和螺母在左侧贴紧，间隙留在右侧，而这时水平铣削分力也向右，因此当水平铣削分力大到一定程度时会推动工作台和丝杠一起向右窜动，把间隙留在左侧；随着丝杠继续转动，间隙又恢复到右侧，在这一瞬间工作台停止运动；当水平铣削分力又大到一定程度时会推动工作台和丝杠再次向右窜动。这种周期性的窜动使得工作台运动很不平稳，容易造成刀齿损坏。此外，在铣削铸、锻件时，刀齿首先接触黑皮，加剧刀具磨损；但顺铣的垂直铣削分力将工件压向工作台，刀齿与已加工面滑行、摩擦现象小，对减小刀齿磨损、减少加工硬化现象和减小表面粗糙度均有利。因此，当工作台丝杠和螺母的间隙调整到小于 0.03mm 时，或铣削薄而长的工件时宜采用顺铣 ⑥ 戴好防护眼镜启动机床主轴即可进行铣床切削加工（以铣削加工平面为例） a. 打开数显，手动操纵纵向或横向手柄将工件移动至铣刀下方，用手转动主轴升降套进给手柄使铣刀与工件表面进行碰触完成对刀。对刀后旋紧升降套固定杆将主轴升降套进给手柄锁紧 b. 手动操纵纵向或横向手柄将工件移出铣刀旋转范围，再旋转升降座进给把手，选定铣削量。切削用量应根据被加工材料和选择刀具及机床转速等来选择 c. 手动操纵纵向或横向手柄移动工件进行纵向或横向的铣削加工（注意选择正铣还是逆铣） d. 在选用快速或自动进给切削，在加工快结束时应停止自动进给改用手动操作进刀，开快速时，必须使手轮与转轴脱开，防止手轮转动伤人

安全操作严禁事项和注意事项	安全操作简图说明	
1. 禁止设备带病工作、操作人员带病上岗 2. 加工过程中，眼睛到刀具的距离保持在前 40cm 以上 3. 切削时，禁止手接近切削面 4. 禁止工作时用手摸或用棉纱擦拭工件及转动部位 5. 禁止戴手套操作机床 6. 禁止用手清除铁屑，或用嘴吹 7. 所有转动、传动有无异响，有异响须立即停止检查 8. 按照固定时间频率进行停机检查 ①精铣工件时，每隔半小时检查刀具有无松动，夹具有无松动 ②粗铣工件时每隔 15min 须停机检查一次刀具夹具有无松动 ③每隔两次刀具来回加工后，停机进行工件数据检查		1. 检查各区域外接电线是否有损坏 2. 检查各保护装置的功能是否正常 3. 检查铣床各控制机构功能是否正常 4. 合上电源开关，启动铣床
		1. 合理设定铣床加工参数，选择合适刀具，提高加工效率，减少噪声的排放 2. 装夹工件要牢固，装卸卡盘及大件夹具时，床身要垫木板

续表

<table>
<tr><th>安全操作严禁事项和注意事项</th><th colspan="2">安全操作简图说明</th></tr>
<tr><td rowspan="2">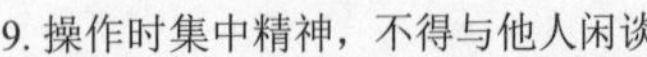
9. 操作时集中精神，不得与他人闲谈
10. 停机、换刀时勿将转速变换掣当刹车掣用
11. 加工中途，如果需要离开机床，应停机后再离开
12. 加工过程中，如果刀具或工件发热则须加冷却水
13. 在机床上进行钻孔加工时
①钻削铁屑不得太长
②排屑时间周期要短、快
③钻屑过程中要勤加冷却液
14. 工件加工完成后，应将机床与周围环境清扫干净</td><td></td><td>1. 操作时必须遵守操作规程
2. 操作人员不准戴手套、围巾或敞开衣服操作
3. 不准在旋转的情况下测量工件或用手触摸工件</td></tr>
<tr><td></td><td>1. 使用后检查设备有无异常
2. 工作结束后要彻底清扫现场，保持铣床清洁</td></tr>
</table>

<table>
<tr><td>安全操作环境要求</td><td>1. 开始工作前，检查铣床各部位均应正常，轨道润滑可靠
2. 工作完毕离开设备时，停机后对机床进行清扫工作，保持清洁</td></tr>
<tr><td>维护保养注意事项</td><td>1. 维修、保养时，必须有两人以上在场，并确保关机、断电，以及悬挂警示标识等安全措施的实施，以杜绝人为误操作所带来的事故的发生
2. 日常操作或维修保养时避免野蛮操作，不得将生产工具、各种标准件乱放，工作完毕后清理现场
3. 发现异常，应立即停止操作，待排除故障，检查试运行无疑后，方可开机运行</td></tr>
<tr><td>异常情况处理</td><td>1. 当设备发生故障时，需立即进行停机检修，重大故障需立即汇报，以便及时解决问题
2. 当发现可能引发火灾、爆炸等安全事故的安全隐患时，应立即切断电源，打电话报告部门负责人
3. 发生安全生产事故后，事故现场人员必须立即报告部门负责人及安卫部负责人。并组织抢救，保护事故现场
4. 紧急情况联系电话：部门负责人电话________或安全负责人电话________、火警电话（119）、急救电话（120）</td></tr>
</table>

2

第 2 章　铣削运动

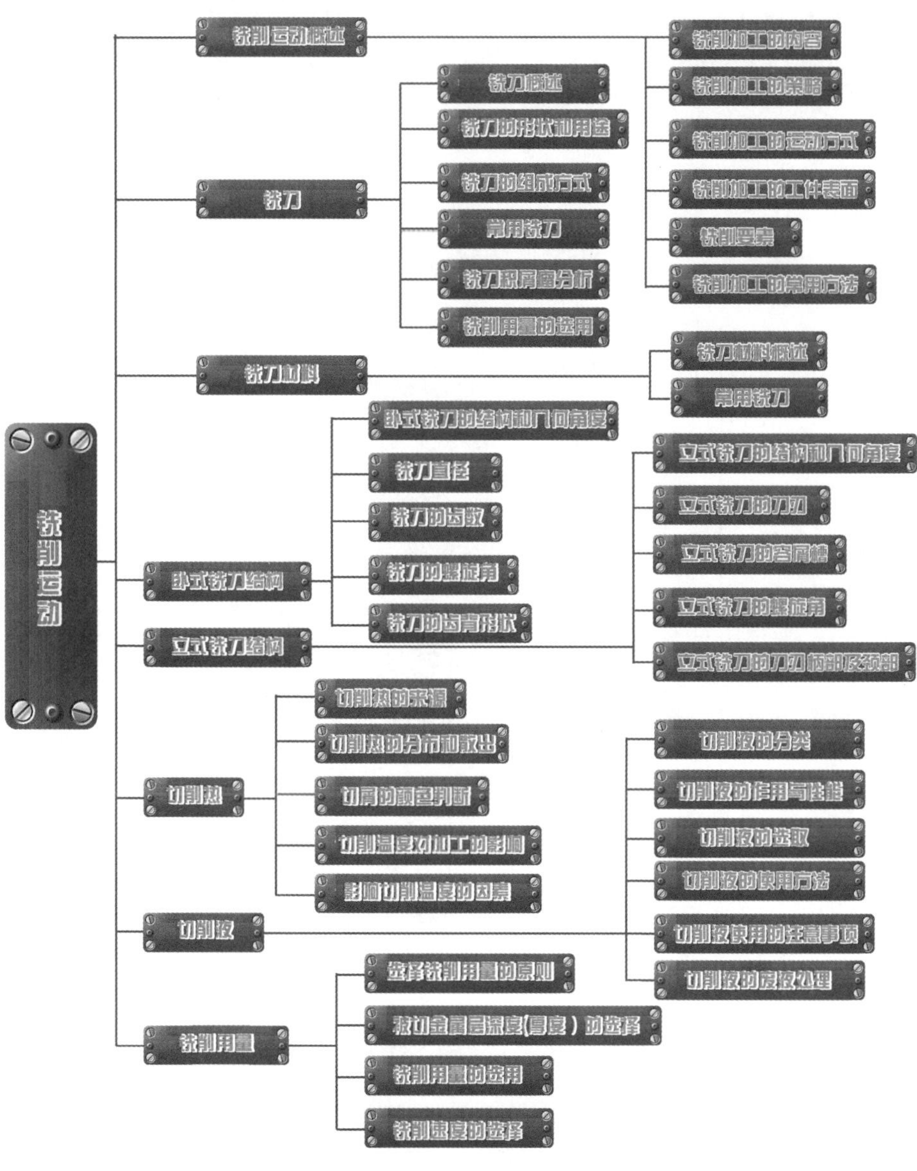
铣削运动
铣削运动概述
铣削加工的内容
铣削加工的策略
铣削加工的运动方式
铣削加工的工件表面
铣削要素
铣削加工的常用方法
铣刀
铣刀概述
铣刀的形状和用途
铣刀的组成方式
常用铣刀
铣刀积屑瘤分析
铣削用量的选用
铣刀材料
铣刀材料概述
常用铣刀
卧式铣刀结构
卧式铣刀的结构和几何角度
铣刀直径
铣刀的齿数
铣刀的螺旋角
铣刀的齿背形状
立式铣刀结构
立式铣刀的结构和几何角度
立式铣刀的刀刃
立式铣刀的容屑槽
立式铣刀的螺旋角
立式铣刀的刀刃柄部及颈部
切削热
切削热的来源
切削热的分布和散出
切屑的颜色判断
切削温度对加工的影响
影响切削温度的因素
切削液
切削液的分类
切削液的作用与性能
切削液的选取
切削液的使用方法
切削液使用的注意事项
切削液的废液处理
铣削用量
选择铣削用量的原则
被切金属层深度(厚度）的选择
铣削用量的选用
铣削速度的选择

2.1 铣削运动概述

切削运动，是一种表面成形运动，如图 2-1 所示，其可分解为主运动和进给运动。切削运动是金属切削加工中最基本的运动，以刀具切削刃及其与工件的相对位置为参考。它包含了金属切削加工的基本要素，完全体现出各种切削加工形式的普遍特点。

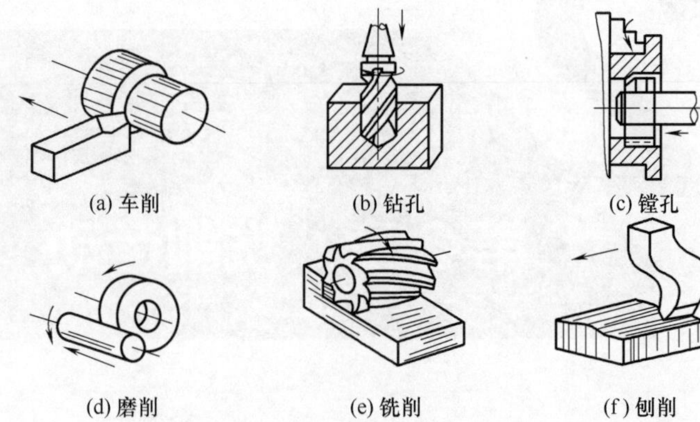

图 2-1 常见的切削运动形式

2.1.1 铣削加工的内容

机械零件一般都是由毛坯通过各种不同方法的加工而达到所需形状和尺寸的。铣削加工是最常用的切削加工方法之一。

所谓铣削，就是以铣刀旋转作主运动，工件或铣刀作进给运动的切削加工方法，铣削过程中的进给运动可以是直线运动，也可以是曲线运动，因此，铣削的加工范围比较广，生产效率和加工精度也较高。铣床加工基本内容如图 2-2 所示。

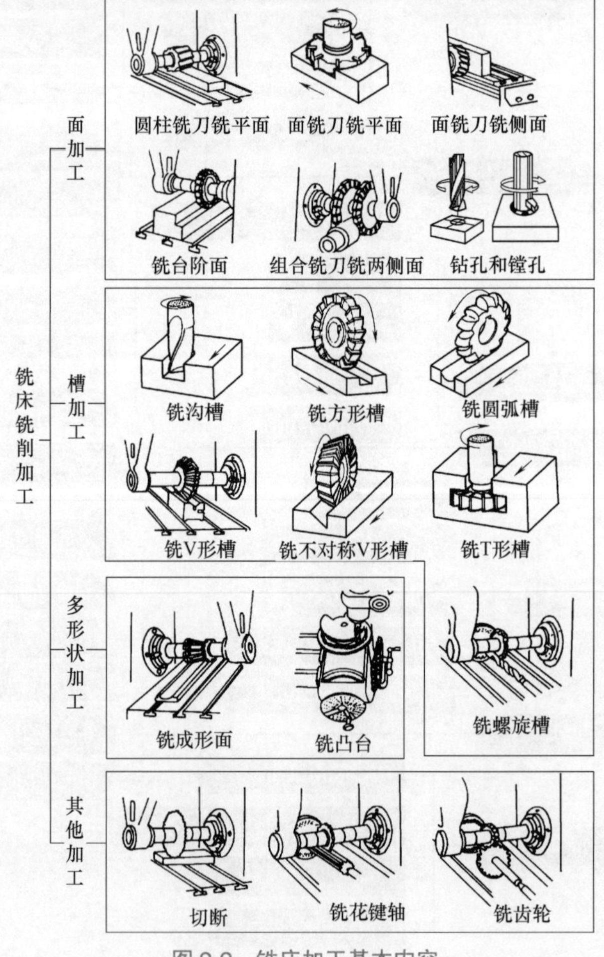

图 2-2 铣床加工基本内容

2.1.2 铣削加工的策略

铣削加工的策略见表 2-1。

表 2-1 铣削加工的策略

序号	加工策略	策略描述	刀具特性	机床要求	应用领域
1	普通加工	是普通用途的加工策略。切削宽度与切削深度比率可以各不相同，取决于工序的类型	刀具拥有相对较长的切削刃和较小的芯部直径，在精度上没有很高要求	普通铣床、经济型数控铣床	具有基本铣削技术，高难度的先进加工方法不可行，金属切除率只能达到一般的水平。应用领域通常包括小批量规模以及宽范围的材料
2	高速加工	是结合使用小的径向切削深度、高的切削速度与进给速度的加工策略。根据采用的方法、可达到很高的材料切除率和较低的 *Ra* 值。这个策略的典型特征是切削力低、传递到刀具和工件上的热量少、毛刺的形成减少和工件的尺寸精度高。在高速加工下，使用比普通加工更快的切削速度，可以达到高金属切除率与好的表面粗糙度	稳定（芯部直径较大和切削长度较短）、清晰且成形良好的容屑空间，有利于良好的排屑、镀层	高速的铣床及数控铣床、加工中心控制，高转速，工作台进给速度快	模具工业的淬硬钢（48 ～ 62HRC）进行半精加工与精加工，生产工件完成时间短。当使用正确刀具与先进的加工方法时，这项技术也可以应用在许多其他材料上
3	高性能加工	是一种能够达到非常高的金属切除率的加工策略。这种策略的典型特征在于切削宽度是刀具深度的 1 倍，且切削深度是刀具深度的 1 ～ 1.5 倍，取决于工件材料。在高性能加工下，使用比普通加工切屑负载高得多的加工方式，能够达到极高的金属切除率	刀具排屑槽上专门开发的容屑结构；刀尖用 45° 小平面或刀尖圆弧进行保护；特别光滑的容屑空间；镀层；带或不带侧固柄	高稳定性、高功率要求、高刚性的夹紧系统	在大批量生产加工中，生产效率是关键的指标，或是要求高金属切除率的单件产品加工
4	高进给加工	是一种由整个刀具直径满刃切削和小切深结合的高进给加工策略。在高进给加工下，能够通过使用比普通加工更快速的进给速度，以达到高金属切除率与好的表面粗糙度	专门研发的刀尖；极短的切削长度；镀层	高稳定性、高进给速度的可能性	从低碳钢到淬硬钢、钛合金与不锈钢，它如作为高速加工之前的预加工是非常好的，它也可用于深型腔加工 这项技术的优势之一就是在数控编程中非常方便用户实现简单安全和快速的编程。使用所谓的等高线铣削策略，在没有丰富的编程经验的前提下，较容易地对复杂形状进行编程
5	微加工	是一种使用极小的刀具直径的加工策略	直径范围从 0.1 到 2.0mm，切削长度短；宽范围的外圆缩径；高精度；镀层	主轴精度高、转速高；数控铣床；防止主轴伸长的热稳定性	在众多种类的材料上进行各种型腔加工

2.1.3 铣削加工的运动方式

铣削运动是指在铣床上加工时，铣刀和工件的相对运动。如图 2-3（a）所示为使用圆柱形铣刀时的铣削情形；图 2-3（b）为使用面铣刀时的铣削情形。

为了保证能够从被加工表面上切下一层金属，它必须具备两个运动，一是主运动，二是进给运动，铣床上的进给运动分为纵向、横向和垂直三种形式，即通常所说的 *X*、*Y*、*Z* 的轴向运动，如图 2-4 所示，铣床的运动方式说明见表 2-2。

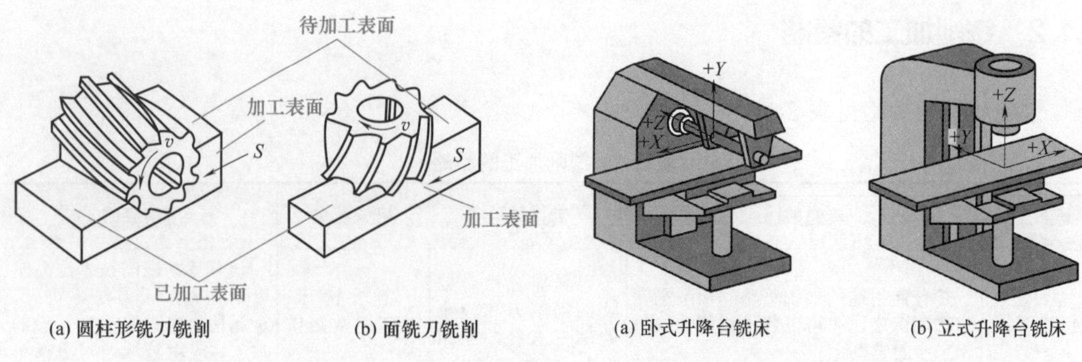

(a) 圆柱形铣刀铣削　(b) 面铣刀铣削

图 2-3　铣削运动

(a) 卧式升降台铣床　(b) 立式升降台铣床

图 2-4　铣床的进给运动方向

表 2-2　铣床的运动方式

<table>
<tr><th>序号</th><th>铣床运动方式</th><th colspan="2">详细说明</th></tr>
<tr><td>1</td><td>主运动</td><td colspan="2">主运动是切除工件表面多余材料所需的最基本的运动，是指直接切除工件上待切削层使之转变为切屑的主要运动。主运动是消耗机床功率最多的运动，铣削运动中，铣刀的旋转运动为主运动</td></tr>
<tr><td rowspan="3">2</td><td rowspan="3">进给运动</td><td colspan="2">进给运动是使工件切削层材料相继投入切削，从而加工出完整表面所需的运动。铣削运动中，工件的移动或回转、铣刀的移动等都是进给运动。进给运动包括断续进给和连续进给</td></tr>
<tr><td>断续进给</td><td>是控制铣刀刀刃切入被切层深度的进给运动，俗称调整吃刀深度</td></tr>
<tr><td>连续进给</td><td>是沿着所要形成的工件表面的进给运动，俗称走刀
进给运动是采用机械传动实现自动进给或操作者摇动工作台手柄实现手动进给的运动，它是铣削中的辅助运动
铣床上的进给运动分为纵向、横向和垂直三种形式</td></tr>
</table>

2.1.4 铣削加工的工件表面

工件在铣削加工时有三个不断变化的表面，它们是已加工表面、过渡表面和待加工表面，如图 2-5 所示，关于三个表面的详细说明见表 2-3。

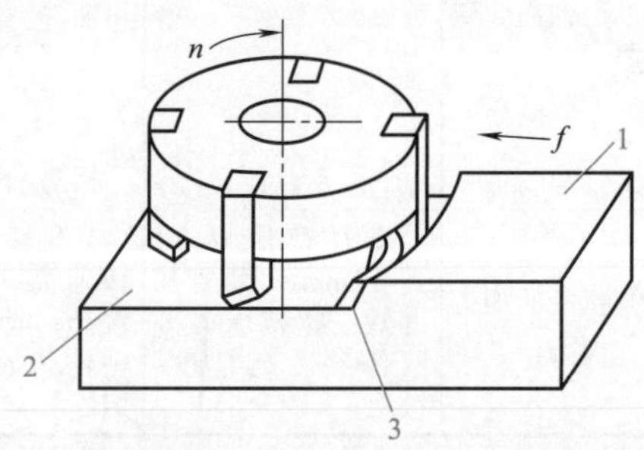

图 2-5　铣削加工的三个表面

1—待加工表面；2—已加工表面；3—过渡表面

表 2-3　铣削加工的三个表面

序号	三个表面	详细说明
1	已加工表面	是工件上经铣刀铣削多余金属层后产生的新表面
2	过渡表面	是工件上由铣刀切削刃正在切削的那部分表面，在下一个切削行程，工件在刀具或工件的下一个转里被切除，或者由下一个切削刃切除
3	待加工表面	是工件上有待切除的表面，它可能是毛坯表面或加工过的表面

2.1.5 铣削要素

影响铣削的因素很多，最直观的就是铣削三要素，即铣削速度、吃刀量、进给量。

如图 2-6 所示为用不同的铣削示意图从不同角度描述了铣削运动中各个参数的作用关系，而表 2-4 则详细描述了铣削的要素。

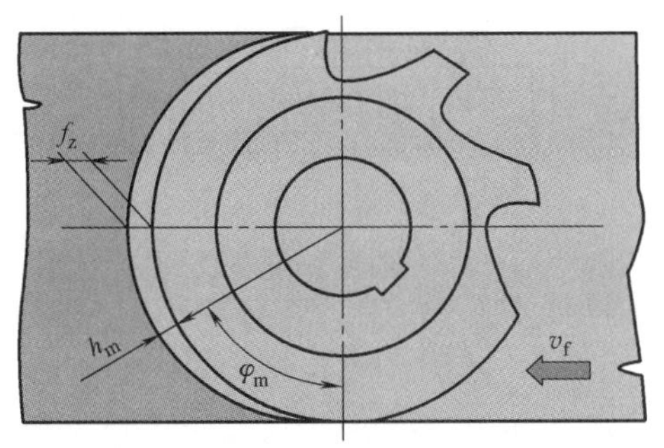

(a) 铣削俯视示意图(一)

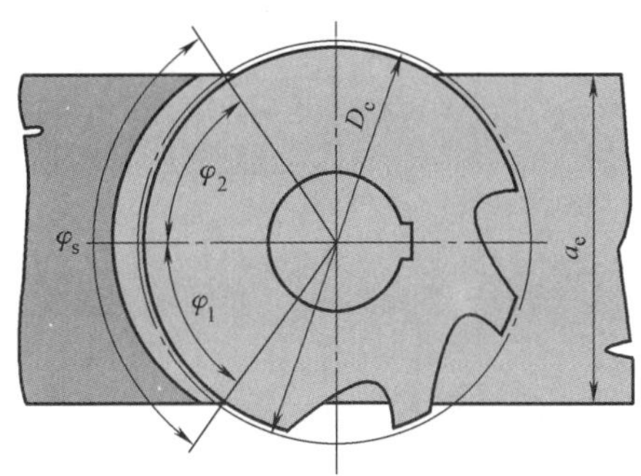

(b) 铣削俯视示意图(二)

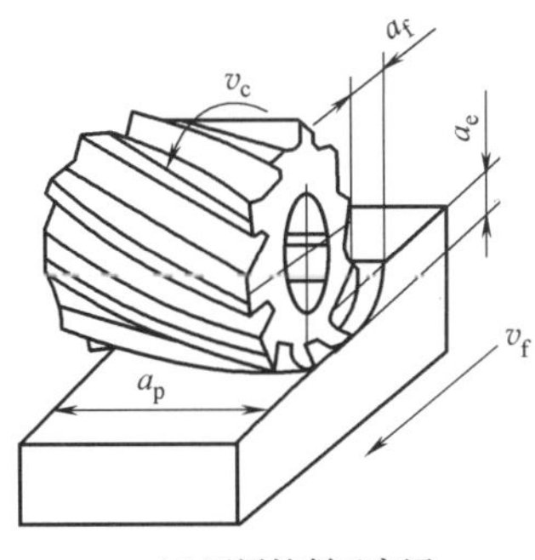

(c) 圆周铣削示意图

(d) 端面削示意图

图 2-6 不同角度铣削示意图

a_e——侧吃刀量（切削宽度），mm；
a_p——背吃刀量（切削深度），mm；
a_r——侧铣及面铣切削深度，mm；
D_e——刀具实际切削直径，mm；
D_c——刀具直径，mm；
f_n——每转进给，mm/rev；
f_z——每齿进给，mm/z；
h_m——平均切屑厚度，mm；
h_{ex}——最大切屑厚度，mm；
k_c——切削力系数，N/mm^2；
κ_r——主偏角
l_m——加工长度，mm；
n——主轴转速，r/min；
M_c——转矩，N • m；
P_c——净功率，kW；
Q——金属去除率，cm^3/min；
v_c——切削速度，m/min；
v_f——每分钟进给，mm/min；
z_c——刀具有效齿数；
z_n——刀具齿数；
η_{mt}——有效系数；

表 2-4 铣削要素

序号	铣削要素	计算公式	详细说明
1	切削速度	$v_c=\dfrac{\pi D_c n}{1000}$	指切削刃选定点相对于工件的主运动的瞬时线速度 在铣削加工时，一般是先选好较为适宜的铣削速度 v_c，然后计算出铣床主轴的转速 n

续表

序号	铣削要素	计算公式	详细说明
2	吃刀量	a_e：切削宽度，mm a_p：切削深度，mm	吃刀量包含背吃刀量 a_p 和侧吃刀量 a_e，也就是铣削深度和铣削宽度，如图 2-7 所示 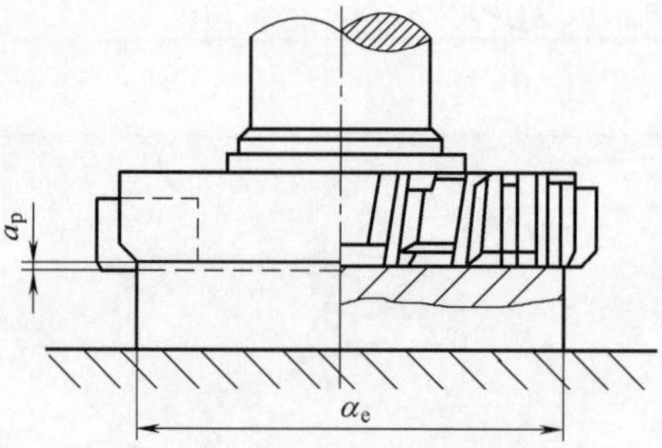 图 2-7　背吃刀量 a_p 和侧吃刀量 a_e 背吃刀量 a_p，即切削深度或铣削深度，是指铣刀在一次进给中切除工件表面的深度（即待加工表面到已加工表面的垂直距离） 侧吃刀量 a_e，即切削宽度或铣削宽度，是指被切除金属层的宽度（即铣削加工时，加工表面的宽度）
3	进给速度	$v_f = f_n n = f_z n z_n$	铣刀在进给方向上相对于工件的位移量，它涉及每齿进给量 f_z、每转进给量 f_n 和进给速度 v_f 每齿进给量是铣刀每转过一个齿，工件的位移量；每转进给量是铣刀每转 1 转，工件的位移量；进给速度是工件在 1min 的位移量
4	每转进给	$f_n = \frac{v_f}{n} f_z z_n$	一种用于计算工作台进给的值，每转进给量是铣刀每转过 1 周工件的位移量，如图 2-8 所示；每转进给量值也可由每齿进给量计算得到，通常用于确定铣刀的精加工能力 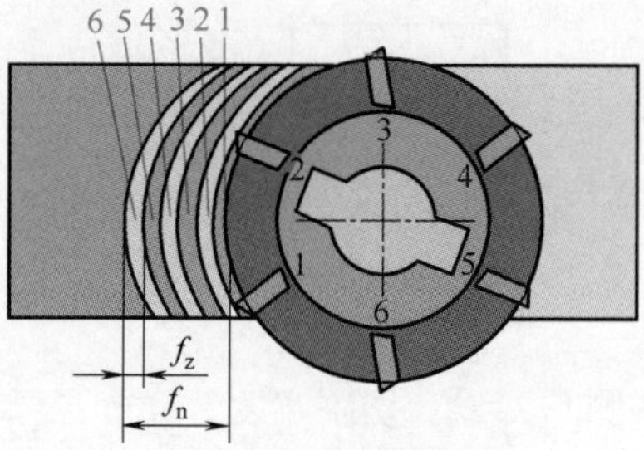 图 2-8　每转进给量
5	每齿进给	$f_z = \frac{v_c}{z_n n}$	一种用于计算工作台进给的值，每齿进给量是铣刀每转过一个齿工件的位移量；每齿进给量值由推荐的最大切屑厚度值计算得到
6	主轴转速	$n = \frac{v_c}{\pi} \times \frac{1000}{D_c}$	铣刀在主轴上的每分钟转数。这是一种面向机床的值，该值由工序的推荐切削速度值计算得到，普通机床可通过操纵杆进行设定，数控机床可通过操作面板设定
7	加工长度	—	切削工件的实际距离，此距离可理解为刀具加工路径的长度，如图 2-9 所示，有时需要注意考虑到刀具半径和进退刀的影响 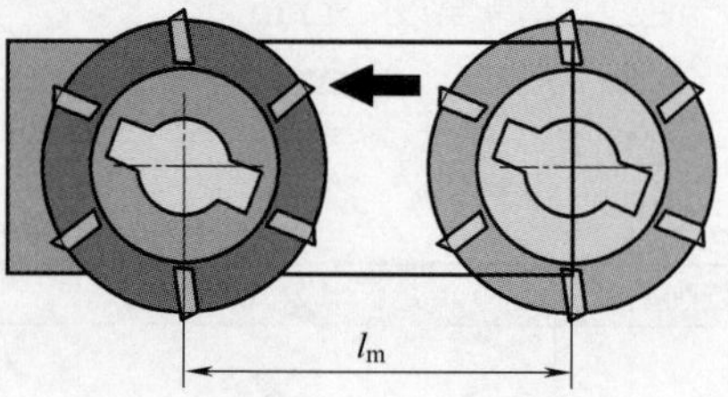 图 2-9　加工长度

续表

序号	铣削要素	计算公式	详细说明
8	加工时间	$T_c = \frac{l_m}{v_f}$	切削一段距离的工件所需要的时间
9	金属去除率	$Q = \frac{a_n a_e v_f}{1000}$	每分钟去除的金属量，单位为 mm^3/min（立方毫米每分钟）。该值由切深、切宽和进给值确定
10	主轴净功率	$P_c = \frac{a_n a_e v_f k_e}{60 \times 10^6 \eta}$	面向机床的值，用于帮助计算确保机床适用于相关铣刀和工序所需的净功率
11	主轴转矩	$M_c = \frac{f_n \pi D_c^2 k_c}{4000}$	主轴转矩大，那么切削力就大，同样材质和刀具，转矩大，吃刀量大，效率会更高，而且不容易引起振刀，加工精度也会有保证。机床也不会有太大振动，对机床的精度保证和机床寿命都有好处 另外，主轴转矩大的机床对应切削的材质范围更广泛，对于有些材质较硬的工件，用转矩小的机床难以加工
12	平均切削厚度	$h_m = \frac{\sin\kappa_r \times 180 a_e f_z}{\pi D_c \arcsin\left(\frac{a_e}{D_c}\right)}$	描述切屑的参数，和所加工材料的单位切削力一起用于计算净功率
13	最大切屑厚度	—	该值描述的是铣刀生成切屑的情况，与 f_z、a_e 和 k_r 有关。为了确保采用生产率最高的工作台进给，在决定每齿进给量时，切屑厚度是一项重要的考虑因素。如图 2-10 所示 图 2-10　最大切屑厚度
14	切削力系数	—	即单位切削力，是一种材料常数，也是用于计算功率的系数，单位为 N/mm^2
15	刀具直径	—	指铣刀的刀具直径值，一般该值为最大切削刃的直径位置
16	刀具有效直径	—	实际加工时铣刀作用于工件的切削范围，铣削槽时刀具直径有时等于有效直径，也就是刀具有效直径和加工有很大关系
17	有效切削速度	$v_e = \frac{\pi D_c n}{1000}$	指有效直径处的切削刃相对于待加工表面的瞬时速度。该值是确定实际切深（a_p）对应的真实切削参数的必要条件。使用圆刀片铣刀、球头立铣刀、具有较大刀尖圆角半径的所有铣刀以及主偏角小于 90°的铣刀时，这都是一个特别重要的值
18	刀具齿数	—	铣刀上实际的齿数，注意，实际加工中不是所有的齿都会进行切削运动
19	刀具有效齿数	—	铣刀齿数多，可提高生产效率，但受容屑空间、刀齿强度、机床功率及刚性等的限制，不同直径的铣刀的齿数均有相应规定。为满足不同用户的需要，同一直径的铣刀一般有粗齿、中齿、密齿三种类型，刀具有效齿数即是真正参与了切削加工的齿数
20	有效系数	—	用于帮助计算确保机床净功率的系数

续表

序号	铣削要素	计算公式	详细说明
21	主偏角	—	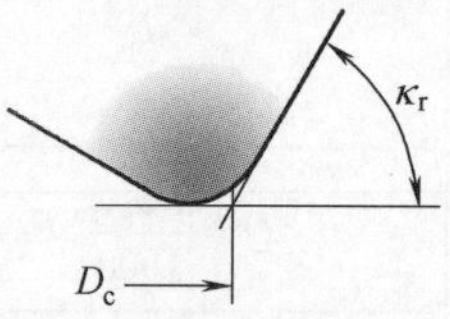 图 2-11　主偏角 主偏角（κ_r）是铣刀的主要参数之一，因其会影响切削力方向和切屑厚度，如图 2-11 所示

2.1.6　铣削加工的常用方法

铣削加工的常用方法见表 2-5。

表 2-5　铣削加工的常用方法

序号	铣削加工方法		选择的原则	
			图示	说明
1	基本加工方法	平面铣削	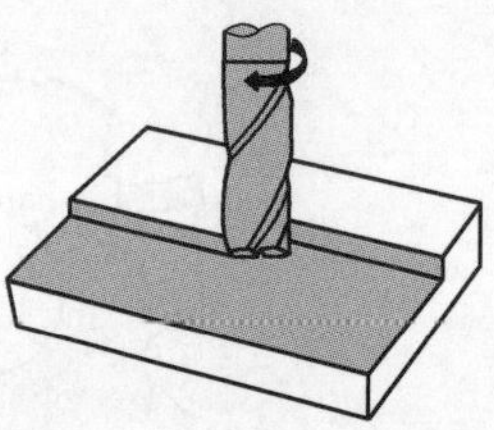	刀具的端齿啮合以形成平整的表面。a_p 小且 a_e 大
		铣槽	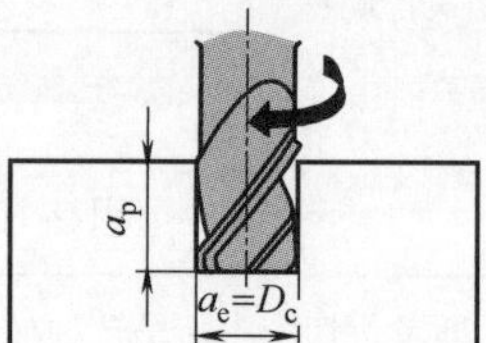	刀具直径完全啮合的加工，a_e 等于 D_c 且 a_p 高达 D_c 的 1.5 倍。D_c 取决于所使用的加工策略
		侧铣	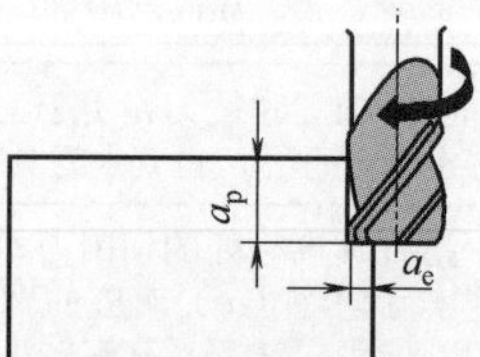	通过刀具侧面的啮合，进行加工。a_p 大且 a_e 小
		钻削	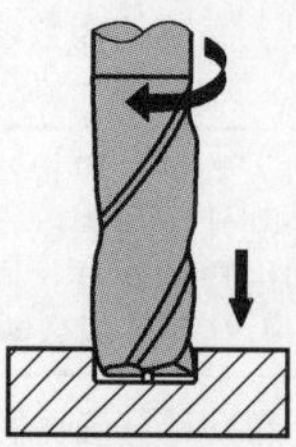	沿 Z 轴运动加工一个孔

续表

序号	铣削加工方法		选择的原则	
			图示	说明
1	基本加工方法	仿形铣削	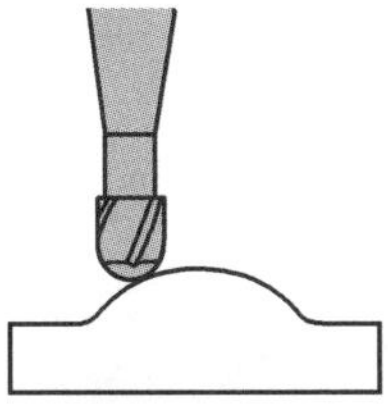	刀具的球头部分啮合的加工。a_p 和 a_e 都很小
2	先进加工方法	斜坡铣	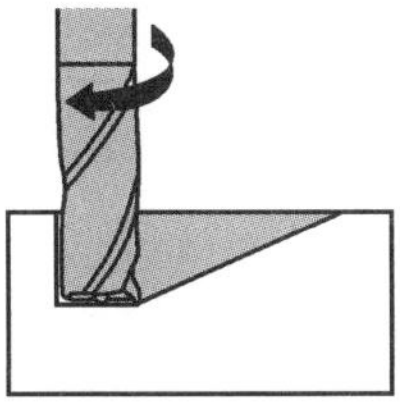	以某个角度在 Z 轴方向进行型腔铣削
		螺纹插补	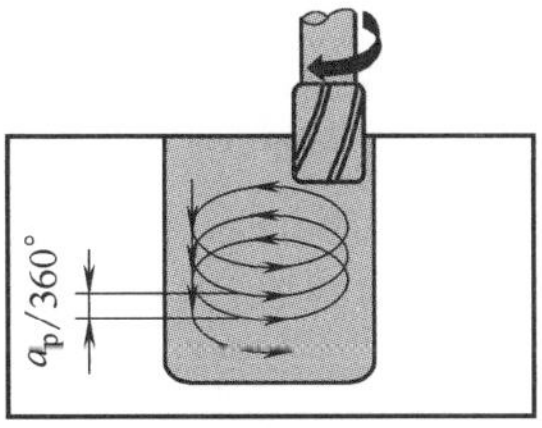 $a_p/360°$	在 Z 轴斜坡铣的同时，刀具作圆周运动进行型腔铣削
		摆线铣削	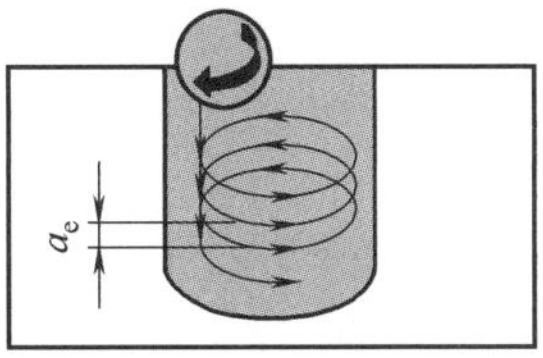 a_e	在 X 轴或 Y 轴作部分圆周运动，通过使用侧铣来开槽（把铣槽变成侧铣）
		推拉式仿形铣削	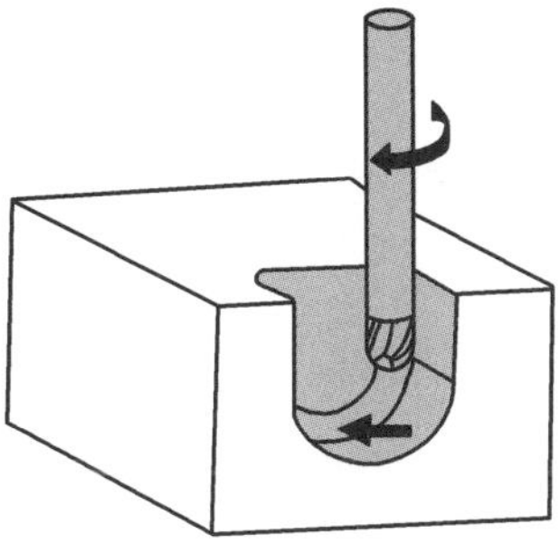	通过沿着型面的轮廓作上下仿形运动来加工一个 3D 型面
		插铣		使用 Z 轴钻削开出一条深槽

续表

序号	铣削加工方法		选择的原则	
			图示	说明
2	先进加工方法	等高线铣削		通过在 Z 轴进行少量的钻削或斜坡铣加工出一个表面，然后沿 X 轴与 Y 轴运动进行型腔铣削

2.2 铣刀

2.2.1 铣刀概述

铣刀，是用于铣削加工的，具有一个或多个刀齿的旋转刀具。工作时各刀齿依次间歇地切去工件的余量。铣刀主要用于在铣床上加工平面、台阶、沟槽、成形表面和切断工件等。图 2-12 为常用的铣刀实物图。

图 2-12　常用铣刀实物图

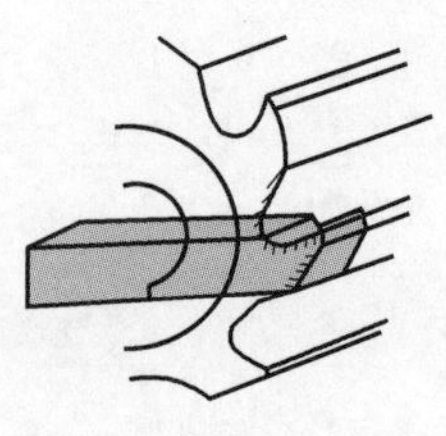

图 2-13　车刀和铣刀

铣刀是一种多齿刀具，它的每一个刀齿都相当于一把车刀或刨刀固定在回转刀体上（图 2-13），铣削不同种类和尺寸的工件需要使用不同形式的铣刀。

车刀的结构分析对空间想象力要求较高，而选择车刀的几何角度，又是加工方案中的重要步骤，所以车刀几何角度是学习中的重点，也是难点。

2.2.2 铣刀的形状和用途

为了适应各种不同的铣削内容，设计和制造了各种不同形状的铣刀，它们的形状与用途有密切的联系，现将一般铣削加工的常用铣刀按形状和用途作分类介绍，如图 2-14 所示，详细说明见表 2-6。

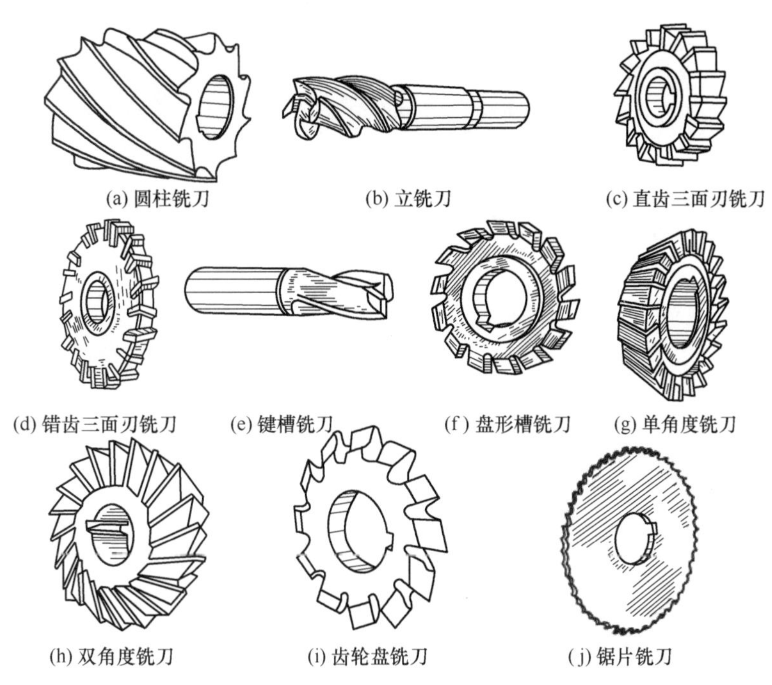

图 2-14 各种不同形状和用途的铣刀

表 2-6 各种不同形状和用途的铣刀详细说明

序号	铣刀的用途	详细说明
1	加工平面用的铣刀	面铣刀和圆柱铣刀。加工较小的平面时，也可用立铣刀和三面刃铣刀
2	加工直角沟槽用的铣刀	直角沟槽是铣加工的基本内容之一，铣削直角沟槽时，常用的有三面刃铣刀、立铣刀，还有形状如薄片的切口铣刀。键槽是直角沟槽的特殊形式，加工键槽用的铣刀有键槽铣刀和盘形槽铣刀
3	加工各种特形沟槽用的铣刀	属于铣削加工的特形沟槽有很多，如 T 形槽、V 形槽、燕尾槽等，所用的铣刀有 T 形槽铣刀、角度铣刀、燕尾铣刀等
4	加工各种成形面用的铣刀	加工成形面的铣刀一般是专门设计制造而成，常用标准化成形铣刀有凹、凸圆弧铣刀，齿轮盘铣刀和指状齿轮铣刀等
5	切断加工用的铣刀	常用的切断加工铣刀是锯片铣刀。前面所述的薄片状切口铣刀也可用作切断

图 2-15 为典型模具零件的多种刀具加工范围的演示。

2.2.3 铣刀的组成方式

铣刀的组成方式见表 2-7。

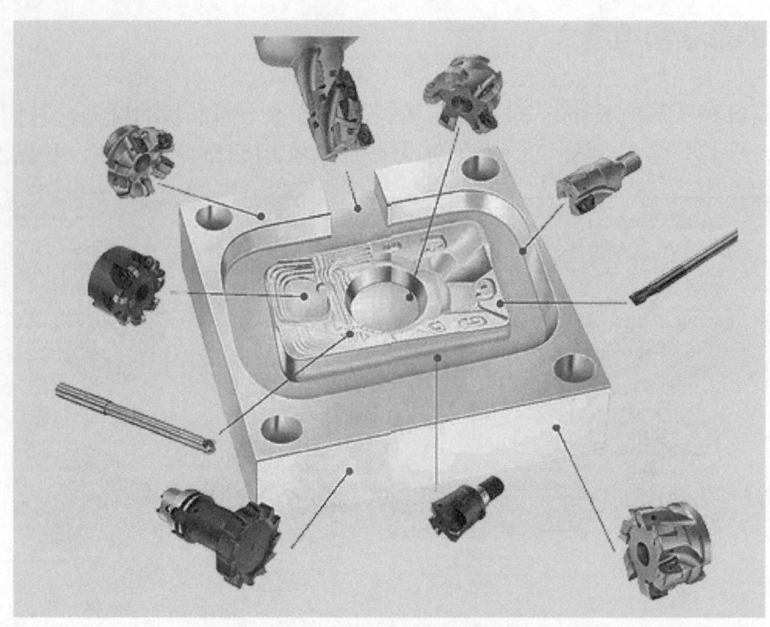

图 2-15　模具零件的多种刀具加工范围

表 2-7　铣刀的组成方式

序号	铣刀结构	详细说明
1	整体铣刀	整体铣刀是指铣刀的切削部分、装夹部分及刀体成一整体 这类铣刀可用高速钢整料制成，也可用高速钢制造切削部分，用结构钢制造刀体部分，然后焊接成一个整体。直径不大的立铣刀、三面刃铣刀、锯片铣刀都采用这种结构，见图 2-16 图 2-16　整体铣刀
2	镶齿铣刀	镶齿铣刀的刀体是结构钢，刀齿是高速钢，刀体和刀齿利用尖齿形槽镶嵌在一起。直径较大的三面刃铣刀和套式面铣刀，一般都采用这种结构，见图 2-17 图 2-17　镶齿铣刀

续表

序号	铣刀结构	详细说明
3	可转位铣刀	这类铣刀是用机械夹固的方式把硬质合金刀片或其他刀具材料安装在刀体上，因而保持了刀片的原有性能。切削刃磨损后，可将刀片转过一个位置继续使用。这种刀具节省材料，节省刃磨时间，提高了生产效率，见图 2-18 图 2-18　可转位铣刀

2.2.4　常用铣刀

表 2-8 详细描述了常用铣刀的种类。

表 2-8　常用铣刀

序号	铣刀	详细说明
1	面铣刀	如图 2-19 所示，面铣刀的圆周表面和端面上都有切削刃，端部切削刃为副切削刃。面铣刀多制成套式镶齿结构，刀齿材料为高速钢或硬质合金，刀体材料为 40Cr 图 2-19　面铣刀 如图 2-20 所示，铣刀主要用于面积较大的平面铣削和较平坦的立体轮廓的多坐标加工。高速钢面铣刀按国家标准规定，直径 d=80 ～ 250mm，螺旋角 β=10°，刀齿数 z=10 ～ 26 图 2-20　面铣刀的切削方式 硬质合金面铣刀与高速钢铣刀相比，铣削速度较高、加工效率高、加工表面质量也较好，并可加工带有硬皮和淬硬层的工件，故得到广泛应用。硬质合金面铣刀按刀片和刀齿的安装方式，可分为整体焊接式（图 2-21）、机夹焊接式（图 2-22）和可转位式（图 2-23）三种

续表

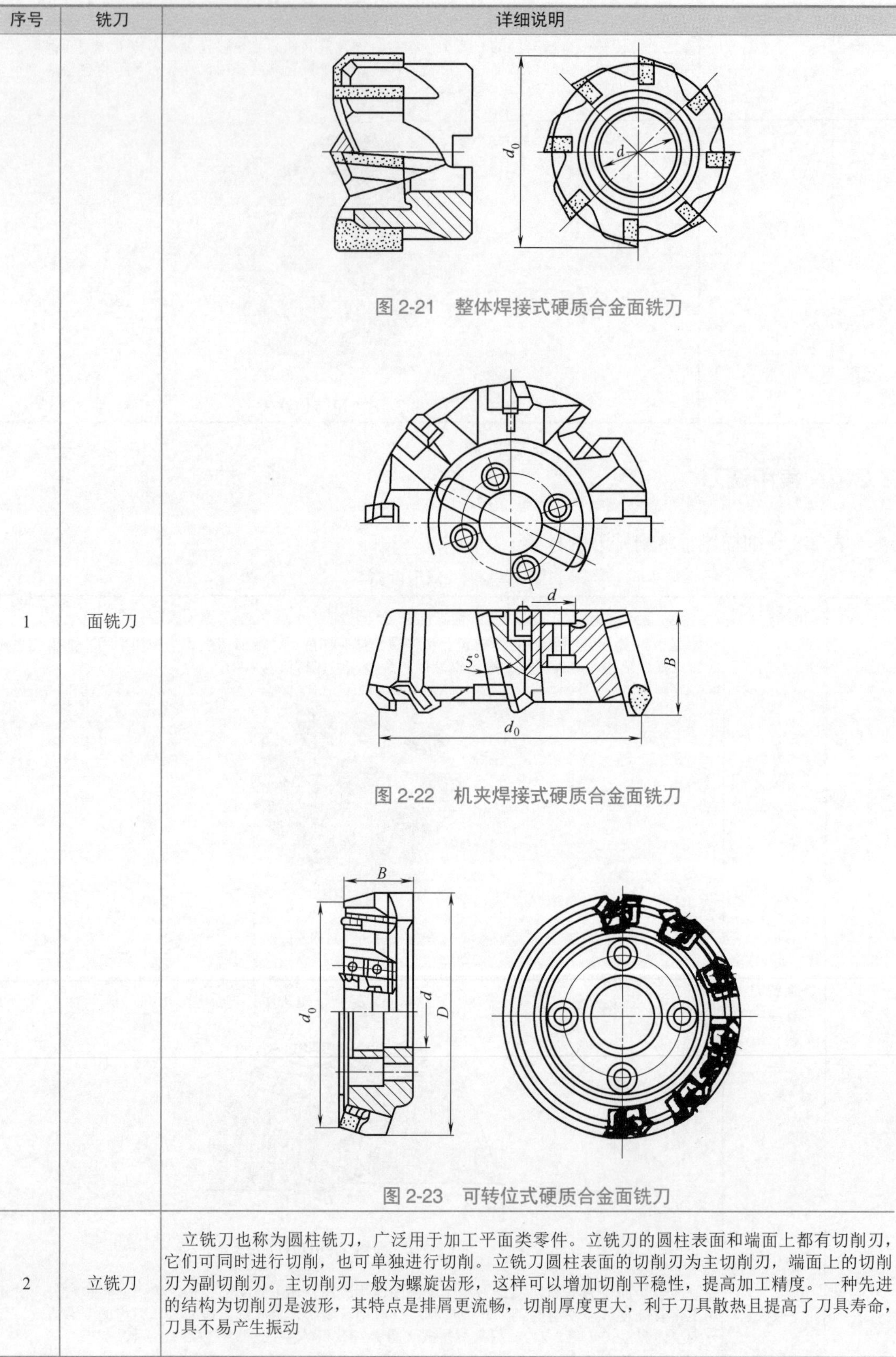

序号	铣刀	详细说明
1	面铣刀	图 2-21　整体焊接式硬质合金面铣刀 图 2-22　机夹焊接式硬质合金面铣刀 图 2-23　可转位式硬质合金面铣刀
2	立铣刀	立铣刀也称为圆柱铣刀，广泛用于加工平面类零件。立铣刀的圆柱表面和端面上都有切削刃，它们可同时进行切削，也可单独进行切削。立铣刀圆柱表面的切削刃为主切削刃，端面上的切削刃为副切削刃。主切削刃一般为螺旋齿形，这样可以增加切削平稳性，提高加工精度。一种先进的结构为切削刃是波形，其特点是排屑更流畅，切削厚度更大，利于刀具散热且提高了刀具寿命，刀具不易产生振动

续表

序号	铣刀	详细说明
2	立铣刀	立铣刀按端部切削刃的不同可分为过中心刃和不过中心刃两种。过中心刃立铣刀可直接轴向进刀。不过中心刃立铣刀的端面中心处无切削刃，所以它不能作轴向进给，端面刃主要用来加工与侧面相垂直的底平面。端铣刀除用其端刃铣削外，也常用其侧刃铣削，有时端刃、侧刃同时进行铣削，端铣刀也可称为圆柱铣刀，如图 2-24 所示 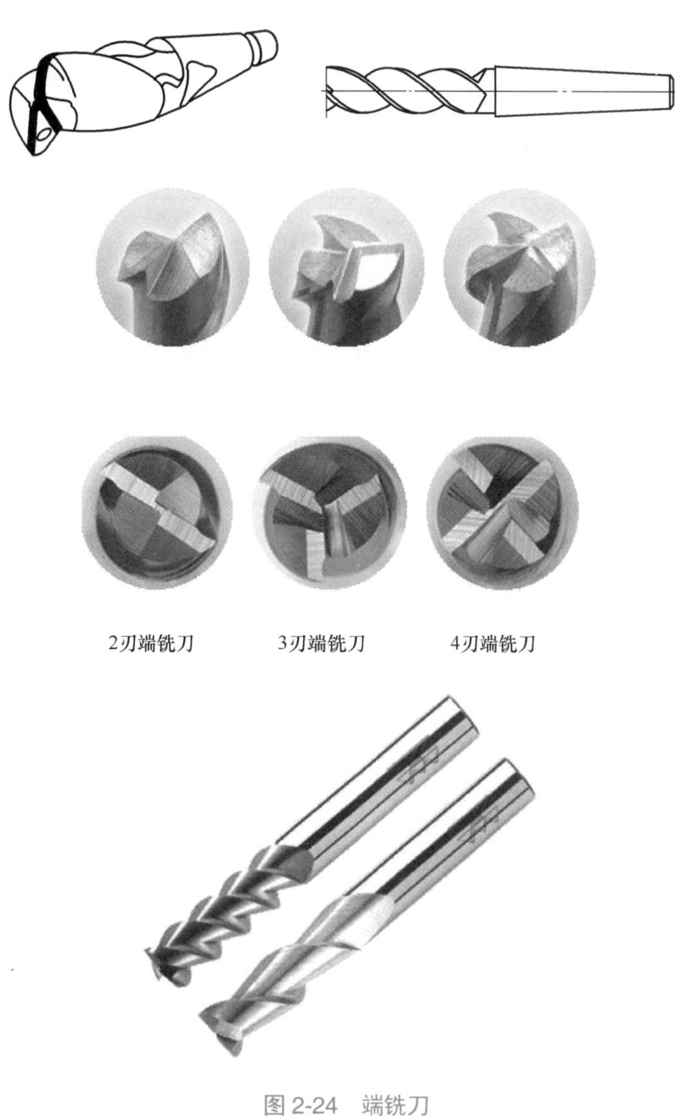 图 2-24　端铣刀 立铣刀按齿数可分为粗齿、中齿、细齿三种。为了改善切屑卷曲情况，增大容屑空间，防止切屑堵塞，刀齿数比较少，容屑槽圆弧半径则较大。一般粗齿立铣刀齿数 z=3 ～ 4，细齿立铣刀齿数 z=5 ～ 8，套式结构齿数 z=10 ～ 20，容屑槽圆弧半径 r=2 ～ 5mm。当立铣刀直径较大时，还可制成不等齿距结构，以增强抗振作用，使切削过程平稳。立铣刀按螺旋角大小可分为 30°、40°、60°等几种形式。标准立铣刀的螺旋角 β 有 40°～ 45°（粗齿）和 60°～ 65°（细齿），套式结构立铣刀的 β 为 15°～ 25° 直径较小的立铣刀，一般制成带柄形式。ϕ2 ～ ϕ71mm 的立铣刀制成直柄；ϕ6 ～ ϕ66mm 的立铣刀制成莫氏锥柄；ϕ25 ～ ϕ80mm 的立铣刀制成 7 ∶ 24 锥柄，内有螺孔用来拉紧刀具 直径大于 ϕ40 ～ ϕ160mm 的立铣刀可做成套式结构

续表

序号	铣刀	详细说明
3	模具铣刀	模具铣刀由立铣刀发展而成，它是加工金属模具型面的铣刀的统称，可分为圆锥形立铣刀（圆锥半角为3°、5°、7°、10°）、圆柱形球头立铣刀和圆锥形球头立铣刀三种，其柄部有直柄、削平形直柄和莫氏锥柄。如图2-25所示为模具铣刀 它的结构特点是球头或端面上布满了切削刃，圆周刃与球头刃圆弧连接，可以作径向和轴向进给。铣刀工作部分用高速钢或硬质合金制造，国家标准规定直径 d=4～66mm。小规格的硬质合金模具铣刀多制成整体结构，ϕ16mm以上直径的制成焊接式或机夹可转位式刀片结构 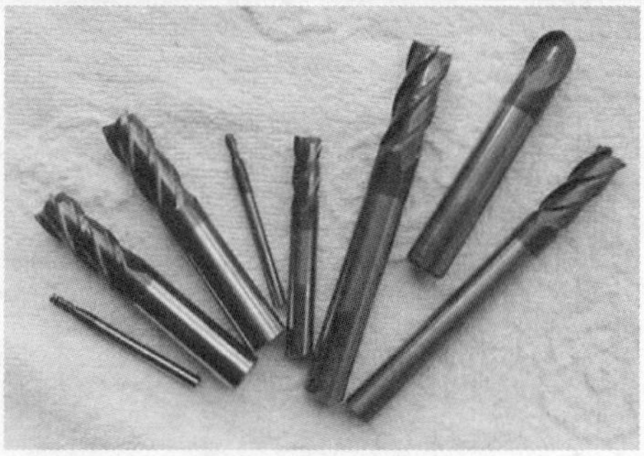 图2-25　模具铣刀
4	键槽铣刀	键槽铣刀有两个刀齿，圆柱面和端面上都有切削刃，端面刃延至中心，既像立铣刀，又像钻头。用键槽铣刀铣削键槽时，先轴向进给达到槽深，然后沿键槽方向铣出键槽全长。由于切削力会引起刀具和工件的变形，一次走刀铣出的键槽形状误差较大，槽底与槽边一般不是直角。为此，通常采用两步法铣削键槽，即先用小号铣刀粗加工出键槽，然后以逆铣方式精加工四周，可得到真正的直角。如图2-26所示为键槽铣刀 直柄键槽铣刀直径 d=2～22mm，锥柄键槽铣刀直径 d=14～50mm。键槽铣刀直径控制刀具上下位置，相应改变刀刃的切削部位，可以在工件上切出从负到正的不同斜角。R 越小，鼓形铣刀所能加工的斜角范围越广，但所获得的表面质量也越差。这种刀具的缺点是刃磨困难，切削条件差。而且不适于加工有底的轮廓表面，主要用于对变斜角面的近似加工  图2-26　键槽铣刀
5	成形铣刀	成形铣刀一般都是为特定的工件或加工内容专门设计制造的，适用于平面类零件的特定形状（如角度面、凹槽面等）的加工，也适用于特形孔或台的加工。如图2-27所示是常用的成形铣刀 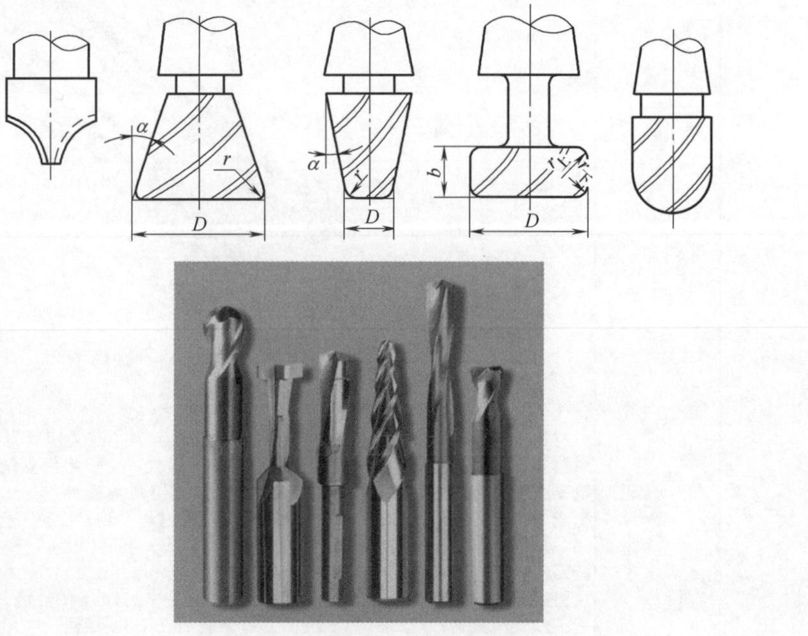 α　r　D　α　r　D　b　r　r　D 图2-27　常用的成形铣刀

续表

序号	铣刀	详细说明
6	锯片铣刀	锯片铣刀可分为中小型规格的锯片铣刀和大规格的锯片铣刀（GB/T 6120—2012），数控铣床和加工中心主要用中小型规格的锯片铣刀。锯片铣刀主要用于大多数材料的切槽、切断、内外槽铣削、组合铣削、缺口实验的槽加工、齿轮毛坯的粗齿加工等。如图 2-28 为锯片铣刀 图 2-28　锯片铣刀
7	球头铣刀	适用于加工空间曲面零件，有时也用于平面类零件较大的转接凹圆弧的补加工。如图 2-29 为球头铣刀 R ϕ L 图 2-29　球头铣刀
8	螺纹铣刀	如图 2-30 所示为螺纹铣刀，主要用于工件中螺纹的攻牙、攻螺纹的操作 图 2-30　螺纹铣刀

除上述几种类型的铣刀外，数控铣床也可使用各种通用铣刀。但因不少数控铣床的主轴内有特殊的拉刀装置，或因主轴内孔锥度有别，须配制过渡套和拉杆。

2.2.5　铣刀积屑瘤分析

（1）积屑瘤产生的原因

积屑瘤是在车削过程中常见的非加工要素，其实质上是在切削过程中发生冷焊的结果。图 2-31 为切削刃上大范围产生的积屑瘤，图 2-32 为在刀尖上产生的积屑瘤，图 2-33 为切削刃中部堆积产生的积屑瘤。

图 2-31　切削刃上大范围产生的积屑瘤

图 2-32　刀尖上产生的积屑瘤

图 2-33　切削刃中部堆积产生的积屑瘤

用中等切削速度切削钢料或其他塑性金属，切削过程中，由于金属的挤压变形和强烈摩擦，使切屑与车刀前刀面之间产生很大的压力和很高的切削温度。当压力和温度条件适当时，切屑底层与前刀面之间的摩擦阻力很大，使得切屑底层流出速度变得缓慢，形成很薄的一层“滞流层”。当“滞流层”与前刀面的摩擦阻力超过切屑内部的结合力时，滞流层的金属与切屑分离而黏附在切削刃附近形成积屑瘤，即在切削刃处牢固地粘着应该排出而未排出一小块金属，随着切削过程的进行，这一过程基本上在重复进行。

如图 2-34 所示，由于切屑底层的一部分金属与前刀面的黏结，还未达到焊接的熔化温度，因此这种现象也称为“冷焊”现象。

积屑瘤处于稳定状态时，可代替切削刃进行切削。

（2）影响积屑瘤的主要因素

在加工过程中，由于工件材料是被挤裂的，因此切屑对刀具的前面有很大的压力，并摩擦生成大量的切削热。在这种高温高压下，与刀具前面接触的那一部分切屑由于摩擦力的影响，流动速度相对减慢，形成滞留层。当摩擦力一旦大于材料内部晶格之间的结合力时，滞流层中的一些材料就会黏附在刀具近刀尖的前面上，形成积屑瘤。

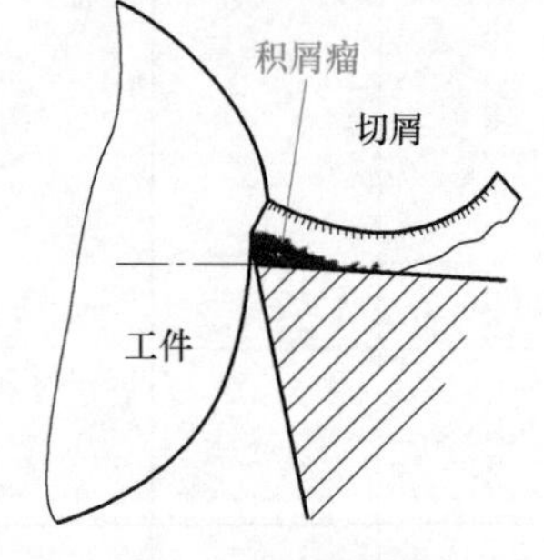

图 2-34　积屑瘤

由于积屑瘤是在很大的压力、强烈摩擦和剧烈的金属变形的条件下产生的。因而，切削条件也必然通过这些作用而影响积屑瘤的产生、长大与消失。表 2-9 详细说明了影响积屑瘤的因素。

表 2-9　影响积屑瘤的因素

序号	影响积屑瘤的因素	详细描述
1	工件材料	当工件材料的硬度低、塑性大时，切削过程中的金属变形大，切屑与前刀面间的摩擦因数和接触区长度比较大。在这种条件下，易产生积屑瘤。当工件塑性小、硬度较高时，积屑瘤产生的可能性和积屑瘤的高度也减小，如淬火钢。切削脆性材料时产生积屑瘤的可能更小
2	刀具前角	刀具前角增大，可以减小切屑的变形、切屑与前刀面的摩擦、切削力和切削热，可以抑制积屑瘤的产生或减小积屑瘤的高度

续表

序号	影响积屑瘤的因素	详细描述
3	切削速度	切削速度主要是通过切削温度和摩擦因数来影响积屑瘤的。当刀具没有负倒棱时，在极低的切削速度条件下，不产生积屑瘤。随着切削速度增大，相应的切削温度提高，积屑瘤的高度逐渐减小。高速切削时，由于切削温度很高（800℃以上），切屑底层的滑移抗力和摩擦因数显著降低，积屑瘤也将消失。所以日常精加工时，为了达到较低的已加工表面粗糙度的办法是采用在刀具耐热性允许范围内的高速切削，或采用低速切削，以防止积屑瘤的产生，提高已加工表面的质量
4	切削厚度	切塑性材料时，切削力、切屑与前刀面接触区长度都将随切削厚度的增加而增大，同时将增加生成积屑瘤的可能性。所以，在精加工时除选取较大的刀具前角，在避免积屑瘤的产生切削速度范围内切削外，应采用减小进给量或刀具主偏角来减小切削厚度

（3）积屑瘤对切削过程的影响

积屑瘤对切削过程会产生一定的影响，主要表现于以下几个方面，见表2-10。

表2-10 积屑瘤对切削过程的影响

序号	积屑瘤对切削过程的影响	详细描述
1	保护刀具	金属材料因塑性变形而被强化，所以积屑瘤的硬度比工件材料的硬度高，积屑瘤能代替切削刃进行切削，提高了刀刃的耐磨性，起到保护切削刃的作用
2	增大工作前角	积屑的存在使刀具实际工作前角增大，刀具变得较锋利，可减小切削变形和切削力，切削变得轻快，在粗加工时有利于切削加工
3	影响工件尺寸精度	积屑瘤的顶端会伸出切削刃之外，而且积屑瘤不断地产生和脱落，使切削层公称厚度不断变化，从而影响工件的尺寸精度
4	影响工件表面粗糙度	积屑瘤碎片可能会黏附在工件已加工表面上，形成硬点和毛刺，增大工件表面粗糙度，如图2-35所示 图2-35 粗糙的表面
5	引起振动	积屑瘤时大时小，时有时无，导致切削力产生波动而引起振动
6	影响刀具寿命	积屑瘤破裂后若被切屑带走，会划伤刀面，加快刀具磨损。因此粗加工时希望产生积屑瘤，而精加工时应尽可能避免产生积屑瘤

（4）控制积屑瘤的方法（表2-11）

表2-11 控制积屑瘤的方法

序号	防止产生积屑瘤的措施	详细描述
1	选取合适的材料	材料的塑性越好，产生积屑瘤的可能性越大。因此对于中、低碳钢以及一些有色金属在精加工前应对于它们进行相应的热处理，如正火或调质等，以提高材料的硬度、降低材料的塑性 而脆性金属（如灰铸铁、铸造青铜）在切削过程中是不会产生积屑瘤的

续表

序号	防止产生积屑瘤的措施	详细描述
2	控制切削速度	当加工中出现不想要的积屑瘤时，可提高或降低切削速度，亦可以消除积屑瘤。但要与刀具的材料、角度以及工件的形状相适应 采用较高或较低的切削速度。当切削速度为 15 ～ 20m/min，切削温度升高，摩擦力增大，此时的加工硬化趋向越强，积屑瘤也最活跃，极易产生积屑瘤；当切削速度降低至 2 m/min 以下时，切削温度和压力都较低，摩擦力不大，这时不会出现积屑瘤；当切削速度提高到 70m/min 时，切削温度很高，在 600℃左右，这时切屑底层的金属产生弱化作用，呈现微熔状态，于是减少了摩擦，积屑瘤不会产生
3	适时进行冷却润滑	冷却液的加入一般可消除积屑瘤的出现，而在冷却液中加入润滑成分则效果更好 切削液中含有一定的活性润滑物质，能迅速浸入金属切削表面，减少切屑与刀具的摩擦，并能降低切削温度，积屑瘤也就不易产生
4	用油石研磨刀头前面	用油石仔细地研磨刀头前面，减小其表面粗糙度，以减少切屑与刀头前刀面的摩擦，增加切屑底面在刀头上的流动速度

经验总结

积屑瘤不一定只产生在某一特定位置，但一般来说会在前刀面和后刀面出现，下面结合实际情况来谈前刀面积屑瘤和后刀面积屑瘤的成因和对策。

（1）前刀面积屑瘤

某些工件材料可能会在切屑和切削刃之间产生前刀面积屑瘤，如图 2-36 所示。当工件材料的连续层压接到切削刃上时会发生积屑瘤，积屑瘤是一个动态的结构，切削过程中积屑瘤的切面不断剥落并重新附着。

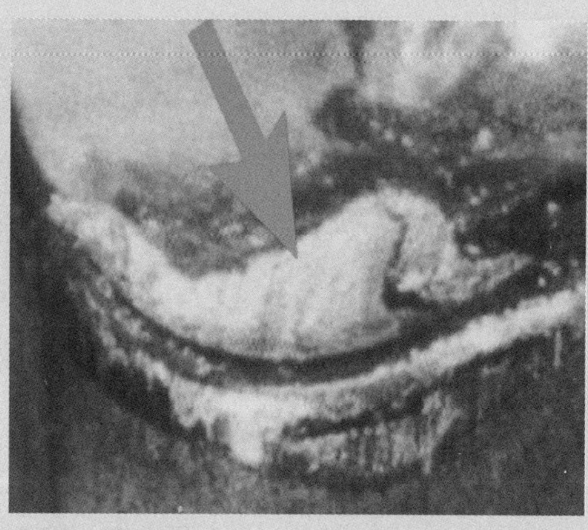

图 2-36　前刀面积屑瘤

前刀面积屑瘤也往往在低加工温度和切削速度相对缓慢的情况下有所发生。发生前刀面积屑瘤的实际速度取决于被加工的材料。若是对加工硬化材料进行加工，例如奥氏体不锈钢，那么前刀面积屑瘤可导致在切深处迅速积聚，从而造成切深处破损这种次生失效模式。

对策：

① 增加表面切削速度。

② 确保冷却液的正确应用。

③ 选择带有物理气相沉积（PVD）涂层的刀具。

（2）后刀面积屑瘤

积屑瘤也可能在刀具切削刃下方的后刀面产生，如图2-37所示。在切削较软的铝、铜、塑料等材料时。后刀面积屑瘤也是因工件和刀具之间的间隙不足而造成。但是，后刀面积屑瘤与不同的工件材料有关联。

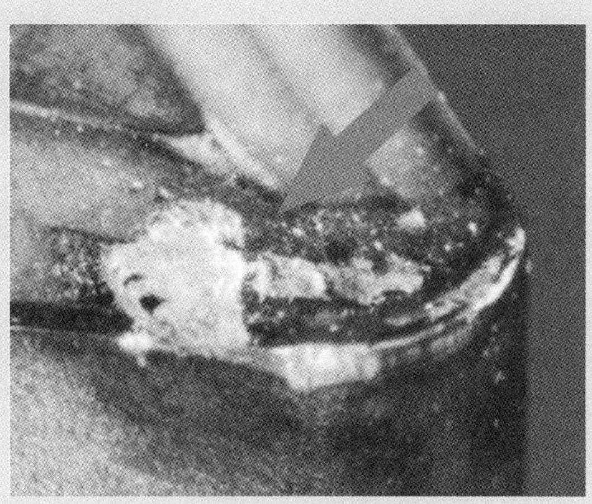

图3-37　后刀面积屑瘤

每种工件材料都要求有足够的间隙量。某些工件材料，如铝、铜和塑料，在切削后会产生回弹。回弹可导致刀具和工件之间的摩擦，进而导致加工材料粘接在切削刃后刀面。

对策：

① 增大刀具的主后角。

② 提高进给速度。

③ 减小用于刃口预处理的刃口倒圆。

2.2.6　铣削用量的选用

合理地选择铣削用量，与提高劳动生产效率、改善工件表面粗糙度、保证加工几何精度以及延长刀具使用寿命等，有着密不可分的关联。

（1）吃刀量的选用

吃刀量应根据工件的加工余量大小以及工件所要求达到的表面粗糙度情况来确定，同时也应考虑被加工工件的材料等。在生产实际中，可参考表2-12来选用。

表2-12　吃刀量的选用　　单位：mm

序号	工件材料	高速钢铣刀		硬质合金铣刀	
		粗铣	精铣	粗铣	精铣
1	铸铁	5～7	0.5～1	10～8	1～2
2	低碳钢	＜5	0.5～1	＜12	1～2
3	中硬钢	＜4	0.5～1	＜7	1～2
4	硬钢	＜3	0.5～1	＜4	1～2

（2）每齿进给量的选用

它应根据铣刀的强度、机床的工艺性能、夹具的刚性来确定。粗铣时，尽量取得大些；精铣时一般选用较小的进给量，同时也要考虑每转进给量。实际生产中可参考表 2-13 来选用。

表 2-13　每齿进给量的选用　　单位：mm/min

序号	刀具名称	高速钢铣刀		硬质合金铣刀	
		铸铁件	钢件	铸铁件	钢件
1	圆柱铣刀	0.12 ～ 0.20	0.10 ～ 0.15	0.2 ～ 0.5	0.08 ～ 0.20
2	立铣刀	0.08 ～ 0.15	0.03 ～ 0.06	0.2 ～ 0.5	0.08 ～ 0.20
3	套式面铣刀	0.15 ～ 0.20	0.06 ～ 0.10	0.2 ～ 0.5	0.08 ～ 0.20
4	三面刃铣刀	0.15 ～ 0.25	0.06 ～ 0.08	0.2 ～ 0.5	0.08 ～ 0.20

（3）铣削速度的选用

合理的铣削速度是在保证加工质量和铣刀寿命的条件下确定的。粗铣时应选用相对低一点的铣削速度；精铣时选用高一些的铣削速度。少数情况下会采用比粗铣时更低一些的速度。铣削速度可参考表 2-14。

表 2-14　铣削速度的选用　　单位：mm/min

序号	工件材料	高速钢铣刀	硬质合金铣刀	说明
1	20 钢	20 ～ 45	150 ～ 190	说明： ①粗铣时取小值，精铣时取大值 ②工件材料强度和硬度较高时取小值，反之则取大值 ③刀具材料耐热性高时取大值，反之则取小值
2	45 钢	20 ～ 35	120 ～ 150	
3	40Cr 钢	15 ～ 25	60 ～ 90	
4	HT150	14 ～ 22	70 ～ 100	
5	黄铜	30 ～ 60	120 ～ 200	
6	铝合金	112 ～ 300	400 ～ 600	
7	不锈钢	16 ～ 25	50 ～ 100	

2.3 铣刀材料

2.3.1 铣刀材料概述

刀具材料是决定刀具切削性能的根本因素。对于加工质量、加工效率、加工成本以及刀具耐用度都有着重大的影响。要实现高效合理的切削，必须有与之相适应的刀具材料。刀具材料是较活跃的材料科技领域。近年来，刀具材料基础科研和新产品的成果集中应用在高速、超高速、硬质（含耐热、难加工）、干式、精细、超精细数控加工领域。刀具材料新产品的研发在超硬材料（如金刚石、Al_2O_3、Si_3N_4，基类陶瓷、TiC 基类金属陶瓷、立方氮化硼、表面涂层材料），W、Co 类涂层和细晶粒（超细晶粒）硬质合金体及含 Co 类粉末冶金高速钢等领域进展速度较快。尤其是超硬刀具材料的应用。导致产生了许多新的切削理念，如高速切削、硬切削、干切削等。

图 2-38 为常见的金属材料表面的形式。

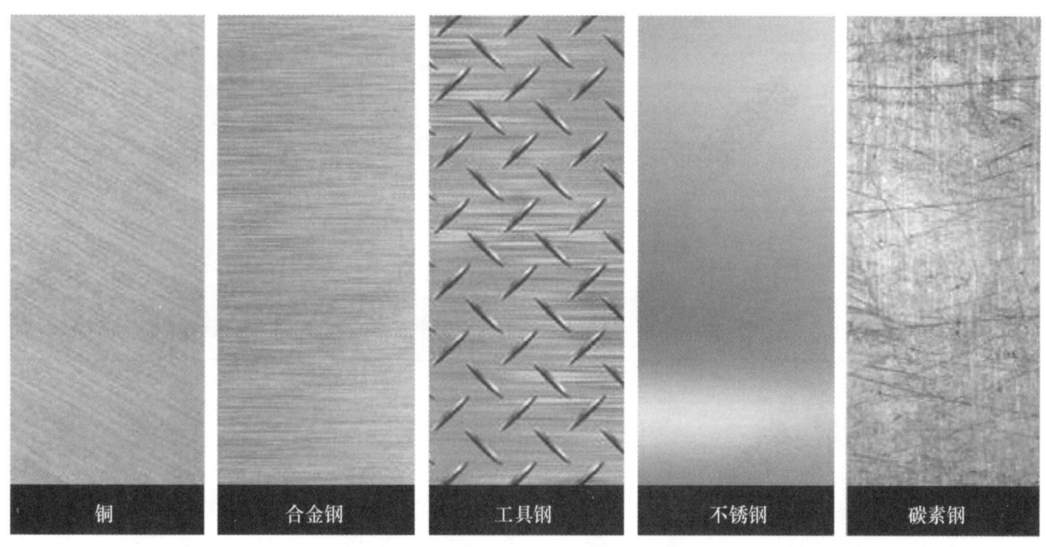

图 2-38 常见的金属材料表面的形式

（1）铣刀切削部分材料的基本要求（表 2-15）

表 2-15 铣刀切削部分材料的基本要求

序号	铣刀结构	详细说明
1	高硬度和耐磨性	在常温下，切削部分材料必须具备足够的硬度才能切入工件；具有高的耐磨性，刀具才不磨损，延长使用寿命
2	好的耐热性	刀具在切削过程中会产生大量的热量，尤其是在切削速度较高时，温度会很高，因此，刀具材料应具备好的耐热性，即在高温下仍能保持较高的硬度，能继续进行切削，这种具有高温硬度的性质，又称为热硬性或红硬性
3	高的强度和好的韧性	在切削过程中，刀具要承受很大的冲击力，所以刀具材料要具有较高的强度，否则易断裂和损坏。由于铣刀会受到冲击和振动，因此，铣刀材料还应具备好的韧性，才不易崩刃、碎裂

（2）铣刀常用材料

刀具的材料主要有高速钢、硬质合金、陶瓷、立方氮化硼和金刚石五类，其性能和应用范围见表 2-16。目前普通车床用得最普遍的刀具是高速钢刀具，数控车床用得最普遍的刀具是硬质合金刀具。

表 2-16 刀具材料的性能及应用范围

序号	刀具材料		优 点	缺 点	典型应用
1	合金工具钢		热处理后具有高的硬度、耐磨性、红硬性和良好的韧性	切削速度低	低速切削、薄刃低速切削刀具
2	高速钢		抗冲击能力强，通用性好	切削速度低，耐磨性差	低速、小功率和断续切削
3	硬质合金		通用性最好，抗冲击能力强	切削速度有限	钢、铸铁、特殊材料和塑料的粗、精加工
4	涂层硬质合金		通用性很好，抗冲击能力强，中速切削性能好	切削速度限制在中速范围内	除速度比硬质合金高之外，其余与硬质合金一样
5	金属陶瓷		通用性很好，中速切削性能好	抗冲击性能差，切削速度限制在中速范围	钢、铸铁、不锈钢和铝合金
6	陶瓷	陶瓷（热/冷压成形）	耐磨性好，中速切削性能好	抗冲击性能差，抗热冲击性能也差	钢和铸铁的精加工、钢的滚压加工

续表

序号	刀具材料		优点	缺点	典型应用
6	陶瓷	陶瓷（氮化硅）	抗冲击性好，耐磨性好	非常有限的应用	铸铁的粗、精加工
		陶瓷（晶须强化）	抗冲击性能好，抗热冲击性能好	有限的通用性	可高速粗、精加工硬钢、淬火铸铁和高镍合金
7	立方氮化硼		高热硬性，高强度，高抗热冲击性能	不能切削硬度小于45HRC的材料，应用有限，成本高	切削硬度在45～70HRC之间的材料
8	聚晶金刚石		高耐磨性，高速切屑性能好	抗热冲击性能差，切削铁质金属化学稳定性	金属和非金属材料差，应用有限

2.3.2 高速钢刀具

高速钢是一种含有较多的W、Cr、V、Mo等合金元素的高合金工具钢，具有良好的综合性能，图2-39为高速钢铣刀。与普通合金工具钢相比，它能以较高的切削速度加工金属材料，故称高速钢。俗称锋钢或白钢。高速钢的制造工艺简单，容易刃磨成锋利的切削刃；锻造、热处理变形小，目前在复杂刀具（如麻花钻、丝锥、成形刀具、拉刀、齿轮刀具等）制造中仍占有主要地位。其加工范围包括有色金属、铸铁、碳素钢和合金钢等。

2.3.3 硬质合金刀具

硬质合金是用高硬度、高熔点的金属碳化物（如WC、TiC、TaC、NbC等）粉末和金属黏结剂（如Co、Ni、Mo等），经过高压成形，并在1 500℃左右的高温下烧结而成。由于金属碳化物硬度很高，因此其热硬性、耐磨性好，但其抗弯强度和韧性较差。硬质合金刀具具有良好的切削性能，与高速钢刀具相比，加工效率很高，而且刀具的寿命可提高几倍到几十倍，被广泛地用来制作可转位刀片，不仅用来加工一般钢、铸铁和有色金属，而且还用来加工淬硬钢及许多高硬度难加工材料，图2-40为硬质合金铣刀。

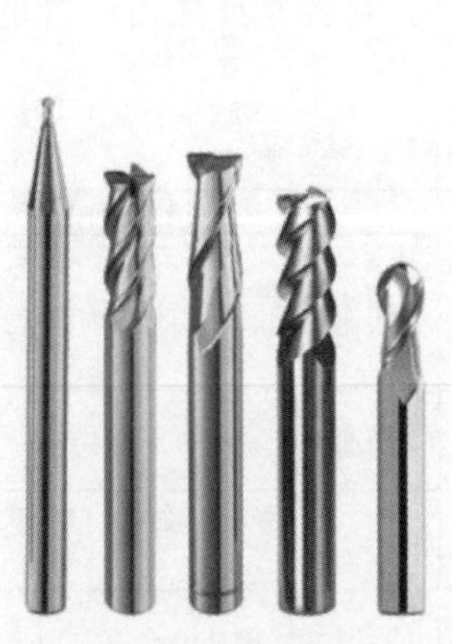

图2-39　高速钢铣刀

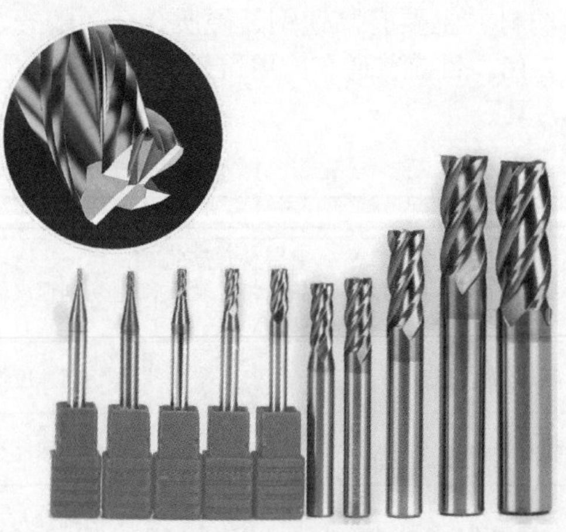

图2-40　硬质合金铣刀

2.3.4 陶瓷刀具

陶瓷刀具材料是一种最有前途的高速切削刀具材料，在生产中有广泛的应用前景。陶瓷刀具具有非常高的耐磨性，它比硬质合金有更好的化学稳定性，可在高速条件下切削加工并持续较长时间，比用硬质合金刀具平均提高效率 3 ～ 10 倍。它实现以车铣代磨的高效“硬加工技术”及“干切削技术”，提高零件加工表面质量。实现干式切削，对控制环境污染和降低制造成本有广阔的应用前景。图 2-41 为陶瓷铣刀。

图 2-41 陶瓷铣刀

陶瓷是含有金属氧化物或氮化物的无机非金属材料，具有高硬度、高强度、高热硬性、高耐磨性及优良的化学稳定性和低的摩擦因数等特点。陶瓷刀具在切削加工的以下方面，显示出其优越性，见表 2-17。

表 2-17 陶瓷刀的优越性

序号	陶瓷刀的优越性	适用范围
1	高硬材料加工	可加工传统刀具难以加工或根本不能加工的高硬材料，例如硬度达 65HRC 的各类淬硬钢和硬化铸铁，因而可免除退火加工所消耗的电力；并因此也可提高工件的硬度，延长机器设备的使用寿命
2	大冲击力加工	不仅能对高硬度材料进行粗、精加工，也可进行铣削、刨削、断续切削和毛坯拔荒粗车等冲击力很大的加工
3	刀具耐用度很高	刀具耐用度比传统刀具高几倍甚至几十倍，减少了加工中的换刀次数，保证被加工工件的小锥度和高精度
4	进行高速切削	可进行高速切削或实现“以车铣代磨”，切削效率比传统刀具高 3 ～ 10 倍，达到节约工时、电力、机床数 30% ～ 70% 或更高的效果

新型陶瓷刀具材料具有其他刀具材料无法比拟的优势，其发展空间非常大。通过对陶瓷刀具材料组分、制备工艺与材料设计的研究，可以在保持高硬度、高耐磨性的基础上，极大地提高刀具材料的韧性和抗冲击性能，制备符合现代切削技术使用要求的适宜材料。可以预料，随着各种新型陶瓷刀具材料的使用，必将促进高效机床及高速切削技术的发展，而高效机床及高速切削技术的推广与应用，又进一步推动新型陶瓷刀具材料的使用。

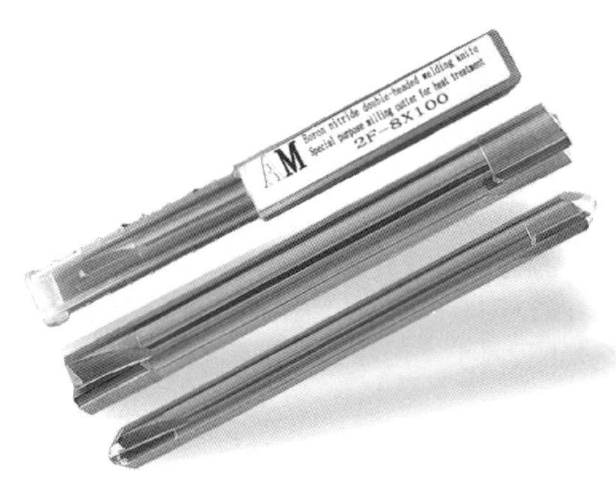

图 2-42 立方氮化硼双头铣刀

2.3.5 立方氮化硼刀具

立方氮化硼（CBN）是利用超高压高温技术获得的又一种无机超硬材料，在制造过程中和硬质合金基体结合而成立方氮化硼复合片，图 2-42 为立方氮化硼双头铣刀。

（1）立方氮化硼作为刀具材料具有如表 2-18 所示的特点。

表 2-18 立方氮化硼刀具的特点

序号	特点	适用范围
1	硬度和耐磨性很高	其显微硬度为 8000 ～ 9000HV，已接近金刚石的硬度
2	热稳定性好	其耐热性可达 1400 ～ 1500℃
3	化学稳定性好	与铁系材料直至 1200 ～ 1300℃也不易起化学作用
4	具有良好的导热性	其热导率远远高于高速钢及硬质合金
5	较低的摩擦因数	与不同材料的摩擦因数约为 0.1 ～ 0.3，比硬质合金摩擦因数（0.4 ～ 0.6）小得多

（2）立方氮化硼刀具应用范围见表 2-19。

表 2-19　立方氮化硼刀具应用范围

序号	立方氮化硼刀具应用范围
1	工具钢、模具钢、冷硬铸铁、铸铁、镍基合金、钴基合金
2	淬火钢、高温合金钢、高铬铸铁、热喷焊（涂）材料
3	适合于加工硬度大于 45HRC 的钢铁类工作，但铸铁类无此限制

CBN 适用于磨削淬火钢和超耐热合金材料。其硬度仅次于金刚石，排名第二，是典型的传统磨料的 4 倍，而耐磨性是典型的传统磨料的 2 倍。

CBN 具有异乎寻常的热传导性，在磨削硬质刀具、压模和合金钢，以及镍和钴基超耐热合金后，能优化其表面完整性。在不同种类的胎体中具有上乘性能，CBN 品系列与不同的胎体相结合，可以获得上乘的性能。推出大量的晶体涂层和表面处理，这些涂层可以用来提高性能，以及提高晶体把持力、热传递和润滑质量。

2.3.6 聚晶金刚石刀具

（1）刀具特点

用聚晶金刚石刀具（PCD）加工铝制工件具有刀具寿命长、金属切除率高等优点，其缺点是刀具价格昂贵，加工成本高，一般制作成焊接式两刃铣刀的刀片，图 2-43 为金刚石铣刀。

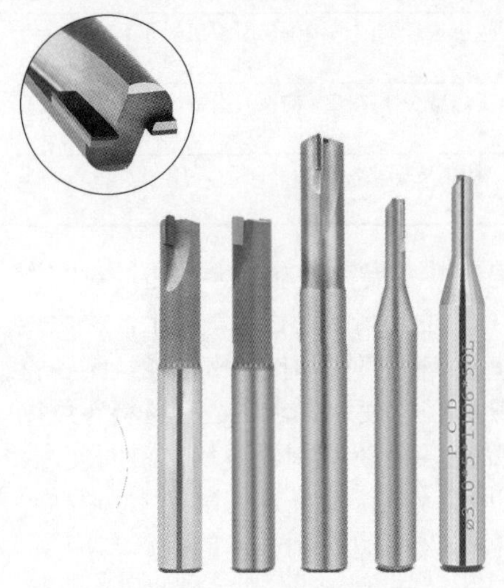

图 2-43　金刚石铣刀

近年来 PCD 刀具的发展与应用情况已发生了许多变化。如今的铝材料在性能上已今非昔比，在加工各种新开发的铝合金材料（尤其是高硅含量复合材料）时，为了实现生产率及加工质量的最优化，必须认真选择 PCD 刀具的牌号及几何参数，以适应不同的加工要求。PCD 刀具的另一个变化是加工成本不断降低，在市场竞争压力和刀具制造工艺改进的共同作用下，PCD 刀具的价格已大幅下降。上述变化趋势导致 PCD 刀具在铝材料加工中的应用日益增多，而刀具的适用性则受到不同被加工材料的制约。

（2）正确使用

切削加工铝合金材料时，硬质合金刀具的粗加工切削速度约为 120m/min，而 PCD 刀具即使在粗加工高硅铝合金时其切削速度也可达到约 360m/min。刀具制造商推荐采用细颗粒（或中等颗粒）PCD 牌号加工无硅和低硅铝合金材料，采用粗颗粒 PCD 牌号加工高硅铝合金材料。如铣削加工的工件表面粗糙度达不到要求，可采用晶粒尺寸较小的修光刀片对工件表面进行修光加工，以获得满意的表面粗糙度。

PCD 刀具的正确应用是获得满意加工效果的前提。虽然刀具失效的具体原因各不相同，但通常是由于使用对象或使用方法不正确所致。用户在订购 PCD 刀具时，应正确把握刀具的适应范围。例如，用 PCD 刀具加工黑色金属工件（如不锈钢）时，由于金刚石极易与钢中的碳元素发生化学反应，将导致 PCD 刀具迅速磨损，因此，加工淬硬钢的正确选择应该是 PCBN 刀具。

2.4 卧式铣刀结构

铣刀结构要素包括铣刀直径、齿数和螺旋角。这些要素对铣削加工中的铣刀耐用度、工件加工质量等都有一定的影响，由于铣床分为卧式铣床和立式铣床，因此刀具也分为带孔铣刀和带柄铣刀，它们在加工中需要注意的方面也不尽相同，下面对这两种铣刀类型进行详细的讲解。

2.4.1 卧式铣刀的结构和几何角度

图2-44中，5是铣刀体，铣刀按箭头方向旋转，工件1按箭头方向移动，进行切削。切削中产生切屑2，铣刀的前刀面6把切屑推开。线3是刀刃，当假想的垂直线（或平面）4通过刀刃3，形成了前角γ。为了保证后刀面7不和已加工表面8接触，在后刀面上磨出后角α。前刀面6和后刀面7构成楔角β，下面分别进行介绍，见表2-20。

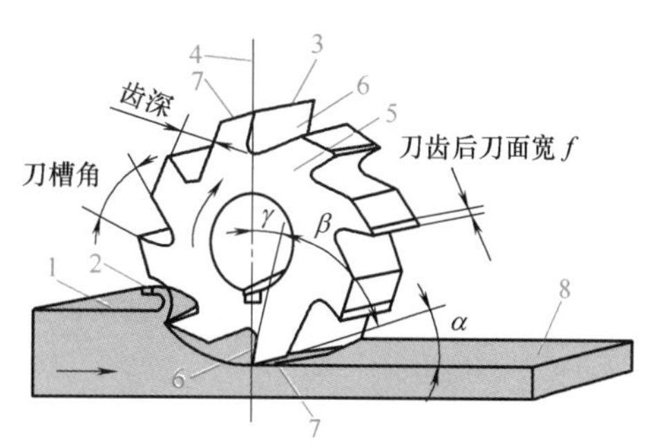

图2-44 铣刀的组成和角度

表2-20 卧式铣刀的结构和几何角度

序号	铣刀结构和几何角度	详细说明
1	前角γ	前角决定铣刀的锋利程度，前角越大，刀齿越锋利。但前角过大，就会使刀齿脆弱，容易损坏。前角选择得正确，可以使切削平稳而轻快。最适宜的前角数值是随着被加工金属材料硬度和强度的增加而减少
2	后角α	铣刀后角选得正确，可以减少后刀面和工件已加工表面摩擦所造成的磨损，并可获得铣刀较长的寿命。后角数值的选择是随着切削厚度减少而增加的，切屑厚度又和进给量有关，进给量增大则切屑厚度增大。实际选择中，后角不宜过大，以免削弱刀齿的强度
3	楔角β	90°减去前角和后角就是楔角。所以楔角随着前角和后角的增大而减小，如果前角和后角越大，楔角越小，铣刀的刀齿就越单薄，往往当切削较深时容易折断刀齿。因此，为了增加刀齿的强度，必须将楔角选得大些
4	刀槽角θ	它是两个刀齿中间的空隙，其主要作用是除了给予刀齿的切削能力外，还起着容纳切屑的功能。在保证刀齿足够的切削能力的条件下，可以尽量地增大刀槽角，使切削过程中有足够的容纳切屑位置，从而使铣刀能加大切削深度和进给量来提高生产效率

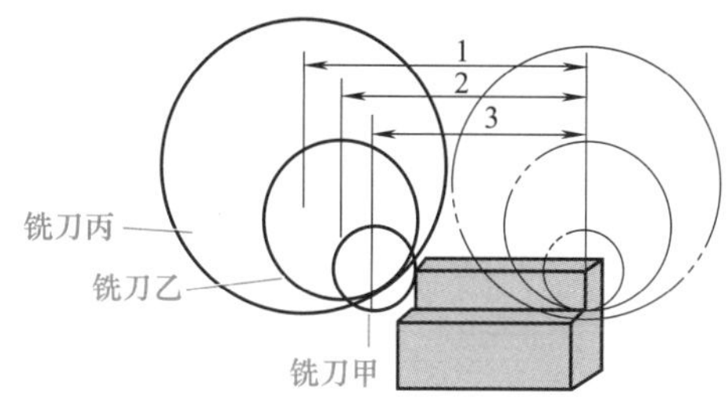

图2-45 铣刀直径与切削行程的关系

2.4.2 铣刀直径

铣刀直径在铣削工作中有重要意义。铣刀直径大时散热效果好，并且在安装铣刀时，需要选用直径较粗的铣刀杆，有利于减少切削中的振动。但铣刀直径增大，铣削力矩也相应增加，这对切削是不利的。

如果从铣削效率的角度来讲，铣刀直径选择得合理，能节省铣削中的机动时间。在图2-45中，铣刀甲是套式面铣刀，它在铣削中的行程距离为3，比用其他铣刀的行程都短。

铣刀乙是用三面刃铣刀铣削的情况，由于它需要考虑安装铣刀时使用的铣刀杆和调整垫圈通过工件的位置，所以，要加大铣刀直径，这时加长了行程距离。铣刀丙和铣刀乙同是一样的铣刀，由于直径不同，所以，大直径铣刀丙的行程距离1大于铣刀乙的行程距离2，由于铣削行程距离最大，则浪费了工时。

总的说来，只要能够把加工面铣出就行，铣刀直径不必过大。从图 2-45 中距离 1、2 和 3 来看就很明显，铣刀直径越小，节省工时越多。为了便于合理地选择铣刀，特列成表 2-21、表 2-22 和表 2-23，供工作中参考。

表 2-21　圆柱铣刀的直径选择

背吃刀量 t/mm	铣削宽度 B/mm	铣刀直径 D/mm
5	70	$\phi60\sim\phi75$
8	90	$\phi90\sim\phi110$
10	100	$\phi110\sim\phi130$

表 2-22　套式面铣刀直径选择

背吃刀量 $t\leqslant$/mm	4	4	6	6	6	8	10
铣削宽度 $B\leqslant$/mm	40	60	90	120	180	250	350
铣刀直径 D/mm	$\phi50\sim\phi75$	$\phi75\sim\phi90$	$\phi110\sim\phi130$	$\phi150\sim\phi175$	$\phi200\sim\phi250$	$\phi300\sim\phi350$	$\phi400\sim\phi500$

表 2-23　三面刃铣刀和盘形铣刀直径选择

背吃刀量 $t\leqslant$/mm	8	12	20	50
铣削宽度 $B\leqslant$/mm	20	25	35	50
铣刀直径 D/mm	$\phi60\sim\phi75$	$\phi90\sim\phi110$	$\phi110\sim\phi150$	$\phi175\sim\phi200$

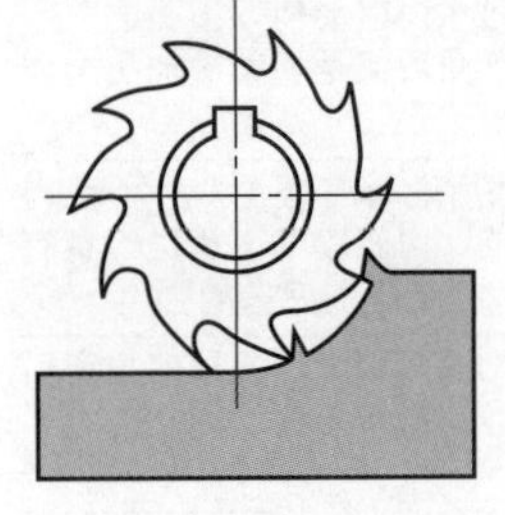

(a) 粗齿

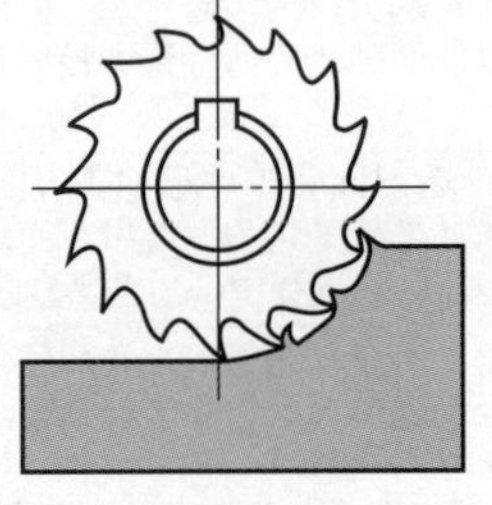

(b) 细齿

图 2-46　粗齿铣刀和细齿铣刀

2.4.3　铣刀的齿数

铣刀根据齿数的多少分为粗齿铣刀和细齿铣刀。粗齿铣刀在刀体上的刀齿稀少，如图 2-46（a）所示，刀齿强度好，同时齿槽角大，容屑空间大，排屑方便，但同时参加切削的齿数少，工作平稳性较差。适宜在粗铣和加工塑性材料时使用。

细齿铣刀的刀齿密，切削中铣刀上的几个刀齿可同时切削，如图 2-46（b）所示，减少振动，适宜半精铣和加工脆性材料时使用。

刀片齿数的选择，都必须使得切屑适当卷曲并容易离开切削区，切屑容屑空间不当将导致憋屑，损坏刀刃并可能损坏工件。同时，刀片又应有足够的密度以保证在切削期间的任何时候不少于一把刀片在切削，如果不能保证这一点则会引起剧烈的冲击，这将导致刀刃的破裂、刀具的损坏和机床的超负荷。

2.4.4　铣刀的螺旋角

切削刃和铣刀轴线构成的角度称铣刀螺旋角。

图 2-47 中，（a）是直齿铣刀，（b）是直齿铣刀工作情况。直齿铣刀的刀齿呈直线形，和铣刀轴线相平行，在切削过程中，刀齿在全部长度上同时切入工件，它的全部齿长一起跟被切削面相接触，当切削完毕时，又全部同时离开，由于这种不连续性形成切削过程中的严重冲击，铣刀刀齿上的负荷也有着很大的变化，因而使铣床动力消耗极不均匀，引起铣床和切削产生振动。

螺旋齿铣刀的刀齿是斜绕在刀体上的，因此在切削时，前一个刀齿尚未全部离开工件，而后一刀齿已经开始切入（图 2-48）。用这种铣刀切削时，产生的振动就显著减少，冲击现象几乎消除，所以铣刀上有了螺旋角这个角度，同时参加切削的刀齿增加，使切削均匀稳定，改善了铣刀工作条件。由于直齿铣刀的劣势，所以加工平面时都不使用直齿圆柱铣刀。

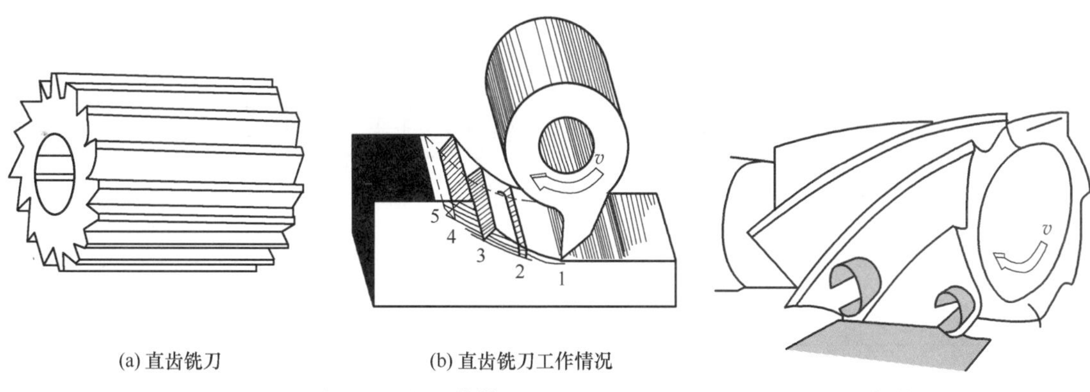

(a) 直齿铣刀　(b) 直齿铣刀工作情况

图 2-47　直齿铣刀及其工作情况

图 2-48　螺旋齿铣刀切削情况

2.4.5　铣刀的齿背形状

铣刀按齿背形状分类，可以分成尖齿铣刀和铲齿铣刀两种，详细说明见表 2-24。

表 2-24　铣刀的齿背形状

序号	齿背形状	详细说明
1	尖齿铣刀	尖齿铣刀如三面刃铣刀、盘形槽铣刀、锯片铣刀等，如图 2-49 所示 f 图 2-49　尖齿铣刀 在尖齿铣刀的刀齿截面上，齿背是由直线或折线组成，见图 2-50，类似锯齿，它的齿背是用铣刀铣出来的，呈直线型，这类铣刀容易制造，应用也比较广 齿背　齿背 图 2-50　尖齿铣刀的刀齿截面

续表

序号	齿背形状	详细说明
1	尖齿铣刀	尖齿铣刀磨损变钝后，可以在工具磨床修磨刀齿的后刀面，如图 2-51 所示。但刃磨几次后，后刀面会逐渐变宽，这时就得修磨前刀面和齿背，使后刀面保持一定的宽度，但几经修磨，铣刀的外径尺寸和形状也就产生了变化 图 2-51　修磨尖齿铣刀后刀面
2	铲齿铣刀	铲齿铣刀（图 2-52）的特点是齿背经铲制而成，铣刀用钝后仅刃磨前刀面，易于保持切削刃原有的形状，因此适用于切削廓形复杂的形状，多用于成形铣刀，如齿轮铣刀、凸半圆铣刀、凹半圆铣刀、圆角铣刀等 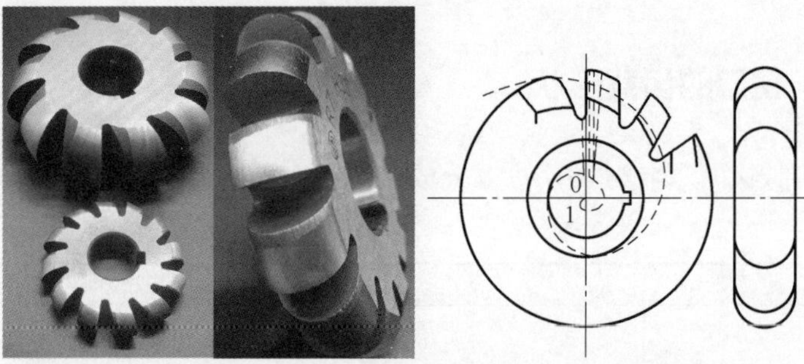 图 2-52　铲齿铣刀 这类铣刀的齿背呈曲线的曲面，它的刀齿形状和工件表面所要求的形状正好相反，这种铣刀的后刀面曲线是在铲齿机床上铲出来的，其曲线形状为阿基米德螺旋线（图 2-53） 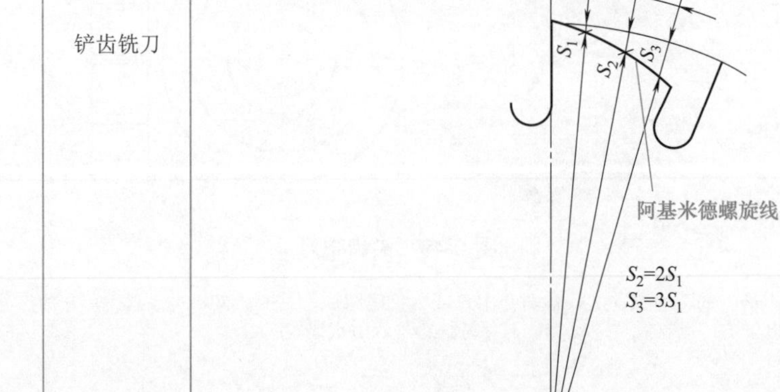 图 2-53　阿基米德螺旋线齿背 成形铣刀的后刀面要采用曲线有其必要性，因为成形铣刀的刀齿形状制造工艺复杂，所以，刃磨后不允许齿形发生变化，这样按被加工工件的形状要求铲出曲线的后刀面。而当铣刀使用变钝后，沿着通过铣刀中心线 1-1（图 2-52）磨砺，也就是只刃磨刀齿的前刀面，由于铣刀的后刀面不刃磨，其刀齿的曲线形状不变，所以能持久保持着它应有的齿形形状

2.5 立式铣刀结构

立铣刀可用于加工直角表面、切槽及成形加工等。切削形式有槽铣、以周齿切削为主的立铣刀——侧铣、以端齿切削为主的立铣刀——端铣，如图 2-54 所示。

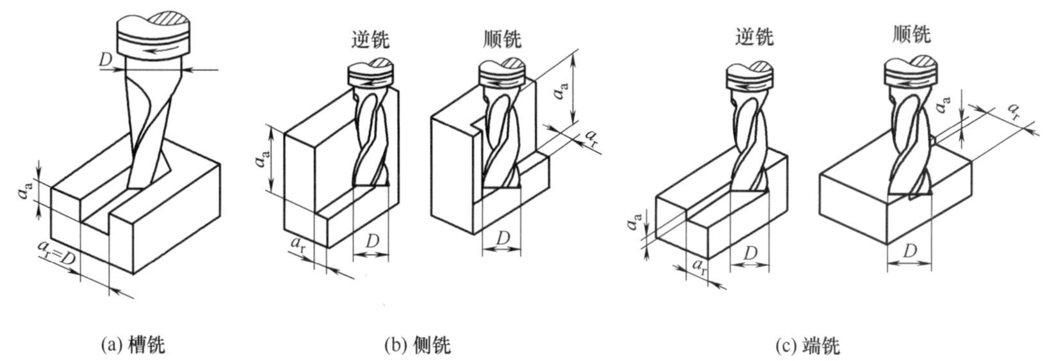

图 2-54 立铣刀切削形式及吃刀量示意图

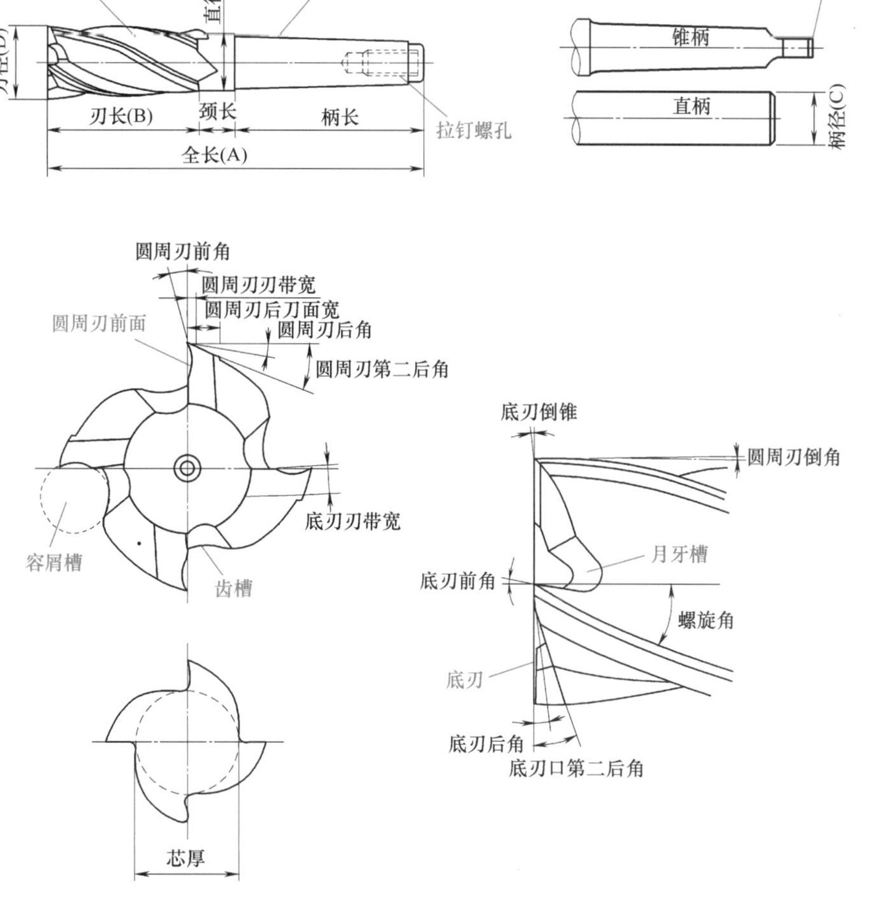

图 2-55 立铣刀结构

2.5.1 立式铣刀的结构和几何角度

立铣刀的几何参数对切削效率的高低和加工质量的好坏有很大影响。在选择立铣刀的参数时，需要考虑多种因素的影响，如工件材料、刀具材料、加工性质（粗、精加工）等，合理的参数可以使数控加工以最低的加工成本、最短的加工时间达到最佳的加工质量。

立铣刀结构如图 2-55 所示，其圆柱表面上有螺旋齿，断面上也有刀齿。通常一把普通的立铣刀涉及以下主要几何参数：前角、后角、螺旋角、刃宽、槽深等，详细说明见表 2-25。

表 2-25 立铣刀结构

序号	铣刀结构	详细说明
1	刀径	也叫外径，立铣刀的切削刃的直径
2	刃长	刀刃的长度
3	颈长	颈部的长度
4	柄长	刀柄部的长度
5	全长	与中心轴平行测量，包括刀刃、颈部、刀柄的总长度
6	刃数	切削刃的数量，有 1、2、3、4……，一般情况下采用 2、3、4、5、6、8
7	底刃	指刀具端面的切削刃
8	底刃前角	底刃前刀面与轴线的夹角
9	底刃后角	指在底刃上的第一后角
10	底刃第二后角	指在底刃上的第二后角
11	底刃后角宽	底刃后角具有的宽度
12	底刃容屑槽	在底刃上的容屑槽
13	底刃倒锥	在底刃面，从刀尖向中心有微微的中凹，这个角度为底刃间隙角（底刃倒锥）
14	螺旋角	螺旋切削刃与轴线的夹角
15	圆周刃倒锥	立铣刀从刀尖到刀柄侧的直径略微减小。像这样带有向后的锥度称为倒锥
16	前刀面	特指圆周刃前面，前刀面的作用主要是对金属施加挤压，使之产生变形、滑移、分离而成为切屑；它受两个热源的作用，接受大量的热量；受切屑的摩擦，造成磨损；其形状是控制切削卷曲、流向、折断的主要参数。在设计前刀面时，一般需要增加一道工艺，即用砂轮精磨一遍，尽量降低表面粗糙度，减小摩擦程度，减少摩擦温度升高过快，而烧伤工件和刀具的情况。还可以加快切屑的流动速度，减少切屑在前刀面的停留时间，减少切屑热量传递到立铣刀本体上，减少前刀面的磨损
17	后刀面	特指圆周刃后面的形状，有凹面形、平面形、偏心形三种 以前一般使用凹面形和平面形，最近偏心形成了主流。因为偏心形铣刀的刀尖角比其他铣刀的刀尖角要大，所以刀尖的强度增强，再加上加工后的圆周后刀面的精加工面非常良好，切削性能提高。所以，可以清楚地表明带有偏心形后刀面的立铣刀性能优越
18	圆周刃前角	圆周刃前角的设计是立铣刀设计的重要组成部分。前角对切削力、切屑排除、铣刀寿命等影响都非常大。如果是切削硬材料，需要的切削刃强度大，一般要选择小的正前角，甚至选择负前角；切削软质材料、易切削材料或刚性差的材料，则选择大的正前角。例如，切削一般钢件时，选择小的正前角；切削铝、铜等软性材料时，选择大的正前角。但采用小前角比采用大前角时更容易产生积屑瘤，增大工件的粗糙度。因为前角小，切削变形激烈，前刀面的摩擦较大，同时温度升高也较快，容易产生积屑瘤。反之前角较大时，切屑对前刀面的正压力减少，消耗的功率也减小，切削力和切削变形也随之减少，不容易产生积屑瘤。但前角过大会降低切削刃的强度，减小刀头的散热体积导致切削热不容易排出，这样立铣刀和工件的温度升高速度反而更大 所以在设计立铣刀前角的时候，要根据不同的被加工材料来选择合适的前角，达到减少立铣刀在切削过程中的变形与摩擦、抑制积屑瘤和鳞刺的生成及降低表面粗糙度的效果 特别是要注意前脚是有正负之分的，详细的对比和适用范围见下表

<table>
<tr><th>序号</th><th>铣刀结构</th><th>详细说明</th></tr>
<tr><td>18</td><td>圆周刃前角</td><td>
<table>
<tr><th>前角</th><th>正前角刃型</th><th>负前角刃型</th></tr>
<tr><td>放大图</td><td> 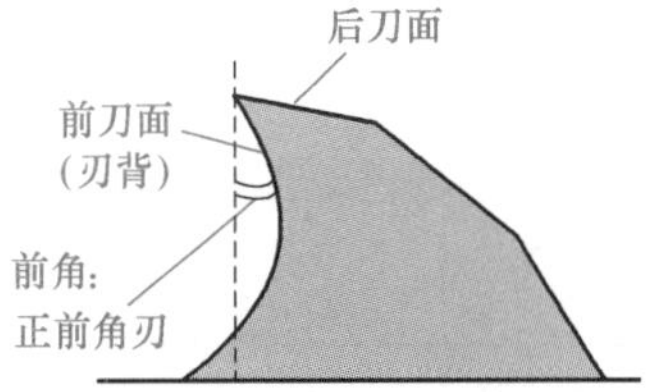后刀面
前刀面(刃背)
前角:正前角刃</td><td> 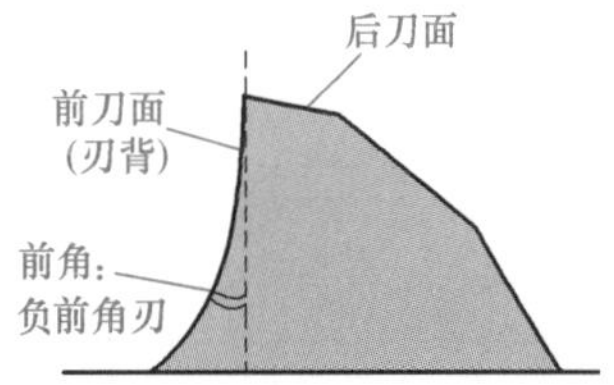后刀面
前刀面(刃背)
前角:负前角刃</td></tr>
<tr><td>特点</td><td>刃口锋利，切削阻力小，即便在低速条件下也可获得良好的加工表面粗糙度</td><td>不易崩刃，但切削阻力大，在低速条件下加工会降低加工表面粗糙度，但在高速条件下也能获得良好的加工表面粗糙度</td></tr>
<tr><td>适用的材料</td><td>适用于容易产生挤裂和熔附现象的柔软材质。例如：树脂、铜、铝、不锈钢、普通钢、调质钢等</td><td>适用于容易产生崩刃的高硬度钢的加工，以及铸造铁等</td></tr>
</table>
</td></tr>
<tr><td>19</td><td>楔角</td><td>如图 2-56 所示，圆周刃的前角过大时，虽然切削刃比较锋利，但刃口的强度小，在加工中易出现振动、卷刃和崩刃。圆周刃前角过小时，切削刃的锋利度不好，切削阻力较大，排屑差，前面易磨损
 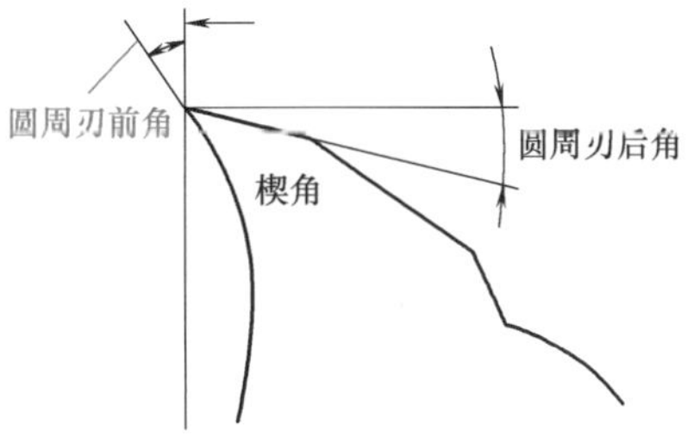圆周刃前角
圆周刃后角
楔角
图 2-56　楔角</td></tr>
<tr><td>20</td><td>圆周刃后角</td><td>称作圆周刃第一后角，如图 2-57 所示。后角的选取会影响立铣刀刚性和工件的表面质量。增大后角可以减小后角面与切削表面间的摩擦，减小切削刃钝圆弧半径，提高表面质量；但同时会使散热条件变差，刀齿强度降低。因此，立铣刀通常采用双倒棱后角(第一、第二后角)，在增大后角的同时可以保证刀齿的刚性
 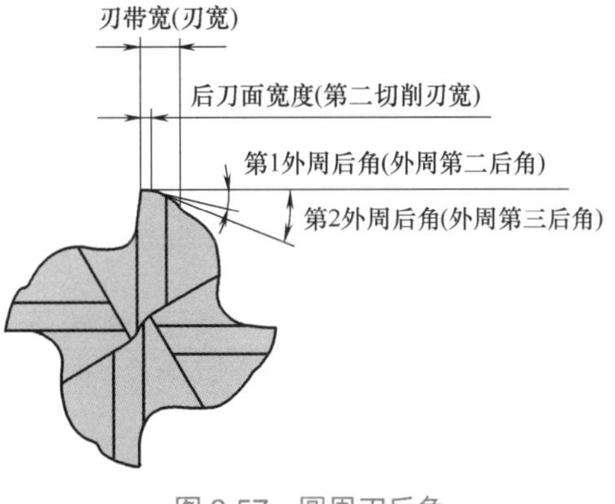刃带宽(刃宽)
后刀面宽度(第二切削刃宽)
第1外周后角(外周第二后角)
第2外周后角(外周第三后角)
图 2-57　圆周刃后角</td></tr>
<tr><td>21</td><td>圆周刃第二后角</td><td>圆周刃的第二后角是在立铣刀切削时保证工件与立铣刀之间有充分的间隙</td></tr>
<tr><td>22</td><td>圆周第一刃刃带宽</td><td>圆周刃后角具有的宽度</td></tr>
<tr><td>23</td><td>圆周总刃带宽</td><td>带有圆周刃后角与圆周刃第二后角的总宽度</td></tr>
</table>

续表

序号	铣刀结构	详细说明
24	容屑槽	容屑槽的作用是将铣削加工过程中产生的切屑顺利排出 沟槽的个数决定容屑槽的大小，且容屑槽越大刀具的韧度越低，但是如果容屑槽小的话，切削中会被切屑塞满。因此在选购产品时应充分考虑铣削方法和要加工的工件
25	螺旋角	立铣刀的螺旋角越大，工件与刀刃的接触线越长，施加到单位长度的刀刃上的负荷就会越小，从而有利于延长刀具寿命。但另一方面，螺旋角增大，切削抵抗的轴方向分力也增大，使得刀具容易从刀柄中脱落，所以，用大螺旋角的刀具加工时，要求刀柄刚性好。0°螺旋角叫直刃，其接触线最短
26	芯厚	芯厚是决定立铣刀刚性与容屑槽的重要因素。整体立铣刀的芯厚一般为外径的60%。芯厚增大，截面积增大，刚性提高，但容屑槽减小，排屑性能变差；反之，芯厚减小则刚性降低，但排屑性能增强

2.5.2 立式铣刀的刀刃

（1）周刃

刀具的刀尖和侧刃相接的地方是周刃，刀具周刃分周刃前角、周刃后角。周刃的种类、形状和特点见表2-26。

表2-26 周刃的种类、形状和特点

序号	周刃类型	图示	详细说明
1	普通刃		使用广泛，应用在槽加工、侧面加工及台阶加工等。另外在粗加工、半精加工及精加工所有场合均可使用
2	锥形刃		用于锥面加工、模具起模斜度加工和凹腔部分加工，一般为特殊定制产品
3	波形刃		刀刃成波形，切屑细小，铣削力小。适用于高效率粗加工，不宜精加工
4	成形刃		作为非标定制产品，根据加工零件的形状而设计的特殊刃形

（2）底刃（表2-27）

表2-27 底刃的种类、形状和特点

序号	底刃类型	图示	详细说明
1	平头刃		使用广泛，可应用在槽加工、侧面加工及台阶面加工等，还能进行钻铣加工，但刃数越少，效果越好

续表

序号	底刃类型	图示	详细说明
2	球头刃		它是曲面加工不可缺的刀具，尖端部由于容屑槽小，故切屑排出性能差
3	圆弧刃		用于转角部位 R 的加工或高速、高进给等高效加工

（3）刃数

立铣刀的刃数主要有2刃、3刃、4刃、6刃等类型，如图2-58所示。刃数的不同直接影响容屑槽的大小。

2刃、3刃和4刃的立铣刀最为常用。刃数越多刚性越高，加工精度会提高，但切屑的排出效果越差。切屑排出不畅，立铣刀的切削刃会与切屑缠绕在一起，影响加工面的精度，进一步恶化会引起切屑堵塞，造成切削刃破损或立铣刀整体折断。因此，若打算采用大的径向背吃刀量（切宽）或进行槽加工时，一般使用刃数少的立铣刀。

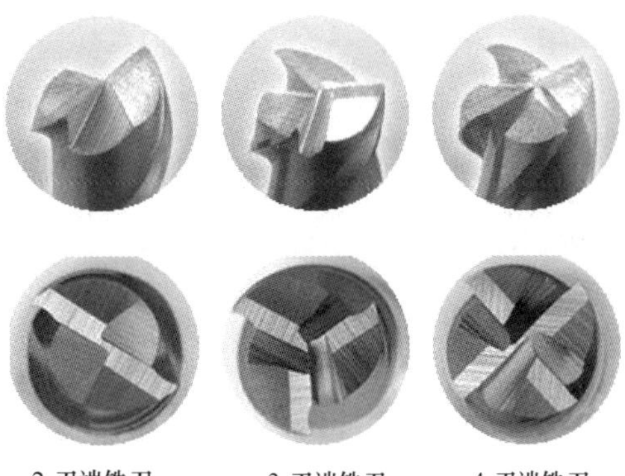

2刃端铣刀　　3刃端铣刀　　4刃端铣刀

图2-58　立铣刀的不同刃数

刃数较多的立铣刀更适用于精加工。刃数越多，每转进给量越大，加工效率会提高。且立铣刀到达寿命的切削长度增大，也等于延长了立铣刀寿命。但是刃数增加，切削刃之间的间隔减小，同时参与切削的刃数增加，切削力也会提高。尤其在加工薄壁工件或夹持刚性低的工件时要特别注意切削力，应选择刃数少的立铣刀以抑制高频振动。

各种刃数的立铣刀的优缺点和主要用途见表2-28。

表2-28　立铣刀的优缺点和主要用途

		2刃	3刃	4刃	6刃
横截面形状					
刀刃所占比例		54%	56%	60%	64%
特点	优点	切屑排出效果显著；轴向进给加工便利；切削力小	切屑排出效果显著；轴向进给加工便利	刚性高；表面粗糙度好	刚性高；切削刃耐久性优异
	缺点	刚性低	外径测量需特殊量具	切削排出效果差	切削排出效果差

续表

	2刃	3刃	4刃	6刃
用途	①槽加工； ②侧面加工； ③孔加工； ④曲面加工	①槽加工； ②侧面加工； ③重切削； ④精加工	①浅槽； ②侧面加工； ③精加工	①高硬度材料加工； ②浅槽； ③侧面加工

2.5.3 立式铣刀的容屑槽

图 2-59 斜线区域为铣刀容屑槽

用于收集切削后生成切屑的空间叫作容屑槽，也可以叫作容屑室、容屑空间或容屑沟槽，如图 2-59 所示。

切屑会随着铣刀的旋转而逐渐变大，容屑槽可将切屑沿沟槽排出去，能够防止切屑体积过度增大，以便切削顺利进行。铣刀加工包括硬质合金的重切削，因此在单位时间内排出的切屑也较多，于是容屑槽的大小和形状变得至关重要。容屑槽的大小和形状与切屑的形状、工件材料、铣刀齿数有关。

（1）容屑槽的螺旋方向

图 2-60 为左刃左螺旋和右刃右螺旋的旋转方向，图 2-61 为不同螺旋方式的排屑方式。

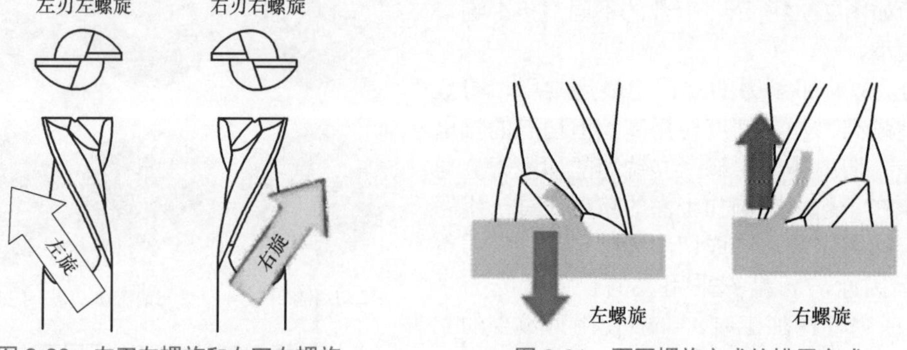

图 2-60 左刃左螺旋和右刃右螺旋　　图 2-61 不同螺旋方式的排屑方式

（2）沟槽的个数

容屑槽的作用是将铣削加工过程中产生的切屑顺利排出，因此，沟槽的个数决定容屑槽的大小，且容屑槽越大工具的韧度越低，如图 2-62 所示。因此在选购产品时应充分考虑铣削方法和要加工的工件，容屑槽大小不同，加工方法不同，不同沟槽个数的容屑槽特点见表 2-29。

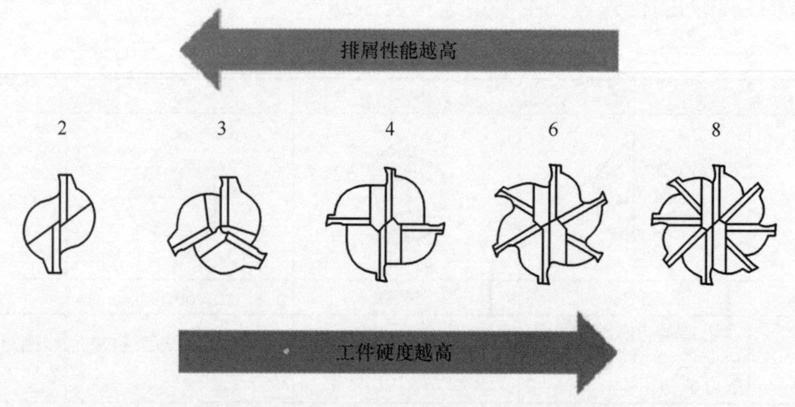

图 2-62 容屑槽沟槽的个数和工件硬度、排屑性能的关系

表 2-29 不同沟槽个数的容屑槽特点

序号	沟槽个数	详细说明
1	单刃	容屑槽大，用于加工低硬度工件，很少使用
2	2 刃	主要用于开槽和腔体加工，也可用于低性能铣削设备
3	3 刃	3 刃刀具的容屑槽和 2 刃产品的相似，可加工硬度稍高的工件
4	4 刃和多刃	刀具的韧度较高，可用于高进给量加工，但是因为容屑槽较小，所以主要用于精加工

铣刀根据用于轻切削还是重切削的不同，其刀齿数也不同。确定容屑槽的形状还要根据铣刀的设计、刚性等各类因素综合考虑。当然，齿数越多则容屑槽就越小，但工件材料在一定程度上也决定了容屑槽的大小。铸铁和非铁金属的切屑较小，容屑槽也可以小一些。钢和铸钢的切屑较长，但要与其卷曲相比，还是采用大一些的容屑槽为好。此外，切削轻合金时，也应采用大一些的容屑槽。

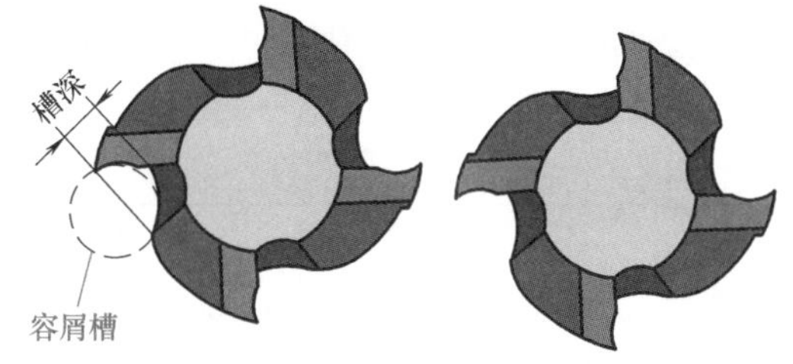

图 2-63 容屑槽的槽深

（3）槽深

槽深是立铣刀最重要的参数，如图 2-63 所示。如果槽深太深，立铣刀刚性就会变弱，在切削中容易折断，立铣刀寿命缩短；槽深太浅，容屑空间不够，容易产生堵屑，排屑不畅，使立铣刀温度急剧上升，产生烧伤立铣刀等现象，影响立铣刀寿命。

在设计立铣刀槽深的时候，要根据不同的被加工材料的加工特性来选择合适的槽深，以达到延长立铣刀寿命的效果。一般在切削脆性材料或高硬度的材料时，由于背吃刀量相对较少，因此，为了增大立铣刀刚性，槽深选择较浅。加工一些塑性材料或软材料时，一般槽深选择较深。在较大的径向背吃刀量切削的时候，能获得更大的容屑空间，使切屑顺利排出，减少切屑在容屑槽的停留时间，这样可以使切屑尽快地带走热量，以达到延长立铣刀寿命的效果。

另外，还应该根据具体的槽深来确定槽的磨削次数，避免磨削量过大而加速砂轮的磨损和立铣刀裂纹的出现。磨削小直径立铣刀的时候（直径在 3mm 以下），开槽时一般选择一次磨完。因为它的直径比较小，磨削量少，负载小，在较快的磨削速度下，不会出现烧伤或粗糙度不好等缺陷。这样可以节省时间，提高加工效率；磨削大直径立铣刀时，一般选择一槽分多次磨削。

（4）立铣刀螺旋与切刃的方向（表 2-30）

表 2-30 立铣刀螺旋与切刃的方向

序号	铣刀结构	详细说明
1	立铣刀螺旋方向	如图 2-64 所示，从立铣刀的正面看，容屑槽朝刀柄方向伸延时向左倾的就叫左螺旋，向右倾的就叫右螺旋 (a) 右螺旋 (b) 左螺旋 图 2-64 立铣刀螺旋方向

续表

序号	铣刀结构	详细说明
2	立铣刀切刃方向	如图 2-65 所示，切削刃的朝向因立铣刀工作时的回转方向而异。把立铣刀的底刃朝上摆放并从立铣刀的正面看，切削刃的刃口朝左边的就叫左刃，朝右边的就叫右刃 (a) 右刃　(b) 左刃 图 2-65　立铣刀切刃方向
3	组合方式	立铣刀的螺旋方向和切削刃的朝向可以有四种不同的组合，进而产生两种排屑方式，可根据工件的材质和形状选择所需的组合 ①右刃右螺旋和右刃右螺旋立铣刀：因切屑沿容屑槽由柄部方向排出，易保证切屑的平稳进行； ②右刃左螺旋和左刃右螺旋铣刀：在加工时切屑朝底刃方向移动，致使底刃切削出的工件表面质量不好，刀具寿命也短。但是对加工通孔或不使用底刃的精加工，切屑朝底刃方向排出时有不损伤工件表面、无划痕和无毛刺的优点

2.5.4　立式铣刀的螺旋角

图 2-66　螺旋角在切削中的运动形式

立铣刀的基本刃口形状（槽的形状）有直形和螺旋形两种。由于螺旋刃立铣刀相对于直刃立铣刀有切削轻快、平稳、效率高和使用范围广等优点，因此，在铣削加工中得到了广泛应用。图 2-66 为螺旋角在切削中的运动形式。

立铣刀的螺旋角可分为 30°、45°、50°等，种类丰富多样。下面介绍如何区分使用。

（1）螺旋角的作用

立铣刀的螺旋角越大，工件与切削刃的接触长度就越长。这样可以降低单位长度切削刃所承受的负载，因此可延长刀具寿命。但同时，切削阻力会变大，因此必须考虑采用夹持刚性高的刀柄。

小螺旋角形立铣刀：切削刃长（虚线部分长度）短，如图 2-67 所示。

大螺旋角形立铣刀：切削刃长（虚线部分长度）长，如图 2-68 所示。

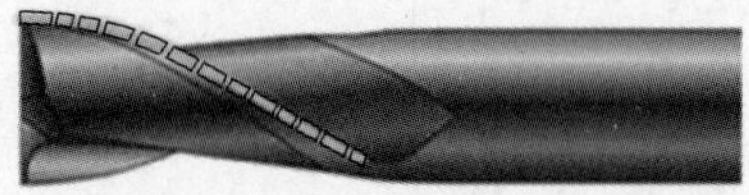

图 2-67　小螺旋角形立铣刀切削刃长

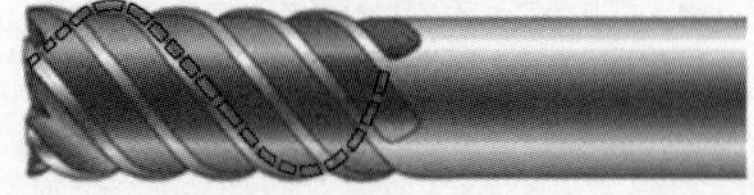

图 2-68　大螺旋角形立铣刀切削刃长

（2）螺旋角的角度

不同的螺旋角实际上是立铣刀的刃倾角，其不同的角度如图 2-69 所示。

目前常用立铣刀的螺旋角度有 30°、45°和 60°，如图 2-70 所示。区别在于 30° 的锋利，切削力小，切削面光整，但刀刃的刚度小，不易切削硬度大的材料。45°的较钝，切削力大，切削面较粗糙，但刀刃的刚度大，易切削硬度大的材料。30°排屑性能较好，刚性较好，但是前角较大，切削刃不够锋利，阻力较大。45°排屑性能没有30°的好，刚性较差，但是相同刃数下，其容屑空间大，前角也更为锋利。

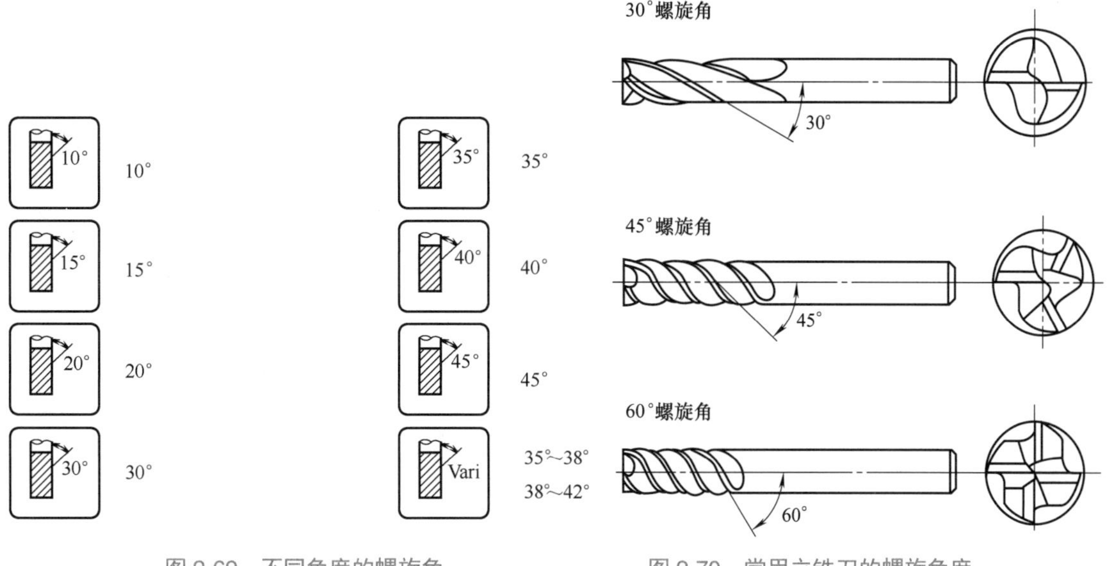

图 2-69　不同角度的螺旋角　　　图 2-70　常用立铣刀的螺旋角度

（3）螺旋角的特性

根据加工设备和加工对象的不同要求，螺旋刃立铣刀有左刃、右刃和左螺旋、右螺旋四种不同的组合。其中左刃左螺旋和右刃右螺旋在加工中的轴向切削阻力有把立铣刀从刀夹中拔出的趋势，需采用拉紧螺栓克服轴向切削阻力；而左刃右螺旋和右刃左螺旋的轴向切削阻力刚好把立铣刀压向夹头方，故多采用锥柄加扁尾，以适应大功率切削。

因为右刃右螺旋立铣刀可让切屑沿排屑槽向柄部排出，易保证切削的平稳进行，符合机床主轴旋向标准，在高性能夹头的支持下装卸方便，所以，其使用范围最广，使用量最大。螺旋角的特性见表 2-31。

表 2-31　螺旋角的特性

序号	螺旋角的特性	详细说明
1	螺旋角与切削阻力	切向切削阻力随螺旋角的增大而减小，轴向切削阻力随螺旋角的增大而增大，如图 2-71 所示 (a) 无螺旋角时　(b) 有螺旋角时 图 2-71　螺旋角分力示意图 F—切削阻力；F_1—径向切削分力，$F_1=F\cos\theta$；F_2—轴向切削分力，$F_2=F\sin\theta$；θ— 螺旋角

续表

序号	螺旋角的特性	详细说明
1	螺旋角与切削阻力	有螺旋容屑槽的螺旋刃立铣刀的径向切削阻力小，因此可以指定较大的径向吃刀量和较大的进给速度，这对切削加工是很有利的。但另一方面，螺旋角越大，切削阻力的轴向分力也越大，过大的轴向分力不但有将立铣刀从刀夹中拔出的危险，而且还有将工件从工作台表面抬起的趋势，尤其是在加工薄壁类零件时，很易引起振动
2	螺旋角与前角	螺旋角度的增大使立铣刀实际前角增大，刃口更加锋利
3	螺旋角与被加工面精度	一般被加工面的垂直度和平面度公差值随螺旋角的增大而增加，当螺旋角大于40°以后反而随螺旋角的增大而呈减小趋势
4	螺旋角与立铣刀寿命	圆周刃刃带的磨损速度与螺旋角大小基本成正比；另一方面当螺旋角很小时，轻微的铣刀损伤也将明显降低立铣刀的切削性能，引起振动，使铣刀无法继续使用。螺旋角过大时，刀尖强度就越小，立铣刀刚性变差，寿命降低
5	螺旋角与被切削材料	螺旋角适用于加工切削力低的铝合金、要求铣刀锋利的高硬度材料、难切削材料；小螺旋角使用于对立面精度要求高的加工、要求切削刃强度高的切削

经验总结

螺旋角愈大时，其表面粗糙度会愈理想。螺旋角愈小时，其表面粗糙度则会愈差。逆铣时螺旋角的改变对加工面精度没影响，但是顺铣时就有较大影响。当顺铣时，螺旋角愈小，其加工面精度会愈差，尤其螺旋角为10°时相当明显。因为顺铣的切削力比逆铣小，当螺旋角较小时，切削时会有较激烈的冲击。螺旋角愈大，其排屑情况愈差。小螺旋角比较适合铣削沟槽，大螺旋角铣沟槽时必采用少量快速的切削方式。螺旋角愈小，切削转矩愈大；相反，螺旋角愈大，切削转矩则愈小。螺旋角愈小，轴向拉力愈小；相反，螺旋角愈大，轴向拉力则愈大。如果使用螺旋角较大的立铣刀，必须使用有较强把握力的夹头。大螺旋角立铣刀的偶角比小螺旋角立铣刀尖锐，比较容易崩裂。大螺旋角立铣刀的偶角内侧若有凹槽，则可防止崩裂。螺旋角较大时，直径磨削量会较小，因此刀具使用寿命可较长。

（4）螺旋角的选择

螺旋角选择示意图如图2-72所示，详细说明见表2-32。

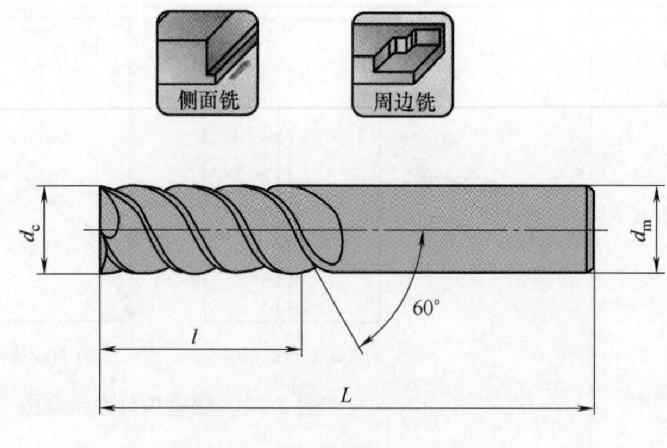

图2-72 螺旋角选择示意图

表 2-32　螺旋角的选择

序号	加工项目	螺旋角的选择	详细说明	备注
1	难切削材料	大螺旋角	对于不锈钢类热导率较低且对刃尖受热影响较大的难切削材料，采用大螺旋角形立铣刀进行切削，独特的刀刃形状可抑制切削热对刃尖的影响，有助于延长刀具寿命	使用大螺旋角形立铣刀时，切削阻力会增大、右螺旋角刀具向外脱出的力也会变大，因此必须采取相应措施，如使用夹持刚性高的刀柄
2	平滑精加工		精加工面的特性因螺旋角而发生改变，如需进行平滑精加工时，有时也可使用大螺旋角形立铣刀	
3	薄板加工	小螺旋角	在薄板加工等工件刚性较低的情况下，有时也会使用小螺旋角形立铣刀	
4	侧面精加工	50°螺旋角	螺旋角 50°的大螺旋侧面精加工用立铣刀，采用多刃设计，刀具刚性好，能最大限度减少侧面切削时的让刀量 刃尖经过尖角保护处理，能最大限度地抑制刀尖崩刃	
5	SUS304	60°螺旋角	SUS304 即 304 不锈钢，建议采用 60°螺旋角形立铣刀进行高速切削	
6	高速粗加工	45°螺旋角	采用 45° 螺旋角与独特的槽形状，同时实现高速加工与高耐磨性。细齿纹断屑槽，加工后的表面粗糙度良好。同时刀具也需采用润滑性优异、耐热性好（耐热温度 1100℃）的 ALC 涂层	

2.5.5　立式铣刀的刀刃柄部及颈部

立铣刀的刀刃柄部及颈部如图 2-73 和表 2-33 所示。

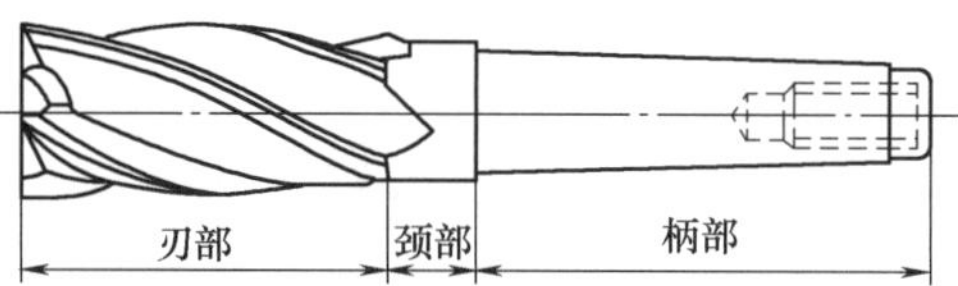

图 2-73　立铣刀的刀刃柄部及颈部图示

表 2-33　立铣刀的刀刃柄部及颈部说明

序号	项目	图示	夹头及夹紧方式		详细说明
1	直柄			拉钉	应用广泛
				侧面锁紧方式夹头	
				侧面双重锁紧方式夹头	
				楔角锁紧方式夹头	

续表

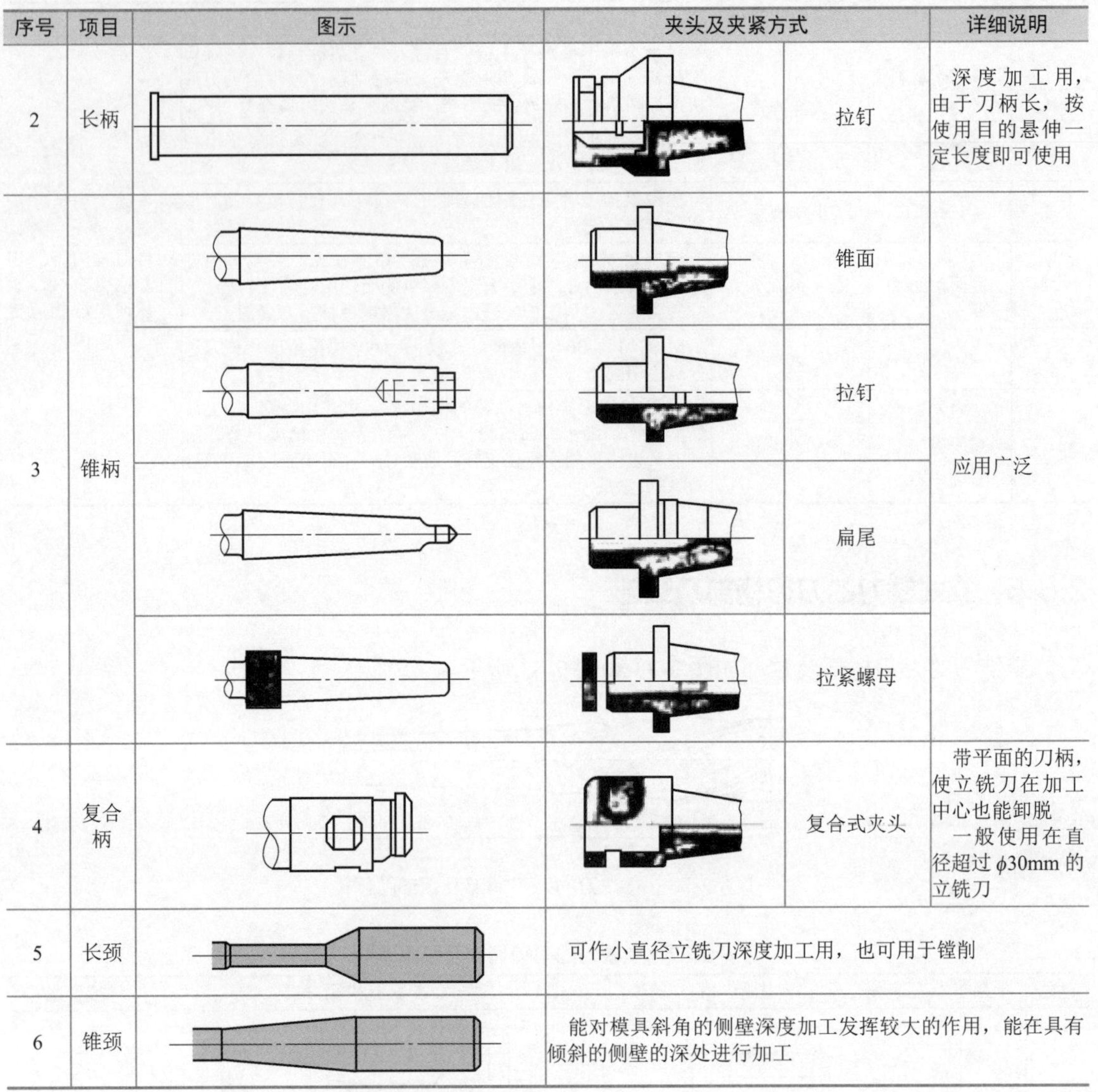

序号	项目	图示	夹头及夹紧方式		详细说明
2	长柄			拉钉	深度加工用，由于刀柄长，按使用目的悬伸一定长度即可使用
3	锥柄			锥面	应用广泛
				拉钉	
				扁尾	
				拉紧螺母	
4	复合柄			复合式夹头	带平面的刀柄，使立铣刀在加工中心也能卸脱 一般使用在直径超过 ϕ30mm 的立铣刀
5	长颈		可作小直径立铣刀深度加工用，也可用于镗削		
6	锥颈		能对模具斜角的侧壁深度加工发挥较大的作用，能在具有倾斜的侧壁的深处进行加工		

2.6 切削热

2.6.1 切削热的来源

切削热是切削过程中最重要的现象，实际加工中切削热的产生和热源区域切削过程所消耗的功绝大部分都转变成了切削热。在切削过程中，金属表层在刀具的作用下，发生强烈的塑性变形和弹性变形，卷曲而成切屑，切屑与刀具的前刀面产成摩擦，刀具的后刀面与加工面产成摩擦，这些都是切削热的主要来源。

切屑与刀具表面的摩擦及刀具与工件表面的摩擦称为外摩擦，这种摩擦同样产生了热量，这种热量是克服外摩擦所做的功转换而成。根据以上分析，热源的区域有三个，如图 2-74 所示，其产生原因见表 2-34。

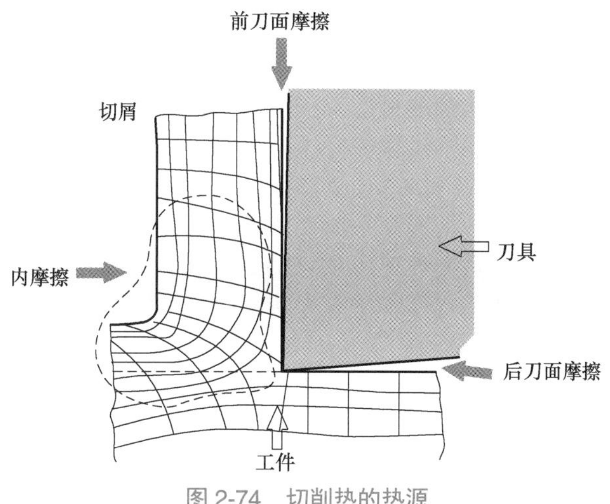

图 2-74　切削热的热源

表 2-34　切削中的三个热源产生原因

序号	热源	产生原因
1	内摩擦	工件材料中变形最大的面，也就是滑移和挤裂面，这些面上内摩擦很大 金属塑性变形过程中，这种热量是克服外摩擦所做的功转换而成，是迫使金属塑性变形所做的功转化而成
2	前刀面摩擦	属于外摩擦，其位于前刀面，即切屑与刀具的摩擦面，这种热量是克服外摩擦所做的功转换而成
3	后刀面摩擦	属于外摩擦，其位于刀具的后面，即工件与刀具的摩擦面，这种热量和前刀面摩擦一样，也是克服外摩擦所做的功转换而成

2.6.2　切削热的分布和散出

切削热是由工件、刀具、切屑及周围介质传导的，图 2-75 为切削热的温度分布图。

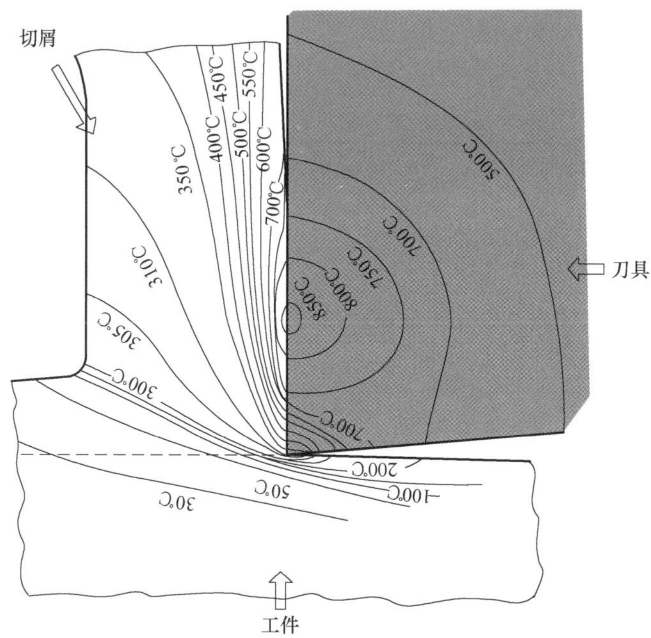

图 2-75　切削热的温度分布图

切削区的热量是分布在切屑、工件、刀具及周围介质之中，并由它们传出。切削时，切屑包含的温度很高，尤其是塑性材料，如45钢等，采用硬质合金刀具铣削，发现切屑与原来的金属颜色大不一样，变成了紫蓝色，这就是由大量热量分布在切屑中所产生的现象。切屑中的热量占切削热的绝大部分，是切削热量散发的主要途径。在切削过程中，切削速度愈高，切屑带走的热量就愈多。此外，在切削过程中，工件和刀具也带有很高的温度，工件的热量一般集中在加工表面上，而担负切削的刀具，由于前面与后面均与金属材料发生了摩擦，因此温度也很高，严重磨损的铣刀与工件、切屑摩擦所产生的高温能使刀具退火，失去应有硬度而丧失切削能力。对于较钝的刀具，可从接近刀尖部分的前面和后面上发现很多退火变色的痕迹。这种现象表明，刀具切削部分在切削过程中带有很高的温度。同时，刀具也是切削热传出的途径之一。切削热的传导方式见表2-35。

表2-35 切削热传导方式

序号	切削热传导方式	切削热传导比例				备注
		车削	铣削	钻、镗削	磨削	
1	切屑带走	50%～80%	70%	28%	4%	切削速度越高，切削厚度越大，切屑带走的热量越多。另外，还可使用切削液带走切削热，降低切削温度
2	传入刀具	3%～9%	5%	15%	12%	
3	传入工件	10%～40%	30%	>52%	>80%	
4	传入空气	1%	5%	5%	4%	

2.6.3 切屑的颜色判断

如果是正常的干式切削，几乎所有的钢材切出来的屑都是要呈现紫色才合理。抛开刀片材料、转速、走刀量、切削深度、断屑槽的形状、刀尖大小等不谈，单谈干式切削时铁屑颜色的变化：银白色→淡黄色→暗黄色→绛红色→暗蓝色→蓝色→蓝灰色→白色→紫黑色，温度也由200℃左右上升到500℃以上，见表2-36。这个颜色变化过程也就是切削过程中所消耗的功的绝大部分转换成切削热的过程，同时也可以看作是刀具损耗（锋利→钝化→剧烈钝化→报废）过程（无积屑瘤时），注意通常所说的切削温度是指平均温度。

表2-36 切屑的颜色判断

序号	颜色	温度/℃	序号	颜色	温度/℃	备注
1	银白色	＜200	11	紫黑色	500	①切屑颜色为蓝或蓝紫色时较为合理 ②如果切屑是银白或黄色，则未充分发挥效率，如果是蓝灰则切削用量太大 ③使用高速钢刀具，则切屑为银白和微黄为宜，如果为蓝色则要减小转速或小进给
2	淡黄色	200	12	暗红色	600	
3	黄褐色	240	13	暗粉红色	700~780	
4	紫色	260	14	粉红色	780~800	
5	蓝紫色	280	15	淡粉红色	800~900	
6	暗蓝色	290	16	淡洋红色	900	
7	蓝色	300	17	淡酒红色	1000	
8	淡蓝色	320	18	橙黄色	1100	
9	蓝灰色	350	19	柠檬黄	1200	
10	灰白色	400	20	白色	1300	

靠颜色的变化来确定合理参数只是方法或者手段之一。切屑的颜色随切屑大小、加热时间、冷却时间的不同而互有差别，但切削条件不变，即可获悉大概的温度，由此可知，如果想预测刀具刀刃处的温度，只需将颜色温度表中的数值乘以 1.2 ~ 1.5 倍即可得出。

2.6.4 切削温度对加工的影响

切削温度对加工的影响见表 2-37。

表 2-37 切削温度对加工的影响

序号	影响内容	影响
1	对刀具寿命的影响	切削温度对刀具磨损和使用寿命有显著影响。如硬质合金在 500℃以下时，硬度基本不变，当温度超过 800℃时，硬度明显下降，所以硬质合金刀具的切削温度一般应控制在 800 ～ 1000℃。高速钢刀具当切削温度达到 550 ～ 660℃时，会出现软化现象，使其失去切削性能 图 2-76 为烧毁的刀刃 图 2-76 烧毁的刀刃
2	对加工质量的影响	较高的切削温度有时会使工件材料的金相组织发生变化。如车削铝镁合金时，工作温度不可超过 150℃，否则，工件强度会发生变化。车削黄铜类材料时，由于导热性好，切削热传至工件的热量较大，工件发生热变形，加工时测量尺寸合格，但冷却后，尺寸缩减，造成成批报废 图 2-77 为发生变形的部位 图 2-77 发生变形的部位

经验总结

切削热对切削加工有不利的影响，但也可以将不利转为有利。如加工淬火钢时，可利用负前角刀具切削所产生的大量切削热，将工件切削层软化。硬质合金钻头在淬硬的高速钢板上钻孔，常采用减少钻头前角或刃磨成负前角进行高速切削，产生的切削热可使高速钢退火，材质变软。

2.6.5 影响切削温度的因素

影响切削温度的因素很多，主要有工件材料的性能、切削用量、刀具几何参数、冷却条件等。

（1）工件材料性能的影响

在相同的条件下，切削不同的金属材料，产生的切削温度不同，这是因为各种材料的性能不一样，即主要是它们的强度、硬度和导热能力不一样所引起的。当材料的强度和硬度较高时，切削过程就需要较大的切削力，因而产生的热量就比较多；反之，材料强度和硬度较低，所需的切削力较小，产生的热量也较少。当切削材料的导热性能较好时，虽然切削过程中也产生相当的热量，但比较容易散发，切削温度就比较低；反之，材料的导热性能差，散热慢，切削温度就比较高。因此，了解被加工材料的性能，采用合适的加工方法，是限制切削热产生的一个方面。工件材料性能对切削温度的影响见表2-38。

表2-38 工件材料性能对切削温度的影响

序号	工件材料性能	影响	应用说明
1	硬度、强度	硬度、强度越高，切削变形越大，单位时间内生成的切削热越多	加工高碳合金钢、中碳钢、低碳钢三种不同钢材，在切削条件相同时，高碳合金钢切削温度最高，低碳钢最低
2	塑性	塑性越好，切削变形越大，单位时间内生成的切削热越多	加工铸铁、中等强度钢材时，在切削条件相同的情况下，钢材切削温度最高
3	热导率	热导率越大，散热速度越快，切削热引起的温升越小	加工钢、铝，在切削条件相同的情况下，钢材切削温度要高

（2）切削用量的影响

切削用量的不同，对切削热的产生也有很大影响，见表2-39。切削温度越高时，适当降低切削速度，能限制切削温度的提高。另外，适当选择进给量和切削速度，也能限制切削热的产生。

表2-39 切削用量对切削温度的影响

序号	切削用量	影响	应用说明
1	切削速度	切削速度增大，切削热增加，切削温度会明显升高，见图2-78 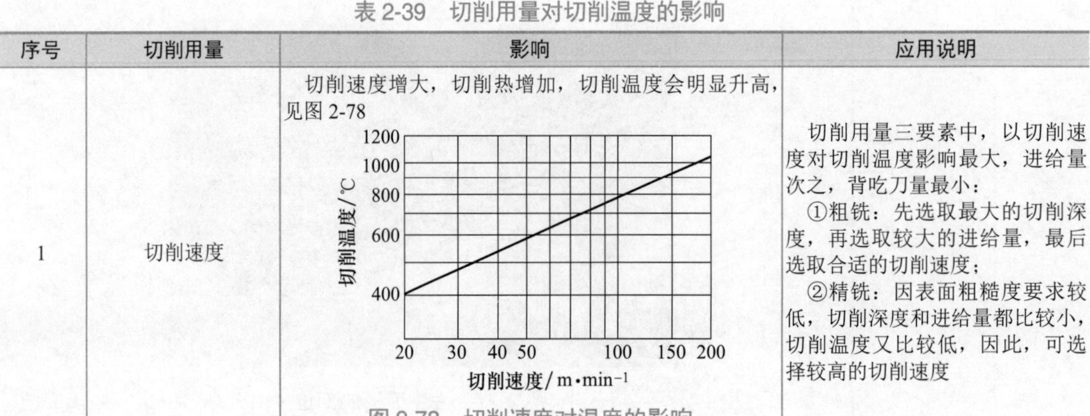 图2-78 切削速度对温度的影响	切削用量三要素中，以切削速度对切削温度影响最大，进给量次之，背吃刀量最小： ①粗铣：先选取最大的切削深度，再选取较大的进给量，最后选取合适的切削速度； ②精铣：因表面粗糙度要求较低，切削深度和进给量都比较小，切削温度又比较低，因此，可选择较高的切削速度

续表

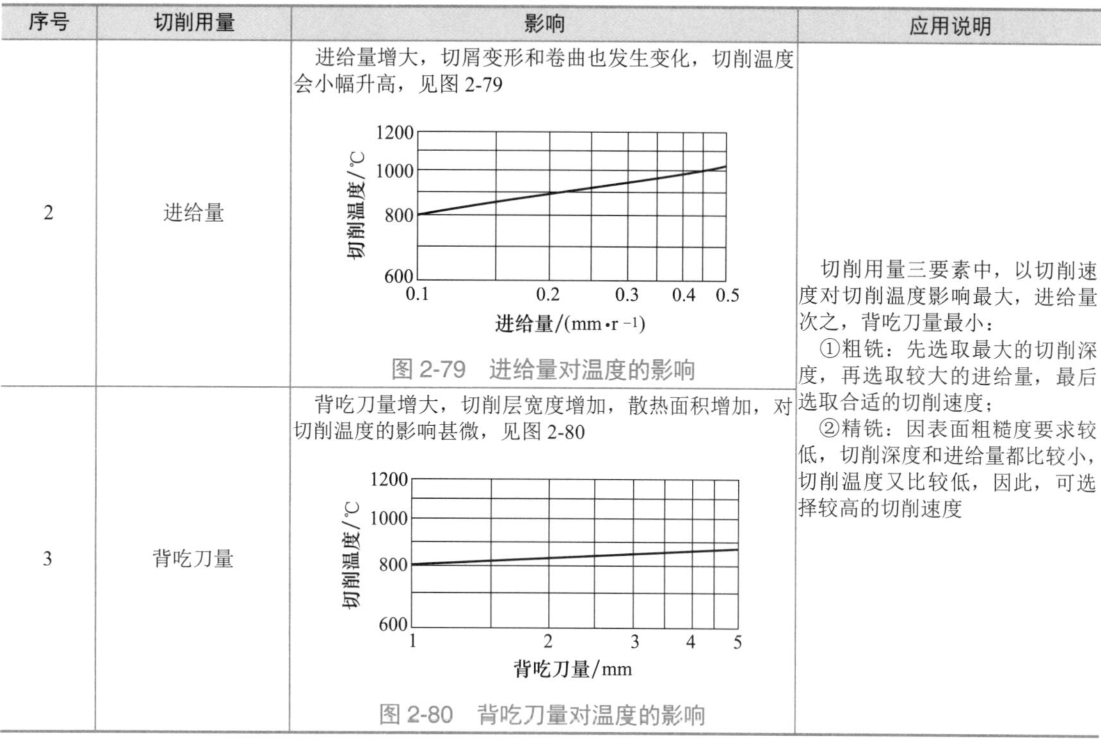

序号	切削用量	影响	应用说明
2	进给量	进给量增大，切屑变形和卷曲也发生变化，切削温度会小幅升高，见图 2-79 切削温度/℃ 1200 1000 800 600 进给量/(mm·r⁻¹) 0.1 0.2 0.3 0.4 0.5 图 2-79　进给量对温度的影响	切削用量三要素中，以切削速度对切削温度影响最大，进给量次之，背吃刀量最小： ①粗铣：先选取最大的切削深度，再选取较大的进给量，最后选取合适的切削速度； ②精铣：因表面粗糙度要求较低，切削深度和进给量都比较小，切削温度又比较低，因此，可选择较高的切削速度
3	背吃刀量	背吃刀量增大，切削层宽度增加，散热面积增加，对切削温度的影响甚微，见图 2-80 切削温度/℃ 1200 1000 800 600 背吃刀量/mm 1 2 3 4 5 图 2-80　背吃刀量对温度的影响	

（3）刀具几何参数的影响

合理选择刀具的切削角度，对降低切削温度也有着重要的作用，见表 2-40。如适当选取前角，使切削加工顺利，可降低切削温度。

表 2-40　刀具几何参数对切削温度的影响

序号	刀具几何参数	影响
1	前角	对于卧式铣刀，在保证刀刃强度的前提下，适当增大刀具的前角，可减小切削层的塑性变形，同时减小了切屑与前面的摩擦，从而降低了切削温度。但前角太大，会降低切削刃强度及散热条件，需综合考虑。图 2-81 为前角示意图 前角 图 2-81　前角示意图
2	楔角	对于卧式铣刀，楔角越小，铣刀的刀齿就越单薄，切削时虽然可减小塑性变形和减少切削热，但是容易折断刀齿。因此，为了增加刀齿的强度，必须将楔角选得大些，同时切削热也会增大。图 2-82 为楔角示意图 楔角 图 2-82　楔角示意图

续表

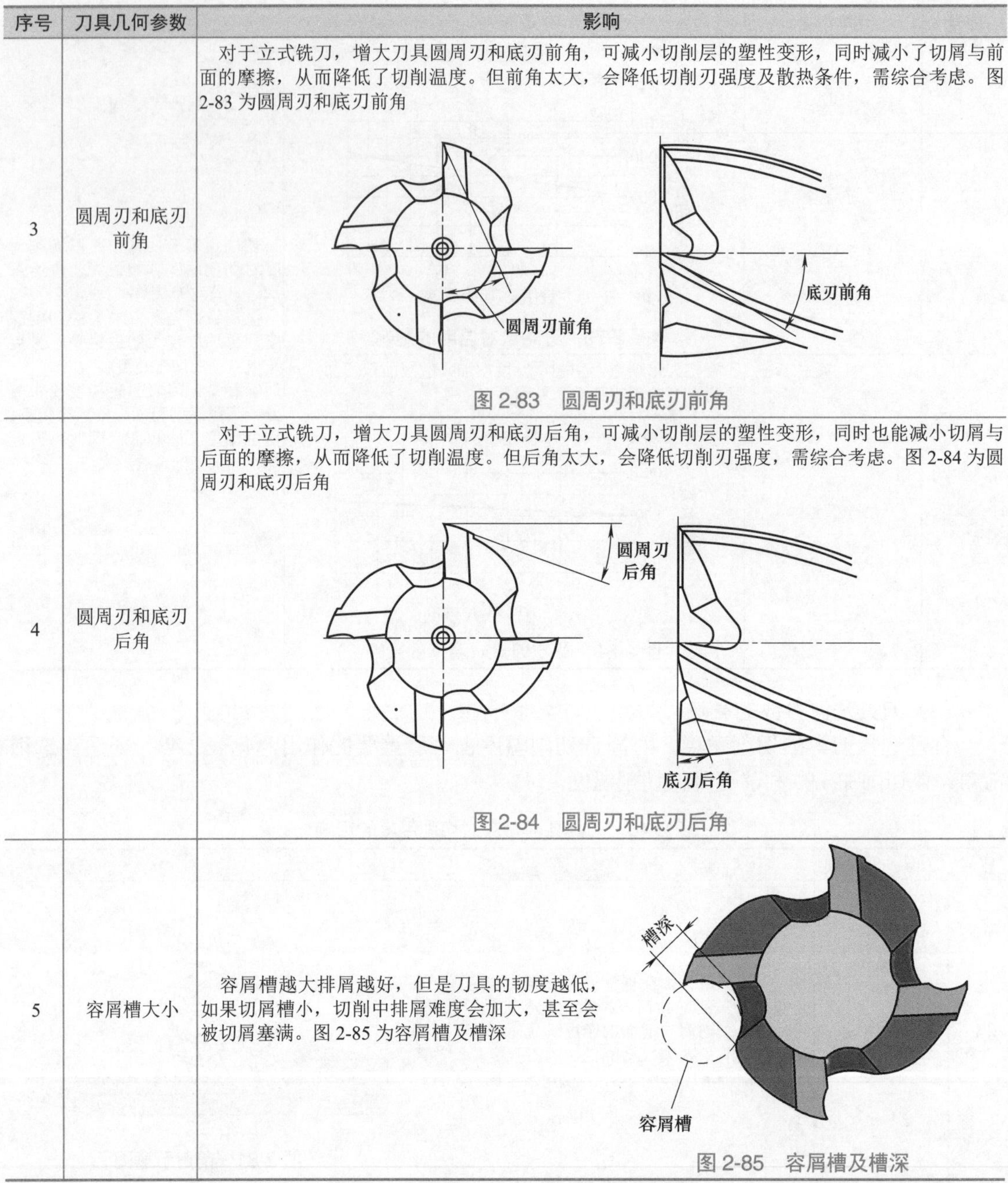

序号	刀具几何参数	影响
3	圆周刃和底刃前角	对于立式铣刀，增大刀具圆周刃和底刃前角，可减小切削层的塑性变形，同时减小了切屑与前面的摩擦，从而降低了切削温度。但前角太大，会降低切削刃强度及散热条件，需综合考虑。图 2-83 为圆周刃和底刃前角 圆周刃前角　底刃前角 图 2-83　圆周刃和底刃前角
4	圆周刃和底刃后角	对于立式铣刀，增大刀具圆周刃和底刃后角，可减小切削层的塑性变形，同时也能减小切屑与后面的摩擦，从而降低了切削温度。但后角太大，会降低切削刃强度，需综合考虑。图 2-84 为圆周刃和底刃后角 圆周刃后角　底刃后角 图 2-84　圆周刃和底刃后角
5	容屑槽大小	容屑槽越大排屑越好，但是刀具的韧度越低，如果切屑槽小，切削中排屑难度会加大，甚至会被切屑塞满。图 2-85 为容屑槽及槽深 槽深　容屑槽 图 2-85　容屑槽及槽深

综上所述，虽然限制切削热的产生方法很多，但目前最主要的方法是使用冷却液来降低切削温度。

2.7 切削液

在金属切削过程中，为提高切削效率，提高工件的精度和降低工件表面粗糙度，延长刀具使用寿命，达到最佳的经济效果，就必须减少刀具与工件、刀具与切屑之间的摩擦，及时带走切削区内因材料变形而产生的热量。要达到这些目的，一方面是通过开发高硬度、耐高温的刀具材料和改进刀具的几何形状，如随着碳素钢、高速钢硬质合金及陶瓷等刀具材料的相继问世以及使用转位刀具等，使金属切削的加工率得到迅速提高；另一方面是采用性能优良的切削液往往可以明显提高切削效率，降低工件表面粗糙度，延长刀具使用寿命，取得良好的经济效益。图 2-86 为实际应用中切削液的使用情况。

图 2-86　实际应用中切削液的使用

2.7.1　切削液的分类

目前，切削液的品种繁多，作用各异，但归纳起来分为两大类，即油基切削液和水基切削液，详细分类说明见表 2-41。

表 2-41　切削液的分类

序号	润滑油类别			主要组成部分	性能	适用范围
1	水基切削液	合成切削液（水溶液）①	普通型	在水中添加亚硝酸钠等水溶性防锈添加剂，加入碳酸钠或磷酸三钠，使水溶液微带碱性	冷却性能、清洗性能好，有一定的防锈性能，润滑性能差	粗磨、粗加工
			防锈型	在水中除添加水溶性防锈添加剂外，再加表面活性剂、油性添加剂	冷却性能、清洗性能、防锈性能好，兼有一定的润滑性能、透明性较好	对防锈性要求高的精加工
			极压型	加极压添加剂	有一定极压润滑性	强力切削和强力磨削
			多效型	—	除具有良好的冷却、清洗、防锈、润滑性能外，还能防止对铜、铝等金属的腐蚀作用	适用于多种金属（黑色金属、铜、铝）的切削及磨削加工，也适用于极压切削或精密切削加工
		乳化液②	防锈乳化液	常用 1 号乳化油加水稀释成乳化液	防锈性能好，冷却性能、润滑性能一般，清洗性能稍差	适用于防锈性要求较高的工序及一般的车、铣、钻等加工
			普通乳化液	常用 2 号乳化油加水稀释成乳化液	清洗性能、冷却性能好，兼有防锈性能和润滑性能	应用广泛，适用于磨削加工及一般切削加工
			极压乳化液	常用 3 号乳化油加水稀释成乳化液	极压润滑性能好，其他性能一般	适用于要求良好的极压润滑性能的工序，如拉削、攻螺纹、铰孔以及难加工材料的加工

续表

序号	润滑油类别		主要组成部分	性能	适用范围
2	油基切削液（切削油）	矿物油	L-AN7、L-AN10、L-AN15、L-AN32、L-AN46全损耗系统用油，及煤油等	润滑性能好，冷却性能差，化学稳定性好，透明性好	适用于流体润滑，可用于冷却、润滑系统合一的机床，如多轴自动车床、齿轮加工机床、螺纹加工机床
		动植物油	豆类、菜油、棉籽油、蓖麻油、猪油、鲸鱼油、蚕蛹油等	润滑性能比矿物油更好，但易腐败变质，冷却性能差，黏附在金属上不易清洗	适用于边界润滑，可用于攻螺纹、铰孔、拉削
		复合油	以矿物油为基础再加若干动植物油	润滑性能好，冷却性能差	适用于边界润滑，可用于攻螺纹、铰孔、拉削
		极压切削油	以矿物油为基础再加若干极压添加剂、油性添加剂及防锈添加剂等，最常用的有硫化切削油③，含硫氯、硫磷或硫氯磷的极压切削油	极压润滑性能好，可代替动植物油复合油	适用于要求良好的极压润滑性能的工序，如攻螺纹、铰孔、拉削、滚齿、插齿以及难加工材料的加工

① 合成切削液又称水溶液，合成切削液标准为 GB/T 6144—2010。

② 乳化油标准 SY/T 0601—1997 规定乳化油分为 1 号、2 号、3 号、4 号；4 号是透明型的，适用于精磨工序。

③ 硫化切削油标准为 SH/T 0364—1992。

2.7.2 切削液的作用与性能

表 2-42 详细描述了切削液的作用与性能。

表 2-42 切削液的作用与性能

序号	切削液的作用	切削用量选择原则
1	冷却作用	冷却作用是依靠切削液的对流换热和汽化把切削热从固体中（刀具、工件和切屑）带走，降低切削区的温度，减少工件变形，保持刀具硬度和尺寸 切削液的冷却作用取决于它的热参数值，特别是比热容和热导率。此外，液体的流动条件和热交换系数也起重要作用，热交换系数可以通过改变表面活性材料和汽化热大小来提高。水具有较高的比热容和大的热导率，所以水基的切削性能要比油基切削液好 改变液体的流动条件，如提高流速和加大流量可以有效地提高切削液的冷却效果，特别对于冷却效果差的油基切削液，加大切削液的供液压力和加大流量，可有效提高冷却性能，在枪钻深孔和高速滚齿加工中就采用这个办法。采用喷雾冷却，使液体易于汽化，也可明显提高冷却效果。在切削加工中，不同的冷却润滑材料的冷却效果见图 2-87 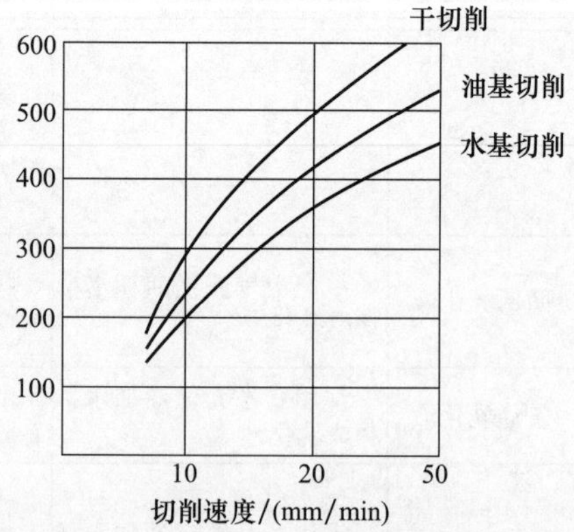 图 2-87 不同的冷却润滑材料的冷却效果

续表

序号	切削液的作用	切削用量选择原则
2	润滑作用	在切削加工中，刀具与切屑、刀具与工件表面之间产生摩擦，切削液就是减轻这种摩擦的润滑剂 刀具方面，由于刀具在切削过程中带有后角，它与被加工材料接触部分比前刀面少，接触压力也低，因此，后刀面的摩擦润滑状态接近于边界润滑状态，一般使用吸附性强的物质，如油性剂和抗剪强度较低的极压剂，能有效地减少摩擦。前刀面的状况与后刀面不同，剪切区经变形的切削在受到刀具推挤的情况下被迫挤出，其接触压力大，切屑也因塑性变形而达到高温，在供给切削液后，切屑因受到骤冷而收缩，使前刀面上的刀与切屑接触长度及切屑与刀具间的金属接触面积减少，同时还使平均剪切应力降低，这样就导致了剪切角的增大和切削力的减少，从而使工件材料的切削加工性能得到改善 切削液的润滑作用，一般油基切削液比水基切削液优越，含油性、极压添加剂的油基切削液效果更好。油性添加剂一般是带有机化合物，如高级脂肪酸、高级醇、动植物油脂等。油基添加剂是通过极性基吸附在金属的表面上形成一层润滑膜，减少刀具与工件、刀具与切屑之间的摩擦，从而达到减少切削阻力、延长刀具寿命、降低工件表面粗糙度的目的。油性添加剂的作用只限于温度较低的状况，当温度超过200℃，油性剂的吸附层受到破坏而失去润滑作用，所以一般低速、精密切削使用含有油性添加剂的切削液，而在高速、重切削的场合，应使用含有极压添加剂的切削液 所谓极压添加剂是一些含有硫、磷、氯元素的化合物，这些化合物在高温下与金属起化学反应，生成硫化铁、磷化铁、氯化铁等具有低切削强度的物质，从而降低了切削阻力，减少了刀具与工件、刀具与切屑的摩擦，使切削过程易于进行。含有极压添加剂的切削液还可以抑制积屑瘤的生成，改善工件表面粗糙度。图2-88显示的为不同材质的化合物的耐高温属性 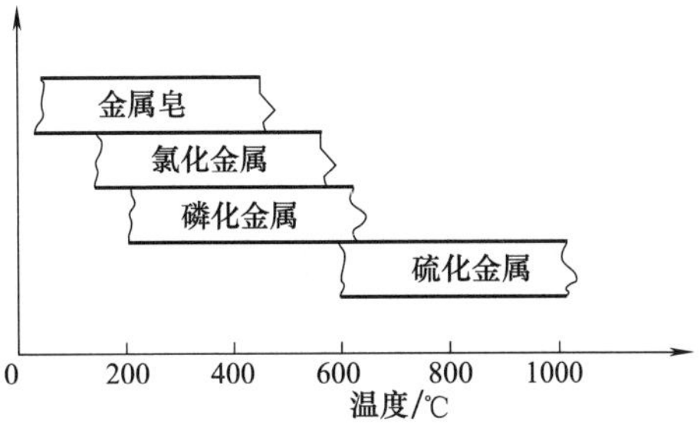 图2-88 不同材质的化合物的耐高温属性
3	清洗作用	在金属切削过程中，切屑、铁粉、磨屑、油污等物易黏附在工件表面和刀具、砂轮上，影响切削效果，同时使工件和机床变脏，不易清洗，所以切削液必须有良好的清洗作用，对于油基切削液，黏度越低，清洗能力越强，特别是含有柴油、煤油等轻组分的切削液，渗透和清洗性能就更好。含有表面活性剂的水基切削液，清洗效果较好。表面活性剂一方面能吸附各种粒子、油泥，并在工件表面形成一层吸附膜，阻止粒子和油泥黏附在工件、刀具和砂轮上，另一方面能渗入到粒子和油污黏附的界面上把粒子和油污从界面上分离，随切削液带走，从而起到清洗作用。切削液的清洗作用还应表现在对切屑、磨屑、铁粉、油污等有良好的分离和沉降作用。循环使用的切削液在回流到冷却槽后能迅速使切屑、铁粉、磨屑、微粒等沉降于容器的底部，油污等物悬浮于液面上，这样便可保证切削液反复使用后仍能保持清洁，保证加工质量和延长使用周期
4	防锈作用	在切削加工过程中，工件如果与水和切削液分解或氧化变质所产生的腐蚀介质接触，如与硫、二氧化硫、氯离子、酸、硫化氢、碱等接触就会受到腐蚀，机床与切削液接触的部位也会因此而产生腐蚀，在工件加工后或工序间存放期间，如果切削液没有一定的防锈能力，工件会受到空气中的水分及腐蚀介质的侵蚀而产生化学腐蚀和电化学腐蚀，造成工件生锈，因此，要求切削液必须具有较好的防锈性能，这是切削液最基本的性能之一。切削油一般都具备一定有防锈能力。对于水基切削液，要求pH=9.5，有利于提高切削液对黑色金属的防锈作用和延长切削液的使用周期

经验总结

所述的冷却、润滑、清洗、防锈四个性能并不是彻底孤立的，它们有统一的层面，又有对立层面。如切削油的润滑、防锈性能不错，但冷却、清理性能差；溶液的冷却、清洗性能不错，但润滑和防锈性能差。因而，在采用切削液时要全方位深思熟虑。

金属切削液性能要符合下列规定。

① 热导率大，传热性好，具备不错的冷却作用。

② 具备较高的油溶性或在金属表层有吸附作用。产生的吸附薄膜具备较高的抗压强度，坚固地吸附在金属表层，具有优良的润滑作用。

③ 防锈性好，对金属材料不起浸蚀作用，不容易因浸蚀而毁坏数控车床和工件的精密度及粗糙度。

④ 界面张力低，便于匀称和扩散，有益于冷却和清洗，并具备不错的润湿性。

⑤ 方便使用，质优价廉，非常容易配备并最好是适用多种多样金属复合材料和多种多样生产加工方法（如车、磨、刨等），有一定的清晰度，在提升切削速率时不起烟。

⑥ 对身体没害，无毒性、无臭味。不容易损害肌肤及鼻腔黏膜、不刺激双眼等。

⑦可靠性好，使用寿命长。在长期性应用和存储期内，不分层、不溶解沉淀、不长霉霉变。

⑧ 切削废水量很大，考虑到废水处理，防止空气污染。

2.7.3 切削液的选取

（1）切削液选取的原则（表 2-43）

表 2-43　切削液选取的原则

序号	选取原则
1	切削液应无刺激性气味，不含对人体有害添加剂，确保使用者的安全
2	切削液应满足设备润滑、防护管理的要求，即切削液应不腐蚀机床的金属部件，不损伤机床密封件和油漆，不会在机床导轨上残留硬的胶状沉淀物，确保使用设备的安全和正常工作
3	切削液应保证工件工序间的防锈作用，不锈蚀工件。加工铜合金时，不应选用含硫的切削液。加工铝合金时应选用 pH 值为中性的切削液
4	切削液应具有优良的润滑性能和清洗性能。选择最大无卡咬负荷 P_B 值高、表面张力小的切削液，并经切削试验评定
5	切削液应具有较长的使用寿命
6	切削液应尽量适应多种加工方式和多种工件材料
7	切削液应低污染，并有废液处理方法
8	切削液应价格适宜，配制方便

（2）根据刀具材料选择切削液（表 2-44）

表 2-44　根据刀具材料选择切削液

序号	刀具类型	选择相应的切削液
1	刀具钢刀具	其耐热温度约在 200 ～ 300℃之间，只能适用于一般材料的切削，在高温下会失去硬度。由于这种刀具耐热性能差，要求冷却液的冷却效果要好，一般采用乳化液为宜
2	高速钢刀具	这种材料是以铬、镍、钨、钼、钒（有的还含有铝）为基础的高级合金钢，它们的耐热性明显地比工具钢高，允许的最高温度可达 600℃。与其他耐高温的金属和陶瓷材料相比，高速钢有一系列优点，特别是它有较高的韧性，适合于几何形状复杂的工件和连续的切削加工，而且高速钢具有良好的可加工性和价格上容易被接受 使用高速钢刀具进行低速和中速切削时，建议采用油基切削液或乳化液。在高速切削时，由于发热量大，以采用水基切削液为宜。若使用油基切削液会产生较多油雾，污染环境，而且容易造成工件烧伤，加工质量下降，刀具磨损增大

续表

序号	刀具类型	选择相应的切削液
3	硬质合金刀具	它的硬度大大超过高速钢，最高允许工作温度可达1000℃，具有优良的耐磨性能，在加工钢铁材料时，可减少切屑间的黏结现象 一般选用含有抗磨添加剂的油基切削液为宜。在使用冷却液进行切削时，要注意均匀地冷却刀具，在开始切削之前，最好预先用切削液冷却刀具。对于高速切削，要用大流量切削液喷淋切削区，以免造成刀具受热不均匀而产生崩刃，亦可减少由于温度过高产生蒸发而形成的油烟污染
4	陶瓷刀具	采用氧化铝、金属和碳化物在高温下烧结而成，这种材料的高温耐磨性比硬质合金还要好，一般采用干切削，但考虑到均匀的冷却和避免温度过高，也常使用水基切削液
5	金刚石刀具	具有极高的硬度，一般使用于强力切削。为避免温度过高，也像陶瓷材料一样，通常采用水基切削液

2.7.4 切削液的使用方法

粗加工时，切削余量大，产生热量多，温度高，而对加工表面质量的要求不高，所以应采用以冷却为主的切削液。精加工时，加工余量小，产生热量少，对冷却的作用要求不高，而对工件表面质量的要求较高，并希望铣刀耐用，所以应采用以润滑为主的切削液。

另外就铣削中的温度分析来看，在没有使用切削液的情况下，产生的切削热主要分布在切屑和铣刀齿上，即分布在切屑中的切削热约占75%，分布在铣刀齿上的切削热约占20%，分布在工件上和空气中的切削热约占5%。铣削速度越高，留在切屑中的热量越多，所以，铣削中，切屑中的温度最高，并且切屑中的温度并不会都一样，在靠近铣刀齿刀尖附近的一层变形大，不易散热，又加上摩擦力大，因此，此处的温度特别高。使用切削液时，注意浇注在温度特别高的地方，即切削液要喷注在开始切削时，铣刀刀齿和工件接触点的地方（图2-89），不应只喷在铣刀或工件上。

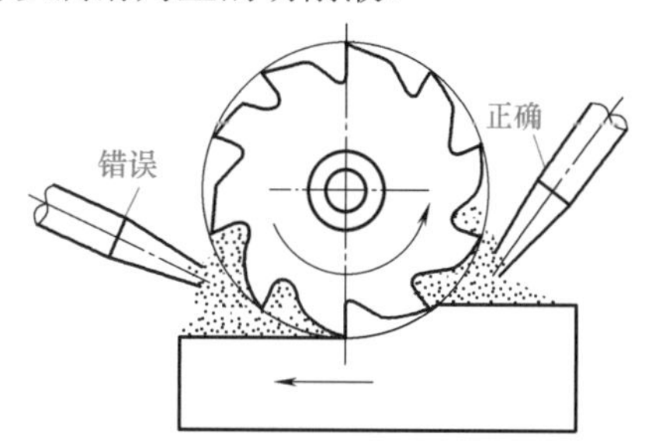

图2-89 切削液浇注方法

切削液的使用方法见表2-45。

表2-45 切削液的使用方法

序号	工件类型	切削液的选用	
		粗加工（粗铣）	精加工（精铣）
1	碳钢	粗铣时使用乳化液、苏打水	精铣时使用乳化液（低速时质量分数10%～15%，高速时质量分数5%）、极压乳化液、复合油、硫化油等
2	合金钢	粗铣时使用乳化液、极压乳化液	精铣时使用乳化液（低速时质量分数10%～15%，高速时质量分数5%）、极压乳化液、复合油、硫化油等
3	铸钢	粗铣时使用乳化液、板压乳化液、苏打水	精铣时可以使用乳化液、极压切削油、复合油
4	铝	铝件粗加工，如果遇到必要时候，可以使用乳化液、复合油	精铣时使用柴油、复合油、煤油、松节油
5	铸铁	一般加工中也用不到切削液，必要时用压缩空气或乳化液	精铣时一般也用不上，必要时用压缩空气或乳化液或极压乳化液
6	青铜、黄铜	这种金属在加工的过程中可以不使用切削液，必要时用乳化液或含硫乳化液、极压乳化液	

① 在一般机床上都有冷却系统，用浇注法比较方便。

② 对于实际使用，可用一个切削液喷嘴用于刀具降温，另一个喷嘴用于工件表面的清洁和冷却。

③ 在深孔加工时，应用喷射高压切削液，将碎断的切屑冲离切削区，并排出孔外。

④ 在加工难加工材料时，高压液流应喷向刀具后面与工件加工面相接触处。

⑤ 使用硬质合金铣刀作高速切削时，一般不用切削液，必要时用乳化液，并在开始切削之前就连续充分地浇注，以免刀片因骤冷而碎裂。

⑥ 当加工时切削液流量变小或者突然没有时，应从以下几方面找原因。

a. 切削液泵的电动机旋转方向不对。

b. 切削液储存箱内积尘和污垢没清理，会进入水管造成堵塞。

c. 切削液量不足。

d. 切削液的进水管已损坏。

⑦ 切削液必须定期检查和更换，切削液在使用过程中，由于水分蒸发、脏物增多、浓度不断增高等原因，很容易变质，甚至出现异味。所以，应该定期取出少量切削液去化验室进行分析，按分析结果确定添加适当水分，如发现腐蚀现象，还须补加抗蚀剂（如碳酸钠、亚硝酸钠等）或者全部更换。

2.7.5 切削液使用的注意事项

（1）切削液对人的危害

在车间加工的过程中，切削液产品的应用需求是较为频繁的。需要注意的是，这类产品的应用一定要注意基本的安全问题，因为需要与人直接接触，因而其成分的组成必须要加以合理地分辨。市场上很多的切削液中含有不少刺激皮肤的化学物质，一旦长期接触很容易造成皮肤发红等过敏状况，甚至一些有毒物质的存在很容易导致慢性中毒。

切削液对人体健康的危害主要在于其添加剂含有毒性，详情见表 2-46。例如亚硝酸盐、铬酸盐、氯化合物均系有毒物质，而且亚硝酸盐和醇胺容易发生反应形成致癌的亚硝胺；作为杀菌剂使用的苯酚类物质也有很大毒性。

表 2-46 切削液对人体健康的危害

序号	危害的原因	详细描述
1	金属切削液与操作人员皮肤直接接触	由切削液引起的职业病中有 80% 是通过这种途径形成的。水溶性切削液和油溶性切削液对皮肤的危害是有区别的 油溶性切削液容易导致油痤疮、毛囊炎、角化症和皮肤癌。其中，油痤疮是最常见的，它是由于皮肤接触油而堵塞了皮肤毛孔，导致发炎形成脓水泡。当金属碎屑、砂轮颗粒、氧化物颗粒和铁锈颗粒与皮肤接触堵塞皮肤毛孔时，引起出疹，会诱发毛囊炎（图 2-90）。皮肤癌和角化症主要由多环芳烃（PAH）引起 水溶性切削液容易导致刺激性皮炎（图 2-91）和过敏性皮炎。刺激性接触皮炎是由表皮层细胞局部毒性作用引起的发炎反应。过敏性皮炎是由皮肤内抗原刺激引起的一种发炎反应，是处理切削液的工人得湿疹的重要原因

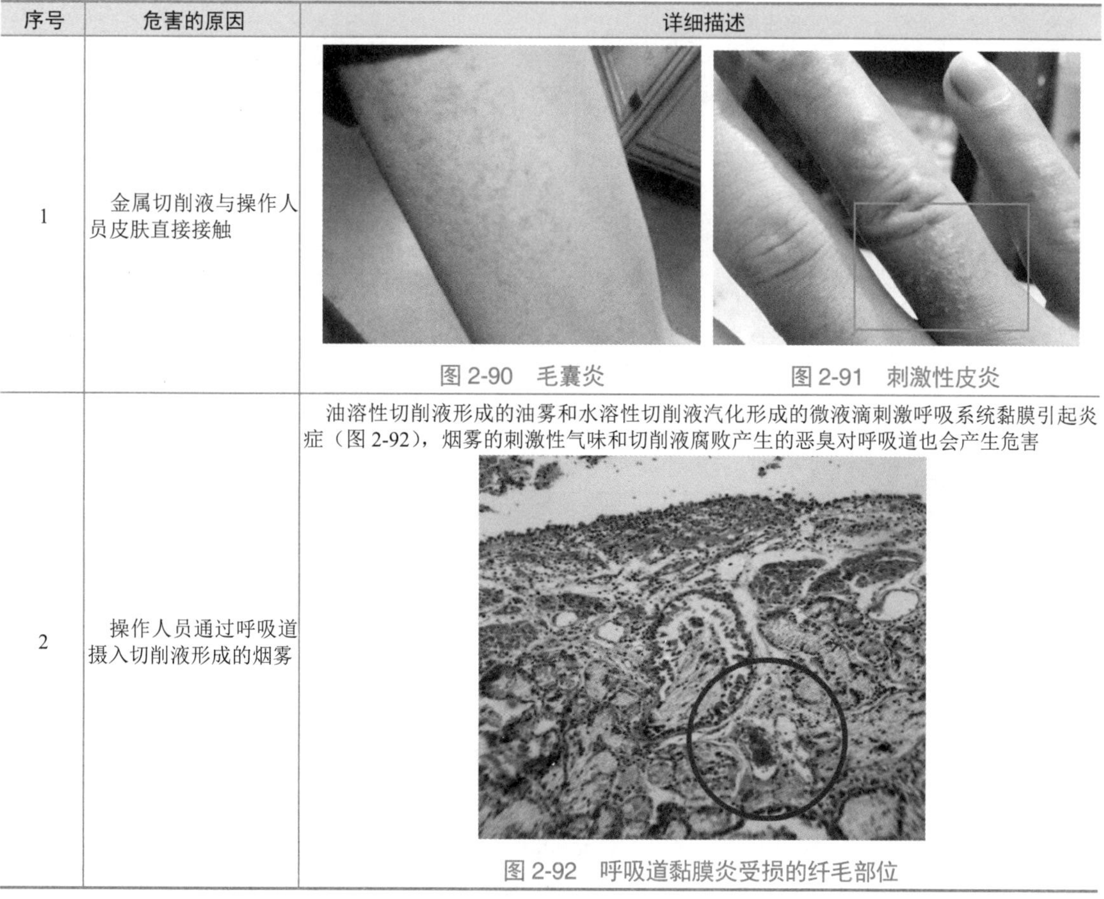

续表

序号	危害的原因	详细描述
1	金属切削液与操作人员皮肤直接接触	图 2-90　毛囊炎　图 2-91　刺激性皮炎
2	操作人员通过呼吸道摄入切削液形成的烟雾	油溶性切削液形成的油雾和水溶性切削液汽化形成的微液滴刺激呼吸系统黏膜引起炎症（图 2-92），烟雾的刺激性气味和切削液腐败产生的恶臭对呼吸道也会产生危害 图 2-92　呼吸道黏膜炎受损的纤毛部位

（2）切削液在使用中出现的问题及其对策

切削液在使用中经常出现变质发臭、腐蚀、产生泡沫、使用操作者皮肤过敏等问题，表 2-47 中结合工作中的实际经验，列出了切削液使用中的问题及其对策。

表 2-47　切削液在使用中出现的问题及其对策

序号	问题	产生原因	解决方法
1	变质发臭	①配制过程中有细菌侵入，如配制切削液的水中有细菌 ②空气中的细菌进入切削液 ③工件工序间的转运造成切削液的感染 ④操作者的不良习惯，如乱丢脏东西；机床及车间的清洁度差	①使用质量高、稳定性好的切削液。用纯水配制浓缩液，不但配制容易，而且可改善切削液的润滑性，且减少被切屑带走的量，并能防止细菌侵蚀。使用时，要控制切削液中浓缩液的比率不能过低，否则易使细菌生长 ②由于机床所用油中含有细菌，所以要尽可能减少机床漏出的油混入切削液 ③切削液的 pH 值在 8.3 ～ 9.2 时，细菌难以生存，所以应及时加入新的切削液，提高 pH 值。保持切削液的清洁，不要使切削液与污油、食物、烟草等污物接触。 ④经常使用杀菌剂，保持车间和机床的清洁 ⑤设备如果没有过滤装置，应定期撇除浮油，清除污物
2	腐蚀	①切削液中浓缩液所占的比例偏低 ②切削液的 pH 值过高或过低。例如 pH ＞ 9.2 时，对铝有腐蚀作用 ③不相似的金属材料接触 ④用纸或木头垫放工件 ⑤零部件叠放 ⑥切削液中细菌的数量超标 ⑦工作环境的湿度太高	①用纯水配制切削液，并且切削液的比例应按所用切削液说明书中的推荐值使用 ②在需要的情况下，要使用防锈液 ③控制细菌的数量，避免细菌的产生 ④检查湿度，注意控制工作环境的湿度在合适的范围内 ⑤要避免切削液受到污染 ⑥要避免不相似的材料接触，如铝和钢、铸铁（含镁）和铜等

续表

序号	问题	产生原因	解决方法
3	产生泡沫	①切削液的液面太低 ②切削液的流速太快，气泡没有时间溢出，越积越多，导致大量泡沫产生 ③水槽设计中直角太多，或切削液的喷嘴角度太直	①在集中冷却系统中，管路分级串联，离冷却箱近的管路压力应低一些。保证切削液的液面不要太低，及时检查液面高度，及时添加切削液 ②控制切削液流速不要太快 ③在设计水槽时，应注意水槽直角不要太多 ④在使用切削液时应注意切削液喷嘴角度不要太直
4	皮肤过敏	① pH 值太高 ②切削液的成分 ③不溶的金属及机床使用的油料 ④浓缩液使用配比过高 ⑤切削液表面的保护性悬浮层，如气味封闭层、防泡沫层；杀菌剂及不干净的切削液	①操作者应涂保护油，穿工作服，戴手套，应注意避免皮肤与切削液直接接触 ②切削液中浓缩液比例一定要按照切削液的推荐值使用 ③使用杀菌剂要按说明书中的剂量使用

经验总结

切削液不同自来水，市场上很多的切削液成分对人体皮肤的刺激严重，工人在金属加工车间工作，频繁接触到金属加工液，极容易造成手部皮肤发红、瘙痒，接触性皮炎和蜕皮。长期地接触到有毒性成分的切削液，有毒物质会被人体的皮肤吸收，导致慢性中毒。

故在使用金属切削液时企业应选用安全环保、无毒和高性能的切削液，同时在生产时配备安全防护产品。

2.7.6 切削液的废液处理

机械加工切削液废液中所含主要污染物有油类物质（浮油、乳化油等）、表面活性剂、难降解有机物及部分残存可溶性金属或者泥沙，由于其成分复杂，化学稳定性好，故直接处理难度较大，一般需先经过预处理再进行后续处理。图2-93为切削液废液，表2-48为切削液废液的危害。

图2-93 切削液废液

表2-48 切削液的废液危害

序号	切削液废液危害	详细描述
1	对环境危害	废切削液中油类物质的含量是比较多的，当这些废水不经处理直接排入其他水体中，由于切削液中含有油类，与水不溶，油的密度比水小，油就漂浮在水面上，水中的空气含量就会受到影响，水中那些需要依靠氧气才能存活的动植物也就无法生存，动植物死亡时间较长后，水体就会变质并产生恶臭气味；除此之外，由于油类浮在水面上，太阳光照入水体会受到阻碍，水生植物的光合作用就会受到影响，水生植物因缺氧而缺少营养物质会大量死亡

续表

序号	切削液废液危害	详细描述
2	对人体危害	对于废切削液来说，其中添加剂的含量比较多，比如说常见的防锈、极压等添加剂。对于这些添加剂来说，想要短期内完全降解基本上是不可能的，以石油磺酸钠、氯化石蜡为代表的无机盐在分解的过程中会有一些有毒的物质产生，这些没有办法在短期内完成降解的物质最终会被水生生物完全吸收，如果人们食用了这种水生生物，时间一长人体组织器官就会发生病变，可见含有这些有害物质的水生生物危害了人类健康。矿物油在废水中的含量是相对比较多的，在直接与人接触的过程中皮肤会出现红肿等发炎的情况，这与它的脱脂效果是分不开的；还有一些极压添加剂含有 Cl、S，切削过程中会挥发进入空气中，人类如果呼吸了这种气体，会造成呼吸系统的疾病
3	对大气的危害	废乳化液中往往含有大量的挥发性有机物，在一定的条件下，可以使其中的某种有机物分解，随之可挥发进入大气当中，污染大气；废乳化液中的油类物质容易腐化变臭，水体上方的空气和周围的大气环境就会受到污染；另外，如果风力较大的话，臭味扩散的范围也会更大

切削液的废液处理方法见表 2-49。

表 2-49　切削液的废液处理方法

序号	处理类型	详细描述		备注
1	水基切削液的废液处理	物理处理	其目的是使发腐中的悬浊物（指粒子直径在 10μm 以上的切屑、磨屑粉末、油粒子等）与水溶液分离。其方式有下述之三种： ①利用悬浊物与水的比重差的沉降分离及浮游分离 ②利用滤材的过滤分离 ③利用离心装置的离心分离	由于水基切削液的组成各异，所以到目前为止还没有一个固定的方法去处理，通常是根据被处理废液的性状综合使用上述各种方法
		化学处理	是对在物理中未被分离的微细悬浊粒子或胶体状粒子（粒子直径为 0.01 ～ 10μm 的物质）进行处理或对废液中的有害成分用化学处理使之变为无害物质，有下述四种方法： ①使用无机系凝聚剂（聚氯化铝、硫酸铝土等）或有机系凝聚剂（聚丙烯酰胺）等促进微细粒子、胶体粒子之类的物质凝聚的凝聚法 ②利用氧、臭氧之类的氧化剂或电分解氧化还原反应处理废液中有害成分的氧化还原法 ③利用活性炭之类的活性固体使废液中的有害成分被吸附在固体表面而达到处理目的的吸附法 ④利用离子交换树脂使废液中的离子系有害成分进行离子交换而达到处理目的的离子交换法	
		生物处理	生物处理的目的是对用物理、化学处理都很难除去的废液中的有机物（例如有机胺、非离子系活性剂、多元醇等）进行处理，其代表性的方法有加菌淤渣法和散水滤床法 ①加菌淤渣法是将加菌淤渣（微生物增殖体）与废液混合，进行通气，利用微生物分解处理废液中的有害物质（有机物） ②散水滤床法是当废液流过被微生物覆盖的滤材充填床（滤床）的表面时，利用微生物分解处理废液中的有机物	
		燃烧处理	直接烧却法和将废液蒸发浓缩以后再进行燃烧处理的“蒸发浓缩法”	
2	油基切削液的废液处理	油基切削液一般不会发臭变质，其更换切削液的原因主要是由于切削液的化学变化、切屑混入量增大、机床润滑油的大量漏入及水的混入等原因，对此可采取如下措施： ①改善油基切削液的净化装置 ②定期清理油基切削液箱中的切屑 ③通过检修机床防止润滑油漏入 ④定期补充切削润滑添加剂 ⑤加热去除水分，并经沉淀过滤后加入一些切削油润滑添加剂，即可恢复质量，继续使用		油基切削液最终的废油处理一般是燃烧处理。为了节省资源，也可对废油进行再生

2.8 铣削用量

在经过了前面几节的知识积累后，本节主要讲解铣削中的切削用量，由于铣削加工需要考虑刀具性能、工件材料、冷却效果和实际操作熟练程度以及不同机器性能等因素，所以切屑用量是一个推荐值，也可以理解为经验值，实际操作中可有所变化。

2.8.1 选择铣削用量的原则

粗加工时，在机床动力和工艺系统刚性允许的前提下，以及具有合理的铣刀寿命的条件下，首先应选用较大的被切金属层的宽度，其次是选用较大的被切金属层的深度（厚度），再选用较大的每齿进给量，最后根据铣刀的寿命确定铣削速度。

精加工时，为了保证获得合乎要求的加工精度和表面粗糙度，被切金属层应尽量一次铣出，被切金属的深度一般在0.5mm左右，再根据表面粗糙度要求，选择合适的进给量，然后确定合理的铣刀寿命和铣削速度。

2.8.2 被切金属层深度（厚度）的选择

面铣时的背吃刀量 a_p，周铣时的侧吃刀量 a_e 即是被切金属层的深度。当铣床功率和工艺系统的刚性、强度允许，且加工精度要求不高及加工余量不大时，可一次进给铣去全部余量。当加工精度要求较高或加工表面粗糙度 Ra 小于6.3μm时，铣削应分粗铣和精铣。端面铣削时，铣削深度的推荐值见表2-50。当工件材料的硬度和强度较高时，应取较小值；当加工余量较大时，可采用阶梯铣削法。

表2-50 端面铣削时背吃刀量 a_p 的推荐值

铣削类型	粗铣		精铣		
	一般	沉重	精铣	高精铣	宽刃精铣
铣削深度 a_p/mm	≤10	≤20	0.5～1.5	0.3～0.5	0.05～0.1

周铣时的侧吃刀量 a_e，在粗铣时可比端面铣削时的背吃刀量 a_p 大。故在铣床和工艺系统的刚性、强度允许的条件下，尽量在一次进给中把粗铣余量全部切除。精铣时，可参照端面铣削时的 a_p 值。

阶梯铣削法用的阶梯铣刀如图2-94所示，它的刀齿分布在不同的半径上，而且各齿在轴向伸出的距离也各不相同。半径愈大的刀齿在轴向伸出的距离愈小，即后刀齿的位置比前刀齿在半径上小 R 的距离；而在轴向，则比前刀齿多伸出 a_p 的距离，能使工件的全部加工余量沿铣削深度方向分配到各齿上。若采用如图2-94（b）所示的由两组刀齿组成的铣刀铣削时，由于一组有三个刀齿，故每齿的进给量和切削厚度增大3倍，而切削宽度则减小，切出窄而厚的切屑。用阶梯铣削法既降低了铣削力，又有利于排出切屑，故可减少振动和功率消耗。

另外，阶梯铣刀的刀齿在排列时，把最后一个刀齿（图2-94中的刀齿Ⅲ）在轴向安装得比前一刀齿只伸出0.5mm左右，刀齿的几何参数符合精加工要求。此时的阶梯铣削，可使粗铣和精铣在一次进给中完成，以提高生产效率。此法也可用于普通面铣刀。

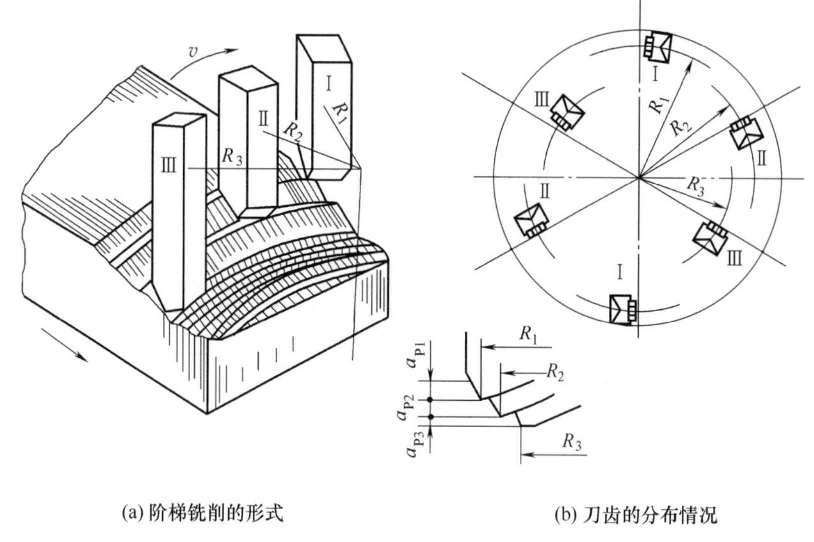

(a) 阶梯铣削的形式　　(b) 刀齿的分布情况

图 2-94　阶梯铣刀铣削

2.8.3　铣削用量的选用

（1）选择铣削用量的原则

合理地选择铣削用量直接关系到铣削效果的好坏，即影响到能否达到高效、低耗及优质的加工效果，选择铣削用量应满足如下基本要求：

① 保证铣刀有合理的使用寿命，提高生产率和降低生产成本。

② 保证铣削加工质量，主要是保证铣削加工表面的精度和表面粗糙度达到图样要求。

③ 不超过铣床允许的动力和转矩，不超过铣削加工工艺系统（刀具、工具、机床）的刚度和强度，同时又充分发挥它们的潜力。

上述三项基本要求，选择时应根据粗、精加工具体情况有所侧重。一般在粗铣加工时，应尽可能发挥铣刀、铣床的潜力和保证合理的铣刀使用寿命；精铣加工时，则首先要保证铣削加工精度和表面粗糙度，同时兼顾合理的铣刀寿命。

（2）铣削用量的选择顺序

① 要选用较大的背吃刀量。

② 要选用较大的每齿进给量。

③ 要选用适宜的主轴转速。

（3）铣削用量的合理选用

在铣削过程中，如果能在一定的时间内切除较多的金属，就有较高的生产率。显然，增大吃刀量、铣削速度和进给量，都能增加金属切除量。但是，影响刀具寿命最显著的因素是铣削速度，其次是进给量，而吃刀量对刀具的影响最小。所以，为了保证必要的刀具寿命，应当优先采用较大的吃刀量，其次是选择较大的进给量，最后才是根据刀具的寿命要求，选择适宜的铣削速度。

粗铣时，进给量的提高主要是受力齿强度及机床、夹具等工艺系统刚性的限制。铣削用量大时，还受机床功率的限制。因此在上述条件下，可尽量取得大些。

精铣时，限制进给量的主要因素是加工精度和表面粗糙度。每齿进给量越大，表面粗糙度值也越大。在表面粗糙度要求较小时，还要考虑到铣刀刀齿的刀刃或刀尖不一定在同一个旋转的圆周或平面上，在这种情况下铣出的平面，将以铣刀一转为一个波纹。因此，精铣时，在考虑每齿进给量的同时，还需考虑每转进给量。

表 2-51 推荐的数值为各种常用铣刀在对不同工件材料铣削时的每齿进给量。粗铣时取表中的较大值；精铣时取表中的较小值。

表 2-51 每齿进给量 f_z 值的选取

工件材料	工件材料的硬度（HBS）	硬质合金的 f_z/mm		高速钢的 f_z/mm			
		面铣刀	三面刃铣刀	圆柱铣刀	立铣刀	面铣刀	三面刃铣刀
低碳钢	～150 150～200	0.2～0.4 0.20～0.35	0.15～0.30 0.12～0.25	0.12～0.2 0.12～0.2	0.04～0.20 0.03～0.18	0.15～0.30 0.15～0.30	0.12～0.20 0.10～0.15
中、高碳钢	120～180 180～220 220～300	0.15～0.5 0.15～0.4 0.12～0.25	0.15～0.3 0.12～0.25 0.07～0.20	0.12～0.2 0.12～0.2 0.07～0.15	0.05～0.20 0.04～0.20 0.03～0.15	0.15～0.30 0.15～0.25 0.1～0.2	0.12～0.2 0.07～0.15 0.05～0.12
灰铸铁	150～180 180～220 220～300	0.2～0.5 0.2～0.4 0.15～0.3	0.12～0.3 0.12～0.25 0.10～0.20	0.2～0.3 0.15～0.25 0.1～0.2	0.07～0.18 0.05～0.15 0.03～0.10	0.2～0.35 0.15～0.3 0.10～0.15	0.15～0.25 0.12～0.20 0.07～0.12
可锻铸铁	110～160 160～200 200～240 240～280	0.2～0.5 0.2～0.4 0.15～0.3 0.1～0.3	0.1～0.30 0.1～0.25 0.1～0.20 0.1～0.15	0.2～0.35 0.2～0.3 0.12～0.25 0.1～0.2	0.08～0.20 0.07～0.20 0.05～0.15 0.02～0.08	0.2～0.4 0.2～0.35 0.15～0.30 0.1～0.20	0.15～0.25 0.15～0.20 0.12～0.20 0.07～0.12
含 C < 0.3% 的合金钢	125～170 170～220 220～280 280～320	0.15～0.5 0.15～0.4 0.10～0.3 0.08～0.2	0.12～0.3 0.12～0.25 0.08～0.20 0.05～0.15	0.12～0.2 0.1～0.2 0.07～0.12 0.05～0.1	0.05～0.2 0.05～0.1 0.03～0.08 0.025～0.05	0.15～0.3 0.15～0.25 0.12～0.20 0.07～0.12	0.12～0.20 0.07～0.15 0.07～0.12 0.05～0.10
含 C > 0.3% 的合金钢	170～220 220～280 280～320 320～380	0.125～0.4 0.10～0.3 0.08～0.2 0.06～0.15	0.12～0.30 0.08～0.20 0.05～0.15 0.05～0.12	0.12～0.2 0.07～0.15 0.05～0.12 0.05～0.10	0.12～0.2 0.07～0.15 0.05～0.12 0.05～0.10	0.15～0.25 0.12～0.2 0.07～0.12 0.05～0.10	0.07～0.15 0.07～0.12 0.05～0.10 0.05～0.10
工具钢	退火状态 36HRC 46HRC 50HRC	0.15～0.5 0.12～0.25 0.10～0.20 0.07～0.10	0.12～0.3 0.08～0.15 0.06～0.12 0.05～0.10	0.07～0.15 0.05～0.10 — —	0.05～0.1 0.03～0.08 — —	0.12～0.2 0.07～0.12 — —	0.07～0.15 0.05～0.10 — —
镁铝合金	95～100	0.15～0.38	0.125～0.3	0.15～0.20	0.05～0.15	0.2～0.3	0.07～0.2

2.8.4 铣削速度的选择

合理的铣削速度是在保证加工质量和铣刀寿命的条件下确定的。铣削时影响铣削速度的主要因素有：刀具材料的性质和刀具的寿命、工件材料的性质、加工条件及切削液的使用情况等。

（1）粗铣时铣削速度的选择

粗铣时，由于金属切除量大，产生的热量多，切削温度高，为了保证合理的铣刀寿命，铣削速度要比精铣时低一些。在铣削不锈钢等韧性和强度高的材料，以及其他一些硬度和热强度等性能高的材料时，产生的热量更多，则铣削速度应降低。另外，粗铣时由于铣削力大，故还需考虑机床功率是否足够，必要时可适当降低铣削速度，以减小铣削功率。

（2）精铣时铣削速度的选择

精铣时，由于金属切除量小，所以在一般情况下，可采用比粗铣时高一些的铣削速度。提高铣削速度的同时，又将使铣刀的磨损速度加快，从而影响加工精度。因此，精铣时限制铣削速度的主要因素是加工精度和铣刀寿命，有时为了达到上述两个目的，采用比粗铣时还要低的铣削速度，即低速铣削。尤其在铣削加工面积大的工件，即一次铣削宽而长的加工面时，采用低速制，可使刀刃和刀尖的磨损量极少，从而获得高的加工精度。

表 2-52 推荐的数值是一般情况下的铣削速度，在实际工作中需按实际情况加以修改。

表 2-52 铣削速度的选取

加工材料				铣削速度 v/（m/min）	
名称	牌号	材料状态	硬度（HBS）	高速钢铣刀	硬质合金铣刀
低碳钢	Q235-A	热轧	131	25 ～ 45	100 ～ 160
	20	正火	156	25 ～ 40	90 ～ 140
中碳钢	45	正火	≤ 229	20 ～ 30	80 ～ 120
		调质	220 ～ 250	15 ～ 25	60 ～ 100
合金结构钢	40Cr	正火	179 ～ 229	20 ～ 30	80 ～ 120
		调质	200 ～ 230	12 ～ 20	50 ～ 80
	38CrSi	调质	255 ～ 305	10 ～ 15	40 ～ 70
	18CrMnTi	调质	≤ 217	15 ～ 20	50 ～ 80
	38CrMoAlA	调质	≤ 310	10 ～ 15	40 ～ 70
不锈钢	2Cr13	淬火、回火	197 ～ 240	15 ～ 20	60 ～ 80
	1Cr18Ni9Ti	淬火	≤ 207	10 ～ 15	40 ～ 70
工具钢	9CrSi	—	197 ～ 241	20 ～ 30	70 ～ 110
	W18Cr4V	—	207 ～ 255	15 ～ 25	60 ～ 100
灰铸铁	HT150	—	163 ～ 229	20 ～ 30	80 ～ 120
	HT200	—	163 ～ 229	15 ～ 25	60 ～ 100
冷硬铸铁	—	—	52 ～ 55HRC	—	5 ～ 10
铜及铜合金	—	—	—	50 ～ 100	100 ～ 200
铝及铝合金	—	—	—	100 ～ 300	200 ～ 600

第 3 章　铣削工艺

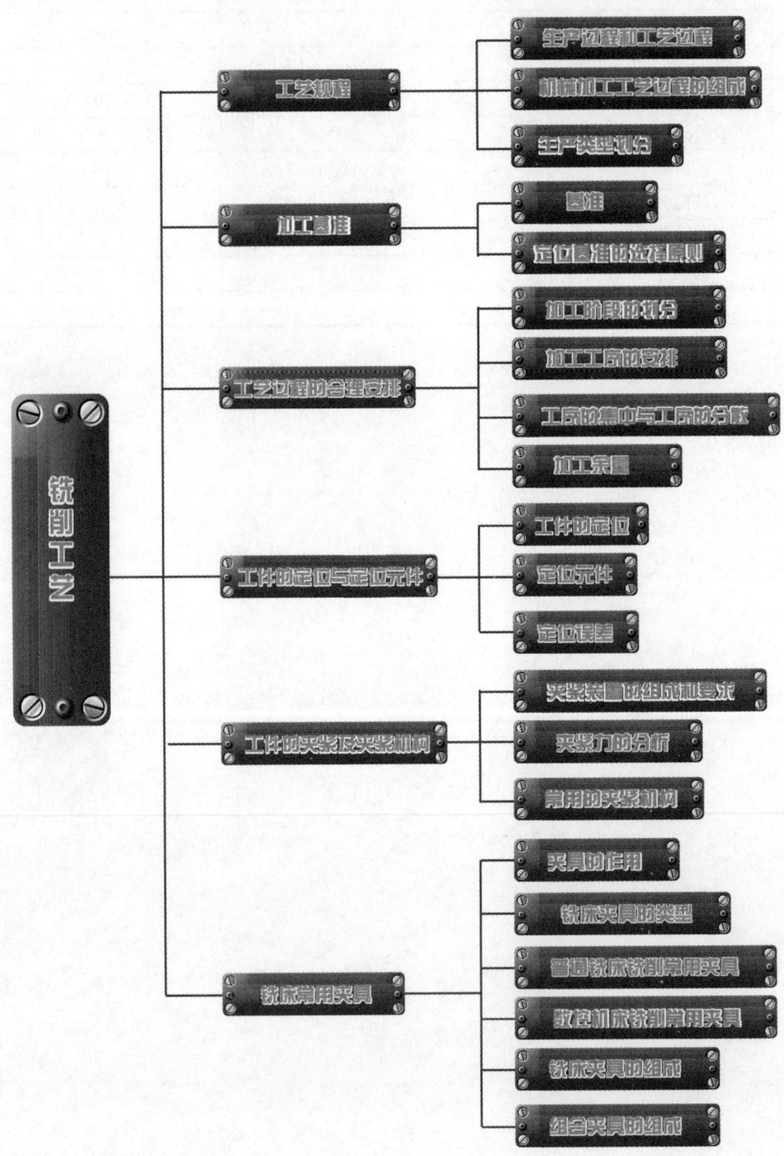

铣削工艺
工艺规程
生产过程和工艺过程
机械加工工艺过程的组成
生产类型划分
加工基准
基准
定位基准的选择原则
工艺过程的合理安排
加工阶段的划分
加工工序的安排
工序的集中与工序的分散
加工余量
工件的定位与定位元件
工件的定位
定位元件
定位误差
工件的夹紧及夹紧机构
夹紧装置的组成和要求
夹紧力的分析
常用的夹紧机构
铣床常用夹具
夹具的作用
铣床夹具的类型
普通铣床铣削常用夹具
数控机床铣削常用夹具
铣床夹具的组成
组合夹具的组成

各种零件的材料、结构、精度、表面粗糙度、热处理以及生产数量等具体的要求不同，因此，如何合理地拟定工艺路线和工艺方法、安排好工艺规程，是一个复杂而又十分重要的问题。就铣削工艺来说，如何根据整个工艺路线的要求，从全局出发，综合分析零件各个铣削工序之间的关系，从而制订最合理的工艺规程及各个铣削工序，这对于零件的铣削质量和生产效率有着极其密切的关系。

本章将详细介绍工艺规程的基本知识、合理安排零件各表面的加工顺序、工件的定位与夹紧以及铣床常用的夹具等知识。

3.1 工艺规程

3.1.1 生产过程和工艺过程

制造一台机器，必须经过制造毛坯、机械加工、机械装配、质量检验、厂内运输等许多过程。这种按一定顺序将原材料制成各种零件并装配成机器的全部过程称为生产过程。

在机械加工的生产过程中，凡属于直接改变原材料或半成品成为成品的有关过程称为工艺过程。其中如车削、铣削、刨削、磨削、钻削、钳削等称为机械加工工艺过程。如图 3-1 所示为生产过程、工艺过程和机械加工工艺过程三者的关系。

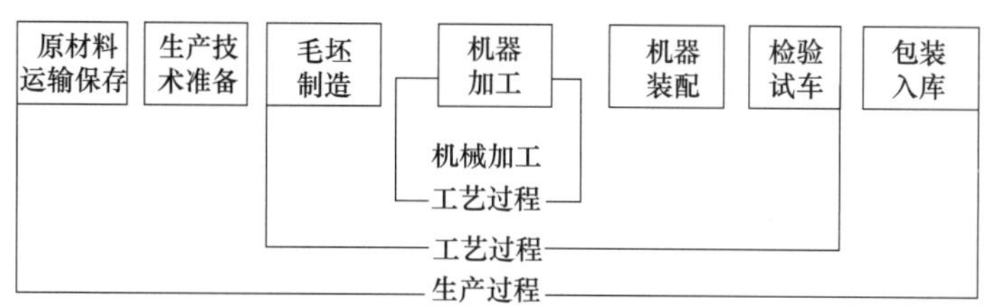

图 3-1 生产过程、工艺过程和机械加工工艺过程三者的关系

3.1.2 机械加工工艺过程的组成

在机械加工工艺过程中，针对不同零件的结构特点和技术要求，采用不同的加工方法和工艺装备，按照一定的顺序依次进行，才能完成由毛坯到成品的转变过程。机械加工的工艺过程由一个个工序依次排列组合而成，通过这些工序，把毛坯制成合格的零件。机械加工工艺过程的形式虽有不同，它们都是由工序、安装、工步、工位和走刀等具体单元组成的。

（1）工序和安装

工序和安装是工艺过程的基本组成部分，是组织生产和实施计划的基本单元。一个或一组工人，在一台机床上或一个工作地点，对一个或几个零件所连续完成的工艺过程中的某一部分，称为工序。安装是工件在加工前，在一次装夹中所完成的那部分工序。工序与安装的实例分析见表 3-1。

（2）工位、工步和走刀

在一次安装中，工件在机床上所占的每一个位置，称为一个工位。在被加工面、切削刀具和切削用量（不包括切削深度）均保持不变的情况下，所连续完成的那部分工序，称为工步。工步是工序的一部分，一个工序包括一个或数个工步。走刀又称进给，是工步的一部分。

工位、工步和走刀的实例分析见表 3-2。

表 3-1　工序与安装的实例分析

序号	项目	图　例	说明
1	一个工序两次安装	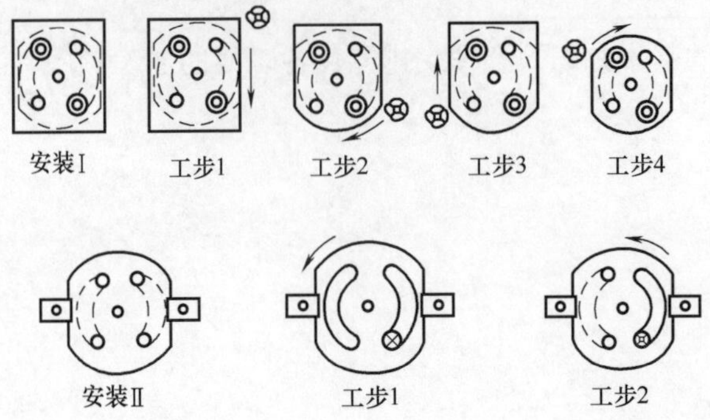 安装Ⅰ　工步1　工步2　工步3　工步4 安装Ⅱ　工步1　工步2	对一个零件来说，在铣好外形以后，接着就铣圆弧槽，到这个工件全部铣好为止，再加工另一个工件，这个样板的加工全部在一个工序中完成 两次安装，第一次安装用螺钉压紧，第二次安装用压板压紧
2	两个工序两次安装	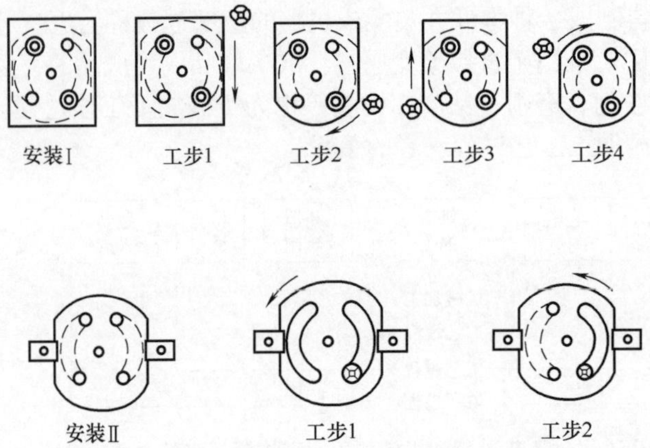 安装Ⅰ　工步1　工步2　工步3　工步4 安装Ⅱ　工步1　工步2	零件小批量生产时，先铣好各个工件的外形，再铣好各个工件的圆弧槽。这时，对其中任何一个工件来说，加工外形和加工圆弧槽是不连续的，因此是由两个工序完成的，即加工外形是第一个工序，加工圆弧槽是第二个工序 两次安装，第一次安装用螺钉压紧，第二次安装用压板压紧
3	三个工序三次安装	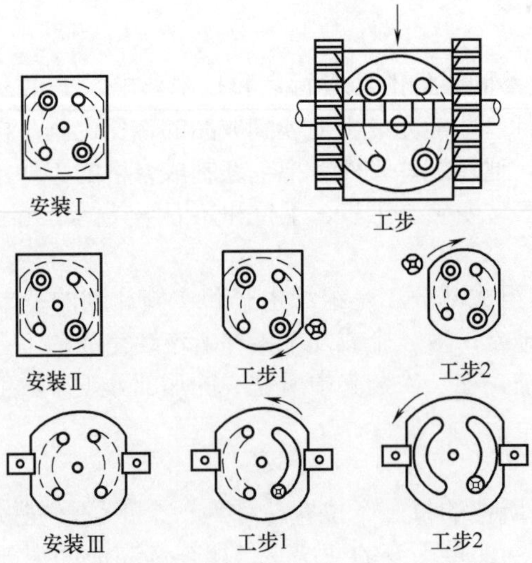 安装Ⅰ　工步 安装Ⅱ　工步1　工步2 安装Ⅲ　工步1　工步2	零件大批量生产时，在卧式铣床上用两把三面刃铣刀，铣各个工件的外形直线部分，为第一个工序。再在立铣床上利用回转工作台铣各工件的外形圆弧部分，为第二个工序。最后铣各工件的圆弧槽，为第三个工序 三次安装，前两次安装用螺钉压紧，第三次安装用压板压紧

表 3-2 工位、工步和走刀的实例分析

序号	项目	图例	说明
1	工位	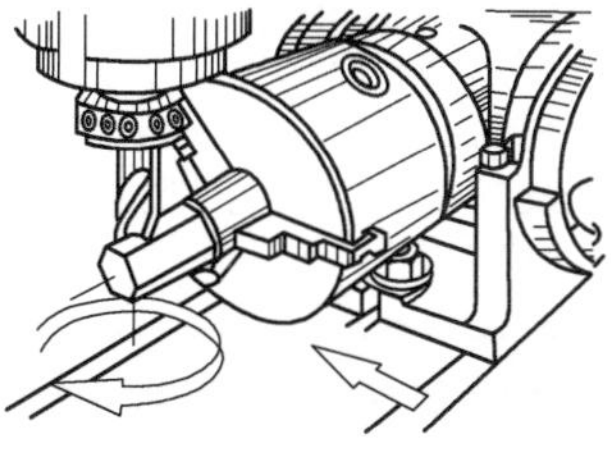 (a) 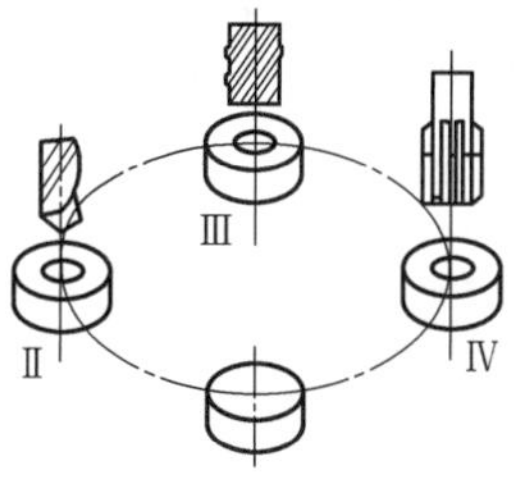 (b)	在铣床上用分度头铣削六棱柱的六个面［图(a)］，此时工件一次安装，加工好一个面后，分别转过60°加工出其他5个面，这一次安装中就有6个工位 利用回转工作台或转位夹具加工坐标孔［图(b)］，在一次装夹工件中顺次完成装卸工件、钻孔、扩孔、铰孔4个工位
2	工步	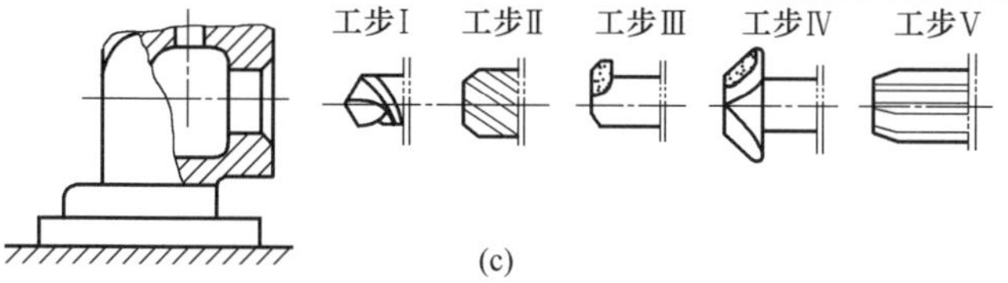 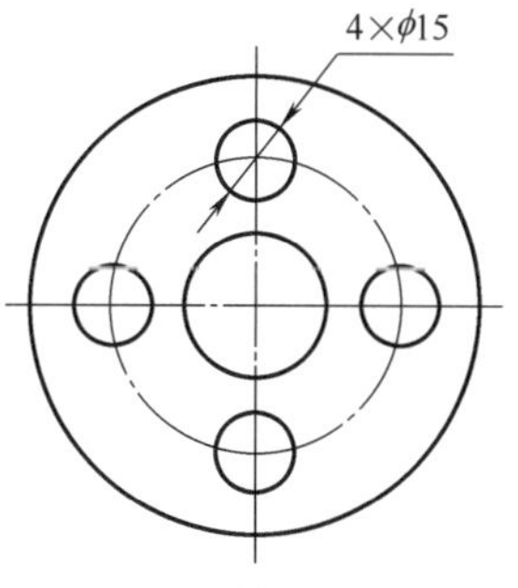 工步Ⅰ 工步Ⅱ 工步Ⅲ 工步Ⅳ 工步Ⅴ (c) 4×ϕ15 (d)	孔的加工工序［图(c)］，一个工序包含一次安装、一个工位和五个工步 为了简化工艺文件，对那些连续进行的若干个相同的工步，通常都看做一个工步，如加工盘形零件［图(d)］。在同一工序中连续钻4个ϕ15mm的孔，就可看作一个工步
3	走刀	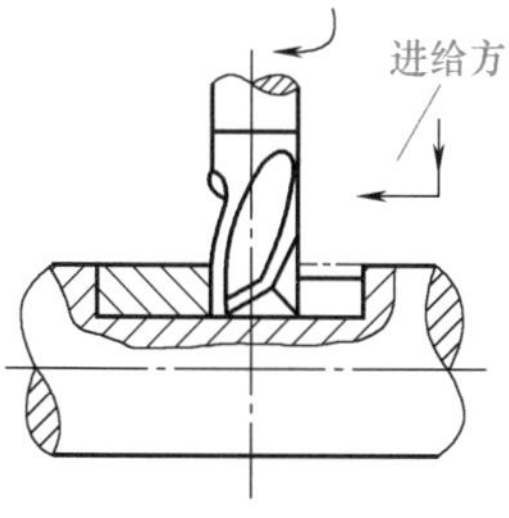 进给方向 进给方向 (e)一次进给铣键槽 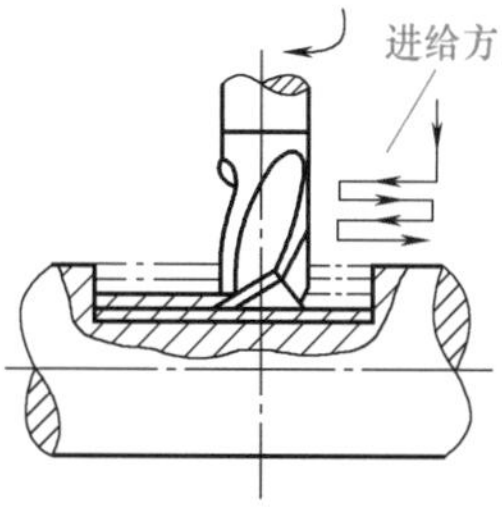 (f)多次进给铣键槽	在某些工步中，加工余量很多不能一次切掉，需要分几次进行切削，每切削一次就称为一次进给

3.1.3 生产类型划分

生产类型是根据零件的生产数量来划分的，将生产过程划分为单件生产、成批生产、大量生产三种类型。生产类型的划分原则与特点见表3-3。

表 3-3 生产类型的划分原则与特点

序号	生产类型	同类型的年产量/件			特点
		重型	中型	轻型	
1	单件生产	<5	<10	<100	零件的生产数目很小，一件至几件。一般试制或修配生产都属于单件生产。单件生产的工艺过程要尽量采用通用的机床、夹具、刀具和量具，以减少生产流程和加工成本

续表

序号	生产类型		同类型的年产量 / 件			特　点
			重型	中型	轻型	
2	成批生产	小批	5 ～ 100	10 ～ 200	100 ～ 500	零件的生产数目较大，并间隔一段时间重复生产，按照每批生产数量可分为大批生产、中批生产和小批生产
		中批	100 ～ 300	200 ～ 500	500 ～ 5000	
		大批	300 ～ 1000	500 ～ 5000	5000 ～ 50000	
3	大量		>1000	>5000	>50000	零件的生产数量很大，大多数工作地点整年进行一个工件的某一个工序的加工。在大量生产的条件下，为了提高生产率，可以广泛地采用专用的机床、夹具、刀具和量具，甚至更为先进的设备和新技术

3.2 加工基准

3.2.1 基准

零件的尺寸基准是指零件装配到机器上或在加工、装夹、测量和检验时，用以确定其位置的一些面、线或点。因此，根据基准的作用不同，一般将基准分为设计基准和工艺基准。

（1）基准的种类（表 3-4）

表 3-4　基准的种类

序号	基准种类	详细描述
1	设计基准	设计基准是设计工件时采用的基准，是在零件图上用以确定其他点、线、面位置的基准 例如轴套类和轮盘类零件的中心线。轴套类和轮盘类零件都是属于回转体类，通常将径向设计基准设置在回转体轴线上，将轴向设计基准设置在工件的某一端面或几何中心 如图 3-2 所示，依据轴线及右轴肩确定齿轮轴在机器中的位置（标注尺寸 A），因此该轴线和右轴肩端平面分别为齿轮轴的径向和轴向的设计基准 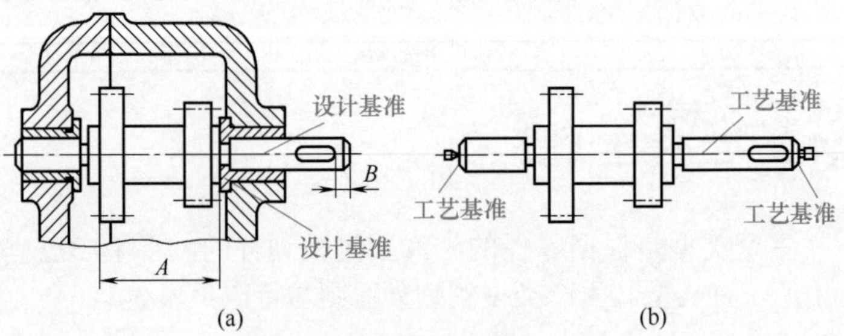 (a)　(b) 图 3-2　设计基准示例（一） 图 3-3（a）中的平面 1、2 及孔 4 的上下位置是根据平面 3 决定的，故平面 3 是平面 1、2 及孔 4 的设计基准。孔 5 的上下位置是由孔 4 的轴线决定的，故孔 4 的轴线是孔 5 的设计基准。图 3-3（b）中的面 M、线 N 及点 O，都是设计基准

续表

序号	基准种类		详细描述
1	设计基准		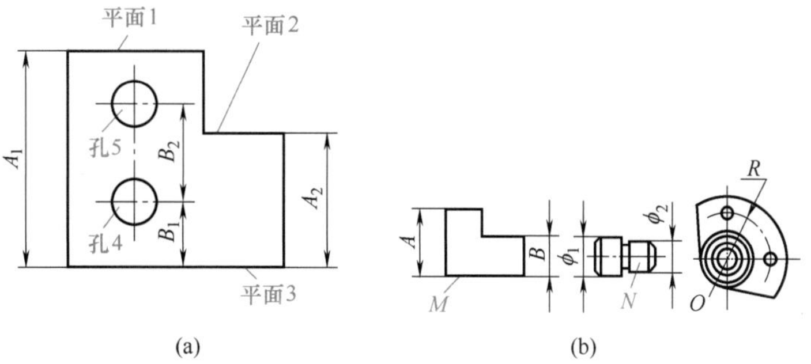 (a) (b) 图 3-3 设计基准示例（二）
2	工艺基准	定位基准	工件在机床上或夹具中定位时，用以确定加工表面与刀具相互位置关系的基准，即在加工中用作定位的基准，称为定位基准 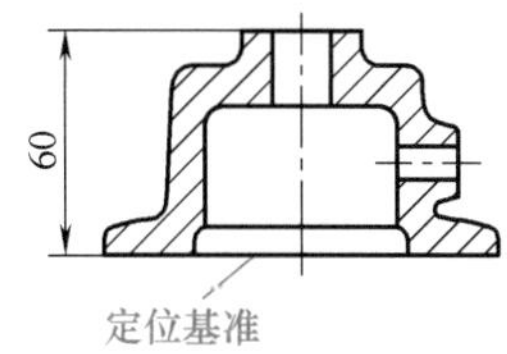 车床加工轴套类及轮类零件的加工定位基准只能是被加工件的外圆表面、内圆表面或零件端面中心孔，而铣削箱体顶面时，底面为定位基准 又如，在图纸上加工各个部位所用的两端中心孔形成的轴线为工件的定位基准 定位基准的选择包括定位方式的选择和被加工件定位面的选择
		测量基准	被加工工件各项精度测量和检测时的基准 机械加工工件的精度要求包括尺寸精度、形状精度和位置精度 尺寸误差可用长度测量量具检测；形状误差和位置误差要借助测量夹具和量具来完成 在数控车削加工中尽量使得工件的定位基准与设计基准重合。尽量使工件的加工基准和工件的定位基准与工件的设计基准重合，是保证工件加工精度的重要前提条件
		工序基准	工序基准是指在工件加工的某道工序中，加工工序图上用以确定本工序加工内容的几何要素位置的基准 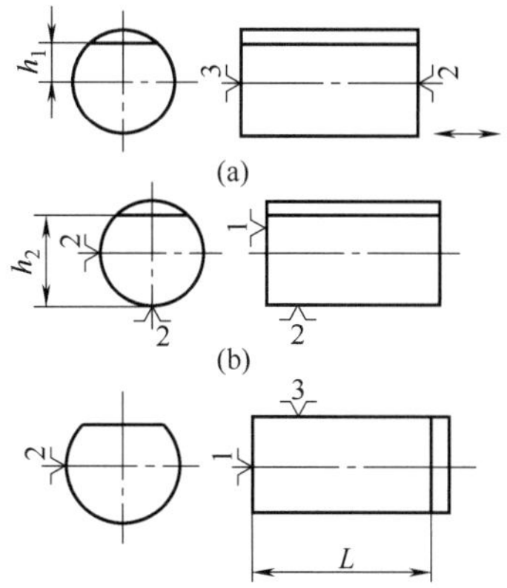 (a) (b) (c) 图为圆柱形工件铣削平面工序图： 图（a）工序加工内容为铣削顶部平面，工序要求保证尺寸 h_1，尺寸 h_1 是由工件的轴线向外给出的，工序基准为轴线 图（b）工序加工内容仍然是铣削顶平面，但工序图要求保证尺寸 h_2，工序基准是工件外圆柱面的下素线 图（c）工序加工内容是铣削端面，工序图要求保证工序尺寸 L，工序基准为工件的左端面

续表

序号	基准种类		详细描述
2	工艺基准	装配基准	装配时用来确定零件或部件在产品中的相对位置所采用的基准，称为装配基准 图 3-4 中圆柱齿轮的内圆柱面为径向装配基准，圆锥齿轮的 ϕ25H7 为径向装配基准，端面 B 为轴向装配基准 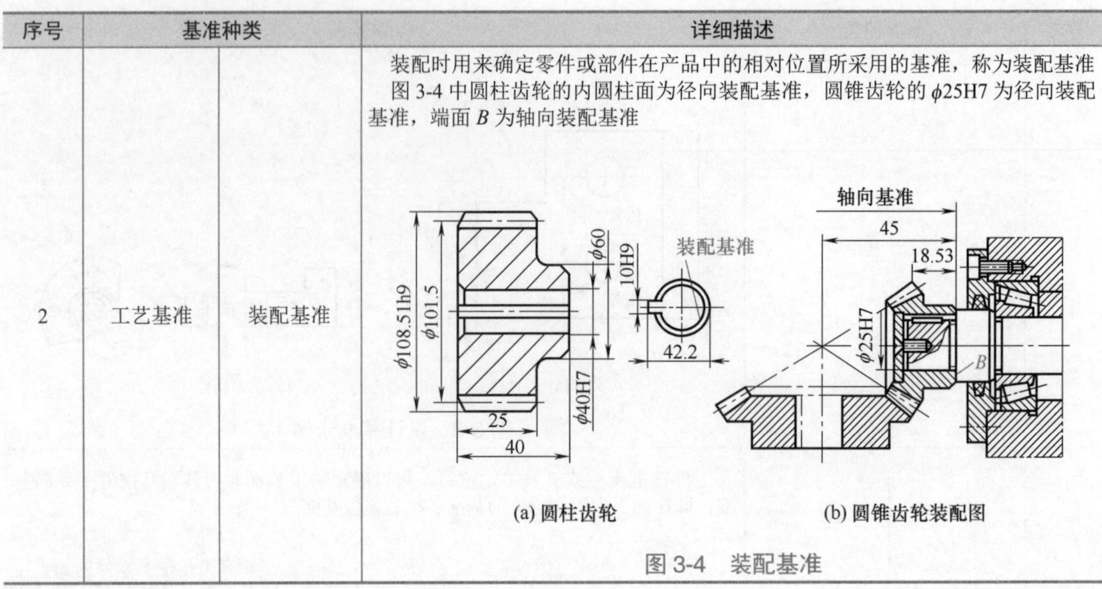 (a) 圆柱齿轮　(b) 圆锥齿轮装配图 图 3-4　装配基准

（2）零件的基准和加工方法的选择

基准是否正确，关系到整个零件的尺寸标注的合理性。尺寸基准选择不当，零件的设计要求将无法保证，并给零件的加工测量带来困难。

表 3-5 为不同加工方法和类型的零件基准选择。

表 3-5　不同加工方法和类型的零件基准选择

序号	零件类型	详细描述	常用加工方法
1	轴类零件	轴的径向尺寸基准是轴线，沿轴线方向分别标出各轴段的直径尺寸。重要端面、接触面（如轴肩）或重要加工面作为长度方向的基准	车削
2	轮盘类零件	轮盘类零件通常选用轴孔的轴线作为径向的尺寸基准，重要端面（加工精度最高的面和与其他零件的接触面等）作为长度方向的基准	
3	叉架类零件	叉架类零件在长、宽、高三个方向的主要基准一般为孔的轴线、对称面和比较大的加工面	铣削、模具
4	箱体类零件	箱体类零件的长、宽、高三个方向的主要基准一般为轴线、对称平面和较大加工平面	铣削

3.2.2　定位基准的选择原则

选择定位基准是加工前的一个重要内容，定位基准选择得正确与否，对加工质量和加工时的难易程度有很大的影响，这也必然会影响到产品的质量和加工成本。所以在选择定位基准时，应注意两个方面，一要保证加工精度，二要使装夹方便。

（1）粗基准的选择原则

以毛坯上未经加工过的表面作为定位基准，称为粗基准。粗基准的选择原则见表 3-6。

（2）精基准的选择原则

以已加工表面作为定位基准，称为精基准。精基准的选择原则见表 3-7。

实际生产中，在选择定位基准时，对上面的几项选择原则，有时会产生矛盾，如为了使夹具的结构简单而放弃基准重合的原则，所以应该根据工件和生产规模等具体条件灵活应用。

表 3-6 粗基准的选择原则

序号	选择原则	图 例	说明
1	零件上所有表面都需加工	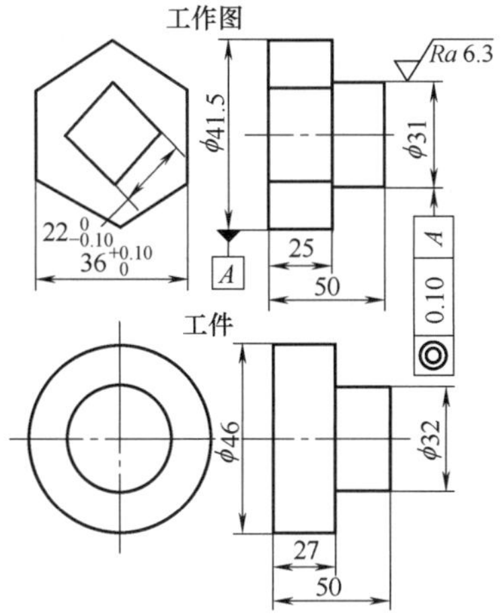 图 3-5 六角四方阶台零件	零件上所有表面都需加工时，应选择加工余量最小的表面作粗基准 图 3-5 为六角四方阶台零件。四方对边的尺寸等于 22mm，加工余量较小。而毛坯在锻打时 ϕ32mm 与 ϕ46mm 两圆柱的同轴度误差可能较大。此时若以 ϕ46mm 外圆作基准先铣四方，由于四方对角线的余量只有 1mm，当毛坯的同轴度误差大于 0.5mm 时，就铣不出 22mm 的四方。若以 ϕ32mm 外圆作粗基准先铣六角，则六角对角线的余量有 4.5mm，只要同轴度偏差在 2.25mm 以内就能加工出六角。用铣好的六角作基准，再铣出四方就可达到图样要求
2	保证重要表面余量均匀	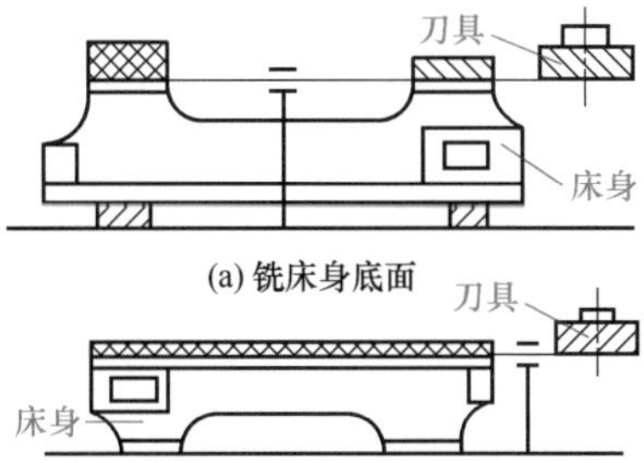 (a) 铣床身底面 (b) 铣导轨面	保证重要表面余量均匀时，则应选择该表面为粗基准 为保证导轨面余量均匀，以导轨面作粗基准加工床身底面［图（a）］；然后用已加工好的床身底面作基准来加工导轨面［图（b）］，保证了导轨面的余量均匀
3	表面不需要全部加工	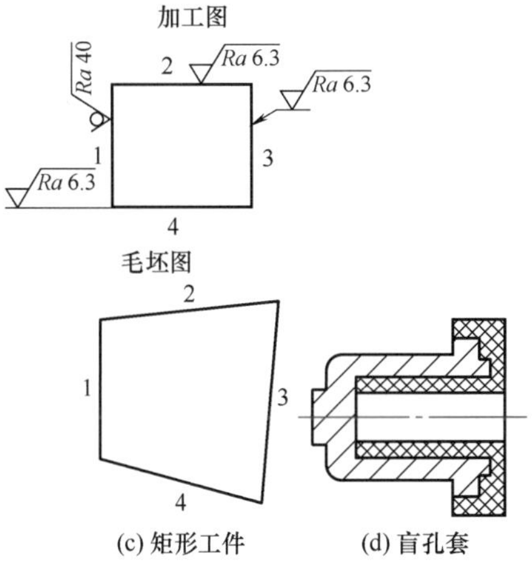 (c) 矩形工件　(d) 盲孔套	零件上表面不需要全部加工时，应以不加工的表面作粗基准 图（c）加工矩形工件，若以面 1 为粗基准铣面 2，铣出的面 2 必定与面 1 有良好的位置关系（采用虎钳加工，保证面 2 与面 1 垂直），再以面 2 作基准加工出的其他表面，必然也与面 1 有良好的位置关系 图（d）加工盲孔套，若以不加工的外圆柱面为基准，则加工出的各表面与外圆柱面有较好的同轴度，因此壁厚也较均匀
4	光洁、平整和幅度大的表面	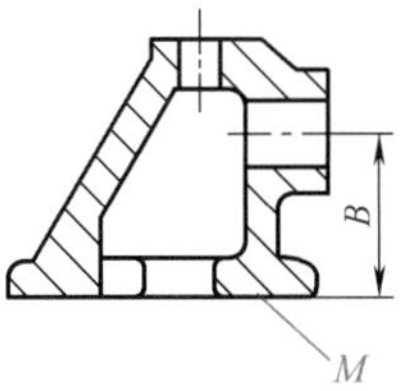	尽量选择光洁、平整和幅度大的表面作粗基准，如图所示的 M 面，以便定位准确、夹紧可靠

续表

序号	选择原则	图例	说明
5	一般只使用一次	表面 毛坯面 表面	粗基准一般只使用一次，尽量避免重复使用、因粗基准的表面粗糙度大、精度差，不能保证两次安装的位置相同，若重复使用会产生较大的误差 用小轴的毛坯面定位，分别加工表面，则必然会使表面的轴线产生较大的同轴度误差。因此，加工中粗基准一般只能使用一次，尽量避免重复使用

表 3-7　精基准的选择原则

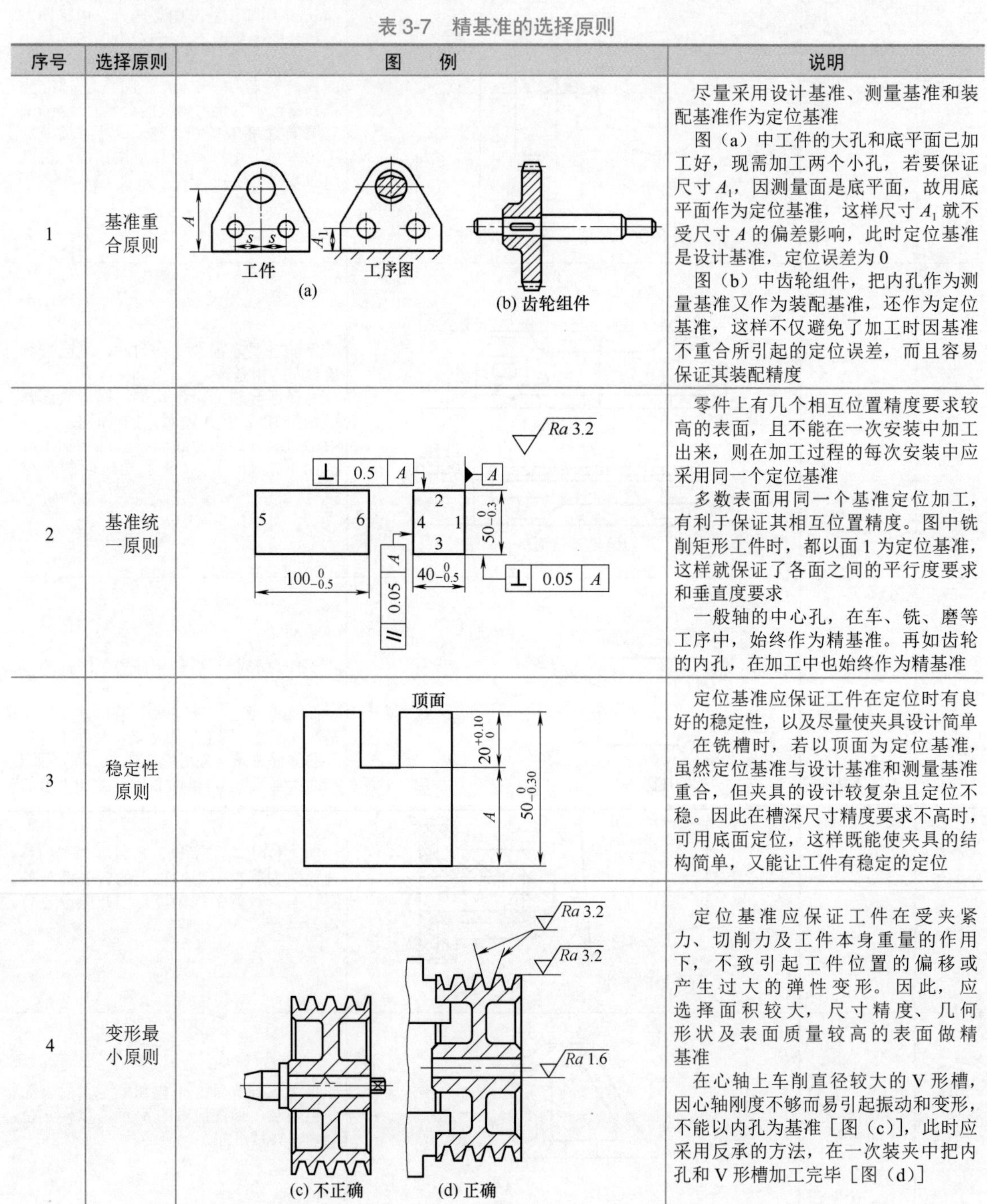

序号	选择原则	图例	说明
1	基准重合原则	工件　工序图 (a) (b) 齿轮组件	尽量采用设计基准、测量基准和装配基准作为定位基准 图（a）中工件的大孔和底平面已加工好，现需加工两个小孔，若要保证尺寸 A_1，因测量面是底平面，故用底平面作为定位基准，这样尺寸 A_1 就不受尺寸 A 的偏差影响，此时定位基准是设计基准，定位误差为 0 图（b）中齿轮组件，把内孔作为测量基准又作为装配基准，还作为定位基准，这样不仅避免了加工时因基准不重合所引起的定位误差，而且容易保证其装配精度
2	基准统一原则	Ra 3.2 ⊥ 0.5 A ⊥ 0.05 A // 0.05 A $100_{-0.5}^{\ 0}$　$40_{-0.5}^{\ 0}$　$50_{-0.3}^{\ 0}$	零件上有几个相互位置精度要求较高的表面，且不能在一次安装中加工出来，则在加工过程的每次安装中应采用同一个定位基准 多数表面用同一个基准定位加工，有利于保证其相互位置精度。图中铣削矩形工件时，都以面 1 为定位基准，这样就保证了各面之间的平行度要求和垂直度要求 一般轴的中心孔，在车、铣、磨等工序中，始终作为精基准。再如齿轮的内孔，在加工中也始终作为精基准
3	稳定性原则	顶面 $20_{\ 0}^{+0.10}$ A $50_{-0.30}^{\ \ 0}$	定位基准应保证工件在定位时有良好的稳定性，以及尽量使夹具设计简单 在铣槽时，若以顶面为定位基准，虽然定位基准与设计基准和测量基准重合，但夹具的设计较复杂且定位不稳。因此在槽深尺寸精度要求不高时，可用底面定位，这样既能使夹具的结构简单，又能让工件有稳定的定位
4	变形最小原则	Ra 3.2 Ra 3.2 Ra 1.6 (c) 不正确　(d) 正确	定位基准应保证工件在受夹紧力、切削力及工件本身重量的作用下，不致引起工件位置的偏移或产生过大的弹性变形。因此，应选择面积较大，尺寸精度、几何形状及表面质量较高的表面做精基准 在心轴上车削直径较大的 V 形槽，因心轴刚度不够而易引起振动和变形，不能以内孔为基准［图（c）］，此时应采用反承的方法，在一次装夹中把内孔和 V 形槽加工完毕［图（d）］

3.3 工艺过程的合理安排

对重要的零件，为了保证其加工质量和合理使用设备，加工过程一般应划分为三个阶段，即粗加工阶段、半精加工阶段和精加工阶段。

3.3.1 加工阶段的划分

加工阶段的性质和划分加工阶段的目的见表3-8。

表3-8 加工阶段的性质和划分加工阶段的目的

序号	内容		说　明
1	加工阶段的性质	粗加工阶段	粗加工是从坯料上切除较多余量，所能达到的精度比较低、表面粗糙度值比较大的加工过程，粗加工阶段的任务有两个方面： 一方面是以尽可能高的铣削效率，切除大部分的加工余量，减小工件的内应力，为精加工阶段做好准备 另一方面可及时发现毛坯的缺陷，如锻件的裂纹和铸件的夹砂、缩孔等，以便采取必要的措施
		半精加工阶段	半精加工是在粗加工和精加工之间所进行的加工过程。对毛坯余量较大和要求高的工件，在精加工之前可安排半精加工，以保证零件的质量。热处理工序一般安排在半精加工之前或之后
		精加工阶段	精加工是从工件上切除较少余量，所得精度比较高、表面粗糙度值比较小的加工过程，精加工阶段的任务是使零件的形状尺寸基本上已达到图样要求，若零件某些表面的精度要求很高，则还需要进行精细的光整加工，此时在精加工时还应放一些余量
2	划分加工阶段的目的	保证加工质量	工件在粗加工时，容易产生变形，可通过半精加工和精加工，逐步纠正工件的变形和加工误差，减小加工表面的粗糙度值，以保证加工质量；有利于在粗、精加工之间，安排热处理工序
		合理使用设备	加工过程划分阶段后，粗加工可采用功率大、刚性好和精度较低的机床加工，以充分发挥设备的潜力，提高生产效率；精加工时，则需用高精度的机床和工艺装备，以确保工件的加工精度

经验总结

并非所有零件都经过三个加工阶段，例如对加工精度和质量要求不高、工件刚性足够、毛坯质量高和加工余量小的工件，则不需划分加工阶段，尤其在单件生产时，可在一个工序内完成。另外，对一些重型的、毛坯余量很大的工件，则在精加工后还需超精加工或光整加工，才能达到要求。所以在安排加工顺序时，要根据零件的加工精度、生产批量和加工余量等具体情况进行灵活掌握。

3.3.2 加工工序的安排

加工工序的安排主要是指安排切削加工的先后顺序，确定热处理工序、检验工序和其他辅助工序在零件整个加工工艺过程中的位置。零件加工顺序安排得是否合理，对加工质量、生产率和经济性都有较大的影响。

（1）加工顺序的安排原则（表 3-9）

表 3-9　加工顺序的安排原则

序号	安排原则	说　　明
1	基准先行	先加工作为精基准的表面，以利于后面工序的定位正确
2	先粗后精	先把各加工面进行粗加工，然后安排半精加工和精加工
3	先主后次	先把精度要求高的表面作粗加工和半精加工。对易于出现废品的工序，精加工和光整加工可适当提前。在一般情况下，主要表面的精加工和光整加工，应放在最后进行，以免在加工其他表面时引起变形和损伤
4	先面后孔	箱体、支架类工件，应先加工平面，后加工内孔。这些工件平面轮廓大而平整，以平面定位比较稳定可靠，易保证平面与孔的位置精度

（2）热处理和辅助工序的安排

常用的热处理工序有退火、正火、调质、时效、淬火、渗氮等，热处理工序安排得是否合理，对零件的质量影响很大，合理安排热处理工序是确定工艺顺序中的一个主要内容。热处理的工序和辅助工序的安排见表 3-10。

表 3-10　热处理的工序安排和辅助工序的安排

序号	类别	说　　明
1	热处理的工序安排	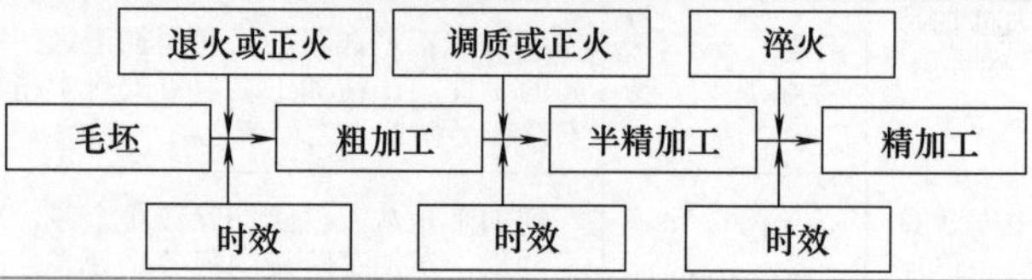 退火或正火　调质或正火　淬火 毛坯 → 粗加工 → 半精加工 → 精加工 时效　时效　时效
2	辅助工序的安排	辅助工序的种类很多，包括检验、去毛刺、倒棱边、去磁、清洗、动平衡、防锈和包装等，其中检验工序是主要辅助工序。除每道工序操作者自检外，一般在下列场合还应单独安排检验： ①零件粗加工阶段结束后 ②主要工序的前后 ③零件转换车间前后 ④零件最终加工之后

3.3.3　工序的集中与工序的分散

安排具体工件的加工工艺时，往往涉及工序集中与分散的问题。工序集中与工序分散是拟定工艺路线的两种不同的原则。确定工序集中与分散的原则见表 3-11。

表 3-11　工序集中与工序分散

序号	项目	定义	特　　点
1	工序集中	工序集中，即在每道工序中所加工的表面数量多，集中到极限时，一道工序就能把工件加工到图纸规定的要求	①有利于采用高效专用设备和工艺装备，显著提高生产率 ②减少工序数目，减少了机床、操作工人数量和生产面积，简化了生产计划和生产组织工作 ③减少了安装次数，缩短了辅助时间，有利于保证各加工表面间的位置精度 ④专用设备和工艺装备结构复杂、投资大、调整维修费时生产准备工作量大，产品转型困难
2	工序分散	工序分散，就是整个工艺过程中安排的工序数量增多，即每道工序加工的表面数量较少。分散到极限时，一道工序只包含一个简单的工步	①使用机床设备和工艺设备比较简单，调整方便 ②有利于选择合理的切削用量，减少机动时间 ③生产、技术准备工作量小，生产周期短，易适应产品更换 ④机床设备和操作工人数量多，生产面积大，工艺路线长

续表

序号	项目	定义	特点
3	确定工序集中与分散的原则	从上述比较可见，工序的集中与分散各有特点，它是拟定工艺过程必须考虑的重要问题。确定工序集中和分散的程度，应根据生产类型、零件的结构特点和技术要求、现有生产条件等因素进行综合分析而决定 ①大型工件安装、搬运困难，在其加工过程中，较多地采用工序集中原则。而中小型零件一般为成批生产，需要自动装卸、检测工件，为此一般采用工序分散原则 ②在编制工艺规程时，应根据生产规模的大小来决定把工艺过程分拆到什么程度。例如小批生产时只需制订到工序，而大批量流水线、自动线连续生产时，为了使每道工序的时间尽量相等，实现有节奏的生产，这时往往要分析每一个动作，严格控制每一道工序的时间 ③在成批生产的企业，一般把工序集中和分散混合使用，不过目前一般倾向于工序集中	

3.3.4 加工余量

合理的加工余量对保证加工质量、提高生产率、节约材料和减少加工费用、降低零件的成本，都有着极其重要的意义。加工余量主要有加工总余量和工序余量两种，具体内容见表3-12。

表3-12 加工余量

序号	项目	内容
1	工序余量	工序余量是指相邻两工序的工序尺寸之差，也就是指某一表面在一道工序中所切除表层的厚度。工序余量 a 不应小于上道工序留下的表面粗糙度 H_a，以及表面缺陷和变形层深度 T_a 之和，如图3-6所示。另外，还要考虑零件的弯曲和轴线的偏移等形位误差引起的偏差 工序余量公差又称为工序尺寸的公差，一般都单向地注向金属层内部，即按“向体”原则标注：对被包容面，如工件的厚度和轴等，工序尺寸就是最大尺寸；对于包容面，如槽和孔等，则工序尺寸就是最小尺寸 H_a a T_a 正常组织 图3-6 工序余量
2	加工总余量	加工总余量又称毛坯余量，是指毛坯尺寸与零件图的设计尺寸之差。加工总余量是工序余量的总和 加工总余量的公差就是毛坯公差，一般用双向公差表示。毛坯余量愈少，毛坯公差也应愈小，毛坯制造的要求愈高。毛坯余量和公差过大，会使切削加工的费用增加，毛坯材料消耗增加。另外，由于零件加工的第一道工序是利用粗基准面定位的，毛坯公差过大，往往只能采用低生产率（如按划线找正）的定位和装夹方法；因此在大批大量生产和采用专用夹具装夹时，必须设法减小毛坯余量和公差，以提高生产率、减少材料消耗和降低成本

经验总结

加工余量可分为单边余量和对称余量两种。在加工旋转表面（如外圆、内孔等）及对称表面（如槽宽等）时，加工余量一般以对称余量计算，其他大都用单边余量计算。

在工厂中，加工余量一般是根据查表法（可参考有关手册），并结合经验估计来确定。

3.4 工件的定位与定位元件

定位是确定工件在机床上或夹具中占有正确位置的过程。工件在加工过程中的位置是否准确，是加工精度能否达到要求的决定因素之一，在成批生产中尤为重要。因此，工件的定位是正确合理使用夹具和设计夹具的重要内容，必须理解和正确运用。

3.4.1 工件的定位

（1）六点定位原则

任何一个工件在未定位前，都可以成为在空间直角坐标系中的自由物体。它有六种运动的可能性，即有六个自由度。工件的六个自由度和六点定位原则见表 3-13。

表 3-13 工件的六点定位原则和六个自由度

序号	内容	图示	说明
1	工件的六个自由度	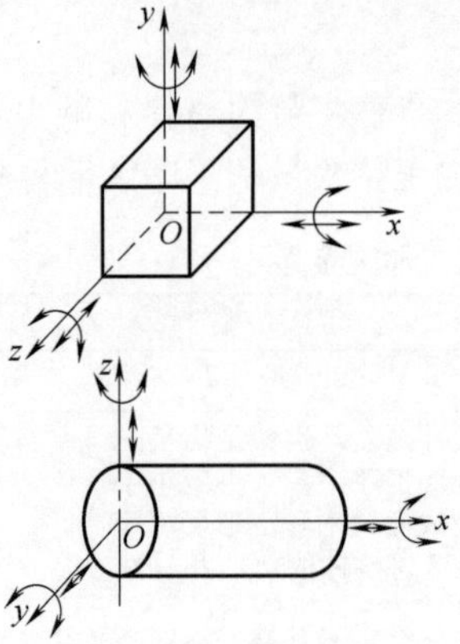	位于任意空间的工件，相对于三个相互垂直的坐标平面共有 6 个自由度，即工件沿 Ox、Oy、Oz 三个坐标轴移动的自由度（分别用 $\vec{x}$、$\vec{y}$、$\vec{z}$ 表示）和绕三个坐标轴转动的自由度（分别用 $\overset{\frown}{x}$、$\overset{\frown}{y}$、$\overset{\frown}{z}$ 表示）
2	工件的六点定位原则	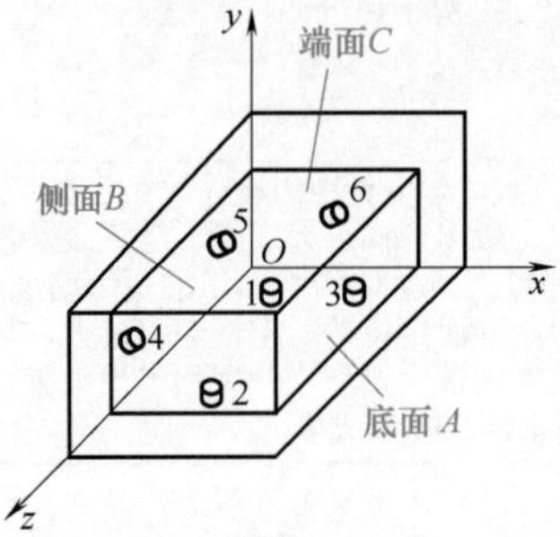	为使工件在夹具中有准确的位置，用合理分布的六个支承点来限制工件的六个自由度的原则，称为六点定位原则 长方形工件，其底面 A 由三个支承点支承，限制了工件沿 y 轴的移动（$\vec{y}$）和绕 x、z 轴的转动（$\overset{\frown}{x}$、$\overset{\frown}{z}$）三个自由度；侧面 B 靠在两个支承点上，限制了工件沿 x 轴的移动（$\vec{x}$）和绕 y 轴的转动（$\overset{\frown}{y}$）两个自由度；工件的端面 C 顶在一个支承点上，工件不可能再沿 z 轴移动（$\vec{z}$）。这样，工件在空间的六个自由度全部受到限制

（2）工件定位方式

工件加工时并非一定要限制工件的六个自由度，具体内容见表 3-14。

表 3-14 工件定位方式

序号	内容	图示	说明	备注
1	完全定位	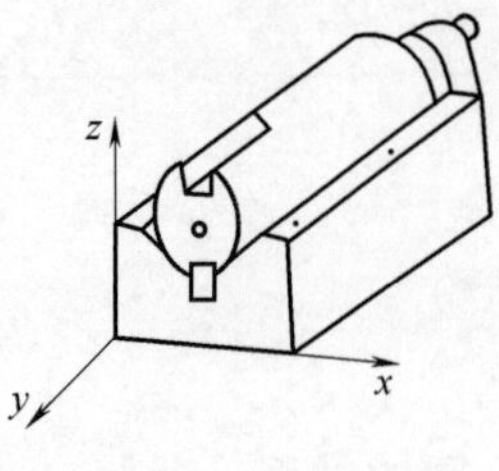	完全定位是工件的六个自由度全部被限制，它在夹具中只有唯一的位置 V 形块限制了 $\vec{x}$、$\vec{z}$、$\overset{\frown}{x}$、$\overset{\frown}{z}$；端面支承点限制 $\vec{y}$；定位键限制 $\overset{\frown}{y}$。六个自由度全部得到限制	并非任何情况下都需要限制工件的六个自由度。只有当工件在约定的某些坐标方向所要求的位置精度需要对其全部约束时，才采用完全定位

续表

序号	内容	图示	说明	备注
2	不完全定位（部分定位）		部分定位为工件定位时，在满足要求的前提下，少于六个支承点的限制 V形块限制工件$\vec{x}$、$\vec{z}$、$\widehat{x}$、$\widehat{z}$；四个自由度，剩下$\vec{y}$、$\widehat{y}$两个自由度不影响通槽的加工要求，所以可不必设置支承点限制，从而简化了夹具结构	不完全定位是合理的部分定位，不影响工件加工精度的那些自由度可以不加限制
3	欠定位		欠定位为定位点少于工件应该限制的自由度，使工件不能正确定位 用V形块定位。在工件上铣削封闭键槽，因端面上没有设置固定支承点，因此自由度未被限制，则键槽沿轴向的尺寸A将难以保证，造成了欠定位	欠定位是不合理的部分定位，其结果将无法保证工序所规定的加工要求。因此在确定工件在夹具中的定位方案时，绝不允许出现欠定位
4	重复定位（过定位）	(a) 弯曲力矩 (b)	由两个或两个以上的支承点重复限制同一个自由度的定位方式，即几个定位支承点重复限制同一个自由度。 用带肩的圆柱心轴装夹铣削键槽［图（a）］，长圆柱心轴限制了工件的$\vec{y}$、$\vec{z}$、$\widehat{y}$、$\widehat{z}$四个自由度，轴肩平面限制了工件的$\vec{x}$、$\widehat{y}$、$\widehat{z}$三个自由度，其中$\widehat{y}$、$\widehat{z}$两个自由度被重复限制，故是重复定位方式。当工件的端面与轴线的垂直度误差较大时，拧紧螺母会使工件的轴线与心轴轴线产生偏斜，严重时会使心轴或工件产生弯曲变形［图（b）］	重复定位有可能对加工产生定位不稳、工件变形等不利影响，通常应设法避免，但并不是所有的重复定位都不允许出现，在不影响加工精度的情况下，有时允许使用

（3）重复定位的处理

由重复定位的分析可知，它会影响工件的正确定位，造成定位不稳定，易产生定位误差和变形，因此在实际生产中应设法加以消除。处理重复定位的方法很多，如消除多余的固定支承，将一个平面上的四个支承点可以撤掉一个（图3-7）；把长定位销改为短销；把大定位面改成小定位面等。下面将以用带肩的圆柱心轴装夹铣削键槽为例，介绍解决重复定位的措施，具体方法见表3-15。

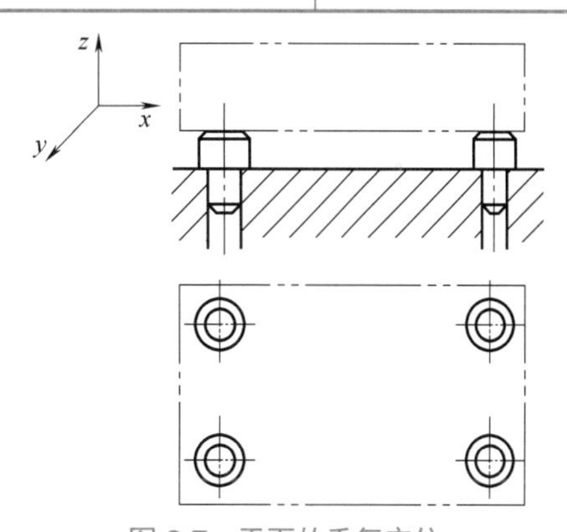

图3-7 平面的重复定位

表3-15 解决重复定位的措施

序号	方法	图示	说明
1	改变定位元件的结构		把长心轴定位改为短心轴定位 短心轴只限制工件的$\vec{y}$、$\vec{z}$、两个自由度，故不会产生重复定位，但不适用较长的轴套类工件的定位

续表

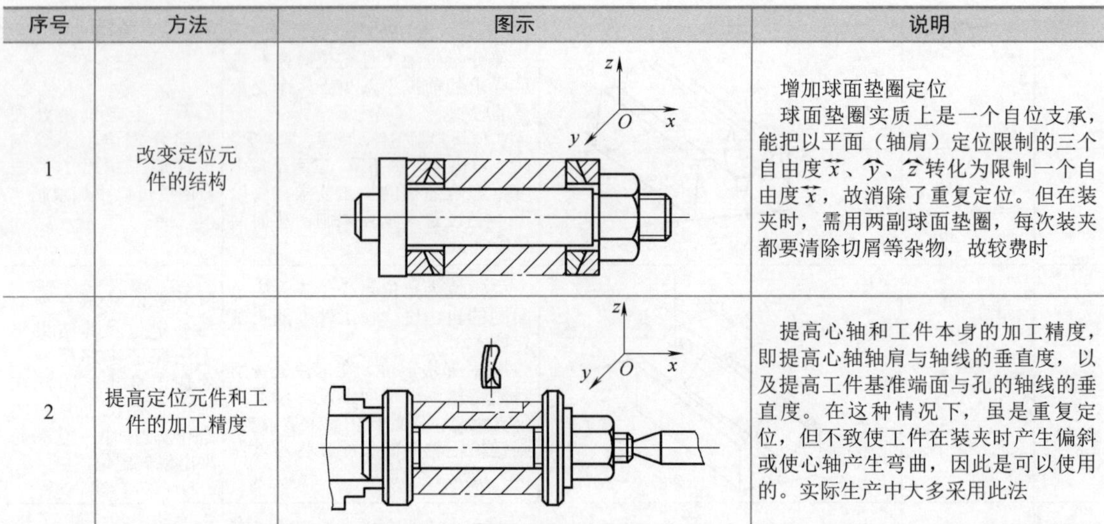

序号	方法	图示	说明
1	改变定位元件的结构		增加球面垫圈定位 球面垫圈实质上是一个自位支承，能把以平面（轴肩）定位限制的三个自由度$\overrightarrow{x}$、$\overset{\frown}{y}$、$\overset{\frown}{z}$转化为限制一个自由度$\overrightarrow{x}$，故消除了重复定位。但在装夹时，需用两副球面垫圈，每次装夹都要清除切屑等杂物，故较费时
2	提高定位元件和工件的加工精度		提高心轴和工件本身的加工精度，即提高心轴轴肩与轴线的垂直度，以及提高工件基准端面与孔的轴线的垂直度。在这种情况下，虽是重复定位，但不致使工件在装夹时产生偏斜或使心轴产生弯曲，因此是可以使用的。实际生产中大多采用此法

（4）常见工件加工所需限制的自由度（表 3-16）

表 3-16　常见工件加工所需限制的自由度

序号	图示	需要限制的自由度
1		$\overrightarrow{z}$、$\overrightarrow{y}$
2		$\overrightarrow{z}$、$\overset{\frown}{x}$、$\overset{\frown}{y}$
3		$\overrightarrow{x}$、$\overrightarrow{z}$、$\overset{\frown}{y}$、$\overset{\frown}{z}$
4		$\overrightarrow{y}$、$\overrightarrow{z}$、$\overset{\frown}{y}$、$\overset{\frown}{z}$
5		$\overrightarrow{y}$、$\overrightarrow{z}$、$\overset{\frown}{x}$、$\overset{\frown}{y}$、$\overset{\frown}{z}$

续表

序号	图示	需要限制的自由度
6	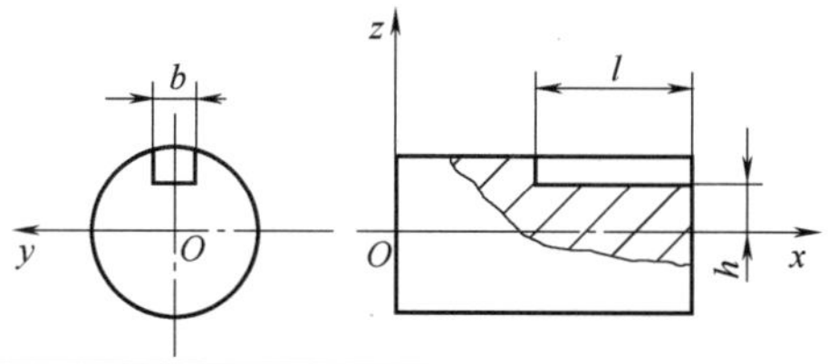	$\overleftrightarrow{x}$、$\overleftrightarrow{y}$、$\overleftrightarrow{z}$、$\widehat{y}$、$\widehat{z}$
7	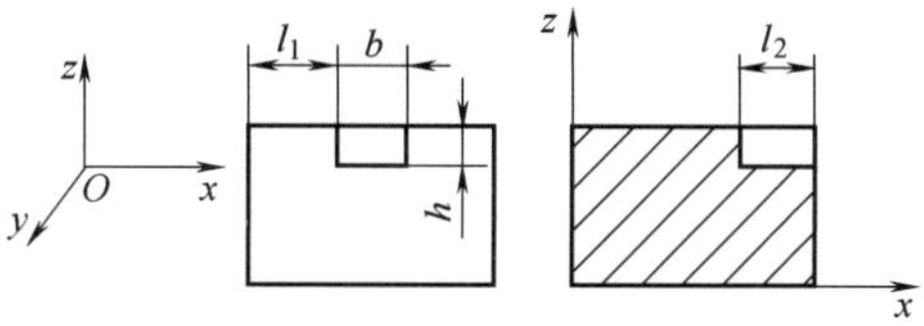	$\overleftrightarrow{x}$、$\overleftrightarrow{y}$、$\overleftrightarrow{z}$、$\widehat{x}$、$\widehat{y}$、$\widehat{z}$
8	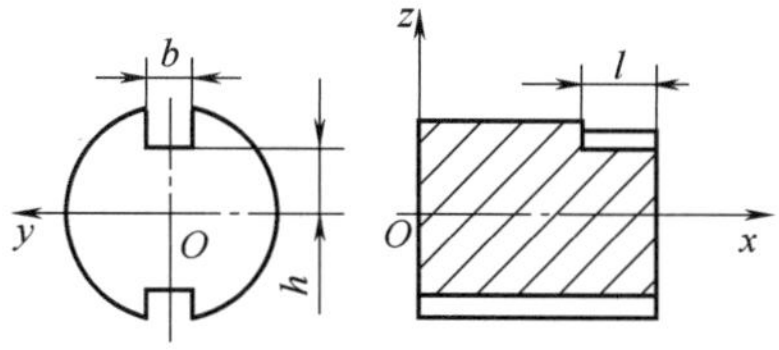	$\overleftrightarrow{x}$、$\overleftrightarrow{y}$、$\overleftrightarrow{z}$、$\widehat{x}$、$\widehat{y}$、$\widehat{z}$
9	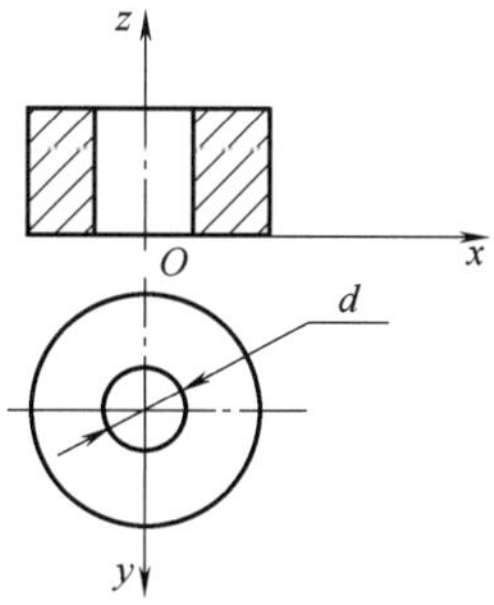	$\overleftrightarrow{x}$、$\overleftrightarrow{y}$、$\widehat{x}$、$\widehat{y}$
10	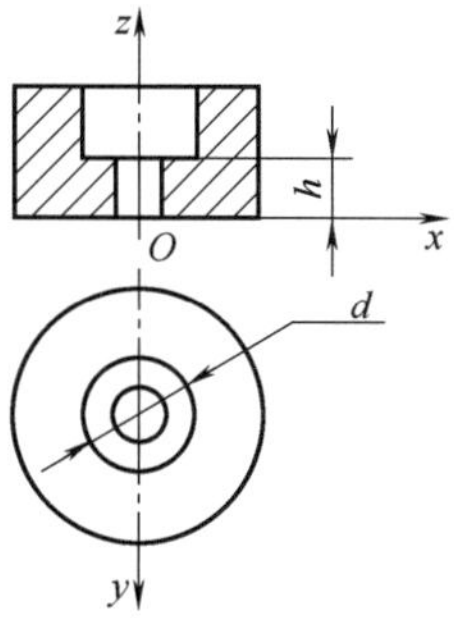	$\overleftrightarrow{x}$、$\overleftrightarrow{y}$、$\overleftrightarrow{z}$、$\widehat{x}$、$\widehat{y}$
11	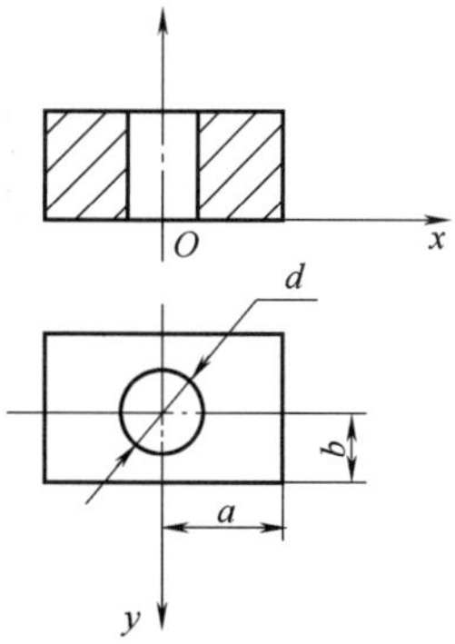	$\overleftrightarrow{x}$、$\overleftrightarrow{y}$、$\widehat{x}$、$\widehat{y}$、$\widehat{z}$

续表

序号	图示	需要限制的自由度
12	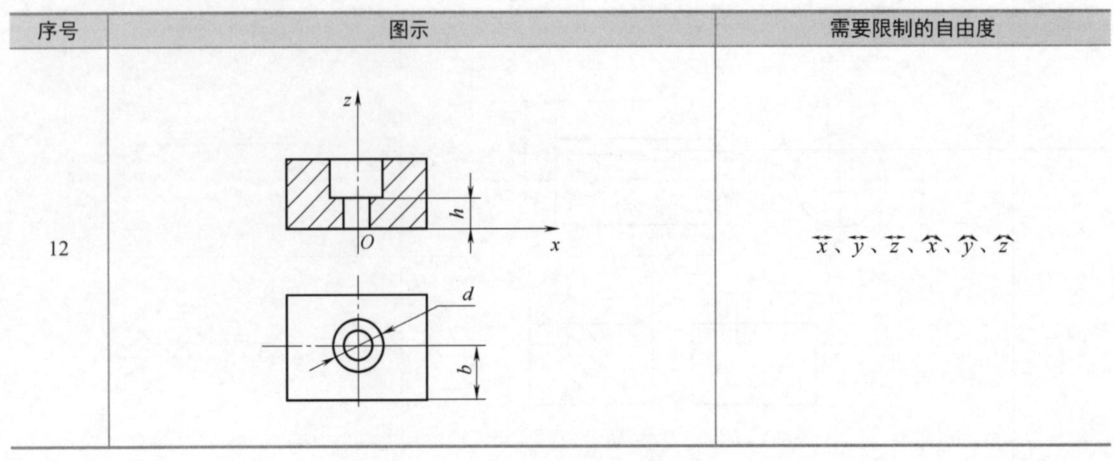	$\vec{x}$、$\vec{y}$、$\vec{z}$、$\widehat{x}$、$\widehat{y}$、$\widehat{z}$

3.4.2 定位元件

前面已介绍了工件定位原理及定位基准选择的原则。在实际应用时，一般不允许将工件的定位基面直接与夹具体接触，而是通过定位元件上的工作表面与工件定位基面的接触来实现定位。定位基面与定位元件的工作表面合称为定位副。

图 3-8 为一套定位元件的各个组成部分及受力示意图。

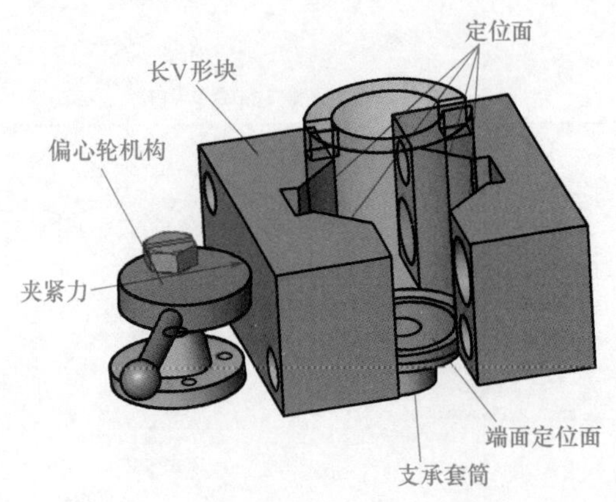

图 3-8 定位元件的组成部分及受力示意图

（1）对定位元件的基本要求（表 3-17）

定位元件要有较高的精度、较好的耐磨性、足够的强度和刚性、较好的工艺性以及便于清除切屑等。

表 3-17 对定位元件的基本要求

序号	基本要求	说 明
1	足够的精度	由于工件的定位是通过定位副的接触（或配合）实现的。定位元件工作表面的精度直接影响工件的定位精度，因此定位元件工作表面应有足够的精度，以保证加工精度要求
2	足够的强度和刚度	定位元件不仅限制工件的自由度，还有支承工件、承受夹紧力和切削力的作用。因此还应有足够的强度和刚度，以免使用中变形和损坏
3	有较高的耐磨性	工件的装卸会磨损定位元件工作表面，导致定位元件工作表面精度下降，引起定位精度的下降。当定位精度下降至不能保证加工精度时则应更换定位元件。为延长定位元件更换周期，提高夹具使用寿命，定位元件工作表面应有较高的耐磨性
4	良好的工艺性	定位元件的结构应力求简单、合理，便于加工、装配和更换

（2）常用定位元件所能限制的自由度

根据工件形状和加工要求的不同，定位元件的结构、形状、尺寸及布置形式等也有很多种。常用定位元件所能限制的自由度见表 3-18。

表 3-18 常用定位元件所能限制的自由度

序号	定位元件	图示	限制的自由度
1	支承钉	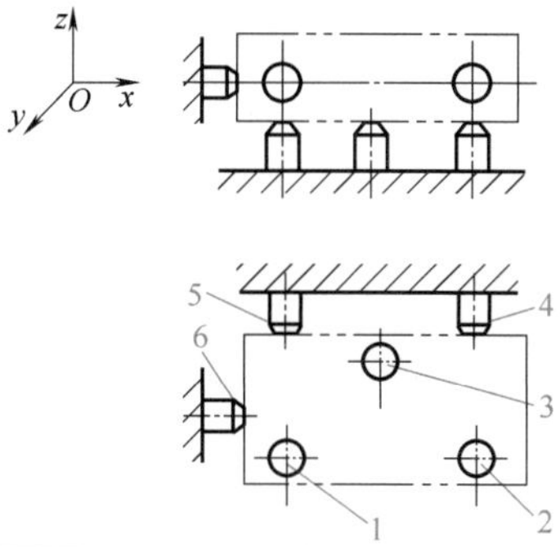	每个支承钉限制一个自由度。其中： ①支承钉 1、2、3 与底接触，限制三个自由度（$\overleftrightarrow{z}$、$\overset{\frown}{x}$、$\overset{\frown}{y}$） ②支承钉 4、5 与侧面接触，限制两个自由度（$\overleftrightarrow{y}$、$\overset{\frown}{z}$） ③支承钉 6 与端面接触，限制一个自由度（$\overleftrightarrow{x}$）
2	支承板	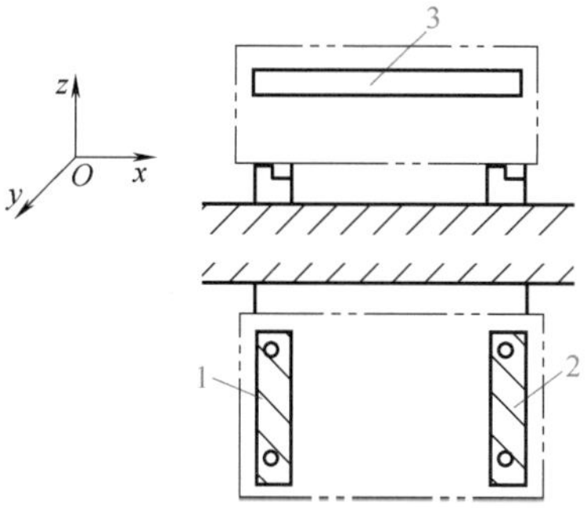	两条窄支承板 1、2 组成同一平面，与底面接触，限制三个自由度（$\overleftrightarrow{x}$、$\overset{\frown}{x}$、$\overset{\frown}{y}$） 一个窄支承板 3 与侧面接触，限制两个自由度（$\overleftrightarrow{y}$、$\overset{\frown}{z}$）
		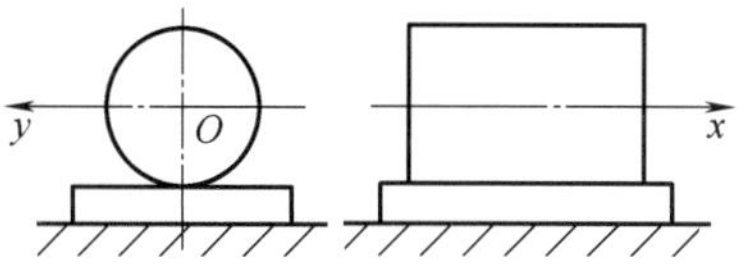	支承板与圆柱素线接触，限制两个自由度（$\overleftrightarrow{z}$、$\overset{\frown}{y}$）
		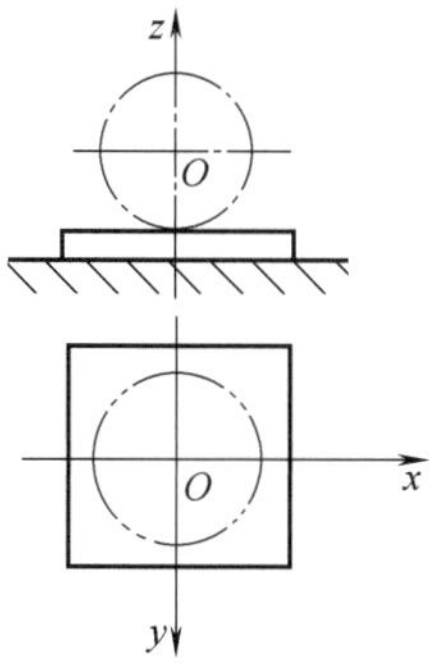	支承板与球面接触，限制一个自由度（$\overleftrightarrow{z}$）
3	定位销	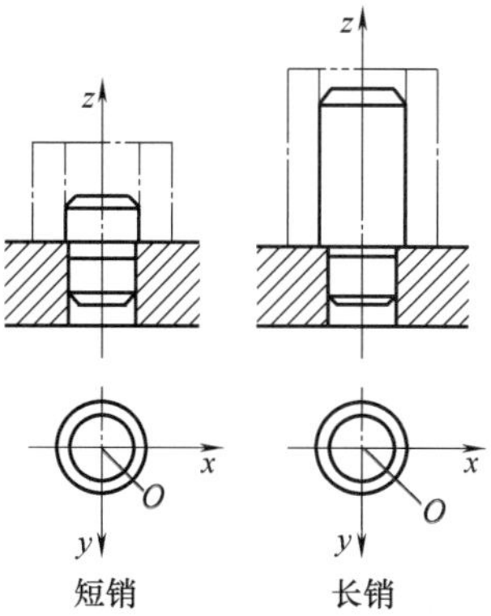 短销　长销	短销与圆孔配合，限制两个自由度（$\overleftrightarrow{x}$、$\overleftrightarrow{y}$） 长销与圆孔配合，限制四个自由度（$\overleftrightarrow{x}$、$\overleftrightarrow{y}$、$\overset{\frown}{x}$、$\overset{\frown}{y}$）

续表

序号	定位元件	图示	限制的自由度
4	削边销	短削边销　长削直销	短削边销与圆孔配合，限制一个自由度（$\vec{x}$） 长削边销与圆孔配合，限制两个自由度（$\vec{x}$、$\widehat{y}$）
5	锥销	固定锥销　活动锥销	固定锥销与圆孔端面圆周接触，限制三个自由度（$\vec{x}$、$\vec{y}$、$\vec{z}$） 活动锥销与圆孔端面圆周接触，限制两个自由度（$\vec{x}$、$\vec{y}$）
6	定位套	短套　长套	短套与轴配合，限制两个自由度（$\vec{x}$、$\vec{y}$、） 长套与轴配合，限制四个自由度（$\vec{x}$、$\vec{y}$、$\widehat{x}$、$\widehat{y}$）
7	锥套	固定锥套　活动锥套	固定锥套与轴端面圆周接触，限制三个自由度（$\vec{x}$、$\vec{y}$、$\vec{z}$） 活动锥套与轴端面圆周接触，限制两个自由度（$\vec{x}$、$\vec{y}$）

续表

序号	定位元件	图示	限制的自由度
8	V 形架	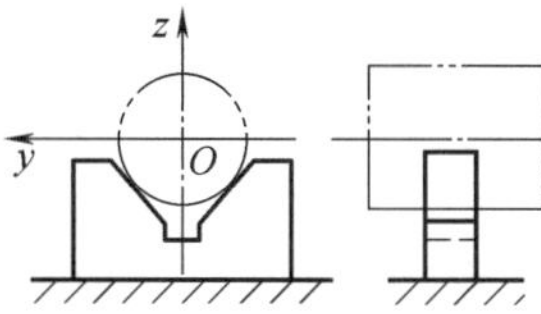 短V形架 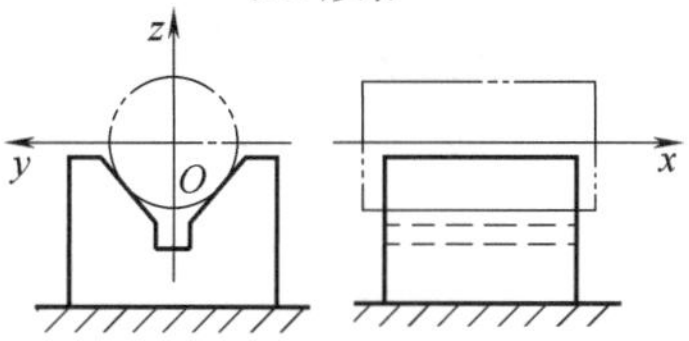 长V形架	短 V 形架与圆柱面接触，限制两个自由度（$\overleftrightarrow{y}$、$\overleftrightarrow{z}$） 长 V 形架与圆柱面接触，限制四个自由度（$\overleftrightarrow{y}$、$\overleftrightarrow{z}$、$\widehat{y}$、$\widehat{z}$）
9	半圆孔	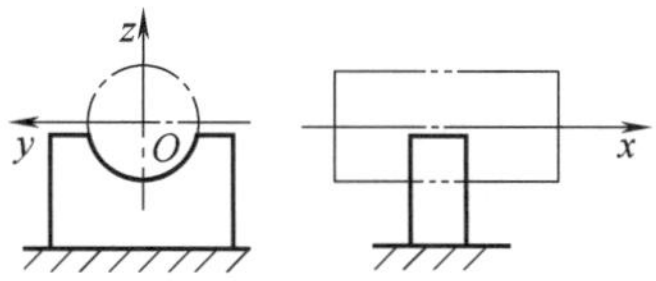 短半圆孔 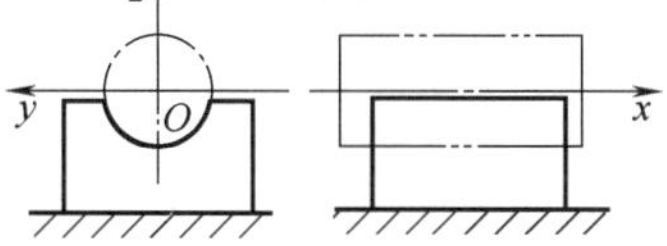 长半圆孔	短半圆孔与圆柱面接触，限制两个自由度（$\overleftrightarrow{y}$、$\overleftrightarrow{z}$） 长半圆孔与圆柱面接触，限制四个自由度（$\overleftrightarrow{y}$、$\overleftrightarrow{z}$、$\widehat{y}$、$\widehat{z}$）
10	三爪卡盘	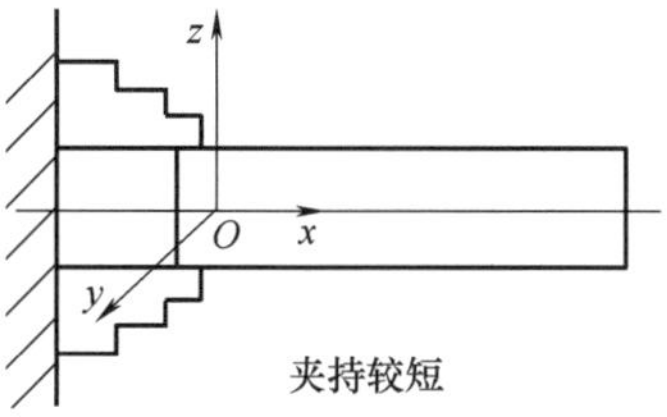 夹持较短 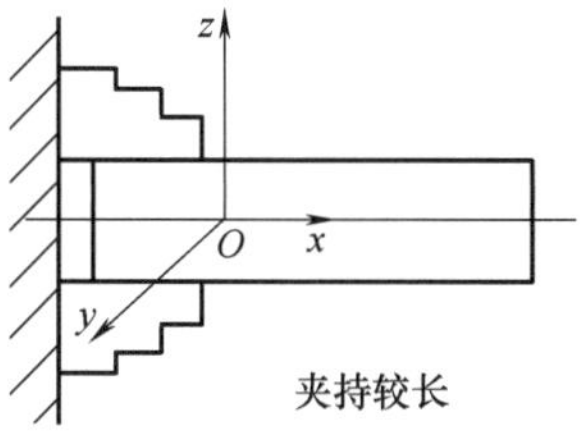 夹持较长	夹持工件较短，限制两个自由度（$\overleftrightarrow{y}$、$\overleftrightarrow{z}$） 夹持工件较长，限制四个自由度（$\overleftrightarrow{y}$、$\overleftrightarrow{z}$、$\widehat{y}$、$\widehat{z}$）
11	两顶尖	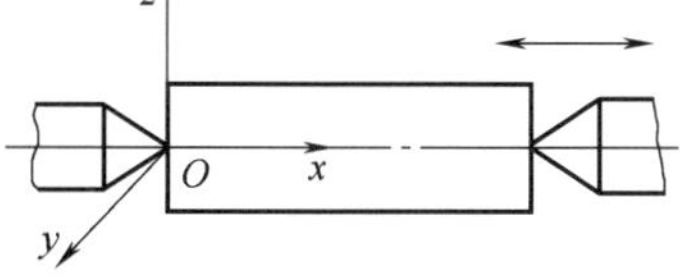	一端固定，一端活动，共消除 5 个自由度（$\overleftrightarrow{x}$、$\overleftrightarrow{y}$、$\overleftrightarrow{z}$、$\widehat{y}$、$\widehat{z}$）

（3）常用定位元件的结构与作用

工件的定位方式和定位元件的结构形式，主要取决于工件定位基面的结构形状和大小。常用定位元件按工件定位基准分为以平面定位的定位元件、以外圆柱面定位的定位元件、以孔定位的定位元件等。

① 工件以平面为基准时的定位元件（表 3-19）

表 3-19 工件以平面为基准时的定位元件

<table>
<tr><th>序号</th><th colspan="2">定位元件</th><th>图示</th><th>说明</th></tr>
<tr><td rowspan="5">1</td><td rowspan="5">固定支承</td><td rowspan="3">支承钉</td><td>A型(平头形) 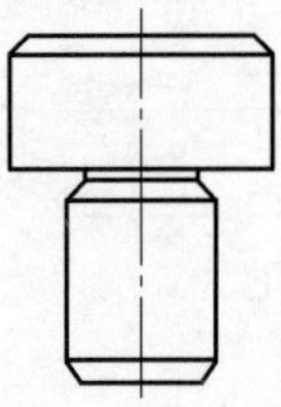</td><td>用于工件已加工平面的定位和半精基准的定位。由于接触面大、压力小，可避免压坏定位基面</td></tr>
<tr><td>B型(球头形) 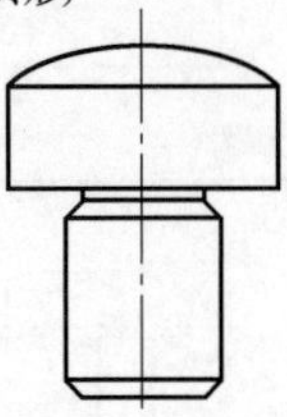</td><td>用于工件毛坯表面的定位。由于毛坯表面质量不稳定，为求得较为稳固的点接触，故采用球面支承。这种支承钉与工件形成点接触，接触应力较大，负荷较大，容易压溃工件表面，使表面留下浅坑，使用中应予以注意，尽量不在负荷较大的场合应用</td></tr>
<tr><td>C型(齿纹头) 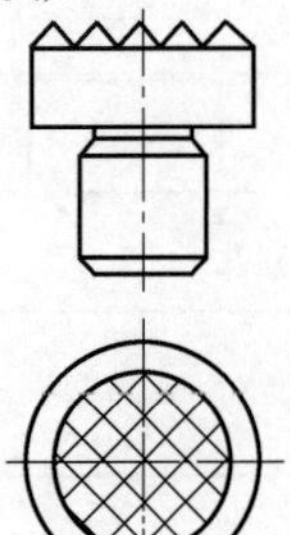</td><td>它的应用特点主要是能在负荷力作用下与工件表面形成弹性变形接触，产生一定的啮合力，从而增大与工件表面的摩擦，增加定位稳定性，一般用于工件侧定位或倾斜状态下的定位。使用中，齿纹头支承钉也易损伤工件表面，所以多用于还需再精加工的工件表面的定位</td></tr>
<tr><td rowspan="2">支承板</td><td>A型 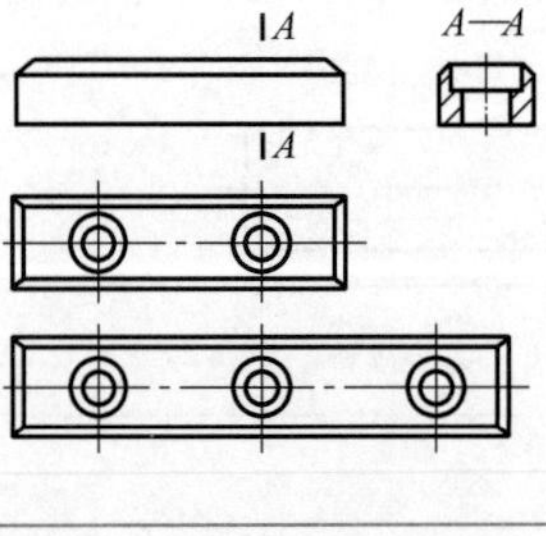
A A—A A</td><td>A 型支承板为平面形，其结构简单，表面平滑，不会造成对工件移动的阻碍，但其螺钉安装沉孔处易残存切屑且不易清理。所以，这种支承板多用于工件的侧面、顶面及不易存屑方向上的定位</td></tr>
<tr><td>B型 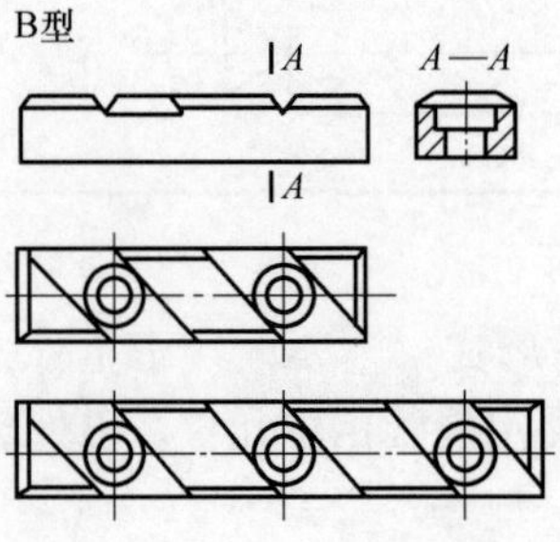
A A—A A</td><td>B 型支承板为带屑槽式支承板，它在 A 型支承板基础上做了改进，工作表面上开出 45° 的容屑槽，并把螺钉沉孔设置到容屑槽中，使支承板的工作面上难以存留残屑。此种结构有利于清屑，即使工件的表面上粘有碎屑，也会由于工件与支承板的相对运动而被 45° 槽边刮除，使切屑难以进入定位面</td></tr>
</table>

续表

序号	定位元件	图示	说明
2	自位支承	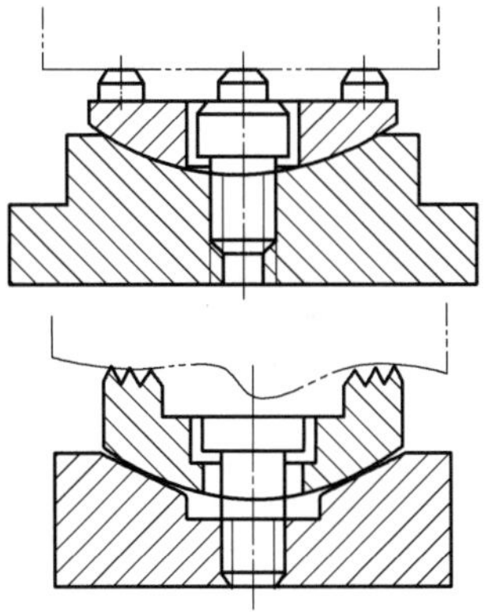	自位支承可用于毛坯平面、断续平面、阶梯平面和环形面的定位。它的特点是：能使两个或三个支承点只起一个支承点的作用。工作时，浮动支承点的位置能随着工件定位基准位置的变化而自动调节，并使与之适应。当基准面有误差时，压下其中一点，其余点即上升，直至全部接触为止，故其作用相当于一个固定支承点，只限制一个自由度。其最大优点是能把以几个点或线及平面接触的两个或三个支承点转化为一个支承点，消除重复定位的不良影响还可以提高工件的安装刚性和稳定性，缺点是结构较复杂
3	可调支承	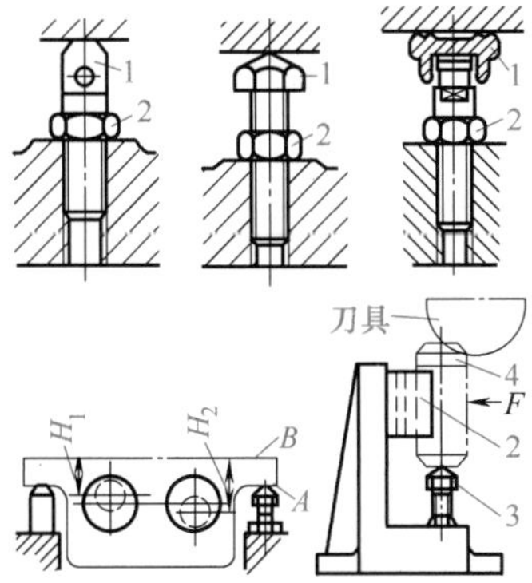 1 2 1 2 1 2 刀具 4 F 2 3 H_1 H_2 B A	可调支承指尺寸可需要进行调节的支承。在同一批工件加工中，其作用相当于固定支承，在加工前只调整一次，若每件都进行调整，就失去夹具定位的作用 适用于每批工件的加工余量不相同、定位尺寸和基准稍有变化的粗基准定位
4	辅助支承	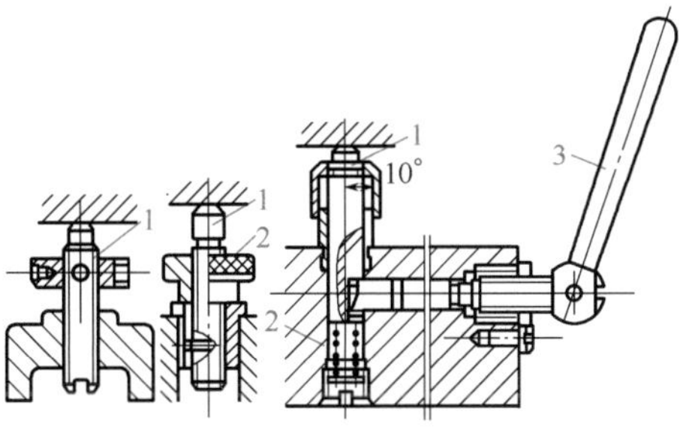 1 1 2 1 10° 2 3 辅助支承 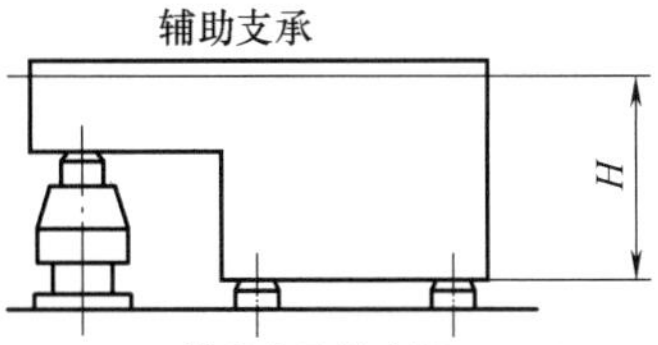 H 辅助支承的应用	为提高工件的安装刚度及稳定性，防止工件的切削振动及变形，或为工件的预定位而设置非正式定位支承称为辅助支承。辅助支承不起定位作用 工件需铣削顶平面，以保证铣削高度 *H*。本工序靠工件较窄小的底部阶台面作为主要定位基准，并且工件的左半部悬伸部分壁厚较薄，刚性较差。为防止工件左端在切削力作用下产生变形和铣削振动，在工件左端悬伸部位下设置辅助支承，来提高工件的安装稳定性和刚性

② 工件以外圆为基准时的定位元件（表 3-20）

表 3-20 工件以外圆为基准时的定位元件

序号	定位元件	图示	说明
1	V 形块	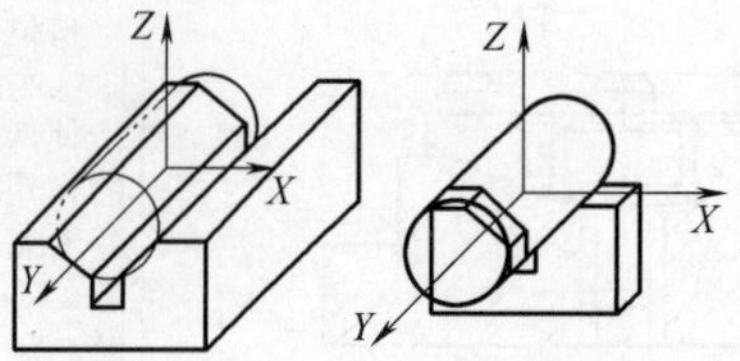 长V形块　短V形块	V 形块的夹角，常用的有 60°、90° 和 120° 三种。V 形块既可适用于完整的圆柱面定位，也适用于非完整的圆柱面定位，还适用于台阶轴和曲轴的定位，对中性好，可保证工件轴线在水平方向的定位误差为零，安装十分方便 长 V 形块限制 4 个自由度 短 V 形块限制 2 个自由度
2	定位套	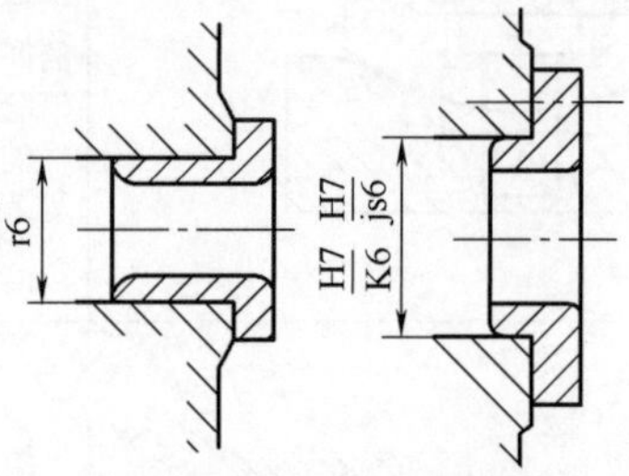 长定位套　短定位套	适用于精基准定位，简单方便，但定心精度不高 长定位套限制 4 个自由度 短定位套限制 2 个自由度 为了保证轴向定位精度，常与端面联合定位，共限制 5 个自由度
3	半圆定位座	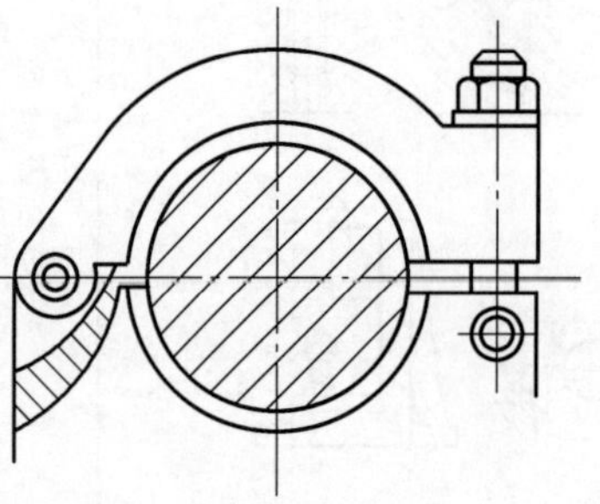	下半圆孔固定在夹具上作定位用，上半圆孔是可动的，起夹紧作用。常用于不适合以整圆定位的大型轴类零件的定位或外圆已精加工过的工件。夹紧力均匀，装卸工件方便，但定心精度不高 夹具体较长时限制 4 个自由度 夹具体较短时限制 2 个自由度

③工件以圆柱孔为基准时的定位元件（表 3-21）

表 3-21 工件以圆柱孔为基准时的定位元件

序号	定位元件	图示	说明
1	定位心轴	圆柱心轴 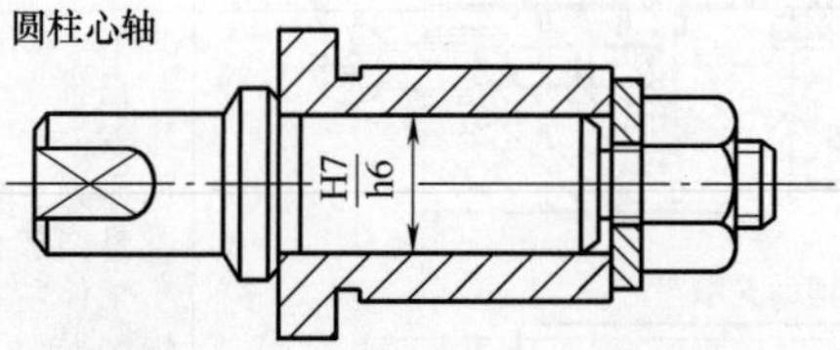	只能用于加工同轴度要求较低的工件。装卸工件方便，但定位精度低 长心轴限制 4 个自由度 短心轴限制 2 个自由度
		圆锥心轴 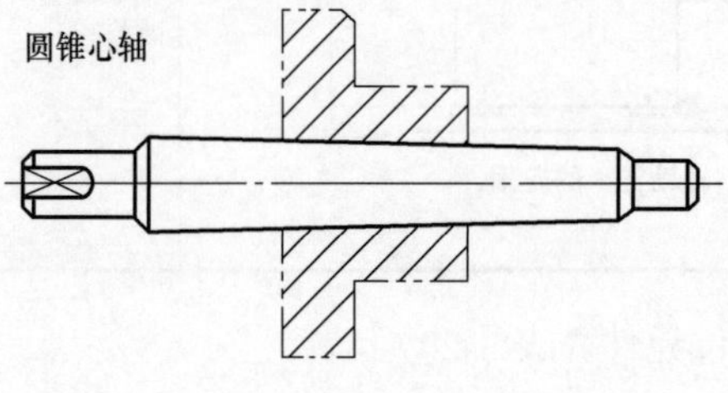	用于加工短小工件高精度定心的精度或磨削工序。定心精度高，传递的转矩较小，装卸不方便，且使端面得不到加工，即工件轴向位置无法控制，又因圆锥角的存在，工件会产生一定的歪斜

续表

序号	定位元件	图示	说明
2	定位销		主要用于工件除圆柱孔为定心基准外，还需要以垂直于圆柱孔轴心线的端面亦为定位基准的情况 长销限制4个自由度 短销限制2个自由度 固定式［图（a）、（b）、（c）］：结构简单，刚性好，但不便于更换 可换式［图（d）］：用于定位销需要定期更换的场合
3	短圆锥销		用于圆孔和端面定位。锥销对圆孔定位时，接触在孔端的边缘上 固定销限制3个自由度 活动销限制2个自由度

3.4.3 定位误差

工件在夹具定位元件上定位时，由于工件和定位元件总会有制造误差，所以工件在夹具中的位置将会在一定范围内变动，即在一定的定位误差内变动。定位误差$\Delta_{定位}$由两部分组成：一是基准位移误差，它是由于定位元件的制造误差产生的；二是基准不重合误差，它是由于定位基准和设计基准不重合时产生的误差。对于不同的定位元件，定位误差是不同的。

（1）平面的定位误差

在铣削加工中，平面的定位多见于用虎钳装夹，其定位误差分三种情况。平面的定位误差分析见表3-22。

表 3-22 平面的定位误差

序号	设计基准		定位基准	定位误差
1	上母线	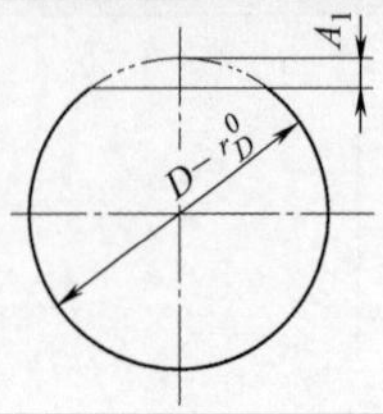 $D-^{0}_{T_D}$，A_1	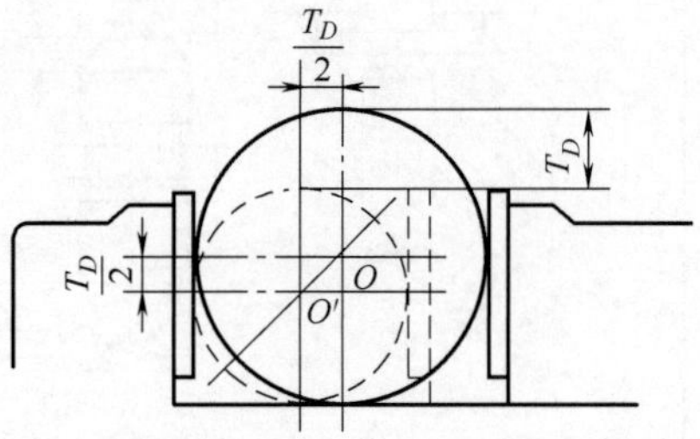 注：T_D 为工件外圆的公差值，mm	$\Delta_{定位}=T_D$
2	轴线	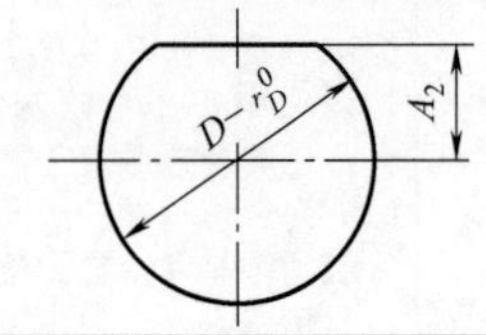 $D-^{0}_{T_D}$，A_2		$\Delta_{定位}=T_D/2$
3	下母线	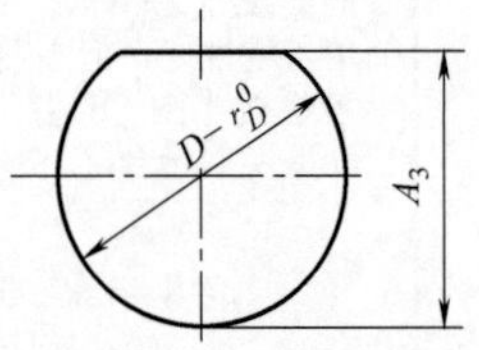 $D-^{0}_{T_D}$，A_3		$\Delta_{定位}=0$

（2）V 形块的定位误差

工件以外圆柱面定位，安装在 V 形块中，如不考虑 V 形块的制造误差，则定位基准在 V 形块对称平面上，它在水平方向的位移为零。但在垂直方向上，因工件外圆柱面有制造误差，并由于工件的设计基准不同，因此产生了三种形式的定位误差。V 形块的定位误差分析见表 3-23。

表 3-23 V 形块的定位误差

序号	设计基准		定位基准	定位误差
1	上母线	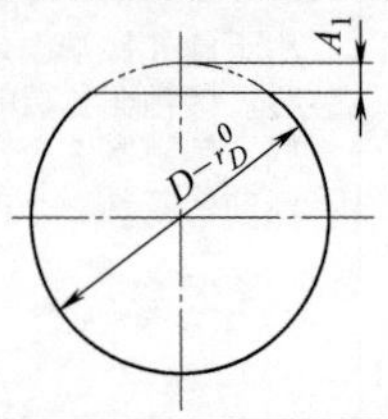 $D-^{0}_{T_D}$，A_1	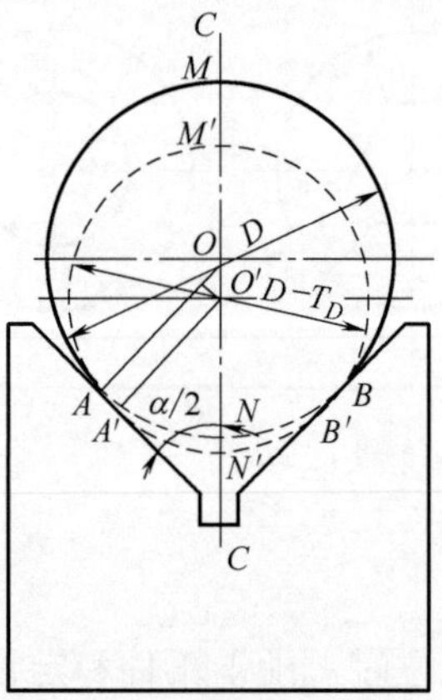 注：T_D 为外圆的公差值，mm α 为 V 形块的夹角，(°)	$\Delta_{定位}=\overline{MM'}=\frac{T_D}{2}\left[\frac{1}{\sin\frac{\alpha}{2}}+1\right]$ 当 α=90° 时，$\Delta_{定位}=1.207T_D$
2	轴线	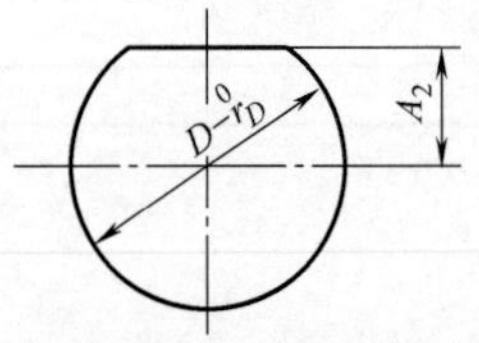 $D-^{0}_{T_D}$，A_2		$\Delta_{定位}=\overline{OO'}=\frac{T_D}{2\sin\frac{\alpha}{2}}$ 当 α=90° 时，$\Delta_{定位}=0.707T_D$
3	下母线	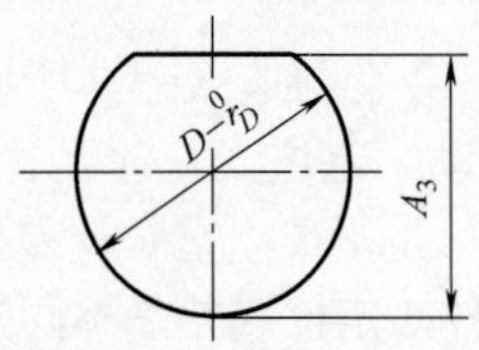 $D-^{0}_{T_D}$，A_3		$\Delta_{定位}=\overline{NN'}=\frac{T_D}{2}\left[\frac{1}{\sin\frac{\alpha}{2}}-1\right]$ 当 α=90° 时，$\Delta_{定位}=0.207T_D$

（3）心轴的定位误差

根据定位心轴与圆柱孔的接触形式不同分为两种情况，具体见表 3-24。

表 3-24　心轴的定位误差

序号	项目	图示	定位误差
1	单边接触	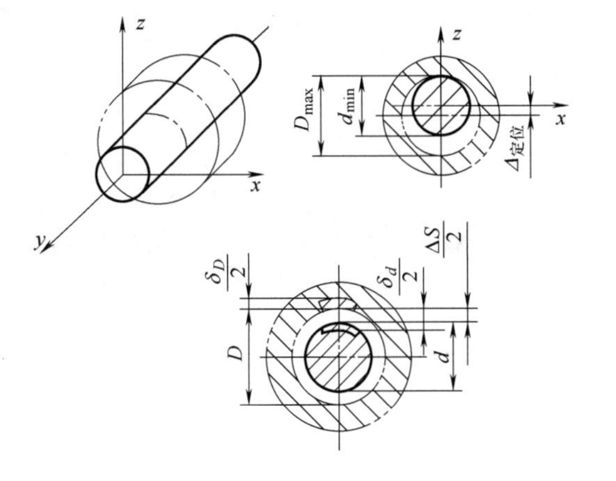	间隙配合单边接触定位心轴的定位误差 $\Delta_{定位}$为 $\Delta_{定位}=\dfrac{\delta_D+\delta_d+\Delta S}{2}$ 式中，δ_D 为孔的直径公差，mm；δ_d 为心轴的直径公差，mm；ΔS 为定位副最小配合间隙 ,mm
2	双边接触	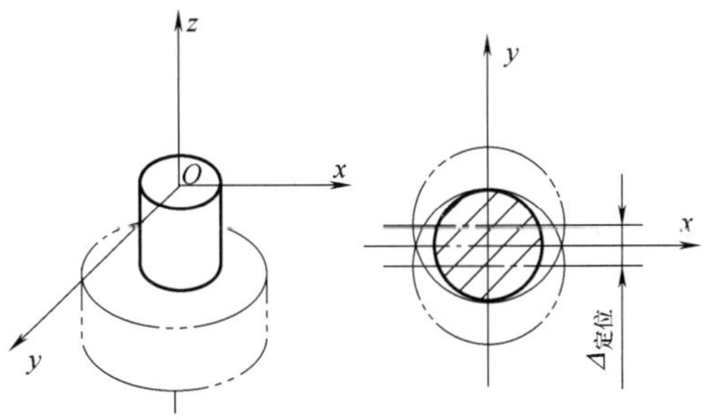	x 轴方向的双边径向定位误差 $\Delta_{定位}$为 $\Delta_{定位}=\delta_D+\delta_d+\Delta S$
		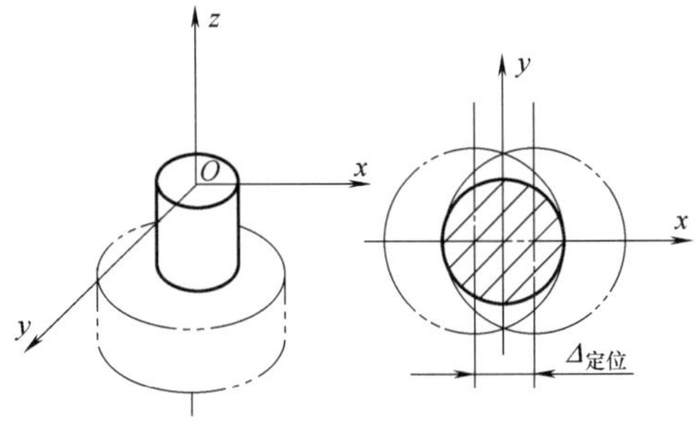	y 轴方向的双边径向定位误差 $\Delta_{定位}$为 $\Delta_{定位}=\delta_D+\delta_d+\Delta S$

3.5 工件的夹紧及夹紧机构

夹紧的目的是使准确定位的工件保持正确的位置，使工件在加工过程中虽然受切削力、离心力、惯性力等外力的作用，也不会改变工件准确的位置。

图 3-9 为铣床夹具和夹紧后的效果。

图 3-9　铣床夹具和夹紧后的效果

3.5.1　夹紧装置的组成和要求

夹紧装置主要由力源装置（产生夹紧作用力的装置）、中间递力机构（夹紧装置的最终执行元件）和夹紧元件三大部分组成（图 3-10）。

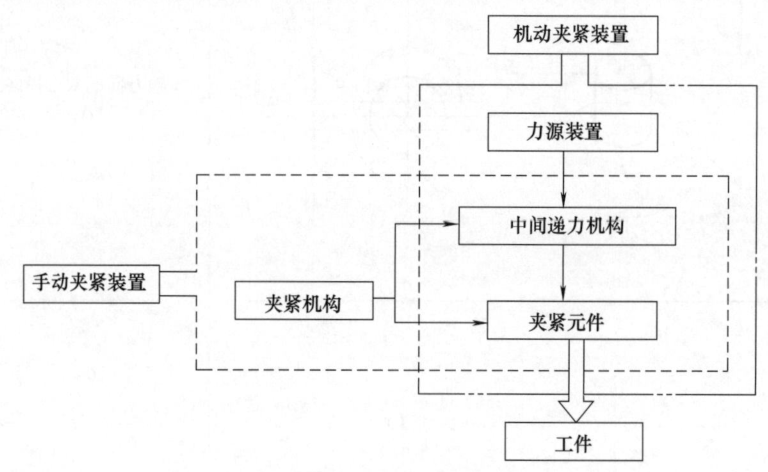

图 3-10　夹紧装置的组成

夹紧作用的好坏，会影响工件的加工精度、表面粗糙度及生产效率。夹紧装置应满足的基本要求，见表 3-25。

表 3-25　夹紧装置应满足的基本要求

序号	夹紧要求	详细说明
1	正	不破坏定位。在夹紧力的作用下，工件不应离开定位支承
2	牢	夹紧力大小应适当。夹紧后，不应破坏工件的正确定位
3	快	夹紧装置应操作安全、方便、省力
4	简	力求结构简单紧凑，有足够的刚性和强度，便于制造和维修

3.5.2　夹紧力的分析

夹紧力的大小、方向、作用点称为夹紧力的三要素。在操作过程中，装夹工件、使用夹具以及考虑夹紧机构的结构时，必须正确地解决夹紧力三要素在实际装夹工件中的应用。同时夹紧机构的结构应尽量简单、紧凑、操作安全方便和有足够的刚性。夹紧力的分析见表3-26。

（1）夹紧力的大小（表3-26）

表3-26 夹紧力的大小分析

序号	分析项目	详细知识点
1	夹紧力大小要求	工件夹紧时，夹紧力的大小要适度，必须保证工件在加工过程中位置不发生变化，但夹紧力也不能过大，过大会造成工件变形
2	夹紧力大小估算	夹紧力的大小一般用经验估算法获得：$W=KP$ 式中，W为实际需的夹紧力，N；P为切削力，N；K为安全系数，通常K=1.5～3 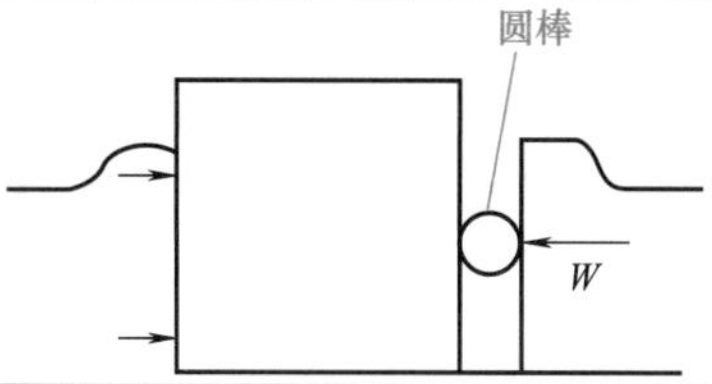 （图：圆棒，W）

（2）夹紧力的方向（表3-27）

表3-27 夹紧力的方向分析

序号	分析项目	详细知识点
1	夹紧力方向与切削力、重力方向	当夹紧力W的方向与切削力P、重力G的方向一致时，可以借助于切削力和工件的重力来承担一部分夹持力作用，此时所需的夹紧力最小，对夹紧机构的要求最低［图（a）］。当夹紧力W与切削力P和工件重力G方向相反时，维持正常加工所需要的夹紧力最大，而且工件的定位也不可靠，应尽量避免这种装夹方式［图（f）］。在切削力P和重力G大小一定的情况下，各图所示夹紧力依次逐渐增大。图（b）、（c）、（d）所示夹紧力大小与切削力和重力的大小以及工件所在斜面的角度有关，这里不能确定此三图所示夹紧力的大小关系 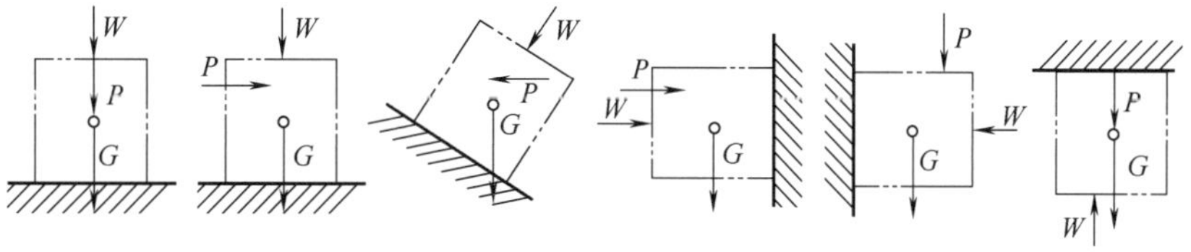 （图：W、P、G） (a) (b) (c) (d) (e) (f)
2	夹紧力方向与基准面	工件在定位中常选择幅面较大、安装稳定的表面来作为主要定位基准面，夹紧力的方向应指向工件主要定位基准面，有助于工件在此基准面上的稳固接触，保证工件的定位质量。夹紧力指向主要定位基准面，可以增大工件与定位基面间的摩擦力，有利于工件的夹紧可靠性 图（g）所示工件需要固定在夹具角铁上定位进行镗孔加工。工件的左端面是基准面，被镗孔的轴线相对于工件左端面有较严格的垂直度公差要求，工件底面与左端面间没有严格的垂直度公差要求。在这种情形下加工，一般可保持镗孔走刀路线相对于夹具角铁A面的垂直精度。因此，应使夹紧力W保持垂直于工件的左端面，把工件压紧在夹具角铁的A面上 如果按照图（h）所示的两种方式压紧工件，则不能保证镗孔的轴线与工件左端面的垂直度公差要求。 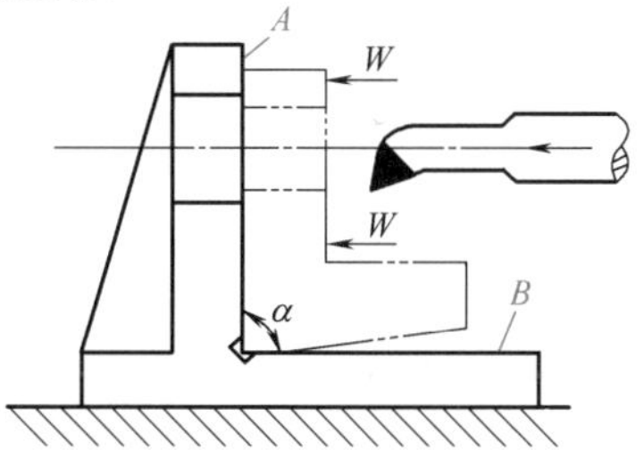 （图：A、B、W、α） (g) 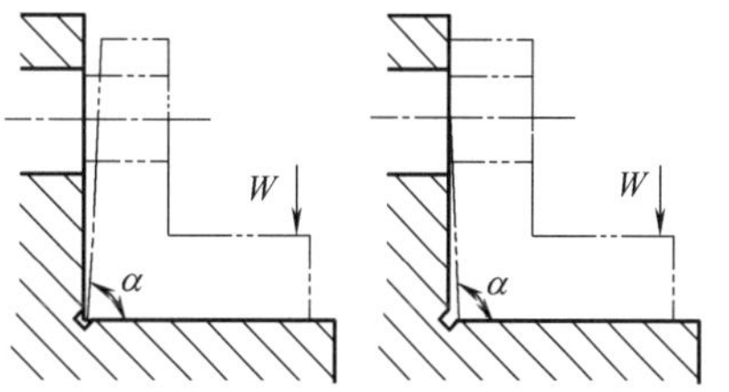 (h)
3	夹紧力方向与工件刚度	夹紧力应尽量施加于工件刚度较大的方向。不同结构及形状的工件，其不同方向上的刚性不同，为尽量减小夹紧变形，应选择工件刚度较大的施力方向来夹紧工件。特别是对于那些本身刚度较小的薄壁件、细长件等，更应加以注意 图中的薄壁套类工件，其径向刚度远比轴向刚度要小，所以此类工件常采用轴向夹紧方法，以减小夹紧变形 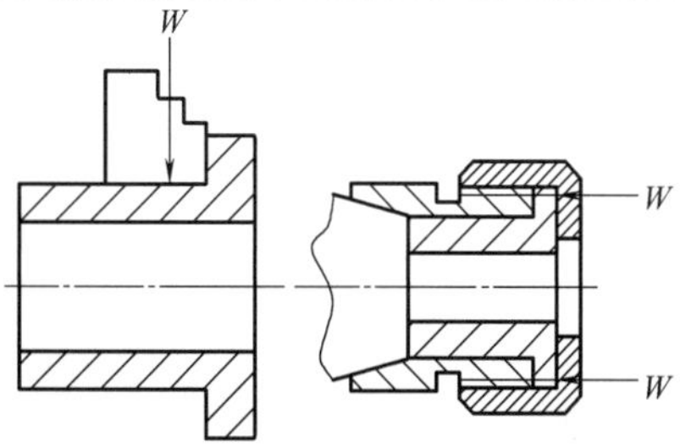 （图：W）

（3）夹紧力的作用点（表 3-28）

表 3-28　夹紧力的作用点分析

序号	分析项目	详细知识点
1	夹紧力作用点与形变	夹紧力的作用点应选择在使工件的夹紧变形小的凸缘、耳座、肋、隔板等刚度较大的部位，只有选择这些部位，才能使工件夹得实、压得牢，所产生的夹紧变形也较小 图（a）把夹紧力作用点选在工件刚度最差的薄壁空腔顶部的中央，这样会造成工件顶面较大的压紧变形。图（b）把夹紧力作用点设置在工件底部凸缘处，所产生的夹紧变形就很小，而且可以把工件压得很实、很牢，保证了加工安全。若工件无凸缘可以利用时，可如图（c）所示，利用浮动压脚，把夹紧点分散到箱壁及肋板处，也可有效地防止过大的夹紧变形，提高夹紧的可靠性 (a) 作用点选择不合理 (b) 作用点选择合理 (c) 作用点选择合理
2	夹紧力作用点与加工部位	夹紧力作用点越靠近工件要加工的部位，切削点离夹紧支承点的悬伸距离就越小，加工振动就越小，切削越平稳，加工质量就越高；可采用较大的切削用量，有利于切削效率的提高 图示的悬臂工件，要在远离工件主要支承部的悬臂端进行铣削加工，为了减小铣削振动，特在靠近铣削部位的悬臂底部设置辅助支承，并对准此支承所对的悬臂实施 W_2 的夹紧，从而有效地防止了过大的铣削振动，保证铣削加工的顺利进行

3.5.3　常用的夹紧机构

在夹具中，采用的夹紧机构形式是多种多样的，夹紧形式的选择要根据工件的形状、加工方法、夹紧部位及工件生产批量的大小来决定。从夹紧机构的组成可以看出，不论采用何种力源（手动或机动）形式，一切外加的作用力都必须通过夹紧机构来实现。因此，夹紧机构是夹紧装置中的重要组成部分。

（1）螺旋夹紧机构

螺旋夹紧机构有结构简单、增力比大、自锁性好、夹紧行程不受限制等特点，很适合手动夹紧，但夹紧动作慢、操作较费时。常见的螺旋夹紧机构见表 3-29。

表 3-29　常见的螺旋夹紧机构

序号	类别	详细知识点
1	简单螺旋夹紧机构	直接用螺钉或螺母夹紧工件的机构称为简单螺旋夹紧机构 如图 3-11 所示为六角头压紧螺钉，它是用螺钉头部直接压紧工件

续表

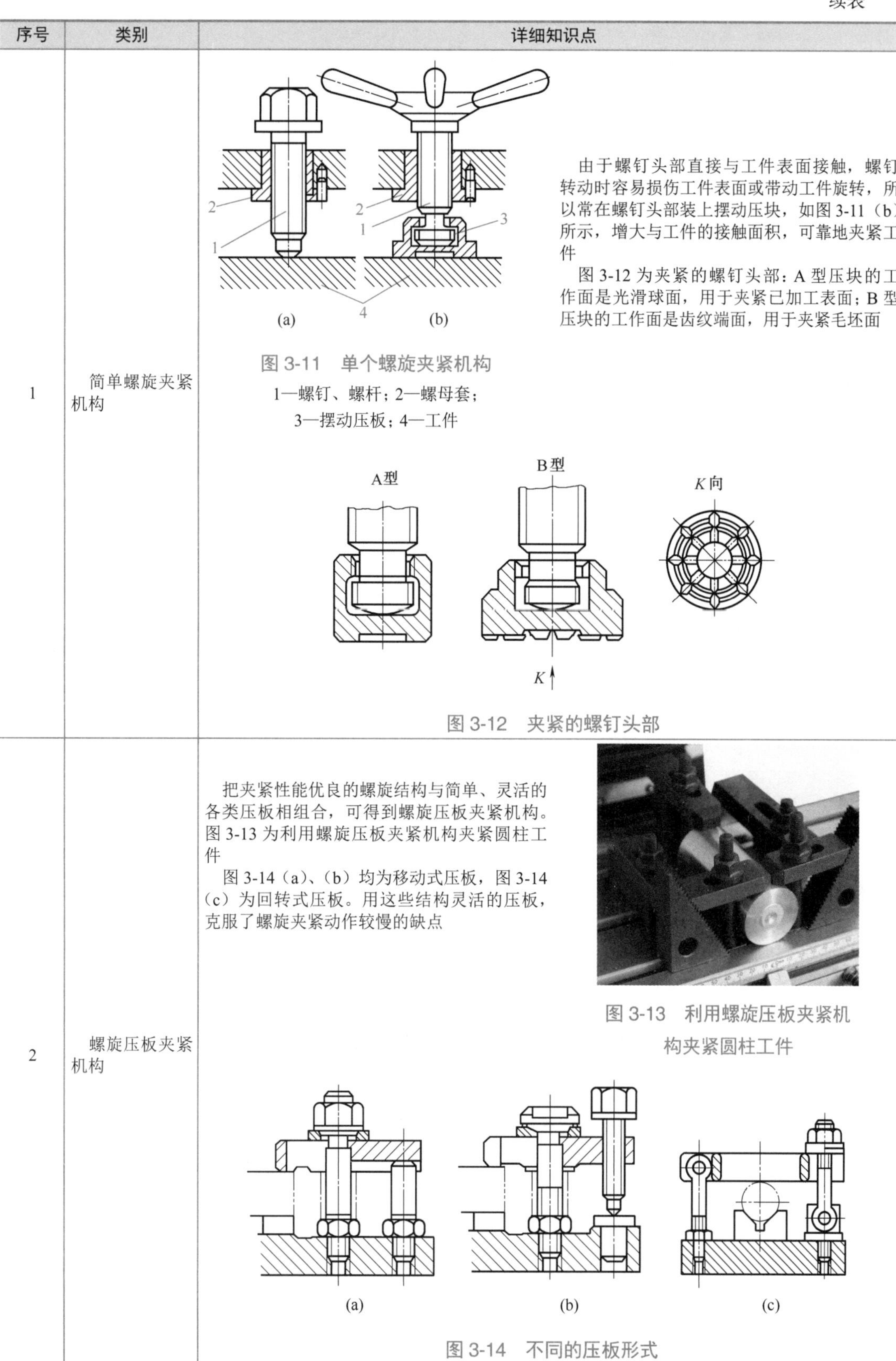

序号	类别	详细知识点
1	简单螺旋夹紧机构	由于螺钉头部直接与工件表面接触，螺钉转动时容易损伤工件表面或带动工件旋转，所以常在螺钉头部装上摆动压块，如图 3-11（b）所示，增大与工件的接触面积，可靠地夹紧工件 图 3-12 为夹紧的螺钉头部：A 型压块的工作面是光滑球面，用于夹紧已加工表面；B 型压块的工作面是齿纹端面，用于夹紧毛坯面 图 3-11 单个螺旋夹紧机构 1—螺钉、螺杆；2—螺母套；3—摆动压板；4—工件 图 3-12 夹紧的螺钉头部
2	螺旋压板夹紧机构	把夹紧性能优良的螺旋结构与简单、灵活的各类压板相组合，可得到螺旋压板夹紧机构。图 3-13 为利用螺旋压板夹紧机构夹紧圆柱工件 图 3-14（a）、（b）均为移动式压板，图 3-14（c）为回转式压板。用这些结构灵活的压板，克服了螺旋夹紧动作较慢的缺点 图 3-13 利用螺旋压板夹紧机构夹紧圆柱工件 图 3-14 不同的压板形式

续表

序号	类别	详细知识点
3	快速螺旋夹紧机构	图 3-15（a）为带有开口垫圈的螺母夹紧机构。螺母外径小于工件孔径。稍松螺母，取下开口垫圈，工件即可取出 图 3-15（b）为快撤动作螺母装夹机构。螺母螺孔内斜钻了光滑孔，螺母拧松后就可倾斜地提起螺母而卸下工件 图 3-15（c）为栓槽式快速装夹机构。推动手柄 1，当压块 2 顶住工件时，螺杆应走出直导槽，进入夹紧螺旋槽部分，继而转动手柄 1，即可夹紧工件。松开时，把螺杆转至直导槽处，即可迅速轴向拉回螺杆，达到快速装夹的目的 图 3-15（d）为快移式螺杆装夹机构。推进螺杆，使压块 3 快速顶住工件，扳转手柄 5 顶住螺杆的后部，最后旋动手柄 4，便可将工件夹紧。松开时的动作顺序相反 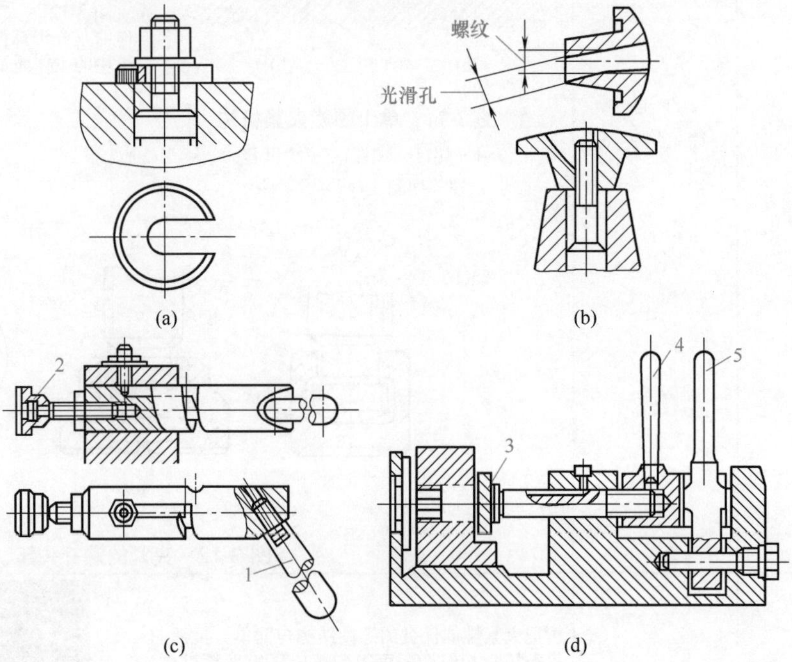 螺纹 光滑孔 (a) (b) 2 4 5 3 1 (c) (d) 图 3-15 快速螺旋夹紧机构

（2）偏心夹紧机构

偏心夹紧机构是用偏心元件直接或间接来实现夹紧的机构，具有结构简单、制造方便等优点。图 3-16 为典型的一种偏心轮夹紧的机构。

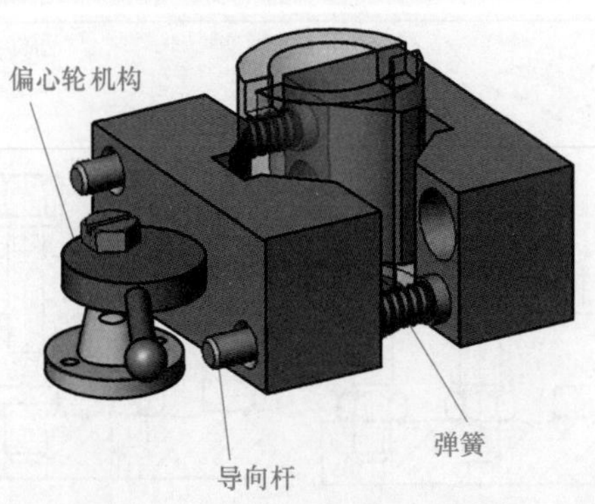

图 3-16 典型的偏心夹紧的机构

常见的偏心夹紧机构见表 3-30。

表 3-30 常见的偏心夹紧机构

类别	图 示	说明
偏心夹紧机构	e D Q 螺栓 A 工件 垫块 A 工件	偏心夹紧机构，常与其他元件组合使用。常用的偏心元件是圆偏心轮和偏心轴 随着手柄的转动，偏心轮旋转中心至压紧表面间的距离越来越大，因而能通过压板将工件压紧。其特点为： ①自锁性随偏心特性 $\frac{D}{\varepsilon}$ 而变。当 $\frac{D}{\varepsilon}$ >14 时，与螺旋相比，自锁性较差，故适用于振动不大的工件 ②夹紧行程小

（3）斜楔夹紧机构

斜楔是夹紧机构中最基本的增力和锁紧元件，是利用斜面楔紧的原理来夹紧工件的。常见的斜楔夹紧机构见表 3-31。

表 3-31 常见的斜楔夹紧机构

图 示	说 明
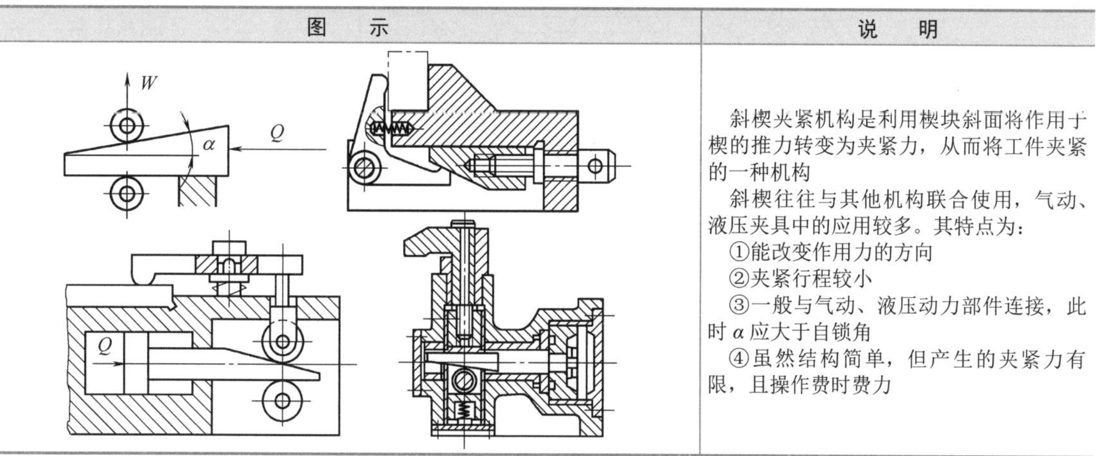	斜楔夹紧机构是利用楔块斜面将作用于楔的推力转变为夹紧力，从而将工件夹紧的一种机构 斜楔往往与其他机构联合使用，气动、液压夹具中的应用较多。其特点为： ①能改变作用力的方向 ②夹紧行程较小 ③一般与气动、液压动力部件连接，此时 α 应大于自锁角 ④虽然结构简单，但产生的夹紧力有限，且操作费时费力

（4）联动夹紧机构

生产中采用联动夹紧机构，只需操纵一个手柄，就能同时从几个方向均匀地夹紧一个或若干个工件。图 3-17 为一种典型的联动夹紧机构。

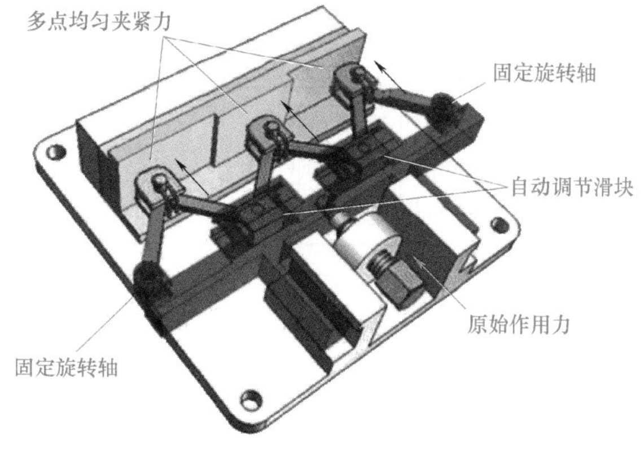

图 3-17 典型的联动夹紧机构

常见的联动夹紧机构见表 3-32。

表 3-32　常见的联动夹紧机构

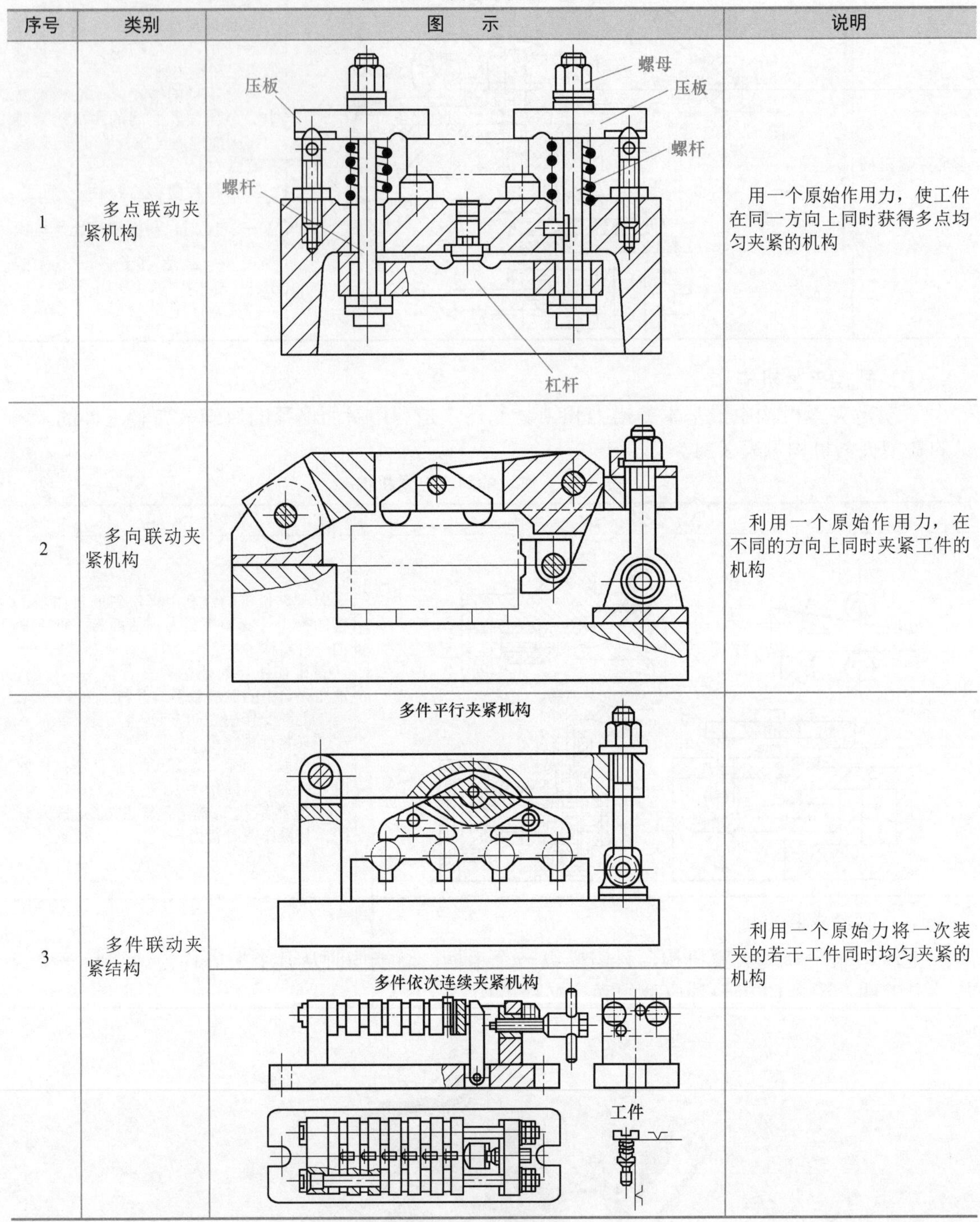

序号	类别	图　示	说明
1	多点联动夹紧机构		用一个原始作用力，使工件在同一方向上同时获得多点均匀夹紧的机构
2	多向联动夹紧机构		利用一个原始作用力，在不同的方向上同时夹紧工件的机构
3	多件联动夹紧结构	多件平行夹紧机构 多件依次连续夹紧机构	利用一个原始力将一次装夹的若干工件同时均匀夹紧的机构

3.6　铣床常用夹具

在机床上加工工件，要求将工件迅速准确地安装在机床上，并保证工件与刀具之间有一个准确而可靠的加工位置，这就需要用一种工艺装置来实现，这种用来使工件定位和夹紧的工艺装置，简称夹具，又称卡具。从广义上说，在工艺过程中的任何工序，用来迅速、方便、安全地安装工件的装置，都可称为夹具。

3.6.1 夹具的作用

正确合理地使用夹具，对保证加工质量、提高生产效率和减轻劳动强度具有重要意义。一般情况下，夹具的作用，有下面几个方面：保证工件的加工精度、减少辅助时间、提高生产效率、扩大机床使用范围、能使技术低的工人完成复杂的加工任务、减轻操作者劳动强度、有利于安全生产，具体见表 3-33。

表 3-33 夹具的作用

序号	夹具作用	详细说明
1	保证工件的加工精度	采用夹具安装，可以准确地确定工件与机床、刀具之间的相互位置，工件的位置精度由夹具保证，不受工人技术水平的影响，其加工精度高而且稳定 图 3-18 为设计有指示表的高精度夹具  图 3-18 设计有指示表的高精度夹具
2	能减少辅助工时，提高劳动生产率	使用夹具装夹工件方便、快速，工件不需要划线找正，可显著地减少辅助工时；工件在夹具中装夹后提高了工件的刚性，可加大切削用量；可使用多件、多工位装夹工件的夹具，并可采用高效夹紧机构，进一步提高劳动生产率 图 3-19 为自制的可快速定位的专用夹具  图 3-19 自制的可快速定位的专用夹具

续表

序号	夹具作用	详细说明
3	能扩大机床的使用范围，实现一机多能	根据加工机床的成形运动，附以不同类型的夹具，即可扩大机床原有的工艺范围。例如在铣床工作台上安装万能分度头，就可以很方便进行圆柱体零件加工，以充分发挥通用机床的作用 图3-20为利用分度盘在圆柱工件上铣螺旋 图3-20　利用分度盘在圆柱工件上铣螺旋
4	减轻工人的劳动强度	用夹具装夹工件方便、快速，当采用气动、液压等夹紧装置时，可减轻工人的劳动强度 图3-21为轮毂加工的液压夹具 图3-21　轮毂加工的液压夹具

3.6.2 铣床夹具的类型

铣床夹具按使用范围可分为通用铣夹具、专用铣夹具和组合夹具三类。具体内容见表3-34。

表3-34　铣床夹具的类型

序号	类型	定义	应用场合及特点
1	通用夹具	可装夹两种或两种以上工件的同一夹具，已标准化	它一般由专业工厂生产，作为机床附件供应，如铣床上常用的平口虎钳、轴用虎钳、分度头、圆转台等，车床上常用的三爪自定心卡盘、四爪单动卡盘、顶尖、中心架和跟刀
2	专用夹具	专为某一工件的某道工序的加工而专门设计和制造的夹具，当工件或工序改变时就不能再使用	产品相对稳定、批量较大的生产中，使用各种专用夹具可获得较高的加工精度和生产率，产品质量稳定，这类夹具结构紧凑，使用维护方便
3	组合夹具	按某一工件的某道工序的加工要求，由一套事先制造好的标准元件和部件组装而成的夹具	适用于小批量生产或新产品试制等多品种工件的加工 装卸迅速、周期短、能反复使用、减少制造成本。但生产效率和加工精度不如专用夹具

3.6.3 普通铣床铣削常用夹具

表3-35详细描述了普通铣床铣削常用夹具。

表 3-35　普通铣床铣削常用夹具

序号	常用夹具	详细说明
1	机用平口钳	见下

又称作机用虎钳或者台虎钳，常用来安装矩形和圆柱形工件，用扳手转动丝杠，通过丝杠螺母带动活动钳身移动，形成对工件的加紧与松开，如图 3-22 所示

机用平口钳装配结构是将可拆卸的螺纹连接和销连接的铸铁合体；活动钳身的直线运动是由螺旋运动转变的；工作表面是螺旋副、导轨副及间隙配合的轴和孔的摩擦面。设计结构简练紧凑，夹紧力度强，易于操作使用。内螺母一般采用较强的金属材料，使夹持力保持更大，一般都会带有底盘，底盘带有 180° 刻度线，可以 360° 平面旋转

图 3-22　机用平口钳

机用虎钳机规格见表 3-36

表 3-36　机用虎钳规格表　　单位：mm

序号	参数	规格							
1	钳口宽度 B	60	80	100	125	136	160	200	250
2	钳口最大张开度 A	50	60	80	100	110	125	160	200
3	钳口高度 h	30	34	38	44	36	50（44）	60（56）	56（60）
4	定位键宽度 b	10	10	14	14	12	18（14）	18	18
5	回转角度	360°							

注：规格 60、80 的机用虎钳为精密机用虎钳，适用于工具磨床、平面磨床和坐标镗床。

在用机用虎钳装夹不同形状的工件时，可设计几种特殊钳口，只要更换不同形式的钳口，即可适应各种形状的工件，以扩大机用虎钳的使用范围。如图 3-23 所示为几种特殊钳口

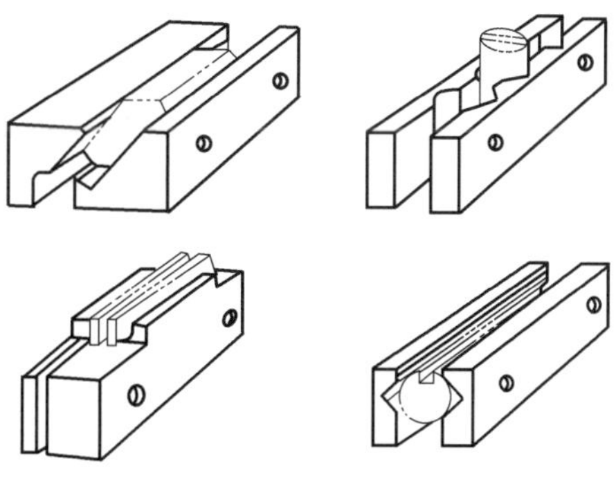

图 3-23　特殊钳口

续表

序号	常用夹具	详细说明
2	压板	对于中型、大型和形状比较复杂的零件，一般采用压板将工件紧固在工作台台面上，压板装夹工件时所用的工具比较简单，主要是压板、垫铁、T形槽螺栓、螺母等，为了满足不同形状零件的装夹需要，压板的形状种类也较多。图3-24为工作台上安装好的压板固定的工件  图3-24　压板夹具
3	气动夹紧通用虎钳	该系统夹具夹紧工件时由压缩空气使活塞移动，带动丝杠使钳口左移夹紧工件，如图3-25所示  VERTEX MC SUPER POWER VISE 图3-25　气动夹紧通用虎钳
4	回转工作台	回转工作台简称转台，又称圆转台，其主要功用是铣圆弧曲线外形和沟槽、平面螺旋槽（面）和分度。回转工作台有好几种，常用的是立轴式手动回转工作台（图3-26）和机动回转工作台，又称机动手动两用回转工作台，如图3-27所示  紧固手柄 手轮（摇柄） 图3-26　手动回转工作台

续表

序号	常用夹具	详细说明
4	回转工作台	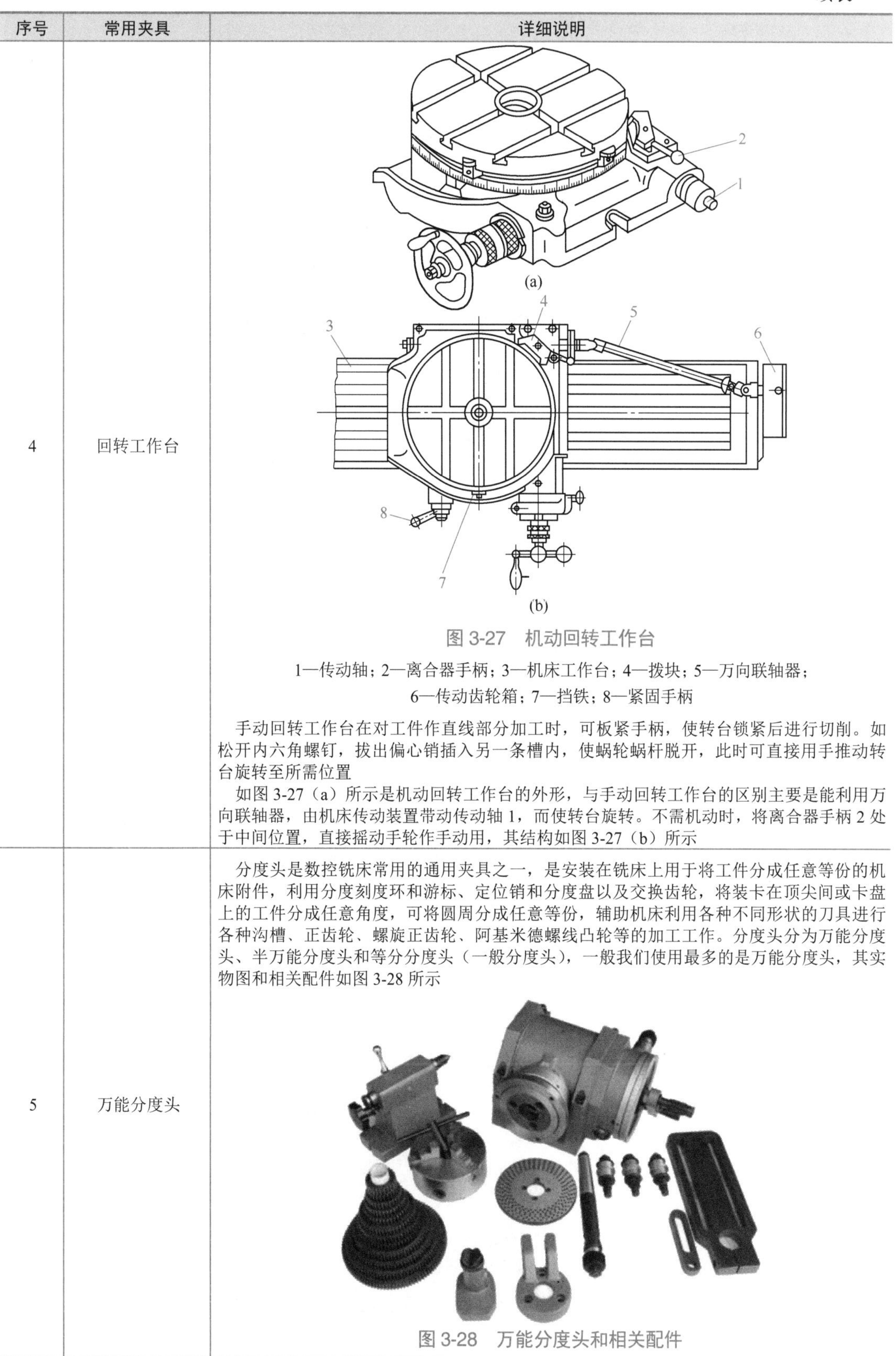 图 3-27 机动回转工作台 1—传动轴；2—离合器手柄；3—机床工作台；4—拨块；5—万向联轴器；6—传动齿轮箱；7—挡铁；8—紧固手柄 手动回转工作台在对工件作直线部分加工时，可板紧手柄，使转台锁紧后进行切削。如松开内六角螺钉，拔出偏心销插入另一条槽内，使蜗轮蜗杆脱开，此时可直接用手推动转台旋转至所需位置 如图 3-27（a）所示是机动回转工作台的外形，与手动回转工作台的区别主要是能利用万向联轴器，由机床传动装置带动传动轴 1，而使转台旋转。不需机动时，将离合器手柄 2 处于中间位置，直接摇动手轮作手动用，其结构如图 3-27（b）所示
5	万能分度头	分度头是数控铣床常用的通用夹具之一，是安装在铣床上用于将工件分成任意等份的机床附件，利用分度刻度环和游标、定位销和分度盘以及交换齿轮，将装卡在顶尖间或卡盘上的工件分成任意角度，可将圆周分成任意等份，辅助机床利用各种不同形状的刀具进行各种沟槽、正齿轮、螺旋正齿轮、阿基米德螺线凸轮等的加工工作。分度头分为万能分度头、半万能分度头和等分分度头（一般分度头），一般我们使用最多的是万能分度头，其实物图和相关配件如图 3-28 所示 图 3-28 万能分度头和相关配件

续表

序号	常用夹具	详细说明
5	万能分度头	万能分度头在铣床上铣削六角、八角等正多边形柱体，以及均等分布或互成一定夹角的沟槽和齿槽时，一般都利用分度头进行分度，其中万能分度头（图 3-29）使用最普遍。万能分度头除能将工件作任意的圆周分度外，还可作直线移距分度；可把工件轴线装置成水平、垂直或倾斜的位置；通过交换齿轮，可使分度头主轴随工作台的进给运动作连续旋转，以加工螺旋面 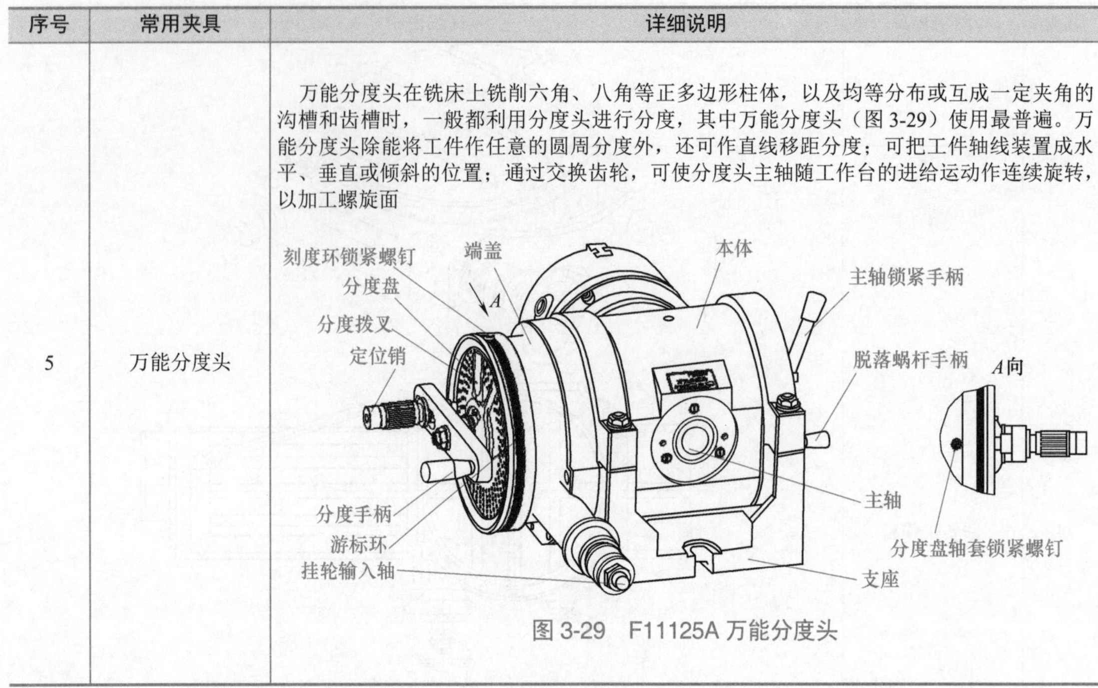 图 3-29　F11125A 万能分度头

3.6.4 数控机床铣削常用夹具

（1）数控铣削对夹具的基本要求

实际上数控铣削加工时一般不要求很复杂的夹具，只要求有简单的定位、夹紧机构就可以了。其设计原理也与通用铣床夹具相同，结合数控铣削加工的特点，这里只提出几点基本要求，见表 3-37。

表 3-37　数控铣削对夹具的要求

序号	要求	详细描述
1	敞开式设计	为保持工件在本工序中所有需要完成的待加工面充分暴露在外，夹具要做得尽可能开敞，因此夹紧机构元件与加工面之间应保持一定的安全距离，同时要求夹紧机构元件的高度能低则低，以防止夹具与铣床主轴套筒或刀套、刃具在加工过程中发生碰撞。 图 3-30 为多工位电机加工上方的敞开空间。 图 3-30　多工位电机加工上方的敞开空间

续表

序号	要求	详细描述
2	坐标的一致性	为保持零件安装方位与机床坐标系及编程坐标系方向的一致性，夹具应能保证在机床上实现定向安装，还要求能协调零件定位面与机床之间保持一定的坐标联系 图 3-31 为加工三个坐标系的一致性。  图 3-31　加工三个坐标系的一致性
3	良好的刚度和稳定性	夹具的刚度与稳定性要好。尽量不采用在加工过程中更换夹紧点的设计，当非要在加工过程中更换夹紧点，要特别注意不能因更换夹紧点而破坏夹具或工件定位精度。 图 3-32 为预先设计好的夹紧点  图 3-32　预先设计好的夹紧点

（2）数控铣削常用夹具

数控铣削除了会用到普通铣削用的虎钳、压板等夹具之外，也会根据加工内容的不同，而选择或设计不同的夹具，表 3-38 详细描述了除了普通铣削夹具之外的常用夹具种类。

表 3-38　常用夹具种类

序号	常用夹具种类	详细说明
1	万能组合夹具	该夹具适合于小批量生产或研制时的中、小型工件在数控铣床上进行铣削加工。图 3-33 铣削的万能夹具。  图 3-33　铣削的万能夹具

续表

序号	常用夹具种类	详细说明
2	专用铣削夹具	该夹具是特别为某一项或类似的几项工件设计制造的夹具，一般在年产量较大或研制时采用。其结构固定，仅适用于一个具体零件的具体工序。这类夹具设计时应力求简化，使制造时间尽可能缩短。图 3-34 为卧式加工中心的专用夹具  图 3-34　卧式加工中心的专用夹具
3	多工位夹具	该夹具可以同时装夹多个工件，可减少换刀次数，也便于边加工边装卸工件，有利于缩短辅助时间，提高生产率，较适宜于中批量生产。图 3-35 为多工位弹性夹头液压夹具  图 3-35　多工位弹性夹头液压夹具
4	气动或液压夹具	该夹具适用于生产批量较大，采用其他夹具又特别费工、费力的工件，能减轻工人劳动强度和提高生产率。但此类夹具结构较复杂，造价往往较高，而且制造周期较长，如图 3-36 所示 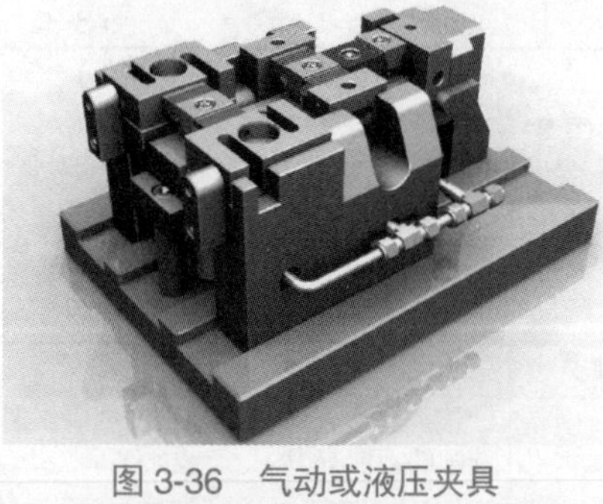 图 3-36　气动或液压夹具
5	通用铣削夹具	数控回转台（座），一次安装工件，同时可从四面加工坯料；双回转台可用于加工在表面上成不同角度布置的孔，可进行五个方向的加工。图 3-37 为数控回转台  图 3-37　数控回转台

（3）数控铣削夹具的选用原则

在选用夹具时，通常需要考虑产品的生产批量、生产效率、质量保证及经济性，选用时可参照下列原则，见表 3-39。

表 3-39　数控铣削夹具的选用原则

序号	生产内容	数控铣削夹具的选用原则
1	生产量小或研制时	应广泛采用万能组合夹具，只有在组合夹具无法解决工件的装夹时才考虑采用其他夹具
2	小批量或成批生产时	可考虑采用专用夹具，但应尽量简单
3	生产批量较大时	可考虑采用多工位夹具和气动、液压夹具
4	用夹具卡盘时	通常需要考虑产品的生产批量、生产效率、实用、卡盘安装方便、质量保证及经济性等

3.6.5　铣床夹具的组成

由于工件的形状、尺寸不同，夹具的形式也随之不同。铣床夹具的组成部分见表 3-40。

表 3-40　铣床夹具的组成

序号	元件或部件	图　示	作用
1	定位件	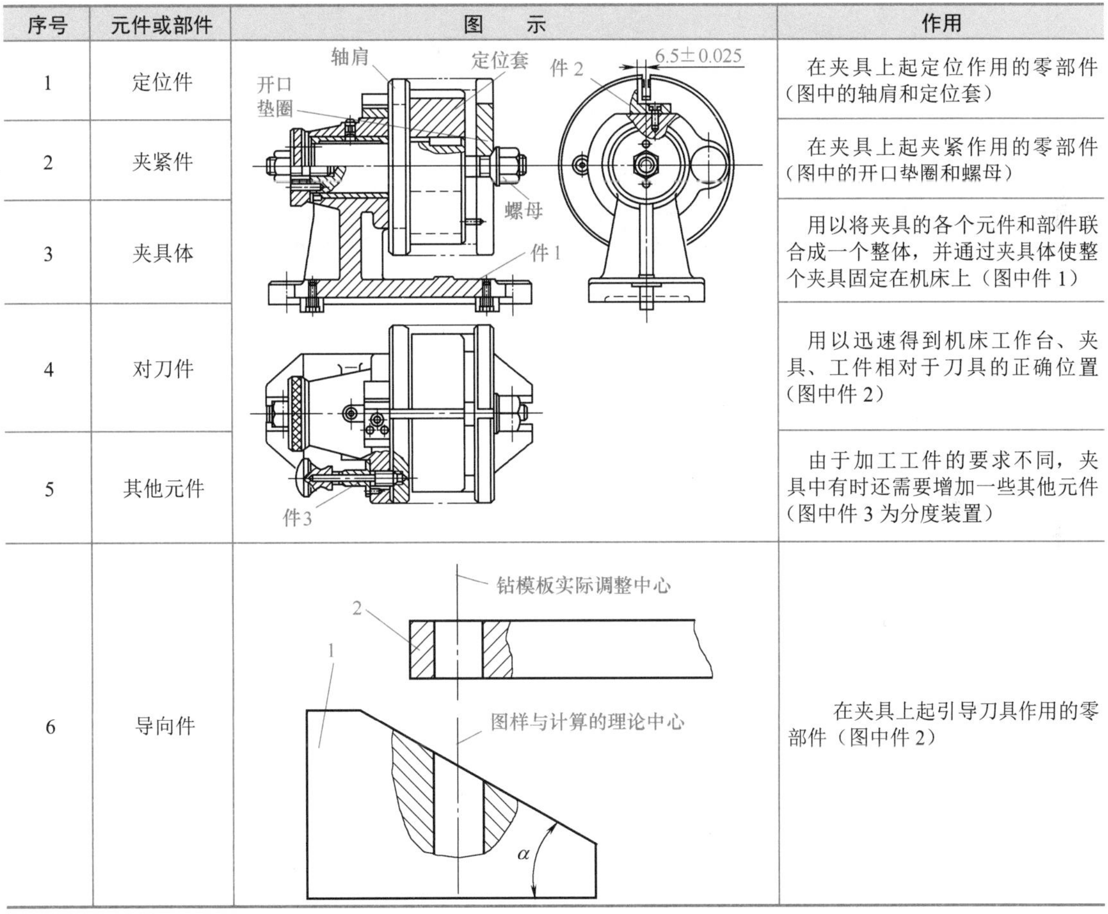	在夹具上起定位作用的零部件（图中的轴肩和定位套）
2	夹紧件		在夹具上起夹紧作用的零部件（图中的开口垫圈和螺母）
3	夹具体		用以将夹具的各个元件和部件联合成一个整体，并通过夹具体使整个夹具固定在机床上（图中件 1）
4	对刀件		用以迅速得到机床工作台、夹具、工件相对于刀具的正确位置（图中件 2）
5	其他元件		由于加工工件的要求不同，夹具中有时还需要增加一些其他元件（图中件 3 为分度装置）
6	导向件		在夹具上起引导刀具作用的零部件（图中件 2）

3.6.6　组合夹具的组成

组合夹具是由一套具有不同形状、不同尺寸规格的标准元件组合而成的专用夹具。这些标准元件具有完全的互换性和一定的耐磨性。使用时可以根据工件定位夹紧的不同需要选择标准元件进行组装，使用完毕将元件拆开清洗后存放起来以便再用。它特别适用于单件生产或新产品试制。

（1）组合夹具的系列

根据组合夹具连接部位结构要素的承效能力和适应工件外形尺寸的大小，可分为大、中、小三个系列。其连接部位结构要素和适应工件外形尺寸大小见表3-41。

表3-41 组合夹具系列

序号	系列名称及代号	结构要素	可加工最大工件轮廓尺寸	适用范围
1	大型组合夹具元件DZY	槽口宽度16 连接螺栓M16	2500×2500×1000	适用于重型机械制造工业
2	中型组合夹具元件ZZY	槽口宽度12 连接螺栓M12	1500×1000×500	适用于机械制造工业，这是目前应用最广泛的一个系列
3	小型组合元件XZY	槽口宽度8、6 连接螺栓M8、M6	500×250×250	适用于仪器、仪表和电信、电子工业，也可以用于较小工件

（2）组合夹具元件分析

组合夹具的元件按其功用分为八类，各类元件已形成标准化、系列化和通用化，整套组

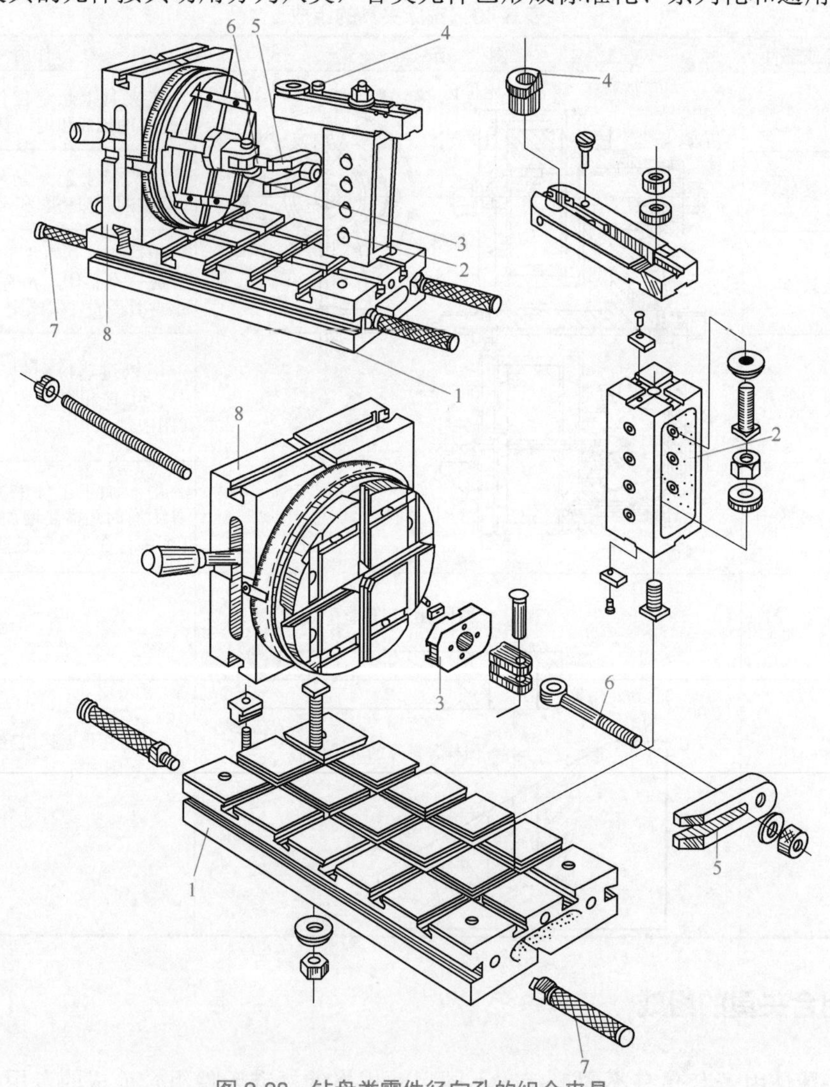

图3-38 钻盘类零件径向孔的组合夹具

1—基础件；2—支承件；3—定位件；4—导向件；5—夹紧件；6—紧固件；7—其他件；8—合件

合夹具的元件有1500～2500个，在此，特别采用典型的钻盘类零件径向孔的组合夹具（图3-38）来分析组合夹具的夹具元件的构成、品种、外形尺寸及说明，见表3-42。

表3-42 组合夹具元件

序号	类别	详细说明	常用零件
1	基础件	用作组合夹具底座基体，如图3-39所示，有长方形、圆形、方形及基础角铁等。它们常作为组合夹具的夹具体。如图3-38所示的基础件1为长方形基础板做的夹具体 图3-39 基础件	圆形基件、方形基件、长方形基件、角尺形基件
2	支承件	如图3-40所示，有V形支承、长方支承、加肋角铁和角度支承等。它们是组合夹具中的骨架元件，数量最多，应用最广。它可作为各元件间的连接件，又可作为大型工件的定位件。图3-38中支承件2将钻模板与基础板连成一体，并保证钻模板的高度和位置 图3-40 支承件	方垫片、方支承、长方垫板、长方支承、紧固支承、紧固支承垫板、左右角铁垫板、左右角铁支承、宽角铁、加肋角铁、菱形板、V形垫板，对小型夹具还可作基础件用
3	定位件	如图3-41所示，有平键、T形键、圆形定位销、菱形定位销、圆形定位盘、定位接头、方形定位支承、六菱定位支承座等。主要用于工件的定位及元件之间的定位。图3-38中，定位件3为菱形定位盘，用作工件的定位；支承件2与基础件1、钻模板之间的平键、合件（端齿分度盘）8与基础件1之间的T形键，均用作元件之间的定位 图3-41 定位件	平键、T形键，圆形定位销、菱形定位销、轴销，顶尖、对位轴、角铁支座，三棱、六棱、方形支座，定位支承、定位板、调整块、V形架

续表

序号	类别	详细说明	常用零件
4	导向件	主要做引导刀具用，如图3-42所示，有固定钻套、快换钻套、钻模板、左右偏心钻模板、立式钻模板等。它们主要用于确定刀具与夹具的相对位置，并起引导刀具的作用。图3-38中，安装在钻模板上的导向件4为快换钻套 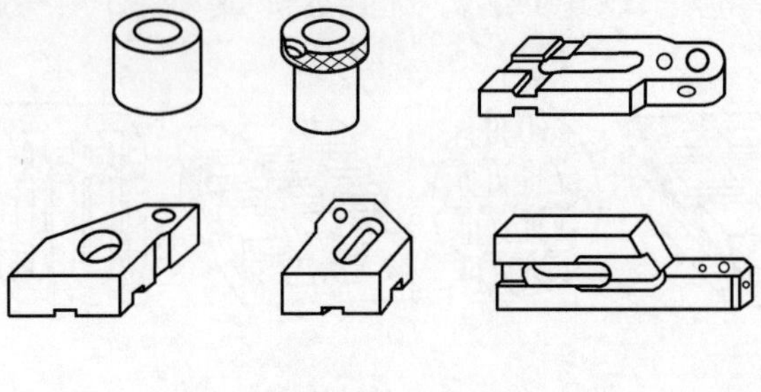 图3-42　导向件	钻模板、偏心钻模板、立式钻模板、固定钻套、快换钻套、导向支承
5	夹紧件	如图3-43所示，有弯压板、摇板、U形压板、叉形压板等。它们主要用于压紧工件，也可用作垫板和挡板。图3-38中的夹紧件5为U形压板 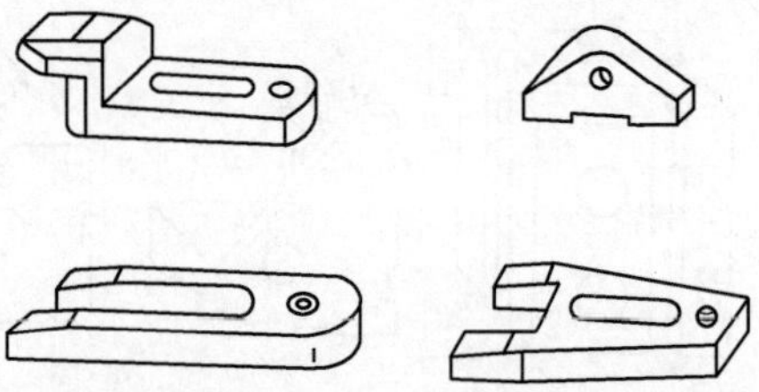 图3-43　夹紧件	平压板、伸长压板、叉形压板、关节压板
6	紧固件	如图3-44所示，有各种螺栓、螺钉、垫圈、螺母等。它们主要用于紧固组合夹具中的各种元件及压紧被加工件。由于紧固件在一定程度上影响整个夹具的刚性，所以螺纹件均采用细牙螺纹，可增加各元件之间的连接强度。同时所选用的材料、制造精度及热处理等要求均高于一般标准紧固件。图3-38中紧固件6为关节螺栓，用来压紧工件，且各元件间均采用槽用方头螺栓、螺钉、螺母、垫圈等紧固件紧固 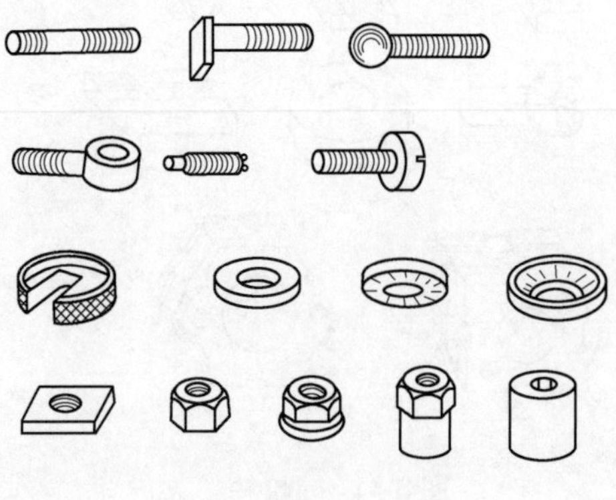 图3-44　紧固件	螺钉、螺母、垫圈、双头螺柱、T形螺栓、关节螺栓

续表

序号	类别	详细说明	常用零件
7	其他件	如图3-45所示，有三爪支承、支承环、手柄、连接板、平衡块等，它们是指以上六类元件之外的各种辅助元件。图3-38中四个手柄就属此类元件，用于夹具的搬运 图3-45　其他件	手柄支钉、连接板、平衡板、弹簧支承钉、接头、摇板、支承环
8	合件	如图3-46所示，有尾座、可调V形块、折合板、回转支架等。合件由若干零件组合而成，在组装过程中不拆散使用的独立部件。使用合件可以扩大组合夹具的使用范围，加快组装速度，简化组合夹具的结构，减小夹具体积。图3-38中的合件8为端齿分度盘 图3-46　合件	正弦规、可调角度转盘、可调角度支承、关节板、插销、顶尖座、回转顶尖、可调V形铁、折合板、多齿分度盘

经验总结

以上简述了各大类的主要用途。随着组合夹具的推广应用，为满足生产中的各种要求，出现了很多新元件和合件。图3-47为密孔节距钻模板。本体1与可调钻模板2上均有齿距为1㎜的锯齿，加工孔的中心距可在15～174㎜范围内调节，并有I形、L形和T形等。

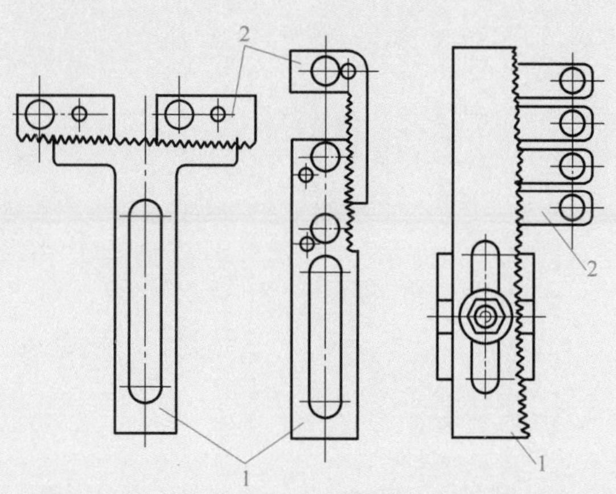

图3-47　密孔节距钻模板

1—本体；2—可调钻模板

图 3-48 为液压缸的基础板。基础板内有油道连通七个液压缸 4，利用分配器供油，使活塞 6 上、下运动，作为夹紧机构的动力源，活塞通过键 5 与夹紧机构连接。这种基础板结构紧凑，效率高。但需配备液压系统，价格较高。

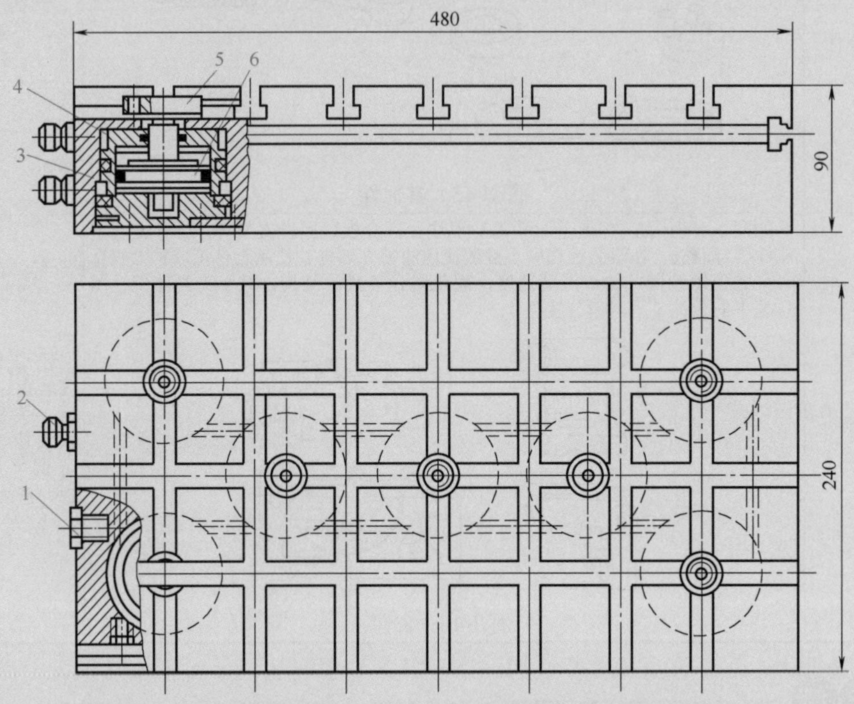

图 3-48 液压缸的基础板

1—螺塞；2—油管接头；3—基础板；4—液压缸；5—键；6—活塞

4

第 4 章　铣削的操作

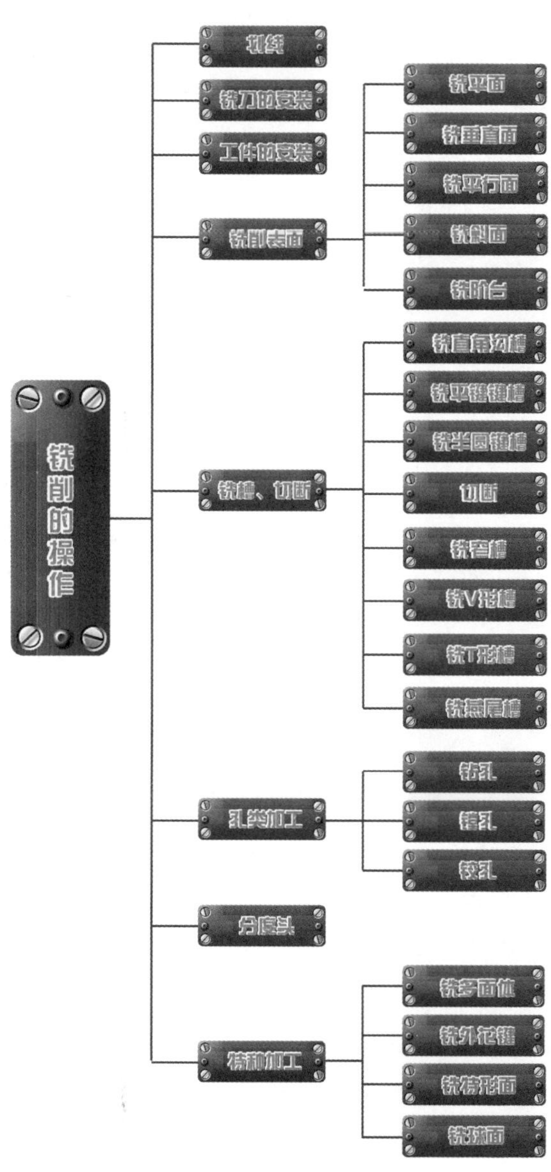

铣削的操作
划线
铣刀的安装
工件的安装
铣削表面
铣平面
铣垂直面
铣平行面
铣斜面
铣阶台
铣槽、切断
铣直角沟槽
铣平键键槽
铣半圆键槽
切断
铣窄槽
铣V形槽
铣T形槽
铣燕尾槽
孔类加工
钻孔
镗孔
铰孔
分度头
特种加工
铣多面体
铣外花键
铣特形面
铣球面

4.1 划线

划 线

铣削常常先划线，平稳清晰是关键，
细分平面和立体，有区别也有关联；
平面直线用钢尺，划针紧紧贴尺边，
正倾不过七十五，侧倾十五二十间；
划轨圆弧等分线，力准中心好画圆，
轴心切勿有移动，单手双手任你选；
样冲辅助做标记，不怕磨损难分辨，
手法保证稳准狠，四点保圆三点线；
若需用到划线盘，工作台面擦拭先，
量好尺寸锁划针，平平稳稳划零件，
角度四十到六十，晃动会把精度减，
用毕垂直头朝下，以免伤人占空间；
加工条件多种样，划线有时难看见，
此时表面需涂色，石灰酒精上几遍；
以上种种关键点，需要常常来锻炼，
不负岁月勤动手，技术习得精又全。

4.1.1 划线概述

划线是机械加工中的一道重要工序，广泛用于单件或小批量生产。根据图样或技术文件的要求，在毛坯或半成品的工件上用划线工具划出加工界限，或作为找正检查依据的辅助线，这种操作叫作划线，如图 4-1 所示。

在铸造企业，对新模具首件进行划线检测，可以及时发现铸件尺寸形状上存在的问题，采取措施避免产生批量不合格造成的损失，如图 4-2 为在模具零部件上划线。

图 4-1 利用钢直尺在平面上划线

图 4-2 在模具零部件上划线

4.1.2 划线的种类和作用

划线是一项复杂、细致的重要工作。线若划错，就会造成加工工件的报废。所以，划线直接关系到产品的质量。要求所划的线尺寸准确、线条清晰。

（1）划线种类（表 4-1）

表 4-1 划线种类

序号	类别	详细说明
1	平面划线	只需要在工件的一个平面上划线，即能明确表示加工界线，此操作称为平面划线 图 4-3 为在平面划线的操作，图 4-4 为平面划线示意图  图 4-3 在平面划线的操作 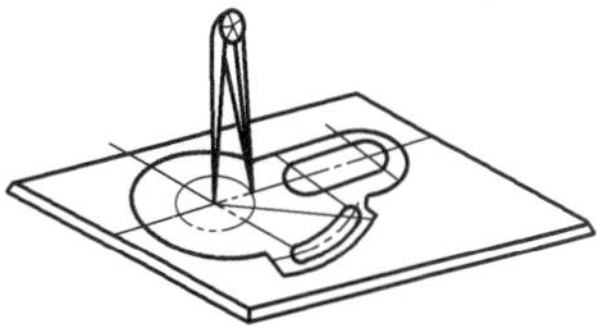　图 4-4 平面划线示意图
2	立体划线	在工件上几个互成不同角度（通常是互相垂直）的平面上都划线，才能明确表示加工界线，此操作称为立体划线 图 4-5 为立体划线的操作，图 4-6 为立体划线示意图  图 4-5 立体划线的操作 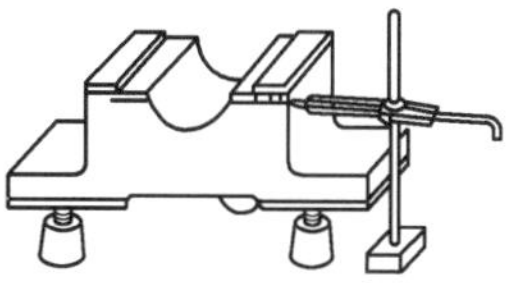　图 4-6 立体划线示意图

（2）划线作用

划线工作通常在毛坯表面上进行，有时也在已加工的表面上进行。例如，在加工后的平面上划出钻孔的加工界线等。划线的作用见表 4-2。

表 4-2 划线的作用

序号	划线的作用	详细说明
1	确定加工余量	确定工件各表面的加工余量，使机械加工有明确的尺寸界线
2	补救误差较大的毛坯	采用借料划线可以使误差较大的毛坯得到补救，使加工后的零件仍能符合要求
3	及时发现和处理不合格毛坯	能够及时发现和处理不合格毛坯，避免加工后造成损失
4	找正定位	复杂工件在机床上装夹，可以按划线找正定位

经验总结

划线工作广泛应用于单件或小批量生产中。划线的要求很多。除了按图样要求划出清晰均匀的线条外，最重要的是要保证所划尺寸准确。但由于划出的线条总会有一定的宽度，使用的划线工具有精度误差和测量调整尺寸时难免产生操作误差，所以划线不可能绝对准确。加工时要保证精度不能只是按线加工，必须依靠量具的检验才能保证零件的精度。划线精度一般只能达到 0.25 ~ 0.50mm。图 4-7 为划线的宽度。

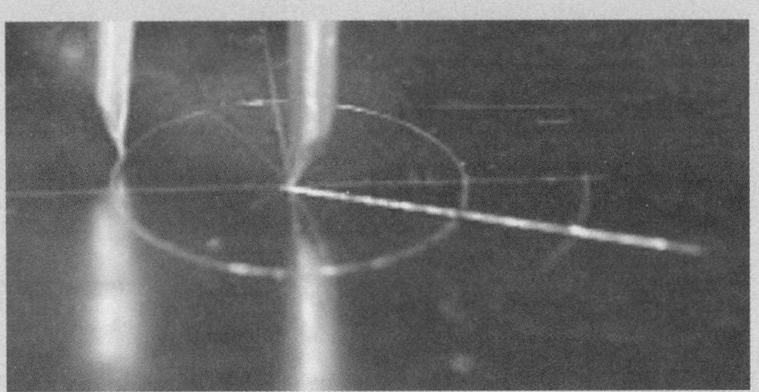

图 4-7　划线的宽度

4.1.3　划线工具及使用方法

钳工常用的划线工具有划线平台、划针、划规、划线盘、高度游标卡尺、90° 角尺、样冲、各种支撑工具（如 V 形铁、方箱和千斤顶）等。在划线中，为了保证划线的准确性和提高划线工作效率，必须了解和正确使用各种划线工具。

（1）划线平台

划线平台又称划线平板，一般由花岗岩或铸铁制成，如图 4-8 所示为铸铁划线平台，图 4-9 为花岗岩划线平台。

图 4-8　铸铁划线平台

图 4-9　花岗岩划线平台

划线平台是用来安放工件和划线工具的，工作表面经过精刨或刮削等精加工，其工作表面具有较高的平面度精度，可作为划线时的基准平面，图 4-10 为正常使用中的划线平台。

图 4-10 工作中的划线平台

花岗岩划线平台在性能上优于铸铁划线平台，主要表现在：不会出现毛刺；不会生锈；尺寸受温度影响小；无扭曲变形，平台表面的平整程度直接影响划线的质量。

经验总结

为了长期保持平台表面平整，应注意以下使用和保养规则。

① 安装划线平台，要使上表面保持水平状态，以免倾斜后在长期的重力作用下发生变形。如图 4-11 所示。

② 使用时要随时保持表面清洁，避免铁屑、灰砂等污物在划线工具或工件的拖动下划伤平台表面，影响划线精度。

③ 工件和工具在平台上要轻放，尤其要防止重物撞击平台。不要在平台上进行敲击工作，以免损伤平台表面。

④ 划线完毕要擦干净平台表面，并涂上机油，以防生锈。

⑤ 应尽量做到划线平板各处均匀使用，避免局部磨凹。

图 4-11 划线平台上表面保持水平状态

大理石平板的支架起着一种辅助作用，同时也是一种保护，可以更好地让大理石工作台发挥它的优点，如图 4-12 所示。作为大理石平台的辅助工具，大理石平台的支架的地位是相当大的，它可以保证大理石平板的平稳度。大理石平台支架具有不变形、硬度高、耐磨性强、抗磨蚀、耐高温等优点，而且物理性稳定，组织缜密，受撞击晶粒脱落，表面不起毛边，不影响其平面精度。

（2）钢直尺

钢板尺俗称钢尺或直尺，如图 4-13 所示为 15cm 钢直尺的实物图，其中标明了 15cm 钢直尺的长宽范围和精度位置。

图 4-12　大理石平板支架

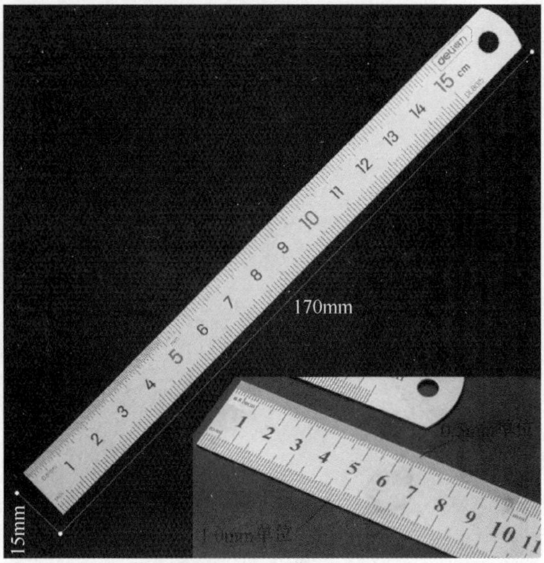

图 4-13　钢直尺

钢直尺尺边平直，尺面有米制或英制的刻度，可以用来测量工件的长度、宽度、高度和深度。有时还可用来对一些要求较低的工件表面进行平面度的检查。

对于划线操作而言，钢直尺是作为划直线时的导向工具，如图 4-14 所示为量取尺寸和图 4-15 为划直线。

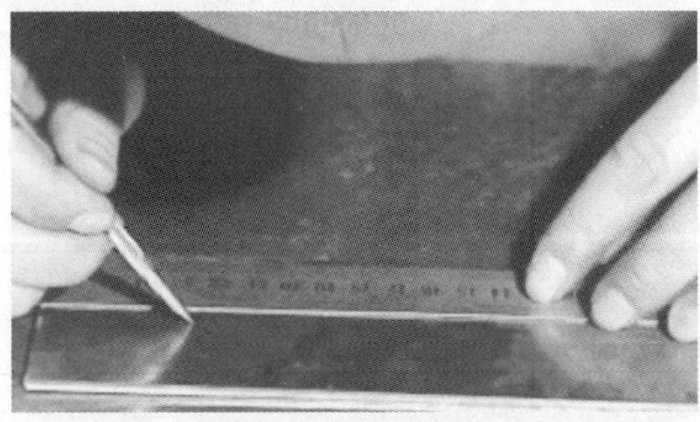

图 4-14　量取尺寸

图 4-15　划直线

（3）划针

划针（图 4-16）是直接用来划线条的，常与钢尺、角尺或样板平尺等导向工具一起使用。划针是用弹簧丝或高速钢制成的，直径为 3 ～ 6mm，长度为 200 ～ 300mm，尖端磨成 15° ～ 20° 的尖角，并经淬火硬化，以防磨损变钝，有的划针在针尖端焊上一段硬质合金，以保持长期锋利。只有锋利的针头才能划出清晰的线条。钢丝制成的划针用钝重磨时，要经常浸入水中冷却，以防退火变软。图 4-17 为划针结构图。

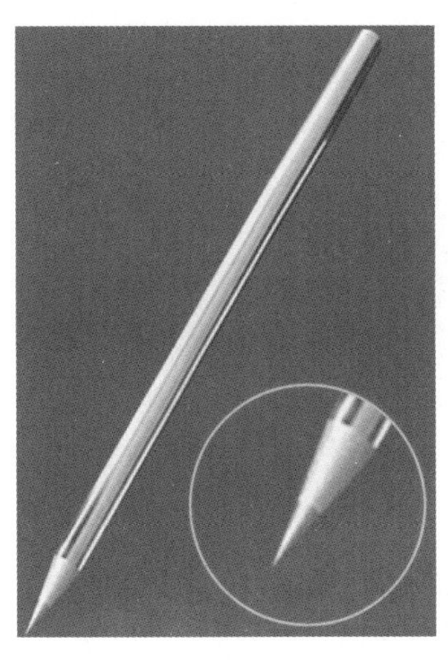
图 4-16　划针

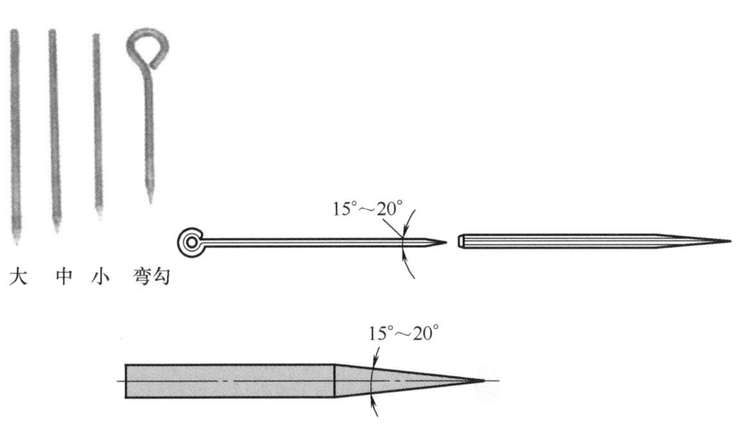

图 4-17　划针结构图

经验总结

为保证划线尽量准确，使用划针时要注意以下几点。

① 用划针划线时，针头要靠紧导向工具的边缘，压紧导向工具，避免滑动而影响划线的准确性。如图 4-18 所示为划线的方法。

② 划针的握法与用铅笔划线相似，上部向外侧倾斜 15° ~ 20°，向划线方向倾斜 45° ~ 75°。如图 4-19 所示为划针角度示意图，如图 4-20 所示为竖线划线角度，如图 4-21 所示为横线划线角度。

③ 用划针划线要尽量做到一次划准，不要重复划线，否则线条变粗、模糊不清。

④ 划针不用时，划针不能插在衣袋中，最好套上塑料管不使针尖外露。

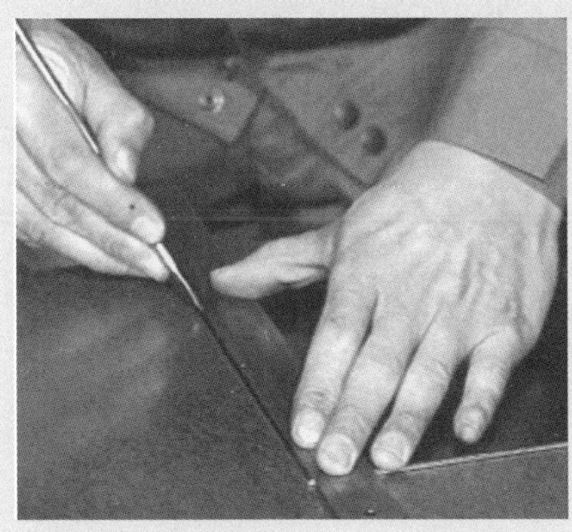
图 4-18　划线的方法

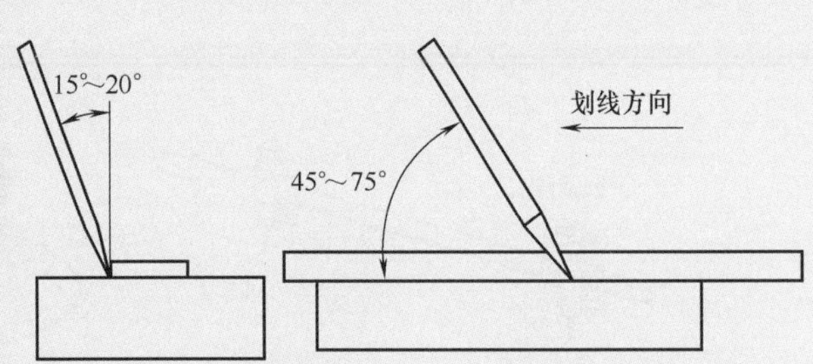

图 4-19　划针角度示意图

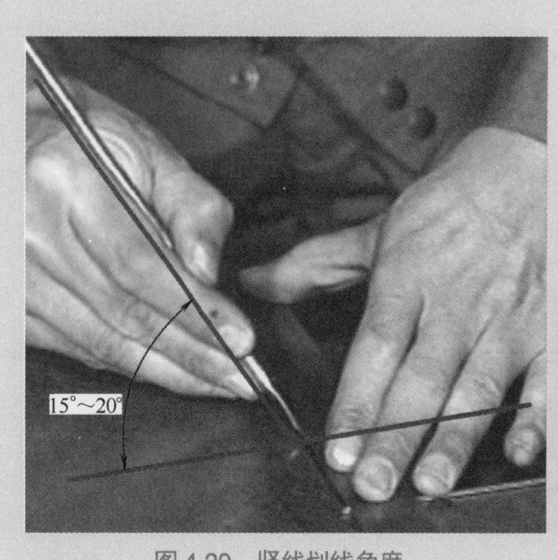

图 4-20　竖线划线角度

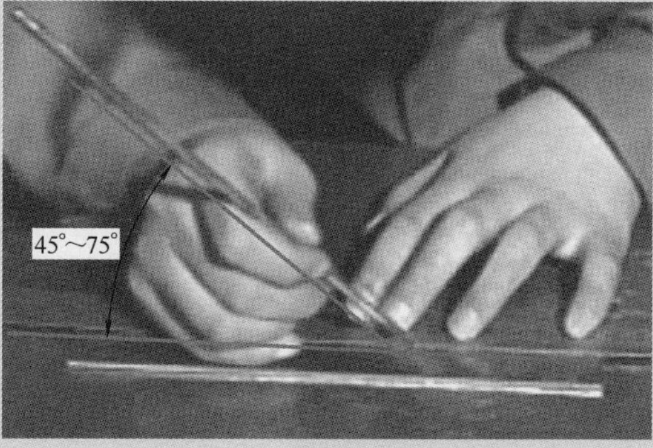

图 4-21　横线划线角度

（4）划规

划规用来划圆和圆弧、等分线段、等分角度以及量取尺寸等。

划规一般用中碳钢或工具钢制成，两脚尖端经过淬火硬化。如果在两脚端部焊上一段硬质合金，则耐磨性更好。

常用的划规有普通划规、扇形划规、弹簧划规和大尺寸划规等几种，如图 4-22 所示。最常用的是普通划规，其结构简单，制造方便，应用广泛。

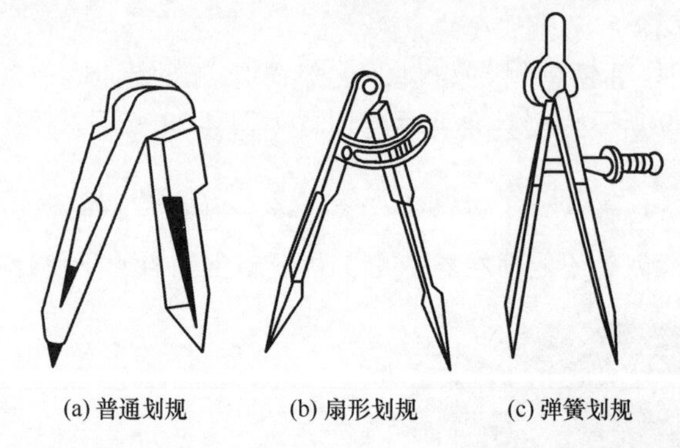
(a) 普通划规　(b) 扇形划规　(c) 弹簧划规

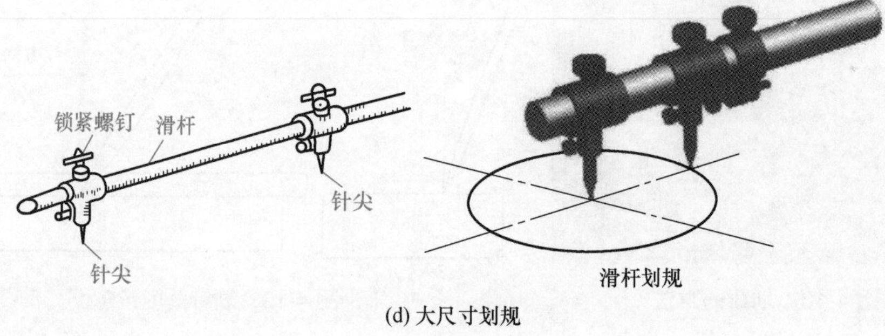

滑杆划规

(d) 大尺寸划规

图 4-22　不同类型的划规

普通划规一般由钳工自己制作。其两脚铆合处的松紧应恰当，太松则尺寸容易变动，太紧调节尺寸时费劲。划规的针尖要经常保持锋利，以保证划出的线条清楚。

经验总结

使用划规划圆时要注意以下两点。

① 作为旋转中心的一脚应加以较大的压力，另一脚则以较轻的压力在工件表面上划出圆弧，以增加稳定性，这样可使中心不致滑移。

如图 4-23 所示为单手划圆弧，图 4-24 为双手划圆弧。

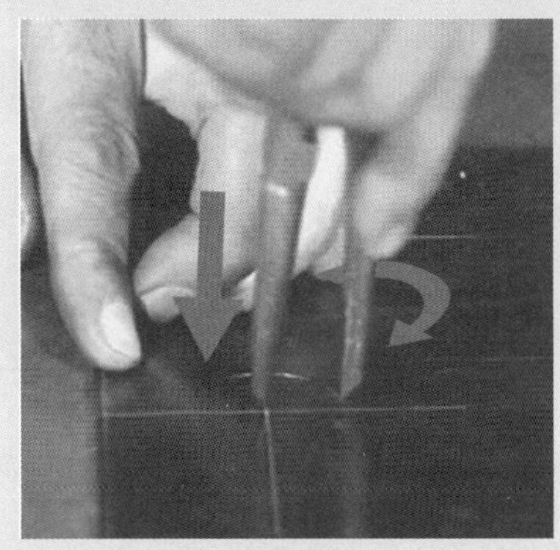

图 4-23 单手划圆弧

图 4-24 双手划圆弧

② 划规两脚尖要在所划圆周的同一平面上。如果两脚尖不在同一平面上，如图 4-25（a）所示，中心高于圆周平面，则应注意划规两脚尖距离并不是所划圆半径 r，如需保证划出所需要的圆半径 r，则应把划规两脚距离调为 R，$R=\sqrt{r^2+h^2}$，其中，h 为两脚高低差的垂直距离，当 h 较大时，由于划规定心尖脚不能正确地顶在样冲眼中心，所以划出的圆仍不够准确，应仔细核对尺寸，到划准为止。也可选用图 4-25（b）所示的特殊划规来划，既准确又方便。

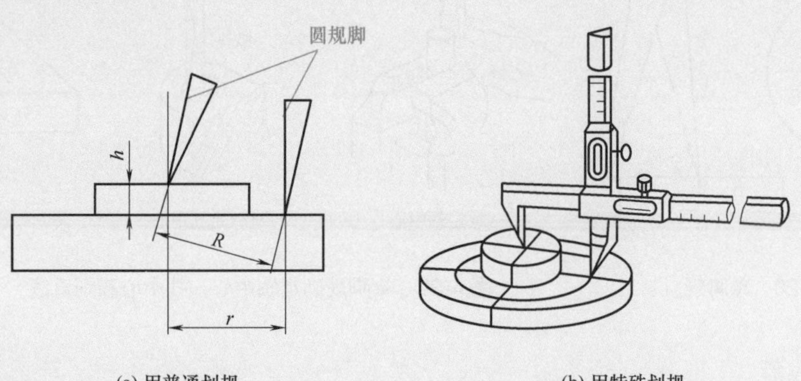

图 4-25 中心与圆周不等高的划圆方法

③ 划规必须保持脚尖的尖锐，以保证划出的线条清晰。如图 4-26 所示为尖锐的划规脚尖，图 4-27 为清晰的线条。

图 4-26　尖锐的划规脚尖

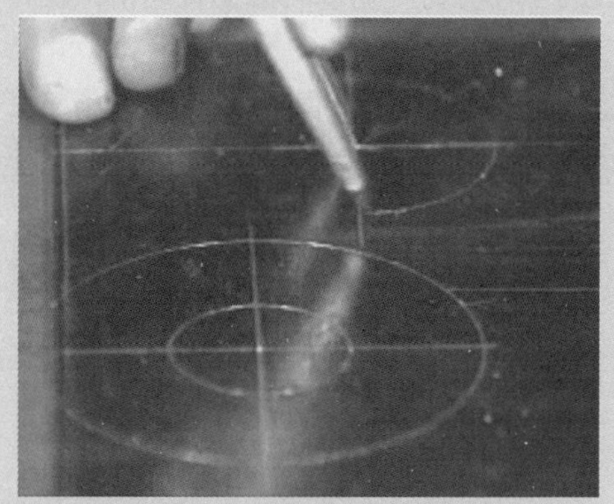
图 4-27　清晰的线条

④ 使用划规划尺寸较小的圆时，必须把划规两脚的长短磨得稍有不同，定心的一脚略长，划线的一脚略短，以便顺利划出小圆。同时，划规两脚在合拢时脚尖应能靠紧，以提高划线精度。

（5）单脚规

单脚规可用来确定圆形工件的中心，如图 4-28 所示。它使用方便，但要注意单脚规的弯脚离工件端面的距离应保持每次相同，否则所求中心要产生较大的偏差。

如图 4-29（a）所示为单脚规确定轴中心，图 4-29（b）为定孔中心，图 4-29（c）为划直线的操作方法。

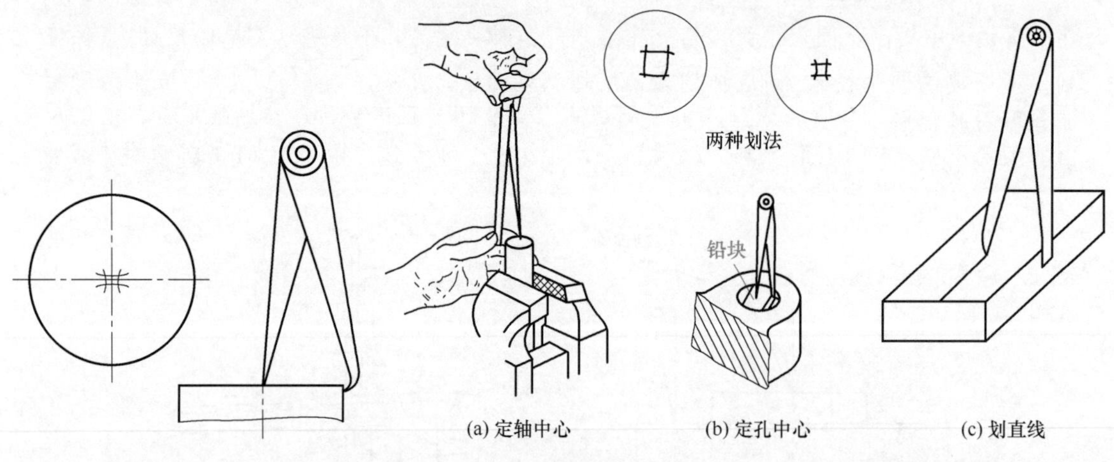

图 4-28　单脚规　　图 4-29　单脚规确定轴中心、孔中心和划直线

（6）划线盘

划线盘是用来划线或找正工件位置的，如图 4-30 所示，划线盘由底座、立柱、划针和夹紧螺母等组成。

划针两端分为直头端和弯头端，直头端用来划线（图 4-31），弯头端常用来找正工件的位置（图 4-32），例如找正工件表面与划线平台表面的平行等。

划线盘本身没有刻度线，划线时，需预先量取划线尺寸，如图 4-33 所示。

图 4-30　划线盘

图 4-31　直头端划线

图 4-32　弯头端找正工件的位置

划线盘在划线时，需要将锁紧螺母拧紧，使划针牢固地夹紧在划线盘的立柱上，划针伸出部分应尽量短些，划针与零件划线表面之间保持 40°～ 60°的夹角，底座平面始终与划线平板表面贴紧移动，线条一次划出，如图 4-34 所示。

图 4-33　预先量取划线尺寸

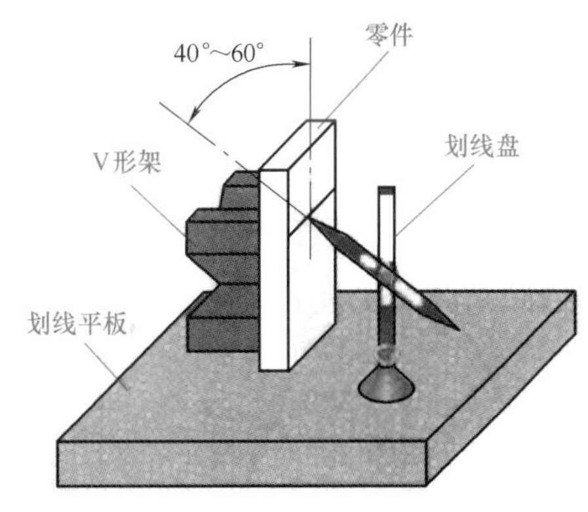

图 4-34　划线的技巧

用划线盘划线时应注意以下几点。

① 划线时，应使划针基本处于水平位置（图 4-35），不要倾斜太大，且伸出部分应尽量短些，这样划针刚性较好，不易产生抖动现象。

② 划针的夹紧要可靠，以避免尺寸在划线过程中有变动。

③ 划针与工件的划线表面之间沿划线方向要倾斜一定角度，这样可以减少划线阻力和防止扎入粗糙表面。如图 4-36 ~ 图 4-38 所示。

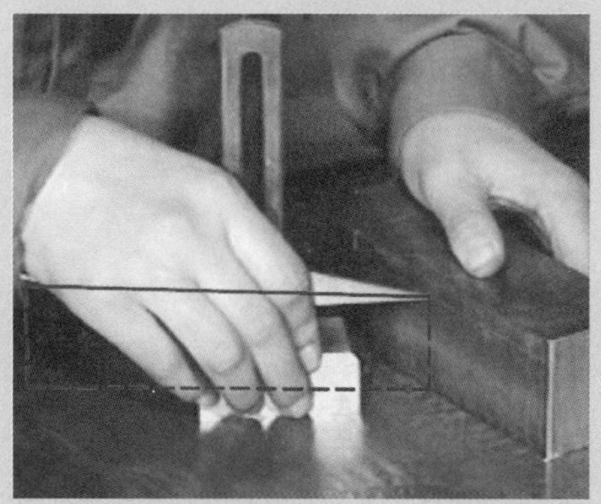
图 4-35 划针基本处于水平位置

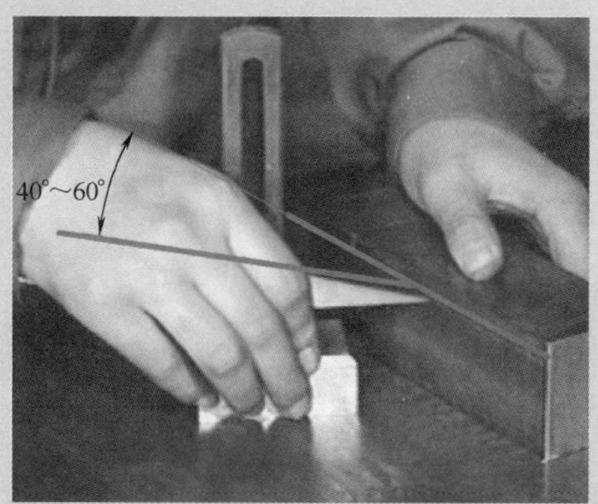

图 4-36 划线时的角度（一）

图 4-37 划线时的角度（二）

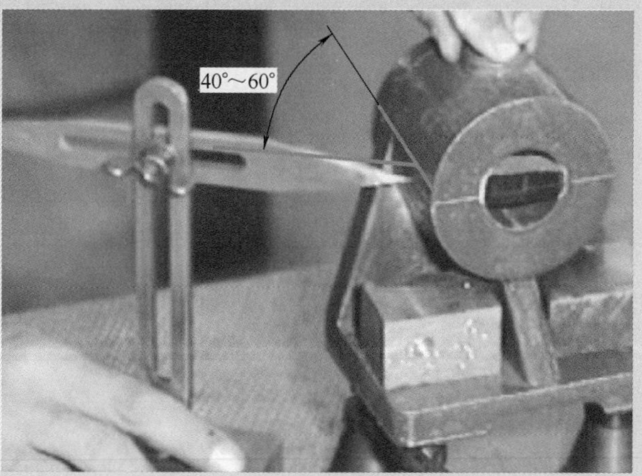

图 4-38 划线时的角度（三）

④ 在划线过程中，要拖动划线盘底座时，应使它与平台台面紧密接触，而无摇晃或跳动现象。如图 4-39 所示。

⑤ 底座与平台的接触面应保持清洁，以减少阻力。

⑥ 划线盘使用完毕后，应使划针置于垂直状态，并使直头端向下（图 4-40），以防伤人和减少所占的空间位置。

图 4-39 划线盘底座与平台台面紧密接触

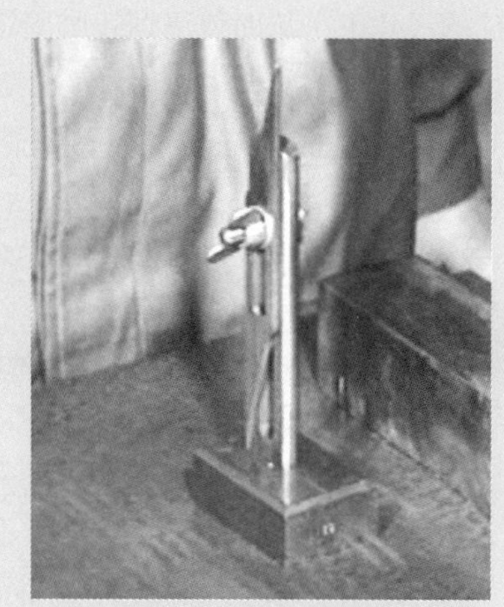
图 4-40 划针置于垂直状态使直头端向下

（7）高度游标卡尺

高度游标卡尺简称高度尺。它的主要用途是测量工件的高度，另外还经常用于测量形状和位置公差尺寸，有时也用于精密划线。高度游标卡尺实物图如图 4-41 所示，图 4-42 为其结构图。

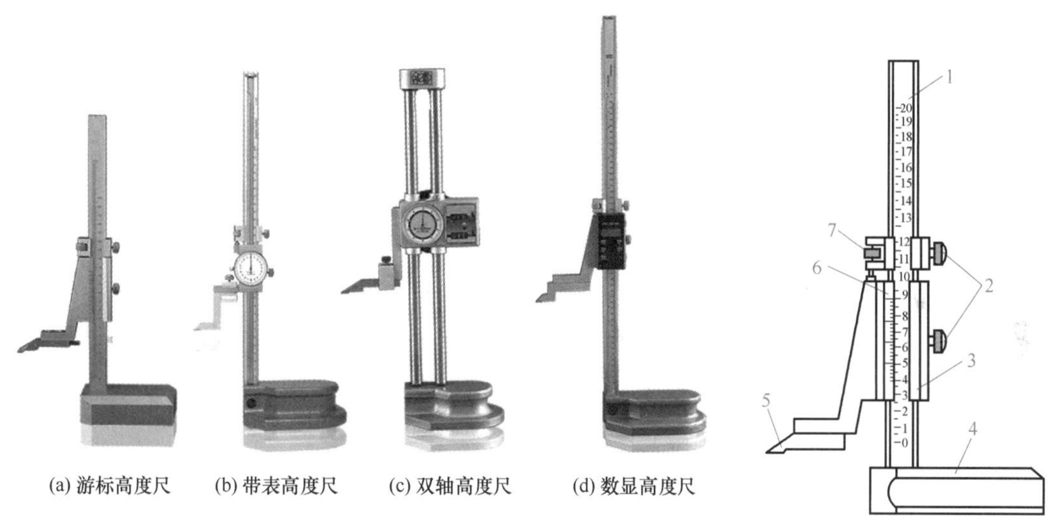

图 4-41 不同类型的高度游标卡尺

图 4-42 高度游标卡尺结构图

1—主尺；2—紧固螺钉；3—尺框；4—基座；5—量爪；6—游标；7—微动装置

它的结构特点是：用质量较大的基座 4 代替固定量爪 5，而动的尺框 3 则通过横臂装有测量高度和划线用的量爪，量爪的测量面上镶有硬质合金，提高量爪使用寿命。高度游标卡尺的测量工作，应在平台上进行。当量爪的测量面与基座的底平面位于同一平面时，如在同一平台平面上，主尺 1 与游标 6 的零线相互对准。所以在测量高度时，量爪测量面的高度就是被测量零件的高度尺寸，它的具体数值与游标卡尺一样可在主尺（整数部分）和游标（小数部分）上读出。

用高度游标卡尺划线时，调好划线高度，用紧固螺钉 2 把尺框锁紧后，使卡尺牢固地夹紧在相应的尺寸上，从而使得划线脚固定尺寸位置，底座平面始终与划线平板表面贴紧移动，线条一次划出，如图 4-43 所示。

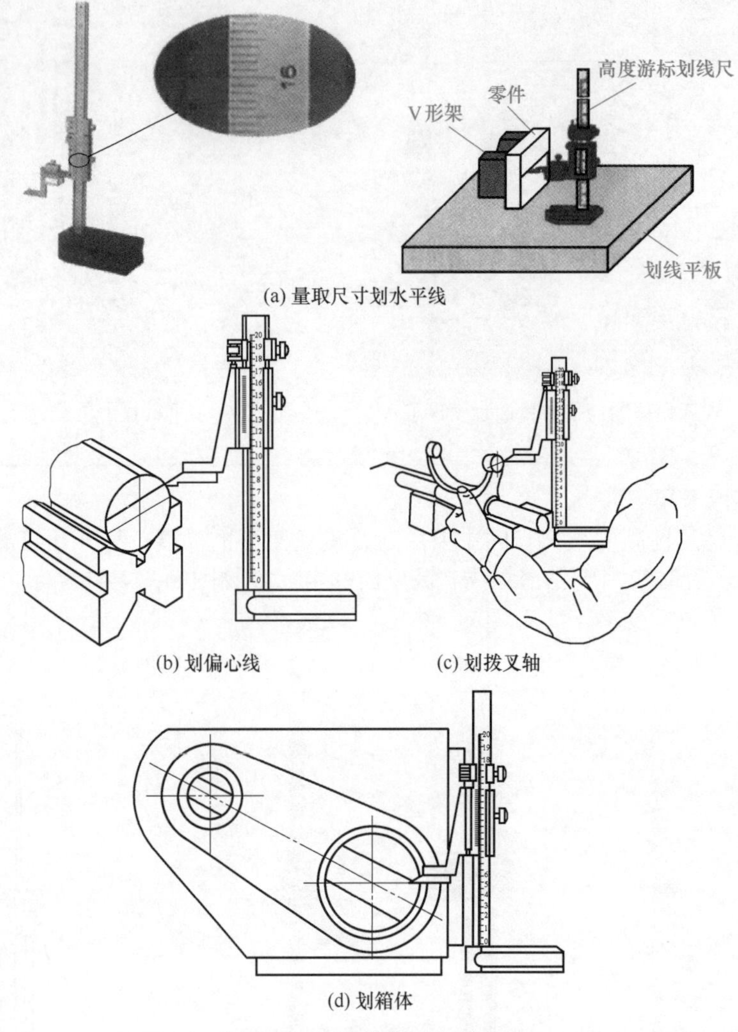

(a) 量取尺寸划水平线

(b) 划偏心线　(c) 划拨叉轴

(d) 划箱体

图 4-43　高度游标卡尺的应用

经验总结

① 测量前应擦净工件测量表面和高度游标卡尺的主尺、游标、测量爪；检查测量爪是否磨损。

② 使用前调整量爪的测量面与基座的底平面位于同一平面，检查主尺、游标零线是否对齐。

③ 测量工件高度时，应将量爪轻微摆动，在最大部位读取数值。

④ 读数时，应使视线正对刻线；用力要均匀，测力约 3 ~ 5N，以保证测量准确性。

⑤ 使用中注意清洁高度游标卡尺测量爪的测量面。

⑥ 不能用高度游标卡尺测量锻件、铸件表面与运动工件的表面，以免损坏卡尺。

⑦ 久不使用的游标卡尺应擦净上油放入盒中保存。

（8）90° 角尺

90° 角尺是常用的测量工具，如图 4-44 所示。划线时常用来作划垂直线或平行线的导向工具，也可以用来找正工件在平面上的垂直位置。90°角尺用中碳钢制成，经过精确的磨削或刮削后，使两条直角边之间具有较准确的 90°角。

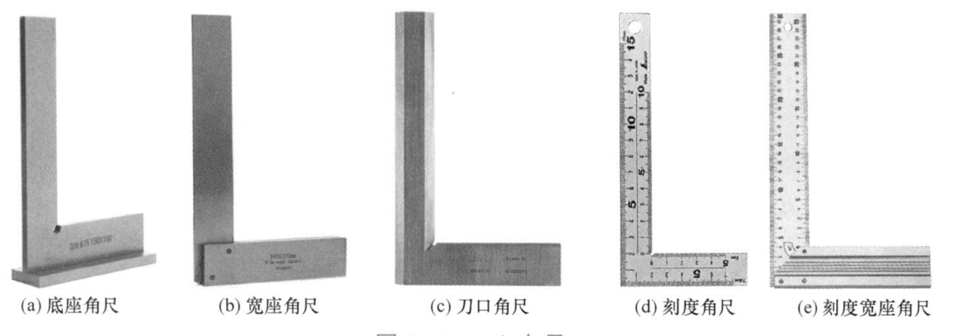
(a) 底座角尺　(b) 宽座角尺　(c) 刀口角尺　(d) 刻度角尺　(e) 刻度宽座角尺

图 4-44　90° 角尺

图 4-45 为用角尺划垂直线，图 4-46 为用角尺找正工件在平面上的垂直位置。

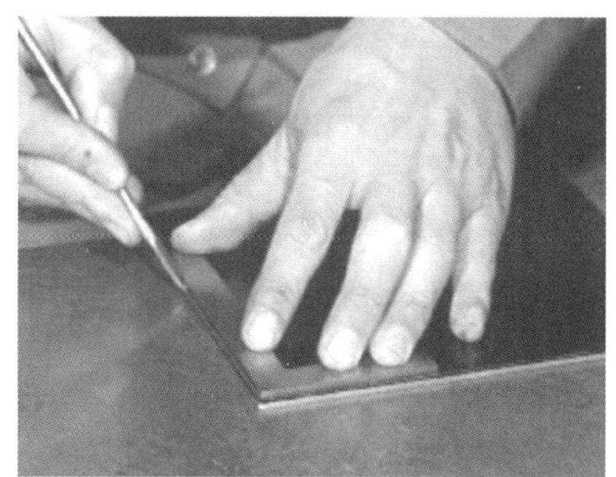
图 4-45　用角尺划垂直线

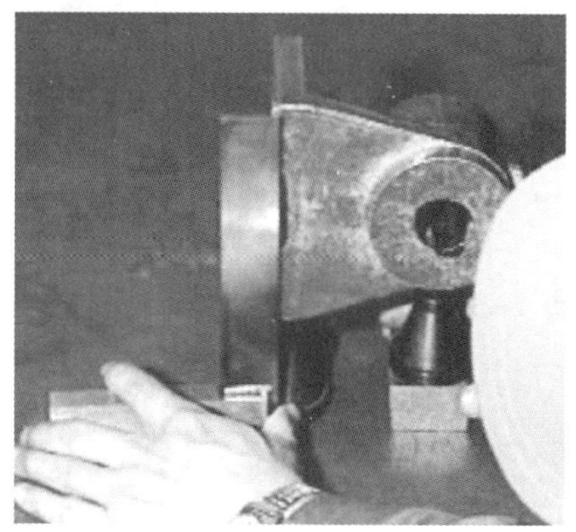
图 4-46　找正工件在划线平台的垂直位置

经验总结

90°直角尺的使用在进行垂直度检查时，应注意以下几点。

① 在用直角尺检查时，尺座与基准平面必须始终保持紧贴，而不应受被测平面的影响而松动，否则检查结果会产生错误。眼光平视观察其透光情况，以此来判断工件被测面与基准面是否垂直。检查时，角尺不可斜放，如图 4-47 所示，否则检查结果不准确。

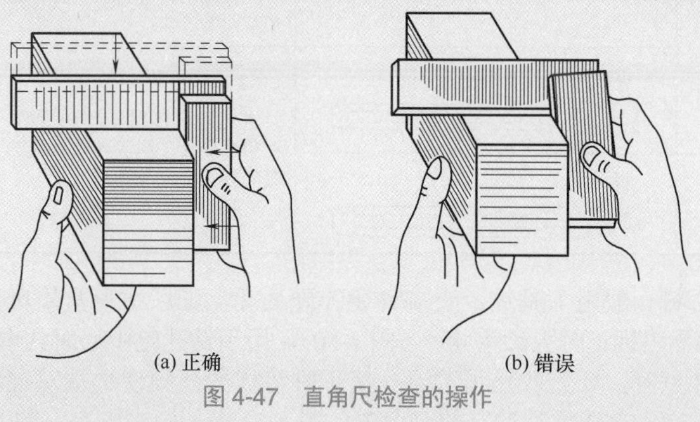
(a) 正确　(b) 错误

图 4-47　直角尺检查的操作

② 若在同一平面上不同位置进行检查时，角尺不可在工件表面上前后移动，以免磨损，影响角尺本身精度。

（9）样冲

样冲用于在工件已划好的加工线条上冲点，作加强界限标志（又称检验样冲点），以保存所划的线条，如图 4-48 所示为样冲实物图，图 4-49 为样冲结构图。这样即使工件在搬运、安装过程中线条被揩磨模糊时，仍留有明显的标记。在使用划规划圆弧或钻孔前，也要先用样冲在圆心上冲眼，作为划规定心脚的立脚点或钻孔定中心（又称中心样冲点）。

冲点的操作，也可称之为冲眼。

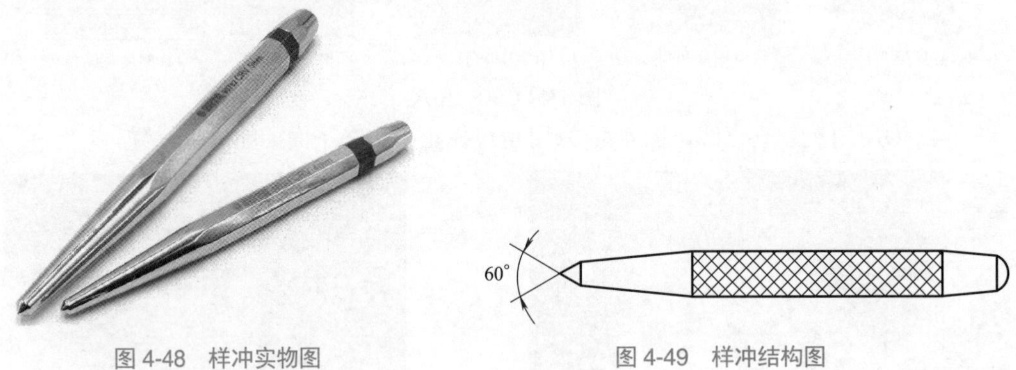

图 4-48　样冲实物图　　　图 4-49　样冲结构图

样冲的应用范围见表 4-3。

表 4-3　样冲的应用范围

序号	样冲图示	应用范围
1	中心冲	主要用于机械维修和安装、建筑、汽修等各个行业在开孔前的定位、标记
2	销冲	主要用于机械维修和安装、自行车、摩托车、汽车维修等各行业，及需要使用销钉的场所。每个销冲工作端的尺寸公差严格控制，以保证和对应销钉的尺寸完美贴合
3	圆锥冲	主要用于机械维修和安装、自行车、摩托车、汽车维修等各个行业，及需要使用销钉（圆锥销）的场所。每个销冲工作端的尺寸公差严格控制，以保证和对应销钉的尺寸完美贴合。另外圆锥冲也可以进行扩孔方面的工作
4	扁凿	主要用于机械维修和安装、建筑、汽修、岩石工程和混凝土工程等各个行业的开槽、除焊渣、整形和雕刻等工作
5	钎头	

样冲的制造材料一般用工具钢，尖端处要淬硬处理，工厂中也常用废刀具等改制。其顶尖角度在用于加强界限标记时大约为 45°（图 4-50），用于钻孔定中心时约取 60°（图 4-51）。

用普通样冲冲点时，要先找正再冲点。找正时将样冲外倾使尖端对准线的正中，然后再将样冲直立。图 4-52 为普通样冲冲点的示意图，图 4-53 为外倾对中心，图 4-54 为冲点操作。

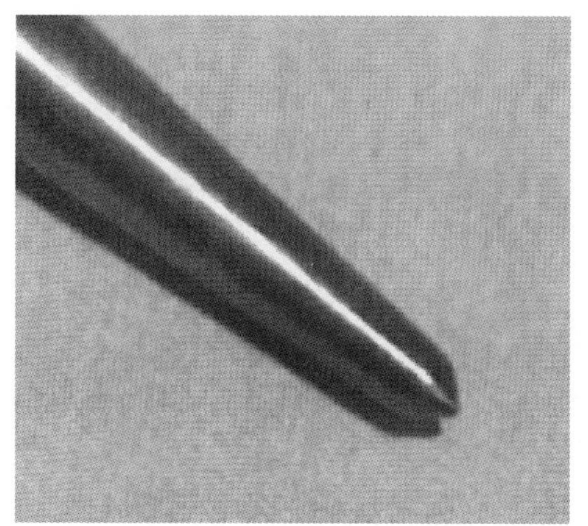

图 4-50 顶尖角度 45°样冲

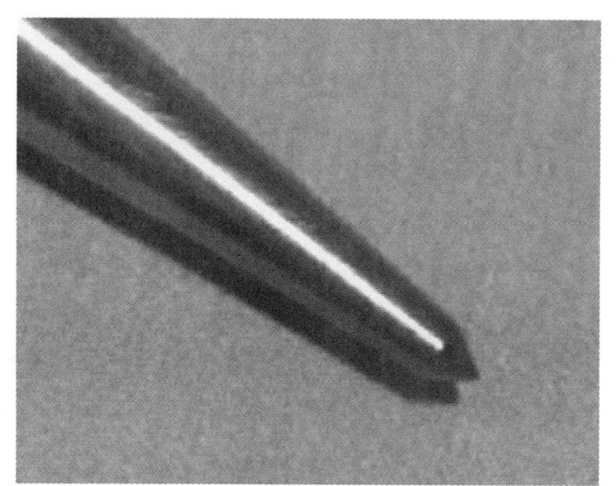

图 4-51 顶尖角度 60°样冲

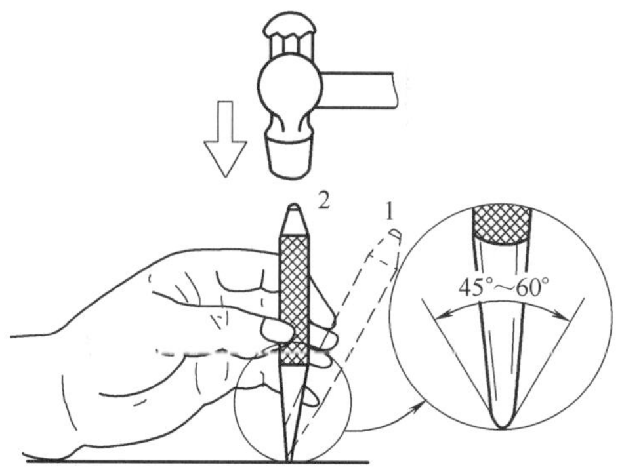

图 4-52 普通样冲冲点

图 4-53 外倾对中心

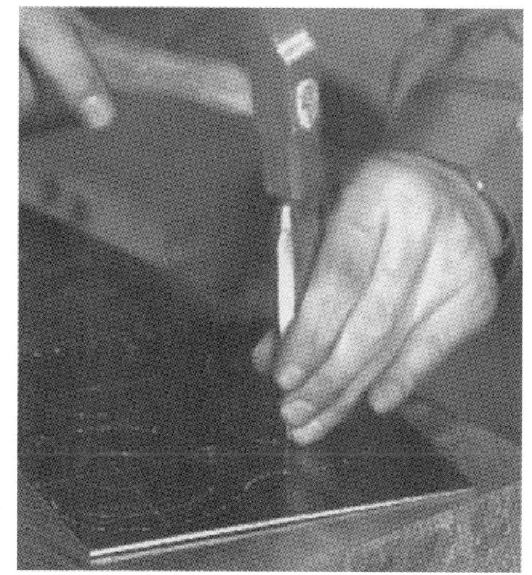

图 4-54 冲点操作

冲点时先轻打一个印痕，检查无误后再重打冲点，以保证冲眼在线的正中。

用自冲式样冲冲点时，只需找正后，用力下压，在弹簧的作用下，就能在所需的位置冲出正确的冲眼。图 4-55 为自冲式样冲的实物图，图 4-56 为自冲式样冲分解结构图，图 4-57 为自冲式样冲冲点操作，图 4-58 为圆中心的冲眼方法。

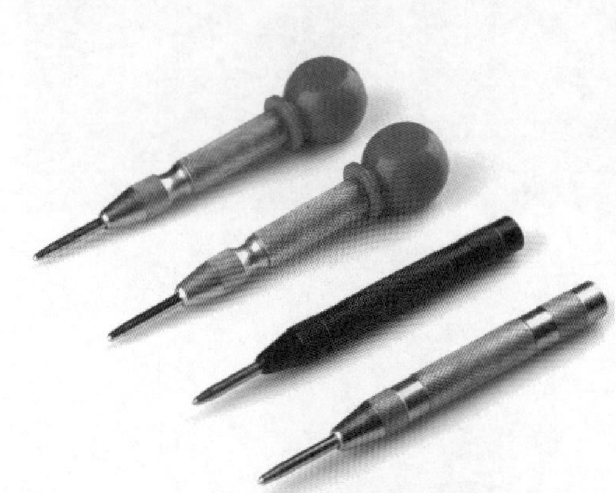

图 4-55 自冲式样冲的实物图

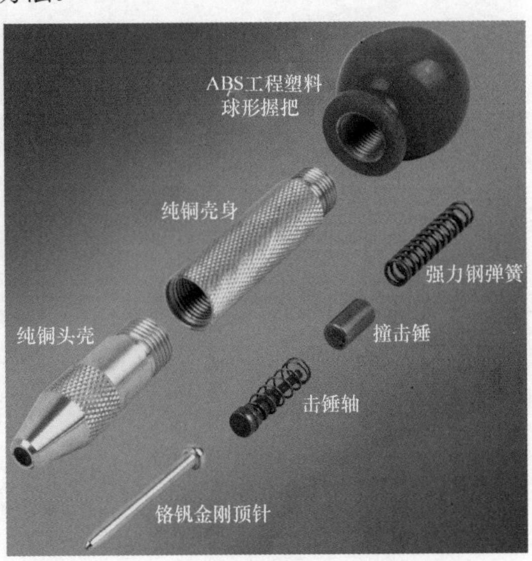

图 4-56 自冲式样冲分解结构图

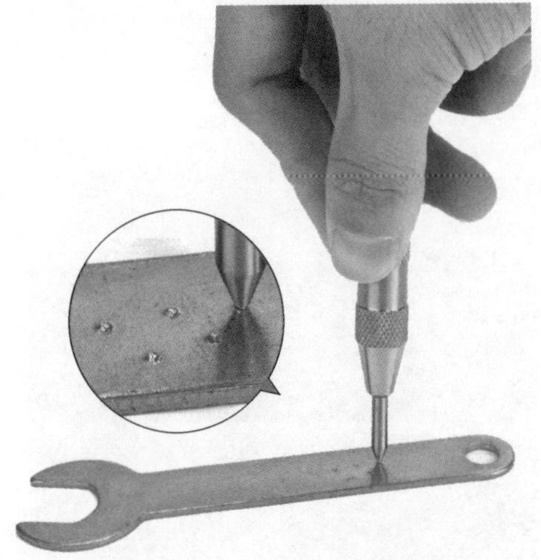

图 4-57 自冲式样冲冲点

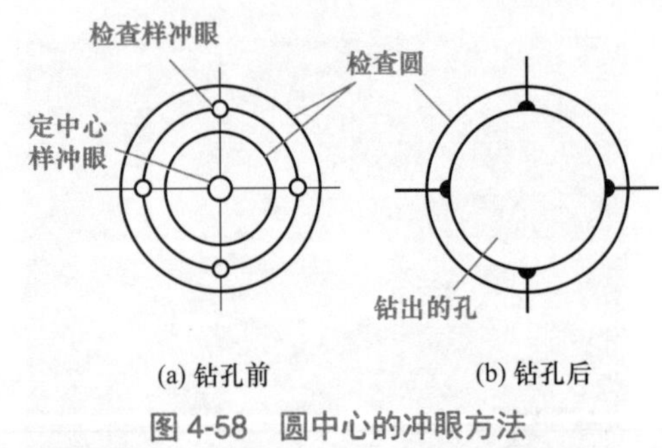

图 4-58 圆中心的冲眼方法

特别提醒

用样冲冲眼时，要注意以下几点。

① 位置要准确，中点不可偏离线条中心，先将样冲外倾使尖端对准线的正中，然后再将样冲立直冲点。

② 在曲线上冲点距离要小些，如直径小于 20mm 的圆周线上应有 4 个冲点，而直径大于 20mm 的圆周线上应有 8 个以上冲点；在直线上冲点距离可大些，但短直线至少有三个冲点；在线条的交叉或转折处则必须冲点。

③ 样冲眼的深浅要掌握适当，薄壁零件上样冲眼要浅些，并应轻敲，以防变形。光滑表面上样冲眼要浅些，甚至不冲眼，而粗糙的表面要冲得深些。精加工表面禁止冲眼。

④ 冲点时的注意事项如下。

a. 冲点位置要准确，不可偏心，如图 4-59 所示。

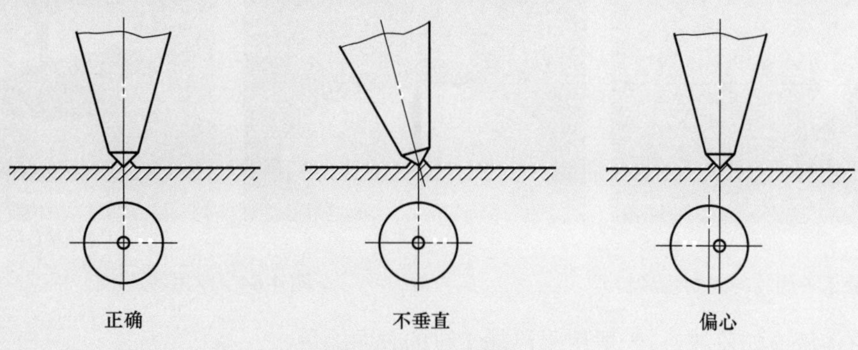

图 4-59 冲点位置

b. 直线上的冲点距离可大些，但在短直线上至少要有 3 个冲点，如图 4-60 所示。

c. 在圆周上冲点距离要小些，直径小于 20mm 的圆周上应有 4 个冲点，而直径大于 20mm 的圆周线上应有 8 个冲点，如图 4-61 所示。

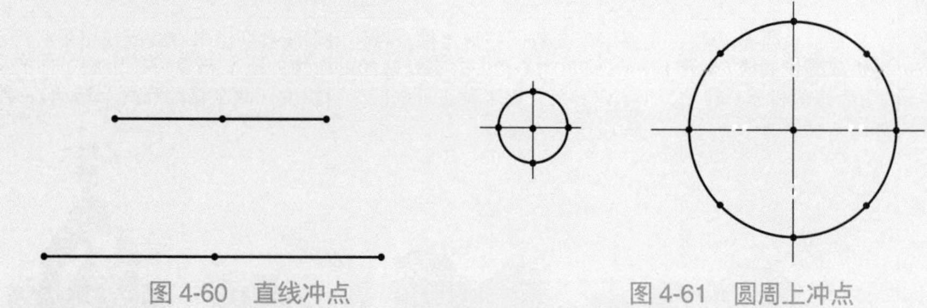

图 4-60 直线冲点

图 4-61 圆周上冲点

d. 在线条的相交处和拐角处必须打上冲点，如图 4-62 所示。

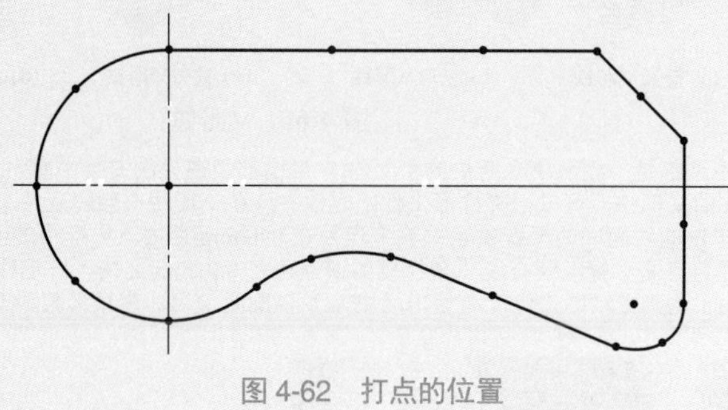

图 4-62 打点的位置

（10）划线表面涂色

由于受到光线强度、金属反射光源的影响，直接划出的线在铣削加工时有时很难看清楚，为了使划出的线条清晰，可以在零件的划线部位涂上薄而均匀的划线涂料，如图 4-63 所示。

钳工划线时，常用的涂料主要有石灰水、酒精色溶液等，如图 4-64 所示。

石灰水：一般用于表面粗糙的锻造件、铸造毛坯等的表面涂色。

图 4-63　涂上薄而均匀的划线涂料

(a) 石灰水

(b) 酒精色溶液

图 4-64　常用的涂料

酒精色溶液（如蓝油）：一般用于已加工过的表面涂色。

（11）各种支承用工具

支承工具用来支承和调整划线工件，以保证工件划线位置的正确性。常用的支承工具有 V 形铁、方箱、角铁、千斤顶等。具体如表 4-4 所示。

表 4-4　常用的支承工具

序号	支承工具	详细说明
1	V 形铁	V 形铁也叫 V 形架，主要用来安放圆柱形工件，以便用划线盘划出中心线或找出中心等。V 形铁用铸铁或碳钢制成；V 形槽一般成 90°或 120°，有良好的对中性。短 V 形铁可以限制工件的三个自由度（两个移动和一个转动），长 V 形架可以限制工件的四个自由度（两个移动和两个转动）。各种 V 形铁如图 4-65 所示 (a) 普通V形铁　(b) 三口V形铁　(c) 磁力V形铁　(d) 带弓形架的V形铁 图 4-65　V 形铁 一般 V 形铁都是一副两块，两块的平面与 V 形槽都是在一次安装中磨出的。V 形铁划线时，常用带有夹持弓架的V形铁，可以把圆柱形工件牢固地夹持在V形铁上翻转到各个位置划线，如图4-66 所示。 精密 V 形铁的表面间的平行度、垂直度误差在 0.01mm 之内，V 形槽的中心线必须在 V 形架的对称平面内，并与底面平行，同心度、平行度的误差也在 0.01mm 之内，V 形槽半角误差在 ±30~±1 范围内。有时为了达到更精确定位，常使用两块 V 形铁配合使用。带弓形架的 V 形铁定位如图 4-67 所示 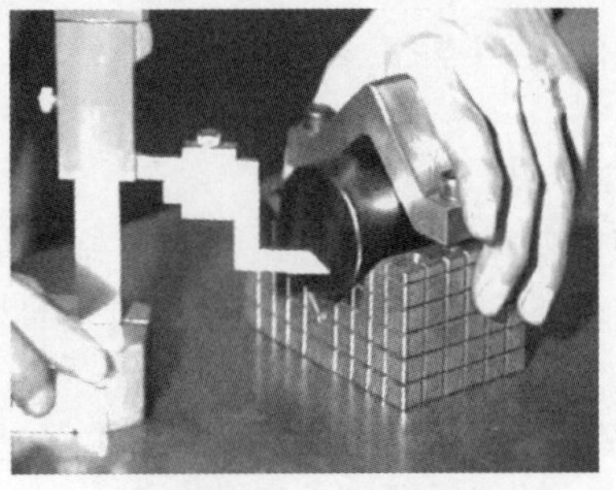 图 4-66　利用 V 形铁划线  图 4-67　带弓形架的 V 形铁定位

续表

序号	支承工具	详细说明
2	平行垫铁	平行垫铁又称等高垫铁、等高垫块，是具有六个工作面的正方体或长方体，如图 4-68 所示，具有精确的尺寸及平行度和垂直度，为工件提供了实际的、可靠的、准确的位置 通常两件为一组，材料分别是 HT200 或 45 钢，工作面采用刮研或研磨工艺加工。平行垫铁的相对工作面互相平行，相邻工作面互相垂直，由于平行垫铁的六个面均可以保证加工精度，所以平行垫铁可以用于机械零件划线和虎钳夹持的高度辅助使用，是作为机械加工的一种重要基准工具。平行垫铁套装如图 4-69 所示 图 4-68 平行垫铁 图 4-69 平行垫铁套装 平行垫铁为工件提供了支撑点，其反作用力与击打力组成成形的外力。抵垫的位置要准，因为它决定变形的类型和位置；平行垫铁的形状大小根据需要选择。平行垫铁的刚度要大，不能材料没成形，平行垫铁先变形；平行垫铁的质量宜大，太小自身容易打飞、打滑
3	方箱	方箱是用铸铁或钢材制成的具体 6 个工作面的空腔正方体，其中一个工作面上有 V 形槽，如图 4-70 所示 划线方箱主要用于零部件的平行度、垂直度等的检验和划线，利用方箱进行基准的找正如图 4-71 所示 (a) 方箱 (b) 成套的方箱 图 4-70 方箱 图 4-71 利用方箱进行基准的找正 划线方箱各工作面不能有锈迹、划痕、裂纹、凹陷以及影响计量性能的其他缺陷。非工作面应清砂涂漆，棱边倒角 划线时，常依靠夹紧装置把工件固定在方箱上。可翻转方箱，把工件上互相垂直的线条在一次装夹中全部划出，如图 4-72 所示

续表

序号	支承工具	详细说明
3	方箱	图 4-72 利用方箱划线
4	直角铁	直角铁也叫角铁、曲铮，是用来支持划线工件的，如图 4-73 所示 直角铁一般常与压板螺栓或 C 形夹头配合使用，如图 4-74 所示，它有 2 个互相垂直的平面。通过 90°角尺对工件的垂直度进行找正后，再用划线盘划线，可使所划线条与原来找正的直线或平面保持垂直 图 4-73 直角铁　图 4-74 配合装夹工件
5	千斤顶	千斤顶是在平板上支承较大及不规则工件时使用，其高度可以调整，如图 4-75 所示 图 4-75 千斤顶 通常用三个千斤顶支承工件，图 4-76 为用千斤顶找正平面，图 4-77 为利用垫块配合进行找正工作

续表

序号	支承工具	详细说明
5	千斤顶	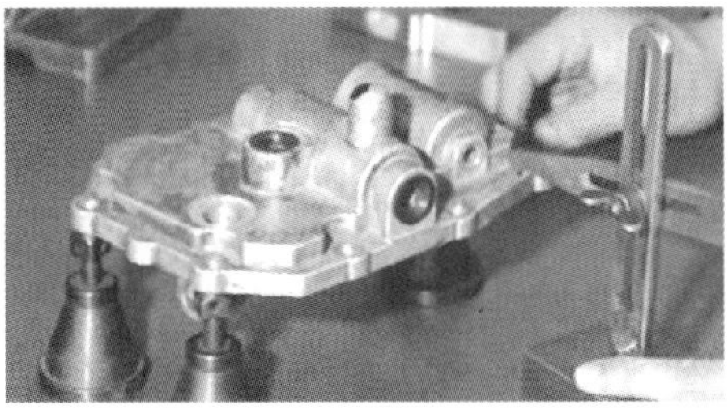  图 4-76　千斤顶找正平面　图 4-77　垫块配合千斤顶进行找正 千斤顶的使用要求： ①三个千斤顶要远离工件重心，并且稳定可靠，附加安全措施 ②三个千斤顶的支承点离工件的重心应尽量远，三个支承点所组成的三角形面积应尽量大。一般在工件较重的部位放两个千斤顶，较轻的部位放一个千斤顶 ③工件的支承点尽量不要选择在容易发生滑移的地方。必要时，须附加安全措施，如在工件上面用绳子吊住或在工件下面加辅助垫铁，以防工件滑倒

4.1.4　划线的几何方法

一般用于划线的几何方法包括划等分线、划平行线、划垂直线、划相切圆弧和找圆心，具体方法见表 4-5。

表 4-5　划线的几何方法

序号	划线类型	划线要求及图示	划线方法
1	等分线	将线段 AB 进行五等分（或若干等分） 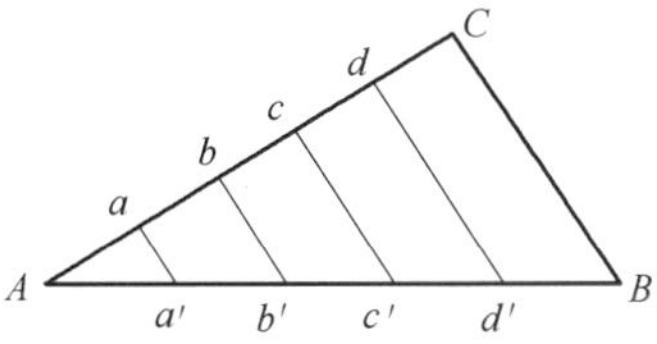 A B C a b c d a′ b′ c′ d′	①由 A 点作一射线并与已知线段 AB 成某一角度 ②从 A 点在射线上任意截取五等分点 a、b、c、d、C ③连接 BC，并过 a、b、c、d 分别作 BC 线段的平行线，在 AB 线上的交点即为 AB 线段的五等分点
2	平行线（一）	作与线段 L_1 和 L_2 距离为 R 的平行线 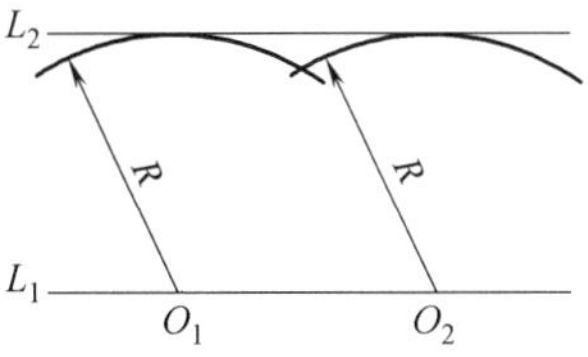 L_2 L_1 R R O_1 O_2	①在已知线段上任取两点 O_1、O_2 ②分别以 O_1、O_2 为圆心，R 为半径，在同侧作圆弧 ③作两圆弧的公切线，即为所求的平行线

续表

序号	划线类型	划线要求及图示	划线方法
3	平行线（二）	过线外一点 P，作线段 AB 的平行线 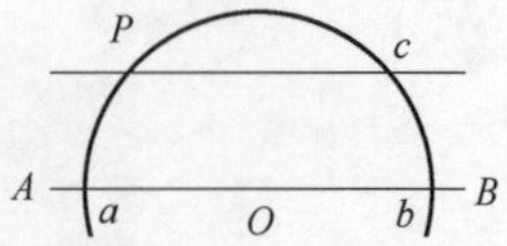	①在 AB 线段上取一点 O ②以 O 为圆心，OP 为半径作圆弧，交 AB 于 a、b ③以 b 为圆心，aP 为半径作圆弧，交圆弧 ab 于 c ④连接 Pc，即为所求平行线
4	垂直线（一）	过已知直线 L_1 作垂直线段 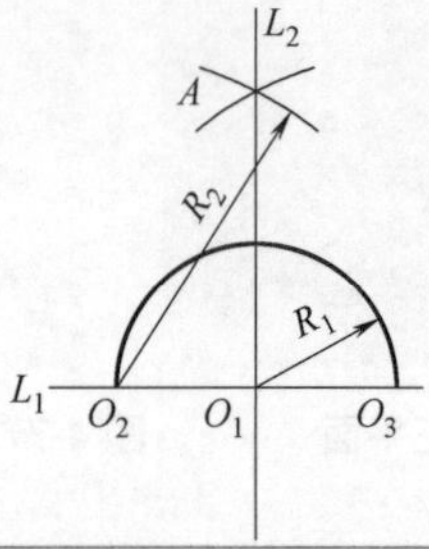	①在直线 L_1 上任取一点 O_1 ②用划规以 O_1 为圆心、R_1 为半径划半圆交直线 L_1 于 O_2、O_3 两点 ③再分别以 O_2、O_3 点为圆心，R_2 为半径划弧，交于 A 点 ④用钢尺连接 AO_1 得直线 L_2，则 L_2 即为所求
5	垂直线（二）	过已知直线 L_1 外的一点 A 作直线 L_1 的垂直线 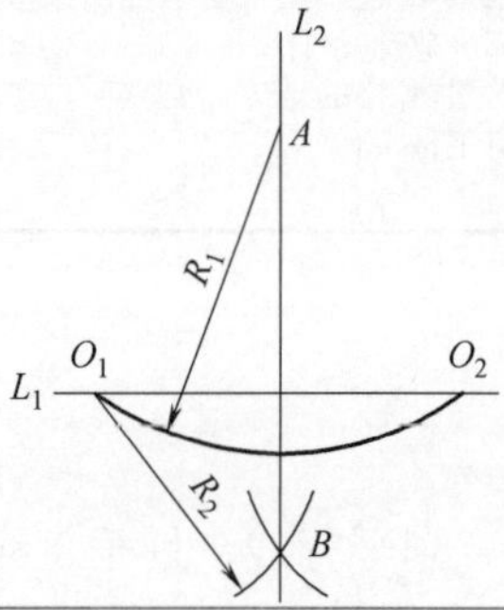	①用划规以已知直线 L_1 外的一点 A 为圆心，R_1 为半径划半圆，交直线 L_1 于 O_1、O_2 两点 ②再分别以 O_1、O_2 点为圆心、R_2 为半径划弧，交于 B 点 ③用钢尺连接 AB 得直线 L_2，则 L_2 即为所求
6	垂直线（三）	过已知线段 AB 的端点 B 作垂直线段 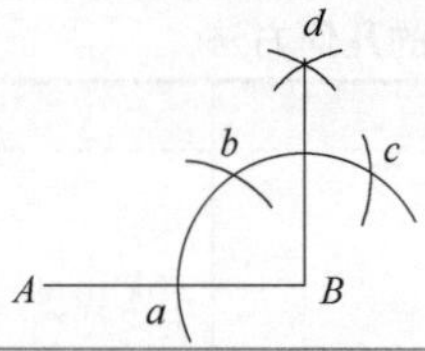	①以 B 为圆心，取 Ba 为半径作圆弧交线段 AB 于 a ②以 Ba 为半径，在圆弧上截取圆弧段 ab 和 bc ③分别以 b、c 为圆心，Ba 为半径作圆弧，交点于 d ④连接 Bd，即为所求垂直线段
7	相切圆弧（一）	作与两相交直线相切的圆弧线 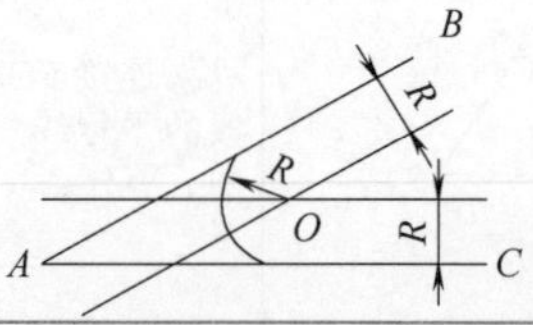	①在两相交直线的角度内，作与两直线相距为 R 的两条平行线，交点于 O ②以 O 为圆心，R 为半径作圆弧
8	相切圆弧（二）	作与两圆弧线外切的圆弧线 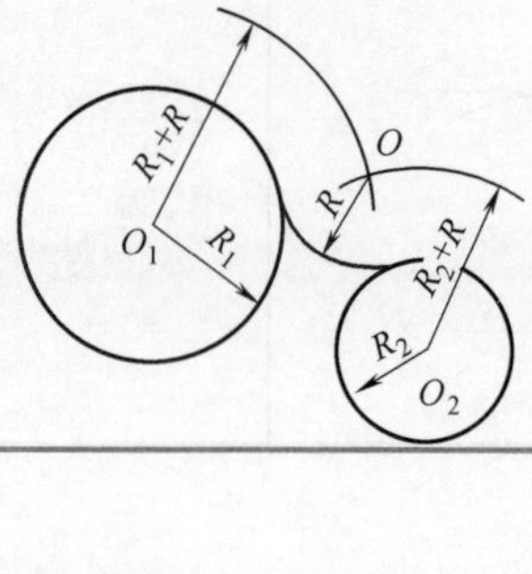	①分别以 O_1 和 O_2 为圆心，以 R_1+R 及 R_2+R 为半径作圆弧交于 O ②以 O 为圆心，R 为半径作圆弧

续表

序号	划线类型	划线要求及图示	划线方法
9	圆心（一）	找内孔圆心	①将单脚规两卡爪张开至稍大于所需划圆周半径 ②单脚规的弯脚抵在内孔壁上 ③分别以接近对称的四点为圆心（该四点至端面的距离要基本一致）划四个相交的圆弧 ④四段圆弧的中间点即是所找的圆心点
10	圆心（二）	找外圆端面圆心 D L (a) (b) (c)	①把V形架放在划线平台上，再将轴类零件固定在V形架上 ②用游标高度尺测量出工件上端的高度 L，再用游标卡尺或千分尺测量出轴的直径 D ③把游标高度尺的尺寸调整到“L-D/2”后，在圆柱端面划一条水平线，如图（a）所示 ④把轴旋转90°安装，并用90°角尺找正刚才所划直线的垂直位置，如图（b）所示 ⑤之后再用游标高度尺（尺寸与上述直线一致）划一条水平线，如图（c）所示

4.1.5 平面划线的准备工作

平面划线是指在工件某一个表面上划线，这也是在进行铣床铣削加工前所做的重要准备工作。划线必须根据图纸要求结合毛坯的实际情况进行划线，才能为之后的铣削找到加工的范围和边界。

（1）划线前的准备

在进行划线之前，要做好准备工作，见表4-6。

表4-6 划线前的准备

序号	划线前准备	详细说明
1	清理工作	毛坯件在划线之前，应先清理去掉氧化铁皮、飞边（图4-78）、残留的泥沙、污垢，以及已加工工件上的毛刺、铁屑等，否则将影响划线的清晰度或损伤划线工具 飞边 飞边 图4-78 飞边

续表

序号	划线前准备	详细说明
2	工件的涂色	为了使划出的线条清楚，一般都要在工件的划线部位涂上一层涂料，如图4-79所示。在铸、锻件毛坯上一般涂石灰水（一般要在石灰水里加入一些胶水，可增加其附着力，效果更好）。在已加工工件的表面上，一般涂蓝油。无论使用哪一种涂料，都要尽可能涂得薄而均匀，这样才能保证划线清晰，涂色后的划线效果如图4-80所示 图4-79　工件的涂色操作　图4-80　涂色后的划线效果
3	在工件孔中装中心塞块	在有孔的工件上划圆或等分圆周时，必须先求出孔的中心。为此，一般要在孔中装上中心塞块。对于不大的孔，通常用铅块敲入，较大的孔则可用木块或可调节的塞块（图4-81） 塞块 图4-81　塞块

（2）划线基准的选择

工件划线时有很多线要划，通常都遵循这样一个原则，即从划线基准开始。划线基准就是划线时用来确定工件上其他点、线、面的依据。

在零件图上用来确定其他点、线、面位置的依据，称为设计基准。划线时，划线基准与设计基准一致，才能减少划线的误差。

划线基准一般可根据如表4-7所示的三种类型来选择。

表4-7　划线基准的选择

序号	类型	示意图	例题分析
1	以两个互相垂直的平面（或线）为基准	基准(1) 基准(2)	如图4-82所示，该零件上有垂直和水平两个方向的尺寸，可以看出，这些尺寸都是依照工件下表面和右侧表面而确定的，这两个平面分别是每一个方向的划线基准 26　$\phi 8$　46　R20　$\phi 12$　20　60　20　65　23　114　基准 图4-82　以两个互相垂直的平面为基准

续表

序号	类型	示意图	例题分析
2	以两条中心线为基准	基准(1) 基准(2)	如图 4-83 所示，该零件上两个方向的形状与其中心线都对称，且其他尺寸也由中心线确定。因此，这两条中心线就是工件的基准 图 4-83 以两条中心线为基准
3	以一个平面和一条中心线为基准	基准(1) 基准(2)	如图 4-84 所示，该零件高度方向的尺寸是以底面为依据的，此底面就是高度方向的划线基准。长度方向的尺寸又是以中心线为依据的，故中心线为长度方向的划线基准 图 4-84 以一个平面和一条中心线为基准

经验总结

由于划线时，工件的每一个方向的尺寸都需要一个基准，因此，平面划线时一般选两个划线基准，而立体划线时一般要选择三个划线基准。

4.1.6 平面划线实例

（1）平面划线实例（一）

用游标高度尺等常用划线工具在 100mm×100mm×8mm 的板料上划线，如图 4-85 所示。其平面划线步骤见表 4-8。

（2）平面划线实例（二）

对如图 4-88 所示的图形进行平面划线。首先分析图样，确定以底边和右侧边为划线基准。把板料清理、矫平、涂工艺墨水后开始划线。其具体过程见表 4-9。

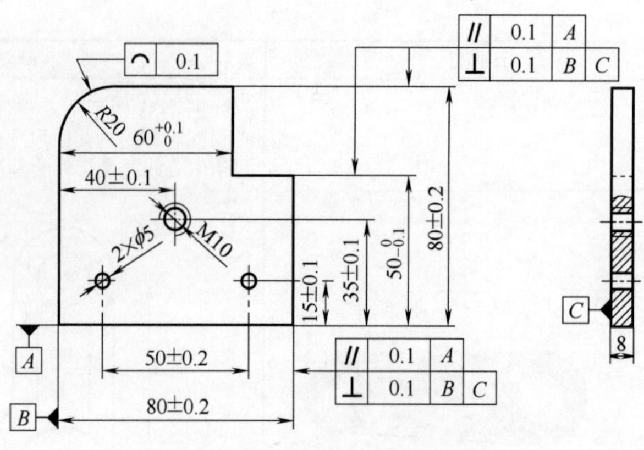

图 4-85 零件图（一）

表 4-8 平面划线步骤（一） 单位：mm

序号	划线顺序	详细说明
1	步骤 1	确定基准平面。分析图纸，确定以 *A* 面为高度方向的尺寸基准，以 *B* 面为长度方向的尺寸基准（*A* 基准和 *B* 基准为已加工好的相互垂直平面）
2	步骤 2	工件涂色。工件毛坯为板材剪切而成，表面比较平整，在此选择的涂料为蓝油。先将 100mm×100mm 的毛坯板料的一面清理干净后，再用蓝油在工件表面均匀地进行涂色，待涂料干后再进行划线
3	步骤 3	平面划线。在划线平台上，以 *A* 面为基准，用游标高度尺分别划出尺寸为 15、35、50、60、80 的与 *A* 基准平面平行的直线，如图 4-86（a）所示；同理，以 *B* 面为基准，用游标高度尺分别划出尺寸为 15、20、40、60、65、80 的与 *B* 基准平面平行的直线，找出 O_1、O_2、O_3 和 O_4 四个点，如图 4-86（b）所示 *A*基准平面 (a)　*B*基准平面 *A*基准平面 (b) 图 4-86 平面划线
4	步骤 4	划圆及圆弧。选用划规，分别以 O_1、O_2 为圆心，划两个 $\phi5$ 的圆；再以 O_3 为圆心，以螺纹 M10 的底孔直径 8.5 为半径划圈；最后以 O_4 为圆心划半径为 20 的圆弧，如图 4-87 所示 *B*基准平面 *A*基准平面 图 4-87 划圆及圆弧

续表

序号	划线顺序	详细说明
5	步骤 5	检查。对照图 4-84 检查所划线条是否有多划、少划、漏划或错划，确认无误后再用样冲在线条上冲眼，以保存所划线条

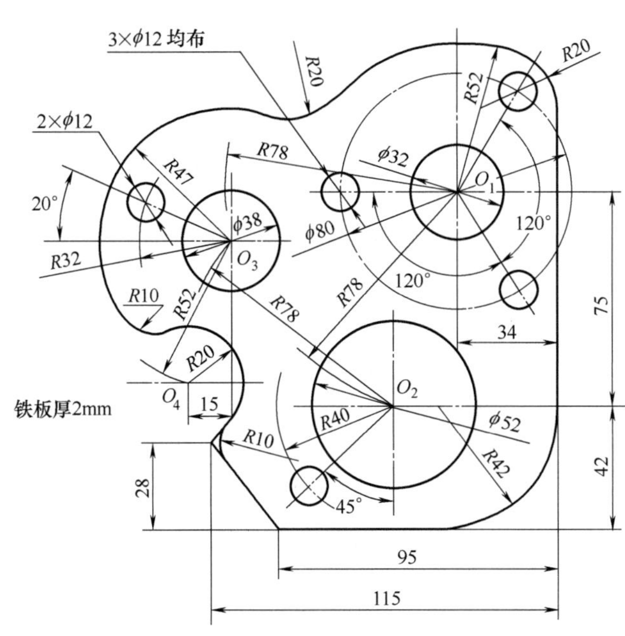

图 4-88 零件图（二）

表 4-9 平面划线步骤（二） 单位：mm

序号	划线顺序	详细说明
1	步骤 1	沿板料边缘划两条互相垂直的基准线
2	步骤 2	划尺寸为 42 的水平线
3	步骤 3	划尺寸为 75 的水平线
4	步骤 4	划尺寸为 34 的垂直线，找到 O_1 点
5	步骤 5	以 O_1 为圆心、*R*78 为半径作弧，并截长度为 42 的水平线得 O_2 点，通过 O_2 点作垂线
6	步骤 6	分别以 O_1、O_2 为圆心，*R*78 为半径作弧，相交得 O_3 点。通过 O_3 点作水平线和垂直线
7	步骤 7	通过 O_2 点作 45°线，并以 O_2 为圆心、*R*40 为半径截得小圆的圆心
8	步骤 8	通过 O_3 点作 20°线，并以 O_3 为圆心、*R*32 为半径截得另一个小圆圆心
9	步骤 9	划与 O_3 的垂直中心线距离为 15 的垂线，并以 O_3 为圆心、*R*52 为半径作弧截得 O_4 点
10	步骤 10	划长度为 28 的尺寸界线
11	步骤 11	按尺寸 95 和 115 划出工件左下方的斜线
12	步骤 12	划出 ϕ32、ϕ80、ϕ52、ϕ38 的圆周线
13	步骤 13	按图样位置把 ϕ80 圆周三等分
14	步骤 14	划出五个 ϕ12 圆周线
15	步骤 15	作 *R*20 圆弧与 *R*52、*R*47 的圆弧外切
16	步骤 16	作 *R*10 圆弧与 *R*47、*R*20 的圆弧内、外切
17	步骤 17	作 *R*42 的圆弧与右下方两直线相切
18	步骤 18	至此，全部线条划完。按图检查有无漏线、错线。在划线过程中，圆心找出后就应冲眼，以备使用划规划圆弧。检查无误后，再按规定冲样冲眼

4.2 铣刀的安装

安装铣刀不是一件孤立的工作，它与铣削有着密切的联系。这项工作进行得不妥善，往往会给加工带来困难，例如出现铣刀转动时径向圆跳动量大，造成铣刀杆弯曲，发生不应有的弊病等，所以对于铣刀的安装应给以足够的重视，防止不良后果发生。

铣刀的安装包括卧式铣刀和立式铣刀的安装（图 4-89 和图 4-90），而立式铣刀又包括了直柄铣刀和锥柄铣刀的安装。

图 4-89　卧式铣刀的安装

图 4-90　立式铣刀的安装

卧式铣刀安装

卧刀圆柱和圆盘，安装细把位置看，
刀轴选择尽量短，铣刀靠近主轴端；
先装横梁再装杆，锁紧螺母保平安，
清洁轴垫和铣刀，注意方向莫装反；
横推挂架调间隙，旋转顺畅不困难，
径向端面来检查，操作平稳又缓慢。

立式铣刀安装

立式铣刀常三类，端面柱柄与锥柄，
安装原理都一致，注意区别才可行；
端面铣刀大又沉，倒置刀杆好行径，
记住顺序来安装，凸缘刀具和螺钉；
柱柄铣刀用夹头，清洁锥孔要先行，
刀杆刀身和螺母，旋紧力道要均匀；
锥柄铣刀用套筒，顶部拉杆要旋紧，
遇到角度不一样，过渡锥套作衬芯。

4.2.1 圆柱和圆盘铣刀的安装

（1）圆柱和圆盘铣刀的安装形式

在卧式和万能铣床上切削工件，使用圆柱铣刀和圆盘形铣刀。这类铣刀包括圆柱铣刀、三面刃铣刀、尖齿槽铣刀、锯片铣刀、单角铣刀、双角铣刀、齿轮铣刀等，它在铣床上安装时使用 7 ∶ 24 锥柄铣刀杆（图 4-91），这种大锥度铣刀杆的优点是在主轴孔内安装中插入和拔出都很方便。

如图 4-92 所示是 7 ∶ 24 锥度铣刀杆在卧式或万能铣床上安装铣刀的情况。

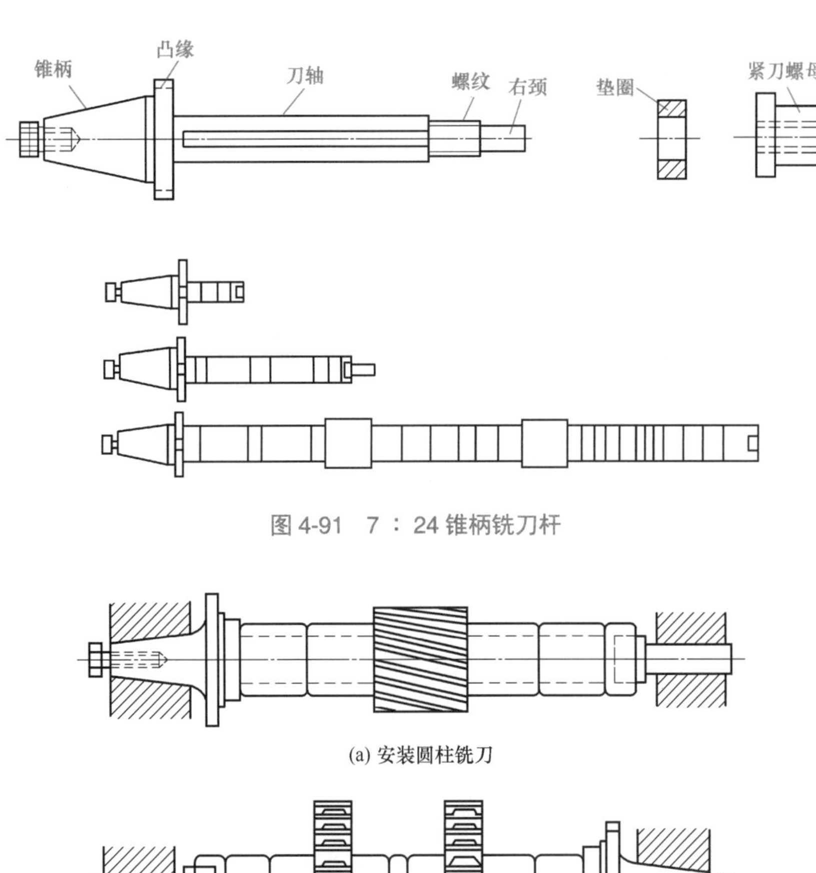

图 4-91 7 ∶ 24 锥柄铣刀杆

(a) 安装圆柱铣刀

(b) 安装盘形铣刀

图 4-92 圆柱和盘形铣刀的安装

（2）圆柱和圆盘铣刀的安装步骤（表 4-10）

表 4-10 圆柱和圆盘铣刀的安装步骤

序号	安装步骤	详细说明
1	选择刀轴	根据铣刀孔径按照配合要求选择刀轴，如图 4-93 所示 图 4-93 选择刀轴

续表

序号	安装步骤	详细说明
2	调整横梁	调整横梁伸出长度，与刀轴长度相适应（图 4-94）。调整完毕后紧固横梁（图 4-95）  图 4-94　调整横梁伸长长度 　图 4-95　紧固横梁
3	主轴制动	将主轴转速调至最低处或锁紧主轴，如图 4-96 所示  图 4-96　主轴制动
4	装入刀轴	将刀轴装入主轴锥孔，刀轴凸缘上的槽要与主轴的凸键相配合，如图 4-97 所示  图 4-97　装入刀轴

续表

序号	安装步骤	详细说明
5	锁紧刀轴	用手将拉紧螺杆的螺纹旋入刀轴螺孔内6~7转左右（图4-98），再用扳手旋紧螺杆上的备紧螺母（图4-99），将刀轴拉紧在主轴锥孔内 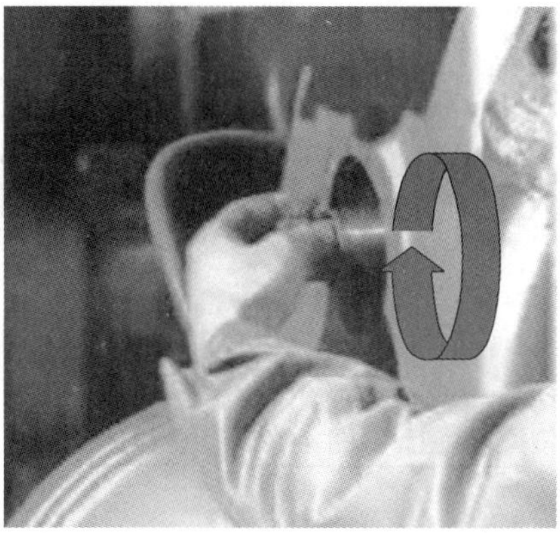 图4-98　螺杆的螺纹旋入刀轴螺孔 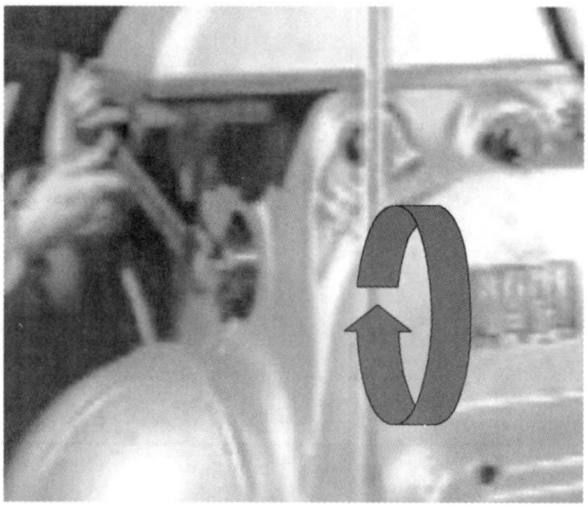　　图4-99　用扳手旋紧螺杆上的备紧螺母
6	安装垫圈和铣刀	用干净的抹布擦净刀轴、垫片和铣刀，如图4-100所示，保证无异物残留后，安装铣刀（图4-101）； 确定铣刀在刀轴上的位置后，安装铣刀和垫圈，注意垫圈需保持刀轴轴径与挂架孔有足够的配合长度  图4-100　擦净刀轴、垫片和铣刀 　　图4-101　安装铣刀
7	清洁工作	擦净挂架轴承孔和燕尾槽凹槽（图4-102）、刀轴配合轴颈、横梁燕尾导轨（图4-103），必要时注入适量润滑油  图4-102　擦净燕尾槽凹槽 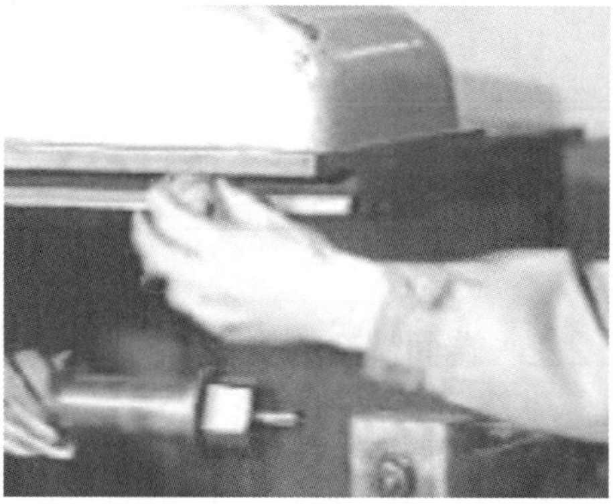　　图4-103　横梁燕尾导轨

续表

序号	安装步骤	详细说明
8	安装挂架	双手将挂件安装在横梁导轨上（图 4-104），适当调整刀架轴承孔和挂架的配合间隙（图 4-105） 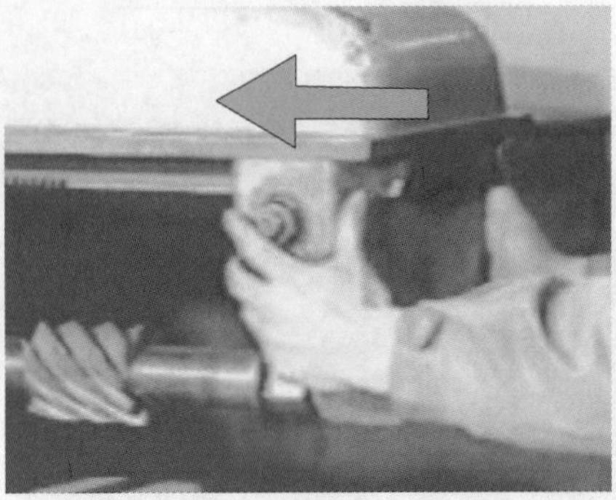 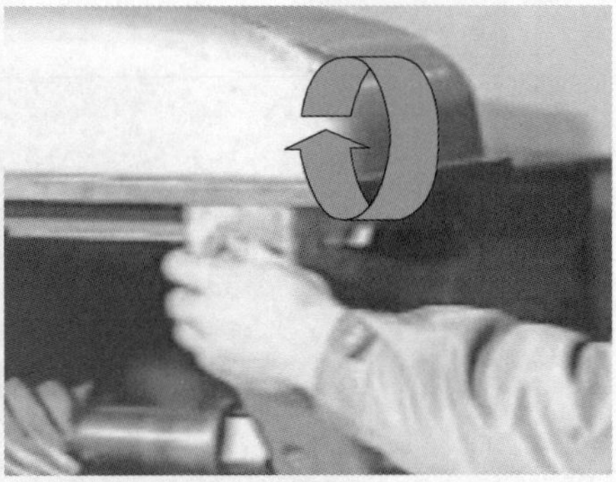 图 4-104　将挂件安装在横梁导轨上　图 4-105　调整刀架轴承孔和挂架的配合间隙
9	紧固挂架	用扳手紧固挂架（图 4-106） 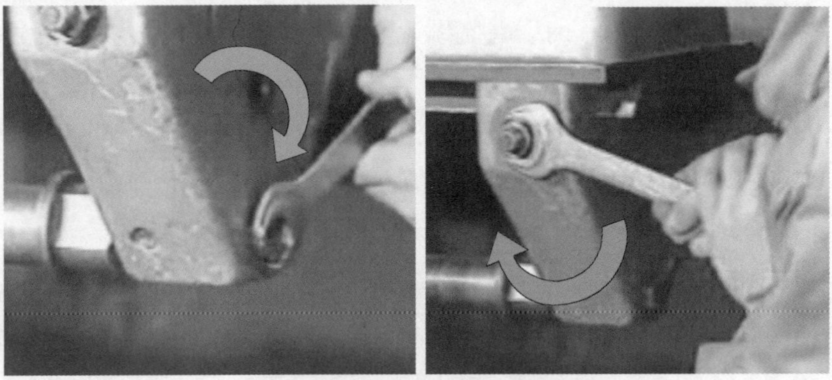 (a)　(b) 图 4-106　用扳手紧固挂架
10	紧固刀具	从挂架前方观察，用扳手顺时针方向旋紧刀轴紧刀螺母，通过垫圈将铣刀夹紧在刀轴上（图 4-107）  图 4-107　通过垫圈将铣刀夹紧在刀轴上

4.2.2　端面铣刀的安装

（1）端面铣刀的安装形式

如套式面铣刀等都属于端面带刀齿的铣刀，这一类铣刀上的键槽一种是在铣刀的孔内，另一种键槽是在铣刀的端面上，如图 4-108 所示是孔内带键槽端面铣刀的安装情况。

如图 4-109 所示是端面上带键槽端面铣刀的安装情况。

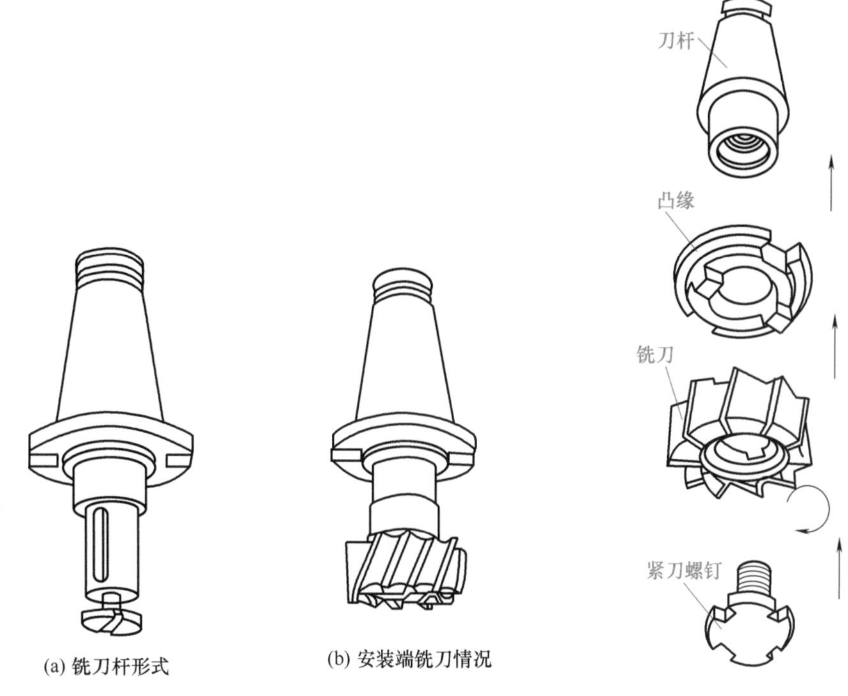

图 4-108 安装孔内带键槽端面铣刀　　图 4-109 安装端面带键槽端面铣刀

安装端面带键槽的端面铣刀使用的铣刀杆如图 4-110 所示。图 4-110（a）的端铣刀杆适于大尺寸端面铣刀，使用时直接插入铣床主轴锥孔内。图 4-110（b）的端铣刀杆适于较小尺寸的端面铣刀，使用时需要和 7 ∶ 24 圆锥形套筒配合安装。

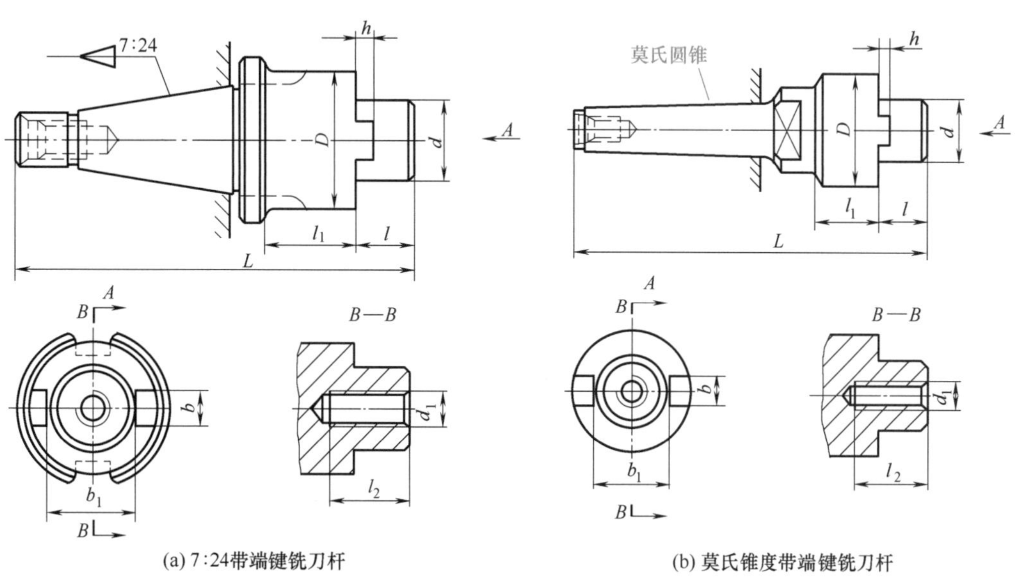

图 4-110 带键槽端铣刀杆

（2）端面铣刀的安装步骤（表 4-11）

表 4-11　端面铣刀的安装步骤

序号	安装步骤	详细说明
1	归类摆放	将需要使用的倒杆、铣刀、紧固螺钉、凸缘摆放整齐，方便选取（图 4-111）  图 4-111　归类摆放
2	放置刀杆	将刀杆垂直放置，主轴锥孔朝上。必要时需要设置专门的安放铣刀装置（图 4-112）  图 4-112　放量刀杆
3	安装铣刀	将凸缘和铣刀组合一并放入刀杆之中（图 4-113） 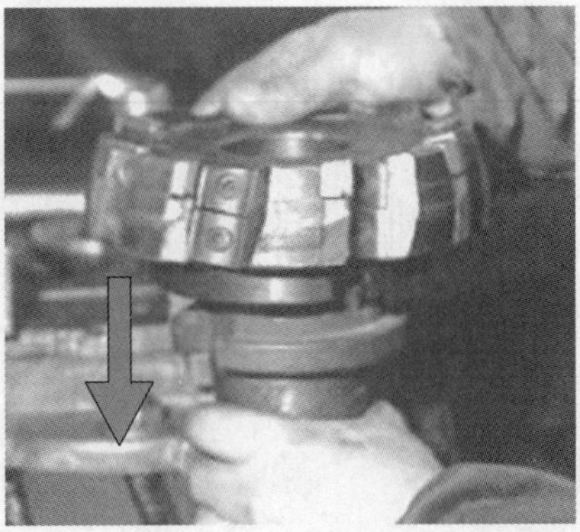 图 4-113　安装铣刀

续表

序号	安装步骤	详细说明
4	装入刀轴	一手紧握刀杆，一手旋紧紧刀螺钉（图4-114)，如有必要可使用扳手辅助旋紧  图4-114 装入刀轴
5	装入主轴	左手向上将端面铣刀托入主轴锥孔，右手在高处同时拉紧螺杆并初步旋转锁紧，将端面铣刀紧固在铣床主轴上（图4-115）  图4-115 装入主轴
6	紧固铣刀	最后用扳手旋紧端面铣刀（图4-116)，至此，端面铣刀安装完成  图4-116 紧固铣刀

4.2.3 圆柱柄铣刀的安装

（1）圆柱柄铣刀的安装形式

直柄立铣刀、直柄键槽铣刀、直柄燕尾槽铣刀、半圆键槽铣刀等都是圆柱柄铣刀（图 4-117），由于这类铣刀柄部尺寸较小，通常和夹头配合安装。

图 4-117 圆柱柄铣刀和夹头

如图 4-118 所示是利用弹簧夹头安装铣刀的情况，拧紧螺母，把铣刀夹紧。

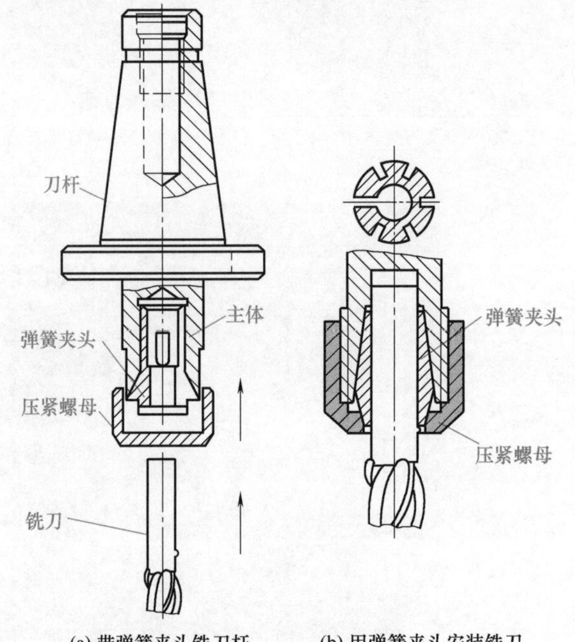

(a) 带弹簧夹头铣刀杆 (b) 用弹簧夹头安装铣刀

图 4-118 安装圆柱柄铣刀

图 4-119 大直径铣刀卡盘

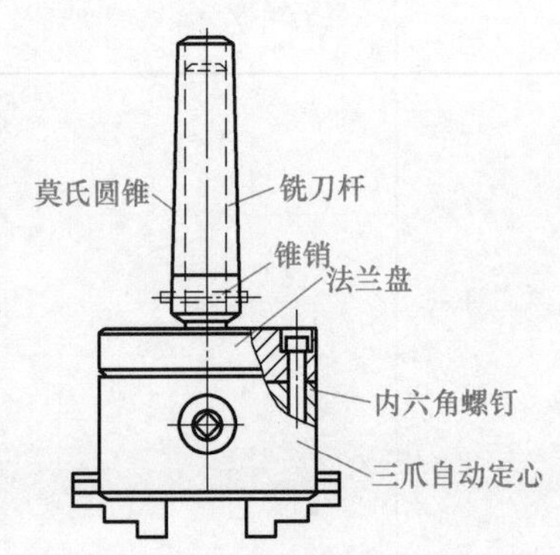

图 4-120 夹持大直径铣刀卡盘的结构

较大直径的圆柱柄铣刀可直接夹紧在小三爪自定心卡盘内，三爪自定心卡盘安装在铣刀杆上（图 4-119 和图 4-120）。

小直径圆柱柄铣刀（直径 $D < 5\text{mm}$）可夹持在钻夹头内（图 4-121 和图 4-122），但只能在粗铣中使用，因这种安装方法容易使铣刀在切削时发生偏移而影响加工尺寸。

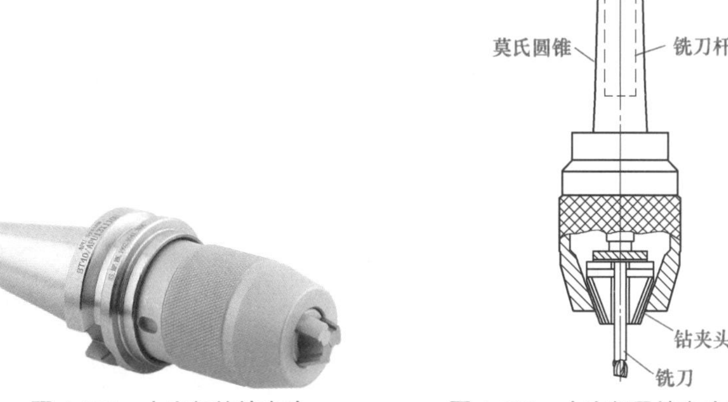

图 4-121　小直径的钻夹头　　　图 4-122　小直径用钻夹头装夹

（2）圆柱柄铣刀的安装步骤（表 4-12）

表 4-12　圆柱柄铣刀的安装步骤

序号	安装步骤	详细说明
1	清洁锥孔	清洁接主轴锥孔（图 4-123） 图 4-123　清洁锥孔
2	安装刀杆	将刀杆向上装入主轴锥孔，必要时可在刀具刀柄处滴少许润滑油（图 4-124） 图 4-124　将刀杆装入主轴锥孔

续表

序号	安装步骤	详细说明
3	紧固刀杆	待确认铣刀插入并且顶稳后，左手托住铣刀不动，右手按顺时针方向旋紧拉紧螺杆的螺母，进行初步的铣刀紧固（图 4-125）；最后用扳手旋紧拉杆螺母，紧固铣刀（图 4-126）。至此，铣刀安装完成  图 4-125　初步的铣刀紧固 　图 4-126　用扳手紧固铣刀
4	安装弹簧夹头和压紧螺母	将弹簧夹头装入内锥孔（图 4-127），紧接着安装压紧螺母，只要保证螺母不会掉落和铣刀正常插入弹簧夹头即可（图 4-128）  图 4-127　将弹簧夹头装入内锥孔 　图 4-128　安装压紧螺母
5	安装铣刀	左手握住铣刀刀柄向上垂直插入铣刀，右手旋紧压紧螺母，使弹簧夹头内孔继续收缩，夹紧铣刀（图 4-129） 注意：此时无法达到铣削加工的夹紧要求 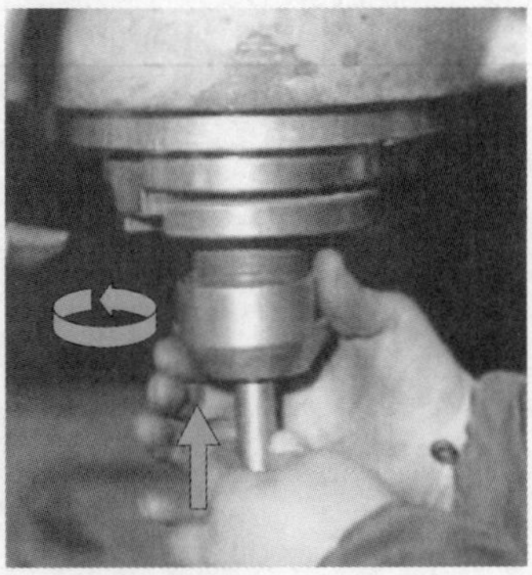 图 4-129　安装铣刀

续表

序号	安装步骤	详细说明
6	紧固铣刀	双手均匀紧握压紧螺母，用力旋紧压紧螺母，确保达到最大夹紧力，使弹簧夹头夹紧铣刀（图 4-130） 图 4-130　紧固铣刀

4.2.4 圆锥柄铣刀的安装

（1）圆锥柄铣刀的安装形式

这类铣刀包括锥柄立铣刀、锥柄键槽铣刀、锥柄 T 形槽铣刀、锥柄指状齿轮铣刀等，如图 4-131 所示。

图 4-131　圆锥柄铣刀和套筒

安装时使用圆锥形套筒，如图 4-132（a）所示其普通型具体尺寸见 JB/T 3411.103—1999，如图 4-132（b）所示其加长型具体尺寸见 JB/T 3411.102—1999，铣刀尾部用拉杆拉紧固定好。

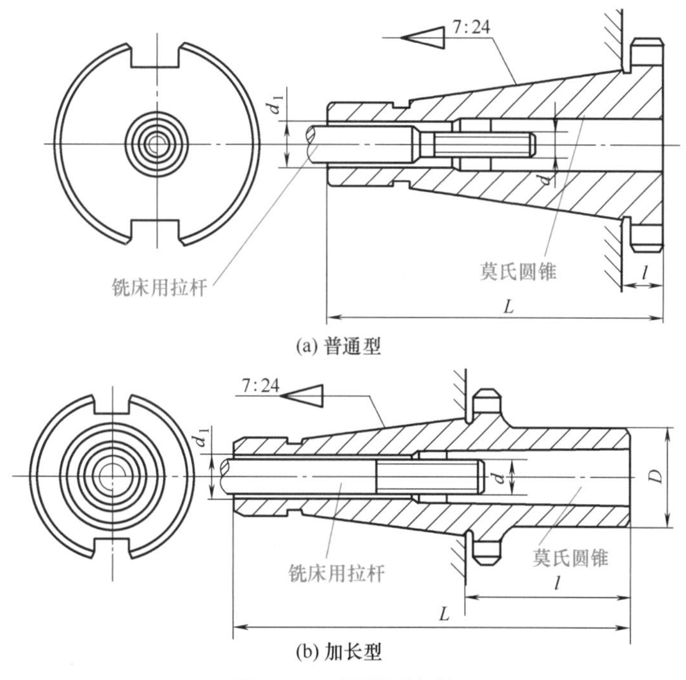

图 4-132　圆锥形套筒

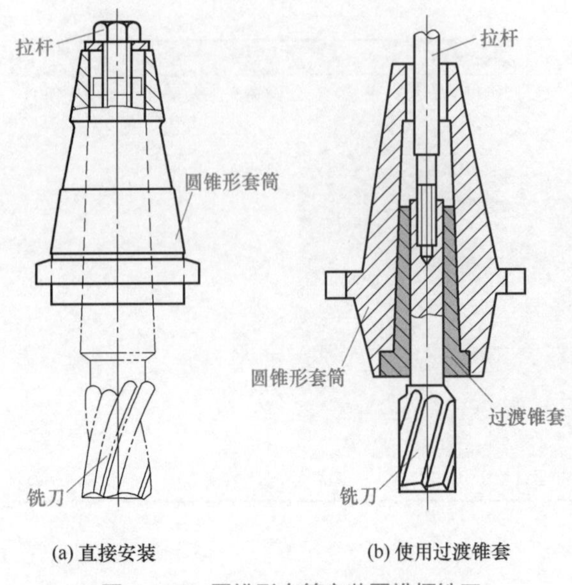

图 4-133　圆锥形套筒安装圆锥柄铣刀

图 4-133 是使用圆锥形套筒安装圆锥柄铣刀的情况。

如图 4-134 和图 4-135 所示是一种结构型快换夹头，用来安装较小尺寸的圆锥柄铣刀。快换夹头的夹头体具有内外锥度。外锥度（7 ∶ 24）插入铣床主轴孔内；内锥角为 23°，与夹套的外锥体相配。夹套的内锥孔分别做成 1#、2#、3#、4# 莫氏锥度，与各种不同规格的铣刀相配，安装时用拉杆拉紧，使铣刀与夹套联成一体。由于夹头体和螺母上均铣有对称的凹槽，夹套具有对称的凸台，只要螺母的凹槽和夹套的凸台对在一起，夹套就能自动脱落，反之就把夹套锁紧，所以只要将螺母转动小于半转的角度，就可把夹套快速锁紧在夹头体上或从夹头体上取下。挡块是装卸夹套时的定位面。

图 4-134　结构型快换夹头

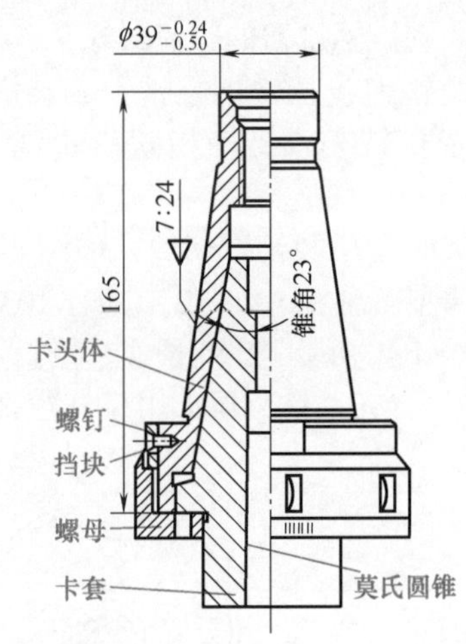

图 4-135　结构型快换夹头的结构图

如图 4-136 和图 4-137 所示是一种滚珠式快换夹头，它利用滚珠来夹压和传递转矩。在可换夹套的外圆周面上，均匀分布 6 个承压滚珠的孔窝，可换夹套的内孔分别按莫氏 1 #、2#、3#、4# 锥度制成，以适应不同锥度铣刀的需要。它的外圆柱面与圆锥形套筒内孔为滑动配合。圆锥形套筒下部也对应制出 6 个滚珠孔，装入滚珠后把外套拧上。换刀时，将铣刀插入可换夹套内，并用螺钉拉紧后，就可插入圆锥形套筒内。这时只要旋紧外套，6 个滚珠因受外套锥面推压，便向内靠拢而把可换夹套夹紧，由于可换夹套是开槽形弹性体，从而把铣刀夹紧，并与圆锥形套筒一起随铣床主轴转动。

安装大尺寸铣刀盘的刀柄通常称为铣刀盘吊杆。大尺寸铣刀盘（直径 $D \leqslant 120$mm）可用内六角螺钉紧固在 7 ∶ 24 锥柄铣刀杆上（图 4-138 和图 4-139），在铣刀端面上还对称地用螺钉紧固两个拨动键，以带动铣刀盘进行切削加工。

当直径超过 120mm 时，可使用四只螺钉将铣刀盘直接安装在铣床主轴的前端（图 4-140 和图 4-141）。

图 4-136 滚珠式快换夹头

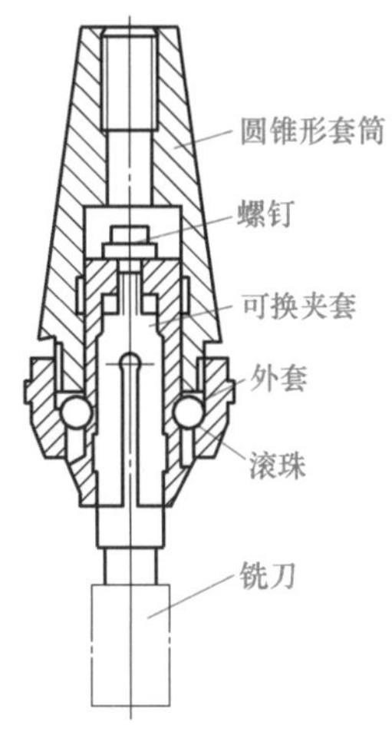

图 4-137 滚珠式快换夹头的结构图

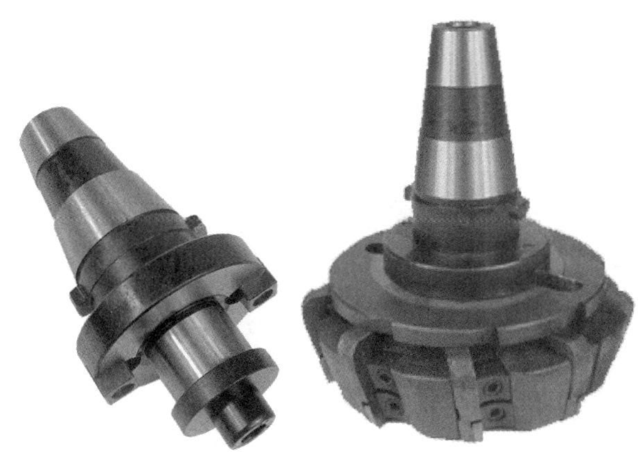

图 4-138 直径 $D \leqslant 120$mm 的大尺寸铣刀盘

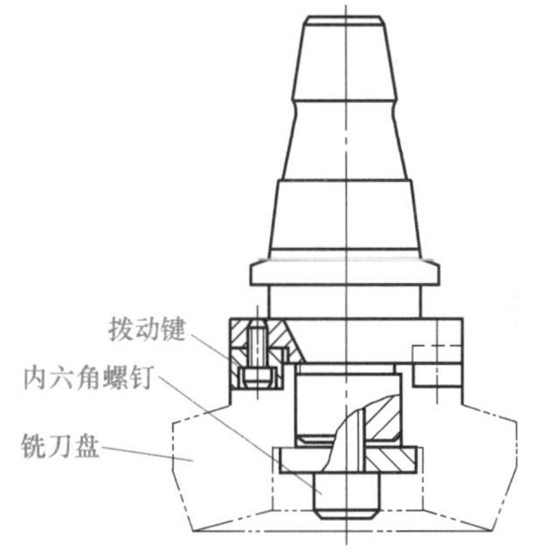

图 4-139 铣刀杆上安装铣刀盘

图 4-140 直径超过 120mm 的大尺寸铣刀盘

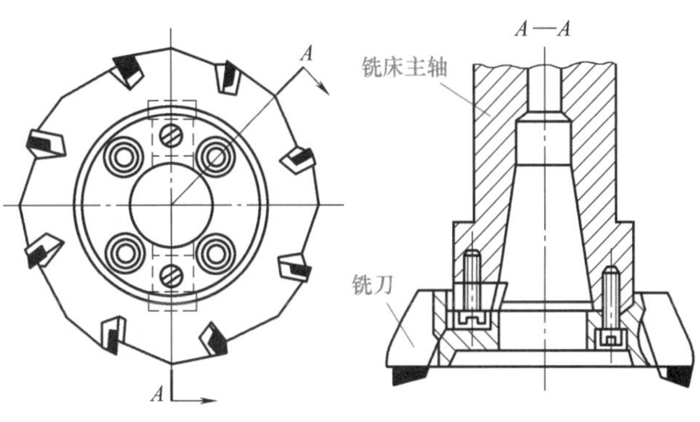

图 4-141 铣刀盘安装在主轴前端

(2）圆锥柄铣刀的安装步骤

① 直接安装（表 4-13）

② 使用过渡套筒安装

当刀柄锥度和主轴孔锥度不相等时，必须需要通过中间锥套安装，并且中间锥套的外圆锥度要与主轴锥孔相同，安装步骤见表 4-14。

表 4-13　圆锥柄铣刀的安装步骤（直接安装）

序号	安装步骤	详细说明
1	清洁锥孔	清洁接主轴锥孔（图 4-142） 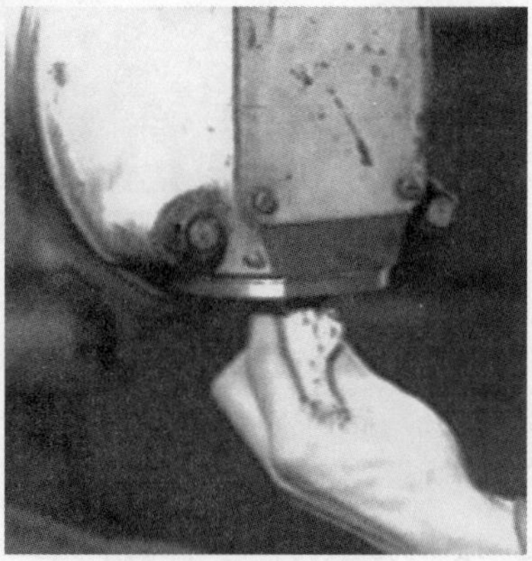 图 4-142　清洁锥孔
2	装入主轴	用棉纱包裹刀具，向上装入主轴锥孔，必要时可在刀具刀柄处滴少许润滑油（图 4-143）  图 4-143　将刀具装入主轴
3	紧固铣刀	待确认铣刀插入并且顶稳后，左手托住铣刀不动，右手按顺时针方向旋紧拉紧螺杆的螺母，进行初步的铣刀紧固（图 4-144）；最后用扳手旋紧拉杆螺母，紧固铣刀（图 4-145）。至此，铣刀安装完成 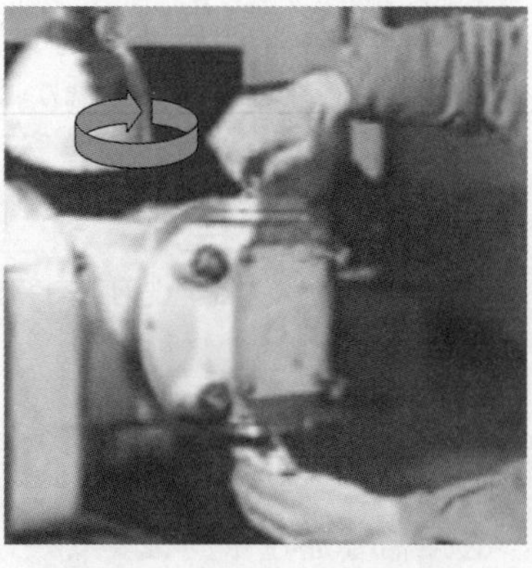 图 4-144　初步的铣刀紧固 　　图 4-145　用扳手紧固铣刀

表 4-14 圆锥柄铣刀的安装步骤（使用过渡套筒安装）

序号	安装步骤	详细说明
1	清洁	清洁接主轴锥孔、刀具和中间锥套（图 4-146） 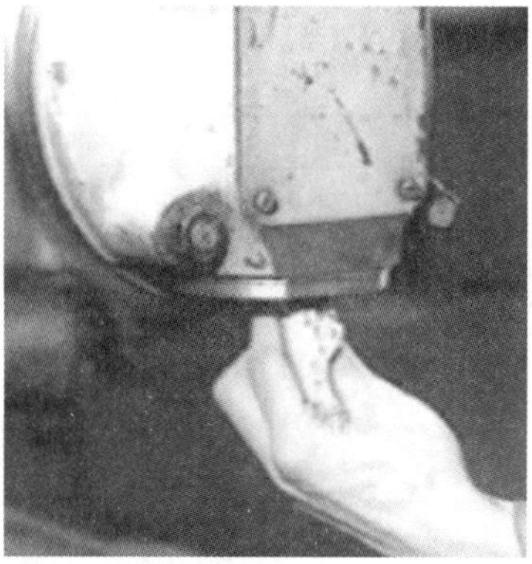 图 4-146 清洁
2	装入主轴	将刀具插入中间锥套（图 4-147），然后双手托举中间锥套同时夹住铣刀，将铣刀和锥套平稳放入主轴孔（图 4-148）  图 4-147 刀具插入中间锥套  图 4-148 将铣刀和锥套放入主轴孔
3	紧固铣刀	待确认铣刀插入并且顶稳后，左手托住中间锥套并且夹住铣刀不动，右手按顺时针方向旋紧拉紧螺杆的螺母，进行初步的铣刀紧固（图 4-149）；最后用扳手旋紧拉杆螺母，紧固铣刀（图 4-150）。至此，铣刀安装完成  图 4-149 初步的铣刀紧固  图 4-150 用扳手紧固铣刀

4.2.5 铣刀的安装检查

铣刀在安装后必须进行检查，以确保加工的安全和质量，具体来看可从表4-15中的5点进行检查。

表4-15 铣刀的安装检查

序号	检查内容	详细说明
1	检查紧固	检查铣刀是否紧固，检查各螺母是否已紧固，如有未紧好的螺母，应将其紧固好（图4-151）  图4-151 检查紧固
2	检查间隙	检查挂架轴承孔与刀轴径的配合间隙是否适当（图4-152），一般以切削时不振动、挂架轴承不发热为宜  图4-152 检查间隙
3	检查旋向	检查铣刀旋转方向是否正确，机床启动后，铣刀应向刀面的方向旋转（图4-153），如果方向错误，应重新安装铣刀  图4-153 检查旋向

续表

序号	检查内容	详细说明	
4	检查径向跳动	在铣削时，一般用目测法检查铣刀的跳动（图 4-154）；精密加工时用百分表检查（图 4-155），用百分表测量触头接触刀刃，手动缓慢扳动扳手旋转铣刀，进行检查，观察旋转一周的跳动值，一般不得超过 0.05 ～ 0.08mm 图 4-154　目测法检查铣刀的跳动　图 4-155　用百分表检查铣刀的跳动	造成铣刀跳动量过大的原因主要有下列几个方面： ①装刀时各件体的接触面之间未擦干净 ②主轴锥孔有拉毛现象 ③刀杆弯曲引起铣刀的跳动 ④铣刀刃磨不准确。其刀齿不在一个圆周上或齿刃与铣床铣刀中心不同轴
5	检查端面跳动	用百分表测量触头接触铣刀端面，手动缓慢扳动扳手旋转铣刀，观察百分表指针进行检查，观察旋转一周的跳动值（图 4-156），一般不得超过 0.03 ～ 0.05mm 图 4-156　检查端面跳动	

经验总结

① 挂架位置可变

挂架的位置不是一个经验值，也不是一个固定值，需根据刀轴的长短在横梁的燕尾导轨上调整（图 4-157）。

② 刀轴越短越好

刀轴的长度应在满足工作的条件下，越短越好，以增强刀轴的刚性（图 4-158）。

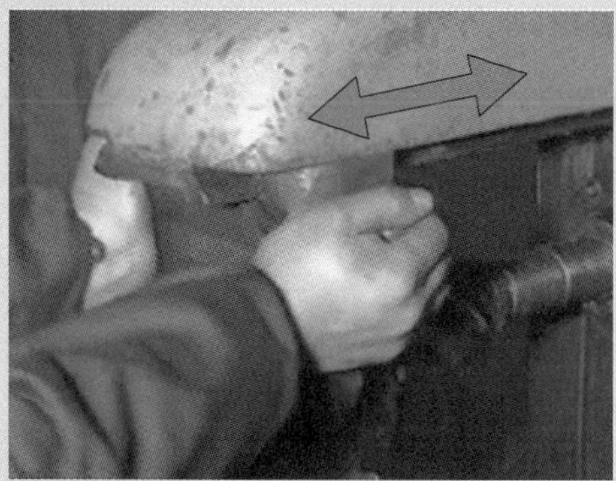

图 4-157　调整挂架位置

图 4-158　刀轴越短越好

③ 铣刀接近主轴轴承

在不影响加工的情况下，尽量使铣刀接近主轴轴承，并使托架轴承尽量靠近铣刀（图 4-159）。这样有助于切削稳定，减少振动，但注意防止图 4-160 中托架和夹具相撞情况的出现。

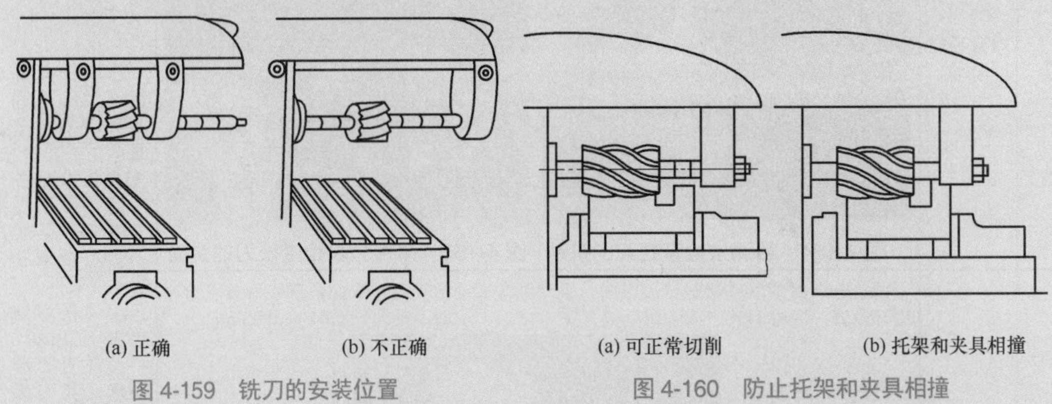
(a) 正确　(b) 不正确

图 4-159　铣刀的安装位置

(a) 可正常切削　(b) 托架和夹具相撞

图 4-160　防止托架和夹具相撞

④ 双托架安装

需要使铣刀离主轴轴承较远时，应在主轴轴承与铣刀间加装一个托架轴承（图 4-161）。

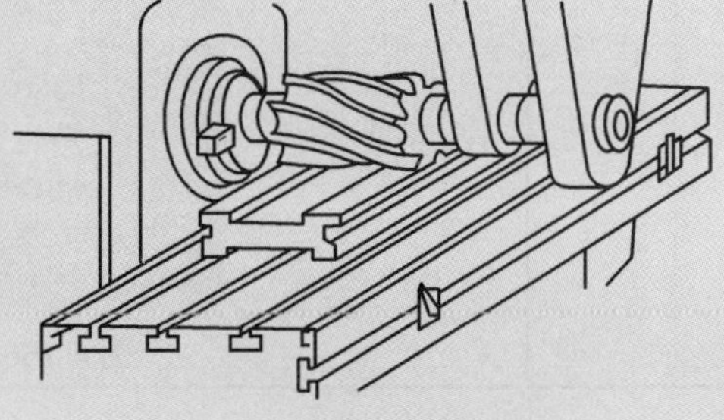
图 4-161　使用两个托架轴承

⑤ 安装时的紧固顺序

铣刀装好后，应接着安装托架轴承，再紧固螺母，而不应先紧固螺母，后安装托架轴承（图 4-162）。

⑥ 铣刀杆尾端不能太短

铣刀杆尾端伸进托架轴承孔内的长度（刀杆支持点）要适宜，不要太短（图 4-163），间隙要调整适宜，两者是轻推配合，以增加切削中的稳定性。

(a) 正确　(b) 不正确

图 4-162　先装托架再紧螺母

⑦ 定位键的使用

当工件余量较大，或工件的材料硬度较高时，应在铣刀和刀轴间安装定位键，防止铣刀在切削中松动（图 4-164 和图 4-165）。

图 4-163　铣刀杆尾端伸进长度要适宜

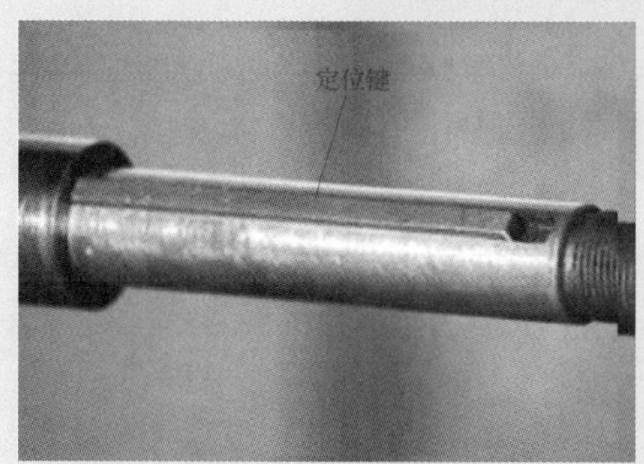

图 4-164　长定位键

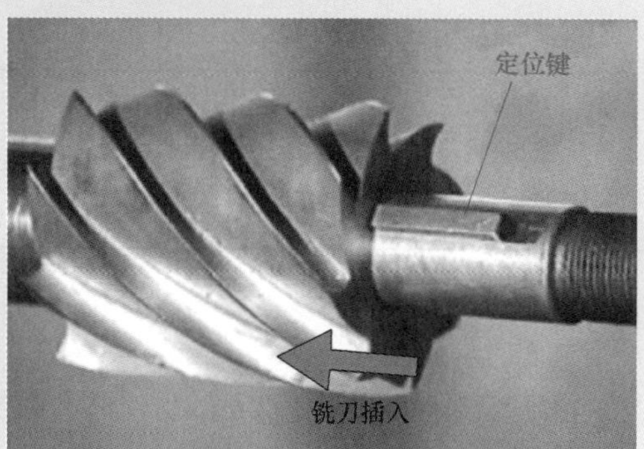

图 4-165　插入铣刀

4.2.6　长铣刀杆的弯曲变形

（1）长铣刀杆弯曲变形的原因

铣床上的长铣刀杆，尤其是卧式和万能铣床上使用的 7 ∶ 24 锥柄的铣刀杆，在安装铣刀或加工中，如果操作不当，都会引起弯曲变形，它主要表现在表 4-16 所示的几个方面。

表 4-16　长铣刀杆弯曲变形的原因

序号	弯曲变形原因	详细说明
1	铣削切削力引起的	铣削过程中产生的力，一方面由铣刀的旋转运动来承受，一方面由工作台的进给运动来承受。如图 4-166 所示是圆柱铣刀切削工件的受力情况，作用在铣刀上的铣削力有三个分力，即圆周切削力 P_z、径向切削力 P_y 和轴向力 P_0。P_z 是阻止铣刀转动的力，P_y 是要把铣刀推开的力，P_z 和 P_y 的合力 R_0 作用在铣刀中心和铣刀杆上，竭力使铣刀杆发生弯曲和产生弯矩。当加工中突然发生变化，合力 R_0 受力情况大于铣刀杆的抵抗应力时，铣刀杆就会产生弯曲变形 图 4-166　作用在铣刀上的力

续表

序号	弯曲变形原因	详细说明
2	紧固力太大引起的	安装铣刀时，不要使用太长的扳手，不要把螺母拧得过紧。因为紧得过度了，刀杆本身要承受很大拉伸力，它在切削中吃刀时，尤其是受力不均匀的情况下，都容易引起弯曲，所以，只要能把铣刀拧紧不动就行
3	受力不平均引起的	安装圆盘形铣刀时，无论是薄或直径小的铣刀，都不要卸掉铣刀杆上的键（图 4-167），如果不使用键，只是把刀杆上的螺母拧紧，这在切削中刀杆本身承受的拉力会加大，当偶有受力不平均的时候，刀杆就容易弯曲 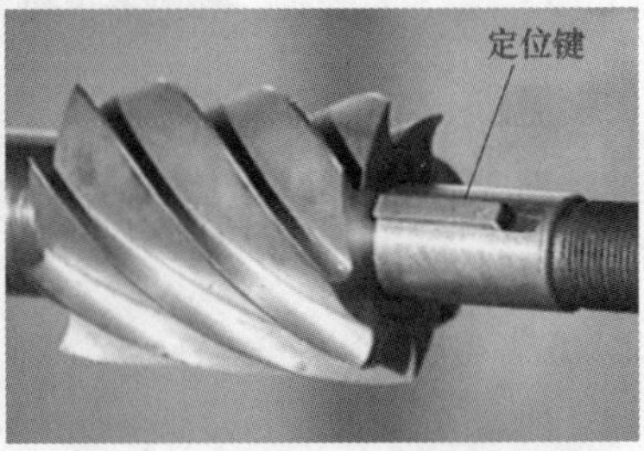 图 4-167　铣刀杆上的定位键
4	大锥度铣刀杆引起的	铣床上使用的 7 ∶ 24 锥柄铣刀杆，这种大锥度铣刀杆，在插入和拔出时都非常方便，但缺点是容易弯曲变形。所以，每次安装和操作中位置一定要正，操作正确，防止铣刀杆在扭曲状态下工作
5	放置不当引起的	由于铣刀杆比较长，存放不当也容易产生弯曲，所以，每次卸下后都应挂在专用架子上，使铣刀杆轴线和水平面呈垂直方向（图 4-168）  图 4-168　长刀杆刀架
6	悬梁过长引起的	铣床悬梁伸出得过长会使刀杆产生重力变形，也会导致铣刀旋转时产生一定的离心力
7	配合间隙引起的	托架轴承孔与铣刀杆的小端支持点处配合间隙大，易使刀杆产生振动，在加工旋转时由于受力作用而产生弯曲变形（图 4-169）  图 4-169　托架轴承孔与铣刀杆的小端间隙调整

续表

序号	弯曲变形原因	详细说明
8	野蛮安装引起的	安装铣刀中的野蛮操作（图4-170），会直接引起铣刀杆产生弯曲变形，产生严重的跳动。因此，在插入铣刀遇到阻力时千万不要用橡皮锤或木锤敲击，可适当添加润滑油，双手用纱布握住铣刀，均匀地按照顺时针或逆时针小角度旋转将铣刀推到合适的位置 (a) 错误　(b) 正确 图4-170　安装铣刀的正确操作方式

（2）长刀杆同轴度的检查

铣刀杆弯曲变形后，同轴度就会出现偏差。检查铣刀杆的同轴度时可采用图4-171（a）的方法。这时将铣刀杆放在测量底座中，用手均匀地转动转盘，以百分表触头分别抵住刀杆圆柱面的几个部位，观察百分表偏摆数值，就可测出刀杆圆柱面对其锥体部位的同轴度。如果采用在两顶尖间测量的方法，如图4-171（b）所示，由于两顶尖间的误差等方面原因，则不能反映出真实的偏差。

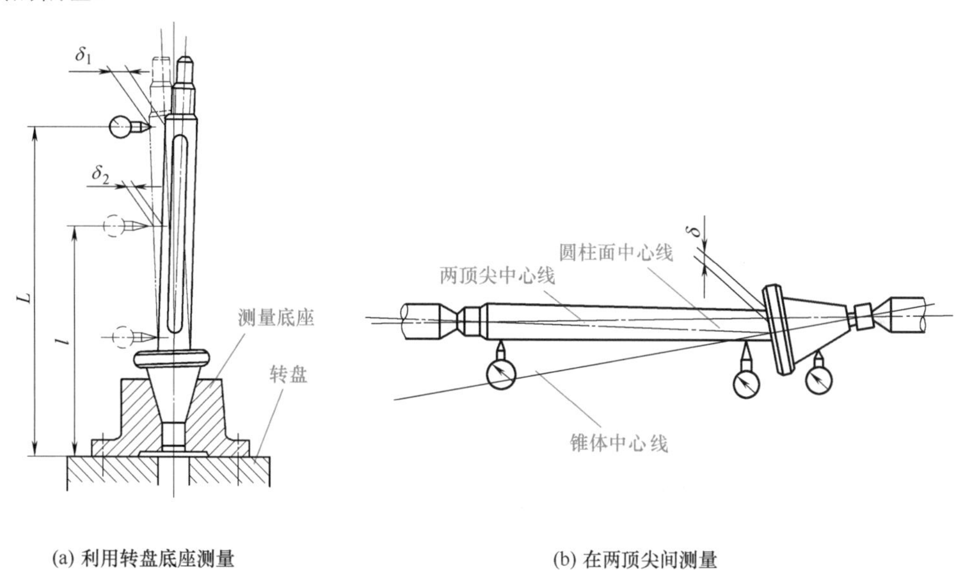

(a) 利用转盘底座测量　(b) 在两顶尖间测量

图4-171　测量铣刀杆同轴度

4.3 工件的安装

铣削加工过程中所产生的作用力是很大的。如立式铣床工件装夹不牢固，则工件在切削力的作用下会产生振动，使铣刀折断，还可能使刀杆、夹具和工件损坏，甚至会发生人身事故。因而工件的正确装夹对保证工件的加工质量以及铣削过程的顺畅是很重要的，在铣床上装夹工件的夹具有许多种，用得最多的是机床用平口虎钳和压板。

在铣床与加工中心上加工中小型工件时，一般都采用平口虎钳来装夹；对中型和大型工件，则很多采用压板来装夹。在成批大量生产时，应采用专用夹具来装夹。当然还有利用分度头和回转工作台（简称转台）来装夹等。不论用哪种夹具和哪种方法，其共同目的是使工件装夹稳固，不产生工件变形和损坏已加工好的表面，以免影响加工质量、发生损坏刀具与机床和人身事故等。

4.3.1 平口虎钳的安装

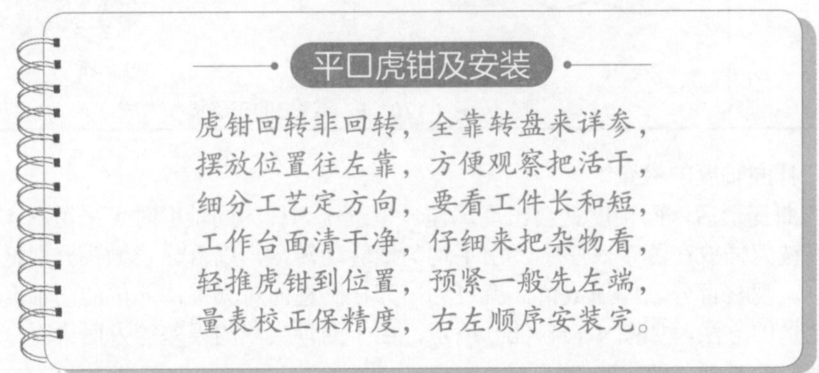
平口虎钳及安装

虎钳回转非回转，全靠转盘来详参，
摆放位置往左靠，方便观察把活干，
细分工艺定方向，要看工件长和短，
工作台面清干净，仔细来把杂物看，
轻推虎钳到位置，预紧一般先左端，
量表校正保精度，右左顺序安装完。

机用平口虎钳是一种机床通用附件，配合工作台使用，对加工过程中的工件起固定、夹紧、定位作用。由钳体、活动座、活动钳口、螺母、螺杆等构件组成，按其结构和使用可分为通用平口虎钳、角度压紧机用平口虎钳、可倾机用平口虎钳、高精度机用平口虎钳、增力机用平口虎钳等。

（1）平口虎钳的结构

对于普通铣床常用的有非回转式和回转式平口虎钳，如图 4-172 所示。对于数控铣床，由于可以很方便地有程序实现角度功能，所以一般使用金属非回转式平口虎钳。如图 4-173 所示为回转式平口虎钳的结构图。

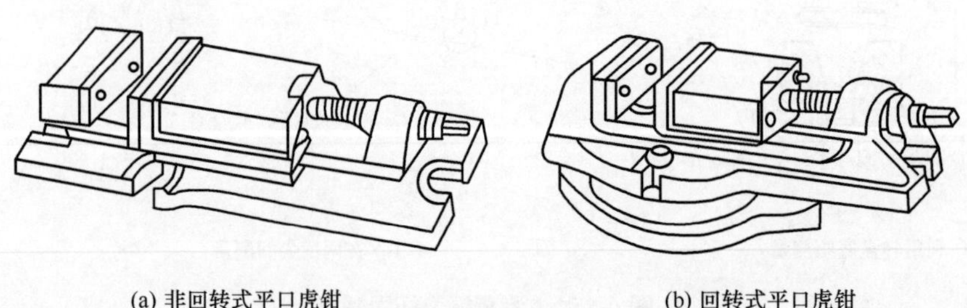
(a) 非回转式平口虎钳　　(b) 回转式平口虎钳

图 4-172　平口虎钳

平口虎钳结构由钳体、底座、螺母、丝杠、钳口体等组成。活动座通过导轨与平口虎钳固定钳身的导轨作滑动配合。丝杠装在活动座下的钳体上，可以旋转，但不能轴向移动，并与安装在固定钳身内的丝杠螺母配合。当摇动手柄使丝杠旋转，就可以带动活动钳身相对于固定钳身作轴向移动，起夹紧或放松的作用。在固定钳身和活动钳身上，各装有钢制钳口，俗称钳口铁，并用螺钉固定。钳口的工作面上制有交叉的网纹，使工件夹紧后不易产生滑动。钳口经过热处理淬硬，具有较好的耐磨性。固定钳身装在转座上，并能绕转座轴心线转动，当转到要求的方向时，扳动夹紧手柄使夹紧螺钉旋紧，便可在夹紧盘的作用下把固定钳身紧固。转座上有两个或三个螺栓孔，用以与钳台固定。

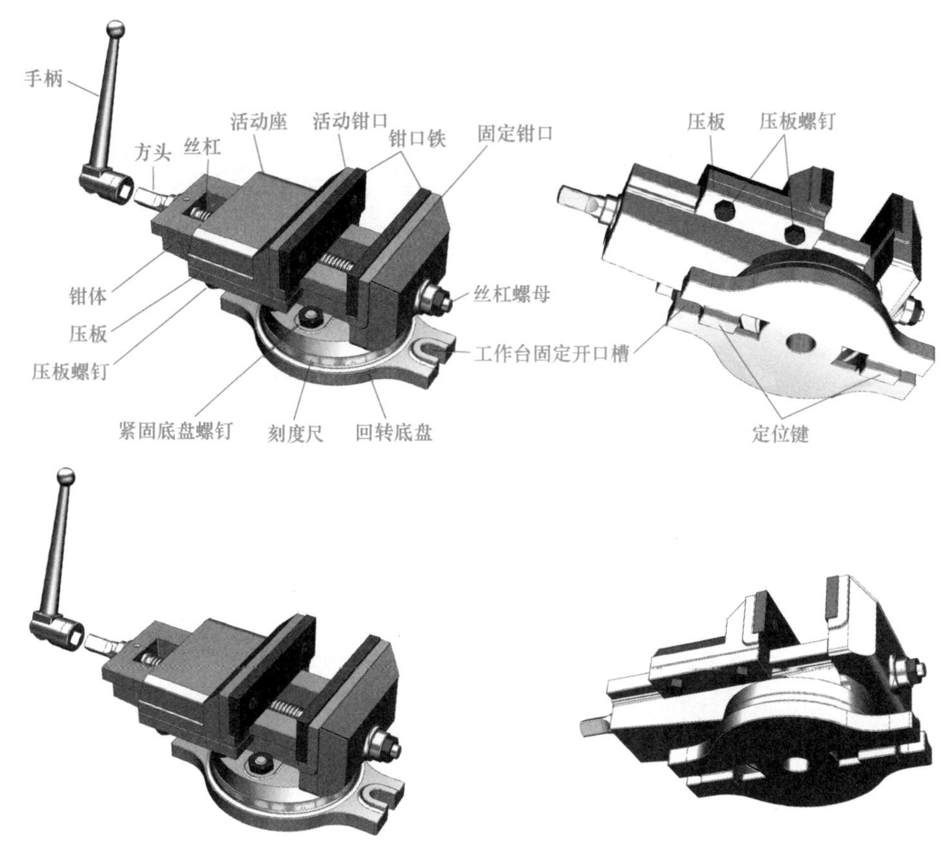

图 4-173　回转式平口虎钳的结构图

（2）平口虎钳的安装（表 4-17）

表 4-17　平口虎钳的安装

序号	安装步骤	详细说明
1	确定安装位置	为方便操作，平口虎钳的安装位置一般应处于工作台长度方向的中心偏左、宽度方向的中心（图 4-174） 图 4-174　确定安装位置
2	钳口方向	钳口方向应根据工件加工要求及工艺来确定：把平口虎钳装到工作台上时，钳口与主轴的方向应根据工件长度来决定，对于长的工件，钳口应与主轴垂直，在立式铣床上应与进给方向一致。对于短的工件，钳口与进给方向垂直较好。在粗铣和半精铣时，希望使铣削力指向固定钳口，因为固定钳口比较牢固 ①钳口（平面）与工作台纵向进给方向平行，如图 4-175（a）所示 ②钳口与工作台纵向进给方向垂直，如图 4-175（b）所示

续表

序号	安装步骤	详细说明
2	钳口方向	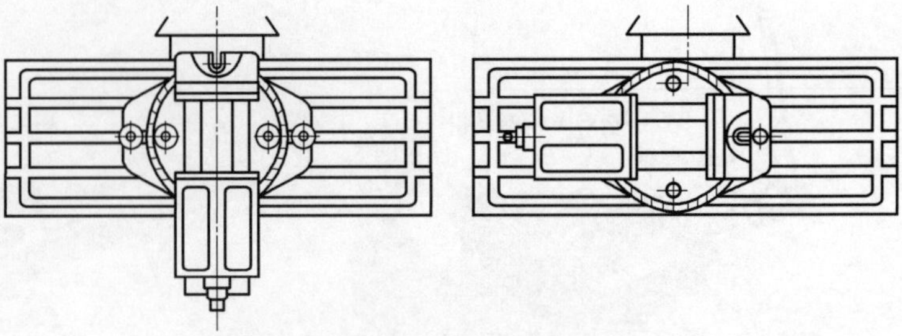 (a) 钳口与工作台纵向进给方向平行　(b) 钳口与工作台纵向进给方向垂直 图 4-175　平口虎钳安装方向
3	清理台面切屑	先用刷子清理工作台台面切屑（图 4-176），再用 T 形槽清理工具清理 T 形槽内积聚的切屑（图 4-177），最后再用气枪或高压状态的切削液快速冲洗工作台面（图 4-178）  图 4-176　用刷子清理切屑 　图 4-177　用 T 形槽清理工具清理切屑  图 4-178　用气枪或高压状态的切削液冲洗工作台面
4	精细打磨台面	用油石紧贴工作台面来回打磨（图 4-179），用以清理剩余的微小的切屑，找到台面的突起部分，确保台面的光滑和精细；为了确保台面的干净，可用手再在台面上擦拭，确保没有任何杂质（图 4-180） 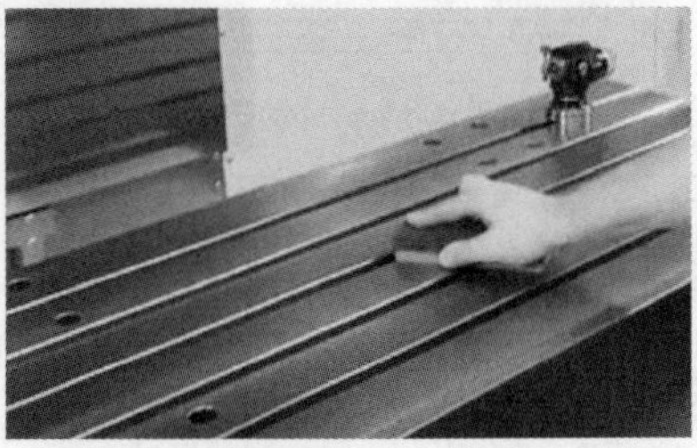 图 4-179　用油石打磨 　图 4-180　用手在台面上检查

续表

序号	安装步骤	详细说明
5	精细打磨虎钳底面	精细打磨虎钳底面（图4-181），确保没有任何杂质，以保证安装后的加工精度  图4-181　精细打磨虎钳底面
6	平推虎钳	将平口虎钳从外部推入工作台，并且前后来回滑动几次（图4-182），可以将剩余的切屑清理到T形槽内  图4-182　平推虎钳
7	预紧虎钳	预紧第一个螺母，然后用木锤或橡皮锤敲击另一侧，使虎钳初步到位（图4-183） 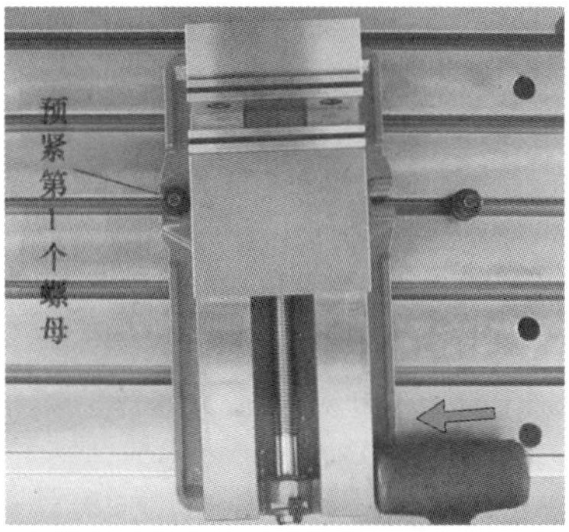 预紧第1个螺母 图4-183　预紧虎钳
8	校正虎钳位置	用百分表从固定的第一个螺钉处触及钳口，移动工作台，观察百分表数值（图4-184） 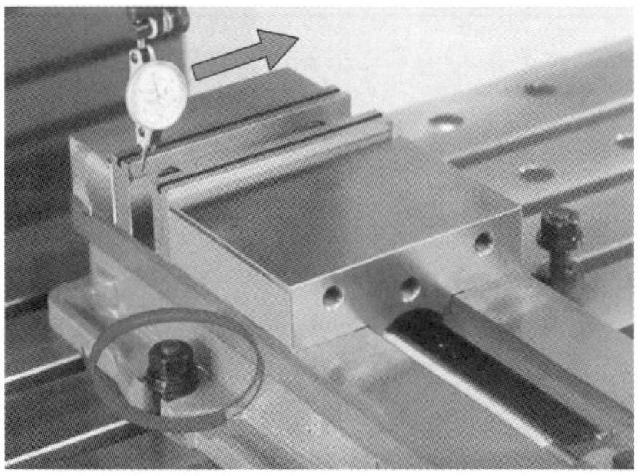 图4-184　校正虎钳位置

续表

序号	安装步骤	详细说明
9	紧固虎钳	在位置校正完毕后，先紧固第 2 个螺母（图 4-185），最后紧固先前预紧的第 1 个螺母（图 4-186），至此，虎钳安装完毕  紧固第2个螺母 图 4-185　紧固第 2 个螺母 紧固第1个螺母 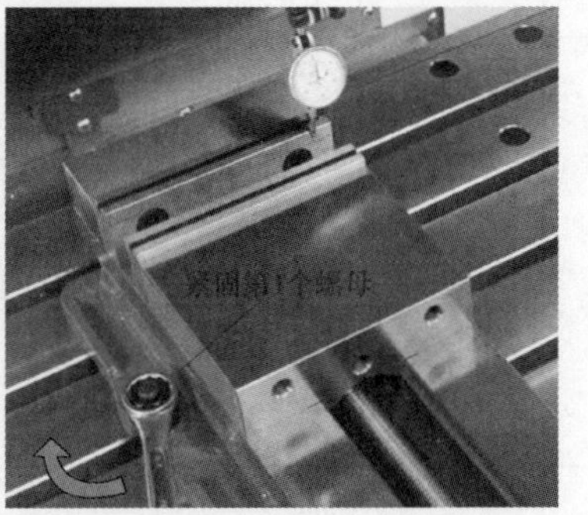 图 4-186　紧固第 1 个螺母

（3）平口虎钳的校正（表 4-18）

表 4-18　平口虎钳的校正方法

序号	校正方法	详细说明
1	用划针校正	对钳口方向的准确度要求不是器很高时，可用划针校正固定钳口。松开钳体紧固螺母，使划针针尖靠近固定钳口平面，移动纵向（或横向）工作台，观察划针针尖与固定钳口平面间的缝隙在钳口全长范围内是否一致。如一致，则固定钳口就与铣床主轴轴心线垂直（或平行） 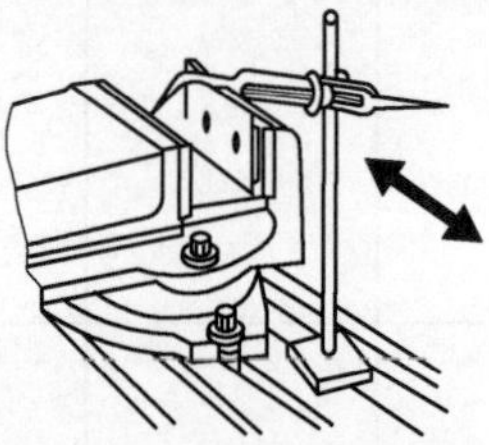
2	用 90° 角尺校正固定钳口与工作台纵向进给方向的垂直度	①松开钳体紧固螺母，使固定钳口平面大致与工作台纵向进给方向垂直 ②将 90°角尺的尺座底面紧靠在床身的垂直导轨面上，调整钳体使固定钳口平面与 90°角尺的外测量面密合 ③紧固钳体，并再次进行复检 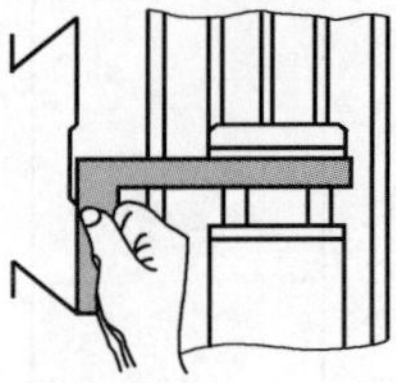
3	用百分表校正固定钳口与工作台纵向进给方向的平行度	①将磁性表座吸在床身垂直导轨面上，安装百分表 ②使表的测量杆与固定钳口平面垂直，测量触头到钳口平面，测量杆压缩 0.3~0.5mm ③纵向移动工作台，观察百分表读数，在固定钳口全长内一致，则固定钳口与工作台纵向进给方向平行 ④轻轻用力紧住钳体进行复检，合格后，用力紧固钳体 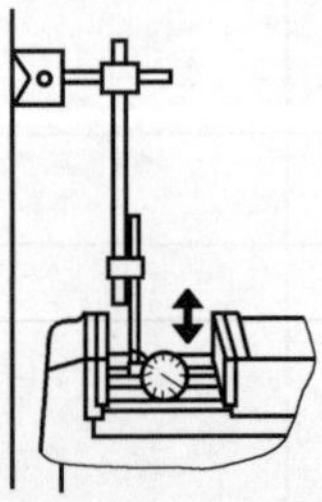
4	用百分表校正固定钳口与工作台纵向进给方向的垂直度	将磁性表座吸在床身垂直导轨面上，横向移动工作台进行校正，方法同上 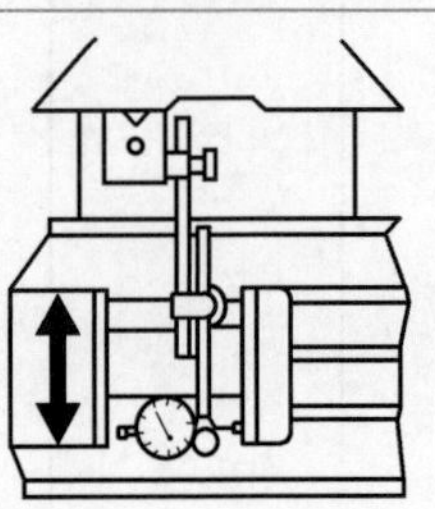

① 利用定位键安装平口虎钳

加工一般的工件时，平口虎钳可用定位键安装，如图 4-187 所示。将平口虎钳底座上的定位键放入工作台中央 T 形槽内，双手推动钳体，使两定位键的同一侧面靠在中央 T 形槽的一个侧面上，然后校正、固定钳座。

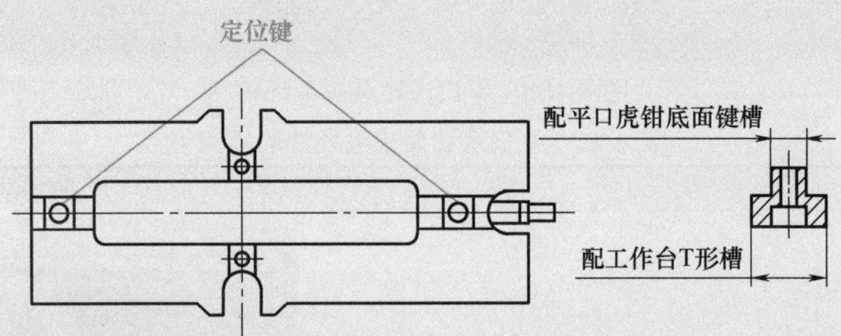

图 4-187 平口虎钳底面的键槽和定位键

② 没有定位键时安装平口虎钳

在工作台上安装虎钳时，要保证虎钳的正确位置，当虎钳底面没有定位键时，应使用百分表找正固定钳口面。即要求固定钳口与纵向工作台或横向工作台的运动方向平行，同时要求固定钳口的工作表面与工作台台面垂直。

4.3.2 平口虎钳安装工件

平口虎钳装夹工件

虎钳装夹分两类，细分开来三情况，
准备工作先做好，加工出来好模样；
毛坯件先找基准，紧紧贴在钳口上，
切记勿忘垫铜皮，确保钳口不损伤；
粗加工件来安装，偶尔需要用圆棒，
注意高度和力度，均匀敲击好良方；
基准靠向钳体面，选择垫铁来帮忙，
清洁工作不能忘，虎钳工件亮光光；
安放垫铁要平稳，工件摆好左右晃，
轻敲轻扶靠手感，勤锻勤炼技术强。

（1）毛坯件的装夹

此方法是直接用平口虎钳装夹毛坯件，如图 4-188 所示安装步骤见表 4-19。

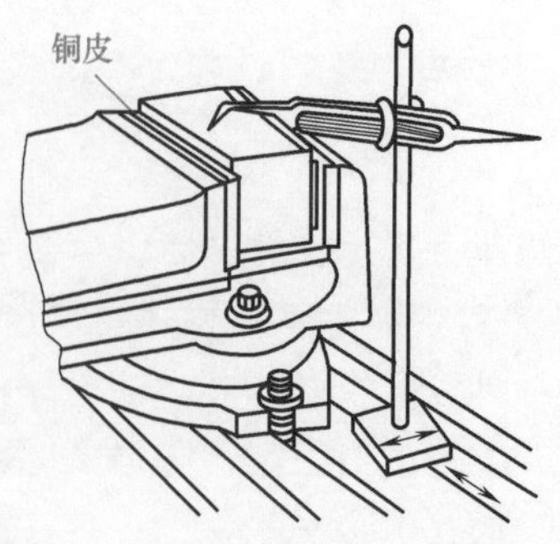

图 4-188　平口虎钳装夹毛坯件

表 4-19　平口虎钳装夹毛坯件的步骤

序号	安装步骤	详细说明	
1	确定基准	选择毛坯件上一个大而平整的毛坯面作粗基准面，将其靠在固定钳口面上（图 4-189）	图 4-189　确定基准
2	垫铜皮	在钳口和工件毛坯面间应垫铜皮，以防损伤钳口（图 4-190）	图 4-190　垫铜皮
3	夹紧工件	轻夹工件，用划针量校正毛坯的上平面位置（图 4-191），符合要求后夹紧工件	图 4-191　夹紧工件

（2）经过粗加工的工件装夹（一）

此方法是将基准靠向平口虎钳的固定钳口进行装夹，如图4-192所示，安装步骤见表4-20。

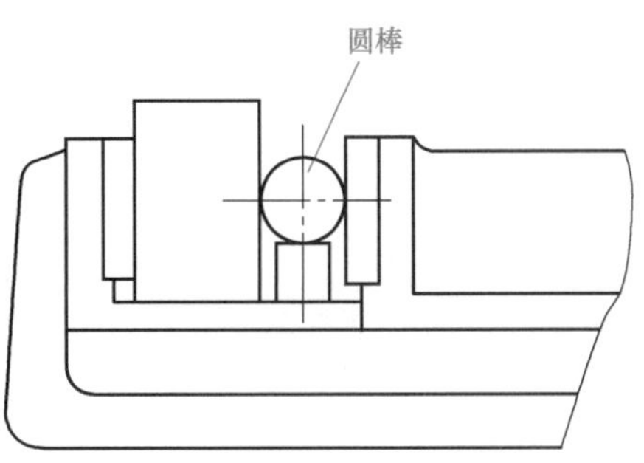

图4-192　基准靠向固定钳口装夹粗加工件

表4-20　基准靠向固定钳口装夹粗加工件步骤

序号	安装步骤	详细说明	
1	确定基准	选择工件上一个较大的粗加工表面作基准，将其靠向平口虎钳的固定钳口面（图4-193）	图4-193　确定基准
2	放置工件	在活动钳口与工件间放置一根圆棒，圆棒要与钳口上平面平行，其位置在钳口夹持工件部分高度的中间偏上（图4-194），以保证工件的基准面与固定钳口面很好地贴合	图4-194　放置工件
3	夹紧工件	夹紧时，配合用铝棒、木锤或橡皮锤敲击工件上表面（图4-195），使工件基准面、垫铁和钳体导轨面很好地贴合，达到切削加工的要求	图4-195　夹紧工件

（3）经过粗加工的工件装夹（二）

此方法是将基准靠向平口虎钳的钳体导轨面进行装夹，是最常用的方法，如图 4-196 所示，安装步骤见表 4-21。

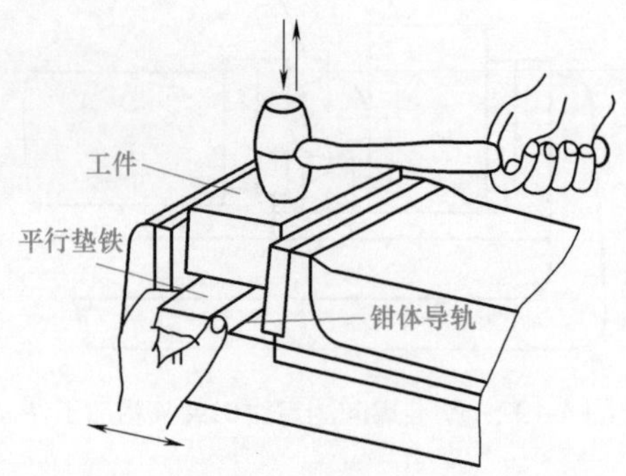

图 4-196　基准靠向钳体导轨面装夹粗加工件

（4）平口虎钳安装工件的合理性

平口虎钳的安装检查主要是检查其安装的位置是否合理，其包括工件高出钳口的高度、工件于钳口左右位置、垫块的选取等，如图 4-201 所示。平口虎钳安装工件的注意事项见表 4-22。

表 4-21　基准靠向钳体导轨面装夹粗加工件步骤

序号	安装步骤	详细说明
1	清洁表面	在装夹前要将平口虎钳工作面和工件表面擦洗干净（图 4-197） 图 4-197　清洁表面
2	放置垫铁	选择合适的平行垫铁，双手用手指拿住两头，平稳地放在平口虎钳底部（图 4-198） 图 4-198　放置垫铁

续表

序号	安装步骤	详细说明
3	放置工件	双手用手指拿住工件两头，将工件放置在垫铁上，并且左右推动若干次（图4-199），使得工件和垫铁完全贴合，同时也可将工件调整到相对于钳口的合适位置 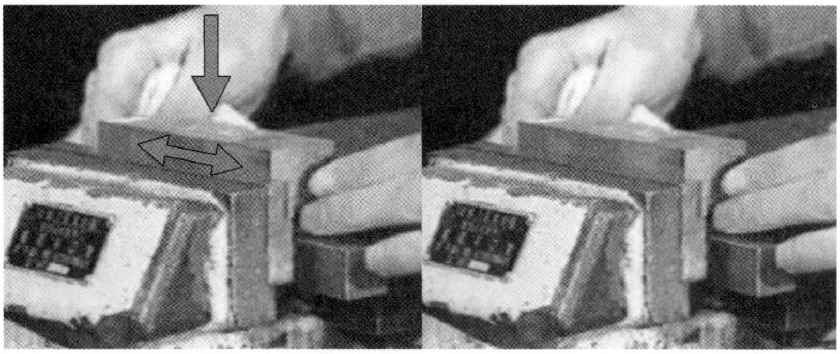 图4-199 放置工件
4	夹紧工件	夹紧时，配合用铝棒、木锤或橡皮锤敲击工件上表面（图4-200），使工件基准面、垫铁和钳体导轨面很好地贴合，达到切削加工的要求 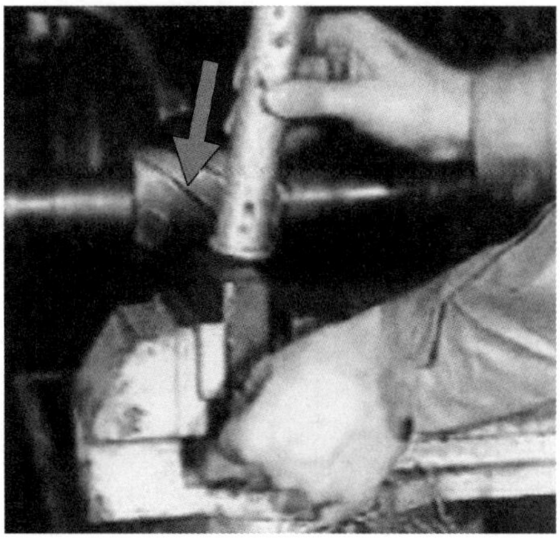 图4-200 夹紧工件

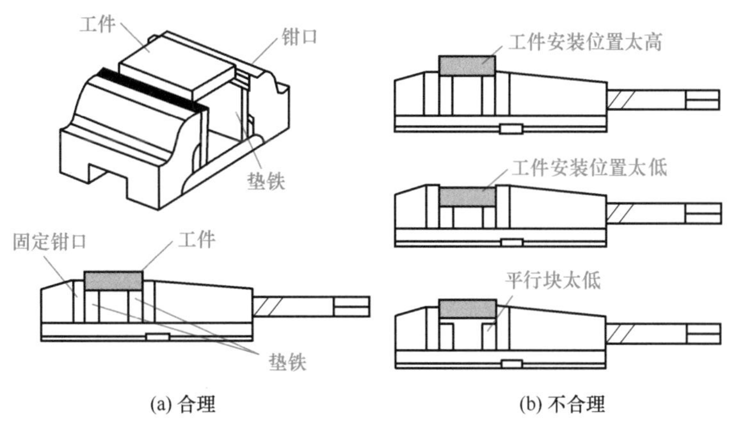

图4-201 平口虎钳安装工件的合理性

表 4-22　平口虎钳安装工件的注意事项

序号	注意事项	详细说明	
1	工件高出钳口的高度	工件在平口虎钳上装夹时，工件高出钳口的高度应大于待切除的余量，如图 4-202 所示，以免铣坏钳口或损坏铣刀。如工件低于钳口平面，可在工件下面垫放适当厚度的平行垫铁	铣刀 待切除余量 钳口上平面 图 4-202　余量层应高出钳口上平面
2	工件于钳口左右位置	夹持工件时，工件位置要放适当（图 4-203），不应安放在虎钳某一头，应避免在夹持时，虎钳单边受力	图 4-203　工件位置要放适当

经验总结

由于平口虎钳是铣削加工中应用最多的夹具，其装夹直接影响铣刀加工的质量，在此总结了平口虎钳装夹特别需要注意的 11 个要点，见表 4-23。

表 4-23　平口虎钳装夹的 11 个要点

序号	要点	详细说明
1	充分地清洁	安装平口虎钳时，应擦净钳座底面、工作台面；安装工件时，应擦净钳口、钳体导轨面及工件表面
2	毛坯件必须使用铜皮	在把工件毛坯装到虎钳内时，必须注意毛坯表面的状况，若是粗糙不平或有硬皮的表面，就必须在两钳口上垫紫铜皮。对粗糙度值小的平面在夹到钳口内时，需垫薄的铜皮
3	可利用铜皮保证精度	在工件精度要求较高时，如果虎钳的精度较低，可以在工件与钳口之间（水平与垂直方向）垫放适当厚度的纸片或薄铜片，以提高工件在虎钳里的安装精度
4	钳口受力应均匀	工件在平口虎钳上装夹时，放置的位置应适度，夹紧后钳口的受力应均匀
5	铣削力方向指定	铣削时，应使水平铣削力的方向指向虎钳固定钳口
6	工件与钳口接触面要大	装夹工件时，要考虑铣削中的稳定性，应使工件与钳口的接触面尽可能大些。如加工长方形工件时，钳口应夹较长的面
7	长工件用两个虎钳装夹	铣削长形工件时，可用两个虎钳装夹工件，避免由于工件伸出太长，加工中引起振动
8	敲击必须熟练掌握	在夹紧工件过程中，应用木锤或橡皮锤轻轻敲击工件，使工件紧密贴合在平行垫铁上，以用手不能轻易推动平行垫铁为适宜
9	平行垫铁的要求	用平行垫铁装夹工件时，所选垫铁的平面度、平行度、相邻表面的垂直度应符合要求。垫铁表面应具有一定的硬度
10	斜面工件在平口虎钳内的安装	两个平面不平行的工件，若用普通虎钳直接夹紧，必定会产生只夹紧大端，而小端夹不牢的现象，因此可在钳口内加一对弧形垫铁
11	圆棒可作毛坯面辅助夹紧用	当工件的一面是已加工表面，而另一面是毛坯面或者两夹紧面不平行时，可将已加工表面贴在固定钳口上作基准面。另外在活动钳口与工件毛坯表面之间增添一个圆棒，既可使工件夹紧牢固，又能保证被铣削平面垂直于基准面

4.3.3 压板装夹工件

压板装夹工件

压板装夹大工件，形状复杂也靠它，
螺栓螺母和垫铁，轻松配合好百搭；
工件放好放螺栓，垫铁合适位置佳，
压板调整要合适，两侧高度不相差；
螺母预紧不拧死，垫上铜皮缝隙插，
来回切换紧螺母，多板装夹好方法。

对于尺寸较大和形位比较复杂以及不便用平口虎钳装夹的工件，一般用压板夹紧在工作台面上。

用压板装夹工件的工具主要有压板、垫铁、T形螺栓及螺母或T形螺母及螺栓。压板的形状依工件形状的不同而有很多种，如图4-204所示。

图4-204 T形螺栓、螺母、垫铁和压板配合装夹工件

压板是通过T形螺栓、螺母、垫铁将工件夹紧在工作台台面上的，装夹工件时，应选用两块以上的压板，压板的一端搭在工件上，另一端搭在垫铁上，其装夹的注意事项见表4-24。

表4-24 压板装夹工件

序号	安装步骤	详细说明
1	放置工件和螺栓	按照加工要求放置好工件，沿着T形槽将T形螺栓移至适当位置（图4-205） 图4-205 放置工件和螺栓
2	放置垫铁	在对应T形螺栓的位置放置台阶垫铁（图4-206） 图4-206 放置垫铁

续表

序号	安装步骤	详细说明
3	放置压板并预紧	放置压板，压板放置的高度要合适，压板在垫铁放置的位置一般与工件高度一致或略高，同时压板到工件的距离要小于压板到垫铁的距离（图 4-207） 放置完毕后用 T 形螺栓预紧。放置垫片，右手拧上螺母，注意不要拧死，以便放置铜皮（图 4-208） 图 4-207　放置压板　　图 4-208　预紧压板
4	塞入铜皮	已加工表面和压板间要垫铜皮，以免压伤工件（图 4-209） 图 4-209　塞入铜皮
5	压紧工件	使用开口扳手将螺母拧紧（图 4-210），拧紧时注意不要将一个拧紧再拧另一个，要来回切换多次操作 图 4-210　压紧工件

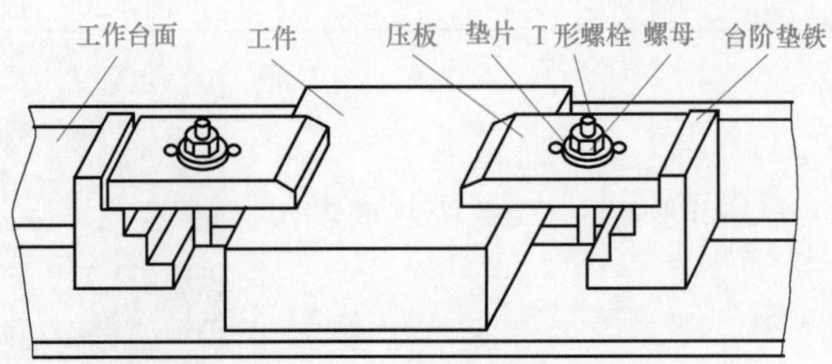

图 4-211　用压板装夹工件

压板的安装检查主要是检查其安装的位置是否合理，包括压板高度、螺栓定位的位置等，如图 4-211 所示。压板安装工件的注意事项见表 4-25。

表 4-25 压板安装工件的注意事项

序号	注意事项	详细说明
1	螺栓要靠近工件一侧	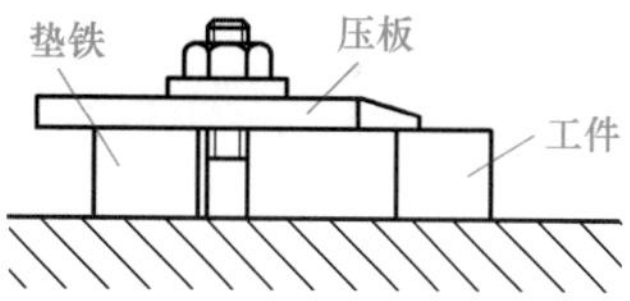 螺栓的位置应处于工件和垫铁的中间略偏向工件，以增大夹紧力 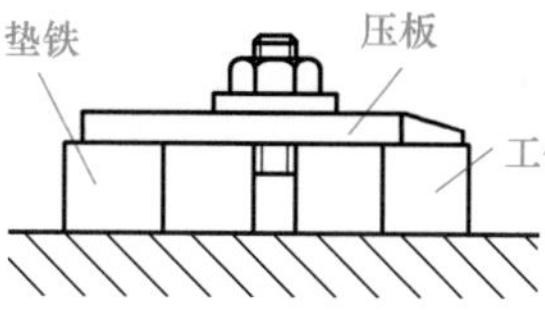 垫铁 压板 工件 正确 垫铁 压板 工件 错误
2	垫铁的高度应适当	防止压板和工件接触不良。垫铁的高度应等于或略高于工件被夹紧部位的高度 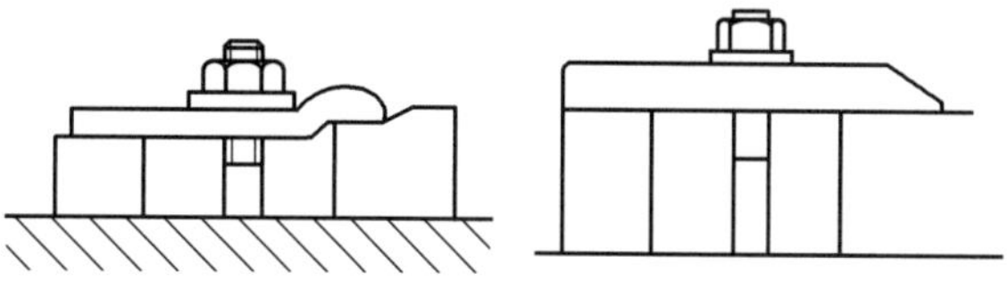 正确 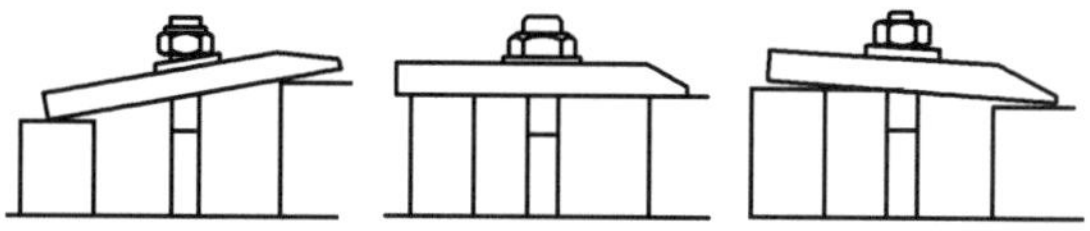 错误
3	不允许悬空夹紧	工件夹紧处不能有悬空现象，如果有，应将工件垫实 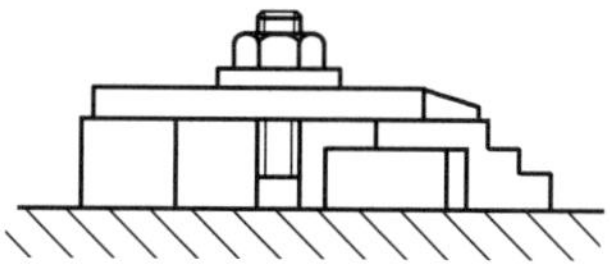 正确 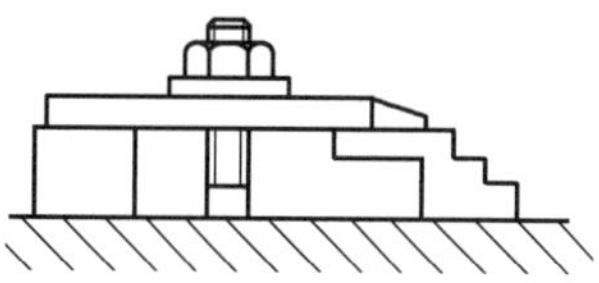 错误
4	夹紧力要合适	过大会使工件产生变形，影响加工精度；过小会因铣削力的作用使工件发生移动，损坏刀具、机床等，甚至发生人身伤亡事故 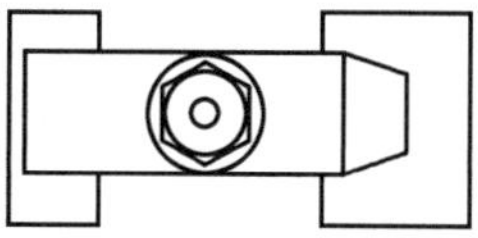 正确 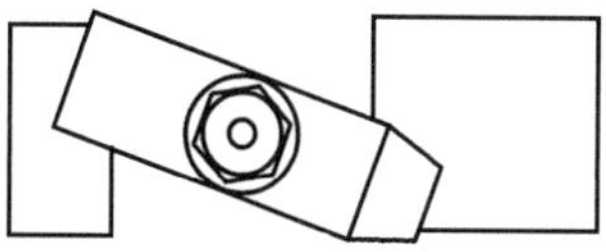 错误

压板安装有时需要经验的积累，下面总结了五条重要的安装经验，见表4-26。

表4-26　压板安装五条重要的安装经验

序号	安装经验	详细说明
1	毛坯工件装夹要点	 装夹毛坯工件时，应在工件和铣床工作台台面之间垫上纸或薄铜片，以免毛坯工件损伤铣床工作台台面，同时可增加铣床工作台台面与工件之间的摩擦力，使工件的夹紧更加可靠，如图4-212所示 图4-212　工件和铣床工作台台面之间垫铜皮
2	已加工工件装夹要点	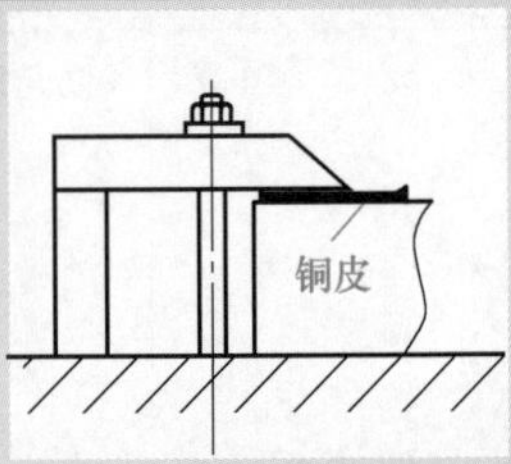 装夹已加工工件时，应在压板和工件之间垫上纸片或薄铜片，以免压板损伤工件的已加工表面，如图4-213所示 图4-213　压板和工件之间垫铜皮
3	压板数量要求	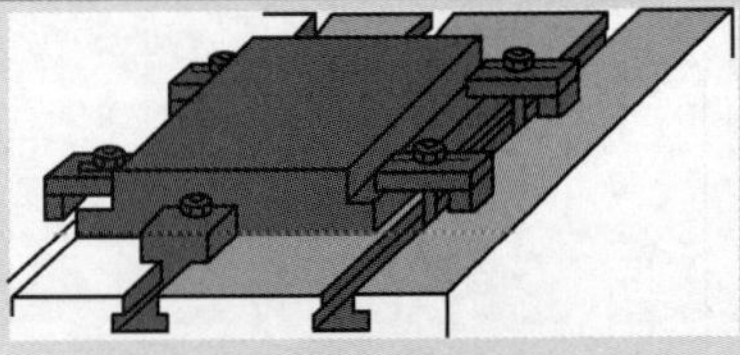 使用压板装夹工件时，最少要使用两块压板对工件进行装夹。若工件尺寸较大，在不妨碍铣削的情况下，应尽可能选择较多的压板对工件进行装夹，以保证工件装夹的可靠性，如图4-214所示 图4-214　使用较多的压板对工件进行装夹
4	平口虎钳和压板配合	 有时当加工工件的切削力很大时，可采用平口虎钳和压板配合的方式，可增强数倍的夹紧力，如图4-215所示 图4-215　平口虎钳和压板配合
5	重复定位的操作	 当用压板安装工件在铣床工作台台面上进行加工，需要加工多件时，为了重复定位，可用一些定位销钉，如图4-216所示 图4-216　定位销钉

4.4 铣平面

铣平面

平面质量要重视，形状公差粗糙度，
方法周铣和端铣，细把工件来切除；
卧式铣床圆周铣，记住铣刀是圆柱，
加工平面与台面，方向平行不可误，
切削好似向前滚，平稳进给起止处，
为了保质又保量，铣刀磨损要关注；
端铣平面优点多，加工平稳效率足，
铣削力道变化小，端面刀刃形状出，
立卧机床皆可做，装夹加工略出入，
立床平面台面平，卧床两面九十度，
进给方向与轴线，垂直误差出圆弧，
注意入刀高低刃，易成拖刀表面粗。
加工注意顺逆铣，切削特点分清楚，
顺铣动作像刨地，逆铣好似去铲土，
根据工艺去分析，粗精操作一步步，
目的只为保质量，轻摇慢走心有数。

用铣削方法加工工件的平面称为铣平面。平面是构成机械零件的基本表面之一。铣平面是铣床加工的基本工作内容，也是进一步掌握铣削其他各种复杂表面的基础。

平面质量的好坏，主要从平面的平整程度和表面的粗糙程度两个方面来衡量，分别用形状公差项目平面度和表面粗糙度来考核。如图 4-217 所示长方体工件上表面的平面度公差为 0.05mm，“(—)”的符号表示平面只允许凹；上表面的表面粗糙度应不大于 3.2μm。

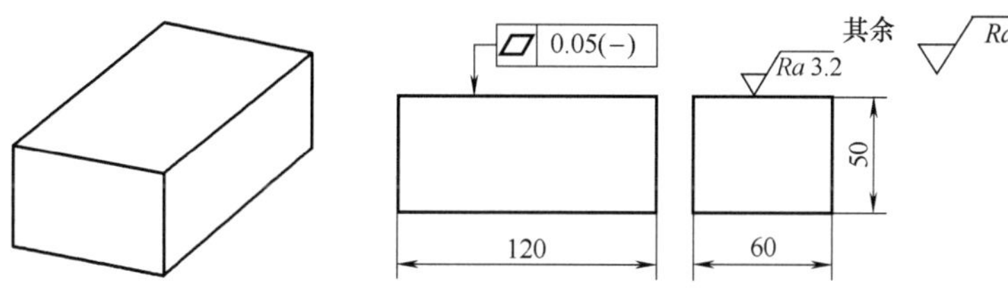

图 4-217　长方体工件

4.4.1 铣平面的方法

（1）圆周铣削和端面铣削

平面的铣削方法主要有圆周铣削和端面铣削两种，见表 4-27。

表 4-27　平面的铣削方法

<table>
<tr><th>序号</th><th>铣削方法</th><th>详细说明</th></tr>
<tr><td>1</td><td>圆周铣削</td><td>圆周铣削（简称周铣）是利用分布在铣刀圆柱面上的刀刃进行铣削并形成平面的（图 4-218）
圆周铣平面主要用圆柱铣刀在卧式铣床上进行，铣出的平面与铣床工作台台面平行，如图 4-219 所示 
图 4-218　圆周铣削 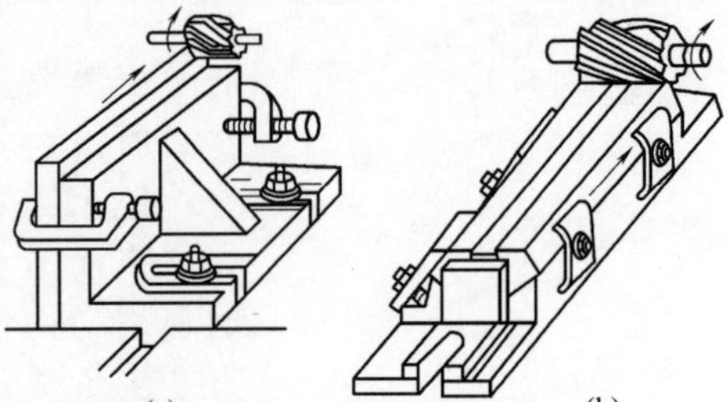
(a)　(b)
图 4-219　圆柱铣刀铣平面
由于圆柱铣刀由若干个刀刃组成，所以铣出的平面有微小的波纹，要使被加工表面能获得较小的表面粗糙度，工件的进给速度应低一些，而铣刀的转速应适当增高些
用圆周铣削方法铣出的平面，其平面度误差的大小主要取决于铣刀的圆柱度误差。当铣刀被磨成略带圆锥形时，铣出的表面虽仍是平面，但与机床工作台面（或工件底平面）倾斜一个角度；当铣刀被磨成两端直径小，中间直径大时，铣出的表面成一个凹面；反之，当铣刀被磨成两端直径大，中间直径小时，铣出的表面成一个凸面。因此，在精铣平面时，必须保证圆柱铣刀的高形状精度，即圆柱度误差要小</td></tr>
<tr><td>2</td><td>端面铣削</td><td>端面铣削（简称端铣）是利用分布在铣刀端面上的刀刃进行铣削并形成平面的（图 4-220） 
图 4-220　端面铣削
使用端铣刀在立式铣床上铣出的平面与铣床工作台面平行，如图 4-221 所示。端面铣削也可在卧式铣床上进行，铣出的平面与铣床工作台面垂直，如图 4-222 所示 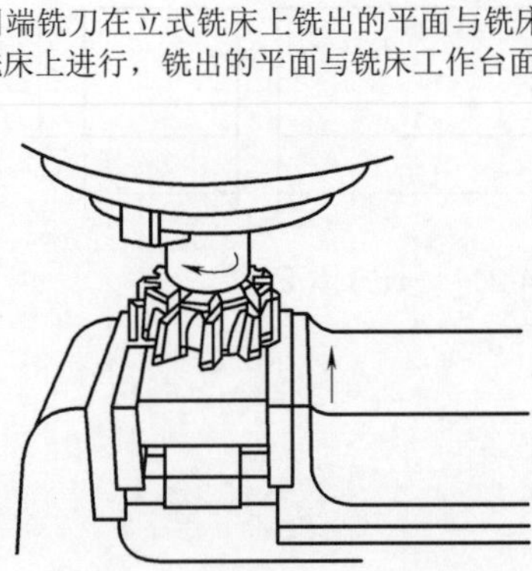
图 4-221　在立式铣床上用端铣刀铣平面 　图 4-222　在卧式铣床上用端铣刀铣平面</td></tr>
</table>

续表

序号	铣削方法	详细说明
2	端面铣削	用端铣方法铣出的平面，也有一条条刀纹，刀纹的粗细（影响表面粗糙度的大小）也与工件进给速度的大小和铣刀转速的高低等因素有关 用端铣的方法铣出的平面，其平面度误差的大小主要取决于铣床主轴轴线与进给方向的垂直度误差。若主轴轴线与进给方向垂直，铣刀刀尖会在工件表面铣出呈网状的刀纹，如图4-223所示。若主轴轴线与进给方向不垂直，铣刀刀尖会在工件表面铣出单向的弧形刀纹，表面成凹面，如图4-224所示。如果铣削时进给方向是从端铣刀刀尖高的一侧移向刀尖低的一侧，还会产生“拖刀”现象，增大平面的表面粗糙度。因此，用端铣方法铣平面时，应进行铣床主轴轴线与进给方向垂直度的校正 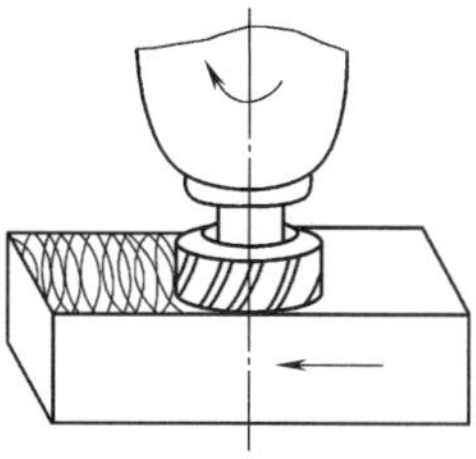 图4-223　端铣时铣床主轴轴线与进给方向垂直 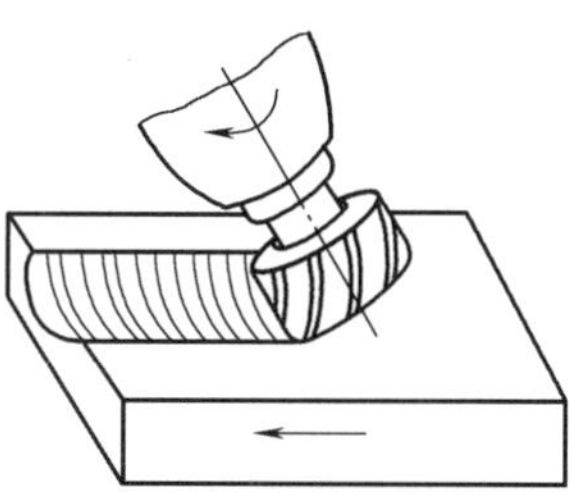 图4-224　端铣时铣床主轴轴线与进给方向不垂直

（2）铣床主轴轴线与工作台进给方向垂直度的校正

① 卧式铣床的校正（工作台零位的校正）

卧式铣床主轴轴线与工作台进给方向垂直度的校正即工作台零位的校正，有如表4-28所示的两种校正方法。

表4-28　卧式铣床的校正方法

序号	校正方法	详细说明
1	利用回转盘刻度校正	校正时，只需使回转盘的“零”刻线对准鞍座上的基准线（图4-225），铣床主轴轴线与工作台纵向进给方向即保持垂直。校正操作简单，但精度不高，只能适应一般要求工件的加工  回转盘的刻度值 图4-225　回转盘的“零”刻线位置
2	用百分表进行校正	校正步骤如下： ①将长度为500mm的检验平行垫铁的侧检验面校正到与工作台纵向进给方向平行后紧固，如图4-226所示 ②将装有杠杆式百分表、回转半径为250mm的角形表杆装在铣床主轴上 ③将主轴转速挂在高速挡上。扳转主轴，在平行垫铁侧检验面的一端*a*处压表0.3～0.5mm后，将百分表调“零”。再扳转主轴，在平行垫铁侧检验面的另一端*b*处打表，读数差值在300mm长度上应不大于0.02mm。如超过0.02mm，可用木锤轻轻敲击工作台端部调整至达到要求为止，然后紧固回转台 如果工作台中央T形槽与纵向进给方向的平行度很好，可在T形槽中嵌入定位键来代替平行垫铁进行校正 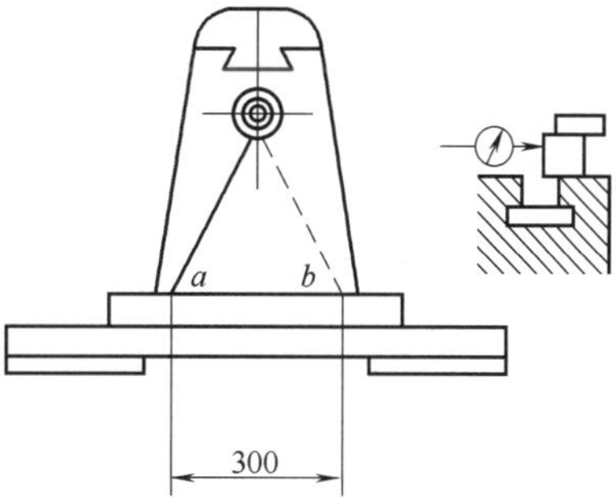 *a*　*b*　300 图4-226　用百分表校正卧式铣床工作台零位

② 立铣头的校正（立铣头“零”位的校正）

立铣头的主轴轴线与工作台进给方向垂直度的校正即立铣头“零”位的校正，有如表 4-29 所示的两种校正方法。

表 4-29　立铣头的校正方法

序号	校正方法	详细说明
1	用 90° 角尺和锥度心轴进行校正	校正时，取一个锥度与立铣头主轴锥孔锥度相同的心轴，擦净立铣头主轴锥孔和心轴锥柄，轻轻将心轴锥柄插入立铣头主轴锥孔，将 90° 角尺尺座底面贴在工作台台面上，用角尺外侧测量面靠向心轴圆柱表面，观察其是否密合或间隙上下是否均匀，确定立铣头主轴轴线与工作台台面是否垂直。检测时，应在工作台纵向进给方向的平行和垂直两个方向上进行，如图 4-227 所示 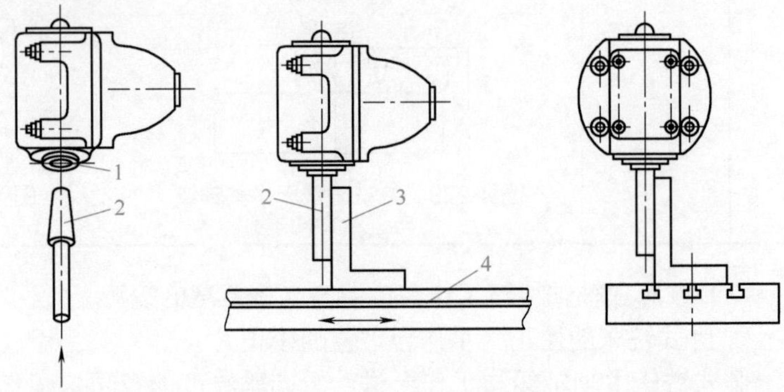 (a) 将锥度心轴插入立铣头主轴锥孔中　(b) 与纵向进给方向平行方向的检测　(c) 与纵向进给方向垂直方向的检测 图 4-227　用 90° 角尺校正立铣头零位 1—立铣头主轴；2—锥度心轴；3—90° 角尺；4—工作台
2	用百分表校正	如图 4-228 所示，校正时，将角形表杆固定在立铣头主轴上，百分表安装在角形表杆上，百分表测量杆与工作台台面垂直。然后使测量触头与工作台台面接触，测量杆压缩 0.3 ～ 0.5mm，记下百分表的读数；接着扳转立铣头主轴 180°，再次记下读数。两次读数差值在 300mm 长度上应不大于 0.02mm，否则就应微调回转立铣头到达要求为止，如图 4-228 所示。检测时，应断开主轴电源开关，主轴转速挂在高速挡位置上 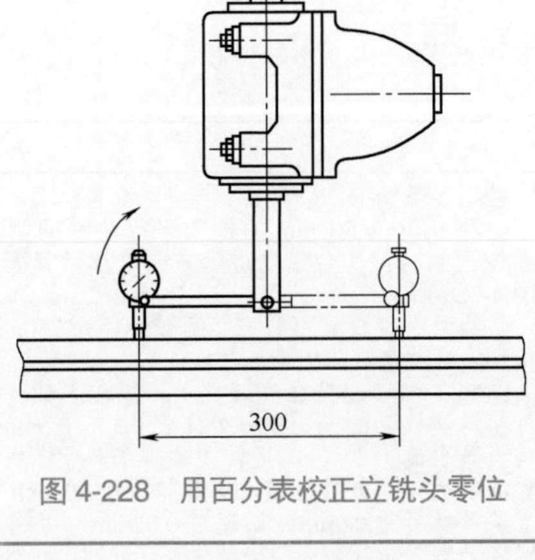 300 图 4-228　用百分表校正立铣头零位

(3) 端面铣削的优点

端面铣削较圆周铣削加工平面有着切削稳定、表面粗糙度低等优点，目前加工平面，尤其是加工大平面，一般都用端面铣削法，如图 4-229 所示，其优点见表 4-30。

图 4-229 端面铣削加工

表 4-30 端面铣削的优点

序号	端面铣削的优点	详细说明
1	铣削平稳，效率高	端铣刀的刀杆短，刚性好，且同时参与切削的刀齿数较多，因此振动小，铣削平稳，效率高
2	适宜高速和强力铣削	端铣刀的刀片装夹方便、刚性好，适宜进行高速铣削和强力铣削，可提高生产率和减小表面粗糙度
3	可做大直径铣削	端铣刀的直径可以做得很大（最大可达 1m 左右），能一次铣出较宽的表面而不用接刀。周铣能一次切除较大的铣削层深度（铣削宽度）
4	铣削力变化小	端铣刀每个刀齿所切下的切屑厚度变化较小，因此端铣时铣削力变化小
5	平面度误差影响小	端铣刀的刃磨不像圆柱铣刀要求严格，刀刃和刀尖在径向的尺寸不一致、在轴向高低不平，对加工表面的平面度误差没有影响，只是影响平面的表面粗糙度，而圆柱铣刀若刃磨质量差（圆柱度差），则直接影响加工表面的平面度误差
6	端面铣加工的平面好	零件上平面，从使用的情况看，大都只允许凹而不允许凸。端面铣削获得的平面，只可能产生凹不可能产生凸；而用圆周铣削加工出的平面，则凸凹都可能产生。因此用端面铣获得的平面比用圆周铣削好

虽然端面铣削有诸多优点，但是值得注意的是在相同的铣削层宽度、铣削层深度和每齿进给量的条件下，端铣刀不采用修光刃和高速铣削等措施的情况下进行铣削时，圆周铣加工出的平面比端铣加工出的平面的表面粗糙度要小。

4.4.2 顺铣与逆铣

铣削有顺铣和逆铣两种铣削方式，如图 4-230 所示。根据机床和刀具的不同，又详细分为圆周铣时的顺铣与逆铣和端铣时的顺铣与逆铣，见表 4-31。

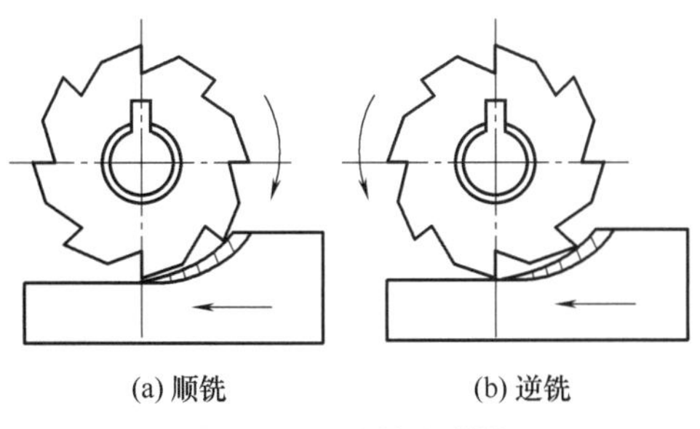

图 4-230 顺铣和逆铣

表 4-31 顺铣和逆铣

序号	顺铣和逆铣	详细说明
1	顺铣	铣削时，铣刀对工件的作用力（铣削力）在进给方向上的分力与工件进给方向相同的铣削方式
2	逆铣	铣削时，铣刀对工件的作用力在进给方向上的分力与工件进给方向相反的铣削方式

（1）圆周铣时的顺铣和逆铣

圆周铣的顺铣和逆铣的切削力和分力如图 4-231 所示，其优缺点见表 4-32。

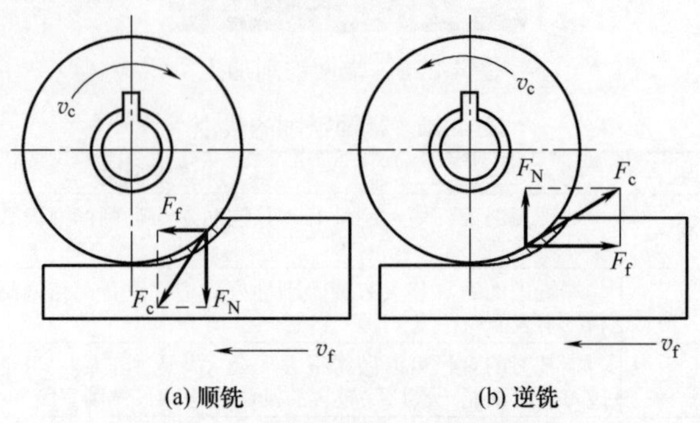

图 4-231 圆周铣时的切削力及其分力

表 4-32 圆周铣的顺铣和逆铣的优缺点

序号	圆周铣	详细描述		选择方式
1	圆周铣顺铣	优点	铣刀对工件作用力 F_c 在垂直方向的分力 F_N 始终向下，对工件起压紧作用，图 4-231（a）所示，因此铣削平稳。对不易夹紧的工件及细长的薄板形工件尤为合适	在铣床上进行圆周铣时，一般都采用逆铣 当丝杠、螺母传动副有间隙调整机构，并将轴向间隙调整到较小（0.03 ～ 0.05mm）时，当 F_c 在水平方向的分力 F_f 小于工作台导轨间的摩擦力时，以及铣削不易夹牢和薄而细长的工件时，可选用顺铣
			铣刀刀刃切入工件时的切屑厚度最大，并逐渐减小到零。刀刃切入容易，且铣刀后面与工件已加工表面的挤压、摩擦小，故刀刃磨损慢，加工出的工件表面质量较高	
			消耗在进给运动方面的功率较小	
		缺点	顺铣时，刀刃从工件的外表面切入工件，因此当工件是有硬皮和杂质的毛坯件时，容易磨损和损坏刀具	
			顺铣时，F_c 在水平方向的分力 F_f 与工件进给方向相同，会拉动铣床工作台。当工作台进给丝杠与螺母的间隙较大及轴承的轴向间隙较大时，工作台会产生蹿动，导致铣刀刀齿折断、铣刀杆弯曲、工件与夹具产生位移，甚至损坏机床等严重后果	
2	圆周铣逆铣	优点	在铣刀中心进入工件端面后，刀刃沿已加工表面切入工件，铣削表面有硬皮的毛坯件时，对铣刀刀刃损坏小	
			F_c 在水平方向的分力 F_f 与工件进给方向相反，铣削时不会拉动工作台	
		缺点	逆铣时，F_c 在垂直方向上的分力 F_N 始终向上，对工件需要较大的夹紧力，如图 4-231（b）所示	
			逆铣时，在铣刀中心切入工件端面后，刀刃切入工件时的切屑厚度为零，并逐渐增到最大，因此切入时铣刀后面与工件表面的挤压、摩擦严重，加速刀齿磨损，降低铣刀寿命，工件加工表面产生硬化层，降低工件表面的加工质量	
			逆铣时，消耗在进给方面的功率较大	

（2）端铣时的顺铣与逆铣

端铣时，根据铣刀与工件之间的相对位置不同，分为对称铣削与非对称铣削两种，见表 4-33。端铣也存在顺铣和逆铣现象。

表 4-33　端铣

<table>
<tr><th>序号</th><th>端铣</th><th colspan="2">详细说明</th></tr>
<tr><td rowspan="2">1</td><td rowspan="2">对称铣削</td><td colspan="2">铣削宽度 a_e 对称于铣刀轴线的端铣称为对称铣削，如图 4-232 所示。在铣削宽度上以铣刀轴线为界，铣刀先切入工件的一边称为切入边，铣刀切出工件的一边称为切出边。对称铣削时，切入边与切出边所占的铣削宽度相等，均为以 $a_e/2$，切入边为逆铣，切出边为顺铣 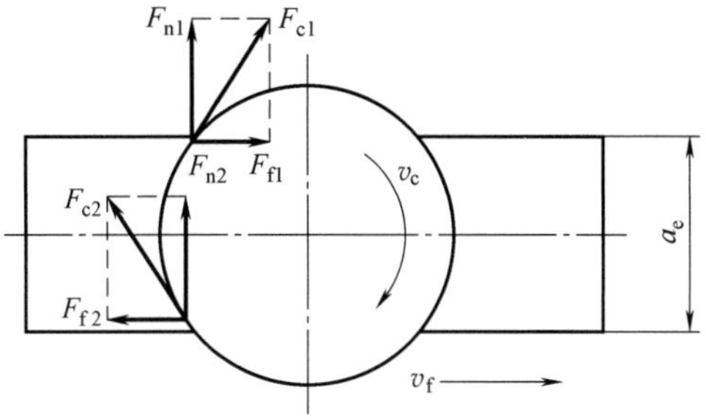
图 4-232　端铣对称铣削</td></tr>
<tr><td colspan="2">对称铣削在铣削宽度较窄的工件（a_e 较小）和铣刀齿数较少时，一方面各刀齿的铣削力 F_c 在进给方向的分力 F_f 之和在方向上将发生交替变化，会引起工件和工作台的窜动；另一方面各刀齿的铣削力 F_c 在与进给方向垂直的方向的分力 F_n 之和使窄长的工件容易造成弯曲变形。所以，对称铣削只在铣削宽度 a_e 接近铣刀直径 d 时采用</td></tr>
<tr><td rowspan="3">2</td><td rowspan="3">非对称铣削</td><td colspan="2">铣削宽度 a_e 不对称于铣刀轴线的端铣称为非对称铣削，如图 4-233 所示。按切入边和切出边所占铣削宽度比例的不同，非对称铣削分为非对称顺铣和非对称逆铣两种 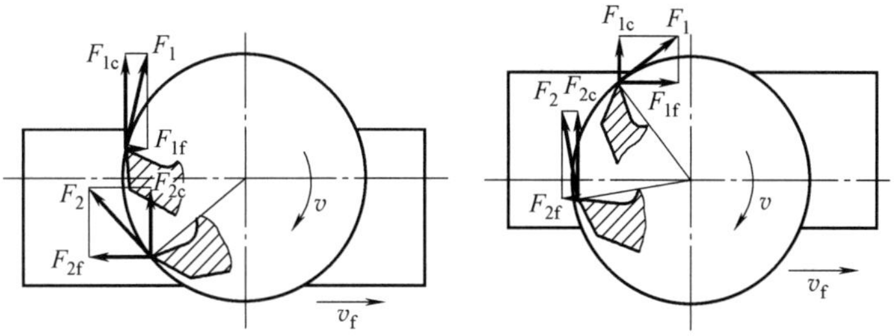
(a) 非对称逆铣　(b) 非对称顺铣
图 4-233　端铣非对称铣削</td></tr>
<tr><td>非对称顺铣</td><td>铣削时，顺铣部分占的比例较大，铣刀各刀齿的铣削力 F_c 在进给方向上的分力 F_f 之和，其方向与进给方向相同，使工件和工作台发生蹿动。因此，端铣时一般不采用非对称顺铣。只是在铣削塑性和韧性好、加工硬化严重的材料（如不锈钢、耐热合金等）时，采用非对称顺铣，以减少切屑黏附并提高刀具寿命。此时，必须调整机床工作台的丝杠螺母副的传动间隙</td></tr>
<tr><td>非对称逆铣</td><td>铣削时，逆铣部分占的比例较大，铣刀各刀齿的铣削力 F_c 在进给方向上的分力 F_f 之和，其方向与进给方向相反，不会拉动工作台，且刀刃切入工件时切屑厚度虽由薄到厚但不为零，因而冲击小，振动较小。因此，端铣时应采用非对称逆铣</td></tr>
</table>

4.4.3　铣平面的质量缺陷及分析

平面铣削质量不仅与铣削时所用的铣床、夹具和铣刀的质量有关，还与铣削用量和切削液的合理选用等诸多因素有关。铣平面常见的质量缺陷及分析见表 4-34。

表 4-34　铣平面的质量缺陷及分析

序号	质量问题	产生原因	预防措施
1	表面粗糙度差	进给量太大	减少每齿进给量
		加工中振动大	减少切削用量，调整镶条，使工作台移动平稳，正确选择铣刀直径，正确安装铣刀
		铣刀不锋利，铣刀磨损，刀具刃口变钝。	重新刃磨铣刀
		铣削时的进给量太大	选择合适的进给量
		铣削时的背吃刀量太大	选择合适的背吃刀量
		进给量不均匀	手摇进给时要均匀，或采用机动进给
		铣刀摆差太大	减小进给量，重磨、重新安装铣刀，校正刀杆或修整垫圈
		铣刀的几何参数选择不当	重新选择参数合适的刀具
		铣削时的切削液选择不当	更换切削液
		铣削时有积屑瘤产生，或切屑有粘刀现象	按照第 2 章第 2 节的积屑瘤的处理方法
		铣削时有拖刀现象	检查刀具安装正确性
		工件表面有“深啃”现象	铣削过程中因进给停顿，铣削力突然减小，因此，切削中途不能停止进给运动
2	尺寸与图样不符合	加工中工件移动	应夹紧工件
		测量不准确	应正确地测量和认真查看测量读数
		刻度圈位置记错或没遵守控制间隙的方法	对刀时应记好刻度圈的位置，并注意控制好间隙
3	尺寸不垂直和不平行	虎钳钳口或夹具没校正	正确校正机用虎钳及所用的夹具
		虎锥钳口与基准面之间有杂物	应仔细清除
		加工中工件移动	选择正确的夹紧方向和作用点夹紧工件
		垫铁不平行	将垫铁修磨平行
		工件上毛刺未去净	加工前应仔细地将毛刺去净
		铣刀刃磨不准确	把铣刀刃磨准确，使用前应测量铣刀角度
4	平面度不符合要求	用圆周铣铣削平面时，圆柱形铣刀的圆柱度差	重新安装铣刀
		用端面铣铣削平面时，铣床主轴轴线与进给方向不垂直	重新安装校正
		工件受夹紧力和铣削力的作用产生变形	检查变形位置，调整安装方式
		工件自身存在内应力，在表层材料被切除后产生变形	更换合格的毛坯
		铣床工作台进给运动的直线性差	调整工作台
		铣床主轴轴承的轴向和径向间隙大	调整主轴轴承
		铣削中，由铣削热引起工件的热变形	增加冷却液流量，适当降低切削速度
		铣削时，由于圆柱铣刀的宽度或端铣刀的直径小于被加工面的宽度而接刀，产生接刀痕	更换大直径刀具，或增加除刀痕的精加工步骤

经验总结

① 特殊形状的特殊装夹方法

有时加工的工件不一定是标准的长方体形状，如加工直角铁工件，如图 4-234 所示。

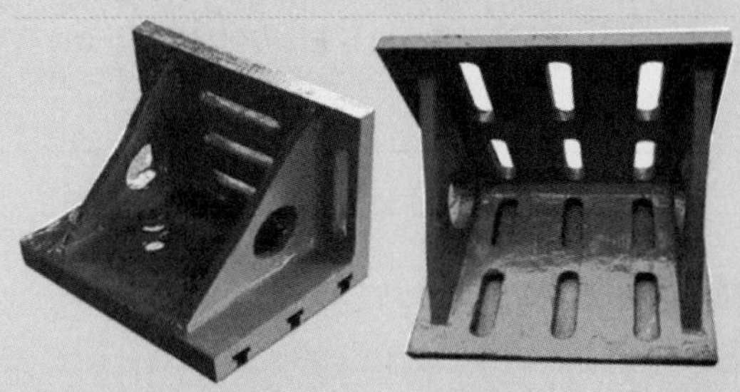

图 4-234　直角铁工件

如图4-235所示是在卧式铣床上铣角铁工件时的两种装夹方法，如采用图4-235（a）所示方法，会引起切削不稳定，采用图4-235（b）所示的端铣方式，工件夹持牢靠，刚性好，切削中不易产生振动。

② 有色金属的加工方法

铣削有色金属时，由于材质较软，韧性较大，因此被铣削表面不易光洁。这种情况下，常使用高速钢刀具，增大刀齿的前角，将前角γ磨成γ=25° ~ 30°，后角α=6° ~ 8°，刃倾角λ=10°，主偏角=8° ~ 11°(图4-236)。安装铣刀时，应将六把刀头调整在同一个平面内。

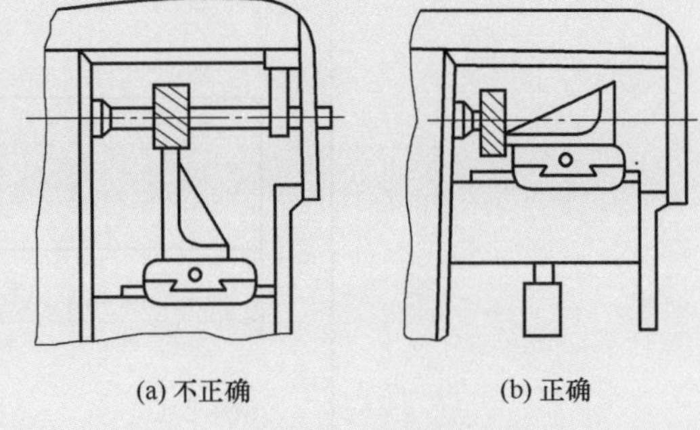

图4-235 装夹方法

精铣纯铜工件时铣削速度v=15 ~ 20m/min，进给量f=0.6mm/r，背吃刀量根据加工情况确定，用乳化液冷却。精铣铝工件v=20 ~ 25m/min，f=0.9mm/r，用煤油冷却。铣削黄铜工件不加铣削液，铣削速度和进给量适当小一些。

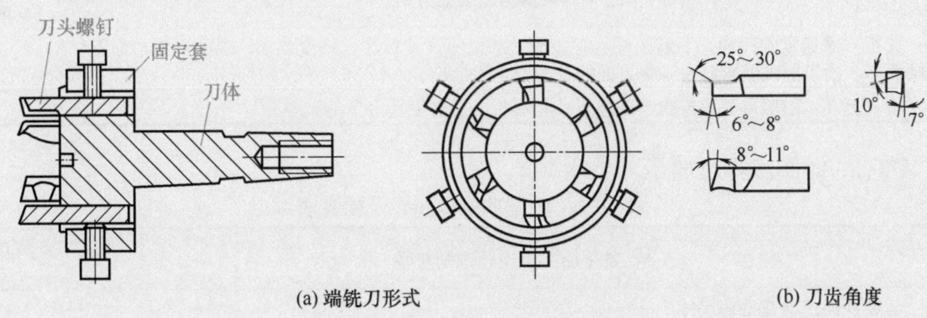

图4-236 铣有色金属的端铣刀

③ 铣刀迅速变钝

切削中，忽然出现工件表面粗糙度增加、热量增加、切屑形状改变或发出不正常的尖叫声等情况，就证明铣刀已经变钝。

虽然铣刀经过一个时期使用后都会变钝，但铣刀又有一定的寿命，如果一把新铣刀在使用中很快变钝，就是不正常现象。引起铣刀很快变钝一般有以下几个原因。

a. 铣削用量选择得不正确，如铣削速度太高等。因为铣削用量和铣刀的寿命有很大关系，降低铣削用量可以增加铣刀寿命。但铣削用量也不能减得太小，太小时，铣刀就会在工件表面打滑，切不下金属，铣刀磨损反而加快，也降低了铣削效率。

b. 铣刀磨损或损坏后，往往在被切削金属层留有铣刀碎齿粒，换上新铣刀后，如果加工前不把它清理干净，新铣刀会很快变钝。

c. 切削铸件碰到白口铁或在切削钢件碰到焊渣等杂质层时，如果不清理干净，对铣刀损坏是很严重的。铣削这类工件，一般是第一刀的切削层深度要大于杂质层的深度。

d. 没使用铣削液或使用得不正确。

e. 被加工工件的材料硬度太大，应进行退火处理。

f. 铣刀磨损后，新刃磨铣刀的角度不正确，如前角太大等，使刀齿薄弱。

4.4.4 铣平面零件实操例题

零件压板，如图4-237所示，材料为45钢，锻造毛坯尺寸106mm×50mm×23mm，经退火或正火热处理。

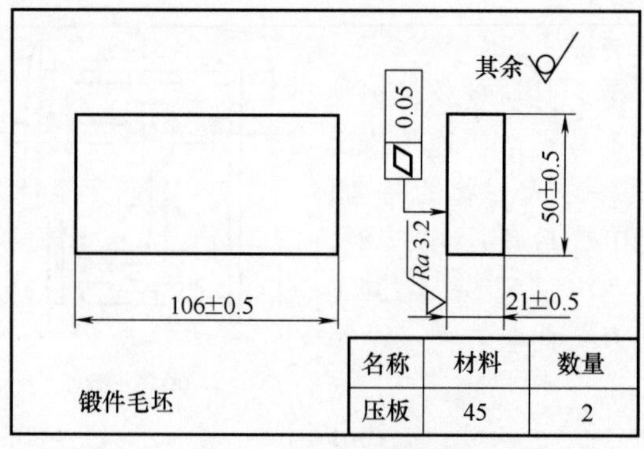

图4-237 平面零件

（1）铣削工艺分析（表4-35）

表4-35 铣削工艺分析及确认表

序号	铣平面实操例题工艺分析	完成度（√或×）
1	读图。看懂零件图样，了解图样上有关加工部位的尺寸标注、精度要求、表面形状与位置精度和表面粗糙度要求以及其他方面的技术要求	
2	检查毛坯。对照零件图样检查毛坯尺寸和形状，了解毛坯余量的大小	

（2）铣削的操作步骤及提示（表4-36）

表4-36 铣削的操作步骤及检查表

序号	铣平面实操例题铣削步骤	完成度（√或×）
1	读零件图；检查毛坯尺寸	
2	安装平口钳，校正固定钳口与铣床主轴轴线垂直	
3	选择并安装铣刀（圆柱形铣刀80mm×63mm×32mm）	
4	选择并调整铣削用量（取主轴转速n=118r/min，进给速度v_f=47.5mm/min或60mm/min，铣削宽度a_e=2mm）	
5	安装并校正工件（应垫铜皮）	
6	对刀调整铣削宽度（即切削层深度），自动进给铣削工件	
7	铣削完毕后，停车、降落工作台并退出工件	
8	测量并卸下工件	

（3）操作中的注意事项与禁忌（表4-37）

表4-37 铣平面安全操作表

序号	安全操作注意事项	符合要求（√或×）
1	工件装夹完毕后应取下平口钳扳手，方能进行铣削	
2	调整铣削宽度时，若手柄摇过头，应注意消除丝杠与螺母间的间隙，以免尺寸出错	
3	铣削过程中不准用手触摸工件和铣刀，不准测量工件，不准突然变换进给速度	
4	铣削过程中不准停止铣刀旋转和工作台自动进给，以免损坏刀具、啃伤工件表面。若因故必须停机时，应先降落工作台，使工件与铣刀脱离接触，再停止工作台自动进给和铣刀旋转	
5	进给结束后，工件不能立即在旋转的铣刀下退回，应先降落工作台后再退出	
6	铣削时不使用的进给机构应紧固，工作完毕后再松开	

经验总结

有条件时，可采用端铣加工另一工件，可帮助掌握不同的刀具和铣床的加工方法，多次操作可熟练手感、熟悉机床的运动习惯。

4.5 铣垂直面

铣垂直面

铣削基准垂直面，加工方法分三点，
圆周铣要装夹好，虎钳角铁滚工件，
端面铣刀在后面，垫铁量表细分辨，
若是立铣需注意，圆柱轴线是关键。

垂直面和平行面都是连接面的一部分。连接面是指相互直接或间接交接，且不在同一平面上的表面，这些表面可以相互垂直、平行或成任意角度倾斜。连接面（垂直面、平行面和斜面）是相对于某一个已经确定的平面而言的，这个已确定的平面称为基准面。加工连接面时，应先加工基准面。如图 4-238 所示为基准面和垂直面位置关系示意图。

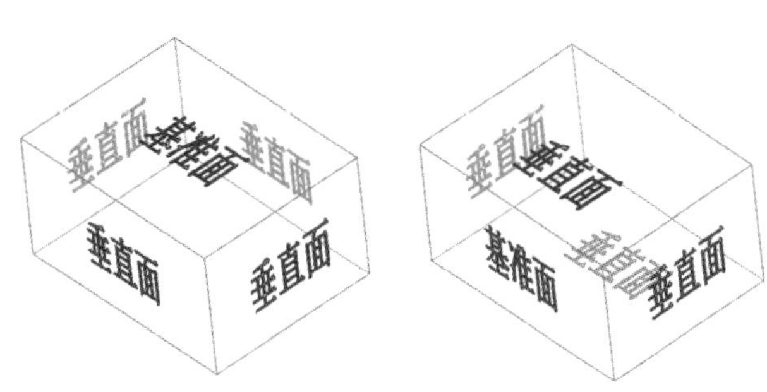

图 4-238　基准面和垂直面位置关系示意图

连接面的加工除了与单一平面加工一样需保证平面度和表面粗糙度要求外，还需要保证相对于基准面的位置精度（垂直度、平行度和倾斜度）以及与基准面间的尺寸精度要求。保证连接面加工精度的关键之处在于工件的正确定位和装夹。

4.5.1 圆周铣铣垂直面

垂直面是指与基准面垂直的平面，用圆周铣铣垂直面的方法如表 4-38 所示。

表 4-38　圆周铣铣垂直面方法

序号	铣削方法	详细说明	
1	卧式铣床平口钳装夹	用平口钳装夹铣垂直面，如图 4-239 所示，这种方法适宜加工较小的工件。当工件长度大于圆柱形铣刀宽度时，平口钳的安装应使固定钳口面与铣床主轴轴线垂直，以避免接刀；当工件长度较短时，平口钳固定钳口应与铣床主轴轴线平行	(a)固定钳口面与主轴轴线垂直 (b)固定钳口面与主轴轴线平行 图 4-239　平口钳装夹铣削垂直面

续表

序号	铣削方法	详细说明
2	卧式铣床角铁装夹	在卧式铣床上用角铁装夹铣垂直面，如图4-240所示，适用于基准面比较宽而加工面比较窄的工件上垂直面的铣削 图4-240　用角铁装夹，圆柱铣刀铣平面

4.5.2　端铣铣垂直面（表4-39）

表4-39　端铣铣垂直面方法

序号	铣削方法	详细说明
1	平口钳装夹端铣	用平口钳装夹端铣垂直面，用端铣的方法铣削较小工件或窄长工件的垂直面，工件一般采用平口钳装夹，可在立式铣床或卧式铣床上进行，如图4-241所示。用端铣刀铣削时，工件在平口钳内的装夹方法，以及影响垂直度的因素和调整的措施与圆周铣铣垂直面时基本相同。其不同的地方是：用圆柱形铣刀铣削时，铣刀的圆柱度误差会影响加工面与基准面之间的垂直度、平行度；用端铣刀铣削时则无此情况，但铣床主轴轴线与进给方向的垂直度误差会影响加工面与基准面之间的垂直度、平行度。如在立式铣床上端铣时，若立铣头的零位不准，用横向进给会铣出一个与工作台台面倾斜的平面；用纵向进给作非对称铣削，则会铣出一个不对称的凹面。同理，如在卧式铣床上端铣时，若工作台零位不准，用垂向进给会铣出一个斜面；用纵向进给作非对称铣削，则也会铣出一个不对称的凹面 图4-241　用端铣刀铣窄长工件端面
2	卧式铣床工作台台面上装夹端铣	用端铣刀在卧式铣床上铣削较为准确和简便，如图4-242所示。用这种方法铣削，铣出的平面与工作台台面垂直。当采用垂向进给时，由于不受工作台零位准确度的影响，精度更高 图4-242　在卧式铣床上用端铣刀铣垂直面
3	靠铁定位安装工件铣垂直面	利用靠铁定位安装工件铣垂直面。工件铣出两个平行的侧面后，加工两端面时，先在工作台上安装定位靠铁，用百分表校正靠铁的定位面与工作台横向进给方向平行（图4-243），使铣好的工件侧面靠向靠铁的定位面，用压板将工件夹紧，用端铣刀铣出与工件底面和侧面都垂直的端面，如图4-244所示

续表

序号	铣削方法	详细说明
3	靠铁定位安装工件铣垂直面	图 4-243 用百分表校正靠铁　图 4-244 用靠铁定位工件铣垂直面

4.5.3 立铣铣垂直面（表 4-40）

表 4-40 立铣刀铣垂直面方法

序号	铣削方法	详细说明
1	压板装夹铣一个垂直面	在立式铣床上用立铣刀进行铣削的技巧。对基准面宽而长、加工面较窄的工件，可以在立式铣床上用立铣刀加工，如图 4-245 所示。采用纵向进给时，影响垂直度的主要因素是立铣刀的圆柱度；采用横向进给时，影响垂直度的主要因素是立铣刀的圆柱度和立铣头主轴轴线与纵向进给方向的垂直度 图 4-245 用立铣刀铣垂直面
2	压板装夹铣两个垂直面	对于薄板类零件，还可用纵、横向进给，在一次装夹中铣出相互垂直的两个侧面，如图 4-246 所示 图 4-246 一次装夹用纵横向进给铣垂直面

经验总结

在卧式铣床上用平口钳装夹工件经常会遇到不垂直或者不平行的情况，而又无法通过校正达到理想的效果，表 4-41 列举了五个常见的该类问题的处理方法。

表 4-41 卧式铣床上用平口钳装夹工件五个难题的处理方法

序号	平口钳装夹铣削难题	详细说明
1	固定钳口面与工作台面不垂直	原因主要是平口钳使用过程中钳口的磨损和平口钳底座有毛刺或切屑。在铣削垂直度要求较高的垂直面时，需要进行调整，方法如下： ①在固定钳口处垫铜皮或纸片。垫物厚度是否准确可通过试切、测量后，再决定增添或减少。这种方法操作麻烦，且不易垫准确，所以只是单件生产时的一种临时措施 ②在平口钳底面垫铜皮或纸片。这种方法也是临时措施，但加工一批工件只需垫一次 ③校正固定钳口的钳口铁。校正时，用一块表面磨得很平整、光滑的平行铁，将其光洁平整的一面紧贴固定钳口，在活动钳口处放置一根圆棒，将平行铁夹牢，再用百分表校验贴牢固定钳口的一面，使工作台作垂直运动。在上下移动 200mm 的长度上，百分表读数的变动应在 0. 03mm 以内为合适，如图 4-247 所示。如果读数变动超出 0.03mm，可把固定钳口铁卸下，根据差值方向进行修磨使其达到要求。此外，安装平口钳时，必须去除平口钳底座的毛刺并将平口钳底面及工作台面擦拭干净

续表

序号	平口钳装夹铣削难题	详细说明
1	固定钳口面与工作台面不垂直	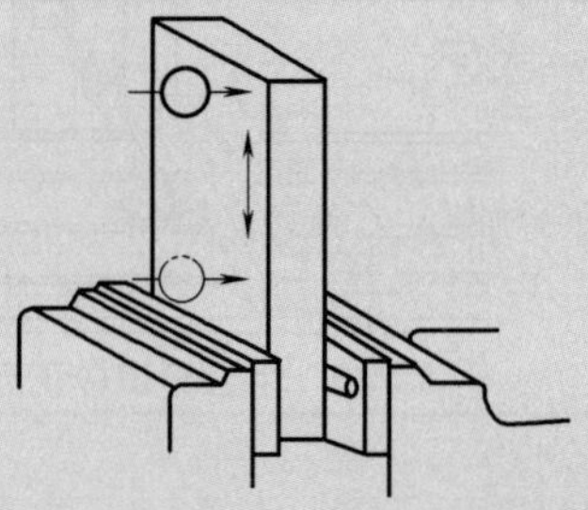 图 4-247　校正固定钳口面的垂直度
2	基准面没有与固定钳口贴合	原因主要是工件基准面与固定钳口之间有切屑和工件的两对面不平行，造成夹紧时基准面与固定钳口不是面接触而呈线接触，如图 4-248（a）所示。为避免这种情况的出现，装夹时可在活动钳口处放一根圆棒，如图 4-248（b）所示，圆棒的位置以处在钳口顶至工件底面的中间为宜，并应将钳口与基准面擦拭干净 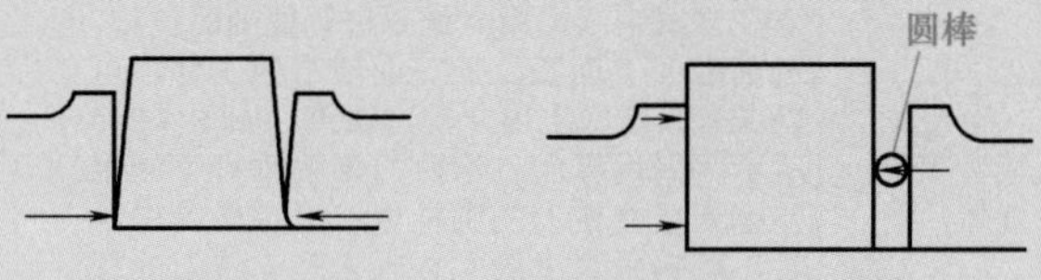 圆棒 (a)　(b) 图 4-248　在活动钳口处安放圆棒
3	圆柱形铣刀的圆柱度误差大	当固定钳口安装成与主轴轴线垂直时，圆柱形铣刀如有锥度（刃磨成圆锥形），则铣出的平面与基准面不垂直
4	基准面的平面度误差大，影响工件安装时的位置精度	出现这种情况只能重新加工之前的工作表面，使其达到成为基准面的标准，如果还是达不到标准，只能重新加工
5	夹紧力太大，使固定钳口向外倾斜	夹紧力太大会使平口钳变形，造成固定钳口面因外倾而与工作台面不垂直，这是产生垂直度误差的重要因素。尤其是在精铣时夹紧力不能太大，禁止用接长手柄夹紧工件

4.6 铣平行面

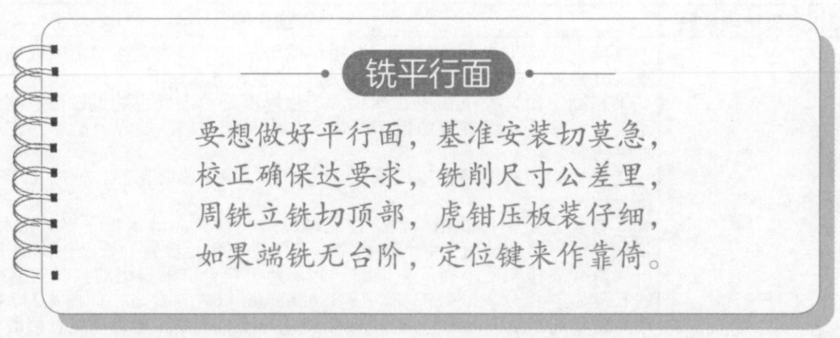

平行面是指与基准面平行的平面。铣削平行面时，除平行度、平面度要求外，还有两平行面之间的尺寸精度要求。如图 4-249 为基准面和平行面位置关系示意图。

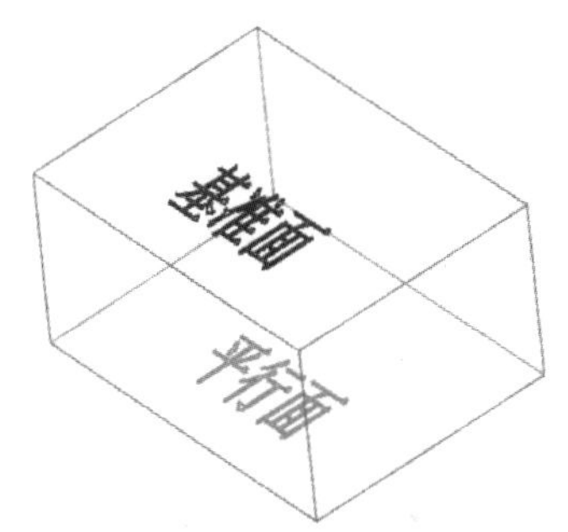

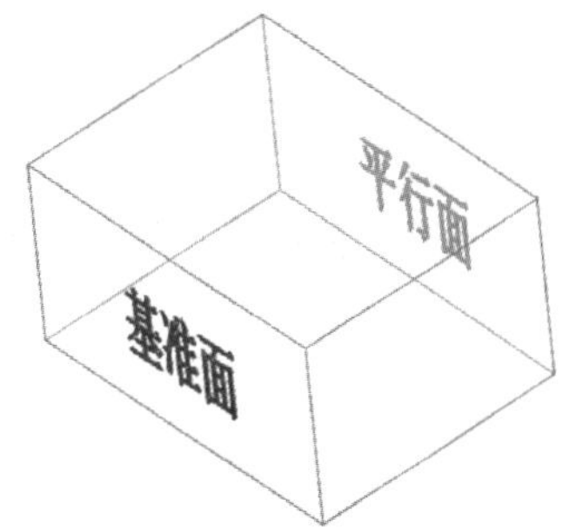

图 4-249 基准面和平行面位置关系示意图

4.6.1 圆周铣铣平行面

圆周铣铣平行面一般都是在卧式铣床上用平口钳装夹进行铣削，工件尺寸也不大。装夹时主要使基准面与工作台台面平行，因此在基准面与平口钳钳体导轨面之间垫两块厚度相等的平行垫铁，如图 4-250 所示。

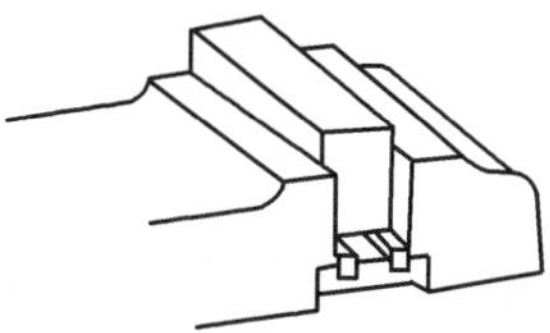

图 4-250 平口钳垫铁装夹工件铣削平行面

经验总结

用这种装夹方法加工时，影响平行度的主要因素如表 4-42 所示。

表 4-42 影响平行度的主要因素

序号	主要因素	详细说明
1	基准面与平口钳钳体导轨面不平行	这是铣平行面质量差的主要原因。造成基准面与平口钳钳体导轨面不平行的原因如下： ①平行垫铁的厚度不相等。用于加工平行面的两块平行垫铁，为了保证厚度相等，应在平面磨床上同时磨出 ②平行垫铁的上下表面与工件基准面和平口钳钳体导轨面之间有杂物。因此，在安放平行垫铁和装夹工件时必须将各相关表面擦拭干净 ③工件上与固定钳口相贴合的平面与基准面不垂直。装夹工件时，工件与固定钳口面紧密贴合，则基准面与平口钳钳体导轨面和铣床工作台面之间必然不平行。除保证与固定钳口相贴合的平面与基准面垂直外，在铣平行面时，通常不在活动钳口处放置圆棒 ④活动钳口与平口钳钳体导轨间存在间隙，在夹紧工件时活动钳口受力上翘，使活动钳口一侧的工件随之上抬。此外，当铣刀在活动钳口一侧接触工件时，向上垂直的铣削分力也会使工件和活动钳口上抬，从而使工件基准面与平口钳钳体导轨面不平行。因此，在装夹工件时，夹紧后需用铜质或木质锤轻轻敲击工件顶面，直到两平行垫铁的四端均没有松动现象为止
2	平口钳钳体导轨面与铣床工作台台面不平行	产生这种现象的原因是平口钳底面与工作台台面之间有杂物，以及平口钳钳体导轨面本身与底面不平行。因此，应注意清除毛刺和切屑，必要时需检查平口钳钳体导轨面与工作台台面间的平行度
3	圆柱形铣刀的圆柱度误差大	铣平行面时，无论平口钳固定钳口的安装位置与铣床主轴轴线平行还是垂直，铣刀的圆柱度误差都将影响平行面的平行度误差。此外，铣刀杆轴线与工作台台面不平行，也会影响加工面对基准面的平行度

铣削平行面时，还需要保证两平行平面之间的尺寸精度要求。在单件生产时，平行面的加工一般采取铣削—测量—铣削的循环方式进行，直至达到规定的尺寸为止。因此，控制尺寸精度必须注意到：粗铣时切削抗力大，铣刀受力抬起量大；精铣时切削抗力小，铣刀受力抬起量小，在调整工作台上升距离时，应加以考虑。当尺寸精度要求较高时，应在粗铣与精铣之间

增加一次半精铣（余量以0.5mm为宜），再根据余量大小借助百分表调整工作台升高量。经粗铣或半精铣后测量工件尺寸一般应在平口钳上测量，不要卸下工件。

4.6.2 端铣刀铣平行面

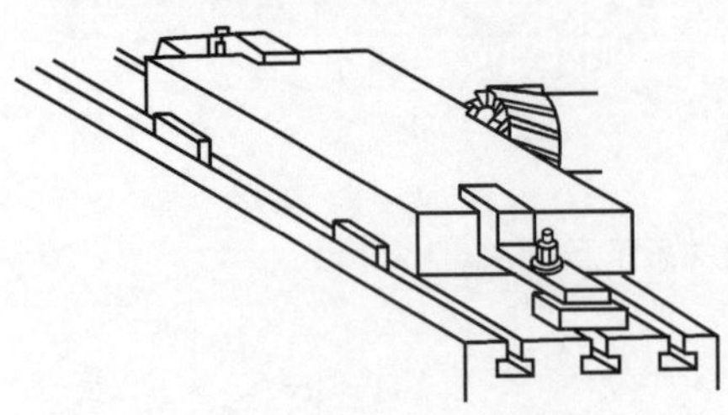

图4-251 在卧式铣床上用端铣刀铣平面

当工件上没有阶台时，可在卧式铣床上用端铣刀铣削平行面。装夹时，可采用定位键定位，使基准面与纵向进给方向平行，如图4-251所示。如果工件底面与基准面垂直，就不需要再作校正；如果底面与基准面不垂直，则需要垫准或将底面重新铣准（使之与基准面垂直）。采用垫准的方法时，需用90°尺或百分表校正基准面。

4.6.3 立式铣床上端铣平行面

当工件有阶台时，可直接用压板将工件装夹在立式铣床的工作台台面上，使基准面与工作台台面贴合，如图4-252所示。

4.6.4 铣长方体零件实操例题

如图4-253所示的长方体零件，用平口钳装夹工件，在卧式铣床上用圆柱形铣刀铣削长方体。

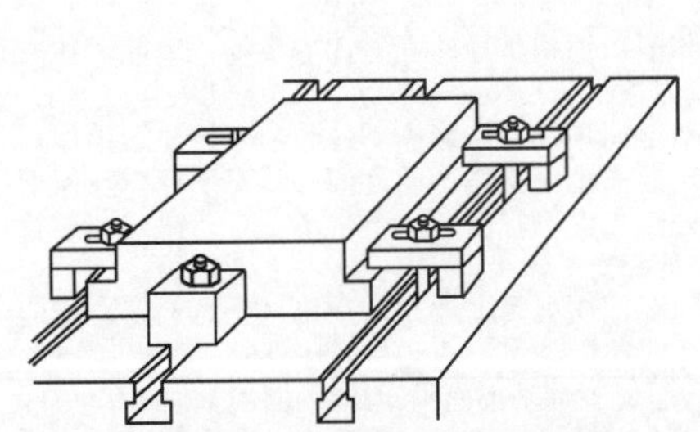

图4-252 在立式铣床上用端铣刀铣平行面

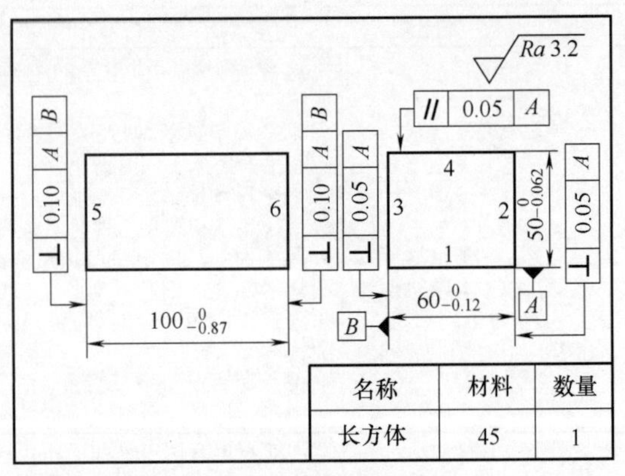

图4-253 长方体零件

（1）铣削工艺分析（表4-43）

表4-43 铣削工艺分析及确认表

序号	铣长方体零件实操例题工艺分析		完成度（√或×）
1	读图	看懂零件图样，了解图样上有关加工部位的尺寸标注、精度要求、表面形状与位置精度和表面粗糙度要求以及其他方面的技术要求	
2	检查毛坯	对照零件图样检查毛坯尺寸和形状，了解毛坯余量的大小	
3	确定基准面	选择零件上较大的面或图样上的设计基准面作定位基准面。这个基准面应首先加工，并以其作为加工其余各面时的基准面。加工过程中，这个基准面应靠向平口钳的固定钳口或钳体导轨面，以保证其余各加工面对这个基准面的垂直度、平行度要求。本例中选择设计基准面 A 作为定位基准面	

（2）铣削的操作步骤及提示（表 4-44）

表 4-44 铣削的操作步骤及检查表

序号	铣长方体零件实操例题铣削步骤		完成度（√或 ×）
1	铣基准面 *A*（面 1）	平口钳固定钳口与铣床主轴轴线垂直安装。以面 2 为粗基准，靠向固定钳口，两钳口与工件间垫铜皮装夹工件	
2	铣面 2	以面 1 为精基准靠向固定钳口，在活动钳口与工件间置圆棒装夹工件	
3	铣面 3	仍以面 1 为基准装夹工件	
4	铣面 4	面 1 靠向平行垫铁，面 3 靠向固定钳口装夹工件	
5	铣面 5	调整平口钳，使固定钳口与铣床主轴轴线平行安装。面 1 靠向固定钳口，用 90° 角尺校正工件面 2 与平口钳钳体导轨面垂直，装夹工件	
6	铣面 6	面 1 靠向固定钳口，面 5 靠向平口钳钳体导轨面装夹工件	

经验总结

有条件时，可采用端铣加工另一工件，可帮助掌握不同的刀具和铣床的加工方法，多次操作可熟练手感、熟悉机床的运动习惯。

（3）操作中的注意事项与禁忌（表 4-45）

表 4-45 铣平行面安全操作表

序号	安全操作注意事项	符合要求（√或 ×）
1	工件装夹完毕后应取下平口钳扳手，方能进行铣削	
2	调整铣削宽度时，若手柄摇过头，应注意消除丝杠与螺母间的间隙，以免尺寸出错	
3	铣削过程中不准用手触摸工件和铣刀，不准测量工件，不准突然变换进给速度	
4	进给结束后，工件不能立即在旋转的铣刀下退回，应先降落工作台后再退出	
5	铣削时不使用的进给机构应紧固，工作完毕后再松开	
6	铣削过程中每次重新装夹工件前，应及时用锉刀修整工件上的锐边并去除毛刺，但不应锉伤工件的已加工表面	
7	铣削时一般先粗铣，然后再精铣，以提高工件表面的加工质量	
8	用铜锤、木锤轻击工件时，不要砸伤工件已加工表面	
9	铣削钢件时应加注切削液	

4.7 铣斜面

铣斜面

斜面加工先分析，仔细来把尺寸算，
角度锥度要看清，加工图纸细细观；
常用工件倾斜法，虎钳校正再旋转，
垫铁辅助先加工，快速安装批量产；
倾斜铣刀需技术，侧刃端刃把活干，
校准细活用量具，一般要求刻度盘；
角度铣刀不常用，刀刃要比斜面宽，
偶尔对称双斜面，双刀错齿速度慢。

斜面是指零件上与基准面成任意一个倾斜角度的平面，如图 4-254 所示。

斜面相对基准面倾斜的程度用斜度来衡量，在图样上有两种表示方法，如图 4-255 所示，详细说明见表 4-46。

图 4-254　铣斜面

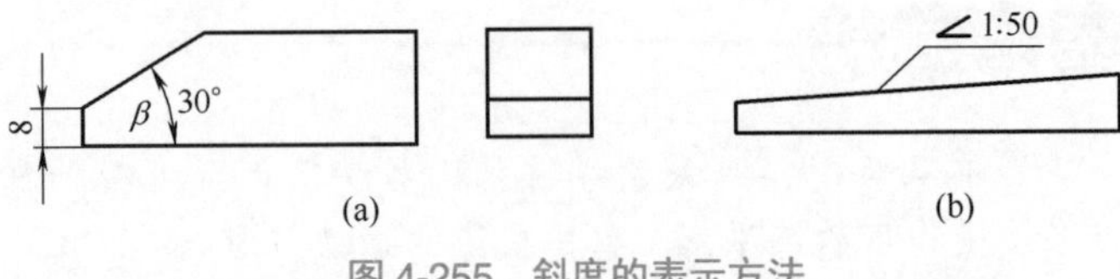

图 4-255　斜度的表示方法

表 4-46　斜度表示方法

序号	铣削方法	详细说明
1	用倾斜角度 β 表示	倾斜角度指斜面与基准面的夹角，主要用于倾斜程度大的斜面。如图 4-255（a）所示，倾斜角度 β=30°
2	用斜度 S 表示	主要用于倾斜程度小的斜面。如图 4-255（b）所示，在 50mm 长度上，斜面两端至基准面的距离相差 1mm，用斜度表示为：∠1 ∶ 50。斜度符号∠或⦣的下横线与基准面平行，上斜线的倾斜方向应与斜面倾斜方向一致，不能画反 斜度与倾斜角度的相互关系为 $S=\tan\beta$ 式中　S——度，用符号∠或⦣和比值表示； β——斜角度，（°）

4.7.1　斜面的铣削方法

铣削斜面时，工件、机床、刀具之间的关系必须满足两个条件：①工件的斜面应平行于铣削时铣床工作台的进给方向；②工件的斜面应与铣刀的切削位置相吻合，即用圆柱形铣刀铣削时，斜面与铣刀的外圆柱面相切，用端面铣刀铣削时，斜面与铣刀的端面相重合。

在铣床上铣斜面的方法有：工件倾斜铣斜面、铣刀倾斜铣斜面和用角度铣刀铣斜面等三种。

如图 4-256 所示为倾斜工件，图 4-257 为倾斜平口钳，图 4-258 为最后加工完成的斜面。

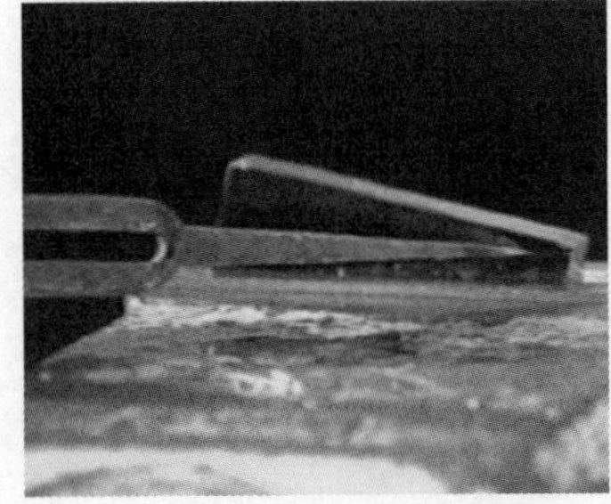

图 4-256　倾斜工件

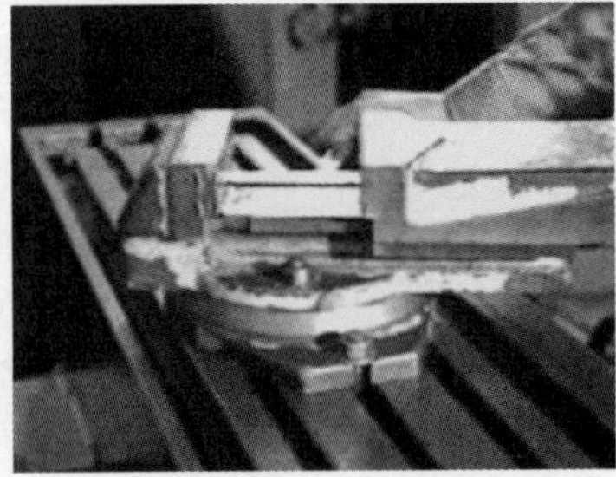

图 4-257　倾斜平口钳

图 4-258　最后加工完成的斜面

（1）工件倾斜铣斜面

在卧式铣床或在立铣头不能转角度的立式铣床上铣斜面时，可将工件按所需角度倾斜安装，以铣削斜面，常用的方法有如表 4-47 所示的几种。

表 4-47　工件倾斜铣斜面方法

序号	铣削方法	详细说明
1	根据划线装夹工件铣斜面	单件生产时，先在工件上划出斜面的加工线，然后用平口钳装夹工件，用划针盘校正工件上所划加工线与工作台进给方向平行，用圆柱铣刀或端铣刀铣出斜面，如图 4-259 所示 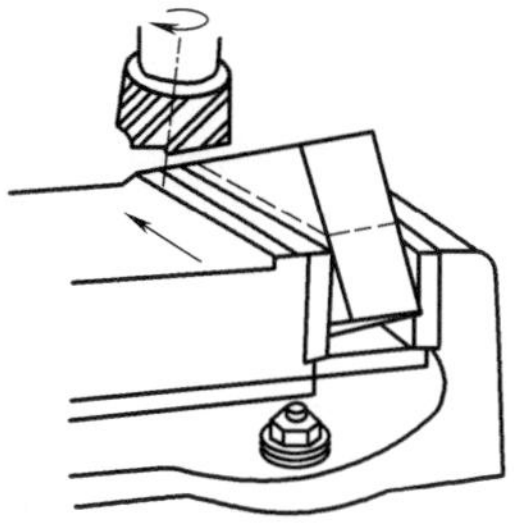 图 4-259　按划线装夹工件铣斜面
2	调转平口钳钳体角度装夹工件铣斜面	安装平口钳，先校正固定钳口与铣床主轴轴线垂直或平行后，再通过平口钳底座上的刻线将钳体调转到要求的角度，装夹工件，铣出要求的斜面，如图 4-260 所示。图 4-260（a）是先校正固定钳口与主轴轴线垂直，再调转钳体 α 角，横向进给用立铣刀铣出斜面；图 4-260（b）是先校正固定钳口与主轴轴线平行，再调转钳体 α 角，纵向进给用立铣刀或端铣刀铣出斜面 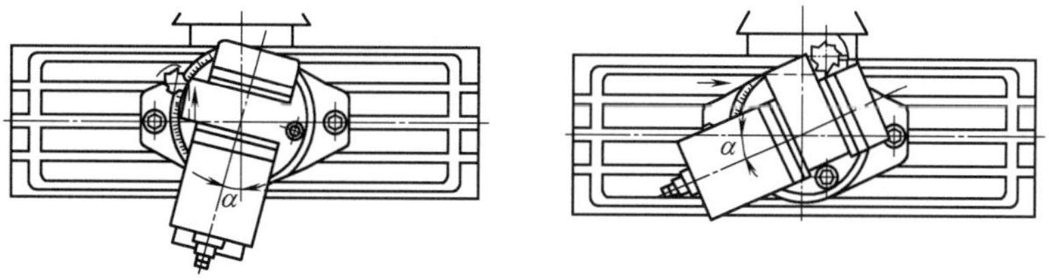 (a) 斜面与横向进给方向平行　(b) 斜面与纵向进给方向平行 图 4-260　调转钳钳体角度装夹工件铣斜面
3	用可倾斜虎钳铣削斜面	如图 4-261 所示为用可倾斜虎钳铣削斜面。可倾斜虎钳除了能够绕垂直轴旋转外，还能绕水平轴转动到需要的角度，比较灵活；缺点是刚性差，只能采用较小的铣削用量，生产率较低，适合于单件加工 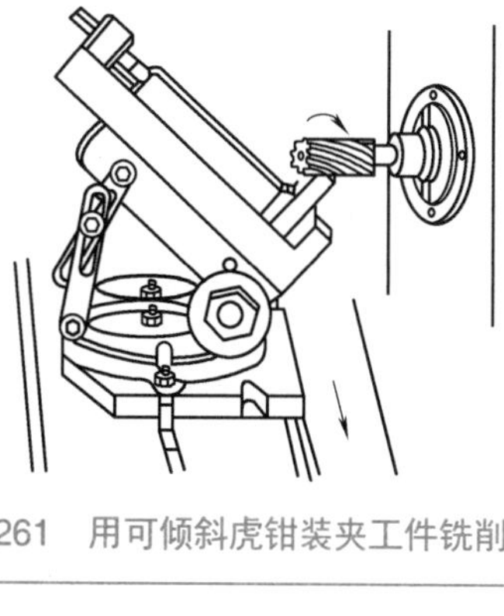 图 4-261　用可倾斜虎钳装夹工件铣削斜面
4	用倾斜垫铁装夹工件铣斜面	使用倾斜垫铁使工件基准面倾斜．用平口钳装夹工件，铣出斜面，如图 4-262 所示。所用垫铁的倾斜程度需与斜面的倾斜程度相同，垫铁的宽度应小于工件宽度。这种方法铣斜面，装夹、校正工件方便，倾斜垫铁制造容易，且铣削一批工件时，背吃刀量不需要随工件更换而重新调整，适用于小批量生产 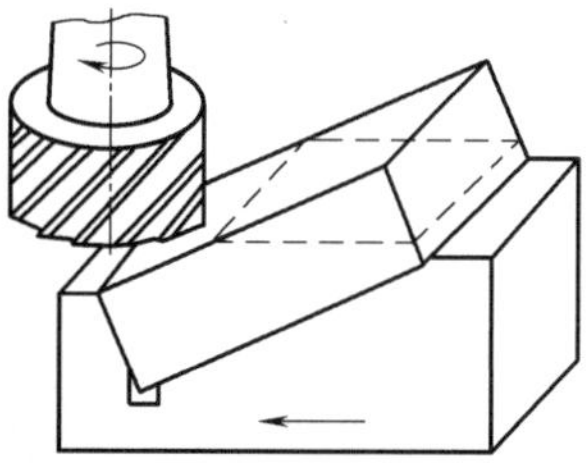 图 4-262　用倾斜垫铁装夹工件铣斜面

续表

序号	铣削方法	详细说明
5	用专用夹具装夹工件铣斜面	在大批、大量生产中，或对于一些异形件，常使用专用夹具装夹工件铣斜面，以达到优质高产的目的。如图 4-263 所示为铣削楔铁斜面的专用夹具 图 4-263　用专用夹具装夹工件铣斜面
6	用靠铁安装工件铣斜面	加工外形尺寸较大的工件时，可先在工作台上安装一块倾斜的靠铁，将工件的一个侧面靠向靠铁的基准面，用压板夹紧工件，用端铣刀铣出要求的斜面，如图 4-264 所示 (a) 实际装夹效果　(b) 装夹示意图 图 4-264　用靠铁安装工件铣斜面
7	用分度头装夹工件铣斜面	对于轴类零件上的斜面，还可用分度头来装夹工件铣削斜面．如图 4-265 所示 图 4-265　用分度头装夹工件铣斜面

（2）铣刀倾斜铣斜面

在立铣头主轴可转动角度的立式铣床上，安装立铣刀或端铣刀，用平口钳或压板装夹工件，可以铣削要求的斜面。如图 4-266 所示为倾斜立铣头的操作。

图 4-266　倾斜立铣头的操作

用平口钳装夹工件时，常用的方法有表4-48所示的两种。

表4-48 铣刀倾斜铣斜面

序号	铣削方法	详细说明
1	工件的基准面与工作台台面平行装夹工件	用立铣刀的圆周刃铣削斜面时，立铣头应扳转的角度 $\alpha=90°-\theta$，如图4-267所示；用端铣刀或用立铣刀的端面刃铣削斜面时，立铣头应扳转的角度 $\alpha=\theta$，如图4-268所示 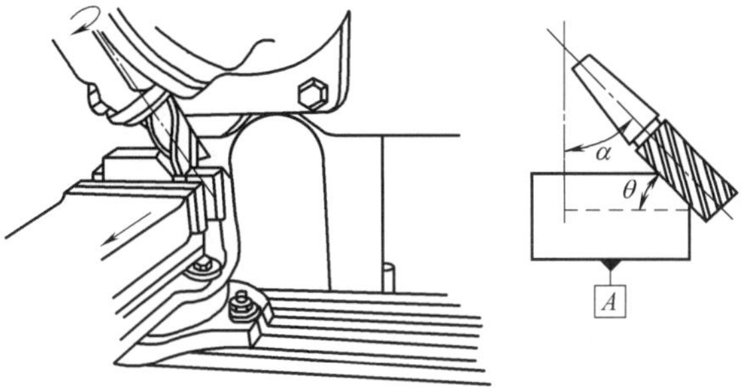 图4-267 工件基准面与工作台台面平行时用圆周刃铣斜面 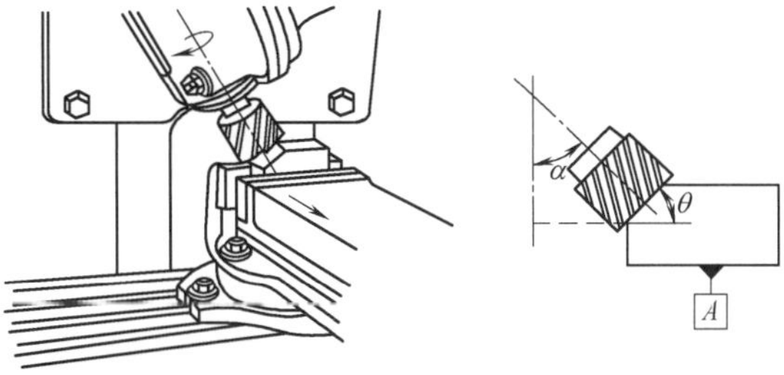 图4-268 工件基准面与工作台台面平行时用端面刃铣斜面
2	工件的基准面与工作台台面垂直装夹工件	用立铣刀的圆周刃铣削斜面时，立铣头应扳转的角度 $\alpha=\theta$，如图4-269所示；用端铣刀或用立铣刀的端面刃铣削斜面时，立铣头应扳转的角度 $\alpha=90°-\theta$，如图4-270所示 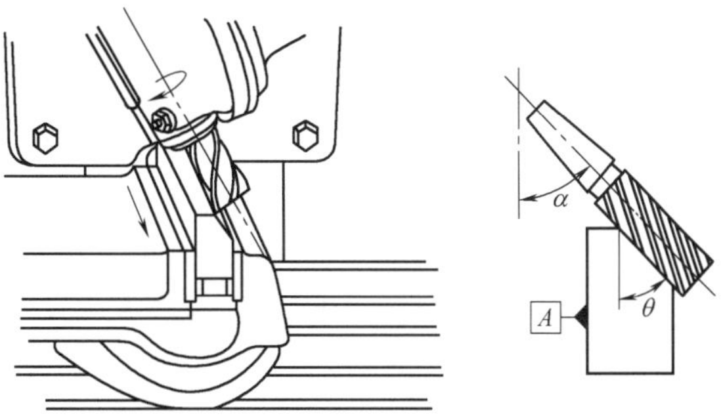 图4-269 工件基准面与工作台台面垂直时用圆周刃铣斜面 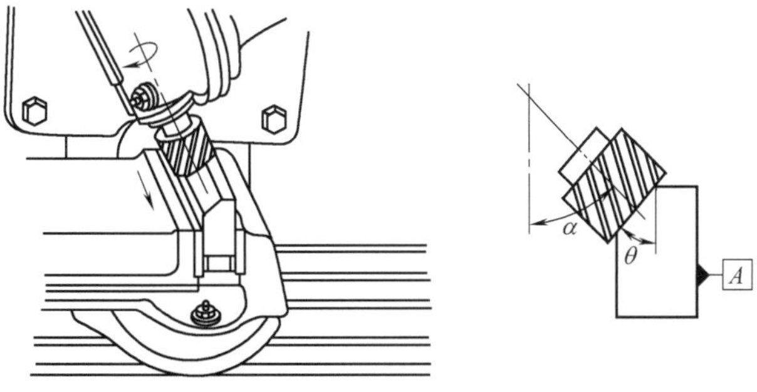 图4-270 工件基准面与工作台台面垂直时用端面刃铣斜面

续表

序号	铣削方法	详细说明
2	工件的基准面与工作台台面垂直装夹工件	铣削倾斜度的精度要求不高的斜面时，立铣头偏转角度的数值可根据刻度盘上标出的数值来确定。若倾斜度的精度要求较高时，则可利用百分表和正弦规对立铣头的偏转角度作精确调整，如图 4-271 所示 图 4-271　用百分表和正弦规精确调整立铣头偏转角度

（3）用角度铣刀铣斜面

宽度较窄的斜面，可用角度铣刀铣削，如图 4-272 所示，铣削方法见表 4-49。

图 4-272　角度铣刀铣斜面

表 4-49　用角度铣刀铣斜面方法

序号	铣削方法	详细说明
1	铣单斜面	选择角度铣刀的角度时应根据工件斜面的角度，所铣斜面的宽度应小于角度铣刀的刀刃宽度，如图 4-273 所示 图 4-273　铣单斜面用一把角度铣刀

续表

序号	铣削方法	详细说明
2	铣双斜面	铣削对称的双斜面时，应选择两把直径和角度相同、刀刃相反的角度铣刀同时进行铣削，如图4-274所示，铣刀安装时应将两把铣刀的刃齿错开，以减小铣削力和振动 图4-274 铣双斜面用两把角度铣刀

经验总结

由于角度铣刀的刀齿强度较弱，刀齿排列较密，铣削时排屑较困难，所以在使用角度铣刀铣削时，选择的铣削用量应比圆柱形铣刀低20%左右，尤其是每齿进给量更要适当减小。铣削碳素钢等工件时，应施以充足的切削液。

4.7.2 斜面的检验方法

加工斜面时，除检验斜面的尺寸和表面粗糙度外，主要检验斜面的角度。

精度要求较高、角度值较小的斜面，可用正弦规检验。一般要求的斜面，可用万能游标量角器检验。检测工件时，应将万能量角器的基尺的底边贴紧工件的基准面，然后调整量角器，使直尺、角尺或扇形板的测量面贴紧工件的斜面，紧住量块，读出数值，如图4-275～图4-277所示。

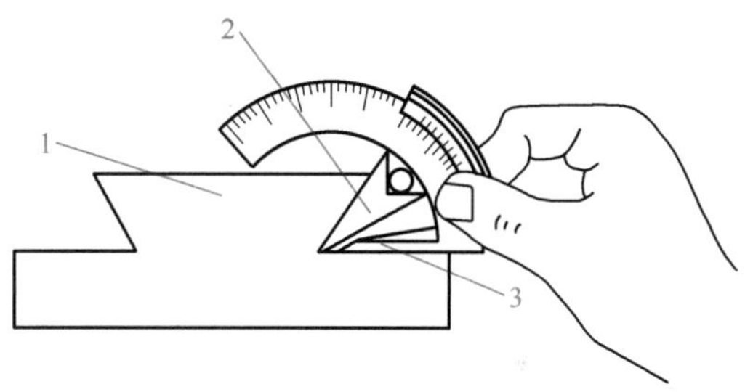

图4-275 用扇形板配合基尺测量工件

1—工件；2—扇形板；3—基尺

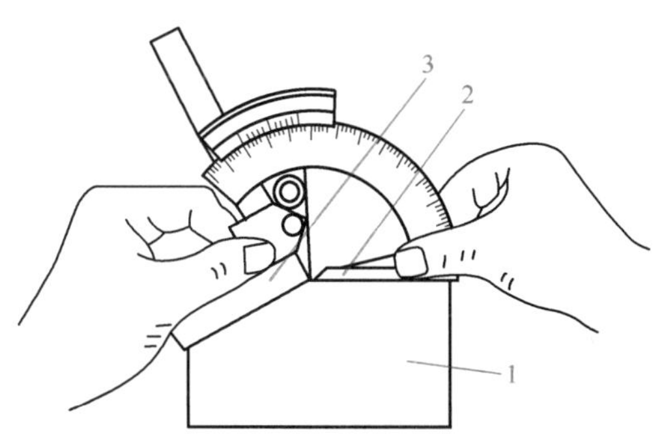

图4-276 用角尺配合基尺测量工件

1—工件；2—基尺；3—角尺

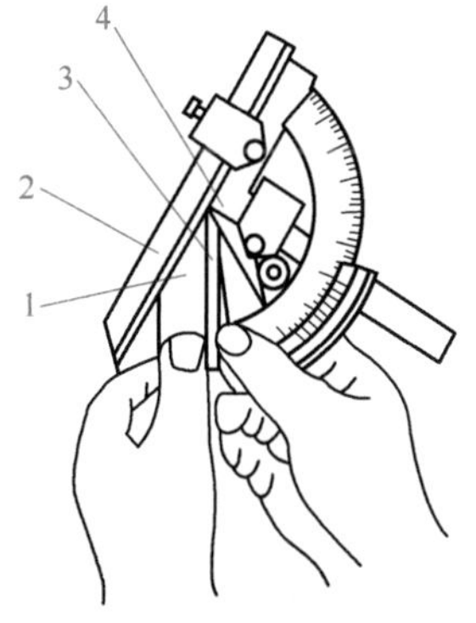

图4-277 用角尺、塞尺配合基尺测量工件

1—工件；2—直尺；3—基尺；4—角尺

4.7.3 铣斜面的质量缺陷及分析

斜面铣削质量不仅与铣削时所用的铣床、夹具和铣刀的质量有关，还与铣削用量和切削液的合理选用等诸多因素有关。铣斜面常见的质量缺陷及分析见表 4-50。

表 4-50 铣斜面的质量缺陷及分析

序号	质量问题	产生原因	预防措施
1	表面粗糙度差	进给量太大	减少每齿进给量
		机床、夹具刚性差，加工中振动大	减少切削用量，调整镶条，使工作台移动平稳，正确选择铣刀直径，正确安装铣刀
		铣刀不锋利，铣刀磨损，刀具刃口变钝	重新刃磨铣刀
		铣削时的背吃刀量太大	选择合适的背吃刀量
		进给量不均匀	手摇进给时要均匀，或采用机动进给
		铣刀摆差太大	减小进给量，重磨、重新安装铣刀，校正刀杆或修整垫圈
		铣刀的几何参数选择不当	重新选择参数合适的铣刀
		铣削钢件时未使用切削液，或切削液选用不当	选择合适的切削液
		铣削时有积屑瘤产生，或切屑有粘刀现象	按照第 2 章第 2 节的积屑瘤内容处理
		铣削时有拖刀现象	检查刀具的安装
		铣削过程中，工作台进给或主轴回转的突然停止啃伤工件表面	铣削过程中因进给停顿，铣削力突然减小，因此，切削中途不能停止进给运动
2	斜面倾斜角度误差	立铣头扳转的角度不准确	重新设定角度
		按划线装夹工件铣削时，划线不准确	重新划线
		铣削时工件产生位移	重新装夹工件，保证夹紧力
		采用圆周铣时，铣刀圆柱度误差大（有锥度）	检查刀具安装的同轴度和跳动
		用角度铣刀铣削时，铣刀角度不准	更换铣刀，并自己核对铣刀角度
		工件装夹时，平口钳钳口面、钳体导轨面及工件表面没擦净	仔细清理，用抹布擦净表面后，再用高压气枪吹干
3	斜面尺寸与图样不符合	铣削过程中，工件有松动现象	应夹紧工件
		测量不准确，使尺寸铣错	应正确地测量和认真查看测量读数
		看错刻度或摇错手柄转数	重新进行加工，仔细观察刻度和操作手柄
		没有消除丝杠与螺母的间隙	根据机床调整的规范去调整间隙

4.7.4 铣斜面零件实操例题

练习件采用上述中铣平面的加工件（见图 4-253），斜面零件如图 4-278 所示。

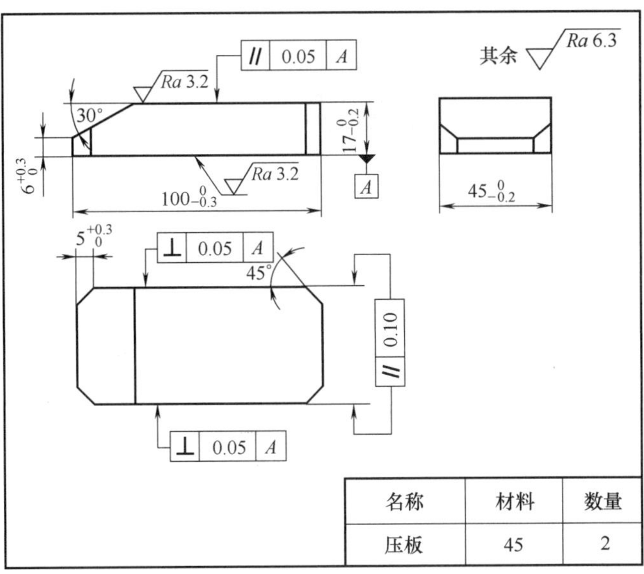

图 4-278 斜面零件

（1）铣削工艺分析（表 4-51）

表 4-51 铣削工艺分析及确认表

序号	铣斜面实操例题铣削工艺分析		完成度（√或 ×）
1	读图	看懂零件图样，了解图样上有关加工部位的尺寸标注、精度要求、表面形状与位置精度和表面粗糙度要求以及其他方面的技术要求	
2	检查毛坯	对照零件图样检查毛坯尺寸和形状，了解毛坯余量的大小	
3	确定基准面	选择零件上较大的面或图样上的设计基准面作定位基准面。这个基准面应首先加工，并以其作为加工其余各面时的基准面。本例中选择设计基准面 *A* 作为定位基准面	

（2）铣削的操作步骤及提示（表 4-52）

表 4-52 铣削的操作步骤及检查表

序号	铣斜面实操例题铣削步骤		完成度（√或 ×）
1	铣削长方体	铣削长方体 100mm×45mm×17mm，并保证图样规定的位置公差要求	
2	铣 30° 斜面	校正平口钳固定钳口与铣床主轴轴线垂直	
		选择并安装铣刀（选择直径 80mm 的镶齿端铣刀）	
		装夹并校正工件（工件基准面与工作台台面平行）	
		调整铣削用量（取 n=150r/min，V_f=60mm/min，a_p 分次适量）	
		调转立铣头角度 α=30°	
		对刀铣削工件（对刀调整背吃刀量 a_p 后紧固纵向进给，用横向进给分次走刀铣出 30° 斜面）	
3	铣第 1 个 45° 斜面	换装直径 20 ～ 25mm 的立铣刀	
		调转立铣头角度 α=45°	
		将工件基准面（底面）靠向平口钳固定钳口装夹工件	
		对刀、调整铣削宽度 a_e（即切深），铣出 45° 斜面	
4	铣第 2 个 45° 斜面	将工件基准面（底面）靠向平口钳固定钳口装夹工件	
		对刀、调整铣削宽度 a_e（即切深），铣出 45° 斜面	
5	铣第 3 个 45° 斜面	将工件基准面（底面）靠向平口钳固定钳口装夹工件	
		对刀、调整铣削宽度 a_e（即切深），铣出 45° 斜面	

（3）操作中的注意事项与禁忌（表 4-53）

表 4-53　铣斜面安全操作表

序号	安全操作注意事项	符合要求（√或 ×）
1	工件装夹完毕后应取下平口钳扳手，方能进行铣削	
2	调整铣削宽度时，若手柄摇过头，应注意消除丝杠与螺母间的间隙，以免尺寸出错	
3	铣削过程中不准用手触摸工件和铣刀，不准测量工件，不准突然变换进给速度	
4	进给结束后，工件不能立即在旋转的铣刀下退回，应先降落工作台后再退出	
5	铣削时不使用的进给机构应紧固，工作完毕后再松开	
6	铣削过程中每次重新装夹工件前，应及时用锉刀修整工件上的锐边并去除毛刺，但不应挫伤工件的已加工表面	
7	铣削时一般先粗铣，然后再精铣，以提高工件表面的加工质量	
8	用铜锤、木锤轻击工件时，不要砸伤工件已加工表面	
9	铣削钢件时应加注切削液	

4.8 铣阶台

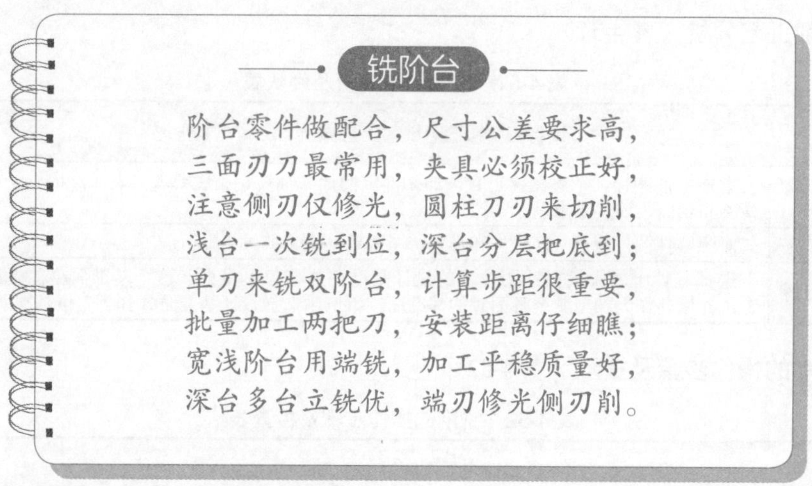

铣阶台和沟槽是铣削加工的主要内容之一（图 4-279），其工作量仅次于铣平面。如图 4-280 所示为常见的带阶台的零件——阶台式键。

图 4-279　铣阶台

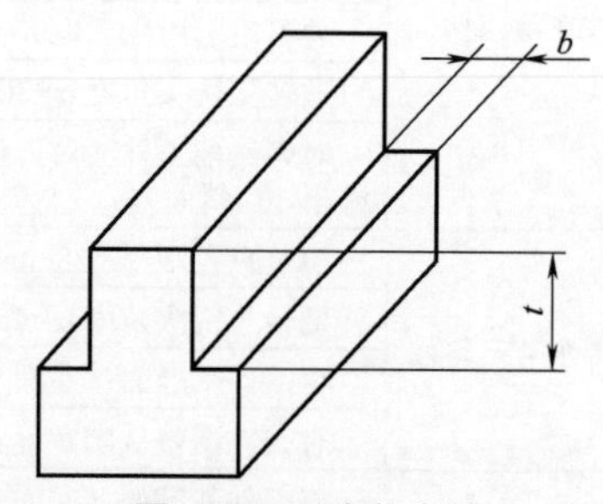

图 4-280　阶台式键

组成阶台和沟槽的平面，要求具有较好的平面度和较小的表面粗糙度。此外，阶台和沟槽还应满足如表 4-54 所示的技术要求。

表 4-54　阶台和沟槽的技术要求

序号	技术要求	详细说明
1	尺寸精度	大多数阶台和沟槽，要与其他零件相配合，所以对尺寸公差（主要是配合尺寸公差）要求较高
2	形状和位置精度	阶台和沟槽的形状（如矩形）、直线度等应满足一定的要求，否则就不能与其他零件很好地配合 阶台和沟槽应与工件的侧面和底面平行。对斜槽和与侧面成一夹角的台阶，则还有倾斜度和对称度的要求

4.8.1　三面刃铣刀铣阶台

（1）三面刃铣刀概述

铣阶台用的铣刀在卧式铣床上铣削尺寸不太大（宽度 <25mm）的阶台，一般都采用三面刃铣刀加工。三面刃铣刀的直径和刀齿尺寸都比较大，容屑槽也比较大，所以排屑、冷却和刀齿强度都较好，生产效率也较高。

三面刃铣刀有普通直齿和错齿（又称交错齿）两种，如图 4-281 所示。直径大的错齿三面刃铣刀，大都是镶齿式结构，当某一刀齿损坏后，只对该刀齿进行更换即可。铣削时，三面刃铣刀的圆柱面刀刃起主要的切削作用，两个侧面刀刃起修光作用。

（2）用一把三面刃铣刀铣阶台

用一把三面刃铣刀铣阶台如图 4-282 所示，详细说明见表 4-55。

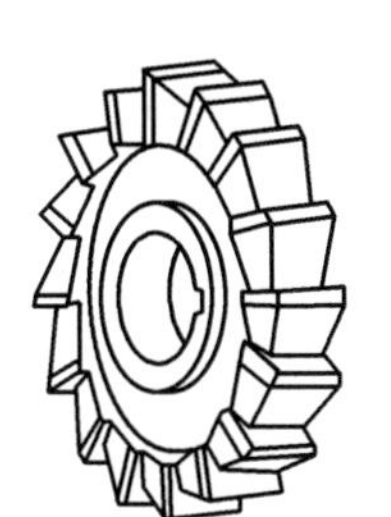

(a) 普通直齿三面刃铣刀

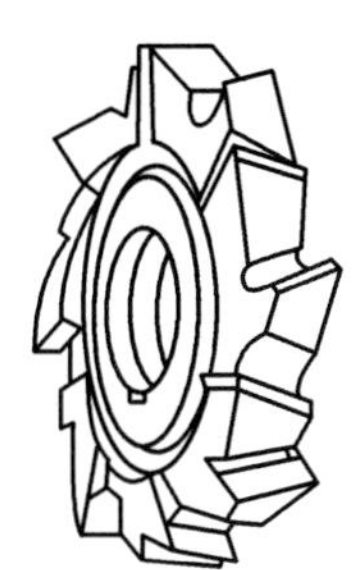

(b) 错齿三面刃铣刀

图 4-281　三面刃铣刀

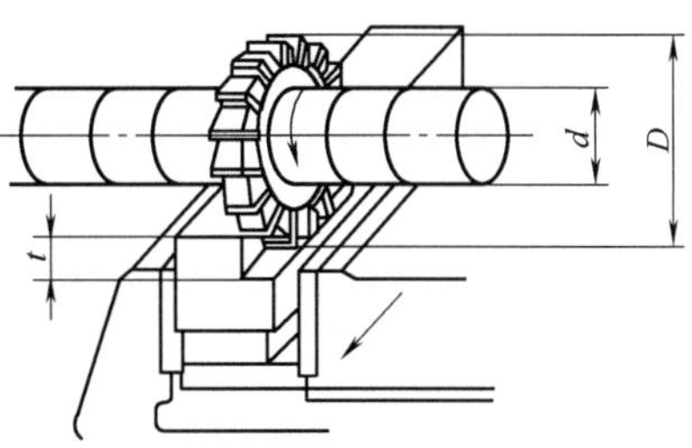

图 4-282　用一把三面刃铣刀铣阶台

表 4-55　用一把三面刃铣刀铣阶台

序号	铣阶台	详细说明
1	铣刀选择	主要选择三面刃铣刀的宽度 Z 和直径 D。三面刃铣刀的宽度应大于阶台宽度 b，即 $l>b$，以便在一次进给中铣出阶台的宽度。铣刀的直径按式（4-1）确定，即 $D>2t+d$　　（4-1） 式中　D——铣刀直径，mm； d——刀轴垫圈直径，mm； t——台阶的深度，mm 在满足上式条件下，应选用直径较小的三面刃铣刀
2	校正夹具和装夹工件	铣削阶台时，夹具必须校准。一般情况下工件可用机床用平口虎钳装夹，尺寸较大的件可用压板装夹，形状复杂的工件或大批量生产时可用专用夹具装夹。采用机床用平口虎钳装夹工件时，应校正固定钳口面与铣床主轴轴心线垂直。工件的侧面应靠向固定钳口，工件的底面靠向钳体导轨平面，铣削的阶台底面应高出钳口上平面，以免铣削中铣刀铣伤钳口。平口钳未校正，铣削出来的台阶位置就不准确，如图 4-283 所示 进给方向 图 4-283　钳口的方向对铣阶台的影响

续表

序号	铣阶台	详细说明
3	铣削方法	装夹并校正工件后，摇动各进给手柄，使铣刀侧面刃轻轻划工件侧面，如图 4-284（a）所示，然后降落垂直进给，如图 4-284（b）所示。移动横向进给手柄，进给一个阶台宽度的距离 b，将横向进给紧固，上升工作台，使铣刀圆周刃轻轻划工件上表面的贴纸，如图 4-284（c）所示。摇动纵向进给手柄，使铣刀退出工件，上升工作台一个阶台深度 t，摇动纵向进给手柄，使工件靠近铣刀，扳动自动进给手柄，铣削阶台，如图 4-284（d）所示 (a) (b) (c) (d) 图 4-284　阶台的铣削方法

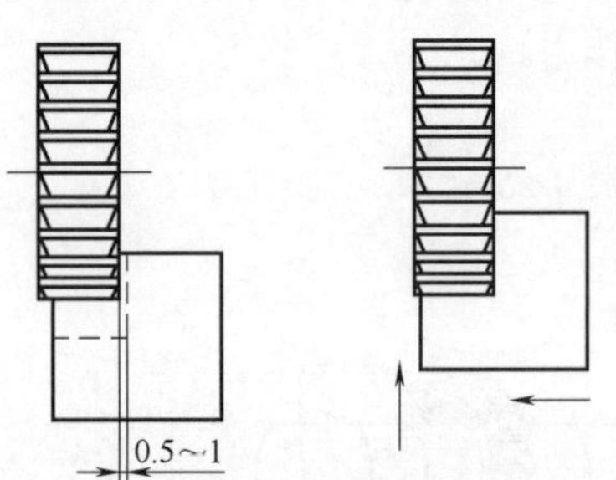

图 4-285　铣较深的阶台

（3）用一把三面刃铣刀铣深阶台

铣削较深的阶台时，阶台的侧面可留 0.5 ～ 1mm 的余量，阶台的深度分次铣到要求尺寸。最后一次走刀铣削时可将阶台的侧面与底面同时铣成，如图 4-285 所示。

（4）用一把三面刃铣刀铣双面阶台

铣削时，可先铣出一侧的阶台，并保证尺寸要求，然后通过纵向进给退出工件。

将工作台横向进给移动一个距离 a（$a=l+c$），紧固横向进给后，铣出另一侧阶台，如图 4-286 所示。

（5）用组合的三面刃铣刀铣削阶台

生产数量较多的双面阶台工件，可用组合的三面刃铣刀加工，如图 4-287 所示。

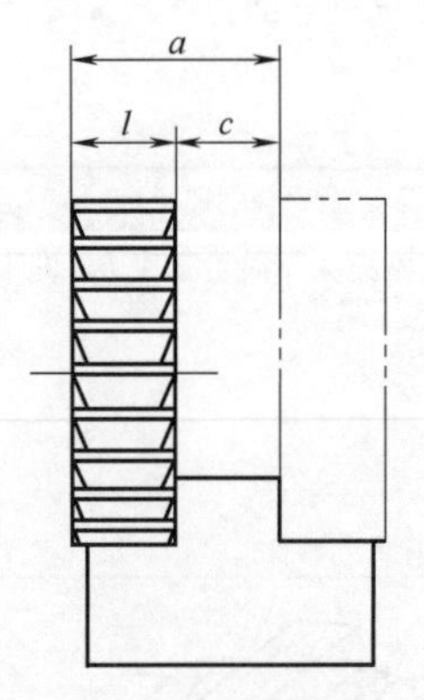

图 4-286　用一把三面刃铣刀铣双面阶台

图 4-287　组合的三面刃铣刀

这样不仅可提高工效，而且操作简单，并能保证质量，如图 4-288 所示。铣削前，所选的两把三面刃铣刀的直径应相同。用刀轴垫圈调整两把三面刃铣刀内侧间的距离（图 4-289），先用游标卡尺测量，使其等于凸台的宽度，再用废件试切，确认铣出的凸台的宽度符合图样的要求后，才可正式铣削。装刀时，两把铣刀应错开半个刀齿，以减小铣削中的振幅。

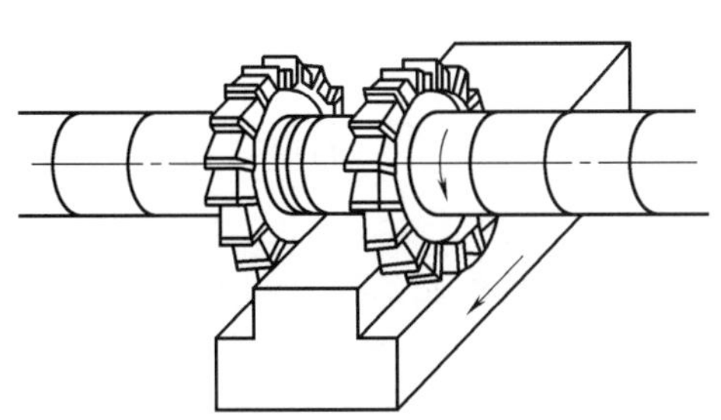

图 4-288 组合的三面刃铣刀铣双面阶台

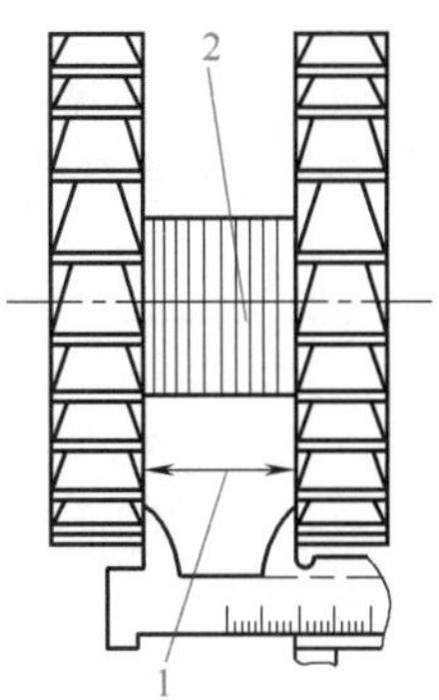

图 4-289 用卡尺测量铣刀内侧侧刃间距离

1—等于凸台宽度；2—刀轴垫圈

4.8.2 端铣刀铣削阶台

宽度较宽、深度较浅的阶台，可用端铣刀加工，如图 4-290 所示。端铣刀刀杆短，刚性好，铣削时切屑厚度变化小，切削平稳．加工表面质量好，生产效率较高。铣削时所选用的端铣刀直径应大于阶台宽度，一般可按 $D=(1.4\sim1.6)b$ 选取。

4.8.3 立铣刀铣削阶台

铣削较深的台阶或多级阶台，可在立式铣床上用立铣刀铣削，如图 4-291 所示。铣削时，立铣刀的圆周刃起主要切削作用，端面刃起修光作用。由于立铣刀刚度小，强度较弱，铣削时选用的切削用量比使用三面刃铣刀铣削时要小，否则容易产生让刀现象，甚至折断铣刀。因此，在条件许可的情形下，应选择直径较大的立铣刀，以提高铣削效率。

4.8.4 阶台的检测

阶台的检测比较简单。阶台的深度和宽度一般可用游标卡尺、深度游标卡尺测量。对于两边对称的阶台的凸台宽度，当阶台较深时，可用千分尺测量；阶台深度较浅不便使用千分尺时，可用极限量规测量，如图 4-292 所示。

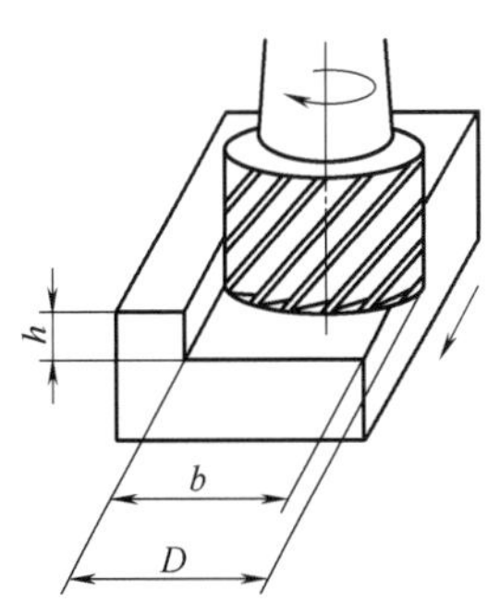

图 4-290 用端铣刀铣阶台

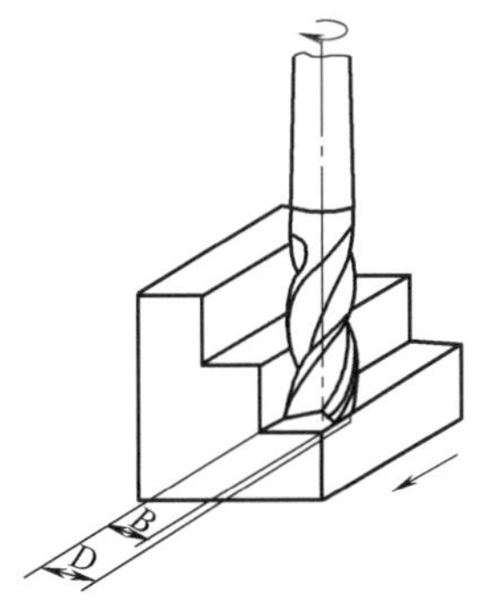

图 4-291 用立铣刀铣阶台

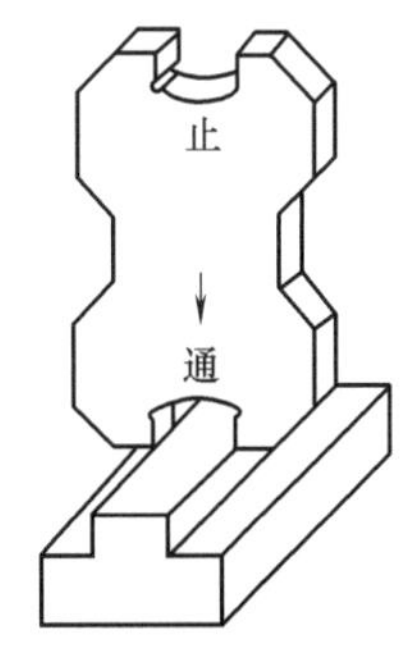

图 4-292 用极限量规测量阶台的宽度

4.8.5 铣阶台的质量缺陷及分析

阶台铣削质量不仅与铣削时所用的铣床、夹具和铣刀的质量有关，还与铣削用量和切削液的合理选用等诸多因素有关。铣阶台常见的质量缺陷及分析见表 4-56。

表 4-56 铣阶台的质量缺陷及分析

序号	质量问题	产生原因	预防措施
1	表面粗糙度不符合要求	铣刀磨损变钝	更换铣刀
		铣削时振动太大，未使用的进给机构没有紧固，工作台产生窜动现象	减小振动
		铣削用量选择不当	选择合理的铣削用量
		铣削钢件时未加注切削液或切削液选择不当	更换切削液
		铣刀摆差太大	稳固铣刀位置
2	尺寸公差超差	工作台零位不准，使阶台上部尺寸变小（上窄下宽）（图 4-293） 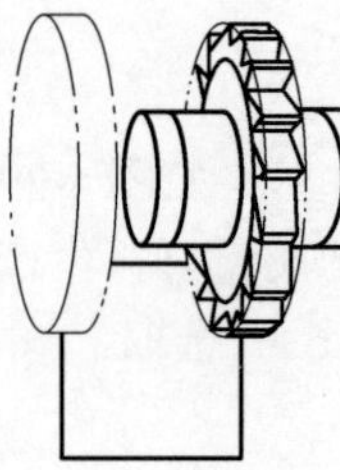 图 4-293 工作台零位不准对加工阶台的影响	调整工作台零位
		立铣头零位不准，用立铣刀纵向进给铣削时，阶台底面产生凹面	
		铣刀有摆差	铣刀安装时，盘形刀具两侧面与主轴轴线不垂直，指形刀具与主轴轴线不同轴，刀具旋转起来都会产生偏摆。应稳固铣刀位置
		测量不准	准确测量
		铣刀宽度（或直径）的尺寸不准	更换铣刀
		平口钳固定钳口面未校正，或用压板装夹时工件未校正，铣出的阶台产生歪斜	安装时仔细校正工件
3	宽度尺寸超差	立铣刀直径或三面刃铣刀宽度不符合要求	铣削前应检查铣刀直径或宽度
		立铣刀直径太小，让刀严重，铣刀摆差大	尽可能使用直径较大的立铣刀或适当减少精铣余量，并检查铣刀的偏摆量误差
		铣刀磨损	调换铣刀
		将丝杠与螺母的间隙方向记错，使工作台移动不到位	记清间隙方向，使工作台移动到位
		采用三面刃铣刀铣削时，万能铣床工作台零位未校正	校正铣床工作台零位
		刻度盘格数搞错或测量不准确	看清刻度并认真仔细地测量
		对刀不准或看错了刻度，使深度不准	认真对刀并看清刻度
		工件倾斜，使底部有深浅	仔细装夹，使工件基准面与工作台面平行
		直柄立铣刀被拉下	尽量采用锥柄铣刀，或采用精度较高的弹簧夹头夹持直柄立铣刀并适当减少进给量

续表

序号	质量问题	产生原因	预防措施
4	形位公差超差（相对位置或对称度不符合要求）	工作台移动尺寸摇得不准	重新调整工作台移动尺寸
		工作台零位不准，使阶台上窄下宽	调整工作台零位
		夹具和工件未校正，使阶台产生歪斜	进行校正
		基准面搞错	看清图样，认准基准面
		测量不准确	仔细测量
		立铣刀加工时产生拉力，使工作台位移	紧固横向工作台
		夹具支承面与进给方向不平行，使台阶歪斜	校正夹具
		铣刀磨钝	调换铣刀
		铣削速度选择不合理	合理选择铣削速度
		进给量太大	减小进给量
		未加注足够的切削液或使用了不合适的切削液	加大切削液流量或调换合适的切削液
		工作台镶条松动	重新调整镶条
		铣削时振动太大	调整机床间隙并增强夹具和刀具的刚性

4.8.6 铣阶台零件实操例题

阶台键零件图样如图 4-294 所示，阶台键材料为 45 钢，锻件毛坯，经退火或正火热处理。一件在卧式铣床用三面刃铣刀铣削；另一件在立式铣床上用立铣刀铣削。

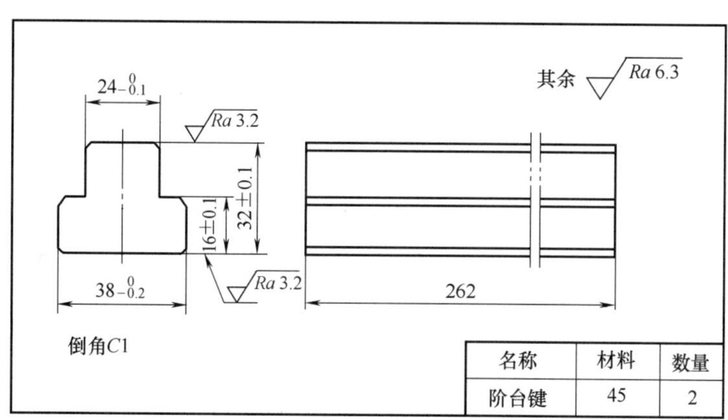

名称	材料	数量
阶台键	45	2

图 4-294　阶台键零件

（1）铣削工艺分析（表 4-57）

表 4-57　铣削工艺分析及确认表

序号	铣阶台实操例题铣削工艺分析		完成度（√或 ×）
1	读图	看懂零件图样，了解图样上有关加工部位的尺寸标注、精度要求、表面形状与位置精度和表面粗糙度要求以及其他方面的技术要求	
2	检查毛坯	对照零件图样检查毛坯尺寸和形状，了解毛坯余量的大小	
3	确定基准面	选择零件上较大的面或图样上的设计基准面作定位基准面	
4	确定倒角	确认倒角尺寸位置和范围	

（2）卧式铣削的操作步骤及提示（表 4-58）

表 4-58 卧式铣床铣削的操作步骤及检查表

序号	铣阶台实操例题铣削步骤		完成度（√或 ×）
1	安装平口钳	安装平口钳，校正固定钳口面与铣床主轴轴线垂直	
2	安装圆柱铣刀	选择并安装圆柱铣刀	
3	铣四面尺寸	铣四面至尺寸 38mm×（32±0.1）mm	
4	换装三面刃铣刀	换装三面刃铣刀（80mm×12mm×27mm）	
5	铣一侧阶台	铣一侧阶台至尺寸（注意两边尺寸一致）	
6	铣另一侧阶台	铣另一侧阶台至尺寸	
7	换装倒角铣刀	换装倒角铣刀倒角	
8	测量尺寸	测量，卸下工件，去毛刺	

（3）立式铣削的操作步骤及提示（表 4-59）

表 4-59 立式铣床铣削的操作步骤及检查表

序号	铣阶台实操例题铣削步骤		完成度（√或 ×）
1	安装平口钳	安装平口钳，校正固定钳口面与工作台纵向进给方向平行	
2	安装端铣刀	选择并安装端铣刀（套式端铣刀 60mm×40mm）	
3	调整铣削用量	调整铣削用量（取 n=118r/min．v_f=60mm/min）	
4	铣四面尺寸	铣四面至尺寸 38mm×（32±0.1）mm	
5	换装立铣刀	换装 ϕ30mm 立铣刀	
6	调整铣削用量	调整铣削用量（n=235r/min，v_f=30mm/min）	
7	铣一侧阶台	铣一侧阶台至尺寸（注意两边尺寸一致）	
8	铣另一侧阶台	铣另一侧阶台至尺寸	
9	换装倒角铣刀	倒角	
10	测量尺寸	测量，卸下工件，去毛刺	

（4）操作中的注意事项与禁忌（表 4-60）

表 4-60 铣阶台安全操作表

序号	安全操作注意事项	符合要求（√或 ×）
1	工件装夹完毕后应取下平口钳扳手，方能进行铣削	
2	调整铣削宽度时，若手柄摇过头，应注意消除丝杠与螺母间的间隙，以免尺寸出错	
3	铣削过程中不准用手触摸工件和铣刀，不准测量工件，不准突然变换进给速度	
4	进给结束后，工件不能立即在旋转的铣刀下退回，应先降落工作台后再退出	
5	铣削时不使用的进给机构应紧固，工作完毕后再松开	
6	铣削过程中每次重新装夹工件前，应及时用锉刀修整工件上的锐边并去除毛刺，但不应锉伤工件的已加工表面	
7	铣削时一般先粗铣，然后再精铣，以提高工件表面的加工质量	
8	用铜锤、木锤轻击工件时，不要砸伤工件已加工表面	
9	铣削钢件时应加注切削液	

4.9 铣直角沟槽

铣直角沟槽

直角沟槽有三种，全通半通和封闭，
三面刃刀铣通槽，快速平稳到距离，
对刀擦侧或划线，宽槽扩刀不能急，
长短沟槽有区别，虎钳角度分仔细；
半通铣槽用立刀，偏让时刻要注意，
全通划线预钻孔，分次进刀好技艺。

一般情况下，铣削加工的沟槽特指直角沟槽，如图4-295所示为直角沟槽。

图4-295 直角沟槽

直角沟槽有通槽、半通槽、封闭槽等三种形式，如图4-296所示。直角通槽主要用三面刃铣刀铣削，也可用立铣刀、盘形槽铣刀、合成铣刀等铣削；半通槽和封闭槽则常采用立铣刀或键槽铣刀铣削。

4.9.1 三面刃铣刀铣削通槽

三面刃铣刀适于加工宽度较窄、深度较深的通槽，如图4-297所示，详细说明见表4-61。

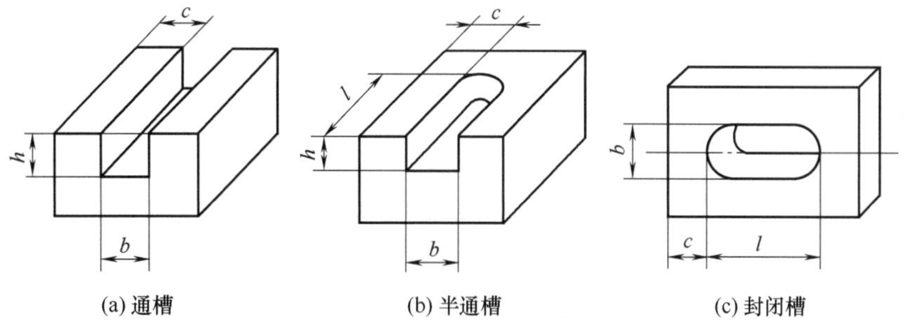

图4-296 直角沟槽的种类

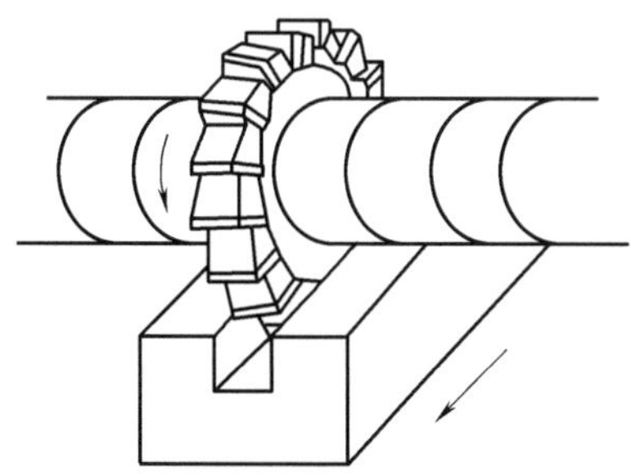

图4-297 用三面刃铣刀铣削通槽

表 4-61　用三面刃铣刀铣削通槽

序号	铣削通槽	详细说明	
1	铣刀的选择	三面刃铣刀的宽度 l 应等于或小于所加工的沟槽宽度 b；直径 D 大于刀轴垫圈的直径 d 加 2 倍的沟槽深度 h，即 $D>d+2h$。对槽宽尺寸精度要求较高的沟槽，通常选择宽度 b 小于槽宽的三面刃铣刀，采用扩刀法，分两次或两次以上铣削，如图 4-298 所示	图 4-298　铣刀的选择
2	工件的装夹和找正	工件一般采用机床用平口宽钳装夹 在窄长件上铣削长的直角沟槽时，平口虎钳的固定钳口应与铣床主轴轴心线垂直安装，如图 4-299 所示 在窄长件上铣削短的直角沟槽时，虎钳的固定钳口应与铣床主轴轴心线平行安装，如图 4-300 所示。这样可保证铣出的直角通槽两侧面与工件的基准面平行或垂直 图 4-299　长的直角沟槽，固定钳口与铣床主轴轴心线垂直 图 4-300　短的直角沟槽，固定钳口与铣床主轴轴心线平行	
3	对刀方法	划线对刀	在工件上划出沟槽的尺寸、位置线，安装校正工件后，调整机床，使铣刀两侧刃对准工件所划的沟槽宽度线，将不使用的机构紧固，分次进给铣出沟槽
		擦侧面对刀	安装校正工件后，适当调整机床，使铣刀侧面刃轻轻与工件侧面接触，降落工作台，移动横向工作台一个铣刀宽度 l 与工件侧面到沟槽侧面的距离 c 之和 a，即 $a=l+c$，如图 4-301 所示，将横向工作台紧固，调整背吃刀量铣出沟槽 图 4-301　擦侧面对刀铣沟槽

用三面刃铣刀铣削精度较高的直角沟槽时，应选择小于直角沟槽宽度的铣刀，先铣好槽深，再扩刀铣出槽宽。

4.9.2 立铣刀铣削半通槽

用立铣刀铣削半通槽时，所选择的立铣刀直径应等于或小于沟槽的宽度。由于立铣刀刚性较差，铣削时容易产生“偏让”现象。当沟槽较深时，应分次进给，铣削出要求的槽深，以免受力过大造成铣刀折断。铣到要求深度后，再将槽两侧扩铣到要求尺寸，扩铣时应避免顺铣，防止损坏铣刀和啃伤工件，如图 4-302 所示。

4.9.3 立铣刀铣削封闭槽

用立铣刀铣削穿通的封闭沟槽时，因为立铣刀端面刀刃没有通过刀具中心，不能垂直进刀切削工件，所以在铣削前应在工件上划出沟槽的尺寸位置线，并在划沟槽长度线的一端预钻一个小于槽宽的落刀圆孔，如图 4-303 所示。

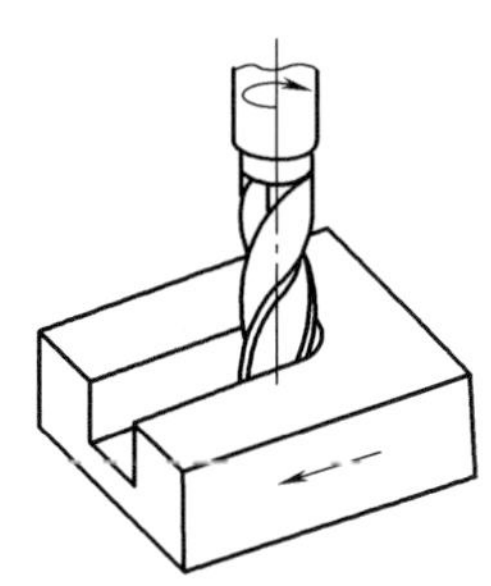

图 4-302　用立铣刀铣削半通槽

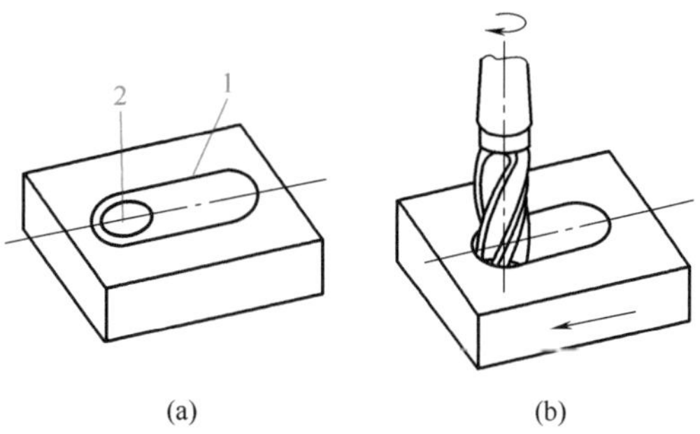

图 4-303　用立铣刀铣削封闭槽

1—沟槽加工线；2—预钻的落刀孔

铣削时应分次进刀铣透工件，每次进刀都由落刀孔的一端铣向沟槽的另一端。沟槽铣透后，再铣沟槽的长度和槽宽。铣削中不使用的进给机构应紧固，扩铣两侧时应避免顺铣。

4.9.4 键槽铣刀铣削直角沟槽

铣削精度要求较高、深度较浅的半通槽和封闭通槽时，可采用键槽铣刀。键槽铣刀的端面刃能垂直进刀切削工件，所以在加工封闭槽时，可不必预钻落刀圆孔，由沟槽的一端分次进给铣出沟槽。

4.9.5 直角沟槽的检测

直角沟槽的长度、宽度、深度可分别用游标卡尺、千分尺、深度尺检测；沟槽的对称度可用游标卡尺、千分尺或杠杆百分表检验，检测内容见表 4-62。

4.9.6 铣直角沟槽的质量缺陷及分析

直角沟槽质量不仅与铣削时所用的铣床、夹具和铣刀的质量有关，还与铣削用量和切削液的合理选用等诸多因素有关。铣直角沟槽常见的质量缺陷及分析见表 4-63。

表 4-62　直角沟槽的检测

序号	检测内容	详细说明
1	沟槽宽度	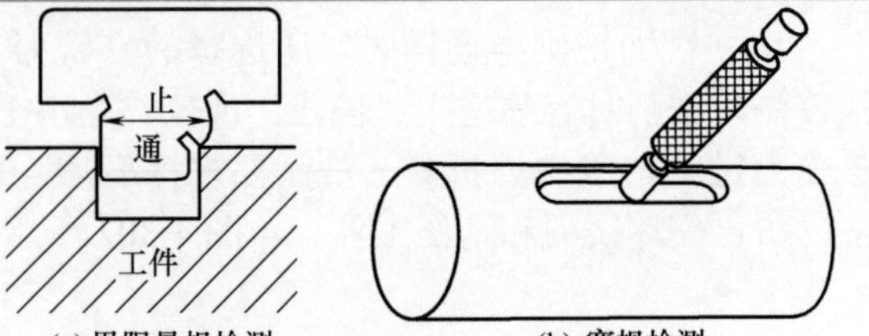 少数量铣削时，沟槽宽度用游标卡尺测量，批量加工中，常使用界限量规［图 4-304（a)］或塞规［图 4-304（b)］进行测量。检测时，通端能在被测量处通过，而止端不能通过，这时的沟槽为合格 止 通 工件 (a) 界限量规检测 (b) 赛规检测 图 4-304　量规和塞规检测沟槽
2	沟槽深度	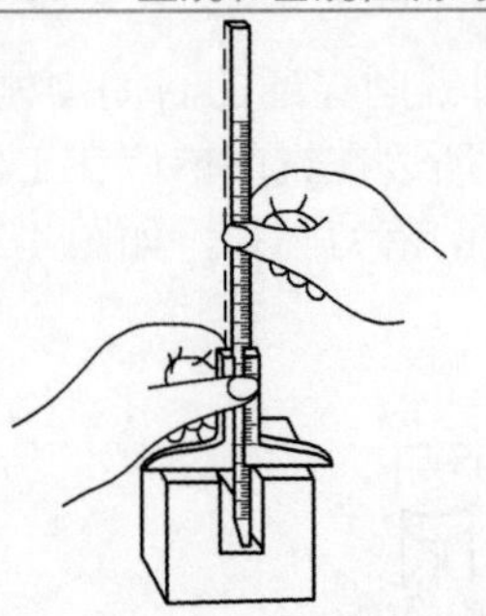 沟槽深度常用深度游标卡尺直接测出（图 4-305） 图 4-305　深度游标卡尺槽深度
3	沟槽对称度	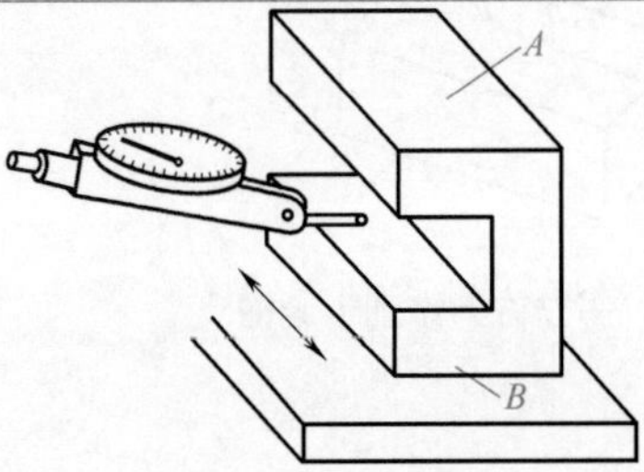 用杠杆百分表检验沟槽对称度时，将工件分别以 A、B 面为基准放在平板的平面上，使表的触头触在沟槽的侧面上，来回移动工件，观察表的指针变化情况。若两次测得的数值一致，则沟槽两侧对称于工件中心；若数值不一致，则两次指针读数的最大差值即为对称度误差（图 4-306） A B 图 4-306　用杠杆百分表检验直角沟槽对称度

表 4-63　铣直角沟槽的质量缺陷及分析

序号	质量问题	产 生 原 因	预 防 措 施
1	表面粗糙度不符合要求	铣刀磨损变钝	更换铣刀
		铣削时振动太大	减小振动
		铣削用量选择不当	选择合理的铣削用量
		切削液使用不当	更换切削液
		铣刀摆差太大	稳固铣刀位置
2	槽宽尺寸超差	立铣刀直径或三面刃铣刀宽度不符合要求	使用前检查铣刀直径或宽度
		铣刀刀刃的径向圆跳动和端面跳动量过大，使槽宽尺寸铣大，如图 4-307 所示 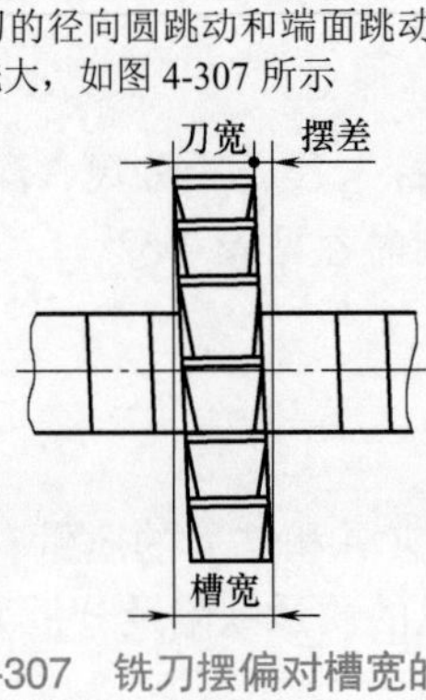 刀宽　摆差 槽宽 图 4-307　铣刀摆偏对槽宽的影响	重新安装铣刀

续表

序号	质量问题	产生原因	预防措施
2	槽宽尺寸超差	丝杠与螺母的间隙方向记错，使工作台移动不到位	记清间隙方向，使工作台移动到位
		刻度盘格数搞错	看清刻度
		立铣刀直径太小，让刀严重	尽可能使用直径较大的立铣刀，或适当减少精铣余量
		铣刀磨损变钝	调换铣刀
		用三面刃铣刀加工时，万能铣床工作台零位未校正	校正工作台零位
		工件装夹不合理，工件变形，影响槽宽	选择合理的装夹方式，注意夹紧力在工件上的作用部位；精铣时适当减小夹紧力
		将丝杠与螺母的间隙方向记错，使工作台移动不到位	记清间隙方向，使工作台移动到位
		用立铣刀铣削时，产生“让刀”现象，或来回数次走刀，将槽宽铣大	注意调整切削速度和吃刀量
		测量不准或摇错刻度盘数值	重新测量尺寸，并且保证仔细观察刻度盘数值
3	槽长或槽宽尺寸超差	纵向工作台移动距离不对	预先按槽长划线
		对刀不准确，使槽深不对	认真对刀
		工作台零位不准，用三面刃铣刀铣削时，沟槽两侧出现凹面，两侧面不平行，如图4-308所示 图4-308　工作台零位不准对槽形的影响	重新进行对刀
		工件倾斜，使槽底有深浅	仔细装夹，使工件基准面与工作台面平行
		直柄立铣刀被拉下	尽量采用锥柄铣刀，或用精度较高的弹簧夹头夹持直柄立铣刀，适当减少进给量
4	槽的直线度及表面粗糙度超出允许误差	立铣刀加工时产生拉力，使工作台位移	紧固横向工作台
		夹具支承面与进给方向不平行，使台阶或沟槽歪斜	校正夹具
		铣削速度选择不合理	合理选择铣削速度
		进给量太大	减少进给量
		切削液流量太小或切削液选择得不合适	加大切削液流量及调换合适的切削液
		工作台镶条松动	重新调整镶条
		铣削时振动太大	调整机床间隙并增强夹具和刀具的刚性
		塞铁太松	重新调整塞铁
		基准面未选正确	看清图纸，认清基准面
		测量错误	仔细测量

经验总结

铣出的沟槽如果和基准面不平行，主要原因是工件安装歪斜。如图4-309所示，要求铣出的沟槽与基准面平行，但由于机用台虎钳位置不正，致使工件安装得歪斜，这时，虽然切削中的进给方向与铣床主轴轴线垂直，但切出的沟槽不与基准面平行。

解决问题的办法是：将机用台虎钳的安装位置调正，这时，可采用如图 4-310 所示方法，将磁性表座吸在铣床垂直导轨上，千分表触头抵住固定钳口面，纵向移动工作台，在钳口面全长长度的允差不超过 0.01mm。

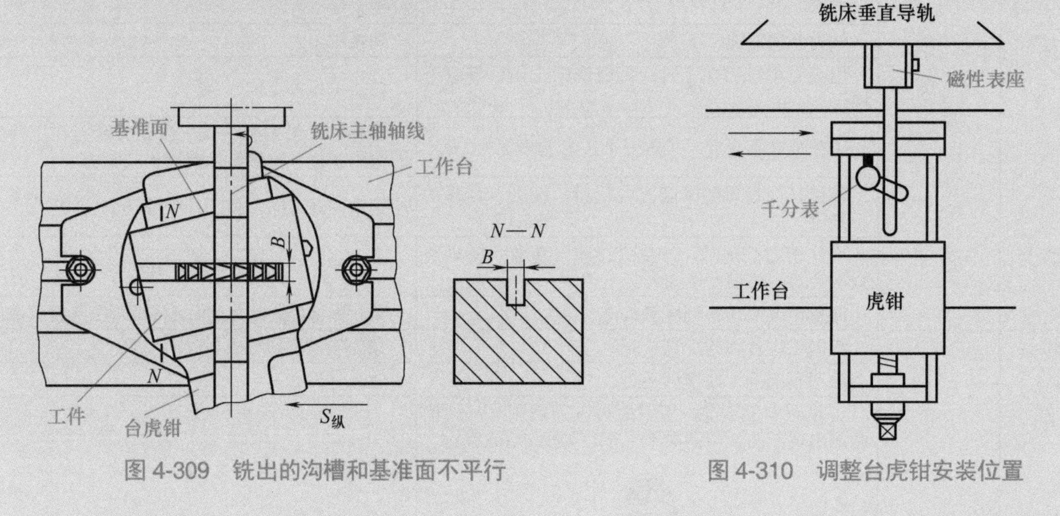

图 4-309　铣出的沟槽和基准面不平行　　图 4-310　调整台虎钳安装位置

4.9.7　铣直角通槽零件实操例题

带槽矩形件材料为 45 钢，铣直角通槽零件图样如图 4-311 所示。

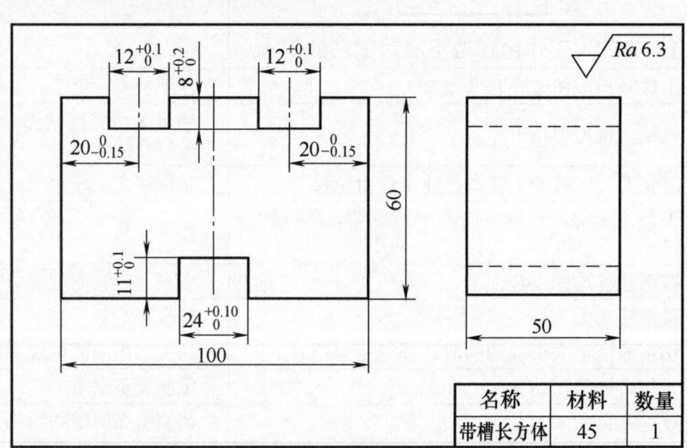

图 4-311　直角通槽

（1）铣削工艺分析（表 4-64）

表 4-64　铣削工艺分析及确认表

序号	铣直角通槽实操例题铣削工艺分析		完成度（√或 ×）
1	读图	看懂零件图样，了解图样上有关加工部位的尺寸标注、精度要求、表面形状与位置精度和表面粗糙度要求以及其他方面的技术要求	
2	检查毛坯	对照零件图样检查毛坯尺寸和形状，了解毛坯余量的大小	
3	确定基准面	选择零件上较大的面或图样上的设计基准面作定位基准面	
4	确定通槽参数	确认通槽尺寸位置和范围	

（2）铣削的操作步骤及提示（表4-65）

表4-65　铣削的操作步骤及检查表

序号	铣直角通槽实操例题铣削步骤		完成度（√或×）
1	安装平口钳	安装平口钳，校正固定钳口面与铣床主轴轴线平行	
2	安装铣刀	选择并安装铣刀（选择80mm×10mm×27mm的三面刃铣刀）	
3	划线	在工件上划出各槽的尺寸、位置线	
4	安装工件	安装并校正工件	
5	铣宽24mm的槽	铣宽度24mm、深度11mm的槽	
6	铣宽12mm的槽	重新安装校正工件，铣两个宽12mm、深8mm的槽	
7	测量尺寸	测量，卸下工件，去毛刺	

（3）操作中的注意事项与禁忌（表4-66）

表4-66　铣直角通槽安全操作表

序号	安全操作注意事项	符合要求（√或×）
1	工件装夹完毕后应取下平口钳扳手，方能进行铣削	
2	调整铣削宽度时，若手柄摇过头，应注意消除丝杠与螺母间的间隙，以免尺寸出错	
3	铣削过程中不准用手触摸工件和铣刀，不准测量工件，不准突然变换进给速度	
4	进给结束后，工件不能立即在旋转的铣刀下退回，应先降落工作台后再退出	
5	铣削时不使用的进给机构应紧固，工作完毕后再松开	
6	铣削过程中每次重新装夹工件前，应及时用锉刀修整工件上的锐边并去除毛刺，但不应挫伤工件的已加工表面	
7	铣削时一般先粗铣，然后再精铣，以提高工件表面的加工质量	
8	用铜锤、木锤轻击工件时，不要砸伤工件已加工表面	
9	铣削钢件时应加注切削液	

4.10 铣平键键槽

铣平键键槽

键槽平键和半圆，轴类零件用处全，
周向固定传转矩，工作可靠拆装便；
平键铣削装工件，虎钳V架用在先，
长轴T槽工作台，分度轴线不会变；
切痕对刀最常用，建议擦侧和划线，
测量法能保精度，最佳量表对两边；
通槽半通用盘刀，注意装夹是关键，
短槽虎钳长槽顶，V架T槽移压件；
封闭需用键槽刀，分层加工一遍遍，
亦可小刀粗先锋，精铣到位不会偏。

键连接是通过键将轴与轴上零件（如齿轮、带轮、凸轮等）结合在一起，实现周向固定，并传递转矩的连接。键连接属于可拆卸连接，具有结构简单、工作可靠、拆卸方便和已经标准化等优点，故得到广泛的应用。键连接中使用最普遍的是平键连接，如图 4-312 所示。

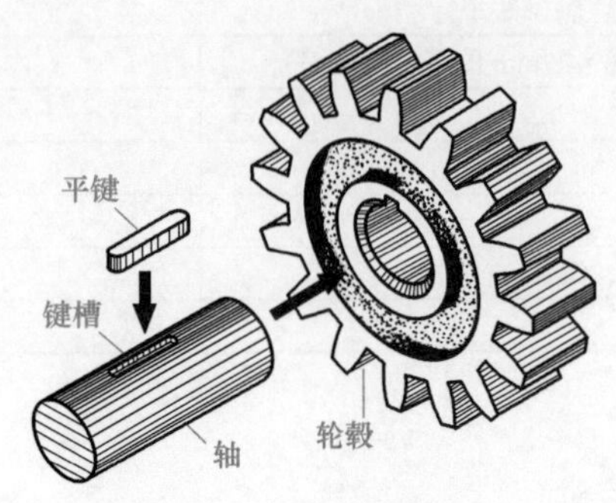

图 4-312　平键连接的方式

平键连接是矩形截面的连接件，置于轴和轴上零件的键槽内；平键连接是标准件，它的两侧面是工作面，用以传递转矩。键连接中也常用半圆键连接来传递转矩。

4.10.1　轴上键槽概述

轴上键槽有通槽、半通槽和封闭槽三种，如图 4-313 所示。轴上的通槽和槽底一端是圆弧形的半通槽一般选用盘形槽铣刀铣削。槽宽值由铣刀宽度保证，半通槽一端的槽底圆弧半径由铣刀半径保证。轴上键槽是封闭槽和槽底一端是直角的半通槽用键槽铣刀铣削，并按轴槽的宽度尺寸来确定键槽铣刀的直径。

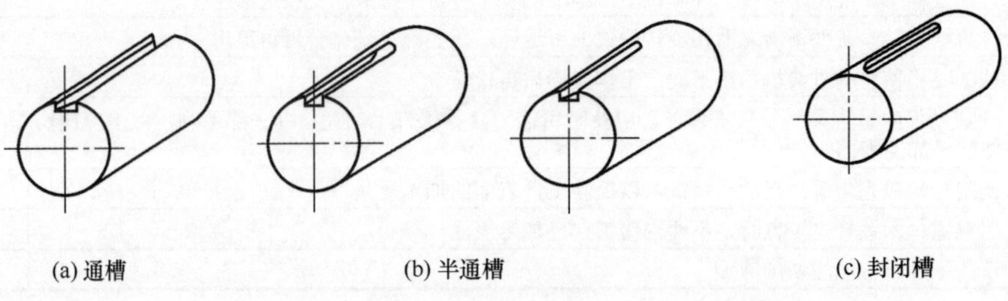

图 4-313　轴上键槽的种类

轴上键槽是直角沟槽，其技术要求与直角沟槽的技术要求相一致。因其工作性质的缘故，键槽宽度尺寸精度要求较高；键槽两侧面的表面粗糙度较小；键槽与轴线的对称度也有较高的要求。而键槽的深度、长度等尺寸和槽底表面粗糙度则要求一般。

4.10.2　工件的装夹与校正

装夹轴类零件，不但要保证工件的稳定可靠，还要保证工件的轴线位置不变，以保证轴槽的中心平面通过轴线。轴类零件的装夹方法有多种，按工件的数量和条件，常用的方法有如表 4-67 所示的几种。

表 4-67　工件的装夹与校正

序号	装夹与校正	详细说明
1	平口钳装夹	用平口钳装夹工件如图 4-314（a）所示，装夹简便、稳固；但当工件直径有变化时，工件轴线在左右和上下方向都会产生变动，如图 4-314（b）所示，为保证铣出的轴槽两侧面和底面都平行于工件的轴线，必须使工件的轴线既平行于工作台的纵向进给方向，又平行于工作台台面。用平口钳装夹工件时，应使用百分表校正固定钳口面与工作台纵向进给方向平行，装夹工件时，还应校正工件上母线与工作台面平行

续表

序号	装夹与校正	详细说明
1	平口钳装夹	(a) (b) 图 4-314　用平口钳装夹工件
2	V 形架装夹	把圆柱形工件放置在 V 形架内，并用压板紧固的装夹方法，是铣削轴类零件的常用装夹方法，如图 4-315 所示  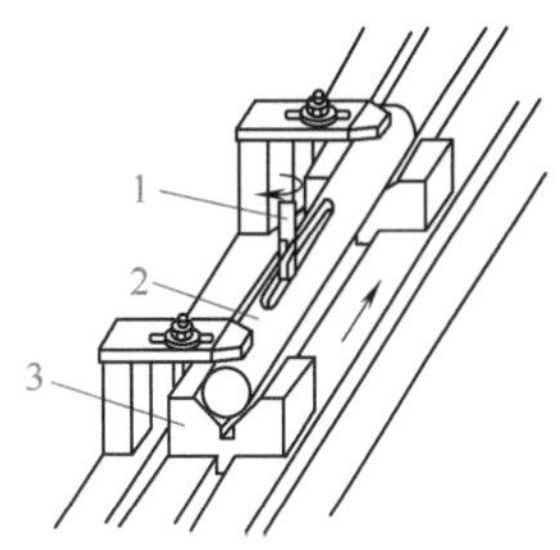 图 4-315　用 V 形架装夹轴类零件 1—键槽铣刀；2—轴；3—V 形架 其特点是工件的轴线只在 V 形槽的对称平面内随工件直径变化而上下变动（图 4-316），因此当键槽铣刀的轴线或盘形槽铣刀的对称平面与 V 形槽的对称平面重合时，能保证一批工件上轴槽的对称度。当一批工件的直径因加工误差而有变化时，虽然对轴槽的深度有影响，但变化量一般不会超出槽深的尺寸公差 用百分表校正 V 形架的工件母线与工作台面平行，其侧母线与工作台纵向进给方向平行，如图 4-317 所示 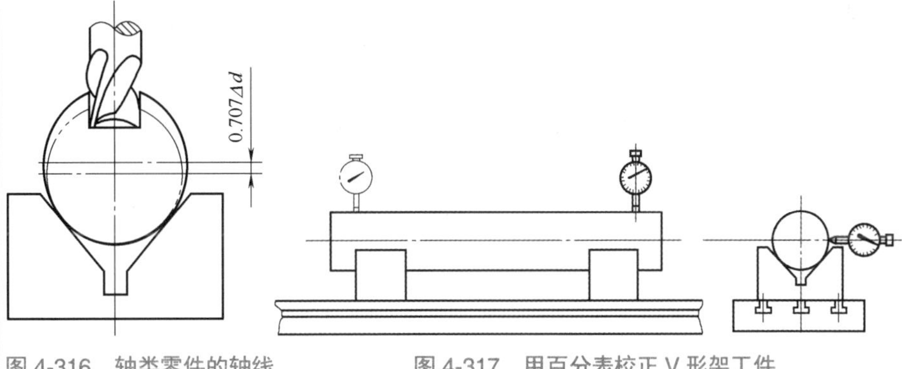 图 4-316　轴类零件的轴线随直径变化时的变动　　图 4-317　用百分表校正 V 形架工件
3	T 形槽装夹	对直径在 20 ～ 60mm 范围内的长轴，可将工件直接在工作台中央 T 形槽上定位，用压板压紧，铣削轴上键槽，如图 4-318 所示 工作台中央 T 形槽上定位时，应选用标准的量棒放入 T 形槽内，用百分表校正工件母线与工作台面平行，其侧母线与工作台纵向进给方向平行，如图 4-319 所示

续表

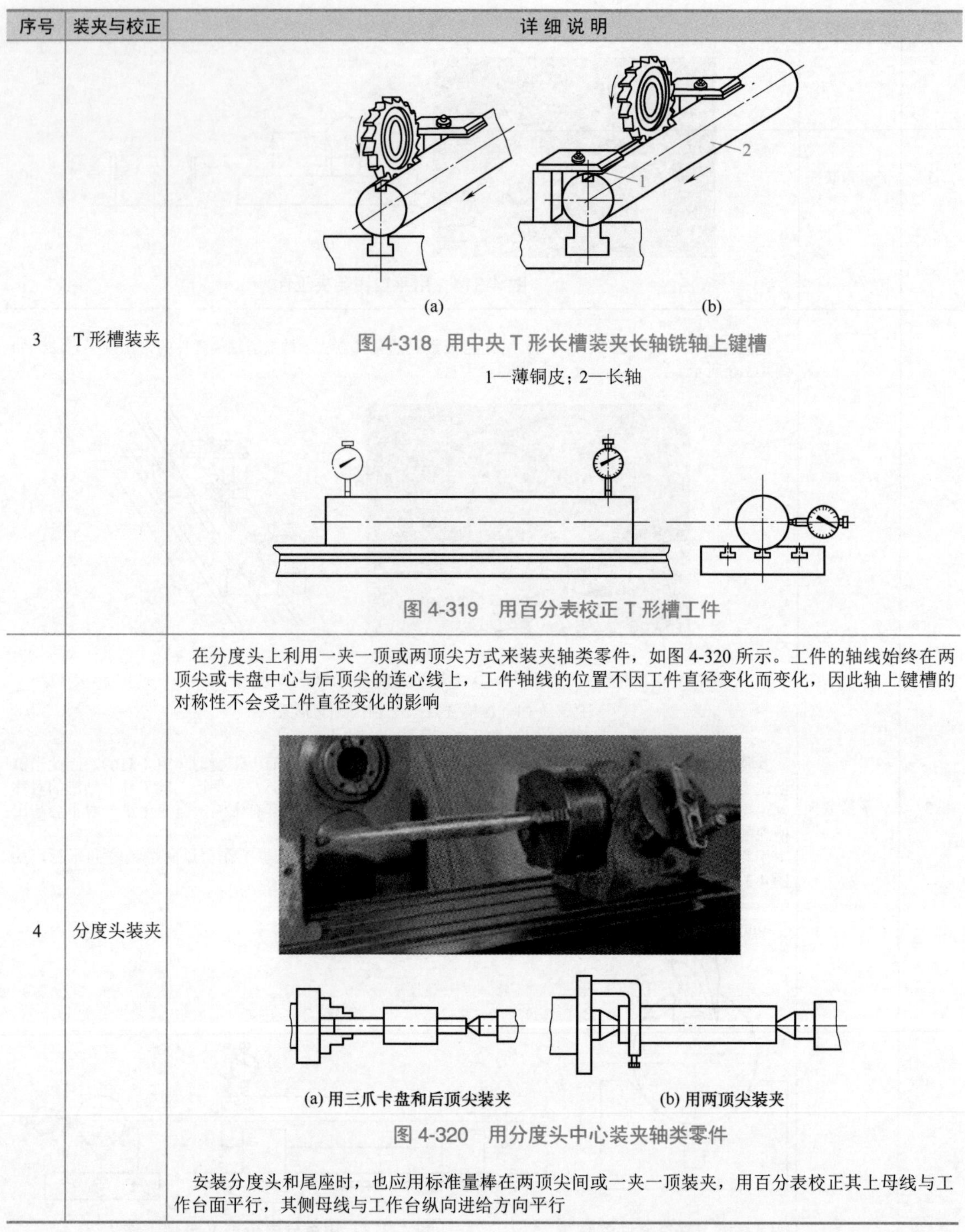

序号	装夹与校正	详细说明
3	T形槽装夹	(a) (b) 图 4-318 用中央 T 形长槽装夹长轴铣轴上键槽 1—薄铜皮；2—长轴 图 4-319 用百分表校正 T 形槽工件
4	分度头装夹	在分度头上利用一夹一顶或两顶尖方式来装夹轴类零件，如图 4-320 所示。工件的轴线始终在两顶尖或卡盘中心与后顶尖的连心线上，工件轴线的位置不因工件直径变化而变化，因此轴上键槽的对称性不会受工件直径变化的影响 (a) 用三爪卡盘和后顶尖装夹 (b) 用两顶尖装夹 图 4-320 用分度头中心装夹轴类零件 安装分度头和尾座时，也应用标准量棒在两顶尖间或一夹一顶装夹，用百分表校正其上母线与工作台面平行，其侧母线与工作台纵向进给方向平行

4.10.3 铣刀对中心的方法

为了使键槽对称于轴线，铣削前必须调整铣刀的位置，使键槽铣刀的轴线或盘形槽铣刀的对称平面通过工件的轴线（俗称对中心）。常用的对中心方法有如表 4-68 所示的五种。

表 4-68　铣刀对中心的方法

<table>
<tr><th>序号</th><th>对中心方法</th><th colspan="2">详 细 说 明</th></tr>
<tr><td rowspan="3">1</td><td rowspan="3">切痕对中心</td><td colspan="2">这种方法虽精度不高，但使用简便，是一种常用的方法，如图 4-321 所示 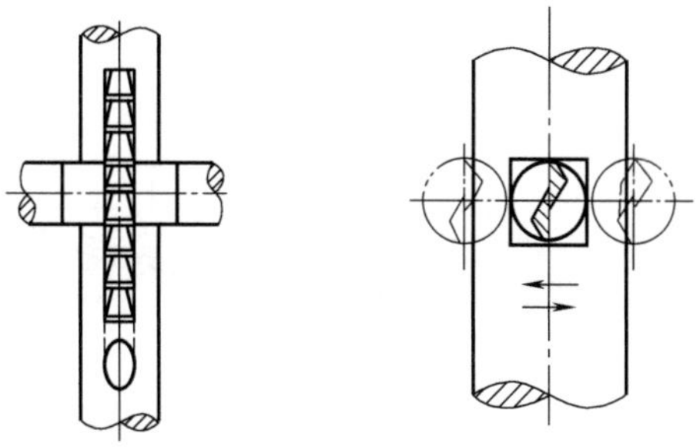
(a) 盘形槽铣刀切痕对中心　(b) 键槽铣刀切痕对中心
图 4-321　切痕对中心法</td></tr>
<tr><td>盘形槽铣刀切痕对中心方法</td><td>如图 4-321（a）所示，先通过移动工作台，把工件粗调整到盘形槽铣刀的对称中心位置上，开动机床，在工件表面上铣出一个接近铣刀宽度的椭圆形切痕，然后横向移动工作台，使铣刀宽度落在椭圆的中间位置</td></tr>
<tr><td>键槽铣刀切痕对中心方法</td><td>如图 4-321（b）所示，键槽铣刀的切痕是一个边长约等于铣刀直径的矩形小平面，调整时，使铣刀两刀刃在旋转时落在小平面的中间位置即可</td></tr>
<tr><td>2</td><td>擦侧母线对中心</td><td colspan="2">这种方法适用于使用键槽铣刀或用较大直径的盘铣刀铣直径较小的工件。调整时，先在工件侧面贴一薄纸片，然后使铣刀旋转，并逐渐靠向工件。当铣刀的刀刃刚擦到薄纸片时，降下工作台，再将工作台横向移动一个距离 a，实现对中心，如图 4-322 所示 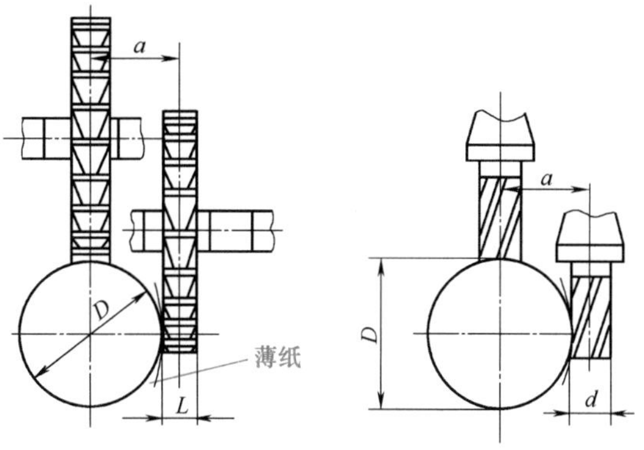
(a)　(b)
图 4-322　擦侧母线对中心
距离 a 可按式（4-2）或式（4-3）计算。
用盘形槽铣刀时：$a=\frac{D+L}{2}+\delta$　（4-2）
用键槽铣刀时：$a=\frac{D+d}{2}+\delta$　（4-3）
式中　D——工件直径，mm；
L——盘形槽铣刀宽度，mm；
d——键槽铣刀直径，mm；
δ——纸片厚度，mm</td></tr>
<tr><td>3</td><td>划线法对中心</td><td colspan="2">如图 4-323 所示是加工前先在轴件圆周面上通过中心位置划出键槽轮廓的线印，又在轴端划出两条由键槽中心延伸过去的互相垂直的中心线，当用 90° 角尺找正轴端的垂直线印或用划线盘找正轴端的水平线印后，轴的安装位置就确定，夹紧后，即可按照键槽位置轮廓的线印进行切削。由于轴件圆周上中心线和轴端线都是通过轴件中心的，所以铣出的键槽中心和轴中心是一致的。轴表面允许划线印的键槽可采用这种方法</td></tr>
</table>

续表

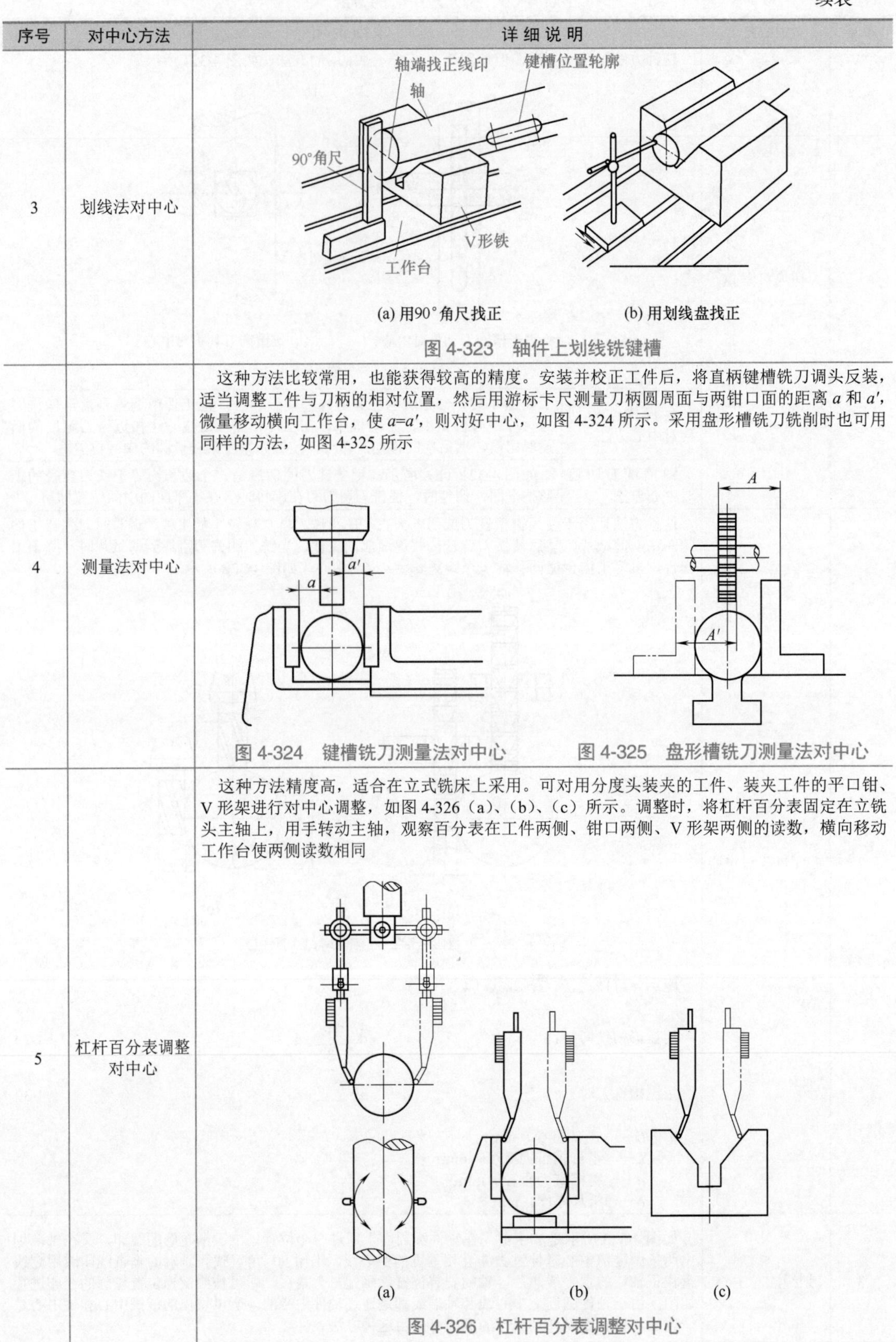

序号	对中心方法	详细说明
3	划线法对中心	(a) 用90°角尺找正　(b) 用划线盘找正 图 4-323　轴件上划线铣键槽
4	测量法对中心	这种方法比较常用，也能获得较高的精度。安装并校正工件后，将直柄键槽铣刀调头反装，适当调整工件与刀柄的相对位置，然后用游标卡尺测量刀柄圆周面与两钳口面的距离 a 和 a'，微量移动横向工作台，使 $a=a'$，则对好中心，如图 4-324 所示。采用盘形槽铣刀铣削时也可用同样的方法，如图 4-325 所示 图 4-324　键槽铣刀测量法对中心　图 4-325　盘形槽铣刀测量法对中心
5	杠杆百分表调整对中心	这种方法精度高，适合在立式铣床上采用。可对用分度头装夹的工件、装夹工件的平口钳、V 形架进行对中心调整，如图 4-326（a）、(b)、(c）所示。调整时，将杠杆百分表固定在立铣头主轴上，用手转动主轴，观察百分表在工件两侧、钳口两侧、V 形架两侧的读数，横向移动工作台使两侧读数相同 (a)　(b)　(c) 图 4-326　杠杆百分表调整对中心

4.10.4 轴上键槽的铣削方法

（1）铣轴上通键槽（表 4-69）

表 4-69 铣轴上通键槽

序号	铣削方法	详细说明
1	选刀	轴上键槽为通槽（如普通车床的光杆上的键槽）或一端为圆弧形的半通槽（如铣刀杆上的键槽），一般都采用盘形槽铣刀来铣削
2	装夹方法一	这种长的轴类零件，若外圆已经磨削准确，则可采用平口钳装夹进行铣削，如图 4-327 所示。为避免工件伸出钳口太多而产生振动和弯曲，可在伸出端用千斤顶支承，如图 4-328 所示 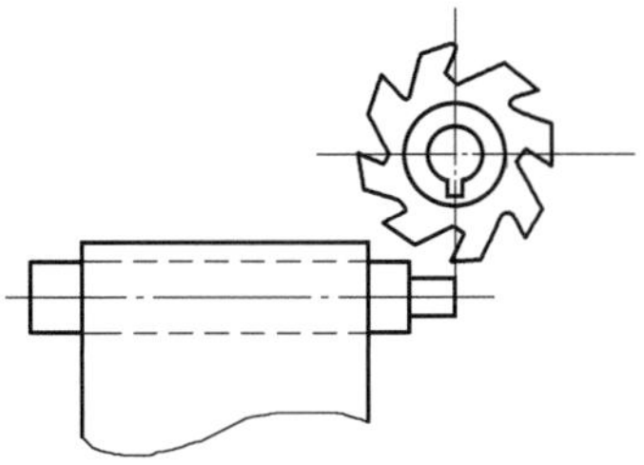 图 4-327 平口钳装夹 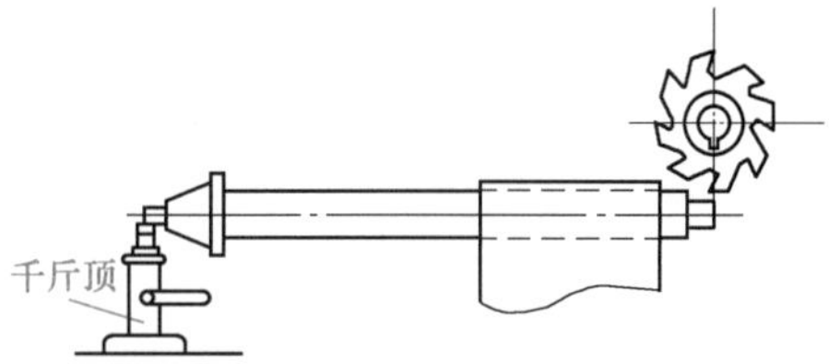 千斤顶 图 4-328 千斤顶配合支承 若工件直径只经粗加工，则采用三爪自定心卡盘和尾座顶尖来装夹，且中间需用千斤顶支承
3	装夹方法二	当工件采用 V 形架或在工作台中央 T 形槽加压板装夹时，可先将压板压在距工件端部 60 ～ 100mm 处，由工件端部向里铣出一段槽，如图 4-329（a）所示，然后停车，将压板移到工件端部，垫上铜皮重新压紧工件，如图 4-329（b）所示，观察确认铣刀不会碰着压板后，再开车继续铣削全长 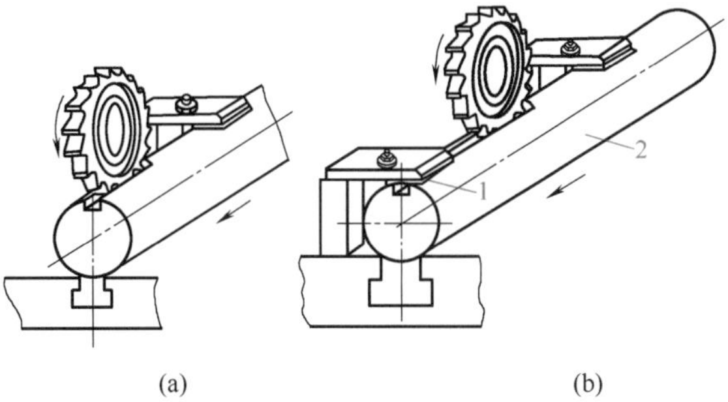 1 2 (a) (b) 图 4-329 中央 T 形槽装夹长轴铣轴上键槽 1—薄铜皮；2—长轴
4	调整与对刀	工件装夹完毕并调整对中心后，应调整铣削宽度（即铣削层深度）。调整时先使回转的铣刀刀刃和工件圆柱面（上母线）接触，然后退出工件，再将工作台上升到轴槽的深度，即可开始铣削

（2）铣轴上封闭槽

轴上键槽是封闭槽或一端为直角的半通槽，用键槽铣刀铣削轴槽，通常不采用一次铣准轴槽深度的铣削方法。因为当铣刀用钝时，其刀刃磨损的轴向长度等于轴槽深度，如刃磨圆柱面刀刃，会使铣刀直径变小而不能再用作精加工，因而一般采用磨去端面一段的方法较合理，但磨损长度太长对铣刀使用不利。用键槽铣刀铣削轴上封闭槽，常用的方法如表 4-70 所示。

4.10.5 轴上键槽的检测方法

轴上键槽的检测方法见表 4-71。

表 4-70　铣轴上封闭槽

序号	铣削方法	详细说明
1	分层铣削法	分层铣削法是用符合键槽宽度尺寸的铣刀分层铣削键槽，如图 4-330 所示。安装铣刀后，先在废料上试铣，检查所铣键槽的宽度尺寸符合图样要求后，装夹、校正工件并对好中心，才可加工工件。铣削时，每次背吃刀量约为 0.5 ～ 1. 0mm，手动进给由轴槽的一端铣向另一端，然后以较快的速度手动将工件退至原位，再吃深，重复铣削。铣削时注意轴槽的两端应留有余量 0.2 ～ 0.5mm，在逐次铣到轴槽深度尺寸后，再将轴槽两端余量铣去，使其符合长度要求。分层铣削法的优点是铣刀用钝后，只需刃磨端面，铣刀直径不受影响；铣削时也不会产生明显的“让刀”现象。缺点是在普通铣床上进行加工，操作不方便，生产效率低。因此，分层铣削法主要适用于轴槽长度尺寸较短、生产数量不多的轴槽的铣削 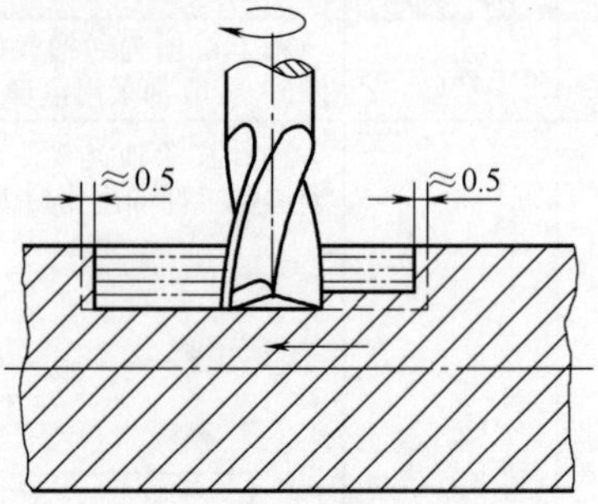 ≈0.5　≈0.5 图 4-330　分层铣削法
2	扩刀铣削法	先用直径较小的键槽铣刀（比槽宽尺寸小 0.5mm 左右）进行分层往复粗铣至槽深，深度留余量 0.1 ～ 0.3mm，槽长两端各留余量 0.2 ～ 0.5mm，再用符合轴槽尺寸的键槽铣刀精铣，如图 4-331 所示。精铣时，由于铣刀的两个刀刃的径向力能相互平衡，所以铣刀偏让量较小，轴上键槽的对称性好 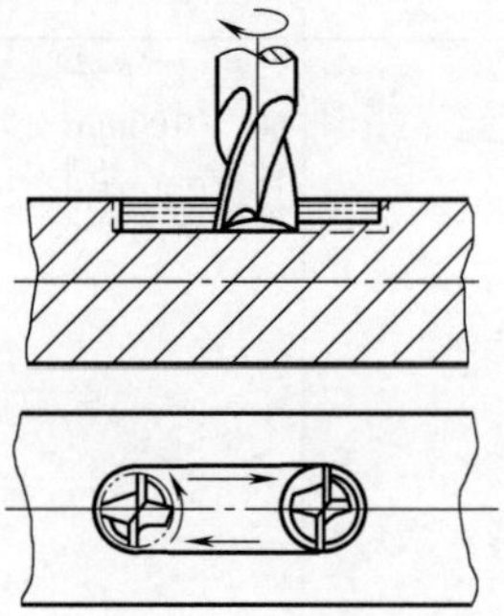 图 4-331　扩刀铣削法

表 4-71　轴上键槽的检测方法

序号	检测内容	详细说明
1	键槽宽度检测	常用塞规或塞块检测，如图 4-332 所示 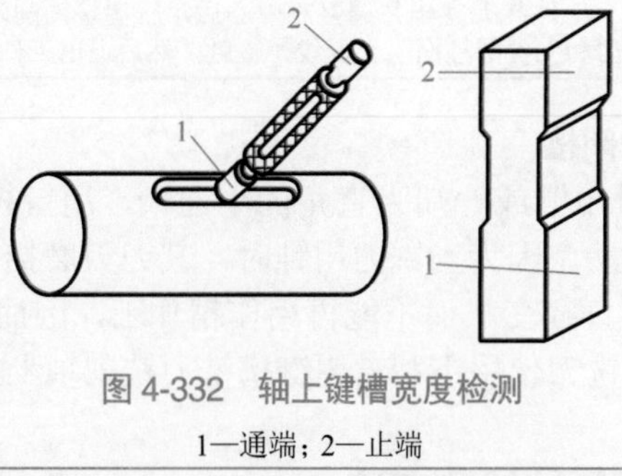 2　1　2　1 图 4-332　轴上键槽宽度检测 1—通端；2—止端
2	键槽的长度和深度检测	轴上键槽的长度和深度一般都用游标卡尺检测，用游标卡尺测量时，可在轴槽内放一块比槽深略高的长方体（量块），量得的尺寸减去长方体高度尺寸，即为槽深。宽度大于千分尺测量杆直径的轴槽，可用千分尺直接测量，也可以用深度尺测量。测量方法如图 4-333 所示

续表

序号	检测内容	详细说明
2	键槽的长度和深度检测	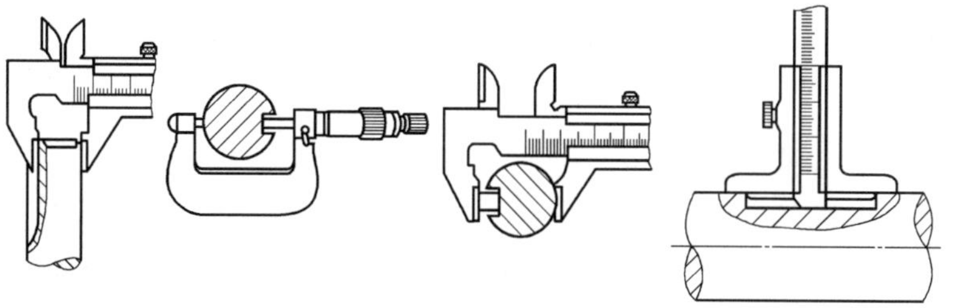 (a) (b) (c) (d) 图 4-333 轴上键槽深度检测
3	键槽对称度检测	将工件置于 V 形架内，选择一块与轴槽宽度尺寸相同的塞块塞入槽内，并使塞块的平面大致处于水平位置，用百分表检测塞块的 *A* 面与平板（或工作台台面）平面平行，并读数，然后将工件转动 180°，用百分表检测塞块 *B* 面与平板平面平行，并读数，两次读数的差值就是轴上键槽的对称度误差。如图 4-334 所示 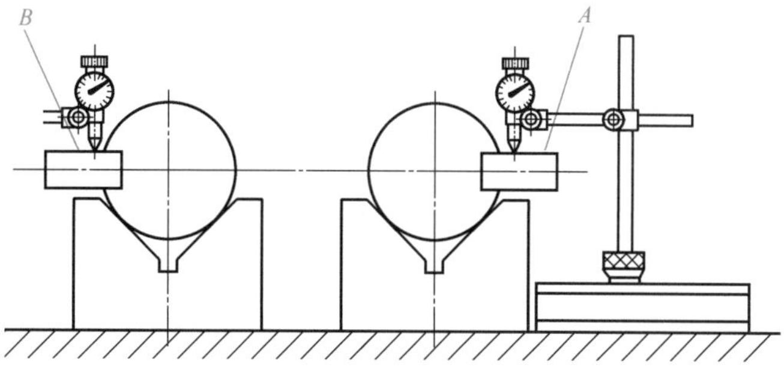 *B* *A* 图 4-334 轴上键槽对称度检测

经验总结

块规测量深度法详细操作：铣键槽时比较准确的测量方法是在量具内放上一个比键槽深度大的量块或其他光洁的标准方铁块（图 4-335），测出的距离减去量块高度就是键槽底面至圆柱面的尺寸 *H*，工件外径减去尺寸 *H* 就是键槽深度。

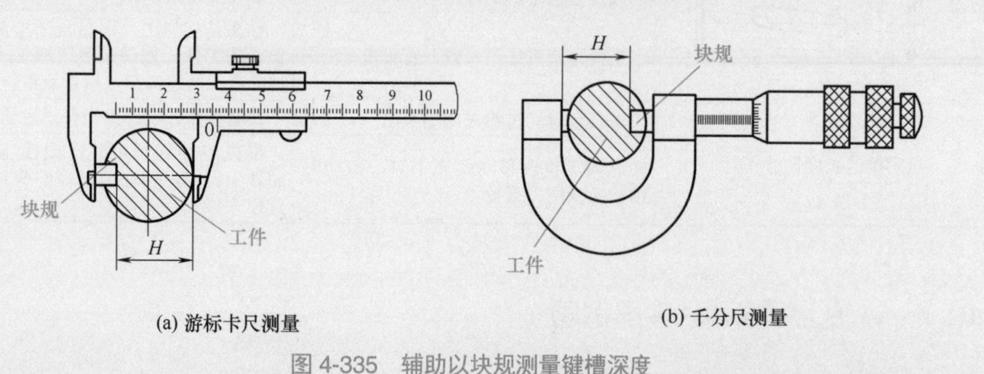

(a) 游标卡尺测量　　(b) 千分尺测量

图 4-335 辅助以块规测量键槽深度

4.10.6 铣轴上键槽的质量缺陷及分析

轴上键槽的质量不仅与铣削时所用的铣床、夹具和铣刀的质量有关，还与铣削用量和切削液的合理选用等诸多因素有关。铣轴上键槽常见的质量缺陷及分析见表 4-72。

表 4-72 铣轴上键槽的质量缺陷及分析

序号	质量问题	产生原因	预防措施
1	槽的宽度尺寸超允许差	铣刀磨损	调换铣刀
		没有经过试切检查铣刀	没有经过试切检查铣刀尺寸，就直接铣削工件，铣刀宽度尺寸或直径尺寸不合适。应增加适切步骤
		盘形槽铣刀刀杆弯曲，铣刀摆差（端面摆差）大	调换或校正刀杆
		键槽铣刀装夹不好，与主轴同轴度差（径向摆差）	重新装夹，调整铣刀
		进给量过大，吃刀深度过大，产生“让刀”现象，将槽铣宽	适当减少一次铣削量，必要时可采用分层铣削的方法
2	槽底与轴线不平行	工件装夹不准确	仔细装夹，找正工件，使轴线与工作台面平行
		铣刀被铣削力拉下	将铣刀安装牢靠，适当减小铣削用量
		选用的垫铁不平行，或选用的两 V 形架不等高	选用标准的垫铁或选用两个等高的 V 形架
3	键槽对称性不好	对刀偏差太大，铣刀让刀量大	仔细对刀，控制让刀量，根据让刀方向调整工件位置
		修正时，偏差方向搞错	搞清偏差方向，准确移动工作台距离
		铣削中，铣刀让刀量过大	调整进给速度和吃刀量
		成批生产时，工件外圆尺寸公差太大	事先规定好批量加工抽检的件数，进行仔细检验，及时发现加工的误差累积问题
		轴槽两侧扩铣余量不一致	自己计算尺寸，必要时可划线确定两侧界限
4	表面粗糙度差	铣削用量选择不当	选择合理的铣削用量
		铣刀磨损	调换或重磨铣刀
		切削液使用不当	正确使用切削液
5	槽侧与工件侧轴线不平行	用平口钳或 V 形架装夹工件时，平口钳或 V 形架没有校正好，导致工件侧素线与进给方向不平行	仔细校正夹具和工件
		加工过程中，工件走动	工件要压紧牢靠
		工件外圆直径不一致，有锥度	如果是初加工，则必须选择合格的初加工的工件；如果是后续加工，则必须往前查找问题所在，修正或重新加工
6	封闭槽的长度尺寸不对	工作台自动进给关闭不及时	认真操作，及时关闭自动进给
		纵向工作台移动距离不对，移动时槽长未减铣刀直径	事先应划好长度线，或在工作台侧面做上记号，移动距离等于槽长减铣刀直径

4.10.7 铣轴上键槽零件实操例题

如图 4-336 所示为带键槽轴零件图样，材料为 45 钢，坯料为圆钢，经过精车或磨削加工。

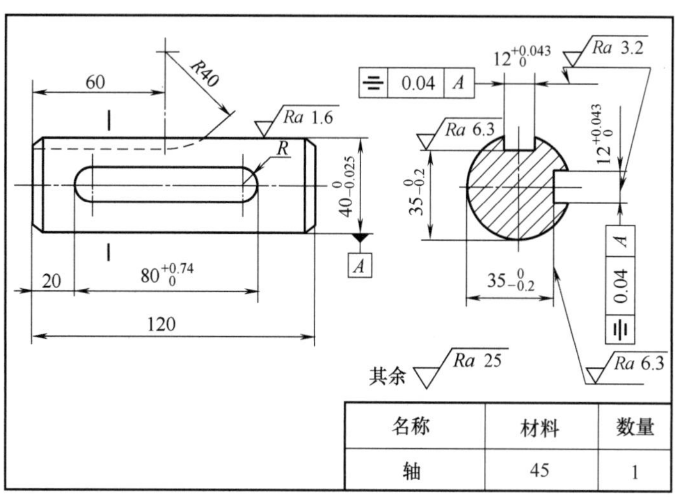

图 4-336 带键槽轴零件

（1）铣削工艺分析（表 4-73）

表 4-73 铣削工艺分析及确认表

序号	铣轴上键槽实操例题铣削工艺分析		完成度（√或 ×）
1	读图	看懂零件图样，了解图样上有关加工部位的尺寸标注、精度要求、表面形状与位置精度和表面粗糙度要求以及其他方面的技术要求	
2	检查毛坯	对照零件图样检查毛坯尺寸和形状，了解毛坯余量的大小	
3	确定装夹方式	单件加工，采用平口钳装夹	
4	确定参数	轴槽宽度尺寸精度 IT9 级，表面粗糙度为 3.2μm	
5	确定封闭槽加工方法	加工封闭槽时，选用键槽铣刀 ϕ10mm 和 ϕ12mm 各一把，在立式铣床上加工	
6	确定半通槽加工方法	加工半通槽时，选用盘形槽铣刀 80mm×12mm×27mm 或同规格的三面刃铣刀，在卧式铣床上加工	

（2）铣削的操作步骤及提示（表 4-74 和表 4-75）

表 4-74 铣削的操作步骤及检查表（一）

序号	立式铣床上铣削封闭槽实操例题铣削步骤		完成度（√或 ×）
1	安装平口钳	校正固定钳口面与工作台纵向进给方向平行	
2	安装铣刀	选择并安装键槽铣刀	
3	调整铣削用量	调整铣削用量，取 n=475r/min，每次进给时的背吃刀量 a_p=0.2 ～ 0.3mm，手动进给铣削	
4	试铣	试铣检查铣刀尺寸	
5	安装工件	安装并校正工件	
6	铣刀对中心	用杠杆百分表调整对中心	
7	铣削封闭槽	先用 ϕ10mm 键槽铣刀分层铣削，槽深留余量 0.2mm，槽两端各留 0.5mm 余量。换 ϕ12mm 键槽铣刀扩刀精铣至规定尺寸	
8	测量尺寸	测量，卸下工件，去毛刺	

表 4-75　铣削的操作步骤及检查表（二）

序号	卧式铣床上铣削半通槽实操例题铣削步骤		完成度（√或 ×）
1	安装平口钳	校正固定钳口面与主轴轴线垂直	
2	安装铣刀	选择并安装铣刀（80mm×12mm×27mm 盘形槽铣刀或三面刃铣刀）	
3	调整铣削用量	调整切削用量，取 n=95r/min，v_f=47.5mm/min，a_p= 槽深（一次铣到深度）	
4	试铣	试铣检查铣刀尺寸	
5	安装工件	安装并校正工件	
6	铣刀对中心	用杠杆百分表调整对中心	
7	铣削半通槽	直接用盘形槽铣刀或三面刃铣刀铣削封闭槽	
8	测量尺寸	测量，卸下工件，去毛刺	

（3）操作中的注意事项与禁忌（表 4-76）

表 4-76　铣轴上键槽安全操作表

序号	安全操作注意事项	符合要求（√或 ×）
1	工件装夹完毕后应取下平口钳扳手，方能进行铣削	
2	调整铣削宽度时，若手柄摇过头，应注意消除丝杠与螺母间的间隙，以免尺寸出错	
3	铣削过程中不准用手触摸工件和铣刀，不准测量工件，不准突然变换进给速度	
4	进给结束后，工件不能立即在旋转的铣刀下退回，应先降落工作台后再退出	
5	铣削时不使用的进给机构应紧固，工作完毕后再松开	
6	铣削过程中每次重新装夹工件前，应及时用锉刀修整工件上的锐边并去除毛刺，但不应锉伤工件的已加工表面	
7	用铜锤、木锤轻击工件时，不要砸伤工件已加工表面	
8	铣削钢件时应加注切削液	

4.11　铣半圆键槽

铣半圆键槽

半圆又称月牙槽，加工简单工艺好，
键槽铣刀圆柱柄，参数严格形状妙；
立铣一夹一顶装，划线方法来对刀，
卧铣操作也如是，顶住铣刀精度高。

半圆键槽又称月牙槽，是键槽的一种特殊形式，如图 4-337 所示，由于半圆键槽加工简单，工艺性好，所以在键槽中也被广泛采用。半圆键在轴槽中能绕槽底面弧曲率中心摆动，因此能自动适应轮毂键槽底面的倾斜。半圆键和半圆键槽配合的优点是易加工，安装方便。缺点是轴上半圆键槽较深，削弱了轴的强度，一般只在受力较小的部位采用。

半圆键槽和半圆键槽铣刀如图 4-338 所示。半圆键槽铣刀是圆柱柄的整体铣刀，铣刀切削部分的宽度和直径都严格按标准制作，使用时用钻夹头和铣夹头装夹，先用试件试铣，确定槽的宽度合格后再进行加工。半圆键槽的技术要求见表 4-77。

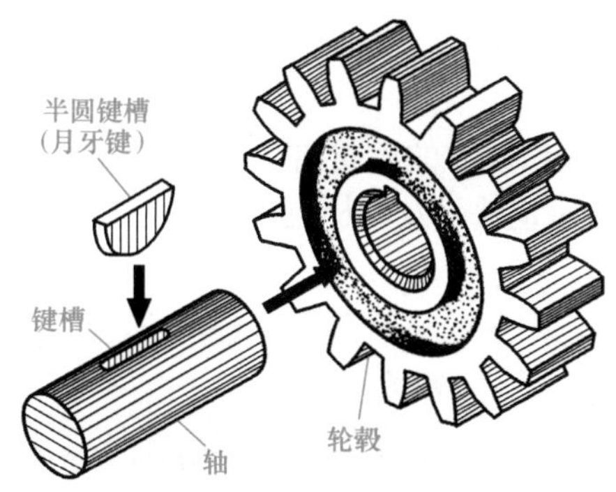

图 4-337 半圆键槽

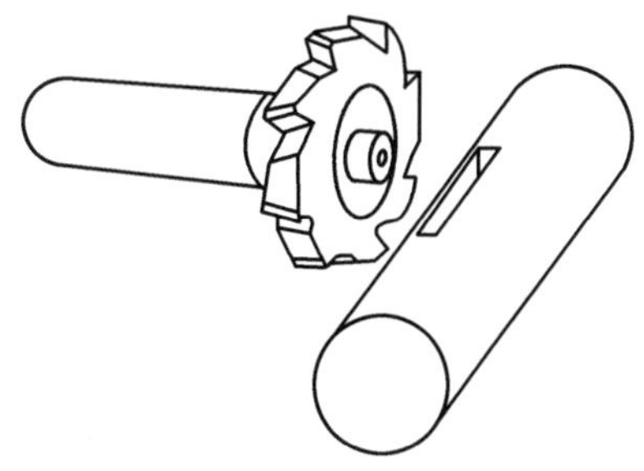

图 4-338 半圆键槽和半圆键槽铣刀

表 4-77 半圆键槽的技术要求

序号	技术要求	详细说明
1	参数要求	半圆键槽的宽度、深度及圆弧半径应符合图样的要求
2	对称和平行	半圆键槽的两侧对称并平行于工件轴线
3	表面粗糙度	半圆键槽的表面粗糙度应符合图样要求

4.11.1 半圆键槽的铣削方法

(1) 立式铣床铣半圆键槽

铣半圆键槽的工件多在分度头上用三爪卡盘装夹，较长的工件用一夹一顶装夹，如图 4-339 所示。分度头主轴的上母线与侧母线应进行校正，以满足工件的精度要求。铣刀与工件对中心时多用划线对刀法。铣削时，将纵向进给机构紧固，用手动作横向进给。

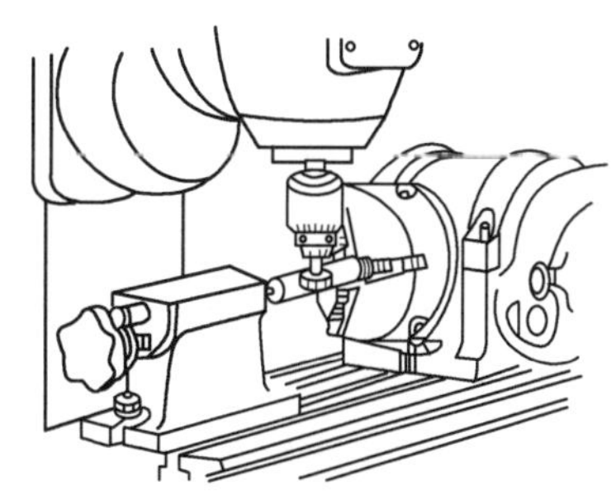

图 4-339 立式铣床铣半圆键槽

(2) 卧式铣床铣半圆键槽

在卧式铣床上铣削半圆键槽的方法与在立式铣床上铣削半圆键槽的方法相同。如图 4-340 所示，工件进给时将纵向工作台紧固，用手动作垂直进给。可在挂架轴承孔内安装顶尖，顶住铣刀端面顶尖孔，以增加铣刀的刚性。

4.11.2 半圆键槽的测量方法与诀窍

用塞规或塞块检验槽的宽度；槽的深度用间接测量法进行，如图 4-341 所示。图中的尺寸 $h=s-d$。其他项目的检测方法与一般键槽相同。

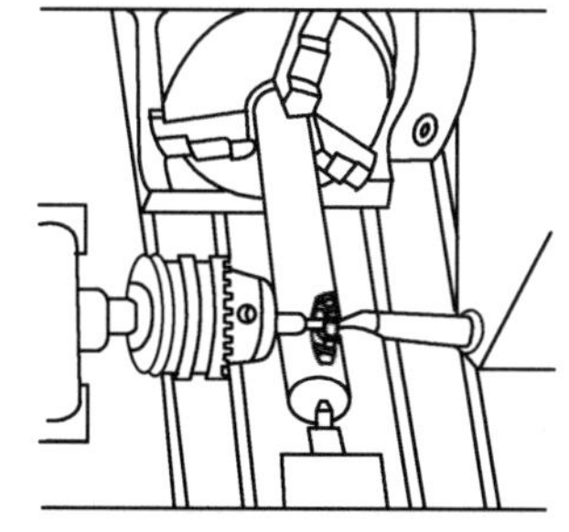

图 4-340 卧式铣床铣半圆键槽

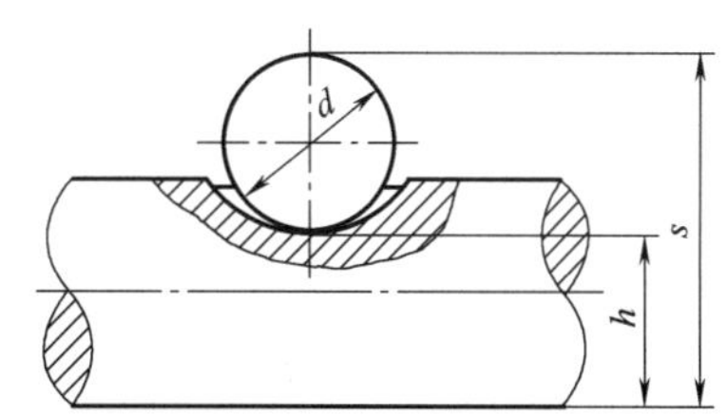

图 4-341 半圆键槽深度接测量

4.11.3 铣半圆键槽的质量缺陷及分析

半圆键槽的质量不仅与铣削时所用的铣床、夹具和铣刀的质量有关，还与铣削用量和切削液的合理选用等诸多因素有关。铣半圆键槽常见的质量缺陷及分析见表 4-78。

表 4-78　铣半圆键槽的质量缺陷及分析

序号	质量问题	产生原因	预防措施
1	槽的宽度尺寸超允许差	铣刀磨损	调换铣刀
		没有经过试切检查铣刀	设有经过试切检查铣刀尺寸，就直接铣削工件，铣刀宽度尺寸或直径尺寸不合适。应增加适切不得步骤
2	槽底深度超差	刻度盘松脱	重新安装刻度盘
		进刀不准确	重新对刀，进刀时掌握好速度
		手柄摇错	重新仔细操作
3	槽两侧面与工件中心不对称	对刀偏差太大，铣刀让刀量大	仔细对刀，控制让刀量，根据让刀方向调整工件位置
		成批生产时，工件外圆尺寸公差太大	事先规定好批量加工抽检的件数，进行仔细检验，及时发现加工的误差累积问题
4	表面粗糙度差	铣削用量选择不当	选择合理的铣削用量
		铣刀磨损	调换或重磨铣刀
		切削液使用不当	正确使用切削液
5	槽两侧面与工件轴线不平行	立式铣床上加工时，立铣头的主轴轴线与工作台台面不垂直，或分度头主轴轴线与工作台不平行造成，致工件侧素线与进给方向不平行	仔细校正夹具和工件
6	铣刀折断或打坏刀齿	进给速度过快	降低速度
		刀具装夹不紧，工件在铣削中窜动而打刀	重新安装刀具

4.11.4 铣半圆键槽零件实操例题

半圆键槽零件尺寸图样如图 4-342 所示，材料为 45 钢，单件生产。

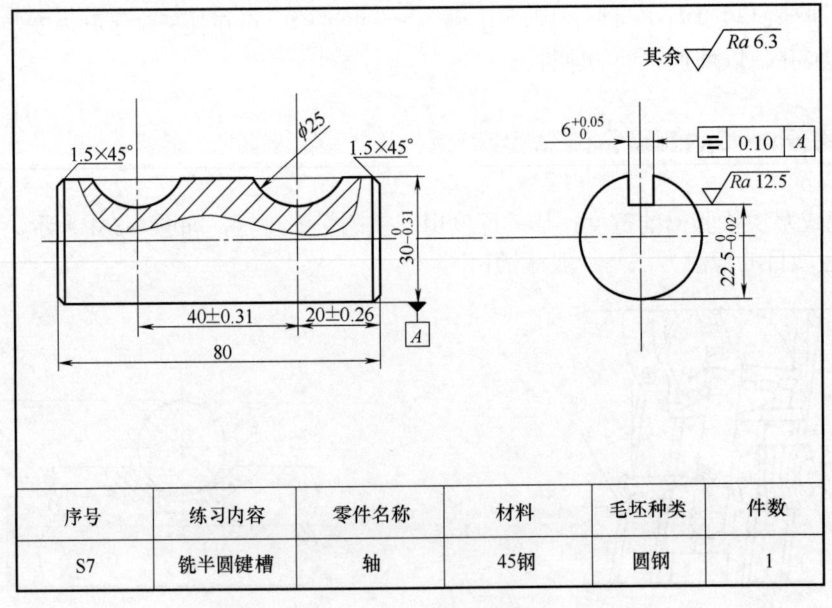

序号	练习内容	零件名称	材料	毛坯种类	件数
S7	铣半圆键槽	轴	45钢	圆钢	1

图 4-342　半圆键槽零件

（1）铣削工艺分析（表 4-79）

表 4-79 铣削工艺分析及确认表

序号	铣半圆键槽实操例题铣削工艺分析		完成度（√或 ×）
1	读图	看懂零件图样，了解图样上有关加工部位的尺寸标注、精度要求、表面形状与位置精度和表面粗糙度要求以及其他方面的技术要求	
2	检查毛坯	对照零件图样检查毛坯尺寸和形状，了解毛坯余量的大小	
3	确定装夹方式	单件加工，采用分度头装夹	
4	确定参数	燕尾槽表面粗糙度为 3.2μm	
5	确定加工方法	在卧式铣床上铣削六角柱体	

（2）铣削的操作步骤及提示（表 4-80）

表 4-80 铣削的操作步骤及检查表

序号	立式铣床上铣半圆键槽实操例题铣削步骤		完成度（√或 ×）
1	划线	划出半圆槽的中心线的位置	
2	装夹工件	通过找正使轴上侧母线与铣床纵向工作台面平行	
3	选择刀具	选用 ϕ25mm 半圆键槽铣刀	
4	对刀、试切	按划线对刀，试切	
5	铣削第 1 个槽	移动横向工作台调整铣削深度，铣半圆键槽	
6	铣削第 2 个槽	铣完后，退刀移动纵向工作台 40mm，铣另一半圆键槽	
7	检验	去毛刺，检查键宽、槽深及对称度	

（3）操作中的注意事项与禁忌（表 4-81）

表 4-81 铣半圆键槽安全操作表

序号	安全操作注意事项	符合要求（√或 ×）
1	工件装夹完毕后应取下相应的紧固用工具，方能进行铣削	
2	铣削过程中不准用手触摸工件和铣刀，不准测量工件，不准突然变换进给速度	
3	进给结束后，工件不能立即在旋转的铣刀下退回，应先降落工作台后再退出	
4	铣削时不使用的进给机构应紧固，工作完毕后再松开	
5	铣削过程中每次重新装夹工件前，应及时用锉刀修整工件上的锐边并去除毛刺，但不应锉伤工件的已加工表面	
6	用铜锤、木锤轻击工件时，不要砸伤工件已加工表面	
7	铣削时应加注充足的切削液	

4.12 切断

切断

铣床切断用锯片，刀薄量大莫惊慌，
辅助夹片安两旁，增加刚性刀不让；
件少长度钢尺测，量大等长辅具上，
锯片安装保紧固，圆周端面跳动防；
钳装切断看厚薄，速度距离不一样，
压板装夹需定位，工作台面切勿伤；
若是切断特殊件，先把工艺来参详，
带孔工件看方向，切断管件刀偏上。

在铣床上切断时采用锯片铣刀，如图 4-343 所示。锯片铣刀有粗齿、中齿和细齿之分。粗齿锯片铣刀齿数少，齿槽容屑室大，但宽度尺寸精度较低，适宜作锯断工件用。中齿锯片铣刀的齿数较多，而细齿锯片铣刀的齿数更多，齿更密更细，这两种铣刀的宽度尺寸精度较高，适宜于锯断较薄的工件，也常作铣窄槽用。

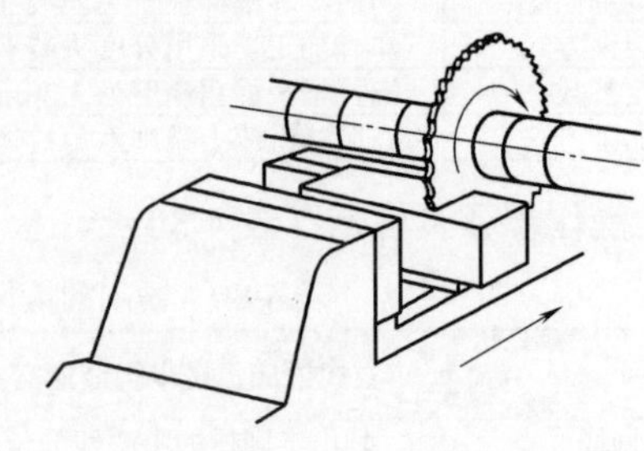

图 4-343　切断操作

切削时，主要是选择锯片铣刀的直径和厚度。铣刀直径按公式（4-4）确定，即

$$D>d+2t \tag{4-4}$$

式中 D——铣刀直径，mm；

d——刀轴垫圈直径，mm；

t——切断时的深度，mm。

一般情况下，铣刀厚度可取 2 ～ 5mm。铣刀直径大时，取较厚的铣刀。在满足上式的情况下，铣刀直径应尽量小。

4.12.1　切断长度的控制方法

切断时，注意掌握切削位置，控制好切断长度，控制方法见表 4-82。

4.12.2　锯片铣刀的安装

锯片铣刀的安装步骤见表 4-83。

表 4-82　切断长度的控制方法

序号	加工方式	切断长度控制方法
1	单件和少量加工	常利用钢直尺（图 4-344）或游标卡尺测量长度，还可以利用工作台一端的进刀刻度盘掌握被切断长度的尺寸 图 4-344　测量长度

续表

序号	加工方式	切断长度控制方法
2	大批量切断等长工件	在大批量切断等长工件时，就需要使用专用工具省去每次切割都去测量一次的繁琐，节省许多时间。如图 4-345 所示的工具，主体固定在底板上，底板固定在铣床工作台上，它和台虎钳配合使用。在主体上有五个孔（或制成更多孔），它和圆棒配合在一起，圆棒插入孔内后，用螺钉固紧。圆棒更换插孔位置，可改变被切断工件的限定长度。使用时，将工件向着圆棒推去，当工件端部和圆棒接触定位后，利用台虎钳把工件夹紧，进行切割 注意：使圆棒与工件端部的上部分接触，且接触长度短，面积要小，防止切断后工件不能自由落下，以致损坏铣刀。若出现工件切断后不能迅速脱落的情况，可在工件端部和圆棒接触定位后，每次都将圆棒退回，待被切断工件自动落下，重新将圆棒伸出，这样循环进行 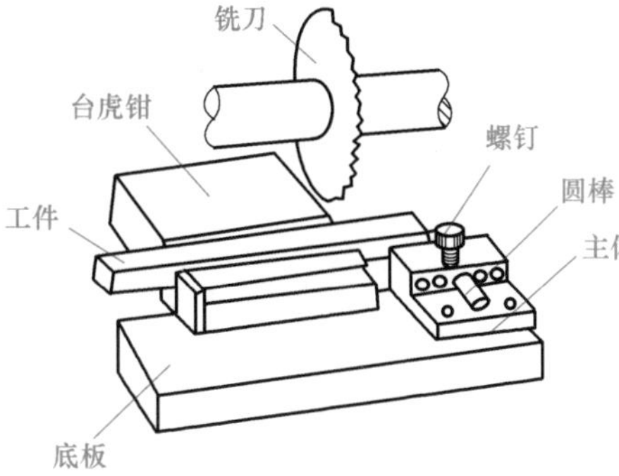 铣刀 台虎钳 螺钉 圆棒 工件 主体 底板 图 4-345　切断等长工件的工具

表 4-83　锯片铣刀的安装步骤

序号	安装步骤	详细说明
1	键的安装	锯片铣刀厚度较小，为避免铣刀受力过大而碎裂，安装时，在刀轴和铣刀间不安装键，靠刀轴垫圈和铣刀两侧面间的摩擦力带动铣刀旋转切削工件。为了防止刀轴紧刀螺母松动，可在靠近紧刀螺母的垫圈内安装键，如图 4-346 所示 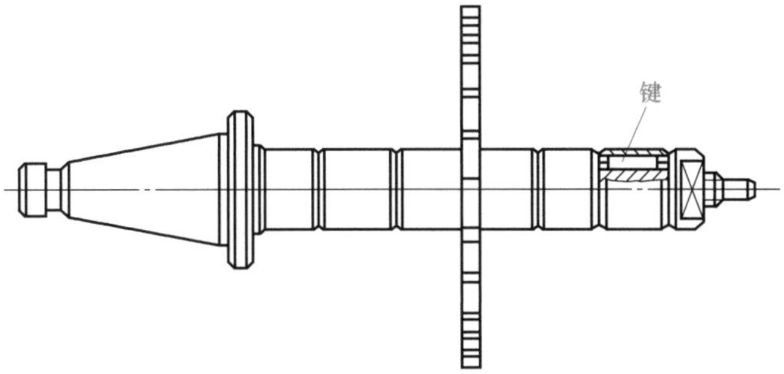 键 图 4-346　刀轴螺母的防松措施
2	靠近主轴安装	安装锯片铣刀时，铣刀应尽量靠近铣床主轴端部
3	靠近挂架安装	安装挂架时，挂架应尽量靠近铣刀，以便增加刀轴的支持刚性
4	检查刀齿跳动	铣刀安装好后，应检查刀齿的圆跳动（图 4-347）和端面跳动（图 4-348）是否在要求的范围内，以免因圆跳动过大，使同时工作的齿数减少，切削不均匀，排屑不流畅，损坏刀齿。或因端面跳动过大，使刀具两侧面与工件切缝两侧的摩擦力增大，出现夹刀现象，损坏铣刀  图 4-347　检查刀齿圆跳动  图 4-348　检查刀齿端面跳动

4.12.3 工件的装夹与校正

工件的装夹与校正见表 4-84。

表 4-84 工件的装夹与校正

序号	装夹与校正	详细说明	
1	平口钳装夹	用平口钳装夹工件时，固定钳口应与铣床主轴轴线平行，铣削力应朝向固定钳口。工件伸出钳口端长度应尽量短（以不铣伤钳口为宜），避免切断时产生振动，如图 4-349 所示	图 4-349 平口钳装夹
2	压板装夹切断板料	可用压板将工件夹紧在工作台台面上，如图 4-350 所示，压板的夹紧点要尽量靠近铣刀，切缝置于工作台 T 形槽间，防止损伤工作台面。工件的端面和侧面应安装定位块（即定位靠铁），以便工件定位和承受一定的铣削力，防止工件松动	定位块 图 4-350 压板装夹切断板料
3	压板装夹切断薄板料	可用压板将工件夹紧在工作台台面上，压板的夹紧点要尽量靠近铣刀，切缝置于工作台 T 形槽间，防止损伤工作台面，如图 4-351 所示。在 X6132 型铣床上切断薄板料时，可以采用顺铣。铣削前应将工作台丝杠和螺母间隙调整在合理的范围内	图 4-351 压板装夹切断薄板料

4.12.4 切断的方法

用平口钳装夹工件时，可用手动进给或机动进给。使用机动进给时，应先手摇工作台手柄，使铣刀切入工件后，再扳动机动进给手柄，自动走刀切断工件。为了使铣刀工作平稳，防止铣刀将工件抬出钳口、损坏铣刀，铣刀切断工件时，其圆周刃刚好与条料的底面相切为宜，如图 4-352 所示。

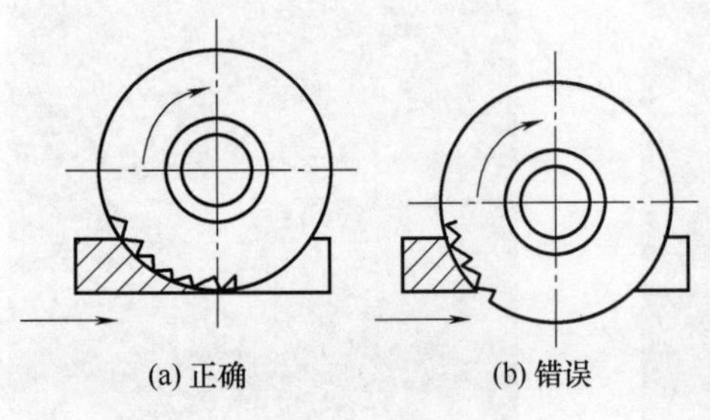

图 4-352 切断时铣刀的位置

（1）切断较薄工件（表 4-85）

表 4-85 切断较薄工件步骤

序号	切断步骤	详细说明
1	切除多余部分	切断的工件厚度较薄时，将条料一端伸出钳口端约 3 ～ 5 个工件的厚度尺寸紧固工件，对刀调整，切去条料的毛坯端部，如图 4-353 所示 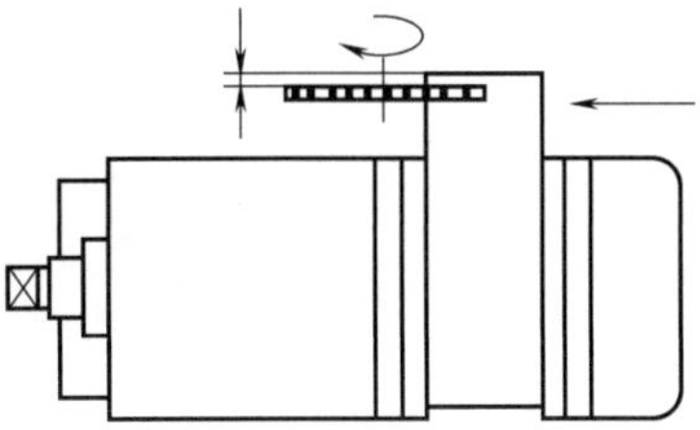 图 4-353 切除多余部分
2	按尺寸切断	将工件退出铣刀，松开横向进给紧固手柄，移动横向工作台一个铣刀厚度和工件厚度之和的尺寸，紧固横向进给，切断出第一件，如图 4-354 所示 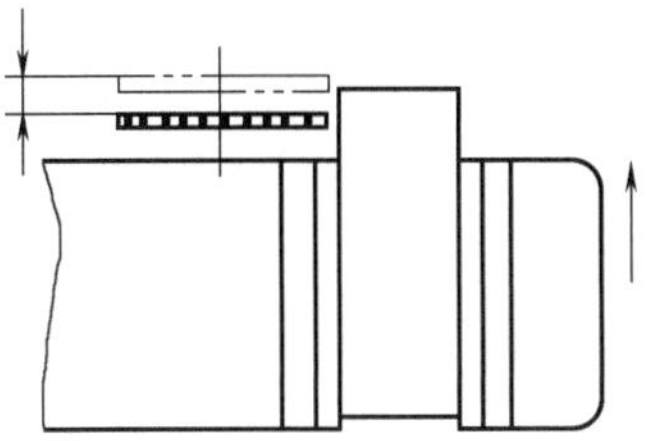 图 4-354 按尺寸切断
3	切断多件	以同样的方法切断出 3 ～ 5 件后，松开工件，重新装夹，使铣刀擦着条料端部后，逐次切断工件

（2）切断较厚工件（表 4-86）

表 4-86 切断较厚工件步骤

序号	切断步骤	详细说明
1	切除多余部分	待切断的工件厚度较厚时，将条料一端伸出钳口端部 10 ～ 15mm，切去条料的毛坯端部，如图 4-355 所示 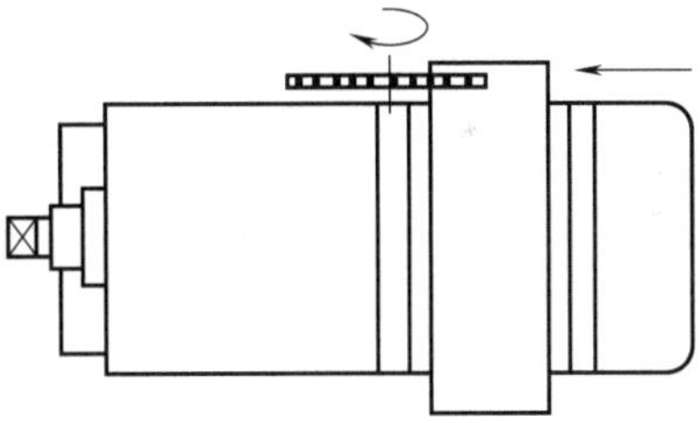 图 4-355 切除多余部分
2	按尺寸切断	退刀松开条料，再使条料伸出端部一个工件厚度加 5 ～ 10mm 的长度，将工件夹紧，移动横向进给使铣刀擦着条料端部，退出工件，移动横向进给一个工件厚度和铣刀厚度之和的尺寸，将横向进给紧固，切断工件，如图 4-356 所示 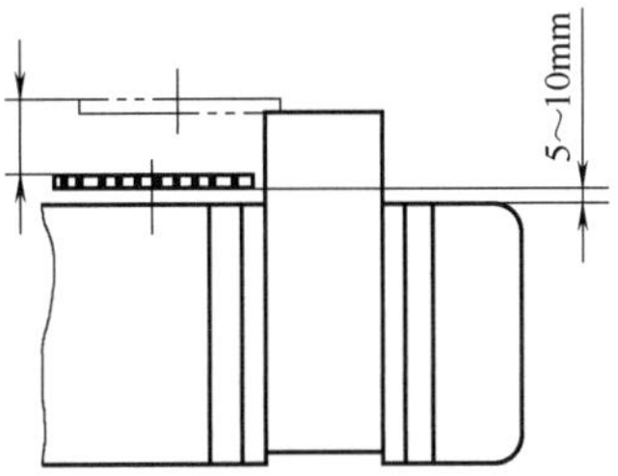 5～10mm 图 4-356 按尺寸切断

（3）切断较短条料（表 4-87）

表 4-87　切断较短条料步骤

序号	切断步骤	详细说明	
1	受力分析	条料切到最后，长度变短，装夹后钳口受力不均匀，活动钳口易歪斜，切断时工件易被刀具抬出钳口，损坏铣刀，啃伤工件，如图 4-357 所示 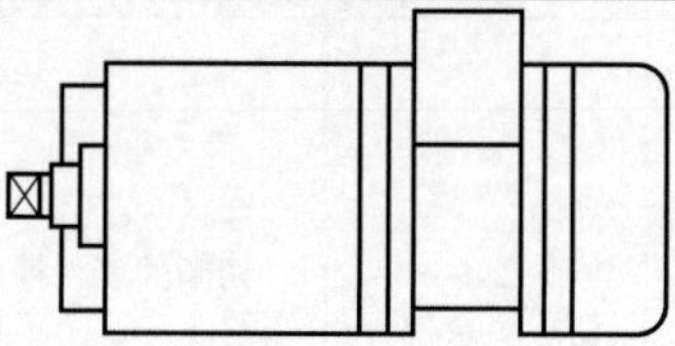	图 4-357　受力分析
2	按尺寸切断	条料切断最后，应在钳口另一端垫上切成的工件或垫块，使钳口两端受力均匀，如图 4-358 所示，切到最后留下约 20 ～ 30mm 长的料头，就不能再切 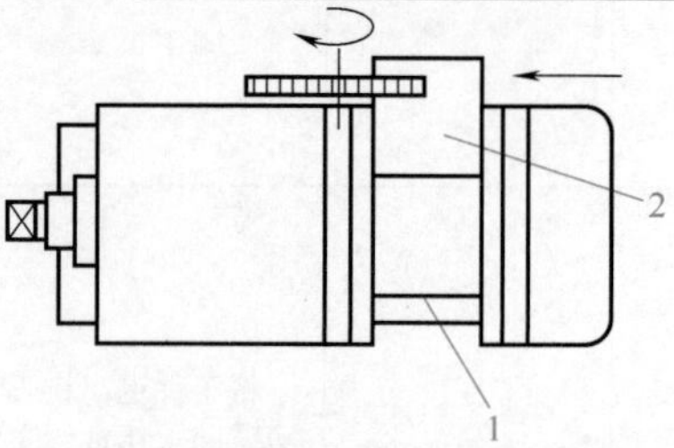	2 1 图 4-358　垫垫块使钳口受力均匀 1—垫块；2—工件

（4）切断带孔工件

切断带孔工件时，将机床的平口虎钳的固定钳口与铣床主轴轴心线平行安装，夹持工件的两端面，将工件切透，如图 4-359 所示。

（5）切断管件

切断空心或带孔一类的工件（如管件等）时，当工件很长，在不宜采用穿进心轴进行夹持的情况下，如果采用夹紧或压紧的方法安装，若夹紧力太小，工件会从夹具中跳出，若夹得太紧，工件会变形。这时，就需要考虑铣削力对切削的影响。图 4-360 中，铣刀越向下切入，铣削力就会越向上，甚至接近垂直方向，这样，工件越容易从夹具中跳出来，因此，只要铣刀能铣透就行，不必切得太深。

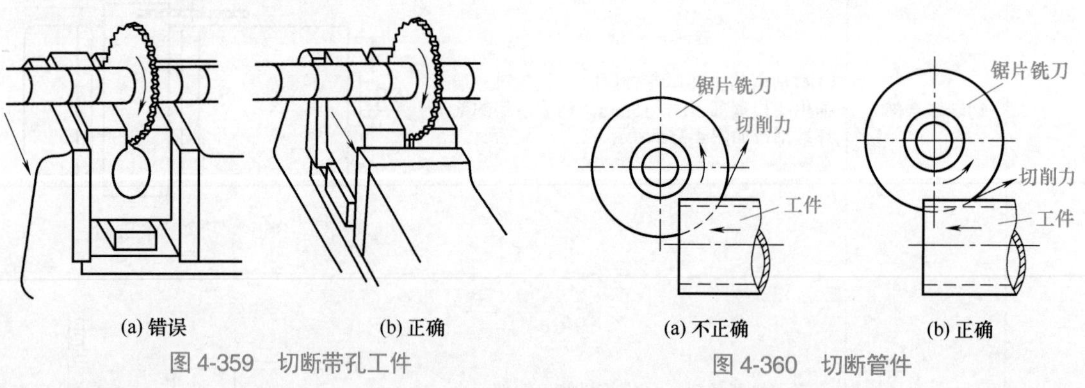

(a) 错误　　(b) 正确

图 4-359　切断带孔工件

(a) 不正确　　(b) 正确

图 4-360　切断管件

经验总结

锯片铣刀两侧面没有切削刃，并且，在同一个锯片铣刀上，外周边厚度比中间厚度大（即越接近中心越薄），这是为了减小摩擦，使切削轻快，同时避免切割中，将工件挤住。这种铣刀都很薄，极易损坏，所以，使用中要注意表 4-88 所示的几个方面。

表 4-88 锯片铣刀使用中的注意事项

序号	注意事项	详细说明
1	锯片铣刀不能承受轴向力	因锯片铣刀厚度薄，不能承受轴向力，铣削中，如果一侧受力，另一侧不受力时，会产生偏置现象，切出的截面容易扭曲，甚至损坏铣刀
2	可设法增加锯片铣刀强度	为了减少锯片铣刀的损坏，可设法增加它的强度。例如，锯割浅槽时，可用夹持片夹住锯片铣刀的两侧（图 4-361）。由于锯片铣刀的规格大小不同和切深不一样，所以夹持片也应按不同情况制造，以适应锯割各种不同沟槽的需要 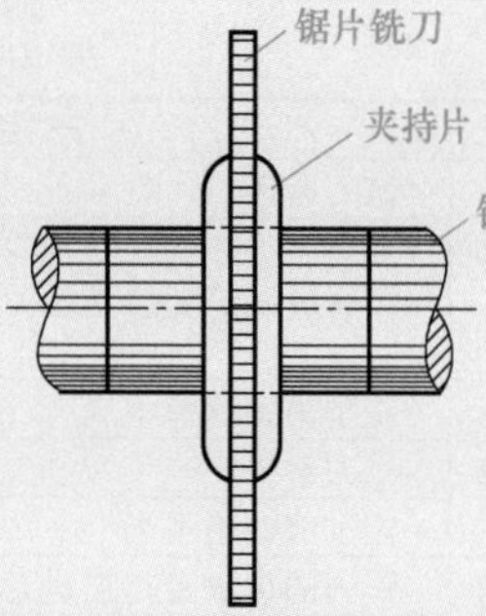 锯片铣刀 夹持片 铣刀杆 图 4-361 增加锯片铣刀强度
3	注意选择夹紧部位	要注意选择好工件的夹紧部位。图 4-362 是一种不正确的方法，这样切断时会夹住铣刀，造成铣刀断裂。如果将工件转动 90° 后再夹紧，就不会出现那样不良的情况 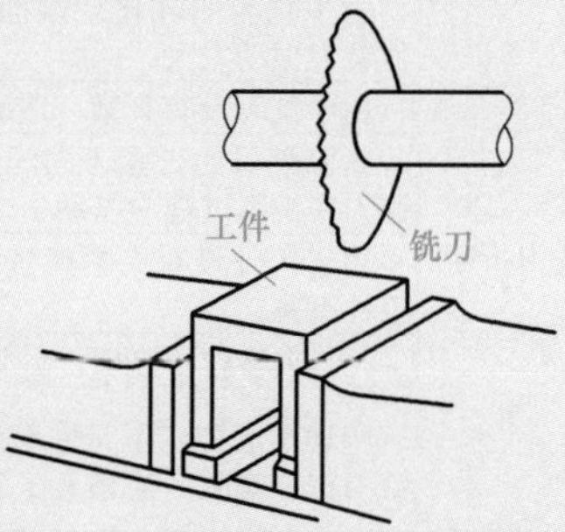 工件 铣刀 图 4-362 正确选择工件安装位置
4	锯片铣刀切割位置应接近夹具	锯片铣刀切割位置应接近夹具（图 4-363），这样可增加稳定性，减少振动 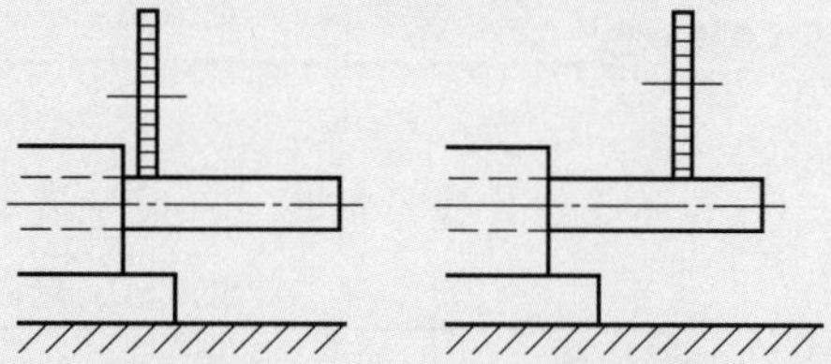 (a) 正确 (b) 不正确 图 4-363 正确选择铣刀切割位置
5	球形表面切断	在球形表面切断工件，这时铣刀齿和球面接触后，由于刀体薄弱，容易发生偏移，造成切断截面歪扭。所以，应该在切断处先铣出个小平面，要避免下刀时铣刀齿出现歪斜，如图 4-364 所示 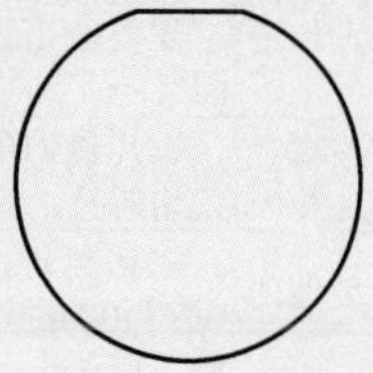 图 4-364 切断处先铣出个小平面
6	按照被加工材料的切削性能，正确选用锯片铣刀	在加工黄铜、纯铜、铝、铝合金、不锈钢一类材料时，这些材料的延伸率较高，韧性大，切屑不易分离，它在外力及切削力的作用下，易与别的金属发生亲和熔着现象，造成刀刃黏附，形成切削瘤。并且，切削中，切屑在刀齿的容屑槽内受挤压，甚至造成打刀。在切割这一类韧性大的金属时，应该选用疏齿形锯片铣刀 因为相同直径的锯片铣刀，它的刀齿数是不一样的，如直径为 80mm 的粗齿锯片铣刀，齿数有 40、32、24、20 等几种。疏齿形锯片铣刀齿数少、齿距大、齿深大，容屑空间大，排屑流畅，切屑不易堵塞，这种铣刀的刀齿强度得到提高，能承受大的切削力，可以增加铣削用量 而铣削脆性金属，如铸铁工件，可使用普通锯片铣刀

4.12.5 切断的质量缺陷及分析

切断的质量问题主要集中在切断的断面的粗糙度高、切断面不平行和切断时锯片铣刀断裂，这些都和所用的铣床、夹具和铣刀的质量有关，还与铣削用量和切削液的合理选用等诸多因素有关。切断常见的质量缺陷及分析见表 4-89。

表 4-89 切断的质量缺陷及分析

序号	质量问题	产生原因	预防措施
1	切断的宽度尺寸不对	铣刀磨损	调换铣刀
		没有经过试切检查铣刀	没有经过试切检查铣刀尺寸，就直接铣削工件，铣刀宽度尺寸或直径尺寸不合适，应增加适切步骤
2	表面粗糙度差	铣削用量选择不当	选择合理的铣削用量
		铣刀磨损	调换或重磨铣刀
		切削液使用不当	正确使用切削液
3	切断表面凸凹不平呈波浪状	铣刀的齿数密，在进刀时引起切屑堵塞	适当选择齿数疏的铣刀
		锯片铣刀厚度薄，使铣刀扭曲，偏离切削方向	以表 4-88 的方法调整
4	锯片铣刀折断	由于铣刀的钝化或端面跳动太大等因素的影响，使铣刀振动太大	采用锋利的锯片铣刀，对实体较厚的工件应采用稀齿的锯片铣刀以增大排屑空间
		由于铣刀没有夹紧，造成铣刀在铣削过程中松动	注意把工件装夹牢固
		紧固螺母的拧紧方向与铣刀旋转方向一致，造成铣刀在铣削过程中松动	必须牢记卧式机床铣刀刀杆的紧固方向
		由于工件没有夹紧或铣削处离夹紧点太远，而使工件有跳动	选择合适铣刀，应保证将铣刀安装牢固
		工作台零位不准时，导致铣刀扭碎	把工作台的零位校准
		因切削液加注不充足或被切屑阻塞而使温度升高，铣刀在热膨胀后被夹紧在工件中，最后使铣刀碎裂	适当加大切削液的压力，并调整角度 必要时可将切削液的浇注方式改成高压的冲洗方式，可迅速地降温和带走切屑

经验总结

① 为防止锯片铣刀折断，可通过表 4-90 的几点措施综合来实现。

表 4-90 防止锯片铣刀折断的措施

序号	措施	详细说明
1	保持锯片铣刀刃口锋利	一般不要使用两侧刀尖明显磨损的铣刀，尤其是不能使用两侧刀尖磨损不均匀的锯片铣刀来切断工件，否则会因两侧受力不平衡而造成铣刀折损
2	校正铣床工作台的零位	需要校正铣床工作台的零位，否则容易把锯片铣刀扭碎，这是锯片铣刀折断的主要原因之一
3	锯片铣刀的直径不应选择得太大	锯片铣刀的直径不应选择得太大，只要能切断工件即可。如确需使用大直径的锯片铣刀切断时，应采用加大的垫圈，以增强铣刀的安装刚性
4	切断较薄工件的注意点	在切断较薄的工件时，最好使锯片铣刀的外圆恰好与工件底面相切，或稍高于底面（小于 0.5mm），这样铣刀与工件的接触角大，同时工作的齿数多，且垂直分力小，铣削平稳、振动小，不易造成打刀现象。此时切断处下面不应在 T 形槽上，而应处在实体上面
5	要密切观察铣削过程	切断时，操作者应注意力集中，要密切观察铣削过程，一发现铣刀因夹持不紧或铣削力过大而导致刀具停转或工件移动，应立即先停止工作台进给，再停止主轴旋转
6	不使用的进给机构紧固	切断时，不使用的进给机构就应紧固
7	切削力应朝向夹具支承部分	切断时的切削力应朝向夹具的主要支承部分
8	充分浇注切削液	在切断韧性金属材料时，应充分浇注切削液
9	可改进锯片铣刀结构及几何角度	可通过改进锯片铣刀的结构及几何角度，以适当提高切削性能

② 切断筒形工件的质量缺陷及分析

除了切断实心工件之外，我们经常还需要切断空心的筒形工件，下面详细讲解切断筒形工件时工件中的废品预防和分析。如图 4-365 所示是把套筒形工件安装在心轴上，心轴夹持在分度头的两顶尖间，用锯片铣刀来切断，结果出现如图 4-366 所示的几种情况的废品。

a. 被切开的两块套筒工件高低尺寸不一致，如图 4-366（a）所示；

b. 两个被切开面放不平，如图 4-366（b）所示；

c. 切开后的两端高度不一致，如图 4-366（c）所示；

d. 被切断表面凹凸不平，成波浪状。

下面对以上几种情况进行分析，见表 4-91。

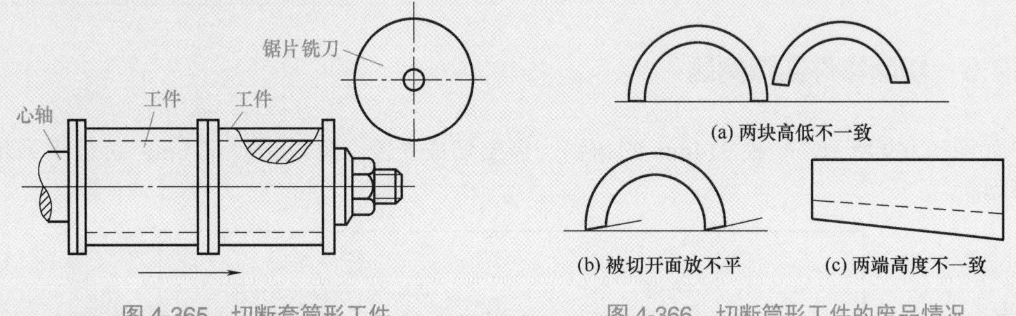

图 4-365　切断套筒形工件

图 4-366　切断筒形工件的废品情况

表 4-91　切断筒形工件的质量缺陷及分析

序号	缺陷分析	详细说明
1	被切开的两块套筒工件高低尺寸不一致	产生如图 4-366（a）所示情况的原因主要是三个方面。一方面是由于心轴制造误差大或装夹得不正确，使心轴中心和万能分度头中心不重合。如图 4-367 所示，*O* 是万能分度头中心，*O′* 是心轴中心。如果工件在心轴上安装正确，这时的 *O′* 也是工件中心。当心轴中心偏离到分度头中心的右侧时，锯片铣刀中心对正心轴中心后，就顺着 *O′* 的垂线切入。在切割另一面时，转动分度摇柄，使分度头主轴转动 180°（铣刀和工作台位置不动），由于心轴中心偏离分度头中心的原因，分度头主轴转动后，心轴中心 *O′* 从右侧转到左侧的 *O″* 处，*a* 点转移到 *b* 点，这时，锯片铣刀仍按第一次位置切过去，当切割完毕，被切开的两块套筒一个高一个低。从图中也可以明显看出 *A*>*B*，若心轴中心偏离分度头中心的距离为 0.1mm，则 *A* 比 *B* 大 0.2mm。第二方面原因是工件安装在心轴上，工件内孔和心轴间隙太大，造成配合松动，这时也会出现上面相同的情况。第三方面原因是万能分度头内的蜗轮与蜗杆磨损严重，造成分度误差以及分度中分度头主轴转动不均匀，或者是因为分度中摇柄转数不准确等方面原因
2	两个被切开面放不平	产生如图 4-366（b）所示情况的主要原因是铣刀中心没有对正工件中心引起的。如图 4-368 所示，铣刀中心偏离工件中心，当铣刀从偏于中心的右侧 *a* 处切入一刀，然后转过 180° 后再从 *b* 处切开一刀，这时的两个切开面就会出现放不平的情况，另外，图 6-368 中的心轴中心和分度头中心不重合时，也会出现两个被切面放不平一类的情况
3	切开后的两端高度不一致	切断中，出现如图 4-366（c）所示的废品主要是由于心轴和工件内孔间隙太大、配合松动以及铣刀中心和工件中心不重合引起的，或者由于工件本身的原因，如两端壁厚不一致、端面与工件中心不重合及外圆不垂直等
4	被切断表面凹凸不平呈波浪状	出现这种情况的原因是所选用锯片铣刀的齿数密，在进刀时引起切屑堵塞，因锯片铣刀厚度薄，使铣刀扭曲，偏离切削方向 直径相等的同一种锯片铣刀，却有几种不同的齿数，所以，根据加工情况要选用疏齿锯片铣刀。由于它的容屑槽大，切屑不容易拥挤，使进刀轻快，就不会造成铣刀切割时改变方向或不规则地扭动。另外，铣削中，工件夹持不牢固发生颤动或工件材料的硬度不均匀等原因也会出现这种情况

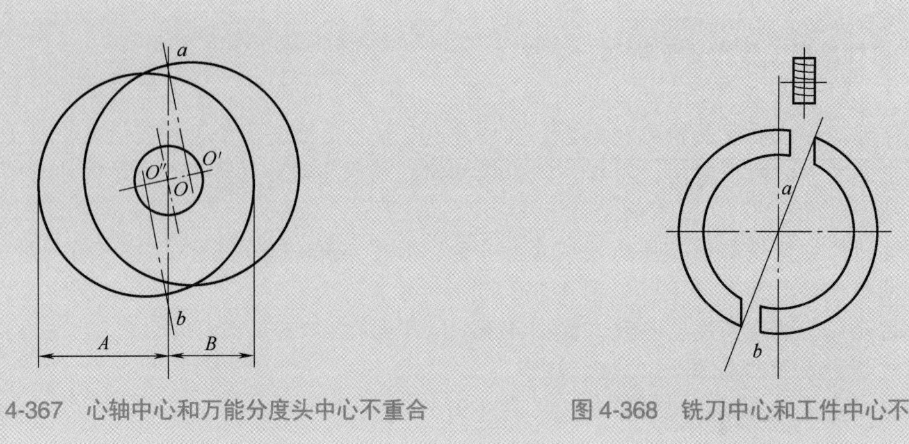

图 4-367　心轴中心和万能分度头中心不重合　　图 4-368　铣刀中心和工件中心不重合

4.12.6　切断零件实操例题

如图 4-369 所示，一根 314mm 的角钢，需要切成 5 段，每段长为 60mm，可按下列步骤进行切断。

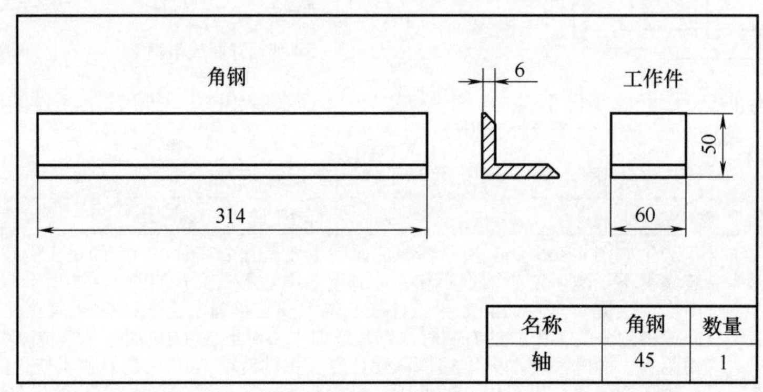

图 4-369　角钢零件

（1）铣削工艺分析（表 4-92）

表 4-92　铣削工艺分析及确认表

序号	切断角钢实操例题铣削工艺分析		完成度（√或 ×）
1	读图	看懂零件图样，了解图样上有关加工部位的尺寸标注、精度要求、表面形状与位置精度和表面粗糙度要求以及其他方面的技术要求	
2	确定装夹方式	单件加工，采用平口钳装夹	
3	选择铣刀	选择铣刀切断工件对铣刀的直径和厚度都有一定的要求，选用直径 160mm、厚度 3mm、齿数 28 的高速钢圆锯片铣刀	

（2）铣削的操作步骤及提示（表 4-93）

表 4-93　铣削的操作步骤及检查表

序号	立式铣床上切断角钢实操例题铣削步骤		完成度（√或 ×）
1	安装平口钳	校正固定钳口面与工作台纵向进给方向平行，要用角钢的两边支承	
2	安装铣刀	安装锯片铣刀时，应尽量将铣刀装得靠近铣床床身，并且要严格控制铣刀的端面跳动和径向圆跳动	

续表

序号	立式铣床上切断角钢实操例题铣削步骤		完成度（√或×）
3	确定铣削用量	由于切断用的铣刀较薄，不能承受太大的切削力，同时切削深度又比较深，所以应采用较小的进给量和切削速度，现采用切削速度 v=24m/min，每齿进给量 f_z=0.3mm，则应将铣床主轴转速调整到 n=47.5r/min，进给量 f= 37.5mm/min	
4	操作方法	在操作时，可用钢尺或标准长度的工件来定出工件与铣刀的相对位置，然后采用逆铣铣削方式进行切断，并充分使用切削液	
5	测量尺寸	测量，卸下工件，去毛刺	

（3）操作中的注意事项与禁忌（表 4-94）

表 4-94 切断角钢安全操作表

序号	安全操作注意事项	符合要求（√或×）
1	工件装夹完毕后应取下平口钳扳手，方能进行铣削	
2	切断过程中不准用手触摸工件和铣刀，不准测量工件，不准突然变换进给速度	
3	进给结束后，工件不能立即在旋转的铣刀下退回，应先降落工作台后再退出	
4	切断时不使用的进给机构应紧固，工作完毕后再松开	
5	切断过程中每次重新装夹工件前，应及时用锉刀修整工件上的锐边并去除毛刺，但不应锉伤工件的已加工表面	
6	用铜锤、木锤轻击工件时，不要砸伤工件已加工表面	
7	铣削钢件时应加注切削液	

4.13 铣窄槽

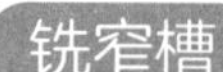

窄槽也当切断做，锯片铣刀来达标，
擦侧对重很重要，夹具护套必不少，
注意深度切到位，防过事前画线条，
速度跳动细观察，切削液把过程保。

零件上宽度较小的直角沟槽（如开口螺钉），如图 4-370 所示，一般常用锯片铣刀铣削。

图 4-370 开口螺钉

4.13.1 工件的装夹与校正（表 4-95）

表 4-95 工件的装夹与校正

序号	装夹与校正工具	详细说明
1	辅助夹具	为了装卸工件方便，又不损伤工件的螺纹部分，可用对开螺母、对开半圆孔夹紧块、带橡胶V 形夹紧块等在平口钳上装夹加工，如图 4-371 所示 (a) 对开螺母 (b) 对开半圆孔夹紧块 (c) 带橡胶V形夹紧块 图 4-371 在平口虎钳上装夹螺钉用辅助夹具
2	螺纹保护套	还可以用开口的螺纹保护套，或垫铜皮，将工件装夹在三爪卡盘上加工，如图 4-372 所示 (a) 螺纹护套 (b) 用三爪卡盘装夹工件 图 4-372 用开口的螺纹保护套在三爪卡盘上装夹工件

4.13.2 对中心方法

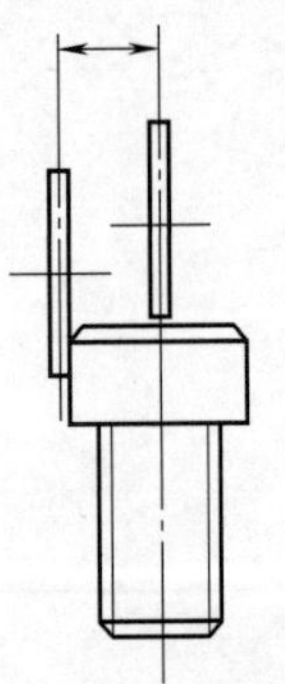

图 4-373 擦侧面对中心

铣窄槽一般用擦侧面对中心的方法。使铣刀侧面刚刚擦着工件侧母线，然后降落工作台，将横向工作台移动一个铣刀宽度和螺钉头部半径距离之和的尺寸，即可对好中心，如图 4-373 所示。最后紧固横向进给机构，调整背吃刀量再加工工件。

4.13.3 铣窄槽的质量缺陷及分析

铣窄槽和切断的操作及检测方法几乎一样，因此其质量缺陷与分析也类似，见表 4-96。

表 4-96 铣窄槽的质量缺陷及分析

序号	质量问题	产生原因	预防措施
1	窄槽的宽度尺寸不对	铣刀磨损	调换铣刀
		没有经过试切检查铣刀	没有经过试切检查铣刀尺寸，就直接铣削工件，铣刀宽度尺寸或直径尺寸不合适，应增加适切步骤
2	表面粗糙度差	铣削用量选择不当	选择合理的铣削用量
		铣刀磨损	调换或重磨铣刀
		切削液使用不当	正确使用切削液

续表

序号	质量问题	产 生 原 因	预 防 措 施
3	锯片铣刀折断	由于铣刀的钝化或端面跳动太大等因素的影响，使铣刀振动太大	采用锋利的锯片铣刀，对实体较厚的工件应采用稀齿的锯片铣刀以增大排屑空间
		由于铣刀没有夹紧，造成铣刀在铣削过程中松动	注意把工件装夹牢固
		紧固螺母的拧紧方向与铣刀旋转方向一致，造成铣刀在铣削过程中松动	必须牢记卧式机床铣刀刀杆的紧固方向
		由于工件没有夹紧或铣削处离夹紧点太远，而使工件有跳动	选择合适铣刀，应保证将铣刀安装牢固
		工作台零位不准时，导致铣刀扭碎	把工作台的零位校准
		因切削液加注不充足或被切屑阻塞而使温度升高，铣刀在热膨胀后被夹紧在工件中，最后使铣刀碎裂	适当加大切削液的压力，并调整角度 必要时可将切削液的浇注方式改成高压的冲洗方式，可迅速地降温和带走切屑

4.14 铣V形槽

铣V形槽

V槽定位和夹紧，机床导轨也常用，
刀头尖尖易损坏，铣削窄槽要先弄，
双角铣刀铣得好，单角组合也轻松，
立床常常扳铣头，算好角度不费工，
一般工件上虎钳，夹具调整莫匆匆，
轴类偶尔铣V槽，分度加工两边动。

V形槽广泛应用于机床夹具，作为轴类零件的定位和夹紧元件，在机床上也被用作V形导轨，如图4-374所示为V形导轨，如图4-375所示为法兰零件的V形槽，如图4-376所示为具有V形槽的V形架，俗称V形铁。

图4-374 V形导轨

图4-375 法兰零件的V形槽

V形槽的主要技术要求见表4-97。

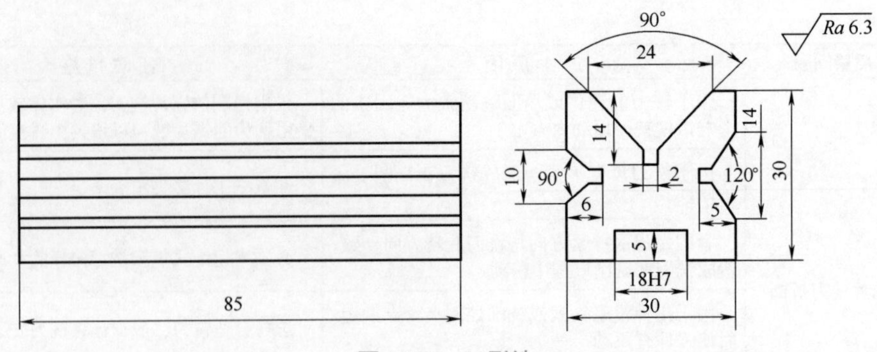

图 4-376　V 形铁

表 4-97　V 形槽的主要技术要求

序号	技术要求	详细说明
1	夹角要求	V 形槽的夹角一般为 120°、90° 或 60°，以 90° V 形槽最为常用
2	对称要求	V 形槽的中心和窄槽的中心重合，一般情况下矩形工件两侧对称于 V 形槽中心
3	垂直要求	V 形槽两 V 形面夹角的中心线垂直于工件基准面
4	窄槽要求	窄槽略深于两 V 形面的交线

4.14.1　V 形槽的铣削方法

（1）铣削窄槽的预操作

使用角度铣刀加工 V 形槽之前，应先用锯片铣刀将槽中间的窄槽铣出（图 4-377），窄槽的作用是使用角度铣刀铣 V 形面时保护刀尖不被损坏，同时，使与 V 形槽配合的表面间能够紧密贴合（图 4-378）。

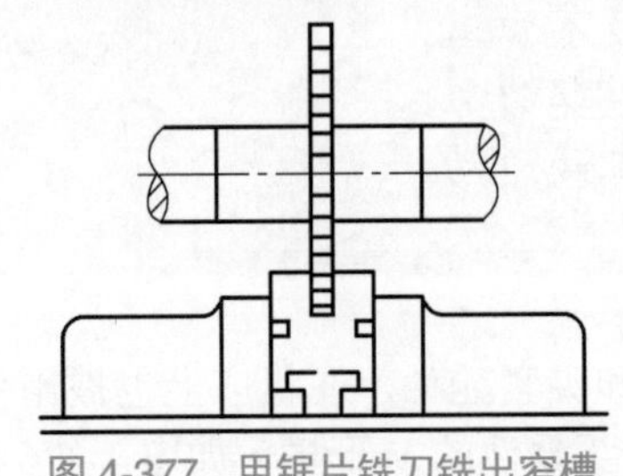
图 4-377　用锯片铣刀铣出窄槽

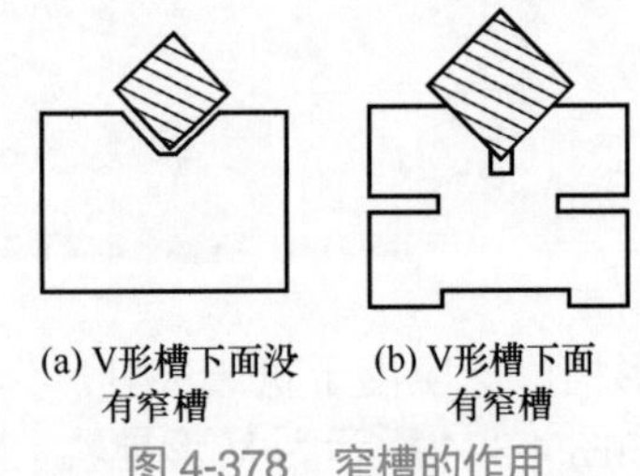
(a) V形槽下面没有窄槽　(b) V形槽下面有窄槽

图 4-378　窄槽的作用

（2）角度铣刀铣削 V 形槽

夹角小于或等于 90° 的 V 形槽，一般都采用与其角度相同的对称双角铣刀加工，见表 4-98。

表 4-98　角度铣刀铣削 V 形槽

序号	铣削方法	详细说明
1	双角铣刀铣 V 形槽	如图 4-379 所示是使用双角铣刀铣 V 形槽的情况，夹具或工件的基准面应与工作台纵向进给方向平行 图 4-379　双角铣刀铣 V 形槽

续表

序号	铣削方法	详细说明
2	单角铣刀铣V形槽	如图4-380所示是使用单角铣刀铣V形槽的情况。单角铣刀的角度等于V形槽角度的一半。铣完一面后将工件转过180°，将V形槽的另一面切削出来，或者将铣刀卸下转动180°，重新安装好后，将V形槽铣出 注意：不转工件而将单角铣刀翻身装夹后也可铣另一个侧面，但比转工件装夹更费时，需要重新对刀，对称度也较差，所以一般不采用此法 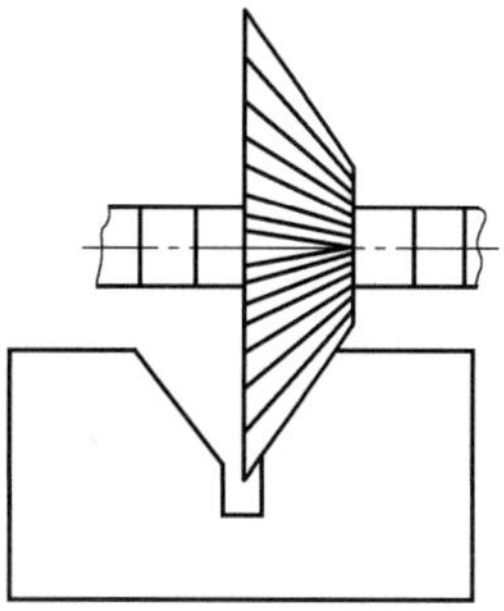 图4-380　单角铣刀铣V形槽
3	单角铣刀组合铣V形槽	用单角铣刀铣V形槽，也常常采用组合铣削的方法（图4-381），就是将锯片铣刀和两个直径相同、角度相同而刀刃刃口相反的单角铣刀（单角铣刀一般为右切削，根据加工要求，也可以制成左切削铣刀）并装在一起，组成所需要的角度，一次走刀可将窄槽和V形槽同时铣出 组合时，两把单角铣刀中间应垫适当厚度（小于窄槽宽度）的垫圈或铜皮，或使两把单角铣刀的刃口错开，以免将铣刀的端面刃口夹坏 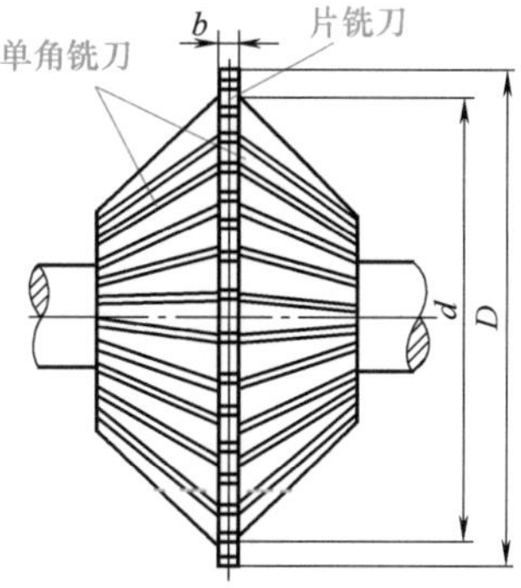 单角铣刀　b　片铣刀　d　D 图4-381　单角铣刀组合铣V形槽

（3）调整立铣头铣V形槽

夹角大于或等于90°、对精度要求不高的V形槽，可在立式铣床上扳转立铣头，用立铣刀铣削，见表4-99。

（4）调整工件铣削V形槽

夹角大于90°时，可采用倾斜工件的方法加工，铣削方法见表4-100。

表4-99　调整立铣头铣V形槽

序号	V形槽	详细说明
1	90° V形槽	将铣头转动45°，利用铣刀圆柱面刀齿与端面刀齿互成垂直的角度关系，把V形槽一次铣出（图4-382）。铣削时，夹具或工件的基准面应与工作台横向进给平行 用该方法铣V形槽时要注意选择好铣刀的直径，防止用小直径铣刀铣大尺寸V形槽，以免出现如图4-383所示的不良情况 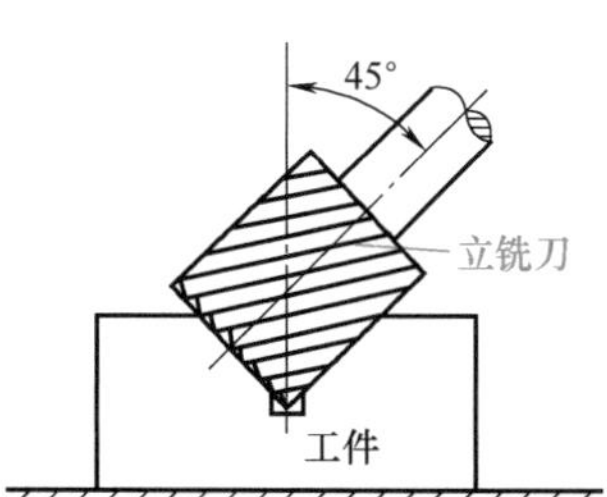 45°　立铣刀　工件 图4-382　铣90° V形槽 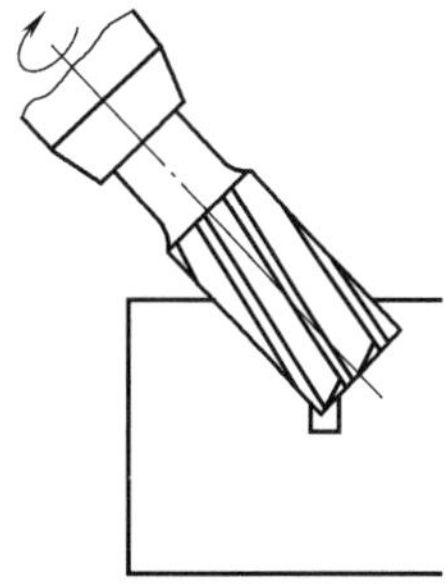　　图4-383　小直径铣刀铣大尺寸V形槽

续表

序号	V 形槽	详细说明	
2	大于 90° V 形槽	如果 V 形槽夹角大于 90°，这时，可使用立铣刀，按照 V 形槽一半的角度 θ 转动铣头先铣出一面，然后，使铣头转动 2θ 的角度，将 V 形槽的另一面加工出来（图 4-384）	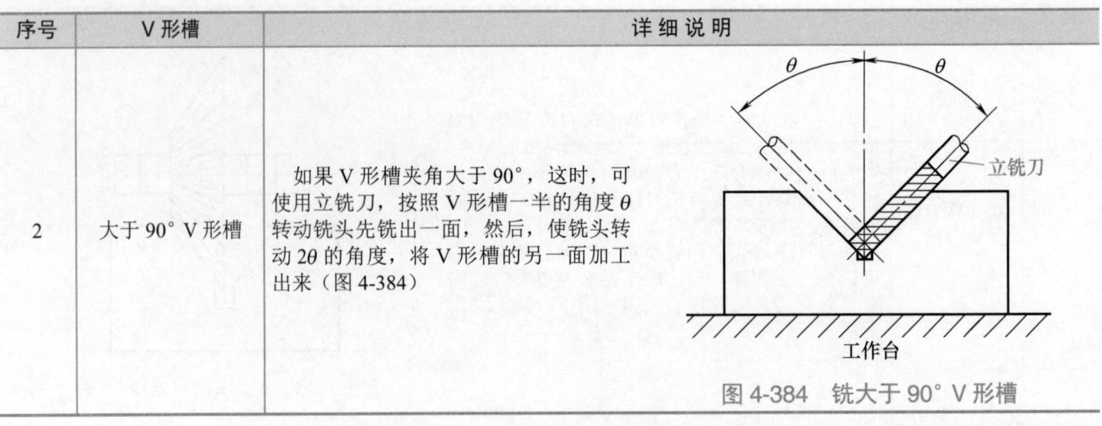 图 4-384　铣大于 90° V 形槽

表 4-100　调整工件铣削 V 形槽

序号	铣削方法	详细说明	
1	平口钳装夹铣 V 形槽	先按划线校正 V 形槽的一个侧面，使之与工作台台面平行装夹，铣完一侧后，重新校正装夹另一侧，再铣成形，如图 4-385 所示。夹角等于 90° 且尺寸不大的工件的 V 形槽，则可一次装夹铣成形。铣削时，先用锯片铣刀铣削出窄槽，然后将工件倾斜铣削出 V 形槽	图 4-385　调整工件角铣 V 形槽
2	专用夹具铣 V 形槽	如图 4-386 所示是使用专用夹具改变工件安装位置铣 90° V 形槽的情况，这时，工件安装位置倾斜 45°，用三面刃铣刀或其他直角铣刀切削	图 4-386　专用夹具铣 V 形槽
3	轴件上铣 V 形槽	如图 4-387 所示是在轴件上铣 V 形槽，轴件安装在万能分度头上，用盘形槽铣刀或三面刃铣刀切削。当铣刀中心线对正工件中心线后先铣出直角槽，然后，将工件按图中箭头方向旋转一个角度 δ（δ 为 V 形槽角度的一半），同时，使工作台（工件）移动距离 B，铣出 V 形槽的一面后，再使工件反向转动 2δ 的角度，并使工作台反向移动 $2B$ 的距离，将 V 形槽的另一面铣出	图 4-387　在万能分度头上安装工件

4.14.2 V 形槽的检测方法

V 形槽的槽宽和槽角几何参数示意图如图 4-388 和图 4-389 所示，其检测项目有 V 形槽宽度 b、V 形槽槽角 α 和 V 形槽对称度，详细说明见表 4-101。

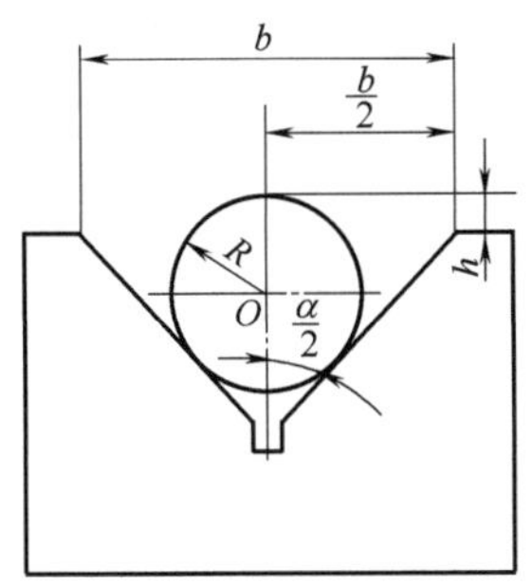

图 4-388 V 形槽的槽宽 b 的测量计算

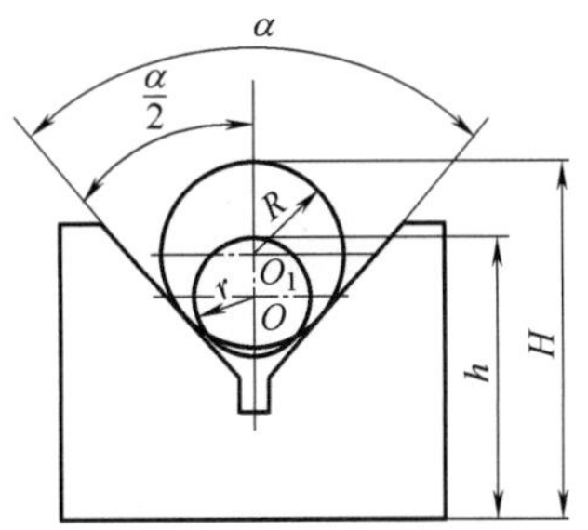

图 4-389 V 形槽槽角的测量计算

表 4-101 V 形槽的检测方法

序号	检测内容	详细说明	
1	V 形槽宽度 b	用游标卡尺直接测量槽宽	用游标卡尺直接测量槽宽 b，测量简便，但检测精度差
		用标准量棒间接测量槽宽	测量精度较高，如图 4-390 所示 测量时，先间接测得尺寸 h，然后根据式（4-5）计算得出 V 形槽宽度 b $$b=2\tan\frac{\alpha}{2}\left(\frac{R}{\sin\frac{\alpha}{2}}+R-h\right) \quad (4\text{-}5)$$ 式中 R——标准量棒半径，mm； α——V 形槽槽角，（°）； h——标准量棒上素线至 V 形槽上平面的距离，mm
2	V 形槽槽角 α	用角度样板测量	通过观察工件与样板间的缝隙判断 V 形槽槽角 α 是否合格
		用游标万能角度尺测量	如图 4-390 所示，测量角度尺测 β_2，间接测出 V 形槽半槽角 $\alpha/2$ 图 4-390 用游标万能角度尺测量 V 形槽槽角 α
		用标准量棒间接测量槽角	此法测量精度较高，如图 4-391 所示 测量时，先后用两根不同直径的标准量棒进行间接测量，分别测得尺寸 H 和 h，然后根据公式（4-6）计算，求出槽角的实际值 $$\sin\frac{\alpha}{2}=\frac{R-r}{(H-R)-(h-r)} \quad (4\text{-}6)$$ 式中 R——较大标准量棒的半径，mm； r——较小标准量棒的半径，mm； H——较大标准量棒上素线至 V 形架底面的距离，mm； h——较小标准量棒上素线至 V 形架底面的距离，mm

续表

序号	检测内容	详细说明
3	V形槽对称度	测量时，V形槽内放一标准量棒，分别以V形架两侧面为基准，放在平板平面上，用杠杆百分表测量量棒最高点。若两次测量的读数相同，则V形槽的中心平面与V形架中心平面重合（对称），两次测量读数之差，即为对称度误差，如图4-391所示。如用高度尺测量量棒最高点，则可求得V形槽中心平面至侧面的实际距离 图4-391 V形槽对称度的检测

4.14.3 铣V形槽的质量缺陷及分析

V形槽的质量不仅与铣削时所用的铣床、夹具和铣刀的质量有关，还与铣削用量和切削液的合理选用等诸多因素有关。铣V形槽常见的质量缺陷及分析见表4-102。

表4-102 铣V形槽的质量缺陷及分析

序号	质量问题	产生原因	预防措施
1	V形槽的宽度尺寸超允许差	角度铣刀磨损	调换铣刀
		没有经过试切检查铣刀	没有经过试切检查铣刀尺寸，就直接铣削工件，铣刀宽度尺寸或直径尺寸不合适，应增加适切步骤
		角度铣刀刀杆弯曲，铣刀摆差（端面摆差）大	调换或校正刀杆
		立铣刀装夹不好，与主轴同轴度差（径向摆差）	重新装夹，调整铣刀
		进给量过大，吃刀深度过大，产生“让刀”现象，将槽铣宽	适当减少一次铣削量，必要时可采用分层铣削的方法
		铣V形槽时，深度不准使槽口尺寸不准	选择合理的深度
2	V形槽底与轴线不平行	工件装夹不准确	仔细装夹，找正工件，使轴线与工作台面平行
		铣刀被铣削力拉下	将铣刀安装牢靠，适当减小铣削用量
		选用的垫铁不平行，或选用的两V形架不等高	
3	V形槽对称性不好	对刀偏差太大，铣刀让刀量大	仔细对刀，控制让刀量，根据让刀方向调整工件位置
		修正时，偏差方向搞错	搞清偏差方向，准确移动工作台距离
		铣削中，铣刀让刀量过大	重新装夹刀具，并调整合适的铣削用量
		轴槽两侧扩铣余量不一致	检查刀具的安装，重新对刀
		调整工件时工件二次装夹有误差	重新装夹工件
4	V形槽角度超差	调整立铣头铣削V形槽角度不对	重新调整立铣头角度
		调整工件铣削V形槽角度不对	对安装好的工件仔细校对
5	表面粗糙度差	铣削用量选择不当	选择合理的铣削用量
		铣刀磨损	调换或重磨铣刀
		切削液使用不当	正确使用切削液
6	V形槽一面损伤	用立铣刀铣削V形槽时，立铣刀的端面刃齿铣伤另一个V形面	操作时应注意铣刀刀尖对准窄槽中心，或将刀尖略向铣削面偏移一点（偏移后的刀尖应仍处在窄槽范围内）
7	槽侧与工件侧母线不平行	用平口钳或V形架装夹工件时，平口钳或V形架没有校正好，导致工件侧素线与进给方向不平行	仔细校正夹具和工件
		加工过程中，工件走动	工件要压紧牢靠

4.14.4 铣V形槽零件实操例题

V形架材料为45钢，V形架零件图样如图4-392所示。

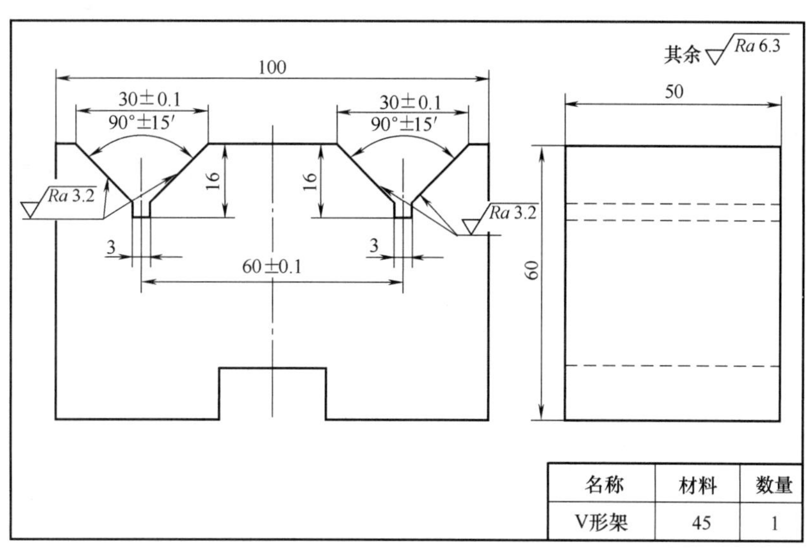

图4-392 V形架零件

（1）铣削工艺分析（表4-103）

表4-103 铣削工艺分析及确认表

序号	铣V形槽实操例题铣削工艺分析		完成度（√或×）
1	读图	看懂零件图样，了解图样上有关加工部位的尺寸标注、精度要求、表面形状与位置精度和表面粗糙度要求以及其他方面的技术要求	
2	检查毛坯	对照零件图样检查毛坯尺寸和形状，了解毛坯余量的大小	
3	确定装夹方式	单件加工，采用平口钳装夹	
4	确定参数	V形槽表面粗糙度为3.2μm	
5	确定窄槽加工方法	在卧式铣床上用平口钳装夹工件来铣削窄槽	
6	确定V形槽加工方法	在立式铣床上用调转立铣头的方法来铣削V形槽	

（2）铣削的操作步骤及提示（表4-104和表4-105）

表4-104 铣削的操作步骤及检查表（一）

序号	卧式铣床上铣V形槽实操例题铣削步骤		完成度（√或×）
1	安装平口钳	校正固定钳口面与工作台纵向进给方向平行	
2	安装锯片铣刀	选择并安装锯片铣刀80mm×3mm×22mm	
3	安装工件	安装并校正工件	
4	铣刀对中心	用试切法对中心，以保证其对称度要求	
5	调整铣削用量	调整铣削用量，主轴转速取n=118r/min	
6	铣削封闭槽	按深度尺寸16mm手动进给铣削两窄槽至要求尺寸，手动进给铣削	
7	测量尺寸	测量，卸下工件，去毛刺	

表 4-105　铣削的操作步骤及检查表（二）

序号	立式铣床上铣削 V 形槽实操例题铣削步骤		完成度（√或 ×）
1	安装平口钳	校正固定钳口面校正与工作台横向进纵给方向平行	
2	安装工件	安装并校正工件，工件与平口钳导轨贴实、夹紧	
3	安装铣刀	选择并安装立铣刀	
4	调整铣削用量	调整适当的切削用量	
5	粗铣	先按划线粗铣，留余量 1mm	
6	半精铣	调整切削层深度，半精铣 V 形槽一个侧面，然后将工件转 180° 装夹，铣削另一个 V 形槽的一个侧面；继而将工作台横向移动（60±0.1）mm 后，用相同方法铣两个 V 形槽的另一侧面	
7	精铣	半精铣后用量棒测得实际尺寸后，调整并精铣至（30±0.1）mm	
8	测量尺寸	测量，卸下工件，去毛刺	

（3）操作中的注意事项与禁忌（表 4-106）

表 4-106　铣 V 形槽安全操作表

序号	安全操作注意事项	符合要求（√或 ×）
1	工件装夹完毕后应取下平口钳扳手，方能进行铣削	
2	调整铣削宽度时，若手柄摇过头，应注意消除丝杠与螺母间的间隙，以免尺寸出错	
3	铣削过程中不准用手触摸工件和铣刀，不准测量工件，不准突然变换进给速度	
4	进给结束后，工件不能立即在旋转的铣刀下退回，应先降落工作台后再退出	
5	铣削时不使用的进给机构应紧固，工作完毕后再松开	
6	铣削过程中每次重新装夹工件前，应及时用锉刀修整工件上的锐边并去除毛刺，但不应锉伤工件的已加工表面	
7	用铜锤、木锤轻击工件时，不要砸伤工件已加工表面	
8	铣削时应加注充足的切削液	

4.15　铣 T 形槽

铣 T 形槽

T 槽加工分步骤，直槽在先底槽后，
足量使用切屑液，注意排屑慢行走，
根据工艺留倒角，直槽也可往深求，
两端不穿 T 形槽，落刀孔要预先留。

T 形槽多见于机床（如铣床、牛头刨床、平面磨床等）工作台，用于与机床附件、夹具配套时定位和固定，如图 4-393 所示为带有 T 形槽的工件，图 4-394 为一种 T 形槽工件的尺寸。

T 形槽已标准化，由直槽和底槽组成，根据使用要求分基准槽和固定槽。基准槽的尺寸精度和形状、位置要求比固定槽高。T 形槽的主要技术要求见表 4-107。

图 4-393 T 形槽工作台

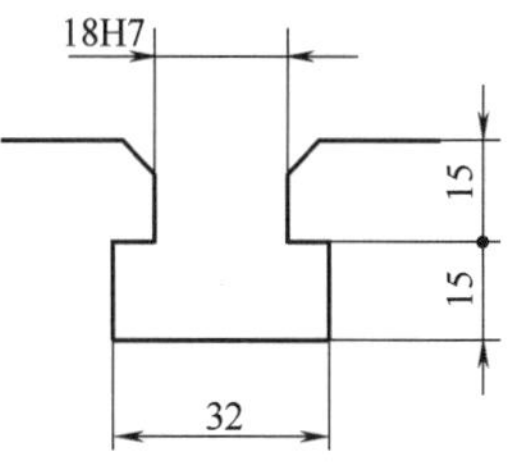

图 4-394 T 形槽工件尺寸

表 4-107 T 形槽的主要技术要求

序号	技术要求	详细说明
1	精度要求	T 形槽直槽宽度尺寸精度：基准槽为 IT8 级，固定槽为 IT12 级
2	平行要求	基准槽的直槽两侧面应平行（或垂直）于工件的基准面
3	对称要求	底槽的两侧面应基本对称于直槽的中心平面
4	粗糙度求	直槽两侧面的表面粗糙度 *Ra*：基准槽为 2.5μm，固定槽为 6.3μm

4.15.1 T 形槽的铣削方法

（1）一般 T 形槽铣削

一般 T 形槽的铣削如图 4-395 所示，先用立铣刀或二面刃铣刀铣削出直槽，然后在立式铣床上安装 T 形槽铣刀铣削出 T 形槽，最后用角度铣刀在槽口倒角。T 形槽铣削步骤见表 4-108。

图 4-395 一般 T 形槽

表 4-108 一般 T 形槽铣削步骤

序号	铣削步骤	详细说明
1	安装工件	铣削 T 形槽时通常先在工件表面划上线印，安装工件时按照线印找正并确定铣刀切削位置
2	选择铣刀	铣 T 形槽要先铣出直角槽，使用立铣刀或三面刃铣刀铣直角槽，根据 T 形槽的直角槽宽度选择合适的铣刀直径或宽度。选择 T 形槽铣刀时，要使直径和高度符合 T 形槽的宽度和高度
3	铣削直角槽	如图 4-396 所示，铣刀安装好后，摇动工作台，使铣刀对准工件毛坯上的线印，并紧固防止工作台横向移动的手柄。开始切削时，采取手动进给，铣刀全切入工件后，再用自动进给进行切削 图 4-396 铣 T 形槽直角槽

续表

序号	铣削步骤	详细说明
4	铣削 T 形槽	如图 4-397 所示，铣削中要充分使用切削液，并且最好用手均匀摇动或采用较小进给量和铣削速度。另外，切削中注意及时排除切屑，防止切屑堵塞，造成铣刀折断 图 4-397　铣 T 形槽
5	铣倒角	如图 4-398 所示，装上燕尾式铣刀铣倒角 图 4-398　铣 T 形槽倒角

经验总结

铣 T 形槽应特别注意的事项如表 4-109 所示。

表 4-109　铣 T 形槽的注意事项

序号	注意事项	详细说明
1	注意排屑	T 形槽铣刀切削时，由于切削部分埋在工件里，使切屑排出非常困难，容易将容屑槽填满而使铣刀失去切削能力，甚至使刀具折断。因此，铣削过程中应经常退刀，清除切屑
2	T 形槽铣刀易折断	T 形槽铣刀的颈部直径较小，要注意因铣刀受到过大的铣削力和突然的冲击力而折断
3	切削发热大	由于排屑不畅，切削时热量不易散失，铣刀容易发热，在铣削钢件时，应充分浇注切削液
4	T 形槽铣刀不能用得太钝	因钝刀具的切削能力减弱，铣削力和切削热会迅速增加，所以用钝的 T 形槽铣刀铣削是铣刀折断的主要原因之一
5	选择合适的进给量和切削速度	T 形槽铣刀在切削时的工作条件较差，所以要采用较小的进给量和较低的切削速度。但铣削速度不能太低，否则会降低铣刀的切削性能并增加每齿的进给量
6	适当增加直角槽深度	为了改善切屑的排出条件并减少铣刀与槽底面的摩擦，在设计和工艺人员的允许条件下，可把直角槽稍铣深些，这时铣好的 T 形槽形状如图 4-399 所示。这种形状的 T 形槽对实际应用没有多大影响 图 4-399　槽底不平的 T 形槽

（2）两端不穿通T形槽铣削

两端不穿通的T形槽如图4-400所示，铣削前应先在T形槽的一端顶钻落刀孔，如图4-401所示，落刀孔的直径应大于T形槽铣刀的切削部分直径。铣削出直槽后，在落刀孔处落刀铣削出T形槽。

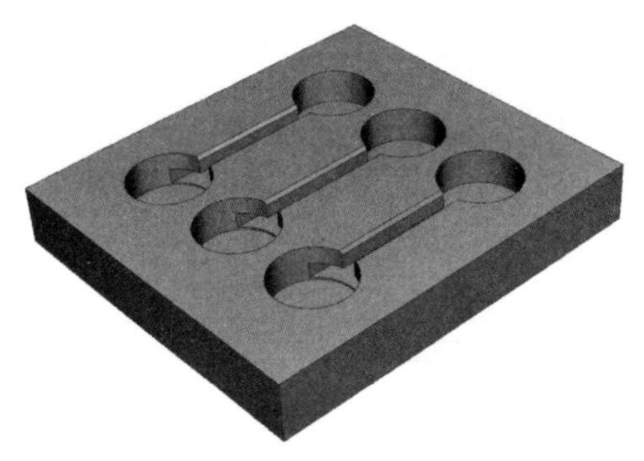

图4-400　两端不穿通的T形槽

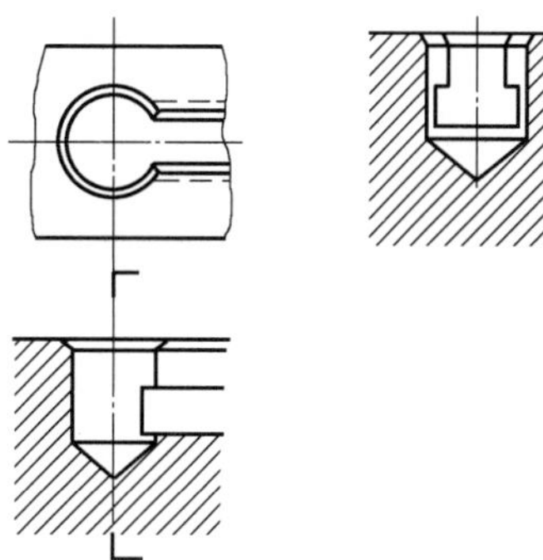

图4-401　不穿通的T形槽落刀孔

4.15.2　T形槽的检测方法

T形槽的槽宽、槽深以及底槽与直槽的对称度可用游标卡尺测量，直槽对工件基准面的平行度可在平板上用杠杆百分表检测。其具体操作方法与直角沟槽、键槽、V形槽雷同，不再赘述。

4.15.3　铣T形槽的质量缺陷及分析（表4-110）

表4-110　铣T形槽的质量缺陷及分析

序号	质量问题	产生原因	预防措施
1	尺寸公差超差	铣刀尺寸不准，使得T形槽的宽度不准	选择合适的铣刀
		工作台移动尺寸不准	调整工作台移动尺寸
2	形位公差超差	铣刀形状不准	选择合适的铣刀
		用通用铣刀铣削时，立铣头倾斜角度不准	调整立铣头倾斜角度
3	槽侧与工件侧母线不平行	用平口钳或V形架装夹工件时，平口钳或V形架没有校正好，导致工件侧素线与进给方向不平行	仔细校正夹具和工件
4	表面粗糙度差	加工过程中，工件走动	工件要压紧牢靠
		工件外圆直径不一致，有锥度	如果是初加工，则必须选择合格的初加工的工件； 如果是后续加工，则必须往前查找问题所在，修正或重新加工
		切削液不够充分	添加切削液
		铣刀磨损变钝	更换铣刀
		铣削时振动太大	采取措施减小振动

4.15.4　铣T形槽零件实操例题

铣T形槽毛坯采用上例中的V形槽练习件，T形槽零件图样如图4-402所示。

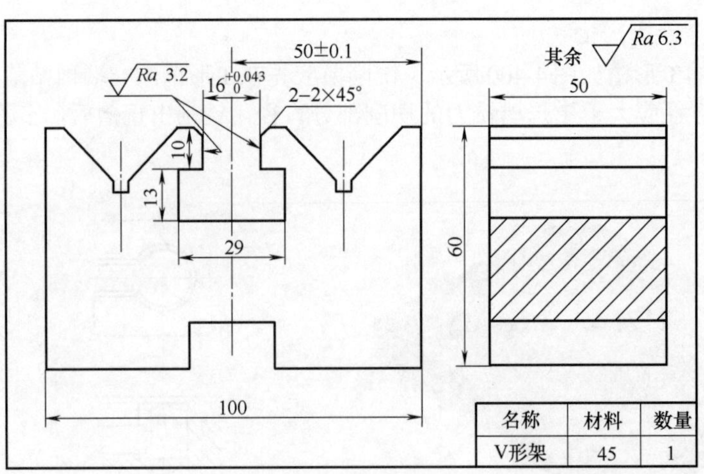

图 4-402　T 形槽零件

(1) 铣削工艺分析（表 4-111）

表 4-111　铣削工艺分析及确认表

序号	铣 T 形槽实操例题铣削工艺分析		完成度（√或 ×）
1	读图	看懂零件图样，了解图样上有关加工部位的尺寸标注、精度要求、表面形状与位置精度和表面粗糙度要求以及其他方面的技术要求	
2	检查毛坯	对照零件图样检查毛坯尺寸和形状，了解毛坯余量的大小	
3	确定装夹方式	单件加工，采用平口钳装夹	
4	确定参数	T 形槽表面粗糙度为 3.2μm	
5	确定直槽加工方法	在立式铣床上用平口钳装夹工件铣削直槽	
6	确定 T 形槽加工方法	换 T 形槽刀，继续上一步操作，完成 T 形槽加工	

(2) 铣削的操作步骤及提示（表 4-112）

表 4-112　铣削的操作步骤及检查表

序号	立式铣床上铣 T 形槽实操例题铣削步骤		完成度（√或 ×）
1	选择铣刀	选择直径 14mm 的锥柄立铣刀和 16mm 的 T 形槽铣刀、80mm×22mm×27mm 的 90° 对称双角铣刀	
2	安装、校正平口钳	校正固定钳口面与工作台纵向进给方向平行，装夹工件	
3	铣直槽	用立铣刀粗、精铣直槽，保证宽度 16mm，深度至 22mm	
4	铣底槽	用 T 形槽铣刀铣底槽至尺寸	
5	倒角	用对称双角铣刀在卧式铣床上对槽口倒角 2×45°	
6	测量尺寸	测量，卸下工件，去毛刺	

(3) 操作中的注意事项与禁忌（表 4-113）

表 4-113　铣 T 形槽安全操作表

序号	安全操作注意事项	符合要求（√或 ×）
1	工件装夹完毕后应取下平口钳扳手，方能进行铣削	
2	调整铣削宽度时，若手柄摇过头，应注意消除丝杠与螺母间的间隙，以免尺寸出错	
3	铣削过程中不准用手触摸工件和铣刀，不准测量工件，不准突然变换进给速度	
4	进给结束后，工件不能立即在旋转的铣刀下退回，应先降落工作台后再退出	
5	铣削时不使用的进给机构应紧固，工作完毕后再松开	

续表

序号	安全操作注意事项	符合要求（√或×）
6	铣削过程中每次重新装夹工件前，应及时用锉刀修整工件上的锐边并去除毛刺，但不应挫伤工件的已加工表面	
7	用铜锤、木锤轻击工件时，不要砸伤工件已加工表面	
8	铣削时应加注充足的切削液	

4.16 铣燕尾槽

燕尾槽与燕尾块，配合使用做引导，
宽深对角精度高，斜面平面粗糙小，
加工直槽开在先，专刀铣出燕尾槽，
燕尾块需铣阶台，两侧加工莫忘掉，
若是配合细看图，千万莫把尺寸超，
槽内微微有斜度，间隙补偿调镶条。

4.16.1 燕尾槽的主要技术要求

燕尾槽与燕尾块是配合使用的，如图 4-403 所示为燕尾槽与燕尾块。在机械设计制造中，常采用燕尾结构作为直线运动的引导件或紧固件，如燕尾导轨（图 4-404）等。

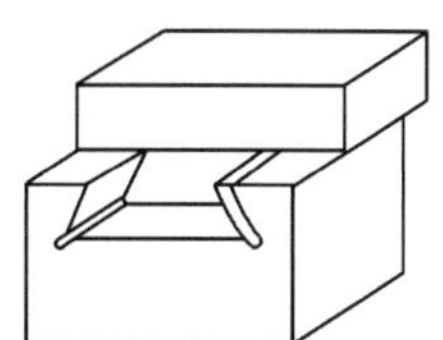

图 4-403 燕尾槽与燕尾块

图 4-404 燕尾导轨

燕尾结构的主要技术要求见表 4-114。

表 4-114 燕尾结构的主要技术要求

序号	技术要求	详细说明
1	燕尾结构	燕尾结构的燕尾槽和燕尾块之间有相对直线运动，因此，对角度、宽度、深度应具有较高的精度要求，斜面的平面度要求较高，且表面粗糙度 *Ra* 要小
2	燕尾的角度	燕尾的角度 α 有 45°、50°、55°、60°等多种，一般采用 55°
3	配合镶条	燕尾槽在与燕尾块配合时，大多在中间有一块镶条（俗称塞铁），用以调整配合间隙。为便于间隙的调整，也有将燕尾槽一侧的燕尾侧面制成带斜度的（图 4-405），与具有相同斜度的镶条相配（图 4-406），只要沿相对直线运动方向移动塞铁，就可方便、准确地调整间隙和补偿磨损

续表

序号	技术要求	详 细 说 明
3	配合镶条	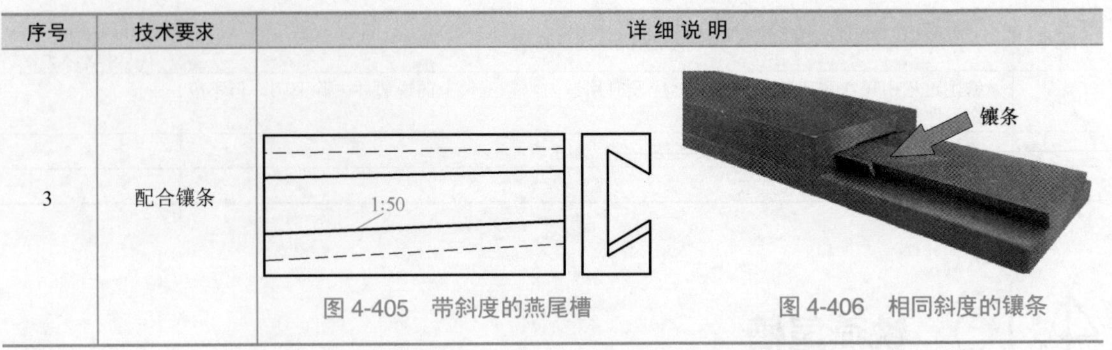 图 4-405　带斜度的燕尾槽　　图 4-406　相同斜度的镶条

4.16.2　燕尾槽的铣削方法

（1）燕尾槽铣刀铣削燕尾槽（表 4-115）

表 4-115　燕尾槽铣刀铣削燕尾槽

序号	项目	详 细 说 明
1	铣削燕尾槽	第一步，先在立式铣床上用立铣刀或面铣刀铣削出直槽，如图 4-407 所示； 第二步，再用专用的燕尾槽铣刀铣削出燕尾槽，如图 4-408 所示 图 4-407　铣削出直槽　　图 4-408　铣削出燕尾槽
2	铣削燕尾块	第一步，先在立式铣床上用立铣刀或面铣刀铣削阶台，如图 4-409 所示； 第二步，再用专用的燕尾槽铣刀铣削出燕尾块，如图 4-410 所示 图 4-409　铣削阶台　　图 4-410　铣削出燕尾块

（2）单角铣刀铣削燕尾槽

单件生产时，若没有合适的燕尾槽铣刀，可用与燕尾槽角度相等的单角铣刀铣削，如图 4-411 所示。铣削时，立铣头应倾斜角度等于燕尾槽角度 α，因偏转角度较大，安装单角铣刀的刀杆长度相应适当增长。

另外，铣刀杆不要露出铣刀端面，有碍切削（可选用内胀式夹紧铣刀的铣刀杆）。

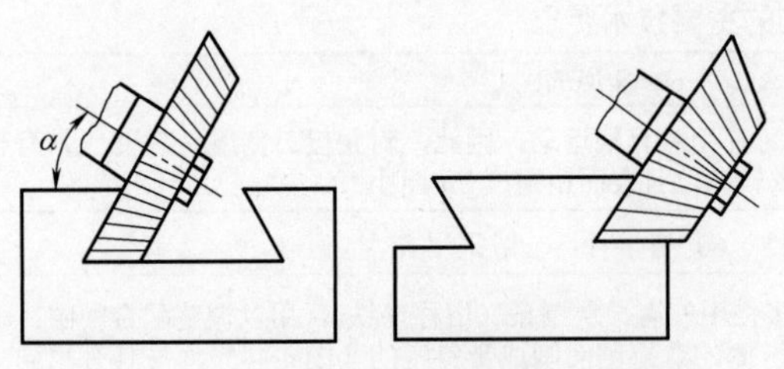

图 4-411　单角铣刀铣削燕尾槽和燕尾块

（3）带有斜度的燕尾槽铣削步骤（表 4-116）

表 4-116　带有斜度的燕尾槽铣削步骤

序号	铣削步骤	详细说明
1	铣削直槽	在立式铣床上用立铣刀或面铣刀铣削出直槽，如图 4-412 所示 图 4-412　铣削出直槽
2	铣燕尾槽	在铣削完直槽后，先用燕尾槽铣刀铣削出不带斜度的一侧，如图 4-413 所示 图 4-413　铣削燕尾槽
3	铣斜燕尾槽	然后松开压板，将工件按图样规定的方向和斜度调整至与工作台进给方向成一定斜角，铣削出带斜度的一侧，如图 4-414 所示 图 4-414　铣削斜燕尾槽

4.16.3　燕尾结构检测方法

燕尾槽和燕尾块的检测内容如图 4-415 所示，详细说明见表 4-117。

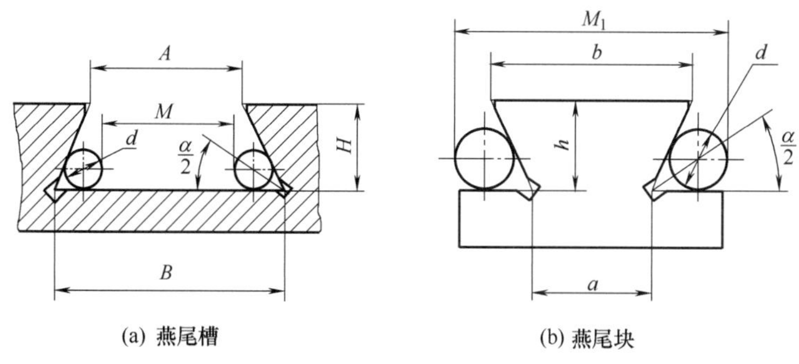

(a) 燕尾槽　　(b) 燕尾块

图 4-415　燕尾结构的检测内容

表 4-117　燕尾槽、燕尾块的检测内容

<table>
<tr><th>序号</th><th>检测内容</th><th>详细说明</th></tr>
<tr><td>1</td><td>槽角 α</td><td>燕尾槽和燕尾块的槽角 α 可用游标万能角度尺测量</td></tr>
<tr><td>2</td><td>槽深和块高</td><td>燕尾槽的深度、燕尾块的高度可用深度尺测量</td></tr>
<tr><td>3</td><td>宽度</td><td>燕尾槽、燕尾块的宽度由于工件有空刀槽和倒角，须借用两标准量棒间接测量，如图 4-416 所示。用游标卡尺测得两标准量棒之间的距离 M 或 M_1，可计算出燕尾槽的宽度或燕尾块的宽度
燕尾槽宽度的计算如下：
$$A = M + d\left(1+\cot\frac{\alpha}{2}\right) - 2H\cot\alpha$$
$$B = M + d\left(1+\cot\frac{\alpha}{2}\right)$$
式中　A——燕尾槽最小宽度，mm:
B——燕尾槽最大宽度，mm;
M——两标准量棒内侧距离，mm;
d——标准量棒直径．mm;
α——燕尾槽槽角，(°)；
H——燕尾槽槽深，mm

燕尾块宽度的计算如下：
$$a = M_1 - d\left(1+\cot\frac{\alpha}{2}\right)$$
$$b = M_1 + 2h\cot\alpha - d\left(1+\cot\frac{\alpha}{2}\right)$$
式中　a——燕尾块最小宽度，mm;
b——燕尾块最大宽度，mm;
M_1——两标准量棒外侧距离，mm;
d——标准量棒直径，mm;
α——燕尾块角度，(°)；
h——燕尾块高度，mm</td></tr>
<tr><td>4</td><td>专用样板</td><td>批量加工中，可使用专用样板进行检查。如图 4-416 所示是采用样板检测燕尾槽的情况。先使样板的 K 面和燕尾槽两边的上平面贴合好，然后测量燕尾槽的角度 α、高度 H 和上槽宽 B，(公差按界限量规通端的尺寸公差确定)，再将样板转过 180°，测量燕尾槽另一个角度面。用这种方法还能对燕尾槽的对称性进行检测

图 4-416　样板检测内燕尾槽</td></tr>
<tr><td>5</td><td>燕尾块平行度</td><td>检测燕尾块全长度的平行度时，可使用如图 4-417 所示的专用工具
如图 4-417 所示工具由表架 3、球头调整柱 5、锁母 4 和锁紧手把 2 等组成。测量前，两个标准圆柱 6、7 放在外燕尾角度槽处。将百分表 1 装在表架 3 一端，此端开有一段缺口，百分表 1 插进带缺口的圆孔内，用锁紧手把 2 紧固。另一端是球头调整柱 5，根据需要调整好伸出距离，使调整柱顶端和标准圆柱 6 接触好，调整合适后即可用锁母锁紧。测量中，使百分表 1 的触头抵住标准圆柱 7，在燕尾槽的全长上一边推动表架 3 顺着燕尾槽方向平稳移动，一边观察百分表上指针的变化情况，由此可知，燕尾槽的平行度是否超出允许偏差

图 4-417　检测燕尾块专用工具
1—百分表；2—锁紧手把；3—表架；4—锁母；5—球头调整柱；6、7—标准量柱</td></tr>
</table>

4.16.4　铣燕尾槽的质量缺陷及分析（表 4-118）

表 4-118　铣燕尾槽的质量缺陷及分析

序号	质量问题	产生原因	预防措施
1	燕尾槽两端宽度不一致	这是由工作台导轨不平行造成	校正工件时应消除工作台不平行误差
2	燕尾槽与基准面不平行	基面与纵向工作台进给方向不平行	应校正基面与纵向工作台进给方向平行

续表

序号	质量问题	产生原因	预防措施
3	燕尾槽宽度超差	计算不正确	重新计算
		工作台进给不准确	进给时仔细操作
4	表面粗糙度差	加工过程中，工件走动	工件要压紧牢靠
		切屑液不够充分	添加切屑液
		铣刀磨损变钝	更换铣刀
		铣削时振动太大	采取措施减小振动
		进给速度过大	适当降低进给速度

4.16.5 铣燕尾槽零件实操例题

毛坯采用上例中的T形槽练习件，燕尾槽零件图样如图4-418所示。

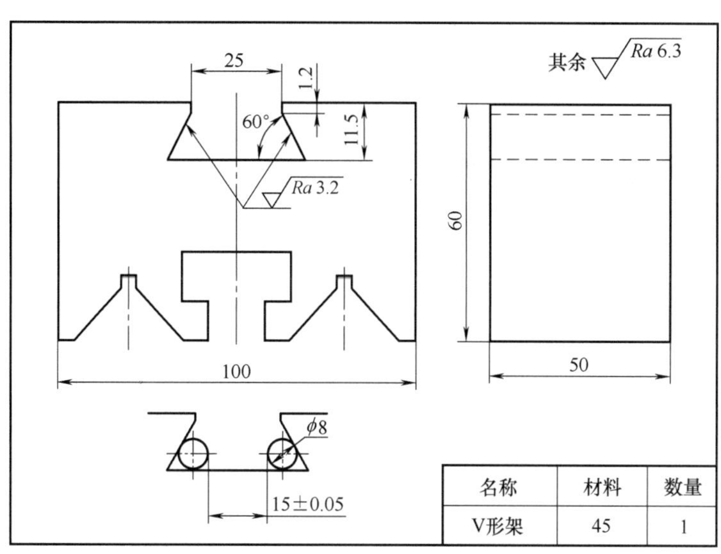

图4-418 铣削燕尾槽

（1）铣削工艺分析（表4-119）

表4-119 铣削工艺分析及确认表

序号	铣燕尾槽实操例题铣削工艺分析		完成度（√或×）
1	读图	看懂零件图样，了解图样上有关加工部位的尺寸标注、精度要求、表面形状与位置精度和表面粗糙度要求以及其他方面的技术要求	
2	检查毛坯	对照零件图样检查毛坯尺寸和形状，了解毛坯余量的大小	
3	确定装夹方式	单件加工，采用平口钳装夹。	
4	确定参数	燕尾槽槽表面粗糙度为3.2μm	
5	确定燕尾槽加工方法	在立式铣床上铣削燕尾槽	

（2）铣削的操作步骤及提示（表4-120）

表4-120 铣削的操作步骤及检查表

序号	立式铣床上铣燕尾槽实操例题铣削步骤		完成度（√或×）
1	选择铣刀	选择ϕ22mm的锥柄立铣刀和直径为32mm、角度为60°的燕尾槽铣刀	
2	安装、校正平口钳	校正固定钳口面与工作台纵向进给方向平行，装夹工件	

续表

序号	立式铣床上铣燕尾槽实操例题铣削步骤		完成度（√或×）
3	铣直槽	用立铣刀粗、精铣直槽，至尺寸25mm，深11mm	
4	铣底槽	用立铣刀粗、精铣燕尾槽，至尺寸（15±0.05）mm，深11.5mm	
5	测量尺寸	测量，卸下工件，去毛刺	

（3）操作中的注意事项与禁忌（表4-121）

表4-121　铣燕尾槽安全操作表

序号	安全操作注意事项	符合要求（√或×）
1	工件装夹完毕后应取下平口钳扳手，方能进行铣削	
2	调整铣削宽度时，若手柄摇过头，应注意消除丝杠与螺母间的间隙，以免尺寸出错	
3	铣削过程中不准用手触摸工件和铣刀，不准测量工件，不准突然变换进给速度	
4	进给结束后，工件不能立即在旋转的铣刀下退回，应先降落工作台后再退出	
5	铣削时不使用的进给机构应紧固，工作完毕后再松开	
6	铣削过程中每次重新装夹工件前，应及时用锉刀修整工件上的锐边并去除毛刺，但不应锉伤工件的已加工表面	
7	用铜锤、木锤轻击工件时，不要砸伤工件已加工表面	
8	铣削时应加注充足的切削液	

4.17 钻孔

钻孔

钻孔先学磨钻头，勤练熟巧第一步，
事毕图纸来分析，材料工艺定钻速，
装夹直柄和锥柄，要求牢固好卸除，
注意校正保尺寸，刃直锋利崩刃无。
划线钻孔最常用，板大钳小夹牢固，
等距钻孔靠刀法，中心孔要先点出，
盘件需用分度头，旋转圆周分清楚，
回转台上装大件，同轴校正不会误，
孔出刀退来核对，质量检测四要素，
尺寸形状靠量具，心轴量棒位置出，
仔细比较粗糙度，样样达标不白苦，
记住保足切屑液，关键操作控速度。

对于铣削加工，孔的加工包括钻孔、镗孔和铰孔。铣床和镗床都以刀具的旋转运动为主运动，而进给运动的情况也有很多类似，所以镗孔工作也可在铣床上进行，需要时也可在铣床上钻孔和铰孔。在铣床上，主要加工中小型工件的孔和相互位置不太复杂的多孔零件。

如图 4-419 所示为孔的技术要求，详细说明见表 4-122。

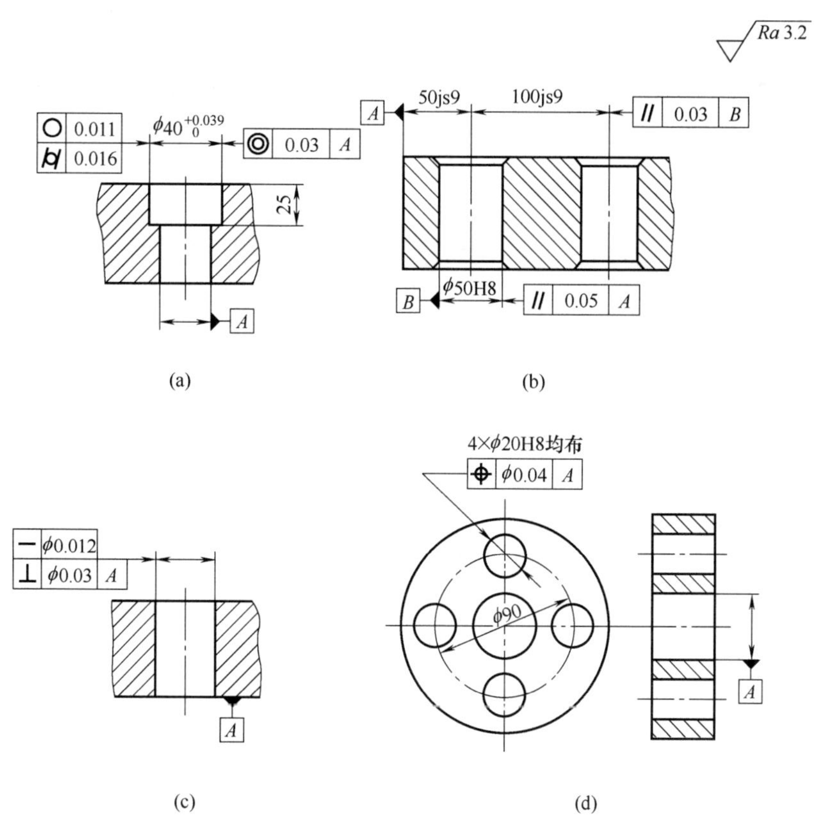

图 4-419　孔的技术要求

表 4-122　孔的技术要求

序号	技术要求	详 细 说 明
1	孔的尺寸精度	孔的尺寸精度主要是孔的直径，如图 4-419 所示的 $\phi40^{+0.039}_{0}$ 和 ϕ50H8 及 ϕ20H8 等。其次是孔的深度，如图 4-419（a）中的尺寸 25 等
2	孔的形状精度	孔的形状精度主要有孔的圆度、圆柱度和轴线的直线度等，如图 4-419（a）所示的圆度误差为不大于 0.011mm；圆柱度误差为不大于 0.016mm；图 4-419（c）中的轴线直线度误差为不大于 0.012mm 等
3	孔的位置精度	孔的位置精度主要有孔与孔或孔与外圆之间的同轴度，如图 4-419（a）所示的同轴度误差不大于 0.03mm；孔与孔的轴线或孔的轴线与基准面的平行度，如图 4-419（b）所示；孔的轴线与基准面的垂直度如图 4-419（c）所示；以及孔的位置度，如图 4-419（d）所示的四个孔，在直径为 ϕ90mm 的圆周上，均匀分布的位置度误差不大于 0.04mm，即偏离 ϕ90mm 的圆周和四等分的位置，均不能超过 0.04mm 另外，图 4-419（b）上的两孔中心距为 100js9 和孔中心线至基准面的距离为 50js9 等，都是经常遇到的位置度要求
4	孔的表面粗糙度	孔的圆柱面也像其他表面一样，具有一定的表面粗糙度要求，尤其对与轴或轴承等相配合的孔，其表面粗糙度值一般要求较低

4.17.1　麻花钻的概述

用钻头在实体上加工孔的方法称为钻孔，而最常用的就是麻花钻，如图 4-420 所示。麻

图 4-420 麻花钻

花钻是通过其相对固定轴线的旋转切削以钻削工件的圆孔的工具。因其容屑槽成螺旋状且形似麻花而得名。螺旋槽有 2 槽、3 槽或更多槽，但以 2 槽最为常见。

在铣床上进行钻孔时，钻头的回转运动是主运动，工件（工作台）或钻头（主轴箱）沿钻头轴向的移动是进给运动。

（1）麻花钻的结构

标准麻花钻由刀体、颈部和刀柄组成，如图 4-421 所示，图 4-422 为标准麻花钻的刀体，其结构的详细说明见表 4-123。

（2）麻花钻的主要角度

麻花钻的主要角度如图 4-423 所示，详细说明见表 4-124。

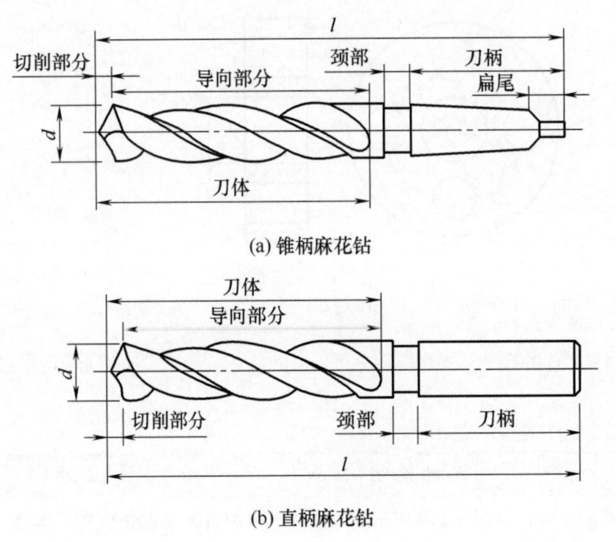

图 4-421 标准麻花钻的结构

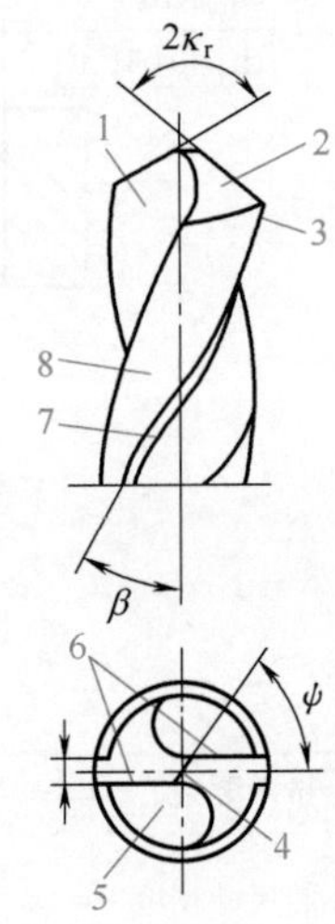

图 4-422 标准麻花钻的刀体

1—前面；2—后面；3—副切削刃；4—横刃；5—螺旋槽；6—主切削刃；7—第一副后面；8—第二副后面

表 4-123 标准麻花钻的结构

序号	麻花钻结构	详细说明
1	刀体	刀体包括切削部分和导向部分。麻花钻在其轴线两侧对称分布有两个切削部分，如图 4-422 所示。两螺旋槽是前面 1，麻花钻顶端的两个曲面是后面 2，两后面的交线称为横刃 4，前面与后面的交线是主切削刃 6。导向部分是切削部分的后备部分，在钻孔时沿进给方向起引导作用。导向部分包括副切削刃 3、第一副后面（刃带）7、第二副后面 8 和螺旋槽 5 等
2	颈部	刀体与刀柄间的过渡部分，在麻花钻制造的磨削过程中起退刀槽作用，通常麻花钻的直径、材料牌号标记在这个部分
3	刀柄	是麻花钻上的夹持部分，切削时用来传递转矩。刀柄有锥柄（莫氏标准锥度）和直柄两种

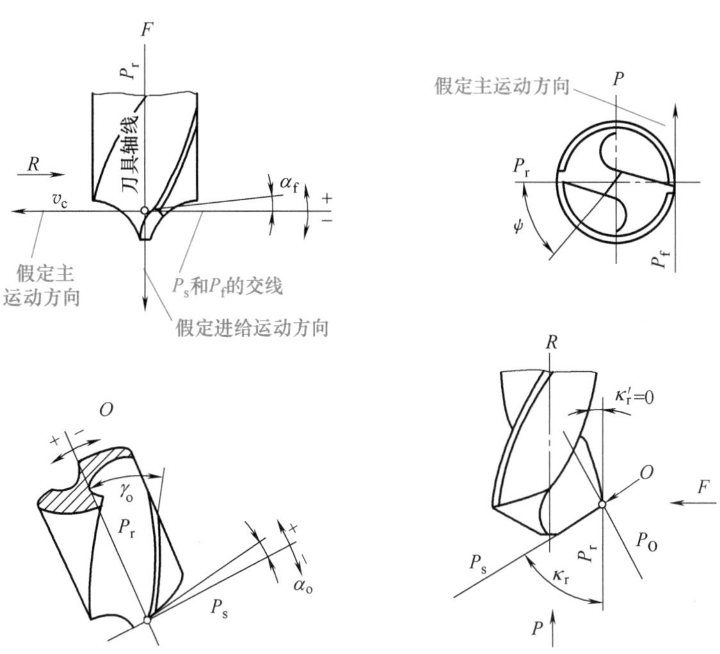

图 4-423　麻花钻的主要角度

P_r—基面；P_s—切削平面；P_f—假定工作平面；P_O—正交平面

表 4-124　麻花钻的主要角度

序号	麻花钻角度	详 细 说 明
1	顶角 $2\kappa_r$	是指两主切削刃在与它们平行的轴平面上投影的夹角，如图 4-424 所示。顶角的大小影响钻头尖端强度、前角和轴向抗力。顶角大，钻头尖端强度大，并可加大前角，但钻削时轴向抗力大。标准麻花钻的顶角 $2\kappa_r$=118° ±2°
2	前角 γ_o	是在正交平面 P_O 内测量的前面与基面 P_r 的夹角。麻花钻的前面是螺旋槽面，因此，主切削刃上各点处的前角大小是不同的，钻头外缘处的前角最大，约为 30°，越近中心前角越小，靠近横刃处的前角约为 −30°，横刃上的前角则小至 −50° ～ −60°。前角的大小影响切屑的形状和主切削刃的强度，决定切削的难易程度。前角越大，切削越省力，但刃口强度降低
3	后角 α_o	是在正交平面 P_O 内测量的后面与切削平面 P_s 的夹角
4	侧后角 α_f	是在假定工作平面 P_f 内测量的后面与切削平面的夹角。钻削中实际起作用的是侧后角 a_f 主切削刃上各点处的后角大小也不一样，在钻头外缘处的侧后角最小，约为 8° ～ 14°，越近中心越大，靠近钻心处约为 20° ～ 25°。后角的大小影响后面的摩擦和主切削刃的强度，后角越大，麻花钻后面与工件已加工面的摩擦越小，但刃口强度则降低
5	横刃斜角 ψ	是横刃与主切削刃在端面上投影之间的夹角，一般取 50° ～ 55°。横刃斜角的大小与后面的刃磨有关，它可用来判断钻心处的后面是否刃磨正确。当钻心处后角较大时，横刃斜角就减小，横刃长度相应增长，钻头的定心作用因此变差，轴向抗力增大

4.17.2　麻花钻的刃磨

麻花钻用钝后或根据加工材料及要求需要进行刃磨时，主要刃磨两个后面和修磨前面（横刃部分）。

（1）麻花钻刃磨的基本要求（表 4-125）

表 4-125　麻花钻刃磨的基本要求

序号	刃磨要求	详细说明
1	顶角要求	根据加工材料刃磨出正确的顶角 $2\kappa_r$，钻削一般中等硬度的钢和铸铁时，$2\kappa_r=116°\sim118°$
2	主切削刃要求	两条主切削刃的长度应相等，与轴线的夹角也应相等，且成直线，以防止钻削时产生晃动或单边切削而造成孔径扩大、轴线不直和孔壁粗糙等缺陷
3	后角要求	磨出恰当的后角以确定正确的横刃斜角 ψ，一般 $\psi=50°\sim55°$
4	冷却要求	刃磨时注意冷却，尤其是刃磨小直径钻头时，应防止切削部分因过热而引起退火
5	锋利要求	钻头的主切削刃、刃尖和横刃应锋利，不允许有钝口、崩刃

（2）麻花钻的刃磨方法（图 4-424 和表 4-126）

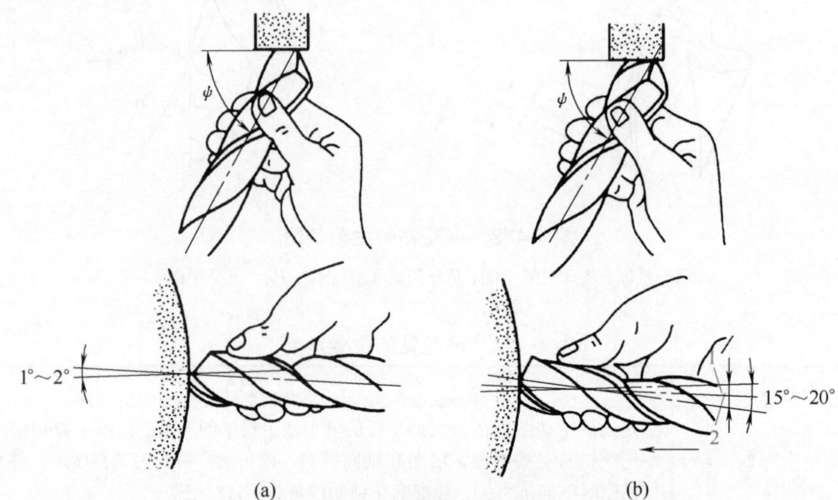

图 4-424　麻花钻的刃磨方法

1—摆动止点；2—摆动范围

表 4-126　麻花钻的刃磨方法

序号	刃磨步骤	详细说明
1	修正砂轮	刃磨前应检查砂轮表面是否平整，如果不平整或有跳动，则应先对砂轮进行修正，如图 4-425 所示 图 4-425　砂轮的修整
2	刃磨姿势	用右手握住麻花钻前端作支点，左手紧握麻花钻柄部，摆正麻花钻与砂轮的相对位置，使麻花钻轴心线与砂轮外圆柱面母线在水平面内的夹角等于顶角的 1/2，同时钻尾向下倾斜，如图 4-426 所示

续表

序号	刃磨步骤	详细说明
2	刃磨姿势	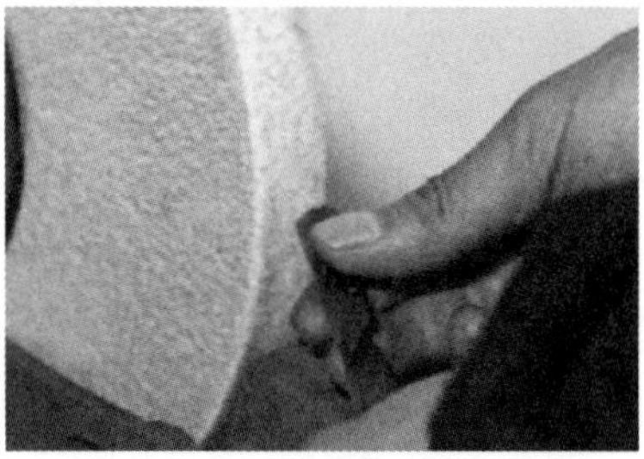 图 4-426 麻花钻的刃磨姿势
3	磨出主切削刃和主后刀面	以麻花钻前端支点为圆心，缓慢使钻头作上下摆动并略带转动，同时磨出主切削刃和主后刀面。但要注意摆动与转动的幅度和范围不能过大，以免磨出负后角或将另一条主切削刃磨坏，如图 4-427 所示 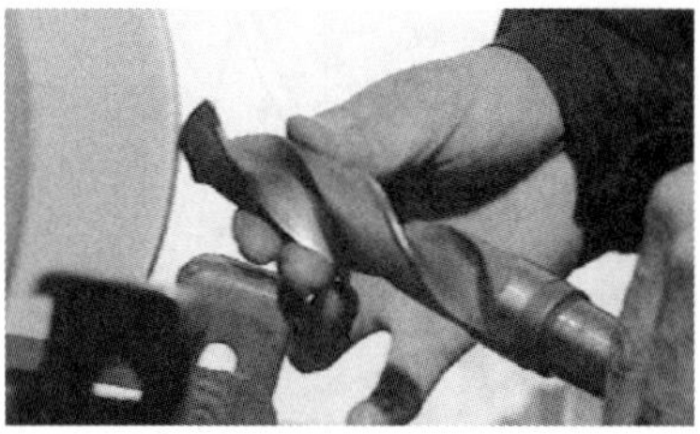 图 4-427 麻花钻的刃磨方法
4	刃磨另一主后刀面	当一个主后刀面刃磨好后，将麻花钻转过 180° 刃磨另一主后刀面。刃磨时，人和手要保持原来的位置的姿势。另外，两个主后刀面要经常交换刃磨，边磨边检查，直至符合要求为止，如图 4-428 所示 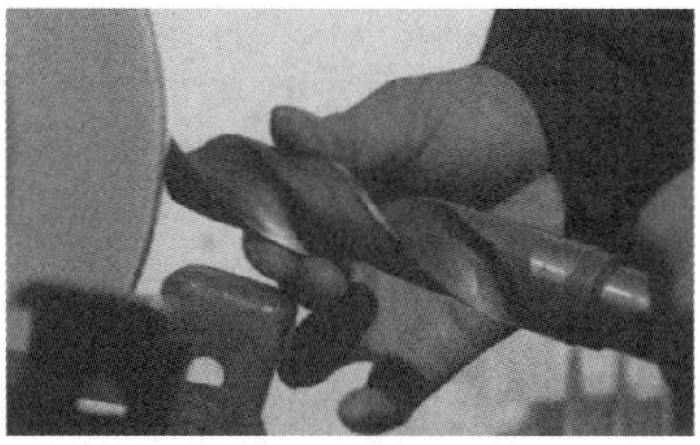 图 4-428 换磨另一主后刀面
5	冷却操作	随时用水进行冷却，防止发热退火，降低钻头硬度，如图 4-429 所示  图 4-429 对钻头冷却
6	车刀研磨	手持油石，贴平各刀面平行移动研磨各刀面

① 刃磨时，用力要均匀，不能过猛，应经常目测磨削情况，随时修正。

② 刃磨时，应注意磨削温度不应过高，要经常在水中冷却钻头，以防止退火降低硬度，降低切削性能。

③ 刃磨时，钻头切削刃的位置应略高于砂轮中心平面，以免磨出负后角，致使钻头无法切削，如图 4-430 所示。

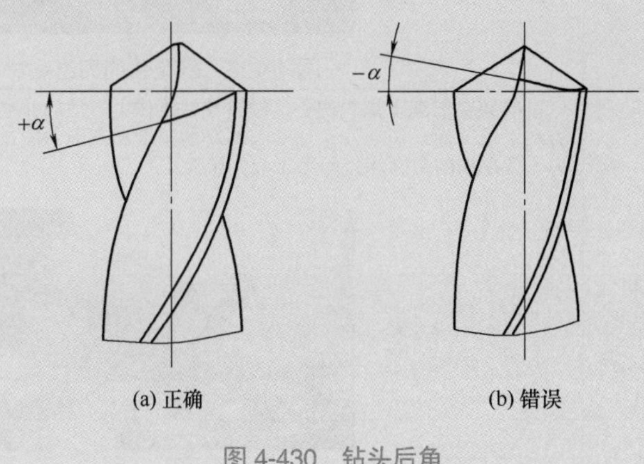

图 4-430　钻头后角

（3）麻花钻的检测

麻花钻在刃磨过程中，要经常检测，检测方法见表 4-127。

表 4-127　麻花钻的检测方法

序号	检测方法	详细说明
1	目测法	目测法如图 4-431 所示，把刃磨好的麻花钻垂直竖在与眼等高的位置上，转动钻头，交替观察两条主切削刃的长短、高低以及后角是否一致。如果不一致，则必须进行修磨，直到一致为止 图 4-431　目测法检测
2	角度样板检测	样板检测如图 4-432 所示，将钻头靠近样板，使主切削刃与样板上的斜面相贴，检查切削刃角度是否与样板上的角度相符。将钻头的另一个切削刃转到样板位置，检查其角度 图 4-432　用样板检测

续表

序号	检测方法	详细说明
3	角度尺检测	角度尺检测如图 4-433 所示，将游标万能角度尺有角尺的一边贴在麻花钻的棱边上，另一边靠近钻头的刃口上 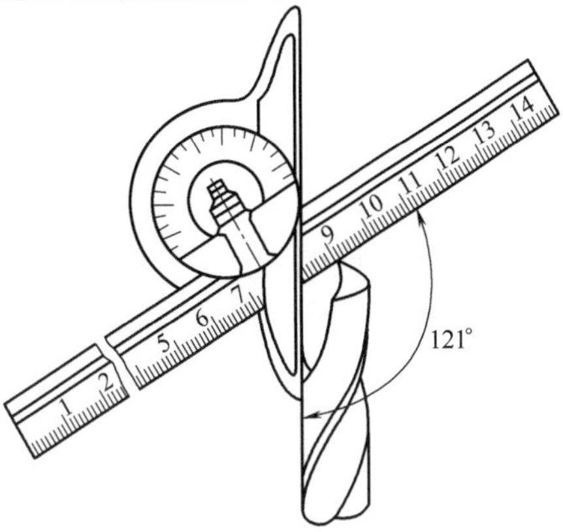 图 4-433 角度尺检测

（4）麻花钻的修磨

由于麻花钻在结构上的复杂性，导致了刃磨必然存在很多缺点，因而麻花钻在使用时，应根据工件材料、加工要求，采用相应的修磨方法进行修磨。

① 横刃的修磨

横刃的修磨有四种形式，见表 4-128。

表 4-128 横刃的修磨形式

序号	修磨形式	详细说明
1	磨去整个横刃	如图 4-434 所示，加大该处前角，使轴向力降低，但钻心强度弱，定心不好，它只适用于加工铸铁等强度较低的材料工件 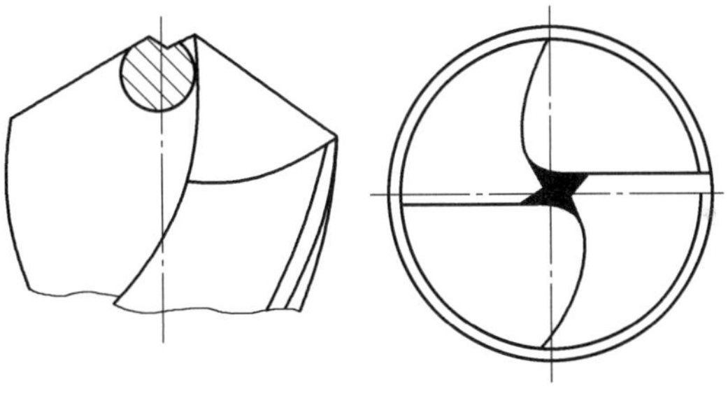 图 4-434 磨去整个横刃
2	磨短横刃	如图 4-435 所示，主要是减少横刃造成的不利影响，且在主切削刃上形成转折点，有利于分屑和断屑 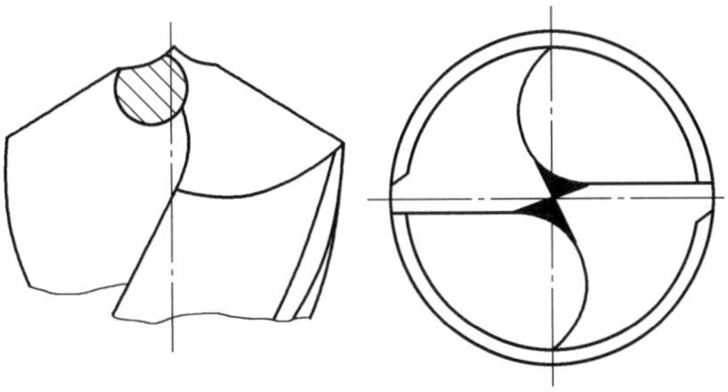 图 4-435 磨短横刃

续表

序号	修磨形式	详细说明
3	加大横刃前角	如图 4-436 所示，横刃长度不变，将其分成两半，分别磨出 0°～5°前角，主要用于钻削深孔。但修磨后钻尖强度低，不宜钻削硬材料 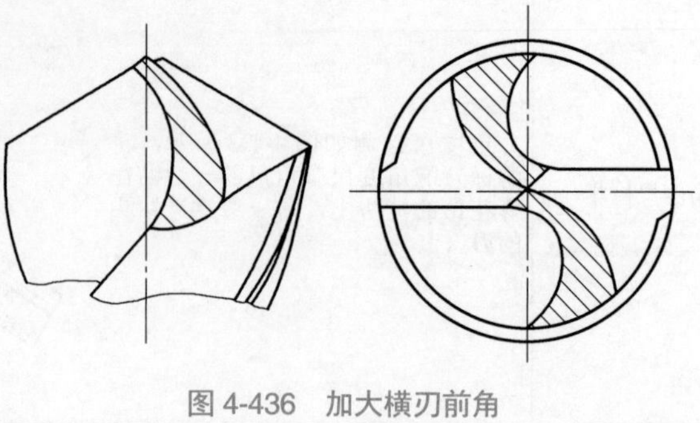 图 4-436　加大横刃前角
4	综合刃磨	这种方法不仅有利于分屑、断屑，增大了钻心部分的排屑空间，还能保证一定的强度，如图 4-437 所示 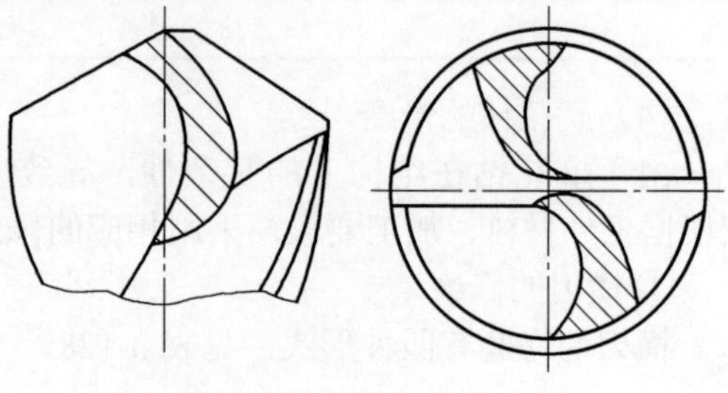 图 4-437　综合刃磨

② 前刀面的修磨

前刀面的修磨主要是外缘与横刃处前刀面的修磨，见表 4-129。

表 4-129　前刀面的修磨形式

序号	修磨形式	详细说明
1	修磨外缘处前角	工件材料较硬时，就需修磨外缘处前角，主要是为了减小外缘处的前角，如图 4-438 所示 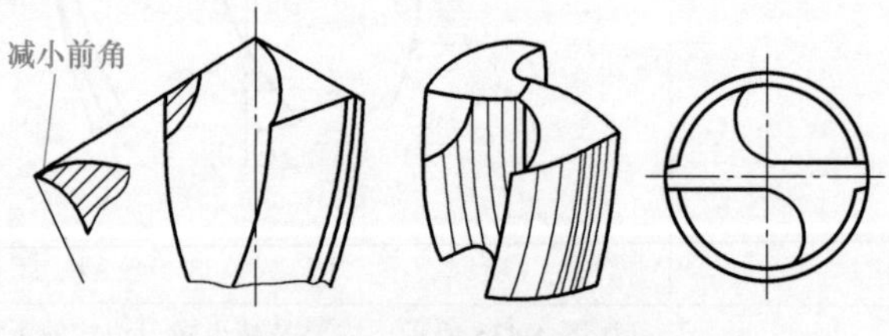 减小前角 图 4-438　修磨外缘处前角
2	修磨横刃处前角	工件材料较软时需修磨横刃处前角，如图 4-439 所示 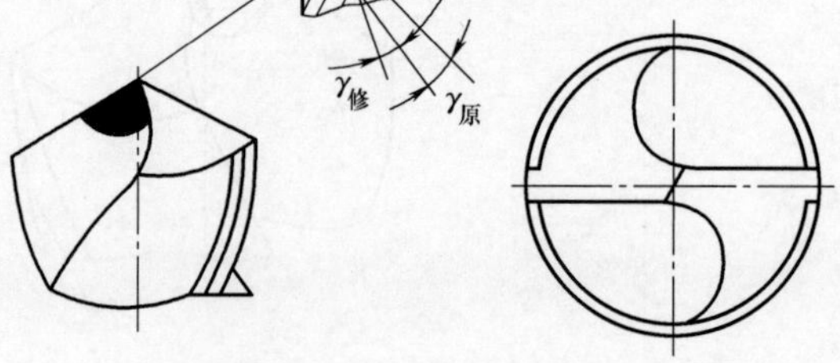 $\gamma_{修}$　$\gamma_{原}$ 图 4-439　修磨横刃处前角

续表

序号	修磨形式	详细说明
3	双重刃磨	双重刃磨在钻削加工时，钻头外缘处的切削速度最高，磨损也就最快，因此可磨出双重顶角，如图 4-440 所示。这样可以改善外缘处转角的散热条件，增加钻头强度，并可减小孔的表面粗糙度值 0.20 70°～75° 图 4-440　双重刃磨

(5) 麻花钻刃磨情况对钻孔质量的影响

麻花钻刃磨时不正确的情况有顶角不对称、削刃长度不等和角不对称、刃长不等三种情况。下面结合麻花钻刃磨正确的情况，通过表 4-130 对比说明麻花钻刃磨对钻孔质量的影响。

表 4-130　麻花钻刃磨情况对钻孔质量的影响

刃磨情况	麻花钻刃磨正确	麻花钻刃麻不正确		
		顶角不对称	切削刃长度不等	顶角不对称、刃长不等
图示		κ_r小　κ_r大	O　O'　O　O'	O　O'　O　O'
钻削情况	钻削时两条主切削刃同时切削，两边受力平衡，使钻头磨损均匀	钻削时只有一条切削刃切削，另一条不起作用，两边受力不平衡，使钻头很快磨损	钻削时，麻花钻的工作中心由 O 移到 O'，切削不均匀，使钻头很快磨损	钻削时两条主切削刃受力不平衡，而且麻花钻的工作中心由 O 移到 O'，使钻头很快磨损
对钻孔质量的影响	钻出的孔不会扩大、倾斜和产生台阶	钻出的孔扩大和倾斜	钻出的孔径扩大	钻出的孔径不仅扩大而且还会产生台阶

经验总结

① 由于麻花钻参数很多，必须时刻注意观察，及时纠正刃磨时不正确的姿势和方法。

② 刃磨前，钻头切削刃应放置在砂轮中心水平面上或稍高些。钻头中心线与砂轮外圆柱面母线在水平面内的夹角等于顶角的一半，同时钻尾向下倾斜，如图 4-441 所示。

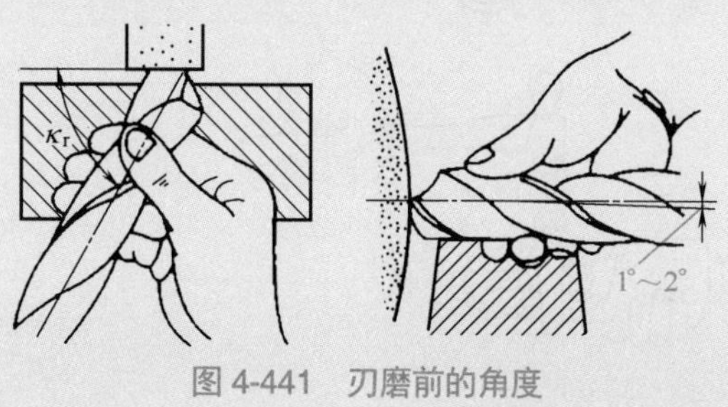

图 4-441　刃磨前的角度

③ 刃磨时，要经常检查两刃和钻头中心线的对称性以及后角是否为正值。

④ 刃磨麻花钻时，用右手握住钻头前端作支点，左手握钻尾，以钻头前端支点为圆心，钻尾作上下摆动，如图 4-442 所示，并略带旋转，但不能旋转过多或上下摆动太大，以防磨出负后角，或把另一面主切削刃磨掉。特别是在刃磨小直径麻花钻时更应注意。

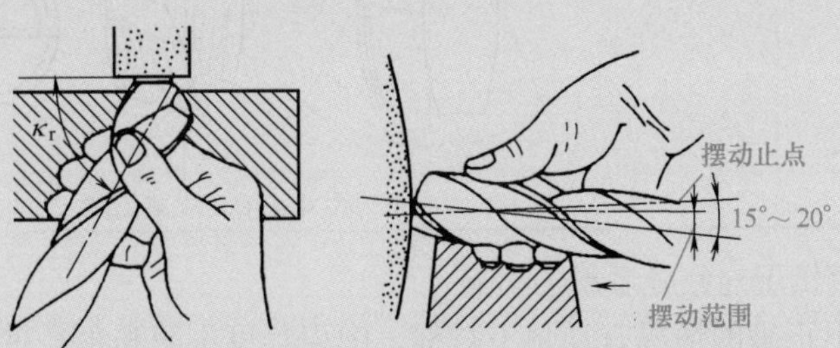

图 4-442　刃磨麻花钻的操作

⑤ 再次提醒：当一个主切削刃磨削完毕后，把麻花钻转 180°，刃磨另一个主切削刃，人和手要保持原来的位置和姿势，这样容易达到两主切削刃对称的目的。其刃磨方法同上。

⑥ 顶角不易磨得太大，否则会影响其使用寿命。

4.17.3　钻头的装卸

钻孔时，钻头要依靠钻夹头或锥管过渡套紧固于铣床主轴锥孔中，如图 4-443 所示。钻孔完毕，将斜铁置于锥套的卸钻槽中，用手锤敲击斜铁，即可卸下钻头。

4.17.4　钻孔的切削用量及钻头直径的选择

钻孔的切削用量如图 4-444 所示，各参数选择介绍见表 4-131。

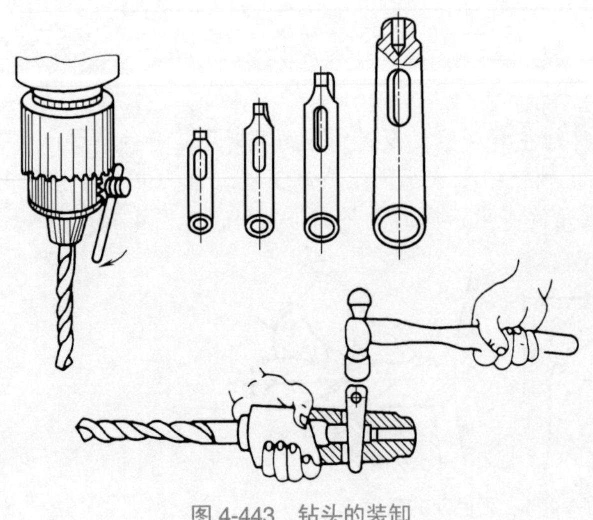

图 4-443　钻头的装卸

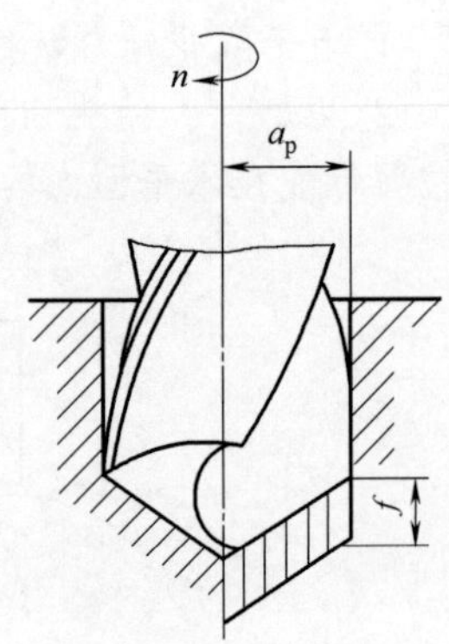

图 4-444　钻削用量

表 4-131　钻孔的切削用量及钻头直径的选择

<table>
<tr><th>序号</th><th>钻孔参数选择</th><th>详细说明</th></tr>
<tr><td>1</td><td>钻削速度 v_c 的选择</td><td>主要根据被钻孔工件的材料、钻孔的表面粗糙度要求以及钻头的寿命来确定钻孔速度。一般在铣床上钻孔，由于工件作进给运动，因此钻削速度应选低些。另外钻孔直径较大时，也应在规范内选低些。具体选择可参看表 4-132
表 4-132　钻削速度选用表　　单位：m/min
<table>
<tr><th>序号</th><th>加工材料</th><th>速度 v_c</th></tr>
<tr><td>1</td><td>低碳钢</td><td>25 ～ 30</td></tr>
<tr><td>2</td><td>中、高碳钢</td><td>20 ～ 25</td></tr>
<tr><td>3</td><td>合金钢、不锈钢</td><td>15 ～ 20</td></tr>
<tr><td>4</td><td>铸铁</td><td>20 ～ 25</td></tr>
<tr><td>5</td><td>铝合金</td><td>40 ～ 70</td></tr>
<tr><td>6</td><td>铜合金</td><td>20 ～ 40</td></tr>
</table></td></tr>
<tr><td>2</td><td>进给量 f 的选择</td><td>进给量与钻孔的质量、工件材料以及孔径大小有关。在铣床上一般用手动进给，但也可采用机动进给。每转进给量在加工铸铁和有色金属时为 0.15 ～ 0.5mm/r，在加工钢材时为 0.1 ～ 0.35mm/r</td></tr>
<tr><td>3</td><td>背吃刀量 a_p 的选择</td><td>背吃刀量一般指工件已加工表面与待加工表面间的垂直距离。钻孔时的背吃刀量为麻花钻的一半，即 $a_p=\frac{1}{2}d$</td></tr>
<tr><td>4</td><td>钻头直径的选择</td><td>在铣床上钻孔，当孔径小于 25mm 时，应选与钻孔直径相等的钻头，一次钻孔至尺寸。钻孔直径大于 20mm 时，可先用直径 15mm 左右的钻头钻底孔，然后再用等直径钻头扩钻至尺寸</td></tr>
</table>

4.17.5 钻孔的方法

一般的需钻孔的工件用平口虎钳、压板装夹即可，等距钻孔时用靠刀法会很方便，当遇到圆周孔时，即圆盘类工件上的孔有圆周等分或角度位置要求时，可在分度头上或回转工作台上装夹工件进行钻孔。钻孔的方法见表 4-133。

表 4-133　钻孔的方法

<table>
<tr><th>序号</th><th>钻孔方法</th><th>详细说明</th></tr>
<tr><td>1</td><td>划线钻孔</td><td>根据图样上孔的位置尺寸要求，先在工件划出孔中心位置线，并在中心位置及孔的圆周上打样冲眼。较小的多面体工件可用平口钳装夹，如图 4-445 所示；较大的工件应用压板、螺栓装夹，如图 4-446 所示 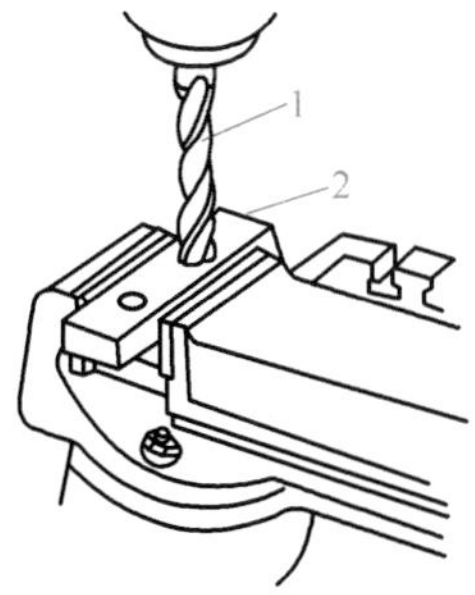
图 4-445　用平口钳装夹工件钻孔
1—钻头；2—工件 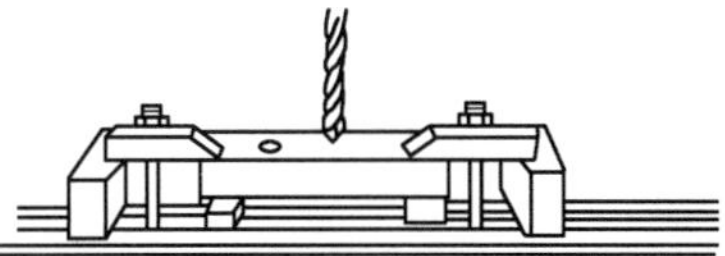
图 4-446　用压板、螺栓装夹工件钻孔</td></tr>
</table>

续表

序号	钻孔方法	详细说明
2	靠刀法钻孔	孔对基准的孔距公差要求较严时，用划线法不易控制，此时可利用铣床的纵向、横向手轮刻度，采用靠刀法对刀。如钻削如图 4-447 所示的工件时，先将平口钳固定钳口校正与纵向进给方向平行（或垂直），工件装夹好后用圆棒或中心钻装夹在钻夹头中，使标准圆棒外圆与工件基准刚好靠到，再降落工作台，摇进距离 S_1 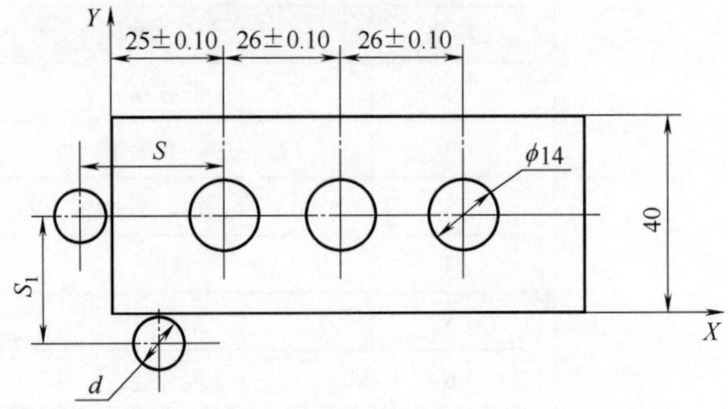 图 4-447　用靠刀法移动距离确定孔的中心位置 同样方法靠另一侧基准后摇过距离 S，即已对好孔的中心位置 如直接用麻花钻钻孔，会因钻头横刃较长或顶角对称性不好而产生定心不准造成钻偏，使孔距公差难以保证。为了保证孔距公差，可先用中心钻钻出定位孔，然后再用麻花钻钻孔就不会产生偏移。中心钻的切削速度不宜太低，否则容易损坏。如 3.15mm 的中心钻，主轴转速可调到 950r/min 左右 一个孔钻削完毕后，将工作台移动一个中心距，再以同样的方法钻另一个孔，依次完成各孔的加工，孔距公差则容易得到保证
3	分度头钻孔	直径不大的盘类工件可安装在分度头上分度钻孔。先校正分度头主轴轴线与立铣头主轴轴线平行，并平行于工作台台面，两主轴轴线要处于同一轴向平面内，并校正工件的径向和端面圆跳动合乎要求。然后将升降台和横向进给紧固，以保证钻孔正确，按要求分度并纵向进给钻孔，如图 4-448 所示 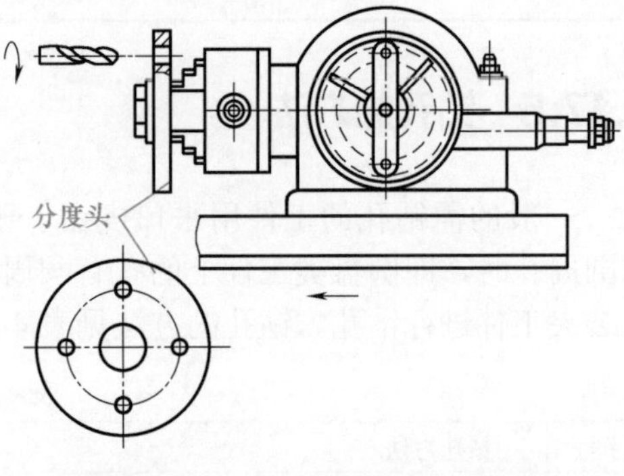 图 4-448　用分度头装夹工件钻孔
4	回转工作台钻孔	工件直径较大时，可将工件用压板装夹在回转工作台上钻孔，如图 4-449 所示。安装回转工作台并校正其主轴轴线与立铣头主轴轴线同轴，然后装夹、校正工件与回转工作台同轴，移动工作台等于圆半径的距离，使钻头轴线对准被钻孔中心，将工作台纵向、横向紧固，用升降台进给钻孔 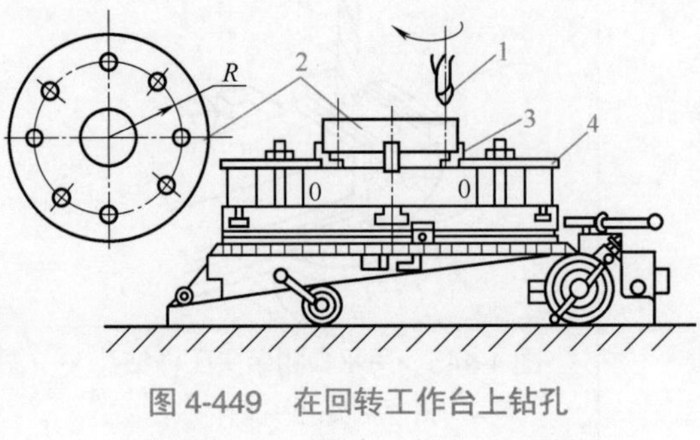 图 4-449　在回转工作台上钻孔 1—钻头；2—工件；3—卡爪；4—压板

经验总结

① 选择的钻头直线性要好，切削刃要锋利、对称，无崩刃、裂纹、碰伤、退火等缺陷。

② 钻孔时，应经常退出钻头，排出切屑，以防切屑堵塞而折断钻头。

③ 钻孔时，容易出现位置偏移，主要是划线、打样冲不准确或钻头的横刃太长而使定心不准等原因造成的，等纠正好后，方可钻孔至尺寸。

④ 钻孔接近结束时，要变机动为手动进给，防止钻头出孔时折断钻头，尤其钻钢材工件或较薄而孔径较大的工件时，更应注意。

⑤ 钻头用钝后，要及时刃磨，不要用过钝的钻头钻孔。

4.17.6 孔的检测

孔的质量检测主要包含四个方面，即尺寸精度、形状精度、位置精度和表面粗糙度。表面粗糙度的检验，主要是通过表面粗糙度样块对比来检验，形状精度的检验一般在测量孔径时，多测几个方向就直接检测出。尺寸精度的检测方法见表4-134，形状精度的检测方法见表4-135，位置精度的检测方法见表4-136。

表4-134 孔的尺寸精度检测

序号	检测内容	详细描述	
1	孔径的测量	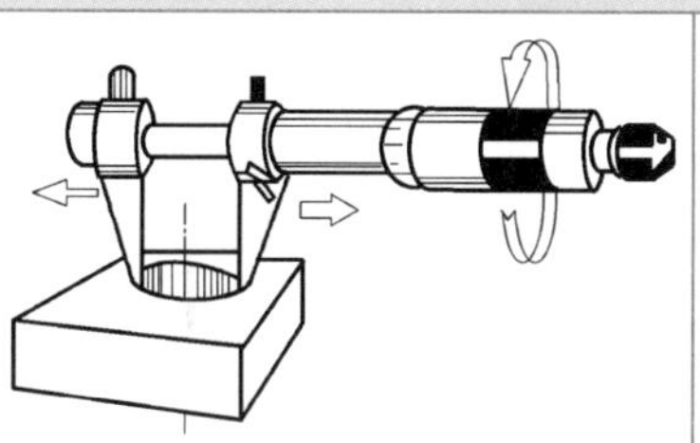	当孔径要求精度不高时，可采用游标卡尺进行测量；当孔径要求精度较高时，可以用内径千分尺测量
		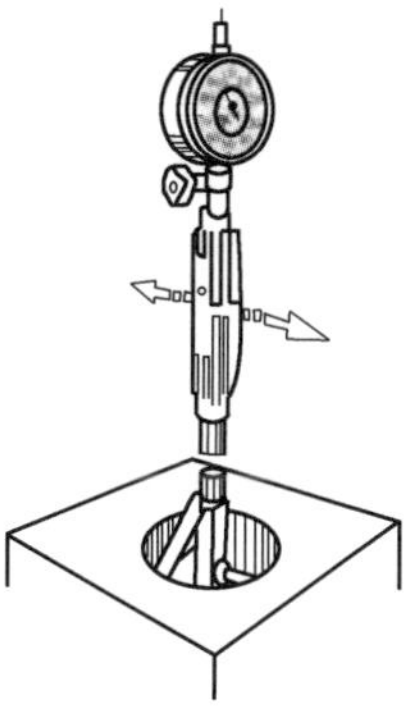	当孔径精度要求很高时，可采用内径百分表（俗称摇表）进行测量。测量时，在测量杆的摆动中指示针读数的最小数即为孔径的测量值
2	孔的定位测量	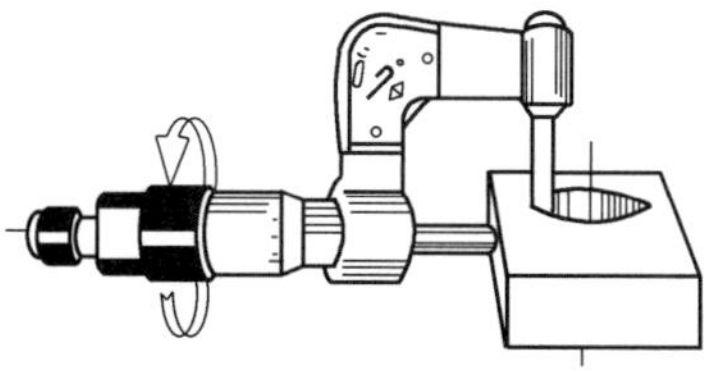	定位尺寸精度要求不高时，可采用游标卡尺进行测量；当孔的定位尺寸精度要求较高时，可采用壁厚千分尺进行测量

续表

序号	检测内容	详细描述	
3	孔距的检测	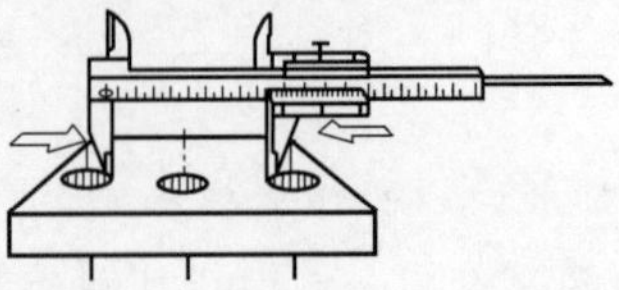	当孔距要求不高时，可以采用游标卡尺检测；当孔距要求较高时，可以采用量柱和千分尺配合检测
		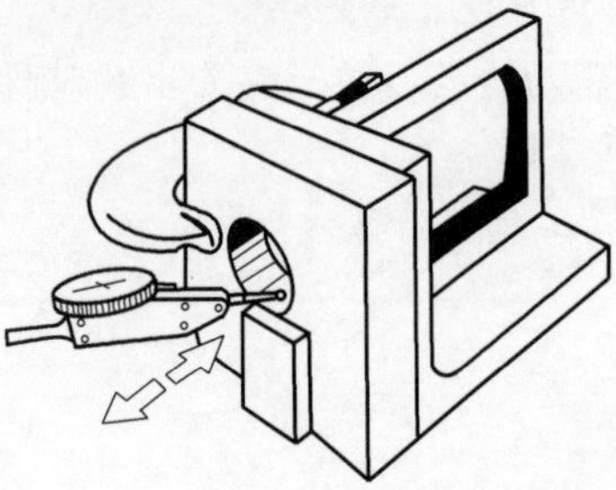	按照规定的孔的壁厚尺寸调整选择一组（最好是一块）量块放在平台上，将工件在角铁上装夹并校正后，用杠杆百分表在量块上确定其“0”位，即可检测出孔的壁厚尺寸，以确定其孔距尺寸

表 4-135　孔的形状精度检测

序号	检测内容	详细描述	
1	孔的圆度检测	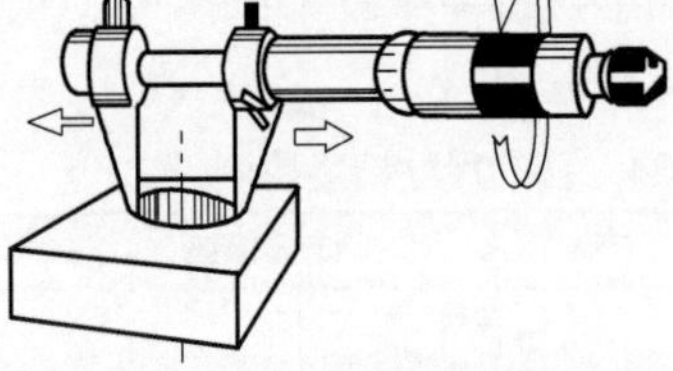	可用内径千分尺或内径百分表，在孔的圆周上测量不同点处的直径，其差值即为该圆周截面上孔的圆度误差。为了防止孔出现呈三棱形等直径现象，最好使用三爪内径千分尺检测。精度要求高的孔，可用圆度仪检测
2	孔的圆柱度检测	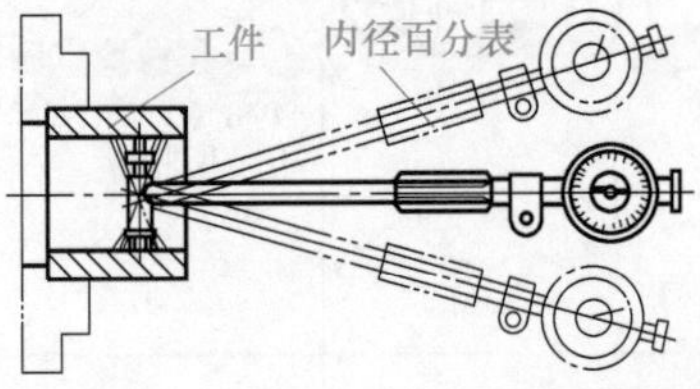 工件 内径百分表	一般都用检验心轴进行检测，也可用内径百分表和心轴配合检测

表 4-136　孔的位置精度检测

序号	检测内容	详细描述	
1	同轴度的检测	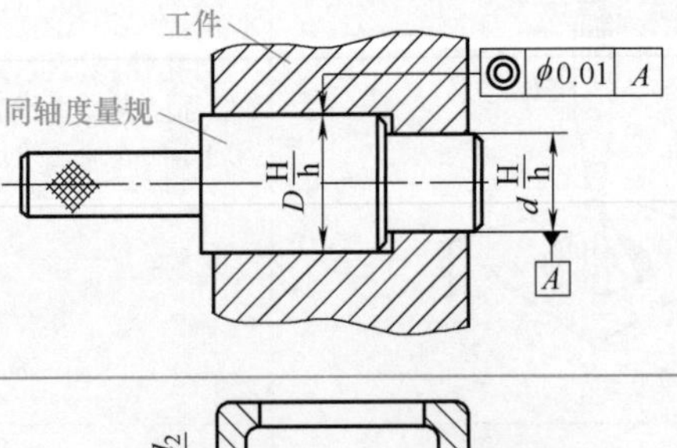 工件 同轴度量规 $\phi 0.01$ A $D\frac{H}{h}$ $d\frac{H}{h}$ A	同轴度检测可用同轴度量规、检验心轴或自制心轴，也可用与其配合的轴检验，以能自由推入同轴线的孔内为合适。左图为用同轴度量规检测孔的同轴度。使用同轴度量规时，所检测的孔须经检验合格后方可使用。测量时，只要量规通过即为合格
2	平行度的检测	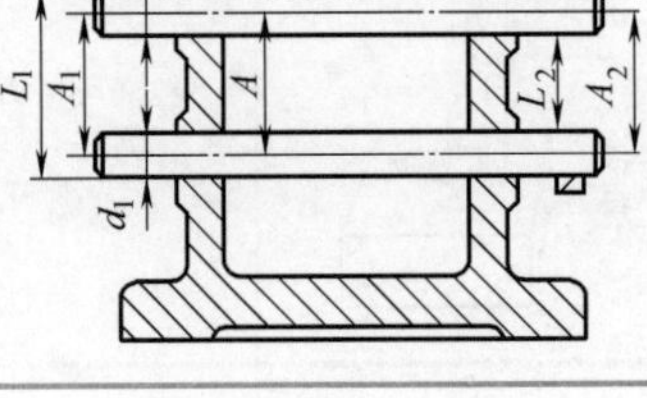 d_2 L_1 A_1 A L_2 A_2 d_1	两孔内装入配合精度较高的测量棒。分别测出两棒外侧距离 L_1 和另一端的内侧距离 L_2，则两测量棒直径 d_1 和 d_2 与两孔中心距为： $A_1=L_1-(d_1+d_2)/2$ $A_2=L_1-(d_1+d_2)/2$ 则两端的中心距 A_1 和 A_2 之差值即为平行度误差值

续表

序号	检测内容	详细描述	
3	垂直度检测	δ δ	将工件的基准面紧贴并固定在检验角铁上，用百分表测量孔口或标准心棒两端至检验平台读数的差值，差值即为垂直度误差。检验时应将工件转90°后进行第二次测量。也可如图所示用专用检验工具插入孔中，再用着色法或塞尺检测工具圆盘与工件基准面的接触情况，其最大的间隙值 δ 即为检验范围内的垂直度误差

4.17.7 钻孔的质量缺陷及分析

钻孔的质量不仅与铣削时所用的铣床、夹具和铣刀的质量有关，还与铣削用量和切削液的合理选用等诸多因素有关。钻孔常见的质量缺陷及分析见表4-137。

表4-137 钻孔的质量缺陷及分析

序号	质量问题	产生原因	预防措施
1	孔壁表面粗糙度值过大	钻头不锋利	刃磨钻头
		切削用量选择不当	选择合适的切削用量
		钻头刃磨不合格，后角太大	重新刃磨钻头
		切削液选择不当或量不足	更换合适的切削液
2	孔的位置偏移	划线不准确	重新划线
		打样冲眼不准确	重新打样冲眼
		钻头横刃太长	重新刃磨刀具
3	钻孔歪斜	进给量太大，使钻头弯曲	降低进给量
		横刃太长，定心不良	刃磨钻头
		钻头两主偏角及主切削刃不对称	刃磨钻头，使钻头两侧对称
4	孔距尺寸超差	划线不准确，样冲眼未打准	重新划线、重新打样冲眼
		开始钻削时未对准中心或工件产生位移	操作时需要仔细观察，并夹紧工件
		调整孔距时移距不准	严格按照加工要求尺寸移动
		钻头横刃过长，致使定心不准	刃磨钻头
5	孔径超差	钻头刃磨后两主切削刃长度不等	刃磨钻头，使钻头两侧对称
		钻头两主偏角和顶角不对称	刃磨钻头，使钻头两侧对称
		钻头两主偏角和主切削刃长度均不等	刃磨钻头，使钻头两主偏角和主切削刃长度相等
		钻头直径选得不准确	重新选择钻头
		钻头径向圆跳动过大	检查钻头的跳动，安装后也要检查钻头的跳动

4.17.8 钻孔的切削用量参考表（表 4-138 和表 4-139）

表 4-138 高速钢钻头钻削不同材料的切削用量

加工材料		硬度	切削速度 /m·min^{-1}	钻头直径 /mm					钻头螺旋角 /（°）	钻尖角 /（°）
		布氏 HBS		＜3	3～6	6～13	13～19	19～25		
				进给量 f/mm·r^{-1}						
铝及铝合金		45～105	105	0.08	0.15	0.25	0.40	0.48	32～42	90～118
铜及铜合金	高加工性	30～124	60	0.08	0.15	0.25	0.40	0.48	15～40	118
	低加工性	30～124	20	0.08	0.15	0.25	0.40	0.48	0～25	118
镁及镁合金		50～90	45～120	0.08	0.15	0.25	0.40	0.48	25～35	118
锌合金		80～100	75	0.08	0.15	0.25	0.40	0.48	32～42	118
碳钢		125～175	24	0.08	0.13	0.2	0.26	0.32	118	118
		175～225	20	0.08	0.13	0.2	0.26	0.32	118	118
		175～225	17	0.08	0.13	0.2	0.26	0.32	118	118
合金钢		175～225	21	0.08	0.15	0.2	0.40	0.48	118	118
		175～225	15～18	0.05	0.19	0.15	0.21	0.26	118	118
工具钢		196	18	0.08	0.13	0.2	0.26	0.32	25～35	118
灰铸铁	软	120～150	43～46	0.08	0.15	0.25	0.40	0.48	20～30	90～118
	中硬	160～220	24～34	0.08	0.13	0.2	0.26	0.32	14～25	90～118
可锻铸铁		112～126	27～37	0.08	0.13	0.2	0.26	0.32	20～30	90～118
球墨铸铁		190～225	18	0.08	0.13	0.2	0.26	0.32	14～25	90～118
塑料		—	30	0.08	0.13	0.2	0.26	0.32	15～25	90～118
硬橡胶		—	30～90	0.05	0.09	0.15	0.21	0.26	10～20	90～118

表 4-139 硬质合金钻头钻削不同材料的切削用量

加工材料	抗拉强度 σ_b/MPa	硬度（HBS）	进给量 f/mm·r^{-1}		切削速度 v/m·min^{-1}		切削液
			d/mm				
			5～10	11～30	5～10	11～30	
工具钢	1000	300	0.08～0.12	0.012～0.2	35～40	40～45	非水溶性切削油
镍铬钢	1000	300	0.08～0.12	0.12～0.2	35～40	40～45	
	1400	420	0.04～0.05	0.05～0.08	15～20	20～52	
铸钢	500～600	—	0.08～0.12	0.12～0.2	35～38	38～40	非水溶性切削油
不锈钢	—	—	0.08～0.12	0.12～0.2	25～27	27～35	
耐热钢	—	—	0.01～0.05	0.05～0.1	3～6	5～8	
灰铸铁	—	200	0.2～0.3	0.3～0.5	40～45	45～60	干切或乳化液
合金铸铁	—	230～350	0.03～0.07	0.05～0.1	20～40	25～45	干切或汽油水溶性切削
可锻铸铁	—	—	0.15～0.2	0.2～0.4	35～38	38～40	干切或乳化液
黄铜	—	—	0.07～0.15	0.1～0.2	70～100	90～100	
铸造青铜	—	—	0.07～0.1	0.09～0.2	50～70	55～75	
铝	—	—	0.15～0.3	0.3～0.8	250～270	270～300	干切或汽油
硬橡胶	—	—	0.2～0.4		30～60		
热固性树脂	—	—	0.04～0.1		60～90		
塑料	—	—	0.05～0.25		30～60		
玻璃	—	—	手进		4.5～7.5		
玻璃纤维复合材料	—	—	0.063～0.127		198		

4.17.9 钻孔板上孔的实操例题

孔板外形应符合图样上规定的尺寸要求，如图 4-450 所示，各面之间保证相互垂直或平行。钻孔时按划线进行钻孔或用靠刀法钻孔。

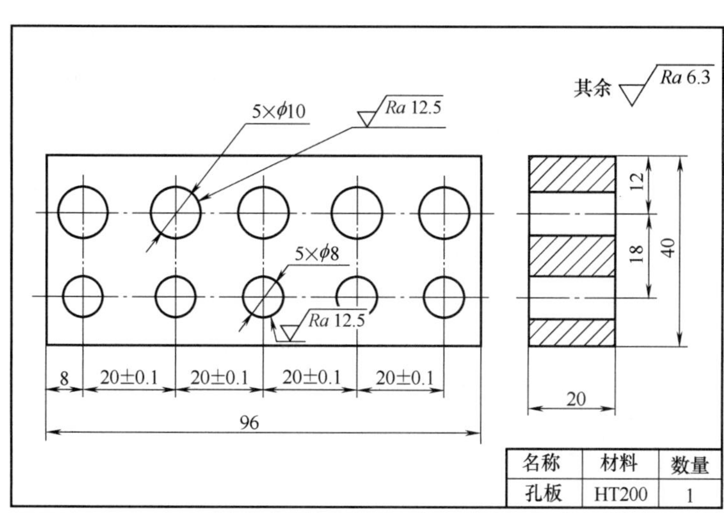

图 4-450 钻孔板上的孔

(1) 铣削工艺分析（表 4-140）

表 4-140 铣削工艺分析及确认表

序号	钻孔实操例题铣削工艺分析		完成度（√或×）
1	读图	看懂零件图样，了解图样上有关加工部位的尺寸标注、精度要求、表面形状与位置精度和表面粗糙度要求以及其他方面的技术要求	
2	检查毛坯	对照零件图样检查毛坯尺寸和形状，了解毛坯余量的大小	
3	确定装夹方式	单件加工，采用平口钳装夹	
4	确定参数	孔壁粗糙度为 12.5μm	
5	确定钻孔加工方法	按照加工要求钻孔	

(2) 铣削的操作步骤及提示（表 4-141）

表 4-141 钻孔的操作步骤及检查表

序号	立式铣床上钻孔实操例题铣削步骤		完成度（√或×）
1	打样冲眼	按图样要求，划出各孔的中心位置线和孔径尺寸线，并打样冲眼，且位置应准确	
2	安装平口钳	校正固定钳口面使其平行于工作台纵向进给方向，然后装夹工件，装夹时，应使工件底面与钳身导轨面离开一定的距离，以防钻孔时损伤导轨面	
3	安装 ϕ8mm 麻花钻	按孔径尺寸选好麻花钻，用钻夹头和锥套安装于立铣头主轴锥孔（先安装 ϕ8mm 麻花钻）	
4	钻 1 个 ϕ8mm 孔	调整主轴转速为 750r/min，然后纵向、横向移动工作台，使钻头轴线对准被钻孔中心（按划线试钻找正或用靠刀法定位），将工作台纵向、横向进给紧固，即可开车，手动升降台进给钻第一个孔	
5	钻其他 ϕ8mm 孔	纵向移动工作台 20mm（手轮刻度盘控制），钻第二个孔。同样操作分别钻出其他 ϕ8mm 的孔	

续表

序号	立式铣床上钻孔实操例题铣削步骤		完成度（√或×）
6	更换 10mm 麻花钻	用钻夹头和锥套安装于立铣头主轴锥孔（安装 ϕ10mm 麻花钻）	
7	钻 1 个 ϕ10mm 孔	横向移动工作台 18mm，钻第一个 ϕ10mm 孔	
8	钻其他 ϕ10mm 孔	纵向移动工作台，保证孔距为 20±0.1mm，依次钻出其余各个 ϕ10mm 孔	

（3）操作中的注意事项与禁忌（表 4-142）

表 4-142 钻孔安全操作表

序号	安全操作注意事项	符合要求（√或×）
1	工件装夹完毕后应取下平口钳扳手，方能进行铣削	
2	调整钻孔位置时，若手柄摇过头，应注意消除丝杠与螺母间的间隙，以免尺寸出错	
3	钻孔过程中不准用手触摸工件和铣刀，不准测量工件，不准突然变换进给速度	
4	进给结束后，工件不能立即在旋转的钻头下退回，应先降落工作台后再退出	
5	钻孔时不使用的进给机构应紧固，工作完毕后再松开	
6	钻孔过程中每次更换钻头时，应避免碰伤工件的已加工表面	
7	用铜锤、木锤轻击工件时，不要砸伤工件已加工表面	
8	钻孔时应加注充足的切削液	
9	选择的钻头直线性要好，切削刃要锋利、对称，无崩刃、裂纹、碰伤、退火等缺陷	
10	钻削时，应经常退出钻头，排除切屑，以防切屑堵塞而折断钻头	
11	划线、打样冲眼要准确，钻头横刃不能太长，防止钻孔位置发生偏移	
12	进给量不能太大，否则孔的表面粗糙度值会增大	
13	钻孔接近终了时，要将机动进给改为手动进给，减小进给量，防止钻头冒出孔端时折断、卡死或崩刃	
14	钻头用钝后应及时刃磨，不要用过钝的钻头钻孔	

4.18 镗孔

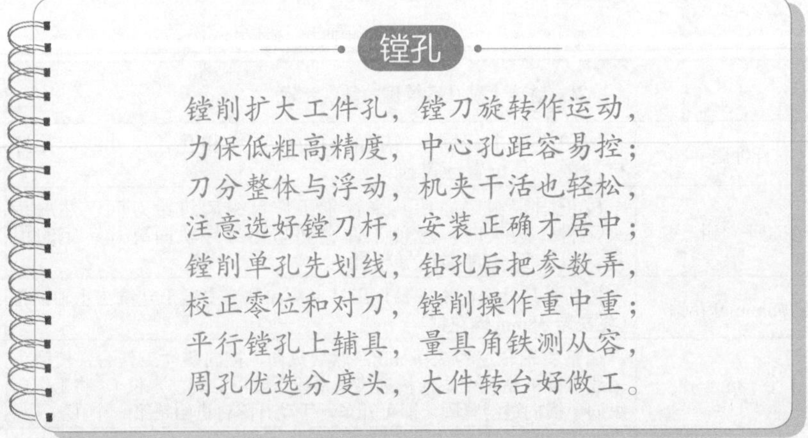

镗削是以镗刀旋转作主运动，工件或镗刀作进给运动的切削加工方法。用镗削的方法扩

大工件的孔称为镗孔。镗孔除在镗床上进行外，也可在铣床上进行。在铣床上镗孔，可达到较高的精度和低的表面粗糙度值，特别是容易控制孔的中心距，主要适于镗削中、小型工件上不太大的孔和相互位置不太复杂的孔系。

如图 4-451 所示为镗孔刀，图 4-452 为镗孔的操作。

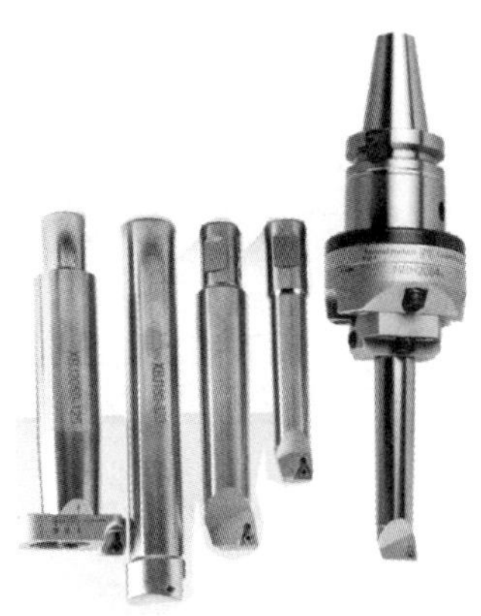

图 4-451 镗孔刀

图 4-452 镗孔的操作

在铣床上镗孔，孔的尺寸精度可达 IT9 ～ IT7，表面粗糙度可达 Ra3.2 ～ 0. 8μm，孔距精度可控制在 0.05mm 左右。

4.18.1 镗刀概述

(1) 镗刀的结构

镗孔所用的刀具称为镗刀。镗刀的种类很多，一般可分为单刃和双刃两大类。在铣床上大多采用单刃镗刀镗削，有时也采用双刃镗刀镗削。

表 4-143 镗刀的结构

序号	镗刀结构	详细描述
1	整体式镗刀	整体式镗刀的切削部分与镗刀杆是一体的，一般用于小孔径工件的镗削，如图 4-453 所示。常用的有焊接式镗刀和高速钢整体镗刀，安装在镗刀架上即可进行镗削 图 4-453 整体式镗刀
2	机械夹固式镗刀	机械夹固式镗刀是将镗刀头固定在镗刀杆上进行镗孔，如图 4-454 所示。镗刀头有焊接式和高速钢整体式，都为单刃镗刀 图 4-454 机械夹固式镗刀

续表

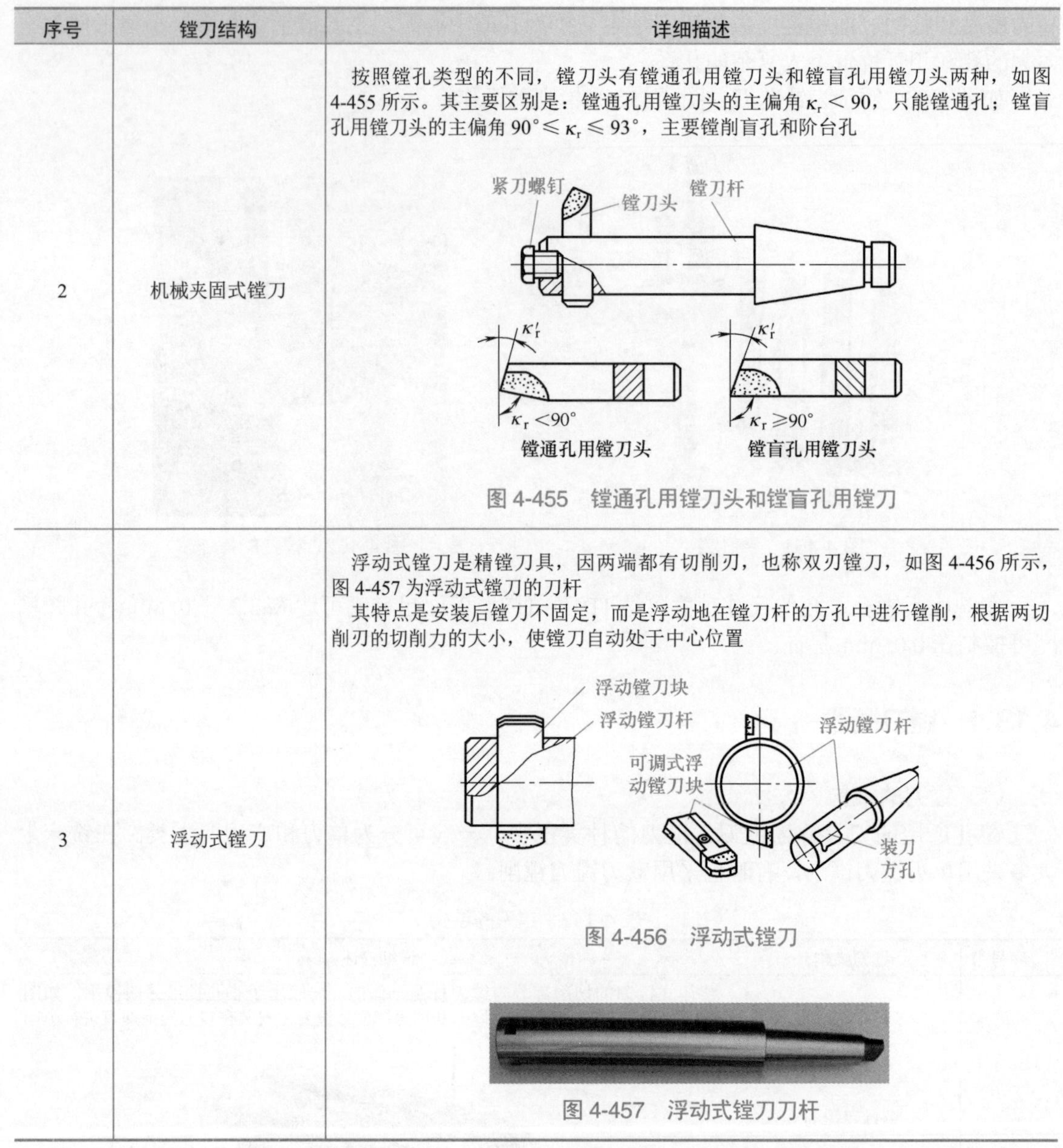

序号	镗刀结构	详细描述
2	机械夹固式镗刀	按照镗孔类型的不同，镗刀头有镗通孔用镗刀头和镗盲孔用镗刀头两种，如图 4-455 所示。其主要区别是：镗通孔用镗刀头的主偏角 $\kappa_r<90$，只能镗通孔；镗盲孔用镗刀头的主偏角 $90°\leqslant\kappa_r\leqslant93°$，主要镗削盲孔和阶台孔 图 4-455　镗通孔用镗刀头和镗盲孔用镗刀
3	浮动式镗刀	浮动式镗刀是精镗刀具，因两端都有切削刃，也称双刃镗刀，如图 4-456 所示，图 4-457 为浮动式镗刀的刀杆 其特点是安装后镗刀不固定，而是浮动地在镗刀杆的方孔中进行镗削，根据两切削刃的切削力的大小，使镗刀自动处于中心位置 图 4-456　浮动式镗刀 图 4-457　浮动式镗刀刀杆

（2）镗刀的几何参数

镗刀切削部分的几何角度与车刀、铣刀的切削部分基本相同。几何参数一般根据工件材料及加工性质选取，具体参考见表 4-144。

表 4-144　镗刀几何角度选取参考数值

工件材料	前角 γ_0	后角 α_0	刃倾角 λ_s	主偏角 κ_r	副偏角 κ_r'	刀尖圆弧半径 r_ε
铸铁	5°～10°	6°～12°	一般情况下 λ_s 取 0°～5°；通孔精镗时取 λ_s=−（5°～15°）	镗通孔时 κ_r 取 60°～75°；镗阶台孔时 κ_r=90°	一般取 κ_r'=15° 左右	粗镗孔时 r_ε 取 0.5～1mm；精镗孔时 r_ε 取 0.3mm 左右
40Cr	10°	粗镗时取小值				
45	10°～15°	粗镗时取大值				
1Cr18Ni9Ti	15°～20°	孔径大取小值				
铝合金	25°～30°	孔径小取大值				

（3）镗刀杆

镗刀杆是安装在铣床主轴中，用以夹持镗刀头的杆状工具。镗刀杆种类非常多，应用也比较复杂。常用的镗刀杆见表 4-145。

表 4-145　常用的镗刀杆

序号	镗刀杆类型		详细描述
1	简易式镗刀杆	镗通孔镗刀杆	如图 4-458 所示，由镗刀头和镗杆组成，一般由镗杆上的紧固螺钉将刀头紧固在方孔内，加工时采用敲刀法控制孔径尺寸 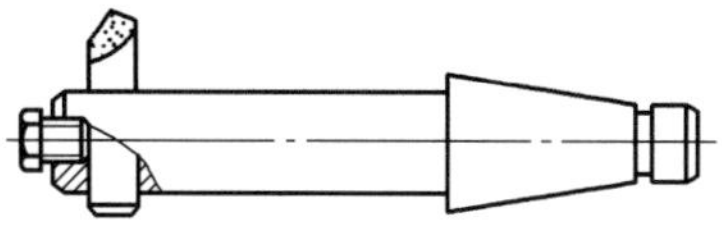 图 4-458　镗通孔镗刀杆
		镗盲孔镗刀杆	如图 4-459 所示，镗盲孔用镗刀杆安装上镗盲孔用镗刀头，能加工盲孔和阶台孔，加工时采用敲刀法控制孔径尺寸 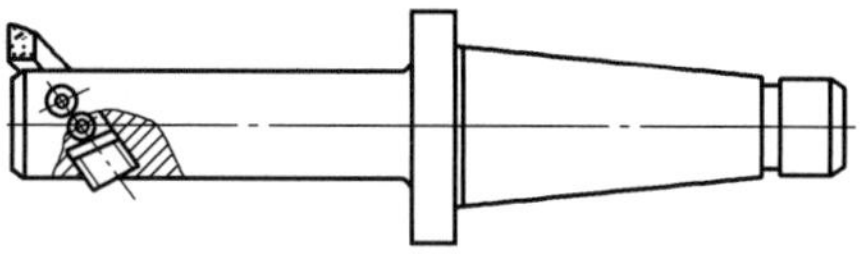 图 4-459　镗盲孔镗刀杆
		镗深孔镗刀杆	镗深孔用镗刀杆的前端可伸入支架孔或导套孔中，用以提高镗刀杆的刚性
2	可调式镗刀杆	微调式镗刀杆	为了提高孔径尺寸的调整精度，可采用如图 4-460 所示的微调式镗刀杆 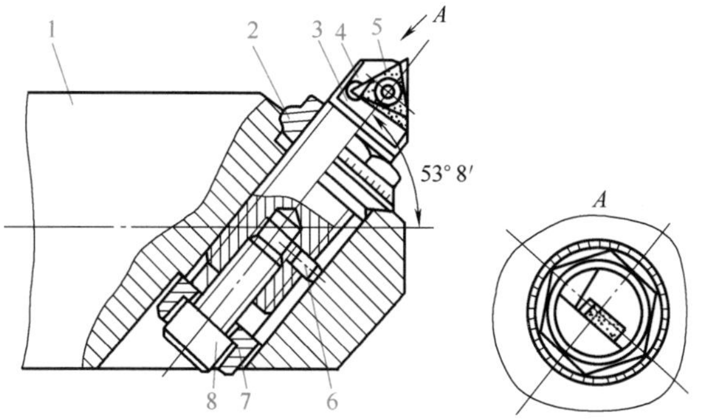 图 4-460　微调式镗刀杆 1—镗刀杆；2—调整螺母；3—镗刀头；4—刀片；5—刀片紧固螺钉；6—止动销；7—垫圈；8—内六角紧固螺钉 微调式镗刀杆是通过刻度和精密螺纹来进行微调的。装有可转位刀片的镗刀头上有精密螺纹，镗刀头的外圆与镗刀杆上的孔相配，并在其后端用内六角紧固螺钉及垫圈拉紧。镗刀头的螺纹上旋有带刻度的调整螺母，调整螺母的背部是一个圆锥面，与镗刀杆孔口的内锥面紧贴。调整时，先松开内六角紧固螺钉，然后转动调整螺母，使镗刀头前伸或退缩，以获得所需的尺寸。在转动调整螺母时，为了防止镗刀头在镗刀杆内转动，在镗刀头与孔之间装有只能沿孔壁上的直槽作轴向移动而不能作转动的止动销。此微调式镗刀杆精密螺纹的螺距为 0.5mm，调整螺母游标刻度为一周 40 格（等分），调整螺母每转过一小格，镗刀头移动距离为 0.5/40=0.0125mm。由于镗刀头与镗刀杆轴线倾斜 53°8′，因此镗刀头刀尖在径向实际调整距离为 0.0125×sin53°8′=0.01mm，实现了微调的目的

续表

<table>
<tr><th>序号</th><th colspan="2">镗刀杆类型</th><th>详细描述</th></tr>
<tr><td>2</td><td>可调式镗刀杆</td><td>差动式镗刀杆</td><td>如图 4-461 所示，差动式镗刀杆是利用两段螺距不同、螺向相同的丝杠形成螺旋差动，实现微调的。丝杠的上部螺距是 1. 25mm（M8×1.25），下部螺距是 1mm（M6×1）。当丝杠转动一周时，丝杠向前移动一个螺距（1.25mm），同时使镗刀头相对丝杠后退一个螺距（1mm），所以镗刀头的实际伸缩量为 0.25mm。在圆柱塞端面上的刻度共有 25 等份，则调整丝杠每转过一小格，镗刀头的伸缩量为 0.01mm 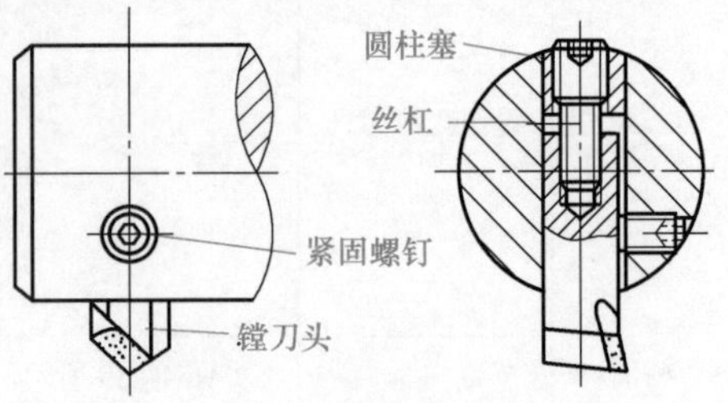
圆柱塞 丝杠 紧固螺钉 镗刀头
图 4-461　差动式镗刀杆</td></tr>
<tr><td>3</td><td colspan="2">镗刀架</td><td>如图 4-462 所示是一种结构简单的镗刀盘，它具有良好的刚性，而且能够精确地控制镗孔的直径尺寸。镗刀盘的锥柄与铣床主轴锥孔相配合，转动螺杆时，可精确地移动带刻线的燕尾块，从而微量改变镗刀的位置达到改变孔径尺寸的目的。燕尾块带有几个装刀孔，用内六角螺钉将各种规格的镗刀杆固定在装刀孔内，就可以方便地镗削各种尺寸规格的孔 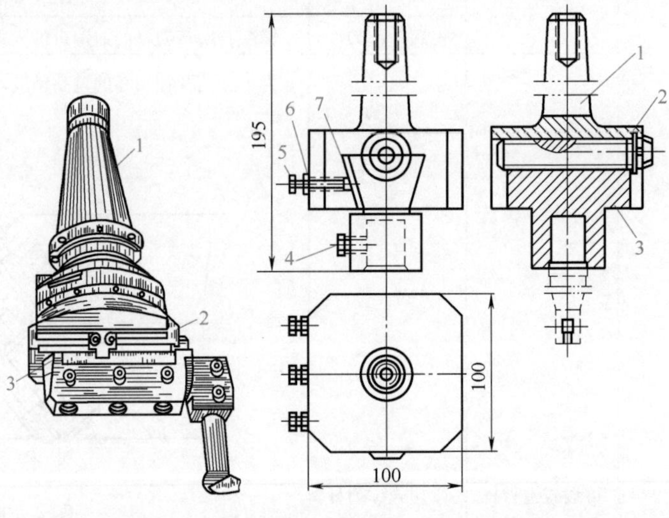
195 100 100
图 4-462　镗刀盘
1—锥柄；2—螺杆；3—燕尾块；4,5—螺钉；6—螺母；7—垫板
镗刀架柄部 1 与铣床的主轴锥孔配合。转动螺杆 2 时，可以精确地移动燕尾块 3，螺杆的螺距为 2mm，刻度盘共刻有 100 等份的刻线，则每转过一小格，燕尾块移动量为 0.02mm，可作精确调整尺寸之用。燕尾块带有装刀孔，用螺钉 4 将各种规格的镗刀杆固定在装刀孔内，借以镗削各种规格的孔径。当燕尾块移动量调节好后，可把螺钉 5 和螺母 6 拧紧，通过垫板 7 把燕尾块固定牢</td></tr>
</table>

4.18.2　镗刀的刃磨

镗刀的刃磨质量直接会影响到镗孔的表面粗糙度和加工精度。镗刀的刃磨方法和步骤见

表 4-146。

表 4-146　镗刀的刃磨

序号	刃磨步骤	详细描述	
1	刃磨主后角	刃磨时右手捏住刀柄前部，左手捏住刀柄尾部，使刀柄与砂轮轴线成 30° 夹角，并略向下倾斜约 8°，使主后面与砂轮外圆接触后缓慢往复移动，磨出主后面，使其主偏角 $\kappa_r \approx 60°$，主后角 $\alpha_0 \approx 8°$，如图 4-463 所示 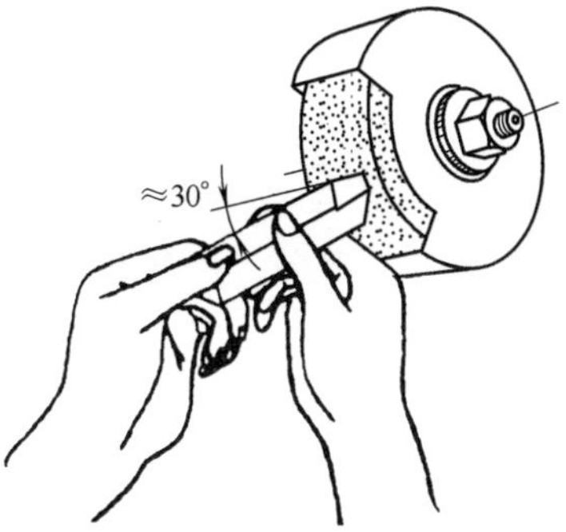	≈30° 图 4-463　刃磨主后角
2	刃磨副后角	左手捏住刀柄前端，右手捏住刀柄尾部，使刀柄与砂轮轴线成 70° 夹角，并略向下倾斜约 8°，使副后面与砂轮外圆接触后，磨出副后面，使其副偏角 $\kappa_r' \approx 20°$，副后角 $\alpha_0' \approx 8°$，如图 4-464 所示 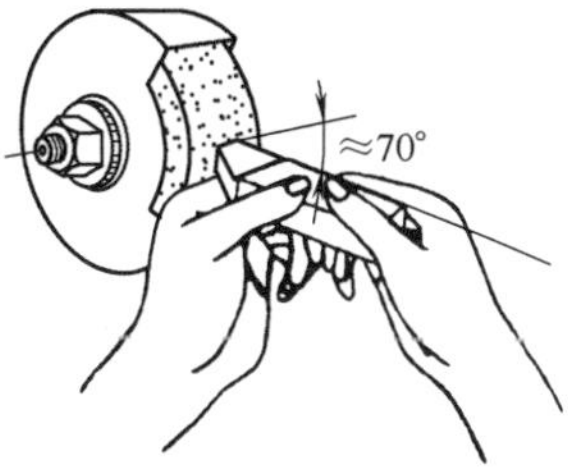	≈70° 图 4-464　刃磨副后角
3	刃磨前角	左手捏住刀柄前端，右手捏住刀柄尾部，刀柄向下倾斜 30°，然后刀具前面向上倾斜 7° 左右，尾部向前倾斜 5° 左右，使其磨出前面，前角 $\gamma_0 \approx 7$，如图 4-465 所示 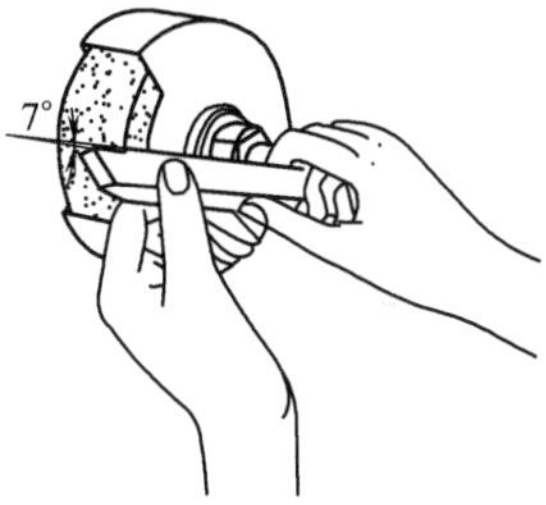	7° 图 4-465　刃磨前角
4	刃磨刀尖圆弧	左手捏住刀柄前端，右手在后，刀柄与砂轮轴线垂直，尾部向下倾斜 8° 左右，右手作圆弧转动，磨出刀尖圆弧为 0.3mm，磨出刀尖圆弧 r_ε=0.3mm，如图 4-466 所示 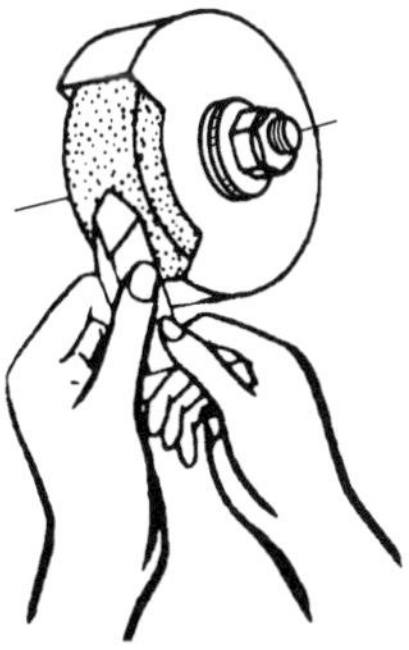	图 4-466　刃磨刀尖圆弧

4.18.3 立式铣床上镗孔

（1）镗单孔

在立式铣床上镗削单孔的调整加工比较简单，操作比较方便，孔径和定位尺寸也极易控制。镗单孔的方法见表 4-147。

表 4-147 镗单孔

<table>
<tr><th>序号</th><th>镗孔步骤</th><th>详细描述</th></tr>
<tr><td>1</td><td>划线并钻孔</td><td>根据图样，划出孔的中心线和孔的轮廓线，并打上样冲眼，选择直径相适应的钻头进行钻孔。装夹工件时，一定将工件垫平、垫高，如图 4-467 所示

图 4-467 划线并钻孔</td></tr>
<tr><td>2</td><td>选择镗刀杆和镗刀头</td><td>为了保证镗刀杆和镗刀头有足够的刚性，当工件孔径在 30 ～ 120mm 时，镗刀杆直径应为工件孔径的 0.7 ～ 0.8 倍，且镗刀杆上装刀的方孔边长约为镗刀杆直径的 0.2 ～ 0.4 倍
具体选择可参考表 4-148

表 4-148 镗刀杆直径和镗刀体截面尺寸 单位：mm
<table><tr><td>孔径</td><td>30~40</td><td>40~50</td><td>50~70</td><td>70~90</td><td>90~120</td></tr><tr><td>镗刀杆直径</td><td>20~30</td><td>30~40</td><td>40~50</td><td>50~65</td><td>65~90</td></tr><tr><td>镗刀头截面尺寸</td><td>8×8</td><td>10×10</td><td>12×12</td><td>16×16</td><td>16×16
20×20</td></tr></table>
当工件孔径小于 30mm 时，最好采用整体式镗刀。另外，在选择镗刀杆直径时还需考虑孔的深度和所需镗刀杆的长度。镗刀杆长度较短，其直径可适当减小；镗刀杆长度较长，其直径应适当增大
孔径尺寸的控制，一般用敲刀法来调整。如图 4-468 所示，使百分表测量头与镗刀头接触，将百分表调整到“0”位。稍微松开镗刀头的紧固螺钉，根据孔径要求，将镗刀头按扩孔量的 1/2 敲出，然后紧固。再用百分表校准镗刀头的伸出量是否符合要求。有时也凭手感敲刀调整镗刀头的伸出量

图 4-468 选择镗刀杆和镗刀头</td></tr>
</table>

续表

序号	镗孔步骤		详细描述
3	校正铣床主轴零位		若主轴轴线与工作台面不垂直（“0”位不准），用升降台进给，则会镗出椭圆孔；用主轴套筒进给，则会镗出斜孔。校正时，机床主轴轴线对工作台面的垂直度误差，以在回转直径150mm范围内不大于0.02mm为合适，如图4-469所示 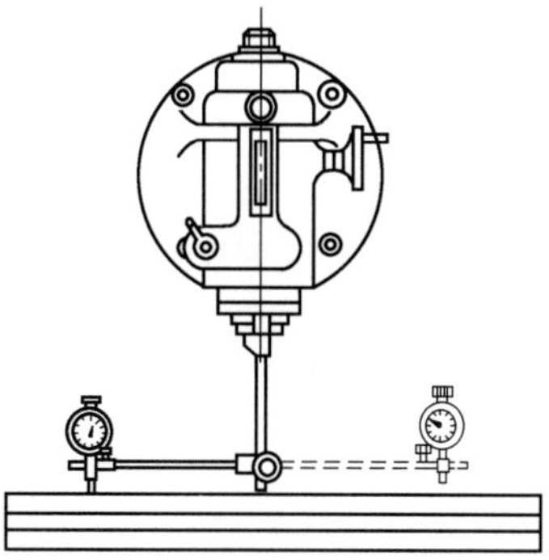 图4-469　校正铣床主轴零位
4	选择镗削用量		切削用量随刀具材料、工件材料、粗镗及精镗的不同而有所区别。粗镗时，切削层深度主要根据加工余量和刀杆、刀体、机床主轴、夹具及其装夹后的稳固情况等工艺系统的刚性来决定 精镗时，用高速钢镗刀，余量最好控制在0.1～0.5mm范围内；用硬质合金镗刀，则最好控制在0.3～1mm范围内。每转进给量*f*在粗镗时为0.2～1mm/r，在精镗时为0.05～0.5mm/r 镗孔时的切削速度可比铣削时略高一些，但在加工钢件等塑性较好的金属材料时，需充分浇注切削液，以降低温度，提高加工质量
5	对刀	划线对刀	调整时，在镗刀顶端用油脂黏一枚大头针，并使镗刀杆大致对准孔的中心，然后用手慢慢转动主轴；一方面把针尖拨到靠近孔的轮廓线，另一方面移动工作台，使针尖与孔轮廓线间的间隙尽量均匀相等。用这种方法对刀，准确度较低，对操作者要求较高，一般用于对孔的位置精度要求不高的场合
		靠镗刀杆对刀法	使心轴（或镗刀杆）先与基准面*A*刚好接触，再横向移动S_1的距离，S_1应等于孔的中心线到*A*面距离与量块和心轴半径之和；然后使心轴（或镗刀杆）与基准面*B*接触，并纵向移动S_2的距离，S_2应等于孔的中心线到*B*面距离与量块和心轴的半径之和，控制好镗刀杆与基准面之间的松紧程度，方法是用手能轻轻推动量块，而手松开量块又不落下为宜，如图4-470所示 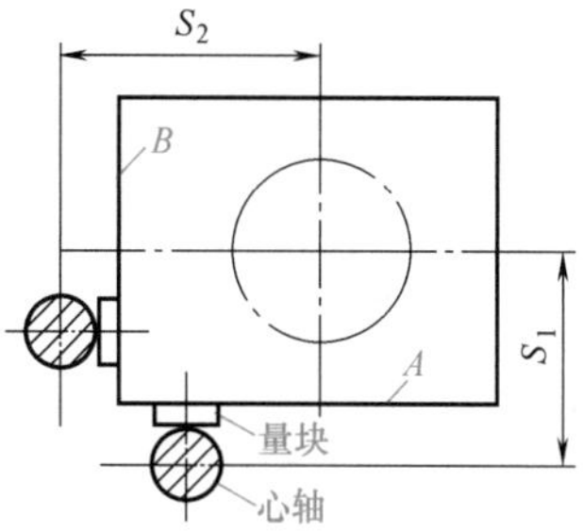 图4-470　靠镗刀杆对刀法
		测量对刀法	用深度千分尺或深度游标卡尺测量心轴（或镗刀杆）圆柱面至*A*面和*B*面的距离，应等于孔中心线至基准面之间的尺寸与心轴半径之差，如图4-471所示 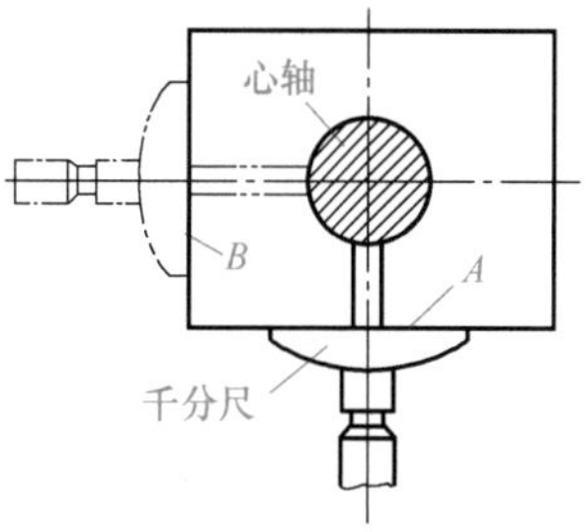 图4-471　测量对刀法

（2）镗平行孔

轴线平行的孔系除孔的本身有精度要求外，还应严格控制孔的中心距。孔径尺寸的控制和孔的位置精度的位置调整方法，均与单孔镗削时相同，因此轴线平行孔系的镗削，主要是掌握其孔距的控制方法。当孔距尺寸精度要求不高时，一般采用铣床手柄刻度盘来控制；当孔距尺寸精度要求较高时，采用百分表和量块相结合的方法来控制。其具体方法见表 4-149。

表 4-149　镗平行孔时的孔距控制

序号	孔距控制	详细描述
1	纵向移距控制	先将百分表用固定架固定在工作台手拉油泵的加油孔上。按照需要移动的距离选择一组（最好是一块）量块，将量块放在百分表测量触头与角铁之间，并使百分表指针指向“0”位。然后抽出量块，纵向移动工作台，使角铁面与百分表测量触头接触，直到指针指向“0”位为止，即可将工作台准确地纵向移动了一个等于量块尺寸的距离，如图 4-472 所示 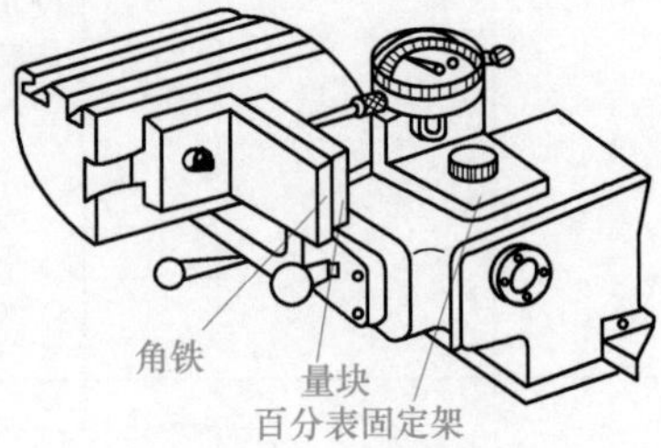 角铁　量块　百分表固定架 图 4-472　纵向移距控制
2	横向移距控制	将百分表表座固定在铣床的横向导轨上，为防损坏导轨面，应在紧固螺钉与导轨面之间垫铜皮。横向移距控制的方法与纵向移距控制的方法基本相同，如图 4-473 所示 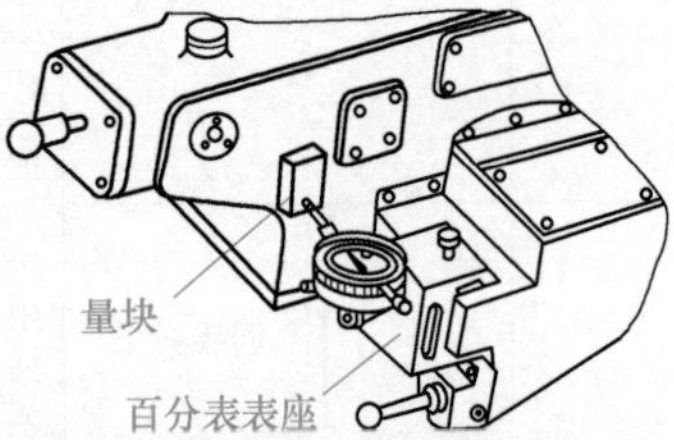 量块　百分表表座 图 4-473　横向移距控制

（3）镗圆周等分孔

各孔在工件圆周上均匀分布的孔系，可将工件装夹在分度头或回转工作台上进行镗削。具体镗削方法见表 4-150。

表 4-150　镗圆周等分孔

序号	镗孔方法	详细描述
1	在分度头上镗孔	对较小的圆周等分孔系工件，可安装在分度头上进行镗削，镗削前先把铣床主轴与分度头校正同轴，然后移动工作台，调好位置，每镗好一个孔后，按要求分度，依次镗削每一个孔，如图 4-474 所示 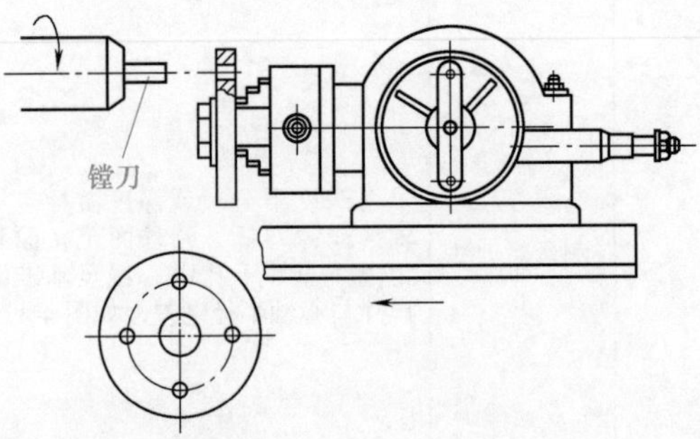 镗刀 图 4-474　在分度头上镗孔

续表

序号	镗孔方法	详细描述
2	在圆转台上镗孔	对大型的圆周等分孔系工件，可安装在圆转台上进行镗削。镗削前先校正工件与圆转工作台主轴的同轴度，再校正铣床主轴与工件轴线的同轴度，然后移动铣床工作台，调好位置，每镗好一个孔后，按要求分度，依次镗削每一个孔，如图 4-475 所示 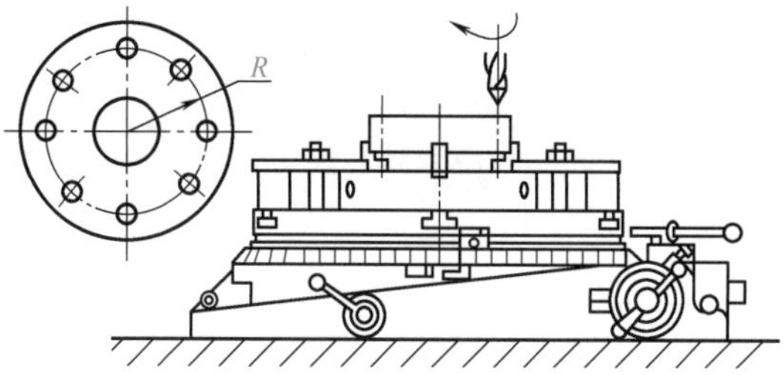 图 4-475　在圆转台上镗孔

4.18.4　卧式铣床上镗孔

在卧式铣床上进行镗孔，对孔的位置和孔径尺寸的调整方法与在立式铣床上镗孔基本相同。在卧式铣床上进行镗孔，主要适宜镗削轴线与基准面平行的孔、两个同轴的孔和较深的通孔等。其镗削方法见表 4-151。

表 4-151　卧式铣床镗孔

序号	镗孔步骤	详细描述
1	短刀杆镗孔	当孔处在工件的一端，深度也不太深，可采用较短的镗刀杆镗削，不用支架支承耐刚性已足够时，采用此形式进行镗削，以便观察和检测，如图 4-476 所示 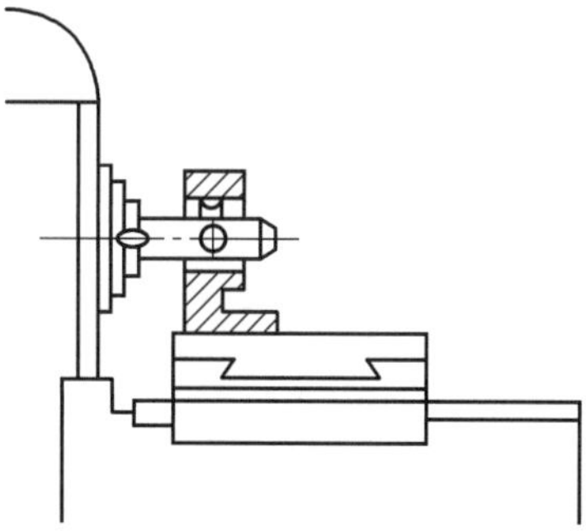 图 4-476　短刀杆镗孔
2	长刀杆镗孔	在卧式铣床上镗削，镗杆的伸出端可用支架来支承，能显著增强镗刀杆的刚性，减小镗削时的振动。在选择镗刀杆直径时，也可采用较小值，以利切屑排出 两个孔在一次装夹中镗出，能保证有较高精度的同轴度。虽然镗刀杆较长，但有支架支承，因此仍有良好的刚性，且深孔的圆柱度也易于保证，如图 4-477 所示 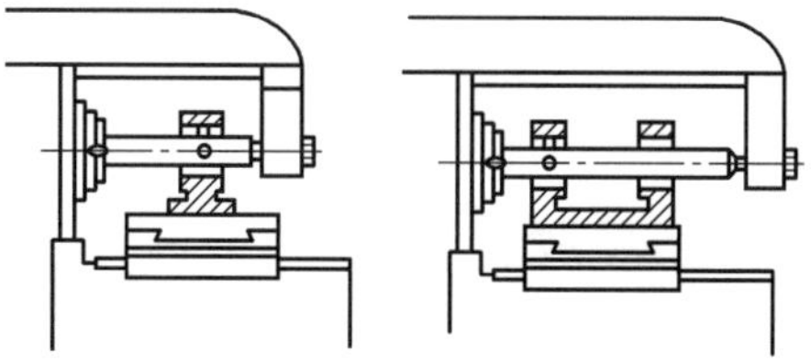 图 4-477　长刀杆镗孔

4.18.5 镗孔的质量缺陷及分析

镗孔时，镗刀的尺寸和镗刀杆的直径都受到限制，而镗刀杆长度又必须满足镗孔深度的要求，所以镗刀和镗刀杆的刚性差，在镗削过程中容易产生振动和“让刀”等现象。镗孔时常见的质量问题和防止方法见表 4-152。

表 4-152 镗孔的质量缺陷及分析

序号	质量问题	产生原因	预防措施
1	表面粗糙度超差	刀尖角或刀尖圆弧太小	修磨刀具，增大圆弧
		进给量过大	减小进给量
		刀具已磨损	修磨刀具
		切削液使用不当	合理使用切削液
2	孔成椭圆	立铣头“0”位不正，并用工作台垂向进给	重新校正“0”位
3	孔壁振纹	镗刀杆刚性差，刀杆悬伸太长	选择合适镗刀杆，镗刀杆另一端尽可能增加支承
		工作台进给爬行	调整机床塞铁并润滑导轨
		工件夹持不当	改进夹持方法或增加支承面积
4	孔壁划痕	退刀时刀尖背向操作者	退刀时刀尖拨转到朝向操作者
		主轴未停稳，快速退刀	主轴停转后再退刀
5	孔径超差	镗刀回转半径调整不当	重新调整镗刀回转半径
		测量不准	仔细测量
		镗刀偏让	增加镗刀杆刚性
6	孔呈锥形	切削过程中刀具磨损	修磨刀具，合理选择切削速度
		镗刀松弛	安装刀头时要紧固螺钉
7	轴线歪斜	工件定位基准选择不当	选择合适的定位基准
		装夹工件时，清洁工作未做好	装夹时做好基准面或工作台面清洁工作
		采用主轴进给时，“0”位未校正	重新校正主轴“0”位
8	圆度差	工件装夹变形所引起	薄壁形工件装夹要适当，精镗时，应重新压紧，并注意适当减小压紧力
		主轴回转精度不好	检查机床调整主轴精度
		立镗时纵、横工作台未紧固	不进给的工作台应紧固
		刀杆刀具弹性变形，钻孔时圆度差	选择合理的切削用量，增加刀杆与刀具的刚性，提高钻孔和粗镗的质量
9	平行度差	不在一次装夹中镗几个平行孔	在一次装夹中镗削所有平行孔；至少要采用同一个基准面
		在钻孔和粗镗时，孔已不平行；精镗时镗刀杆产生弹性偏让	提高粗加工的精度，或提高镗刀杆的刚性
		定位基准面与进给方向不平行，使镗出的孔与基准面不平行	精确校正

4.18.6 镗孔实操例题

（1）单孔镗削零件实操例题

用简易式镗刀杆在铣床上镗削如图 4-478 所示的单孔工件，其镗削方法和步骤如下。

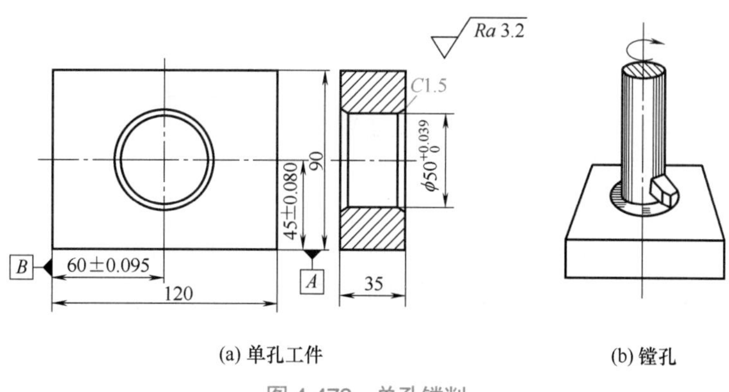

(a) 单孔工件　　(b) 镗孔

图 4-478　单孔镗削

① 铣削工艺分析（表 4-153）

表 4-153　铣削工艺分析及确认表

序号	镗孔实操例题铣削工艺分析		完成度（√或 ×）
1	读图	看懂零件图样，了解图样上有关加工部位的尺寸标注、精度要求、表面形状与位置精度和表面粗糙度要求以及其他方面的技术要求	
2	检查毛坯	对照零件图样检查毛坯尺寸和形状，了解毛坯余量的大小	
3	确定装夹方式	单件加工，采用平口钳装夹	
4	确定参数	孔壁粗糙度为 3.2μm	
5	确定镗孔加工方法	按照加工要求镗孔	

② 铣削的操作步骤及提示（表 4-154）

表 4-154　铣削的操作步骤及检查表

序号	立式铣床上镗孔实操例题铣削步骤		完成度（√或 ×）
1	计算坐标尺寸	计算坐标尺寸，如图 4-479 所示。以孔中心为坐标原点，以平行于两基准面 A 和 B 的直线为坐标轴线，则钻孔的坐标为得（x，y）=（0，0）	
2	划线	按照图样尺寸和坐标尺寸，划出孔的中心位置 O_1、O_2、O_3 以及孔的轮廓线，并在孔的中心处打样冲眼	
3	选择镗刀	镗刀杆直径选择 ϕ40mm，方孔 8mm×8mm；镗刀的几何参数（根据工件材料 45 钢）选择前角 γ_0=10°，后角 α_0=8°，刃倾角 λ_s=5°（精镗时取 λ_s=−5°），主偏角 κ_r=60°，副偏角 κ_r'=15°，刀尖圆弧半径 γ_ε=0.5mm	
4	切削用量选择	用高速钢镗刀，粗镗时背吃刀量 $a_p \approx$ 2mm，进给量 f=0.5mm/r，切削速度 v_c=15m/min，转速 n=118r/min；精镗时背吃刀量以 a_p=0.2mm	
5	校正立铣头	校正立铣头主轴轴线垂直于工作台面，在 300mm 长度上垂直度误差不大于 0.03mm	
6	校正工件基准面	校正工件基准面 A 与工作台纵向进给方向平行，用平行垫铁垫平工件，并用压板和螺栓将工件装夹在工作台台面上	
7	钻底孔	用钻头钻出直径 40 ～ 45mm 的孔（应先用直径为 20 ～ 25mm 的钻头钻出小孔后，再扩钻到要求），也可在钻床上钻孔后再将工件装夹到铣床上	
8	粗镗	粗镗孔，留精镗余量 0.5 ～ 0.8mm	
9	精镗	精镗孔至规定要求	
10	倒角	用主偏角 κ_r=45°的镗刀镗孔口倒角	
11	检验	孔距尺寸的控制可采用百分表、量块控制方法；条件不具备时，也可采用试镗和测量相结合的方法控制	

③ 操作中的注意事项与禁忌（表 4-155）

表 4-155　镗孔安全操作表

序号	安全操作注意事项	符合要求（√或 ×）
1	工件装夹完毕后应取下平口钳扳手，方能进行铣削	
2	调整钻孔位置时，若手柄摇过头，应注意消除丝杠与螺母间的间隙，以免尺寸出错	
3	镗孔过程中不准用手触摸工件和镗刀，不准测量工件，不准突然变换进给速度	
4	进给结束后，工件不能立即在旋转的钻头下退回，应先降落工作台后再退出	
5	铣削时不使用的进给机构应紧固，工作完毕后再松开	
6	用铜锤、木锤轻击工件时，不要砸伤工件已加工表面	
7	镗孔时应加注充足的切削液	
8	选择的镗刀直线性要好，切削刃要锋利、对称，无崩刃、裂纹、碰伤、退火等缺陷	
9	划线、打样冲眼要准确，镗孔横刃不能太长，防止钻孔位置发生偏移	
10	进给量不能太大，否则孔的表面粗糙度值会增大	

经验总结

① 镗孔前一定要校正铣床主轴轴心线与工作台台面垂直，否则会镗出椭圆孔或孔心线与工件基准面不垂直，造成斜孔。

② 试镗孔时，镗削深度不要过长，以免造成镗孔缺陷。

③ 镗刀杆长度不应过长，以满足镗孔长度为佳；否则易出现让刀现象，造成喇叭形孔。

④ 镗平底孔时，采用 90°主偏角镗刀。孔底平面一般可允许少量凹，但不能凸。

⑤ 当采用浮动镗刀时，要预先测量准确镗刀头尺寸，并应试镗。浮动镗刀初入孔时，应尽量使两刃余量均匀。进刀时应采用大进给量，而切削速度应低些。镗孔完毕应停车退刀。

⑥ 孔距要求很精确时，应预镗后测量，孔距符合图样要求后，方可镗削孔径至尺寸。

（2）三孔镗削零件实操例题（一）

选用 X52K 立式铣床，用平口钳装夹工件，镗刀镗削如图 4-479 所示的零件，其镗削方法和步骤如下。

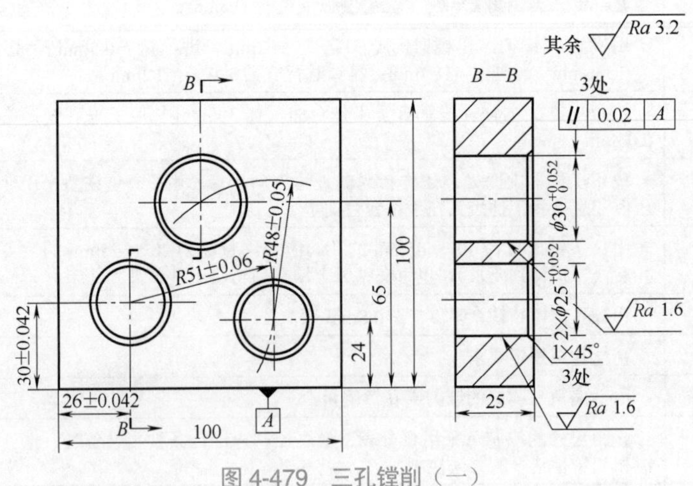

图 4-479　三孔镗削（一）

① 铣削工艺分析（表 4-156）

表 4-156 铣削工艺分析及确认表

序号	镗孔实操例题铣削工艺分析		完成度（√或×）
1	读图	看懂零件图样，了解图样上有关加工部位的尺寸标注、精度要求、表面形状与位置精度和表面粗糙度要求以及其他方面的技术要求	
2	检查毛坯	对照零件图样检查毛坯尺寸和形状，了解毛坯余量的大小	
3	确定装夹方式	单件加工，采用平口钳装夹	
4	确定参数	孔壁粗糙度为 3.2μm	
5	确定镗孔加工方法	按照加工要求镗孔	

② 铣削的操作步骤及提示（表 4-157）

表 4-157 铣削的操作步骤及检查表

序号	立式铣床上镗孔实操例题铣削步骤			完成度（√或×）
1	计算坐标尺寸	孔径 $D_1=D_2=\phi25$mm，$D_3=\phi30$mm，孔口倒角 1×45° 以孔 O_1 的中心为原点，以与基准面 A 平行的直线为横坐标 x，以与基准面 A 垂直的直线为纵坐标 y，则三个孔中心位置的坐标分别为 O_1（0，0）、O_2（76.65，−6）、O_3（25.69，35）		
2	划线	根据图样要求划出三个孔的中心线和轮廓线，并打上样冲眼。先划Ⅰ孔的中心线，距 A 面的距离为 30mm，距 B 面的距离为 26mm，确定好孔的圆心，划好 $\phi25$mm 孔径线并打好样冲眼；然后划Ⅱ孔，划到距离 A 面 24mm 的中心线，然后以Ⅰ孔的圆心为圆心，以 $R51$mm 为半径划一圆弧，与中心线相交，交点即是Ⅱ孔的圆心，划好 $\phi25$mm 孔径线并打好样冲眼；然后划Ⅲ孔，划到距离 A 面 65mm 的中心线，以Ⅱ孔的圆心为圆心，以 $R48$mm 为半径划一圆弧，与中心线相交，交点即是Ⅲ孔的圆心，划好 $\phi30$mm 孔径线并打好样冲眼，如图 4-480 所示 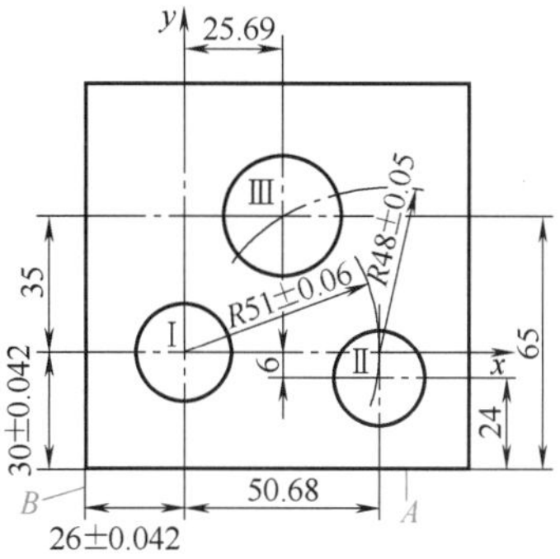	 图 4-480 划线	
3	选择镗刀	镗刀杆直径选择 $\phi30$mm，方孔 8mm×8mm；镗刀的几何参数（根据工件材料 45 钢），选择前角 $\gamma_0=10°$，后角 $\alpha_0=8°$，刃倾角 $\lambda_s=5°$（精镗时取 $\lambda_s=-5°$），主偏角 $\kappa_r=60°$，副偏角 $\kappa_r'=15°$，刀尖圆弧半径 $\gamma_\varepsilon=0.5$mm		
4	切削用量选择	用高速钢镗刀，粗镗时背吃刀量 $a_p\approx2$mm，进给量 $f=0.5$mm/r，切削速度 $v_c=15$m/min，转速 $n=118$r/min；精镗时背吃刀量为 $a_p=0.2$mm		
5	校正立铣头	校正立铣头主轴轴线垂直于工作台面，在 300mm 长度上垂直度误差不大于 0.03mm		
6	装夹工件	如图 4-481 所示，用平口钳装夹，在虎钳导轨面上垫适当高度的平行垫铁，防止钻孔时钻坏虎钳的导轨面 校正固定钳口与纵向进给方向的平行度，并用划线对刀法进行对刀。然后按照划线钻第Ⅰ孔，用移距法或以划线为基准进行移距钻第Ⅱ孔和第Ⅲ孔 	图 4-481 装夹工件	

续表

序号	立式铣床上镗孔实操例题铣削步骤			完成度（√或×）
7	镗削第Ⅰ孔	①调整好中心位置，先试镗一刀至 ϕ23mm，然后测量孔径实际尺寸，再测量中心距是否达到要求。如中心距有偏差，则移动纵向、横向工作台，用敲刀法调整孔径后再试镗测量，待中心位置准确后即可精镗孔径 ②孔的位置准确后，精镗孔至 ϕ25～25.052mm，并检测定位尺寸 26mm±0.042mm 和 30±0.042mm ③孔口倒角 1×45° 如图 4-482 所示	图 4-482　镗削第Ⅰ孔	
8	镗削第Ⅱ孔	①调整孔的中心位置，可以利用百分表、量块精确移动工作台。以Ⅰ孔为圆点，横向工作台移动 6mm，纵向向左移动 50.65mm ②调整好孔的中心位置后，先将孔镗至 ϕ23mm，再测量孔径及孔距是否达到要求。如孔距有偏差，则根据差值调整纵向或横向工作台 ③孔的位置准确后，分粗、精镗孔至 ϕ25～25.052mm ④孔口倒角 1×45° 如图 4-483 所示	图 4-483　镗削第Ⅱ孔	
9	镗削第Ⅲ孔	①调整孔的中心位置，在Ⅱ孔位置时 y 方向向外移动 41mm，x 方向即纵向工作台向右移动 24.96mm ②孔的中心位置调整好后，先将孔径镗至 28mm，预测孔的中心距，如有偏差应进行调整纵向或横向工作台 ③调整好孔的中心位置后，分粗、精镗孔至 ϕ30～30.052mm ④孔口倒角 1×45° 如图 4-484 所示	图 4-484　镗削第Ⅲ孔	
10	倒角	用主偏角 κ_r=45°的镗刀镗孔口倒角		
11	检验	孔距尺寸的控制可采用百分表、量块控制方法；条件不具备时，也可采用试镗和测量相结合的方法控制		

③ 操作中的注意事项与禁忌（表 4-158）

表 4-158　镗孔安全操作表

序号	安全操作注意事项	符合要求（√或×）
1	工件装夹完毕后应取下平口钳扳手，方能进行铣削	
2	调整钻孔位置时，若手柄摇过头，应注意消除丝杠与螺母间的间隙，以免尺寸出错	
3	镗孔过程中不准用手触摸工件和镗刀，不准测量工件，不准突然变换进给速度	
4	进给结束后，工件不能立即在旋转的钻头下退回，应先降落工作台后再退出	
5	铣削时不使用的进给机构应紧固，工作完毕后再松开	
6	用铜锤、木锤轻击工件时，不要砸伤工件已加工表面	
7	镗孔时应加注充足的切削液	
8	选择的镗刀直线性要好，切削刃要锋利、对称，无崩刃、裂纹、碰伤、退火等缺陷	
9	划线、打样冲眼要准确，镗孔横刃不能太长，防止钻孔位置发生偏移	
10	进给量不能太大，否则孔的表面粗糙度值会增大	

（3）三孔镗削零件实操例题（二）

本题与上一例题类似，旨在强化对镗孔的操作，零件如图 4-485 所示。

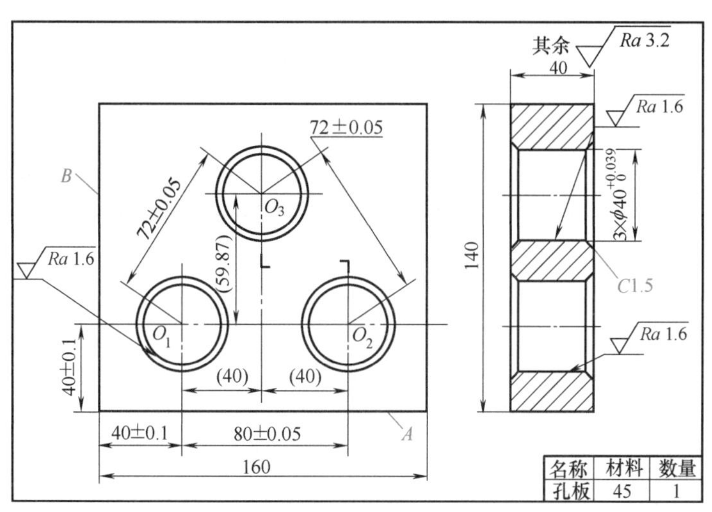

图 4-485 三孔镗削（二）

① 铣削工艺分析（表 4-159）

表 4-159 铣削工艺分析及确认表

序号	镗孔实操例题铣削工艺分析		完成度（√或×）
1	读图	看懂零件图样，了解图样上有关加工部位的尺寸标注、精度要求、表面形状与位置精度和表面粗糙度要求以及其他方面的技术要求	
2	检查毛坯	对照零件图样检查毛坯尺寸和形状，了解毛坯余量的大小	
3	确定装夹方式	单件加工，采用平口钳装夹	
4	确定参数	孔表面粗糙度为 1.6μm	
5	确定镗孔加工方法	按照加工要求镗孔	

② 铣削的操作步骤及提示（表 4-160）

表 4-160 铣削的操作步骤及检查表

序号	立式铣床上镗孔实操例题铣削步骤		完成度（√或×）
1	计算坐标尺寸	计算坐标尺寸，如图 4-486 所示。以孔 O_1 中心为坐标原点，以平行于两基准面 *A* 和 *B* 的直线为坐标轴线，计算三孔坐标尺寸，得 O_1（x=0，y=0）、O_2（x=0，y=80）、O_3（x=40，y=59.87）	
2	划线	按照图样尺寸和坐标尺寸，划出三孔的中心位置 O_1、O_2、O_3 以及孔的轮廓线，并在孔的中心处打样冲眼	
3	选择镗刀	镗刀杆直径选择 ϕ30mm，方孔 8mm×8mm；镗刀的几何参数（根据工件材料 45 钢），选择前角 γ_0=10°，后角 α_0=8°，刃倾角 λ_s=5°（精镗时取 λ_s=−5°），主偏角 κ_r=60°，副偏角 κ_r'=15°，刀尖圆弧半径 r_ε=0.5mm	
4	切削用量选择	用高速钢镗刀，粗镗时背吃刀量 $a_p\approx$ 2mm，进给量 f=0.5mm/r，切削速度 v_c=15m/min，转速 n=118r/min；精镗时背吃刀量为 a_p=0.2mm	
5	校正立铣头	校正立铣头主轴轴线垂直于工作台面，在 300mm 长度上垂直度误差不大于 0.03mm	
6	校正工件基准面	校正工件基准面 *A* 与工作台纵向进给方向平行，用平行垫铁垫平工件，并用压板和螺栓将工件装夹在工作台台面上	

续表

序号	立式铣床上镗孔实操例题铣削步骤		完成度（√或 ×）
7	钻底孔	用直径 ϕ35mm 麻花钻钻 3 个底孔	
8	粗镗	粗镗 3 孔，留精镗余量 0.5 ～ 0.8mm	
9	精镗	精镗 3 孔至规定要求	
10	倒角	用主偏角 κ_r=45°的镗刀镗孔口倒角	
11	检验	孔距尺寸的控制可采用百分表、量块控制方法；条件不具备时，也可采用试镗和测量相结合的方法控制	

③ 操作中的注意事项与禁忌（表 4-161）

表 4-161 镗孔安全操作表

序号	安全操作注意事项	符合要求（√或 ×）
1	工件装夹完毕后应取下平口钳扳手，方能进行铣削	
2	调整钻孔位置时，若手柄摇过头，应注意消除丝杠与螺母间的间隙，以免尺寸出错	
3	镗孔过程中不准用手触摸工件和镗刀，不准测量工件，不准突然变换进给速度	
4	进给结束后，工件不能立即在旋转的钻头下退回，应先降落工作台后再退出	
5	铣削时不使用的进给机构应紧固，工作完毕后再松开	
6	用铜锤、木锤轻击工件时，不要砸伤工件已加工表面	
7	镗孔时应加注充足的切削液	
8	选择的镗刀直线性要好，切削刃要锋利、对称，无崩刃、裂纹、碰伤、退火等缺陷	
9	划线、打样冲眼要准确，镗孔横刃不能太长，防止钻孔位置发生偏移	
10	进给量不能太大，否则孔的表面粗糙度值会增大	

4.19 铰孔

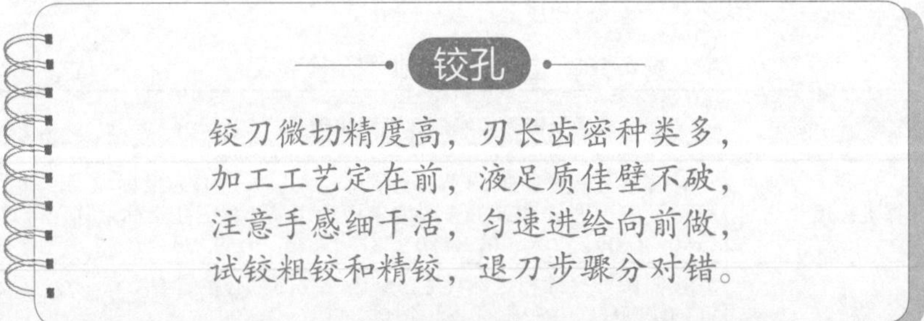

铰孔是用铰刀从工件孔壁上切除微量金属层，以提高其尺寸精度和减小其表面粗糙度值的加工方法。铰孔是应用较普遍的孔的精加工方法之一，尺寸精度可达 IT9 ～ IT7，表面粗糙度可达 Ra1.6 ～ 0.4μm。如图 4-486 所示为铰孔的操作。

4.19.1 铰刀的结构

铰刀的实物图如图 4-487 所示，其由工作部分和颈部及柄部组成，如图 4-488 所示。

图 4-486　铰孔的操作

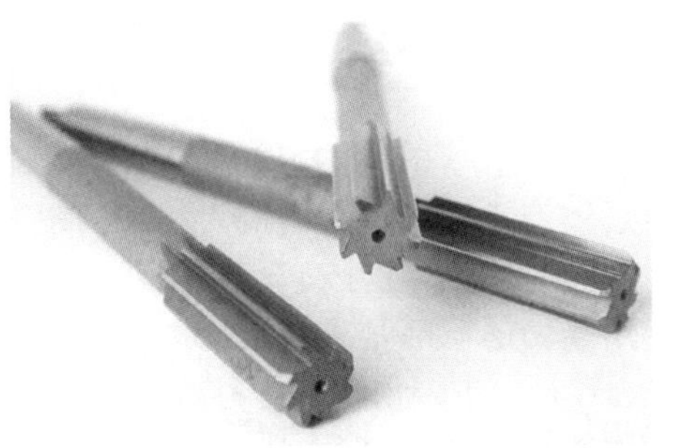

图 4-487　铰刀实物图

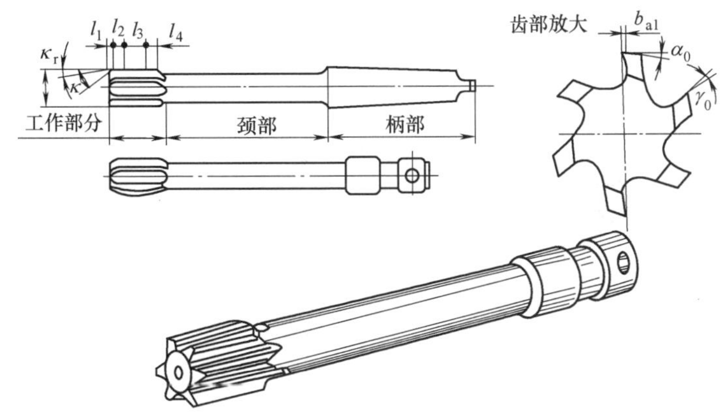

图 4-488　铰刀各工作部分

柄部用来装夹和传递扭矩，有圆柱形、圆锥形和圆柄方榫形三种。工作部分是由引导部分（l_1）、切削部分（l_2）、修光部分（l_3）和倒锥（l_4）组成，各部分特点和作用见表 4-162。

表 4-162　铰刀的组成

序号	铰刀的组成	特点和作用
1	引导部分	引导部分是铰刀头部开始进入孔内的导向部分，其导向角一般为 45°。切削部分担任主要切削工作，能切下很薄的切屑
2	切削部分	铰刀的前角（γ_0）一般磨成零度。对于铰削表面粗糙度要求较低的铸件孔时，前角可采用 -5°～ 0°；加工塑性材料时，前角可增大到 5° ~10° 铰刀的后角（α_0）是为了减少铰刀与孔壁的摩擦，后角一般取 6°～ 10° 铰刀的主偏角（κ_r）一般为 3°～ 15°。加工铸件时，κ_r 取 3° ~5°；加工钢料时，κ_r 取 12°～ 15°。主偏角大，定心差，切屑厚而窄；主偏角小，定心好，切屑薄而宽
3	修光部分	铰刀的修光部分上有棱边（b_{a1}），它起定向、修光孔壁、保证铰刀直径和便于测量等作用。棱边不能太宽，否则会使铰刀与孔壁的摩擦增加，一般为 0.15 ～ 0.25mm
4	倒锥	工作部分后部的倒锥（l_4）也是为了减少铰刀与孔壁之间的摩擦，倒锥一般为 0.02 ～ 0.05mm

经验总结

① 铰刀的齿数一般为 4 ～ 8 个，为了测量直径方便起见，多采用偶数齿。

② 铰刀最容易磨损的部位是切削部分和修光校正部分的过渡处，而且这个部位直接影响工件的表面粗糙度，因而该处不能有尖棱，要将每个齿都磨成等高。

4.19.2 铰刀的种类

铰刀按用途可分为机用铰刀和手用铰刀。

机用铰刀又可分为直柄铰刀和锥柄铰刀。机用铰刀的工作部分较短，主偏角较大，铰孔时，安装到尾座上。由于有车床尾座定向，因此不必做出很长的导向部分。

手用铰刀的柄部是方榫形的，以便套入扳手，用手转动铰刀进行铰孔。它的工作部分和修光部分较长，主偏角较小，容易定向和减小轴向切削力。

铰刀按切削部分材料不同可分为硬质合金铰刀和高速钢铰刀两种。其中正刃倾角硬质合金铰刀较常用。如图 4-489 所示为铰刀的基本类型。

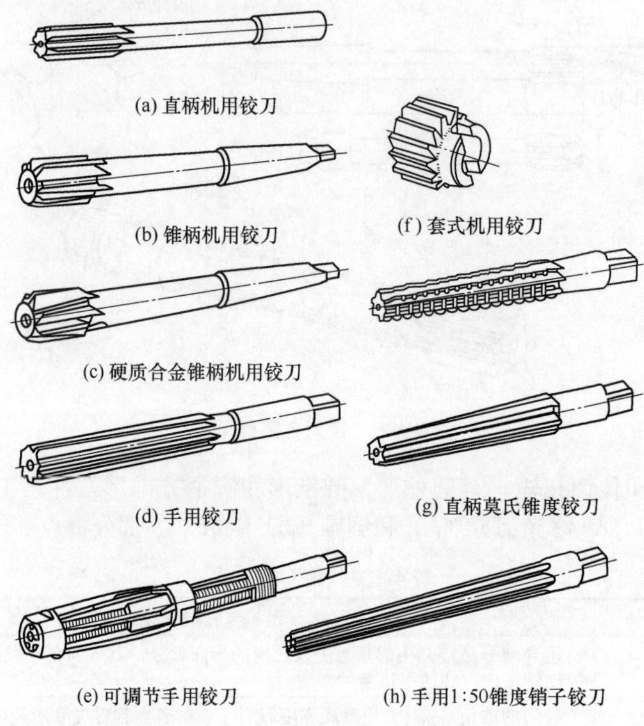

图 4-489 铰刀的基本类型

4.19.3 铰孔的方法（表 4-163）

表 4-163 铰孔的方法

序号	铰孔步骤	详细描述
1	铰削前的孔加工	铰孔是用铰刀对已粗加工或半精加工的孔进行精加工，铰孔之前，一般先经过钻孔或扩孔。精度要求较高的孔，需先扩孔或镗孔；对精度高的孔的铰削，还需分粗铰和精铰
2	铰孔余量的确定	铰孔余量的大小直接影响铰孔的质量。余量太小时，上道工序所残留的加工痕迹不能被全部铰去；余量太大，切屑挤满在铰刀的齿槽中，切削液不能进入切削区，会使孔的精度降低，表面粗糙度增大；还会因切削负载大，使刀具寿命下降 选择铰孔余量时，应考虑铰孔精度、表面粗糙度、孔径的大小、工件材料的软硬和铰孔类型等因素。表 4-164 列出了铰孔余量范围

续表

<table>
<tr><th>序号</th><th>铰孔步骤</th><th>详细描述</th></tr>
<tr><td>2</td><td>铰孔余量的确定</td><td>表 4-164　铰孔余量表　　单位：mm

孔的直径	≤ 6	> 6 ～ 10	> 10 ～ 18	> 18 ～ 30	> 30 ～ 50	> 50 ～ 80	> 80 ～ 120
粗铰	0.10	0.10 ～ 0.15	0.10 ～ 0.15	0.15 ～ 0.20	0.20 ～ 0.30	0.35 ～ 0.45	0.50 ～ 0.60
精铰	0.04	0.04	0.05	0.07	0.07	0.10	0.15

</td></tr>
<tr><td>3</td><td>铰刀直径的选择</td><td>用铰刀加工出的孔直径不等于铰刀的直径，可能出现扩大或者收缩（大于或小于铰刀直径）。通常铰出的孔会扩大，但在铰削薄壁孔时（塑性材料），也可能产生收缩。一般扩张量在 0.003 ～ 0.02mm；收缩量在 0.005 ～ 0.02mm
铰孔的尺寸精度主要取决于铰刀的尺寸，铰刀尺寸最好选择被加工孔公差带中间 1/3 左右的尺寸。如铰削 ϕ20H7（$^{+0.021}_{0}$）mm 孔时，最好选择 $\phi20^{+0.014}_{+0.007}$ mm 尺寸的铰刀</td></tr>
<tr><td>4</td><td>铰孔的切削用量</td><td>在铣床上铰孔时，切削速度不能过高，进给量可取大些。低速是为了避免积屑瘤，若进给量过小会造成切削厚度过小，切屑不易形成，啃刮现象严重，刀具磨损加剧。使用高速钢铰刀，当加工材料为钢件时，v_c=2 ～ 5m/min，f=0.3 ～ 2mm/r；当加工材料为铸铁时，v_c=8 ～ 10m/min，f≤ 0.4 ～ 3mm/r，见表 4-165。使用硬质合金铰刀时，v_c=4 ～ 12m/min，f=0.05 ～ 0.5mm/r。在铣床上铰孔也常用手动进给
表 4-165　切削速度和进给量

加工材料	选用刀具材料	选用切削速度 v	选用进给量 f
钢件	高速钢	4 ～ 8m/min	0.5 ～ 1mm/r
铸铁	高速钢	6 ～ 8m/min	0.5 ～ 1mm/r
铜件或铝件	高速钢	8 ～ 12m/min	1 ～ 1.2mm/r

</td></tr>
<tr><td>5</td><td>切削液的选用</td><td>铰孔时由于加工余量小，切屑一般都很细碎，容易黏附在刀刃上，甚至夹在孔壁与铰刀棱边之间，将已加工表面刮毛。此外，铰刀的切削速度虽低，但因在半封闭状态下工作，热量传导困难。为了能获得较小的表面粗糙度并延长刀具的寿命，所选用的切削液应具有一定的流动性和良好的润滑性，以冲去切屑和降低温度。具体选择时：铰削钢件等塑性材料时可选用乳化液、极压乳化液、切削油等；铰削铸铁等脆性材料时则用煤油或煤油与矿物油的混合油</td></tr>
<tr><td>6</td><td>试铰孔</td><td>粗铰孔前应先在一废件上试铰一孔，检测孔径尺寸和孔壁表面粗糙度，合格后，继续加工</td></tr>
<tr><td>7</td><td>粗铰孔</td><td>这是在试铰孔之后的操作，如果采用的一把新铰刀，其直径尺寸公差大都是上偏差，这样铰出的孔径尺寸偏大得多，还会超差。所以新铰刀常需研磨减小直径，再投入使用</td></tr>
<tr><td>8</td><td>精铰孔</td><td>精铰孔是将已粗加工好的孔，清除切屑后，按选定的铰削用量进行铰孔。铰孔时应使用有足够压力的切削液，以便能快速地带走切屑</td></tr>
</table>

经验总结

① 铣床上装夹铰刀，要防止铰刀偏摆，否则铰出的孔径会有偏差。
② 退出工件时不能停车，要等到铰刀退离出工件后再停车。
③ 铰刀的轴线要与钻、扩后孔的轴线同轴，故最好钻、扩、铰连续进行。
④ 铰刀是精加工刀具，用完后要擦净加油，放置时要防止碰坏铰刀。

4.19.4 铰孔的质量缺陷及分析

由于铰刀是精加工刀具，对加工质量要求很高，所以影响铰削质量的因素很多。常见的质量问题分析见表 4-166。

表 4-166　铰孔的质量缺陷及分析

序号	质量问题	产生原因	预防措施
1	孔口扩大（喇叭口）	铰刀与孔的中心不重合，铰刀偏摆过大	找正尾座，采用浮动套筒
		进给量和铰削余量太大	修整进给量和铰削余量
		操作者粗心，未仔细检查铰刀直径和铰孔直径	重新检查铰刀直径和铰孔直径
2	孔径扩大、误差大	铰刀直径过大	仔细测量铰刀尺寸，最好选择铰刀尺寸在被加工孔公差带的中间 1/3 以内
		铰刀外径尺寸设计值偏大或铰刀刃口有毛刺	根据具体情况适当减小铰刀外径；将铰刀刃口毛刺修光
		铰刀圆柱部分与柄部同轴度误差超差	重新修磨铰刀刃口
		切削速度过高，产生积屑瘤，使铰刀温度升高	降低切削速度，使切削速度 v_c<5m/min，并加注充分切削液
		切削液选择不当	选择合适的切削液
		铰削余量太多	正确选择铰削余量
		铰刀弯曲	校直或报废弯曲铰刀
		铰刀刃口上黏附着切屑瘤	用油石仔细修整
		刃磨时铰刀刃口摆差过大	控制摆差在允许范围内
		铰刀主偏角过大	适当减小主偏角
		安装铰刀时，锥柄表面油污未擦干净或锥面被碰伤	安装铰刀前必须将铰刀锥柄及机床主轴锥孔内部油污擦干净，锥面被碰伤处用油石修光
		锥柄的扁尾偏位，装入机床主轴后影响锥柄与主轴的同轴度	修磨铰刀扁尾
		主轴弯曲或主轴轴承间隙过大或损坏	调整或更换主轴轴承
		铰刀浮动不灵活，与工件不同轴	重新调整浮动卡头，并调整同轴度
		手工铰孔时两手用力不均匀，使铰刀摆动	用力均匀
3	孔径小	铰刀外径尺寸设计值偏小	更改铰刀外径尺寸
		铰刀已磨损	定期更换铰刀
		刃磨时铰刀磨损部分未磨去	正确刃磨铰刀的切削部分
		铰刀主偏角过小	适当增大主偏角
		进给量过大	减小进给量
		切削速度过低	增大切削速度
		切削液选择不当	用润滑性能好的油性切削液
		铰薄壁钢件时，铰完孔后内孔弹性恢复使孔径缩小	在铰刀尺寸设计时考虑孔径收缩因素
		铰钢件时余量太大，已加工表面产生弹性恢复，使孔径缩小	通过试验性切削选取铰刀尺寸和合适的铰削余量
		铰刀不锋利	铰刀刃磨锋利
		在过热情况下铰孔，工件冷却后，内孔收缩	注意冷却液的使用或等工件降温后精车
4	多刃铰刀铰孔时，铰出的内孔不圆	铰刀过长	适当改变铰刀的安装，缩短伸出尺寸
			加工允许的情况下，选取更短的铰刀
		铰刀刚性不足	安装铰刀采用刚性连接，并且采用不等分齿铰刀
		铰削时产生振动	仔细分析进给、车床、同轴等因素带来的振动
		铰刀主偏角过小	增大主偏角
		铰刀刃带窄	选用刃带宽度合适的铰刀
		铰削余量不均匀	控制铰孔前预加工工序的孔位误差，以保证铰孔余量的均匀

续表

序号	质量问题	产生原因	预防措施
4	多刃铰刀铰孔时，铰出的内孔不圆	铣床主轴轴承松动	调整铣床主轴轴承，使其间隙合适
		被铰孔内表面有缺口、交叉孔、砂眼、气孔等	采用不等分齿铰刀
			选用合格的毛坯，以防止铰出的孔不圆
		主轴轴承松动，无导向套，或导向套与铰刀配合间隙过大	采用等齿距铰刀铰精密孔时，对机床主轴间隙与导向套的配合间隙有较高要求
5	在铰削薄壁工件，铰出的内孔不圆	工件夹得过紧，铰孔后，工件卸下时会因变形而不圆	应选用恰当的装夹方法，减小夹紧力
6	孔表面有明显的棱面	铰孔余量过大	减小铰孔余量
		铰刀切削部分后角过大	减小切削部分后角
		铰刀刃带过宽	修磨刃带宽度
		工件表面有砂眼、气孔	选用合格毛坯
		机床主轴摆差大	调整机床主轴
		铰刀刀刃不锋利，使铰削发生“啃切”现象，发生振动而出现多棱形	更换铰刀
		钻孔不圆，使铰孔时铰刀发生弹跳现象	修复孔，或重新钻孔
7	表面粗糙度值大	铰刀切削刃不锋利及切削刃上有崩口、毛刺	重新刃磨铰刀切削刃，使切削刃表面粗糙度值减小。刃磨后的铰刀应保管好，不允许碰毛刃口
		铰削余量过大或过小	选择合理的铰削余量，对要求精度高的孔，最好分粗、精铰
		切削速度太高，产生积屑瘤	降低切削速度至 v_c<5m/min
		切削液选择不当	根据加工材料选择切削液
		铰刀主偏角过大，铰刀刃口不直	适当减小主偏角，正确刃磨铰刀刃口
		铰孔余量不均匀或太小，局部表面未铰到	提高铰孔前底孔位置精度与质量，或增加铰孔余量
		铰刀切削部分摆差超差，铰刀刃口不锋利，刀面粗糙	刃磨时刀齿已磨裂
		铰刀刃带过宽	修磨刃带宽度
		铰刀过度磨损	定期更换铰刀；刃磨时把磨损区全部磨去
		铰孔的排屑不良	根据具体情况减少铰刀齿数，加大容屑空间，或采用带刃倾角铰刀，使排屑顺利
		铰刀碰伤，刃口留有毛刺或崩刃	铰刀在刃磨、使用及运输过程中应采取保护措施，避免被碰伤；对已碰伤的铰刀，应用特细的油石将被碰伤处修好或更换铰刀
		刃口有积屑瘤	用油石修整到合格
		由于材料关系，不适用零度前角或负前角铰刀	选用合格铰刀
8	孔位置精度超差	导向套磨损	定期更换导向套
		导向套底端距工件太远，导向套长度短，精度差	加长导向套，提高导向套与铰刀同的配合精度
		主轴轴承松动	及时维修机床，调整主轴轴承间隙
9	铰孔后孔的轴线不直	铰孔前的钻孔不直，特别是孔径较小时，由于铰刀刚性较差，不能维持原有的弯曲度	增加扩孔或镗孔工序，校正孔中心线
		铰刀主偏角过大，导向不良，使铰刀在铰削中偏离方向	减小主偏角
		切削部分倒锥过大	调换合适的铰刀
		铰刀在断续孔中部间隙处移位	调换有导向部分或切削部分加长的铰刀
		手工铰孔时，在一个方向上用力过大，迫使铰刀向一边偏斜，破坏了铰孔的直线度	注意正确操作

续表

序号	质量问题	产生原因	预防措施
10	铰刀寿命低	铰刀材料不合适	根据加工材料选择铰刀材料，可采用硬质合金铰刀或涂层铰刀
		铰刀在刃磨时烧伤	严格控制刃磨切削用量，避免烧伤
		切削液选择不合适，切削液未能顺利流到切削处	根据加工材料正确选择切削液；经常清除切屑槽内的切屑，用有足够压力的切削液
		铰刀刃磨后表面粗糙度值大	通过精磨或研磨达到要求
11	铰孔时，铰刀刀齿崩刃	铰刀切削刃径向摆差过大，致使切削负荷不均匀	对铰刀进行安装定位的检查，找正铰刀轴线，必须与工件旋转轴线相重合
		刃磨时刀齿有磨削裂纹，而造成刀齿崩刃	为防止铰刀崩刃，一定要注意铰刀的刃磨质量。铰刀刃磨时，一般是刃磨后面
		工件材料硬度过高，导致铰刀刀齿崩刃	降低工件材料的硬度，或用硬质合金铰刀代替高速钢铰刀
		铰削余量过大	调整好预加工孔径尺寸，使铰削余量合适
		铰刀主偏角过小，使切削宽度增大，导致刀齿崩刃	适当加大铰刀主偏角，以防止崩刃
		铰削盲孔或深孔时，切屑多而又未及时排出，造成铰刀刀齿崩刃	及时清除切屑，或采用带刃倾角的铰刀使切屑顺利排出
12	铰刀柄部折断	铰孔余量过大	修改预加工的孔径尺寸
		铰锥孔时，粗、精铰削余量分配不当，切削用量选择不合适	修改余量分配，合理选择切削用量
		铰刀刀齿容屑空间小，切屑堵塞	减少铰刀齿数，加大容屑空间，或将刀齿间隔磨去一齿

4.19.5 铰孔切削用量表

（1）铰削加工余量表（双边）（表 4-167）

表 4-167 铰削加工余量表（双边） 单位：mm

工件材料		铰刀刃径				
		～ϕ6	～ϕ10	～ϕ16	～ϕ25	ϕ25～
钢	700N/mm^2 以下	0.1～0.2	0.15～0.2	0.2～0.3	0.3～0.4	0.4～0.5
	700N/mm^2 以上	0.1～0.2	0.15～0.2	0.2～0.25	0.25～0.3	0.3～0.4
铸钢		0.1～0.2	0.15～0.2	0.2～0.25	0.2～0.3	0.3～0.4
灰铸铁		0.1～0.2	0.15～0.2	0.2～0.3	0.3～0.4	0.4～0.5
可锻铸铁		0.1～0.2	0.15～0.2	0.2～0.3	0.3～0.4	0.4～0.5
铜		0.1～0.2	0.2～0.3	0.3～0.4	0.4～0.5	0.5～0.6
黄铜		0.1～0.2	0.15～0.2	0.2～0.3	0.3～0.35	0.35～0.4
青铜		0.1～0.2	0.15～0.2	0.2～0.25	0.3～0.35	0.35～0.4
铝		0.1～0.2	0.2～0.3	0.3～0.4	0.4～0.5	0.5～0.6
树脂		0.1～0.2	0.2～0.3	0.2～0.3	0.3～0.4	0.4～0.5

（2）高速钢铰刀的切削用量表（表 4-168）

表 4-168 高速钢铰刀加工不同材料的切削用量

铰刀直径 d /mm	低碳钢 120 ～ 200HBS		低合金钢 200 ～ 300HBS		高合金钢 300 ～ 400HBS		软铸铁 130HBS		中硬铸铁 175HBS		硬铸铁 230HBS	
	f	v	f	v	f	v	f	v	f	v	f	v
6	0.13	23	0.10	18	0.10	7.5	0.15	30.5	0.15	26	0.15	21
6	0.18	23	0.18	18	0.15	7.5	0.20	30.5	0.20	26	0.20	21
12	0.20	27	0.20	21	0.18	9	0.25	36.5	0.25	29	0.25	24
15	0.25	27	0.25	21	0.20	9	0.30	36.5	0.30	29	0.30	24
19	0.30	27	0.30	21	0.25	9	0.38	36.5	0.38	29	0.36	24
22	0.33	27	0.33	21	0.25	9	0.43	36.5	0.43	29	0.41	24
25	0.51	27	0.38	21	0.3	9	0.51	36.5	0.51	29	0.41	24

铰刀直径 d /mm	可锻铸铁		铸造黄铜及青铜		铸造铝合金及锌合金		塑料		不锈钢		钛合金	
	f	v	f	v	f	v	f	v	f	v	f	v
6	0.10	17	0.13	46	0.15	43	0.13	21	0.05	7.5	0.15	9
9	0.18	20	0.18	46	0.20	43	0.18	21	0.10	7.5	0.20	9
12	0.20	20	0.23	52	0.25	49	0.20	24	0.15	9	0.25	12
15	0.25	20	0.30	52	0.30	49	0.25	24	0.20	9	0.25	12
19	0.30	20	0.41	52	0.38	49	0.30	24	0.25	11	0.30	12
22	0.33	20	0.43	52	0.43	49	0.33	24	0.30	12	0.38	18
25	0.38	20	0.51	52	0.51	49	0.51	24	0.36	14	0.51	18

注：f 的单位为 mm/r；v 的单位为 m/min。

（3）硬质合金铰刀的切削用量表（表 4-169）

表 4-169 硬质合金铰刀铰孔的切削用量

加工材料		铰刀直径 d/mm	切削深度 a_p/mm	进给量 f/mm·r^{-1}	切削速度 v/m·min^{-1}
钢 σ_b（MPa）	≤ 1000	＜ 10 10 ～ 20 20 ～ 40	0.08 ～ 0.02 0.12 ～ 0.15 0.15 ～ 0.20	0.15 ～ 0.25 0.20 ～ 0.35 0.30 ～ 0.50	6 ～ 12
	＞ 1000	＜ 10 10 ～ 20 20 ～ 40	0.08 ～ 0.12 0.12 ～ 0.15 0.15 ～ 0.20	0.15 ～ 0.25 0.20 ～ 0.35 0.30 ～ 0.50	4 ～ 10
铸钢 σ_b（MPa）	≤ 700	＜ 10 10 ～ 20 20 ～ 40	0.08 ～ 0.12 0.12 ～ 0.15 0.15 ～ 0.20	0.15 ～ 0.25 0.20 ～ 0.35 0.30 ～ 0.50	6 ～ 10
灰铸铁（HBS）	≤ 200	＜ 10 10 ～ 20 20 ～ 40	0.08 ～ 0.12 0.12 ～ 0.15 0.15 ～ 0.20	0.15 ～ 0.25 0.20 ～ 0.35 0.30 ～ 0.50	8 ～ 15
	＞ 200	＜ 10 10 ～ 20 20 ～ 40	0.08 ～ 0.12 0.12 ～ 0.15 0.15 ～ 0.20	0.15 ～ 0.25 0.20 ～ 0.35 0.30 ～ 0.50	5 ～ 10
冷硬铸铁（HS）	65 ～ 80	＜ 10 10 ～ 20 20 ～ 40	0.08 ～ 0.12 0.12 ～ 0.15 0.15 ～ 0.20	0.15 ～ 0.25 0.20 ～ 0.35 0.30 ～ 0.50	3 ～ 5

4.19.6 铰孔实操例题

选用立式铣床，用平口钳装夹工件，铰削如图 4-490 所示的工件。

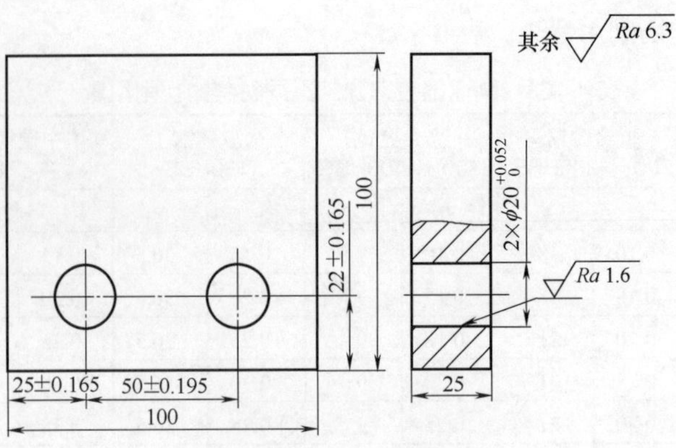

图 4-490　铰孔实操例题

（1）铣削工艺分析（表 4-170）

表 4-170　铣削工艺分析及确认表

序号	铰孔实操例题铣削工艺分析		完成度（√或 ×）
1	读图	看懂零件图样，了解图样上有关加工部位的尺寸标注、精度要求、表面形状与位置精度和表面粗糙度要求以及其他方面的技术要求	
2	检查毛坯	对照零件图样检查毛坯尺寸和形状，了解毛坯余量的大小	
3	确定装夹方式	单件加工，采用平口钳装夹	
4	确定参数	孔表面粗糙度为 1.6μm	
5	确定铰孔加工方法	按照加工要求铰孔	

（2）铣削的操作步骤及提示（表 4-171）

表 4-171　铣削的操作步骤及检查表

序号	立式铣床上铰孔实操例题铣削步骤		完成度（√或 ×）
1	计算坐标尺寸	孔径尺寸 D=ϕ20±0.052mm；第一个孔的圆心到端面的距离为 25±0.165mm，到底面的距离为 22±0.165 mm；两孔的中心距为 50±0.195mm	
2	划线	根据图纸要求，利用高度尺分别调到 22mm、25mm 划出第一个孔的中心线，然后调 50mm，划出第二孔的中心线，找出两个孔的圆心，划出两个孔 φ20mm 的孔径线，如图 4-491 所示 22±0.165 25±0.165　50±0.165 图 4-491　划线	
3	选择刀具	选择 ϕ3.15mm 中心钻	

续表

序号	立式铣床上铰孔实操例题铣削步骤		完成度（√或×）
3	选择刀具	选择 ϕ19.7mm 的麻花钻头  选择 ϕ20mm 机用铰刀 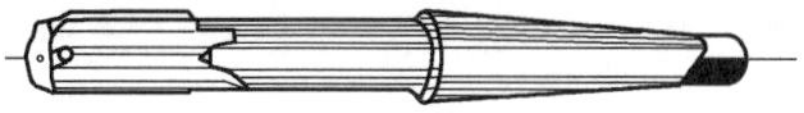	
4	装夹工件	装夹工件与钻孔时装夹工件方法相同，都是通过平口钳装夹工件，如图 4-492 所示 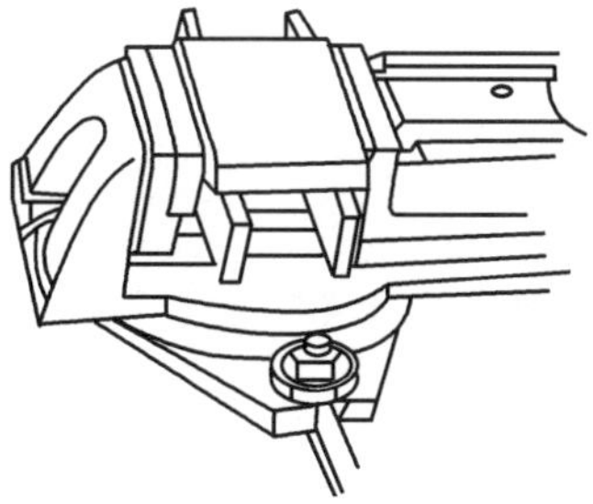 图 4-492　装夹工件	
5	对刀	用碰刀法进行对刀，用心轴和量块碰到工件的两个端面，移距 S_1 等于心轴的半径加上量块和孔的中心线到 A 面的距离，移距 S_2 等于心轴的半径加上量块和孔的中心线到 B 面的距离，如图 4-493 所示 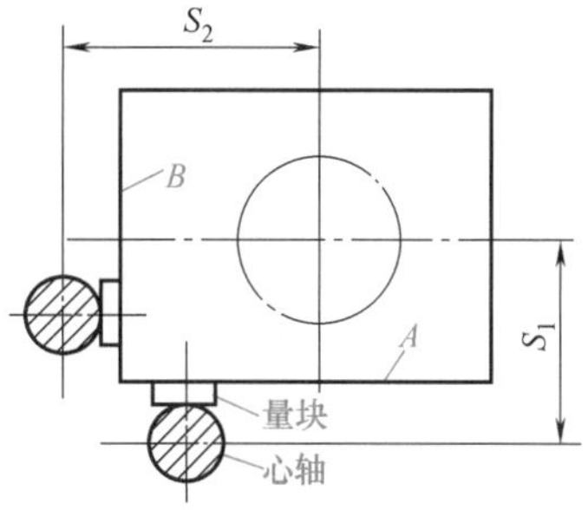 S_2 B A S_1 量块 心轴 图 4-493　对刀	
6	钻、铰第 1 孔	用 ϕ3.15mm 中心钻钻定位孔，主轴转速调至 950r/min 换装 ϕ19.7mm 钻头进行钻孔，转速调至 300r/min 换装 ϕ20mm 机用铰刀，转速调至 150r/min，用垂向机动进给铰孔 如图 4-494 所示 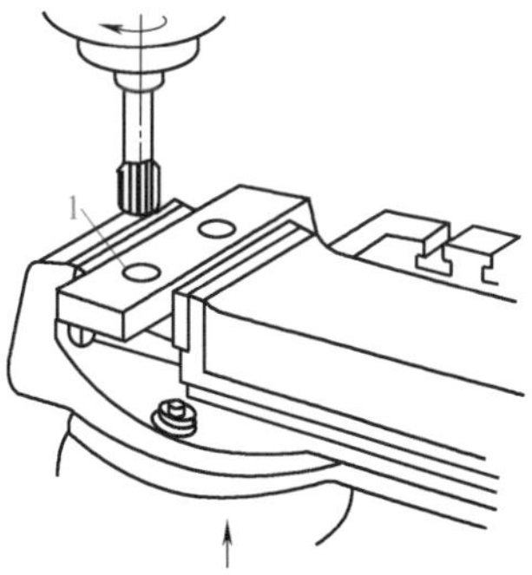 1 图 4-494　钻、铰第 1 孔	

续表

序号	立式铣床上铰孔实操例题铣削步骤		完成度（√或 ×）
7	钻、铰第 2 孔	移动纵向工作台 50mm，按上述方法钻、铰第 2 孔，如图 4-495 所示 图 4-495 钻、铰第 2 孔	
8	检验	孔距尺寸的控制可采用百分表、量块控制方法；条件不具备时，也可采用试镗和测量相结合的方法控制	

（3）操作中的注意事项与禁忌（表 4-172）

表 4-172 铰孔安全操作表

序号	安全操作注意事项	符合要求（√或 ×）
1	工件装夹完毕后应取下平口钳扳手，方能进行铣削	
2	调整钻孔位置时，若手柄摇过头，应注意消除丝杠与螺母间的间隙，以免尺寸出错	
3	铰孔过程中不准用手触摸工件和铰刀，不准测量工件，不准突然变换进给速度	
4	进给结束后，工件不能立即在旋转的钻头下退回，应先降落工作台后再退出	
5	铣削时不使用的进给机构应紧固，工作完毕后再松开	
6	用铜锤、木锤轻击工件时，不要砸伤工件已加工表面	
7	铰孔时应加注充足的切削液	
8	选择的铰刀直线性要好，切削刃要锋利、对称，无崩刃、裂纹、碰伤、退火等缺陷	
9	进给量不能太大，否则孔的表面粗糙度值会增大	

经验总结

①安装铰刀时，应注意锥柄和锥套的清洁。

②应先试铰，以免造成废品。

③铰削钢件时，应防止产生积屑瘤，否则易把孔拉毛或把孔铰废。

④切屑液不能间断，浇注位置应是切屑区域。

⑤在铰孔时，铰刀不能反转，因为铰刀的前角接近 0°，反转会使切屑挤住铰刀，划伤孔壁，使铰刀切削刃崩裂，铰出来的孔不光滑、不圆，尺寸也不准确。

⑥机铰时，进给量要选得适当，不能太快或太慢。太快，铰刀容易磨损，也容易产生积屑瘤而影响加工质量。但也不能太慢，太慢反而很难切下材料，而是以很大的压力挤压材料，使材料表面硬化和产生塑性变形，从而形成凸峰。当以后的刀刃切入时就会撕去大片切屑，严重破坏了表面质量，也加速了铰刀的磨损。

⑦ 铰孔后孔径有时可能收缩变小。若使用硬质合金铰刀、无刃铰刀或铰削硬材料，则挤压比较严重，铰孔后由于弹性复原会使孔径缩小；铰削铸铁孔时，如果加煤油润滑，由于铰刀与工件之间的油膜产生挤压作用，也会出现孔径缩小的现象。目前收缩量的大小尚无统一的定值，一般应根据实际情况来决定铰刀直径。铰孔后的孔径有时也可能扩张变大。影响扩张量的因素较多，情况也很复杂。实际铰孔工作中，最好通过试铰，按实际情况来确定铰刀直径。

4.20 分度头

分度头

等分铣削用分度，加工圆周和齿轮，
卡盘顶尖相配合，螺旋异形不难成；
基座盘叉和侧轴，刻盘手柄莫搞混，
结构原理掌握好，附件也需仔细分；
简单分度算圈数，注意手柄整不整，
偶尔也用角来算，加工效果同尺寸；
差动分度解难题，交换齿轮试切痕，
计算查表得工艺，检查无误工件成；
记住选择有要诀，简单分度第一等，
实在不行用差度，主轴侧轴换齿轮。

机械分度头（简称分度头）是万能铣床的重要精密附件之一，如图4-496所示，在其他机床（如磨床、钻床、刨床和插床）上也得到广泛的应用。分度头可以把夹持在顶尖间或卡盘上的工件转动任意角度，并可把工件分成任意等分，在铣床上铣削螺旋槽、斜齿圆柱齿轮等。

图4-496 分度头

机械分度头的形式按是否具有差动分度交换齿轮连接装置分成万能型和半万能型两种。在铣床上使用的主要是万能型分度头，详细描述见表 4-173。

表 4-173　万能型分度头的型号、代号和主要功能

序号	万能型分度头		详细描述
1	常用万能型分度头型号		常用的万能型分度头有 F1163、F1180 和 F11100、F11125、F11200、F11250 六种。这六种分度头的传动原理相同
2	万能型分度头的代号表示方法		如 F11120 型万能型分度头是铣床最常用的一种。其代号表示方法如下： F　11　125 125——分度头主轴处于水平时，主轴轴线距基座底面的高度（即中心高）为 125mm 11——万能型 F——分度头
3	F11120 型万能型分度头主要功能	等分功能	能将工件作任意圆周等分或作直线移距分度
		角度功能	可将工件装夹成所需要的角度（垂直、水平或倾斜）
		螺旋和旋转功能	通过交换齿轮，可使分度头与工作台传动系统连接，使分度头主轴随工作台的进给运动作连续转动，以铣削螺旋面和回转面

4.20.1　分度头的结构与传动系统

（1）分度头的结构

F11125 型万能型分度头的结构如图 4-497 所示，详细描述见表 4-174。

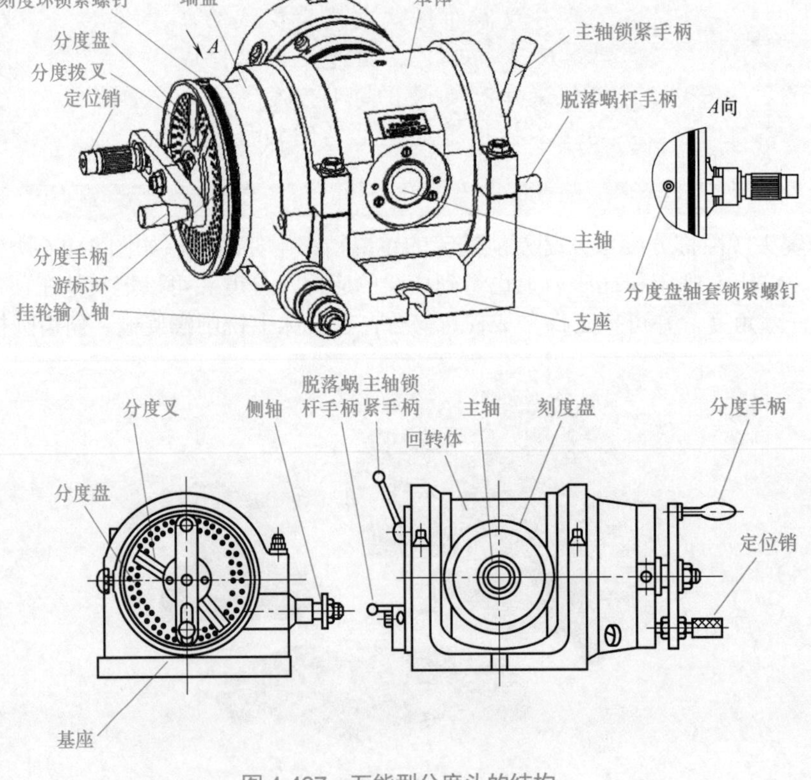

图 4-497　万能型分度头的结构

表 4-174 万能型分度头的结构

<table>
<tr><th>序号</th><th>分度头结构</th><th>详细描述</th></tr>
<tr><td>1</td><td>基座</td><td>也叫作支座，是分度头的主体，分度头的大部分零件均装在基座上。基座底面槽内装有两块定位键，可与铣床工作台面上的（中央）T 形槽配合，以精确定位</td></tr>
<tr><td>2</td><td>分度盘</td><td>又称孔盘或眼板，套装在分度手柄轴上，盘上（正、反面）有若干圈在圆周上均布的定位孔，作为各种分度计算和实施分度的依据。分度盘配合分度手柄完成不是整转数的分度工作。不同型号的分度头都配有 1 块或 2 块分度盘，F11125 型万能型分度头共备有两块分度盘，分度盘上孔圈的孔数见表 4-175。
表 4-175 分度盘孔圈的孔数
<table>
<tr><th>序号</th><th colspan="2">分度头形式</th><th>分度盘的孔数</th></tr>
<tr><td>1</td><td colspan="2">带一块分度盘</td><td>正面：24、25、28、30、34、37、38、39、41、42、43
反面：46、47、49、51、53、54、57、58、59、62、66</td></tr>
<tr><td rowspan="2">2</td><td rowspan="2">带两块分度盘</td><td>第一块</td><td>正面：24、25、28、30、34、37
反面：38、39、41、42、43</td></tr>
<tr><td>第二块</td><td>正面：46、47、49、51、53、54
反面：57、58、59、62、66</td></tr>
</table>
在分度盘左侧有一个分度盘紧固螺钉，当工件需要微量转动时，可松开此螺钉，用手轻敲分度手柄，使分度手柄连同分度盘一起转动一个很小的角度，然后再紧固分度盘。当进行差动分度和螺旋面加工时，则无需紧固此螺钉</td></tr>
<tr><td>3</td><td>分度叉</td><td>称扇形股，由两个叉脚组成，其开合角度的大小，根据分度手柄所需转过的孔距数予以调整并固定</td></tr>
<tr><td>4</td><td>侧轴</td><td>即挂轮输入轴，用于与分度头主轴间或铣床工作台纵向丝杠间安装交换齿轮，进行差动分度或铣削螺旋面或直线移距分度</td></tr>
<tr><td>5</td><td>蜗杆脱落手柄</td><td>用以脱开蜗杆与蜗轮的啮合，按刻度盘直接分度</td></tr>
<tr><td>6</td><td>主轴锁紧手柄</td><td>通常用于在分度后锁紧主轴，使铣削力不致直接作用在分度头的蜗杆、蜗轮上，减少铣削时的振动，保持分度头的分度精度</td></tr>
<tr><td>7</td><td>回转体</td><td>回转体上安装直分度头主轴等的壳体形零件，主轴随回转体可沿基座的球形导轨转动，使主轴轴线在 −6° ～ 90° 的范围内作不同仰角的调整。调整时，应先松开基座上靠近主轴后端的两个螺母，调整后再予以紧固</td></tr>
<tr><td>8</td><td>主轴</td><td>分度头主轴是一空心轴，前后两端均为莫氏 4 号锥孔（F11125 型）。前锥孔用来安装顶尖或锥度心轴，后锥孔安装交换齿轮轴用以安装交换齿轮。主轴前端的外部有一段定位锥体（短圆锥），用来安装三爪自定心卡盘的法兰盘</td></tr>
<tr><td>9</td><td>刻度盘游标环</td><td>固定在主轴的前端，与主轴一起转动。其圆周面上有 0° ～ 360° 的刻度，在直接分度时用来确定主轴转过的角度</td></tr>
<tr><td>10</td><td>分度手柄</td><td>分度时，摇动分度手柄，主轴按一定传动比回转</td></tr>
<tr><td>11</td><td>定位插销</td><td>在分度手柄的曲柄的一端，可沿曲柄作径向移动调整到所选孔数的孔圈圆周，与分度叉配合准确分度</td></tr>
</table>

（2）分度头的传动系统

分度头内部的传动系统如图 4-498 和图 4-499 所示。

分度时，从分度盘定位孔中拔出定位销，转动手柄、手柄轴一起转动。通过一对传动比为 1 ∶ 1 的直齿圆柱齿轮以及一对传动比为 1 ∶ 40 的蜗轮蜗杆副，使分度头主轴带动工件旋转实现分度。

此外，右侧还有一根安装交换齿轮用的侧轴。它通过一对传动比为 1 ∶ 1 的斜齿圆柱齿轮与空套在分度手柄上的分度盘相连。当侧轴转动时，带动分度盘转动，用以进行差动分度或铣削螺旋面。

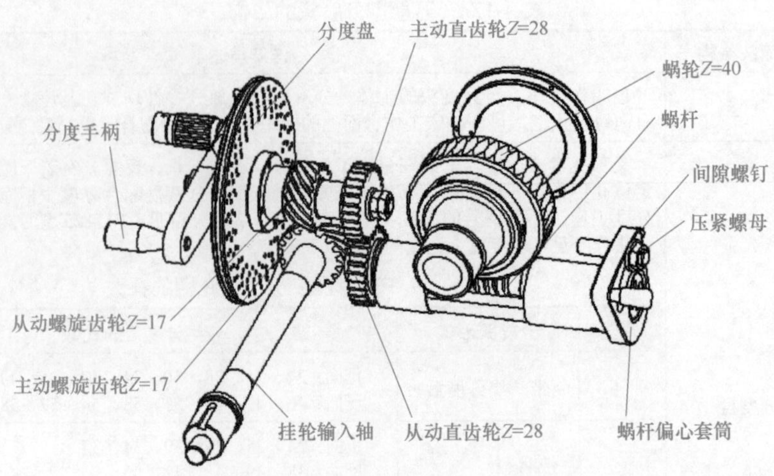

图 4-498　分度头传动系统结构图

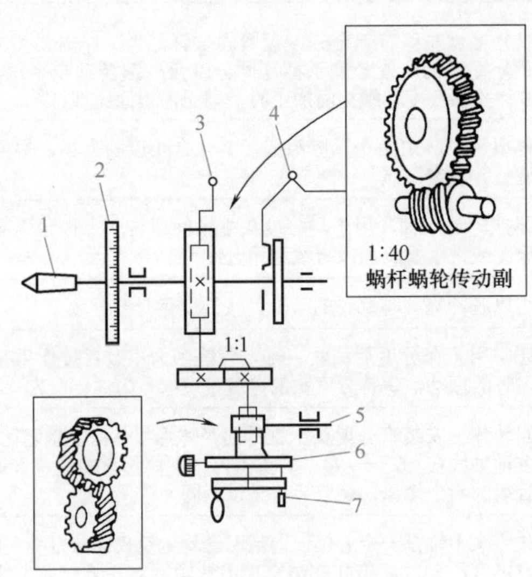

图 4-499　分度头传动系统原理图

1—主轴；2—刻度盘；3—脱落蜗杆手柄；4—主轴锁紧手柄；
5—交换齿轮轴；6—分度盘；7—定位销

4.20.2 万能型分度头的附件

万能型分度头的附件主要有三爪自定心卡盘、前顶尖、拨盘、鸡心尖、心轴、千斤顶、交换齿轮、尾架、交换齿轮轴和交换齿轮架。各结构及功用分别介绍见表 4-176。

表 4-176　万能型分度头的附件

序号	分度头附件	详细描述
1	三爪自定心卡盘	三爪自定心卡盘结构如图 4-500 所示，它用连接盘安装在分度头主轴上，用来夹持工件。当扳手的方榫插入小锥齿轮的方孔转动时，小锥齿轮就带动大锥齿轮转动。大锥齿轮背面的平面螺纹与三个卡爪的齿牙啮合，因此当平面螺纹转动时，三个卡爪就同时向心（或离心）移动

续表

序号	分度头附件	详细描述
1	三爪自定心卡盘	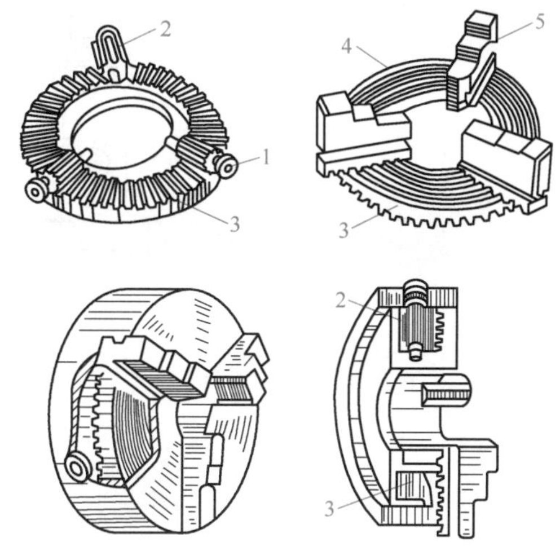 图 4-500 三爪自定心卡盘结构图 1—方孔；2—小锥齿轮；3—大锥齿轮；4—平面螺纹；5—卡爪
2	前顶尖、拨盘、鸡心夹	前顶尖、拨盘和鸡心夹结构如图 4-501 所示，是用来支承和装夹较长的工件用的。使用时，卸下三爪自定心卡盘，将带有拨盘的前顶尖插入分度头主轴锥孔中，如图 4-501（a）所示。图 4-501（b）是拨盘，用来使工件和分度头主轴一起转动，图 4-501（c）是鸡心夹，将工件插入孔中，用螺钉紧固 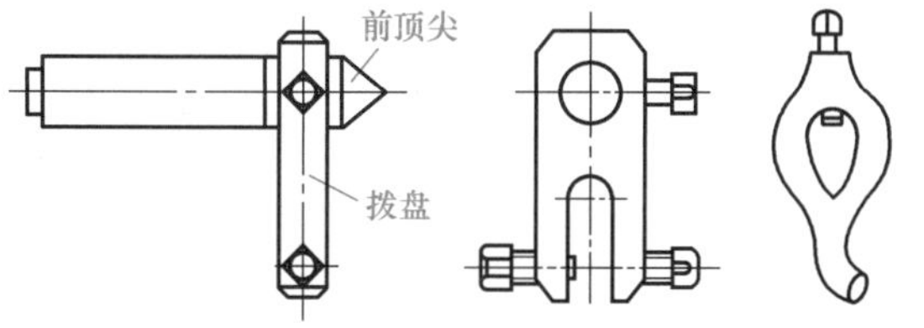 前顶尖 拨盘 (a) 前顶尖 (b) 拨盘 (c) 鸡心夹 图 4-501 前顶尖、拨盘和鸡心夹
3	心轴	心轴结构如图 4-502 所示，是用来支承和安装带孔工件的，其形式有两种 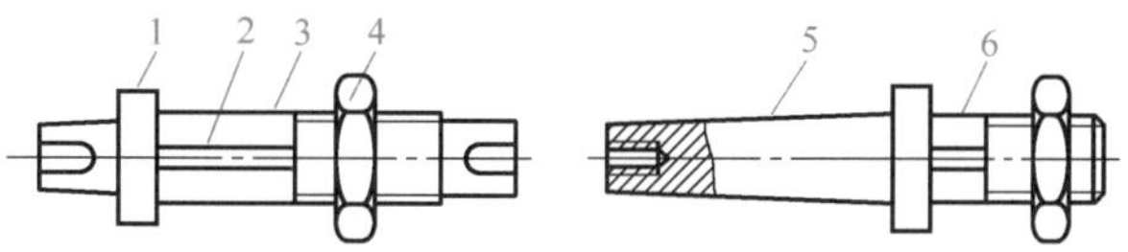 (a) 带有挡肩的心轴 (b) 带有锥柄和挡肩的心轴 图 4-502 心轴结构 1—挡肩；2—键；3，6—心轴；4—螺母；5—锥柄 ① 带有挡肩的心轴。工件的内孔套在心轴的光整部分上，端面紧靠挡肩，用螺母压紧，当铣削力很大时，可利用键来固定工件，如图 4-502（a）所示 ② 带有锥柄和挡肩的心轴。这种心轴适用于不需要后顶尖支撑的工件。锥柄插入分度头主轴的锥孔中，并用拉紧螺杆拉紧。工件的内孔套在心轴的圆柱部分上，用螺母压紧，如图 4-502（b）所示
4	千斤顶	千斤顶结构如图 4-503 所示，为了使细长轴在加工时不发生弯曲，在工件下面可以支撑千斤顶。转动螺母，可使螺杆上下移动。螺钉用来紧固螺杆

续表

序号	分度头附件	详细描述
4	千斤顶	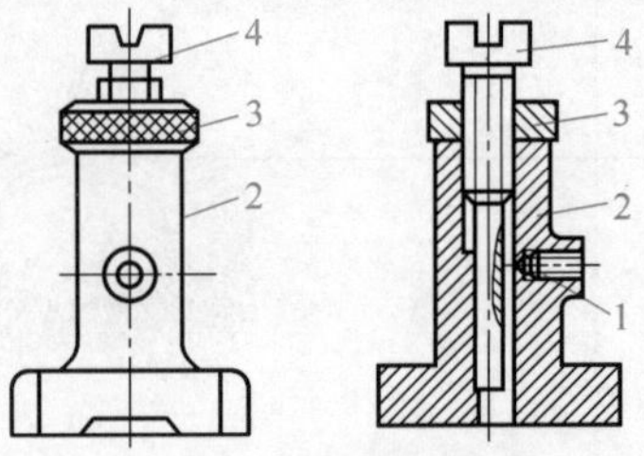 图 4-503 千斤顶结构 1—螺钉；2—千斤顶座；3—螺母；4—螺杆
5	交换齿轮	用在分度头上的交换齿轮是成套的，常用的一套齿数分别为 25（2 只）、30、35、40、50、55、60、70、80、90、100，如图 4-504 所示  图 4-504 交换齿轮
6	尾架	尾架与分度头联合使用，一般用来支撑较长的工件。在尾架上有一后顶尖，如图 4-505 所示，与分度头前顶尖一起支撑工件。转动尾架手轮，后顶尖就可以进退以便装卸工件。后顶尖连同其架体可以倾斜一个不大的角度，由侧面的紧固螺钉固定在所需要的位置上，顶尖的高低也可以调整。尾架底座下有两个定位键盘块，用来保持后顶尖轴线与纵向进给方向一致 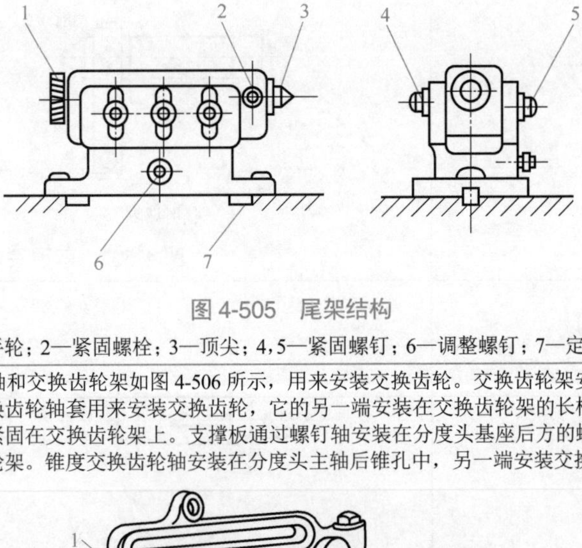 图 4-505 尾架结构 1—手轮；2—紧固螺栓；3—顶尖；4,5—紧固螺钉；6—调整螺钉；7—定位键
7	交换齿轮轴和交换齿轮架	交换齿轮轴和交换齿轮架如图 4-506 所示，用来安装交换齿轮。交换齿轮架安装在分度头侧轴上，交换齿轮轴套用来安装交换齿轮，它的另一端安装在交换齿轮架的长槽内，调整好交换齿轮后紧固在交换齿轮架上。支撑板通过螺钉轴安装在分度头基座后方的螺孔上，用来支撑交换齿轮架。锥度交换齿轮轴安装在分度头主轴后锥孔中，另一端安装交换齿轮 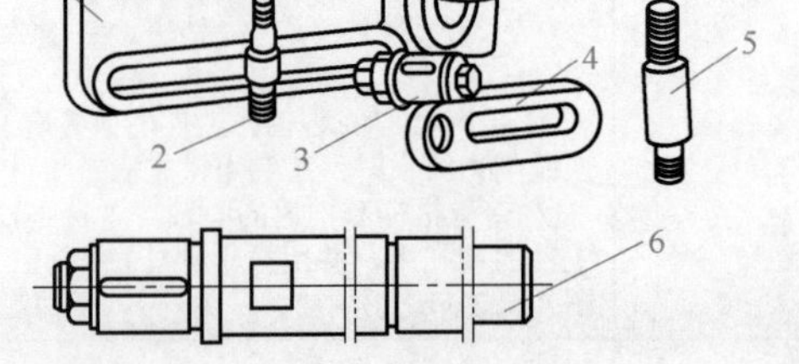 图 4-506 交换齿轮轴和交换齿轮架 1—交换齿轮架；2,5—螺钉轴；3—交换齿轮轴套；4—支撑板；6—锥度交换齿轮轴

4.20.3 分度头装夹工件方式

实践中常见的用分度头及尾座装夹工件的方法，如图 4-507 所示。

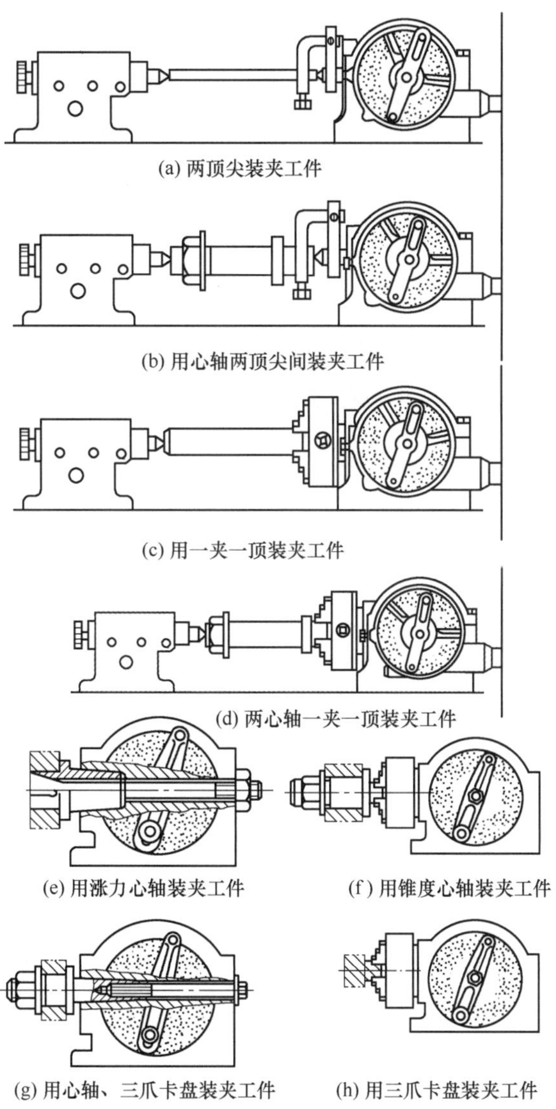

图 4-507 用分度头及尾座装夹工件的方法

下面详细讲解分度头及尾座装夹工件的四种常用方式，见表 4-177。

表 4-177 分度头及尾座装夹工件的四种常用方式

序号	装夹方式	详细描述
1	三爪自定心卡盘装夹工件	加工轴套类工件，可直接用三爪自定心卡盘装夹。用百分表校正工件外圆，必要时在卡爪内垫铜皮，如图 4-508 所示。用百分表校正端面时，用铜锤轻轻敲击高点，使端面跳动符合要求

续表

序号	装夹方式	详细描述
1	三爪自定心卡盘装夹工件	图 4-508　三爪自定心卡盘装夹工件 1—铜皮；2—卡爪；3—工件
2	两顶尖装夹工件	两顶尖用于装夹两端有中心孔的工件。装夹工件时，应先校正分度头和尾座。校正时，取锥度心轴插入分度头主轴锥孔中，用百分表校正轴 *a* 点处圆跳动，如图 4-509 所示 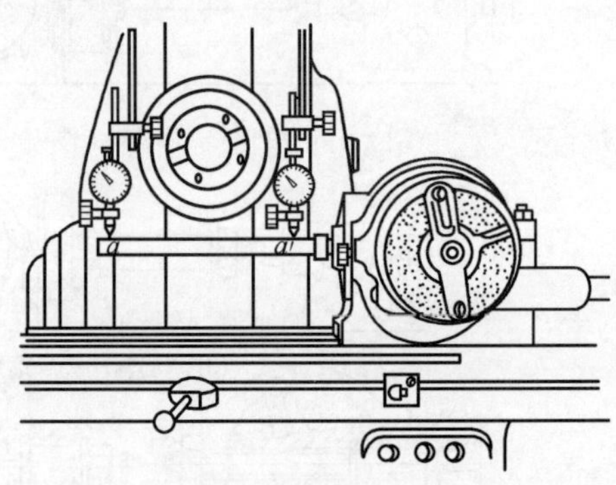 图 4-509　校正分度头主轴上的素线 符合要求后，再校正心轴 *a* 和 *a*′ 点处的高度误差。校正方法是摇动工作台纵向、横向移动，使百分表通过心轴的上素线测出 *a* 和 *a*′ 两点处的高度误差，调整分度头主轴角度，使 *a* 和 *a*′ 两点高度一致，则分度头主轴上素线平行于工作台台面。然后校正分度头主轴侧素线与工作台纵向进给方向平行，如图 4-510 所示。校正方法是将百分表测量触头置于心轴侧素线处并指向轴心，纵向移动工作台，测出百分表在 *b* 和 *b*′ 两点处的读数差，调整分度头使两点处读数一致。分度头校正完毕 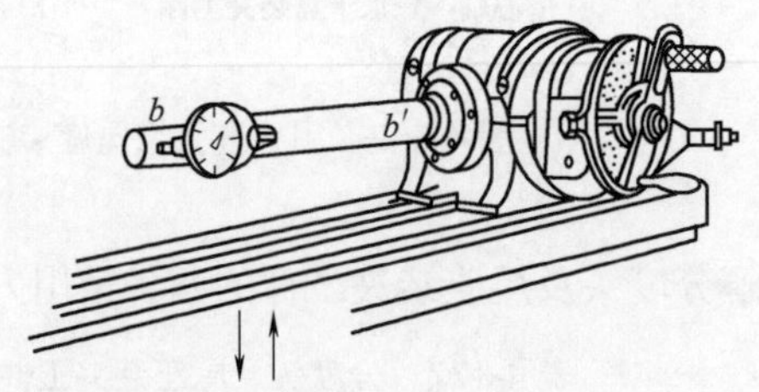 图 4-510　校正分度头主轴侧的素线 最后，顶上尾座顶尖检测。如不符合要求，则仅需校正尾座，使之符合要求，校正方法如图 4-511 和图 4-512 所示

续表

序号	装夹方式	详细描述
2	两顶尖装夹工件	图 4-511 校正分度头尾座上素线 图 4-512 校正分度头主轴侧素线
3	一夹一顶方式装夹工件	一夹一顶方式用于装夹较长的轴类工件。装夹工件前，应先校正分度头和尾座，如图 4-513 所示 图 4-513 一夹一顶方式装夹工件
4	心轴装夹工件	心轴用于装夹套类工件。心轴有锥度心轴和圆柱心轴两种。装夹前应先校正心轴轴线与分度头主轴轴线的同轴度，并校正心轴的上素线与侧素线

4.20.4 分度头安装的详细操作方法

（1）三爪卡盘装夹工件时的安装与找正

一些长度尺寸较小的轴类和套类零件，可以直接采用分度头三爪卡盘装夹工件。使用分度头三爪卡盘装夹工件的安装找正步骤见表 4-178。

表 4-178 三爪卡盘装夹工件时的安装与找正

序号	安装步骤	详细描述
1	安装三爪卡盘	三爪卡盘的安装如图 4-514 所示 ① 清洁分度头主轴 3 前端外锥体及连接盘 2 的内锥孔表面和孔口端面 ② 将连接盘 2 装入主轴前端外锥体上，用三个内六角螺钉 4 紧固在分度头主轴上 ③ 在分度头主轴内插入一根圆棒 ④ 将三爪卡盘套入圆棒，然后将三爪卡盘 1 装入连接盘，使三爪卡盘后面的定位圆与连接盘的圆柱定位台阶对准 ⑤ 旋转三爪卡盘，使其背面的螺钉孔对准连接盘的螺钉穿孔，用三个内六角螺钉 5 将三爪卡盘紧固在连接盘上安装分度头

续表

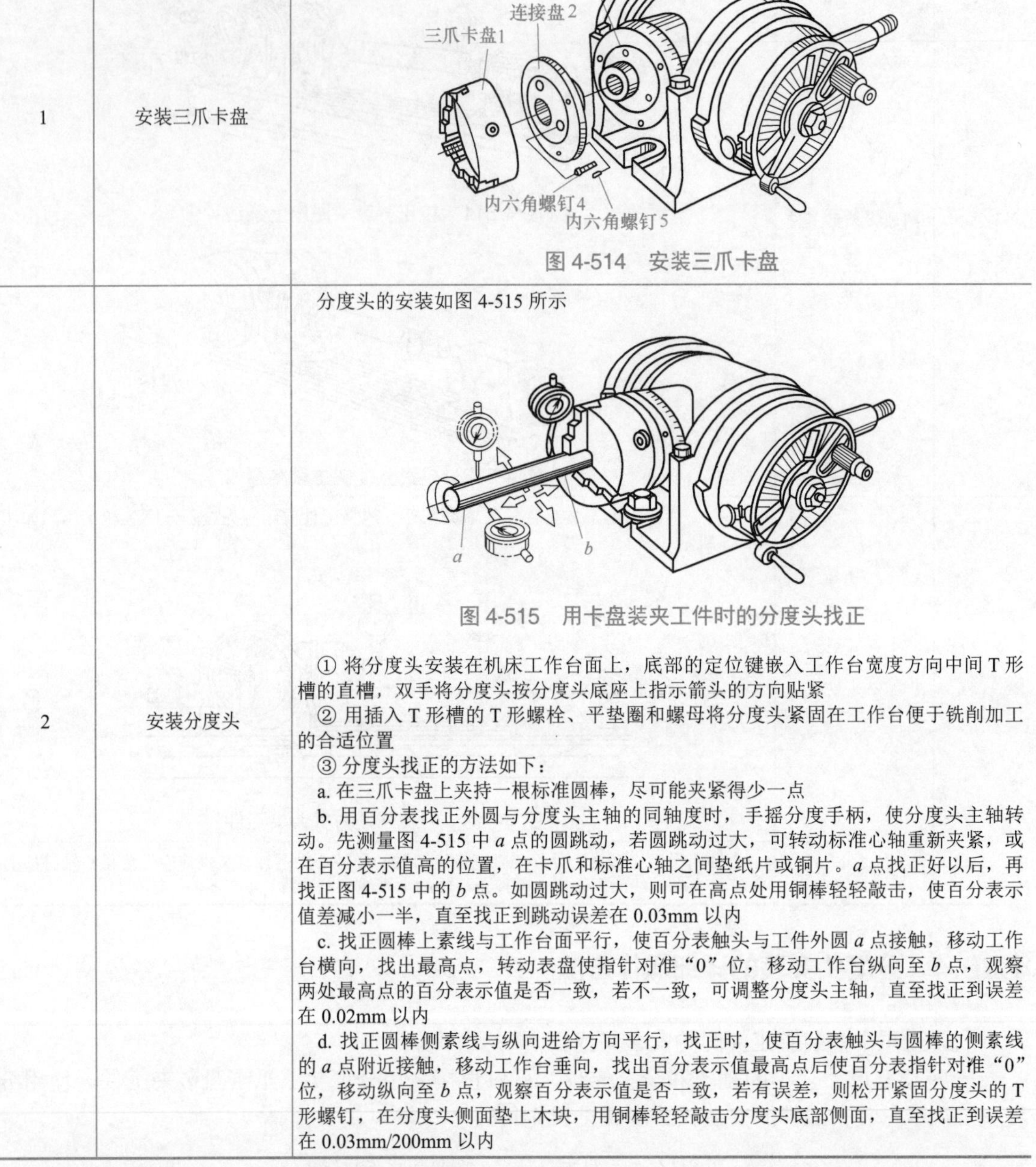

序号	安装步骤	详细描述
1	安装三爪卡盘	图 4-514　安装三爪卡盘
2	安装分度头	分度头的安装如图 4-515 所示 图 4-515　用卡盘装夹工件时的分度头找正 ① 将分度头安装在机床工作台面上，底部的定位键嵌入工作台宽度方向中间 T 形槽的直槽，双手将分度头按分度头底座上指示箭头的方向贴紧 ② 用插入 T 形槽的 T 形螺栓、平垫圈和螺母将分度头紧固在工作台便于铣削加工的合适位置 ③ 分度头找正的方法如下： a. 在三爪卡盘上夹持一根标准圆棒，尽可能夹紧得少一点 b. 用百分表找正外圆与分度头主轴的同轴度时，手摇分度手柄，使分度头主轴转动。先测量图 4-515 中 a 点的圆跳动，若圆跳动过大，可转动标准心轴重新夹紧，或在百分表示值高的位置，在卡爪和标准心轴之间垫纸片或铜片。a 点找正好以后，再找正图 4-515 中的 b 点。如圆跳动过大，则可在高点处用铜棒轻轻敲击，使百分表示值差减小一半，直至找正到跳动误差在 0.03mm 以内 c. 找正圆棒上素线与工作台面平行，使百分表触头与工件外圆 a 点接触，移动工作台横向，找出最高点，转动表盘使指针对准“0”位，移动工作台纵向至 b 点，观察两处最高点的百分表示值是否一致，若不一致，可调整分度头主轴，直至找正到误差在 0.02mm 以内 d. 找正圆棒侧素线与纵向进给方向平行，找正时，使百分表触头与圆棒的侧素线的 a 点附近接触，移动工作台垂向，找出百分表示值最高点后使百分表指针对准“0”位，移动纵向至 b 点，观察百分表示值是否一致，若有误差，则松开紧固分度头的 T 形螺钉，在分度头侧面垫上木块，用铜棒轻轻敲击分度头底部侧面，直至找正到误差在 0.03mm/200mm 以内

（2）拨盘和顶尖装夹工件时的安装与找正

较长的轴类工件应采用拨盘和两顶尖装夹，分度头、尾座与拨盘、顶尖的安装找正具体步骤见表 4-179。

表 4-179　拨盘和顶尖装夹工件时的安装与找正

序号	安装步骤	详细描述
1	安装和找正分度头	分度头的安装和找正如图 4-516 所示

续表

<table>
<tr><th>序号</th><th>安装步骤</th><th>详细描述</th></tr>
<tr><td>1</td><td>安装和找正分度头</td><td> 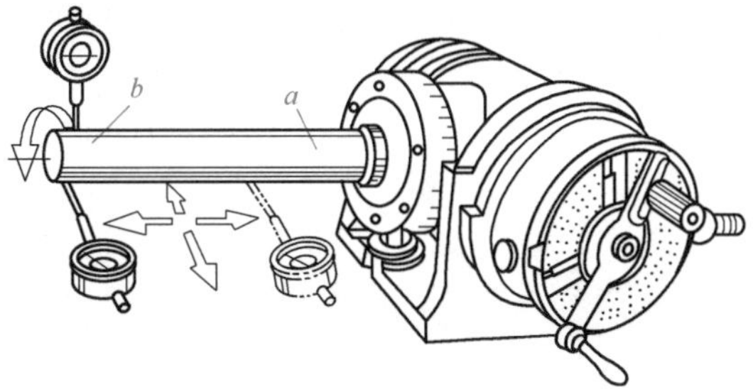
图 4-516 用拨盘和顶尖装夹工件时的分度头找正

① 将分度头安装在工作台右端中间 T 形槽位置，底部定位键嵌入 T 形槽直槽，用一莫氏 4 号锥柄检验心轴，插入分度头主轴锥孔内
② 用百分表找正心轴 a、b 两点处径向圆跳动
③ 找正心轴上素线与工作台台面平行
④ 找正心轴侧素线与工作台纵向进给方向平行</td></tr>
<tr><td>2</td><td>安装前顶尖与拨盘</td><td>前顶尖与拨盘的安装如图 4-517 所示 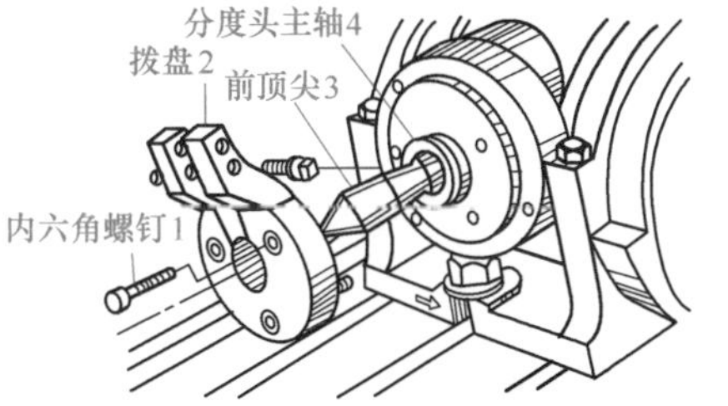

图 4-517 前顶尖与拨盘的安装

① 将分度头主轴 4 和前顶尖 3 的配合锥面擦干净，用手推顶尖锥面，使顶尖莫氏锥面与分度头主轴锥孔贴合
② 将拨盘 2 装入分度头主轴 4 的前端，拨盘上的孔与分度头上的螺孔对准后，用三个内六角螺钉 1 将拨盘紧固在分度头上</td></tr>
<tr><td>3</td><td>安装尾座与找正两顶尖轴线</td><td>安装尾座与找正两顶尖轴线如图 4-518 所示 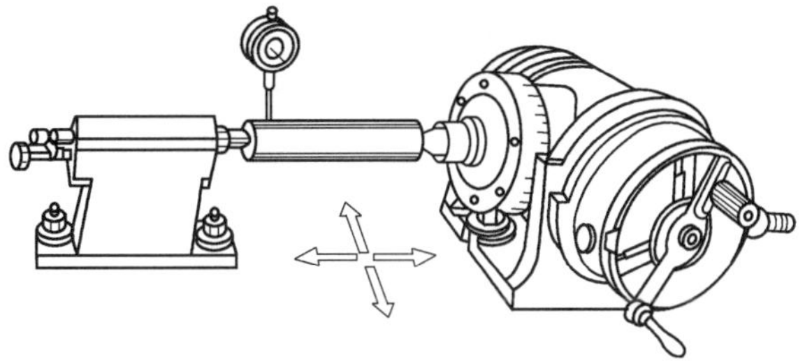

图 4-518 分度头与尾座顶尖的找正

① 将尾座安装在工作台左侧中间 T 形槽位置，顶尖与分度头顶尖相对，如图 4-518 所示，两顶尖的距离根据工件长度确定
② 用于找正的标准心轴应进行检测，标准心轴应具有高精度的圆柱度
③ 转动尾座顶尖的移动手轮，使分度头和尾座顶尖顶住工件，顶装前注意清洁工件顶尖孔与两顶尖的锥面
④ 找正时，首先用百分表触头触及标准心轴的测量表面，用手转动工件，在心轴两端找正工件外圆与两顶尖轴线的同轴度
⑤ 按前述类似方法，检测标准心轴上素线与工作台台面的平行度、侧素线与纵向进给方向的平行度。若有误差，因分度头已经找正，此时，应微量调整尾座的高低和横向位置进行找正</td></tr>
</table>

分度头是铣床的精密附件，正确地使用及日常维护能延长分度头的使用寿命并保持其精度，因此，在使用和维护时应注意以下几点。

① 分度头蜗杆和蜗轮的啮合间隙（0.02 ～ 0.04mm）不得随意调整，以免间隙过大影响分度精度，间隙过小增加磨损。

② 在装卸、搬运分度头时，要保护好主轴和锥孔通用基座底面，以免损坏。

③ 在分度头上夹持工件时，最好先锁紧分度头主轴，切忌使用接长套管套在扳手上施力。

④ 分度前先松开主轴锁紧手柄，分度后紧固分度头主轴；铣削螺旋槽时主轴锁紧手柄应松开。

⑤ 分度时，应顺时针转动分度手柄，如手柄摇错孔位，应将手柄逆时针转动半转后再顺时针转动到规定孔位。分度定位销应缓慢插入分度盘的孔内，切勿突然撒手，使定位销撞击分度盘，避免损坏分度盘孔眼和定位插销。

⑥ 调整分度头主轴仰角时，不应将基座上靠近主轴前端的两个内六角螺钉松开，否则会使主轴的零位位置变动。

⑦ 要经常保持分度头的清洁，使用前应清除表面脏物，并将主轴锥孔和基座底面擦拭干净。

⑧ 分度头各部分应按说明书规定定期加注润滑油，分度头存放时应涂防锈油。

4.20.5 分度头的详细使用方法

（1）分度头的使用调整

分度头蜗杆蜗轮间隙的调整如图 4-519 所示，详细描述见表 4-180。

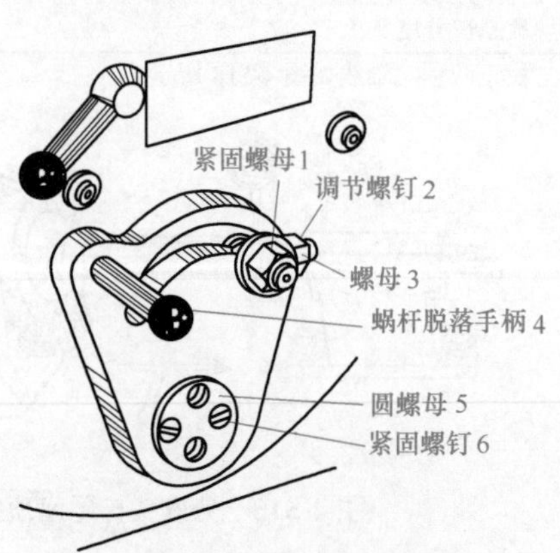

图 4-519 分度头蜗杆蜗轮间隙的调整

表 4-180 分度头的使用调整

序号	调整内容	详细描述
1	分度头蜗杆蜗轮啮合间隙的调整	如图 4-519 所示，分度头蜗轮蜗杆的啮合间隙调整操作步骤如下： ① 用 17 ～ 19mm 的双头扳手松开紧固螺母 1

续表

序号	调整内容	详细描述
1	分度头蜗杆蜗轮啮合间隙的调整	② 扳动蜗杆脱落手柄 4，使之与调节螺钉 2 靠紧。若间隙过大，松开螺母 3，将调节螺钉 2 逆时针方向退出，然后旋紧螺母 3，再次扳动手柄 4，使之与螺钉 2 靠紧。若是间隙过小，则顺时针调节调节螺钉 2 ③ 紧固紧固螺母 1 ④ 试摇分度头手柄，检查主轴转动时是否灵活，正反转动分度手柄反向的空程应比较小
2	分度头蜗杆轴向间隙调整	如图 4-519 所示，分度头蜗杆轴向间隙调整的操作步骤如下： ① 松开圆螺母 5 上的两个紧定螺钉 6 ② 轴向间隙过大，顺时针方向转动圆螺母 5；若间隙过小，则逆时针转动圆螺母 5 ③ 摇动分度手柄，检查摇动时的松紧程度是否合适 ④ 反复调整后，旋紧紧固螺钉 6
3	分度头主轴角度的调整	分度头主轴可以在 −6°～ 90°范围内调整角度，以适应不同的铣削要求，调整主轴角度的操作步骤如下： ① 用 17 ～ 19mm 的双头扳手，松开机座上盖后部的两个螺母 ② 用 10mm 内六角扳手，略松开机座上盖前部的两个内六角螺钉 ③ 将主轴交换齿轮轴装入主轴锥孔（或用三爪卡盘夹紧一根圆棒），用手扳动交换齿轮轴（或圆棒），使分度头主轴随回转体转动，并使回转体上的所需角度刻线对准机座上的“0”线 ④ 用内六角扳手将机座上的内六角螺钉扳紧 ⑤ 用双头扳手扳紧两个螺母 4

（2）分度盘（孔盘）与分度叉的使用调整

F11125 型分度头有两块分度盘，正反面有不同圆周上均布的等分孔圈。在进行不同分度时，经过计算需要使用合适的孔圈，需要进行使用调整，如图 4-520 所示。

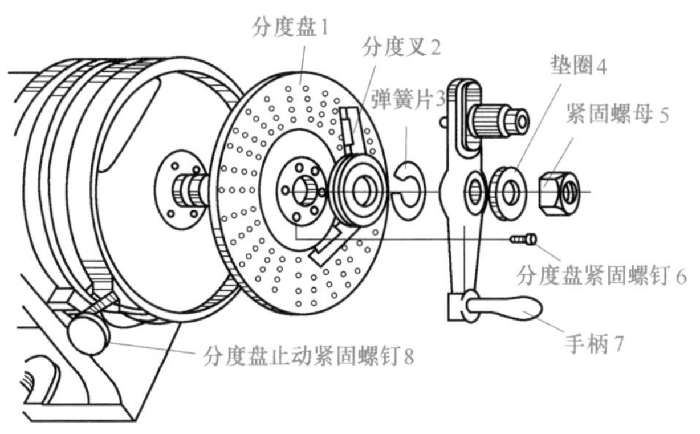

图 4-520　分度盘的拆装

具体操作步骤如下：

① 松开分度头手柄紧固螺母 5，取下紧固螺母 5、垫圈 4 和手柄 7，注意保管好分度手柄轴上的平键。

② 卸下弹簧片 3 和分度叉 2。

③ 用旋具松开四个分度盘紧固螺钉 6。

④ 松开分度盘止动紧固螺钉 8。

⑤ 将两个分度盘紧固螺钉 6 旋入分度盘的螺孔中，双手手指捏住螺钉，均匀用力将分度盘拉出。

⑥ 按上述方法的逆顺序装好分度盘和分度手柄，安装手柄时注意将手柄上的内键槽对准轴上的平键。

① 经常保持分度头的清洁，用毕应擦拭干净并上油。

② 分度头的摆放应轻放垫稳，搬运时注意防止跌落损坏。

③ 各部分应定期加油，并检查油量是否在油标线内。

④ 合理使用分度头主轴的锁紧手柄，分度时应松开锁紧手柄，加工时应缩进分度头主轴。注意，加工螺旋面和螺旋槽工件时不能锁紧分度头主轴。

⑤ 找正工件和分度头时，不能用锤子直接敲击分度头和尾座等。

⑥ 在主轴孔内穿装用作搬运的圆棒等物时，应注意保护主轴两端的锥孔表面，不能碰毛磕坏。

⑦ 用分度头旋转进行铣削时，应注意不能采用顺铣，不能使用过大的进给量，严禁超载使用。

⑧ 精密的分度头不能用于铣削加工螺旋面工件，以免分度头过早降低分度精度。

4.20.6 简单分度法

简单分度法又称单式分度法，是最常用的分度方法。如图 4-521 所示为分度盘和分度叉。

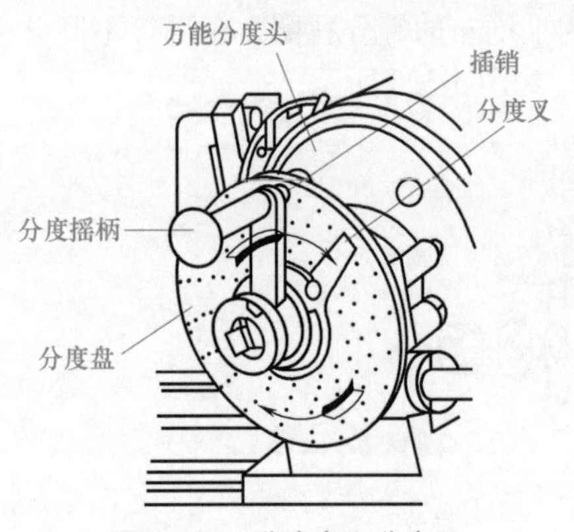

图 4-521 分度盘和分度叉

用简单分度法分度时，应先将分度盘固定，通过手柄的转动，使蜗杆带动蜗轮旋转，从而带动主轴和工件转过一定的转（度）数。

（1）简单分度原理

由图 4-499 所示的 F11125 型万能分度头传动系统原理图可知，分度手柄转过 40 转，主轴转 1 转，即传动比为 1 ∶ 40，40 叫作分度头的定数。其他各种型号的万能分度头基本上都采用这个定数。

其分度手柄的转数 n 和工件等分数 z 关系如下：

$$1:40=\frac{1}{z}:n$$

即 $$n=\frac{40}{z}$$

该式为简单分度法的计算公式。当算得的 n 不是整数而是分数时，可用分度盘上的孔数来进行分度（可把分子和分母根据分度盘上的孔圈数，同时扩大或缩小某一倍数）。

（2）计算例题（表 4-181）

表 4-181 计算例题

例题	详细描述
例题 1	在 F11125 分度头上铣削一个八边形工件，试求每铣削一边后分度手柄的转数 解：以 z=8 代入公式得 $n=\frac{40}{z}=\frac{40}{8}=5$ 答：每铣削完一边后，分度手柄应转过 5 转

续表

例题	详细描述
例题 2	在 F11125 分度头上加工一个六角螺钉，求每铣完一面后，分度手柄应转过多少 解：以 z=6 代入公式得 $$n=\frac{40}{z}=\frac{40}{6}=6\frac{2}{3}$$ 答：分度手柄应摇过 $6\frac{2}{3}$ 转，这时工件转过 $\frac{1}{6}$ 转
例题 3	若铣削一个 60 齿的齿轮，分度手柄应摇几转后再铣削第二齿 解：以 z=60 代入公式得 $$n=\frac{40}{z}=\frac{40}{60}=\frac{2}{3}=\frac{44}{66}$$ 答：手柄应摇过 $\frac{44}{66}$ 转，这时工件转过 $\frac{1}{60}$ 转

经验总结

① 分度盘解决了非整转数的问题

分度盘可以解决分度手柄转数不是整转数的分度，其形状如图 4-522 所示。

从例题 3 可以看出，必须选择适当的孔盘上的孔圈。虽然在分度盘上没有 3 个孔的孔圈，但是在 66 孔的一圈内转过 44 个孔距也是一样的。所以，在计算时，可使分子、分母同时扩大或缩小一个整数，最后得到的分母值即为分度盘上的孔圈数。例题 2 中，$n=6\frac{2}{3}=6\frac{16}{24}=6\frac{20}{30}=\cdots=6\frac{44}{66}$，可选择的孔圈孔数可以是 24、30、…、54、66 共 8 个，一般采用孔数较多的孔圈较好，因为孔数多的孔圈离轴心较远，操作时比较方便，并且分度误差较小（准确度高）。

② 分度叉提高了工作效率

为了避免每次分度都要数一次孔的麻烦，并且为了防止摇错，提高工效，所以在孔盘上附设一对分度叉，也称扇形股，如图 4-523 所示。

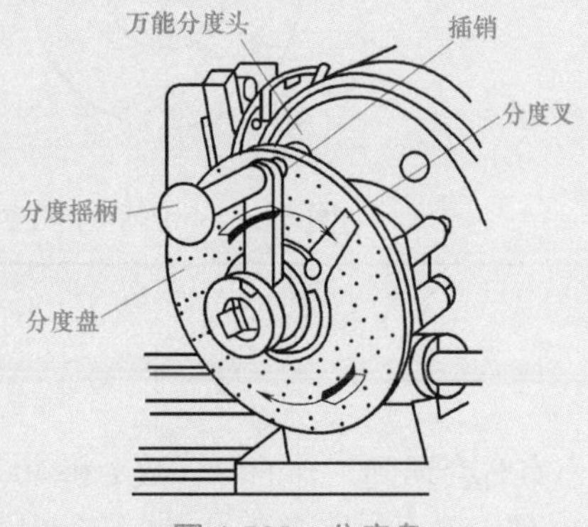

图 4-522　分度盘

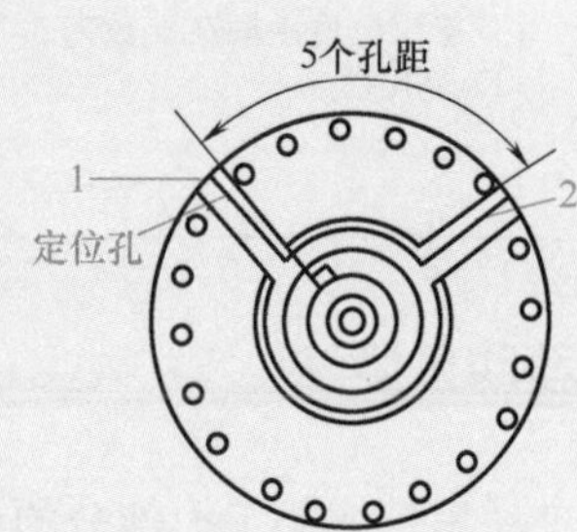

图 4-523　附设分度叉

分度叉两叉之间的夹角，可以松开螺钉进行调整，使分度叉之间的孔数比需要摇的孔数多一孔，因为第一孔是定位起始孔，以 0 来计数。图 4-523 中是每次分度摇 5 个孔距的情况。分度叉受到弹簧的压力，可以紧贴在分度盘上而不致走动。在第二次摇动分度手柄前，需拔出定位销才能转动分度手柄，并使定位销落入紧靠分度叉一侧的孔内，然后将分度叉的一侧拨到紧靠定位销即可。

4.20.7 角度分度法

（1）角度分度原理

角度分度法是简单分度法的另一种形式，只是计算的依据不同。简单分度时是以工件的等分数 z 作为计算分度的依据，而角度分度法是以工件所需转过的角度 θ 作为计算依据。从分度头结构可知，分度手柄摇过 40r，分度头主轴带动工件转 1r，也就是转了 360°。所以，分度手柄转 1r，工件只转过 9°，根据这一关系，就可以得出下列计算公式，即

$$n=\frac{\theta}{9°}$$

$$或 n=\frac{\theta'}{540}$$

式中 n——分度手柄的转数，r；

θ——工件所需要的角度，（°）或（′）。

（2）计算例题（表 4-182）

表 4-182 计算例题

例题	详细描述
例题 1	若在圆形工件上铣削两条夹角为 116° 的槽，求分度手柄的转数 解：根据公式得 $n=\frac{\theta}{9°}=\frac{116°}{9°}=12\frac{8}{9}=12\frac{48}{54}$ 答：分度手柄转 12 转，又在分度盘孔数为 54 的孔圈上转过 48 个孔距
例题 2	在如图 4-524 所示的圆柱形工件上铣两条槽，其所夹圆心角为 θ。采用分度头装夹工件，铣削时要求转过 θ=38° 10′，求分度手柄转数 解：将 θ=38° 10′ =2290′代入公式得 $n=\frac{\theta}{540'}=\frac{2290'}{540'}=4\frac{13}{54}$ 答：分度手柄在孔数为 54 的孔圈上转过 4 转又 13 个孔距 图 4-524 带两槽的工件

4.20.8 差动分度法

简单分度法虽然解决了大部分的分度问题，但有时会遇到工件的等分数 z 和 40 不能相约，如 z=109，或者工件的等分数 z 和 40 相约后，分度盘上没有所需要的孔圈，如 z=126。像 61、63、79、101、109、126、127 等这一类数，由于受到分度盘孔圈的限制，就不能使用简单法，此时可采用差动分度法来解决。

（1）差动分度原理

差动分度就是分度中摇柄和分度盘同时顺时针和逆时针转动，通过它们之间转数差来实现分度。差动分度交换齿轮的安装形式有两种，如图 4-525 所示，分为不加中间轮和加中间轮。

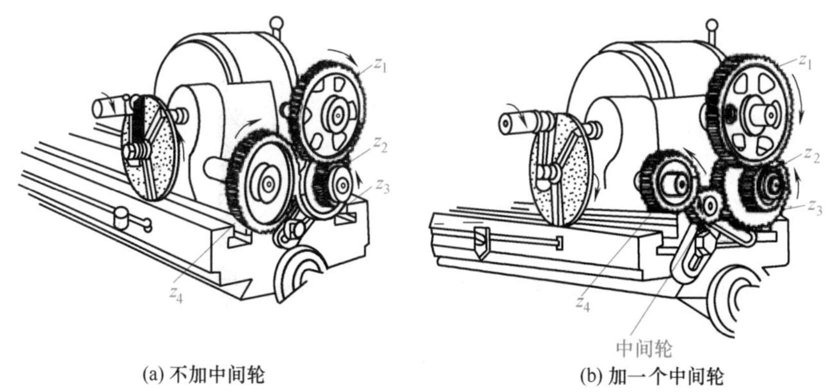

(a) 不加中间轮　　(b) 加一个中间轮

图 4-525　差动分度交换齿轮

差动分度法是采用交换齿轮把分度头主轴和侧轴连接起来，如图 4-526 所示。分度时松开分度盘的紧固螺钉，在分度手柄转动的同时，分度盘随着分度手柄以相同（或相反）方向转动，因此分度手柄的实际转数是分度手柄相对分度盘的转数与分度盘本身转数之和（或差）。

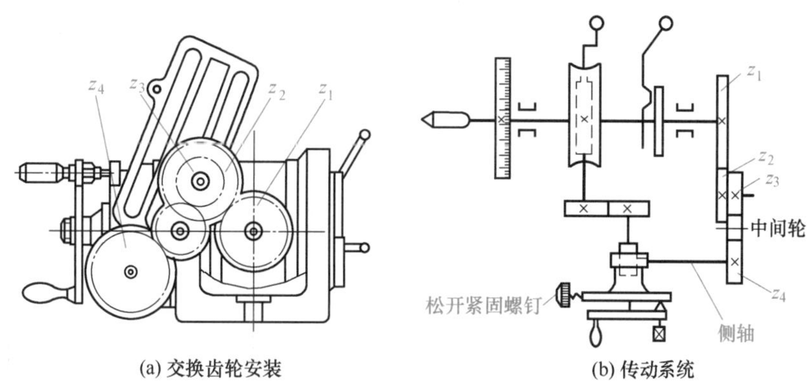

(a) 交换齿轮安装　　(b) 传动系统

图 4-526　差动分度的传动系统及交换齿轮的安装方法

差动分度原理如图 4-527 所示。

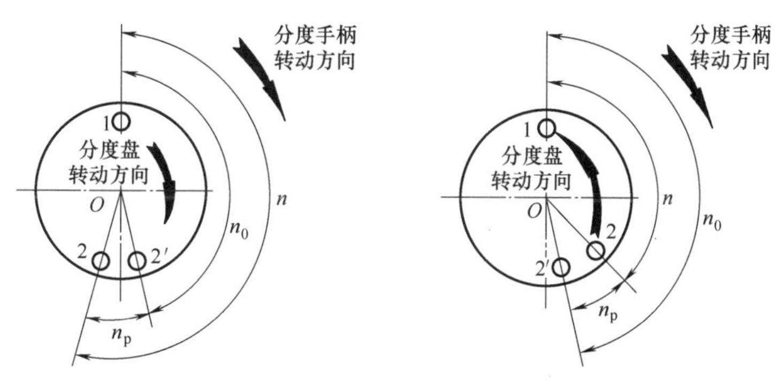

(a) 分度盘与分度手柄的转动方向相同　　(b) 分度盘与分度手柄转动方向相反

图 4-527　差动分度原理示意图

分度时，先取一个与工件的等分数 z 相近且能进行简单分度的假定等分数 z_0，并按 z_0 计算每次分度时分度手柄的转数 n_0（即 $n_0=\frac{40}{z_0}$），选择确定分度盘孔圈和调整分度叉夹角（包含的孔距数）。准确分度时分度手柄应转过的转数 $n=\frac{40}{z}$，n 与 n_0 的差值由分度头主轴通过交换齿轮带动分度盘转动来补偿。由差动分度传动结构［图 4-527（b）］可知，当分度头主轴转过 $\frac{1}{z}$ 转时，分度盘转过 $n_p=\frac{1}{z}\frac{z_1z_3}{z_2z_4}$。根据差动分度原理，$n=n_0+n_p$，得

$$\frac{40}{z}=\frac{40}{z_0}+\frac{1}{z}\cdot\frac{z_1z_3}{z_2z_4}$$

交换齿轮的传动比为

$$\frac{z_1z_3}{z_2z_4}=\frac{40\left(z_0-z\right)}{z_0} \tag{4-7}$$

式中 z_1、z_3——主动交换齿轮的齿数；
z_2、z_4——被动交换齿轮的齿数；
z——实际等分数；
z_0——假定等分数。

从式（4-7）可知，当 $z_0<z$ 时，交换齿轮传动比是负值；反之为正值。式中的正负号仅说明孔盘的转向与分度手柄相同还是相反。采用差动分度法时，孔盘的转向极为重要，否则将产生废品。若 $z_0<z$，两者转向相反；若 $z_0>z$，两者转向相同。分度盘转向的调整可通过在交换齿轮中加入或不加入中间轮来实现。实践证明，当采用 $z_0<z$ 时，分度盘与分度手柄的转向相反，可以避免分度头传动副间隙的影响，使分度均匀。因此，在差动分度时，选取的假定等分数通常都小于实际等分数。

（2）差动分度的计算步骤

差动分度的具体计算按表 4-183 中步骤进行。

表 4-183 差动分度的计算步骤

计算步骤	详细描述
步骤 1	选取假定等分数 z_0。一般 $z_0<z$
步骤 2	根据 z_0，按 $n_0=\frac{40}{z_0}$ 计算分度手柄相对分度盘的转数 n_0，并选择分度盘相应孔圈（孔数）
步骤 3	按式（4-7）计算交换齿轮的传动比，确定交换齿轮齿数

（3）计算例题（表 4-184）

表 4-184 计算例题

例题	详细描述
例题 1	若把工件分成 83 等分，试选取交换齿轮的齿数和分度盘的孔圈，并确定手柄转数 解：设假定等分数 z_0=80 $$n_0=\frac{40}{z_0}=\frac{40}{80}=\frac{27}{54}$$ 每分度一次，分度手柄相对分度盘在 54 孔的孔圈上转过 27 个孔距（分度叉之间包括 28 个孔） $$\frac{z_1z_3}{z_2z_4}=\frac{40\left(z_0-z\right)}{z_0}=\frac{40(80-83)}{80}=-\frac{120}{80}=-\frac{90}{60}$$

续表

例题	详细描述
例题 1	答：主动轮 z_1=90，从动轮 z_4=60，负号表示分度盘转向和分度手柄转向相反。交换齿轮采用单式轮系加两个中间轮，如图 4-528 所示 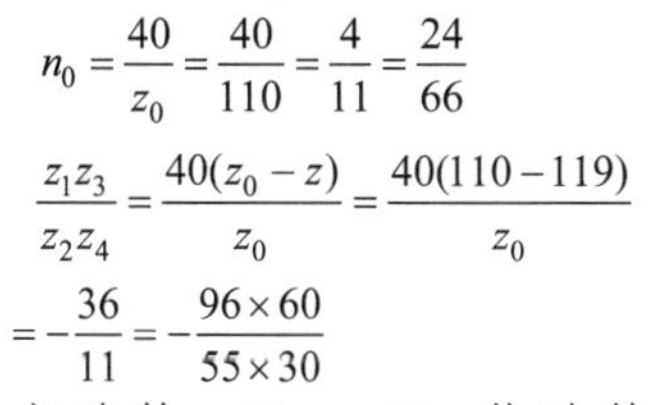 图 4-528　分度头交换齿轮形式——单式轮系
例题 2	若把工件分成 119 等分，试选取交换齿轮的齿数和分度盘的孔圈，并确定手柄转数 解：设假定等分数 z_0=105，则 $n_0=\frac{40}{z_0}=\frac{40}{110}=\frac{4}{11}=\frac{24}{66}$ $\frac{z_1z_3}{z_2z_4}=\frac{40(z_0-z)}{z_0}=\frac{40(110-119)}{z_0}$ $=-\frac{36}{11}=-\frac{96\times60}{55\times30}$ 答：主动轮 z_1=90，z_3=60；从动轮 z_2=55，z_4=30。负号表示分度盘和分度手柄转向相反。交换齿轮采用复式轮系加一个中间轮，如图 4-529 所示 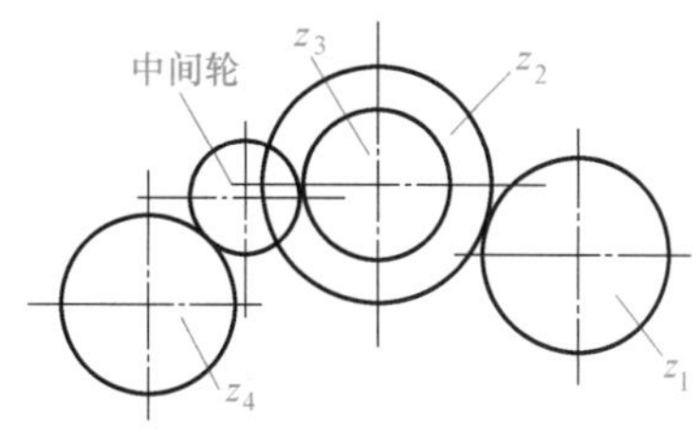 图 4-529　分度头交换齿轮形式——单式轮系

（4）差动分度表

实际使用差动分度法时，可在表 4-185 中直接查取所需的数据。此表所列的数据，均按 $z_0<z$ 计算，它可应用于定数为 40 的任何型号的万能型分度头。但在配置中间轮时，应使孔盘和分度手柄转向相反。

表 4-185　差动分度表（分度头传动定数为 40）

工件等分数	假定等分数	分度盘孔数	转过的孔距数	交换齿轮				FW250 型分度头交换齿轮形式
				z_1	z_2	z_3	z_4	
	60	30	20	40 60			60 30	a
	64	24	15	90	40	50	60	b
	66	66	40	100			55	a
	70	49	28	40 60			70 35	a
	75	30	16	80 80	60 50	40 40	50 30	b
	80	30	15	25 60			50 40	a
	84	42	20	50			35	a
	88	66	30	25			55	a
	90	54	24	40 40			90 30	a

续表

工件等分数	假定等分数	分度盘孔数	转过的孔距数	交换齿轮				FW250 型分度头交换齿轮形式
				z_1	z_2	z_3	z_4	
	96	24	10	25			60	a
				50			40	
	100	30	12	40			100	a
				60			50	
				70			25	
109	105	42	16	80	30	40	70	b
111				80			35	a
113	110	66	24	60			55	a
117				70	55	50	25	b
119				90	55	60	30	b
121	120	54	18	30			90	a
122				40			60	
123				25			25	
126				50			25	
127				70			30	
128				80			30	
129				90			30	
131	125	25	8	80	25	30	50	b
133				80	50	40	25	
134	132	66	20	50	55	40	60	b
137				100	30	25	55	
138	135	54	16	80			90	a
139				80	30	40	90	b
141	140	42	12	40	50	25	70	b
142				40			70	a
143				30			35	a
146				60			35	a
147				50			25	a
149				90	25	50	70	b
151	150	30	8	40	50	30	90	b
153				40			50	a
154				40	60	80	50	b
157				70	30	40	50	b
158				80	30	40	50	b
159				90	30	40	50	b
161	160	28	7	25			100	a
162				25			50	
163				30			40	
166				60			40	
167				70			40	
169				90			40	
171	168	42	10	50			70	a
173				100	35	25	60	b
174				50			35	a
175				50			30	a
177	176	66	15	40	55	25	80	b
178				40	55	50	80	
179				60	55	50	80	
181	180	54	12	40	50	25	90	b
182				40			90	a
183				40			60	a
186				40			30	a
187	180	54	12	40	60	70	30	b
189				50			25	a
191				80	60	55	30	b

续表

工件等分数	假定等分数	分度盘孔数	转过的孔距数	交换齿轮				FW250 型分度头交换齿轮形式
				z_1	z_2	z_3	z_4	
193	192	24	5	30	90	50	80	b
194				25			60	a
197				100	30	25	80	b
198				50			40	a
199				70	30	50	80	b

注：1. a 为单式轮系，b 为复式轮系。

2. 本表交换齿轮采用单式轮系时加 2 个中间轮，采用复式时加 1 个中间轮。

经验总结

①工件的等分数，凡能用简单分度法分度的，就不要用差动分度法。

②差动分度时，必须预先松开孔盘左侧的紧固螺钉。

③差动分度法的交换齿轮、孔圈、孔距调整好后，可先用切痕法检验分度是否正确，待检查分度无误后，才可对工件正式铣削。

4.20.9 直线移距分度法——主轴交换齿轮法

有些工件需要在直线上进行等分，如直尺刻线和铣削齿条时的移距。在一般情况下，移距时可直接转动工作台纵向丝杠，并以刻度作为移距时的依据。这种移距方法虽操作简单，但移距精度不高，且操作时容易造成差错。利用分度头作直线移距等分，不仅操作简便，且移距精度高。

直线移距分度法就是把分度头主轴或侧轴和纵向工作台丝杠用交换齿轮连接起来，移距时只要转动分度手柄，通过齿轮传动，使工作台作精确的移距。直线移距分度法可分为主轴交换齿轮法和侧轴交换齿轮法。

（1）主轴交换齿轮法分度原理

主轴交换齿轮法主要是利用分度头的减速作用，从分度头主轴后锥孔插入安装交换齿轮的心轴，通过齿轮传动，传至纵向工作台丝杠，使工作台产生移距，如图 4-530 所示。

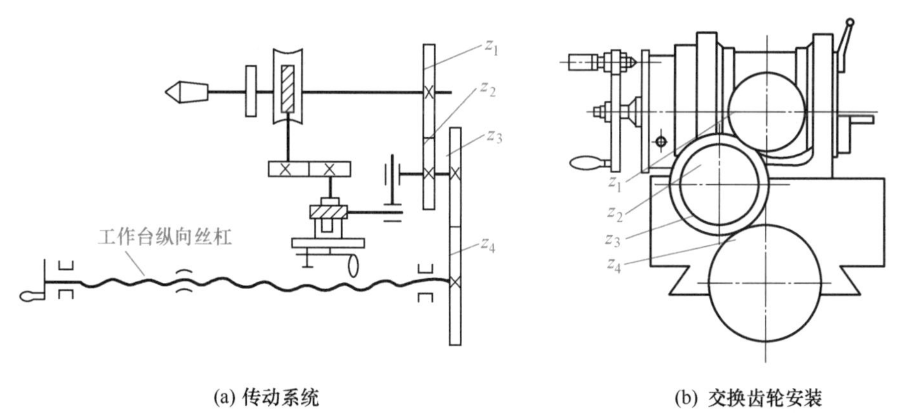

(a) 传动系统　　(b) 交换齿轮安装

图 4-530　主轴交换齿轮法

当分度手柄转若干转后，纵向工作台才移动一个较短的距离。这种移距方法适用于间隔距离较小或移距精度要求较高的工件。由图 4-531 可知交换齿轮的计算公式为：

$$n\times\frac{1}{40}\times\frac{z_1z_3}{z_2z_4}P=L$$

$$\frac{z_1z_3}{z_2z_4}=\frac{40L}{nP} \tag{4-8}$$

式中　z_1、z_3——主动轮齿数；

z_2、z_4——被动轮齿数；

40——分度头定数；

L——工件每格距离，mm;

P——纵向工作台丝杠螺距，mm;

n——每次分度手柄转数，r。

计算交换齿轮时，一般应先确定分度手柄的转数 n，计算出来的交换齿轮，其传动比不大于 6 或不小于 1/6 时，采用单式轮系；当传动比大于 6 或小于 1/6 时，应采用复式轮系，以使交换齿轮传动平稳。n 般在 1 ～ 10 之间的整数范围内选取。满足交换齿轮正常啮合的条件为：

$$\begin{cases}z_1+z_2>z_3+(15\sim20)\\z_3+z_4>z_2+(15\sim20)\end{cases} \tag{4-9}$$

（2）计算例题（表 4-186）

表 4-186　计算例题

例题	详细描述
例题 1	在 X6132 型万能铣床上进行刻线，线的间隔为 0.35mm，纵向工作台丝杠螺距 P=6mm。求分度手柄转数和交换齿轮齿数 解：取分度手柄转数 n=1r，根据公式得 $\frac{z_1z_3}{z_2z_4}=\frac{40L}{nP}=\frac{40\times0.35}{1\times6}=\frac{14}{6}=\frac{14\times5}{6\times5}=\frac{70}{30}$ 答：主动轮 z_1=70，被动轮 z_4=30。每次分度时只要拔出定位销，将分度手柄摇 1r，再把定位销插入即可
例题 2	在 X6132 型铣床上铣削模数 m=1.5mm 的齿条，求分度手柄的转数和交换齿轮齿数 解：取分度手柄 n=5r。齿条的齿距 P=L= π m=1.5πmm，P=6mm．取 $\pi\approx\frac{22}{7}$，得 $\frac{z_1z_3}{z_2z_4}=\frac{40L}{nP}=\frac{40\times1.5\times22}{5\times6\times7}=\frac{100\times55}{35\times25}$ 答：分度手柄每次转 5r．交换齿轮采用复式轮系，z_1=100，z_2=35，z_3=55，z_4=25

4.20.10　直线移距分度法——侧轴交换齿轮法

（1）侧轴交换齿轮法分度原理

对于移距间隔较大的工件，如采用主轴交换齿轮分度，则每次分度时手柄需转很多圈，操作不便。若改用侧轴交换齿轮法，即将交换齿轮配置在分度头侧轴和纵向工作台丝杠之间，这样就可不经过蜗轮蜗杆传动副，无 1 ∶ 40 的减速作用，分度盘转过较小转数时，即可取得较大的移距量，如图 4-531 所示。

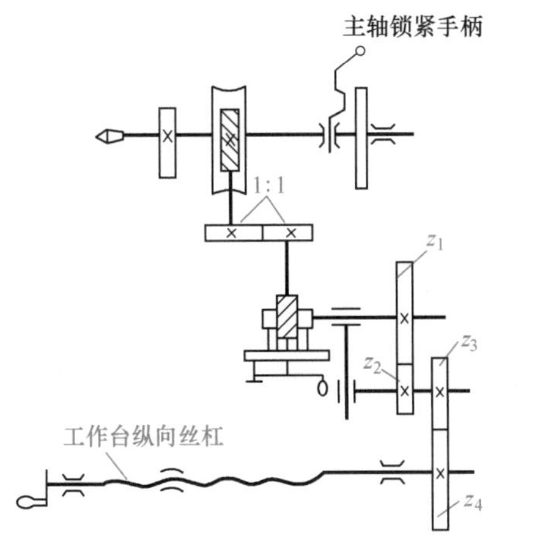

(a) 传动系统

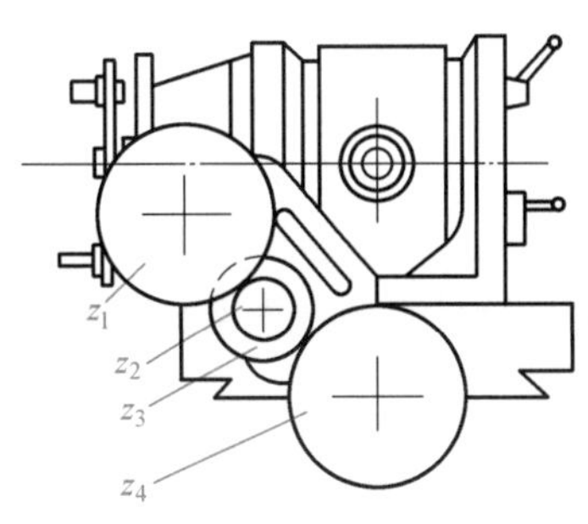

(b) 交换齿轮安装

图 4-531 侧轴交换齿轮法

移距前，要先将分度头主轴锁紧，则分度手柄固定，以手柄上的定位销作孔盘转动多少的依据，并松开孔盘左侧的紧固螺钉。移距时，用扳手转动分度头侧轴，通过其左端的一对斜齿轮带动孔盘相对手柄定位销旋转；同时，侧轴右端的交换齿轮带动纵向丝杠旋转，使工作台获得纵向移距。

交换齿轮计算由图 4-531 可知

$$n\frac{z_1z_3}{z_2z_4}P=L$$

即

$$\frac{z_1z_3}{z_2z_4}=\frac{L}{nP} \tag{4-10}$$

式中 z_1、z_3——主动轮齿数；

z_2、z_4——被动轮齿数；

L——工件每格距离，mm；

P——纵向工作台丝杠螺距，mm；

n——每次分度手柄转数。

（2）计算例题

在 X6322 型万能铣床上铣削模数 m=4mm 的直齿条，如采用侧轴交换齿轮法移距分度，试求分度手柄转数和交换齿轮齿数

解：每次分度的移距量等于齿距，即

$$L=P=\pi m=4\pi\approx 4\times\frac{22}{7}\text{（mm）}$$

根据式（4-10）得

$$\frac{z_1z_3}{z_2z_4}=\frac{L}{nP}=\frac{4\pi}{6n}=\frac{4\times\dfrac{22}{7}}{6n}=\frac{8}{6n}\times\frac{11}{7}$$

取 $n=\frac{8}{6}=1\frac{2}{6}=1\frac{18}{54}$

即 $\dfrac{z_1z_3}{z_2z_4}=\dfrac{11}{7}=\dfrac{55}{35}$

即主动轮 z_1=55；被动轮 z_4=35，采用单式轮系。每次分度时分度手柄定位销在孔数为 54 的孔圈上转过 1 转又 18 个孔距。

在实际应用中，分度头的计算方法不会十分复杂，只需将自己常用的操作记住并且熟练操作即可，其他方法作为辅助来使用。

4.20.11 分度头加工实操例题

（1）钻圆周孔的实操例题

钻圆盘上孔的加工步骤如图 4-532 所示。

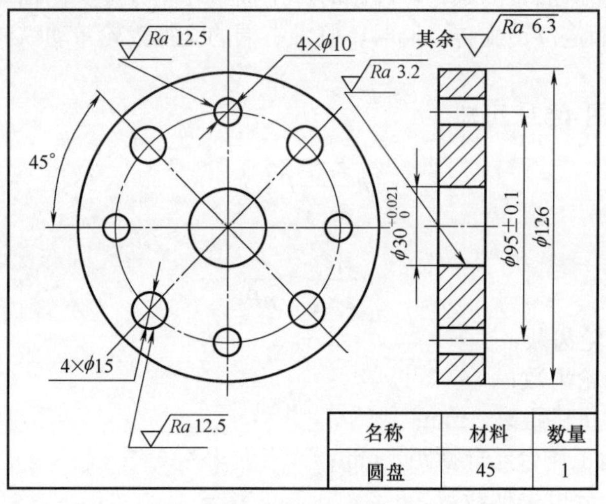

图 4-532 钻圆周孔

① 铣削工艺分析（表 4-187）

表 4-187 铣削工艺分析及确认表

序号	钻圆周孔实操例题铣削工艺分析		完成度（√或 ×）
1	读图	看懂零件图样，了解图样上有关加工部位的尺寸标注、精度要求、表面形状与位置精度和表面粗糙度要求以及其他方面的技术要求	
2	检查毛坯	对照零件图样检查毛坯尺寸和形状，了解毛坯余量的大小	
3	确定装夹方式	单件加工，采用平口钳装夹	
4	确定参数	孔壁粗糙度为 12.5μm	
5	确定钻孔加工方法	按照加工要求钻孔	

② 铣削的操作步骤及提示（表 4-188）

表 4-188 铣削的操作步骤及检查表

序号	立式铣床上钻圆周孔实操例题铣削步骤		完成度（√或 ×）
1	调整分度头	校正立铣头主轴轴线与分度头主轴轴线平行，并平行于工作台面，使两主轴轴线处于同一轴向平面内；调整并用外径千分尺测量两轴线间距离为 47.5mm±0.05mm，紧固横向进给和升降台	
2	安装工件	工件以内孔 $\phi30^{+0.021}_{0}$mm 定位，用心轴安装在分度头主轴锥孔中	
3	安装 ϕ10mm 钻头	选用 ϕ10mm 钻头，通过钻夹头、锥套安装在立铣头主轴锥孔中，调整机床主轴转速为 600r/min	
4	钻 4 个 ϕ10mm 孔	开动铣床，手动纵向进给，先分度 4 个 ϕ10mm 孔，用游标卡尺检测中心距	
5	钻 4 个 ϕ15mm 孔	合格后，换上 ϕ14mm 的麻花钻，转动分度头 45°，依次分度钻出 4 个 ϕ15mm 的孔	

③ 操作中的注意事项与禁忌（表 4-189）

表 4-189 钻圆周孔安全操作表

序号	安全操作注意事项	符合要求（√或 ×）
1	工件装夹完毕后应取下相应的紧固用工具，方能进行铣削	
2	调整钻孔位置时，若手柄摇过头，应注意消除丝杠与螺母间的间隙，以免尺寸出错	
3	钻孔过程中不准用手触摸工件和钻刀，不准测量工件，不准突然变换进给速度	
4	进给结束后，工件不能立即在旋转的钻头下退回，应先降落工作台后再退出	
5	铣削时不使用的进给机构应紧固，工作完毕后再松开	
6	钻孔过程中每次更换钻头时，应避免碰伤工件的已加工表面	
7	用铜锤、木锤轻击工件时，不要砸伤工件已加工表面	
8	钻孔时时应加注充足的切削液	
9	选择的钻头直线性要好，切削刃要锋利、对称，无崩刃、裂纹、碰伤、退火等缺陷	
10	钻削时，应经常退出钻头，排除切屑，以防切屑堵塞而折断钻头	
11	划线、打样冲眼要准确，钻头横刃不能太长，防止钻孔位置发生偏移	
12	进给量不能太大，否则孔的表面粗糙度值会增大	
13	钻孔接近终了时，要将机动进给改为手动进给，减小进给量，防止钻头冒出孔端时折断、卡死或崩刃	
14	钻头用钝后应及时刃磨，不要用过钝的钻头钻孔	

(2) 铰圆周孔零件实操例题

采用上例中已钻好孔的圆盘件继续作铰削加工，如图 4-533 所示。

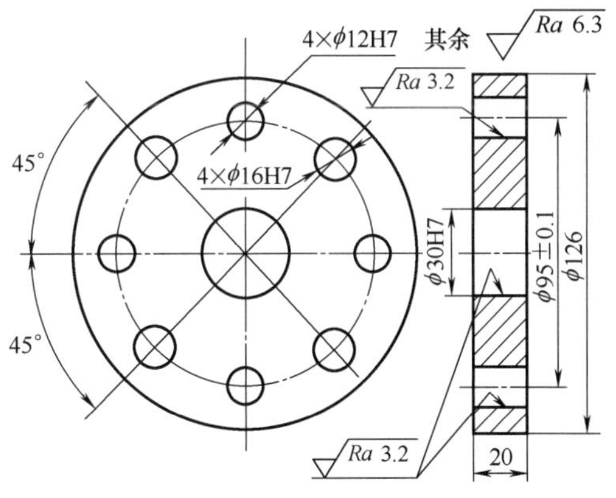

图 4-533 铰圆周孔

① 铣削工艺分析（表 4-190）

表 4-190 铣削工艺分析及确认表

序号	铰圆周孔实操例题铣削工艺分析		完成度（√或 ×）
1	读图	看懂零件图样，了解图样上有关加工部位的尺寸标注、精度要求、表面形状与位置精度和表面粗糙度要求以及其他方面的技术要求	
2	检查毛坯	对照零件图样检查毛坯尺寸和形状，了解毛坯余量的大小	
3	确定装夹方式	单件加工，采用平口钳装夹	
4	确定参数	孔表面粗糙度为 3.2μm	
5	确定铰孔加工方法	按照加工要求铰孔	

② 铣削的操作步骤及提示（表 4-191）

表 4-191 铣削的操作步骤及检查表

序号	立式铣床上铰圆周孔实操例题铣削步骤		完成度（√或 ×）
1	调整分度头	将立铣头主轴轴线调成水平，分度头也水平安装，校正两轴心线相互平行，且均平行于工作台面，使两轴线同处于轴向平面内。其轴心线的距离等于 47.5±0.05mm	
2	安装工件	将工件用心轴装于分度头主轴上，并摇动分度手柄，使工件的 ϕ12H7 底孔与立铣头主轴轴心线对准	
3	扩底孔 1	用磨损的铣刀．扩 4 个 ϕ12mm 底孔为 ϕ11.7mm	
4	扩底孔 2	扩 4 个 ϕ16mm 底孔为 ϕ10.7mm	
5	调整主轴转速	调整机床，使主轴转速为 60r/min	
6	铰削 ϕ12H7 孔	用已试铰后的铰刀，铰削 4 个 ϕ12H7 孔至尺寸	
7	铰削 ϕ16H7 孔	用已试铰后的铰刀，铰削 4 个 ϕ16H7 孔至尺寸	
8	检验	孔距尺寸的控制可采用百分表、量块控制方法；条件不具备时，也可采用试镗和测量相结合的方法控制	

③ 操作中的注意事项与禁忌（表 4-192）

表 4-192 铰圆周孔安全操作表

序号	安全操作注意事项	符合要求（√或 ×）
1	工件装夹完毕后应取下相应的紧固用工具，方能进行铣削	
2	铰削过程中不准用手触摸工件和铣刀，不准测量工件，不准突然变换进给速度	
3	进给结束后，工件不能立即在旋转的铣刀下退回，应先降落工作台后再退出	
4	铣削时不使用的进给机构应紧固，工作完毕后再松开	
5	铣削过程中每次重新装夹工件前，应及时用锉刀修整工件上的锐边并去除毛刺，但不应锉伤工件的已加工表面	
6	用铜锤、木锤轻击工件时，不要砸伤工件已加工表面	
7	铣削时应加注充足的切削液	

4.21 铣多面体

铣多面体

多面特指四六方，垂直水平巧安装，
螺母螺钉有区别，注意衬套不能忘，
实际多用盘铣刀，两把组合铣模样，
对刀试切算尺寸，转角无屑好担当。

具有四方、六方结构的机械零件在机器制造中应用非常广泛，这些多面体一般是在铣床上利用分度头、回转工作台或专用夹具加工的。

如图 4-534 所示为方头螺钉，图 4-535 为四方铁，图 4-536 为不锈钢六角棒。

图 4-534　方头螺钉

图 4-535　四方铁

图 4-536　不锈钢六角棒

4.21.1 铣多面体的方式

多面体的铣削有垂直和水平两种方式，详细描述见表 4-193。

表 4-193　铣多面体的方式

序号	铣削方式	详细描述
1	垂直铣削	在卧式铣床上铣削带有凸肩的多面体时，一般采用垂直铣削，即分度头主轴处于和铣床工作台台面相垂直的位置，大的工件可装夹在回转工作台上使工作台作纵向进给，如图 4-537 所示。垂直铣削的缺点是进给行程较长，因此生产效率较低；另外，对长的工件也不适用 开缝套筒　工件 图 4-537　在卧式铣床上用组合铣削法铣多面体

续表

序号	铣削方式	详细描述
2	水平铣削	在立式或卧式铣床上铣削无凸肩的多面体时，可采用水平铣削，如图 4-538、图 4-539 所示，即把分度头主轴旋转成水平位置，仍使工作台作纵向进给。水平铣削的特点是进给行程短，和垂直铣削相比，生产效率较高，因此，对于无凸肩和长的多面体工件，应尽可能采用水平铣削的方式 图 4-538　在立式铣床上用三面刃铣刀铣四方螺钉 图 4-539　用立铣刀铣四方螺钉

4.21.2　工件的安装

如果工件为螺钉，可将工件装夹在分度头的三爪卡盘内。当工件的夹持部分有螺纹时，为了不致夹坏螺纹，可在螺纹部分外面套一只开缝的铸铁（或铜）衬套。衬套有无肩和有肩两种。当衬套外径大于三爪卡盘内孔时，可采用无肩衬套；否则，应采用有肩衬套，以防止松开的工件衬套落入分度头主轴孔内。

如果工件是螺母，可先将带螺纹的心轴夹持在三爪卡盘上，然后将工件旋在心轴上，铣好后将工件从心轴上拆下，再换上另一工件。

4.21.3　铣刀的选择与安装

在立式或卧式铣床上都可以用盘形铣刀铣削多面体。由于多面体铣削时铣刀是单边工作的，因此当工件每边的加工余量较小时，宜采用直齿三面刃铣刀，这样同时工作的齿数可多些，切削较平稳；而当工件每边加工余量较大时可采用错齿三面刃铣刀。但必须注意：如果采用两把错齿三面刃铣刀组合铣削时，一把刀的右齿要和另一把刀的左齿对齐，这样可使两把刀的轴向力相互平衡，避免铣削时工件有左右转动的趋势。

有些较长的多面体工件，如六角条或套装在心轴上的成串螺母，则可在立式铣床上用端铣刀铣削。

4.21.4　对刀方法

在实际生产中，采用两把盘形铣刀组合铣多面体的方法应用很普遍。此时，一般都用试切法对刀，即先将两把刀的轴向间距调整到等于多面体的对边尺寸 S，然后由操作者目测把试件调整到组合铣刀的中间位置，并在试件的顶端适量地铣去一些后退出试件，旋转 180° 再铣一刀，若其中有一把刀切下了切屑，则说明对刀不准。这时，可测量第二次铣削后试件的尺寸 S'，然后将横向工作台向第二次未铣到试件的铣刀一侧移动，移动的距离 e 可按公式 $e=\frac{S-S'}{2}$ 计算，示意图如图 4-540 所示。

对刀结束后，应将横向工作台紧固。卸下试件，换上工件，即可开始正式铣削。

4.21.5 铣削多面体零件实操例题

（1）铣削扳手四方零件实操例题

如图 4-541 所示的四方扳手，选择在卧式铣床上用圆柱铣刀铣削加工。

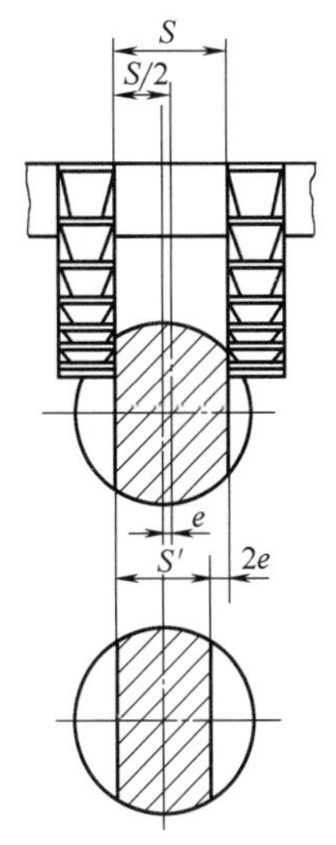

图 4-540 铣多面体对刀时横向工作台的移动量

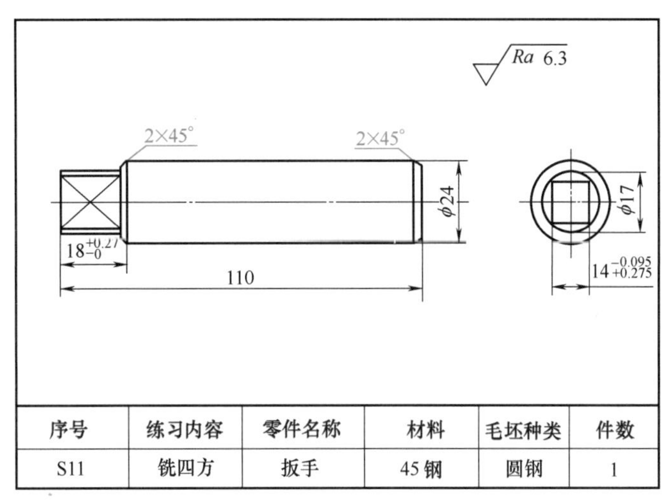

序号	练习内容	零件名称	材料	毛坯种类	件数
S11	铣四方	扳手	45 钢	圆钢	1

图 4-541 铣削四方扳手零件

① 铣削工艺分析（表 4-194）

表 4-194 铣削工艺分析及确认表

序号	铣削四方扳手实操例题铣削工艺分析		完成度（√或 ×）
1	读图	看懂零件图样，了解图样上有关加工部位的尺寸标注、精度要求、表面形状与位置精度和表面粗糙度要求以及其他方面的技术要求	
2	检查毛坯	对照零件图样检查毛坯尺寸和形状，了解毛坯余量的大小	
3	确定装夹方式	单件加工，采用分度头装夹	
4	确定参数	燕尾槽槽表面粗糙度为 6.3μm	
5	确定加工方法	在卧式铣床上铣削四方	

② 铣削的操作步骤及提示（表 4-195）

表 4-195　铣削的操作步骤及检查表

序号	卧式铣床上铣削四方扳手实操例题铣削步骤		完成度（√或 ×）
1	安装分度头	安装找正分度头，垂直安装	
2	装夹工件	装夹找正工件	
3	选择铣刀	选用直径 100mm、宽度 12mm 的三面刃铣刀	
4	选择切削用量	取 n=118r/min，f=95mm/min 或手动进给	
5	铣削第一面	调整铣刀铣削位置，使三面刃铣刀侧刃触及 ϕ17mm 外圆表面，横向移动工作台 $\frac{17-14}{2}$ =1.5mm，调整铣削深度，铣削第一面	
6	分度铣削	一面铣完后，分度头转 10 转铣第三面，依次铣削完毕，达到尺寸 $14^{-0.095}_{-0.275}$ mm、长 $18^{+0.27}_{0}$ mm	
7	检验	检验合格后卸下工件，去毛刺	

③ 操作中的注意事项与禁忌（表 4-196）

表 4-196　铣削四方扳手安全操作表

序号	安全操作注意事项	符合要求（√或 ×）
1	工件装夹完毕后应取下相应的紧固用工具，方能进行铣削	
2	铣削过程中不准用手触摸工件和铣刀，不准测量工件，不准突然变换进给速度	
3	进给结束后，工件不能立即在旋转的铣刀下退回，应先降落工作台后再退出	
4	铣削时不使用的进给机构应紧固，工作完毕后再松开	
5	铣削过程中每次重新装夹工件前，应及时用锉刀修整工件上的锐边并去除毛刺，但不应锉伤工件的已加工表面	
6	用铜锤、木锤轻击工件时，不要砸伤工件已加工表面	
7	铣削时应加注充足的切削液	
8	为保证加工要求，可先用废圆棒试铣	
9	要注意分度头和铣刀刀轴、挂架之间的距离，防止加工中相撞	

（2）铣削六角柱体零件实操例题

如图 4-542 所示的六角柱体，选择在卧式铣床上用圆柱铣刀铣削加工，加工示意图如图 4-542 所示。

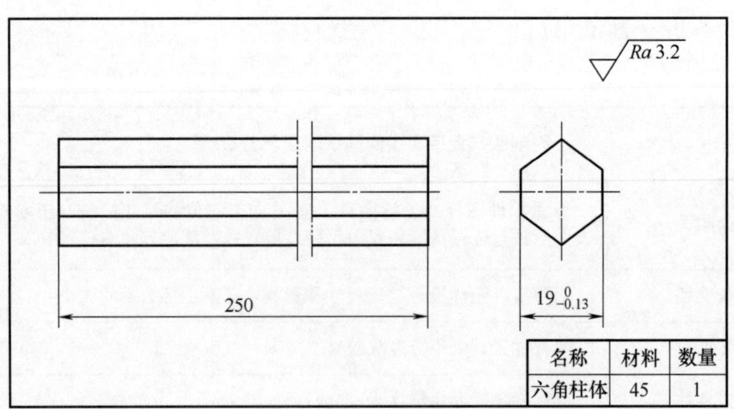

图 4-542　铣削六角柱体零件

① 铣削工艺分析（表 4-197）

表 4-197 铣削工艺分析及确认表

序号	铣削六角柱体实操例题铣削工艺分析		完成度（√或 ×）
1	读图	看懂零件图样，了解图样上有关加工部位的尺寸标注、精度要求、表面形状与位置精度和表面粗糙度要求以及其他方面的技术要求	
2	检查毛坯	对照零件图样检查毛坯尺寸和形状，了解毛坯余量的大小	
3	确定装夹方式	单件加工，采用分度头装夹	
4	确定参数	燕尾槽槽表面粗糙度为 3.2μm	
5	确定加工方法	在卧式铣床上铣削六角柱体	

② 铣削的操作步骤及提示

六角柱体的铣削如图 4-543 所示，操作步骤见表 4-198。

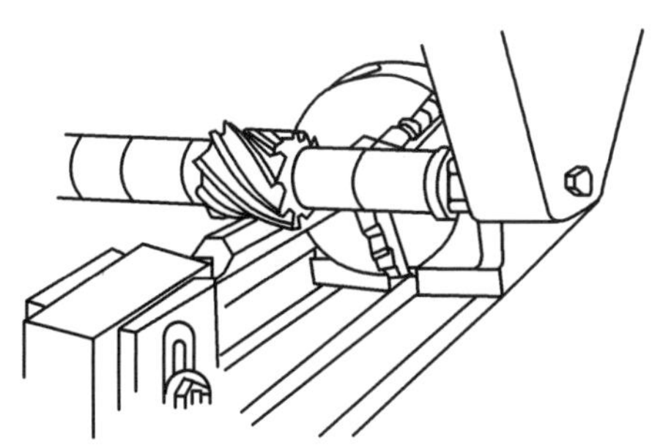

图 4-543 六角柱体铣削

表 4-198 铣削的操作步骤及检查表

序号	卧式铣床上铣削六角柱体实操例题铣削步骤		完成度（√或 ×）
1	安装分度头及尾架	安装分度头及尾架，并校正上母线在 0.05mm/300mm 以内	
2	计算分度手柄转数	根据公式计算分度手柄转数，调整定位插销的位置及分度叉之间的孔数	
3	装夹工件	检查毛坯，采用一夹一顶方式装夹工件	
4	选择铣刀	选择 63mm×63mm 圆柱铣刀并安装在铣床刀杆上适当位置处	
5	对刀试切	对刀试切	
6	分度铣削	依次分度铣削。注意控制铣削长度，不能铣伤三爪卡盘	
7	掉头铣削	将铣完的一端调至分度头一端装夹，按图 4-544 的方法将六角柱体加工面校垂直后，使分度手柄转过 10 转，使垂直面处于水平位置，调整背吃刀量，使接刀处没有明显的接刀痕迹，再依次分度将各面铣完 图 4-544 用角尺校正交六角柱体	
8	检验	检验合格后卸下工件，去毛刺	

③ 操作中的注意事项与禁忌（表 4-199）

表 4-199 铣削六角柱体安全操作表

序号	安全操作注意事项	符合要求（√或×）
1	工件装夹完毕后应取下相应的紧固用工具，方能进行铣削	
2	铣削过程中不准用手触摸工件和铣刀，不准测量工件，不准突然变换进给速度	
3	进给结束后，工件不能立即在旋转的铣刀下退回，应先降落工作台后再退出	
4	铣削时不使用的进给机构应紧固，工作完毕后再松开	
5	铣削过程中每次重新装夹工件前，应及时用锉刀修整工件上的锐边并去除毛刺，但不应锉伤工件的已加工表面	
6	用铜锤、木锤轻击工件时，不要砸伤工件已加工表面	
7	铣削时应加注充足的切削液	
8	为保证加工要求，可先用废圆棒试铣	
9	要注意分度头和铣刀刀轴、挂架之间的距离，防止加工中相撞	

经验总结

①调整分度叉孔数时，定位插销孔不能计算在内。

②分度手柄一般应顺时针转动，如果转过了，应消除分度间隙后再将插销插入孔内。

③加工细长工件，可用千斤顶在中间支撑；千斤顶支撑的力量应适当，防止工件变形。

④用尾座顶尖夹持工件时，夹持的力量要适当，防止工件弯曲。

⑤调头接刀时，防止夹伤工件。

4.22 铣外花键

铣外花键

花键连接传转矩，渐开矩形分工艺，
铣削单刀少件用，大批组合成形铣；
单刀对刀侧划切，右左中心切莫急，
组合铣刀铣花键，需把尺寸算仔细，
若是批量来生产，成形铣刀无人敌，
关注角度与速度，质量缺陷皆远去。

花键连接是两零件上等距分布且齿数相同的键齿相互连接，并传递转矩或运动的同轴偶件，即花键连接是由带键齿的轴（外花键）和轮毂（内花键）所组成。

如图 4-545 所示为花键连接，图 4-546 为螺杆轴的花键连接。

花键连接能传递较大转矩且定心精度较高，在机械传动中应用广泛，机床、汽车、拖拉机等的变速箱内，大都用花键齿轮套与花键轴（图 4-547）配合的滑移作变速传动。

图 4-545　花键连接

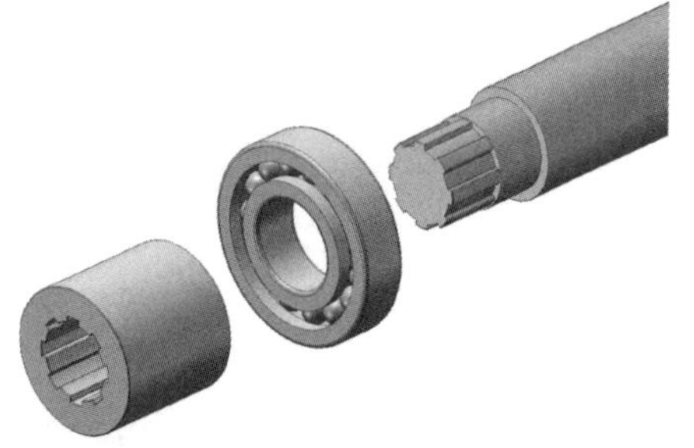

图 4-546　螺杆轴的花键连接

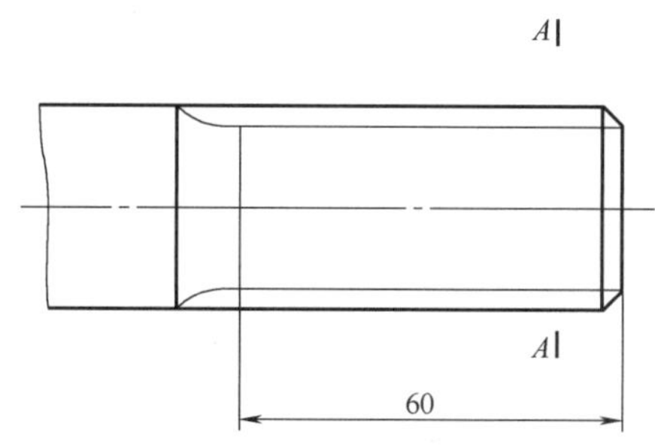

图 4-547　外花键

外花键的种类较多，根据键齿的形状（齿廓）不同，常用的花键分有矩形花键和渐开线花键两类（图 4-548），此外还有梯形齿和三角形齿等，详细描述见表 4-200。

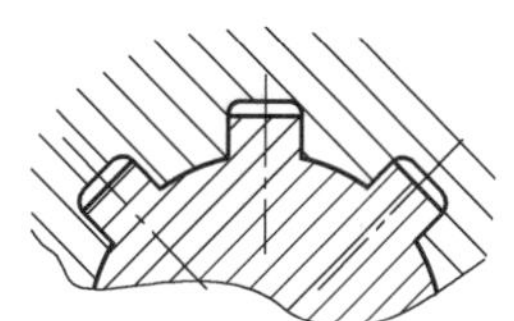

(a) 矩形齿形连接

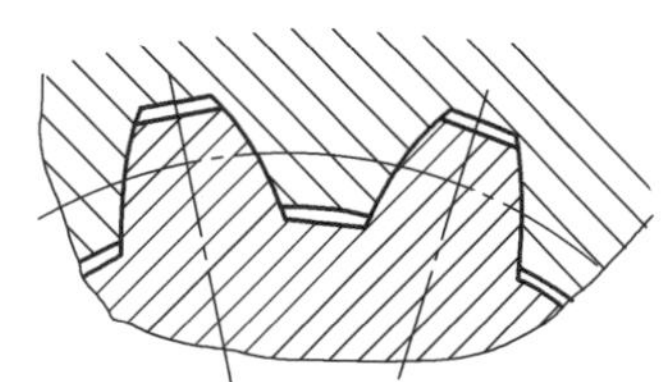

(b) 渐开线齿形连接

图 4-548　花键连接

表 4-200　外花键的种类

序号	外花键种类	详细描述
1	矩形花键	矩形花键的齿廓为矩形，加工容易，所以得到更广泛的应用。矩形花键连接的定心方式有：小径定心、大径定心和齿侧（即键宽）定心三种，如图 4-549 所示。其中内花键的小径可用内圆磨床加工、外花键的小径可由专用花键磨床加工，可以获得很高的加工精度，因此小径定心的矩形花键连接，定心精度最高。矩形花键的缺点是花键齿根部的应力集中较大 d　D　B (a) 小径定心　(b) 大径定心　(c) 齿侧定心 图 4-549　矩形花键连接的定心方式

续表

序号	外花键种类	详细描述
2	渐开线花键	渐开线花键的齿廓为渐开线，加工工艺与齿轮相同。渐开线花键连接通常采取齿侧定心方式，定心精度高，承载时齿上有径向分力，能起自动定心作用。与矩形花键相比，其齿根较厚，强度高，承载能力强，因此常用于载荷较大、定心精度要求较高和尺寸较大的连接

花键连接与平键、半圆键、锲键等单键连接相比，具有定心精度高、导向性好、承载能力强、能传递较大的转矩及连接可靠等优点，但制造较困难。

成批、大量的外花键（花键轴）在花键铣床上用花键滚刀按展成法加工，这种加工方法具有较高的生产率和加工精度，但必须具备花键铣床与花键滚刀。在单件、小批量生产或缺少花键铣床等专用设备的情况下，常在普通卧式（或立式）铣床上利用分度头进行加工。

在铣床上铣削外花键的方法有单刀铣削、组合铣刀铣削、成形铣刀铣削等三种。成形铣刀制造较困难，因此只有在零件数量较多且具备成形铣刀条件下才使用成形铣刀铣削，通常则使用三面刀铣刀铣削。

4.22.1 单刀铣削矩形齿外花键

在铣床上用单刀铣削矩形齿外花键，主要适用于单件生产或维修加工，以加工大径定心的矩形花键轴为主，对以小径定心的花键轴，一般只进行粗加工。

（1）花键轴的技术要求

矩形齿外花键的主要技术要求包括如表 4-201 所示的几种。

表 4-201 花键轴的技术要求

序号	技术要求	详细描述
1	精度要求	花键的键宽 B、大径 D、小径 d 的尺寸精度要求
2	等分要求	花键轴的各键齿应等分于工件圆周
3	平行对称要求	各键齿的键侧应平行且对称于工件轴线
4	表面粗糙度要求	各加工表面的表面粗糙度要求

（2）工件的装夹和校正

工件在分度头上用两顶尖或一夹一顶方式装夹（图 4-550），然后用百分表校正工件，见表 4-202。

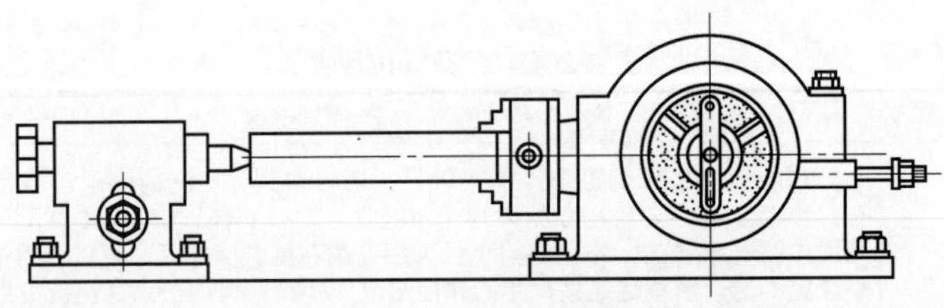

图 4-550 一夹一顶方式装夹

表 4-202 百分表校正工件的项目

序号	技术要求	详细描述
1	径向跳动项目	工件两端处的径向圆跳动
2	平行校正项目一	工件的上素线与铣床工作台台面平行
3	平行校正项目二	工件的侧素线与工作台纵向进给方向平行
4	加工保证	对细长的工件，校正后还需在长度中间位置的下面用千斤顶支撑

（3）铣刀的选择及对刀

花键键侧面的铣削选择外径较小、宽度适当（铣削中不应伤及邻键齿）的标准三面刀铣刀。花键槽底圆弧面（小径）的铣削选用宽度为 2 ～ 3mm 的细齿锯片铣刀或成形刀头。

调整切削位置（对刀）的目的是使三面刃铣刀的侧面刀刃通过花键齿的侧面，以保证花键的宽度和两键侧面的对称性。常用的对刀方法如表 4-203 所示。

表 4-203　铣刀的对刀

序号	对刀方法	详细描述
1	侧面对刀法	侧面对刀法如图 4-551 所示，先使三面刃铣刀侧面刀刃轻轻接触工件侧面的贴纸，然后垂直向下退出工件，再将工作台向铣刀方向横向移动距离 S，S 的计算式为 $S=\frac{1}{2}(D-B)+\delta$ 式中　S——工作台（工件）横向移动距离，mm； D——花键大径（工件外径），mm； B——花键键宽，mm； δ——贴纸厚度，mm 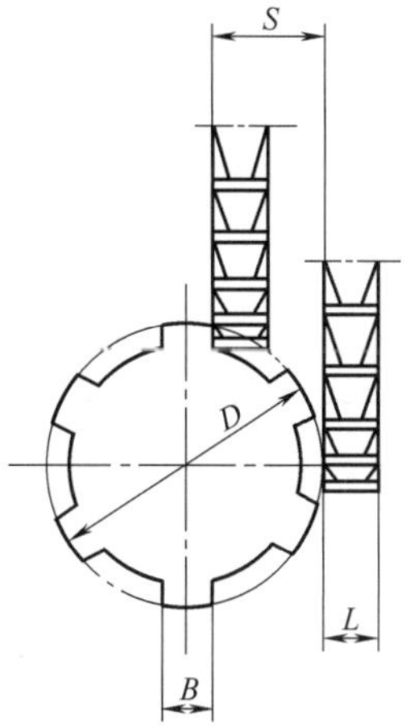 图 4-551　侧面对刀法 侧面对刀法方法简单，但有一定局限性，当工件的外径较大时，受三面刃铣刀直径的限制，铣刀杆可能会与工件相碰，因而不能用此法对刀
2	划线对刀法	先在工件上划中心线（图 4-552）。然后用高度游标卡尺（或划线盘）在工件外圆柱面的两侧（比中心高键宽的一半）各划线一条，通过分度头将工件转过 180°，再用高度游标卡尺试划一次。检查两次所划线之间的宽度是否等于键宽，如不等，则应调整高度游标卡尺（或划针）的高度重划，直到划出正确的宽度为止。再通过分度头将工件转过 90°，使划线部分外圆朝上，再用高度游标卡尺在工件端面划出花键的深度线（比实际深度深 0.5mm 左右） 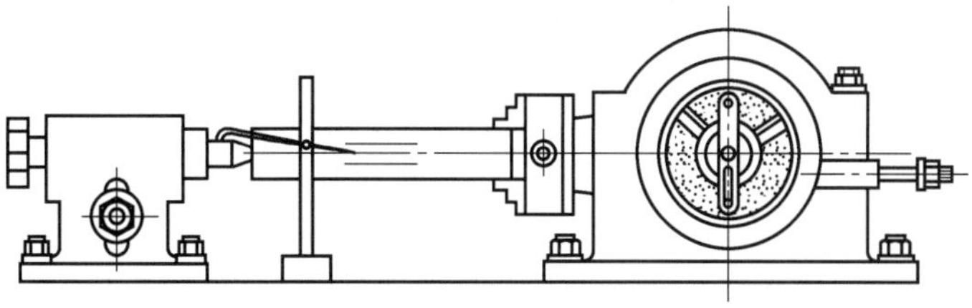 图 4-552　铣外花键时在工件上划中心线 铣削时，使三面刃铣刀的侧面刀刃对准键侧线，圆周刀刃对准花键深度线

续表

序号	对刀方法	详细描述
3	试切对刀法	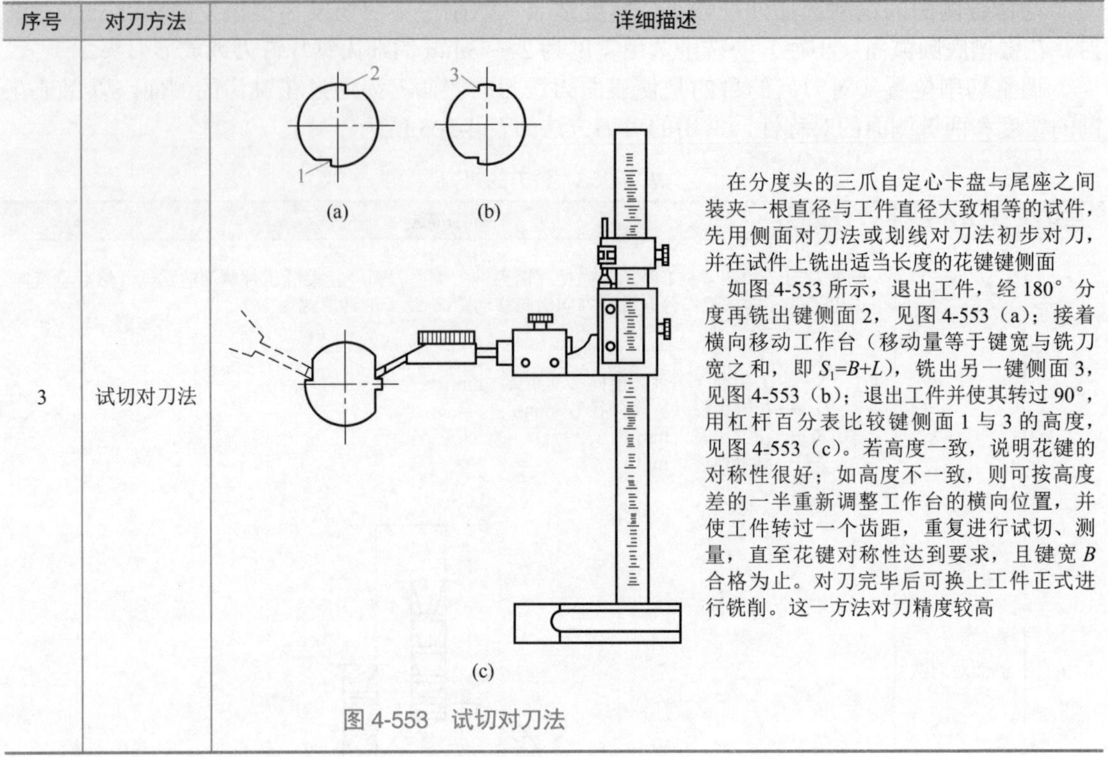在分度头的三爪自定心卡盘与尾座之间装夹一根直径与工件直径大致相等的试件，先用侧面对刀法或划线对刀法初步对刀，并在试件上铣出适当长度的花键键侧面 如图 4-553 所示，退出工件，经 180° 分度再铣出键侧面 2，见图 4-553（a）；接着横向移动工作台（移动量等于键宽与铣刀宽之和，即 $S_1=B+L$），铣出另一键侧面 3，见图 4-553（b）；退出工件并使其转过 90°，用杠杆百分表比较键侧面 1 与 3 的高度，见图 4-553（c）。若高度一致，说明花键的对称性很好；如高度不一致，则可按高度差的一半重新调整工作台的横向位置，并使工件转过一个齿距，重复进行试切、测量，直至花键对称性达到要求，且键宽 *B* 合格为止。对刀完毕后可换上工件正式进行铣削。这一方法对刀精度较高 图 4-553　试切对刀法

（4）单刀铣花键的方法

外花键的铣削顺序如图 4-554 所示，方法见表 4-204。

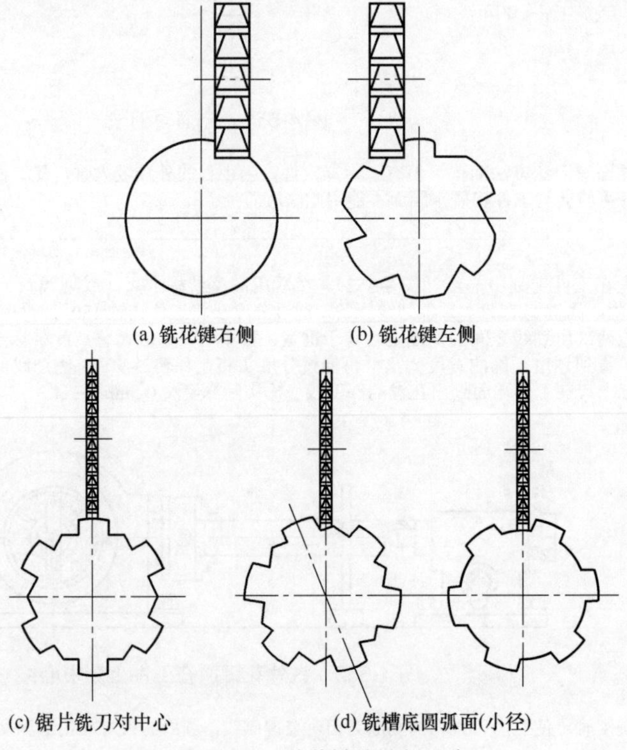

图 4-554　外花键的铣削顺序

表 4-204　单刀铣花键的方法

序号	铣削花键的内容	详细描述
1	铣花键侧面	对刀之后，工作台纵向进给铣键齿的一侧，并按齿分度依次铣完花键各齿的同一侧，见图 4-554（a）。然后横向移动工作台一个距离 S_1 后，依次铣削花键各齿的另一侧，见图 4-554（b）。S_1 按式（4-11）计算，即 $S_1=B+L$　（4-11） 式中　B——花键键宽，mm； L——三面刃铣刀宽度，mm 在铣花键另一侧时，应在铣削第一条键一小段后，测量键宽是否符合规定要求
2	铣花键槽底圆弧面	在键侧铣好以后，槽底凸起的余量可用装在同一铣刀杆上的锯片铣刀铣去 开始时，应使锯片铣刀对准工件中心，见图 4-554（c），然后使工件转过一个角度，调整好切深，见图 4-554（d），开始铣削槽底圆弧面。每完成一次走刀，应将工件转过一个小角度后再次走刀，直至将槽底铣完。铣出的槽底呈多边形，每次走刀后工件转过角度越小，铣槽底的次数越多，槽底就越接近圆弧面

经验总结

① 槽底圆弧面也可采用凹圆弧形的成形单刀头一次铣出，如图 4-555 所示。必须注意的是用成形单刀头铣削槽底时，对刀不准会造成槽底圆弧中心与工件不同心。如图 4-556 所示为成形铣刀头的安装方法。

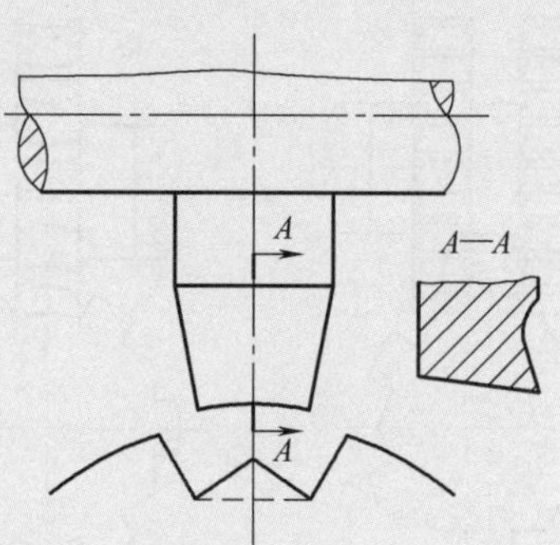

图 4-555　用成形单刀头铣削槽底圆弧

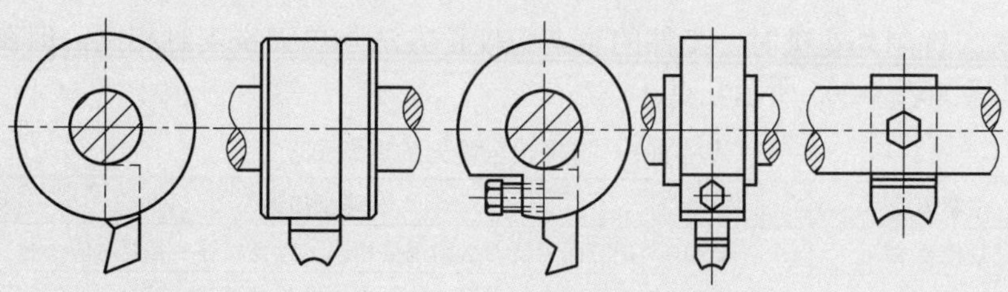

(a) 用夹紧刀盘安装　(b) 用紧固刀盘安装　(c) 用方孔刀杆安装

图 4-556　成形铣刀头的安装方法

②使用单刀铣削外花键也可在立式铣床上进行，如图 4-557 所示。

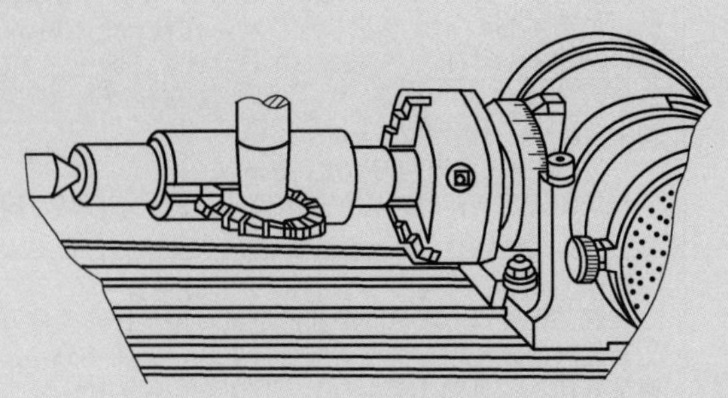

图 4-557　在立式铣床上用单刀铣削外花键

4.22.2　组合铣刀铣削矩形齿外花键

（1）组合铣刀铣花键的概述

用两把三面刃铣刀组合在一起铣削外花键，使外花键的左右键侧面同时铣出，如图 4-558（a）所示。与用单刀铣削相比，组合铣刀铣削不仅生产效率高，还可以简化操作步骤。因此，在工件数量较多时，常用组合铣刀铣削。

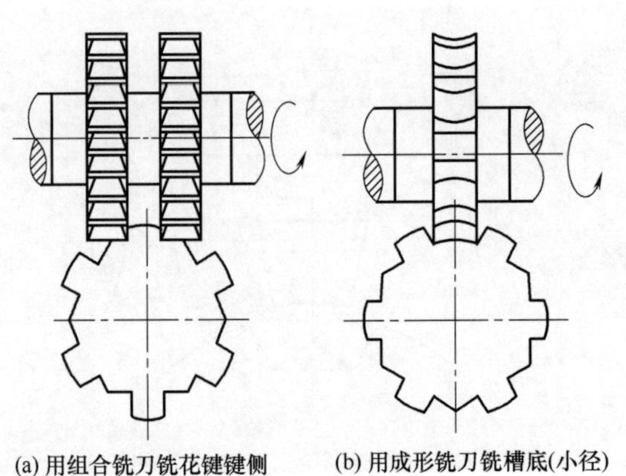

(a) 用组合铣刀铣花键键侧　(b) 用成形铣刀铣槽底(小径)

图 4-558　用组合铣刀铣削花键

用组合铣刀铣削外花键时，工件的装夹和校正方法与单刀铣削时相同，但在选择组合铣刀时，必须注意如表 4-205 所示几点。

表 4-205　选择组合铣刀的注意事项

序号	注意事项	详细描述
1	规格要求	选择的两把三面刃铣刀必须规格相同、直径相等（必要时应一起一次磨出）
2	距离要求	组合时，应使两铣刀内侧刀刃间的距离等于花键键宽，以保证铣出的键宽符合规定的尺寸要求
3	对称要求	对刀调整切削位置时，两铣刀内侧刀刃应对称于工件轴线

（2）铣刀的对刀

组合铣刀切痕对中心方法如图 4-559 所示。

组合铣刀对刀的方法一般可用试件划线试切并校对调整，也可采用铣刀外侧刀刃与工件侧素线贴纸对刀的方法，此时工作台（工件）横向移动的距离 S 按式（4-12）计算，即

$$S=\frac{1}{2}(D+B)+L+\delta \tag{4-12}$$

式中 S——工件横向移动距离，mm；

D——花键大径，mm；

B——花键键宽，mm；

L——三面刃铣刀宽度，mm；

δ——贴纸厚度，mm。

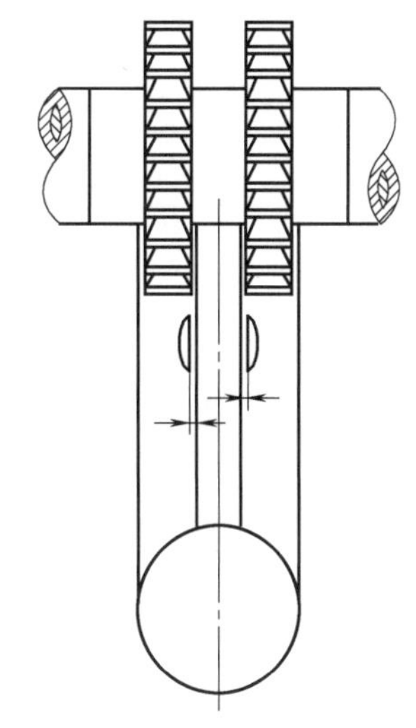

图 4-559 组合铣刀切痕对中心方法

（3）组合铣刀铣花键的方法（表 4-206）

表 4-206 组合铣刀铣花键的方法

序号	铣削花键的内容	详细描述
1	铣花键侧面	对刀结束后，紧固横向进给，换装工件，调整好切深后即可铣削。采用组合铣刀铣削花键的键侧和槽底圆弧面，工件可两次装夹分别铣削，因此可避免每铣一根花键轴都要横向移动工作台和调整切深的麻烦
2	铣化键槽底圆弧面	槽底的铣削采用成形铣刀，如图 4-558（b）所示

4.22.3 用成形铣刀铣外花键

（1）花键成形铣刀铣外花键概述

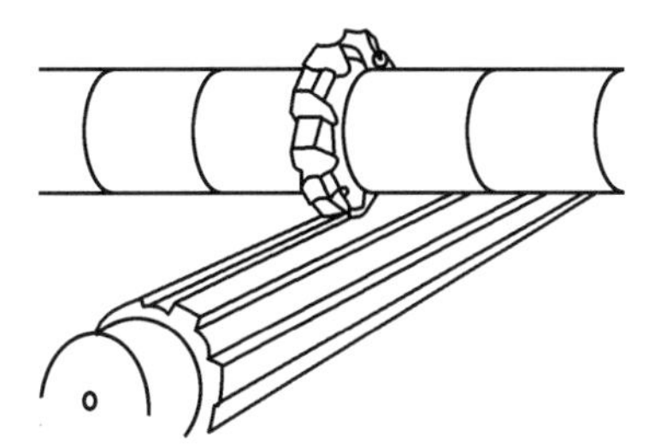

图 4-560 用花键成形铣刀铣外花键

成批大量的花键轴可用花键成形铣刀一次铣出键侧和小径。与单刀或组合铣削法相比，成形铣刀铣外花键具有生产效率高、操作简单的特点，如图 4-560 所示。

（2）花键成形铣刀的对刀

使用成形铣刀时的对刀方法也较简单。可先在工件上划出键宽尺寸线，通过目测使铣刀尽量对准工件中心（图 4-561）。

开动机床，使刀尖接触工件外圆表面，如图 4-562（a）所示；按花键深度的四分之三铣一刀，如图 4-562（b）所示；退出工件，检查花键的对称性。

检查的方法是：使工件沿顺时针方向转动一个角度 θ，如图 4-562（c）所示，θ 角的计算如下：

$$\theta=90°-\frac{180°}{z}$$

式中，z 为花键的齿数。

接着用杠杆百分表测量键侧 1 的高度后，再将工件逆时针方向转过 2θ 角，用杠杆百分表测量键侧 2 的高度，如图 4-562（b）所示。若键侧 1、2 的高度一致，说明花键的对称性很好；若高度不等，说明对刀不准，应做微量调整。若测量的结果是键侧 1 比键侧 2 高 Δx，则应将横向工作台移动一个距离 S，使键侧 1 向铣刀靠拢。移动距离可按公式计算，即

$$S=\frac{\Delta x}{2\cos\frac{180°}{z}}$$

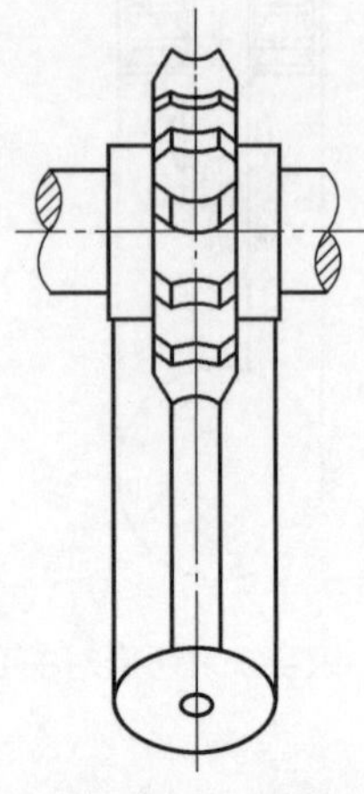

图 4-561　花键成形铣刀划线对中心

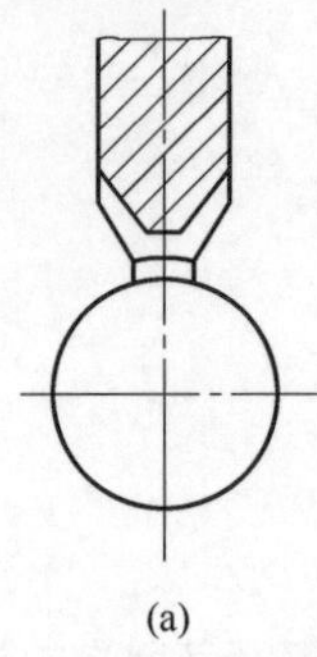

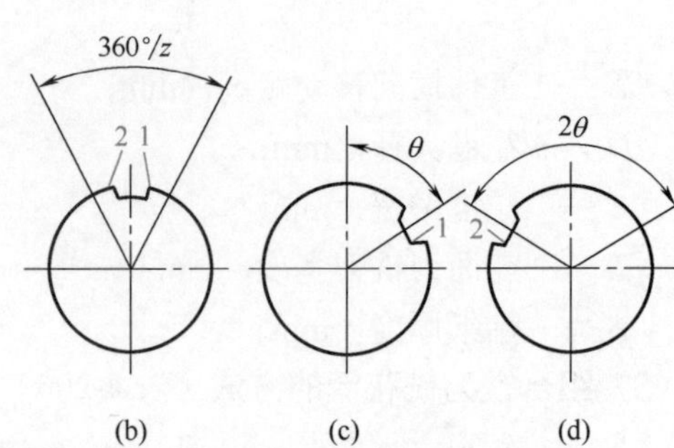

(a)　(b)　(c)　(d)

图 4-562　花键成形铣刀的对刀步骤

为便于计算，也可将上述公式改写成

$$S=\Delta xK$$

式中　K——系数，$K=\frac{1}{2\cos\frac{180°}{z}}$。

为方便起见，可根据花键齿数 z 在表 4-207 中查出 K。在实际生产中，只要记住 K 值，就可迅速地算出工作台的移动距离 S。

表 4-207　花键成形铣刀铣花键的系数 K

花键齿数 z	3	4	6	8	10	16
系数 K	1	0.707	0.577	0.540	0.526	0.501

用上述方法将花键两键侧铣至等高后，就可将横向工作台紧固，并按花键的深度调整好背吃刀量，即可开始铣削。

4.22.4　外花键的检测（表 4-208）

表 4-208　外花键的检测

序号	生产规模	检测内容
1	单件和小批量生产	外花键各要素偏差的测量，一般用通用量具，如游标卡尺、千分尺和百分表等。测量项目如下： ① 用千分尺测量外花键键宽与底径的尺寸是否符合图样的要求 ② 用百分表测量外花键键侧与轴线的平行度和键侧两平面与轴线的对称度

续表

序号	生产规模	检测内容
2	成批和大量生产	可用极限量规及外花键综合量规（图4-563）进行检验，以检验外花键的各部几何形状表面和相互位置偏差。综合量规能同时检验小径、大径、键宽、大径对小径的同轴度、花键的对称度与等分度等项目的综合影响，以保证花键的配合要求和安装要求。综合量规只有通端，因此还需用单项止端量规（卡板）分别检验小径、大径、键宽的最小极限尺寸，以保证其实际尺寸不小于最小极限尺寸。检验时，综合量规能均匀通过被检零件，单项止端卡板不通，则外花键为合格 非工作表面　工作表面 图4-563　外花键综合量规

对于外花键的对称性，其测量方法与试切对刀法所用的比较测量法相同。

4.22.5 铣外花键的质量缺陷及分析

外花键铣削中常见的质量问题、产生的原因及应采取的措施见表4-209。

表4-209　铣外花键的质量缺陷及分析

序号	质量问题	产生原因	铣刀类型	预防措施
1	键侧表面较粗糙	刀杆弯曲或刀杆垫圈不平行引起铣刀轴向摆动	成形铣刀或三面刃铣刀	校直刀轴，修整垫圈平行度
2	键侧产生波纹	刀杆与挂架轴承配合间隙过大，并缺少润滑油	成形铣刀	调整间隙，加注润滑油或改装滚动轴承挂架
		铣刀杆弯曲或垫圈不平行	成形铣刀、三面刃铣刀	校正铣刀杆或更换垫圈
		铣刀磨钝	成形铣刀、三面刃铣刀	更换铣刀
		尾座顶尖未顶紧	成形铣刀、三面刃铣刀	调整、顶紧工件
3	外花键中段产生波纹	外花键太细长，刚性差	成形铣刀、三面刃铣刀	花键轴中段用千斤顶支撑
4	键侧及槽底有深啃现象	铣削时机床工作台停止进给	成形铣刀	中途不能停止自动进给
5	外花键的两端小径尺寸不一致	工件的上素线（母线）与工作台面的平行度未校准	成形铣刀、三面刃铣刀	重新校正工件上母线相对于工作台台面的平行度
6	键的对称度超差	对刀不准	成形铣刀、三面刃铣刀	重新对刀
		分度不准	成形铣刀、三面刃铣刀	重新操作
7	键侧两端不平行	工件侧素线与工作台纵向进给方向不平行	成形铣刀、三面刃铣刀	重新校正工件侧正确分度母线相对于纵向工作台走刀方向的平行度
8	键宽超差及两端尺寸不一致	分度头尾座顶尖松紧顶得不一致，摇分度手柄时有间隙	成形铣刀	保持尾架顶针松紧一致及摇分度手柄时注意间隙
9	键宽超差	单刀铣削时，工作台横向移动尺寸不准确，刀具垫圈不平，使刀具侧面摆差过大	三面刃铣刀	摇时横向要计算，摇准、调换平行垫圈

续表

序号	质量问题	产生原因	铣刀类型	预防措施
10	键等距超差	工件同轴度未找正，分度手柄摇错	成形铣刀、三面刃铣刀	花键轴同心度重新校正及摇分度头时要细心
11	花键与基准轴线不平行	分度头主轴轴线与纵向进给方向不平行，尾座顶尖与分度头不同轴	成形铣刀、三面刃铣刀	重新校正夹具
12	花键等分不准	工件中心与分度头不同轴	成形铣刀、三面刃铣刀	准确校正工件轴线与分度头同轴
		分度头传动间隙过大	成形铣刀、三面刃铣刀	分度手柄转动方向一致，消除间隙
		分度头摇错	成形铣刀、三面刃铣刀	正确分度

4.22.6 铣外花键零件实操例题

大径定心矩形花键轴尺寸图样如图 4-564 所示。花键轴键数为 8，花键对基准的对称度、平行度以及等分度公差约为 0.03mm，大径公差为 IT7 级，键宽公差为 IT9 级。材料为 45 钢，单件生产。在卧式铣床上采用单刀铣削法加工。

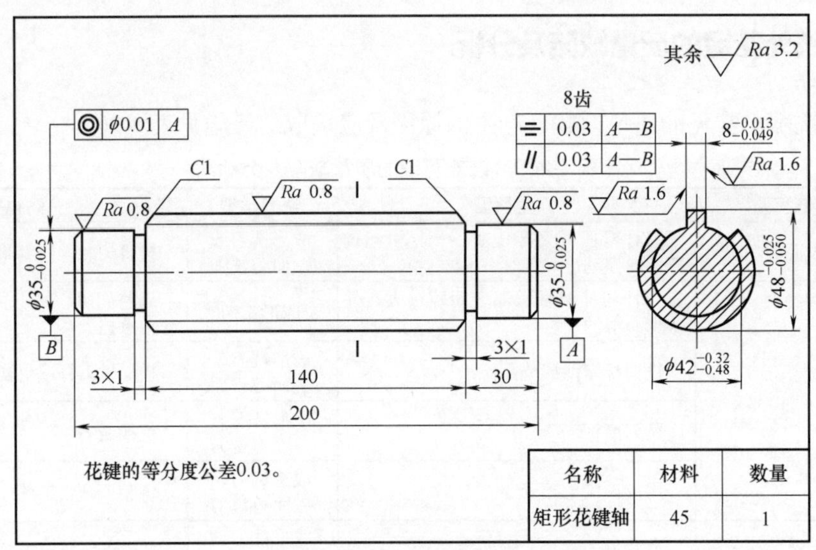

图 4-564 铣削矩形花键轴

（1）铣削工艺分析（表 4-210）

表 4-210 铣削工艺分析及确认表

序号	铣削外花键实操例题铣削工艺分析		完成度（√或 ×）
1	读图	看懂零件图样，了解图样上有关加工部位的尺寸标注、精度要求、表面形状与位置精度和表面粗糙度要求以及其他方面的技术要求	
2	检查毛坯	对照零件图样检查毛坯尺寸和形状，了解毛坯余量的大小	
3	确定装夹方式	单件加工，采用分度头装夹	
4	确定参数	表面粗糙度为 1.6μm	
5	确定加工方法	在立式铣床上铣削外花键	

（2）铣削的操作步骤及提示（表 4-211）

表 4-211　铣削的操作步骤及检查表

序号	立式铣床上铣削外花键实操例题铣削步骤		完成度（√或×）
1	坯料准备	选用 45 钢棒料，经下料、车削、磨削，应符合图形规定的外形尺寸要求。坯件长度应增加工艺余量 20mm 左右，以免铣削时铣刀碰到三爪自定心卡盘；坯件两端应制有中心孔。铣削花键前应对坯件进行检查	
2	铣刀选择	铣削花键轴应选择三面刃铣刀，铣刀宽度按式（4-13）计算，即 $$L=d\sin\left[\frac{\pi}{N}-\arcsin\left(\frac{B}{d}\right)\right] \quad (4\text{-}13)$$ 式中　L——三面刃铣刀宽度，mm； N——花键键数； B——花键键宽，mm； d——花键小径，mm 将图 4-564 中所示数值代入式（4-13）得 $$L\leqslant 42\sin\left(\frac{180°}{8}-\arcsin\frac{8}{42}\right)=8.39\text{mm}$$ 即选用 80mm×8mm×27mm 的三面刃铣刀	
3	工件的装夹与校正	校正分度头主轴轴线与工作台台面平行，并与纵向进给方向一致，然后校正尾座顶尖与分度头同轴，将工件装夹在分度头与尾座两顶尖间。如果工件采取三爪自定心卡盘和尾座顶尖“一夹一顶”方式装夹，必须校正工件与分度头同轴	
4	铣刀对刀	采用侧面对刀法时，工作台横向移动距离 S 为 $$S=\frac{1}{2}(D-B)+\delta=\frac{1}{2}(48-8)+\delta=20+\delta$$ 不使用贴纸时，纸厚 δ=0，则 S=20mm；采用试切对刀法时，先使铣刀对准工件中心，再将工作台横向移动距离 S' $$S'=\frac{1}{2}(B+L)=\frac{1}{2}(8+8)=8\text{mm}$$	
5	调整铣削宽度 a_e（切深）	a_e 按式（4-14）计算，即 $$a_e=\frac{1}{2}(\sqrt{D^2-B^2}-\sqrt{d^2-B^2})+0.5 \quad (4\text{-}14)$$ 将图 4-564 中所示参数代入式（4-14）得 $$a_e=\frac{1}{2}(\sqrt{48^2-8^2}-\sqrt{42^2-8^2})+0.5=3.55\text{mm}$$ 即上升工作台，使工件与铣刀相接触，再使工作台上升一个铣削宽度 a_e（即 3.55mm）	
6	铣键侧面	利用分度，铣削花键 8 个齿的一个侧面，然后将工作台横向移动距离 S_1（S_1=B+L=8+8=16mm），依次铣各键齿的另一侧面	
7	铣键槽槽底诀窍	选用适当的细齿锯片铣刀或改制的成形单刀头按要求铣各键槽底	
8	检验	卸下工件并去除毛刺	

（3）操作中的注意事项与禁忌（表 4-212）

表 4-212　铣外花键安全操作表

序号	安全操作注意事项	符合要求（√或×）
1	工件装夹完毕后应取下相应的紧固用工具，方能进行铣削	
2	铣削过程中不准用手触摸工件和铣刀，不准测量工件，不准突然变换进给速度	

续表

序号	安全操作注意事项	符合要求（√或 ×）
3	进给结束后，工件不能立即在旋转的铣刀下退回，应先降落工作台后再退出	
4	铣削时不使用的进给机构应紧固，工作完毕后再松开	
5	铣削过程中每次重新装夹工件前，应及时用锉刀修整工件上的锐边并去除毛刺，但不应挫伤工件的已加工表面	
6	用铜锤、木锤轻击工件时，不要砸伤工件已加工表面	
7	铣削时应加注充足的切削液	

经验总结

① 准确校正夹具（分度头、尾座）的位置，保证工件轴线平行于工作台台面，且与纵向进给方向一致。

② 三面刃铣刀的宽度在保证不切到邻键侧面的条件下，应该选择大的尺寸，以增加铣刀的刚度。铣刀刀刃应锋利，安装后后侧面刀刃跳动量要小。

③ 仔细调整铣刀的切削位置，用单刀铣削时，对刀必须准确。

④ 细心操作分度头，防止分度错误或未消除分度间隙引起等分不准。

⑤ 合理选择铣削用量，避免加工中因振动引起键侧面产生波纹。对刚性差的细长花键轴应采取提高工件加工中刚度的措施。

第5章 铣削经验提升

第6章 铣床部件维修及调整

扫二维码阅读

4.23～6.5

（也可登录化学工业出版社有限公司官网 www.cip.com.cn 的“资源下载”区下载）

7 第 7 章　数控机床概述

7.1 数控机床的概念

普通机床经历了近两百年的历史。传统的机械加工是由车、铣、镗、刨、磨、钻等基本加工方法组成的，围绕着不同工序人们使用了大量的车床、铣床、镗床、刨床、磨床、钻床等。随着电子技术、计算机技术及自动化，以及精密机械与测量等技术的发展与综合应用，普通的车、铣、镗、钻床所占的比例逐年下降，发展出了机电一体化的新型机床——数控机床，包括数控车床、数控铣床、立式加工中心、卧式加工中心等。

如图 7-1 所示为数控车床，图 7-2 所示为数控铣床，图 7-3 所示为加工中心。数控机床一经使用就显示出了它独特的优越性和强大的生命力，使原来不能解决的许多问题有了科学解决的途径。

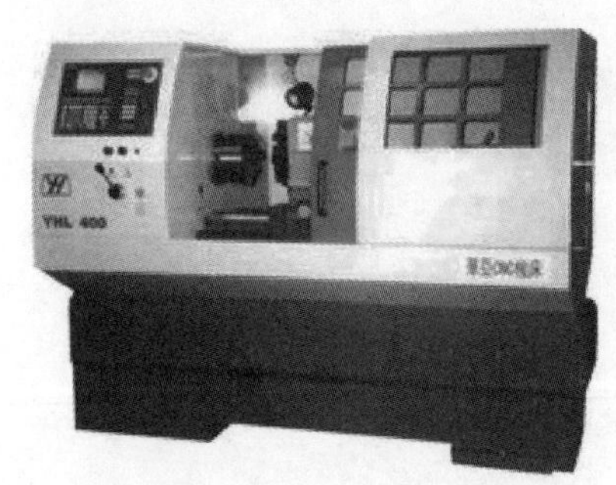

图 7-1　数控车床

图 7-2　数控铣床

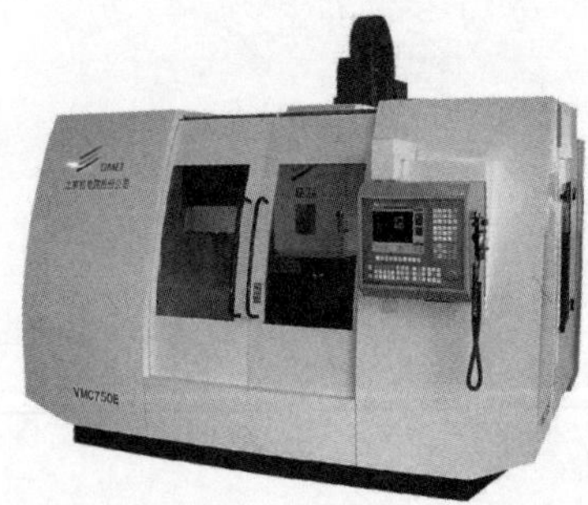

图 7-3　加工中心

7.1.1 数控机床和数控技术

数控机床是一种通过数字信息控制机床按给定的运动轨迹进行自动加工的机电一体化的加工装备。经过半个世纪的发展，数控机床已是现代制造业的重要标志之一。在我国制造业中，数控机床的应用也越来越广泛，是一个企业综合实力的体现。而数控技术是控制数控机床的方法，两者之间既有联系又有区别，见表 7-1。

表 7-1 数控技术和数控机床的内容

<table>
<tr><th>序号</th><th>内容</th><th colspan="2">详细说明</th></tr>
<tr><td>1</td><td>数控技术</td><td colspan="2">是通过数字来控制和操控某项指令的技术，简称数控，是指利用数字化的代码构成的程序对控制对象的工作过程实现自动控制的一种方法
简单来说，数控技术是操作的手段，而数控机床是操作的对象</td></tr>
<tr><td rowspan="6">2</td><td rowspan="6">数控机床</td><td colspan="2">国际信息处理联合会（IFIP）第五技术委员会对数控机床定义如下：数控机床是一台装有程序控制系统的机床，该系统能够逻辑地处理具有使用号码或其他符号编码指令规定的程序。这个定义中所说的程序控制系统即数控系统
我们可以简单理解为：用数字化的代码把零件加工过程中的各种操作和步骤以及刀具与工件之间的相对位移量记录在介质上，送入计算机或数控系统，经过译码运算、处理，控制机床的刀具与工件的相对运动，加工出所需的零件，这样的机床就统称为数控机床</td></tr>
<tr><td>数字化的代码</td><td>即我们编制的程序，包括字母和数字构成的指令</td></tr>
<tr><td>各种操作</td><td>指改变主轴转速、主轴正反转、换刀、切削液的开关等操作。步骤是指上述操作的加工顺序</td></tr>
<tr><td>刀具与工件之间的相对位移量</td><td>即刀具运行的轨迹。我们通过对刀实现刀具与工件之间的相对值的设定</td></tr>
<tr><td>介质</td><td>即程序存放的位置，如磁盘、光盘、纸带等</td></tr>
<tr><td>译码运算、处理</td><td>指将我们编制的程序翻译成数控系统或计算机能够识别的指令，即计算机语言</td></tr>
</table>

7.1.2 数控技术的构成

机床数控技术是现代制造技术、设计技术、材料技术、信息技术、绘图技术、控制技术、检测技术及相关的外部支持技术的集成，其由机床附属装置、数控系统及其外围技术组成。图 7-4 所示为机床数控技术的组成。

7.1.3 数控技术的应用领域

数控技术的应用领域见表 7-2。

表 7-2 数控技术的应用领域

序号	应用领域	详细说明
1	制造行业	制造行业是最早应用数控技术的行业，它担负着为国民经济各行业提供先进装备的重任。现代化生产中很多重要设备都是数控设备，如：高性能三轴和五轴高速立式加工中心、五坐标加工中心、大型五坐标龙门铣床等；汽车行业发动机、变速箱、曲轴柔性加工生产线上用的数控机床和高速加工中心，以及焊接设备、装配设备、喷漆机器人、板件激光焊接机和激光切割机等；航空、船舶、发电行业加工螺旋桨、发动机、发电机和水轮机叶片零件用的高速五坐标加工中心、重型车铣复合加工中心等
2	信息行业	在信息产业中，从计算机到网络、移动通信、遥测、遥控等设备，都需要采用基于超精技术、纳米技术的制造装备，如芯片制造的引线键合机、晶片键合机和光刻机等，这些装备的控制都需要采用数控技术
3	医疗设备行业	在医疗行业中，许多现代化的医疗诊断、治疗设备都采用了数控技术，如 CT 诊断仪、全身伽马刀治疗机以及基于视觉引导的微创手术机器人等
4	军事装备	现代的许多军事装备都大量采用伺服运动控制技术，如火炮的自动瞄准控制、雷达的跟踪控制和导弹的自动跟踪控制等
5	其他行业	采用多轴伺服控制（最多可达几十个运动轴）的印刷机械、纺织机械、包装机械以及木工机械等；用于石材加工的数控水刀切割机；用于玻璃加工的数控玻璃雕花机；用于床垫加工的数控绗缝机和用于服装加工的数控绣花机等

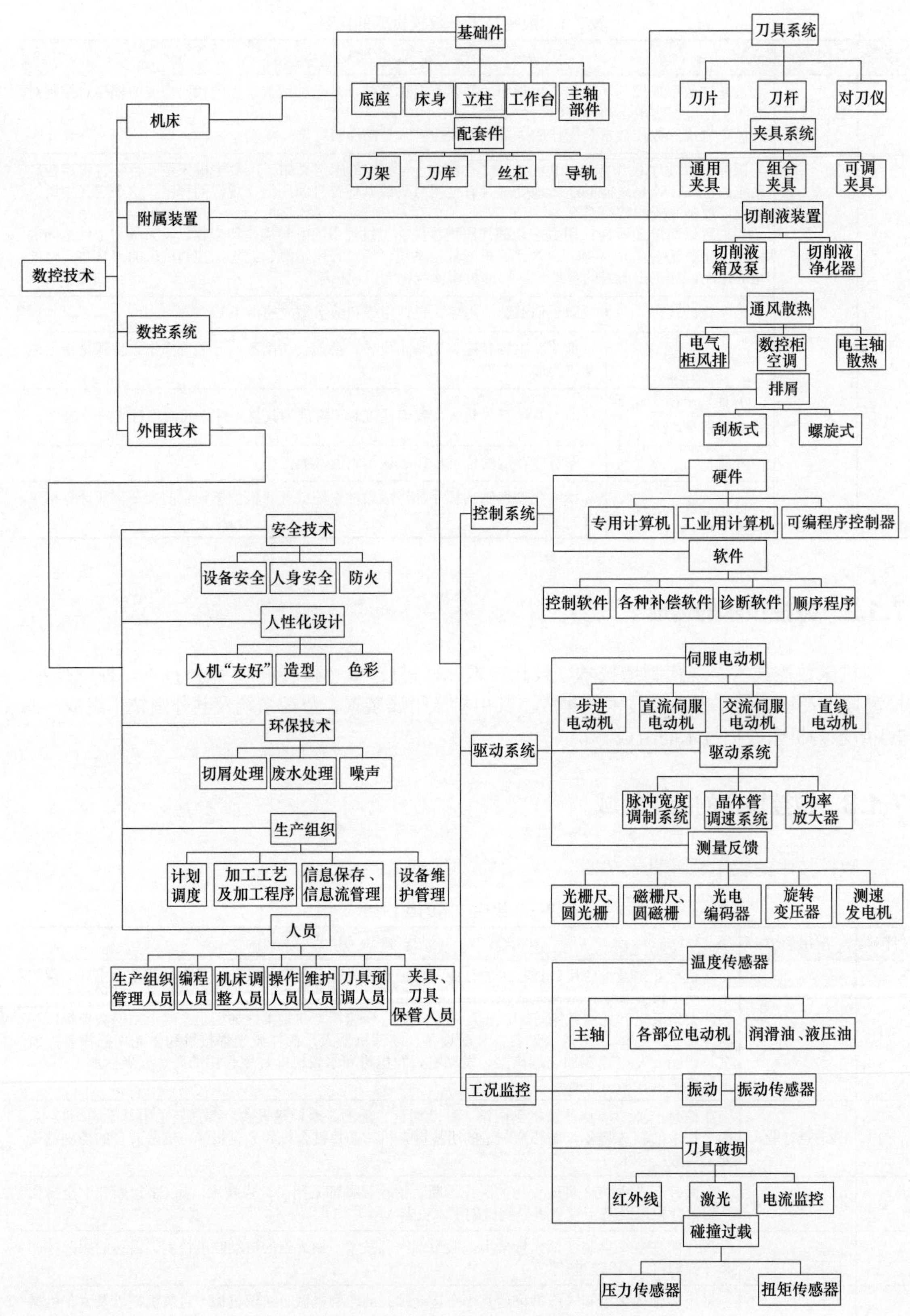

图 7-4　机床数控技术的组成

7.2 数控机床的组成及工作原理

7.2.1 数控机床的组成

数控机床是用数控技术实施加工控制的机床，是机电一体化的典型产品，是集机床、计算机、电动机及其拖动、运动控制、检测等技术为一体的自动化设备。数控机床一般由输入/输出（I/O）装置、数控装置、伺服系统、测量反馈装置和机床本体等组成，如图7-5和图7-6所示。表7-3所示为数控机床各组成部分的详细介绍。

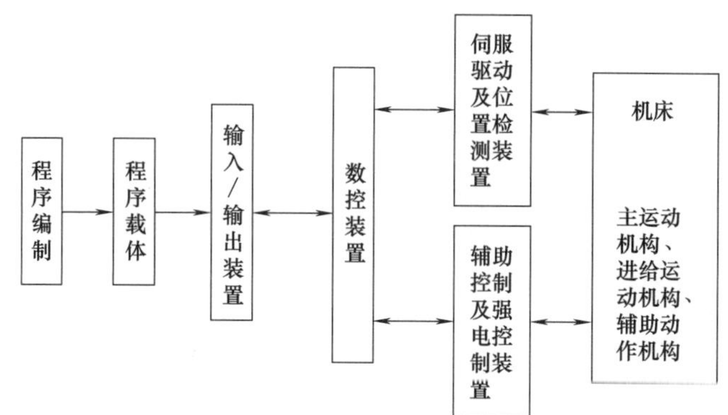

图7-5　数控机床的组成简图

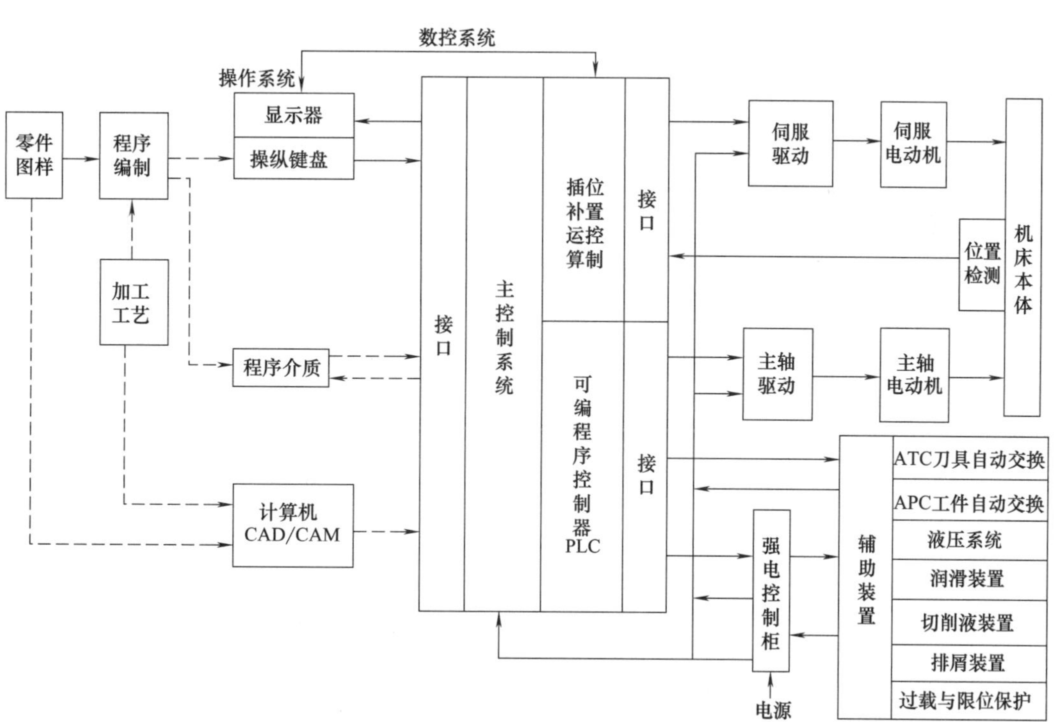

图7-6　数控机床的组成详细框图

表 7-3　数控机床各组成部分的详细介绍

序号	内容	详细说明
1	输入 / 输出装置	数控机床工作时，不需要人去直接操作机床，但又要执行人的意图，这就必须在人和数控机床之间建立某种联系，这种联系的中间媒介物即为程序载体，常称为控制介质。在普通机床上加工零件时，工人按图样和工艺要求操纵机床进行加工。在数控机床加工时，控制介质是存储数控加工所需要的全部动作和刀具相对于工件位置等信息的信息载体，它记载着零件的加工工序 数控机床中，常用的控制介质有：穿孔纸带、盒式磁带、软盘、磁盘、U 盘、网络及其他可存储代码的载体。至于采用哪一种，则取决于数控系统的类型。早期使用的是 8 单位（8 孔）穿孔纸带，并规定了标准信息代码 ISO（国际标准化组织制定）和 EIA（美国电子工业协会制定）两种代码。随着技术的不断发展，控制介质也在不断改进。不同的控制介质有相应的输入装置：穿孔纸带，要配用光电阅读机；盒式磁带，要配用录放机；软磁盘，要配用软盘驱动器和驱动卡。现代数控机床还可以通过手动方式（MDI 方式）、DNC 网络通信、RS-232C 串口通信甚至直接 U 盘复制等方式输入程序
2	数控装置	数控装置是数控机床的核心。它接收输入装置输入的数控程序中的加工信息，经过译码、运算和逻辑处理后，发出相应的指令给伺服系统，伺服系统带动机床的各个运动部件按数控程序预定要求动作。数控装置是由中央处理单元（CPU）、存储器、总线和相应的软件构成的专用计算机。整个数控机床的功能强弱主要由这一部分决定。数控装置作为数控机床的“指挥系统”，能完成信息的输入、存储、变换、插补运算以及实现各种控制功能。它具备的主要功能如下： ①多轴联动控制 ②直线、圆弧、抛物线等多种函数的插补 ③输入、编辑和修改数控程序功能 ④数控加工信息的转换功能，包括 ISO/EIA 代码转换、公英制转换、坐标转换、绝对值和相对值的转换、计数制转换等 ⑤刀具半径、长度补偿，传动间隙补偿，螺距误差补偿等补偿功能 ⑥具有固定循环、重复加工、镜像加工等多种加工方式 ⑦在 CRT 上显示字符、轨迹、图形和动态演示等功能 ⑧具有故障自诊断功能 ⑨通信和联网功能
3	伺服系统	伺服系统由伺服驱动电动机和伺服驱动装置组成，是接收数控装置的指令驱动机床执行机构运动的驱动部件。它包括主轴驱动单元（主要是速度控制）、进给驱动单元（主要有速度控制和位置控制）、主轴电动机和进给电动机等。一般来说，数控机床的伺服驱动系统要求有好的快速响应性能，以及能灵敏、准确地跟踪指令的功能。数控机床的伺服系统有步进电动机伺服系统、直流伺服系统和交流伺服系统等，现在常用的是后两者，都带有感应同步器、编码器等位置检测元件，而交流伺服系统正在取代直流伺服系统 机床上的执行部件和机械传动部件组成数控机床的进给系统，它根据数控装置发来的速度和位移指令控制执行部件的进给速度、方向和位移量。每个进给运动的执行部件都配有一套伺服系统。伺服系统的作用是把来自数控装置的脉冲信号转换为机床移动部件的运动，它相当于操作人员的手，使工作台（或溜板）精确定位或按规定的轨迹作严格的相对运动，最后加工出符合图样要求的零件
4	反馈装置	反馈装置是闭环（半闭环）数控机床的检测环节，该装置由检测元件和相应的电路组成。其作用是检测数控机床坐标轴的实际移动速度和位移，并将信息反馈到数控装置或伺服驱动装置中，构成闭环控制系统。检测装置的安装、检测信号反馈的位置，取决于数控系统的结构形式。无测量反馈装置的系统称为开环系统。由于先进的伺服系统都采用了数字式伺服驱动技术（称为数字伺服），伺服驱动装置和数控装置间一般都采用总线进行连接。反馈信号在大多数场合都是与伺服驱动装置进行连接，并通过总线传送到数控装置的，只有在少数场合或采用模拟量控制的伺服驱动装置（称为模拟伺服装置）时，反馈装置才需要直接与数控装置进行连接。伺服电动机中的内装式脉冲编码器和感应同步器、光栅及磁尺等都是数控机床常用的检测器件 伺服系统及检测反馈装置是数控机床的关键环节
5	机床本体	机床本体是数控机床的主体，它包括机床的主运动部件、进给运动部件、执行部件和基础部件，如底座、立柱、工作台、滑鞍、导轨等。数控机床的主运动和进给运动都由单独的伺服电动机驱动，因此它的传动链短，结构比较简单。为了保证数控机床的高精度、高效率和高自动化加工要求，数控机床的机械机构应具有较高的动态特性、动态刚度、耐磨性以及抗热变形等性能。为了保证数控机床功能的充分发挥，还有一些配套部件（如冷却、排屑、防护、润滑、照明等一系列装置）和辅助装置（如对刀仪、编程机等） 对于加工中心类的数控机床，还有存放刀具的刀库、交换刀具的机械手等部件。数控机床的机床本体，在其诞生之初沿用的是普通机床结构，只是在自动变速、刀架或工作台自动转位和手柄等方面做些改变。随着数控技术的发展，对机床结构的技术性能要求更高，在总体布局、外观造型、传动系统结构、刀具系统以及操作性能方面都已经发生很大的变化。因为数控机床除切削用量大、连续加工发热量大等会影响工件精度外，其加工是自动控制的，不能由人工来进行补偿，所以其设计要比通用机床更完善，其制造要比通用机床更精密

7.2.2　数控机床工作过程

数控机床加工零件时，首先必须将工件的几何数据和工艺数据等加工信息按规定的代码和格式编制成零件的数控加工程序，这是数控机床的工作指令。将加工程序用适当的方法输入到数控系统，数控系统对输入的加工程序进行数据处理，输出各种信息和指令，控制机床主运动的变速、启停和进给的方向、速度和位移量，以及其他如刀具选择交换、工件的夹紧松开、冷却润滑的开关等动作，使刀具与工件及其他辅助装置严格地按照加工程序规定的顺序、轨迹和参数进行工作。数控机床的运行处于不断地计算、输出、反馈等控制过程中，以保证刀具和工件之间相对位置的准确性，从而加工出符合要求的零件。

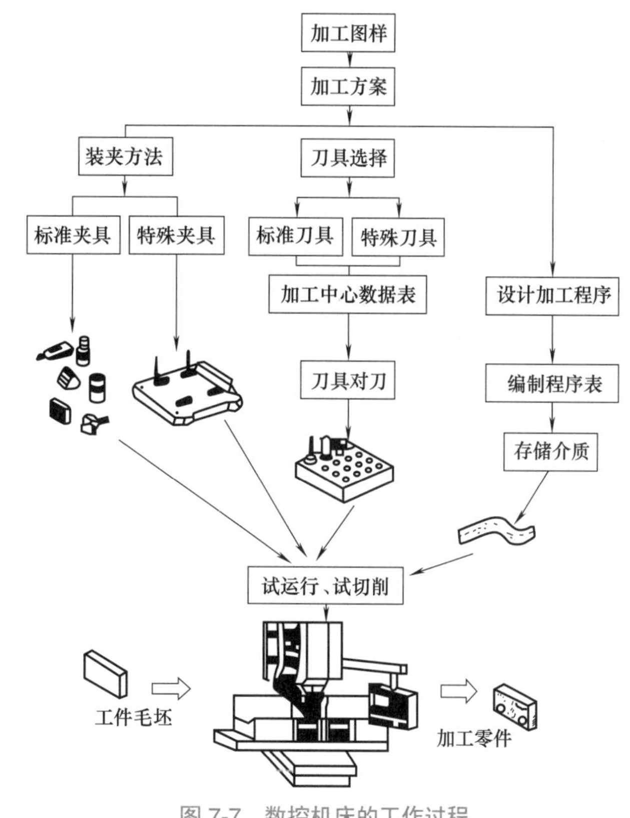

图 7-7　数控机床的工作过程

数控机床的工作过程如图 7-7 所示，首先要将被加工零件图样上的几何信息和工艺信息用规定的代码和格式编写成加工程序，然后将加工程序输入数控装置，按照程序的要求，数控系统对信息进行处理、分配，使各坐标移动若干个最小位移量，实现刀具与工件的相对运动，完成零件的加工。

7.3　数控机床的特点及分类

7.3.1　数控机床的特点

数控机床是以电子控制为主的机电一体化机床，充分发挥了微电子、计算机技术特有的优点，易于实现信息化、智能化和网培化，可较容易地组成各种先进制造系统，如柔性制造系统（FMS）和计算机集成制造系统（CIMS）等，能最大限度地提高工业生产效率；硬件和软件相组合，能实现信息反馈、补偿、自动加减速等功能，可进一步提高机床的加工精度、效率和自动化程度。

数控机床对零件的加工过程，是严格按照加工程序所规定的参数及动作执行的。它是一种高效能自动或半自动机床。数控机床加工过程可任意编程，主轴及进给速度可按加工工艺需要变化，且能实现多坐标联动，易加工复杂曲面。其在加工时具有“易变、多变、善变”的特点，换批调整方便，可实现复杂零件的多品种中小批柔性生产，适应社会对产品多样化的需求。

与普通加工设备相比，数控机床有如下特点，见表 7-4。

表 7-4 数控机床的特点

序号	内容	详细说明
1	有广泛的适应性和较大的灵活性	数控机床具有多轴联动功能，可按零件的加工要求变换加工程序，可解决单件、小批量生产的自动化问题。数控机床能完成很多普通机床难以胜任的零件加工工作，如叶轮等复杂的曲面加工。由于数控机床能实现多个坐标的联动，因此数控机床能完成复杂型面的加工。特别是对于可用数学方程式和坐标点表示的形状复杂的零件，其加工非常方便。当改变加工零件时，数控机床只需更换零件加工程序，且可采用成组技术的成套夹具，因此，生产准备周期短，有利于机械产品迅速更新换代
2	加工精度高，产品质量稳定	数控机床按照预先编制的程序自动加工，加工过程不需要人工干预，加工零件的重复精度高，零件的一致性好。同一批零件，由于使用同一数控机床和刀具及同一加工程序，刀具的运动轨迹完全相同，并且数控机床是根据数控程序由计算机控制自动进行加工的，因此避免了人为的误差，保证了零件加工的一致性，质量稳定可靠 另外，数控机床本身的精度高、刚度好，精度的保持性好，能长期保持加工精度。数控机床有硬件和软件的误差补偿能力，因此能获得比机床本身精度还高的零件加工精度
3	自动化程度高，生产率高	数控机床本身的精度高、刚度高，可以采用较大的切削用量，停机检测次数少，加工准备时间短，有效地节省了机动工时。它还有自动换速、自动换刀和其他辅助操作自动化等功能，使辅助时间大为缩短，而且无需工序间的检验与测量，比普通机床的生产效率高 3~4 倍，对于某些复杂零件的加工，其生产效率可以提高十几倍甚至几十倍。数控机床的主轴转速及进给范围都比普通机床的大
4	工序集中，一机多用	数控机床在更换加工零件时，可以方便地保存原来的加工程序及相关的工艺参数，不需要更换凸轮、靠模等工艺装备，也就没有这类工艺装备需要保存，因此可缩短生产准备时间，并大大节省了占用厂房的面积。加工中心等采用多主轴、车铣复合、分度工作台或数控回转工作台等复合工艺，可实现一机多能，实现在一次零件定位装夹中完成多工位、多面、多刀加工，省去工序间工件运输、传递的过程，缩减了工件装夹和测量的次数和时间，既提高了加工精度，又节省了厂房面积，提高了生产效率
5	有利于生产管理的现代化	数控机床加工零件时，能准确地计算零件的加工工时，并有效地简化检验、工装和半成品的管理工作；数控机床具有通信接口，可连接计算机，也可以连接到局域网上。这些都有利于向计算机控制与管理方面发展，为实现生产过程自动化创造了条件 数控机床是一种高度自动化机床，整个加工过程采用程序控制，数控加工前需要做好详尽的加工工艺、程序编制等，前期准备工作较为复杂。机床加工精度因受切削用量大、连续加工发热量大等因素的影响，其设计要求比普通机床的更加严格，制造要求更精密，因此数控机床的制造成本比较高。此外，数控机床属于典型的机电一体化产品，控制系统比较复杂、技术含量高，一些元器件、部件精密度较高，所以对数控机床的调试和维修比较困难

7.3.2 数控机床的分类

现今数控机床已发展成品种齐全、规格繁多、能满足现代化生产的主流机床。可以从不同的角度对数控机床进行分类和评价，通常按如下方法分类，见表 7-5。

表 7-5 数控机床的分类

序号	内容	详细说明	
1	按工艺用途分类	一般数控机床	这类机床和传统的通用机床种类一样，有数控的车床、铣床、镗床、钻床、磨床等，而且每一种数控机床也有很多品种，例如数控铣床就有数控立铣床、数控卧铣床、数控工具铣床、数控龙门铣床等。这类数控机床的工艺性与通用机床的相似，所不同的是它能加工复杂形状的零件
		数控加工中心	数控加工中心是在一般数控机床的基础上发展起来的。它是在一般数控机床上加装一个刀库（可容纳 10~100 把刀具）和自动换刀装置而构成的一种带自动换刀装置的数控机床，这使得数控机床更进一步地向自动化和高效化方向发展 数控加工中心与一般数控机床的区别是：工件经一次装夹后，数控装置就能控制机床自动地更换刀具，连续地对工件的各加工面自动完成铣、镗、钻、铰及攻螺纹等多工序加工。这类机床大多是以镗铣为主的，主要用来加工箱体零件。它和一般的数控机床相比具有如下优点： ①减少机床台数，便于管理，对于多工序的零件只要一台机床就能完成全部加工，并可以减少半成品的库存

续表

<table>
<tr><th>序号</th><th>内容</th><th colspan="2">详细说明</th></tr>
<tr><td rowspan="2">1</td><td rowspan="2">按工艺用途分类</td><td>数控加工中心</td><td>②由于工件只要一次装夹，因此减少了多次安装造成的定位误差，可以依靠机床精度来保证加工质量
③工序集中，缩短了辅助时间，提高了生产率
④由于零件在一台机床上一次装夹就能完成多道工序加工，因此大大减少了专用工夹具的数量，进一步缩短了生产准备时间
由于数控加工中心机床的优点很多，因此在数控机床生产中占有很重要的地位
另外，还有一类加工中心是在车床基础上发展起来的，以轴类零件为主要加工对象，除可进行车削、镗削外，还可以进行端面和周面上任意部位的钻削、铣削和攻螺纹加工，这类加工中心也设有刀库，可安装 4~12 把刀具。习惯上称此类机床为车削加工中心</td></tr>
<tr><td>多坐标数控机床</td><td>有些复杂形状的零件，用三坐标的数控机床还无法加工，如螺旋桨、飞机曲面零件的加工等，需要三个以上坐标的合成运动才能加工出所需形状。于是出现了多坐标的数控机床，其特点是数控装置控制的轴数较多，机床结构也比较复杂，其坐标轴数通常取决于加工零件的工艺要求。现在常用的是四轴、五轴、六轴的数控机床（图 7-8 为五轴联动的数控加工示意图）。这时 X、Y、Z 三个坐标与转台的回转、刀具的摆动可以联动，可加工机翼等复杂曲面类零件 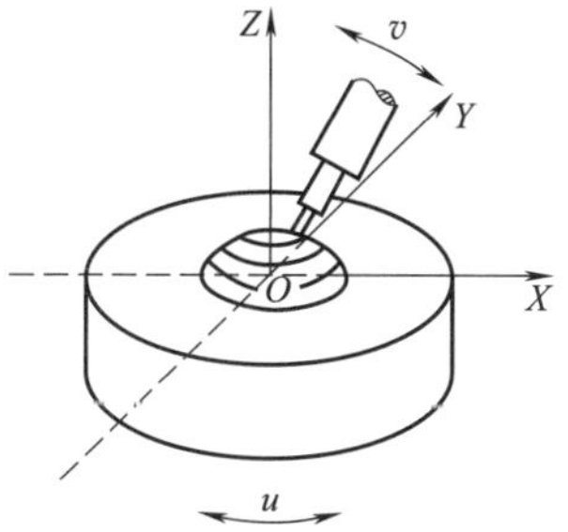

图 7-8　五轴联动的数控加工</td></tr>
<tr><td rowspan="4">2</td><td rowspan="4">按运动控制的特点分类</td><td colspan="2">按对刀具与工件间相对运动轨迹的控制，可将数控机床分为点位控制数控机床、直线控制数控机床、轮廓控制数控机床等</td></tr>
<tr><td>点位控制数控机床</td><td>这类数控机床只需控制刀具从某一位置移到下一个位置，不考虑其运动轨迹，只要求刀具能最终准确到达目标位置，即仅控制行程终点的坐标值，在移动过程中不进行任何切削加工。至于两相关点之间的移动速度及路线则取决于生产率，如图 7-9（a）所示。为了在精确定位的基础上有尽可能高的生产率，两相关点之间的移动先是快速移动到接近新定位点的位置，然后降速，慢速趋近定位点，以保证其定位精度
点位控制可用于数控坐标镗床、数控钻床、数控冲床和数控测量机等机床的运动控制
用点位控制形式控制的机床称为点位控制数控机床</td></tr>
<tr><td>直线控制数控机床</td><td>直线控制的数控机床是指能控制机床工作台或刀具以要求的进给速度，沿平行于坐标轴（或与坐标轴成 45° 的斜线）的方向进行直线移动和切削加工的数控机床，如图 7-9（b）所示。这类数控机床工作时，不仅要控制两相关点之间的位置，还要控制两相关点之间的移动速度和路线（轨迹）。其路线一般都由与各轴线平行的直线段组成。它和点位控制数控机床的区别在于：当数控机床的移动部件移动时，可以沿一个坐标轴的方向进行切削加工（一般地也可以沿 45° 斜线进行切削，但不能沿任意斜率的直线切削），而且其辅助功能比点位控制的数控机床的多，例如主轴转速控制、循环进给加工、刀具选择等功能
这类数控机床主要有简易数控车床、数控镗铣床等。相应的数控装置称为直线控制装置</td></tr>
<tr><td>轮廓控制数控机床</td><td>这类数控机床的控制装置能够同时对两个或两个以上的坐标轴进行连续控制，如图 7-9（c）所示。加工时不仅要控制起点和终点，还要控制整个加工过程中每点的速度和位置，使机床加工出符合图样要求的复杂形状的零件。大部分都具有两坐标或两坐标以上联动、刀具半径补偿、刀具长度补偿、数控机床轴向运动误差补偿、丝杠螺距误差补偿、齿侧间隙误差补偿等系列功能。该类数控机床可加工曲面、叶轮等复杂形状的零件
这类数控机床典型的有数控车床、数控铣床、加工中心等，其相应的数控装置称为轮廓控制装置（或连续控制装置）
轮廓控制数控机床按照联动（同时控制）轴数可分为两轴联动控制数控机床、两轴半坐标联动控制数控机床、三轴联动控制数控机床、四轴联动控制数控机床、五轴联动控制数控机床等。多轴（三轴以上）控制与编程技术是高技术领域开发研究的课题，随着现代制造技术领域中产品的复杂程度和加工精度的不断提高，多轴联动控制技术及其加工编程技术的应用也越来越普遍</td></tr>
</table>

续表

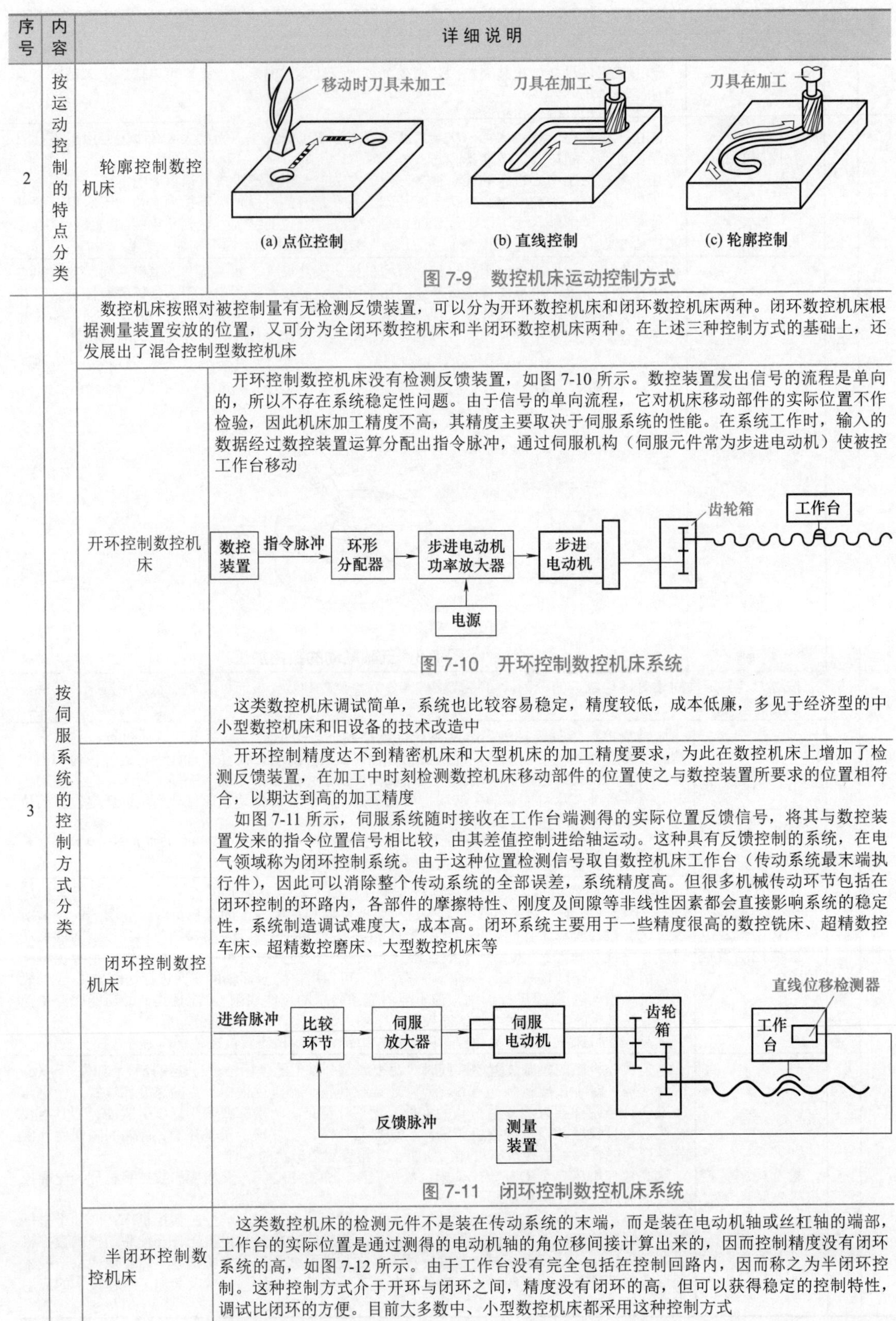

序号	内容	详细说明	
2	按运动控制的特点分类	轮廓控制数控机床	移动时刀具未加工　刀具在加工　刀具在加工 (a) 点位控制　(b) 直线控制　(c) 轮廓控制 图 7-9　数控机床运动控制方式
3	按伺服系统的控制方式分类	数控机床按照对被控制量有无检测反馈装置，可以分为开环数控机床和闭环数控机床两种。闭环数控机床根据测量装置安放的位置，又可分为全闭环数控机床和半闭环数控机床两种。在上述三种控制方式的基础上，还发展出了混合控制型数控机床	
		开环控制数控机床	开环控制数控机床没有检测反馈装置，如图 7-10 所示。数控装置发出信号的流程是单向的，所以不存在系统稳定性问题。由于信号的单向流程，它对机床移动部件的实际位置不作检验，因此机床加工精度不高，其精度主要取决于伺服系统的性能。在系统工作时，输入的数据经过数控装置运算分配出指令脉冲，通过伺服机构（伺服元件常为步进电动机）使被控工作台移动 数控装置　指令脉冲　环形分配器　步进电动机功率放大器　步进电动机　电源　齿轮箱　工作台 图 7-10　开环控制数控机床系统 这类数控机床调试简单，系统也比较容易稳定，精度较低，成本低廉，多见于经济型的中小型数控机床和旧设备的技术改造中
		闭环控制数控机床	开环控制精度达不到精密机床和大型机床的加工精度要求，为此在数控机床上增加了检测反馈装置，在加工中时刻检测数控机床移动部件的位置使之与数控装置所要求的位置相符合，以期达到高的加工精度 如图 7-11 所示，伺服系统随时接收在工作台端测得的实际位置反馈信号，将其与数控装置发来的指令位置信号相比较，由其差值控制进给轴运动。这种具有反馈控制的系统，在电气领域称为闭环控制系统。由于这种位置检测信号取自数控机床工作台（传动系统最末端执行件），因此可以消除整个传动系统的全部误差，系统精度高。但很多机械传动环节包括在闭环控制的环路内，各部件的摩擦特性、刚度及间隙等非线性因素都会直接影响系统的稳定性，系统制造调试难度大，成本高。闭环系统主要用于一些精度很高的数控铣床、超精数控车床、超精数控磨床、大型数控机床等 进给脉冲　比较环节　伺服放大器　伺服电动机　齿轮箱　工作台　直线位移检测器　反馈脉冲　测量装置 图 7-11　闭环控制数控机床系统
		半闭环控制数控机床	这类数控机床的检测元件不是装在传动系统的末端，而是装在电动机轴或丝杠轴的端部，工作台的实际位置是通过测得的电动机轴的角位移间接计算出来的，因而控制精度没有闭环系统的高，如图 7-12 所示。由于工作台没有完全包括在控制回路内，因而称之为半闭环控制。这种控制方式介于开环与闭环之间，精度没有闭环的高，但可以获得稳定的控制特性，调试比闭环的方便。目前大多数中、小型数控机床都采用这种控制方式

续表

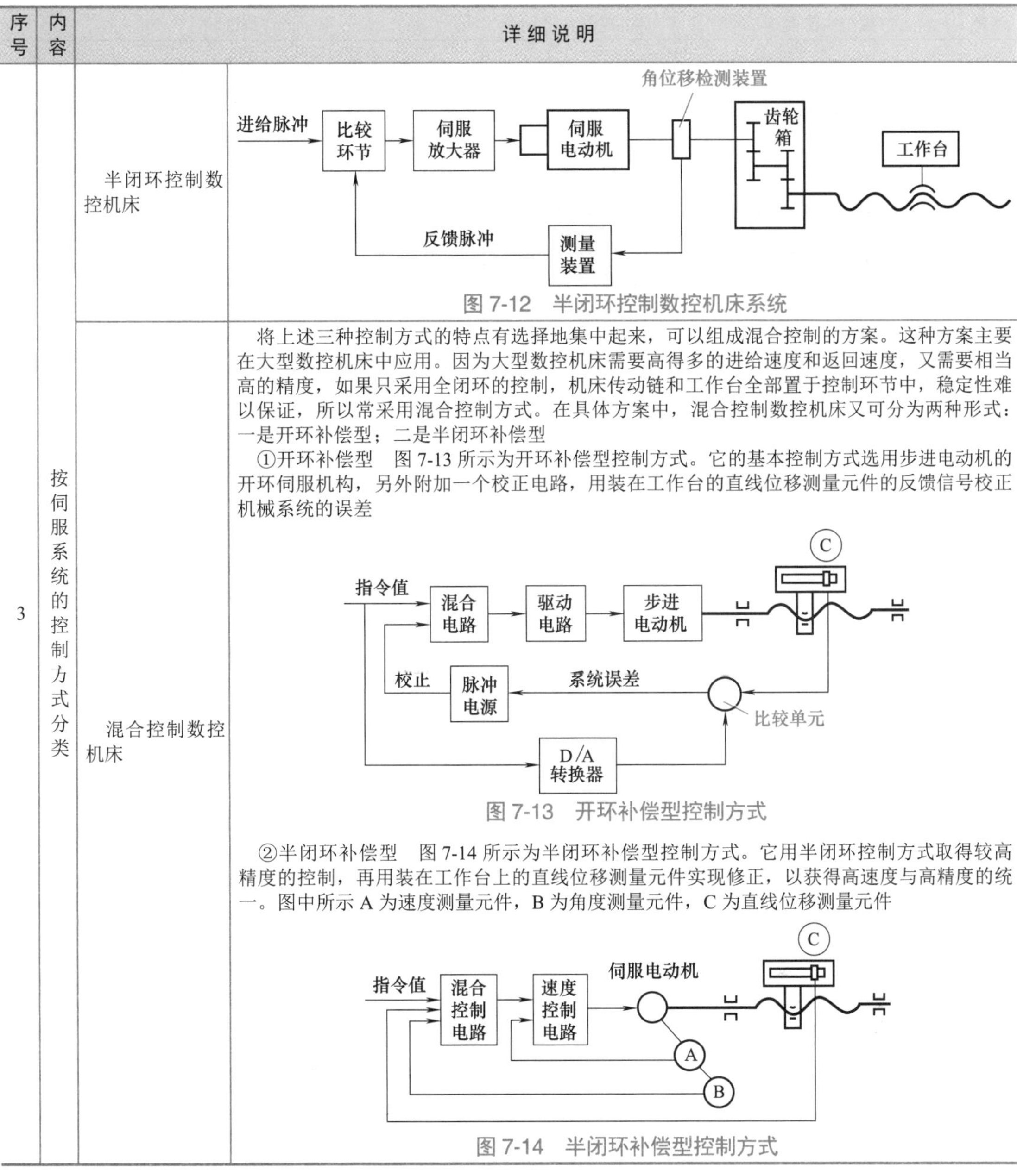

序号	内容		详细说明
3	按伺服系统的控制方式分类	半闭环控制数控机床	图 7-12 半闭环控制数控机床系统
		混合控制数控机床	将上述三种控制方式的特点有选择地集中起来，可以组成混合控制的方案。这种方案主要在大型数控机床中应用。因为大型数控机床需要高得多的进给速度和返回速度，又需要相当高的精度，如果只采用全闭环的控制，机床传动链和工作台全部置于控制环节中，稳定性难以保证，所以常采用混合控制方式。在具体方案中，混合控制数控机床又可分为两种形式：一是开环补偿型；二是半闭环补偿型 ①开环补偿型　图 7-13 所示为开环补偿型控制方式。它的基本控制方式选用步进电动机的开环伺服机构，另外附加一个校正电路，用装在工作台的直线位移测量元件的反馈信号校正机械系统的误差 图 7-13　开环补偿型控制方式 ②半闭环补偿型　图 7-14 所示为半闭环补偿型控制方式。它用半闭环控制方式取得较高精度的控制，再用装在工作台上的直线位移测量元件实现修正，以获得高速度与高精度的统一。图中所示 A 为速度测量元件，B 为角度测量元件，C 为直线位移测量元件 图 7-14　半闭环补偿型控制方式

7.3.3 常用的数控机床

表 7-6 列出了实际加工生产中所常用的数控机床。

表 7-6　常用的数控机床

序号	数控机床类型			控制方式	详细说明
1	数控车床	卧式	卡盘式	点位、直线	用于加工小型盘类零件，采用四方刀架或转塔刀架
				轮廓	
			卡盘、顶尖式	轮廓	用于加工盘类、轴类零件，床身有水平、垂直和斜置之分，采用四方刀架或回转刀库
		立式		轮廓	用于加工大型连续控制盘类零件，采用转塔刀架

续表

<table>
<tr><th>序号</th><th colspan="3">数控机床类型</th><th>控制方式</th><th>详细说明</th></tr>
<tr><td>2</td><td colspan="3">车削中心</td><td>轮廓，3～7轴或多轴</td><td>集中了车、钻、铣甚至磨等工艺，回转刀库上有动力刀具，有的有多个回转刀库，有的有副主轴，可进行背面加工，实现零件的全部加工；是钻、铣、镗、加工中心之外技术发展最快的数控机床，其结构、功能、变化最快，新品不断推出，是建造FMS的理想机型</td></tr>
<tr><td rowspan="4">3</td><td rowspan="4">数控铣床</td><td rowspan="2" colspan="2">立式</td><td>点位、直线</td><td>铣削（也可钻孔、攻螺纹），手动换刀</td></tr>
<tr><td>轮廓（多轴联动）</td><td>铣削、成形铣削（也可钻孔、攻螺纹），手动换刀</td></tr>
<tr><td rowspan="2" colspan="2">龙门式</td><td>点位、直线</td><td>用于加工大型复杂零件，手动换刀</td></tr>
<tr><td>轮廓（多轴联动）</td><td>用于加工大型、形状复杂的零件，手动换刀</td></tr>
<tr><td rowspan="2">4</td><td rowspan="2">数控仿形铣床</td><td colspan="2">立式</td><td rowspan="2">轮廓（多轴联动）</td><td>用于加工凹、凸模，手动换刀</td></tr>
<tr><td colspan="2">卧式</td><td>用于加工大型凹、凸模，手动换刀</td></tr>
<tr><td rowspan="5">5</td><td rowspan="5">加工中心</td><td colspan="2">立式</td><td rowspan="5">轮廓（多轴联动）</td><td>钻、镗、铣、螺纹加工，孔内切槽；有多种形式的刀库；分机械手换刀和无机械手换刀</td></tr>
<tr><td colspan="2">卧式</td><td>钻、镗、铣、螺纹加工，孔内切槽；有多种形式的刀库；分机械手换刀和无机械手换刀</td></tr>
<tr><td colspan="2">立、卧主轴自动切换式</td><td>钻、镗、铣、螺纹加工，孔内切槽；可五面加工；多种形式刀库；机械手换刀</td></tr>
<tr><td colspan="2">主轴倾角可控式</td><td>钻、镗、铣、螺纹加工，孔内切槽；可五面加工；可铣斜面；多种形式刀库；机械手换刀</td></tr>
<tr><td colspan="2">其他</td><td>可倾工作台上有圆工作台，有多种形式的刀库，机械手换刀；圆工作台可从立置切换为卧置；侧置圆工作台可上下移动，便于排屑；突破传统结构上的六杆加工中心和三杆加工中心</td></tr>
<tr><td rowspan="2">6</td><td rowspan="2">数控钻床</td><td colspan="2">单工作台</td><td rowspan="2">点位、直线</td><td>钻、铰孔，攻螺纹；转塔主轴或手动换刀</td></tr>
<tr><td colspan="2">双工作台</td><td>钻、铰孔，攻螺纹；两个固定工作台，一个用于加工，另一个用于装卸零件；直线刀库</td></tr>
<tr><td rowspan="2">7</td><td rowspan="2">数控镗床</td><td colspan="2">立式</td><td rowspan="2">点位、直线</td><td rowspan="2">用于加工箱体件，钻、镗、铣，手动换刀</td></tr>
<tr><td colspan="2">卧式</td></tr>
<tr><td rowspan="2">8</td><td rowspan="2">数控坐标镗床</td><td colspan="2">立式</td><td rowspan="2">点位、直线</td><td rowspan="2">用于加工孔距要求高的箱体件，手动换刀</td></tr>
<tr><td colspan="2">卧式</td></tr>
<tr><td rowspan="9">9</td><td rowspan="9">数控磨床</td><td rowspan="4">平面磨床</td><td>立轴圆台</td><td rowspan="9">点位、直线、轮廓</td><td>适合大余量磨削；自动修整砂轮</td></tr>
<tr><td>卧轴圆台</td><td>适合圆离合器等薄型零件，变形小；自动修整砂轮</td></tr>
<tr><td>立轴矩台</td><td>适合大余量磨削，自动修整砂轮</td></tr>
<tr><td>卧轴矩台</td><td>平面粗、精磨，镜面磨削，砂轮修形后成形磨削；自动修整砂轮</td></tr>
<tr><td colspan="2">内圆磨床</td><td>用于加工内孔端面，自动修整砂轮</td></tr>
<tr><td colspan="2">外圆磨床</td><td>用于加工外圆端面，横磨、纵磨、成形磨、自动修整砂轮；有主动测量装置</td></tr>
<tr><td colspan="2">万能磨床</td><td>内、外圆磨床的组合</td></tr>
<tr><td colspan="2">无心磨床</td><td>不需预车直接磨削，无心成形磨削</td></tr>
<tr><td colspan="2">专用磨床</td><td>有丝杠磨床、花键磨床、曲轮磨床、凸轮轴磨床等</td></tr>
<tr><td>10</td><td colspan="3">磨削中心</td><td>点位、直线、轮廓</td><td>在万能磨床的基础上实现自动更换外圆、内圆砂轮（或自动上、下零件）</td></tr>
<tr><td>11</td><td colspan="3">数控插床</td><td>轮廓</td><td>加工异形柱状零件</td></tr>
<tr><td rowspan="2">12</td><td rowspan="2">数控组合机床</td><td colspan="2">数控滑台、数控动力头组合机床</td><td rowspan="2">点位、直线</td><td>使组合机床、自动线运行可靠，调整、换产品快捷</td></tr>
<tr><td colspan="2">自动换箱组合机床</td><td>零件固定（或分度）自动更换多轴箱，完成零件的各种加工</td></tr>
</table>

续表

序号	数控机床类型		控制方式	详细说明
13	数控齿轮加工机床	滚齿机	直线，齿形展成运动（有数控和非数控之分）	在滚齿机上可切削直齿、斜齿圆柱齿轮，还可加工蜗轮、链轮等。它是用滚刀按展成法加工直齿、斜齿和人字齿圆柱齿轮以及蜗轮的齿轮加工机床。这种机床使用特制的滚刀时也能加工花键和链轮等各种特殊齿形的工件 普通滚齿机的加工精度为7~6级，高精度滚齿机为4~3级。最大加工直径达15m
		插齿机		它是使用插齿刀按展成法加工内、外直齿和斜齿圆柱齿轮以及其他齿形件的齿轮加工机床。插齿时，插齿刀作上下往复的切削运动，同时与工件作相对的滚动 插齿机主要用于加工多联齿轮和内齿轮，加附件后还可加工齿条。在插齿机上使用专门刀具还能加工非圆齿轮、不完全齿轮和内外成形表面，如方孔、六角孔、带键轴（键与轴连成一体）等。加工精度可达7~5级，最大加工工件直径达12m
		磨齿机		分成形磨削、蜗杆磨削、展成磨削
14	数控电加工机床	线切割机床	轮廓（多轴联动）	加工冲模、样板等，分快走丝和慢走丝线切割机床。快走丝线切割机床切割速度快，表面粗糙度比慢走丝线切割机床略差
		电火花成形机床	点位、直线	用于凹、凸模数控成形，便于自适应控制
15	数控激光加工机床	钻孔	点位、直线	用于钻微孔及在难加工材料上钻孔，孔径为10~500μm，孔深（在金属上）为10倍孔径
		切割	轮廓	板材切割成形精度高
		刻划		刻线机用于刻写标记，速度很快
		热处理、焊接	3D机器人	用于局部或各种表面淬火，各种材料（包括钢、银、金）的焊接
		铣削	轮廓	是近年出现的机床，可铣出0.2mm的窄缝或更窄的凸筋，“刀具”直径小，不磨损，切削内应力小
		激光分层制模		将对紫外激光敏感的液体塑料放在一个容器内，先使数控升降托板与液面平齐。紫外激光射线按程序扫硬第一层，托板下降再扫硬第二层，循环往复，直至成形。完成后再在紫外激光炉内进一步硬化，上漆，成为置换金属（如熔模铸造）的模型
16	数控压力机		点位、直线、轮廓	用于对板材和薄型材冲圆孔、方孔、矩形孔、异形孔等
17	数控剪板机		点位、直线	用于剪裁材料
18	数控折弯机		点位、直线	用于折弯成形
19	数控弯管机		连续控制（多轴联动）	用于各种油管、导管的弯曲
20	数控坐标测量机		点位、连续控制	用于对零件尺寸、位置精度进行精密测量，或用测头“扫描”生成零件加工程序

7.4 数控机床的安全生产和人员安排

安全生产是现代企业制度中一项十分重要的内容，操作者除了掌握好数控机床的性能、精心操作外，一方面要管好、用好和维护好数控机床；另一方面还必须养成文明生产的良好工作习惯和严谨的工作作风，应具有较好的职业素质、责任心和良好的合作精神。

7.4.1 数控机床安全生产的要求

表 7-7 详细描述了数控机床安全生产的要求。

表 7-7 数控机床安全生产的要求

序号	安全生产要求	详细说明
1	技术培训	操作工在独立使用设备前，需经过对数控机床应用必要的基本知识和技术理论及操作技能的培训；在熟练技师的指导下实际上机训练，达到一定的熟练程度。技术培训的内容包括数控机床结构性能、数控机床工作原理、传动装置、数控系统技术特性、金属加工技术规范、操作规程、安全操作要领、维护保养事项、安全防护措施、故障处理原则等
2	实行定人定机持证操作	参加国家职业资格的考核鉴定，鉴定合格并取得资格证后，方能独立操作所使用的数控机床。严禁无证上岗操作。严格实行定人定机和岗位责任制，以确保正确使用数控机床和落实日常维护工作。多人操作的数控机床应实行机长负责制，由机长对使用和维护工作负责。公用数控机床应由企业管理者指定专人负责维护保管。数控机床定人定机名单由使用部门提出，报设备管理部门审批，签发操作证；精、大、稀、关键设备定人定机名单，设备部门审核报企业管理者批准后签发。定人定机名单批准后，不得随意变动。对技术熟练能掌握多种数控机床操作技术的工人，经考试合格可签发操作多种数控机床的操作证
3	建立使用数控机床的岗位责任制	数控机床操作工必须严格按“数控机床操作维护规程”“四项要求”“五项纪律”的规定正确使用与精心维护设备。实行日常点检，认真记录。做到班前正确润滑设备，班中注意运转情况，班后清扫擦拭设备，保持清洁，涂油防锈。在做到“三好”的要求下，练好“四会”基本功，做好日常维护和定期维护工作；配合维修工人检查修理自己操作的设备；保管好设备附件和工具，并参加数控机床维修后的验收工作。认真执行交接班制度和填写好交接班及运行记录。发生设备事故时立即切断电源。保持现场，及时向生产工长和车间机械员（师）报告，听候处理。分析事故时应如实说明经过，对违反操作规程等造成的事故应负直接责任 具体要求见表 7-8
4	建立交接班制度	连续生产和多班制生产的设备必须实行交接班制度。交班人除完成设备日常维护作业外，必须把设备运行情况和发现的问题详细记录在交接班簿上，并主动向接班人介绍清楚，双方当面检查，在交接班簿上签字。接班人如发现异常或情况不明、记录不清时，可拒绝接班。如交接不清，设备在接班后发生问题，由接班人负责。企业对在用设备均需设交接班簿，不准涂改撕毁。区域维修部（站）和机械员（师）应及时收集分析，掌握交接班执行情况和数控机床技术状态信息

7.4.2 数控机床生产的岗位责任制

表 7-8 详细描述了数控机床生产的岗位责任制。

表 7-8 数控机床生产的岗位责任制

序号	岗位责任制		详细说明
1	三好	管好数控机床	掌握数控机床的数量、质量及其变动情况，合理配置数控机床，严格执行关于设备的移装、调拨、借用、出租、封存、报废、改装及更新的有关管理制度，保证财产的完整齐全，保持其完好和价值。操作工必须管好自己使用的机床，未经上级批准不准他人使用，杜绝无证操作现象
		用好数控机床	正确使用和精心维护好数控机床生产应依据机床的能力合理安排，不得有超性能使用和拼设备之类的短期化行为。操作工必须严格遵守操作维护规程，不超负荷使用及采取不文明的操作方法，认真进行日常保养和定期维护，使数控机床保持“整齐、清洁、润滑、安全”的标准
		修好数控机床	车间安排生产时应考虑和预留计划维修时间，防止机床带病运行。操作工要配合维修工修好设备，及时排除故障。要贯彻“预防为主，养为基础”的原则，实行计划预防修理制度，广泛采用新技术、新工艺，保证修理质量，缩短停机时间，降低修理费用，提高数控机床的各项技术经济指标
2	四会	会使用	操作工应先学习数控机床操作规程，熟悉设备结构性能、传动装置，懂得加工工艺和工装工具在数控机床上的正确使用方法
		会维护	能正确执行数控机床维护和润滑规定，按时清扫，保持设备清洁完好
		会检查	了解设备易损零件部位，知道检查项目、标准和方法，并能按规定进行日常检查
		会排除故障	熟悉设备特点，能鉴别设备正常与异常现象，懂得其零部件拆装注意事项，会做一般故障调整或协同维修人员进行排除

续表

序号	岗位责任制		详细说明
3	四项要求	整齐	工具、工件、附件摆放整齐，设备零部件及安全防护装置齐全，线路管道完整
		清洁	设备内外清洁，无“黄袍”，各滑动面、丝杠、齿条、齿轮无油污、无损伤；各部位不漏油、漏水、漏气，铁屑清扫干净
		润滑	按时加油、换油，油质符合要求；油枪、油壶、油杯、油嘴齐全，油毡、油线清洁，油标明亮，油路畅通
		安全	实行定人定机制度，遵守操作维护规程，合理使用，注意观察运行情况，不出安全事故
4	五项纪律		凭操作证使用设备，遵守安全操作维护规程
			经常保持机床整洁，按规定加油，保证合理润滑
			遵守交接班制度
			管好工具、附件，不得遗失
			发现异常立即通知有关人员检查处理

7.4.3 数控加工中人员分工

表 7-9 详细描述了数控加工中的人员分工。

表 7-9 数控加工中的人员分工

任务 \ 人员	数控加工编程人员	机床调整人员	机床操作人员	刀辅夹具准备人员
加工程序编制	●		○	
加工程序检验	●		○	
加工程序测试	○	●	●	
加工程序修改	○		○	
加工程序优化	●		○	
加工程序保管	●			
机床调整		●	○	
机床整备		○	●	
机床操作			●	
工作过程监视			●	
程序输入			●	
零件校验			○	
刀辅具运输			○	
刀辅具保管				○
刀具预调（对刀）			○	●
夹具运输			○	●
夹具保管				●
夹具组装				●
夹具整备				●

注：●—主要工作，○—可能参与的工作。

具体组织生产时，可灵活变通，机床台数较少时，有可能令编程人员或机床操作人员承担上述全部工作；机床较多时，机床调整工作及刀具、辅具、夹具准备工作也交由一人承担。

7.4.4 数控加工对不同人员的要求

表 7-10 详细描述了数控加工对不同人员的要求。

表 7-10　数控加工对不同人员的要求

<table>
<tr><th>序号</th><th>人员分工</th><th colspan="3">专业知识</th><th>个人素质</th></tr>
<tr><td rowspan="2">1</td><td rowspan="2">数控编程人员</td><td>基本知识</td><td>工艺知识</td><td>加工程序知识</td><td rowspan="2">①细心、缜密、精确
②逻辑思维能力强
③反应敏捷
④概括能力
⑤工作积极
⑥能承担重任
⑦利用信息的能力
⑧与人沟通合作的能力</td></tr>
<tr><td>①阅读生产图样
②利用公式、图表进行计算
③几何图形分析计算
④能运用CAD软件获取相关点的坐标，能运用CAD/CAM软件生成数控加工程序</td><td>①机床控制系统的结构和工作原理
②机床的加工范围、机床能力
③正确选择刀具及相应的工艺参数、切削用量
④正确选择定位、夹紧部位及正确地选用夹具</td><td>①正确使用循环加工程序和子程序
②会手工编程和使用计算机辅助编程
③熟知安全操作规程，能排除突然出现的故障和使用事故</td></tr>
<tr><td rowspan="2">2</td><td rowspan="2">机床操作人员</td><td colspan="2">生产加工应知应会</td><td>加工程序应知应会</td><td rowspan="2">①责任心
②严格认真
③能承担重任
④思维、动作敏捷
⑤独立工作能力
⑥团队精神</td></tr>
<tr><td colspan="2">①能读懂加工图样
②掌握基本数学、几何运算
③熟悉机加工工艺
④会使用机床键盘及操作面板
⑤会维护保养机床
⑥正确安装调整零件
⑦正确向刀库装刀
⑧正确使用测量工具进行测量
⑨必要时进行尺寸修正
⑩具备零件材料方面的知识
⑪知晓安全操作规程及应急措施</td><td>①加工工艺过程
②正确合理地使用刀具
③与加工程序有关的数学、几何运算
④按机床编程说明书进行手工编程</td></tr>
<tr><td>3</td><td>维修人员</td><td colspan="3">①掌握机械、液压、气动、电工、电子、计算机、伺服控制的基本知识
②熟知机床和附属装置、机械结构和信号点、动作联锁关系
③熟知控制系统结构，印制电路板上设置开关及短路棒的使用，功能区（或功能模块）及发光二极管指示的工作状态
④熟知机床参数的设置；熟知键盘、操作面板的功能及信号流向
⑤会编制、测试、修改加工程序
⑥正确使用维修中用到的各种仪器仪表</td><td>①细心、缜密、精确
②逻辑思维能力强，推理能力强
③思维敏捷、善于透过现象深入本质
④记忆和联想能力
⑤善于学习总结经验
⑥钻研精神
⑦向困难挑战的精神
⑧利用信息的能力
⑨与人沟通合作的能力</td></tr>
<tr><td rowspan="2">4</td><td rowspan="2">车间管理人员</td><td colspan="3">生产技术方面</td><td rowspan="2">①责任心
②承担重任
③创见性
④预见性
⑤自觉性
⑥团队组织能力</td></tr>
<tr><td colspan="3">①组织程序编制
②熟知数控机床工艺特征
③刀具和夹具的特性及使用
④生产、经营数据的收集分析
⑤生产调度
⑥经济地使用数控机床</td></tr>
</table>

第 8 章　数控铣床（加工中心）加工工艺

数控铣削是数控加工中加工箱体零件、复杂曲面的加工方法。本章介绍数控铣削工艺拟订的过程、工序的划分方法、工序顺序的安排和进给路线的确定等工艺知识，数控铣床和加工中心常用的工装夹具，数控铣削用刀具类型和选用，选择切削用量等。图 8-1 所示为正在进行的铣削加工。

图 8-1　铣削加工

8.1 加工工艺分析

8.1.1 数控铣床加工工艺分析

（1）数控铣削的主要加工对象

表 8-1 详细描述了数控铣削的主要加工对象。

（2）数控机床铣削加工内容的选择

表 8-2 详细描述了数控铣削加工的内容。

表 8-1　数控铣削的主要加工对象

序号	数控铣削加工对象	详细说明
1	平面类零件	加工面平行或垂直于水平面，或加工面与水平面的夹角为定角的零件称为平面类零件，如图 8-2 所示。其特点是各个加工面是平面或可以展开成平面 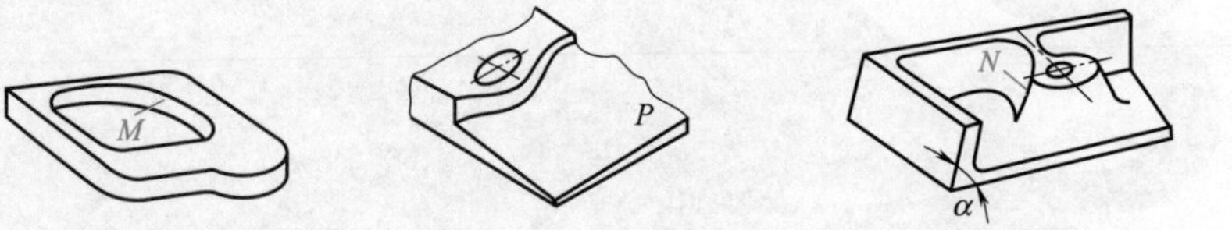 M　P　N　α (a) 带平面轮廓的平面零件　(b) 带斜平面的平面零件　(c) 带正圆台和斜筋的平面零件 图 8-2　平面类零件
2	变斜角类零件	加工面与水平面的夹角呈连续变化的零件称为变斜角类零件，如图 8-3 所示。变斜角类零件的变斜角加工面不能展开为平面，但在加工中，加工面与铣刀圆周接触的瞬间为一条线。最好采用四轴或五轴联动数控铣床摆角加工 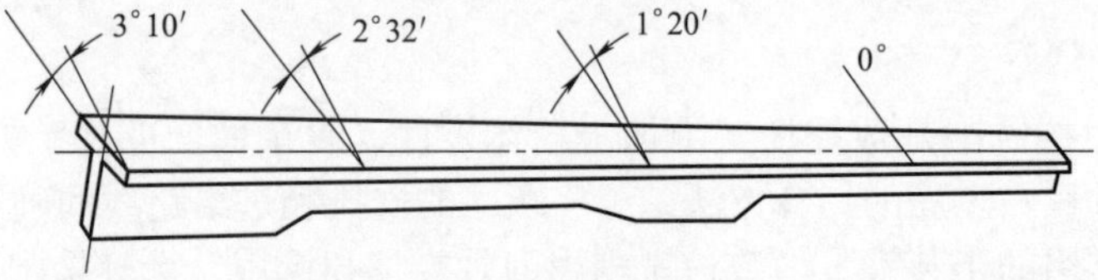 3°10′　2°32′　1°20′　0° 图 8-3　变斜角类零件
3	曲面类零件	加工面为空间曲面的零件称为曲面类零件，如图 8-4 所示的叶轮即为曲面类零件。曲面类零件的加工面不能展开为平面，加工时加工面与铣刀始终为点接触。一般采用三轴联动数控铣床加工；当曲面较复杂、通道较狭窄，会伤及相邻表面及需刀具摆动时，要采用四轴甚至五轴联动数控铣床加工  图 8-4　叶轮
4	箱体类零件	一般是指具有孔系和平面，内部有一定型腔，在长、宽、高方向有一定比例的零件，如图 8-5 所示  图 8-5　箱体类零件

续表

序号	数控铣削加工对象	详细说明
5	异形件（外形）不规则的零件	大多要采用点、线、面多工位混合加工，如图 8-6 所示 图 8-6 异形零件

表 8-2 数控铣削加工的内容

序号	数控铣削内容选择	详细说明
1	数控铣削加工的内容	①工件上的内、外曲线轮廓，特别是由数学表达式给出的非圆曲线与列表曲线等曲线轮廓 ②已给出数学模型的空间曲线 ③形状复杂、尺寸繁多、划线与检测困难的部位 ④用通用铣床加工时难以观察、测量和控制进给的内、外凹槽 ⑤以尺寸协调的高精度孔或面；能在一次安装中顺带铣出来的简单表面或形状 ⑥采用数控铣削能成倍提高生产率，大大减轻体力劳动的一般加工内容
2	不宜采用数控铣削加工的内容	①需要进行长时间占机和进行人工调整的粗加工内容，如以毛坯粗基准定位划线找正的加工 ②必须按专用工装协调的加工内容（如标准样件、协调平板、胎模等） ③毛坯上的加工余量不太充分或不太稳定的部位 ④简单的粗加工面 ⑤必须用细长铣刀加工的部位，一般指狭长深槽或高筋板的小转接圆弧部位

（3）数控铣削加工零件的结构工艺性分析

表 8-3 详细描述了数控铣削加工零件的结构工艺性分析。

表 8-3 数控铣削加工零件的结构工艺性分析

序号	加工零件的结构工艺性分析	详细说明
1	零件图样的尺寸	零件图样尺寸的正确标注构成零件轮廓的几何元素（点、线、面）的相互关系（如相切、相交、垂直和平行等）要正确标注
2	保证获得要求的加工精度	检查零件的加工要求，如尺寸加工精度、形位公差及表面粗糙度在现有的加工条件下是否可以得到保证，是否还有更经济的加工方法或方案
3	零件内腔外形的尺寸统一	尽量统一零件轮廓内圆弧的有关尺寸，这样不但可以减少换刀次数，还有可能应用零件轮廓加工的专用程序 ①内槽圆弧半径 R 的大小决定着刀具直径的大小，所以内槽圆弧半径 R 不应太小，工件圆角的大小决定着刀具直径的大小，如果刀具直径过小，在加工平面时，进给的次数会相应增多，影响生产率和表面加工质量，如图 8-7 所示。一般，当 $R < 0.2H$（H 为被加工轮廓面的最大高度）时，可以判定零件上该部位的工艺性不好 ②铣削零件槽底平面时，槽底平面圆角或底板与筋板相交处的圆角半径 r 不要过大，如图 8-8 所示。因为铣刀与铣削平面接触的最大直径为 $d=D-2r$，D 为铣刀直径，当 D 越大而 r 越小时，铣刀端刃铣削平面的面积越大，加工平面的能力越强，铣削工艺性当然也越好；反之，r 越大，铣刀端刃铣削平面的能力越差，效率越低，工艺性也越差

续表

序号	加工零件的结构工艺性分析	详细说明
3	零件内腔外形的尺寸统一	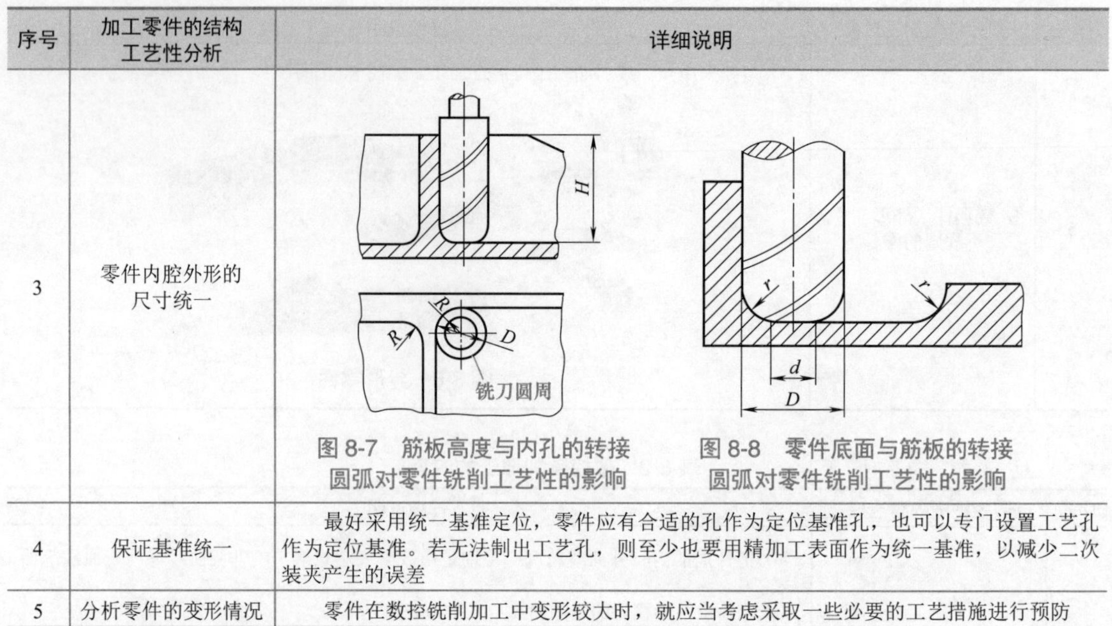 图 8-7　筋板高度与内孔的转接圆弧对零件铣削工艺性的影响　图 8-8　零件底面与筋板的转接圆弧对零件铣削工艺性的影响
4	保证基准统一	最好采用统一基准定位，零件应有合适的孔作为定位基准孔，也可以专门设置工艺孔作为定位基准。若无法制出工艺孔，则至少也要用精加工表面作为统一基准，以减少二次装夹产生的误差
5	分析零件的变形情况	零件在数控铣削加工中变形较大时，就应当考虑采取一些必要的工艺措施进行预防

（4）数控铣削零件毛坯的工艺性分析

表 8-4 详细描述了数控铣削零件毛坯的工艺性分析。

表 8-4　数控铣削零件毛坯的工艺性分析

序号	零件毛坯的工艺性分析	详细说明
1	毛坯的加工余量	毛坯应有充分的加工余量，稳定的加工质量。毛坯主要指锻、铸件，其加工面均应有较充分的余量
2	分析毛坯的装夹适应性	主要考虑毛坯在加工时定位和夹紧的可靠性与方便性，以便充分发挥数控铣削在一次安装中加工出较多待加工面。对于不便装夹的毛坯，可考虑在毛坯上另外增加装夹余量或工艺凸台来定位与夹紧，也可以制出工艺孔或另外准备工艺凸耳来特制工艺孔作为定位基准，如图 8-9 所示 图 8-9　增加毛坯辅助基准
3	分析毛坯的余量大小及均匀性	
4	尽量统一零件轮廓内圆弧的有关尺寸	主要考虑在加工时是否要分层切削，分几层切削。也要分析加工中与加工后的变形程度，考虑是否采取预防性措施与补救措施

8.1.2　数控铣床加工工艺路线的拟订

（1）数控铣削加工方案的选择

表 8-5 详细描述了数控铣削加工方案的选择。

（2）进给路线的确定

表 8-6 详细描述了数控铣削进给路线的确定。

表 8-5　数控铣削加工方案的选择

序号	加工方案的选择	详细说明
1	平面轮廓的加工方法	这类零件的表面多由直线和圆弧或各种曲线构成，通常采用三轴数控铣床进行两轴半坐标加工，如图 8-10 所示 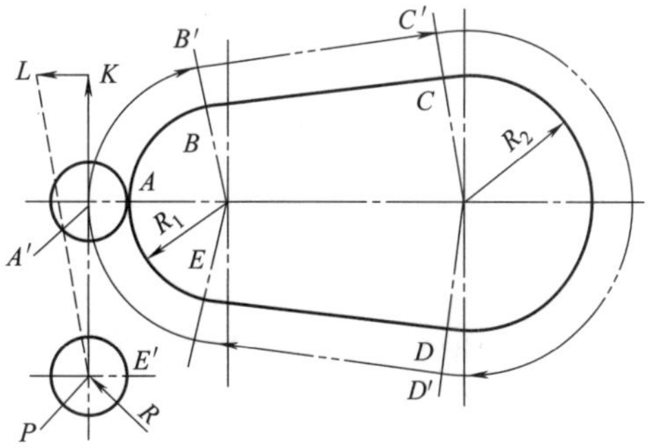 图 8-10　平面轮廓铣削
2	固定斜角平面的加工方法	固定斜角平面是与水平面成一固定夹角的斜面，常用的加工方法如下： 当零件尺寸不大时，可用斜垫板垫平后加工；如果数控铣床主轴可以摆角，则可以摆成适当的定角，用不同的刀具来加工，如图 8-11 所示。当零件尺寸很大、斜面斜度又较小时，常用行切法加工，但加工后，会在加工面上留下残留面积，需要用钳修方法加以清除。用三轴数控铣床加工飞机整体壁板零件时常用此法。当然，加工斜面的最佳方法是采用五轴数控铣床，主轴摆角后加工，可以不留残留面积 对于图 8-11（c）所示的正圆台和斜筋表面，一般可采用专用的角度成形铣刀加工。其效果比采用五轴数控铣床摆角加工好 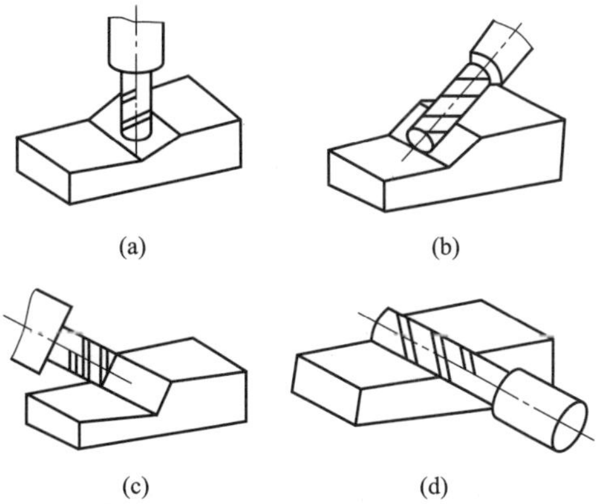 (a)　(b)　(c)　(d) 图 8-11　主轴摆角加工固定斜面
3	变斜角面的加工方法	对曲率变化较小的变斜角面，用四轴联动的数控铣床，采用立铣刀（但当零件斜角过大，超过机床主轴摆角范围时，可用角度成形铣刀加以弥补）以插补方式摆角加工 对曲率变化较大的变斜角面，用四轴联动机床加工难以满足加工要求，最好用五轴联动数控铣床，以圆弧插补方式摆角加工 采用三轴数控铣床两坐标联动，利用球头铣刀和鼓形铣刀，以直线或圆弧插补方式进行分层铣削加工，加工后的残留面用钳修方法清除
4	曲面轮廓的加工方法	对于曲率变化不大和精度要求不高的曲面，常用两轴半的行切法进行粗加工，即 X、Y、Z 三轴中任意两轴作联动插补，第三轴作单独的周期进给 对于曲率变化较大和精度要求较高的曲面，常用 X、Y、Z 三轴联动插补的行切法进行精加工 对于像叶轮、螺旋桨这样的零件，因其叶片形状复杂，刀具容易与相邻表面干涉，常用五轴联动机床加工

表 8-6　数控铣削进给路线的确定

序号	进给路线的确定	详细说明
1	顺铣和逆铣的进给路线	铣削有顺铣和逆铣两种方式。在顺铣加工中，铣刀的走刀方向与在切削点的切削分力方向相同；而在逆铣加工中，铣刀的走刀方向与在切削点的切削分力方向相反。当工件表面无硬皮、机床进给机构无间隙时，应选用顺铣，按照顺铣安排进给路线。顺铣加工时，零件已加工表面质量好，刀齿磨损小。精铣时，尤其是零件材料为铝镁合金、钛合金或耐热合金时，应尽量采用顺铣。当工件表面有硬皮、机床的进给机构有间隙时，应选用逆铣，按照逆铣安排进给路线。逆铣时，刀齿是从已加工表面切入的，不会崩刀；机床进给机构的间隙不会引起振动和爬行

续表

序号	进给路线的确定	详细说明
2	铣削外轮廓的进给路线	铣削平面零件的外轮廓时，一般采用立铣刀侧刃切削。刀具切入工件时，应避免沿零件外轮廓的法向切入，而应沿切削起始点的延伸线逐渐切入工件，保证零件曲线的平滑过渡。同理，在切离工件时，也应避免在切削终点处直接抬刀，要沿着切削终点的延伸线逐渐切离工件，如图 8-12 所示 当用圆弧插补方式铣削外整圆时，如图 8-13 所示，要安排刀具从切向进入圆周铣削加工；当整圆加工完毕后，不要在切点处直接退刀，而应让刀具沿切线方向多运动一段距离，以免取消刀补时，刀具与工件表面相碰，造成工件报废 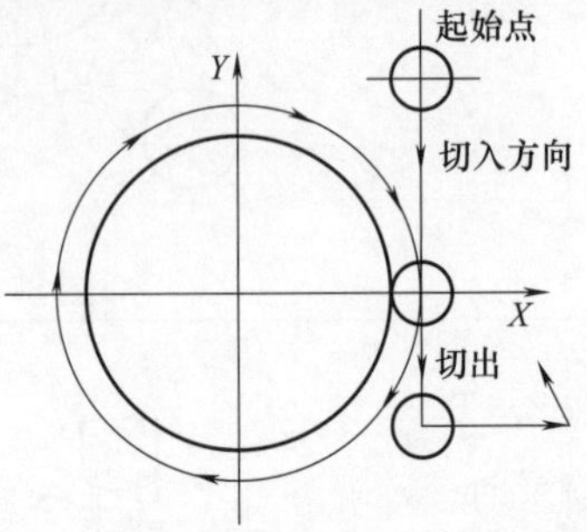 起始点 Y 切入方向 X 切出 图 8-12　铣削外表面轮廓的切入与切出 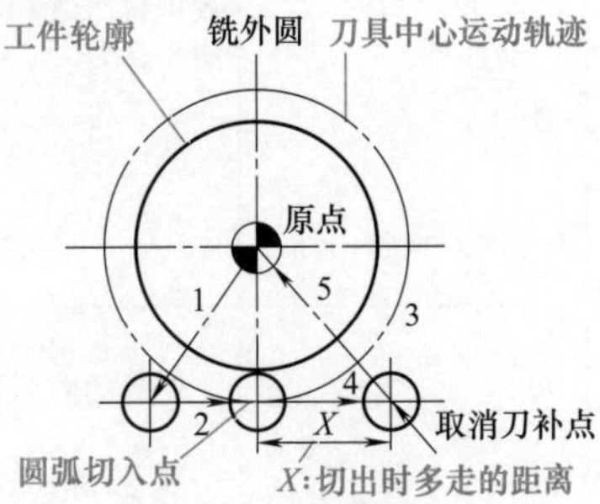 工件轮廓 铣外圆 刀具中心运动轨迹 原点 1 5 3 4 2 X 取消刀补点 圆弧切入点 X:切出时多走的距离 图 8-13　外圆铣削
3	铣削内轮廓的进给路线	铣削封闭的内轮廓表面时，若内轮廓曲线不允许外延，如图 8-14 所示，刀具只能沿内轮廓曲线的法向切入、切出，此时刀具的切入、切出点应尽量选在内轮廓曲线两几何元素的交点处 当内部几何元素相切无交点时，如图 8-15 所示，为防止刀补取消时在轮廓拐角处留下凹口［图 8-15(a)］，刀具切入、切出点应远离拐角［图 8-15(b)］ 当用圆弧插补方式铣削内圆弧时也要遵循从切向切入、切出的原则，最好安排从圆弧过渡到圆弧的加工路线，如图 8-16 所示，以提高内孔表面的加工精度和质量 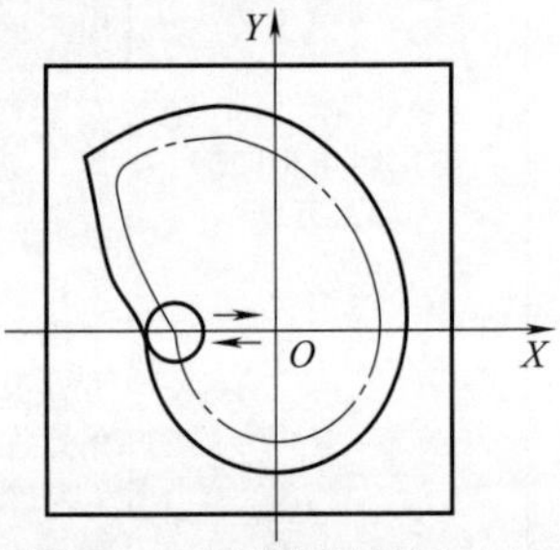 Y O X 图 8-14　铣削内轮廓加工刀具的切入与切出 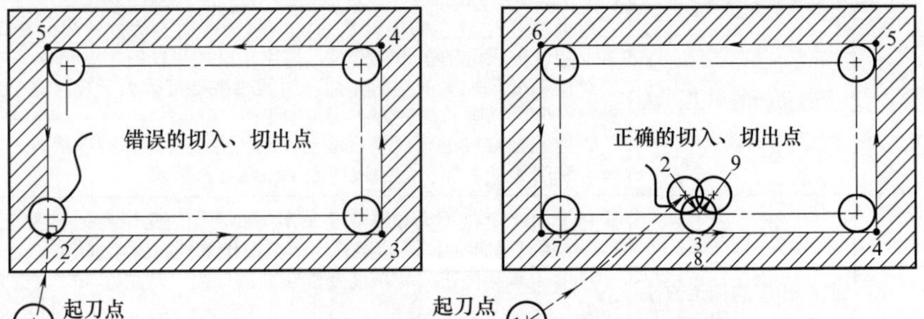 5 4 错误的切入、切出点 2 3 1 起刀点 (a) 6 5 正确的切入、切出点 2 9 7 3 8 4 起刀点 1 (b) 图 8-15　无交点内轮廓加工刀具的切入和切出 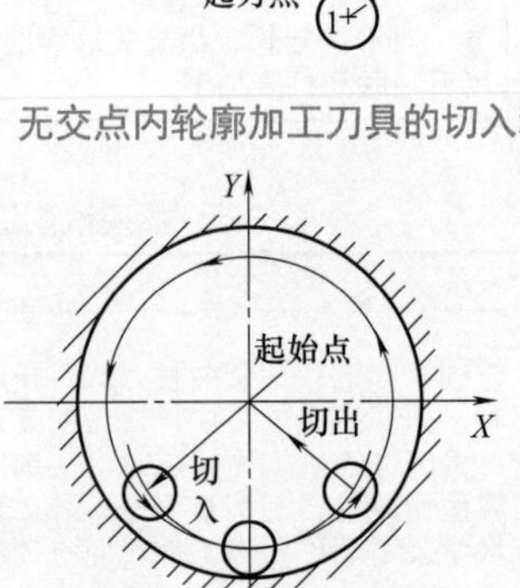 Y 起始点 切出 X 切入 图 8-16　内圆铣削

续表

序号	进给路线的确定	详细说明
4	铣削内槽的进给路线	内槽是指以封闭曲线为边界的平底凹槽。一律用平底立铣刀加工，刀具圆角半径应符合内槽的图样要求。图 8-17 所示为加工内槽的三种进给路线。图 8-17（a）和图 8-17（b）所示分别为用行切法和环切法加工内槽的路线 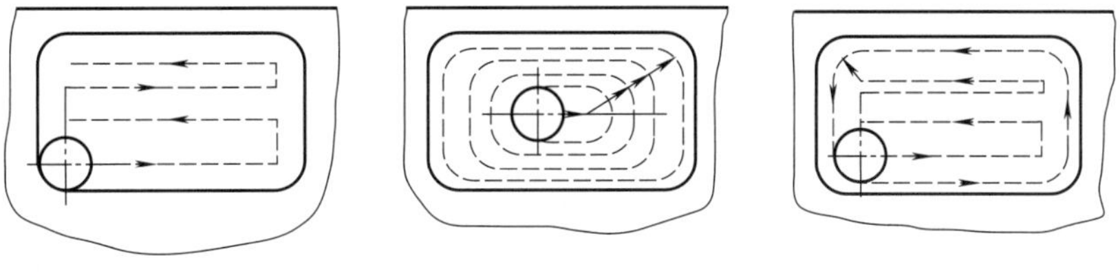 (a) (b) (c) 图 8-17　内槽加工的进给路线 两种进给路线的共同点是：都能切净内腔中的全部面积，不留死角，不伤轮廓，同时尽量减少重复进给的搭接量。它们的不同点是：行切法的进给路线比环切法的短，但行切法将在每两次进给的起点与终点间留下残留面积，而达不到所要求的表面粗糙度；用环切法获得的表面粗糙度要好于行切法，但环切法需要逐次向外扩展轮廓线，刀位点计算稍微复杂一些。采用图 8-17（c）所示的进给路线，即先用行切法切去中间部分余量，最后用环切法环切一刀光整轮廓表面，既能使总的进给路线较短，又能获得较好的表面粗糙度
5	铣削曲面轮廓的进给路线	铣削曲面时，常用球头刀采用行切法进行加工。所谓行切法是指刀具与零件轮廓的切点轨迹是一行一行的，而行间的距离是按零件加工精度的要求确定的 对于边界敞开的曲面加工，可采用两种加工路线，如图 8-18 所示发动机大叶片，当采用图 8-18（a）所示的加工方案时，每次沿直线加工，刀位点计算简单，程序少，加工过程符合直纹面的形成，可以准确保证母线的直线度。当采用图 8-18（b）所示的加工方案时，符合这类零件数据给出情况，便于加工后检验，叶形的准确度较高，但程序较多。由于曲面零件的边界是敞开的，没有其他表面限制，因此曲面边界可以延伸，球头刀应由边界外开始加工 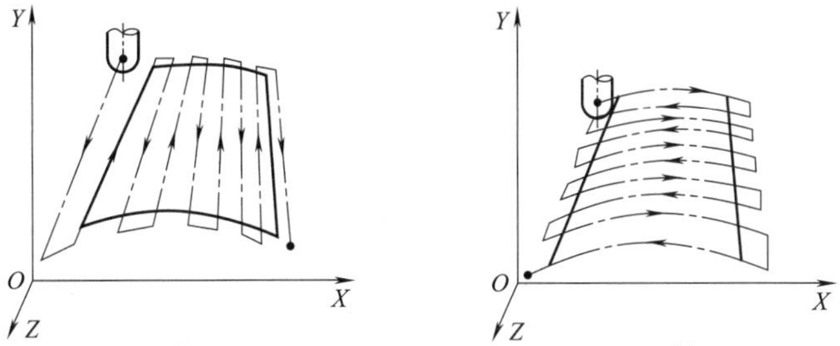 (a) (b) 图 8-18　曲面加工的进给路线 在走刀路线确定中要注意一些问题：轮廓加工中应避免进给停顿，否则会在轮廓表面留下刀痕；若在被加工表面范围内垂直下刀和抬刀，也会划伤表面。为提高工件表面的精度和减小表面粗糙度，可以采用多次走刀的方法，精加工余量一般以 0.2 ～ 0.5mm 为宜 选择工件在加工后变形小的走刀路线。对横截面积小的细长零件或薄板零件，应采用多次走刀加工达到最后尺寸，或采用对称去余量法安排走刀路线
6	孔系加工	孔系加工在保证尺寸要求的前提下，选择最短的加工路线 加工如图 8-19 所示零件上的四个孔，加工路线可采用两种方案，方案 1［图 8-19（a）］按照孔 1、孔 2、孔 3、孔 4 顺序完成，由于孔 4 与孔 1、孔 2、孔 3 的定位方向相反，X 轴的反向间隙会使定位误差增加，而影响孔 4 与其他孔的位置精度。方案 2［图 8-19（b）］，加工完孔 2 后，刀具向 X 轴反方向移动一段距离，超过孔 4 后，再折回来加工孔 4，由于定位方向一致，提高了孔 4 与其他孔的位置精度

续表

序号	进给路线的确定	详细说明
6	孔系加工	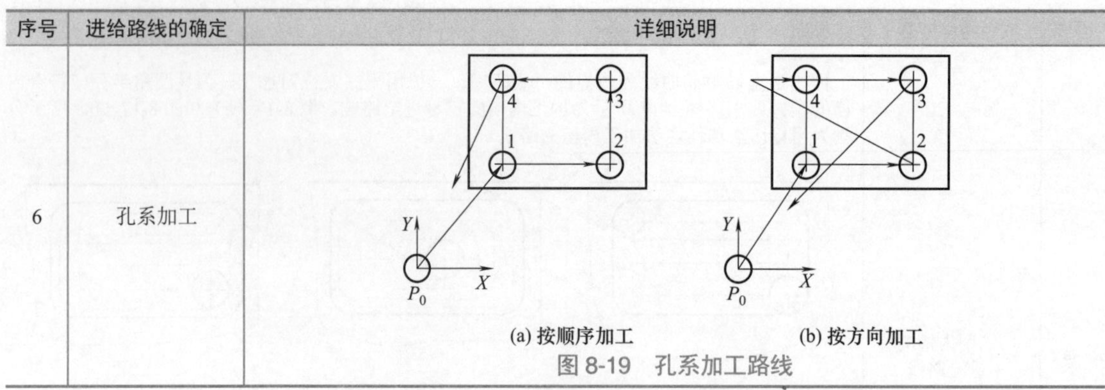(a) 按顺序加工　(b) 按方向加工 图 8-19　孔系加工路线

8.2 数控铣削常用的工装夹具

8.2.1 数控铣削对夹具的基本要求

实际上数控铣削加工时一般不要求很复杂的夹具，只要求有简单的定位、夹紧机构就可以了。其设计原理也与通用铣床夹具相同，结合数控铣削加工的特点，这里只提出几点基本要求，见表 8-7。

表 8-7　数控铣削对夹具的要求

序号	数控铣削对夹具的要求
1	为保持工件在本工序中所有需要完成的待加工面充分暴露在外，夹具要做得尽可能开敞，因此夹紧机构元件与加工面之间应保持一定的安全距离，同时要求夹紧机构元件的高度能低则低，以防止夹具与铣床主轴套筒或刀套、刃具在加工过程中发生碰撞
2	为保持零件安装方位与机床坐标系及编程坐标系方向的一致性，夹具应能保证在机床上实现定向安装，还要求能协调零件定位面与机床之间保持一定的坐标联系
3	夹具的刚度与稳定性要好。尽量不采用在加工过程中更换夹紧点的设计，当非要在加工过程中更换夹紧点时，要特别注意不能因更换夹紧点而破坏夹具或工件定位精度

8.2.2 常用夹具种类

表 8-8 详细描述了常用夹具种类。

表 8-8　常用夹具种类

序号	常用夹具种类	详细说明
1	万能组合夹具	该夹具适合于小批量生产或研制时的中、小型工件在数控铣床上进行铣削加工。图 8-20 所示为一种典型铣削的万能夹具 图 8-20　万能夹具

续表

序号	常用夹具种类	详细说明
2	专用铣削夹具	该夹具是特别为某一项或类似的几项工件设计制造的夹具，一般在年产量较大或研制时采用。其结构固定，仅适用于一个具体零件的具体工序。这类夹具设计时应力求简化，使制造时间尽可能缩短。图 8-21 所示为自行设计制造的卧式加工中心的专用夹具  图 8-21 自行设计制造的卧式加工中心的专用夹具
3	多工位夹具	该夹具可以同时装夹多个工件，可减少换刀次数，也便于边加工边装卸工件，有利于缩短辅助时间、提高生产率，较适宜于中批量生产。图 8-22 所示为加工中心用的多工位弹性夹头液压夹具  图 8-22 加工中心多工位弹性夹头液压夹具
4	气动或液压夹具	该夹具适用于生产批量较大，采用其他夹具又特别费工、费力的工件，能减轻工人劳动强度和提高生产率。但此类夹具结构较复杂，造价往往较高，而且制造周期较长。图 8-23 所示为典型的液压夹具  图 8-23 液压夹具
5	通用铣削夹具	数控回转台（座），一次安装工件，同时可从四面加工坯料；双回转台可用于加工在表面上成不同角度布置的孔，可进行五个方向的加工。图 8-24 所示为一种典型的数控回转台  图 8-24 一种典型的数控回转台

8.2.3 常用夹具

表 8-9 详细描述了常用夹具。

表 8-9　常用夹具

序号	常用夹具	详细说明
1	机用平口钳	又称作机用虎钳或者台虎钳，常用来安装矩形和圆柱形工件，用扳手转动丝杠，通过丝杠螺母带动活动钳身移动，形成对工件的加紧与松开，如图 8-25 所示  图 8-25　机用平口钳 机用平口钳装配结构是将可拆卸的螺纹连接和销连接的铸铁合体；活动钳身的直线运动是由螺旋运动转变的；工作表面是螺旋副、导轨副及间隙配合的轴和孔的摩擦面。设计结构简练紧凑，夹紧力度强，易于操作使用。内螺母一般采用较强的金属材料，使夹持力保持更大，一般都会带有底盘，底盘带有 180°刻度线可以 360°平面旋转
2	压板	对于中型、大型和形状比较复杂的零件，一般采用压板将工件紧固在工作台台面上，压板装夹工件时所用的工具比较简单，主要是压板、垫铁、T 形槽螺栓、螺母等，为了满足不同形状零件的装夹需要，压板的形状种类也较多。图 8-26 所示为工作台上安装好的压板固定的工件  图 8-26　压板夹具
3	气动夹紧通用虎钳	该系统夹具夹紧工件时由压缩空气使活塞移动，带动丝杠使钳口左移夹紧工件，如图 8-27 所示  图 8-27　气动夹紧通用虎钳
4	分度头	分度头是数控铣床常用的通用夹具之一，是安装在铣床上用于将工件分成任意等份的机床附件、利用分度刻度环和游标、定位销和分度盘以及交换齿轮，将装卡在顶尖间或卡盘上的工件分成任意角度，可将圆周分成任意等份，辅助机床利用各种不同形状的刀具进行各种沟槽、正齿轮、螺旋正齿轮、阿基米德螺线凸轮等的加工工作。分度头分为万能分度头、半万能分度头和等分分度头（一般分度头）。图 8-28 所示为一典型的万能分度头

续表

序号	常用夹具	详细说明
4	分度头	图 8-28　万能分度头

8.2.4　数控铣削夹具的选用原则

在选用夹具时，通常需要考虑产品的生产批量、生产效率、质量保证及经济性，选用时可参照下列原则，见表 8-10。

表 8-10　数控铣削夹具的选用原则

序号	数控铣削夹具的选用原则
1	在生产量小或研制时，应广泛采用万能组合夹具，只有在组合夹具无法解决工件的装夹时才考虑采用其他夹具
2	在小批量或成批生产时可考虑采用专用夹具，但应尽量简单
3	在生产批量较大时可考虑采用多工位夹具和气动、液压夹具
4	在选用夹具卡盘时，通常需要考虑产品的生产批量、生产效率、实用、卡盘安装方便、质量保证及经济性等

8.3　铣削用刀具的类型和选用

8.3.1　数控铣削刀具的基本要求

表 8-11 详细描述了数控铣削刀具的要求。

表 8-11　数控铣削刀具的要求

序号	常用夹具种类	详细说明
1	铣刀刚性强	一是为提高生产效率而采用大切削用量的需要；二是为适应数控铣床加工过程中难以调整切削用量的特点。当工件各处的加工余量相差悬殊时，通用铣床遇到这种情况很容易采取分层铣削方法加以解决，而数控铣削就必须按程序规定的走刀路线前进，遇到余量大时无法像通用铣床那样“随机应变”，除非在编程时能够预先考虑到，否则铣刀必须返回原点，用改变切削面高度或加大刀具半径补偿值的方法从头开始加工，多走几刀。但这样势必造成余量少的地方经常走空刀，降低了生产效率，如刀具刚性较好就不必这么办
2	铣刀耐用度要高	尤其是当一把铣刀加工的内容很多时，如刀具不耐用而磨损较快，就会影响工件的表面质量与加工精度，而且会增加换刀引起的调刀与对刀次数，也会使工作表面留下因对刀误差而形成的接刀台阶，降低工件的表面质量
3	其他	铣刀切削刃的几何角度参数的选择及排屑性能等也非常重要，切屑粘刀形成积屑瘤在数控铣削中是十分忌讳的

总之，根据被加工工件材料的热处理状态、切削性能及加工余量，选择刚性好、耐用度高的铣刀，是充分发挥数控铣床的生产效率和获得满意的加工质量的前提。

8.3.2 常用铣刀的种类

表 8-12 详细描述了常用铣刀的种类。

表 8-12 常用铣刀的种类

序号	铣刀	详细说明
1	面铣刀	如图 8-29 所示，面铣刀的圆周表面和端面上都有切削刃，端部切削刃为副切削刃。面铣刀多制成套式镶齿结构，刀齿材料为高速钢或硬质合金，刀体材料为 40Cr 面铣刀主要用于面积较大的平面铣削和较平坦的立体轮廓的多坐标加工。高速钢面铣刀按国家标准规定，直径 d=80 ～ 250mm，螺旋角 β=10°，刀齿数 z=10 ～ 26 硬质合金面铣刀与高速钢铣刀相比，铣削速度较高、加工效率高、加工表面质量也较好，并可加工带有硬皮和淬硬层的工件，故得到广泛应用。硬质合金面铣刀按刀片和刀齿的安装方式，可分为整体焊接式（图 8-30）、机夹焊接式（图 8-31）和可转位式三种（图 8-32）  图 8-29 面铣刀 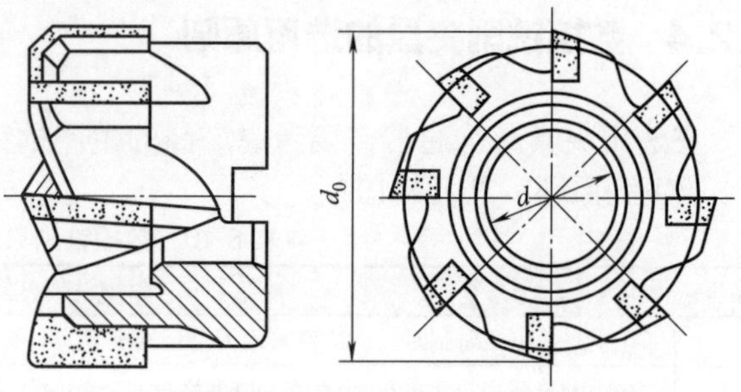 图 8-30 整体焊接式硬质合金面铣刀 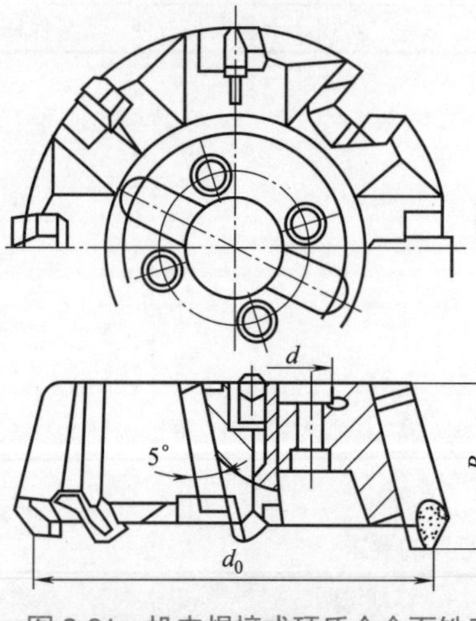 图 8-31 机夹焊接式硬质合金面铣刀 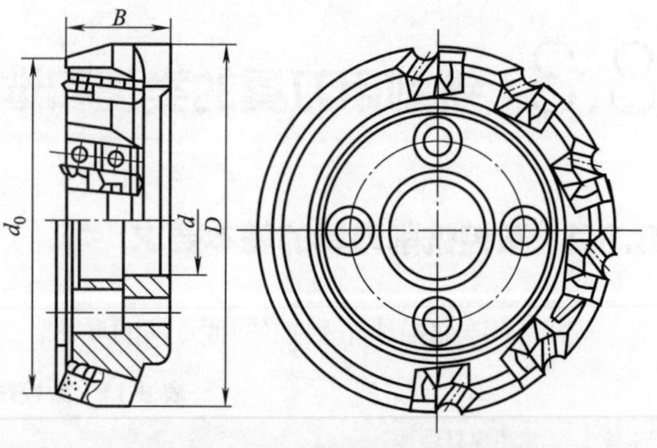 图 8-32 可转位式硬质合金面铣刀
2	立铣刀	立铣刀也称为圆柱铣刀，广泛用于加工平面类零件。立铣刀的圆柱表面和端面上都有切削刃，它们可同时进行切削，也可单独进行切削。立铣刀圆柱表面的切削刃为主切削刃，端面上的切削刃为副切削刃。主切削刃一般为螺旋齿形的，这样可以增加切削平稳性，提高加工精度。一种先进的结构为切削刃是波形的，其特点是排屑更流畅，切削厚度更大，利于刀具散热且延长了刀具寿命，且刀具不易产生振动 立铣刀按端部切削刃的不同可分为过中心刃和不过中心刃两种。过中心刃立铣刀可直接轴向进刀。不过中心刃立铣刀的端面中心处无切削刃，所以它不能作轴向进给，端面刃主要用来加工与侧面相垂直的底平面。端铣刀除用其端刃铣削外，也常用其侧刃铣削，有时端刃、侧刃同时进行铣削，端铣刀也可称为圆柱铣刀（图 8-33） 立铣刀按齿数可分为粗齿、中齿、细齿三种。为了改善切屑卷曲情况，增大容屑空间，防止切屑堵塞，刀齿数比较少，容屑槽圆弧半径则较大。一般粗齿立铣刀齿数 z=3 ～ 4，细齿立铣刀齿数 z=5 ～ 8，套式结

续表

<table>
<tr><th>序号</th><th>铣刀</th><th>详细说明</th></tr>
<tr><td>2</td><td>立铣刀</td><td> 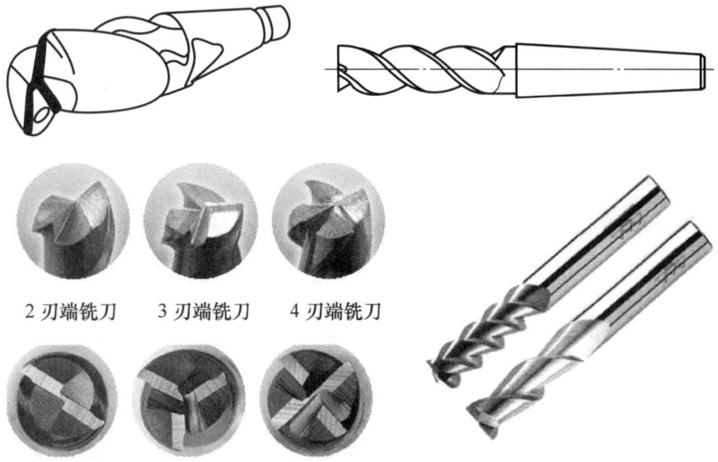2 刃端铣刀　3 刃端铣刀　4 刃端铣刀
图 8-33　端铣刀
构齿数 z=10 ～ 20，容屑槽圆弧半径 r=2 ～ 5mm。当立铣刀直径较大时，还可制成不等齿距结构，以增强抗振作用，使切削过程平稳。立铣刀按螺旋角大小可分为 30°、40°、60°等几种形式。标准立铣刀的螺旋角 β 有 40° ～ 45°（粗齿）和 60° ～ 65°（细齿），套式结构立铣刀的 β 为 15° ～ 25°
直径较小的立铣刀，一般制成带柄形式。ϕ2 ～ 71mm 的立铣刀制成直柄；ϕ6 ～ 66mm 的立铣刀制成莫氏锥柄；ϕ25 ～ 80mm 的立铣刀制成 7 ： 24 锥柄，内有螺孔用来拉紧刀具直径大于 ϕ40 ～ 160mm 的立铣刀可做成套式结构</td></tr>
<tr><td>3</td><td>模具铣刀</td><td>模具铣刀由立铣刀发展而成，它是加工金属模具型面的铣刀的统称，可分为圆锥形立铣刀（圆锥半角为 3°、5°、7°、10°）、圆柱形球头立铣刀和圆锥形球头立铣刀三种，其柄部有直柄、削平型直柄和莫氏锥柄，如图 8-34 所示
它的结构特点是球头或端面上布满了切削刃，圆周刃与球头刃圆弧连接，可以作径向和轴向进给。铣刀工作部分用高速钢或硬质合金制造，国家标准规定直径 d=4 ～ 66mm。小规格的硬质合金模具铣刀多制成整体结构，ϕ16mm 以上直径的制成焊接式或机夹可转位式刀片结构 
图 8-34　模具铣刀</td></tr>
<tr><td>4</td><td>键槽铣刀</td><td>键槽铣刀有两个刀齿，圆柱面和端面上都有切削刃，端面刃延至中心，既像立铣刀，又像钻头。用键槽铣刀铣削键槽时，先轴向进给达到槽深，然后沿键槽方向铣出键槽全长。由于切削力会引起刀具和工件的变形，一次走刀铣出的键槽形状误差较大，槽底与槽边一般不是直角，因此，通常采用两步法铣削键槽，即先用小号铣刀粗加工出键槽，然后以逆铣方式精加工四周，可得到真正的直角。如图 8-35 所示为键槽铣刀 
图 8-35　键槽铣刀
直柄键槽铣刀直径 d=2 ～ 22mm，锥柄键槽铣刀直径 d=14 ～ 50mm。键槽铣刀直径加工时控制刀具上下位置，相应改变刀刃的切削部位，可以在工件上切出从负到正的不同斜角。R 越小，鼓形铣刀所能加工的斜角范围越广，但所获得的表面质量也越差。这种刀具的缺点是刃磨困难，切削条件差。它不适于加工有底的轮廓表面，主要用于对变斜角面的近似加工</td></tr>
<tr><td>5</td><td>成形铣刀</td><td>成形铣刀一般都是为特定的工件或加工内容专门设计制造的，适用于平面类零件的特定形状（如角度面、凹槽面等）的加工，也适用于特形孔或台的加工。如图 8-36 所示为几种常用的成形铣刀</td></tr>
</table>

续表

序号	铣刀	详细说明
5	成形铣刀	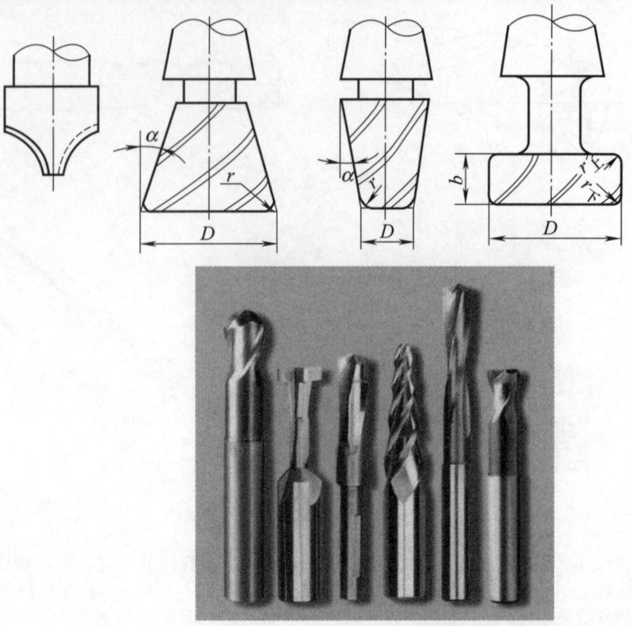 图 8-36　几种常用的成形铣刀
6	锯片铣刀	锯片铣刀可分为中小型规格的锯片铣刀和大规格的锯片铣刀（GB/T 6130—2001），数控铣床和加工中心主要用中小型规格的锯片铣刀。锯片铣刀主要用于大多数材料的切槽、切断、内外槽铣削、组合铣削、缺口实验的槽加工、齿轮毛坯的粗齿加工等。如图 8-37 所示为锯片铣刀  图 8-37　锯片铣刀
7	球头铣刀	球头铣刀适用于加工空间曲面零件，有时也用于平面类零件较大的转接凹圆弧的补加工，如图 8-38 所示 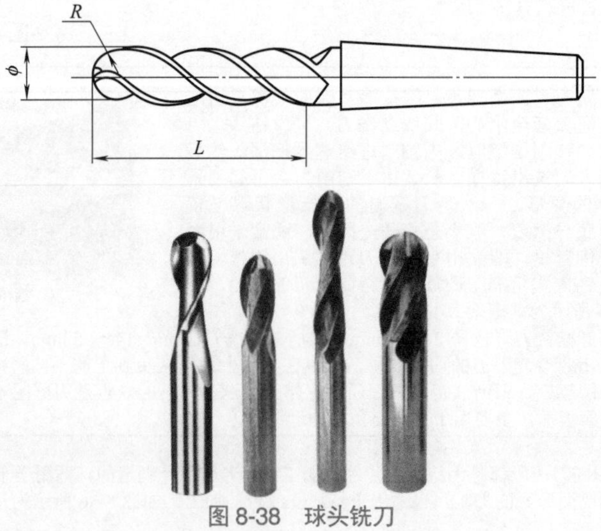 图 8-38　球头铣刀

续表

序号	铣刀	详细说明
8	螺纹铣刀	如图 8-39 所示为螺纹铣刀，主要用于工件中螺纹的攻牙、攻螺纹的操作 图 8-39 螺纹铣刀

除上述几种类型的铣刀外，数控铣床也可使用各种通用铣刀。但因不少数控铣床的主轴内有特殊的拉刀装置，或因主轴内孔锥度有别，须配制过渡套和拉杆。

8.3.3 铣削刀具的选择

(1) 铣削用刀具的选择

表 8-13 详细描述了铣削用刀具的选择。

表 8-13 铣削用刀具的选择

序号	铣削用刀具的选择
1	铣削平面时，应选硬质合金片铣刀
2	铣削凸台和凹槽时，选高速钢立铣刀
3	加工余量小，并且要求表面粗糙度较低时，多采用镶立方氮化硼刀片或镶陶瓷刀片的端铣刀
4	铣削毛坯表面或孔的粗加工，可选镶硬质合金的玉米铣刀进行强力切削
5	铣削较大的平面应选择面铣刀
6	铣削平面类零件的周边轮廓、凹槽、较小的台阶面应选择立铣刀
7	铣削空间曲面、模具型腔或凸模成形表面等多选用模具铣刀
8	铣削封闭的键槽选用键槽铣刀
9	铣削变斜角零件的变斜角面应选用鼓形铣刀
10	铣削立体型面和变斜角轮廓外形常采用球头铣刀、鼓形铣刀
11	铣削各种直的或圆弧形的凹槽、斜角面、特殊孔等应选用成形铣刀

(2) 铣刀主要参数的选择

下面以面铣刀为例介绍铣刀主要参数的选择。

标准的可转位面铣刀的直径 ϕ 为 16 ～ 660mm，铣刀直径（一般比切宽大 20% ～ 50%）尽量包容工件整个加工宽度。粗铣时，铣刀直径要小些；精铣时，铣刀直径要大些，尽量包容工件整个加工宽度。为了获得最佳的切削效果，推荐采用不对称铣削位置。另外，为延长刀具寿命宜采用顺铣。

可转位面铣刀有粗齿、中齿和密齿三种。粗齿铣刀容屑空间较大，常用于粗铣钢件；粗铣带断续表面的铸件和在平稳条件下铣削钢件时，可选用中齿铣刀；密齿铣刀的每齿进给量较小，主要用于加工薄壁铸件。

用于铣削的切削刃槽形和性能都较好，很多新型刀片都有用于轻型、中型和重型加工的基本槽形。

前角的选择原则与车刀的基本相同，只是由于铣削时有冲击，因此前角数值一般比车刀的略小，尤其是硬质合金面铣刀，前角数值减小得更多些。铣削强度和硬度都较高的材料时，可选用负前角的刀刃，前角的数值主要根据工件材料和刀具材料来选择。

铣刀的磨损主要发生在后刀面上，因此适当加大后角，可减少铣刀磨损。后角常取为 $\alpha_0=5° \sim 12°$，工件材料软时后角取大值，工件材料硬时后角取小值；粗齿铣刀的后角取小值，细齿铣刀的后角取大值。铣削时冲击力大，为了保护刀尖，硬质合金面铣刀的刃倾角常取λ_s=5°～−15°。只有在铣削低强度材料时，取λ_s=5°。主偏角κ_r在45°～90°范围内选取，铣削铸铁常用45°，铣削一般钢材常用75°，铣削带凸肩的平面或薄壁零件时要用90°。

8.3.4 切削用量选择

切削用量包括主轴转速（切削速度）、切削深度、进给速度。切削用量选择的原则是：粗加工为了提高生产率，首先选择一个尽可能大的切削深度，其次选择一个较大的进给速度，最后确定一个合适的主轴转速；精加工时为了保证加工精度和表面粗糙度要求，选用较小的切削深度、进给速度和较大的主轴转速。具体数值应根据机床说明书中规定的要求以及刀具耐用度，并结合实际经验采用类比法来确定。

（1）切削三要素选择的原则

表8-14详细描述了切削三要素选择的原则。

表8-14 切削三要素选择的原则

序号	切削三要素	选择的原则
1	切削深度	在机床、夹具、刀具、零件等刚度允许的条件下，尽可能选较大的切削深度，以减少走刀次数，提高生产率。对于表面粗糙度和精度要求高的零件，要留有足够的精加工余量，一般取0.1～0.5mm
2	主轴转速	根据允许的切削速度来选择
3	进给速度	进给速度是切削用量中的一个重要参数，通常根据零件加工精度及表面粗糙度要求来选择，要求较高时，进给速度应选取得小一些

（2）相关切削用量简表

① 表8-15所示为ϕ8～20mm高速钢立铣刀粗铣切削用量参考值。

表8-15 ϕ8～20mm高速钢立铣刀粗铣切削用量参考值

序号	直径/mm	刀槽数	铝				钢			
			转速/$r \cdot min^{-1}$	切削速度/$m \cdot min^{-1}$	进给速度/$mm \cdot min^{-1}$	每齿进给量/mm	转速/$r \cdot min^{-1}$	切削速度/$m \cdot min^{-1}$	进给速度/$mm \cdot min^{-1}$	每齿进给量/mm
1	8	2	5000	126	500	0.05	1000	25	100	0.05
2	10	2	4100	129	490	0.06	820	26	82	0.05
3	12	2	3450	130	470	0.07	690	26	84	0.06
4	14	2	3000	132	440	0.07	600	26	80	0.07
5	16	2	2650	133	420	0.08	530	27	76	0.07
6	20	2	2200	136	400	0.09	430	27	75	0.08

② 表8-16所示为硬质合金面铣刀加工平面时的切削用量。

表8-16 硬质合金面铣刀加工平面时的切削用量

序号	材料：45钢	表面质量要求/μm	进给量	切削速度/$m \cdot min^{-1}$
1	粗铣	—	0.12～0.18mm/齿	160～180
2	精铣	*Ra*3.2	0.5～0.8mm/r	200～220
		*Ra*1.6	0.4～0.6mm/r	200～220
		*Ra*0.8	0.2～0.3mm/r	200～220

③ 表8-17所示为涂层硬质合金铣刀的切削用量。

④ 表8-18为高速钢钻头切削用量选择表。

表 8-17 涂层硬质合金铣刀的切削用量

序号	状态	硬度	铣削深度 a_p/mm	端铣平面		铣侧面和槽	
				每齿进给量 / mm	切削速度 / m·min⁻¹	每齿进给量 / mm	切削速度 / m·min⁻¹
1	正火 退火 热轧	175 ～ 225HBS	1	0.20	250	0.13	190
			4	0.30	190	0.18	140
			8	0.40	150	0.23	110

注：铣削端面时切削深度为轴向切削深度，铣削侧面时切削深度为径向切削深度。

表 8-18 高速钢钻头切削用量选择表

序号	钻头直径 d_0/mm	钻孔的进给量 /mm·r⁻¹				
		钢 σ_b < 800MPa	钢 σ_b=800 ～ 1000 MPa	钢 σ_b > 1000 MPa	铸铁、铜及铝合金硬度 ≤ 200HB	铸铁、铜及铝合金硬度 > 200HB
1	≤ 2	0.05 ～ 0.06	0.04 ～ 0.05	0.03 ～ 0.04	0.09 ～ 0.11	0.05 ～ 0.07
2	2 ～ 4	0.08 ～ 0.10	0.06 ～ 0.08	0.04 ～ 0.06	0.18 ～ 0.22	0.11 ～ 0.13
3	4 ～ 6	0.14 ～ 0.18	0.10 ～ 0.12	0.08 ～ 0.10	0.27 ～ 0.33	0.18 ～ 0.22
4	6 ～ 8	0.18 ～ 0.22	0.13 ～ 0.15	0.11 ～ 0.13	0.36 ～ 0.44	0.22 ～ 0.26
5	8 ～ 10	0.22 ～ 0.28	0.17 ～ 0.21	0.13 ～ 0.17	0.47 ～ 0.57	0.28 ～ 0.34
6	10 ～ 13	0.25 ～ 0.31	0.19 ～ 0.23	0.15 ～ 0.19	0.52 ～ 0.64	0.31 ～ 0.39
7	13 ～ 16	0.31 ～ 0.37	0.22 ～ 0.28	0.18 ～ 0.22	0.61 ～ 0.75	0.37 ～ 0.45
8	16 ～ 20	0.35 ～ 0.43	0.26 ～ 0.32	0.21 ～ 0.25	0.70 ～ 0.86	0.43 ～ 0.53
9	20 ～ 25	0.39 ～ 0.47	0.29 ～ 0.35	0.23 ～ 0.29	0.78 ～ 0.96	0.47 ～ 0.56
10	25 ～ 30	0.45 ～ 0.55	0.32 ～ 0.40	0.27 ～ 0.33	0.9 ～ 1.1	0.54 ～ 0.66
11	30 ～ 50	0.60 ～ 0.70	0.40 ～ 0.50	0.30 ～ 0.40	1.0 ～ 1.2	0.70 ～ 0.80

注：1. 表列数据适用于在大刚性零件上钻孔，精度在 H12 ～ H13 级以下（或自由公差），钻孔后还用钻头、扩孔钻或镗刀加工，在下列条件下需乘修正系数：

① 在中等刚性零件上钻孔（箱体形状的薄壁零件、零件上薄的突出部分钻孔）时，乘系数 0.75；

② 钻孔后要用铰刀加工的精确孔，低刚性零件上钻孔，斜面上钻孔，钻孔后用丝锥攻螺纹的孔，乘系数 0.50。

2. 钻孔深度大于 3 倍直径时应乘修正系数。

孔深度（孔深以直径的倍数表示） $3d_0$ $5d_0$ $7d_0$ $10d_0$

修正系数 K_{lf} 1.0 0.9 0.8 0.75

3. 为避免钻头损坏，当刚要钻穿时应停止自动走刀而改用手动走刀。

⑤ 表 8-19 为硬质合金钻头切削用量选择表。

表 8-19 硬质合金钻头切削用量选择表

序号	钻头直径 d_0/mm	钻孔的进给量 /mm·r⁻¹						
		σ_b550 ～ 850MPa①	淬硬钢硬度 ≤ 40HRC	淬硬钢硬度为 40HRC	淬硬钢硬度为 55HRC	淬硬钢硬度为 64HRC	铸铁硬度 ≤ 170HB	铸铁硬度 > 170HB
1	≤ 10	0.12 ～ 0.16	0.04 ～ 0.05	0.03	0.025	0.02	0.25 ～ 0.45	0.20 ～ 0.35
2	10 ～ 12	0.14 ～ 0.20	0.04 ～ 0.05	0.03	0.025	0.02	0.30 ～ 0.50	0.20 ～ 0.35
3	12 ～ 16	0.16 ～ 0.22	0.04 ～ 0.05	0.03	0.025	0.02	0.35 ～ 0.60	0.25 ～ 0.40
4	16 ～ 20	0.20 ～ 0.26	0.04 ～ 0.05	0.03	0.025	0.02	0.40 ～ 0.70	0.25 ～ 0.40
5	20 ～ 23	0.22 ～ 0.28	0.04 ～ 0.05	0.03	0.025	0.02	0.45 ～ 0.80	0.30 ～ 0.50
6	23 ～ 26	0.24 ～ 0.32	0.04 ～ 0.05	0.03	0.025	0.02	0.50 ～ 0.85	0.35 ～ 0.50
7	26 ～ 29	0.26 ～ 0.35	0.04 ～ 0.05	0.03	0.025	0.02	0.50 ～ 0.90	0.40 ～ 0.60

①为淬硬的碳钢及合金钢。

注：1. 大进给量用于在大刚性零件上钻孔，精度在 H12 ～ H13 级以下（或自由公差），钻孔后还用钻头，扩孔钻或镗刀加工。小进给量用于在中等刚性条件下，钻孔后要用铰刀加工的精确孔，钻孔后用丝锥攻螺纹的孔。

2. 钻孔深度大于 3 倍直径时应乘修正系数：

孔深 $3d_0$ $5d_0$ $7d_0$ $10d_0$

修正系数 K_{lf} 1.0 0.9 0.8 0.75

3. 为避免钻头损坏，当刚要钻穿时应停止自动走刀而改用手动走刀。

4. 钻削钢件时使用切削液，钻削铸铁时不使用切削液。

8.3.5 工艺文件编制

数控加工工艺文件既是数控加工、产品验收的依据，也是操作者要遵守、执行的规范，同时也是产品零件重复生产在技术上的工艺资料积累和储备。加工工艺是否先进、合理，将在很大程度上决定加工质量的优劣。数控加工工艺文件主要有工序卡、刀具调整单、机床调整单、零件的加工程序单等。

这里所列举的卡片，根据实际情况选用即可。

（1）工序卡

工序卡主要用于自动换刀数控机床。它是操作人员进行数控加工的主要指导性工艺资料。工序卡应按已确定的工步顺序填写。不同的数控机床其工序卡的格式也不相同。表 8-20 所示为自动换刀卧式镗铣床的工序卡。

表 8-20　自动换刀卧式镗铣床工序卡

零件号					零件名称						材料		
程序编号					日　期		年　月　日				制表	审核	
工步号	加工面	刀具			主轴转速		进给速度		刀具补偿	工作台到加工面的距离	加工深度	备注	
		号	种类规格	长度	指令	转速	指令	mm/min					

（2）刀具调整单

数控机床上所用刀具一般要在对刀仪上预先调整好直径和长度。将调整好的刀具及其编号、型号、参数等填入刀具调整单中，作为调整刀具的依据。刀具调整单如表 8-21 所示。

表 8-21　刀具调整单

零件号				零件名称				工序号	
工步号	刀具码	刀具号	刀具种类	直径		长度		备注	
				设定值	实测值	设定值	实测值		
						制表	日期	测量员	日期

（3）机床调整单

机床调整单是操作人员在加工零件之前调整机床的依据。机床调整单应记录机床控制面板上的“开关”的位置、零件安装、定位和夹紧方法及键盘应键入的数据等。表 8-22 所示为自动换刀数控镗铣床的机床调整单。

（4）加工程序单

零件加工程序单是记录加工工艺过程、工艺参数和位移数据的表格，也是手动数据输入和置备纸带、实现数控加工的主要依据。表 8-23 所示为字地址可变程序段格式的加工程序单。加工程序单样式可根据实际加工的需求而有所变化。

表 8-22　机床调整单

零件号		零件名称		工序号		制表					
位码调整旋钮											
F1		F2		F3		F4		F5			
F6		F7		F8		F9		F10			
刀具补偿拨盘											
1					6						
2					7						
3					8						
4					9						
5					10						
对称切削开关位置											
X	N010 ～ N080	0	Y		0	Z		0	B	N010 ～ N080	0
	N081 ～ N110	1			0			0		N081 ～ N110	1
垂直校验开关					0						
零件冷却					1						

表 8-23　加工程序单

N	G	X	Y	Z	I	J	R	F	S	T	M
0010 0020 0030 • • • • • • *n*											

第 9 章　FANUC 数控铣床（加工中心）编程

9.1 程序的结构与格式

9.1.1 程序的结构

一个完整的程序由程序号、程序内容和程序结束三部分组成。

例如：O0001	程序号
N010 M3 S1000 N020 T0101 N030 G01 X—8 Y10 F250 N040 X0 Y0 N050 X30 Y20 N060 G00 X40	程序内容
N070 M02	程序结束

从上面的程序中可以看出：程序以 O0001 开头，以 M02 结束。在数控机床上，将 O0001 称为程序号，M02 称为程序结束标记。程序中的每一行（可以用“；”作为分行标记）称为一个程序段。程序号、程序结束标记、加工程序段是任何加工程序都必须具备的三要素，见表 9-1。

9.1.2 程序字

程序段由程序字构成，M03 S800、F250、G98 等都是程序字。程序字可以包括“地址”和“数字”。通常来说，每一个程序字都对应机床内部的一个地址，每一个不同的地址都代表着一类指令代码，而同类指令则通过后缀的数字加以区别。

如 M03 S800：M 和 S 是地址指令，规定了机床该执行什么操作；03 和 800 则是对这种操作的具体要求。程序字是组成数控加工程序的最基本单位，使用时应注意以下几点，见表 9-2。

表 9-1 加工程序段三要素

序号	程序结构三要素	详细说明
1	程序号	程序号必须位于程序的开头，它一般由字母 O 后缀若干位数字组成。根据采用的标准和数控系统的不同，有时也可以由字符 %（如：SIEMENS 数控系统）或字母 P 后缀若干位数字组成。程序号是零件加工程序的代号，它是加工程序的识别标记，不同程序号对应着不同的零件加工程序。程序号编写时应注意以下几点： ①程序号必须写在程序的最前面，并占一单独的程序段 ②在同一数控机床中，程序号不可以重复使用 ③程序号 O9999、O.9999（特殊用途指令）、O0000 在数控系统中通常有特殊的含义，在普通加工程序中应尽量避免使用 ④在某些系统（如：SIEMENS 系统）中，程序号除可以用字符 % 代替 O 外，有的还可以直接用多字符程序名（如 ABC 等）代替程序号
2	程序结束标记	程序的结束标记用 M 代码表示，它必须写在程序的最后，代表着一个加工程序的结束。可以作为程序结束标记的 M 代码有 M02 和 M30，它们代表零件加工主程序的结束。为了保证最后程序段的正常执行，通常要求 M02（M30）也必须单独占一程序段。此外，M99、M17（SIEMENS 常用）也可以用作程序结束标记，但它们代表的是子程序的结束。有关主程序、子程序的概念详见后述
3	程序段 （程序内容）	加工程序段处在程序号和程序结束标记之间，是加工程序最主要的组成部分，程序段由程序字构成（如：G00、M03 S800）。加工程序段的长度和程序段数量，一般仅受数控系统的功能与存储器容量的限制 加工程序段作为程序最主要的组成部分，通常由 N 及后缀的数字（称顺序号或程序段号）开头；以程序段结束标记 CR（或 LF）结束，实际使用时，常用符号“；”表示 CR（或 LF），作为结束标记

使用时应注意：在数控系统说明书中给出的输入格式（表 9-3）只是数控系统允许输入的范围，它不能代表机床的实际参数，实际上几乎不能用到表中的极限值。对于不同的机床，在编程时必须根据机床的具体规格（如：工作台的移动范围、刀具数、最高主轴转速、快进速度等）来确定机床编程的允许输入范围。

表 9-2 程序字注意事项

序号	程序字注意事项
1	程序字是组成数控加工程序的最基本单位，一般来说，单独的地址或数字都不允许在程序中使用。如 X100、G01、M03、Z-58.685……都是正确的程序字；而 G、F、M、300……是不正确的程序字
2	程序字必须是字母（或字符）后缀数字，先后次序不可以颠倒。如：02M、100X……是不正确的程序字
3	对于不同的数控系统，或同一系统的不同地址，程序字都有规定的格式和要求，这一程序字的格式称为数控系统的输入格式。数控系统无法识别不符合输入格式要求的代码。输入格式的详细规定，可以查阅数控系统生产厂家提供的编程说明书 作为参考，表 9-3 列出了最常用的 FANUC 系统输入格式，这一格式对于大部分系统都是适用的

表 9-3 详细描述了数控系统输入格式。

表 9-3 数控系统输入格式

序号	地 址	允许输入	意 义
1	O	1 ～ 9999	程序号
2	N	1 ～ 9999	程序段号
3	G	00 ～ 99	准备机能代码
4	X、Y、Z、A、B、C、U、V、W	-99999.99 ～ +99999.99	坐标值
5	I、J、K	-9999.999 ～ +9999.999	插补参数
6	F	1 ～ 100000	进给速度，mm/min
7	S	0 ～ 20000	主轴转速
8	T	0 ～ 9999	刀具功能
9	M	0 ～ 999	辅助功能
10	X、P、U	0 ～ 99999.99	暂停时间
11	P	1 ～ 9999999	循环次数、子程序号

9.1.3 指令类型（代码类型）

（1）模态代码、单段有效代码

编程时所使用的指令（代码）按照其特性可以分为模态代码、单段有效代码。

根据加工程序段的基本要求，为了保证动作的正确执行，每一程序段都必须完整。这样，在实际编程中，必将出现大量的重复指令，使程序显得十分复杂和冗长。为了避免出现以上情况，在数控系统中规定了这样一些代码指令：它们在某一程序段中输入指令之后，可以一直保持有效状态，直到撤销这些指令（一次书写、一直有效。如进给速度 F），这些代码指令称为模态代码或模态指令。而仅在编入的程序段生效的代码指令，称为单段有效代码或单段有效指令。

模态代码和单段有效代码的具体规定，可以查阅数控系统生产厂家提供的编程说明书。一般来说，绝大多数常用的 G 代码以及全部 S、F、T 代码均为模态代码，M 代码的情况决定于机床生产厂家的设计。

（2）代码分组、开机默认代码

利用模态代码可以大大简化加工程序，但是，由于它的“连续有效”性，使得其撤销必须由相应的指令进行，代码分组的主要作用就是为了撤销模态代码。

所谓代码分组，就是将系统不可能同时执行的代码指令归为一组，并予以编号区别（如 M03、M05 表示主轴正转和主轴停止；M07、M09 表示切削液的开和关）。同一组的代码有相互取代的作用，由此来撤销模态代码。

此外，为了避免编程人员在程序编制中出现的指令代码遗漏，像计算机一样，数控系统中也对每一组的代码指令，都取其中的一个作为开机默认代码，此代码在开机或系统复位时可以自动生效。

对于分组代码的使用应注意以下两点，见表 9-4。

表 9-4 分组代码使用的注意事项

序号	分组代码使用的注意事项
1	同一组的代码在一个程序段中只能有一个生效，当编入两个以上时，一般以最后输入的代码为准；但不同组的代码可以在同一程序段中编入多个
2	对于开机默认的模态代码，若机床在开机或复位状态下执行该程序，则程序中允许不进行编写

有关模态代码、单程序段有效代码、开机默认的模态代码、代码分组详见本书编程部分表 9-12。

9.2 数控机床的三大机能（F、S、M）

9.2.1 进给机能（F）

在数控机床上，把刀具以规定的速度的移动称为进给。控制刀具进给速度的机能称为进给机能，亦称 F 机能。进给速度机能用地址 F 及后缀的数字来指令，对于直线运动的坐标轴，常用的单位为 mm/min 或 mm/r。

铣床、加工中心指令 G94 确定加工是进给速度按照 mm/min 进行（需要在程序开始部分指定）；G95 确定加工按照 mm/r 执行。F 后缀的数字直接代表了编程的进给速度值，即：F100

代表进给速度100mm/min。F后缀的数字位可以是4～5位，它可以实现任意进给速度的选择，且指令值和进给速度直接对应，目前绝大多数系统都使用该方法。

进给机能的编程应注意以下几点，见表9-5。

表9-5　进给机能的注意事项

序号	进给机能的注意事项
1	F指令是模态的，对于一把刀具通常只需要指定一次
2	在程序中指令的进给速度，对于直线插补为机床各坐标轴的合成速度，如图9-1所示；对于圆弧插补为圆弧在切线方向的速度，如图9-2所示 图9-1　直线插补的速度 图9-2　圆弧在切线方向的速度
3	编程的F指令值还可以根据实际加工的需要，通过操作面板上的“进给倍率”开关进行修正，因此，实际刀具进给的速度可以和编程速度有所不同（螺纹加工除外，详见后述）
4	机床在进给运动时，加减速过程是数控系统自动实现的，编程时无需对此进行考虑
5	F不允许使用负值；通常也不允许通过指令F0控制进给的停止，在数控系统中，进给暂停动作由专用的指令（G04）实现。但是通过进给倍率开关可以控制进给速度为0

9.2.2 主轴机能（S）

在数控机床上，把控制主轴转速的机能称为主轴机能，亦称S机能。主轴机能用地址S及后缀的数字来指定，单位为r/min。

主轴转速的指定方法有：位数法、直接指令法等。其作用和意义与F机能相同。目前绝大多数系统都使用直接指令方法，即：S100代表主轴转速为100r/min。

主轴机能的编程应注意以下几点，见表9-6。

表9-6　主轴机能的注意事项

序号	主轴机能的注意事项
1	S指令是模态的，对于一把刀具通常只需要指令一次
2	编程的S指令值可以通过操作面板上的“主轴倍率”开关进行修正，实际主轴转速可以和编程转速有所不同
3	S指令不允许使用负值，主轴的正、反转由辅助机能指令M03/M04进行控制。主轴启动、停止的控制方法有两种：①通过指令S0使主轴转速为“0”；②通过M05指令控制主轴的停止，M03/M04启动。通过“主轴倍率”开关，一般只能在50%～150%的范围对主轴转速进行调整
4	在有些数控铣、镗床及加工中心上，刀具的切削速度一般不可以进行直接指定，它需要通过指令主轴（刀具）的转速进行。其换算关系为： $v=\frac{2\pi Dn}{1000}$ 式中　v——切削速度，m/min n——主轴转速，r/min D——刀具直径，mm 在上述程序段中，S代码指令的值即为主轴转速n的值

9.2.3 辅助机能（M）

在数控机床上，把控制机床辅助动作的机能称为辅助机能，亦称 M 机能。辅助机能用地址 M 及后缀的数字来指定，常用的有 M00 ～ M99。其中，部分 M 代码为数控机床标准规定的通用代码，在所有数控机床上都具有相同的意义，表 9-7 列出部分 M 通用代码，具体代码将在 FANUC 和 SIEMENS 编程中详细说明。其余的 M 代码指令的意义，一般由机床生产厂家定义，编程时必须参照机床生产厂家提供的使用说明书。

表 9-7 常用 M 代码表

代码	功能	代码	功能
M01	程序暂停	M07	内切削液开
M02	程序结束	M08	外切削液开
M03	主轴正转	M09	切削液关
M04	主轴反转	M30	程序结束并复位
M05	主轴停		
M06	自动换刀		

9.3 数控铣床（加工中心）的坐标系

为便于编程时描述机床的运动，简化程序的编制方法及保证记录数据的互换性，数控机床的坐标和运动方向都已标准化，此处仅作介绍和说明。

9.3.1 坐标系的确定原则

① 刀具相对于静止的工件而运动的原则。即总是把工件看成是静止的，刀具作加工所需的运动。

② 标准坐标系（机床坐标系）的规定。在数控机床上，机床的运动是受数控装置来控制的，为了确定机床上的成形运动和辅助运动，必须先确定机床上运动的方向和运动的距离，这就需要一个坐标系才能实现，这个坐标系就称为机床坐标系。

标准的机床坐标系是一个右手笛卡儿直角坐标系。它用右手的大拇指表示 X 轴，食指表示 Y 轴，中指表示 Z 轴，三个坐标轴相互垂直，即规定了它们间的位置关系，如图 9-3 所示。

③ 运动的方向。数控机床的某一部件运动的正方向，是增大工件与刀具之间距离的方向，如图 9-4 所示。

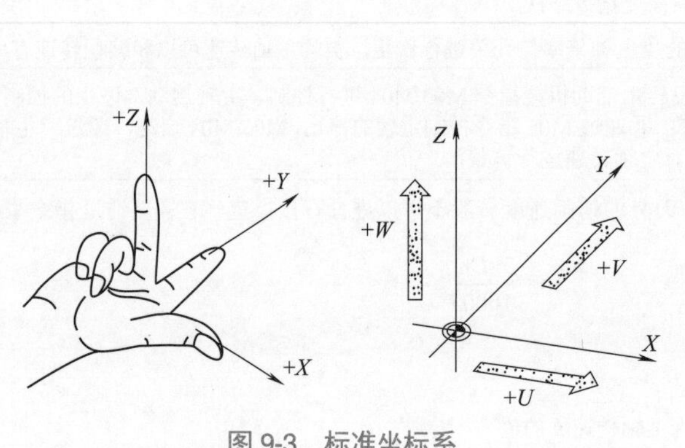

图 9-3 标准坐标系

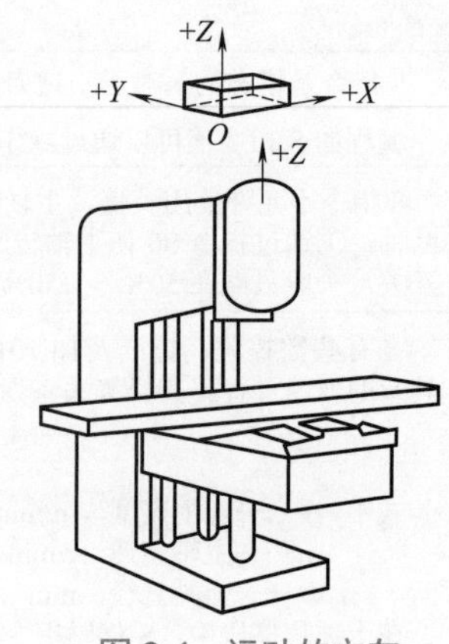

图 9-4 运动的方向

9.3.2 坐标轴的确定方法

① Z 坐标的确定：Z 坐标是由传递切削力的主轴所规定的，其坐标轴平行于机床的主轴。

② X 坐标的确定：X 坐标一般是水平的，平行于工件的装夹平面，是刀具或工件定位平面内运动的主要坐标。

③ Y 坐标的确定：确定了 X、Z 坐标后，Y 坐标可以通过右手笛卡儿直角坐标系来确定。

9.3.3 数控铣床的坐标系

数控铣床坐标系统分为机床坐标系和工件坐标系（编程坐标系）。

（1）机床坐标系

表 9-8 详细描述了机床坐标系及相关概念。

表 9-8 机床坐标系及相关概念

序号	机床坐标系及相关概念	详细说明
1	机床坐标系	以机床原点为坐标系原点建立起来的 X、Y、Z 轴直角坐标系，称为机床坐标系。机床坐标系是机床本身固有的坐标系，它是制造和调整机床的基础，也是设置工件坐标系的基础，一般不允许随意变动 数控铣床坐标系符合 ISO 规定，仍按右手笛卡儿规则建立。三个坐标轴互相垂直，机床主轴轴线方向为 Z 轴，刀具远离工件的方向为 Z 轴正方向。X 轴是位于与工件安装面相平行的水平面内，对于立式铣床，人站在工作台前，面对机床主轴，右侧方向为 X 轴正方向，对于卧式铣床，人面对机床主轴，左侧方向为 X 轴正方向。Y 轴垂直于 X、Z 坐标轴，其方向根据右手直角笛卡儿坐标系来确定，如图 9-3 所示
2	机床原点	机床坐标系的原点，简称机床原点（机床零点）。它是一个固定的点，由生产厂家在设计机床时确定。机床原点一般设在机床加工范围下平面的左前角
3	参考点	参考点是机床上另一个固定点，该点是刀具退离到一个固定不变的极限点，其位置由机械挡块或行程开关来确定。数控铣床的型号不同，其参考点的位置也不同。通常立式铣床指定 X 轴正向、Y 轴正向和 Z 轴正向的极限点为参考点 一般在机床启动后，首先要执行手动返回参考点的操作，这样数控系统才能通过参考点间接确认出机床零点的位置，从而在数控系统内部建立一个以机床零点为坐标原点的机床坐标系。这样在执行加工程序时，才能有正确的工件坐标系

（2）工件坐标系

表 9-9 详细描述了工件坐标系及相关概念。

表 9-9 工件坐标系及相关概念

序号	工件坐标系及相关概念	详细说明
1	工件坐标系（编程坐标系）	工件坐标系是编程时使用的坐标系，是为了确定零件加工时在机床中的位置而设置的。在编程时，应首先设定工件坐标系。工件坐标系采用与机床运动坐标系一致的坐标方向
2	工件原点（编程原点）	工件坐标系的原点简称工件原点，也是编程的程序原点即编程原点。工件原点的位置是任意的，由编程人员在编制程序时根据零件的特点选定。程序中的坐标值均以工件坐标系为依据，将编程原点作为计算坐标值时的起点。编程人员在编制程序时，不用考虑工件在机床上的安装位置，只要根据零件的特点及尺寸来编程即可。工件原点一般选择在便于测量或对刀的基准位置，同时要便于编程计算。选择工件原点的位置时应注意以下几点： ①工件原点应选在零件图的尺寸基准上，以便于坐标值的计算，使编程简单 ②尽量选在精度较高的加工表面上，以提高被加工零件的加工精度 ③对于对称的零件，一般工件原点设在对称中心上 ④对于一般零件，通常设在工件外轮廓的某一角上 ⑤工件原点在 Z 轴方向，一般设在工件表面上

（3）机床坐标系与工件坐标系的关系

机床坐标系与工件坐标系的关系如图 9-5 所示。图中的 X、Y、Z 坐标系为机床坐标系，X'、Y'、Z' 坐标系为工件坐标系。

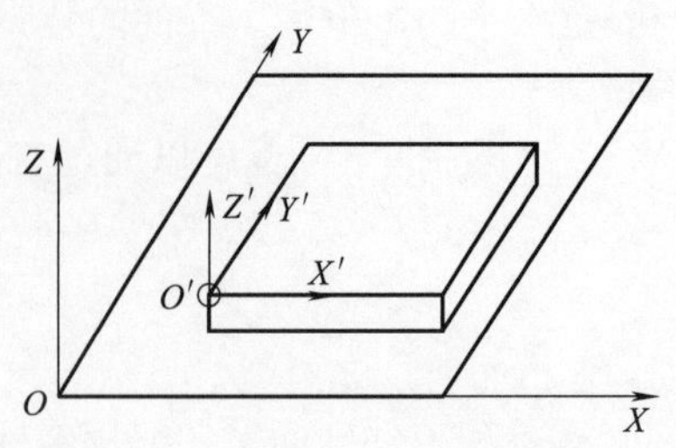

图 9-5　机床坐标系与工件坐标系的关系

9.4 工件坐标系和工作平面的设定

9.4.1 工件坐标系的设定（零点偏置）

（1）零点偏置及指令格式

在数控加工过程中如果使用机床坐标系编程，则太过麻烦，一是工件装夹不确定；二是行程太长，容易产生超程。因此必须用指令指定工件（毛坯）的某个点为加工的原点，即我们常说的工件原点，以这个原点为中心构成的坐标系就是工件坐标系。整个的这个过程，我们称作零点偏置，就是将机械原点移动到工件原点的过程。

可设定的零点偏置给出工件零点在机床坐标系中的位置（工件零点以机床零点为基准偏移）。当工件装夹到机床上后通过对刀求出偏移量，并通过操作面板输入到规定的数据区存储在机床内部。程序可以通过选择相应的 G 功能 G54 ～ G59 激活此值，如图 9-6 所示。

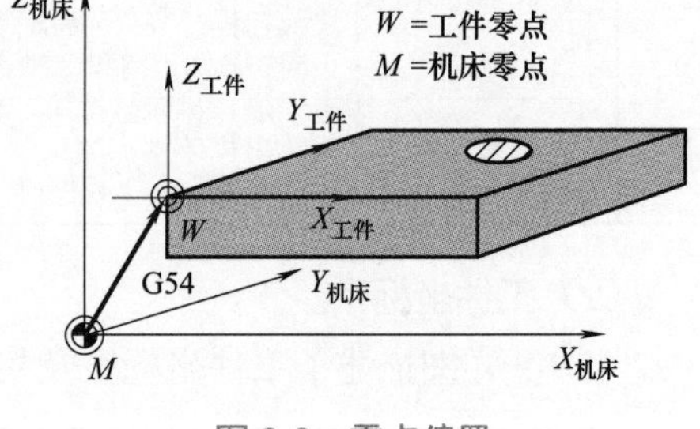

图 9-6　零点偏置

格式：G54　第一可设定零点偏置。

G55　第二可设定零点偏置。

G56　第三可设定零点偏置。

G57　第四可设定零点偏置。

G500　取消可设定零点偏置，模态有效。

G53　取消可设定零点偏置，程序段方式有效，可编程的零点偏置也一起取消。

（2）零点偏置举例及注意事项

① 在编写程序时，需在程序的开头写出 G54（或其他零点偏置指令）即可，可以理解为：零点偏置指令是编程开始部分的固定格式，必须给定。

如：N010 G54 M03 S1500……

② 在同一个程序中允许出现多个零点偏置，如图 9-7 所示。

加工程序如下：

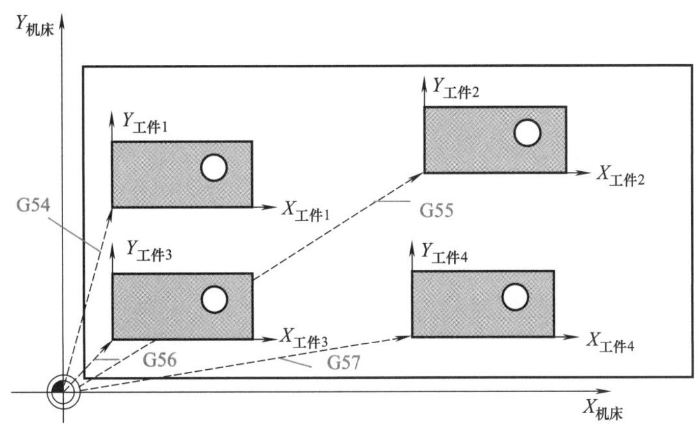

图 9-7 同一个程序中允许出现多个零点偏置

N10 G54	设定工件原点为工件 1 的角上
……	加工工件 1 的程序
N30 G55	设定工件原点为工件 2 的角上
……	加工工件 2 的程序
N50 G56	设定工件原点为工件 3 的角上
……	加工工件 3 的程序
N70 G57	设定工件原点为工件 4 的角上
……	加工工件 4 的程序
N90 G500	取消可设定零点偏置

③ G54 ～ G59 工件坐标系原点是固定不变的，它在机床坐标系建立后即生效，在程序中可以直接选用，不需要进行手动对基准点操作，原点精度高；且在机床关机后亦能记忆，适用于批量加工时使用。

（3）补充说明：浮动零点设定指令 G92

根据不同的代码体系，设定机床坐标系原点可以通过 G92 指令进行，可以适用于大部分机床。指令格式如下：

G92　X__Y__Z__

① 利用 G92 设定的工件坐标系原点是随时可变的，即：它设定的是“浮动零点”在程序中可以多次使用、不断改变，使用比较灵活。但其缺点是：每次设定都需要进行手动对基准点操作，操作步骤较多，并影响到基准点的精度。

② 由 G92 设定的零点，在机床关机后不能记忆。

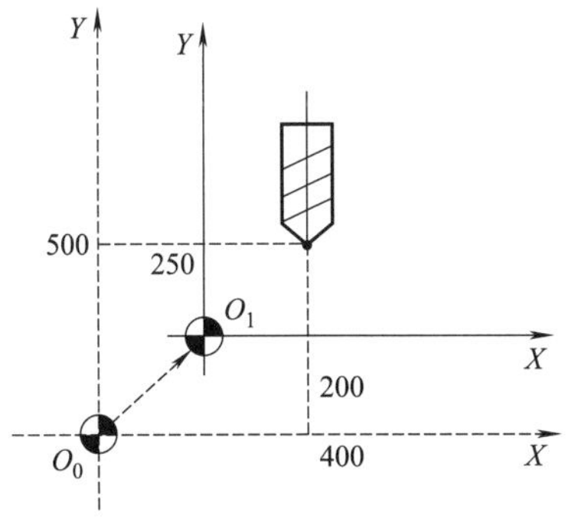

图 9-8 浮动零点设定

③ 注意：指令中编程的 X、Y、Z 值是指定刀具现在位置（基准点）在所设定的工件坐标系中的新坐标值。G92 指令所设定的工件坐标系原点，要通过刀具现在位置（基准点）、新坐标值这两个参数倒过来推出。执行本指令，机床并不产生运动。

例如：假设执行 G92 指令前，刀具所处的位置为（400，500），现将这一点作为工件坐标系的设定基准，执行指令 G92 X200 Y250，其结果是：机床不产生运动，但工件坐标系的原点被设定到点 O_1，原来的原点 O_0 被撤销。刀具定位点的坐标值自动变成为（200，250），如图 9-8 所示。一般不采用 G92 设置工件坐标系。

9.4.2 工作平面的设定

（1）工作平面概述

由于三维加工，存在 *XY*、*ZX*、*YZ* 三个平面，在进行加工、编程时必须首先确定一个平面，即确定一个两坐标轴的坐标平面，在此平面中可以进行刀具的进给运动、钻孔、攻螺纹等操作。

平面选择的不同，影响走圆弧时圆弧方向的定义：顺时针和逆时针。在圆弧插补的平面中规定横坐标和纵坐标，由此也就确定了顺时针和逆时针旋转方向。也可以在非当前平面 G17 ～ G19 的平面中运行圆弧插补，如表 9-10 和图 9-9 所示选择加工平面。

表 9-10 选择加工平面

G 功能	平面（横坐标 / 纵坐标）	垂直坐标轴
G17	*XY*	*Z*
G18	*ZX*	*Y*
G19	*YZ*	*X*

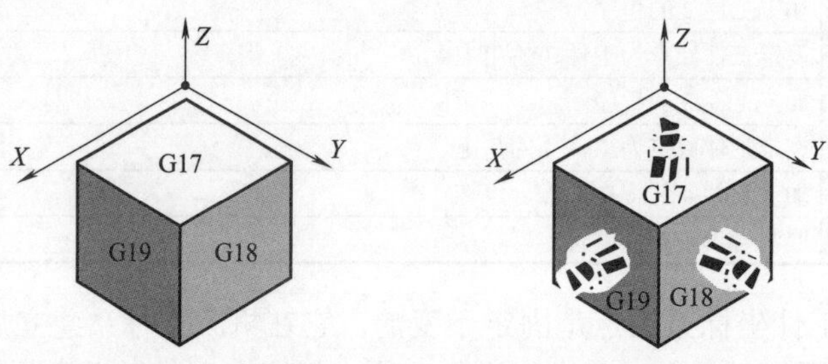

图 9-9 选择加工平面

（2）指令格式

N010 G17　　选择 XY 平面。

一般情况系统默认 XY 平面，故也可省略平面选择指令。

9.5 辅助功能 M 代码和准备功能 G 代码

通过编程并运行程序而使数控机床能够实现的功能我们称之为可编程功能。一般可编程功能分为两类：一类用来实现刀具轨迹控制即各进给轴的运动，如直线/圆弧插补、进给控制、坐标系原点偏置及变换、尺寸单位设定、刀具偏置及补偿等，这一类功能被称为准备功能，以字母 G 以及两位数字组成，也被称为 G 代码；另一类功能被称为辅助功能，用来完成程序的执行控制、主轴控制、刀具控制、辅助设备控制等功能。在这些辅助功能中，T__用于选刀，S__用于控制主轴转速。其他功能由以字母 M 与两位数字组成的 M 代码来实现。

9.5.1 辅助功能 M 代码

机床用 S 代码来对主轴转速进行编程，用 T 代码来进行选刀编程，其他可编程辅助功能由 M 代码来实现，辅助功能包括各种支持机床操作的功能，像主轴的启停、程序停止和切削液开关等。表 9-11 为机床可供用户使用的 M 代码列表。

表 9-11　M 代码列表

代码	说　明	代码	说　明
M00	程序停	M30	程序结束（复位）并回到开头
M01	选择停止	M48	主轴过载取消　不起作用
M02	程序结束（复位）	M49	主轴过载取消　起作用
M03	主轴正转（CW）	M60	APC 循环开始
M04	主轴反转（CCW）	M80	分度台正转（CW）
M05	主轴停	M81	分度台反转（CCW）
M06	换刀	M94	待定
M08	切削液开	M95	待定
M09	切削液关	M96	*Y* 坐标镜像
M19	主轴定向停止	M98	子程序调用
M28	返回原点	M99	子程序结束

9.5.2 准备功能 G 代码

表 9-12 为机床可供用户使用的 G 代码列表。

表 9-12　G 代码列表

代码	分组	功能	代码	分组	功能
*G00	01	定位（快速移动）	G60	00	单一方向定位
*G01		直线插补（进给速度）	G61	15	精确停止方式
G02		顺时针圆弧插补	*G64		切削方式
G03		逆时针圆弧插补	G65	12	宏程序调用
G04	00	暂停，精确停止	G66		模态宏程序调用
G09		精确停止	*G67		模态宏程序调用取消
*G17	02	选择 *XY* 平面	G68	16	图形旋转生效
G18		选择 *ZX* 平面	*G69		图形旋转撤销
G19		选择 *YZ* 平面	G73	09	深孔钻削固定循环
G20	06	英制数据输入	G74		反螺纹攻螺纹固定循环
G21		公制数据输入	G76		精镗固定循环
G27	00	返回并检查参考点	*G80		取消固定循环
G28		返回参考点	G81		钻削固定循环
G29		从参考点返回	G82		钻削固定循环
G30		返回第二参考点	G83		深孔钻削固定循环
G31		测量功能	G84		攻螺纹固定循环
G33	01	攻螺纹	G85		镗削固定循环
*G40	07	取消刀具半径补偿	G86		镗削固定循环
G41		左侧刀具半径补偿	G87		反镗固定循环
G42		右侧刀具半径补偿	G88		镗削固定循环
G43	08	刀具长度补偿 +	G89		镗削固定循环
G44		刀具长度补偿 -	*G90	03	绝对值指令方式
*G49		取消刀具长度补偿	G91		增量值指令方式
*G50	11	比例缩放撤销	G92	00	工件零点设定
G51		比例缩放生效	G94	05	每分钟进给
G52	00	设置局部坐标系	*G95		每转进给
G53		选择机床坐标系	G96	13	线速度恒定控制生效
*G54	14	选用 1 号工件坐标系	*G97		线速度恒定控制取消
G55		选用 2 号工件坐标系	*G98	10	固定循环返回初始点
G56		选用 3 号工件坐标系	G99		固定循环返回 R 点
G57		选用 4 号工件坐标系	带 * 的 G 代码为通常情况下的系统开机默认 G 代码		
G58		选用 5 号工件坐标系			
G59		选用 6 号工件坐标系			

在G代码组00中，G代码均为单段有效G代码；其余各组G代码均为模态G代码。在同一程序段中，可以指令多个不同组G代码；当指令了两个以上同一组G代码时，通常的情况下，只有最后输入的G代码生效。

9.6 快速定位G00

9.6.1 指令功能

数控机床的快速定位动作用G00指令指定，执行G00指令，刀具按照机床的快进速度移动到终点，实现快速定位，如图9-10所示。

9.6.2 指令格式

G00 X__Y__Z__

G00为模态指令，在绝对值编程方式中，X、Y、Z代表刀具的运动终点坐标。程序中G00亦可以用G0表示。

9.6.3 轨迹

执行G00指令刀具的移动轨迹可以是以下两种（图9-11），它决定于系统或机床参数的设置。

① 直线型定位　移动轨迹是连接起点和终点的直线。其中，移动距离最短的坐标轴按快进速度运动，其余的坐标轴按移动距离的大小相应减小，保证各坐标轴同时到达终点。

② 非直线型定位　移动轨迹是一条各坐标轴都以快速运动而形成的折线。

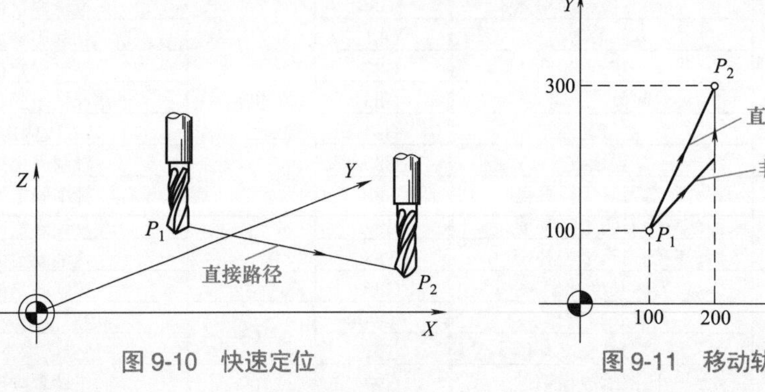

图9-10　快速定位　　图9-11　移动轨迹

9.6.4 例题

当刀具起点为（100，100）时，执行：

G00 X200 Y300

快速定位的运动速度不能通过F代码进行编程，它仅决定于机床参数的设置。运动开始阶段和接近终点的过程，各坐标轴都能自动进行加减速。

9.7 直线 G01

9.7.1 指令功能

执行 G01 指令，刀具按照规定的进给速度沿直线移动到终点，移动过程中可以进行切削加工，如图 9-12 所示。

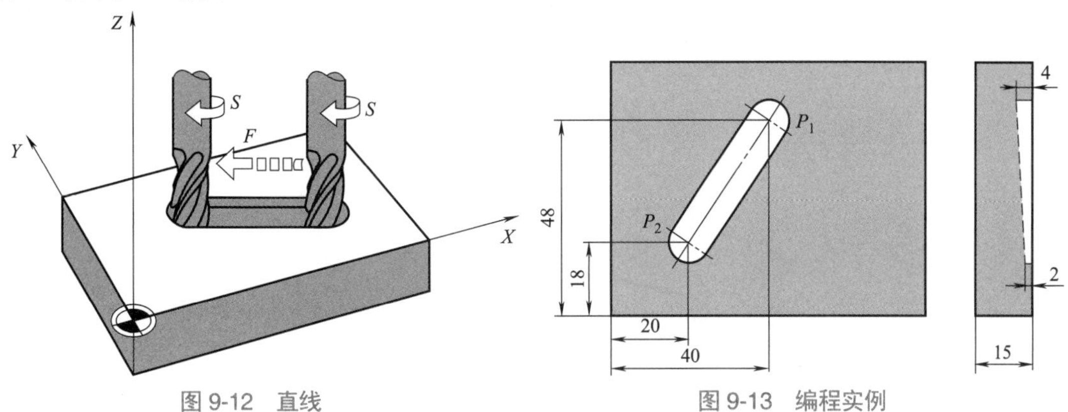

图 9-12 直线

图 9-13 编程实例

9.7.2 指令格式

G01 X__Y__Z__F__

G01 为模态指令。与 G00 相同，在绝对值编程方式中，X、Y、Z 代表刀具的运动终点坐标。程序中 G01 亦可以用 G1 表示。

9.7.3 轨迹

执行 G01 指令刀具的移动轨迹是连接起点和终点的直线。运动速度通过 F 代码进行编程。在程序中指令的进给速度，对于直线插补为机床各坐标的合成速度；对于圆弧插补为圆弧在切线方向的速度。F 指令决定的进给速度亦是模态的，它在指令新的 F 值以前，一直保持有效。

G01 指令运动的开始阶段和接近终点的过程，各坐标轴都能自动进行加减速。

9.7.4 编程实例

① 试编制在立式数控铣床上实现图 9-13 所示零件从 P_1 到 P_2 的槽加工程序。工件坐标系为 G54，安装位置如图 9-13 所示；加工时主轴转速为 1500r/min，进给速度为 100mm/min。

加工程序如下：

段号	程序	说　明
	O0001	程序号
N10	G54 G94 G90 G21	选择工件坐标系、每分钟进给、绝对式编程、公制尺寸（由于绝对式编程、公制尺寸开机默认，可省）
N20	M03 S1500	主轴正转，转速为 1500r/min
N30	G00 X40 Y48	刀具在 P_1 上方定位

续表

段号	程序	说　明
N40	G00 Z2	Z 向接近工件表面
N50	G01 Z-4 F20	在 P_1 点进行 Z 向进刀
N60	G01 X20 Y18 Z-2 F100	三轴联动加工 P_1 到 P_2 的空间直线
N70	G00 Z100	Z 向在 P_2 点退刀
N80	M05	主轴停止
N90	M02	程序结束

② 钻孔实例。试编制在立式数控铣床上实现图 9-14 所示零件孔 1、孔 2（通孔）加工的程序。工件坐标系为 G54，安装位置如图 9-14 所示；零件在 Z 方向的厚度为 15mm；加工时选择主轴转速为 1500r/min，进给速度为 10mm/min。

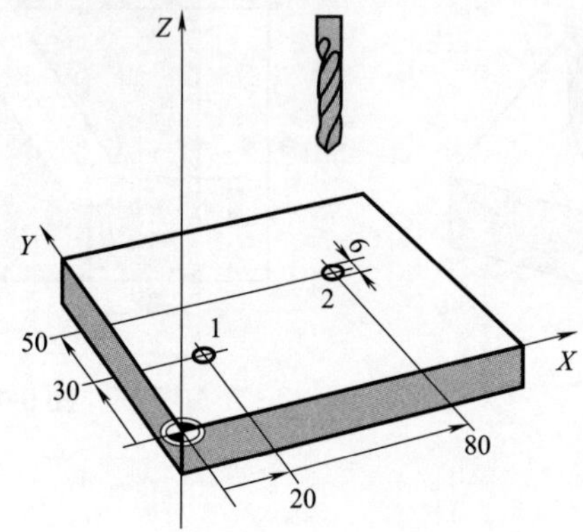

图 9-14　钻孔实例

加工程序如下：

段号	程　序	说　明
	O0002	程序号
N10	G54 G94	选择工件坐标系、每分钟进给
N20	M03 S1500	主轴正转，转速为 1500r/min
N30	G00 X20 Y30	定位在孔 1 上方
N40	G00 Z2	Z 向接近工件表面
N50	G01 Z-18 F20	加工孔 1
N60	G00 Z2	抬刀
N70	G00 X80 Y50	定位在孔 2 上方
N80	C01 Z-18 F20	加工孔 2
N90	G00 Z50	抬刀
N100	M05	主轴停止
N110	M02	程序结束

注意：加工时，程序中的刀具 Z 向尺寸都是相对于刀尖给出的，程序段 N50 和 N80 中的 Z-18 是为了保证通孔加工而增加的行程。当开机默认代码为 G90、G21（绝对式编程、公制尺寸）时，在本题中已省略。

9.7.5 练习题

① 用 ϕ6mm 刀具铣出图 9-15 所示环形形状，深度为 2mm，试编程。

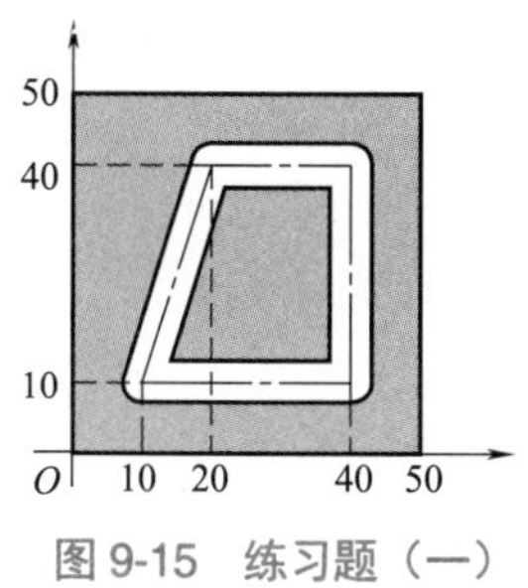

图 9-15 练习题（一）

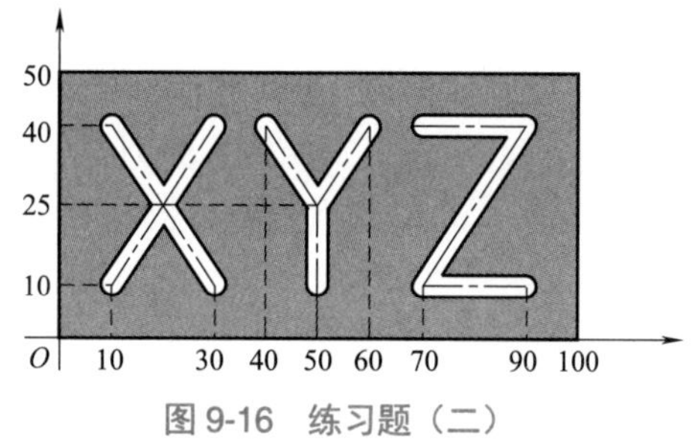

图 9-16 练习题（二）

② 用 ϕ6mm 刀具铣出图 9-16 所示“X、Y、Z”形状，深度为 2mm，试编程。

9.8 圆弧 G02、G03

9.8.1 指令功能

进行圆弧的加工，可以按照半径指定圆弧，也可以按照圆心指定圆弧。

9.8.2 指令格式

圆弧插补加工用 G02、G03 指令编程，G02 指定顺时针插补，G03 指定逆时针插补。执行 G02/G03 指令，可以使刀具按照规定的进给速度沿圆弧移动到终点，移动过程中可以进行切削加工。常用的圆弧插补编程的指令有：通过指定半径的编程（格式 1，如图 9-17 所示）和指定圆心的编程（格式 2，如图 9-18 所示）两种格式。

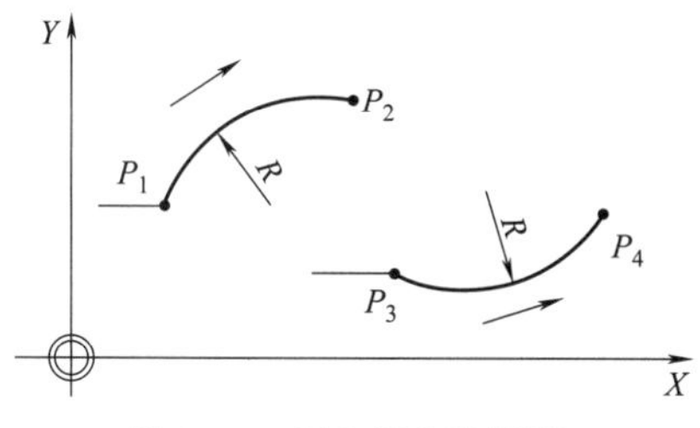

图 9-17 指定半径的编程

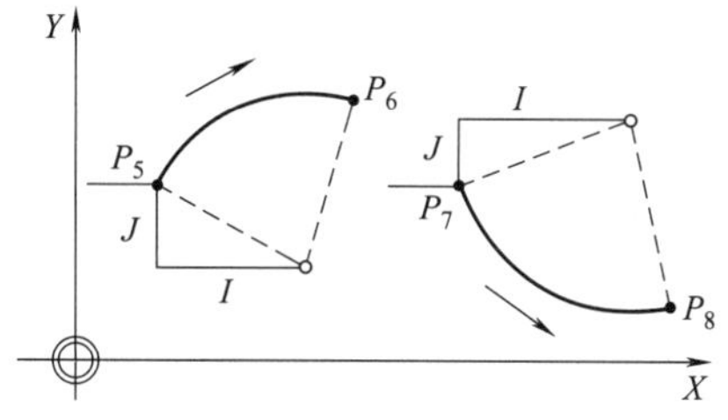

图 9-18 指定圆心的编程

（1）格式 1

$P_1 \rightarrow P_2$：

G02 X__Y__Z__R__F__顺时针

$P_3 \rightarrow P_4$：

G03 X__Y__Z__R__F__逆时针

其中，X、Y、Z 为加工圆弧的终点；R 为圆弧半径；F 为进给速度。

（2）格式 2

$P_5 \rightarrow P_6$：

G02 X__Y__Z__I__J__K__F__顺时针

$P_7 \rightarrow P_8$：

G03 X__Y__Z__I__J__K__F__逆时针

其中，X、Y、Z 为加工圆弧的终点；I 为圆心 X 坐标与圆弧起点 X 坐标的距离；J 为圆心 Y 坐标与圆弧起点 Y 坐标的距离；K 为圆心 Z 坐标与圆弧起点 Z 坐标的距离。

注意：此处 I、J、K 值为矢量值，由圆心坐标减起点坐标得出，可为负。

例如，图 9-19 所示为已知 R 圆弧，图 9-20 所示为已知圆心坐标圆弧。

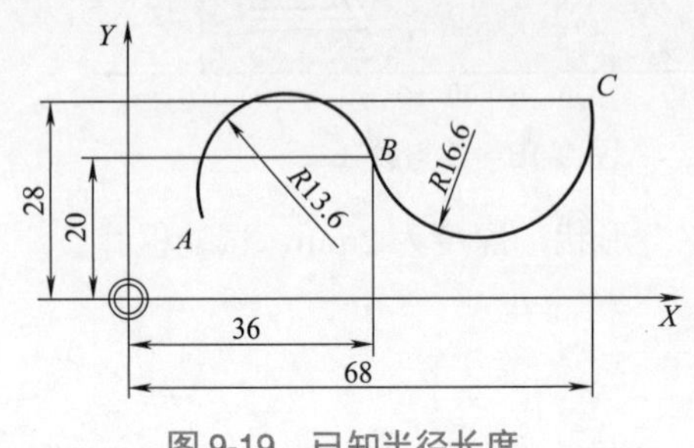

图 9-19　已知半径长度

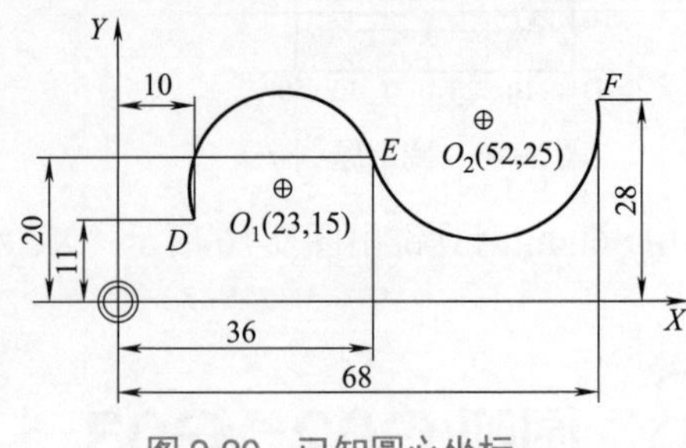

图 9-20　已知圆心坐标

$A \rightarrow B$：G02 X36 Y20 R13.6

$B \rightarrow C$：G03 X68 Y28 R16.6

$D \rightarrow E$：G02 X36 Y20 I13 J4

$E \rightarrow F$：G03 X68 Y28 I16 J5

9.8.3　编程实例

试编制在数控铣床上实现图 9-21 所示圆弧形凹槽加工的程序。工件坐标系为 G54，安装位置如图 9-21 所示；ϕ6mm 铣刀，零件在 Z 方向的凹槽深度为 2.5mm；加工时选择主轴转速为 1000r/min，进给速度为 95mm/min。

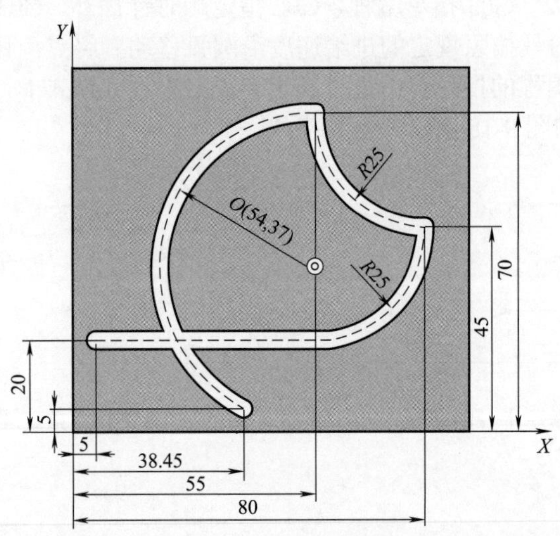

图 9-21　编程实例

加工程序如下：

段号	程　序	说　明
	O0003	程序号
N10	G54 G94	选择工件坐标系、每分钟进给
N20	M03 S1000	主轴正转，转速为 1000r/min
N30	G00 X5 Y20	定位在孔 1 上方
N40	Z2	Z 向接近工件表面
N50	G01 Z−2.5 F20	Z 向进刀
N60	X55 F95	铣直线，走刀速度为 95mm/min

续表

段号	程　　序	说　　明
N70	G03 X80 Y45 R25	加工 *R*25mm 逆时针圆弧
N80	G02 X55 Y70 R25	加工 *R*25mm 顺时针圆弧
N90	G03 X38.45 Y5 I0 J-33	加工圆心为 *O*（54，37）的逆时针圆弧
N100	G00 Z50	抬刀
N110	M05	主轴停止
N120	M02	程序结束

9.8.4　整圆及编程实例

加工整圆（全圆），圆弧起点和终点坐标值相同，必须用格式 2，带有圆心（*I*、*J*、*K*）坐标的圆弧编程格式，如图 9-22 所示。

G02 X__Y__Z__I__J__顺时针铣整圆

G03 X__Y__Z__I__J__逆时针铣整圆

注意：半径 *R* 无法判断圆弧走向，故不用。

例如，分别写出图 9-23 所示左右两个整圆的程序段。

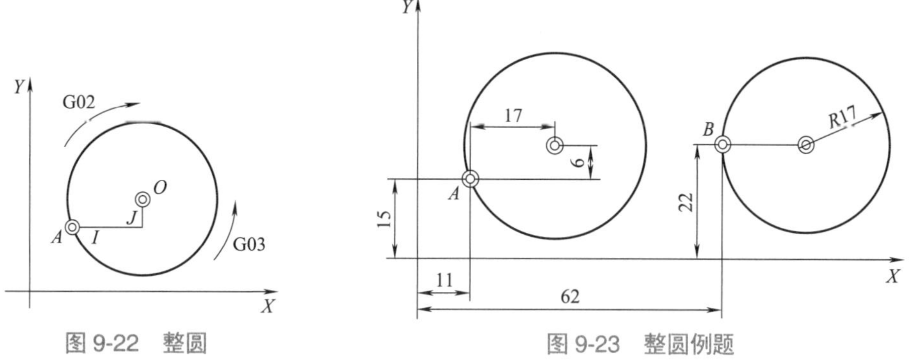

图 9-22　整圆　　　图 9-23　整圆例题

G02 X11 Y15 I17 J6　　　G02 X62 Y22 I17 J0

或 G03 X11 Y15 I17 J6　　　或 G03 X62 Y22 I17 J0

整圆编程举例如下。

试编制加工如图 9-24 所示 3 个连续整圆的程序。工件坐标系为 G54，安装位置如图 9-24 所示；零件在 *Z* 方向的凹槽深度为 2.5mm；加工时选择主轴转速为 1500r/min，进给速度为 95mm/min。

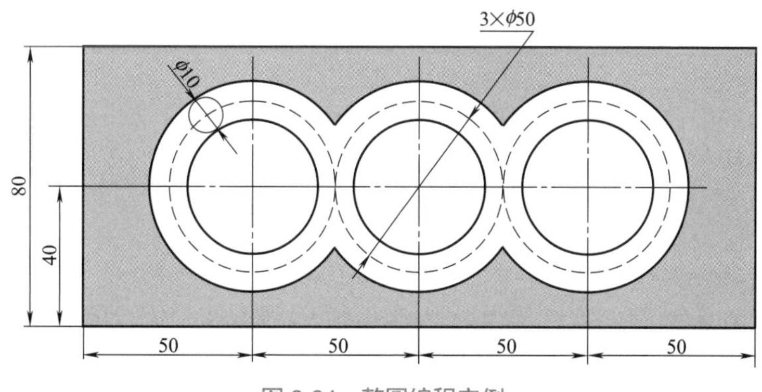

图 9-24　整圆编程实例

加工程序如下：

段号	程　序	说　明
	O0004	程序号
N10	G54 G94	选择工件坐标系、每分钟进给
N20	M03 S1500	主轴正转，转速为 1500r/min
N30	G00 X25 Y40	定位在第一个圆上方
N40	Z2	Z 向接近工件表面
N50	G01 Z-2.5 F20	Z 向进刀
N60	G02 X25 Y40 I25 J0 F95	加工第 1 个圆
N70	G00 Z2	抬刀
N80	G00 X75 Y40	定位在第 2 个圆上方
N90	G01 Z-2.5 F20	Z 向进刀
N100	G02 X75 Y40 I25 J0 F95	加工第 2 个圆
N110	G00 Z2	抬刀
N120	G00 X125 Y40	定位在第 3 个圆上方
N130	G01 Z-2.5 F20	Z 向进刀
N140	G02 X125 Y40 I25 J0 F95	加工第 3 个圆
N150	G00 Z50	抬刀
N160	M05	主轴停止
N170	M02	程序结束

9.8.5 大角度圆弧及编程

格式 1 中的 R 值用于指定圆弧半径。为了区分不同的圆弧，规定：对于小于等于 180° 的圆弧，R 值为正；大于 180° 的圆弧，*R* 值为负。

如图 9-25 所示，同样是 *A* 点到 *B* 点，由于圆弧角度不同，*R* 值的正负也不一样，*R* 值为“+”时，符号省略；图 9-26 所示是从 *B* 点到 *A* 点的两种情况。

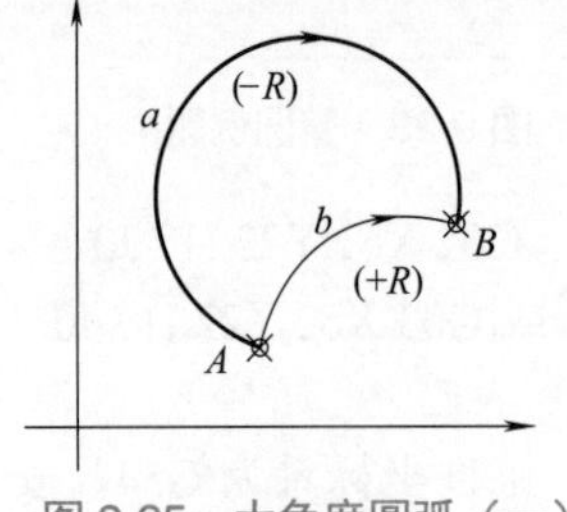

图 9-25　大角度圆弧（一）

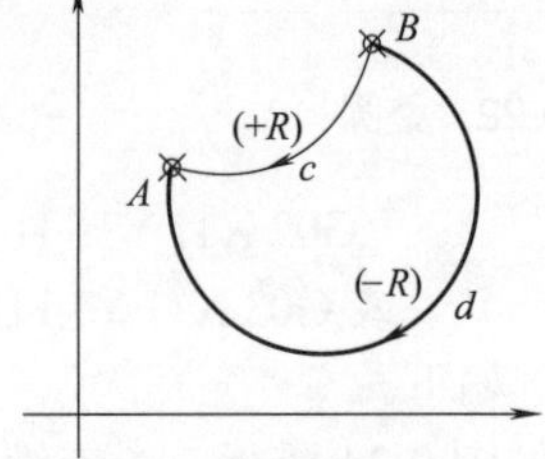

图 9-26　大角度圆弧（二）

圆弧 *a* 段：G02 X__Y__Z__R-__　　圆弧 c 段：G03 X__Y__Z__R__

圆弧 *b* 段：G02 X__Y__Z__R__　　圆弧 d 段：G03 X__Y__Z__R-__

例如，分别写出图 9-27 所示两点之间的四个圆弧程序段。

四段圆弧，按照从上到下的顺序写，分别是：

A → *B*（＞180°）：G02 X28 Y26 R-11

A → *B*（＜180°）：G02 X28 Y26 R11

B → *A*（＜180°）：G03 X13 Y17 R11

B → *A*（＞180°）：G03 X13 Y17 R-11

大角度圆弧编程实例如下。

试编制加工图 9-28 所示左右对称形状的程序。工件坐标系为 G54，安装位置如图 9-28 所示；零件在 *Z* 方向的凹槽深度为 2mm；加工时选择主轴转速为 1500r/min，进给速度为 120mm/min。

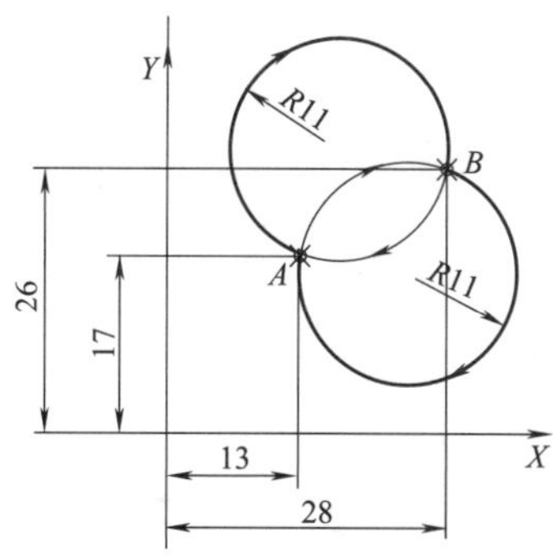

图 9-27 大角度圆弧例题

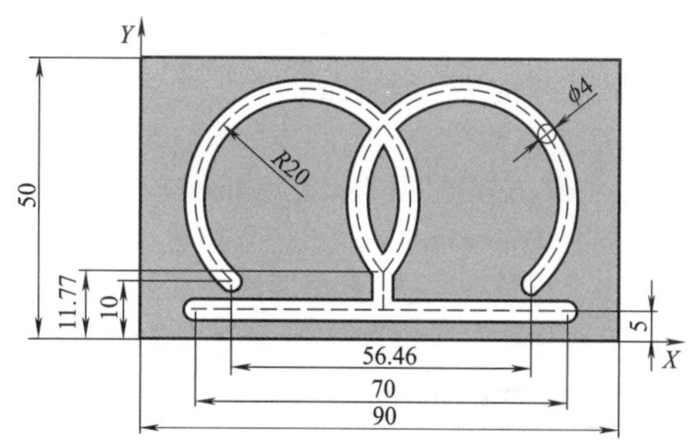

图 9-28 大角度圆弧编程实例

加工程序如下：

段号	程　序	说　明
	O0005	程序号
N10	G54 G94	选择工件坐标系、每分钟进给
N20	M03 S1500	主轴正转，转速为1500r/min
N30	G00 X10 Y5	定位在第一个圆上方
N40	Z2	Z向接近工件表面
N50	G01 Z-2 F20	Z向进刀
N60	G01 X80 F120	加工底部直线
N70	G00 Z2	抬刀
N80	G00 X16.77 Y10	定位在左侧圆起点上方
N90	G01 Z-2 F20	Z向进刀
N100	G02 X45 Y11.77 R-20 F120	加工左侧R20mm的圆
N110	G02 X73.23 Y10 R-20	加工右侧R20mm的圆
N120	G00 Z2	抬刀
N130	G00 X45 Y11.77	定位在中间未加工直线上方
N140	G01 Z-2 F10	Z向进刀
N150	G01 Y5 F120	加工小直线
N160	G00 Z50	抬刀
N170	M05	主轴停止
N180	M02	程序结束

9.8.6 练习题

① 试编制在数控铣床上实现如图9-29所示圆弧形凹槽加工的程序。工件坐标系为G54，安装位置如图9-29所示。零件在Z方向的凹槽深度为2mm；加工时选择主轴转速为1000r/min，进给速度为100mm/min，刀具为ϕ6mm铣刀。

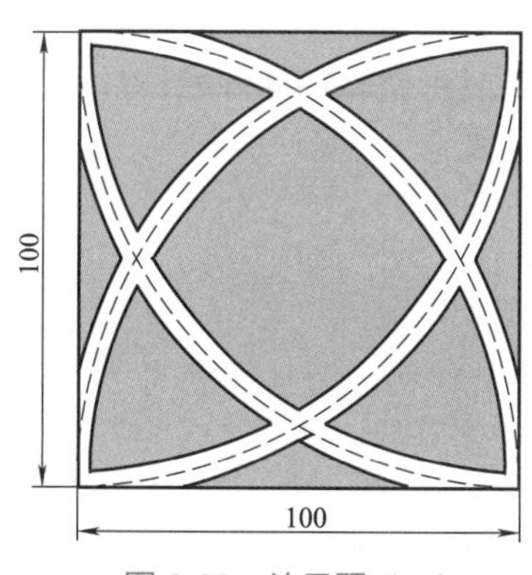

图 9-29 练习题（一）

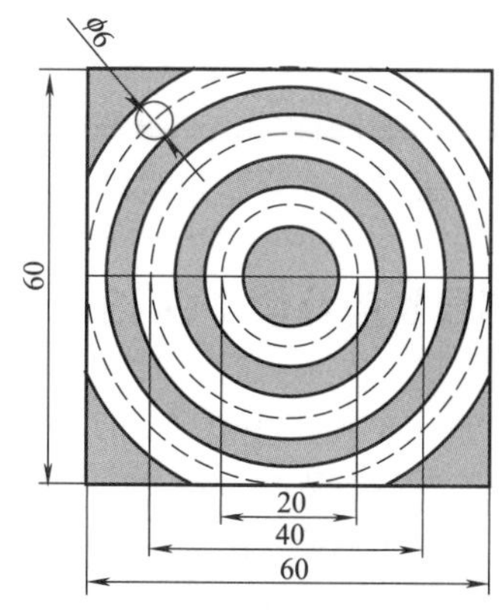

图 9-30 练习题（二）

② 试编制在数控铣床上实现如图 9-30 所示环状整圆加工的程序。工件坐标系为 G54，零件在 Z 方向的凹槽深度为 2mm；加工时选择主轴转速为 1000r/min，进给速度为 100mm/min。

③ 试编制在数控铣床上实现如图 9-31 所示连续 4 个连续整圆加工的程序。工件坐标系为 G54，零件在 *Z* 方向的凹槽深度为 4mm，采用 ϕ6mm 铣刀，加工时选择主轴转速为 1500r/min，进给速度为 100mm/min。

④ 试编制在数控铣床上实现如图 9-32 所示“CHINA”字样的图形加工的程序。工件坐标系为 G54，零件在 *Z* 方向的凹槽深度为 2.5mm，ϕ6mm 铣刀加工时选择主轴转速为 1500r/min，进给速度为 100mm/min。

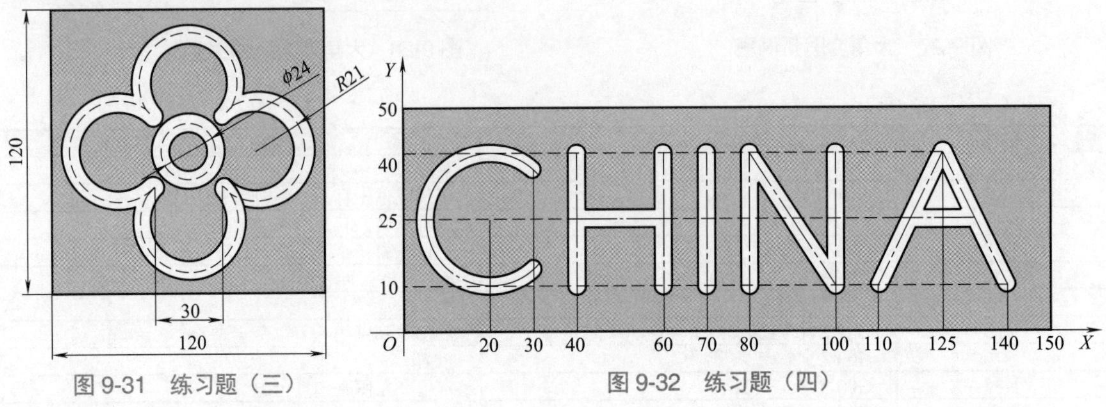

图 9-31 练习题（三）　　图 9-32 练习题（四）

9.9 刀具补偿

9.9.1 刀具补偿概述

为了方便编程以及增加程序的通用性，数控机床编程时，一般都不考虑实际使用的刀具长度和半径，即程序中的轨迹（编程轨迹）都是针对刀尖位置与刀具中心点运动进行编制的。实际加工时，必须通过刀具补偿指令，使数控机床根据实际使用的刀具尺寸，自动调整各坐标轴的移动量，确保实际加工轮廓和编程轨迹完全一致。这一功能，称为刀具补偿功能。

一般来说，在数控铣床、加工中心上通常需要对刀具长度和刀具半径进行补偿。数控铣床、加工中心的长度补偿需要利用指令 G43、G44、G49 进行。对于刀具的半径补偿，必须利用编程指令 G40、G41、G42 才能实现。

一般通过机床的操作面板采用手动数据输入的方法将刀具偏置值输入刀具偏置值存储器。刀具偏置值存储器的内容在系统断电后仍然可以保持不变。

9.9.2 刀具长度补偿（G43、G44、G49）

在数控铣床、加工中心上，刀具长度补偿是用来补偿实际刀具长度的功能，当实际刀具长度和编程长度不一致时，通过本功能可以自动补偿长度差额，确保 *Z* 向的刀尖位置和编程位置相一致，如图 9-33 所示。

实际刀具长度和编程时设置的刀具长度（为了方便，通常将这一长度定为“0”）之差称为刀具长度偏置值。刀具偏置值可以通过操作面板事先输入数控系统的刀具偏置值存储器中，编程时根据不同的数控系统，可以在执行刀具长度补偿指令（G43、G44）前，通过指定刀具偏置值存储器号（H 代码）予以选择。执行刀具长度补偿指令，系统可以自动将刀具偏置值存储器中的值与程序中要求的 Z 轴移动距离进行加 / 减处理，以保证 Z 向的刀尖位置和编程位置相一致。

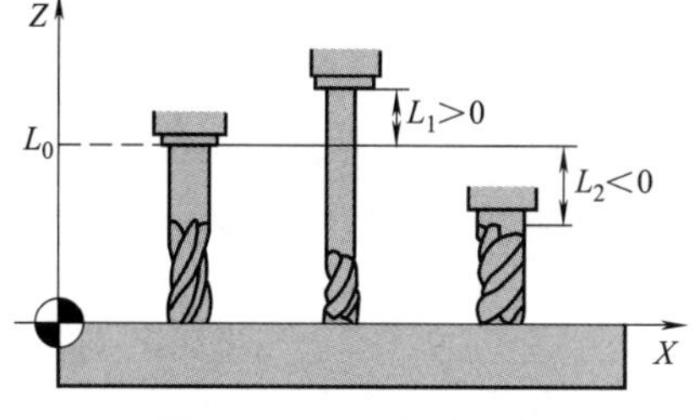

图 9-33　刀具长度补偿

通常的刀具长度补偿指令格式如下：

G43　Z__H__

G44　Z__H__

格式中的 G43 是选择 Z 向移动距离与刀具偏置值相加，即机床实际 Z 轴移动距离等于编程移动距离加上刀具偏置值；G44 是选择 Z 向移动距离与刀具偏置值相减，即机床实际 Z 轴移动距离等于编程移动距离减去刀具偏置值。

G43、G44 为模态指令，可以在程序中保持连续有效。G43、G44 的撤销可以使用 G49 指令。刀具偏置值存储器中的值可以是正值，也可以是负值，在实际使用时必须根据机床的 Z 轴运动方向与编程时选用的刀具长度，选择正确的刀具长度补偿指令。

一般来说，当机床 Z 轴方向按标准规定设置，即刀具远离工件为 Z 正向，并且在编程时选用的刀具长度值为“0”时，通常使用正的刀具偏置值和采用 G43 指令编程。

注意：长度补偿在实际之中应用不多，此处仅作举例说明。

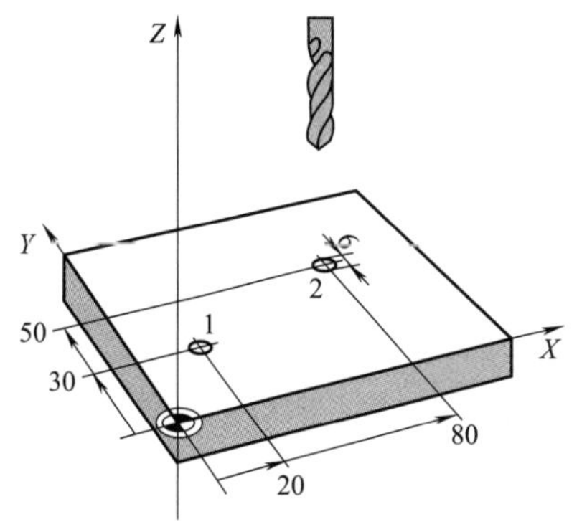

图 9-34　编程实例

9.9.3　刀具长度补偿编程实例

试编制在立式数控铣床上实现如图 9-34 所示零件孔 1、孔 2（通孔）加工的程序。工件坐标系为 G54，安装位置如图 9-34 所示；零件在 Z 方向的厚度为 15mm；加工时选择主轴转速为 1500r/min，钻孔速度为 10mm/min。

加工程序如下：

段号	程　序	说　明
	O0006	程序号
N10	G17 G54 G94	选择平面、坐标系、每分钟进给
N20	M03 S1500	主轴正转，转速为 1500r/min
N30	G00 X20 Y30	孔 1 定位
N40	G43 H01 Z2	Z 向接近工件 2mm，进行 Z 向刀具长度补偿
N50	G01 Z-18 F20	孔 1 加工
N60	G00 Z2	抬刀
N70	G00 X80 Y50	孔 2 定位
N80	G01 Z-18 F20	孔 2 加工
N90	G00 Z50	抬刀
N100	G49	取消刀具长度补偿
N110	M05	主轴停止
N120	M02	程序结束

9.9.4　刀具半径补偿（G40、G41、G42）

刀具半径补偿功能用于铣刀半径的自动补偿。如前所述，在数控机床编程时，加工轮廓都是按刀具中心轨迹进行编程的，但实际加工时，由于刀具半径的存在，机床必须根据不同的进给方向，使刀具中心沿编程的轮廓偏置一个半径，才能使实际加工轮廓和编程的轨迹相一致。这种根据刀具半径和编程轮廓，数控系统自动计算刀具中心点移动轨迹的功能，称为刀具半径补偿功能。

和刀具长度补偿一样，刀具半径值可以通过操作面板事先输入数控系统的刀具偏置值存储器中，编程时通过指定半径补偿号进行选择。指定半径补偿号的方法有两种：①通过指定补偿号（D 代码）选择刀具偏置值存储器，这一方式适用于全部数控铣床与加工中心；②通过换刀 T 代码指令的附加位予以选择，在刀具半径补偿时，无需再选择刀具偏置值存储器，这一方式适用于数控车床。通过执行刀具半径补偿指令，系统可以自动对刀具偏置值存储器中的半径值和编程轮廓进行运算、处理，并生成刀具中心点移动轨迹，使实际加工轮廓和编程的轨迹相一致。

（1）刀具半径补偿指令格式

G41 G00　X__Y__	在快速移动时进行刀具半径左补偿的格式。
G42 G00　X__Y__	在快速移动时进行刀具半径右补偿的格式。
G41 G01　X__Y__	在进给移动时进行刀具半径左补偿的格式。
G42 G01　X__Y__	在进给移动时进行刀具半径右补偿的格式。
G40	撤销刀具补偿，一般单独使用程序段。

G41 与 G42 用于选择刀具半径偏置方向。无论加工外轮廓还是内轮廓，沿刀具移动方向，当刀具在工件左侧时，指令 G41；刀具在工件右侧时，指令 G42，如图 9-35 所示。

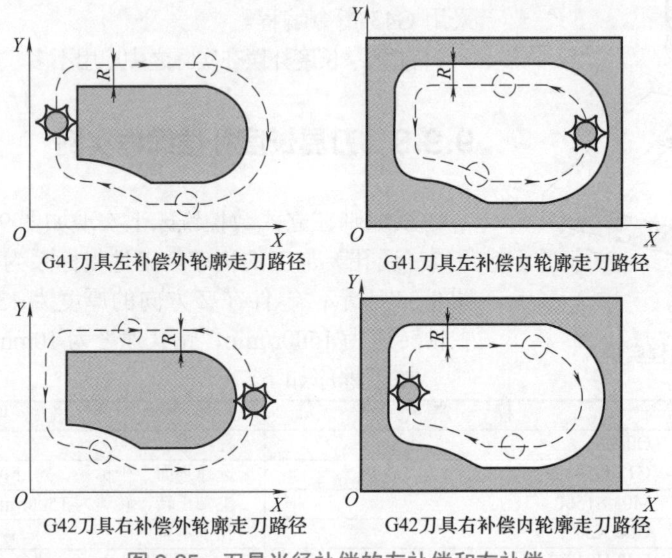

图 9-35　刀具半径补偿的左补偿和右补偿

（2）刀具半径补偿使用注意点

刀具半径补偿功能可以大大简化编程的坐标点计算工作量，使程序简单、明了，但如果使用不当，也很容易引起刀具的干涉、过切、碰撞。为了防止发生以上问题，一般来说，使用刀具半径补偿时，应注意以下几点。

① 铣内轮廓时，内拐角或内圆角半径小于铣刀直径，容易产生过切状况（图 9-36），因此，用刀具补偿铣内轮廓，最小的半径必须大于或等于铣刀半径；

② 半径补偿生成、撤销程序段中只能与基本移动指令的 G00、G01 同时编程，当编入其他移动指令时，系统将产生报警。

9.9.5 刀具半径补偿举例

① 写出图 9-37 所示图形的程序段，深 2mm。

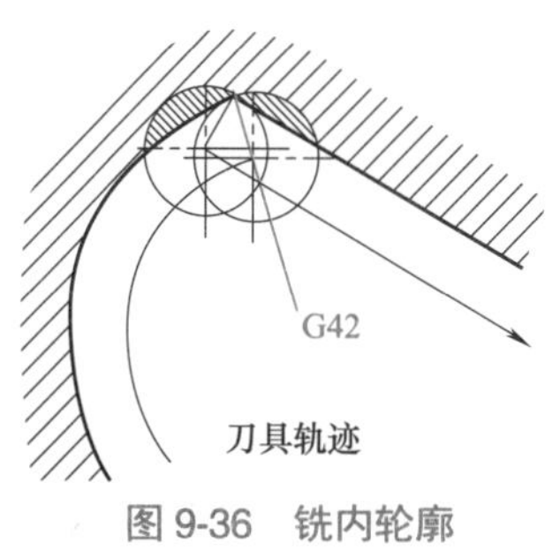

图 9-36 铣内轮廓

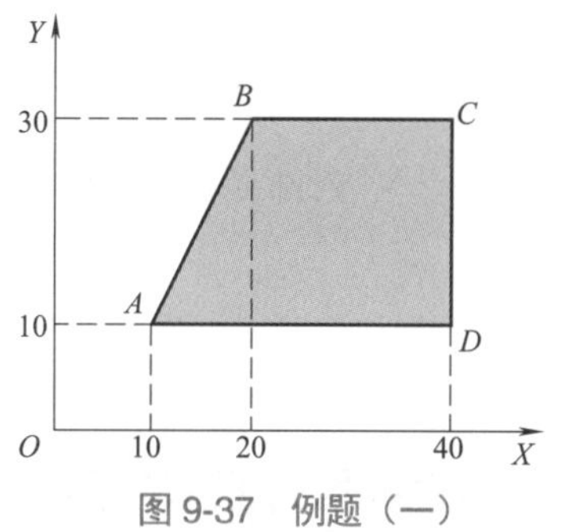

图 9-37 例题（一）

```
G17 G54 G94
G00 Z2
G41 G00 X10 Y10                设置左补偿
G01 Z-2 F20
G01 X20 Y30 F100
G01 X40                        带左刀补的程序段
G01 X40 Y10
G01 X10 Y10
G00 Z2
G40                            取消刀具左补偿
M05
M02
```

② 写出如图 9-38 所示内轮廓的走刀程序段，深 2mm，ϕ5mm 铣刀。

分析：此题用 ϕ5mm 铣刀不能一次性将内轮廓铣净，在走完内轮廓边缘后，在内部形状处再走一刀。

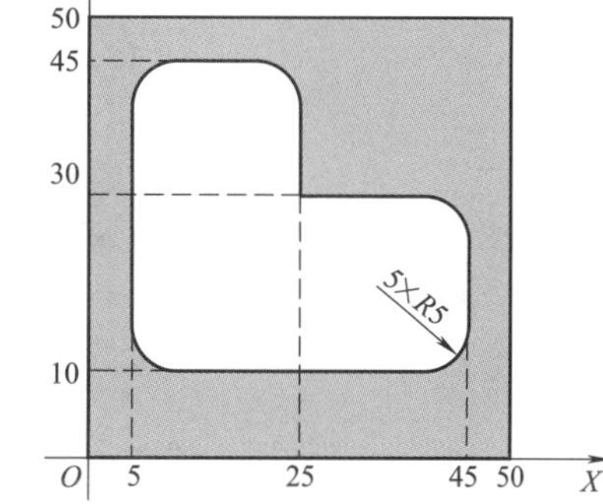

图 9-38 例题（二）

```
G17 G54 G94
G42 G00 X5 Y15                 设置刀具右补偿
G00 Z2
G01 Z-2 F20
G01 X5 Y40 F100
G02 X10 Y45 R5
G01 X20
G02 X25 Y40 R5
G01 Y30                        带左刀补的程序段
G01 X40
G02 X45 Y25 R5
G01 Y15
G02 X40 Y10 R5
G01 X10
G02 X5 Y15 R5
G00 Z2
G40                            取消刀具左补偿
```

```
G00 X15 Y40
G01 Z-2 F20
G01 Y20            内部形状
G01 X40
G00 Z50
M05
```

9.9.6 刀具半径补偿编程综合实例

试编制在数控铣床上实现如图 9-39 所示形状加工的程序。零件在 Z 方向的凹槽深度为 2mm；加工时选择主轴转速为 1050r/min；进给速度为 120mm/min，刀具为 ϕ10mm 铣刀。

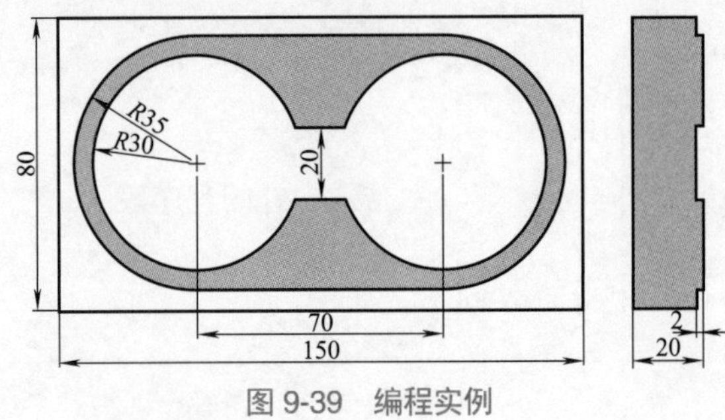

图 9-39　编程实例

【分析】

此题的走刀路线设计如图 9-40 所示。

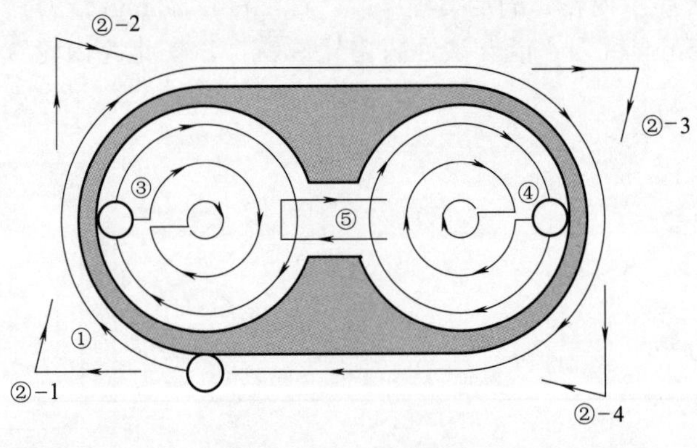

图 9-40　走刀路线设计

【注意】

① 四个角的清角采用斜线走刀，如图 9-41 所示。不采用如图 9-42 所示有残留的直线直角走刀方法。

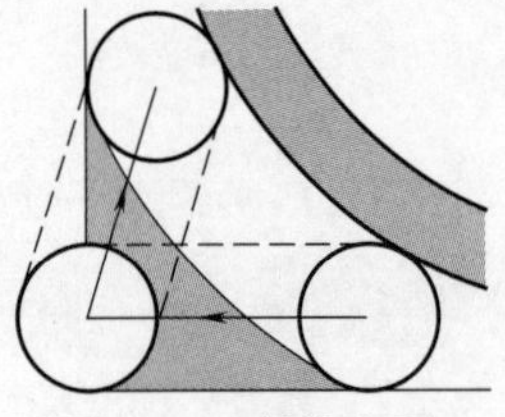

图 9-41　斜线走刀

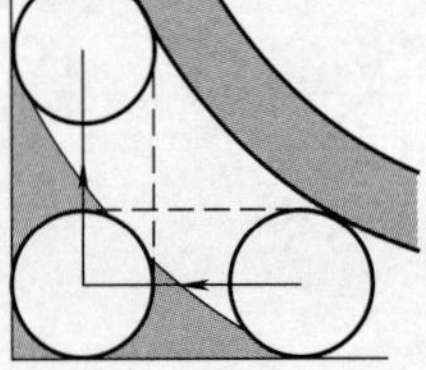

图 9-42　直线直角走刀

具体的清角方式根据不同零件的加工要求设计。

② 内部圆弧，由于形状单一、简单，因此不采用刀具补偿指令，直接手动让出刀宽做整圆的加工。

【程序】

路径	段号	程　　序	说　　明
开始		O0007	程序号
	N10	G17 G54 G94	选择平面、坐标系、每分钟进给
	N20	M03 S1050	主轴正转，转速为 1050r/min
外轮廓①	N30	G41 G00 X40 Y5	设置左补偿，定位在 *R*35mm 圆弧上方
	N40	G00 Z2	*Z* 向接近工件表面
	N50	G01 Z-2 F20	向进刀，速度为 20mm/min
	N60	G02 X40 Y75 R35 F120	铣左侧 *R*35mm 的顺时针圆弧，速度为 120mm/min
	N70	G01 X110	上边缘
	N80	G02 X110 Y5 R35	铣右侧 *R*35mm 的顺时针圆弧
	N90	G01 X40	下边缘
	N100	G00 Z2	抬刀
	N110	G40	取消刀补
清角②-1	N120	G00 X20 Y5	定位，准备清角
	N130	G01 Z-2 F20	*Z* 向进刀，速度为 20mm/min
	N140	G01 X0 F120	清角路径，速度为 120mm/min
	N150	G01 X5 Y20	
	N160	G00 Z2	抬刀
清角②-2	N170	G00 X5 Y60	定位，准备清角
	N180	G01 Z-2 F20	*Z* 向进刀，速度为 20mm/min
	N190	G01 Y80 F120	清角路径，速度为 120mm/min
	N200	G01 X20 Y75	
	N210	G00 Z2	抬刀
清角②-3	N220	G00 X130 Y75	定位，准备清角
	N230	G01 Z-2 F20	*Z* 向进刀，速度为 20mm/min
	N240	G01 X150 F120	清角路径，速度为 120mm/min
	N250	G01 X145 Y60	
	N260	G00 X2	抬刀
清角②-4	N270	G00 X145 Y20	定位，准备清角
	N280	G01 Z-2 F20	*Z* 向进刀，速度为 10mm/min
	N290	G01 Y0 F120	清角路径，速度为 120mm/min
	N300	G01 X130 Y5	
	N310	G00 Z2	抬刀
左侧圆③	N320	G00 X15 Y40	让出刀宽，定位在圆内侧
	N330	G01 Z-2 F20	*Z* 向进刀，速度为 20mm/min
	N340	G02 X15 Y40 I25 J0 F120	铣削第一圈整圆，速度为 120mm/min
	N350	G01 X25 Y40	走到第二圈圆的起点
	N360	G02 X25 Y40 I15 J0	铣削第二圈整圆
	N370	G01 X35 Y40	走到第三圈圆的起点
	N380	G02 X35 Y40 I5 J0	铣削第三圈整圆
	N390	G00 Z2	抬刀
右侧圆④	N400	G00 X135 Y40	让出刀宽，定位在圆内侧
	N410	G00 Z-2 F20	*Z* 向进刀，速度为 20mm/min
	N420	G02 X135 Y40 I-25 J0 F120	铣削第一圈整圆，速度为 120mm/min
	N430	G01 X125 Y40	走到第二圈圆的起点
	N440	G02 X125 Y40 I-15 J0	铣削第二圈整圆
	N450	G01 X115 Y40	走到第三圈圆的起点
	N460	G02 X115 Y40 I-5 J0	铣削第三圈整圆
	N470	G00 Z2	抬刀

续表

路径	段号	程 序	说 明
右侧圆⑤	N480	G00 X85 Y35	定位起点
	N490	G01 Z-2 F20	Z 向进刀，速度为 20mm/min
	N500	G01 X65 F120	向左铣刀，速度为 120mm/min
	N510	G01 Y45	向上走刀
	N520	G01 X85	向右走刀
	N530	G00 Z100	抬刀
结束	N540	M05	主轴停止
	N550	M02	程序结束

9.9.7 练习题

① 试编制在数控铣床上实现如图 9-43 所示排孔工件加工的程序。刀具为 10mm 平底刀。

② 试编制在数控铣床上实现如图 9-44 所示排孔工件加工的程序。刀具为 12mm 平底刀。

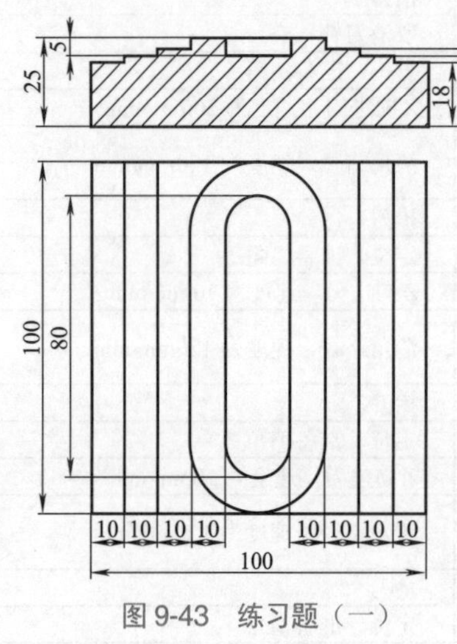

图 9-43 练习题（一）

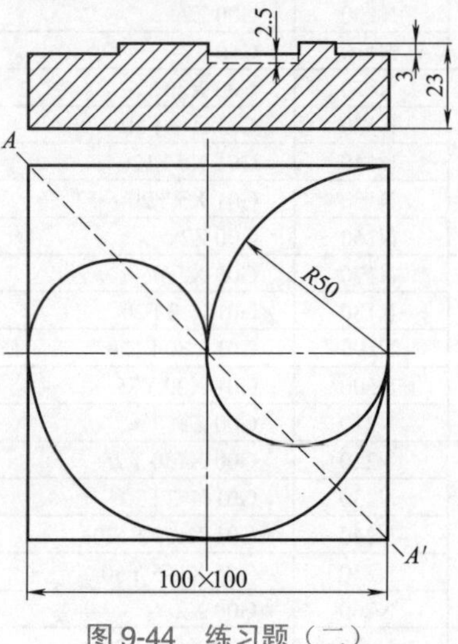

图 9-44 练习题（二）

9.10 程序暂停 G04

9.10.1 指令功能

执行 G04 指令，可以使程序进入暂停状态，机床进给运动暂停，其余工作状态（如：主轴等）保持不变。暂停时间可以通过编程进行控制。

9.10.2 指令格式

G04 P____

格式中 P 在指令 G04 中指定的是暂停时间，时间单位是 ms（毫秒，即 1/1000 秒）如：输入 G04 1000 代表暂停 1s。在部分系统中，暂停时间也可以由地址 Z 或 F 等指定。

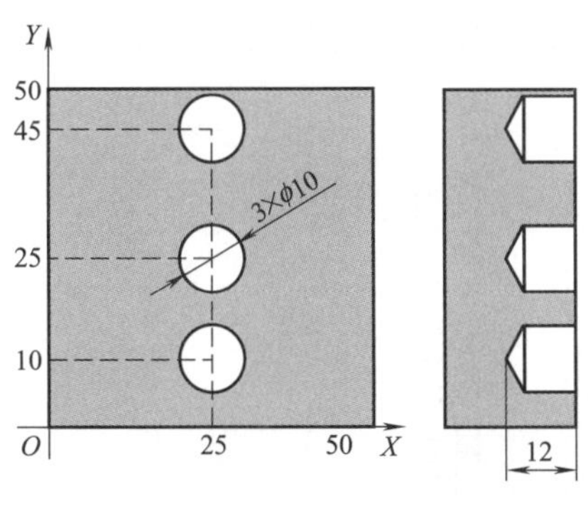

图 9-45　编程实例

暂停指令为单段有效指令。它常被用于以下场合：

① 沉孔加工时，通过暂停进给可以对底面进行光整加工，提高表面精度。

② 在需要主轴完全停止后退刀的场合，利用暂停指令可以确保主轴完全停止再退刀。

9.10.3　编程实例

分别写出图 9-45 所示孔内零件的加工程序段，刀具为 ϕ10mm 的钻头。

加工程序如下：

路径	段号	程　　序	说　　明
开始		O0008	程序号
	N10	G17 G54 G94	选择平面、坐标系、每分钟进给
	N20	M03 S800	主轴正转，转速为 800r/min
孔 1	N30	G00 X25 Y45	定位在第一个上方
	N40	G00 Z2	Z 向接近工件表面
	N50	G01 Z-12 F10	Z 向进刀，速度为 10mm/min
	N60	G04 P1000	暂停 1s
	N70	G00 Z2	抬刀
孔 2	N80	G00 X25 Y25	定位在第二个上方
	N90	G01 X-12 F20	Z 向进刀，速度为 20mm/min
	N100	G04 P1000	暂停 1s
	N110	G00 X2	抬刀
孔 3	N120	G00 X25 Y10	定位在第三个上方
	N130	G01 Z-12 F10	Z 向进刀，速度为 10mm/min
	N140	G04 P1000	暂停 1s
	N150	G00 X50	抬刀
结束	N160	M05	主轴停止
	N170	M02	程序结束

注：此处孔的加工速度 F 值根据实际情况可略有不同。
①孔 1 钻头由于未切削刀具是冷的，故速度降低；
②孔 3 由于多次加工了，钻头易粘附铁屑，故而降速加工。

9.10.4　练习题

① 试编制在数控铣床上实现如图 9-46 所示带孔工件加工的程序。刀具为 ϕ10mm 铣刀、ϕ16mm 铣刀和 ϕ20mm 铣刀。

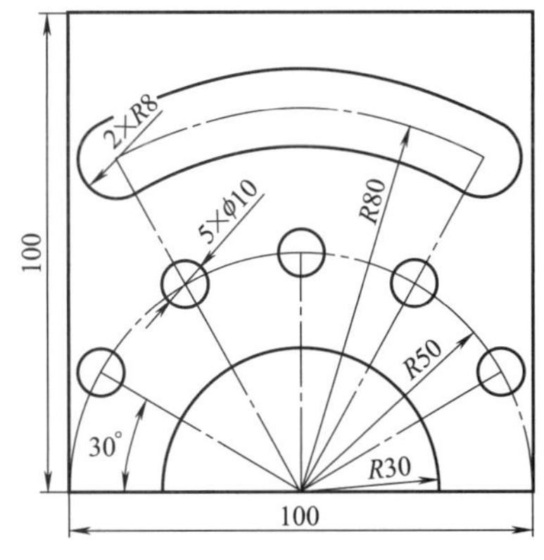

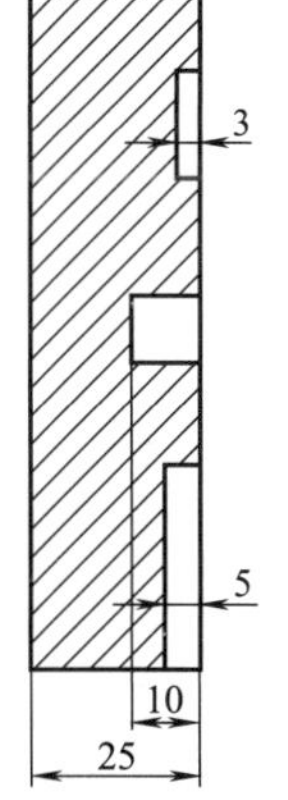

图 9-46　练习题（一）

② 试编制在数控铣床上实现如图 9-47 所示排孔工件加工的程序。刀具为 ϕ20mm 钻头。

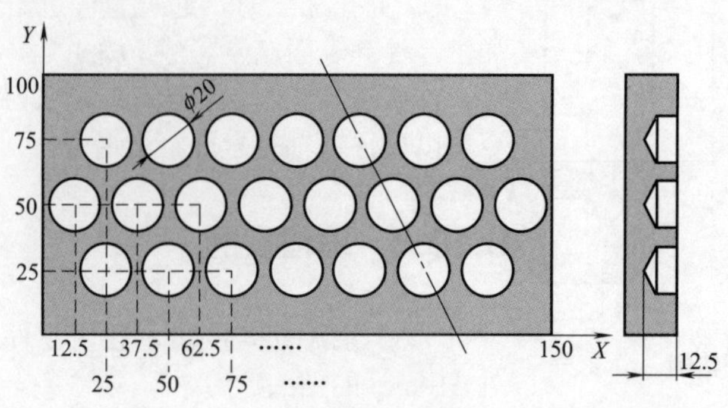

图 9-47 练习题（二）

9.11 增量（相对）坐标系

9.11.1 增量（相对）坐标功能

绝对坐标系编程是通过坐标值指定位置的编程方法，它是以坐标原点作为基准给出的绝对位置值。增量坐标系编程是直接指定刀具移动量的编程方法，它是以刀具现在位置作为基准给出的相对位置值，刀具（或机床）运动位置的坐标值是相对前一位置（或起点）来计算的，称为增量（相对）坐标。

增量（相对）坐标有两种表示方式：地址方式和指令方式。

9.11.2 地址方式：U、V、W

增量（相对）坐标常用 U、V、W 代码表示。U、V、W 轴分别与 X、Y、Z 轴平行且同向。如图 9-48（b）所示，A、B 点的相对坐标值分别为 U_A=0，V_A=0；U_B=20，V_B=25，U-V 坐标系称为增量坐标系。简单来说，U、V、W 坐标值即是当前点坐标与前一点坐标的差值。

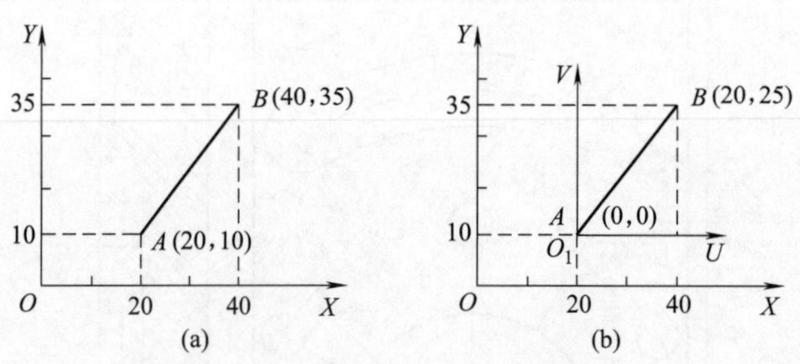

图 9-48 增量（相对）坐标系

例如，分别用绝对坐标和相对坐标方式写出如图 9-49 所示 $P_1 \rightarrow P_3$ 的走刀方式。

绝对方式：

$P_1 \to P_2$：G01 X400 Y500

$P_2 \to P_3$：G01 X520 Y280

相对方式：

$P_1 \to P_2$：G01 U250 V340

$P_2 \to P_3$：G01 U120 V-220

图 9-49　例题

9.11.3　指令方式：G90 和 G91

绝对命令 / 增量命令（G90/G91），此命令设定指令中的 X、Y 和 Z 坐标是绝对值还是相对值，不论它们原来是绝对命令还是

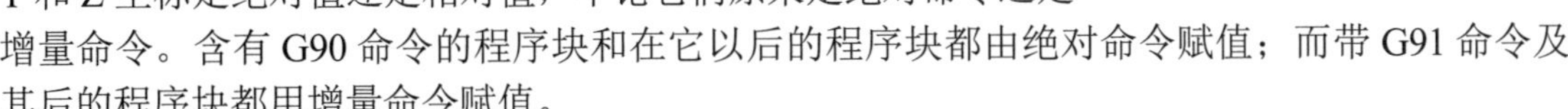

增量命令。含有 G90 命令的程序块和在它以后的程序块都由绝对命令赋值；而带 G91 命令及其后的程序块都用增量命令赋值。

G91 指令效果与 U、V、W 地址效果完全相同，不同点在于使用了 G91 后，程序中的坐标值仍然用 X、Y、Z 表示。

例如，分别用绝对坐标和相对坐标方式写出如图 9-49 所示 $P_1 \to P_3$ 的走刀方式。

绝对方式：

$P_1 \to P_2$：G90 G01 X400 Y500

$P_2 \to P_3$：　　G01 X520 Y280

相对方式：

$P_1 \to P_2$：G91 G01 X250 Y340

$P_2 \to P_3$：　　G01 X120 Y-220

注意：系统开机默认 G90 绝对方式，故用绝对方式编程时 G90 可省略。

9.11.4　增量（相对）坐标编程实例

试编制在数控铣床上实现图 9-50 所示形状加工的程序。工件坐标系为 G54。加工时选择主轴转速为 1000r/min；进给速度为 120mm/min，刀具为 ϕ20mm 铣刀。

【分析】

此题的走刀路线设计如图 9-51 所示。

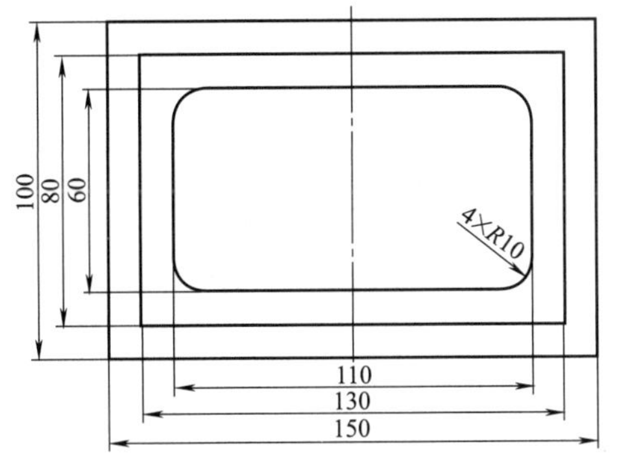

图 9-50　编程实例

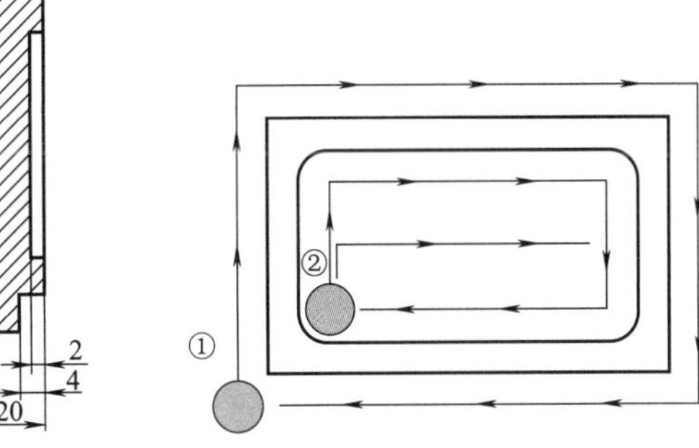

图 9-51　走刀路线设计

【注意】 工件外轮廓部分铣深为 4mm，分 2 次加工，每次铣深 2mm。

加工程序如下：

路径	段号	程　序	说　明
开始		O0007	程序号
	N10	G17 G54 G94	选择平面、坐标系、每分钟进给
	N20	M03 S1000	主轴正转，转速为1000r/min
分2层铣外侧边缘①	N30	G00 X0 Y0	定位在工件原点上方
	N40	G00 Z2	Z向接近工件表面
	N50	G01 Z-2 F20	Z向进刀2mm，第一层，速度为20mm/min
	N60	G01 X0 Y100 F120	铣左侧边缘
	N70	G01 X150 Y100	铣上侧边缘
	N80	G01 X150 Y0	铣右侧边缘
	N90	G01 X0 Y0	铣下侧边缘
	N100	G01 Z-4 F20	Z向进刀2mm，第二层，速度为20mm/min
	N110	G01 X0 Y100 F120	铣左侧边缘
	N120	G01 X150 Y100	铣上侧边缘
	N130	G01 X150 Y0	铣右侧边缘
	N140	G01 X0 Y0	铣下侧边缘
	N150	G00 Z2	抬刀
凹槽②	N160	G00 X30 Y30	定位在内部凹槽左下角上方
	N170	G01 Z-2 F20	Z向进刀2mm，速度为20mm/min
	N180	G91 G01 X0 Y40 F120	增量方式，铣凹槽左边缘
	N190	G01 X90 Y0	铣凹槽上边缘
	N200	G01 X0 Y-40	铣凹槽右边缘
	N210	G01 X-90 Y0	铣凹槽下边缘
	N220	G01 X0 Y20	定位，准备清中间未加工部分
	N230	G01 X90 Y0	清凹槽内部
	N240	G90 G00 Z50	返回绝对方式，抬刀
结束	N250	M05	主轴停
	N260	M02	程序结束

9.11.5 练习题

① 试编制在数控铣床上，实现如图9-52所示形状加工的程序。工件坐标系为G54。加工时选择主轴转速为1000r/min；进给速度为120mm/min，刀具为ϕ10mm铣刀。

② 试编制在数控铣床上，实现如图9-53所示台阶和孔组合形状加工的程序，刀具为ϕ10mm铣刀。

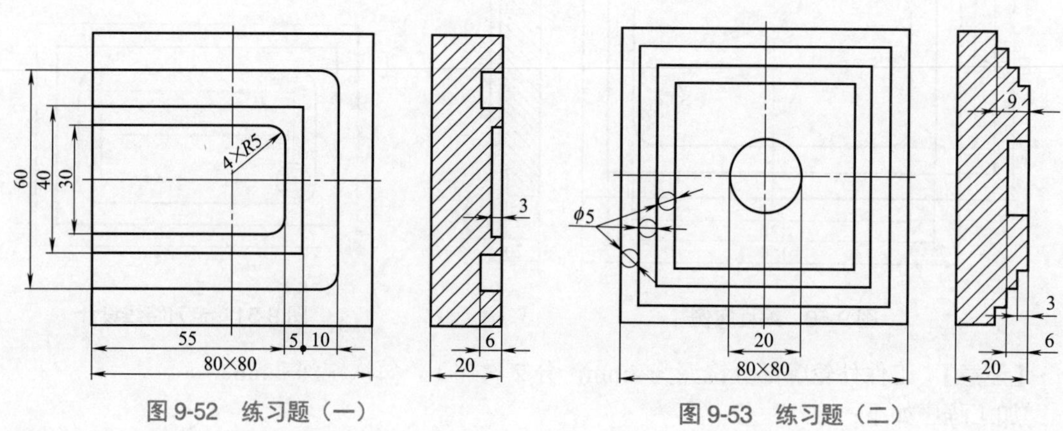

图9-52　练习题（一）　　图9-53　练习题（二）

9.12 主程序、子程序

9.12.1 主程序、子程序概述

机床的加工程序可以分为主程序和子程序两种。主程序是零件加工程序的主体部分，它是一个完整的零件加工程序。主程序和被加工零件及加工要求一一对应，不同的零件或不同的加工要求都有唯一的主程序。

为了简化编程，有时可以将一个程序或多个程序中的重复的动作编写为单独的程序，并通过程序调用的形式来执行这些程序，这样的程序称为子程序。就程序结构和组成而言，子程序和主程序并无本质区别，但在使用上，子程序具有以下特点，见表9-13。

表9-13 子程序的特点

序号	子程序的特点
1	子程序可以被任何主程序或其他子程序所调用，并且可以多次循环执行
2	被主程序调用的子程序，还可以调用其他子程序，这一功能称为子程序的嵌套
3	子程序执行结束，能自动返回到调用的程序中
4	子程序一般都不可以作为独立的加工程序使用，它只能通过调用来实现加工中的局部动作

9.12.2 子程序的调用格式

在FANUC数控系统中，子程序的程序号和主程序号的格式相同，即：也用O后缀数字组成。但其结束标记必须使用M99，才能实现程序的自动返回功能。

对于采用M99作为结束标记的子程序，其调用可以通过辅助机能中的M98代码指令进行。但在调用指令中子程序的程序号由地址P规定，常用的子程序调用指令有以下三种格式：

（1）格式一：M98 P□□□□

作用：调用子程序O□□□□一次。如N15 M98 P0100，为调用子程序O0100一次，程序号的前面的0可以省略，即可以写成N15 M98 P100的形式。

（2）格式二：M98 P□□□□ L××××

作用：连续调用子程序O□□□□多次，地址L后缀的××××代表调用次数。如N15M98 P0200 L2，为调用子程序O0200两次。同样，子程序号、循环次数的前面的0均可以省略。

（3）格式三：M98 P××××□□□□

作用：调用子程序O□□□□多次，地址P后缀的数字中，前四位××××代表调用次数，后四位□□□□代表子程序号。注意：利用这种格式时，调用次数的前面的0可以省略，即0002可以省略成2；但子程序号□□□□的前面的0不可以省略，即0200不可以省略成200。如N15 M98 P20200为调用子程序O0200两次，但N15 M98 P2200则表示调用子程序O2200一次。

子程序用M99结束，调用格式的方法如下：

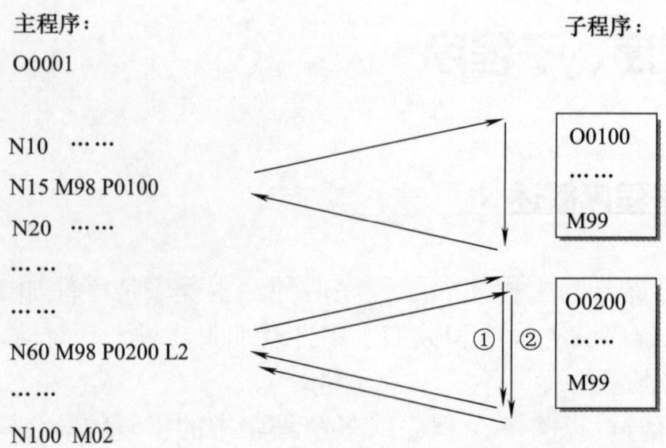

在上述主程序中当采用格式三编程时，N60 程序段可以用 M98 P20200 代替，其动作相同。

注意：由于子程序的调用目前尚未有完全统一的格式规定，以上子程序的调用只是大多数数控系统的常用格式，对于不同的系统，还有不同的调用格式和规定，使用时必须参照有关系统的编程说明。

9.12.3 编程实例

试编制在数控铣床上实现如图 9-54 所示形状加工的程序。工件坐标系为 G54。加工时选择主轴转速为 1200r/min；进给速度为 120mm/min，刀具为 ϕ10mm 铣刀。

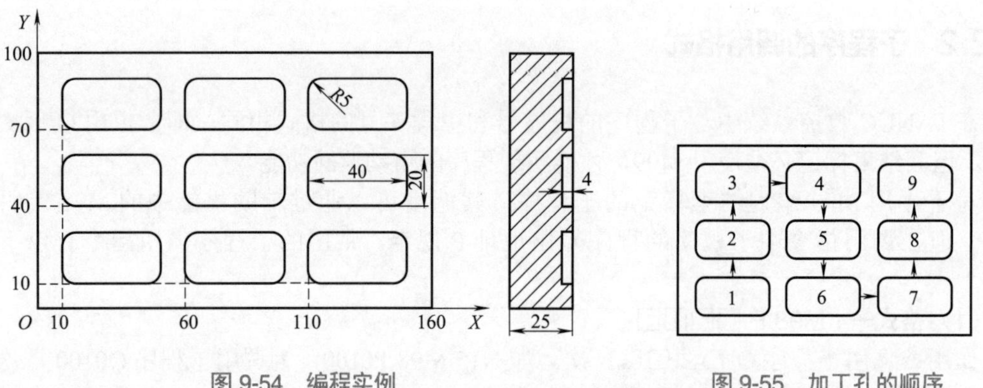

图 9-54　编程实例　　图 9-55　加工孔的顺序

【分析】

本题中凹槽为完全一样的形状，故采用子程序编程，编程坐标使用增量坐标方式。编程时，只需在主程序中定位槽的起点，调入子程序即可。

加工孔的顺序如图 9-55 所示。

【程序】

路径	段号	子程序	说　明
凹槽加工		O0081	子程序号
	N10	G01 Z-4 F10	Z 向进刀 4mm，速度为 10mm/min
	N20	G91 G01 X0 Y10 F80	增量方式，铣凹槽左边缘
	N30	G01 X30 Y0	铣凹槽上边缘
	N40	G01 X0 Y-10	铣凹槽右边缘
	N50	G01 X-30 Y0	铣凹槽下边缘
	N60	G90 G00 Z2	返回绝对方式，抬刀
	N70	M99	子程序结束

续表

路径	段号	子程序	说　明
开始		O0008	主程序号
	N10	G17 G54 G94	选择平面、坐标系、每分钟进给
	N20	M03 S1200	主轴正转，转速为1200r/min
凹槽1	N30	G00 X15 Y15	定位在凹槽1上方
	N40	G00 Z2	Z向接近工件表面
	N50	M98 P0081	调用子程序，加工凹槽1
凹槽2	N60	G00 X15 Y45	定位在凹槽2上方
	N70	M98 P0081	调用子程序，加工凹槽2
凹槽3	N80	G00 X15 Y75	定位在凹槽3上方
	N90	M98 P0081	调用子程序，加工凹槽3
凹槽4	N100	G00 X65 Y75	定位在凹槽4上方
	N110	M98 P0081	调用子程序，加工凹槽4
凹槽5	N120	G00 X65 Y45	定位在凹槽5上方
	N130	M98 P0081	调用子程序，加工凹槽5
凹槽6	N140	G01 X65 Y15	定位在凹槽6上方
	N150	M98 P0081	调用子程序，加工凹槽6
凹槽7	N160	G00 X115 Y15	定位在凹槽7上方
	N170	M98 P0081	调用子程序，加工凹槽7
凹槽8	N180	G00 X115 Y45	定位在凹槽8上方
	N190	M98 P0081	调用子程序，加工凹槽8
凹槽9	N200	G00 X115 Y75	定位在凹槽9上方
	N210	M98 P0081	调用子程序，加工凹槽9
结束	N220	G00 Z50	抬刀
	N230	M05	主轴停
	N240	M02	程序结束

9.12.4 练习题

① 试编制在数控铣床上实现如图9-56所示形状加工的程序。工件坐标系为G54。加工时选择主轴转速为600r/min；Z向下刀速度为20mm/min，刀具为ϕ7.5mm铣刀。

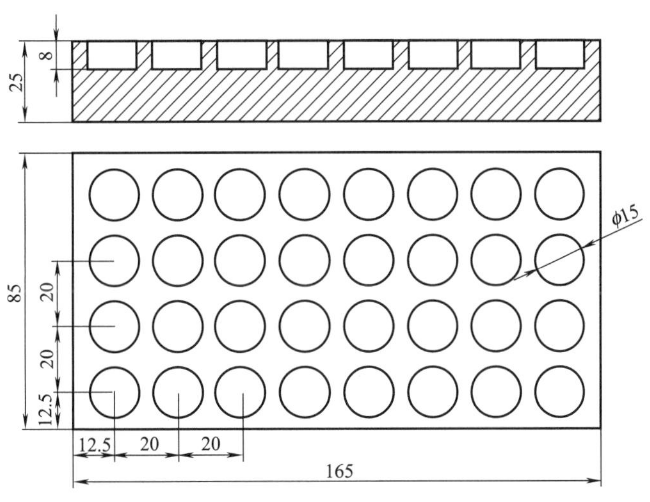

图9-56　练习题（一）

② 试编制在数控铣床上实现如图9-57所示形状加工的程序。工件坐标系为G54。加工时选择主轴转速为850r/min；进给速度为100mm/min，刀具为ϕ10mm铣刀。

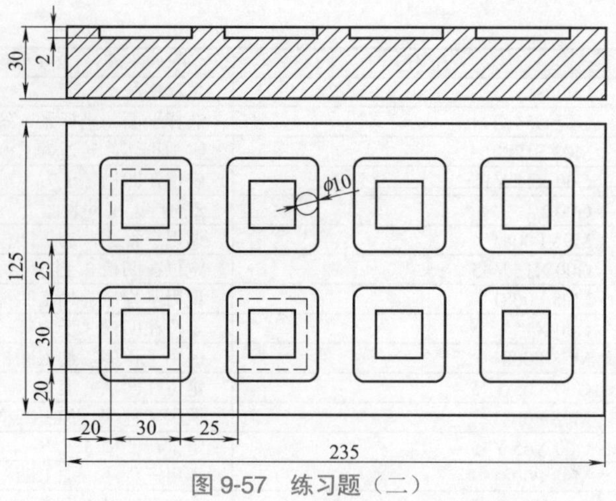

图 9-57　练习题（二）

9.13 极坐标编程（G15、G16）

9.13.1 极坐标编程功能

在圆周分布孔加工（如法兰类零件）与圆周镗铣加工时，图样尺寸通常都是以半径（直径）与角度的形式给出。对于此类零件，如果采用极坐标编程，直接利用极坐标半径与角度指定坐标位置，既可以大大减少编程时的计算工作量，又可以提高程序的可靠性。

9.13.2 指令格式

极坐标编程通常使用指令 G15、G16 进行，其指令的意义如下：

G15　撤销极坐标编程。

G16　极坐标编程生效。

G52 X__Y__　局部坐标系建立极坐标原点。

G52 X0 Y0　局部坐标系撤销极坐标原点。

极坐标编程时，编程指令的格式、代表的意义与所选择的加工平面有关，加工平面的选择仍然利用 G17、G18、G19 进行（由于系统默认 G17，因此一般情况下可省略）。加工平面选

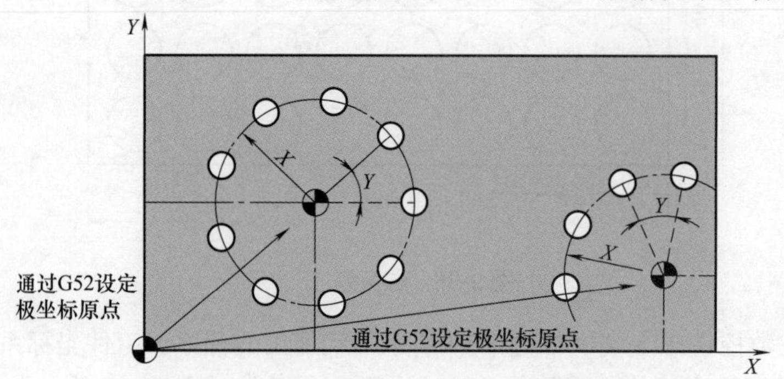

图 9-58　极坐标中 X、Y 和 G52 的设定方法

定后，所选择平面的第一坐标轴地址用来指令极坐标半径；第二坐标轴地址用来指令极坐标角度，极坐标的 0°方向为第一坐标轴的正方向。如在极坐标中，选择 *X*、*Y* 平面为加工平面，*X* 表示半径，*Y* 则表示角度。图 9-58 所示为极坐标中 *XY* 和 G52 的设定方法。

极坐标原点指定方式，在不同的数控系统中有所不同，有的将工件坐标系原点直接作为极坐标原点；有的系统可以利用局部坐标系指令 G52 建立极坐标原点。

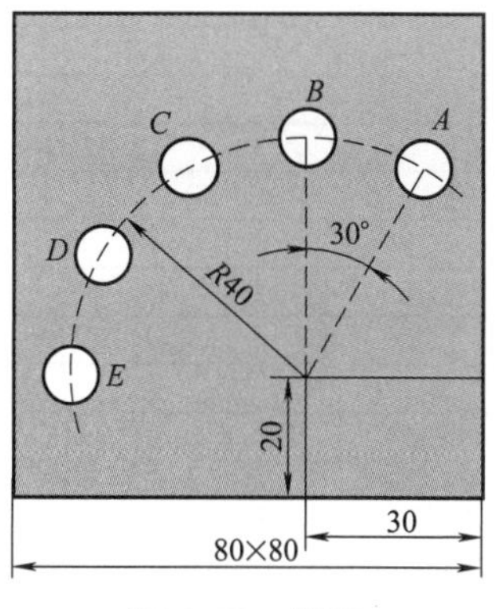

图 9-59 例题

在极坐标编程时，通过 G90、G91 指令也可以改变尺寸的编程方式，选择 G90 时，半径、角度都以绝对尺寸的形式给定；选择 G91 时，半径、角度都以增量尺寸的形式给定。

例如，用极坐标方式指出图 9-59 中所示孔的坐标位置。

G52 X50 Y20　建立极坐标坐标系。

G90 G17 G16　绝对方式，*XY* 平面，极坐标生效。

G00 X40 Y60　孔 *A* 极坐标位置。

G00 X40 Y90　孔 *B* 极坐标位置。

G00 X40 Y120　孔 *C* 极坐标位置。

G00 X40 Y150　孔 *D* 极坐标位置。

G00 X40 Y180　孔 *E* 极坐标位置。

9.13.3 极坐标编程实例

试编制在数控铣床上实现如图 9-60 所示形状加工的程序。工件坐标系为 G54。加工时选择主轴转速为 1200r/min；进给速度为 120mm/min，刀具为 ϕ10mm 铣刀。

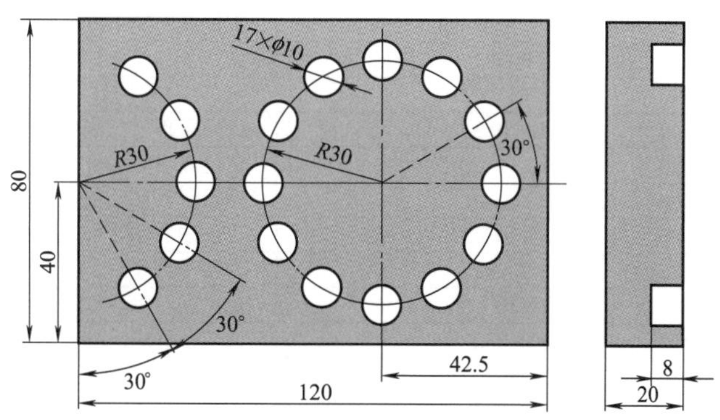

图 9-60 编程实例

加工程序如下：

路径	段号	子程序	说明
孔加工		O0082	子程序号
	N10	G01 Z-8 F20	*Z* 向进刀 2mm，速度为 20mm/min
	N20	G04 P1000	暂停 1s，清（平）孔底
	N30	G00 Z2	抬刀
	N40	M99	子程序结束
路径	段号	主程序	说明
开始		O0009	主程序号
	N10	G17 G54 G94	选择平面、坐标系、每分钟进给
	N20	M03 S1200	主轴正转，转速为 1200r/min
极坐标系 1	N30	G52 X0 Y40	建立极坐标坐标系
	N40	G90 G16	绝对方式，极坐标生效

续表

路径	段号	主程序	说明
左侧 -60° 孔	N50	G00 X30 Y-60	定位在左侧 -60° 孔上方
	N60	G00 Z2	Z 向接近工件表面
	N70	M98 P0082	调用子程序，加工左侧 -60° 孔
左侧 -30° 孔	N80	G00 X30 Y-30	定位在左侧 -30° 孔上方
	N90	M98 P0082	调用子程序，加工左侧 -30° 孔
左侧 0° 孔	N100	G00 X30 Y0	定位在左侧 0° 孔上方
	N110	M98 P0082	调用子程序，加工左侧 0° 孔
左侧 30° 孔	N120	G00 X30 Y30	定位在左侧 30° 孔上方
	N130	M98 P0082	调用子程序，加工左侧 30° 孔
左侧 60° 孔	N140	G00 X30 Y60	定位在左侧 60° 孔上方
	N150	M98 P0082	调用子程序，加工左侧 60° 孔
极坐标系 2	N160	G15	撤销极坐标
	N170	G52 X77.5 Y40	建立极坐标坐标系
	N180	G90 G16	绝对方式，极坐标生效
右侧 0° 孔	N190	G00 X30 Y0	定位在右侧 0° 孔上方
	N200	M98 P0082	调用子程序，加工右侧 0° 孔
右侧 30° 孔	N210	G00 X30 Y30	定位在右侧 30° 孔上方
	N220	M98 P0082	调用子程序，加工右侧 30° 孔
右侧 60° 孔	N230	G00 X30 Y60	定位在右侧 60° 孔上方
	N240	M98 P0082	调用子程序，加工右侧 60° 孔
右侧 90° 孔	N250	G00 X30 Y90	定位在右侧 90° 孔上方
	N260	M98 P0082	调用子程序，加工右侧 90° 孔
右侧 120° 孔	N270	G00 X30 Y120	定位在右侧 120° 孔上方
	N280	M98 P0082	调用子程序，加工右侧 120° 孔
右侧 150° 孔	N290	G00 X30 Y150	定位在右侧 150° 孔上方
	N300	M98 P0082	调用子程序，加工右侧 150° 孔
右侧 180° 孔	N310	G00 X30 Y180	定位在右侧 180° 孔上方
	N320	M98 P0082	调用子程序，加工右侧 180° 孔
右侧 210° 孔	N330	G00 X30 Y210	定位在右侧 210° 孔上方
	N340	M98 P0082	调用子程序，加工右侧 210° 孔
右侧 240° 孔	N350	G00 X30 Y240	定位在右侧 240° 孔上方
	N360	M98 P0082	调用子程序，加工右侧 240° 孔
右侧 270° 孔	N370	G00 X30 Y270	定位在右侧 270° 孔上方
	N380	M98 P0082	调用子程序，加工右侧 270° 孔
右侧 300° 孔	N390	G00 X30 Y300	定位在右侧 300° 孔上方
	N400	M98 P0082	调用子程序，加工右侧 300° 孔
右侧 330° 孔	N410	G00 X30 Y330	定位在右侧 330° 孔上方
	N420	M98 P0082	调用子程序，加工右侧 330° 孔
结束	N430	G00 Z50	抬刀
	N440	M05	主轴停
	N450	M02	程序结束

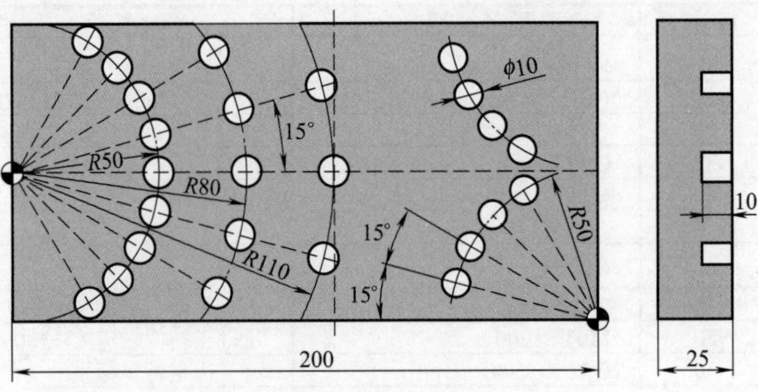

图 9-61　练习题

9.13.4 练习题

试编制在数控铣床上实现如图 9-61 所示形状加工的程序。工件坐标系为 G54。加工时选择主轴转速为 1200r/min；进给速度为 120mm/min，刀具为 ϕ10mm 铣刀。

9.14 镜像加工指令（G24、G25）

9.14.1 指令功能

镜像加工亦称对称加工，它是数控镗铣床常见的加工之一。镜像加工功能要通过系统的“镜像”控制信号进行，当该信号生效时，需要镜像加工的坐标轴将自动改变坐标值的正、负符号，实现坐标轴对称图形的加工，如图 9-62 所示。

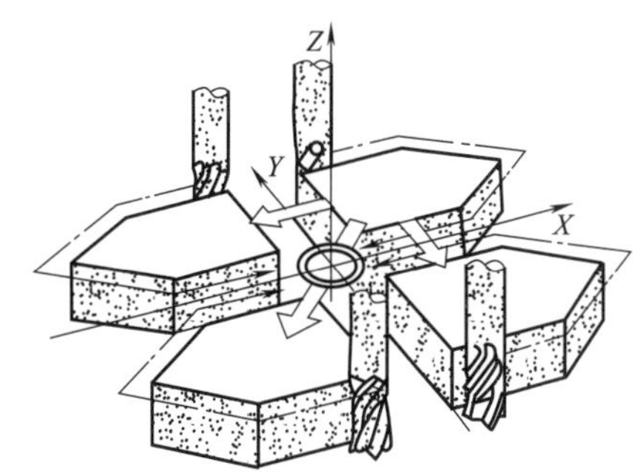

图 9-62 图形的镜像

为了进行镜像加工，在系统上通常的选择方式如下：

① 通过数控系统操作面板上的“镜像加工”选择菜单，选择镜像加工坐标轴，镜像加工控制生效。

② 编程系统中，可以通过特殊的编程指令（如 FANUC 的 G24、G25，SIEMENS 的 Mirror、AMirror 指令）实现。

9.14.2 镜像加工指令格式

如图 9-63 所示：

G24 X__ 沿指定的 *X* 轴镜像。

G24 Y__ 沿指定的 *Y* 轴镜像。

G24 X__Y__ 沿指定的坐标点镜像。

G25 取消镜像。

注意：由于数控镗铣床的 Z 轴一般安装有刀具，因此，*Z* 轴一般都不能进行镜像加工。

例如，用镜像指令对如图 9-64 所示图形编程，假设形状 *A* 的子程序已经编辑完成，名称为 O0083。

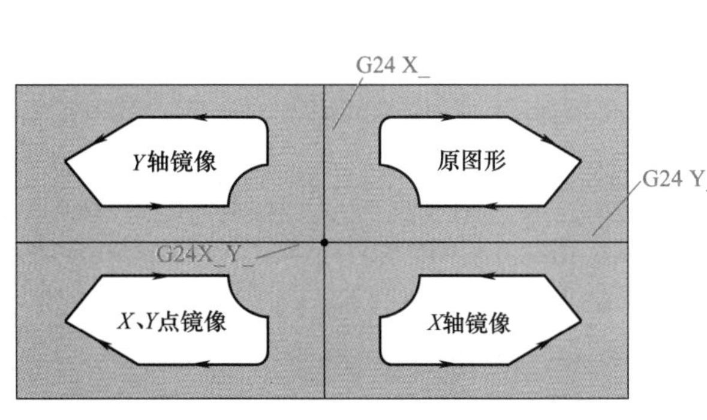

图 9-63 镜像加工指令格式

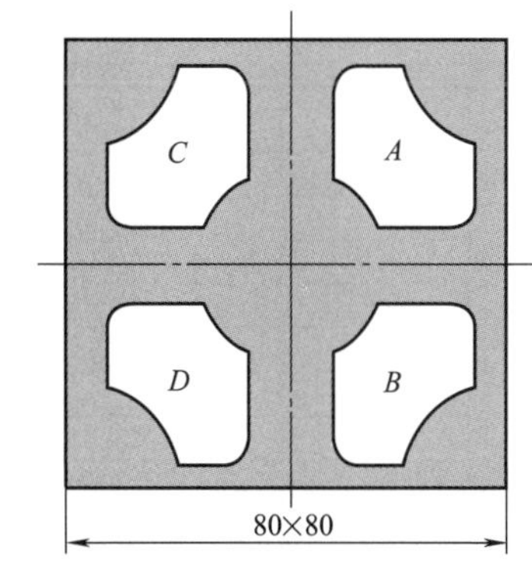

图 9-64 例题

```
……
M98 P0083        调用子程序，加工形状 A。
G24 Y40          镜像加工：沿 Y40 轴。
M98 P0083        调用子程序，加工形状 B。
G25              取消镜像加工。
G24 X40          镜像加工：沿 X40 轴。
M98 P0083        调用子程序，加工形状 C。
G25              取消镜像加工。
G24 X40 Y40      镜像加工：沿 X40、Y40 点。
M98 P0083        调用子程序，加工形状 D。
G25              取消镜像加工。
```

9.14.3 编程实例

试编制在数控铣床上实现如图 9-65 所示形状加工的程序。工件坐标系为 G54。加工时选择主轴转速为 800r/min；进给速度为 120mm/min，刀具为 ϕ10mm 铣刀。

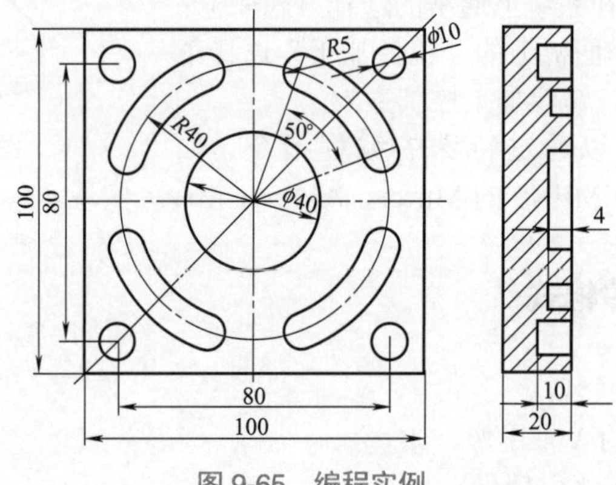

图 9-65 编程实例

【分析】

① 此题中 50°圆弧和 ϕ10mm 孔用镜像指令编程，先创建子程序 O0084；

② 中间 ϕ40mm 的圆形槽采用子程序编程，名称为 O0085；

③ 50°圆弧的起点和终点坐标，由数学方法计算，此处不再赘述。

加工程序如下：

路径	段号	子程序	说明
右上角镜像图形		O0084	子程序号
	N10	G00 X63.681 Y87.588	定位在圆弧起点上方
	N20	G00 Z2	Z 向接近工件表面
	N30	G01 Z-2 F10	Z 向进刀 2mm，速度为 10mm/min
	N40	G02 X87.588 Y63.681 R40 F120	铣 R50mm 顺时针圆弧
	N50	G01 Z-4 F10	Z 向再次进刀 2mm，速度为 10mm/min
	N60	G03 X63.681 Y87.588 R40 F120	反向铣 R50mm 逆时针圆弧
	N70	G00 Z2	抬刀
	N80	G00 X90 Y90	定位在孔上方
	N90	G01 Z-10 F15	孔加工
	N100	G04 P1000	暂停 1s，清（平）孔底
	N110	G00 Z2	抬刀
	N120	M99	子程序结束

续表

路径	段号	子程序	说　明
中间圆形槽		O0085	子程序号
	N10	G02 X35 Y50 I-15 J0 F120	铣第一圈整圆
	N20	G01 X45 Y50	横向进刀
	N30	G02 X45 Y50 I-5 J0	铣第二圈整圆
	N40	G00 Z2	抬刀
	N50	G00 X35 Y50	返回加工时的起点
	N60	M99	子程序结束
路径	**段号**	**主程序**	**说　明**
开始		O0010	主程序号
	N10	G17 G54 G94	选择平面、坐标系、每分钟进给
	N20	M03 S800	主轴正转，转速为800r/min
镜像形状	N30	M98 P0084	调用子程序，加工右上形状
	N40	G24 X50	镜像加工：沿 *X*50 轴
	N50	M98 P0084	调用子程序，加工左上形状
	N60	G25	取消镜像加工
	N70	G24 Y50	镜像加工：沿 *Y*50 轴
	N80	M98 P0084	调用子程序，加工右下形状
	N90	G25	取消镜像加工
	N100	G24 X50 Y50	镜像加工：沿 *X*50、*Y*50 点
	N110	M98 P0084	调用子程序，加工左下形状
	N120	G25	取消镜像加工
圆形凹槽	N130	G00 X35 Y50	定位在圆形凹槽上方，让刀半径
	N140	G01 Z-2 F15	*Z* 向进刀2mm，速度为15mm/min
	N150	M98 P0085	调用子程序，加工第一层凹槽
	N160	G01 Z-4 F15	*Z* 向再次进刀2mm，速度为15mm/min
	N170	M98 P0085	调用子程序，加工第二层凹槽
结束	N180	G00 Z50	抬刀
	N190	M05	主轴停
	N200	M02	程序结束

9.14.4 练习题

试编制在数控铣床上实现如图9-66所示形状加工的程序。工件坐标系为G54。加工时选择主轴转速为800r/min；进给速度为95mm/min，刀具为ϕ10mm铣刀。

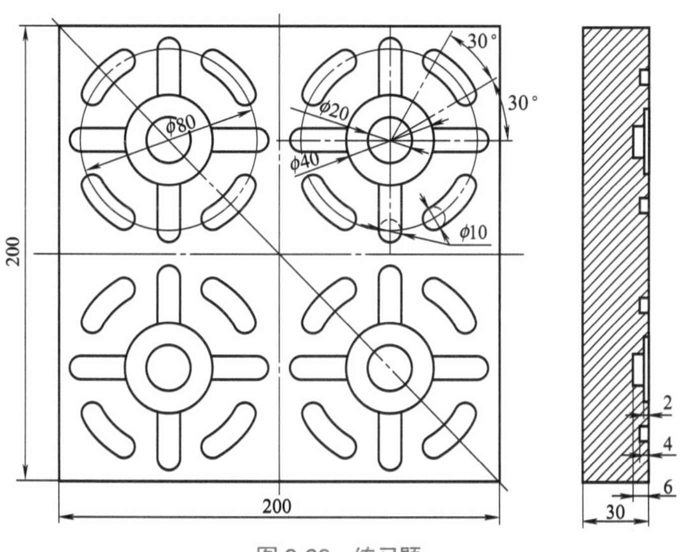

图9-66　练习题

9.15 图形旋转指令（G68、G69）

9.15.1 指令功能

对于某些围绕中心旋转得到的特殊的轮廓加工，如果根据旋转后的实际加工轨迹进行编程，就可能使坐标计算的工作量大大增加。而通过图形旋转功能，可以大大简化编程的工作量，见图 9-67。

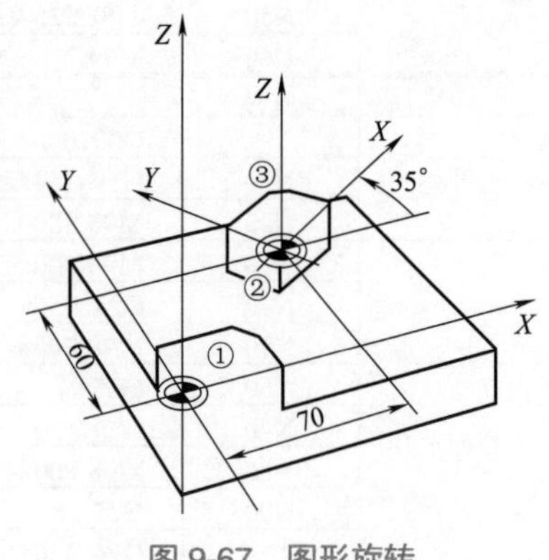

图 9-67 图形旋转

用于图形旋转的指令一般为 G68、G69。G68 为图形旋转功能生效，G69 为图形旋转功能撤销。编程的格式在不同的系统中，可能有所不同。

9.15.2 旋转指令格式

G68 X__Y__R__　　图形旋转功能生效。
G69　　图形旋转功能撤销。

说明：

① 指定图形旋转中心在现行生效坐标系中的 *X*、*Y* 坐标值。*R* 为图形旋转的角度，通常允许输入范围为 0 ～ 360。

② 同镜像指令一样，一般采用子程序配合编程。

图形旋转一般在 *XY* 平面进行（图 9-68）。在部分数控系统中，图形旋转功能也可以通过数控系统操作面板上的“图形旋转”选择菜单，选择图形旋转坐标轴与旋转的角度，使图形旋转控制生效。

例如，用镜像指令对如图 9-69 所示图形编程，假设形状 *A* 的子程序已经编辑完成，名称为 O0086。

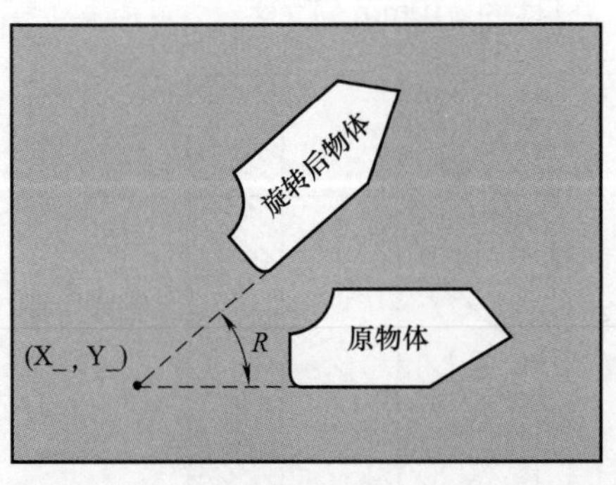

图 9-68 旋转指令

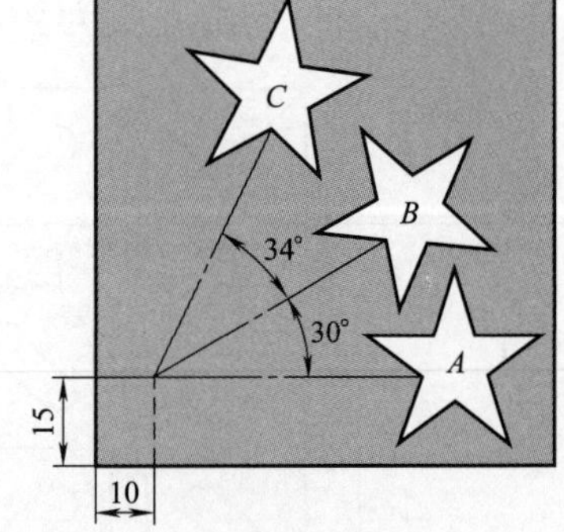

图 9-69 例题

……

M98 P0086　　调用子程序，加工形状 *A*。
G68 X10 Y15 R30　　图形旋转，沿（10，15）点旋转 30°。
M98 P0083　　调用子程序，加工形状 *B*。
G69　　图形旋转撤销。

G68 X10 Y15 R64	图形旋转，沿（10，15）点旋转 64°。
M98 P0083	调用子程序，加工形状 *C*。
G69	图形旋转撤销。

9.15.3 编程实例

试编制在数控铣床上实现如图 9-70 所示形状加工的程序。工件坐标系为 G54。加工时选择主轴转速为 800r/min；进给速度为 120mm/min，刀具分别为 ϕ20mm 和 ϕ10mm 铣刀。

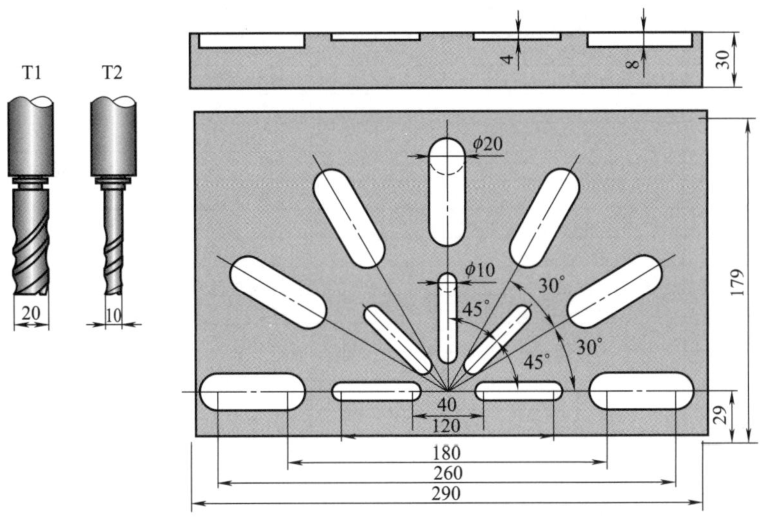

图 9-70 编程实例

【分析】

① 此题中圆形键槽用两把铣刀加工，分别创建子程序 O0087（ϕ20mm 铣刀）和 O0088（ϕ10mm 铣刀）；

② 换刀指令 M06，如换 2 号刀：T02 M06。

加工程序如下：

路径	段号	子程序	说　明
ϕ20mm 键槽		O0087	子程序号
	N10	G00 X235 Y29	定位在键槽起点上方
	N20	G00 Z2	*Z* 向接近工件表面
	N30	G01 Z-2 F10	*Z* 向进刀至 -2mm，速度为 10mm/min
	N40	G01 X275 Y29 F120	铣第一层圆形键槽
	N50	G01 Z-4 F10	*Z* 向进刀至 -4mm，速度为 10mm/min
	N60	G01 X235 Y29 F120	铣第二层圆形键槽
	N70	G01 Z-6 F10	*Z* 向进刀至 -6mm，速度为 10mm/min
	N80	G01 X275 Y29 F120	铣第三层圆形键槽
	N90	G01 Z-8 F10	*Z* 向进刀至 -8mm，速度为 10mm/min
	N100	G01 X235 Y29 F120	铣第四层圆形键槽
	N110	G00 Z2	抬刀
	N120	M99	子程序结束
路径	**段号**	**子　程　序**	**说　明**
ϕ10mm 键槽		O0088	子程序号
	N10	G00 X165 Y29	铣第一圈整圆
	N20	G00 Z2	*Z* 向接近工件表面
	N30	G01 Z-2 F10	*Z* 向进刀至 -2mm，速度为 10mm/min
	N40	G01 X205 Y29 F120	铣第一层圆形键槽

续表

路径	段号	子程序	说　明
ϕ10mm 键槽	N50	G01 Z-4 F10	Z 向进刀至 -4mm，速度为 10mm/min
	N60	G01 X165 Y29 F120	铣第二层圆形键槽
	N70	G00 Z2	抬刀
	N80	M99	子程序结束
路径	段号	主程序	说　明
开始 换 1 号刀		O0011	主程序号
	N10	G17 G54 G94	选择平面、坐标系、每分钟进给
	N20	T01 M06	换 01 号刀
	N30	M03 S800	主轴正转，转速为 800r/min
ϕ20mm 键槽	N40	M98 P0087	调用子程序，加工 ϕ20mm 键槽
	N50	G68 X145 Y29 R30	图形旋转，沿（145，29）点旋转 30°
	N60	M98 P0087	调用子程序，加工 30° 键槽
	N70	G69	图形旋转撤销
	N80	G68 X145 Y29 R60	图形旋转，沿（145，29）点旋转 60°
	N90	M98 P0087	调用子程序，加工 60° 键槽
	N100	G69	图形旋转撤销
	N110	G68 X145 Y29 R90	图形旋转，沿（145，29）点旋转 90°
	N120	M98 P0087	调用子程序，加工 90° 键槽
	N130	G69	图形旋转撤销
	N140	G68 X145 Y29 R120	图形旋转，沿（145，29）点旋转 120°
	N150	M98 P0087	调用子程序，加工 120° 键槽
	N160	G69	图形旋转撤销
	N170	G68 X145 Y29 R150	图形旋转，沿（145，29）点旋转 150°
	N180	M98 P0087	调用子程序，加工 150° 键槽
	N190	G69	图形旋转撤销
	N200	G68 X145 Y29 R180	图形旋转，沿（145，29）点旋转 180°
	N210	M98 P0087	调用子程序，加工 180° 键槽
	N220	G69	图形旋转撤销
换 2 号刀	N230	M05	主轴停
	N240	G00 Z200	抬刀
	N250	T02 M06	换 02 号刀
	N260	M03 S800	主轴正转，转速为 800r/min
ϕ10mm 键槽	N270	M98 P0088	调用子程序，加工 ϕ20mm 键槽
	N280	G68 X145 Y29 R45	图形旋转，沿（145，29）点旋转 45°
	N290	M98 P0088	调用子程序，加工 45° 键槽
	N300	G69	图形旋转撤销
	N310	G68 X145 Y29 R90	图形旋转，沿（145，29）点旋转 90°
	N320	M98 P0088	调用子程序，加工 90° 键槽
	N330	G69	图形旋转撤销
	N340	G68 X145 Y29 R135	图形旋转，沿（145，29）点旋转 135°
	N350	M98 P0088	调用子程序，加工 135° 圆形凹槽
	N360	G69	图形旋转撤销
	N370	G68 X145 Y29 R180	图形旋转，沿（145，29）点旋转 180°
	N380	M98 P0088	调用子程序，加工 180° 圆形凹槽
	N390	G69	图形旋转撤销
结束	N400	G00 Z50	抬刀
	N410	M05	主轴停
	N420	M02	程序结束

9.15.4 练习题

试编制在数控铣床上实现如图 9-71 所示形状加工的程序。主轴转速为 800r/min；进给速度为 120mm/min，刀具为 ϕ10mm 铣刀。

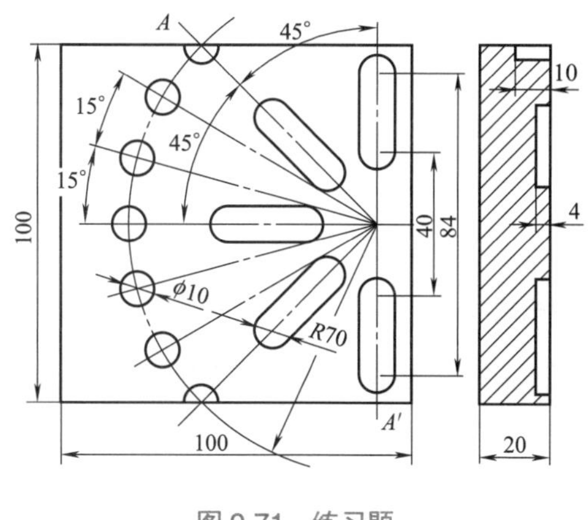

图 9-71 练习题

9.16 比例缩放指令（G50、G51）

9.16.1 指令功能

比例缩放功能主要用于模具加工，当比例缩放功能生效时，对应轴的坐标值与移动距离将按程序指令固定的比例系数进行放大（或缩小）。这样，就可以将编程的轮廓根据实际加工的需要进行放大和缩小（图 9-72）。

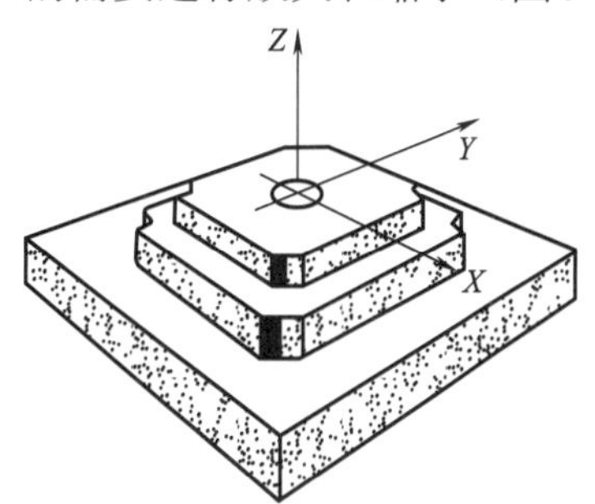

图 9-72 比例缩放

通常用于比例缩放功能的编程指令为 G50、G51。G51 为比例缩放功能生效，G50 为比例缩放功能撤销。

9.16.2 比例缩放指令格式

编程的格式在不同的系统中，有所不同，通常有如下两种。

（1）G51X__Y__Z__P__

比例缩放指令指定比例中心 X、Y、Z 在现行生效坐标系中的坐标值。P 为进行缩放的比例系数，通常允许输入范围为：0.000001 ～ 99.999999。比例系数固定为 1。

注意：当某个轴不需要缩放时，只需在格式中省略即可。

例如：G51 X__Y__P2

执行以上指令，比例中心为（__，__）点，比例系数为 2（图 9-73）。

（2）G51X__Y__Z__I__J__K__

在部分功能完备的数控系统中，各坐标轴允许取不同的比例系数。比例缩放指令指定比例中心 X、Y、Z 在现行生效坐标系中的坐标值。I、J、K 为进行各轴缩放的比例系数。同上，当某个轴不需要缩放时，只需在格式中省略即可。

例如：G51 X__Y__I4 J2

执行以上指令，比例中心为（__，__）点，比例系数为 *X* 方向 4，*Y* 方向 2（图 9-74）。

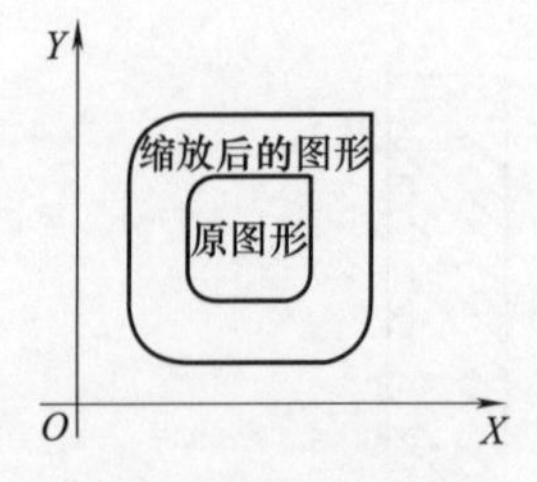

图 9-73　比例缩放指令格式（一）

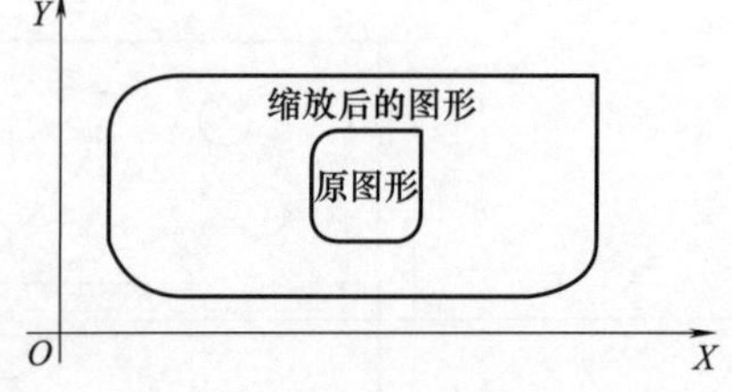

图 9-74　比例缩放指令格式（二）

再如，用缩放指令对如图 9-75 所示图形编程，*B* 的尺寸大小为 *A* 的 2 倍。假设形状 *A* 的子程序已经编辑完成，名称为 O0089。

……

M98 P0089	调用子程序，加工形状 *A*。
G51 X42.6 Y28.7 P2	图形缩放，以（42.6，28.7）为中心缩放 2 倍。
M98 P0083	调用子程序，加工形状 *B*。
G50	图形缩放撤销。

图 9-75　例题

9.16.3　编程实例

试编制在数控铣床上实现如图 9-76 所示形状加工的程序。工件坐标系为 G54。加工时选择主轴转速为 800r/min；进给速度为 120mm/min，刀具为 ϕ8mm 铣刀。

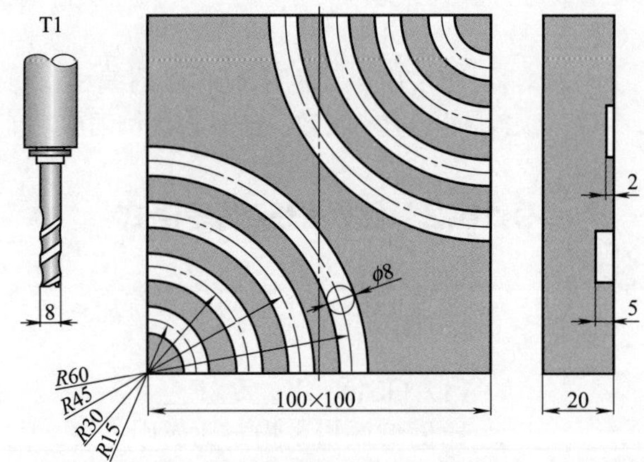

图 9-76　编程实例

【分析】 此题用 ϕ8mm 铣刀加工，创建子程序 O0090（左下圆弧）和 O0091（右上圆弧）。

加工程序如下：

路径	段号	子程序	说　明
左下 *R*15mm 圆弧		O0090	子程序号
	N10	G00 X0 Y15	定位在圆弧起点上方
	N20	G00 Z2	*Z* 向接近工件表面
	N30	G01 Z-2.5 F10	*Z* 向进刀至 -2.5mm，速度为 10mm/min
	N40	G02 X15 Y0 R15 F120	铣第一层圆弧
	N50	G01 Z-5 F10	*Z* 向进刀至 -5mm，速度为 10mm/min
	N60	G03 X0 Y15 R15 F120	铣第二层圆弧
	N70	G00 Z2	抬刀
	N80	M99	子程序结束

续表

路径	段号	子程序	说　明
右上 R15mm 圆弧		O0091	子程序号
	N10	G00 X100 Y85	定位在圆弧起点上方
	N20	G00 Z2	Z 向接近工件表面
	N30	G01 Z-2 F10	Z 向进刀至 -2mm，速度为 10mm/min
	N40	G02 X85 Y100 R15 F120	铣圆弧
	N50	G00 Z2	抬刀
	N60	M99	子程序结束
路径	**段号**	**主　程　序**	**说　明**
开始		O0012	主程序号
	N10	G17 G54 G94	选择平面、坐标系、每分钟进给
	N20	M03 S800	主轴正转，转速为 800r/min
左下圆弧组	N30	M98 P0090	调用子程序，加工 R15mm 圆弧
	N40	G51 X0 Y0 P2	图形缩放，以（0，0）为中心放大 2 倍
	N50	M98 P0090	调用子程序，加工 R30mm 圆弧
	N60	G50	图形缩放撤销
	N70	G51 X0 Y0 P3	图形缩放，以（0，0）为中心放大 3 倍
	N80	M98 P0090	调用子程序，加工 R45mm 圆弧
	N90	G50	图形缩放撤销
	N100	G51 X0 Y0 P4	图形缩放，以（0，0）为中心放大 4 倍
	N110	M98 P0090	调用子程序，加工 R60mm 圆弧
	N120	G50	图形缩放撤销
右上圆弧组	N130	M98 P0091	调用子程序，加工 R15mm 圆弧
	N140	G51 X100 Y100 P2	图形缩放，以（100，100）为中心放大 2 倍
	N150	M98 P0091	调用子程序，加工 R30mm 圆弧
	N160	G50	图形缩放撤销
	N170	G51 X100 Y100 P3	图形缩放，以（100，100）为中心放大 3 倍
	N180	M98 P0091	调用子程序，加工 R45mm 圆弧
	N190	G50	图形缩放撤销
	N200	G51 X100 Y100 P4	图形缩放，以（100，100）为中心放大 4 倍
	N210	M98 P0091	调用子程序，加工 R60mm 圆弧
	N260	G50	图形缩放撤销
结束	N270	G00 Z50	抬刀
	N280	M05	主轴停
	N290	M02	程序结束

9.16.4 练习题

试编制在数控铣床上实现如图 9-77 所示形状加工的程序。工件坐标系为 G54。加工时选择主轴转速为 950r/min；进给速度为 100mm/min，刀具为 ϕ20mm 铣刀。

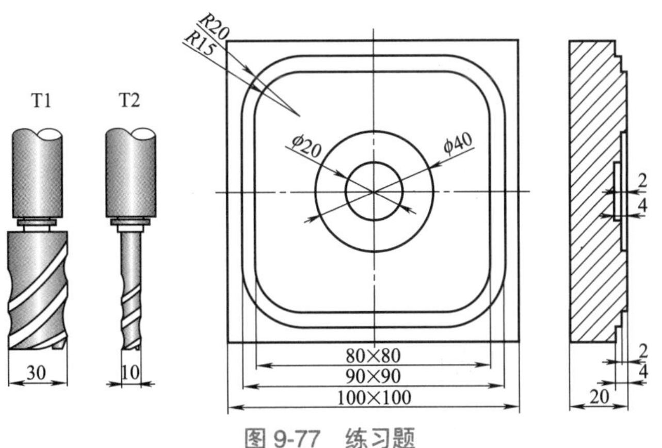

图 9-77　练习题

9.17 孔加工固定循环简述

9.17.1 孔加工固定循环概述

数控镗铣床固定循环通常针对孔加工动作设计的循环子程序。循环子程序的调用也是通过G代码指令进行的，常用的循环调用指令有G73、G74、G76、G80～G89等。固定循环的本质和作用与数控车床一样，其根本目的是简化程序、减少编程工作量。

（1）固定循环的动作

孔加工固定循环的动作，一般可以分为以下六个动作步骤（图9-78）：

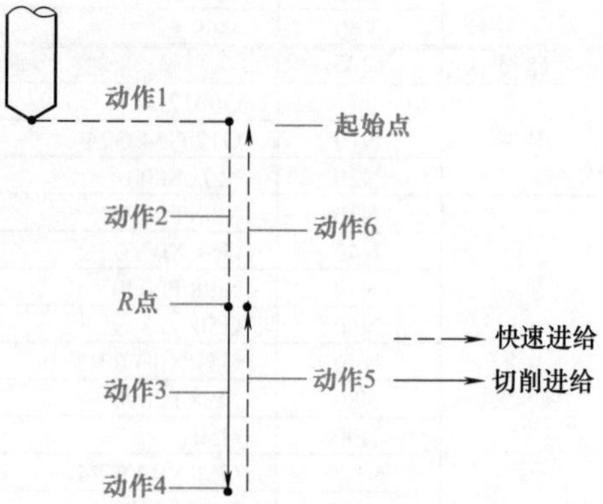

动作1：*X*、*Y*平面快速定位。

动作2：*Z*向快速进给到*R*点。

动作3：*Z*轴切削进给，进行孔加工。

动作4：孔底部的动作。

动作5：*Z*轴退刀。

动作6：*Z*轴快速回到起始位置。

图9-78　固定循环的动作

执行孔加工循环，其中心点的定位一般都在*XY*平面上进行，*Z*轴方向进行孔加工。固定循环动作的选择由G代码指定，对于不同的固定循环，以上动作有所不同，常用的G73、G74、G76、G80～G89孔加工固定循环的动作如表9-14所示，G80用于撤销循环。

表9-14　孔加工固定循环动作一览表

序号	G代码	加工动作（-*Z*向）	孔底部动作	退刀动作（+*Z*向）	用途
1	G73	间歇进给	—	快速进给	高速深孔加工循环
2	G74	切削进给	暂停、主轴正转	切削进给	反转攻螺纹循环
3	G76	切削进给	主轴准停	快速进给	精镗
4	G80	—	—	—	撤销循环
5	G81	切削进给	—	快速进给	钻孔
6	G82	切削进给	暂停	快速进给	钻、镗阶梯孔
7	G83	间歇进给	—	快速进给	深孔加工循环
8	G84	切削进给	暂停、主轴反转	切削进给	正转攻螺纹循环
9	G85	切削进给	—	切削进给	镗孔1
10	G86	切削进给	主轴停	快速进给	镗孔2
11	G87	切削进给	主轴正传	快速进给	反镗孔
12	G88	切削进给	暂停主轴停	手动	镗孔3
13	G89	切削进给	暂停	切削进给	镗孔4

（2）固定循环的编程

作为孔加工固定循环的基本要求，必须在固定循环指令中（或执行循环前）定义以下参数：

①尺寸的基本编程方式　即：G90绝对值方式，G91增量值方式。在不同的方式下，对应的循环参数编程的格式也要与之对应，如图9-79所示。

② 固定循环执行完成后Z轴返回点（亦称返回平面）的Z坐标值　Z轴返回点的位置指定在不同的数控系统上有不同的指定方式，在FANUC及类似的系统中，它由专门的返回平面选择指令G98、G99进行选择。指令G98，加工完成后返回到Z轴循环起始点（亦称起始平面）；指令G99，返回到Z轴孔切削加工开始的尺点（亦称参考平面），如图9-80所示。

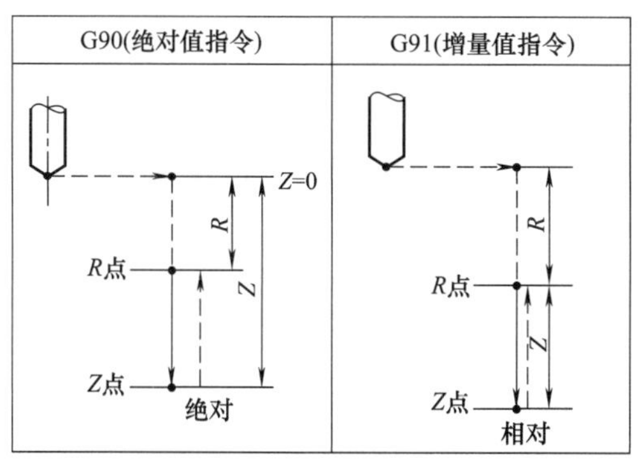

图9-79　固定循环的绝对值指令和增量值指令

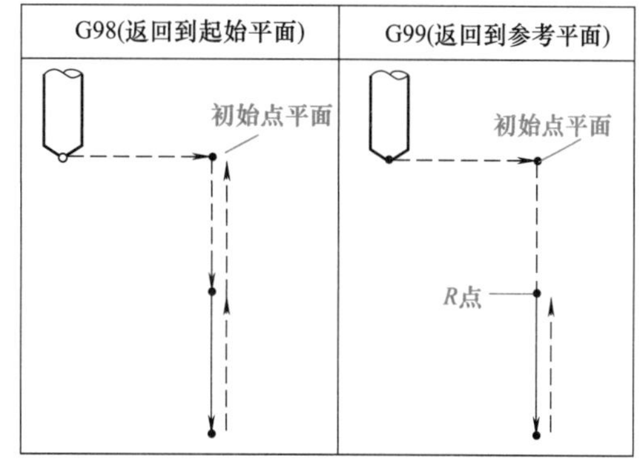

图9-80　返回初始平面和参考平面

③ G73、G74、G76、G81～G89固定循环所需要的全部数据（孔位置、孔加工数据）　固定循环指令、孔加工数据均为模态有效，它们在某一程序段中一经指定，一直到取消固定循环（G80指令）前都保持有效。因此，在连续进行孔加工时，除第一个固定循环程序段必须指令全部的孔加工数据外，随后的固定循环中，只需定义需要变更的数据。但如果在固定循环执行中进行了系统的关机或复位操作，则孔加工数据、孔位置数据均被消除。我们将在下面一节按照加工的要求按顺序讲解每种孔加工类型。

固定循环指令的基本格式如下：

G__X__Y__Z__R__P__Q__F__K__

以上格式中，根据不同的循环要求，有的固定循环指令需要全部参数，有的固定循环只需要部分参数，具体应根据循环动作的要求予以定义。固定循环常用的参数含义如表9-15所示。

表9-15　固定循环常用的参数含义

序号	指定内容	地址	说　明
1	孔加工方式	G	
2	空位置数据	X、Y	制定孔在X、Y平面上的位置，定位方式与G00相同
3	孔加工数据	Z	孔底部位置（最终孔深），可以用增量或绝对指令编程
		R	孔切削加工开始位置（R点），可以用增量或绝对指令编程
		Q	指定G73、G83深孔加工每次切入量，G76、G87中偏移量
		P	指定在孔底部的暂停时间
		F	指定切削进给速度
		K	重复次数，根据实际情况指定

（3）固定循环编程的注意事项

① 为了提高加工效率，在指令固定循环前，应事先使主轴旋转。

② 由于固定循环是模态指令，因此，在固定有效期间，如果X、Y、Z、R中的任意一个被改变，就要进行一次孔加工。

③ 固定循环程序段中，如在不需要指令的固定循环下指令了孔加工数据Q、P，则它只作为模态数据进行存储，而无实际动作产生。

④ 使用具有主轴自动启动的固定循环（G74、G84、G86）时，如果孔的XY平面定位距离较短，或从起始点平面到R平面的距离较短，且需要连续加工时，为了防止在进入孔加工动作

时，主轴不能达到指定的转速，应使用 G04 暂停指令进行延时。

⑤ 在固定循环方式中，刀具半径补偿机能无效。

9.17.2 G81 钻孔循环

（1）指令功能

G81 指令用于钻孔加工，其动作循环如图 9-81 所示。钻孔完毕后快速退刀。

（2）指令格式

G81 X__Y__Z__R__F__K__

格式说明：

X__Y__：孔位数据。

Z__：孔底深度（绝对坐标）。

R__：每次下刀点或抬刀点（绝对坐标）。

F__：切削进给速度。

K__：重复次数（如果需要的话）。

（3）编程实例

写出如图 9-82 所示孔类的钻孔加工循环。

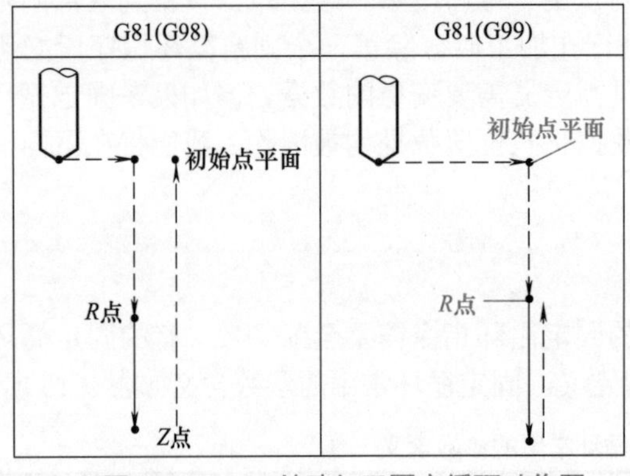

图 9-81 G81 钻孔加工固定循环动作图

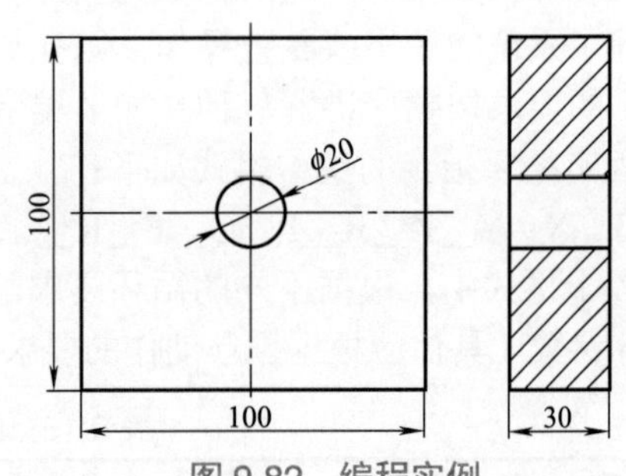

图 9-82 编程实例

加工程序如下：

段号	程　序	说　明
	O0013	程序号
N10	G54 G94 G90	选择工件坐标系、每分钟进给、绝对编程
N20	M03 S1000	主轴正转，转速为 1000r/min
N30	G00 X50 Y50	定位在孔上，此处指定孔位数据，在固定循环格式中便可省略
N40	G43 H01 Z50	设定长度补偿，Z 向初始点高度
N50	G98 G81 Z-35 R1 F20	钻孔循环：离工件表面 1mm 处开始进给，速度为 20mm/min
N60	G80	取消固定循环
N70	M05	主轴停止
N80	M02	程序结束

9.17.3 G82 钻孔循环（钻、镗阶梯孔）

（1）指令功能

G82 指令用于阶梯孔钻孔加工，其动作循环如图 9-83 所示。它的动作和 G81 基本相同，只是在孔底增加了进给暂停后动作，由于孔底暂停，使它可以在盲孔的加工中，提高孔深的精度。对于通孔没有效果。

（2）指令格式

G82 X__Y__Z__R__P__F__K__

格式说明：

X__Y__：孔位数据。

Z__：孔底深度（绝对坐标）。

R__：每次下刀点或抬刀点（绝对坐标）。

P__：暂停时间（单位：ms）。

F__：切削进给速度。

K__：重复次数（如果需要的话）。

（3）编程实例

写出如图 9-84 所示孔类的钻孔加工循环。

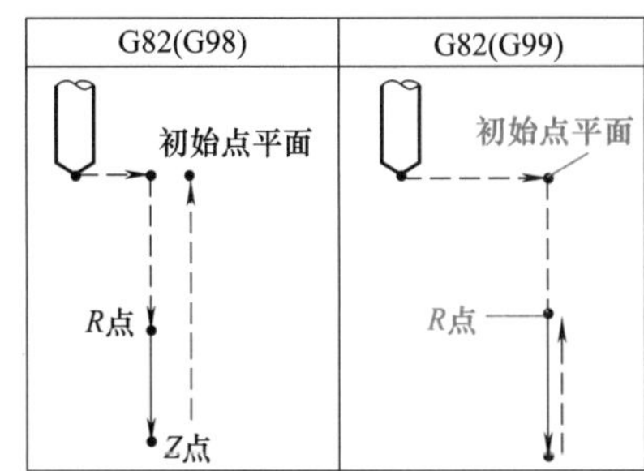

图 9-83 G82 钻孔加工固定循环动作图

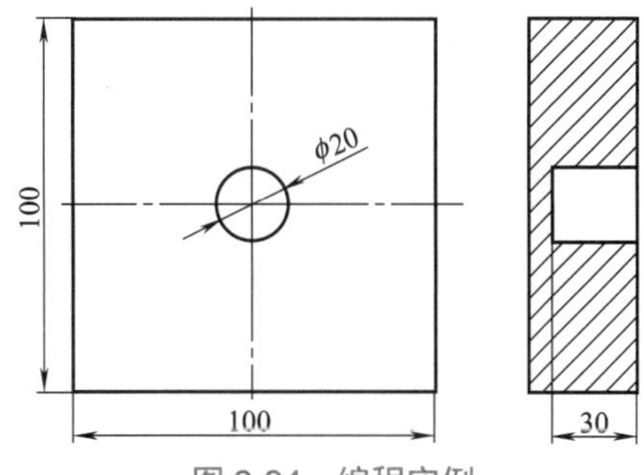

图 9-84 编程实例

加工程序如下：

段号	程　序	说　明
	O0014	程序号
N10	G54 G94 G90	选择工件坐标系、每分钟进给、绝对编程
N20	M03 S1000	主轴正转，转速为 1000r/min
N30	G00 X50 Y50	定位在孔上，此处指定孔位数据，在 G81 格式中便可省略
N40	G43 H01 Z50	设定长度补偿，Z 向初始点高度
N50	G98 G82 Z-30 R1 P1000 F20	钻孔循环：离工件表面 1mm 处开始进给，孔底暂停 1s，速度为 20mm/min
N60	G80	取消固定循环
N70	M05	主轴停止
N80	M02	程序结束

9.17.4 G73 高速深孔加工循环

（1）指令功能

G73 指令用于高速深孔加工，其动作循环如图 9-85 所示。

图中的退刀量 d 由机床参数设定，Z 轴方向为分级、间歇进给，使深孔加工容易排屑，由于退刀量一般较小，因此加工效率高。

（2）指令格式

G73 X__Y__Z__R__Q__F__K__

格式说明：

X__Y__：孔位数据。

Z__：孔底深度（绝对坐标）。

R__：每次下刀点或抬刀点（绝对坐标）。

Q__：每次切削进给的切削深度（无符号，增量）。

F__：切削进给速度。

K__：重复次数（如果需要的话）。

（3）编程实例

写出如图 9-86 所示孔类的高速深孔加工循环。

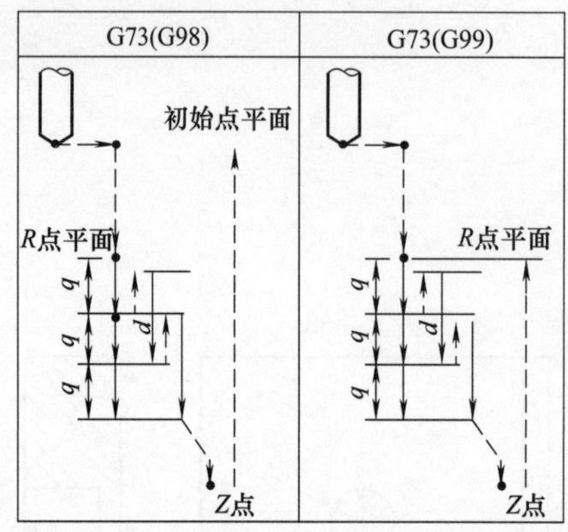

图 9-85　G73 高速深孔加工固定循环动作图

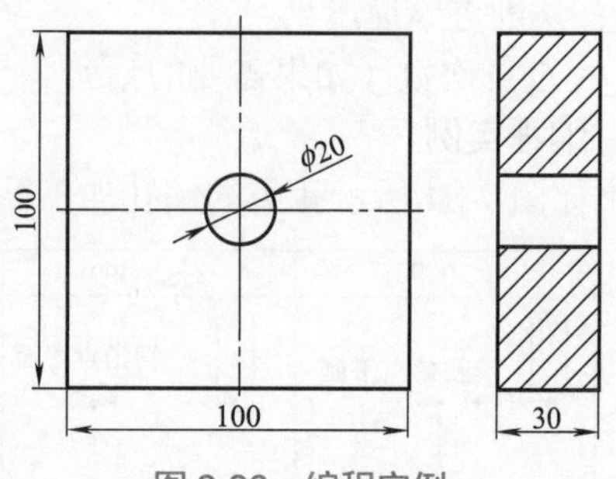

图 9-86　编程实例

加工程序如下：

段号	程　序	说　明
	O0015	程序号
N10	G54 G94 G90	选择工件坐标系、每分钟进给、绝对编程
N20	M03 S1000	主轴正转，转速为 1000r/min
N30	G00 X50 Y50	定位在孔上，此处指定孔位数据，在固定循环格式中便可省略
N40	G43 H01 Z50	设定长度补偿，Z 向初始点高度
N50	G98 G73 Z-35 R1 Q2 F100	高速深孔加工循环：离工件表面 1mm 处开始进给，速度为 100mm/min，每次切削 2mm
N60	G80	取消固定循环
N70	M05	主轴停止
N80	M02	程序结束

9.17.5　G83 深孔加工循环

（1）指令功能

G83 指令虽然为深孔加工，但也用于高速深孔加工，和 G73 一样，Z 轴方向为分级、间歇进给，而且，每次分级进给都使 Z 轴退到切削加工起始点（参考平面）位置，使深孔加工排屑性能更好，其动作循环如图 9-87 所示。

G83 与 G73 的区别在于：在 G83 指令格式中，Q 为每次的切入量。当第二次以后切入时，先快速进给到距上次加工到达的底部位置 d 处，然后再次变为切削进给。

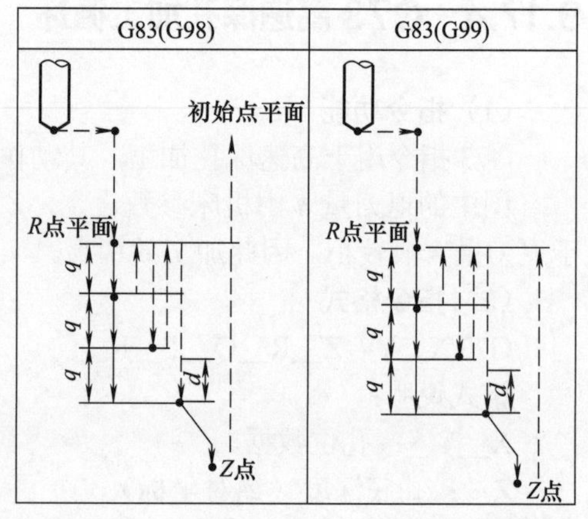

图 9-87　G83 深孔加工固定循环动作图

（2）指令格式

G83 X__Y__Z__R__Q__F__K__

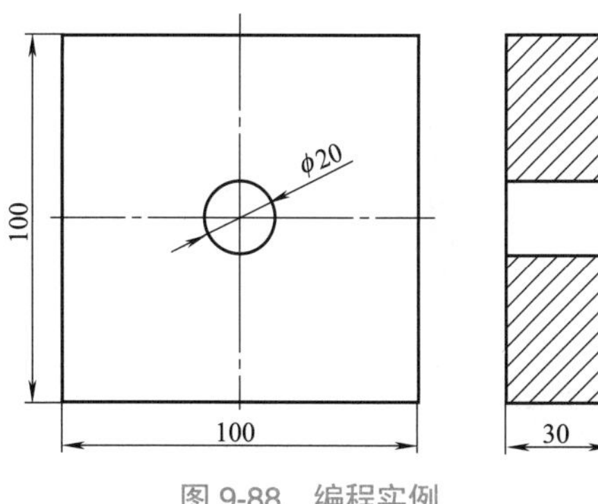

图 9-88 编程实例

格式说明：

X__Y__：孔位数据。

Z__：孔底深度（绝对坐标）。

R__：每次下刀点或抬刀点（绝对坐标）。

Q__：每次切削进给的切削深度（无符号，增量）。

F__：切削进给速度。

K__：重复次数（如果需要的话）。

（3）编程实例

写出如图 9-88 所示孔类的深孔加工循环。

加工程序如下：

段号	程　序	说　明
	O0016	程序号
N10	G54 G94 G90	选择工件坐标系、每分钟进给、绝对编程
N20	M03 S1000	主轴正转，转速为 1000r/min
N30	G00 X50 Y50	定位在孔上，此处指定孔位数据，在固定循环格式中便可省略
N40	G43 H01 Z50	设定长度补偿，*Z* 向初始点高度
N50	G98 G83 Z-35 R1 Q2 F20	深孔加工循环：离工件表面 1mm 处开始进给，速度为 20mm/min，每次切削 2mm
N60	G80	取消固定循环
N70	M05	主轴停止
N80	M02	程序结束

9.17.6 G84 攻螺纹循环

（1）指令功能

G84 指令用于正转攻螺纹（正螺纹）加工，其动作循环如图 9-89 所示。

执行循环前应使指令主轴正转，*Z* 向进给加工正螺纹，加工到达孔底后，主轴自动进行反转，*Z* 轴同时退出。操作机床时应注意：在 G84 正转攻螺纹循环动作中，“进给速度倍率”开关无效，此外，即使是“进给保持”信号有效，在返回动作结束前，*Z* 轴也不会停止运动，这样可以有效防止因误操作引起的丝锥不能退出工件的现象，与此类似的固定循环还有 G74 正转攻螺纹循环。

（2）指令格式

G84 X__Y__Z__R__P__F__K__

格式说明：

X__Y__：孔位数据。

Z__：孔底深度（绝对坐标）。

R__：每次下刀点或抬刀点（绝对坐标）。

P__：暂停时间（单位：ms）。

F__：螺距。

K__：重复次数（如果需要的话）。

（3）编程实例

写出如图 9-90 所示螺纹的加工循环。

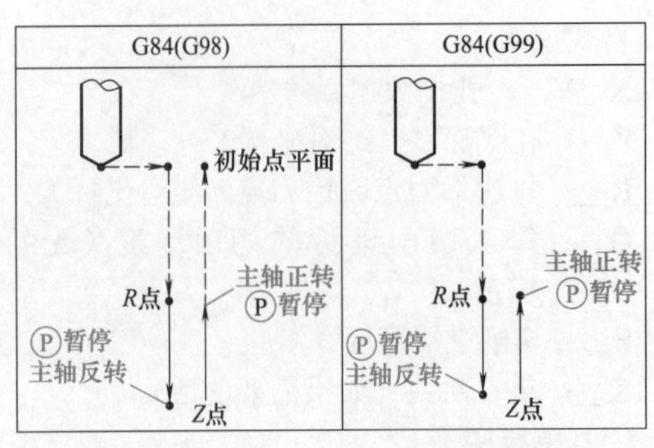

图 9-89 G84 正转攻螺纹加工固定循环动作图

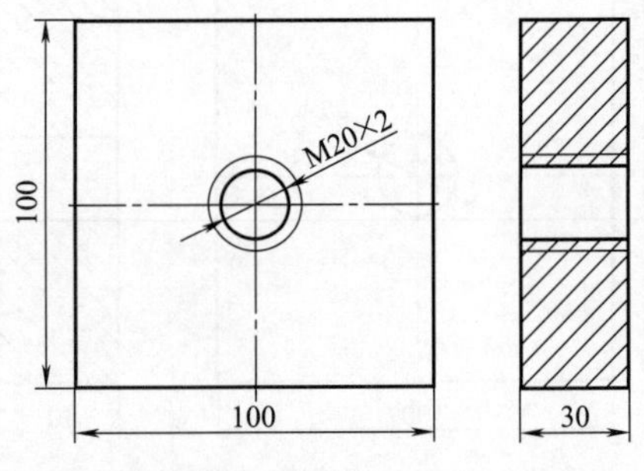

图 9-90 编程实例

加工程序如下：

段号	程　序	说　明
	O0017	程序号
N10	G54 G94 G90	选择工件坐标系、每分钟进给、绝对编程
N20	M03 S1000	主轴正转，转速为 1000r/min
N30	G00 X50 Y50	定位在孔上，此处指定孔位数据，在固定循环格式中便可省略
N40	G43 H01 Z50	设定长度补偿，Z 向初始点高度
N50	G98 G84 Z-35 R5 P2000 F2	攻螺纹循环：离工件表面 5mm 处开始进给，底部暂停 2s，螺距为 2mm
N60	G80	取消固定循环
N70	M05	主轴停止
N80	M02	程序结束

它和 G74 的区别仅在于 G74 用于反转攻螺纹（反螺纹）加工，而 G84 用于正转攻螺纹（正螺纹）加工，因此在孔底，主轴自动进行反转，Z 轴同时退出。

9.17.7 G74 反攻螺纹循环

（1）指令功能

G74 指令用于反转攻螺纹（反螺纹）加工，其动作循环如图 9-91 所示。

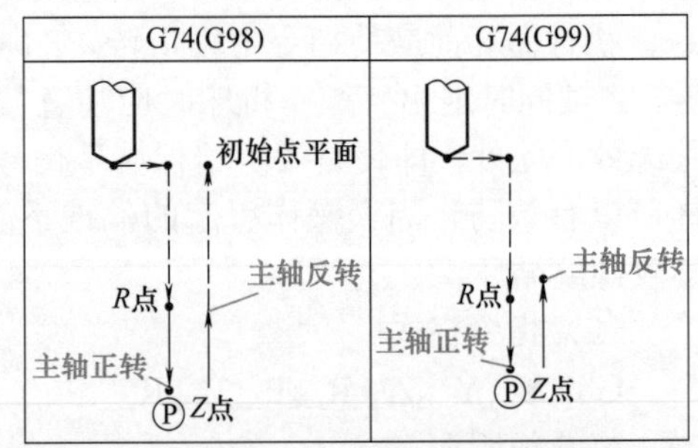

图 9-91 G74 反转攻螺纹加工固定循环动作图

执行循环前应使指令主轴反转，Z 向进给加工反螺纹，加工到达孔底后，主轴自动进行正转，Z 轴同时退出。操作机床时应注意：在 G74 反转攻螺纹循环动作中，“进给速度倍率”开关无效，此外，即使是“进给保持”信号有效，在返回动作结束前，Z 轴也不会停止运动，这样可以有效防止出现因误操作引起的丝锥不能退出工件的现象，与此类似的固定循环还有 G84 正转攻螺纹循环。

它和 G84 的区别仅在于前者用于正转攻螺纹（正螺纹）加工，而 G74 用于反转攻螺纹（反螺纹）加工，因此在孔底，主轴自动进行正转，Z 轴同时退出。

（2）指令格式

G74 X__Y__Z__R__P__F__K__

格式说明：

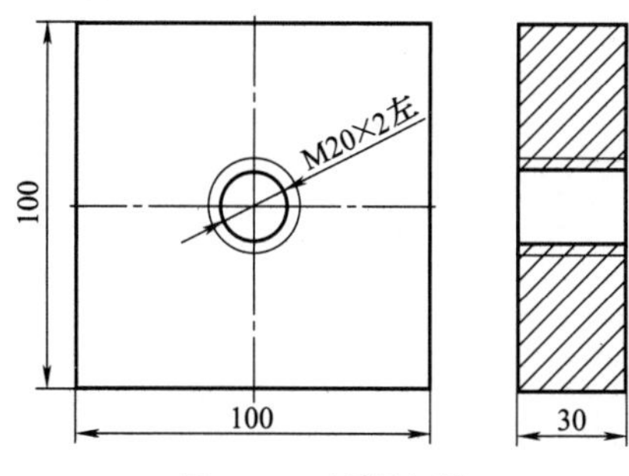

图 9-92 编程实例

X__Y__：孔位数据。

Z__：孔底深度（绝对坐标）。

R__：每次下刀点或抬刀点（绝对坐标）。

P__：暂停时间（单位：ms）。

F__：螺距。

K__：重复次数（如果需要的话）。

（3）编程实例

写出如图 9-92 所示螺纹的加工循环。

加工程序如下：

段号	程　　序	说　　明
	O0018	程序号
N10	G54 G94 G90	选择工件坐标系、每转进给、绝对编程
N20	M04 S1000	主轴反转，转速为 1000r/min①
N30	G00 X50 Y50	定位在孔上，此处指定孔位数据，在固定循环格式中便可省略
N40	G43 H01 Z50	设定长度补偿，Z 向初始点高度
N50	G98 G74 Z-35 R5 P2000 F2	攻反螺纹循环：离工件表面 5mm 处开始进给，底部暂停 2s，螺距为 2mm
N60	G80	取消固定循环
N70	M05	主轴停止
N80	M02	程序结束

①理论定义 G74 指令，无论之前是正转还是反转，都强制反转，但由于每个机床厂商制造不同，有的机床 G74 指令不执行强制反转功能，因此此处统一为 M04 反转最为安全。

9.17.8 G85 镗孔循环

（1）指令功能

G85 指令用于镗孔加工，其动作循环如图 9-93 所示。

它与 G81 的区别是 G85 循环的退刀动作是以进给速度退出的，因此可以用于铰孔、扩孔等加工。

（2）指令格式

G85 X__Y__Z__R__F__K__

格式说明：

X__Y__：孔位数据。

Z__：孔底深度（绝对坐标）。

R__：每次下刀点或抬刀点（绝对坐标）。

F__：切削进给速度。

K__：重复次数（如果需要的话）。

（3）编程实例

写出如图 9-94 所示孔的加工循环。

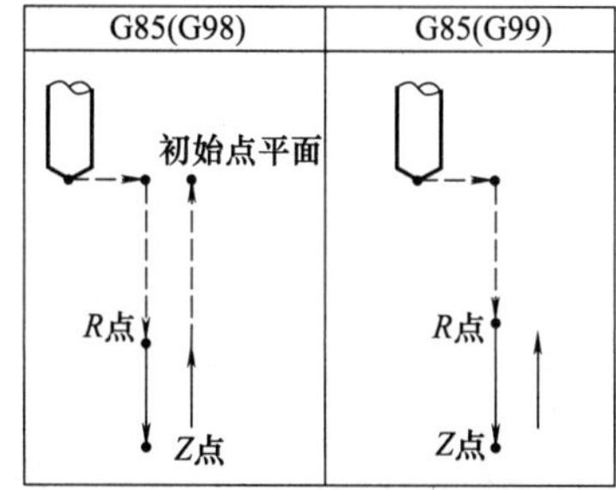

图 9-93 G85 镗孔加工固定循环动作图

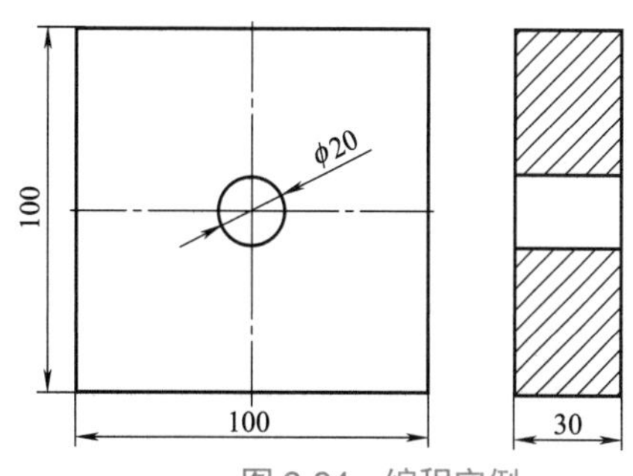

图 9-94 编程实例

加工程序如下：

段号	程　序	说　明
	O0019	程序号
N10	G54 G94 G90	选择工件坐标系、每分钟进给、绝对编程
N20	M03 S1000	主轴正转，转速为 1000r/min
N30	G00 X50 Y50	定位在孔上，此处指定孔位数据，在固定循环格式中便可省略
N40	G43 H01 Z50	设定长度补偿，Z 向初始点高度
N50	G98 G81 Z-35 R1 F20	镗孔加工循环：离工件表面 1mm 处开始进给，速度为 20mm/min
N60	G80	取消固定循环
N70	M05	主轴停止
N80	M02	程序结束

9.17.9 G86 镗孔循环

(1) 指令功能

G86 指令用于镗孔加工，其动作循环如图 9-95 所示。

它与 G81 的区别是 G86 循环在底部时，主轴自动停止，退刀动作是在主轴停转的情况下进行的，因此可以用于镗孔加工。

(2) 指令格式

G86 X__Y__Z__R__F__K__

格式说明：

X__Y__：孔位数据。

Z__：孔底深度（绝对坐标）。

R__：每次下刀点或抬刀点（绝对坐标）。

F__：切削进给速度。

K__：重复次数（如果需要的话）。

(3) 编程实例

写出如图 9-96 所示镗孔的加工循环。

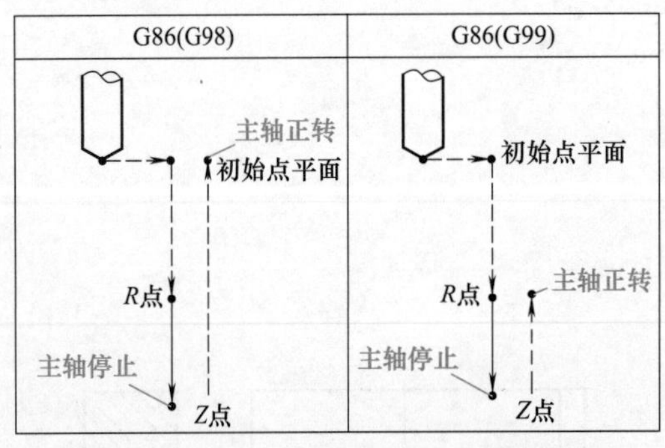

图 9-95　G86 镗孔加工固定循环动作图

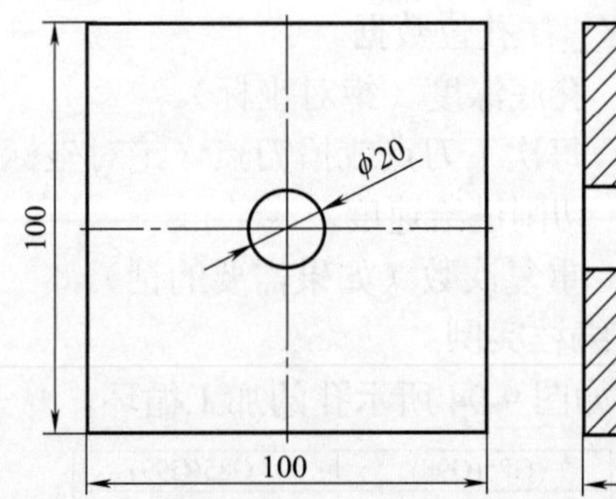

图 9-96　编程实例

加工程序如下：

段号	程　序	说　明
	O0020	程序号
N10	G54 G94 G90	选择工件坐标系、每分钟进给、绝对编程
N20	M03 S1000	主轴正转，转速为 1000r/min
N30	G00 X50 Y50	定位在孔上，此处指定孔位数据，在固定循环格式中便可省略
N40	G43 H01 Z50	设定长度补偿，Z 向初始点高度

续表

段号	程　序	说　明
N50	G98 G86 Z-35 R1 F20	镗孔加工循环：离工件表面1mm处开始进给，速度为20mm/min
N60	G80	取消固定循环
N70	M05	主轴停止
N80	M02	程序结束

9.17.10 G88镗孔循环

（1）指令功能

G88指令用于镗孔加工，其动作循环如图9-97所示。

G88的特点是：循环加工到孔底暂停后，主轴停止后，进给也自动变为停止状态。刀具的退出必须在手动状态下移出刀具。刀具从孔中安全退出后，再开始自动加工，*Z*轴快速返回*R*点或起始平面，主轴恢复正转，G88执行完毕。

（2）指令格式

G88 X__Y__Z__R__P__F__K__

格式说明：

X__Y__：孔位数据。

Z__：孔底深度（绝对坐标）。

R__：每次下刀点或抬刀点（绝对坐标）。

P__：暂停时间（单位：ms）。

F__：切削进给速度。

K__：重复次数（如果需要的话）。

（3）编程实例

写出如图9-98所示镗孔的加工循环。

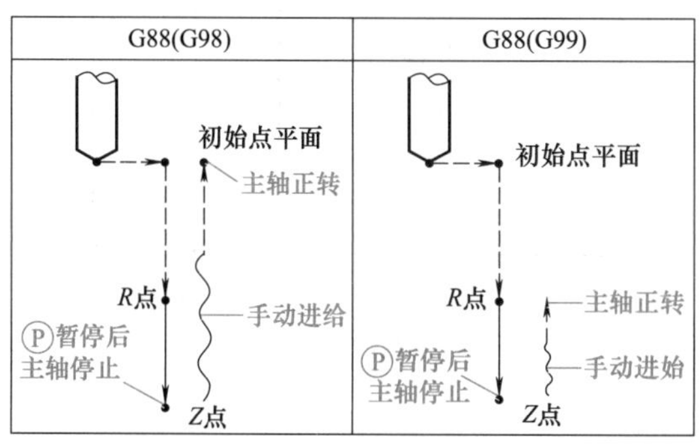

图9-97　G88镗孔加工固定循环动作图

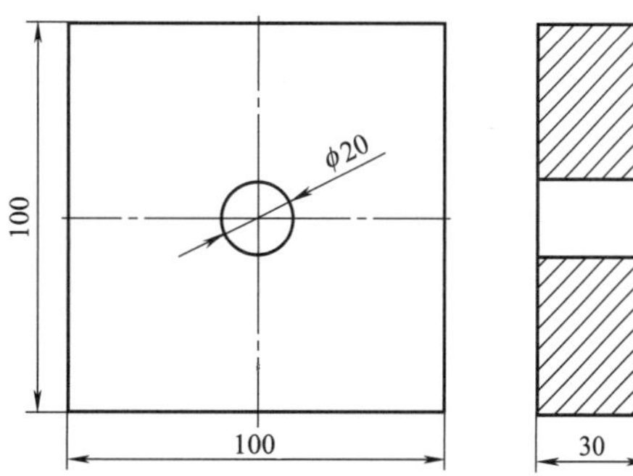

图9-98　编程实例

加工程序如下：

段号	程　序	说　明
	O0021	程序号
N10	G54 G94 G90	选择工件坐标系、每分钟进给、绝对编程
N20	M03 S1000	主轴正转，转速为1000r/min
N30	G00 X50 Y50	定位在孔上，此处指定孔位数据，在固定循环格式中便可省略
N40	G43 H01 Z50	设定长度补偿，*Z*向初始点高度
N50	G98 G88 Z-35 R1 P 2000 F20	镗孔加工循环：离工件表面1mm处开始进给，孔底暂停2s，速度为20mm/min

续表

段号	程　序	说　明
加工到孔底，主轴和刀具的运动均停止，此时必须手动操作移出刀具。刀具安全退出到退刀点后，再继续自动加工		
N60	G80	取消固定循环
N70	M05	主轴停止
N80	M02	程序结束

9.17.11　G89 镗孔循环

（1）指令功能

G89 指令用于镗孔加工，其动作循环如图 9-99 所示。

它与 G85 的区别是：G89 循环在孔底增加了暂停，退刀动作也是以进给速度退出的。

（2）指令格式

G89 X__Y__Z__R__P__F__K__

格式说明：

X__Y__：孔位数据。

Z__：孔底深度（绝对坐标）。

R__：每次下刀点或抬刀点（绝对坐标）。

P__：暂停时间（单位：ms）。

F__：切削进给速度。

K__：重复次数（如果需要的话）。

（3）编程实例

写出如图 9-100 所示镗孔的加工循环。

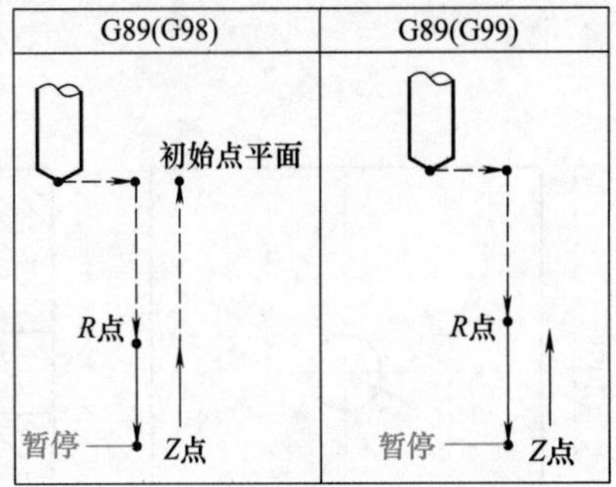

图 9-99　G89 镗孔加工固定循环动作图

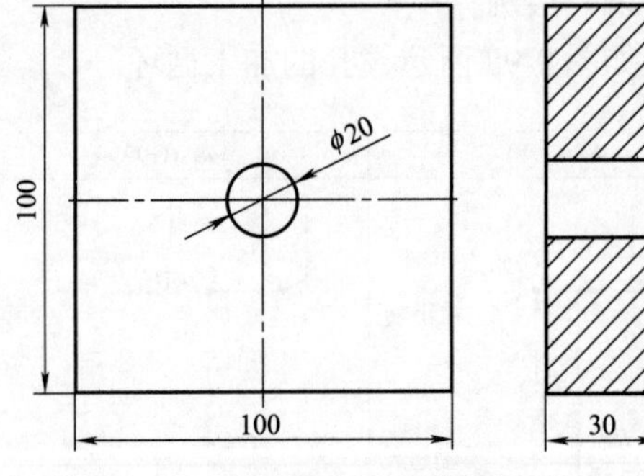

图 9-100　编程实例

加工程序如下：

段号	程　序	说　明
	O0022	程序号
N10	G54 G94 G90	选择工件坐标系、每分钟进给、绝对编程
N20	M03 S1000	主轴正转，转速为 1000r/min
N30	G00 X50 Y50	定位在孔上，此处指定孔位数据，在固定循环格式中便可省略
N40	G43 H01 Z50	设定长度补偿，Z 向初始点高度
N50	G98 G89 Z-35 R1 P2000 F20	镗孔加工循环：离工件表面 1mm 处开始进给，孔底暂停 2s，速度为 20mm/min
N60	G80	取消固定循环
N70	M05	主轴停止
N80	M02	程序结束

9.17.12 G76 精镗循环

（1）指令功能

G76 指令用于精密镗孔加工，它可以通过主轴定向准停动作，进行让刀，从而消除退刀痕。其动作循环如图 9-101 所示。

所谓主轴定向准停，是通过主轴的定位控制机能使主轴在规定的角度上准确停止并保持这一位置，从而使镗刀的刀尖对准某一方向。停止后，机床通过刀尖向相反的方向的少量后移，如图 9-102 所示，使刀尖脱离工件表面，保证在退刀时不擦伤加工面表面，以进行高精度镗削加工。

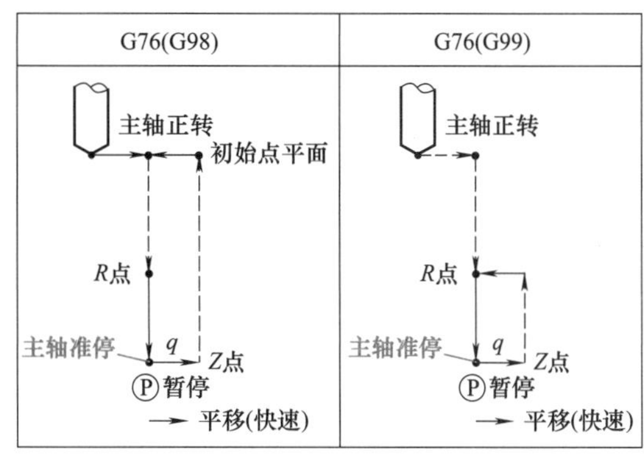

图 9-101 G76 精密镗孔加工固定循环动作图

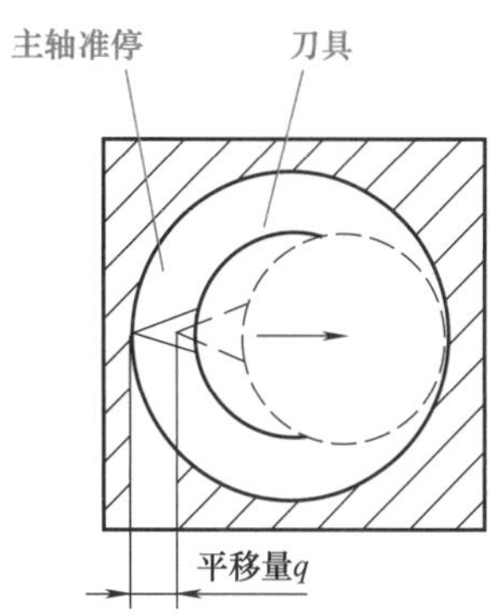

图 9-102 主轴定向准停

（2）指令格式

G76 X__Y__Z__R__P__Q__F__K__

格式说明：

X__Y__：孔位数据。

Z__：孔底深度（绝对坐标）。

R__：每次下刀点或抬刀点（绝对坐标）。

P__：暂停时间（单位：ms）。

Q__：退刀位移量。Q 值必须是正值。即使用负值，符号也不起作用。位移的方向是 $+X$、$-X$、$+Y$、$-Y$，它可以事先用机床参数进行设定。

F__：切削进给速度。

K__：重复次数（如果需要的话）。

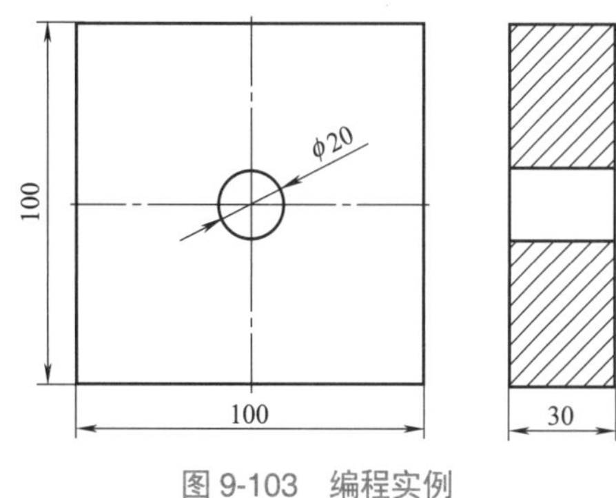

图 9-103 编程实例

（3）编程实例

写出如图 9-103 所示镗孔的精密加工循环。

加工程序如下：

段号	程　序	说　明
	O0023	程序号
N10	G54 G94 G90	选择工件坐标系、每分钟进给、绝对编程
N20	M03 S1000	主轴正转、转速为 1000r/min
N30	G00 X50 Y50	定位在孔上，此处指定孔位数据，在固定循环格式中便可省略
N40	G43 H01 Z50	设定长度补偿，Z 向初始点高度
N50	G98 G76 Z−35 R1 Q2 P 2000 F20	精密镗孔加工循环：离工件表面 1mm 处开始进给，进给完成孔底偏移 2mm，孔底暂停 2s，速度为 20mm/min

续表

段号	程　序	说　明
N60	G80	取消固定循环
N70	M05	主轴停止
N80	M02	程序结束

9.17.13 G87 反镗孔循环

（1）指令功能

G87 指令用于精密镗孔加工，其加工方法如图 9-104 所示。

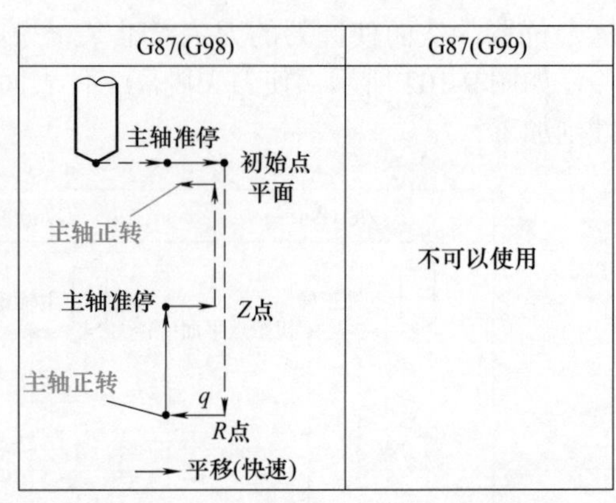

图 9-104　G87 反镗孔加工固定循环动作图

执行 G87 循环，在 X、Y 轴完成定位后，主轴通过定向准停动作，进行让刀，主轴的定位控制机能使主轴在规定的角度上准确停止并保持这一位置，从而使镗刀的刀尖对准某一方向。停止后，机床通过刀尖相反的方向的少量后移，使刀尖让开孔表面，保证在进刀时不碰刀孔表面，然后 Z 轴快速进给在孔底面。在孔底面刀尖恢复让刀量，主轴自动正转，并沿 Z 轴的正方向加工到 Z 点。在此位置，使主轴再次定向准停，再让刀，然后使刀具从孔中退出。返回到起始点后，刀尖再恢复让刀，主轴再次正转，以便进行下步动作。关于让刀量及其方向的定义，与 G76 完全相同。

（2）指令格式：

G87 X__Y__Z__R__P__Q__F__K__

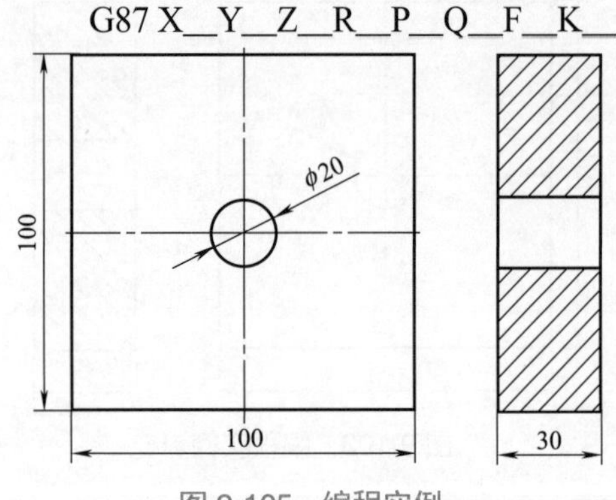

图 9-105　编程实例

格式说明：

X__Y__：孔位数据。

Z__：孔底深度（绝对坐标）。

R__：每次下刀点或抬刀点（绝对坐标）。

P__：暂停时间（单位：ms）。

Q__：退刀位移量。Q值必须是正值。即使用负值，符号也不起作用。位移的方向是 +X、-X、+Y、-Y，它可以事先用机床参数进行设定。

F__：切削进给速度。

K__：重复次数（如果需要的话）。

（3）编程实例

写出如图 9-105 所示镗孔的加工循环。

加工程序如下：

段号	程　序	说　明
	O0024	程序号
N10	G54 G94 G90	选择工件坐标系、每分钟进给、绝对编程
N20	M03 S1000	主轴正转，转速为 1000r/min
N30	G00 X50 Y50	定位在孔上，此处指定孔位数据，在固定循环格式中便可省略
N40	G43 H01 Z50	设定长度补偿，Z 向初始点高度
N50	G98 G87 Z-35 R1 Q2 P 2000 F20	反镗孔加工循环：离工件表面 1mm 处开始进给，进给完成后孔底暂停 2s，偏移 2mm，速度为 20mm/min
N60	G80	取消固定循环
N70	M05	主轴停止
N80	M02	程序结束

9.17.14 孔加工编程综合实例

试用固定循环指令编制图9-106所示零件的孔加工程序。其中，孔 A ～孔 F 直径为 ϕ20mm，采用钻孔加工；孔 G ～孔 J 直径为 ϕ40mm，采用铣孔加工；孔 K ～孔 M 直径为 ϕ60mm，采用镗孔加工。工件坐标系为G54。

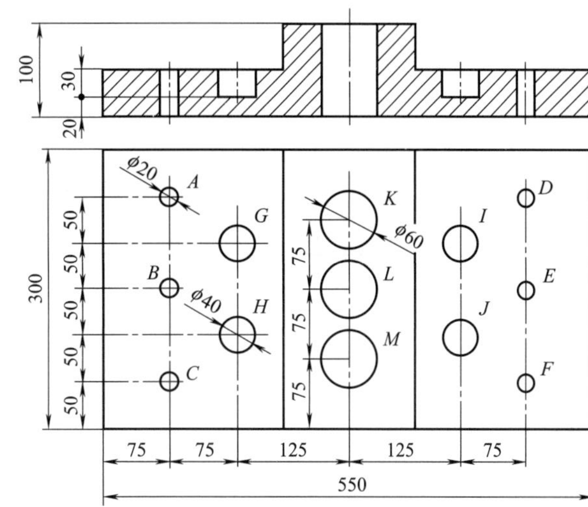

图9-106 孔加工编程综合实例

【分析】 根据题目要求，对刀具及加工工艺设计如下：

① 用 ϕ20mm 钻头，加工孔 A ～ F：刀具号T01，刀补号H01，主轴转速800r/min，进给速度120mm/min。

② 利用 ϕ40mm 钻头，加工孔 G ～ J：刀具号T02，刀补号H02，主轴转速500r/min，进给速度80mm/min。

③ 利用 ϕ60mm 镗刀，加工孔 K ～ M：刀具号T03，刀补号H03，主轴转速300r/min，进给速度F30mm/min。

加工程序如下：

路径	段号	程　序	说　明
开始		O0024	程序号
	N10	G54 G94 G90	选择工件坐标系、分钟进给、绝对编程
ϕ20mm 孔	N20	T01 M06	换01号 ϕ20mm 钻头
	N30	M03 S800	主轴正转，转速为1000r/min
	N40	G00 X75 Y250	定位在孔 A 上方
	N50	G43 H01 G00 Z50	设定长度补偿、Z 向初始点高度
	N60	G98 G81 Z-105 R-45 F20	钻孔循环，加工孔 A
	N70	G80	取消孔加工固定循环
	N80	G00 X75 Y150	定位在孔 B 上方
	N90	G98 G81 Z-105 R-45 F20	钻孔循环，加工孔 B
	N100	G80	取消孔加工固定循环
	N110	G00 X75 Y50	定位在孔 C 上方
	N120	G98 G81 Z-105 R-45 F20	钻孔循环，加工孔 C
	N130	G80	取消孔加工固定循环
	N140	G00 X475 Y250	定位在孔 D 上方
	N150	G98 G81 Z-105 R-45 F20	钻孔循环，加工孔 D
	N160	G80	取消孔加工固定循环
	N170	G00 X475 Y150	定位在孔 E 上方
	N180	G98 G81 Z-105 R-45 F20	钻孔循环，加工孔 E
	N190	G80	取消孔加工固定循环
	N200	G00 X475 Y50	定位在孔 F 上方
	N210	G98 G81 Z-105 R-45 F20	钻孔循环，加工孔 F
	N220	G80	取消孔加工固定循环
	N230	G00 Z200	抬刀
	N240	G49	取消长度补偿
	N250	M05	主轴停

续表

路径	段号	程　　序	说　　明
ϕ40mm 孔	N260	T02 M06	换 02 号 ϕ40mm 钻头
	N270	M03 S500	主轴正转，转速为 500r/min
	N280	G00 X150 Y200	定位在孔 *G* 上方
	N290	G43 H02 G00 Z50	设定长度补偿、*Z* 向初始点高度
	N300	G98 G81 Z-105 R-45 F20	钻孔循环，加工孔 *G*
	N310	G80	取消孔加工固定循环
	N320	G00 X150 Y100	定位在孔 *H* 上方
	N330	G98 G81 Z-105 R-45 F20	钻孔循环，加工孔 *H*
	N340	G80	取消孔加工固定循环
	N350	G00 X400 Y200	定位在孔 *I* 上方
	N360	G98 G81 Z-105 R-45 F20	钻孔循环，加工孔 *I*
	N370	G80	取消孔加工固定循环
	N380	G00 X400 Y100	定位在孔 *J* 上方
	N390	G98 G81 Z-105 R-45 F20	钻孔循环，加工孔 *J*
	N400	G80	取消孔加工固定循环
	N410	G00 Z200	抬刀
	N420	G49	取消长度补偿
	N430	M05	主轴停
ϕ60mm 孔	N440	T03 M06	换 03 号 ϕ60mm 钻头
	N450	M03 S300	主轴正转，转速为 500r/min
	N460	G00 X275 Y225	定位在孔 *K* 上方
	N470	G43 H03 G00 Z50	设定长度补偿、*Z* 向初始点高度
	N480	G98 G85 Z-105 R5 F20	镗孔循环，加工孔 *K*
	N490	G80	取消孔加工固定循环
	N500	G00 X275 Y150	定位在孔 *L* 上方
	N510	G98 G85 Z-105 R5 F20	镗孔循环，加工孔 *L*
	N520	G80	取消孔加工固定循环
	N530	G00 X275 Y75	定位在孔 *M* 上方
	N540	G98 G85 Z-105 R5 F20	镗孔循环，加工孔 *M*
	N550	G80	取消孔加工固定循环
	N560	G49	取消长度补偿
结束	N570	G00 Z200	抬刀
	N580	M05	主轴停止
	N590	M02	程序结束

9.18 综合练习

① 试编制在数控铣床上实现如图 9-107 所示工件加工的程序，主轴、走刀速度自定。
② 试编制在数控铣床上实现如图 9-108 所示工件加工的程序，主轴、走刀速度自定。
③ 试编制在数控铣床上实现如图 9-109 所示工件加工的程序，主轴、走刀速度自定。
④ 试编制在数控铣床上实现如图 9-110 所示工件加工的程序，主轴、走刀速度自定。
⑤ 试编制在数控铣床上实现如图 9-111 所示工件加工的程序，主轴、走刀速度自定。

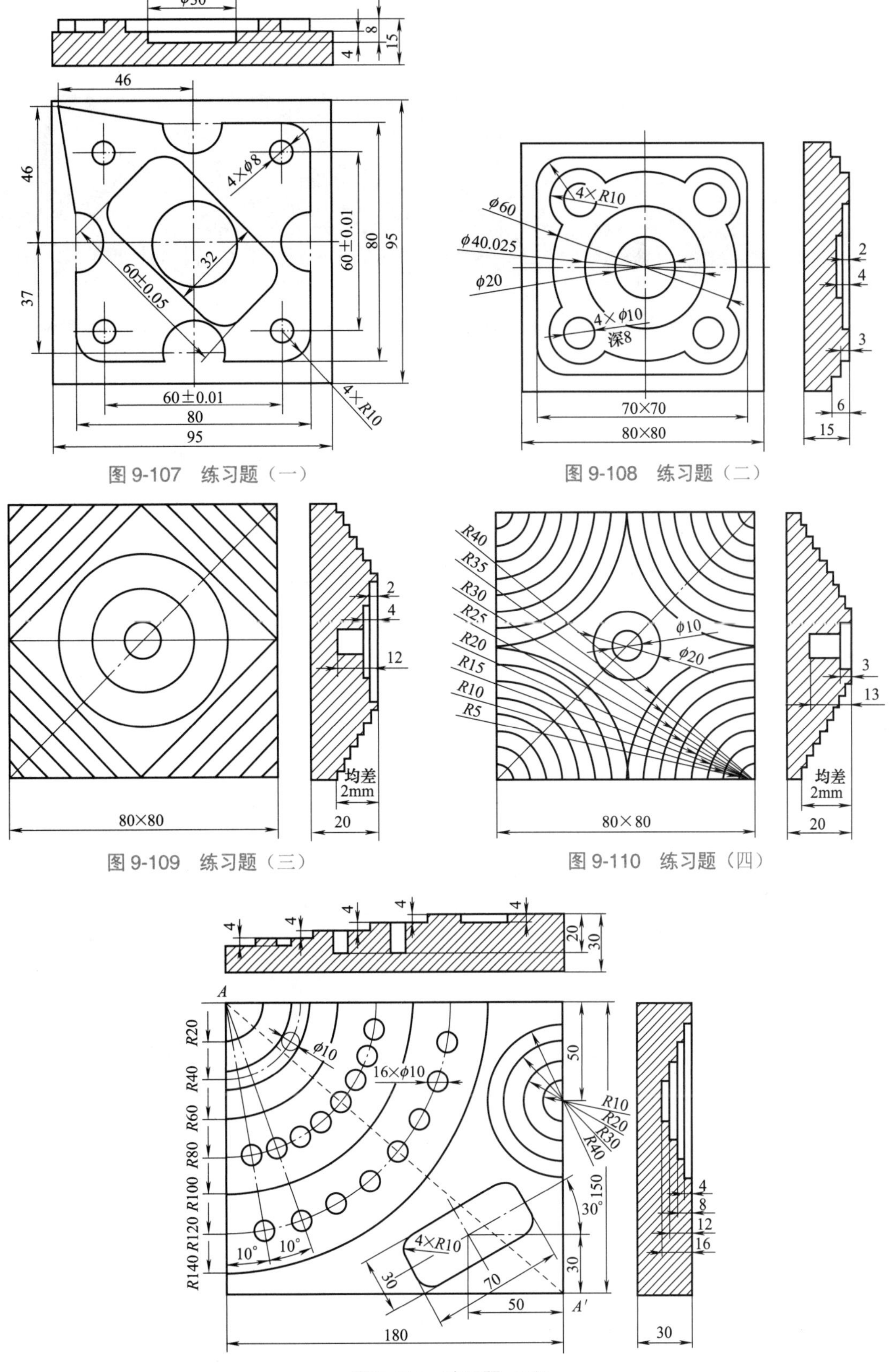

图 9-107　练习题（一）

图 9-108　练习题（二）

图 9-109　练习题（三）

图 9-110　练习题（四）

图 9-111　练习题（五）

第 10 章　数控铣削零件加工工艺分析及编程操作

注：本章加工工件对刀点除特殊说明外，均为工件毛坯的上表面左下角点，即。

10.1 基本零件的加工工艺分析及编程

基本零件如图 10-1 所示。

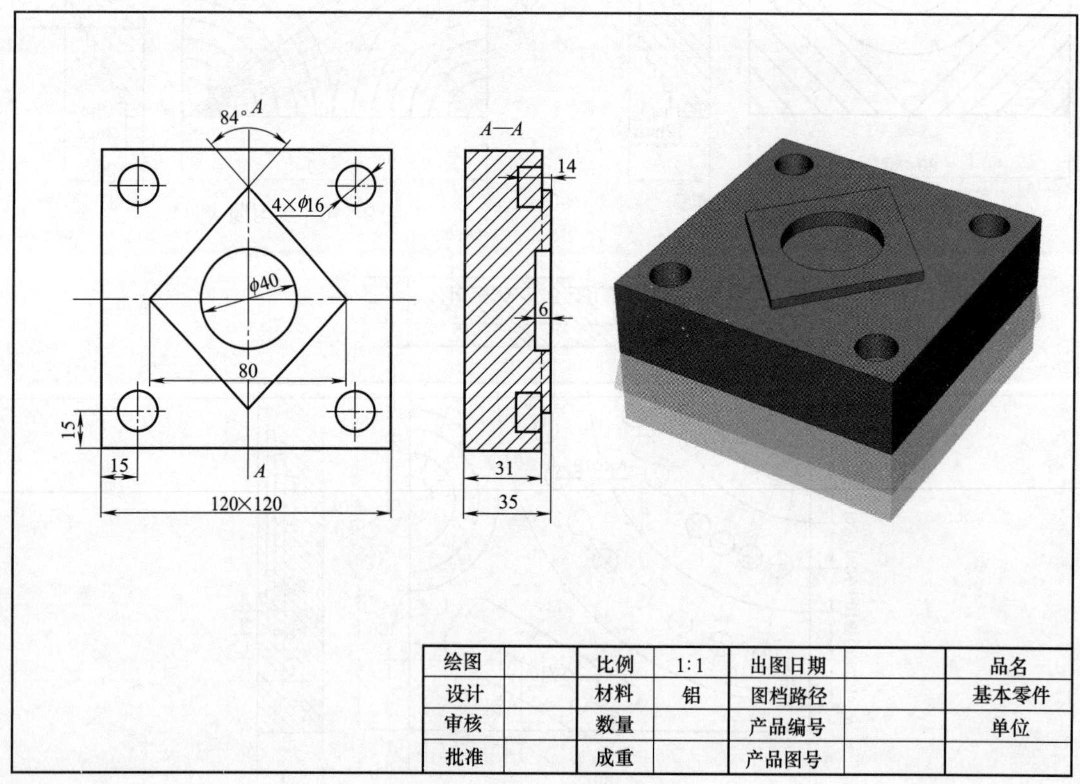

图 10-1　基本零件

10.1.1 零件图工艺分析

该零件表面由 1 个凸台部分、1 个圆形的槽和 4 个孔组成。工件尺寸为 120mm×120mm，无尺寸公差要求。尺寸标注完整，轮廓描述清楚。零件材料为已经加工成形的标准铝块，无热处理和硬度要求。

10.1.2 确定装夹方案

在工件底部放置 2 块垫块，保证工件高出夹具 4mm 以上，用虎钳夹紧，如图 10-2 所示。

注意：做批量加工时，在工件左侧用铝棒或铁棒顶紧，方便更换工件的加工，不必重新对刀。单个工件的加工则可忽略。

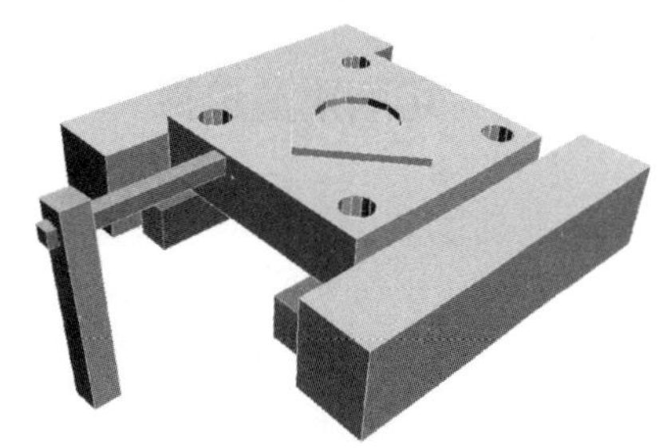

图 10-2 确定装夹方案

10.1.3 确定加工顺序及进给路线

加工顺序按由粗到精、先表面后槽孔的原则确定。通过上述分析，采取以下几点工艺措施。

① 采用 ϕ30mm 加工大表面的凸台部分：分 2 层铣削，第一层 3mm，第二层 1mm 兼做精加工表面。具体的加工路线如图 10-3 所示，路径 1 为铣边，路径 2 为加工出凸台，其中未加工到白色区域可由铣孔时候加工完成。

② 采用 ϕ20mm 的铣刀加工中间的圆心槽：分 3 层铣削，3mm、2mm、1mm（兼做精加工槽底）。如图 10-4 所示的路径 1。

③ 采用 ϕ16mm 的铣刀加工 4 个孔：根据实际情况，此处不采用循环，用 G01 指令即可完成加工，如图 10-4 所示的孔 2 ～ 5。

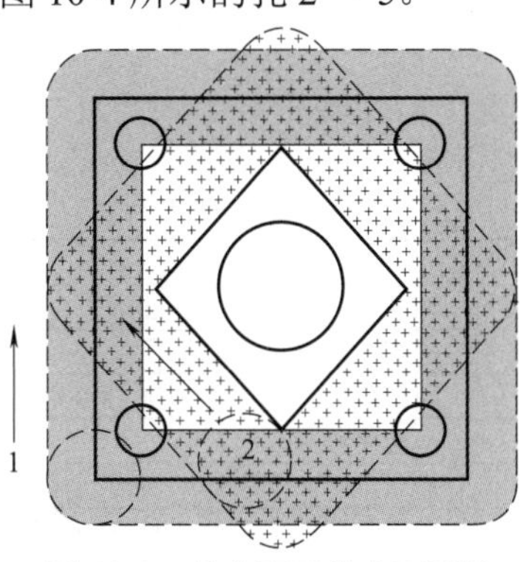

图 10-3 凸台表面的走刀路线

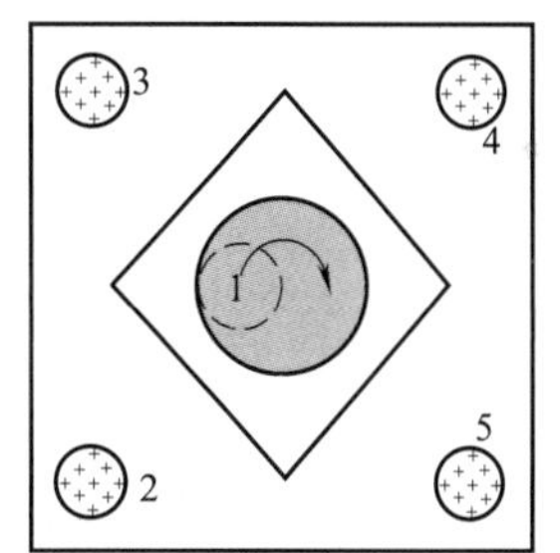

图 10-4 圆形槽和孔的走刀路线

10.1.4 数学计算

在编程中，相关的坐标点的数值通过计算和 CAD 的标注即可求出，这里不再赘述。

10.1.5 刀具选择

选用 ϕ30mm 铣刀先加工大表面的凸台部分，ϕ20mm 铣刀加工中间的圆心槽，ϕ16mm 铣刀加工 4 个孔。将所选定的刀具参数填入表 10-1 所示数控加工刀具卡片中，以便于编程和操作管理。

表 10-1　数控加工刀具卡片

产品名称或代号		加工中心工艺分析实例	零件名称	基本零件	零件图号	Mill-1
序号	刀具号	刀具规格名称	数量	加工表面	伸出夹头/mm	备注
1	T01	ϕ30mm 铣刀	1	凸台部分外沿	8	
2	T02	ϕ20mm 铣刀	1	圆形槽	10	
3	T03	ϕ16mm 铣刀	1	4 个孔	20	
编制	×××	审核 ×××	批准	×××	共 1 页	第 1 页

10.1.6　切削用量选择

将前面分析的各项内容综合成如表 10-2 所示的数控加工工序卡，此表是编制加工程序的主要依据和操作人员配合数控程序进行数控加工的指导性文件，主要内容包括：工步顺序、工步内容、各工步所用的刀具及切削用量等。

表 10-2　数控加工工序卡

单位名称	××××		产品名称或代号		零件名称		零件图号	
			加工中心工艺分析实例		螺纹特型轴		Mill-1	
工序号	程序编号		夹具名称		使用设备		车间	
001	Mill-1		台虎钳		FANUC		数控中心	
工步号	工步内容		刀具号	刀具总长（伸出）/mm	主轴转速 /r·min^{-1}	进给速度 /mm·min^{-1}	下刀量 /mm	备注
1	工件边缘		T01	70（8）	2000	400	＜3	自动
2	凸台轮廓外缘		T01	70（8）	2000	400	＜3	自动
3	圆形槽		T02	60（10）	2000	400	＜3	自动
4	4 个孔		T03	60（20）	2000	80		自动
编制	×××	审核	×××	批准 ×××		年　月　日	共 1 页	第 1 页

10.1.7　数控程序的编制

【FANUC 数控程序】

子程序：O0051			
孔	N010	G01 Z-14 F80	加工孔，速度为 80mm/min
	N020	G04 P1000	暂停 1s，清孔底
	N030	G01 Z2 F400	孔内退刀，孔内不采用 G00 退刀
	N040	M99	子程序结束
主程序：O0001			
开始	N010	G17 G54 G94	选择平面、坐标系、每分钟进给
	N020	T01 M06	换 01 号刀
	N030	M03 S2000	主轴正转，转速为 2000r/min
工件轮廓（图 10-3 所示路径 1）	N040	G00 X0 Y0	快速定位
	N050	Z2	快速下刀至 Z2 位置
	N060	G01 Z-3 F80	下刀至 Z-3 处，速度为 80mm/min
	N070	X0 Y120 F400	加工外轮廓左边缘，速度为 400mm/min
	N080	X120 Y120	加工外轮廓上边缘
	N090	X120 Y0	加工外轮廓右边缘
	N100	X0 Y0	加工外轮廓下边缘
	N110	Z-4 F80	下刀至 Z-4 处，速度为 80mm/min
	N120	M03 S4000	主轴正转，转速为 4000r/min，准备精加工
	N130	G01 X0 Y120 F200	加工外轮廓左边缘，速度为 200mm/min
	N140	X120 Y120	加工外轮廓上边缘

续表

主程序：O0001			
工件轮廓（图 10-3 所示路径 1）	N150	X120 Y0	加工外轮廓右边缘
	N160	X0 Y0	加工外轮廓下边缘
	N170	G00 Z2	抬刀
	N180	M03 S2000	主轴正转，转速为 2000r/min
凸台外轮廓（图 10-3 所示路径 2）	N190	G41 G00 X20 Y60	设定刀具左补偿，快速定位至凸台左顶点
	N200	G01 Z-3 F80	下刀至 Z-3 处，速度为 80mm/min
	N210	X60 Y104.42 F400	加工凸台轮廓至上顶点，速度为 400mm/min
	N260	X100 Y60	加工凸台轮廓至右顶点
	N270	X60 Y15.58	加工凸台轮廓至下顶点
	N280	X20 Y60	加工凸台轮廓至上顶点
	N290	Z-4 F80	下刀至 Z-4 处，速度为 80mm/min
	N300	M03 S4000	主轴正转，转速为 4000r/min，准备精加工
	N310	X60 Y104.42 F200	加工凸台轮廓至上顶点，速度为 200mm/min
	N320	X100 Y60	加工凸台轮廓至右顶点
	N330	X60 Y15.58	加工凸台轮廓至下顶点
	N340	X20 Y60	加工凸台轮廓至上顶点
	N350	G00 Z200	抬刀，准备换刀
圆形槽的加工（图 10-4 所示路径 1）	N360	T02 M06	换 02 号刀
	N370	M03 S2000	主轴正转，转速为 2000r/min
	N380	G42 G00 X50 Y60	设定刀具右补偿，快速定位至圆的左顶点
	N390	G01 Z-3 F80	下刀至 Z-3 处，速度为 80mm/min
	N400	G02 X50 Y60 I10 J0 F400	加工第一层圆形槽，速度为 400mm/min
	N410	G01 Z-5 F80	下刀至 Z-5 处，速度为 80mm/min
	N420	G02 X50 Y60 I10 J0 F400	加工第二层圆形槽，速度为 400mm/min
	N430	M03 S4000	主轴正转，转速为 4000r/min，准备精加工
	N440	G01 Z-6 F80	下刀至 Z-6 处，速度为 80mm/min
	N450	G02 X50 Y60 I10 J0 F200	加工第三层圆形槽，速度为 200mm/min
	N460	G00 Z200	抬刀，准备换刀
	N470	G40	取消刀具补偿
	N480	M03 S2000	主轴正转，转速为 2000r/min
四个孔的加工	N490	T03 M06	换 03 号刀
	N500	G00 Z2	快速下刀至 Z2 位置
	N510	X15 Y15	快速定位在图 10-4 所示孔 2 位置
	N520	M98 P0051	调用子程序，加工孔
	N530	G00 X15 Y105	快速定位在图 10-4 所示孔 3 位置
	N540	M98 P0051	调用子程序，加工孔
	N550	G00X105 Y105	快速定位在图 10-4 所示孔 4 位置
	N560	M98 P0051	调用子程序，加工孔
	N570	G00 X105 Y15	快速定位在图 10-4 所示孔 5 位置
	N580	M98 P0051	调用子程序，加工孔
结束	N590	G00 Z200	抬刀
	N600	M05	主轴停
	N610	M02	程序结束

10.2 模块零件的加工工艺分析及编程

模块零件如图 10-5 所示。

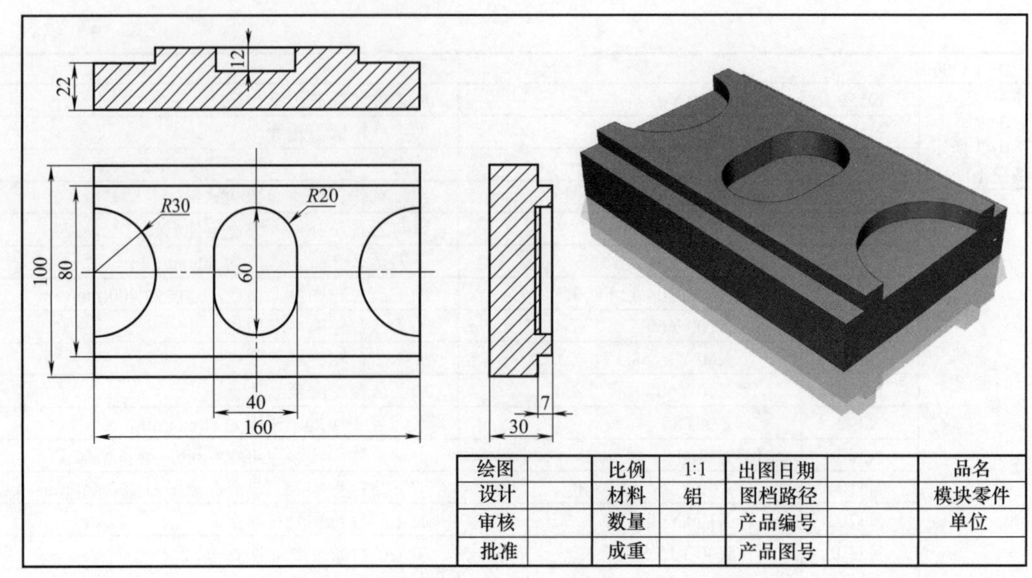

图 10-5　模块零件

10.2.1　零件图工艺分析

该零件表面由 1 个键槽、2 个半圆形的开口槽和 2 个小台阶组成。工件尺寸为 160mm×100mm，无尺寸公差要求。尺寸标注完整，轮廓描述清楚。零件材料为已经加工成形的标准铝块，无热处理和硬度要求。

10.2.2　确定装夹方案

在工件底部放置 2 块垫块，保证工件高出夹具 7mm 以上，用虎钳夹紧，如图 10-6 所示。

10.2.3　确定加工顺序及进给路线

加工顺序按由粗到精、先表面后槽孔的原则确定。通过上述分析，本题只需采用一把 ϕ20mm 的铣刀即可，采取以下几点工艺措施。

① 采用 ϕ20mm 铣刀加工工件上下两侧的台阶，具体的加工路线如图 10-7 所示的路径 1 和路径 2。

② 采用 ϕ20mm 的铣刀按顺序加工左侧的开口槽、中间的键槽、右侧的开口槽，如图 10-7 所示的路径 3、路径 4、路径 5。

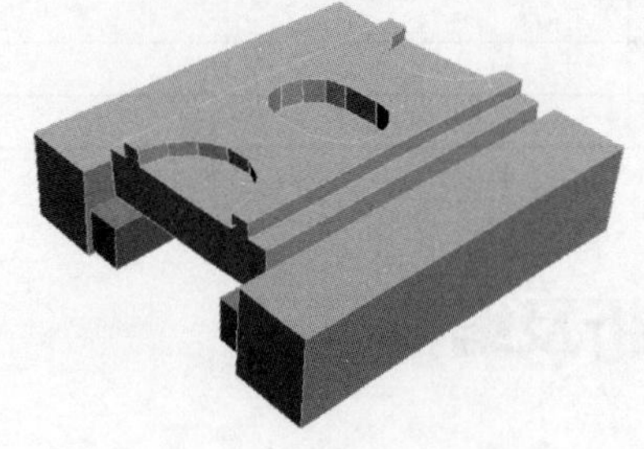

图 10-6　确定装夹方案

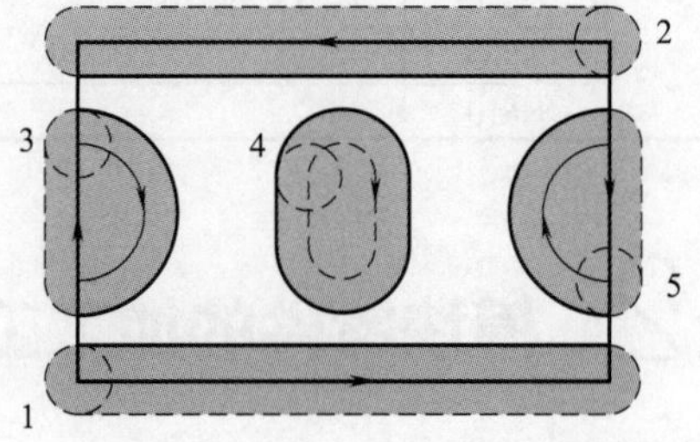

图 10-7　模块零件的走刀路线

10.2.4 数学计算

在编程中，相关的坐标点的数值通过计算和 CAD 的标注即可求出，这里不再赘述。

10.2.5 刀具选择

选用 ϕ20mm 铣刀即可加工本零件的所有区域，将所选定的刀具参数填入表 10-3 所示数控加工刀具卡片中，以便于编程和操作管理。

表 10-3 数控加工刀具卡片

<table>
<tr><td colspan="2">产品名称或代号</td><td colspan="3">加工中心工艺分析实例</td><td>零件名称</td><td colspan="2">模块零件</td><td>零件图号</td><td>Mill-2</td></tr>
<tr><td>序号</td><td>刀具号</td><td colspan="3">刀具规格名称</td><td>数量</td><td colspan="2">加工表面</td><td>伸出夹头
/mm</td><td>备注</td></tr>
<tr><td>1</td><td>T01</td><td colspan="3">ϕ20mm 铣刀</td><td>1</td><td colspan="2">台阶、开口槽、键槽</td><td>15</td><td></td></tr>
<tr><td colspan="2">编制</td><td>×××</td><td>审核</td><td colspan="2">×××</td><td>批准</td><td>×××</td><td>共 1 页</td><td>第 1 页</td></tr>
</table>

10.2.6 切削用量选择

将前面分析的各项内容综合成如表 10-4 所示的数控加工工序卡，此表是编制加工程序的主要依据和操作人员配合数控程序进行数控加工的指导性文件，主要内容包括：工步顺序、工步内容、各工步所用的刀具及切削用量等。

表 10-4 数控加工工序卡

<table>
<tr><td rowspan="2">单位名称</td><td rowspan="2">××××</td><td colspan="3">产品名称或代号</td><td colspan="2">零件名称</td><td colspan="2">零件图号</td></tr>
<tr><td colspan="3">加工中心工艺分析实例</td><td colspan="2">模块零件</td><td colspan="2">Mill-2</td></tr>
<tr><td>工序号</td><td>程序编号</td><td colspan="3">夹具名称</td><td colspan="2">使用设备</td><td colspan="2">车间</td></tr>
<tr><td>001</td><td>Mill-2</td><td colspan="3">台虎钳</td><td colspan="2">FANUC</td><td colspan="2">数控中心</td></tr>
<tr><td>工步号</td><td>工步内容</td><td>刀具号</td><td colspan="2">刀具总长（伸出）
/mm</td><td>主轴转速
$/r \cdot min^{-1}$</td><td>进给速度
$/mm \cdot min^{-1}$</td><td>下刀量
/mm</td><td>备注</td></tr>
<tr><td>1</td><td>工件上下台阶</td><td>T01</td><td colspan="2">80（15）</td><td>2000</td><td>400</td><td>＜3</td><td>自动</td></tr>
<tr><td>2</td><td>开口槽和键槽</td><td>T01</td><td colspan="2">80（15）</td><td>2000</td><td>400</td><td>＜3</td><td>自动</td></tr>
<tr><td>编制</td><td>×××</td><td>审核</td><td>×××</td><td>批准</td><td>×××</td><td>年　月　日</td><td>共 1 页</td><td>第 1 页</td></tr>
</table>

10.2.7 数控程序的编制

【FANUC 数控程序】

<table>
<tr><td colspan="4">子程序：O0052</td></tr>
<tr><td rowspan="4">下台阶</td><td>N010</td><td>G01 X160 Y0 F400</td><td>加工下台阶，速度为 400mm/min</td></tr>
<tr><td>N020</td><td>Z2 F4000</td><td>提速抬刀，不采用 G00</td></tr>
<tr><td>N030</td><td>G00 X0 Y0</td><td>回起点，准备下次加工</td></tr>
<tr><td>N040</td><td>M99</td><td>子程序结束</td></tr>
<tr><td colspan="4">子程序：O0053</td></tr>
<tr><td rowspan="4">上台阶</td><td>N010</td><td>G01 X0 Y100 F400</td><td>加工上台阶，速度为 400mm/min</td></tr>
<tr><td>N020</td><td>Z2 F4000</td><td>提速抬刀，不采用 G00</td></tr>
<tr><td>N030</td><td>G00 X160 Y100</td><td>回起点，准备下次加工</td></tr>
<tr><td>N040</td><td>M99</td><td>子程序结束</td></tr>
<tr><td colspan="4">子程序：O0054</td></tr>
<tr><td rowspan="5">键槽</td><td>N010</td><td>G02 X90 Y60 R20 F400</td><td>加工键槽上半圆</td></tr>
<tr><td>N020</td><td>G01 X90 Y40</td><td>加工键槽右侧</td></tr>
<tr><td>N030</td><td>G02 X70 Y40 R20</td><td>加工键槽下半圆</td></tr>
<tr><td>N040</td><td>G01 X70 Y60</td><td>加工键槽左侧</td></tr>
<tr><td>N050</td><td>M99</td><td>子程序结束</td></tr>
</table>

续表

子程序：O0055			
左开口槽	N010	G02 X0 Y30 R30 F400	加工左开口槽右侧半圆
	N020	G01 X0 Y70	加工左开口左侧直线部分
	N030	M99	子程序结束
子程序：O0056			
右开口槽	N010	G02 X160 Y70 R30 F400	加工右开口槽左侧半圆
	N020	G01 X160 Y30	加工右开口右侧直线部分
	N030	M99	子程序结束
主程序：O0002			
开始	N010	G17 G54 G94	选择平面、坐标系、每分钟进给
	N020	T01 M06	换 01 号刀
	N030	M03 S2000	主轴正转，转速为 2000r/min
下台阶（图 10-7 所示路径 1）	N040	G00 X0 Y0 Z2	快速定位至加工起点处
	N050	G01 Z-3 F80	下刀至 Z-3 处，速度为 80mm/min
	N060	M98 P0052	调用子程序，加工下台阶的第一层
	N070	G01 Z-6 F80	下刀至 Z-6 处，速度为 80mm/min
	N080	M98 P0052	调用子程序，加工下台阶的第二层
	N090	M03 S4000	主轴正转，转速为 4000r/min，准备精加工
	N100	G01 Z-8 F80	下刀至 Z-8 处，速度为 80mm/min
	N110	M98 P0052	调用子程序，加工下台阶的第三层
上台阶（图 10-7 所示路径 2）	N120	M03 S2000	主轴正转，转速为 2000r/min
	N130	G00 X160 Y100 Z2	快速定位至加工起点处
	N140	G01 Z-3 F80	下刀至 Z-3 处，速度为 80mm/min
	N150	M98 P0053	调用子程序，加工上台阶的第一层
	N160	G01 Z-6 F80	下刀至 Z-6 处，速度为 80mm/min
	N170	M98 P0053	调用子程序，加工上台阶的第二层
	N180	M03 S4000	主轴正转，转速为 4000r/min，准备精加工
	N190	G01 Z-8 F80	下刀至 Z-8 处，速度为 80mm/min
	N200	M98 P0053	调用子程序，加工上台阶的第三层
左开口槽（图 10-7 所示路径 3）	N210	M03 S2000	主轴正转，转速为 2000r/min
	N260	G00 X0 Y70	快速定位至左开口槽加工起点处
	N270	G01 Z-3 F80	下刀至 Z-3 处，速度为 80mm/min
	N280	M98 P0055	调用子程序，加工左开口槽的第一层
	N290	G01 Z-6 F80	下刀至 Z-6 处，速度为 80mm/min
	N300	M98 P0055	调用子程序，加工左开口槽的第二层
	N310	G01 Z-8 F80	下刀至 Z-8 处，速度为 80mm/min
	N320	M03 S4000	主轴正转，转速为 4000r/min，准备精加工
	N330	M98 P0055	调用子程序，加工左开口槽的第四层
键槽（图 10-7 所示路径 4）	N340	M03 S2000	主轴正转，转速为 2000r/min
	N350	G00 X70 Y60	快速定位至键槽加工起点处
	N360	G01 Z-3 F80	下刀至 Z-3 处，速度为 80mm/min
	N370	M98 P0054	调用子程序，加工键槽的第一层
	N380	G01 Z-6 F80	下刀至 Z-6 处，速度为 80mm/min
	N390	M98 P0054	调用子程序，加工键槽的第二层
	N400	G01 Z-9 F80	下刀至 Z-9 处，速度为 80mm/min
	N410	M98 P0054	调用子程序，加工键槽的第三层
	N420	G01 Z-12 F80	下刀至 Z-12 处，速度为 80mm/min
	N430	M03 S4000	主轴正转，转速为 4000r/min，准备精加工
	N440	M98 P0054	调用子程序，加工键槽的第四层

续表

主程序：O0002			
右开口槽（图 10-7 所示路径 5）	N450	M03 S2000	主轴正转，转速为 2000r/min
	N460	G00 X0 Y70	快速定位至右开口槽加工起点处
	N470	G01 Z-3 F80	下刀至 Z-3 处，速度为 80mm/min
	N480	M98 P0056	调用子程序，加工右开口槽的第一层
	N490	G01 Z-6 F80	下刀至 Z-6 处，速度为 80mm/min
	N500	M98 P0056	调用子程序，加工右开口槽的第二层
	N510	G01 Z-8 F80	下刀至 Z-8 处，速度为 80mm/min
	N520	M03 S4000	主轴正转，转速为 4000r/min，准备精加工
	N530	M98 P0056	调用子程序，加工右开口槽的第四层
结束	N540	G00 Z200	抬刀
	N550	M05	主轴停
	N560	M02	程序结束

10.3 曲面板块零件的加工工艺分析及编程

曲面板块零件如图 10-8 所示。

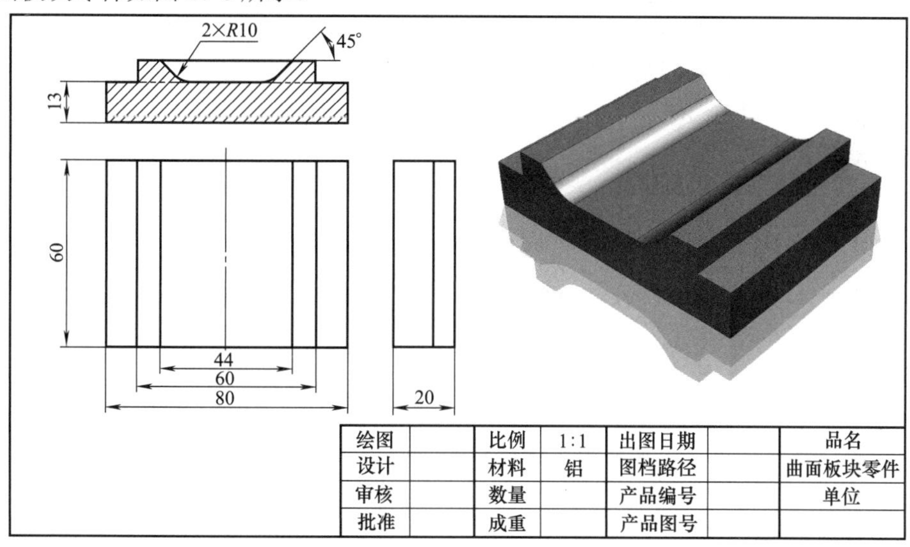

图 10-8　曲面板块零件

10.3.1 零件图工艺分析

该零件表面由 1 个凹进的梯形圆弧面构成的曲面和 2 个小台阶组成。工件尺寸为 80mm×60mm，无尺寸公差要求。尺寸标注完整，轮廓描述清楚。零件材料为已经加工成形的标准铝块，无热处理和硬度要求。由于从顶部加工，无法保证圆弧曲面的精度，因此此零件的加工选择多次装夹加工的方案具体如下。

10.3.2 确定装夹方案、加工顺序及进给路线

① 在工件底部放置 2 块垫块，保证工件高出夹具 7mm 以上，用虎钳夹紧，加工顶部两侧

的小台阶部分，如图 10-9 所示。

图 10-9　顶部装夹方案

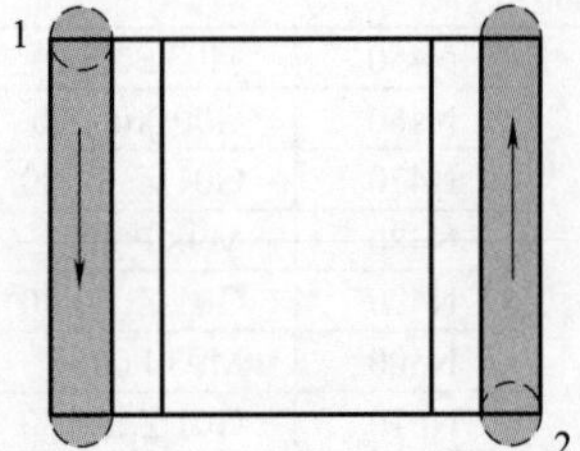

图 10-10　工件顶部的走刀路线

采用 ϕ10mm 铣刀加工顶部的左右两侧小台阶部分：具体的加工路线如图 10-10 所示的路径 1 和路径 2。

② 圆弧面的加工，其装夹如图 10-11 所示，在工件底部放置 1 块垫块，左侧顶紧铝棒，两侧分别用图中所示的垫块夹紧，工件露出夹具一半的高度，这样可以保证曲面加工的精度。加工的时候先加工一半的高度，其加工路线如图 10-12 所示的路径 3 加工侧面的带有圆弧的区域；翻转再掉头按同样的方法装夹，再加工剩下的一半，如图 10-13 所示的路径 4 走刀。

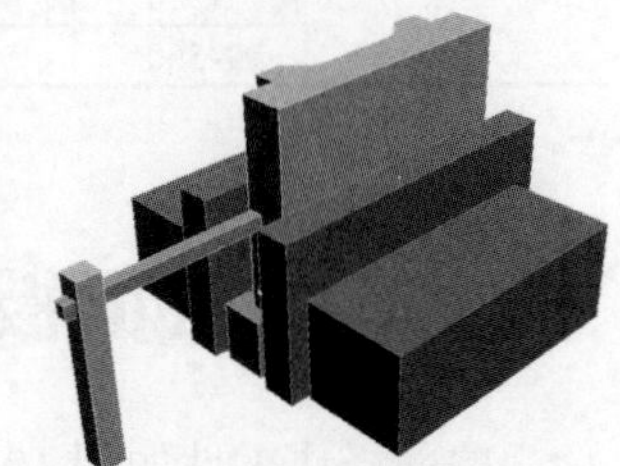

图 10-11　侧面装夹方案

此时可以发现由于工件成对称形状，因此 2 次的走刀路径完全一致，在编制子程序时只需编制 1 次即可。注意：左侧用铝棒顶紧固定，这样在翻转重新装夹的时候就不必重新对刀了。

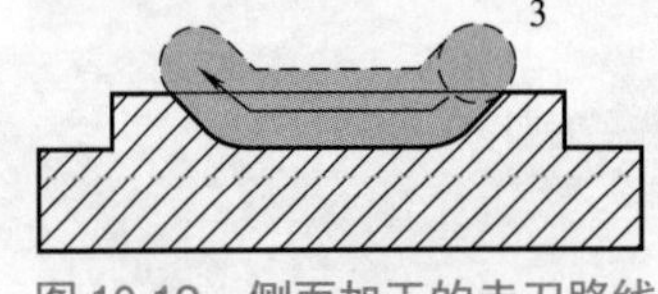

图 10-12　侧面加工的走刀路线

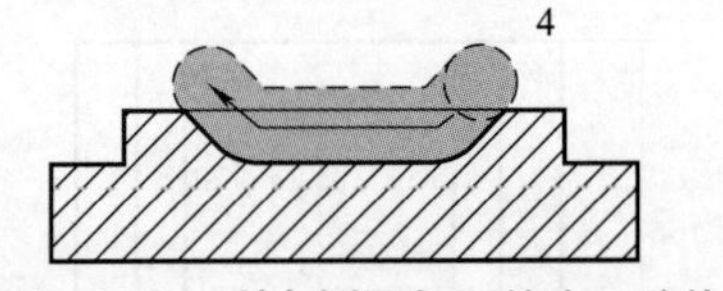

图 10-13　剩余侧面加工的走刀路线

10.3.3　数学计算

在编程中，相关的坐标点的数值通过计算和 CAD 的标注即可求出，这里不再赘述。

10.3.4　刀具选择

选用 ϕ10mm 铣刀即可加工本零件的所有区域，将所选定的刀具参数填入表 10-5 所示数控加工刀具卡片中，以便于编程和操作管理。

表 10-5　数控加工刀具卡片

<table>
<tr><td colspan="2">产品名称或代号</td><td colspan="3">加工中心工艺分析实例</td><td>零件名称</td><td colspan="2">曲面板块零件</td><td>零件图号</td><td>Mill-3</td></tr>
<tr><td>序号</td><td>刀具号</td><td colspan="3">刀具规格名称</td><td>数量</td><td colspan="2">加工表面</td><td>伸出夹头
/mm</td><td>备注</td></tr>
<tr><td>1</td><td>T01</td><td colspan="3">ϕ10mm 铣刀</td><td>1</td><td colspan="2">所有待加工区域</td><td>10 和 35</td><td></td></tr>
<tr><td colspan="2">编制</td><td>×××</td><td>审核</td><td colspan="2">×××</td><td>批准</td><td>×××</td><td>共 1 页</td><td>第 1 页</td></tr>
</table>

10.3.5　切削用量选择

将前面分析的各项内容综合成如表 10-6 所示的数控加工工序卡，此表是编制加工程序的主要依据和操作人员配合数控程序进行数控加工的指导性文件，主要内容包括：工步顺序、工步内容、各工步所用的刀具及切削用量等。

表 10-6 数控加工工序卡

单位名称	××××		产品名称或代号			零件名称		零件图号	
			加工中心工艺分析实例			曲面板块零件		Mill-3	
工序号	程序编号		夹具名称			使用设备		车间	
001	Mill-3		台虎钳			FANUC		数控中心	
工步号	工步内容		刀具号	刀具总长（伸出）/mm		主轴转速 /r·min^{-1}	进给速度 /mm·min^{-1}	下刀量 /mm	备注
1	工件边缘		T01	100（10）		2000	400	＜3	自动
按图 10-11 所示方式装夹，重新对刀，加工带圆弧区域									
2	带圆弧的区域		T01	100（35）		2000	400	＜3	自动
将工件翻转按图 10-11 所示方式重新装夹，不需对刀，加工剩余的带圆弧区域									
3	带圆弧的区域		T01	100（35）		2000	400	＜3	自动
编制	×××	审核	×××	批准	×××	年 月 日		共 1 页	第 1 页

10.3.6 数控程序的编制

【FANUC 数控程序】

子程序：O0057			
左台阶	N010	G01 X5 Y0 F400	加工左台阶，速度为 400mm/min
	N020	Z2 F4000	提速抬刀，不采用 G00
	N030	G00 X5 Y60	回起点，准备下次加工
	N040	M99	子程序结束
子程序：O0058			
右台阶	N010	G01 X75 Y60 F400	加工上台阶，速度为 400mm/min
	N020	Z2 F4000	提速抬刀，不采用 G00
	N030	G00 X75 Y0	回起点，准备下次加工
	N040	M99	子程序结束
子程序：O0059			
带圆弧的区域	N010	G01 X57.93 Y15.93 F400	加工右边直线
	N020	G02 X50.86 Y13 R10	加工右边圆弧
	N030	G01 X29.14 Y13	加工下边直线
	N040	G02 X22.07 Y15.93 R10	加工左边圆弧
	N050	G01 X18 Y20	加工左边直线
	N060	G00 Z2	抬刀
	N070	G00 X62 Y20	快速返回加工起点
	N080	M99	子程序结束
主程序：O0003（顶部装夹方案的加工程序，如图 10-9 和图 10-10 所示）			
开始	N010	G17 G54 G94	选择平面、坐标系、每分钟进给
	N020	T01 M06	换 01 号刀
	N030	M03 S2000	主轴正转，转速为 2000r/min
左台阶	N040	G00 X5 Y60 Z2	快速定位至加工起点处
	N050	G01 Z-3 F80	下刀至 Z-3 处，速度为 80mm/min
	N060	M98 P0057	调用子程序，加工左台阶的第一层
	N070	G01 Z-6 F80	下刀至 Z-6 处，速度为 80mm/min
	N080	M98 P0057	调用子程序，加工左台阶的第二层
	N090	M03 S4000	主轴正转，转速为 4000r/min，准备精加工
	N100	G01 Z-7 F80	下刀至 Z-7 处，速度为 80mm/min
	N110	M98 P0057	调用子程序，加工左台阶的第三层

续表

主程序：O0003（顶部装夹方案的加工程序，如图 10-9 和图 10-10 所示）			
右台阶	N120	G00 X75 Y0 Z2	快速定位至加工起点处
	N130	G01 Z-3 F80	下刀至 Z-3 处，速度为 80mm/min
	N140	M98 P0058	调用子程序，加工左台阶的第一层
	N150	G01 Z-6 F80	下刀至 Z-6 处，速度为 80mm/min
	N160	M98 P0058	调用子程序，加工左台阶的第二层
	N170	M03 S4000	主轴正转，转速为 4000r/min，准备精加工
	N180	G01 Z-7 F80	下刀至 Z-7 处，速度为 80mm/min
	N190	M98 P0058	调用子程序，加工左台阶的第三层
结束	N200	G00 Z200	抬刀
	N210	M05	主轴停
	N220	M02	程序结束
主程序：O0004（侧面装夹方案的加工程序，如图 10-11 ～图 10-13 所示）			
开始	N010	G17 G54 G94	选择平面、坐标系、每分钟进给
	N020	T01 M06	换 01 号刀
	N030	M03 S2000	主轴正转，转速为 2000r/min
带圆弧的区域	N040	G42 G00 X62 Y20 Z2	设置刀具右补偿，快速定位至加工起点处
	N050	G01 Z-3 F80	下刀至 Z-3 处，速度为 80mm/min
	N060	M98 P0059	调用子程序，加工带圆弧部分的第一层
	N070	G01 Z-6 F80	下刀至 Z-6 处，速度为 80mm/min
	N080	M98 P0059	调用子程序，加工带圆弧部分的第二层
	N090	G01 Z-9 F80	下刀至 Z-9 处，速度为 80mm/min
	N100	M98 P0059	调用子程序，加工带圆弧部分的第三层
	N110	G01 Z-12 F80	下刀至 Z-12 处，速度为 80mm/min
	N120	M98 P0059	调用子程序，加工带圆弧部分的第四层
	N130	G01 Z-15 F80	下刀至 Z-15 处，速度为 80mm/min
	N140	M98 P0059	调用子程序，加工带圆弧部分的第五层
	N150	G01 Z-18 F80	下刀至 Z-18 处，速度为 80mm/min
	N160	M98 P0059	调用子程序，加工带圆弧部分的第六层
	N170	G01 Z-21 F80	下刀至 Z-21 处，速度为 80mm/min
	N180	M98 P0059	调用子程序，加工带圆弧部分的第七层
	N190	G01 Z-24 F80	下刀至 Z-24 处，速度为 80mm/min
	N200	M98 P0059	调用子程序，加工带圆弧部分的第八层
	N210	G01 Z-26 F80	下刀至 Z-26 处，速度为 80mm/min
	N260	M98 P0059	调用子程序，加工带圆弧部分的第九层
	N270	G01 Z-30 F80	下刀至 Z-30 处，速度为 80mm/min
	N280	G40	取消刀具补偿
结束	N290	G00 Z200	抬刀
	N300	M05	主轴停
	N310	M02	程序结束

注意：第一次侧面装夹加工完毕，只需将未加工完的零件翻转，按原样装夹，如图 10-11 所示，再执行一遍主程序 O0004 即可。

10.4 台阶零件的加工工艺分析及编程

台阶零件如图 10-14 所示。

10.4.1 零件图工艺分析

该零件表面由多个台阶形状、一个圆角矩形的凸台和一个圆形槽组成。工件尺寸为

120mm×120mm，无尺寸公差要求。尺寸标注完整，轮廓描述清楚。零件材料为已经加工成形的标准铝块，无热处理和硬度要求。此零件的加工方案具体如下。

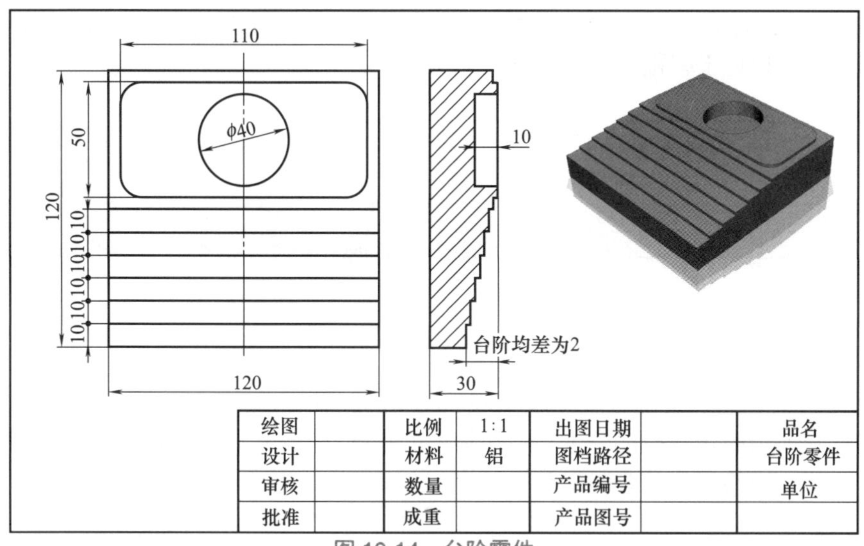

图 10-14　台阶零件

10.4.2 确定装夹方案

在工件底部放置 2 块垫块，保证工件高出卡盘 14mm 以上，用虎钳夹紧，加工顶部如图 10-15 所示。

10.4.3 确定加工顺序及进给路线

通过上述分析，只需采用一把 ϕ20mm 的铣刀即可，可采取以下几点工艺措施。

① 采用 ϕ20mm 铣刀加工顶部的圆角矩形凸台部分：加工路线如图 10-16 所示的路径 1。

图 10-15　台阶零件装夹方案

图 10-16　台阶零件的走刀路线

② 采用 ϕ20mm 铣刀加工顶部的圆形槽：具体的加工路线如图 10-16 所示的路径 2。

③ 加工完顶部之后，用子程序编写台阶的单步切削，配合主程序，完成台阶的加工。

10.4.4 数学计算

在编程中，相关的坐标点的数值通过计算和 CAD 的标注即可求出，这里不再赘述。

10.4.5 刀具选择

选用 ϕ20mm 铣刀即可加工本零件的所有区域，将所选定的刀具参数填入表 10-7 所示数控加工刀具卡片中，以便于编程和操作管理。

表 10-7 数控加工刀具卡片

产品名称或代号		加工中心工艺分析实例	零件名称	台阶零件	零件图号	Mill-4
序号	刀具号	刀具规格名称	数量	加工表面	伸出夹头/mm	备注
1	T01	ϕ20mm 铣刀	1	所有待加工区域	16	
编制		××× 审核	×××	批准 ×××	共 1 页	第 1 页

10.4.6 切削用量选择

将前面分析的各项内容综合成如表 10-8 所示的数控加工工序卡，此表是编制加工程序的主要依据和操作人员配合数控程序进行数控加工的指导性文件，主要内容包括：工步顺序、工步内容、各工步所用的刀具及切削用量等。

表 10-8 数控加工工序卡

单位名称	××××	产品名称或代号		零件名称		零件图号	
		加工中心工艺分析实例		台阶零件		Mill-4	
工序号	程序编号	夹具名称		使用设备		车间	
001	Mill-4	台虎钳		FANUC		数控中心	
工步号	工步内容	刀具号	刀具总长（伸出）/mm	主轴转速 /r·min^{-1}	进给速度 /mm·min^{-1}	下刀量 /mm	备注
1	圆角矩形凸台	T01	100（16）	2000	400	2	自动
2	圆形槽	T01	100（16）	2000	400	＜4	自动
3	台阶部分	T01	100（16）	2000	400	4	自动
编制	××× 审核	×××	批准	×××	年 月 日	共 1 页	第 1 页

10.4.7 数控程序的编制

【FANUC 数控程序】

子程序：O0060			
台阶的单步切削	N010	G01 U120 V0 F400	向 +*X* 方向加工 120mm 长的距离
	N020	G00 Z2	抬刀
	N030	G01 U-120 V0 F1000	向 -*X* 方向快速移动 120mm 长的距离
	N040	M99	子程序结束
主程序：O0005			
开始	N010	G17 G54 G94	选择平面、坐标系、分钟进给
	N020	T01 M06	换 01 号刀
	N030	M03 S2000	主轴正转，转速为 2000r/min
圆角矩形凸台（图 10-16 所示的路径 1）	N040	G41 G00 X5 Y75 Z2	设置刀具左补偿，快速定位至起点上方
	N050	G01 Z-2 F80	下刀，速度为 80mm/min
	N060	X5 Y105 F400	加工左边，加工速度为 80mm/min
	N070	G02 X15 Y115 R10	加工左上角圆弧
	N080	G01 X105 Y115	加工上边
	N090	G02 X115 Y105 R10	加工右上角圆弧
	N100	G01 X115 Y75	加工右边
	N110	G02 X105 Y65 R10	加工右下角圆弧
	N120	G01 X15 Y65	加工下边
	N130	G02 X5 Y75 R10	加工左下角圆弧
	N140	G00 Z2	抬刀
	N150	G40	取消刀具补偿

续表

主程序：O0005			
圆形槽（图 10-16 所示的路径 2）	N160	G00 X50 Y90	快速定位到圆弧槽的加工起点
	N170	G01 Z-4 F80	下刀至 Z-4 处，速度为 80mm/min
	N180	G02 X50 Y90 I10 Y0 F400	加工圆弧槽的第一层
	N190	G01 Z-7 F80	下刀至 Z-7 处，速度为 80mm/min
	N200	G02 X50 Y90 I10 Y0 F400	加工圆弧槽的第二层
	N210	G01 Z-10 F80	下刀至 Z-10 处，速度为 80mm/min
	N220	G02 X50 Y90 I10 Y0 F400	加工圆弧槽的第三层
	N230	G00 Z2	抬刀
多组台阶（由下到上加工）	N240	G00 X0 Y0	快速定位到第一个台阶处
	N250	G01 Z-3 F80	下刀至 Z-3 处，速度为 80mm/min
	N260	M98 P0060	调用子程序，加工第一个台阶的第一层
	N270	G01 Z-6 F80	下刀至 Z-6 处，速度为 80mm/min
	N280	M98 P0060	调用子程序，加工第一个台阶的第二层
	N290	G01 Z-9 F80	下刀至 Z-9 处，速度为 80mm/min
	N300	M98 P0060	调用子程序，加工第一个台阶的第三层
	N310	G01 Z-12 F80	下刀至 Z-12 处，速度为 80mm/min
	N320	M98 P0060	调用子程序，加工第一个台阶的第四层
	N330	G01 Z-14 F80	下刀至 Z-14 处，速度为 80mm/min
	N340	M98 P0060	调用子程序，加工第一个台阶的第五层
	N350	G00 X0 Y10	快速定位到第二个台阶处
	N360	G01 Z-3 F80	下刀至 Z-3 处，速度为 80mm/min
	N370	M98 P0060	调用子程序，加工第二个台阶的第一层
	N380	G01 Z-6 F80	下刀至 Z-6 处，速度为 80mm/min
	N390	M98 P0060	调用子程序，加工第二个台阶的第二层
	N400	G01 Z-9 F80	下刀至 Z-9 处，速度为 80mm/min
	N410	M98 P0060	调用子程序，加工第二个台阶的第三层
	N420	G01 Z-12 F80	下刀至 Z-12 处，速度为 80mm/min
	N430	M98 P0060	调用子程序，加工第二个台阶的第四层
	N440	G00 X0 Y20	快速定位到第三个台阶处
	N450	G01 Z-3.5 F80	下刀至 Z-3.5 处，速度为 80mm/min
	N460	M98 P0060	调用子程序，加工第三个台阶的第一层
	N470	G01 Z-7 F80	下刀至 Z-7 处，速度为 80mm/min
	N480	M98 P0060	调用子程序，加工第三个台阶的第二层
	N490	G01 Z-10 F80	下刀至 Z-10 处，速度为 80mm/min
	N500	M98 P0060	调用子程序，加工第三个台阶的第三层
	N510	G00 X0 Y30	快速定位到第四个台阶处
	N520	G01 Z-3 F80	下刀至 Z-3 处，速度为 80mm/min
	N530	M98 P0060	调用子程序，加工第四个台阶的第一层
	N540	G01 Z-6 F80	下刀至 Z-6 处，速度为 80mm/min
	N550	M98 P0060	调用子程序，加工第四个台阶的第二层
	N560	G01 Z-8 F80	下刀至 Z-8 处，速度为 80mm/min
	N570	M98 P0060	调用子程序，加工第四个台阶的第三层
	N580	G00 X0 Y40	快速定位到第五个台阶处
	N590	G01 Z-3 F80	下刀至 Z-3 处，速度为 80mm/min
	N600	M98 P0060	调用子程序，加工第五个台阶的第一层
	N610	G01 Z-6 F80	下刀至 Z-6 处，速度为 80mm/min
	N620	M98 P0060	调用子程序，加工第五个台阶的第二层
	N630	G00 X0 Y50	快速定位到第六个台阶处
	N640	G01 Z-2 F80	下刀至 Z-2 处，速度为 80mm/min
	N650	M98 P0060	调用子程序，加工第六个台阶的第一层
	N660	G01 Z-4 F80	下刀至 Z-4 处，速度为 80mm/min
	N670	M98 P0060	调用子程序，加工第六个台阶的第二层
结束	N680	G00Z200	抬刀
	N690	M05	主轴停
	N700	M02	程序结束

10.5 倒角多孔类零件的加工工艺分析及编程

倒角多孔类零件如图 10-17 所示。

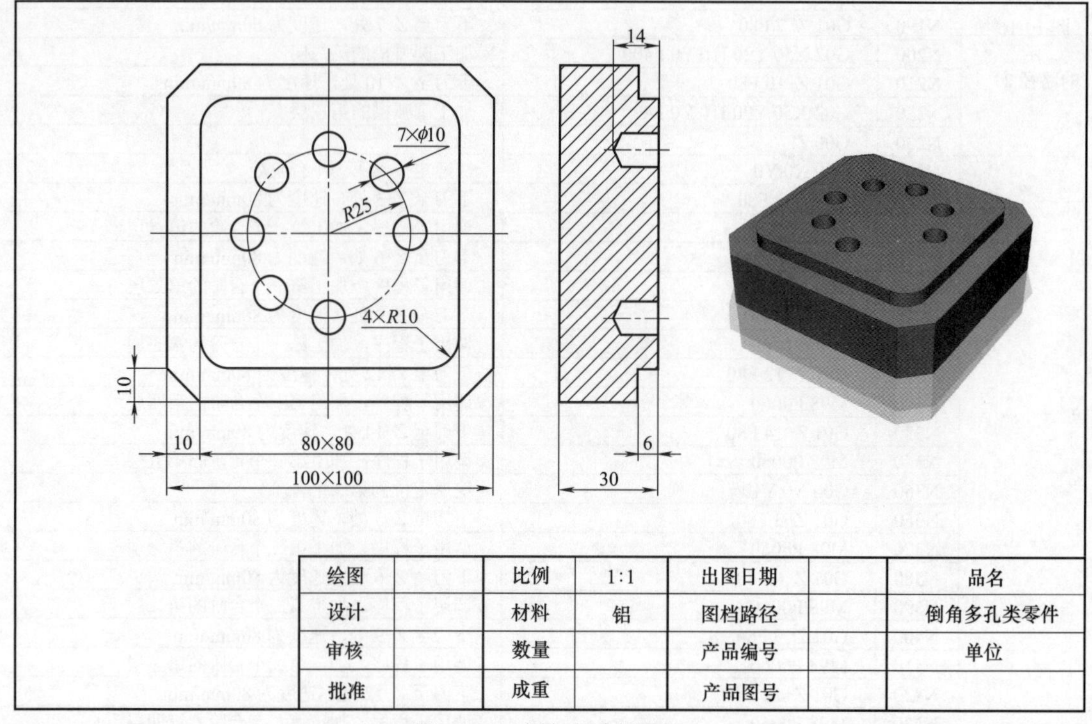

图 10-17　倒角多孔类零件

10.5.1 零件图工艺分析

该零件表面由倒角、圆角矩形凸台和圆周孔组成。工件尺寸为 100mm×100mm，无尺寸公差要求。尺寸标注完整，轮廓描述清楚。零件材料为已经加工成形的标准铝块，无热处理和硬度要求。具体方法见下述。

10.5.2 确定装夹方案、加工顺序及进给路线

① 在工件底部放置 2 块垫块，保证工件高出卡盘 15mm 以上，用台虎钳夹紧，左侧用铝棒顶紧，方便掉头的加工，如图 10-18 所示。

采用 ϕ16mm 的铣刀加工，根据零件图分析，按如图 10-19 所示的加工路线加工，其中实线部分为加工切削，点划线部分为快速移动，由于是紧靠零件的走刀，因此采用 G01 走刀，这里采用 F2000 的走刀速度。

② 将工件翻转，按如图 10-20 所示的方法装夹，工件底部放置 2 块垫块，保证工件高出卡盘 15mm 以上，靠紧左侧的铝棒，用台虎钳夹紧，这样可以不需对刀。

a. 同样采用 ϕ16mm 的铣刀，加工的时候先加工剩余的倒角部分，其加工路线和程序与图 10-19 所示的方法完全一样。

b. 然后再用同样的刀具加工圆角矩形凸台，具体的加工路线如图 10-21 所示的路径 1。

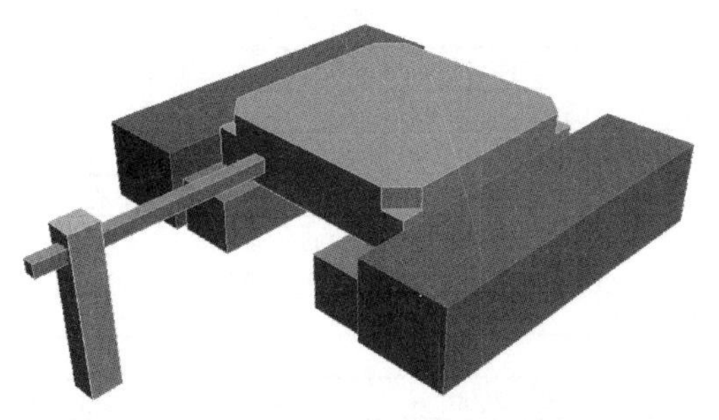

图 10-18　倒角多孔类零件背面装夹方案

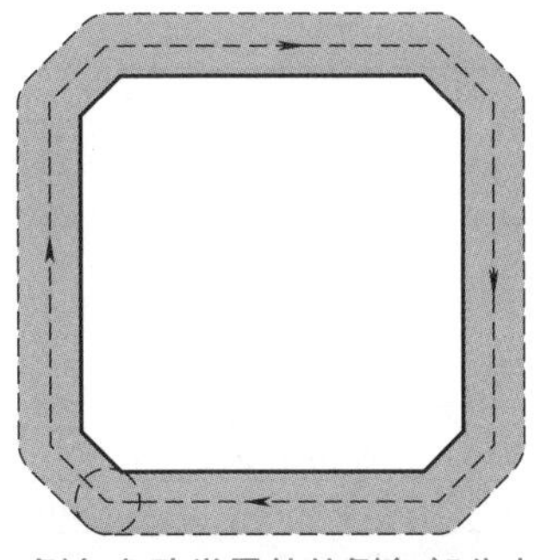

图 10-19　倒角多孔类零件的倒角部分走刀路线

c. 采用 ϕ10mm 的钻头加工孔。采用 FANUC 的极坐标加工孔，其具体的加工顺序如图 10-21 所示的孔 2 ～ 8。

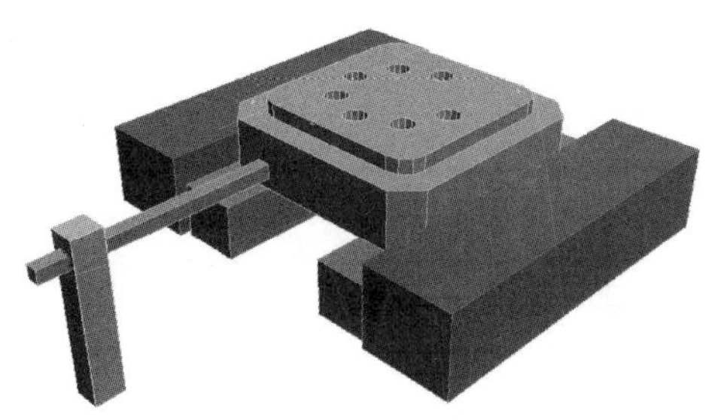

图 10-20　倒角多孔类零件正面装夹方案

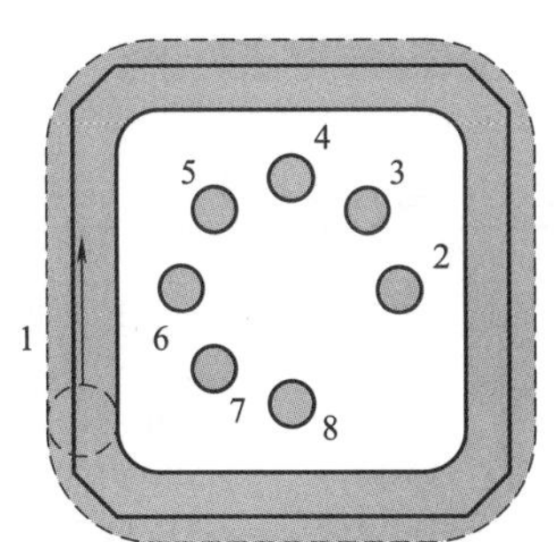

图 10-21　倒角多孔类零件正面的圆角矩形凸台和孔加工走刀路线

10.5.3　数学计算

在编程中，相关的坐标点的数值通过计算和 CAD 的标注即可求出，这里不再赘述。

10.5.4　刀具选择

选用 ϕ16mm 铣刀和 ϕ10mm 钻头可加工本零件的所有区域，将所选定的刀具参数填入表 10-9 所示数控加工刀具卡片中，以便于编程和操作管理。

表 10-9　数控加工刀具卡片

<table>
<tr><td colspan="2">产品名称或代号</td><td colspan="2">加工中心工艺分析实例</td><td>零件名称</td><td colspan="2">倒角多孔类零件</td><td>零件图号</td><td>Mill-5</td></tr>
<tr><td>序号</td><td>刀具号</td><td colspan="2">刀具规格名称</td><td>数量</td><td colspan="2">加工表面</td><td>伸出夹头/mm</td><td>备注</td></tr>
<tr><td>1</td><td>T01</td><td colspan="2">ϕ16mm 铣刀</td><td>1</td><td colspan="2">倒角，凸台</td><td>18</td><td></td></tr>
<tr><td>2</td><td>T02</td><td colspan="2">ϕ10mm 铣刀</td><td>1</td><td colspan="2">孔</td><td>16</td><td></td></tr>
<tr><td colspan="2">编制</td><td>×××</td><td>审核</td><td>×××</td><td>批准</td><td>×××</td><td>共 1 页</td><td>第 1 页</td></tr>
</table>

10.5.5　切削用量选择

将前面分析的各项内容综合成如表 10-10 所示的数控加工工序卡，此表是编制加工程序的主要依据和操作人员配合数控程序进行数控加工的指导性文件，主要内容包括：工步顺序、工步内容、各工步所用的刀具及切削用量等。

表 10-10　数控加工工序卡

单位名称	××××	产品名称或代号		零件名称	零件图号		
		加工中心工艺分析实例		倒角多孔类零件	Mill-5		
工序号	程序编号	夹具名称		使用设备	车间		
001	Mill-5	台虎钳		FANUC	数控中心		
工步号	工步内容	刀具号	刀具总长（伸出）/mm	主轴转速 /r·min^{-1}	进给速度 /mm·min^{-1}	下刀量 /mm	备注
1	零件背面倒角	T01	100（18）	2000	400	＜3	自动
将零件翻转，按图 10-20 所示方式装夹，不需对刀							
2	零件正面倒角	T01	100（18）	2000	400	＜3	自动
3	圆角矩形凸台	T01	100（18）	2000	400	＜3	自动
4	圆周孔	T02	100（16）	2000	80		自动
编制	×××	审核 ×××	批准	×××	年　月　日	共 1 页	第 1 页

10.5.6　数控程序的编制

【FANUC 数控程序】

子程序：O0061

倒角	N010	G01 X0 Y10 F400	加工左下倒角
	N020	X0 Y90 F2000	左边快速移动
	N030	X10 Y100 F400	加工左上倒角
	N040	X90 Y100 F2000	上边快速移动
	N050	X100 Y90 F400	加工右上倒角
	N060	X100 Y10 F2000	右边快速移动
	N070	X90 Y0 F400	加工右下倒角
	N080	X10 Y0 F2000	下边快速移动
	N090	M99	子程序结束

子程序：O0062

圆角矩形	N010	G01 X10 Y80 F400	加工左边
	N020	G02 X20 Y90 R10	加工左上角圆弧
	N030	G01 X80 Y90	加工上边
	N040	G02 X90 Y80 R10	加工右上角圆弧
	N050	G01 X90 Y20	加工右边
	N060	G02 X80 Y10 R10	加工右下角圆弧
	N070	G01 X20 Y10	加工下边
	N080	G02 X10 Y20 R10	加工左下角圆弧
	N040	M99	子程序结束

子程序：O0063

孔	N010	G01 Z-14 F80	加工孔
	N020	G04 P1000	暂停 1s，清孔底
	N030	G01 Z2 F400	退出孔
	N040	M99	子程序结束

主程序：O0006（背面装夹方案，如图 10-18 所示）

开始	N010	G17 G54 G94	选择平面、坐标系、每分钟进给
	N020	T01 M06	换 01 号刀
	N030	M03 S2000	主轴正转，转速为 2000r/min
倒角（图 10-19）	N040	G41 G00 X10 Y0 Z2	设置刀具左补偿，快速定位至加工起点
	N050	G01 Z-3 F80	下刀至 *Z*-3 处，速度为 80mm/min
	N060	M98 P0061	调用子程序，加工倒角的第一层
	N070	G01 Z-6 F80	下刀至 *Z*-6 处，速度为 80mm/min
	N080	M98 P0061	调用子程序，加工倒角的第二层
	N090	G01 Z-9 F80	下刀至 *Z*-9 处，速度为 80mm/min
	N100	M98 P0061	调用子程序，加工倒角的第三层

续表

主程序：O0006（背面装夹方案，如图 10-18 所示）			
倒角（图 10-19）	N110	G01 Z-12 F80	下刀至 Z-12 处，速度为 80mm/min
	N120	M98 P0061	调用子程序，加工倒角的第四层
	N130	G01 Z-15 F80	下刀至 Z-15 处，速度为 80mm/min
	N140	M98 P0061	调用子程序，加工倒角的第五层
结束	N150	G00 Z200	抬刀
	N160	G40	取消刀具补偿
	N170	M05	主轴停
	N180	M02	程序结束
主程序：O0007（正面装夹方案，如图 10-20 所示）			
开始	N010	G17 G54 G94	选择平面、坐标系、每分钟进给
	N020	T01 M06	换 01 号刀
	N030	M03 S2000	主轴正转，转速为 2000r/min
倒角	N040	G41 G00 X10 Y0 Z2	设置刀具左补偿，快速定位倒角加工起点
	N050	G01 Z-3 F80	下刀至 Z-3 处，速度为 80mm/min
	N060	M98 P0061	调用子程序，加工倒角的第一层
	N070	G01 Z-6 F80	下刀至 Z-6 处，速度为 80mm/min
	N080	M98 P0061	调用子程序，加工倒角的第二层
	N090	G01 Z-9 F80	下刀至 Z-9 处，速度为 80mm/min
	N100	M98 P0061	调用子程序，加工倒角的第三层
	N110	G01 Z-12 F80	下刀至 Z-12 处，速度为 80mm/min
	N120	M98 P0061	调用子程序，加工倒角的第四层
	N130	G01 Z-15 F80	下刀至 Z-15 处，速度为 80mm/min
	N140	M98 P0061	调用子程序，加工倒角的第五层
	N150	G00 Z2	抬刀
圆角矩形凸台（图 10-21 所示的路径 1）	N160	G00 X10 Y20	快速定位至圆角矩形加工起点
	N170	G01 Z-3 F80	下刀至 Z-3 处，速度为 80mm/min
	N180	M98 P0062	调用子程序，加工圆角矩形凸台的第一层
	N190	G01 Z-6 F80	下刀至 Z-6 处，速度为 80mm/min
	N200	M98 P0062	调用子程序，加工圆角矩形凸台的第二层
孔（图 10-21 所示的孔 2 ～ 8）	N210	G00 Z200	抬刀，准备换刀
	N260	G40	取消刀具补偿
	N270	T02 M06	换 02 号刀
	N280	M03 S2000	主轴正转，转速为 2000r/min
	N290	G52 X50 Y50	建立极坐标系
	N300	G16	极坐标生效
	N310	G00 Z2	Z 向接近工件表面
	N320	G00 X25 Y0	定位在图 10-21 所示的位置 2 的孔上方
	N330	M98 P0063	调用子程序，加工左侧 0° 孔
	N340	G00 X25 Y45	定位在图 10-21 所示的位置 3 的孔上方
	N350	M98 P0063	调用子程序，加工左侧 45° 孔
	N360	G00 X25 Y90	定位在图 10-21 所示的位置 4 的孔上方
	N370	M98 P0063	调用子程序，加工左侧 90° 孔
	N380	G00 X25 Y135	定位在图 10-21 所示的位置 5 的孔上方
	N390	M98 P0063	调用子程序，加工左侧 135° 孔
	N400	G00 X25 Y180	定位在图 10-21 所示的位置 6 的孔上方
	N410	M98 P0063	调用子程序，加工左侧 180° 孔
	N420	G00 X25 Y225	定位在图 10-21 所示的位置 7 的孔上方
	N430	M98 P0063	调用子程序，加工左侧 225° 孔
	N440	G00 X25 Y270	定位在图 10-21 所示的位置 8 的孔上方
	N450	M98 P0063	调用子程序，加工左侧 270° 孔
结束	N460	G00Z200	抬刀
	N470	M05	主轴停
	N480	M02	程序结束

10.6 通信固定模块类零件的加工工艺分析及编程

通信固定模块类零件如图 10-22 所示。

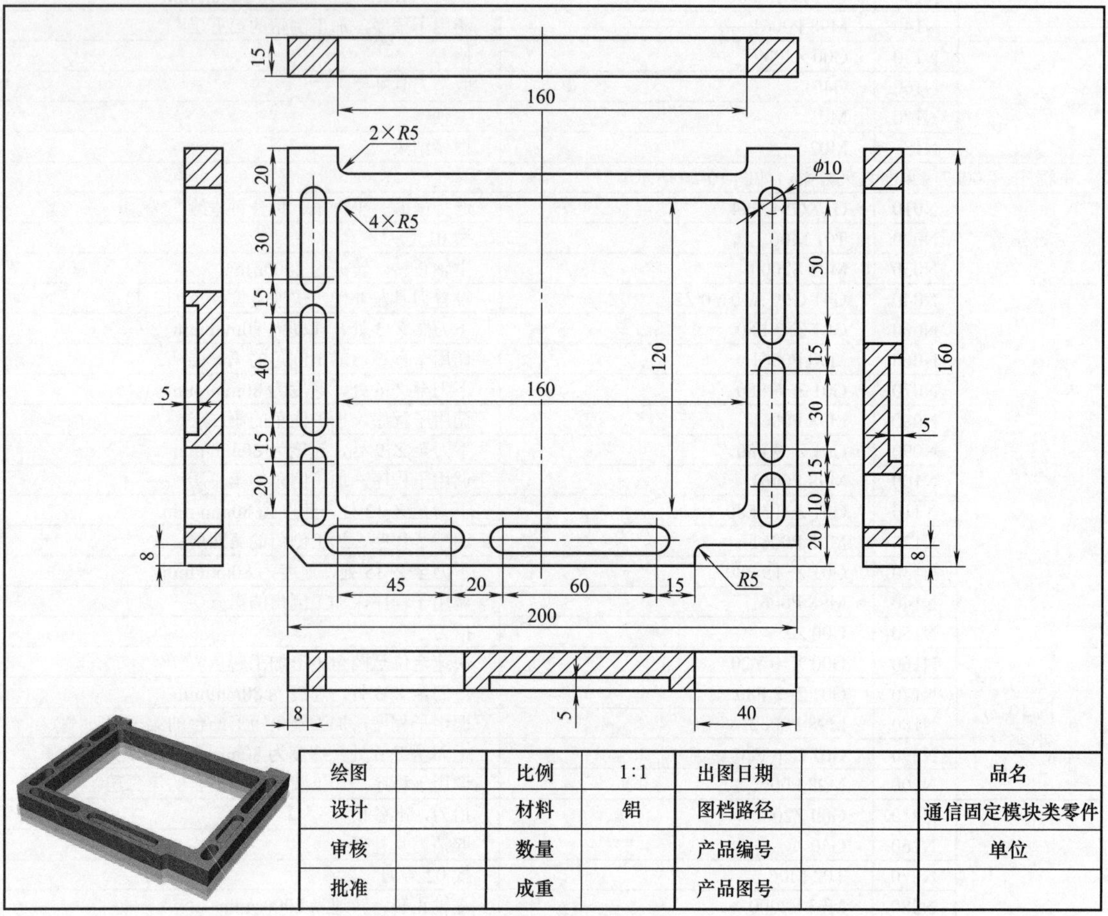

绘图		比例	1:1	出图日期		品名
设计		材料	铝	图档路径		通信固定模块类零件
审核		数量		产品编号		单位
批准		成重		产品图号		

图 10-22　通信固定模块类零件

10.6.1 零件图工艺分析

该零件为一典型的模具零件。工件尺寸为 200mm×160mm，无尺寸公差要求。尺寸标注完整，轮廓描述清楚。零件材料为已经加工成形的标准铝块，无热处理和硬度要求。

10.6.2 确定装夹方案、加工顺序及进给路线

将工件安装在处理过的台板上，中间钻 2 个孔，用螺栓固定，紧固工件。四周用垫块配合卡块，并用螺栓固定，注意压紧工件的同时，让出槽的加工位置。装夹如图 10-23 所示。

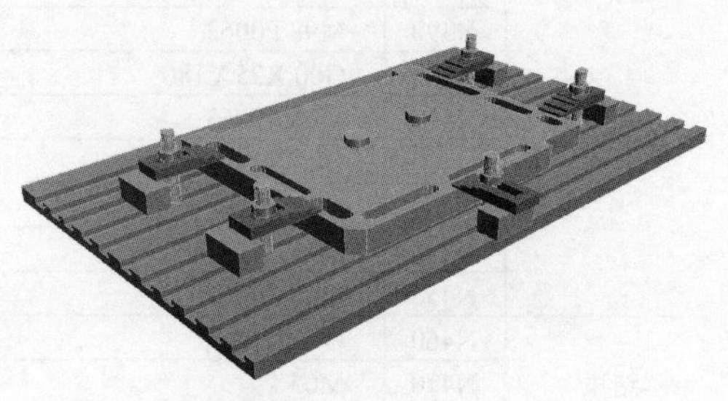

图 10-23　工件装夹方案

由零件图分析得知，此零件只需采用 ϕ10mm

的一把铣刀即可完成所有加工，在外围加工槽和去中间区域时，不必铣削至工件底部，在底部留有 0.5 ～ 1mm 的余量，用锉、小刀、修边器等手工完成去底面和其他部分的毛刺的工作（图 10-24），注意操作，小心毛刺割手。

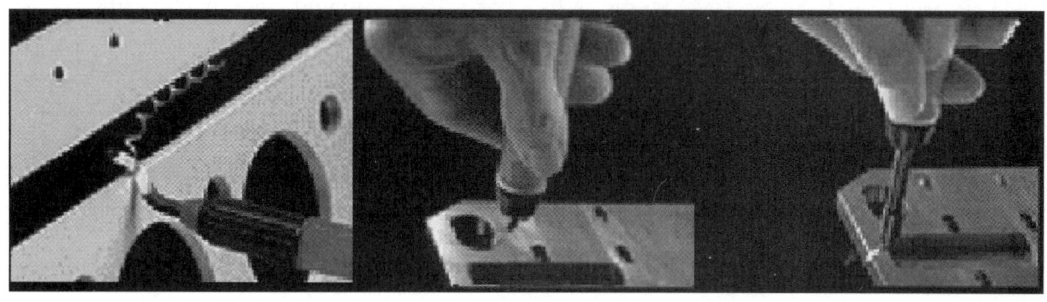

图 10-24　手工去毛刺

① 外围加工：用 ϕ10mm 的铣刀按图 10-25 所示的路径 1 ～ 3 加工，底面留 0.5mm 的余量。

② 键槽：按图 10-25 所示的路径 4 ～ 11 的顺序加工。同样，需加工到底的键槽，应留 0.5mm 的余量。

③ 最后将零件与中间部分分离，同样留有 0.5mm 的余量，其加工路线如图 10-25 所示的路径 12。

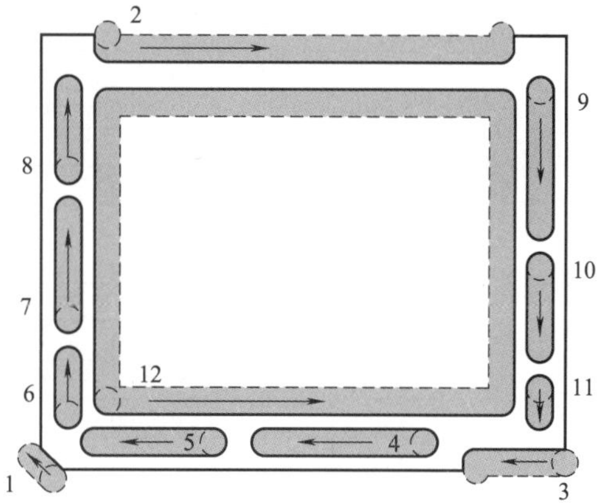

图 10-25　通信固定模块类零件走刀路线

10.6.3　数学计算

在编程中，相关的坐标点的数值通过计算和 CAD 的标注即可求出，这里不再赘述。

10.6.4　刀具选择

选用 ϕ10mm 铣刀即可加工本零件的所有区域，将所选定的刀具参数填入表 10-11 所示数控加工刀具卡片中，以便于编程和操作管理。

表 10-11　数控加工刀具卡片

<table>
<tr><td colspan="2">产品名称或代号</td><td colspan="2">加工中心工艺分析实例</td><td>零件名称</td><td colspan="2">通信固定模块类零件</td><td>零件图号</td><td>Mill-7</td></tr>
<tr><td>序号</td><td>刀具号</td><td colspan="2">刀具规格名称</td><td>数量</td><td colspan="2">加工表面</td><td>伸出夹头/mm</td><td>备注</td></tr>
<tr><td>1</td><td>T01</td><td colspan="2">ϕ10mm 铣刀</td><td>1</td><td colspan="2">所有待加工区域</td><td>16</td><td></td></tr>
<tr><td colspan="2">编制</td><td>×××</td><td>审核</td><td>×××</td><td>批准</td><td>×××</td><td>共 1 页</td><td>第 1 页</td></tr>
</table>

10.6.5　切削用量选择

将前面分析的各项内容综合成如表 10-12 所示的数控加工工序卡，此表是编制加工程序的主要依据和操作人员配合数控程序进行数控加工的指导性文件，主要内容包括：工步顺序、工步内容、各工步所用的刀具及切削用量等。

表 10-12　数控加工工序卡

单位名称	××××	产品名称或代号		零件名称		零件图号	
		加工中心工艺分析实例		通信固定模块类零件		Mill-7	
工序号	程序编号	夹具名称		使用设备		车间	
001	Mill-7	自制工作台面、夹具		FANUC		数控中心	
工步号	工步内容	刀具号	刀具总长（伸出）/mm	主轴转速 $/r\cdot min^{-1}$	进给速度 $/mm\cdot min^{-1}$	下刀量 /mm	备注
1	外围边缘	T01	100（16）	2000	400	＜3	自动
2	键槽	T01	100（16）	2000	400	＜3	自动
3	最后分离的矩形	T01	100（16）	2000	400	＜3	自动
编制	×××　审核	×××	批准　×××	年　月　日		共 1 页	第 1 页

10.6.6　数控程序的编制

【FANUC 数控程序】

子程序：O0067			
倒角	N010	G01 *Z*-3 F80	下刀至 *Z*-3 处，速度为 80mm/min
	N020	X-4 Y4 F400	加工倒角的第一层
	N030	*Z*-6 F80	下刀至 *Z*-6 处，速度为 80mm/min
	N040	X4 Y-4 F400	加工倒角的第二层
	N050	*Z*-9 F80	下刀至 *Z*-9 处，速度为 80mm/min
	N060	X-4 Y4 F400	加工倒角的第三层
	N070	*Z*-12 F80	下刀至 *Z*-12 处，速度为 80mm/min
	N080	X4 Y-4 F400	加工倒角的第四层
	N090	*Z*-14.5 F80	下刀至 *Z*-14.5 处，速度为 80mm/min
	N100	X-4 Y4 F400	加工倒角的第五层，留 0.5mm 的余量
	N110	G00 Z2	抬刀
	N120	M99	子程序结束
子程序：O0068			
上边缘	N010	G01 X20 Y155 F400	加工左侧直线
	N020	G03 X25 Y150 R5	加工左侧圆弧
	N030	G01 X175 Y150	加工下边缘直线
	N040	G03 X180 Y155 R5	加工右侧圆弧
	N050	G01 X180 Y160	加工右侧直线
	N060	G00 Z2	抬刀
	N070	G00 X20 Y160	返回加工起点
	N080	M99	子程序结束
子程序：O0069			
左下角边缘	N010	G01X165 Y8 F400	加工上边缘直线
	N020	G03 X160 Y3 R5	加工圆弧
	N030	G01X160 Y0	加工左侧直线
	N040	G00 Z2	抬刀
	N050	G00 X200 Y8	返回加工起点
	N060	M99	子程序结束
子程序：O0070			
中间矩形	N010	G01 X175 Y25 F400	加工下边
	N020	X175 Y135	加工右边
	N030	X25 Y135	加工上边
	N040	X25 Y25	加工左边
	N050	M99	子程序结束
主程序：O0009			
开始	N010	G17 G54 G94	选择平面、坐标系、每分钟进给

主程序：O0009			
开始	N020	T01 M06	换 01 号刀
	N030	M03 S2000	主轴正转、转速为 2000r/min
倒角（图 10-25 所示的路径 1）	N040	G00 X4 Y-4 Z2	快速定位至倒角加工起点
	N050	M98 P0067	下刀至 Z-3 处，速度为 80mm/min
上边缘（图 10-25 所示的路径 2）	N060	G41G00 X20 Y160	左补偿，快速定位至上边缘加工起点
	N070	G01 Z-3 F400	下刀至 Z-3 处，速度为 80mm/min
	N080	M98 P0068	调用子程序，加工上边缘的第一层
	N090	G01 Z-6 F80	下刀至 Z-6 处，速度为 80mm/min
	N100	M98 P0068	调用子程序，加工上边缘的第二层
	N110	G01 Z-9 F80	下刀至 Z-9 处，速度为 80mm/min
	N120	M98 P0068	调用子程序，加工上边缘的第三层
	N130	G01 Z-12 F80	下刀至 Z-12 处，速度为 80mm/min
	N140	M98 P0068	调用子程序，加工上边缘的第四层
	N150	G01 Z-14.5 F80	下刀至 Z-14.5 处，速度为 80mm/min
	N160	M98 P0068	调用子程序，加工上边缘的第五层
左下角边缘（图 10-25 所示的路径 3）	N170	G00 X200 Y8	快速定位至左下角边缘的加工起点
	N180	G01 Z-3 F400	下刀至 Z-3 处，速度为 80mm/min
	N190	M98 P0069	调用子程序，加工左下角边缘的第一层
	N200	G01 Z-6 F80	下刀至 Z-6 处，速度为 80mm/min
	N210	M98 P0069	调用子程序，加工左下角边缘的第二层
	N220	G01 Z-9 F80	下刀至 Z-9 处，速度为 80mm/min
	N230	M98 P0069	调用子程序，加工左下角边缘的第三层
	N240	G01 Z-12 F80	下刀至 Z-12 处，速度为 80mm/min
	N250	M98 P0069	调用子程序，加工左下角边缘的第四层
	N260	G01 Z-14.5 F80	下刀至 Z-14.5 处，速度为 80mm/min
	N270	M98 P0069	调用子程序，加工左下角边缘的第五层
	N280	G40	取消刀具补偿
键槽（图 10-25 所示的路径 4）	N290	G00 X145 Y10	定位键槽的起点
	N300	Z-3 F80	下刀至 Z-3 处，速度为 80mm/min
	N310	X85 Y10 F400	加工键槽 4 的第一层
	N320	Z-5 F80	下刀至 Z-5 处，速度为 80mm/min
	N330	X145 Y10 F400	加工键槽 4 的第二层
	N340	G00 Z2	抬刀
键槽（图 10-25 所示的路径 5）	N350	X65 Y10	定位键槽起点
	N360	G01 Z-3 F80	下刀至 Z-3 处，速度为 80mm/min
	N370	X20 Y10 F400	加工键槽 5 的第一层
	N380	Z-6 F80	下刀至 Z-6 处，速度为 80mm/min
	N390	X65 Y10 F400	加工键槽 5 的第二层
	N400	Z-9 F80	下刀至 Z-9 处，速度为 80mm/min
	N410	X20 Y10 F400	加工键槽 5 的第三层
	N420	Z-12 F80	下刀至 Z-12 处，速度为 80mm/min
	N430	X65 Y10 F400	加工键槽 5 的第四层
	N440	Z-14.5 F80	下刀至 Z-14.5 处，速度为 80mm/min
	N450	X20 Y10 F400	加工键槽 5 的第五层
	N460	G00 Z2	抬刀
键槽（图 10-25 所示的路径 6）	N470	X10 Y20	定位键槽起点
	N480	G01 Z-3 F80	下刀至 Z-3 处，速度为 80mm/min
	N490	X10 Y40 F400	加工键槽 6 的第一层
	N500	Z-6 F80	下刀至 Z-6 处，速度为 80mm/min
	N510	X10 Y20 F400	加工键槽 6 的第二层
	N520	Z-9 F80	下刀至 Z-9 处，速度为 80mm/min

续表

主程序：O0009			
键槽（图 10-25 所示的路径 6）	N530	X10 Y40 F400	加工键槽 6 的第三层
	N540	Z-12 F80	下刀至 Z-12 处，速度为 80mm/min
	N550	X10 Y20 F400	加工键槽 6 的第四层
	N560	Z-14.5 F80	下刀至 Z-14.5 处，速度为 80mm/min
	N570	X10 Y40 F400	加工键槽 6 的第五层
	N580	G00 Z2	抬刀
键槽（图 10-25 的路径 7）	N590	X10 Y55	定位键槽起点
	N600	G01 Z-3 F80	下刀至 Z-3 处，速度为 80mm/min
	N610	X10 Y95 F400	加工键槽 7 的第一层
	N620	Z-5 F80	下刀至 Z-5 处，速度为 80mm/min
	N630	X10 Y55 F400	加工键槽 7 的第二层
	N640	G00 Z2	抬刀
键槽（图 10-25 所示的路径 8）	N650	X10 Y110	定位键槽起点
	N660	G01 Z-3 F80	下刀至 Z-3 处，速度为 80mm/min
	N670	X10 Y140 F400	加工键槽 8 的第一层
	N680	Z-6 F80	下刀至 Z-6 处，速度为 80mm/min
	N690	X10 Y110 F400	加工键槽 8 的第二层
	N700	Z-9 F80	下刀至 Z-9 处，速度为 80mm/min
	N710	X10 Y140 F400	加工键槽 8 的第三层
	N720	Z-12 F80	下刀至 Z-12 处，速度为 80mm/min
	N730	X10 Y110 F400	加工键槽 8 的第四层
	N740	Z-14.5 F80	下刀至 Z-14.5 处，速度为 80mm/min
	N750	X10 Y140 F400	加工键槽 8 的第五层
	N760	G00 Z2	抬刀
键槽（图 10-25 所示的路径 9）	N770	X190 Y140	定位键槽起点
	N780	G01 Z-3 F80	下刀至 Z-3 处，速度为 80mm/min
	N790	X190 Y90 F400	加工键槽 9 的第一层
	N800	Z-6 F80	下刀至 Z-6 处，速度为 80mm/min
	N810	X190 Y140 F400	加工键槽 9 的第二层
	N820	Z-9 F80	下刀至 Z-9 处，速度为 80mm/min
	N830	X190 Y90 F400	加工键槽 9 的第三层
	N840	Z-12 F80	下刀至 Z-12 处，速度为 80mm/min
	N850	X190 Y140 F400	加工键槽 9 的第四层
	N860	Z-14.5 F80	下刀至 Z-14.5 处，速度为 80mm/min
	N870	X190 Y90 F400	加工键槽 9 的第五层
	N880	G00 Z2	抬刀
键槽（图 10-25 所示的路径 10）	N890	X190 Y75	定位键槽起点
	N900	G01 Z-3 F80	下刀至 Z-3 处，速度为 80mm/min
	N910	X190 Y45 F400	加工键槽 10 的第一层
	N920	Z-5 F80	下刀至 Z-5 处，速度为 80mm/min
	N930	X190 Y75 F400	加工键槽 10 的第二层
	N940	G00 Z2	抬刀
键槽（图 10-25 的路径 11）	N950	X190 Y30	定位键槽起点
	N960	G01 Z-3 F80	下刀至 Z-3 处，速度为 80mm/min
	N970	X190 Y20 F400	加工键槽 11 的第一层
	N980	Z-6 F80	下刀至 Z-6 处，速度为 80mm/min
	N990	X190 Y30 F400	加工键槽 11 的第二层
	N1000	Z-9 F80	下刀至 Z-9 处，速度为 80mm/min
	N1010	X190 Y20 F400	加工键槽 11 的第三层
	N1020	Z-12 F80	下刀至 Z-12 处，速度为 80mm/min
	N1030	X190 Y30 F400	加工键槽 11 的第四层

续表

主程序：O0009			
键槽（图 10-25 的路径 11）	N1040	Z-14.5 F80	下刀至 Z-14.5 处，速度为 80mm/min
	N1050	X190 Y20 F400	加工键槽 11 的第五层
	N1060	G00 Z2	抬刀
矩形（图 10-25 所示的路径 12）	N1070	X25 Y25	快速定位至矩形的加工起点
	N1080	G01 Z-3 F80	下刀至 Z-3 处，速度为 80mm/min
	N1090	M98 P0070	调用子程序，加工矩形的第一层
	N1100	G01 Z-6 F80	下刀至 Z-6 处，速度为 80mm/min
	N1110	M98 P0070	调用子程序，加工矩形的第二层
	N1120	G01 Z-9 F80	下刀至 Z-9 处，速度为 80mm/min
	N1130	M98 P0070	调用子程序，加工矩形的第三层
	N1140	G01 Z-12 F80	下刀至 Z-12 处，速度为 80mm/min
	N1150	M98 P0070	调用子程序，加工矩形的第四层
	N1160	G01 Z-14.5 F80	下刀至 Z-14.5 处，速度为 80mm/min
	N1170	M98 P0070	调用子程序，加工矩形的第五层
结束	N1180	G00Z200	抬刀
	N1190	M05	主轴停
	N1200	M02	程序结束

10.7 压板特型零件的加工工艺分析及编程

压板特型零件如图 10-26 所示。

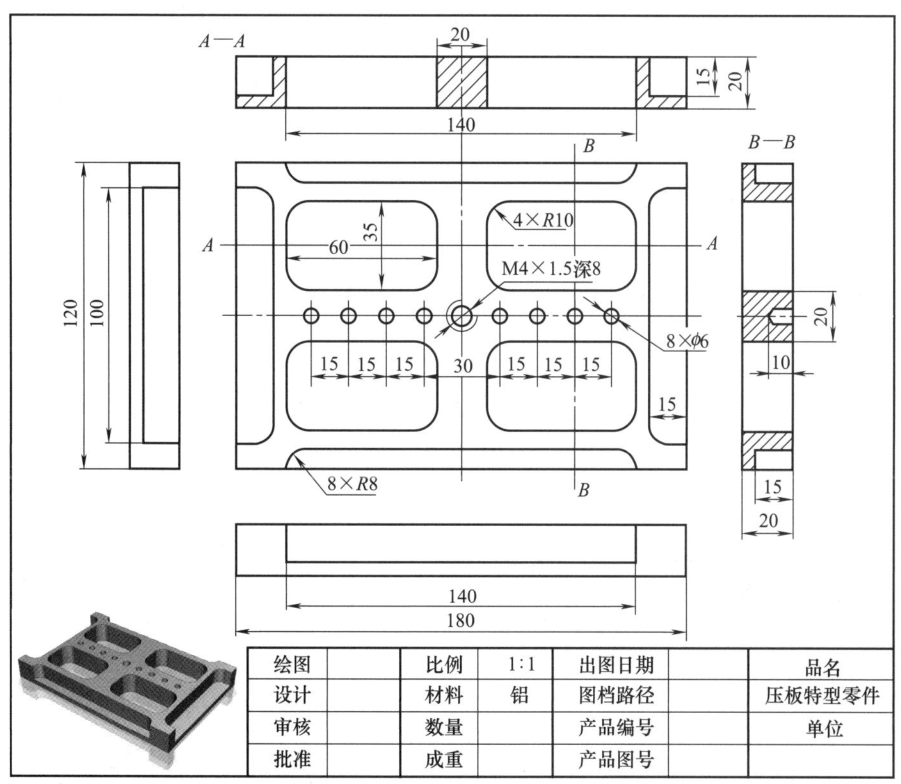

绘图		比例	1∶1	出图日期		品名
设计		材料	铝	图档路径		压板特型零件
审核		数量		产品编号		单位
批准		成重		产品图号		

图 10-26　压板特型零件

10.7.1 零件图工艺分析

该零件表面由多个形状、孔和螺纹组成。工件尺寸为 180mm×120mm，无尺寸公差要求。尺寸标注完整，轮廓描述清楚。零件材料为已经加工成形的标准铝块，无热处理和硬度要求。

10.7.2 确定装夹方案

① 在工件圆角矩形部分预先钻好 4 个孔，用螺栓定位，保证其毛坯位置摆正，采用 $\phi10$ 铣刀加工四周区域，如图 10-27 所示。FANUC 0i 系统分别采用子程序和镜像指令配合综合编程，编写程序。

$\phi16$mm 铣刀的走刀路线如图 10-28 所示的路径 1 ～ 4。

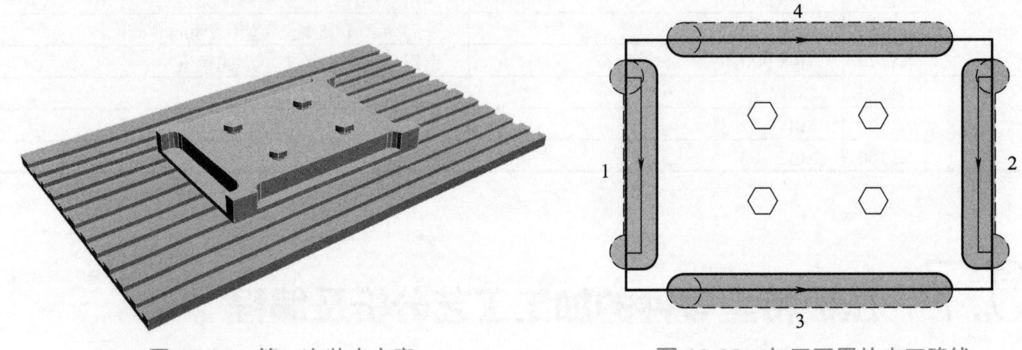

图 10-27 第一次装夹方案　　图 10-28 加工四周的走刀路线

② 完成上步加工，停主轴、退刀，重新装夹零件：在已加工好的零件四周安装垫块和压块，并用螺栓上紧，每边安装两套夹具，然后去掉零件中间的 4 个螺栓（注意：不能先执行此步，否则会导致零件松动而移位）。由于工件没有移动，因此不需要对刀。其装夹如图 10-29 所示。

根据所使用的数控系统不同，程序应有相应的变化：

a. 先用 $\phi20$mm 加工左下角的圆角矩形区域，留 0.5mm 的余量，其具体的加工路线如图 10-35 所示的路径 1；然后用子程序，或者镜像加工剩余的圆角矩形 2 ～ 4。

b. 用 $\phi6$mm 的钻头钻孔。加工顺序如图 10-30 所示的孔 5 ～ 12。FANUC 程序直接采用子程序即可。

c. 螺纹加工，先采用 $\phi8$mm 的钻头钻如图 10-30 所示的孔 13，再选择螺纹刀攻螺纹。实际车间加工中，螺纹的加工多采用人工手动攻螺纹的方法，本节不对螺纹加工进行编程。

待工件全部加工完毕后，手工去除 4 个圆角矩形的底部和工件其他部分的毛刺。

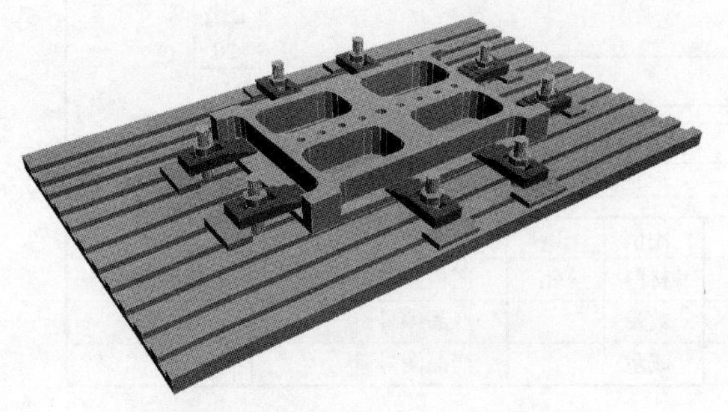

图 10-29 第二次装夹方案

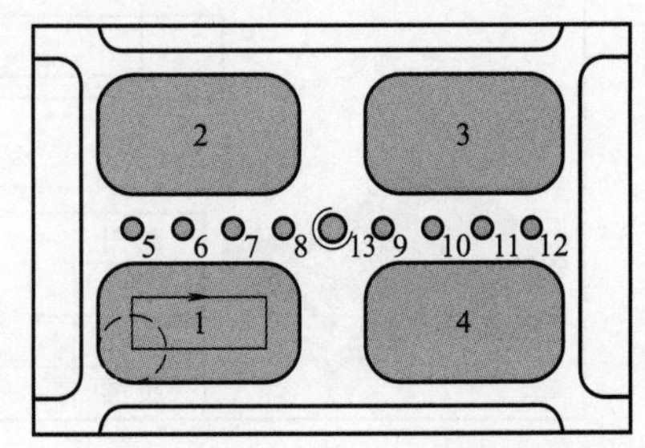

图 10-30 第二次装夹后的走刀路线

10.7.3 数学计算

在编程中，相关的坐标点的数值通过计算和 CAD 的标注即可求出，这里不再赘述。

10.7.4 刀具选择

本零件需选用四把刀才能完成所有区域的加工，将所选定的刀具参数填入表 10-13 所示数控加工刀具卡片中，以便于编程和操作管理。

表 10-13 数控加工刀具卡片

产品名称或代号		加工中心工艺分析实例		零件名称	压板特型零件		零件图号	Mill-8
序号	刀具号	刀具规格名称		数量	加工表面		伸出夹头/mm	备注
1	T01	ϕ16mm 铣刀		1	四周边缘		18	
2	T02	ϕ20mm 铣刀		1	4 个圆角矩形		24	
3	T03	ϕ6mm 钻头		1	8 个孔		12	
4	T04	ϕ8mm 钻头		1	螺纹的孔		10	
编制		×××	审核	×××	批准	×××	共 1 页	第 1 页

10.7.5 切削用量选择

将前面分析的各项内容综合成如表 10-14 所示的数控加工工序卡，此表是编制加工程序的主要依据和操作人员配合数控程序进行数控加工的指导性文件，主要内容包括：工步顺序、工步内容、各工步所用的刀具及切削用量等。

表 10-14 数控加工工序卡

单位名称	××××		产品名称或代号		零件名称		零件图号	
			加工中心工艺分析实例		压板特型零件		Mill-8	
工序号	程序编号		夹具名称		使用设备		车间	
001	Mill-8		自制工作台面、夹具		FANUC		数控中心	
工步号	工步内容		刀具号	刀具总长（伸出）/mm	主轴转速/r • min^{-1}	进给速度/mm • min^{-1}	下刀量/mm	备注
1	零件四周边缘		T01	100（18）	2000	400	＜3	自动
重新装夹								
2	4 个圆角矩形		T02	100（24）	2000	400	＜3	自动
3	8 个孔		T03	100（12）	2000	80	＜3	自动
4	螺纹的孔		T04	100（10）	2000	80		自动
编制	×××	审核	×××	批准	×××	年 月 日	共 1 页	第 1 页

10.7.6 数控程序的编制

【FANUC 数控程序】

子程序：O0071			
左边缘一层铣削	N010	G01 X7 Y102 F400	加工上边
	N020	X7 Y18	加工右边
	N030	X0 Y18	加工下边
	N040	G00 Z2	抬刀
	N050	X0 Y102	返回加工起点
	N060	M99	子程序结束
子程序：O0072			
左边缘	N010	G00 X0 Y102 Z2	定位加工起点
	N020	G01 Z-3 F80	下刀至 Z-3 处，速度为 80mm/min

续表

子程序：O0072			
左边缘	N030	M98 P0071	调用子程序，加工左边缘的第一层
	N040	G01 Z-6 F80	下刀至 Z-6 处，速度为 80mm/min
	N050	M98 P0071	调用子程序，加工左边缘的第二层
	N060	G01 Z-9 F80	下刀至 Z-9 处，速度为 80mm/min
	N070	M98 P0071	调用子程序，加工左边缘的第三层
	N080	G01 Z-12 F80	下刀至 Z-12 处，速度为 80mm/min
	N090	M98 P0071	调用子程序，加工左边缘的第四层
	N100	G01 Z-15 F80	下刀至 Z-15 处，速度为 80mm/min
	N110	M98 P0071	调用子程序，加工左边缘的第五层
	N120	M99	子程序结束
子程序：O0073			
下边缘	N010	G00 X28 Y0 Z2	定位加工起点
	N020	G01 Z-3 F80	下刀至 Z-3 处，速度为 80mm/min
	N030	X152 F400	加工下边缘的第一层
	N040	Z-6 F80	下刀至 Z-6 处，速度为 80mm/min
	N050	X28	加工下边缘的第二层
	N060	Z-9 F80	下刀至 Z-9 处，速度为 80mm/min
	N070	X152 F400	加工下边缘的第三层
	N080	Z-12 F80	下刀至 Z-12 处，速度为 80mm/min
	N090	X28	加工下边缘的第四层
	N100	Z-15 F80	下刀至 Z-15 处，速度为 80mm/min
	N110	X152 F400	加工下边缘的第五层
	N120	G00 Z2	抬刀
	N130	M99	子程序结束
子程序：O0074			
圆角矩形一层铣削	N010	G01 X30 Y40 F400	加工左边
	N020	X70 Y40	加工上边
	N030	X70 Y25	加工右边
	N040	X30 Y25	加工下边
	N050	M99	子程序结束
子程序：O0075			
圆角矩形	N010	G00 X30 Y25 Z2	
	N020	G01 Z-3 F80	下刀至 Z-3 处，速度为 80mm/min
	N030	M98 P0074	调用子程序，加工矩形的第一层
	N040	G01 Z-6 F80	下刀至 Z-6 处，速度为 80mm/min
	N050	M98 P0074	调用子程序，加工矩形的第二层
	N060	G01 Z-9 F80	下刀至 Z-9 处，速度为 80mm/min
	N070	M98 P0074	调用子程序，加工矩形的第三层
	N080	G01 Z-12 F80	下刀至 Z-12 处，速度为 80mm/min
	N090	M98 P0074	调用子程序，加工矩形的第四层
	N100	G01 Z-15 F80	下刀至 Z-15 处，速度为 80mm/min
	N110	M98 P0074	调用子程序，加工矩形的第五层
	N120	G01 Z-18 F80	下刀至 Z-18 处，速度为 80mm/min
	N130	M98 P0074	调用子程序，加工矩形的第六层
	N140	G01 Z-19.5 F80	下刀至 Z-19.5 处，速度为 80mm/min
	N150	M98 P0074	调用子程序，加工矩形的第七层
	N160	M99	子程序结束
子程序：O0076			
孔	N010	G01Z-10 F80	钻孔
	N020	G04 P1000	暂停 1s，光孔
	N030	G01Z2 F800	抬刀
	N040	M99	子程序结束

续表

主程序：O0010（第一次装夹方案，如图 10-27 所示）			
开始	N010	G17 G54 G94	选择平面、坐标系、每分钟进给
	N020	T01 M06	换 01 号刀
	N030	M03 S2000	主轴正转，转速为 2000r/min
左边缘	N040	M98 P0072	调用子程序，加工左边缘
右边缘	N050	G24 X90	镜像加工：沿 *X*90 轴
	N060	M98 P0072	调用子程序，加工右边缘
	N070	G25	取消镜像加工
下边缘	N080	M98 P0073	调用子程序，加工下边缘
上边缘	N090	G24 Y60	镜像加工：沿 *Y*60 轴
	N100	M98 P0073	调用子程序，加工上边缘
	N110	G25	取消镜像加工
结束	N120	G00 Z200	抬刀
	N130	M05	主轴停
	N140	M02	程序结束
主程序：O0011（第二次装夹方案，如图 10-29 所示）			
开始	N010	G17 G54 G94	选择平面、坐标系、每分钟进给
	N020	T02 M06	换 02 号刀
	N030	M03 S2000	主轴正转，转速为 2000r/min
圆角矩形	N040	M98 P0075	调用子程序，加工圆角矩形 1
	N050	G24 X90	镜像加工：沿 *X*90 轴
	N060	M98 P0075	调用子程序，加工圆角矩形 4
	N070	G25	取消镜像加工
	N080	G24 Y60	镜像加工：沿 *Y*60 轴
	N090	M98 P0075	调用子程序，加工圆角矩形 2
	N100	G25	取消镜像加工
	N110	G24 X90 Y60	镜像加工：沿 *X*60、*Y*60 的坐标点
	N120	M98 P0075	调用子程序，加工圆角矩形 3
	N130	G25	取消镜像加工
孔	N140	G00 Z200	抬刀
	N150	T03 M06	换 03 号刀
	N160	M03 S2000	主轴正转，转速为 2000r/min
	N170	G00 X30 Y60	定位在图 10-30 所示的位置 5 的孔上方
	N180	Z2	接近加工表面
	N190	M98 P0076	调用子程序，加工左侧 -30° 孔
	N200	G00 X45 Y60	定位在图 10-30 所示的位置 6 的孔上方
	N210	M98 P0076	调用子程序，加工孔
	N220	G00 X60 Y60	定位在图 10-30 所示的位置 7 的孔上方
	N230	M98 P0076	调用子程序，加工孔
	N240	G00 X75 Y60	定位在图 10-30 所示的位置 8 的孔上方
	N250	M98 P0076	调用子程序，加工孔
	N260	G00 X105 Y60	定位在图 10-30 所示的位置 9 的孔上方
	N270	M98 P0076	调用子程序，加工孔
	N280	G00 X120 Y60	定位在图 10-30 所示的位置 10 的孔上方
	N290	M98 P0076	调用子程序，加工孔
	N300	G00 X135 Y60	定位在图 10-30 所示的位置 11 的孔上方
	N310	M98 P0076	调用子程序，加工孔
	N320	G00 X150 Y60	定位在图 10-30 所示的位置 12 的孔上方
	N330	M98 P0076	调用子程序，加工孔
螺纹孔	N340	G00 Z200	抬刀
	N350	T04 M06	换 04 号刀
	N360	M03 S2000	主轴正转，转速为 2000r/min

续表

主程序：O0011（第二次装夹方案，如图 10-29 所示）			
螺纹孔	N370	G00 X90 Y60 Z2	快速定位到孔上方
	N380	G01 Z-8 F80	钻孔
	N390	G04 P1000	暂停 1s，光孔
	N400	G01Z2 F800	退出孔
结束	N410	G00Z200	抬刀
	N420	M05	主轴停
	N430	M02	程序结束

10.8 折板零件的加工工艺分析及编程

折板零件如图 10-31 所示。

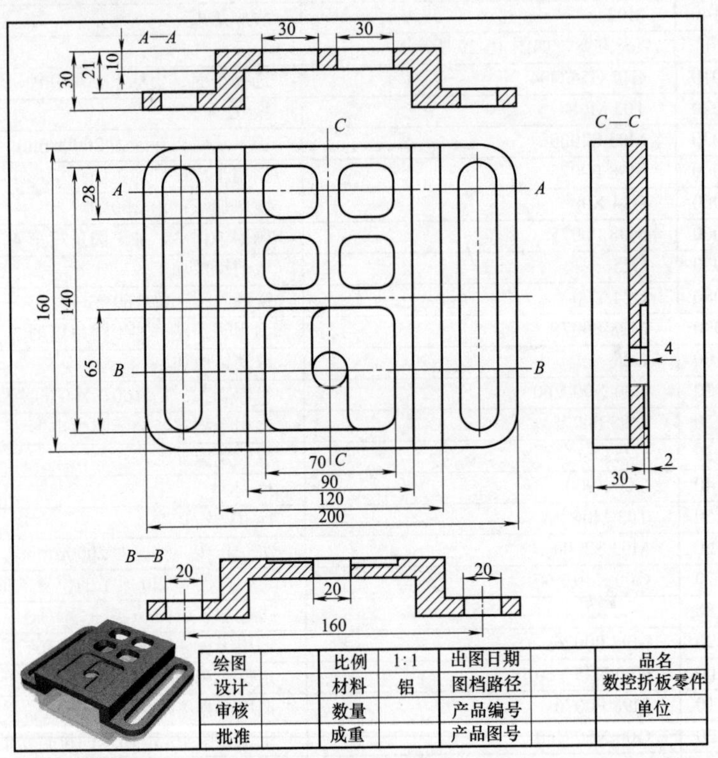

图 10-31 折板零件

10.8.1 零件图工艺分析

该零件表面由多种形状构成，加工较复杂。工件尺寸为 200mm×160mm×30mm，无尺寸公差要求。尺寸标注完整，轮廓描述清楚。零件材料为已经加工成形的标准铝块，无热处理和硬度要求。

10.8.2 确定装夹方案、加工顺序及进给路线

① 将工件放置在自制的工作台面上，保证工件摆正，在通孔的位置手动钻 3 个孔，用螺

栓等工具夹紧，用于定位加工零件的左右两侧形状，其装夹方式如图 10-32 所示。

a. 用 ϕ20mm 的铣刀加工左侧的台阶部分，其走刀路径如图 10-33 所示，右侧部分由镜像指令完成。

b. 同样采用 ϕ20mm 的铣刀，铣削圆弧外角和键槽，底部留 0.5mm 的余量，其走刀路径如图 10-34 所示。图中虚线所示为快速走刀路径，由于紧靠工件，采用 G01 指令。

图 10-32　加工两侧的工件装夹方案

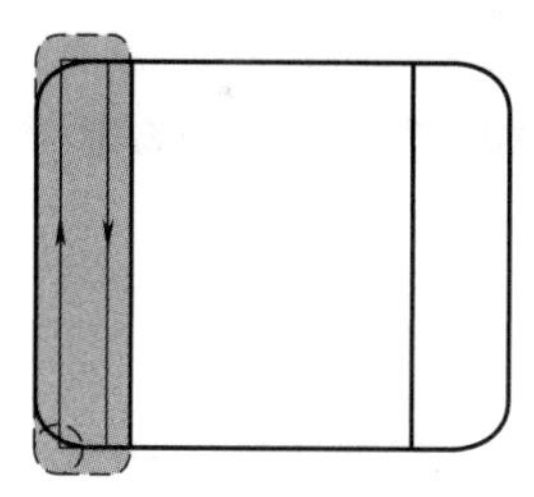

图 10-33　铣削台阶的走刀路径

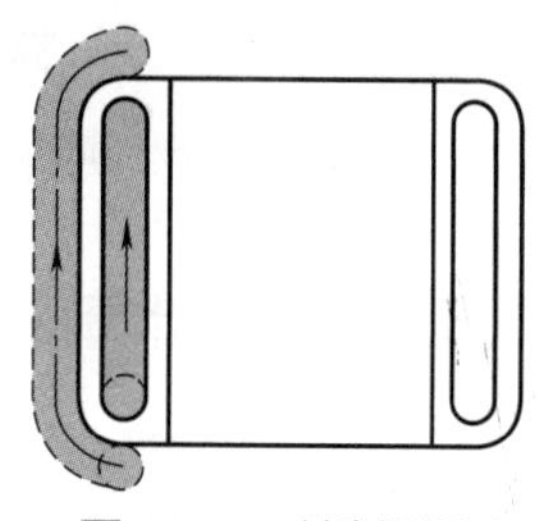

图 10-34　铣削圆弧和键槽的走刀路径

② 中间区域多个形状的加工，其装夹如图 10-35 所示，先在工件左右两侧的键槽区域分别用图中所示的垫块压紧，再取出中间的螺栓等工具，这样在重新装夹的时候工件不会产生位移，就不必重新对刀了。

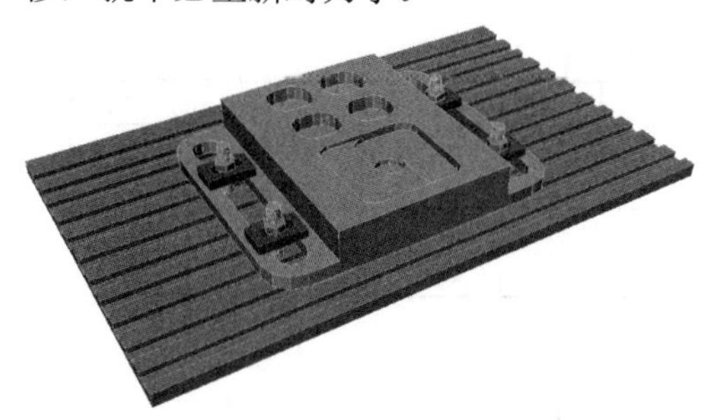

图 10-35　加工中间区域的工件装夹方案

a. 采用 ϕ20mm 的铣刀加工左下角的小圆角矩形，加工深度为 10mm，其走刀路径如图 10-36 中的 1 所示。其他 3 个圆角矩形通过镜像或子程序即可加工。

b. 采用 ϕ20mm 的铣刀加工下侧大圆角矩形，加工深度为 2mm，只铣一层即可，其走刀路径如图 10-36 中的 2 所示。

c. 采用 ϕ20mm 的铣刀加工大圆角矩形的右边形状，加工深度为圆角矩形以下 2mm，只铣一层即可，其走刀路径如图 10-37 中的 3 所示。

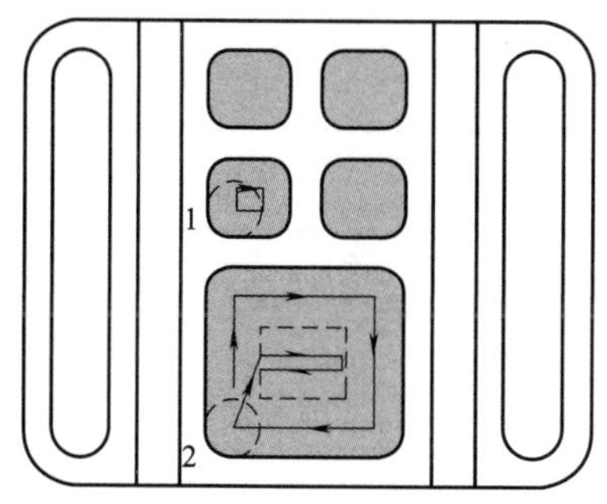

图 10-36　中间区域走刀路径（一）

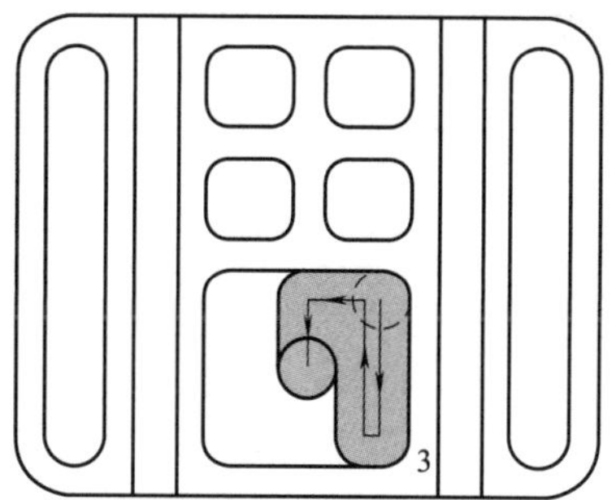

图 10-37　中间区域走刀路径（二）

d. 以上操作做完以后，还是采用 ϕ20mm 的铣刀铣孔，深度为 10mm 即可。

③ 将工件翻转，底部垫两块垫块，两侧用台虎钳夹紧，如图 10-38 所示。加工时，只需加工到尺寸，即 20mm 深处时，便可完成。之后，需手动完成修边、去毛刺等步骤。

用 ϕ20mm 的铣刀按如图 10-39 所示的走刀路径铣深 20mm，即可完成本零件的最后一道加工工序。

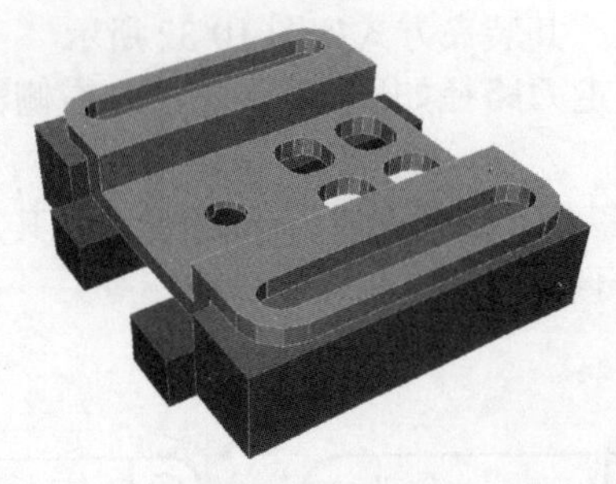

图 10-38 加工底面区域的工件装夹方案

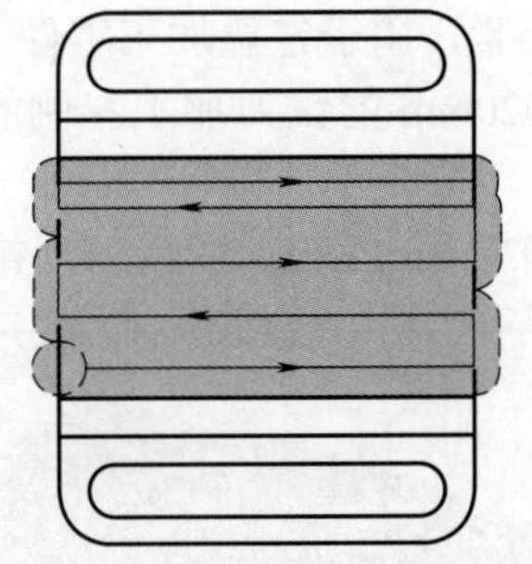

图 10-39 加工底面区域的工件走刀路径

10.8.3 数学计算

在编程中，相关的坐标点的数值通过计算和 CAD 的标注即可求出，这里不再赘述。

10.8.4 刀具选择

选用 ϕ20mm 铣刀即可加工本零件的所有区域，将所选定的刀具参数填入表 10-15 所示数控加工刀具卡片中，以便于编程和操作管理。

表 10-15 数控加工刀具卡片

<table>
<tr><td colspan="3">产品名称或代号</td><td colspan="3">加工中心工艺分析实例</td><td colspan="2">零件名称</td><td colspan="2">折板零件</td><td>零件图号</td><td>Mill-10</td></tr>
<tr><td>序号</td><td>刀具号</td><td colspan="4">刀具规格名称</td><td>数量</td><td colspan="3">加工表面</td><td>伸出夹头
/mm</td><td>备注</td></tr>
<tr><td>1</td><td>T01</td><td colspan="4">ϕ20mm 铣刀</td><td>1</td><td colspan="3">所有待加工区域</td><td>23</td><td></td></tr>
<tr><td colspan="2">编制</td><td colspan="2">×××</td><td>审核</td><td colspan="2">×××</td><td colspan="2">批准</td><td>×××</td><td>共 1 页</td><td>第 1 页</td></tr>
</table>

10.8.5 切削用量选择

将前面分析的各项内容综合成如表 10-16 所示的数控加工工序卡，此表是编制加工程序的主要依据和操作人员配合数控程序进行数控加工的指导性文件，主要内容包括：工步顺序、工步内容、各工步所用的刀具及切削用量等。

表 10-16 数控加工工序卡

<table>
<tr><td rowspan="2">单位名称</td><td colspan="2" rowspan="2">××××</td><td colspan="2">产品名称或代号</td><td colspan="3">零件名称</td><td colspan="2">零件图号</td></tr>
<tr><td colspan="2">加工中心工艺分析实例</td><td colspan="3">折板零件</td><td colspan="2">Mill-10</td></tr>
<tr><td>工序号</td><td colspan="2">程序编号</td><td colspan="2">夹具名称</td><td colspan="3">使用设备</td><td colspan="2">车间</td></tr>
<tr><td>001</td><td colspan="2">Mill-10</td><td colspan="2">自制夹具，台虎钳</td><td colspan="3">FANUC</td><td colspan="2">数控中心</td></tr>
<tr><td>工步号</td><td colspan="2">工步内容</td><td>刀具号</td><td>刀具总长（伸出）
/mm</td><td colspan="2">主轴转速
$/r \cdot min^{-1}$</td><td>进给速度
$/mm \cdot min^{-1}$</td><td>下刀量
/mm</td><td>备注</td></tr>
<tr><td>1</td><td colspan="2">工件左右两侧台阶</td><td>T01</td><td>100（23）</td><td colspan="2">2000</td><td>400</td><td><3</td><td>自动</td></tr>
<tr><td colspan="10">按图 10-36 所示方式装夹，不需对刀</td></tr>
<tr><td>2</td><td colspan="2">4 个小圆角矩形</td><td>T01</td><td>100（23）</td><td colspan="2">2000</td><td>400</td><td><3</td><td>自动</td></tr>
<tr><td>3</td><td colspan="2">1 个大圆角矩形</td><td>T01</td><td>100（23）</td><td colspan="2">2000</td><td>400</td><td><3</td><td>自动</td></tr>
<tr><td>4</td><td colspan="2">圆角矩形右侧区域</td><td>T01</td><td>100（23）</td><td colspan="2">2000</td><td>400</td><td><3</td><td>自动</td></tr>
<tr><td>5</td><td colspan="2">孔槽</td><td>T01</td><td>100（23）</td><td colspan="2">2000</td><td>80</td><td></td><td>自动</td></tr>
<tr><td colspan="10">将工件翻转按图 10-38 所示方式重新装夹</td></tr>
<tr><td>6</td><td colspan="2">底面剩余区域</td><td>T01</td><td>100（35）</td><td colspan="2">1500</td><td>200</td><td><3</td><td>自动</td></tr>
<tr><td>编制</td><td>×××</td><td>审核</td><td>×××</td><td>批准</td><td>×××</td><td colspan="2">年 月 日</td><td>共 1 页</td><td>第 1 页</td></tr>
</table>

10.8.6 数控程序的编制

【FANUC 数控程序】

子程序：O0080			
左侧区域的一层	N010	G01 X10 Y160 F400	加工左边
	N020	X30 Y160	加工上边
	N030	X30 Y0	加工右边
	N040	X10 Y0	加工下边
	N050	M99	子程序结束
子程序：O0081			
左侧台阶	N010	G00 X10 Y0 Z2	快速定位至加工起点
	N020	G01 Z-3 F80	下刀至 Z-3 处，速度为 80mm/min
	N030	M98 P0081	调用子程序，加工左侧台阶区域的第一层
	N040	G01 Z-6 F80	下刀至 Z-6 处，速度为 80mm/min
	N050	M98 P0081	调用子程序，加工左侧台阶区域的第二层
	N060	G01 Z-9 F80	下刀至 Z-9 处，速度为 80mm/min
	N070	M98 P0081	调用子程序，加工左侧台阶区域的第三层
	N080	G01 Z-12 F80	下刀至 Z-12 处，速度为 80mm/min
	N090	M98 P0081	调用子程序，加工左侧台阶区域的第四层
	N100	G01 Z-15 F80	下刀至 Z-15 处，速度为 80mm/min
	N110	M98 P0081	调用子程序，加工左侧台阶区域的第五层
	N120	G01 Z-18 F80	下刀至 Z-18 处，速度为 80mm/min
	N130	M98 P0081	调用子程序，加工左侧台阶区域的第六层
	N140	G01 Z-21 F80	下刀至 Z-21 处，速度为 80mm/min
	N150	M98 P0081	调用子程序，加工左侧台阶区域的第七层
	N160	G00 Z2	抬刀
	N170	M99	子程序结束
子程序：O0082			
圆弧区域的一层	N010	G02 X0 Y20 R20 F400	加工下边圆弧
	N020	G01 X0 Y140 F1000	左侧快速走刀
	N030	G02 X20 Y160 R20 F400	加工上边圆弧
	N040	G00 Z-19	抬刀
	N050	X20 Y0	返回加工起点
	N060	M99	子程序结束
子程序：O0083			
圆弧区域圆弧区域	N010	G41 G00 X20 Y0	设置刀具左补偿，快速定位至加工起点
	N020	G00 Z-19	接近工件
	N030	G01 Z-24 F80	下刀至 Z-23 处，速度为 80mm/min
	N040	M98 P0082	调用子程序，加工圆弧区域的第一层
	N050	G01 Z-26 F80	下刀至 Z-26 处，速度为 80mm/min
	N060	M98 P0082	调用子程序，加工圆弧区域的第二层
	N070	G01 Z-29.5 F80	下刀至 Z-29.5 处，速度为 80mm/min
	N080	M98 P0082	调用子程序，加工圆弧区域的第三层
	N090	G00 Z2	抬刀
	N100	G40	取消刀具补偿
	N110	M99	子程序结束
子程序：O0084			
键槽	N010	G00 X20 Y20	定位键槽起点上方
	N020	Z-19	接近加工平面
	N030	G01 Z-24 F80	下刀至 Z-24 处，速度为 80mm/min
	N040	X20 Y140 F400	加工键槽区域的第一层
	N050	Z-26 F80	下刀至 Z-26 处，速度为 80mm/min
	N060	X20 Y20 F400	加工键槽区域的第二层
	N070	Z-29.5 F80	下刀至 Z-29.5 处，速度为 80mm/min
	N080	X20 Y140 F400	加工键槽区域的第三层
	N090	G00 Z2	抬刀
	N100	M99	子程序结束

续表

子程序：O0085			
小矩形的一层	N010	G01 X75 Y102 F400	加工左边
	N020	X85 Y102	加工上边
	N030	X85 Y95	加工右边
	N040	X75 Y95	加工下边
	N050	M99	子程序结束
子程序：O0086			
小矩形	N010	G00 X75 Y95 Z2	快速定位至加工起点
	N020	G01 Z-3 F80	下刀至 Z-3 处，速度为 80mm/min
	N030	M98 P0085	调用子程序，加工小矩形的第一层
	N040	G01 Z-6 F80	下刀至 Z-6 处，速度为 80mm/min
	N050	M98 P0085	调用子程序，加工小矩形的第二层
	N060	G01 Z-8 F80	下刀至 Z-8 处，速度为 80mm/min
	N070	M98 P0085	调用子程序，加工小矩形的第三层
	N080	G01 Z-10 F80	下刀至 Z-10 处，速度为 80mm/min
	N090	M98 P0085	调用子程序，加工小矩形的第四层
	N100	G00 Z2	抬刀
	N110	M99	子程序结束
子程序：O0087			
底面矩形的一层	N010	G01 X160 Y65 F400	从左向右加工
	N020	X160 Y85	向上加工一个刀位
	N030	X0 Y85	从右向左加工
	N040	X0 Y105	向上加工一个刀位
	N050	X160 Y105	从左向右加工
	N060	X160 Y125	向上加工一个刀位
	N070	X0 Y125	从右向左加工
	N080	X0 Y135	向上加工一个刀位
	N090	X160 Y135	从左向右加工
	N100	G00 Z2	抬刀
	N110	X0 Y65	返回加工起点
	N120	M99	子程序结束
主程序：O0015（正面装夹方案 1，如图 10-32 所示）			
开始	N010	G17 G54 G94	选择平面、坐标系、每分钟进给
	N020	T01 M06	换 01 号刀
	N030	M03 S2000	主轴正转，转速为 2000r/min
主程序：O0015（正面装夹方案 1，如图 10-32 所示）			
左侧台阶	N040	M98 P0081	调用子程序，加工左侧区域
	N050	G00 Z200	抬刀
右侧台阶	N060	G24 X100	镜像加工：沿 X100 轴
	N070	M98 P0081	调用子程序，加工上侧区域至 -30mm 处
	N080	G25	取消镜像
	N090	G00 Z2	抬刀
左侧圆弧	N100	M98 P0083	调用子程序，加工左侧圆弧
	N110	G00 Z2	抬刀
右侧圆弧	N120	G24 X100	镜像加工：沿 X100 轴
	N130	M98 P0083	调用子程序，加工右侧圆弧
	N140	G25	取消镜像
	N150	G00 Z2	抬刀
左侧键槽	N160	M98 P0084	调用子程序，加工左侧键槽
	N170	G00 Z2	抬刀
右侧键槽	N180	G24 X100	镜像加工：沿 X100 轴
	N190	M98 P0083	调用子程序，加工右侧键槽
	N200	G25	取消镜像
结束	N210	G00 Z200	抬刀
	N220	M05	主轴停
	N230	M02	程序结束

续表

主程序：O0016（正面装夹方案 2，如图 10-35 所示）			
开始	N010	G17 G54 G94	选择平面、坐标系、每分钟进给
	N020	T01 M06	换 01 号刀
	N030	M03 S2000	主轴正转，转速为 2000r/min
4 个小矩形	N040	M98 P0086	调用子程序，加工左下小矩形
	N050	G24 X100	镜像加工：沿 *X*100 轴
	N060	M98 P0086	调用子程序，加工右下小矩形
	N070	G25	取消镜像
	N080	G24 Y117	镜像加工：沿 *Y*117 轴
	N090	M98 P0086	调用子程序，加工左上小矩形
	N100	G25	取消镜像
	N110	G24 X100 Y117	镜像加工：沿 *Y*117 轴
	N120	M98 P0086	调用子程序，加工左上小矩形
	N130	G25	取消镜像
大矩形	N140	G00 X75 Y20 Z2	快速定位至加工起点
	N150	G01 Z-2 F80	下刀至 *Z*-2 处，速度为 80mm/min
	N160	G01 X75 Y65 F400	加工左边
	N170	X125 Y65	加工上边
	N180	X125 Y20	加工右边
	N190	X75 Y20	加工下边
	N200	X85 Y45	斜线移动
	N210	X115 Y45	加工内侧上边
	N220	X115 Y40	加工内侧右边
	N230	X85 Y40	加工内侧下边
	N240	G00 Z2	抬刀
大矩形右侧区域	N250	X125 Y65	快速定位至加工起点
	N260	G01 Z-4 F80	下刀至 *Z*-4 处，速度为 80mm/min
	N270	X125 Y20	加工下面区域右边
	N280	X120 Y20	加工下面区域下边
	N290	X120 Y65	加工下面区域左边
	N300	X100 Y65	加工上边
	N310	X100 Y42	加工左边（定位孔槽位置）
主程序：O0016（正面装夹方案 2，如图 10-35 所示）			
孔槽	N320	Z-10 F80	铣孔槽，深 10mm
结束	N330	G00 Z200	抬刀
	N340	M05	主轴停
	N350	M02	程序结束
主程序：O0017（底面装夹方案，如图 10-38 所示）			
开始	N010	G17 G54 G94	选择平面、坐标系、分钟进给
	N020	T01 M06	换 01 号刀
	N030	M03 S2000	主轴正转，转速为 2000r/min
底面矩形	N040	G00 X0 Y62 Z2	快速定位至加工起点
	N050	G01 Z-3 F80	下刀至 *Z*-3 处，速度为 80mm/min
	N060	M98 P0087	调用子程序，加工底面矩形的第一层
	N070	G01 Z-6 F80	下刀至 *Z*-6 处，速度为 80mm/min
	N080	M98 P0087	调用子程序，加工底面矩形的第二层
	N090	G01 Z-9 F80	下刀至 *Z*-9 处，速度为 80mm/min
	N100	M98 P0087	调用子程序，加工底面矩形的第三层
	N110	G01 Z-12 F80	下刀至 *Z*-12 处，速度为 80mm/min
	N120	M98 P0087	调用子程序，加工底面矩形的第四层
	N130	G01 Z-15 F80	下刀至 *Z*-15 处，速度为 80mm/min
	N140	M98 P0087	调用子程序，加工底面矩形的第五层
	N150	G01 Z-18 F80	下刀至 *Z*-18 处，速度为 80mm/min
	N160	M98 P0087	调用子程序，加工底面矩形的第六层
	N170	G01 Z-20 F80	下刀至 *Z*-20 处，速度为 80mm/min
	N180	M98 P0087	调用子程序，加工底面矩形的第七层
结束	N190	G00 X200	抬刀
	N200	M05	主轴停
	N210	M02	程序结束

10.9 FANUC 0i 系列标准数控加工中心系统的操作

10.9.1 操作界面简介

（1）设定（输入面板）与显示器

设定（输入面板）与显示器见图 10-40 和表 10-17。

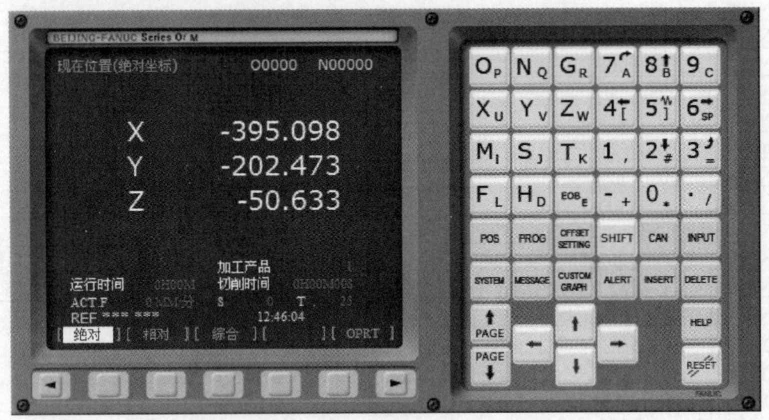

图 10-40 设定（输入面板）与显示器

表 10-17 设定（输入面板）与显示器各部分的详细说明

地址和数字键		
O P N Q G R 7 A 8 B 9 C X U Y V Z W 4 [5] 6 SP M I S J T K 1 , 2 # 3 = F L H D EOB E - + 0 . · /	地址和数字键	按这些键可输入字母，数字以及其他字符
EOB E	回车换行键	结束一行程序的输入并且换行
SHIFT	换挡键	在有些键的顶部有两个字符。按该键来选择字符。如一个特殊字符在屏幕上显示时，表示键面右下角的字符可以输入
编辑区		
CAN	取消键	按此键可删除当前输入位置的最后一个字符后或符号 当显示键入位置数据为“N001 X10Z_”时，按该键，则字符“Z”被取消，并显示：N001 X10
INPUT	输入键	当按了地址键或数字键后，数据被输入到缓冲器，并在 CRT 屏幕上显示出来。为了把键入到输入缓冲器中的数据拷贝到寄存器，按该键。这个键相当于软键的【INPUT】键，按此两键的结果是一样的
ALERT	替换	用输入域的内容替代光标所在的代码
INSERT	插入	把输入域的内容插入到光标所在代码后面

续表

编辑区		
DELETE	删除	删除光标所在的代码
光标区		
PAGE ↑	翻页键	这个键用于在屏幕上朝后翻一页
PAGE ↓	翻页键	这个键用于在屏幕上朝前翻一页
← ↑ ↓ →	光标键	这些键用于将光标朝各个方向移动
功能键与软键 功能键用于选择要显示的屏幕（功能画面）类型。按了功能键之后，再按软键（选择软键），与已选功能相对应的屏幕（画面）就被选中（显示）		
POS	位置显示页面	按此键显示位置页面，即不同坐标显示方式
PROG	程序显示与编辑页面	按此键进入程序页面
OFFSET SETTING	参数输入页面	按此键显示刀偏 / 设定（SETTING）页面即其他参数设置
SYSTEM	系统参数页面	按此键显示刀偏 / 设定（SETTING）画面
MESSAGE	信息页面	按此键显示信息页面
CUSTOM GRAPH	图形参数设置页面	按此键显示用户宏页面（会话式宏画面）或图形显示画面
HELP	帮助	查看系统的详细帮助信息
RESET	复位键	按下此键，复位 CNC 系统，包括取消报警、主轴故障复位、中途退出自动操作循环和输入、输出过程等
[绝对][相对][综合][ ][操作] 返回菜单 软键 继续菜单		软键的一般操作： ①在 MDI 面板上按功能键，属于选择功能的软键出现 ②按其中一个选择软键，与所选的相对应的页面出现。如果目标的软键未显示，则按继续菜单键（下一个菜单键） ③为了重新显示章选择软键，按返回菜单键

（2）FANUC 0i 机床面板操作

机床操作面板位于窗口的下侧，如图 10-41 所示，主要用于控制机床运行状态，由模式选择按钮、运行控制开关等多个部分组成，每一部分的详细说明如表 10-18 所示。

图 10-41　机床操作面板

表 10-18　机床操作面板各部分的详细说明

基本操作		
	急停	紧急停止旋钮
	程序编辑锁开关	只有置于 位置，才可编辑或修改程序（需使用钥匙开启）
	进给速度（F）调节旋钮	调节程序运行中的进给速度，调节范围为 0~120%
	主轴转速度调节旋钮	调节主轴转速，调节范围为 0~120%
COOL	冷却液开关	
TOOL	刀具选择按钮	
	手动开机床主轴正转	
	手动开机床主轴反转	
	手动停止主轴	
模式切换		
	AUTO	自动加工模式

续表

模式切换		
	EDIT	编辑模式，用于直接通过操作面板输入数控程序和编辑程序
	MDI	手动数据输入
	DNC	用 232 电缆线连接 PC 机和数控机床，选择程序传输加工
	REF	回参考点
	JOG	手动模式，手动连续移动台面和刀具
	INC	增量进给
	HND	手轮模式移动台面或刀具
机床运行控制		
	单步运行	每按一次执行一条数控指令
	程序段跳读	自动方式按下此键，跳过程序段开头带有“/”的程序
	选择性停止	自动方式下，遇有 M00 程序停止
	手动示教	
	程序重启动	由于刀具破损等原因自动停止后，程序可以从指定的程序段重新启动
	机床锁定开关	按下此键，机床各轴被锁住，只能程序运行
	机床空转	按下此键，各轴以固定的速度运动
	程序运行停止	在程序运行中，按下此按钮停止程序运行
	程序运行开始	模式选择旋钮在“AUTO”和“MDI”位置时按下有效，其余时间按下无效
	程序暂停	

续表

主轴手动控制开关		
	手动开机床主轴正转	
	手动开机床主轴反转	
	手动停止主轴	
工作台移动		
X Y Z 4 5 6 + 〰 −	手动移动机床台面	用于自动方式下移动工作台面，或手动方式下为手轮指示移动方向 “+4”和“-4”是微调，即微量移动 是快速移动
X 1 X 10 X 100 X1000	单步进给倍率选择按钮	选择移动机床轴时，每一步的距离：“×1”为 0.001mm，“×10”为 0.01mm，“×100”为 0.1mm，“×1000”为 1mm

10.9.2 零件编程加工的操作步骤

10.9.2.1 程序的新建和输入

① 接通电源，打开电源开关，旋起急停按钮，打开程序保护锁。

② 控制面板中，选择 EDIT（编辑）模式。

③ 输入面板中，选择程序键，选择软键中的【DIR】打开程序列表，输入一个新的程序名称，如“O0010”，再按输入面板中的插入键，这样就新建了一个名称为“O0010”的新程序（注：如果要删除一个程序，只需在输入程序名称后，按输入面板中的删除键即可）。

④ 输入程序。输入过程略，程序在输入的过程中自动保存，正常关机后不会丢失。

10.9.2.2 零件的加工

程序的加工遵循“对刀→对刀检验→图形检验→加工”的步骤。

（1）对刀的操作

对刀的原点位置如图 10-42 所示。

① 在刀架上安装刀具：T1ϕ4mm 铣刀，T2ϕ8mm 铣刀，T3ϕ10mm 钻头。

② 控制面板中，选择 MDI（数据输入）模式。

③ 输入面板中，选择程序键，在显示器中输入程序，如图 10-43 所示，使主轴开启（注意：结尾有分号，即换行）。

按操作面板上的键，运行程序，主轴启动。

④ 试切对刀：按操作面板上的键，选择 T1ϕ4mm 铣刀，准备试切对刀。

a. 对 X 向：使用手轮配合 X Y Z、+ 〰 − 键进行试切。

将 T1 铣刀沿图 10-44 所示箭头方向移动，并使其刚好接触侧面，即 X0 平面。

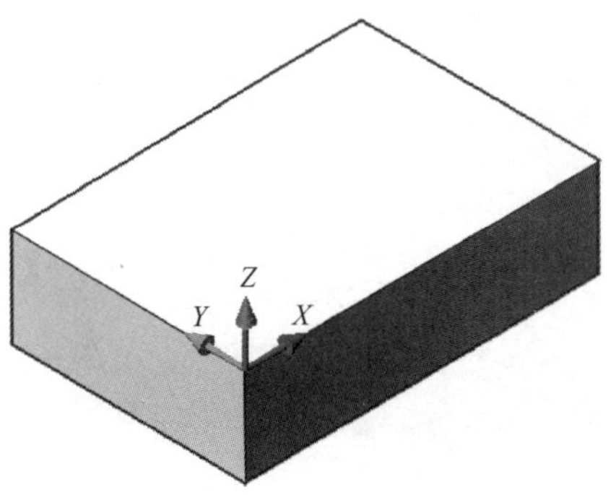

图 10-42 对刀的原点位置

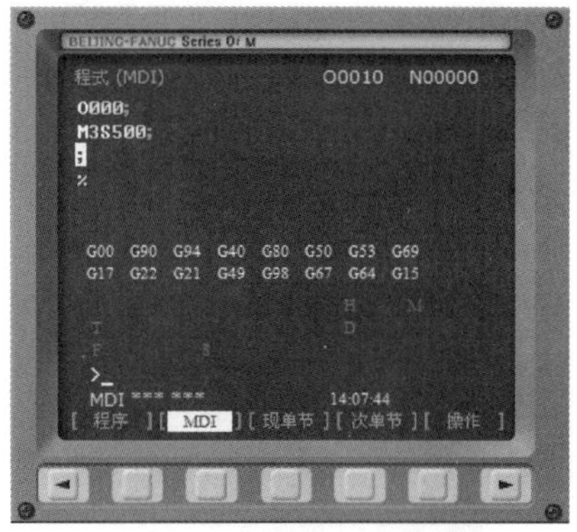

图 10-43 数据输入页面

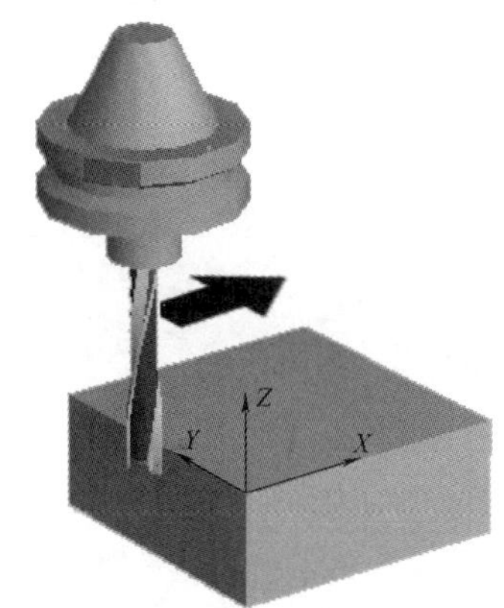

图 10-44 *X* 向对刀

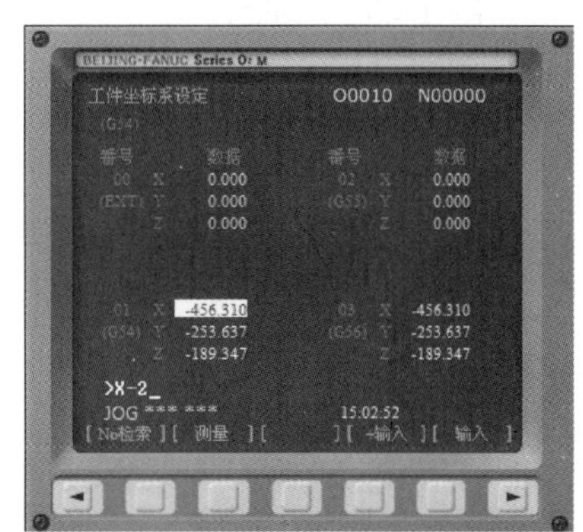

图 10-45 坐标系中 *X* 向对刀值输入

在输入面板中，选择参数设置键OFFSET SETTING，选择软键【坐标系】，进入【工件坐标系设定】界面（图 10-45），选择程序中对应的坐标系，这里选择 G54，在相应的位置输入机床原点坐标值，按下软键【测量】，得到新的对完刀后的 *X* 值，完成 T1 ϕ4mm 铣刀 *X* 向对刀。

注意：原点坐标值应减去刀具半径，这样才能以工件的顶点为原点加工。此处刀具为 T1 ϕ4mm 铣刀，则应输入“X-2”，而不是“X0”。

测量完毕后，安全退刀准备对 *Y* 向。

b. 对 *Y* 向：使用手轮配合 X Y Z、+ ∿ - 键进行试切。

将 T1 铣刀沿图 10-46 所示箭头方向移动，并使其刚好接触侧面，即 *Y*0 平面。

在输入面板中，选择参数设置键OFFSET SETTING，选择软键【坐标系】，进入【工件坐标系设定】界面（图 10-47），选择程序中对应的坐标系，同样选择 G54，在相应的位置输入机床原点坐标值，按下软键【测量】，得到新的对完刀后的 *Y* 值，完成 T1 ϕ4mm 铣刀 *Y* 向对刀。

注意：原点坐标值应减去刀具半径，这样才能以工件的顶点为原点加工。此处刀具为 T1 ϕ4mm 铣刀，则应输入“Y-2”，而不是“Y0”。

测量完毕后，安全退刀准备对 *Z* 向。

c. 对 *Z* 向：使用手轮配合 X Y Z、+ ∿ - 键进行试切。

将 T1 铣刀沿图 10-48 所示箭头方向移动，并使其刚好接触侧面，即 *Z*0 平面。

在输入面板中，选择参数设置键OFFSET SETTING，选择软键【坐标系】，进入【工件坐标系设定】界面（图 10-49），选择程序中对应的坐标系，同样选择 G54，在相应的位置输入“0”值，按下软键【测量】，得到新的对完刀后的 Z 值，完成 T14ϕmm 铣刀 *Z* 向对刀。

测量完毕后，安全退刀准备进行其他刀具的对刀。

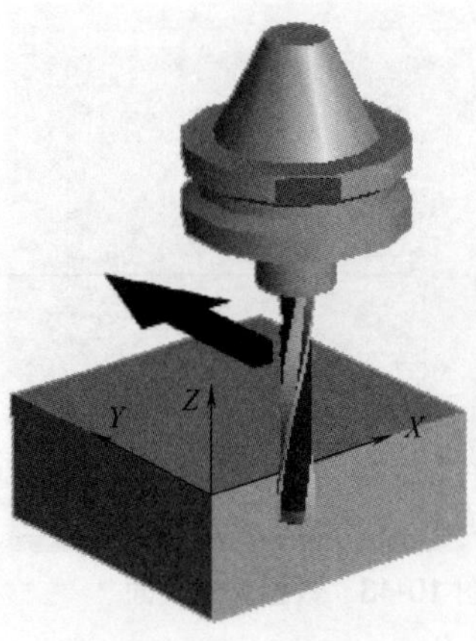

图 10-46　Y 向对刀

图 10-47　坐标系中 Y 向对刀值输入

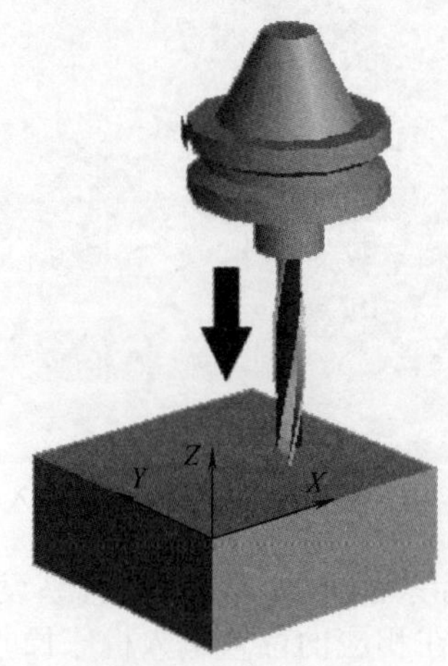

图 10-48　Z 向对刀

图 10-49　坐标系中 Z 向对刀值输入

一般铣刀的对刀与上述类似，注意在设置加工原点的时候，考虑到刀具半径即可。在钻头对刀的时候，可先对 Z 向，然后，X、Y 向应选用同样直径的对刀棒或铣刀进行对刀，方法同上述。

（2）对刀的检测

① 返回参考点：

控制面板中，选择 REF（回参考点）模式，并按下 X Y Z 键，工作台和主轴会自动回退到刀架参考点，待不动时即可。此时可按下键，选择软键【综合】，查看机械坐标“X”“Y”“Z”均显示为 0 即退到位，如图 10-50 所示。

② 程序检测：

控制面板中，选择 MDI（数据输入）模式，输入面板中，选择程序键，在显示器中输入程序（注意：结尾有分号，即换行），如图 10-51 所示，启动该段程序。

此时用手控制进给速度倍率旋钮，观测刀具的运行情况，待刀具停止运行时，按操作面板上的键，主轴停转。用测量工具测量当前刀具位置，与程序中的“X”“Y”“Z”的值相同则表示对刀成功。测量完毕，控制面板中，选择 REF（回参考点）模式，返回参考点。

（3）图形检验

① 控制面板，选择 EDIT（编辑）模式。

图 10-50 位置页面

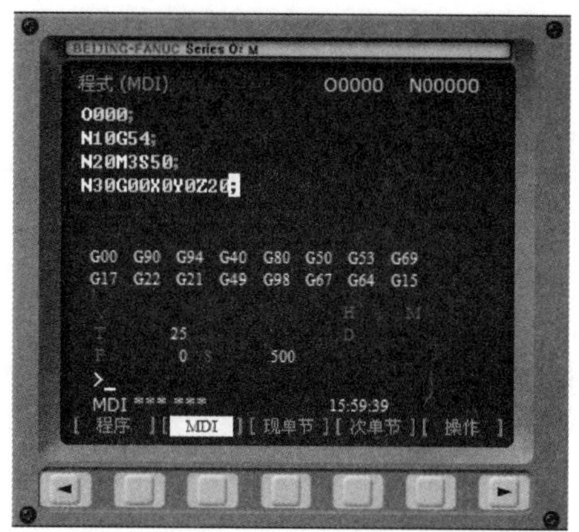

图 10-51 程序输入页面

② 输入面板中，选择程序键，选择软键中的【DIR】打开程序列表，输入一个已有的程序名称，如“O0009”，再按输入面板中的下箭头键，这样就打开了一个名称为“O0009”的新程序，如图 10-52 所示。

按下机床锁定开关，机床各轴被锁住。选择 AUTO（自动运行）模式，按下空运行键准备进行快速走刀，按下开始按钮，运行程序，此时程序运行刀架不动，但可以换刀。

③ 选择输入面板上的键，设置相应的参数，如图 10-53 所示。

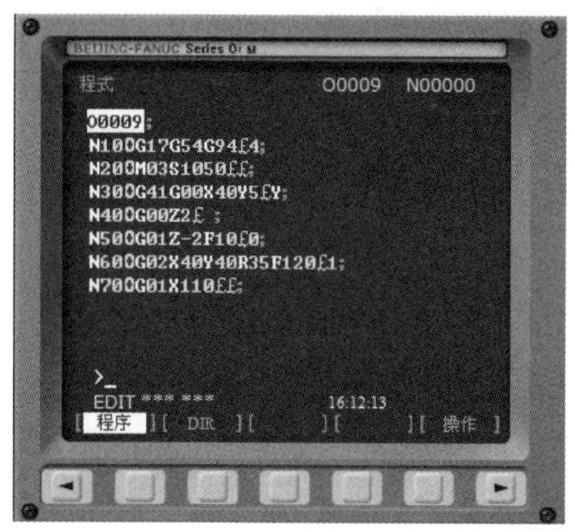

图 10-52 程序页面

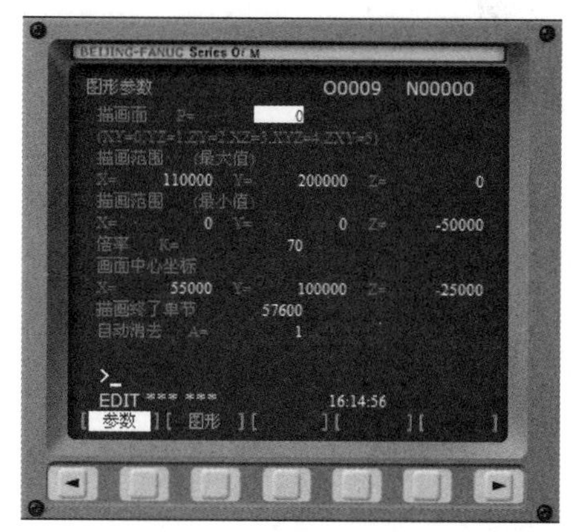

图 10-53 图形参数页面

按下软键【图形】，在图形区域内观察图形检验的零件加工形状，如图 10-54 所示。

此时，观察图形模拟是否与工件要求一致，待确认程序正确时进入下一步操作。

（4）加工零件

输入面板中，选择程序键，返回到程序中，打开机床锁定开关，保持 AUTO（自动运行）模式，取消空运行，准备按实际进给速度加工，按下开始按钮，运行程序，注意观察零件加工的情况。

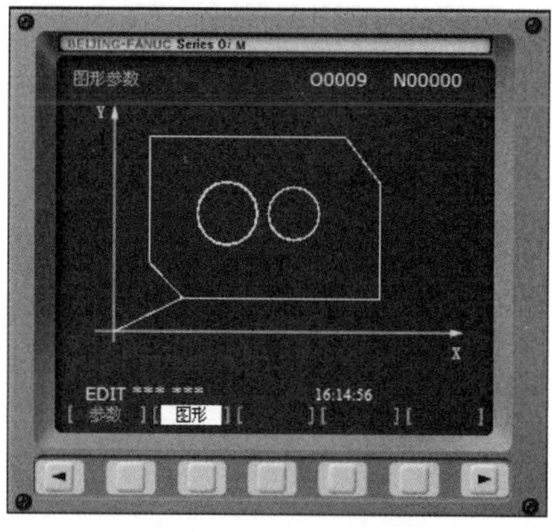

图 10-54 图形页面

参考文献

[1] 刘蔡保. 数控车床编程与操作. 北京：化学工业出版社，2009.

[2] 刘蔡保. 数控铣床（加工中心）编程与操作. 北京：化学工业出版社，2011.

[3] 刘蔡保. 数控机床故障诊断与维修. 北京：化学工业出版社，2012.

[4] 刘蔡保. UG NX8.0 数控编程与操作. 北京：化学工业出版社，2016.

[5] FANUC 0i Mate TC 系统车床编程详解. 北京发那克机电有限公司.

[6] FANUC 0i Mate TC 操作说明书. 北京发那克机电有限公司.

[7] 郭士义. 数控机床故障诊断与维修. 北京：中央广播电视大学出版社，2006.

[8] 娄斌超. 数控维修电工职业技能训练教程. 北京：高等教育出版社，2008.

[9] 胡学明. 数控机床电气维修 1100 例. 北京：机械工业出版社，2011.

[10] 劳动和社会保障部中国就业培训技术指导中心，全国职业培训教学工作指导委员会机电专业委员会. 现代数控维修. 北京：中央广播电视大学出版社，2004.

[11] 王希波. 数控维修识图与公差测量. 北京：中国劳动和社会保障出版社，2010.

[12] 崔兆华. 数控机床电气控制与维修. 济南：山东科学技术出版社，2009.

[13] 李志兴. 数控设备与维修技术. 北京：中国电力出版社，2008.

[14] 卢斌. 数控机床及其使用维修. 北京：机械工业出版社，2010.

[15] 张志军. 数控机床故障诊断与维修. 北京：北京理工大学出版社，2010.

[16] 周晓宏. 数控维修电工实用技能. 北京：中国电力出版社，2008.

[17] 邓三鹏. 数控机床结构及维修. 北京：国防工业出版社，2008.

[18] 张萍. 数控系统运行与维修. 北京：中国水利水电出版社，2010.

[19] 张思弟，贺署新. 数控编程加工技术. 北京：化学工业出版社，2005.

[20] 任国兴. 数控技术. 北京：机械工业出版社，2006.

[21] 龚中华. 数控技术. 北京：机械工业出版社，2005.

[22] 苏宏志. 数控加工刀具及其选用技术. 北京：机械工业出版社，2014.

[23] 王爱玲，曾志强，郭荣生，等. 数控机床结构及应用. 第二版. 北京：机械工业出版社，2013.

[24] 冯志刚. FANUC 系统数控宏程序编程实例. 北京：化学工业出版社，2013.

[25] 杜军. 数控宏程序编程手册. 北京：化学工业出版社，2014.

[26] 沙莉. 机床夹具设计. 北京：北京理工大学出版社，2012.

[27] 王卫兵. 高速加工数控编程技术. 北京：机械工业出版社，2013.